HISTOIRE NATURELLE

DES

HELMINTHES

ou

VERS INTESTINAUX

HISTOIRE NATURELLE

DES

HELMINTHES

OU

VERS INTESTINAUX

PAR

M. FÉLIX DUJARDIN

PROFESSEUR DE ZOOLOGIE A LA FACULTÉ DE RENNES

Ouvrage enrichi de douze Planches

PARIS

LIBRAIRIE ENCYCLOPÉDIQUE DE RORET

RUE HAUTEFEUILLE, N° 10 BIS

1845

DE L'IMPRIMERIE DE CRAPELET

RUE DE VAUGIRARD, 9

PRÉFACE.

Si d'autres branches de l'histoire naturelle doivent plaire davantage par l'élégance des formes, par l'harmonie des couleurs, par les merveilles d'une organisation plus compliquée, et surtout par les manifestations de l'instinct ou de l'intelligence des animaux; l'étude des helminthes, quand on y a pénétré quelque peu, ne tarde pas à offrir un intérêt non moins grand, quoique d'un autre genre, et finit même par devenir véritablement attrayante.

Ici en effet on peut suivre plus sûrement la vie dans ses manifestations les plus simples et en apprécier toutes les conditions : ici, mieux que partout ailleurs, on peut espérer une réponse à la question de la *génération spontanée :* ici, enfin, on peut, par l'observation des métamorphoses et des transmigrations, constater l'influence du *milieu ambiant* sur le développement des êtres.

Ces considérations puissantes ont entraîné invinciblement les helminthologistes à travers les recherches les plus pénibles à la découverte d'une foule de faits qui semblaient devoir être pour toujours dérobés aux investigations de la science; ces considérations aussi les ont préservés du découragement dans leurs tentatives si souvent infructueuses. On pourra d'ailleurs se faire une idée du courage, de la persévérance qu'il a fallu porter dans ces recherches, quand on saura que, pour trouver moins de quatre cents espèces d'helminthes, on a disséqué, dans l'espace de quinze ans, au Muséum de Vienne, quarante-cinq mille animaux vertébrés, dont les deux tiers inutilement.

On conçoit d'après cela comment l'helminthologie a dû prendre naissance en Allemagne, et s'y développer rapidement, avec les idées générales et philosophiques qui tendent à changer la face des sciences naturelles. Là, Rudolphi, si riche de ses propres travaux et s'appuyant sur les immenses recherches de ses prédécesseurs et de son contemporain Bremser, a pu poser les bases de l'helminthologie. En Allemagne aussi, depuis lors, Nitzsch, Leuckart, Mehlis, Bojanus, MM. Nordmann, Baer, Diesing, Nathusius, etc., ont enrichi cette science d'une foule de faits nouveaux et importants; et, chaque année encore, MM. Creplin et Siebold ajoutent de nouvelles découvertes à celles, si précieuses, qu'on leur devait déjà.

Il semble donc qu'une histoire des helminthes eût dû être publiée dans ce pays même pour remplacer les ouvrages de Rudolphi, qui marquent seulement une première phase de l'helminthologie.

Mais on est loin encore de pouvoir tracer complétement et l'histoire et la classification de ces êtres : le champ a paru s'agrandir à mesure qu'on s'y est avancé, et l'on doit reconnaître aujourd'hui qu'il reste à faire au moins dix fois autant que ce qu'on a fait déjà. Car, il ne suffit pas de chercher les helminthes dans les divers animaux, il faut les y chercher aussi dans les diverses contrées, dans les diverses localités de chaque contrée, et dans les diverses saisons de l'année; et, en outre, il faut les y chercher jusqu'à ce qu'on les ait trouvés à leurs divers degrés de développement. On comprend qu'une telle étude doit demander encore bien des années, aussi n'avais-je songé d'abord qu'à publier simplement un catalogue raisonné des helminthes en l'accompagnant des observations nécessaires pour lui donner la forme d'un livre. Mais sur plusieurs points, mes idées ont été modifiées par les justes critiques et les contradictions précieuses d'un ami, dont j'estime autant la logique et la science réelle que le noble caractère. Toutefois, ses critiques n'ont pu parvenir à faire un ouvrage parfait de ce qui dans son principe était nécessairement incomplet, il en est même résulté quelques bigarrures qui n'échapperont pas à un œil exercé; ainsi, à plusieurs reprises, au lieu de suivre uniformément l'ordre de la série zoologique pour énumérer les helminthes trouvés dans les divers animaux, je me suis hasardé à proposer des sous-genres qui tous, je le crains bien, ne recevront pas un accueil favorable. D'autre part, après avoir voulu, à l'exemple des helminthologistes allemands, changer en *um* les désinences des noms en *a* comme *Distoma, Tristoma,* etc., j'en suis revenu aux anciens noms par respect pour le droit de priorité, et pour les critiques de mon ami.

Pour toutes les mesures j'ai employé des nombres décimaux, dans lesquels un nombre de millimètres, ou le zéro qui les remplace, est séparé par une virgule des chiffres qui expriment successivement, de gauche à droite, les dixièmes, centièmes, millièmes, etc., de millimètres; ces nombres ont l'avantage d'être immédiatement comparables, mais ils sont incommodes en ce que le signe ᵐᵐ met un intervalle trop considérable entre la partie entière et la partie décimale. Au reste, on ne devra pas s'effrayer d'y voir figurer des dix millièmes de millimètre, car ce sont alors des mesures prises comparativement.

J'ai emprunté à la botanique plusieurs termes comme : toruleux (c'est-à-dire qui présente des renflements successifs), lancéolé, obové, marginé, acuminé, mucroné, etc. Quant à la nomenclature, j'ai cru devoir adopter autant que possible les noms les plus anciens, et si j'ai dû en créer de nouveaux, j'ai tâché surtout de les faire *courts, significatifs* et d'une *prononciation facile.*

Je dois expliquer aussi pourquoi la synonymie qui fait une partie considérable de certains ouvrages se trouve si réduite dans celui-ci, c'est que je ne la crois utile que dans trois cas : 1° si elle fait connaître des recherches spéciales, des descriptions ou des figures originales ; 2° si elle indique la réunion en une seule de plusieurs espèces nominales ; 3° enfin, si elle met en regard les dénominations diverses données à une même espèce par des naturalistes célèbres.

Je n'ai pas besoin de dire pourquoi j'ai renoncé à l'emploi des phrases linnéennes, si brèves, si claires en apparence, par lesquelles on a coutume de caractériser les espèces : on comprendra que de telles phrases sont parfaitement insignifiantes quand les caractères d'un helminthe doivent être pris non de sa forme si variable, mais de son organisation, de sa structure, qui ne peut s'exprimer ainsi par quelques mots.

Il y a plus de vingt ans que j'ai commencé à recueillir et à observer des helminthes, mais je ne me suis mis sérieusement à leur étude qu'en 1835. Depuis lors, j'ai disséqué ou visité plus ou moins complétement, pour la recherche de ces vers, deux mille quatre cents animaux vertébrés de deux cents espèces environ, et trois cents invertébrés ; j'ai recueilli et étudié vivants plus de deux cent cinquante espèces d'helminthes; Rudolphi en avait vu ou trouvé trois cent cinquante; et, au musée de Vienne, on en avait trouvé trois cent soixante-huit dans quatre cent soixante-seize espèces de vertébrés. Toutefois la plupart de ces helminthes avaient été à peine étudiés précédemment, et je pouvais me croire assez riche de faits et d'observations nouvelles pour faire cette publication. Mais, à mon arrivée à Paris, au mois de juillet, et, lorsque déjà mon livre était sous presse, M. le professeur Valenciennes a bien voulu, avec l'empressement le plus honorable, me confier tous les objets de la collection helminthologique du Muséum, comprenant deux envois faits par le Muséum de Vienne en 1816 et 1841. Or, M. Valenciennes avait lui-même commencé sur les helminthes des travaux importants qu'il doit publier, et que nous avons l'occasion de citer; je ne saurais donc le remercier assez de ce procédé généreux pour lequel je lui offre publiquement l'expression de ma profonde gratitude. J'ai pu ainsi comparer et rectifier beaucoup de déterminations spécifiques, en étudiant deux ou trois cents espèces conservées dans l'alcool; et, pour les nématoïdes surtout, j'ai rendu mon travail beaucoup plus complet, mais il en résulte que, si dans les détails et dans les descriptions, on doit trouver plus d'exactitude, on verra bien çà et là quelque désaccord dans l'ensemble.

Toutefois, cet ouvrage, comme je l'offre au public, ne représente pas moins que sept à huit mille heures de travail assidu, c'est cette portion de ma vie que je résume ici. Peut-être pensera-t-on que j'eusse pu scientifiquement en tirer un meilleur parti? je le crois aussi; je crois que j'eusse fait mieux encore, si, au lieu de persécutions au milieu de mes travaux, j'eusse trouvé les secours dus à un professeur; si je n'eusse été réduit à mes seules ressources, et forcé de consacrer moi-même à des dissections, à des recherches pénibles, un temps dérobé cruellement à la science.

Félix DUJARDIN,
Professeur à la Faculté des sciences de Rennes.

Paris, le 15 octobre 1844.

INTRODUCTION.

I. SUR LES VERS EN GÉNÉRAL.

De tout temps, les vers, animaux mous et sans membres articulés, ont été distingués des autres animaux à squelette interne ou externe; Linné en fit une de ses six classes, et il comprenait, sous ce nom, les vers intestins, les mollusques nus et les mollusques testacés, les lithophytes et les zoophytes, ce qui lui donnait cinq ordres de vers. O.-F. Müller constitua un ordre distinct avec les infusoires, qu'avant ses travaux micrographiques on connaissait à peine; mais il réunit en un seul ordre, sous le nom de cellulaires, les lithophytes et les zoophytes de Linné. En 1789, dans l'*Encyclopédie méthodique*, Bruguière distingua sous le nom d'échinodermes, les oursins et les astéries, dont Blumenbach avait déjà songé à faire un ordre particulier en les nommant *Crustacea*. Bruguière admettait donc six ordres de vers : 1° les infusoires, 2° les intestins, 3° les mollusques, 4° les échinodermes, 5° les testacés, 6° les zoophytes. Il définissait les vers; « des animaux sans os, sans stigmates, n'ayant pas de pieds, ou n'ayant que des pieds non articulés; et qui sont sans métamorphoses, et ovipares. » Il comprenait la plupart des annélides parmi ses vers intestins qu'il caractérisait ainsi : « ils ont le corps long, articulé; étant coupés en deux, ils ont la faculté de réparer l'extrémité tronquée; ils sont ovipares, etc.; » ce qui est en grande partie erroné.

Cuvier, en 1795, sépara des vers intestins les vers à sang rouge, que Lamarck nomma plus tard les annélides. Lamarck lui-même regardait comme autant de classes distinctes les vers ou helminthes, les annélides, les mollusques, les acéphales, les tuniciers, les radiaires, les polypes et les infusoires.

Cuvier, de son côté, ayant partagé le règne animal en quatre embranchements, plaça les mollusques, les acéphales et les tuniciers dans son second embranchement; les annélides dans le troisième, celui des articulés; et les helminthes ou intestinaux avec les échinodermes, les acalèphes, les polypes et les infusoires dans le quatrième embranchement, celui des rayonnés. Ainsi il supprima tout à fait la classe des vers, et fit même disparaître cette dénomination, tout en conservant une classe distincte des intestinaux.

M. de Blainville alla plus loin encore en divisant les helminthes, dont une partie forme sa seizième classe, celle des apodes, tandis que le surplus, comprenant les cestoïdes et les cystiques, est placé dans un groupe transitionnel, entre la dix-neuvième classe, celle des acéphaliens, et la vingtième, celle des cirrhodermaires ou échinodermes.

Cependant les zoologistes sentaient de plus en plus le besoin de multiplier le nombre des classes, d'après le nombre des types véritablement distincts; ainsi Lamarck (1816) avait fait huit classes de la seule classe des vers de Linné; Cuvier (1817) en faisait onze ou douze, en y comprenant les cirrhipèdes, qui sont aujourd'hui des crustacés; M. de Blainville (1822) en faisait quinze, réduites plus tard (1841) à onze ou douze, en y comprenant les malacopodes (*Zoologie classique* de M. Pouchet). M. Ehrenberg (1836) (*Akalephen der Rothen-meers*) distinguait vingt et une classes, dont deux (*annulata* et *somatotoma*) correspondent aux annélides; les sept suivantes comprennent les mollusques et les tuniciers; la dixième est celle des *Bryozoa;* les onzième et douzième comprennent les polypes; les treizième et quatorzième les échinodermes; la quinzième les acalèphes; les quatre suivantes, répondant aux intestinaux de Cuvier, sont les nématoïdes, les turbellariées, les trématodes et les *complanata* ou cestoïdes. Enfin ses deux dernières classes sont les rotateurs et les polygastriques ou infusoires.

Dugès (1838) avait seulement divisé en quinze classes tous ces animaux; partageant en deux chacune des classes des acéphales, des polypes, des acalèphes et des intestinaux de Cuvier; et, d'ailleurs, donnant à chaque classe un nom formé d'après un système de nomenclature qui ne peut guère être adopté.

Dans toutes ces classifications, depuis Lamarck, le nom de vers avait disparu, comme désignant une classe; mais M. Milne Edwards, qui déjà dans la première édition de ses *Éléments de Zoologie* (1837) avait séparé, comme autant de classes distinctes, les tuniciers, les rotateurs et les spongiaires, vient, dans sa seconde édition (1845), d'établir, dans son grand embranchement dés annelés, un sous-embranchement des *vers,* qui comprend trois classes : 1° les annélides, 2° les rotateurs et 3° les helminthes, auxquels il réunit les planariées, ou partie des *Turbellaria* de M. Ehrenberg. Les rapports naturels nous semblent mieux conservés dans cette classification que dans aucune autre; cependant nous pensons qu'il y a beaucoup plus d'analogie entre les planariées et les dernières annélides plus ou moins revêtues de cils vibratiles, qu'entre les planariées et les nématoïdes, qui les suivent dans la classification de M. Milne Edwards, ou même avec les trématodes, qu'on leur a souvent associés. Nous approuverions donc entièrement l'établissement de la classe des *Turbellaria* de M. Ehrenberg, si le savant professeur de Berlin n'y eût fait entrer les *Gordius,* qui sont plutôt des nématoïdes anomaux, et les naïdines, qui sont de véritables annélides. Nous pensons aussi, comme M. Ehrenberg, qu'on doit regarder comme des classes ou sous-classes distinctes les nématoïdes, les trématodes et les cestoïdes ou *complanata ,* comprenant les cystiques.

Nous croyons même qu'il faut y ajouter aussi, comme classes particulières, les acanthothèques et les acanthocéphales. Alors le sous-embranchement des vers placé à la suite du sous-embranchement des articulés, se composera de huit types ou classes; les annélides, les systolides ou rotateurs, les planariées ou turbellariées, les nématoïdes, les acanthothèques, les trématodes, les acanthocéphales et les cestoïdes, dont chacune, parfaitement indépendante et distincte, se rattache cependant à plusieurs autres par des rapports différents. Ainsi, les annélides, par leur système nerveux, et leur mode de segmentation, et leurs appendices, se rapprochent des myriapodes, tandis que leur appareil circulatoire les rapproche de certains mollusques, et que les branchies externes de quelques-unes ressemblent aux branchies des bryozoaires. Les systolides, au contraire, se rapprochent beaucoup des crustacés, des entomostracés, et d'un autre côté, ils se rapprochent par leur appareil digestif des nématoïdes qui, par ce même appareil, ainsi que par la structure des organes génitaux, ont de grands rapports avec les articulés. Les acanthothèques tiennent peut-être davantage encore aux crustacés suceurs.

Les planariées, comme nous l'avons dit, ont des rapports avec les annélides; de même aussi, elles en ont, avec certains mollusques, beaucoup plus peut-être qu'avec les trématodes. Ceux-ci enfin, ainsi que les acanthocéphales et les cestoïdes, présentent, dans les dégradations diverses de leur type, des affinités de plus en plus éloignées, soit entre eux, soit avec les autres classes.

Il nous paraît donc convenable de grouper ensemble, comme on l'a fait généralement jusqu'ici, sous le nom d'helminthes, les cinq types ou sous-classes des nématoïdes, des acanthothèques, des trématodes, des acanthocéphales et des cestoïdes.

II. SUR LES HELMINTHES EN GÉNÉRAL.

Les Helminthes sont, pour la plupart, parasites à l'intérieur, ou dans l'intestin des autres animaux; c'est pourquoi on leur a donné d'abord le nom de vers intestinaux ou vers intestins : pour cette même raison, Rūdolphi les a nommés *Entozoa*. D'après la seule considération de l'habitation de ces vers, on a été conduit, dans le principe, à leur associer d'autres animaux parasites, tels que les larves d'œstre des herbivores, et les infusoires de l'intestin des grenouilles mentionnés par Bloch, à la suite des vers intestinaux ; ou bien, en considérant que les vrais helminthes peuvent être parasites dans les divers organes des animaux ou à leur surface, on a réuni, pendant longtemps, avec eux les lernées : ce sont des crustacés qui, parasites sur les branchies des poissons, se déforment par suite du développement de leurs œufs, au point de ne plus rien conserver de leur forme primitive.

D'un autre côté, en se fondant sur la seule observation des formes extérieures, on avait rangé à côté des distomes, les planariées ; c'est ainsi que Cuvier, à l'exemple des naturalistes précédents, plaçait encore, en 1830, les lernées et les planaires dans sa classe des intestinaux, la deuxième de l'embranchement des zoophytes. Lamarck, en 1816, avait cependant déjà placé les lernées à part, dans une section intermédiaire, entre les vers et les insectes ; et M. de Blainville, en 1828, dans le *Dictionnaire des sciences naturelles*, t. LVII, les avait entièrement séparées des vers ; mais cet auteur, alors encore, réunissait, dans la classe des apodes du type des entomozoaires, les nématoïdes, les acanthocéphales, et quelques autres helminthes, avec les siponcles qui sont bien plus voisins des holothuries, et les hirudinées, qui sont de vraies annélides ; puis, dans le sous-type des *Parentomozoaires* ou *Subannélidaires*, il plaçait le reste des helminthes avec les planariées. Cependant, déjà en 1808, Rudolphi, suivant en cela les idées de Gœze, formulées par Zeder en 1801, avait nettement circonscrit les helminthes ou entozoaires dans ces cinq ordres des *Nématoïdes*, des *Acanthocéphales*, des *Trématodes*, des *Cestoïdes* et des *Cystiques*, où il ne comprend absolument que des helminthes parasites dans le corps, ou à la surface des autres animaux. Cette distinction est exacte pour les quatre derniers ordres, qui ne renferment que des parasites ; mais l'ordre des nématoïdes, au contraire, renferme des helminthes qui habitent constamment les eaux ou la terre humide, ou certaines substances organiques ; et Müller avait même rangé, parmi ses infusoires, dans le genre vibrion, les nématoïdes non parasites.

C'est vraisemblablement cette raison qui a fait prévaloir en Allemagne, depuis quelques années, le nom d'*Helminthes*, pour désigner ces animaux, et le nom d'*Helminthologie* pour la science qui s'en occupe.

Ces dénominations, d'ailleurs, ne sont pas nouvelles; elles sont dérivées du mot grec Ἕλμινς, Ἕλμινθος, employé par Aristote, et par Hippocrate pour désigner des vers intestinaux, et nous les voyons employées fréquemment chez les naturalistes du xviiie siècle, en parlant des vers en général; plus tard nous voyons ces termes désigner seulement les vers intestinaux ou leur histoire chez Hermann, chez Treutler, chez Rudolphi lui-même qui, pourtant, avait créé le terme d'*entozoa*, chez Westrumb, dans son traité *De Helminthibus acanthocephalis*, en 1821, etc. Bremser employa conjointement, en 1824, les termes d'Helminthes et d'Entozoologie sur le titre de sa belle publication iconographique: quelque temps auparavant, en 1821, Bojanus avait voulu désigner les vers intestinaux par le nom d'Enthelminthes qui signifie helminthes internes; mais Leuckart, en 1847, fit prévaloir tout à fait le nom d'helminthes.

III. CARACTÈRES GÉNÉRAUX DES HELMINTHES.

Les helminthes en général sont des vers allongés, cylindriques ou déprimés, à contours arrondis : quelques-uns cependant, parmi les trématodes, sont en forme de feuille ou de lame ovoïde, ou même réniforme, c'est-à-dire plus large que longue; d'autres, constituant l'ordre des cystiques ou vésiculaires dans la classe des cestoïdes, sont formés d'une ampoule plus ou moins vésiculeuse, d'où partent un ou plusieurs corps allongés, déprimés, avec une tête analogue à celle des ténias; certains helminthes ont le corps élastique, revêtu d'un tégument résistant, ce sont les nématoïdes, les acanthothèques et les acanthocéphales; les autres ont le corps mou, très-contractile et extensible, sans tégument distinct, ou avec un tégument décomposable par l'eau, ce sont les trématodes et les cestoïdes. Les acanthothèques seulement ont des fibres musculaires, striées comme les articulés, tous les autres ont des fibres distinctes, mais simples; chez les nématoïdes mêmes ces fibres sont souvent glutineuses ou sarcodiques.

Beaucoup d'helminthes ont des parties dures ou des appendices cornés, servant soit à la locomotion, soit à la manducation, soit à la génération; ce sont le plus souvent des crochets mobiles, analogues à ceux des articulés.

La plupart des helminthes sont blancs, quelques-uns sont jaunâtres ou diversement colorés par leurs œufs, ou par les substances alimentaires. Parmi les nématoïdes, les strongles, les cucullans, et le *Syngamus* doivent leur couleur rouge à un liquide nourricier, occupant les interstices des organes. Diverses ascarides sont colorées en jaune-brunâtre, plus ou moins foncé par les aliments, l'*Ascaris nigrovenosa* a l'intestin presque noir, le *Mermis nigrescens* est coloré en brun très-foncé par ses œufs. Les parties dures et les appendices sont d'ailleurs ordinairement colorés en jaune-foncé ou fauve.

Parmi les trématodes on a des colorations très-variées, parce que l'ovaire est d'un blanc-laiteux, tandis que les œufs, contenus dans des oviductes sinueux et repliés, présentent toutes les nuances, depuis le jaune jusqu'au brun, en se rapprochant du pore génital; en même temps, les aliments dans l'intestin ont souvent une coloration différente, soit rougeâtre, soit noire, soit verdâtre, et quelquefois aussi les tissus mêmes ont une teinte propre, jaune ou rougeâtre.

Chez les cestoïdes on ne voit guère d'autre coloration que celle produite par les œufs, tantôt jaunes, tantôt brunâtres, ou presque noirs; un seul helminthe de cette section, le *Bothriocephalus bicolor*, est assez vivement coloré par lui-même.

Un système nerveux ne se montre bien nettement que chez les acanthothèques, et peut-être aussi chez quelques trématodes; mais il n'existe certainement pas chez tous ceux auxquels on l'a attribué, non plus que chez les nématoïdes et les acanthocéphales.

Chez les helminthes on ne voit pas de circulation sanguine proprement dite; mais, chez les trématodes, on voit une sorte de circulation respiratoire interne, produite par des cils ou filaments ondulatoires dans des vaisseaux.

Quelques-uns seulement, les nématoïdes et les acanthothèques, ont un intestin complet avec une bouche et un anus; les trématodes n'ont qu'un intestin incomplet, c'est-à-dire sans anus; il est alors, suivant les genres, simple ou bifurqué, ou ramifié; les acanthocéphales et les cestoïdes n'ont ni intestin ni bouche.

Les uns ont des sexes séparés, ce sont les nématoïdes, les acanthothèques et les acanthocéphales; d'autres sont hermaphrodites, ce sont les trématodes et les cestoïdes; quelques-uns de ceux-ci, formés d'une série d'articles distincts, ont tantôt leurs articles hermaphrodites, ou en partie mâles, en partie femelles.

Tous les helminthes se reproduisent par des œufs, mais chez certaines espèces de nématoïdes, les œufs éclosent dans le corps des femelles qui semblent alors vivipares.

Les spermatozoïdes ne sont filiformes que chez les trématodes, les acanthocéphales et les cestoïdes ; chez les nématoïdes ce sont des globules glutineux, diaphanes.

Dans les diverses classes des helminthes ovipares, on trouve aussi des espèces agames, naissant dans des kystes où ils semblent résulter d'une formation spontanée; tels sont les cystiques parmi les cestoïdes.

Beaucoup d'helminthes, par suite de leur développement successif, subissent de véritables métamorphoses, et acquièrent ou perdent certains organes; plusieurs de ceux qui, nés dans des kystes, sont d'abord agames, peuvent parcourir de nouvelles phases de développement, et deviennent pourvus d'organes sexuels, quand ils ont changé d'habitation.

IV. HABITATION DES HELMINTHES; MAUX CAUSÉS PAR EUX.

Les helminthes se trouvent pour la plupart dans l'intestin même des divers animaux; mais il en est beaucoup qui se trouvent aussi dans les autres cavités naturelles du corps ou même dans le tissu des divers organes : c'est ce qu'on avait voulu exprimer d'une manière plus générale encore en nommant les helminthes *Entozoa;* cependant, il en est encore d'autres qui habitent seulement à la surface ou sur les branchies des poissons, comme les *Octobothrium, Diplozoon, Tristoma,* etc.; on les a voulu nommer par opposition *Ectozoa*, et enfin il en est qui sont toujours libres dans les eaux, dans la terre humide, ou même dans le vinaigre, et dans la colle, comme les *Rhabditis.*

Quant aux helminthes de l'intestin, ils ont quelquefois une habitation limitée, dans l'œsophage, dans l'estomac, ou dans les diverses portions de l'intestin, ou plus particulièrement dans le cœcum. Ils y sont ordinairement libres, mais quelques-uns se développent dans des tubercules ou des canaux squirrheux du tissu même de l'intestin, comme les spiroptères du chien et du cheval, et, comme le *Distoma ferox* de la cigogne. Presque tous les *Dispharagus* des oiseaux se trouvent emprisonnés sous la tunique interne du gésier; notre *Hystrikis tricolor* habite des tubes squirrheux dans l'épaisseur du proventricule du canard.

Les helminthes du foie sont ordinairement logés dans les canaux biliaires ou dans la vésicule du fiel : on connaît ainsi les *Distoma hepaticum* et *lanceolatum* chez les mammifères, les *Distoma attenuatum* et *crassiusculum* chez les oiseaux, et le *Distoma capitellatum* chez un poisson ; les anthocéphales et les cysticerques se développent dans le tissu du foie. Le trichosome ou calodium splénique se développe ou du moins achève

son développement dans des tubercules de la rate chez la musaraigne.

Le strongle des reins et le *Distoma acutum* se trouvent exclusivement dans les reins des mammifères. Plusieurs trichosomes
se développent aussi dans la vessie urinaire de ces animaux, et,
d'autre part, chez les oiseaux on trouve le *Distoma ovatum* et
l'*Holostomum platycephalum* dans la bourse de Fabricius; et
chez la grenouille le *Polystoma integerrimum* dans la vessie.

Le poumon chez divers animaux contient des distomes ou des
liorhynques, ou des ascarides, ou des strongles, ou des pentastomes; la trachée-artère du renard contient le trichosome ou
Eucoleus aerophilus, et celle de divers oiseaux contient le *Syngamus trachealis*. La vessie natatoire de la truite contient un
dispharage ou spiroptère.

Les sinus frontaux du chien sont le gîte du *Pentastoma tæ-
nioïdes;* les divers sinus de la face contiennent aussi un distome
chez le putois, et un spiroptère chez la martre. Les sinus ou les
cellules infra-oculaires des oiseaux palmipèdes contiennent le
Monostoma mutabile.

Le cœur même et les vaisseaux sanguins sont habités par des
helminthes. Chez le cheval, c'est le *Sclerostoma armatum* qui
détermine des anévrismes de l'artère mésentérique. Chez le
marsouin, ce sont les strongles ou *Stenurus inflexus* qui abon-
dent dans les sinus veineux de la fosse temporale.

L'œil est quelquefois habité par des filaires, mais chez certains poissons il contient une foule de petits trématodes dont
on a fait le genre diplostome.

Le cerveau du mouton est le gîte du *Cœnurus cerebralis;* la
cavité rachidienne des grenouilles contient aussi un diplostome.
Dans le tissu cellulaire se forment les kystes variés qui contiennent des helminthes de toutes les sous-classes; dans tous les
viscères et les tissus des mammifères se produisent aussi des
cysticerques et des échinocoques, ou chez les grenouilles, l'*Amphistoma urnigerum;* et enfin, dans le péritoine et le mésentère
de tous les vertébrés, il se forme des kystes contenant divers
helminthes.

Quant aux rapports des helminthes avec les animaux qu'ils
habitent, nous dirons seulement que tous les cystiques paraissent appartenir aux mammifères, et se développent exclusivement dans l'épaisseur des tissus; tous les trichocéphales vivent
dans l'intestin ou le cœcum des mammifères; les *Cucullanus* et
les *Dacnitis*, dans l'intestin des tortues et des poissons; les
Octobothrium, Axine, Diplozoon et *Tristoma*, sur les branchies

des poissons; les *Anthocephalus, Tetrarhynchus* et *Gymnorhyn-chus*, dans des kystes ou dans les tissus des poissons, etc.

Les helminthes ne sont pas tous également communs; quelques-uns ne se rencontrent qu'à de rares intervalles ou dans des localités très-restreintes; d'autres se trouvent, au contraire, présque constamment: tels sont certains helminthes du cheval, du chien, des grenouilles, du brochet; mais, en somme, on peut établir que, terme moyen, sur mille animaux vertébrés de différentes classes, il y en a bien la moitié qui contiennent des helminthes. Au musée de Vienne, on n'en a trouvé que dans trente-six sur cent environ, parce qu'on ne soupçonnait pas encore l'existence de beaucoup de petits helminthes découverts depuis; j'en ai trouvé dans cinquante-trois sur cent; quoique pour la moitié des animaux, je n'aie visité que l'intestin, et, que pour beaucoup d'autres, j'aie omis de visiter le poumon, ou la vessie, ou les yeux, etc.

Quelquefois, dans un animal, on ne trouve qu'un ou plusieurs helminthes d'une seule espèce, mais souvent aussi on en trouve concurremment de diverses espèces; car le hérisson, le chien, la souris, le mouton, le bœuf, le cheval, le coq, etc., en peuvent contenir chacun douze espèces différentes; les corbeaux et les canards n'en contiennent pas moins de quinze espèces, etc.

On peut citer les exemples suivants d'une abondance extrême d'helminthes dans des animaux qui parurent n'en avoir pas été incommodés. Au mois de mai 1836, M. Nathusius trouva dans une cigogne noire (*Ciconia nigra*) vingt-quatre *Filaria labiata* dans le poumon, seize *Syngamus trachealis* dans la trachée-artère, plus de cent *Spiroptera alata* entre les membranes de l'estomac, plusieurs centaines de *Holostomum excavatum* dans l'intestin grêle, environ cent *Distoma ferox* dans le gros intestin, vingt-deux *Distoma hians* dans l'œsophage, cinq *Distoma hians* (?) entre les membranes de l'estomac, et enfin un *Distoma echinatum* dans l'intestin grêle (*Wiegmann's Archiv.*, 1837).

Suivant Krause, de Belgrade, cité dans les Archives de Wiegmann (1840, t. II, p. 196), un cheval de deux ans et demi contenait plus de cinq cent dix-neuf *Ascaris megalocephala*, cent quatre-vingt-dix *Oxyuris curvula*, deux cent quatorze *Strongylus armatus*, plusieurs milliers de *Strongylus tetracanthus*, soixante-neuf *Tænia perfoliata*, deux cent quatre-vingt-sept *Filaria papillosa* et six *Cysticercus fistularis*.

D'après cela, on peut se demander si les helminthes sont véritablement nuisibles aux animaux dans lesquels ils habitent? je suis pour la négative, tant j'ai vu d'exemples d'animaux bien portants qui contenaient plus d'helminthes que d'autres individus de chétive apparence : les helminthes se développent dans un site qui leur convient, sans nuire plus que les lichens sur l'écorce d'un arbre vigoureux. Ils ne peuvent devenir nuisibles , généralement, que par suite d'une multiplication excessive , laquelle semble alors être une des conséquences d'un affaiblissement provenant d'une tout autre cause , d'une mauvaise alimentation, du séjour dans un lieu froid et humide, etc.; sans cela , les helminthes naissent et meurent dans le corps de leurs hôtes, et peuvent paraître et disparaître alternativement sans inconvénients.

Quand on ne peut juger des helminthes que d'après des figures très-amplifiées, on se fait une idée vraiment effrayante des crochets dont sont armés les ténias et les échinorhynques; mais, en réalité, ces crochets sont tellement petits, qu'ils échappent à la vue; ils suffisent, sans doute, pour fixer le ver dans l'intestin, mais ils ne peuvent causer sur cet organe qu'une impression comparable à celle des mille petits fragments de végétaux souvent très-durs, entraînés avec les aliments. Aussi ne puis-je croire à l'efficacité des moyens mécaniques, tels que la limaille d'étain, employés pour expulser les helminthes de l'homme. C'est par des médicaments purgatifs, par des amers ou des astringents, qu'on peut espérer seulement d'expulser ceux qui habitent l'intestin; quant à ceux qui, chez l'homme ou chez les animaux, se sont produits dans d'autres cavités du corps, ou dans l'épaisseur des organes, c'est par le régime seulement qu'on peut arrêter leur multiplication. C'est ainsi que des moutons qui, dans des pâturages humides, seraient compromis par la multiplication des douves ou distomes hépatiques, pourront recouvrer la santé dans des pâturages secs. On a supposé faussement que des ascarides peuvent perforer l'intestin; on a attribué, surtout au ténia et au bothriocéphale de l'homme, les accidents les plus graves; mais comme Bremser le dit lui-même, le meilleur remède a été le plus souvent de guérir l'imagination des malades qui, depuis longtemps, n'avaient plus ces helminthes, ou qui n'en avaient jamais eu.

Il est pourtant des helminthes qui peuvent causer un mal bien réel : tels sont le *cœnure cérébral* qui, en gênant et comprimant le cerveau des moutons, cause à ces animaux la maladie nommée le *tournis;* tel est le *Cysticercus cellulosæ*, qui cause aux cochons la maladie nommée la *ladrerie;* mais ici encore il est permis de penser que le mal eût pu être arrêté par un changement de régime.

V. RECHERCHE ET ÉTUDE DES HELMINTHES.

Puisque des Helminthes ont été trouvés dans toutes les parties du corps des autres animaux, il semble qu'on devrait procéder à une dissection complète et minutieuse pour les chercher; mais il est fort rare qu'on procède ainsi; ni les quarante-cinq mille vertébrés disséqués à Vienne, ni les deux mille quatre cents que j'ai disséqués moi-même n'ont été soumis à un procédé de recherches aussi rigoureux; on se borne le plus souvent à une simple autopsie; plus souvent encore, on n'a que les intestins à visiter, et, dans ce cas, le procédé le plus expéditif, c'est le lavage dans une assiette de faïence noire, après qu'on a fendu l'intestin dans toute sa longueur. On se débarrasse ainsi de tout le contenu de l'intestin; et s'il y a quelques helminthes, on ne manque guère de les apercevoir flottants dans le liquide, au-dessus du fond noir. Mais encore ce procédé ne peut convenir que pour des helminthes longs de plusieurs millimètres, et non décomposables par l'eau. Si l'on veut ne rien laisser échapper, et surtout si l'on veut observer les helminthes très-jeunes, il faut soumettre successivement au microscope, sur une plaque de verre, tout l'enduit muqueux de l'intestin, enlevé avec le dos du scalpel, ou même visiter ainsi l'intestin lui-même, s'il provient d'un très-petit animal. C'est ainsi seulement, et en visitant l'intestin immédiatement après la mort, qu'on peut trouver des jeunes ténias ou bothriocéphales, et des jeunes trématodes, qui ne tarderaient pas à se décomposer. Les helminthes des yeux doivent être également cherchés à l'aide du microscope; quant à ceux des viscères et des diverses cavités, c'est le hasard seul qui les fait trouver bien souvent, à moins qu'on n'aperçoive une différence de couleur dans les tissus, ou bien des tubercules et des kystes.

Quand les helminthes ont été recueillis vivants, il faut s'occuper promptement de leur étude, et se garder surtout de les laisser dans l'eau pure, car beaucoup de nématoïdes et d'acanthocéphales s'y gonflent à tel point qu'ils se rompent; et les trématodes, ainsi que les cestoïdes y sont promptement altérés par suite de la décomposition du sarcode, qui constitue en partie leurs téguments; aussi perdent-ils bientôt les épines ou les crochets dont ils étaient armés. Le mieux est de baigner ces helminthes avec les liquides mêmes du corps dans lequel ils vivaient, avec le sérum ou la lymphe, ou l'humeur vitrée; il m'a paru que la salive peut aussi les conserver plus longtemps. Quelques détails de structure pourraient, sans doute, être observés encore après l'immersion des helminthes dans l'alcool qui coagule leurs liquides, contracte leurs tissus, et les rend opaques; mais rien de ce qui tient aux fonctions vitales, ni la circulation, ni les contractions et les mouvements internes ne pourront être connus, si l'on n'a pas profité des quelques instants de vie de l'helminthe nouvellement recueilli.

Beaucoup d'helminthes sont assez minces, assez translucides pour que leur structure puisse être étudiée directement au microscope, à l'aide de la lumière transmise; mais, pour quelques-uns, il faut avoir recours à la compression afin d'augmenter leur transparence; mais il faut user, avec une extrême circonspection, du compresseur qui, plaçant tous les organes dans un même plan, ne donnera que des idées fausses, si l'on n'est pas guidé par l'observation faite concurremment sans compression, et par la dissection. Gœze avait anciennement commis beaucoup d'erreurs, en se servant ainsi du compresseur. Quant à moi, j'en ai tiré un assez bon parti pour étudier des helminthes durcis, et rendus opaques par l'alcool; mais il m'a presque toujours suffi d'appuyer une lame de verre mince sur les helminthes vivants pour les comprimer suffisamment.

TABLEAU DE LA CLASSIFICATION DES HELMINTHES.

† Un intestin.
 * Intestin droit, complet. — Sexes séparés.
  § Bouche terminale ou subterminale non accompagnée de crochets rétractiles. ... 1. *Nématoïdes.*
  §§ Bouche située à la face ventrale, et accompagnée de quatre crochets rétractiles (fibre musculaire striée). ... 2. *Acanthothèques.*
 ** Intestin simple ou bifurqué, terminé en cœcum et sans anus. — Sexes réunis. ... 3. *Trématodes.*
†† Sans intestin, ni bouche véritable.
 * Sexes séparés, tégument résistant. ... 4. *Acanthocéphales.*
 ** Sexes réunis, tégument non résistant. ... 5. *Cestoïdes.*

A deux de ces sous-classes est annexé un appendice comprenant des genres douteux ou indéterminés. Un dernier appendice comprend les helminthes tout à fait douteux ou fictifs.

Nota. Toutes les mesures sont exprimées en millimètres et parties décimales du millimètre; ainsi 3^{mm},57, par exemple, exprime 3 millimètres cinq dixièmes et sept centièmes de millimètre.

HELMINTHES.

LIVRE PREMIER.

Ier TYPE OU CLASSE.

NÉMATOÏDES. — RUD.

« **Vers à corps filiforme ou fusiforme très-allongé**, revêtu d'un
« tégument résistant, avec une bouche terminale ou presque ter-
« minale, et un anus presque terminal ou précédant une queue
« très-amincie ; — intestin droit.

« — Sexes séparés : — appareil génital *mâle* formé d'un long
« tube filiforme replié à l'intérieur et aboutissant à l'anus ou
« très-près de l'anus, avec une ou plusieurs pièces copulatoires
« souvent dures, cornées, et souvent aussi accompagnées à
« l'extérieur par des expansions membraneuses latérales en
« forme d'ailes, ou par une gaîne, ou par des papilles, ou des
« ventouses.

« — Appareil génital *femelle* formé d'un ou plusieurs ovaires
« filiformes, très-longs, repliés à l'intérieur, et venant aboutir à
« la vulve située en avant de l'anus, plus ou moins rapprochée
« de la tête.

« — OEufs ronds ou elliptiques, éclosant quelquefois dans le
« corps de la mère. »

Les nématoïdes habitent pour la plupart dans l'intérieur du
corps des autres animaux, dans l'intestin, et quelquefois dans
des kystes et dans l'épaisseur des tissus, où ils semblent
avoir pris naissance ; mais il en est beaucoup aussi qui se trouvent dans les eaux douces et dans la mer, ou dans la terre hu-

mide; quelques-uns même se trouvent dans des milieux tout à fait différents, dans le vinaigre, dans la colle de farine aigrie, etc.

Les nématoïdes ont été considérés comme un ordre distinct par les premiers helminthologistes ; en effet, ils se distinguent nettement, et au premier coup d'œil, de tous les autres helminthes, avec lesquels on peut à peine leur trouver quelques affinités, tandis qu'au contraire, par leurs organes digestifs et génitaux, ils se rapprochent un peu des animaux articulés.

Ils forment un grand nombre de genres assez bien caractérisés ; mais leur étude n'est pas encore assez avancée pour qu'on puisse les grouper sûrement en ordres et en familles. Les caractères assignés précédemment à la plupart des nématoïdes étaient presque uniquement pris de la forme extérieure, si simple chez eux ; il faudra donc que de nouvelles recherches nous fassent connaître pour toutes les espèces la structure intérieure avant que le groupement de ces espèces puisse être établi avec précision. Toutefois, je les dispose provisoirement dans l'ordre suivant :

1° Une première section caractérisée par la division du corps très-long en deux parties distinctes, l'une antérieure, l'autre postérieure ; par sa bouche ronde, très-petite ; par son anus presque terminal ; par son spicule ou pénis simple, et par ses œufs prolongés en deux goulots, comprend les genres *Trichosome*, *Trichocéphale*, et ceux qu'on en pourra distraire.

2° Une deuxième section caractérisée par la présence de deux organes copulatoires ou pénis inégaux, par sa bouche ronde ou triangulaire, sans lobes saillants, comprend les genres *Filaria*, *Spiroptera*, *Dispharagus*, etc.

3° Une troisième section caractérisée par la bouche nue, sans lobes saillants, ordinairement triangulaire, plus rarement ronde, et par l'organe copulatoire ordinairement formé de deux spicules égaux (rarement d'un seul), avec une pièce accessoire ou protectrice plus courte, située en arrière, comprend les genres *Strongylus*, *Leptoderes*, *Dicelis*, etc., etc.

4° Une quatrième section comprend les nématoïdes, dont la bouche triangulaire est entourée de trois lobes très-saillants ; ce sont les vrais *Ascaris* et les divers genres qu'on en devra distraire.

5° La cinquième section contient les nématoïdes à bouche triangulaire, munie d'une armure pharyngienne formée de deux ou trois pièces distinctes; ce sont les *Tribactis*, *Oncholaima*, *Tricontus*, *Gnathostoma*, etc.

6° Chez les nématoïdes de la sixième section, la bouche présente une armure pharyngienne capsulaire ou d'une seule pièce, comme chez les *Cucullanus*, *Sclerostomum*, *Angiostomum*, etc.

7° Enfin, une septième section est formée des nématoïdes dont la bouche, au lieu d'être absolument terminale comme chez tous les précédents, est plus ou moins inclinée ou dirigée en dessous; ce sont les *Dacnitis*, *Ophiostomum*, *Laphyctes*, etc.

Quelques genres trop peu connus, comme le *Liorhynchus*, le *Hedruris*, l'*Odontobius*, la *Trichina*, sont placés à la suite dans un premier appendice; un deuxième appendice comprend les *Mermis* et les *Gordius*, qui se distinguent des vrais nématoïdes par des caractères importants.

PREMIÈRE SECTION.

« Nématoïdes à corps très-allongé, formé de deux parties
« distinctes, l'une antérieure, l'autre postérieure; avec la
« bouche très-petite, ronde, l'anus presque terminal, le spicule
« simple, vaginé, et les œufs prolongés en un double goulot. »

TABLEAU DES GENRES.

* Corps non renflé ou faiblement renflé dans la
    partie postérieure.
  † Gaîne courte (égalant deux fois le diamètre du
    corps), lisse, non renflée.   1 *Trichosomum.*
  †† Gaîne longue (égalant plus de dix fois le dia-
    mètre du corps.
    + Gaîne longue épineuse.
     ¶ Gaîne longue, épineuse, non renflée, spi-
      cule épais; — extrémité postérieure du
      corps dilatée et lobée.   2 *Thominx.*
     ¶¶ Gaîne longue, épineuse, renflée à l'intérieur
      du corps; — spicule nul ou non distinct. 3 *Eucoleus.*
    ++ Gaîne très-longue, non épineuse, plissée ou
     striée transversalement ou obliquement;
     non renflée, souvent flottante.

    § Partie postérieuse du corps non renflée,
       presque d'égale épaisseur.   4 *Calodium.*
    §§ Partie postérieure du corps , renflée peu
       à peu jusqu'au milieu, puis très-amincie
       en arrière.   5 *Liniscus.*
** Corps brusquement renflé dans la partie posté-
    rieure ; — gaîne courte, épineuse, souvent ren-
    flée en dehors.   6 *Trichocephalus.*

1er Genre. TRICHOSOME. *TRICHOSOMUM.*

(*Trichosoma.* Rud.)

θρὶξ, θριχός cheveu, σῶμα corps.

« Helminthes à corps filiforme , très-mince , très-allongé ,
« composé de deux parties, dont l'antérieure plus courte, con-
« tenant seulement l'œsophage ou une première division de
« l'intestin, s'amincit considérablement en avant, et dont la
« postérieure, contenant le reste de l'intestin et les organes
« génitaux, ne présente pas d'accroissement notable, brusque
« en épaisseur.

« —Anus situé à l'extrémité postérieure, qui est obtuse ou
« tronquée obliquement.

« —Organes copulateurs du mâle formés d'une gaîne mem-
« braneuse extensible, plus ou moins longue, et d'un long spicule
« simple sortant par l'extrémité postérieure.

« — Vulve située à la jonction des deux parties du corps,
« munie quelquefois d'un appendice externe saillant, en forme
« d'entonnoir membraneux. Ovaire simple, replié en arrière,
« terminé par un oviducte charnu, presque droit en avant;
« œufs longs de 0^{mm},051 à 0^{mm},079, oblongs, revêtus d'une
« coque résistante, prolongés en un goulot court à chaque ex-
« trémité et terminés par un bouton translucide.

Les trichosomes observés d'abord imparfaitemont par Goeze,
qui les confondit avec les *Gordius,* et par Schranck, qui en fit des
Filaria, furent distingués ensuite sous le nom de *Capillaria*
par Zeder. Plus tard, ils ont été caractérisés par Rudolphi, dans
son *Synopsis,* comme un genre particulier, sous le nom que
nous conservons, et qui indique la ténuité capillaire de leur
corps. Ce même auteur, en 1809, dans son *Entozoorum historia,*
en avait décrit une espèce dans son genre fictif des *Hamularia,*

et deux autres parmi les trichocéphales, dont il les a distingués depuis lors parce que leur corps n'est pas brusquement renflé dans la partie postérieure.

Les trichosomes se trouvent assez fréquemment chez divers animaux vertébrés; mais leur extrême ténuité les a dérobés le plus souvent aux recherches des helminthologistes. On n'a donc pu jusqu'ici en déterminer qu'un très-petit nombre d'espèces, et même d'une manière incomplète, tant à cause de la difficulté d'avoir entiers ces vers si grêles et si fragiles, que parce qu'on n'a pas toujours trouvé en même temps les mâles et les femelles adultes.

Rudolphi, en 1819, dans son *Synopsis,* caractérise seulement six espèces de trichosomes, et de ces six espèces il n'a vu les mâles que de deux, l'une qu'il a trouvée lui-même dans les cœcums du hibou, et l'autre, trouvée par Bremser dans le merle bleu à Naples. Il indique en outre seize espèces douteuses qu'il n'a point vues, et dont une seule trouvée dans un serpent, et les autres dans des mammifères et des oiseaux.

M. de Blainville, en 1828, dans le *Dictionnaire des Sciences naturelles,* indiqua seulement les caractères d'après Rudolphi, en demandant si la différence qui les distingue des trichocéphales est un caractère suffisant pour constituer un genre.

M. Creplin, dans ses *Observationes novæ,* en 1829, décrivit une nouvelle espèce trouvée dans un poisson : mais en même temps il déclarait n'avoir encore jamais vu de mâle d'aucune espèce de trichosome, bien qu'il en eût rencontré souvent des femelles dans divers mammifères et oiseaux.

Mehlis, en 1831, publia dans l'*Isis* des observations sur divers thricosomes de Rudolphi. M. Creplin enfin, dans l'*Allg. Éncyklopædie* de Ersch et Gruber, en 1839, fit connaître une nouvelle espèce, le *Trich. aerophilum,* et décrivit sous le nom de *Trich. contortum,* l'espèce qui vraisemblablement avait été indiquée par Rudolphi, d'après Frœlich, comme vivant dans la buse et dans le milan. M. Creplin alors avait vu les mâles de ces deux espèces. Il donna en outre les caractères génériques des trichosomes, de cette manière :

« Corps très-mince, capillaire, d'un diamètre croissant peu à peu en arrière; bouche ronde; organe génital mâle exsertile hors d'une gaîne. »

Je donne ici la description à peu près complète de plusieurs espèces nouvelles. Je donne en outre la description des femelles de plusieurs autres nouvelles espèces vivant dans les mulots, dans le hobereau, dans les pies, etc., et j'ajoute de nouveaux détails sur d'autres espèces antérieurement connues.

Les trichosomes sont les plus minces de tous les nématoïdes, proportionnellement à leur grosseur, car leur longueur égale 150, 200, 300, et même 400 fois leur diamètre, quand les œufs sont complétement développés. On remarque alors que la partie postérieure ou ovigère des femelles s'allonge considérablement sans augmenter de grosseur, et finit par n'être plus en quelque sorte qu'un tube membraneux rempli d'œufs. Comme en même temps la partie antérieure plus grêle et plus fragile a souvent disparu, il s'ensuit qu'on a dû prendre plus d'une fois ces helminthes pour des filaires.

Le rapport de la longueur au diamètre peut cependant jusqu'à un certain point fournir des caractères spécifiques, surtout si l'on considère les mâles, ou les femelles dont les premiers œufs seulement sont à maturité; en même temps, le rapport de la longueur des deux parties du corps doit donner aussi un caractère important, aussi bien que la différence plus ou moins sensible du diamètre de ces deux parties. D'autres caractères plus précis seront pris de la nature du tégument qui, chez certaines espèces, se montre tout à fait lisse, tandis que chez d'autres il est pourvu de stries transversales. Qu'il soit lisse ou strié, le tégument peut offrir aussi deux bandes longitudinales et latérales hérissées de petites pointes ou de granules saillants. On voit quelquefois, en outre, la surface revêtue d'une sorte de villosité caduque, ou d'un épais enduit mucilagineux.

L'appareil génital mâle présente deux modifications principales : dans certains trichosomes, tels que le *Trich. contortum, Trich. resectum,* et *Trich. angustum,* le spicule ou pénis est plus épais, plus résistant, et sa gaîne plus courte est lisse. Dans d'autres (*Thominx, Calodium* et *Liniscus*), tels que ceux de la musaraigne, du rat et de la farlouse, le spicule est plus long, plus grêle, flexible, et accompagné par une gaîne membraneuse encore plus longue que lui, finement striée ou plissée transversalement, ou granuleuse.

Le trichosome du renard, ou *Eucoleus,* m'a offert encore une autre modification bien curieuse de l'appareil génital mâle; je n'y ai pu voir aucune trace de spicule, mais la gaîne a pris un développement très-considérable; elle est fort longue, protractile à la manière de la trompe des Échinorhynques, et de même hérissée de crochets ou de petites épines couchées en arrière; à l'intérieur du corps, cette gaîne présente aussi une dilatation assez prononcée, sur laquelle les épines forment des rangées plus nombreuses.

Ces modifications doivent correspondre à d'autres différences qui serviront à l'établissement de plusieurs genres distincts ; mais pour le moment, n'ayant que mes propres observations sur plusieurs de ces helminthes, je me borne à indiquer provisoirement dans le tableau de cette section, diverses coupes génériques, basées principalement sur la structure de l'appareil génital mâle, et je réunis ici toutes les généralités qui s'appliquent à ces helminthes, analogues entre eux par les formes extérieures.

La vulve, chez quelques trichosomes, est pourvue d'un appendice extérieur saillant, en forme d'entonnoir recourbé en arrière. Chez les autres, dont la partie postérieure est un peu renflée, la vulve est nue.

Les œufs de tous les trichosomes ont une même forme oblongue, et sont revêtus d'une coque résistante, qui se prolonge aux deux extrémités en une sorte de goulot court, à travers lequel la membrane interne plus diaphane paraît faire saillie ; cette coque montre des stries obliques ou en spirale étirée aux deux extrémités ; ce qui indique son mode de formation dans l'oviducte charnu, où les œufs s'avancent lentement à la file en tournant sur leur axe. Mais pour le trichosome du renard, ou *Eucoleus,* pour le trichosome des cyprins, et pour le *Trich. rigidulum,* les œufs ont une coque granuleuse ou hérissée de petits tubercules. Les œufs des trichosomes du renard et de la musaraigne sont entourés, en outre, d'une couche épaisse d'un mucilage, au moyen duquel ils restent agglutinés soit entre eux, soit à la surface du corps, pour continuer à s'accroître dans cette sorte d'albumen externe. C'est là ce qui empêche que la dimension de ces œufs puisse fournir un caractère spécifique absolu.

Toutefois, si l'on considère les œufs déjà mûrs, mais non encore sortis du corps de la femelle, on reconnaîtra que leur grandeur est assez généralement fixe dans chaque espèce.

Voici un tableau des mesures prises aussi exactement que possible sur les plus gros œufs des trichosomes (*Eucoleus, Liniscus, Thominx* et *Calodium*). Ces œufs sont longs de :

0^{mm},051 pour le *Trich. ornatum* ou *calod.* de la farlouse pipi (*Anthus*).
0 ,053 pour le *Trich.* ou *Calodium splenœcum* de la musaraigne (*Sorex araneus*) mesurés dans le corps.
0 ,055 pour le *Trich.* ou *Calodium annulosum* du rat (*Mus rattus*).
0 ,055 pour le *Trich. longicolle* (?) de la poule (*Phasianus gallus*).

0^{mm},056 pour le *Trich. protractum* du vanneau.

0 ,056 pour le *Trich.* ou *Eucoleus tenuis* du hérisson.

0 ,057 pour le *Trich. rigidulum* de la fauvette d'hiver (*Accentor modularis*).

0 ,058 pour le *Trich.* ou *Liniscus exilis* du *Sorex tetragonurus.*

0 ,058 pour le trichosome du lérot (*Myoxus nitella*).

0 ,059 pour le trichosome du surmulot (*Mus decumanus*).

0 ,059 pour le *Trich. curvicauda* du martinet (*Cypselus apus*).

0 ,060 pour le *Trich. exiguum* du hérisson (*Erinaceus europœus*).

0 ,060 pour le trichosome du mulot (*Mus sylvaticus*).

0 ,060 pour le trichosome de la pie (*Corvus pica*).

0 ,060 pour le *Trich.* ou *Calodium plica* du renard.

0 ,061 pour le *Trich. angustum* du pinson (*Fringilla cœlebs*).

0 ,061 (trouvé une seule fois pour le trichosome de la poule).

0 ,062 pour le trichosome du freux (*Corvus frugilegus*).

0 ,063 pour le *Trich. resectum* du choucas (*Corvus monedula*).

0 ,063 pour le trichosome du geai (*Corvus glandarius*).

0 ,064 pour le trichosome du triton (*Triton punctatus*).

0 ,064 pour le *Trich. tomentosum* des cyprins (*Cyp. idus* et *C. erythrophthalmus.*)

0 ,065 pour le *Trich.* ou *Liniscus exilis* du *Sorex tetragonurus.*

0 ,065 pour le *Trich. dispar* du hobereau (*Falco subbuteo*).

0 ,066 pour le trichosome du buzard (*Falco pygargus*).

0 ,066 pour le *Trich. obtusum* de l'effraie (*Strix flammea*).

0 ,067 pour le *Trich. entomelas* de la fouine (*Mustela foina*).

0 ,072 pour le *Trich. exile* du merle (*Turdus merula*).

0 ,076 pour les œufs du *Trich.* ou *Calodium splenœcum* ayant atteint tout leur développement dans l'enduit muqueux.

0 ,079 pour le *Trich.* ou *Eucoleus aerophilus* du renard (*Canis vulpes*).

Le rapport de la longueur des deux parties, antérieure et postérieure, pouvant aussi fournir de bons caractères distinctifs, nous allons donner ici un tableau de ces rapports évalués approximativement. Ainsi la partie antérieure est à la partie postérieure comme

1 : 7 pour le *Trich. protractum* du vanneau (*Vanellus cristatus*).

1 : 5 pour le *Trich.* ou *Eucoleus tenuis* du hérisson.

1 : 4 pour le *Trich.* ou *Calodium splenœcum* ♀ de la musaraigne.

1 : 4 pour le *Trich.* ou *Calodium annulosum* ♀ du rat.

1 : 4 pour le *Trich. dispar* ♀ du hobereau (*Falco subbuteo*).

1 : 4 pour le *Trich.* ou *Eucoleus aerophilus* ♀ du renard.

1 : 3 pour le trichosome ♀ du mulot.

1 : 3 pour le trichosome ♀ du geai.

4 : 11 pour le *Trich. rigidulum* ♀ de la fauvette d'hiver (*Accentor*).

2 : 5 pour le *Trich. exiguum* ♀ du hérisson.

2 : 5 pour le *Trich. angustum* ♀ du pinson.

2 : 5 pour le trichosome ♂ du freux (*Corvus frugilegus*).

3 : 7 pour le *Trich. resectum* ♀ du choucas (*Corvus monedula*).
1 : 2 pour le *Trich.* ou *Eucoleus aerophilus* ♂ du renard.
1 : 2 pour le *Trich. rigidulum* ♂ de la fauvette d'hiver.
1 : 2 pour le *Trich. longicolle* ♀ de la poule.
6 : 11 pour le trichosome ♀ de la pie (*Corvus pica*).
5 : 9 pour le trichosome ♀ du surmulot (*Mus decumanus*).
3 : 4 pour le trichosome ♂ de l'épervier (*Falco nisus*).
3 : 4 pour le *Trich. tomentosum* ♀ des cyprins (voyez ci-dessous).
4 : 5 pour le trichosome ♂ du geai (*Corvus glandarius*).
5 : 7 pour le *Trich.* ou *Calodium ornatum* ♀ de la farlouse (*Anthus*).
5 : 6 pour le *Trich. angustum* ♂ du pinson.
5 : 6 pour le *Trich.* ou *Thominx manica* ♂ du pinson.
5 : 6 pour le trichosome ♂ du pic-épeiche (*Picus major*).
7 : 8 pour le *Trich. exile* ♂ et ♀ du merle (*Turdus merula*).
7 : 8 pour le *Trich.* ou *Thominx tridens* ♂ du rossignol (*Sylvia luscinia*).
7 : 8 pour le *Trich.* ou *Calodium longifilum* ♂ de la fauvette d'hiver.
8 : 9 pour le *Trich. tomentosum* ♀ des cyprins (autre individu).

Les trichosomes vivent ordinairement dans l'intestin des divers animaux ; mais le *Trich. plica* a été trouvé par Rudolphi dans la vessie urinaire du loup. Le *Trich. obtusiusculum* habite entre les tuniques de l'estomac de la grue ; le *Trich.* ou *Eucoleus aerophilus*, dans la trachée-artère du renard.

J'ai trouvé le *Trich. contortum* engagé dans la muqueuse de l'œsophage du hobereau, et le trichosome ou *Calodium* de la musaraigne, après avoir vécu dans l'intestin, paraît devoir toujours achever son développement au dehors, soit à la surface de la rate, soit dans le tissu même de cet organe, où les femelles finissent par former des tubercules jaunes crétacés, entièrement composés d'œufs libres ou encore enfermés dans le tégument en partie décomposé.

* TRICHOSOMES DES MAMMIFÈRES.

— Le catalogue du musée de Vienne indique un trichosome d'espèce indéterminée trouvé quatre fois seulement dans le *Vespertilio lasiopterus*, dont cent quarante-quatre individus ont été disséqués.

TRICHOSOME DU HÉRISSON.

1. TRICH. EXIGU.   *TRICH. EXIGUUM.* — Duj. *n. sp.*

« —Tégument strié transversalement, stries de 0^{mm},0017 à 0^{mm},0020.
« —*Mâle*, long de 7^{mm},6 ; (partie antérieure 3^{mm},0, partie posté-
« rieure 4^{mm},6, large de 0^{mm},048,) rapport de la longueur à la lar-
« geur 160 ; — queue ailée et lobée, large de 0^{mm},04.
« —*Femelle* longue de 15^{mm} ; (partie antérieure 4^{mm}, partie posté-

« rieure 11ᵐᵐ,) largeur de la tête 0ᵐᵐ,0088, à la base du cou 0ᵐᵐ,068, en
« arrière 0ᵐᵐ,077 ; rapport de la longueur à la largeur 200 ; — queue
« conoïde droite, large de 0ᵐᵐ,06 ; — œufs longs de 0ᵐᵐ,058, larges de
« 0ᵐᵐ,026, à coque marquée de stries longitudinales, flexueuses. »

Je l'ai trouvé deux fois en mars et avril à Rennes, le mâle long
de 7ᵐᵐ,6 n'avait pas de spicule distinct, parce que sans doute il n'était
pas adulte. Les femelles au contraire avaient leurs œufs mûrs.

Cent soixante-quinze hérissons ayant été disséqués au musée de
Vienne, on y a rencontré cinq fois un trichosome indéterminé qui
est probablement celui-ci. (Voy. aussi *Eucoleus*.)

TRICHOSOMES DE LA MUSARAIGNE. (Voy. *Calodium* et *Liniscus*.)

TRICHOSOME DE LA FOUINE. (*Mustela Foina*.)

2. TRICH. ENTOMÈLE. *TRICH. ENTOMELAS*. — Duj. n. *sp.*

« — *Femelle* longue de 11ᵐᵐ + ? large de 0ᵐᵐ,088 en arrière ; —
« queue droite obtuse ; intestin noir, sinueux, large de 0ᵐᵐ,010 ;
« — œufs cylindroïdes longs de 0ᵐᵐ,0067, larges de 0ᵐᵐ,027, avec
« deux goulots très-larges. »

J'ai trouvé le 12 février, à Rennes, dans l'intestin d'une fouine, deux
de ces trichosomes auxquels manquait la partie antérieure. Ils peuvent
être caractérisés, je crois, par la forme cylindroïde et par les larges
goulots de leurs œufs, ainsi que par la couleur noire de l'intestin.

Un seul putois sur quatre-vingt-quinze disséqués au musée de
Vienne, a donné un trichosome indéterminé, qui est peut-être le
même que celui de la fouine. Sept martes et vingt fouines disséquées à Vienne n'ont pas présenté de trichosomes.

TRICHOSOME DU LOUP.

3. TRICH. PLIQUE. *TRICH. PLICA*. — Rud.

Trich. plica. — Rudolphi, Synopsis, p. 14 et 223, n° 6.

Rudolphi a trouvé une seule fois à Berlin, en janvier 1817, dans la
vessie urinaire d'un loup, une quantité de trichosomes pelotonnés
ensemble d'une manière presque inextricable (comme les cheveux
dans la plique). Ces helminthes étaient grisâtres, capillaires, très-
amincis en avant, épaissis peu à peu en arrière et terminés par une
queue obtuse légèrement recourbée. Les œufs, semblables à ceux
des autres trichosomes, étaient tantôt en série simple, tantôt en série
double. Les mâles n'ont point été vus, les femelles seules sont incomplétement décrites.

Il est vraisemblable que c'est le même helminthe trouvé par M. Rayer
dans la vessie du renard et décrit plus loin sous le nom de *Calodium*,
d'autant plus que M. Bellingham en Irlande dit avoir trouvé le *Trich.
plica* dans la vessie du renard et du chien.

TRICHOSOMES DU RENARD. (Voyez *Eucoleus* et *Calodium*.)

TRICHOSOMES DES RATS. (Voyez aussi *Calodium*.)

4. TRICH. A QUEUE ÉPAISSE. *TRICH. CRASSICAUDA.* —
BELLINGHAM, dans le *Mag. of nat. hist.*, 1840, t. IV, p. 349.

Trich. muris decumani, RAYER, Archiv. de médec. comp., 1843, n° 3,
p. 180, pl. 7, fig. 12-19.

« — *Femelle* blanc-grisâtre, longue de 12 à 16^{mm}, filiforme, insensi-
« blement plus épaisse en arrière, où l'extrémité est obtuse et arrondie ;
« — partie antérieure, formant le cinquième de la longueur totale ;
« partie postérieure large de 0^{mm},14 (? d'après la figure). »

M. Rayer a trouvé fréquemment cet helminthe dans la vessie des surmulots, et de ceux particulièrement qui provenaient des clos d'équar-
rissage à Paris pendant l'hiver de 1842-1843. La forme plus courte,
plus épaisse de cet helminthe et surtout le rapport de longueur des
deux parties donnent à penser qu'il pourrait appartenir à un autre
genre. M. Bellingham a parlé le premier de ce trichosome trouvé
par lui dans la vessie des rats en Irlande.

5 (*a*). TRICHOSOME DU MULOT. (*Mus sylvaticus.*)

« — *Femelle* longue de 22^{mm}, large de 0,^{mm}07 ; rapport de la lon-
« gueur à la largeur 314 ; queue tronquée transversalement ; vulve
« située à 5^{mm},6 de l'extrémité antérieure, sans appendice extérieur ;
« — œufs longs de 0^{mm},055 ; — tête large de 0^{mm},013 ; — tégument strié
« transversalement, stries de 0^{mm},002.

J'ai trouvé d'abord, le 15 septembre, à Rennes, six individus femelles dans un mulot avec des strongles et des *Oxyuris obvelata*. Plus
tard dans trois mulots d'une autre localité j'ai encore trouvé des trichosomes femelles, de 12^{mm} à 21^{mm}, ayant la tête large seulement de
0^{mm},009, le corps large de 0^{mm},08, dans la partie postérieure, et les
œufs larges de 0^{mm},057 à 0^{mm},060, pourvus de goulots assez larges; mais
je n'ai pu trouver de mâles. Quarante-huit autres mulots, ayant pour
la plupart divers helminthes, n'avaient aucun trichosome.

5 (*b*). TRICHOSOME DU SURMULOT. (*Mus decumanus.*)

« — *Femelle* longue de 18^{mm} ; rapport de la partie antérieure à la
« partie postérieure :: 5 : 9 ; — largeur de la tête 0^{mm},009 ; — de la
« base du cou 0^{mm},058 ; — de la partie postérieure 0^{mm},066 ; — de la
« queue 0^{mm},055 ; — rapport de la longueur à la largeur 370 ; —
« tégument strié transversalement ; — stries très-fines écartées de
« 0^{mm},0017 ; — œuf long de 0^{mm},059 avec les boutons terminaux, ou
« de 0^{mm},055 mesuré d'un goulot à l'autre. »

Je l'ai trouvé une seule fois à Rennes dans l'intestin d'un surmulot
et je l'ai cherché vainement dans quinze autres.

5 (*c*). **TRICHOSOME DU LÉROT.** (*Myoxus nitella.*)

« — *Femelle* longue de...., large de 0^{mm},071 ; — largeur de la queue
« 0^{mm},044, un peu amincie, obtuse ; anus situé latéralement avant
« l'extrémité ; — œuf long de 0^{mm},058, renflé au milieu, terminé
« par des goulots étroits, et strié longitudinalement. »

Je l'ai trouvé une seule fois à Rennes, au mois de mai, dans l'intestin d'un lérot ; il paraît se distinguer des précédents par la forme et par la coque striée de son œuf. Sept autres lérots n'avaient pas de trichosomes.

? **TRICHOSOME DU LIÈVRE.** (Voy. *Filaire du Lièvre.*)

Rudolphi (*Synopsis,* p. 216) pense que des helminthes trouvés en grand nombre dans les bronches d'un lièvre par Frœlich (*Naturforscher,* XXIX, p. 18-20) pourraient être rangés avec les trichosomes ; mais cela nous paraît douteux en raison de leurs dimensions, car les vers de Frœlich étaient longs de 135^{mm} à 160^{mm}, épais de 0^{mm},38 très-amincis en avant, avec une queue aiguë, striée longitudinalement et comme anguleuse, et les œufs de couleur foncée disposés en une double série longitudinale.

** TRICHOSOMES DES OISEAUX.

TRICHOSOMES DES OISEAUX DE PROIE DIURNES.

6. TRICH. CONTOURNÉ.   ***TRICH. CONTORTUM.*** — CREPLIN.
(Dans *All. Encykl. v. Ersch u. Gruber.,* t. XXXII, p. 278.)

« — *Mâle* beaucoup plus petit et plus mince que la femelle, à
« queue obliquement tronquée avec un large orifice à bord renflés,
« d'où sort un spicule enveloppé d'une gaîne assez longue.
« — *Femelle* longue de 27^{mm}, grosse comme un crin fin, très-
« mince en avant, un peu renflée au milieu et amincie de nouveau
« en arrière où la queue est très-obtuse (d'après M. Creplin). »

M. Creplin dit avoir trouvé ce trichosome fixé aux parois de l'œsophage de la buse, de la corneille, du vanneau, du combattant, de l'avocette et du guillemot. Cet auteur signale son élasticité et la manière dont il se roule en spirale quand on le met dans l'eau ; mais il le décrit trop incomplétement pour que nous puissions admettre qu'une seule et même espèce d'helminthe se trouve dans des oiseaux de mœurs si différentes. Nous croyons que les trichosomes rencontrés par nous dans des corbeaux, des pies, des geais, et dans le hobereau sont réellement distincts de celui-ci, et peut-être même celui dont nous n'avons trouvé que le mâle dans l'épervier doit-il en être également séparé, car il n'a point la gaîne du spicule comme l'indique M. Creplin.

Le catalogue du musée de Vienne indique un trichosome trouvé deux fois parmi trois cent vingt-cinq buses.

7. TRICHOSOME DE L'ÉPERVIER. (*Falco nisus.*)

[Atlas, pl. 2, fig. A, 4.]

« Tête large de 0^{mm},0085 ; — orifice buccal saillant ; — œsophage
« long de 5^{mm},5 ; — tégument strié longitudinalement.

« — *Mâle* long de 13^{mm}, épais de 0^{mm},072, rapport de la longueur à
« la largeur 180 ; — queue obliquement tronquée, obtuse avec un
« tubercule peu saillant ; — spicule très-épais, anguleux, long de
« 0^{mm},72, large de 0^{mm},022 ; gaîne peu distincte. »

Je l'ai trouvé une seule fois, le 14 novembre à Rennes ; et n'ayant pas la femelle, je ne puis compléter ses caractères spécifiques ; cependant je le crois distinct du *Trich. contortum.*

TRICHOSOME DU HOBEREAU. (*Falco subbuteo.*)

8. TRICH. INÉGAL.   *TRICH. DISPAR.* — Duj., *nov. sp.*

[Atlas, pl. 2, fig. A.]

Trich. contortum, Dujardin, dans Ann. sc. nat. 2e série, t. XX, pl. 14,
   fig. C, 1-2.

« — Tête large de 0^{mm},0145 ; — œsophage sinueux, replié en arrière ;
« — tégument transversalement strié sur la face dorsale, et sans stries,
« mais parsemé de granules ou petits tubercules saillants, sur la face
« opposée dans toute la longueur de l'œsophage ; — stries écartées
« de 0^{mm},0034.

« — *Femelle* longue de 27^{mm},5, large de 0^{mm},10, avant la vulve brus-
« quement renflée, et large de 0^{mm},15 après la vulve ; — rapport de
« la longueur à la largeur 183 ; — queue obtuse, obliquement tron-
« quée ; — vulve sans appendice extérieur, située à 7^{mm} de la tête ;
« — œufs longs de 0^{mm},065, larges de 0^{mm},032 à 0^{mm},036. »

Je l'ai trouvé engagé dans la muqueuse de l'œsophage d'un hobe-reau, le 12 septembre, à Rennes. Le brusque renflement qu'il pré-sente après la vulve et la structure si diverse des deux parties de son tégument le distinguent suffisamment du *Trichosomum contortum*, avec lequel je l'avais confondu dans les *Annales des sciences na-turelles.*

TRICHOSOME DU MILAN.

Rudolphi rapporte aussi au genre trichosome des helminthes trou-vés dans le gros intestin du Milan, par Frœlich, et décrits (*Natur-forscher*, 29, p. 20, pl. 1, fig. 7-9) sous le nom de *Filaria milvi ;* ils sont longs de 40^{mm}, très-minces, plus effilés en avant, avec l'extré-mité postérieure obtuse.

8 (*b*). TRICHOSOME DU BUSARD. (*Falco pygargus*, L.)

J'ai trouvé le 26 janvier, dans l'intestin d'un busard, à Rennes, un trichosome femelle, long de 15^{mm} et large de 0^{mm},072, ou deux cents fois aussi long que large, présentant sur le bord seulement des traces de stries transverses, écartées de 0^{mm},002, et par conséquent beaucoup plus fines que celles du *Trichosomum dispar*. L'œsophage présentait aussi des plis transverses, beaucoup plus rapprochés, et le corps n'avait pas le moindre renflement après la vulve, qui était sans appendice externe. Les œufs, rangés sur une seule file, étaient longs de 0^{mm},065 à 0,069, et leur coque présentait des stries longitudinales irrégulières, devenant obliques sur les deux goulots assez étroits.

TRICHOSOME DES HIBOUX.

9. TRICH. OBTUS. *TRICH. OBTUSUM.* — Rud.

Filaria strigis, Froelich dans Natur., XXIX, p. 21, pl. 1, fig. 10-12.
Trichocephalus tenuissimus, Rudolphi, Entoz., hist., t. II, p. 87.
Trichosoma obtusum, Rudolphi, Synopsis, p. 13 et 220, n° 3.

« — Tête large de 0^{mm},009 ; — partie antérieure presque égale à la
« postérieure ; — tégument strié transversalement, stries de 0^{mm},0028.

« — *Mâle* long de 13^{mm}, large de 0^{mm},059, à la base de la partie an-
« térieure, de 0^{mm},079 en arrière ; rapport de la longueur à la lar-
« geur 160 ; — queue très-obtuse ou échancrée à l'extrémité, d'où
« sort une gaine courte (Rud.), contenant un spicule triquètre (deux
« fois plus long, Rud.), long de 0^{mm},65 et large de 0^{mm},023.

« — *Femelle* longue (de 27^{mm}, Rud.) de 18^{mm}, large de 0^{mm}067, à la
« base de la partie antérieure, et de 0^{mm},086 en arrière ; — rapport de
« la longueur à la largeur 205 ; — queue conoïde obtuse ; — vulve sans
« appendices ; — œufs longs de 0^{mm},066, munis de goulots assez
« larges. »

Frœlich le trouva d'abord dans les cœcums de la chevêche (*Strix passerina*) ; Rudolphi le trouva ensuite, au mois de juillet, dans les cœcums du grand-duc (*Strix bubo*) à Greifswald. Le catalogue du musée de Vienne l'indique comme trouvé seulement trois fois sur soixante-dix dans le gros intestin du chat-huant (*Strix aluco*) ; trois fois sur cent quatre-vingt-treize dans le cœcum du hibou (*Strix otus*), et quatre fois dans le gros intestin du *Strix dasypus*.

Je l'ai trouvé une fois à Rennes dans l'effraie (*Strix flammea*), au mois de mars, mais je n'ai pu voir la gaine du spicule du mâle.

TRICHOSOME DU MERLE BLEU. (*Turdus cyaneus*.)

10. TRICH. INFLÉCHI. *TRICH. INFLEXUM.* — Rud.

Trich. inflexum, Rudolphi, Synopsis, p. 13 et 221, n° 4.
Trich. inflexum, Bremser, Icones helminthum, pl. 1, fig. 12-15.

« — *Mâle* plus petit que la femelle, à queue infléchie, obtuse, émet-

« tant un peu avant son extrémité une gaîne courte obtuse, d'où sort
« le spicule.

« —*Femelle* longue de 25 à 28^{mm}, à queue obtuse ;—partie antérieure
« égalant presque la moitié de la longueur totale (d'après Rudolphi). »

Bremser l'a trouvé au mois de septembre dans les intestins du
merle bleu à Naples.

TRICHOSOME DU MERLE COMMUN.

11. TRICH. MINCE.   *TRICH. EXILE.* — Duj. *sp.*

« — Tête large de 0^{mm},010 (terminée par une papille tronquée ?) ; —
« partie antérieure presque égale à la postérieure.

« — *Mâle* long de 9^{mm},5, large de 0^{mm},0538 ; — rapport de la lon-
« gueur à la largeur 176 ; — queue arquée, munie d'une aile membra-
« neuse latérale près de l'extrémité, et terminée par un orifice évasé ;
« —spicule grêle arqué, tubuleux, long de 1^{mm}, large de 0^{mm},0085.

« — *Femelle* longue de 9^{mm},6, large de 0^{mm},058 en arrière ; — rapport
« de la longueur à la largeur, 165 ; — vulve sans appendices ; — œufs
« cylindroïdes : longs de 0^{mm},072, larges de 0^{mm},0345, terminés par des
« goulots larges. »

Je l'ai trouvé deux fois à Rennes dans les intestins du merle (*Turdus
merula*), le 10 mars et le 28 avril, la queue du mâle diffère trop
notablement de la figure du *Trich. inflexum* de Bremser pour qu'on ne
doive pas le considérer comme constituant une autre espèce, son
spicule est aussi beaucoup plus grêle et plus arqué. Les femelles
longues de 9^{mm},5 seulement, m'ont bien paru être adultes, car leurs
œufs d'une dimension relativement très-considérable étaient mûrs.

TRICHOSOME DU ROSSIGNOL. (Voyez *Thominx*.)

TRICHOSOMES DE LA FAUVETTE D'HIVER. (*Accentor modularis*. Voyez aussi *Calodium*.)

12. TRICH. RIGIDULE.   *TRICH. RIGIDULUM.* — Duj., *n. sp.*

« —Tête large de 0^{mm},0088, — partie antérieure égalant à peine la
« moitié de la partie postérieure ; —tégument strié transversalement ;
« — stries de 0^{mm},0022.

« — *Mâle* long de 12^{mm} ; large en arrière de 0^{mm},049 ; rapport de la
« longueur à la largeur 200 ; — spicule ou pénis droit, triquètre,
« roide ; long de 1^{mm},05, large de 0^{mm},017 ; —gaîne lisse, longue de
« 0^{mm},07, large de 0^{mm},0213.

« — *Femelle* longue de 24^{mm} ; partie antérieure longue de 6^{mm},5 ;
« rapport à la postérieure :: 4 : 11 ; — large de 0^{mm},07 à la base de la
« partie antérieure et de 0^{mm},078 en arrière ; —rapport de la longueur
« à la largeur 0^{mm},310 ; — queue obtuse ; anus arrivant obliquement
« avant l'extrémité ; — vulve saillante, bordée ; — œuf cylindroïde à

« coque épaisse *granuleuse*, long de 0mm,057, large de 0mm,0256, ter-
« miné par deux larges goulots striés. »

Cinq *Accentor modularis*, sur sept que j'ai disséqués à Rennes en
décembre, mars et avril, contenaient plusieurs de ces trichosomes,
qui se distinguent surtout par leurs œufs à coque granuleuse.

TRICHOSOME DE LA FARLOUSE. (*Anthus pratensis.*) Voyez *Calodium*.

TRICHOSOME DU MARTINET. (*Cypselus apus.*)

13. TRICH. A QUEUE COURBE.   **TRICH. CURVICAUDA,**
— Duj., *nov. sp.*

« — Tête large de 0mm,0088; — tégument légèrement strié; stries
« transverses de 0mm,00177.
« — *Mâle* long de (incomplet); — partie antérieure longue de 6mm,
« — largeur de la partie postérieure 0mm,047; de la queue 0mm,054; —
« queue recourbée, renflée à l'extrémité; — anus situé latérale-
« ment, à bords gonflés en arrière; — spicule triquètre, long de
« 1mm,30, large de 0mm,02; — gaîne réticulée très-longue? large de
« 0mm,023 (vue seulement à l'intérieur).
« — *Femelle* longue de (incomplète); — partie antérieure longue de
« 6mm,3; — largeur à la base de la partie antérieure 0mm,0545, en ar-
« rière 0mm,057, à la queue 0mm,0455; — queue obtuse, arrondie; — anus
« arrivant obliquement un peu avant l'extrémité; — vulve pourvue
« d'un appendice membraneux, en forme de coquille ou d'entonnoir,
« recourbé en arrière; — œufs longs de 0mm,059. »

J'en ai trouvé plusieurs individus incomplets dans l'intestin d'un
martinet le 4 mai, à Rennes.

Il est vraisemblable que c'est le même trichosome qui est indiqué
dans le catalogue du Musée de Vienne comme trouvé dans une seule
hirondelle de cheminée (*Hirundo rustica*). Cinq cent vingt-neuf
autres hirondelles de cette espèce, ainsi que trois cent soixante
Hirundo urbica, deux cent dix *Hirundo riparia* et quarante et un
Cypselus apus ne contenaient pas de trichosomes.

— Le même catalogue indique aussi un trichosome indéterminé,
trouvé une seule fois dans l'engoulevent (*Caprimulgus europœus*).

TRICHOSOME DE L'ALOUETTE. (*Alauda arvensis.*)

En disséquant quatre-vingt-douze alouettes au musée de Vienne,
on a trouvé trois fois seulement des trichosomes indéterminés.

TRICHOSOMES DU PINSON. (*Fringilla cœlebs.*) Voy. aussi *Thominx*.

14. TRICH. ÉTROIT.   **TRICH. ANGUSTUM.** — Duj., *n. sp.*

« — Tête large de 0mm,009; — tégument strié transversalement; —
« stries de 0mm,0026.

« — *Mâle*, long de 11^mm, large de 0^mm,074 ; — rapport de la longueur
« à la largeur 150 ; — partie antérieure, longue de 5^mm ; — queue
« un peu rétrécie, obliquement tronquée, large de 0^mm,06, laissant
« sortir un peu avant l'extrémité une gaîne simple, diaphane, longue
« de 0^mm,2, large de 0^mm,021, qui entoure la base d'un spicule triquètre,
« long de 1^mm,4, et large de 0^mm,017.

« — *Femelle*, longue de 14^mm,2, large de 0^mm,09 ; — rapport de la
« longueur à la largeur 153 ; — queue un peu amincie en pointe
« mousse ; — vulve sans appendice extérieur, située à 5^mm, 6 de la tête ;
« — œufs longs 0^mm,055 à de 0^mm,061. »

Je l'ai trouvé dans l'intestin d'un pinson, le 26 novembre et le
27 mars ; vingt-six autres de ces oiseaux ne m'ont point donné ce trichosome.

Au musée de Vienne, sur cinq cent trente pinsons, deux seulement ont donné un trichosome indéterminé qui doit être notre *Trich.*
angustum.

TRICHOSOMES DES CORBEAUX.

15. TRICH. RESÉQUÉ.   *TRICH. RESECTUM.* — Duj., *n. sp.*

[Atlas, pl. 2, fig B et D.]

Trich. resectum, Dujardin, dans Ann. sc. nat. 2e sér., t. XX, pl. 14, fig. D.

« — Tégument presque lisse, montrant au bord seulement des stries
« de 0^mm,0028.

« — *Mâle*, long de 11 à 13^mm, large de 0^mm,055 à 0^mm,065, rapport
« de la longueur à la largeur 200 ; — queue obliquement tronquée ;
« — gaîne lisse courte, longue de 0^mm,10 et large de 0^mm,018 ; — spicule
« anguleux, roide, long de 1^mm,10 à 1^mm,2 et large de 0^mm,011 à 0^mm,013.

« — *Femelle*, longue de 13^mm,5, large de 0^mm,082 ; — rapport de la
« longueur à la largeur 164 ; — queue obtuse ; — vulve à 5^mm,7 de la
« tête, sans appendices ; — œufs longs de 0^mm,060 à 0^mm,063. »

Je l'ai trouvé très-abondamment, le 8 mars et le 11 octobre à Rennes,
engagé dans la muqueuse de l'intestin grêle de deux choucas (*Corvus*
monedula) ; il a beaucoup de rapport avec le *Trich. angustum* du
pinson, mais la gaîne du mâle est deux fois plus courte et le spicule
est plus petit ; le rapport de la largeur à la longueur est en même
temps différent.

— Dans l'intestin de la pie (*Corvus pica*) (Atlas, pl. 2, fig. C.), j'ai
trouvé deux fois, au mois d'octobre, à Rennes, plusieurs trichosomes
femelles longs de 13 à 19^mm, larges de 0^mm,095, ce qui donne 180
pour le rapport de la longueur à la largeur ; les œufs sont longs de
0^mm,057 à 0^mm,060 ; la vulve est à 6^mm,7 de la tête chez un de ces trichosomes long de 17^mm,5 ; le tégument montre des lignes ou stries longitudinales assez distinctes, mais il ne paraît pas strié transversalement ; il
est en outre dans le jeune âge revêtu d'une couche tomenteuse formée

de filaments courts dressés, analogues par leur aspect à des bacteriums ou à d'autres infusoires vibrionides.

Dans l'intestin du geai (*Corvus glandarius*), j'ai trouvé le 26 septembre et le 19 octobre plusieurs trichosomes femelles longs de 18 à 22^{mm} et larges de 0^{mm},098 à 0^{mm},10, ce qui donne pour le rapport de la longueur à la largeur 180 et 220; la vulve est à 6^{mm},5 de la tête dans un individu long de 19^{mm},5. Les œufs (Atlas, pl. 2, fig. D. 3) sont longs de 0^{mm},059 à 0^{mm},063 et montrent nettement des stries obliques sur leur coque aux deux extrémités; le tégument offre des indices de stries transverses écartées de 0^{mm},0032. Une troisième fois, le 19 janvier, j'ai trouvé le mâle long de 13^{mm} ayant le cou long de 5^{mm},7 et le spicule long de 1^{mm},2.

M. Creplin attribue à la corneille (*Corvus cornix*) la même espèce de trichosome (*Trich. contortum,* n° 6) qu'à la buse et à divers échassiers et palmipèdes; il l'a trouvé souvent, et d'abord au mois de février, dans l'œsophage de cet oiseau; mais ce n'est assurément pas le même que notre *Trich. resectum* du choucas, car la gaîne de celui-ci est beaucoup plus courte et l'extrémité caudale n'a pas les renflements ou bourrelets indiqués par cet auteur.

Au musée de Vienne un seul choucas sur deux cent vingt-cinq, et treize pies sur cent soixante-douze, ont donné des trichosomes non-déterminés qui sont vraisemblablement les mêmes.

Dans un freux (*Corvus frugilegus*), le 30 avril, j'ai trouvé aussi un trichosome femelle, long de 17^{mm},5, ayant la partie antérieure longue de 5^{mm},10, la tête large de 0^{mm},015, la base de la partie antérieure large de 0^{mm},111; la partie postérieure large de 0^{mm},119 et la queue large de 0^{mm},06; le rapport de la longueur à la largeur est ainsi 150; son tégument est légèrement strié, les stries comme chez le trichosome du geai sont écartées de 0^{mm},0032; les œufs sont également longs de 0^{mm},060.

La collection du Muséum de Paris renferme aussi un trichosome incomplet de l'œsophage d'un freux, long de 13^{mm},8 et large de 0^{mm},158 dans sa partie postérieure, qui seule est longue de 10^{mm},8 et contient des œufs longs de 0^{mm},065; les stries du tégument ont 0^{mm}0027.

TRICHOSOME DES PICS.

J'ai trouvé à Rennes dans un pic-épeiche (*Picus major*), le 22 février, un trichosome mâle, long de 11^{mm}, mais incomplet; la partie antérieure est longue de 5^{mm},5, la tête est large de 0^{mm},009; la partie postérieure est large de 0^{mm},07; la queue est tronquée et bilobée; le spicule triquètre un peu tordu, long de 1^{mm} et large de 0^{mm},023, est entouré d'une gaîne longue de 0^{mm},09, large de 0^{mm},025, lisse, sortant par un orifice terminal entre les lobes de la queue. Le tégument présente au bord seulement des indices de stries transverses écartées de 0^{mm},0023. Quand on connaîtra sa femelle et ses œufs on pourra vraisemblablement le rapporter au *Trich. resectum* ou au *Trich. angustum.*

Le catalogue du musée de Vienne indique un seul *Picus canus* sur cent trente-huit, un seul *Picus major* sur deux cent vingt-deux, et un seul *Picus viridis* sur cent quatre-vingt-six comme ayant donné des trichosomes d'espèce indéterminée.

TRICHOSOME DES GALLINACÉS.

16. TRICH A LONG COU. *TRICH. LONGICOLLE.* — Rud.

Gordius gallinæ, Goeze, Naturgesch , p. 126, pl. 7 (B), fig. 8-10.
Filaria gallinæ, Gmelin, syst. nat., p. 3040, n. 9.
Capillaria semiteres, Zeder, Naturg., p. 61.
Linguatula unilinguis, Schranck, Samml., p. 231.
Filaria phasiani et *Filaria tetricis,* Froelich, Naturf., XXV, p. 110, et
    XXIX, p. 28.
Hamularia nodulosa, Rudolphi, Entoz., t. II, p. 80.
Trichosoma longicolle, Rudolphi, Synopsis, p. 14 et 221.

« Blanc opaque ; — tête large de 0^{mm},009 ; — tégument légèrement « strié en travers ; — stries écartées de 0^{mm},0018 à 0^{mm},0020, et avec une « large bande longitudinale couverte de granules saillants.

« — *Femelle,* longue de 16^{mm},5 à 18^{mm}, partie antérieure de 5^{mm},5 à « 6^{mm},5 ; — largeur à la base de la partie antérieure 0^{mm},053 à 0^{mm},065 ; « — largeur de la partie postérieure de 0^{mm},07 à 0^{mm},08 ; — rapport de la « longueur à la largeur 200 ; — queue obtuse ; — orifice anal presque « terminal ; — vulve munie d'un appendice membraneux saillant en « forme de cornet ou d'entonnoir ; — œufs longs de 0^{mm},055, cylin- « droïdes, larges de 0^{mm},023 avec des goulots assez larges. »

J'ai trouvé huit fois seulement ce trichosome, à Rennes, dans plus de cent quatre-vingts coqs ou poules et une fois dans une perdrix grise ; j'en donne la description sans être certain que ce soit bien la même espèce que Gœze, Schrank et Frœlich ont trouvée en Allemagne ; d'autant plus que ces auteurs lui ont assigné des dimensions beaucoup plus considérables. — Je dois dire toutefois qu'une fois j'ai vu un de ces trichosomes avec des œufs longs de 0^{mm},061.

Gœze en a donné une figure incomplète et sans description, dans laquelle il est évident que la partie antérieure ou le cou manquait en partie. Schrank l'avait trouvé dans le rectum de la poule.

Frœlich trouva dans l'intestin du faisan ce trichosome long de 67^{mm}, blanc, mince comme un cheveu, contenant à la partie posté- rieure une double rangée d'œufs brunâtres. Frœlich en trouva ensuite dans le rectum du coq de bruyère à queue fourchue (*Tetrao tetrix*) au mois de mai, ils étaient longs de 65 à 80^{mm}, contournés et pelo- tonnés ensemble ; la partie antérieure, dit-il, formait les trois quarts de la longueur totale et la queue était échancrée.

Au musée de Vienne, vingt-trois perdrix sur six cent quarante- quatre, neuf coqs de bruyère (*Tetrao urogallus*) sur dix-neuf, deux cent quarante-neuf faisans (*Phasianus colchicus*) sur six cent huit, et trente et un coqs (*Phasianus gallus*) sur cent vingt-sept ont fourni ce trichosome.

17. TRICH. DU TINAMOU.   *TRICH. CRYPTURI.*—Rud. (*Syn.,* p. 636.)

« — *Femelle,* longue de 9 à 13^mm, très-mince, à tête distincte, en
« forme de nodule, suivie d'un col court, plus mince ;—le reste du corps
« est d'un diamètre égal jusqu'à la queue qui est longue, plus mince
« que le cou et déprimée, styliforme à l'extrémité. » (Rud.)

Cet helminthe, dont le mâle n'est pas connu et qui ne peut être
rapporté qu'avec doute au genre trichosome, a été trouvé par Natterer
au Brésil dans l'intestin du tinamou (*Crypturus*).

TRICHOSOME DES PIGEONS.

Neuf pigeons (*Columba domestica*), sur deux cent quarante-cinq,
disséqués au musée de Vienne, ont donné un trichosome indéterminé
vivant dans le gros intestin et que je décris sous le nom de *Calodium*.

TRICHOSOMES DES ÉCHASSIERS.

M. Creplin indique le *Trichosomum contortum* de la buse (n° 6)
comme trouvé également par lui-même dans le pluvier à collier
(*Charadrius hiaticula*), dans le vanneau (*Vanellus cristatus*), dans le
combattant (*Tringa pugnax*) et dans l'avocette (*Recurvirostra avocetta*),
et toujours engagé dans la muqueuse de l'œsophage de ces oiseaux.

Le catalogue du musée de Vienne porte seulement comme ayant
fourni des trichosomes indéterminés sept vanneaux sur cent et, de
plus, deux échasses (*Himantopus melanopterus*) sur soixante-deux ;
ceux de ce dernier oiseau étaient entre les membranes de l'estomac,
ceux du vanneau dans l'intestin.

TRICHOSOME DU VANNEAU. (*Vanellus cristatus.*)

18. TRICH. ÉTIRÉ.   *TRICH. PROTRACTUM.* — Duj. *nov. sp.*

« — *Femelle,* longue de 30^mm,64 ;—partie antérieure longue de 3^mm,66,
« large de 0^mm,0083 en avant, et de 0^mm,045 à sa base ; — partie pos-
« térieure longue de 27^mm, large de 0^mm,097 ; — rapport des deux par-
« ties :: 1 : 7, 4 ; — rapport de la longueur à la largeur 315 ; — œuf
« long de 0^mm,056, large de 0^mm,025 ; — tégument avec une bande lon-
« gitudinale granuleuse et des stries transverses de 0^mm,0027. »

Un bocal, envoyé du muséum de Vienne à celui de Paris en 1816,
contient sous le nom de *Capillaria* ce trichosome femelle trouvé dans
l'intestin du vanneau.

TRICHOSOME DE LA GRUE. (*Grus cinerea.*)

19. TRICH. ÉMOUSSÉ.   *TRICH. OBTUSIUSCULUM.* — Rudolphi.

Trich. obtusiusculum, Rudolphi, Synopsis, p. 13 et 220.
Trich. obtusiusculum, Mehlis, dans Isis, 1831, p. 74, pl. 2, fig. 3.

« — *Mâle.* — Spicule très-long (de 0^mm,8), recourbé ;—gaîne longue
« de 0^mm,6, renflée et redoublée à l'extrémité. (Mehlis.)

« *Femelle,* longue de 27 à 40ᵐᵐ ; — vulve située vers le premier cin-
« quième de la longueur, extrémité caudale un peu obtuse, re-
« courbée. »

On a trouvé une seule fois, au musée de Vienne, plusieurs femelles
de cette espèce entre les membranes de l'estomac de la grue. Mehlis
l'a trouvé aussi dans la grue et dans le vanneau ; la figure qu'il a
donnée de la gaîne permet de croire que cet helminthe appartient à
un autre genre.

TRICHOSOME DU PETIT GUILLEMOT. (*Uria grylle.*)

Creplin indique aussi comme trouve par lui dans l'œsophage de
cet oiseau le *Trich. contortum* n° 6.

TRICHOSOME DU CORMORAN. (*Carbo cormoranus.*)

Sur vingt-trois cormorans disséqués au musée de Vienne un seu
contenait un *trichosome* d'espèce indéterminée.

TRICHOSOME DES OIES ET CANARDS. (*Anas.*)

20. TRICH. A COU COURT.   *TRICH. BREVICOLLE.* — Rud.

Trichoceph. anatis et *Linguatula trichocephala,* Schrank, Samml., p. 232.
Capillaria tumida, Zeder, Naturg., p. 61, pl. 1, fig. 8-9.
Trichocephalus capillaris, Rudolphi, Entoz., t. II, 1, p. 86.
Trichosoma brevicolle, Rudolphi, Synopsis, p. 13.
Trichosoma brevicolle, Mehlis, dans l'Isis, 1831, p. 74, pl. 2, fig. 4.

« — *Mâle.* — Spicule droit ; — gaîne droite, simple, longue de
« 0ᵐᵐ,12, large de 0ᵐᵐ,02.
« — *Femelle,* longue de 13ᵐᵐ, partie antérieure plus courte que la
« postérieure (:: 2 : 3), qui est remplie d'œufs, et dont l'extrémité
« est obtuse. »

Sur cent trente-neuf oies disséquées au musée de Vienne dix-huit seulement contenaient ce trichosome dans leurs cœcums. Zeder a trouvé
aussi cet helminthe dans la sarcelle (*Anas querquedula*), et Mehlis
dans les cœcums de l'*Anas glacialis* et du harle (*Mergus serrator*).

III. TRICHOSOMES DES REPTILES.

TRICHOSOME DU CROTALE. (*Crotalus durissus.*)

Le catalogue du musée de Vienne mentionne un trichosome trouvé
une seule fois dans ce serpent.

TRICHOSOME DES TRITONS. (*Triton punctatus.*)

[Atlas, pl. 2, fig. F.]

« — *Femelle* longue de 16 à 17ᵐᵐ, large de 0,107, rapport de la lon-
« gueur à la largeur 160 ; — œufs longs de 0ᵐᵐ,064 à 0ᵐᵐ,065. »

Je l'ai trouvé en mai et juin 1838, à Paris, dans l'intestin des tritons pris à l'étang de Meudon.

IV. TRICHOSOMES DES POISSONS.

TRICHOSOME DES CYPRINS.

23. TRICH. TOMENTEUX.   *TRICH. TOMENTOSUM.* — Duj. n. *sp.*

[Atlas, pl. 2, fig. E.]

« — Tête large de 0^{mm},009 ; — tégument avec des traces de stries
« transverses dans la partie postérieure , et une large bande longi-
« tudinale de granules saillants dans la partie antérieure, revêtu en
« outre d'une sorte de villosité formée de très-petits poils dressés.

« — *Femelle,* longue de 8^{mm},6 à 9^{mm},15, large de 0^{mm},075 ; — rapport
« de la longueur à la largeur 114 ; — vulve sans appendices, à 4^{mm} de
« la tête ; — œufs oblongs rétrécis au milieu , à coque granuleuse,
« longs de 0^{mm},060 à 0^{mm},064 ; — queue obtuse ; — anus presque ter-
« minal. »

Je l'ai trouvé au mois d'octobre , à Rennes, dans l'intestin des *Cyprinus idus* et *Cyprinus erythrophthalmus;* mais je n'ai pas vu le mâle.
C'est probablement le même que Creplin a observé (*Observat. novœ
de Entozois*) à Greifswald, dans le *Cyprinus Jeses.*

— M. Bellingham (*Magaz. of Nat. hist.,* 1840, t. IV, p. 349) a trouvé
dans l'intestin du *Gadus merluccius* un trichosome qu'il propose de
nommer *Trich. gracile.*

(?) 2e Genre. THOMINX.   *THOMINX.* — Duj.

θώμιγξ corde.

« Il diffère des trichosomes par la gaîne épineuse non renflée
« du mâle dont le spicule est épais, triquètre, et dont l'extrémité
« postérieure est dilatée et lobée. »

Je distingue provisoirement par cette dénomination générique
deux espèces, dont je n'ai encore vu que les mâles, mais qui me
paraissent différer beaucoup des trichosomes. Un de ces helminthes, celui du pinson, m'a présenté un fait curieux et sans
exemple parmi les autres nématoïdes, il répandait dans le liquide par l'extrémité de la gaîne une quantité considérable de
petits filaments qui paraissent être les spermatozoïdes.

1. THOMINX DU PINSON.   *THOMINX MANICA.* — Duj., *n. sp.*

« — Tête large de 0^{mm},0085, tégument strié tranversalement, stries
« de 0^{mm},003.

« — *Mâle,* long de 13^{mm}2 ;—partie antérieure longue de 6^{mm} ;—largeur
« à la base de la partie antérieure, 0^{mm},057 : en arrière, 0^{mm},070 ; —
« rapport de la longueur à la largeur, 188 ; — queue souvent recour-

« bée, tronquée et élargie à l'extrémité, à bord renflé et prolongé en
« trois lobes ; — anus terminal ; — spicule triquètre long de 0^mm,25,
« large de 0^mm,012 à 0^mm,017, entouré d'une gaîne membraneuse lon-
« gue, mais non flottante, large de 0^mm,025, hérissée de petites pointes
« ou épines disposés sur dix-huit rangs. »

Un seul pinson (*Fringilla cœlebs*) sur vingt m'a donné ce trichosome à Rennes, le 27 mars. Je n'ai pas eu la femelle, mais ce
mâle m'a présenté un fait assez remarquable : en même temps qu'il
allongeait et retirait alternativement son spicule, dont la gaîne ne
sortait jamais que de 0^mm,08, il répandait dans l'eau environnante une
foule de corpuscules filiformes très-déliés, longs de 0^mm,017, courbés
en arc de cercle.

? 2. THOM. DU ROSSIGNOL.   ***THOM. TRIDENS.*** — Duj. *nov. sp.*

« — Tête large de 0^mm,0088 ; — partie antérieure presque égale à la
« postérieure ; — tégument sans stries.
« — *Mâle*, long de 10^mm,12 ; — large de 0^mm,061 à la base de la partie
« antérieure, et de 0^mm,065 en arrière ; — rapport de la longueur à la
« largeur 154 ; — queue tronquée, élargie en forme de calice, large
« de 0^mm,085, ayant au bord trois lobes triangulaires, arrondis, saillants
« de 0^mm,013 ; et au milieu desquels sort le spicule droit, triquètre,
« long de 1^mm,12, large de 0^mm,0185 : — gaîne ?..... »

J'ai trouvé au mois de mai, à Rennes, dans l'intestin d'un rossignol (*Sylvia luscinia*) plusieurs mâles de ce helminthe dont je n'ai pu
voir la gaîne.

3e GENRE. EUCOLEUS.   *EUCOLEUS.* — Duj.

ἐΰς beau, χολεός gaîne.

« — Corps filiforme de deux parties, dont l'antérieure conte-
« nant l'œsophage est beaucoup plus courte.
« — *Mâle*, à queue amincie, à peine plus large que la gaîne
« qui est longue, exsertile, toute hérissée d'épines minces, cou-
« chées en arrière ; — spicule nul ou non distinct.
« — *Femelle*, à queue conoïde obtuse ; — œufs à coque granu-
« leuse. »

Les helminthes, dont je propose de former ce genre *Eucoleus*,
se distinguent des trichosomes et des autres Nématoïdes de la
première section par la structure de l'appareil copulatoire du
mâle, consistant en une gaîne très-longue, très développée et
hérissée d'épines, mais à travers laquelle on ne distingue point,
comme chez les autres, un spicule corné. Leur habitation et
leur mode de développement doivent les distinguer aussi, car les

deux espèces connues vivent engagées dans le mucus des bronches ou de la trachée, et portent leurs œufs agglutinés sur leur tégument, par une sorte de mucilage épais.

EUCOLEUS DU RENARD.

1. EUCOLEUS AEROPHILE.   *EUCOLEUS AEROPHILUM.* — Duj.

Trich. aerophilum, Crep., dans l'Enc. de Ersch et Gruber, t. XXXII, p. 278.

« — Largeur de la tête, 0^{mm},018 ; — tégument strié transversale-
« ment ; — stries de 0^{mm},0032.

« — *Mâle,* long de 24^{mm},5 ; — partie antérieure de 8^{mm},3 ; — partie
« postérieure de 16^{mm},2 ;—large de 0^{mm},088 à la base du cou, de 0^{mm},102,
« au milieu de la partie postérieure, et de 0^{mm},0605, vers l'extrémité ;—
« rapport de la longueur à la largeur 240 ;—queue recourbée, amin-
« cie et obliquement tronquée ; — point de spicule ;—pénis représenté
« par un long tube épineux rétractile et protractile (comme la trompe
« des échinorhynques), long de 0^{mm},9, large de 0^{mm},018 dans la partie
« saillante au dehors, où il n'a que douze à quatorze rangées longitu-
« dinales d'épines, renflé à l'intérieur jusqu'à avoir 0^{mm},029, et présen-
« tant alors vingt-quatre rangées d'épines ; — épines couchées en ar-
« rière, longues de 0^{mm},006.

« — *Femelle,* longue de 32^{mm} ;— partie antérieure de 7^{mm},4 ;—partie
« postérieure de 24^{mm},6 ; — large de 0^{mm},18 à la base du cou, de 0^{mm},16
« après la vulve, 0^{mm},18 en arrière et de 0^{mm},14 à la queue ; — rap-
« port de la longueur à la largeur 200 ; — queue obtuse, tronquée ;
« — anus terminal ; — vulve sans appendices ; —œufs blancs à coque
« granuleuse, longs de 0^{mm},079, y compris les boutons terminaux
« (ou de 0^{mm},68, mesurés du bord des goulots), larges de 0^{mm},035,
« et retenus à la surface du corps dans une couche mucilagineuse
« tenace. »

Il vit, à la surface interne de la trachée-artère du renard. M. Créplin,
le premier, l'y a trouvé en février et octobre à Greifswald. Je l'ai
trouvé moi-même trois fois dans les renards de la forêt de Rennes en
mars et en avril ; et c'est d'après mes propres observations que j'en ai
donné la description. La singulière structure de l'appareil génital
mâle et l'absence de spicule, que je n'ai pu apercevoir d'aucune manière, doivent le faire ranger dans une section ou dans un genre à
part.

EUCOLEUS DU HÉRISSON.

2. EUC. MINCE.   *EUC. TENUIS.* — Duj. *nov. sp.*

« — Corps filiforme très-mince ; —tête large de 0^{mm},0125 ; — tégu-
« ment finement strié en travers ; — stries de 0^{mm},0018.

« — *Mâle,* long de 15^{mm},5 ; — partie antérieure longue de 2^{mm},5,
« large de 0^{mm},068 ; —rapport des deux parties :: 1 : 5 (?) ;— rapport

« de la longueur à la largeur, 228 ; — queue amincie, obliquement
« tronquée, avec une petite pointe ou papille postérieure ; — gaîne
« longue de 1^{mm} (saillante de 0^{mm},18), large de 0^{mm},016, hérissée
« d'épines fines, couchées, longues de 0^{mm},006.

  « — *Femelle,* large de 0^{mm},112 en arrière ;—queue amincie en pointe
« mousse ; — œufs longs de 0^{mm},056, larges de 0^{mm},029, à coque gra-
« nuleuse. »

Il vit dans le poumon (les bronches) du hérisson (*Erinaceus europœus*), où on l'a trouvé au musée de Vienne. Le Musée de Paris l'avait
reçu de celui de Vienne en 1816, mais le bocal que m'a confié M. le
professeur Valenciennes ne contient qu'un mâle entier et des fragments de plusieurs femelles. Il portait l'inscription *Capillaria ? erinacei
europœi. é pul.*

Si, comme je le crois, je ne me suis pas trompé, c'est de tous les
nématoïdes de cette première section celui dont la partie antérieure
est la plus courte par rapport à la postérieure.

4e Genre. CALODIUM.   *CALODIUM.* — Duj.

χαλώδιον petite corde.

« Il diffère des trichosomes par l'organe copulatoire du mâle
« formé d'un spicule corné très-long et d'une gaîne membra-
« neuse, très-longue, rétractile, plissée transversalement et
« souvent flottante à l'extérieur. »

La structure si particulière de l'appareil copulatoire chez certains trichosomes m'a déterminé à réunir en un genre distinct
les espèces suivantes, quoique jusqu'à présent je n'aie pas
aperçu d'autre caractère générique commun aux deux sexes.
Une des espèces de ce genre vit dans l'estomac et dans la rate de
la musaraigne, une autre dans la vessie du renard et peut-être
du loup, les trois autres se trouvent dans l'intestin d'un mammifère et de deux oiseaux.

CALODIUMS DES MAMMIFÈRES.

CALODIUM DE LA MUSARAIGNE. (*Sorex araneus.*)

1. CALOD. SPLÉNIQUE.   *CALOD. SPLENÆCUM.* — Duj. *n. sp.*

[**Atlas, pl. 1, fig. A.**]

Trich. splen., Duj., dans An. sc. nat., 2e série, t. XX, p. 332, pl. 14, fig. A.

  « — Tête effilée, large de 0^{mm},009, œsophage toruleux, long de 5^{mm},
« tégument ayant en avant deux bandes latérales de granulations ou
« petites pointes.

« — *Mâle*, long de 11 à 13ᵐᵐ, large de 0ᵐᵐ,06 à 0ᵐᵐ08 ; rapport de
« la longueur à la largeur 180 ; — queue ailée et lobée ; — spicule
« long de 0ᵐᵐ,88 ; — gaîne également longue, large de 0ᵐᵐ,02, finement
« plissée ou striée transversalement et obliquement, rétractile en elle-
« même, flottante.

« — *Femelle*, longue de 24 à 37ᵐᵐ, large de 0ᵐᵐ,09 ; — rapport de la
« longueur à la largeur 270 ; — queue obtuse, obliquement tronquée ;
« — vulve située à 5ᵐᵐ,6 de l'extrémité antérieure, munie d'un ap-
« pendice extérieur en entonnoir ; — œufs longs de 0ᵐᵐ,053 dans le
« corps ; entourés d'une couche gélatineuse au moyen de laquelle ils
« restent agglutinés soit entre eux, soit à la surface du corps, pour con-
« tinuer à s'accroître jusqu'à devenir longs de 0ᵐᵐ,070 et même de
« 0ᵐᵐ,076. »

Je l'ai trouvé dix-sept fois parmi quatre-vingt-une musaraignes que
j'ai disséquées à Rennes. Il vit d'abord dans l'estomac et dans le duodénum, puis il pénètre dans l'épiploon à travers les tissus, et il arrive
dans la rate, où il produit des tubercules blanc-jaunâtres d'un aspect
crétacé, qui en augmentent considérablement le volume. Ces tubercules finissent par n'être plus qu'un amas d'œufs, de débris membraneux des trichosomes, et de la substance gélatineuse dont les œufs
sont entourés à l'instant de la ponte. Les trichosomes, avant de disparaître, se sont allongés de plus en plus, par suite du développement
des œufs ; en même temps l'intestin s'est atrophié, et ils semblent
alors n'être plus qu'un tube membraneux rempli d'œufs.

CALODIUM DU RENARD (ET DU LOUP).

2. CAL. PLIQUE.   *CAL. PLICA* — Duj.

Trichosoma plica ? Rudolphi, Synops., p. 14 et 223, n° 6.
Trichosoma canis vulpis, Rayer, Archiv. de méd. comp., 1843, n° 3, p. 182,
  pl. 7, fig. 1-11.

« — Corps filiforme, très-mince ; — tête large de 0ᵐᵐ,0083 ; — té-
« gument à stries transversales, fines de 0ᵐᵐ,0025.

« — *Mâle*, long de 13ᵐᵐ ; — partie antérieure longue de 6ᵐᵐ, partie
« postérieure longue de 7ᵐᵐ, large de 0ᵐᵐ,048, un peu plus mince en
« arrière ; — queue terminée par un appendice membraneux en pointe ;
« — rapport de la longueur à la largeur, 270 ; — spicule long de 4ᵐᵐ,
« large de 0ᵐᵐ,0083, tronqué à l'extrémité ; — gaîne également très-
« longue (repliée à l'intérieur), plissée transversalement et oblique-
« ment, large de 0ᵐᵐ,021.

« — *Femelle*, longue de..... (de 30 à 36ᵐᵐ, Rayer) ; — partie anté-
« rieure formant les deux tiers de la longueur totale (Rayer) ; — par-
« tie postérieure large de 0ᵐᵐ,065 ; — queue obtuse ; — œufs longs
« de 0ᵐᵐ,060, larges de 0ᵐᵐ,030, à larges goulots. »

J'ai pu étudier cet helminthe sur une préparation d'une vessie de
renard que m'a communiquée M. Valenciennes ; M. Rayer l'avait trouvé

d'abord en septembre 1842, puis en janvier 1843 dans la vessie et dans le bassinet de plusieurs renards. Je ne doute pas que ce ne soit le *Trichosoma plica*, trouvé une seule fois par Rudolphi dans la vessie du loup, et trop incomplétement décrit par cet auteur, et que M. Bellingham a trouvé aussi en Irlande dans la vessie du renard et du chien. (*Mag. of Nat. hiss.*, 1840, p. 349.)

CALODIUM DES RATS. (*Mus rattus et M. decumanus.*)

3. CALODIUM ANNELÉ.   *CALODIUM ANNULOSUM.* — Duj. *n. sp.*

« — Corps distinctement annelé, surtout en arrière; — tête très-
« amincie, large de 0^{mm},0084; — tégument distinctement strié trans-
« versalement; — stries de 0^{mm},0025 en avant, de 0^{mm},0037 à 0^{mm},0046
« en arrière.

« — *Mâle,* long de 14^{mm}, large de 0,04; — rapport, de la longueur à la
« largeur 350; — queue bilobée et pourvue de deux ailes membra-
« neuses longitudinales, peu saillantes; — spicule long de 0^{mm},95, gaîne
« non moins longue, repliée à l'intérieur, plissée transversalement
« avec régularité, et flottante.

« — *Femelle,* longue de 21^{mm}, large de 0^{mm},058; — rapport de la lon-
« gueur à la largeur 360; — queue obtuse, vulve sans appendice,
« située à 4^{mm} de l'extrémité antérieure; — œufs longs de 0^{mm},051 à
« 0^{mm}0565. »

Je l'ai trouvé à Rennes, au mois de janvier, assez nombreux dans l'intestin d'un seul rat, qui s'était nourri exclusivement d'oignons (*Allium cepa*); six autres rats pris en même temps ne contenaient aucun helminthe. Je l'ai trouvé aussi dans un surmulot, le 15 février.

Ses stries transverses, l'absence de bandes longitudinales granuleuses et d'appendice à la vulve, et ses deux membranes longitudinales le distinguent suffisamment des *Cal. splenœcum* et *Cal. ornatum* qui ont également la gaîne du spicule très-longue et flottante.

II. CALODIUMS DES OISEAUX.

CALOD. LONGIFIL.   *CALOD. LONGIFILUM.* — Duj., *n. sp.*

« — *Mâle,* long de 14^{mm},5, et dont la partie antérieure est à la partie
« postérieure :: 7 : 8; — largeur de la tête 0^{mm},0065, de la base de
« la partie antérieure 0^{mm},053, de la partie postérieure 0^{mm},068,
« de la queue 0^{mm},034; — rapport de la longueur à la largeur 220; —
« tégument sans stries apparentes; — queue lobée et munie d'une aile
« membraneuse latérale; — anus latéral; — Spicule très-grêle et flexible,
« long de 2^{mm}, large de 0^{mm},0065; — gaîne en forme de long tube mem-
« braneux flottant, régulièrement plissé en travers, long de 1^{mm},50,
« large de 0^{mm},0129. »

Je l'ai trouvé une seule fois dans l'intestin de la fauvette d'hiver (*Accentor modularis*), à Rennes, le 22 mars; il m'a paru distinct des autres trichosomes à longue gaîne par la longueur même du spicule, par la ténuité de la partie antérieure et de la tête et par l'amincissement de la partie postérieure.

CALODIUM DE LA FARLOUSE.

CALOD. ORNÉ. *CALOD. ORNATUM*. — Duj., *n. sp.*

[**Atlas, pl. 1, fig. B.**]

Trich. ornatum, Dujardin, Ann. sc. nat. 2e série, t. XX, pl. 14, fig. B.

« — Tête large de 0^{mm},012 ; — orifice buccal à l'extrémité d'un tu-
« bercule conique ; — tégument sans stries transverses, mais avec deux
« bandes latérales couvertes de granules saillants sur cinq à six rangs.

« — *Mâle*, long de 11^{mm}, large de 0^{mm},065 ; — rapport de la longueur
« à la largeur 170 ; — queue recourbée, terminée par une large ouver-
« ture, irrégulièrement évasée avec un bourrelet arrondi ; — gaîne
« longue de 0^{mm},93, large de 0^{mm},018, membraneuse, finement plissée
« en travers, flottante au dehors ou en partie repliée à l'intérieur ; —
« spicule flexible long de 0^{mm},1, large de 0^{mm},009.

« — *Femelle*, longue de 18^{mm} ; — partie antérieure longue de 7^{mm},5 ;
« — largeur à la base de la partie antérieure 0^{mm},081 ; — largeur de la
« partie postérieure 0^{mm},095 ; — rapport de la longueur à la largeur 180 ;
« — queue un peu amincie, obtuse ; — anus arrivant obliquement un
« peu avant l'extrémité ; — vulve à 7^{mm},5 de la tête, munie d'un ap-
« pendice saillant, en forme d'entonnoir recourbé en arrière ; — œufs
« longs de 0^{mm},051. »

Je l'ai trouvé le 19 octobre, à Rennes, dans l'intestin d'une farlouse (*Anthus pratensis*) : douze autres oiseaux de la même espèce
n'en contenaient pas.

Ce calodium a tant d'analogie avec le cal. splénique de la musaraigne, qu'on aurait pu supposer que c'est une même espèce, ayant
vécu d'abord dans quelque insecte, ou dont les œufs auraient été avalés
avec les aliments de l'un et de l'autre animal ; cependant le calodium
mâle de la farlouse a l'extrémité caudale notablement différente, et
les œufs n'ont pas l'enveloppe gélatineuse dans laquelle ceux du calodium de la musaraigne continuent à s'accroître.

CALODIUM DU PIGEON.

5. CALODIUM MINCE. *CALODIUM TENUE*. — Duj.

Trich. columbæ, Rudolphi, Synopsis, p. 15, n° 18.

« — Tête large de 0^{mm},006 ; — tégument avec des indices de stries
« transverses de 0^{mm},002 environ.

« — *Mâle*, long de 10^{mm} ; — partie antérieure longue de 4^{mm},7 ; —
« partie postérieure longue de 5^{mm},3, large de 0^{mm},046, — rapport de la
« longueur à la largeur 216 ; — queue obliquement tronquée ; — spi-

« cule long de 1^{mm},4, large de 0^{mm},008; — gaîne longue de 1^{mm},73 ou
« davantage, et large de 0^{mm},015, assez régulièrement plissée en travers.
« — *Femelle*, longue de 18^{mm}; — partie antérieure longue de 7^{mm};
« — partie postérieure longue de 11^{mm}, large de 0^{mm},072; — rapport
« des deux parties :: 2 : 3; — rapport de la longueur à la largeur 250;
« — vulve munie d'un appendice membraneux saillant; — œufs longs
« de 0^{mm},047 à 0^{mm},048. »

Il a été trouvé neuf fois sur deux cent-quarante-cinq dans le gros
intestin du pigeon (*Columba domestica*) au musée de Vienne, qui en a
envoyé au Musée de Paris plusieurs exemplaires décrits ici pour la
première fois.

5ᵉ Genre. LINISCUS. *LINISCUS.* — Duj.

λινισκός fil, ficelle.

« — Vers filiformes, très-déliés, formés de deux parties dont
« l'antérieure, très-mince en avant, devient insensiblement plus
« épaisse en arrière, et dont la partie postérieure, notablement
« plus large que chez les autres trichosomes, ne présente pas de
« renflement brusque comme chez les trichocéphales.
« — *Mâle*, très-aminci en arrière où l'extrémité caudale, obli-
« quement tronquée, laisse sortir un long spicule corné et une
« gaîne membraneuse plissée, souvent flottante et très-longue.
« — *Femelle*, à queue droite en pointe; — œufs elliptiques
« oblongs, terminés par deux larges goulots évasés et revêtus
« d'une enveloppe elliptique, continue, diaphane. »

La seule espèce que je place dans ce nouveau genre se distingue suffisamment des trichosomes ou calodium et des trichocéphales, entre lesquels elle est intermédiaire pour la forme de
son corps insensiblement renflé en arrière, — ses œufs ont une
figure toute particulière; la gaîne de son spicule paraît plus
longue quand, par l'effet de la macération, elle est devenue
libre et flottante. Cette seule espèce a été trouvée autour des
testicules d'une musaraigne.

1. LINISCUS FLUET. *LINISCUS EXILIS.* — Duj., *nov. sp.*

« — Tête large de 0^{mm},0088; — corps médiocrement renflé; — té-
« gument presque lisse; — stries transverses à peine visibles, écartées
« de 0^{mm},0016.
« — *Mâle*, blanc, long de 10^{mm},4; — partie antérieure longue de 5^{mm},4;
« — large de 0^{mm},062 à sa base; — largeur de la partie postérieure
« 0^{mm},106; — queue large de 0^{mm},045, tronquée et laissant sortir par

« l'extrémité le spicule et sa gaîne ; — spicule long de 0^{mm},88, large
« de 0^{mm},006 ; — gaîne longue de 2^{mm},5, large de 0^{mm},0128, membra-
« neuse, flottante, finement plissée.

« — *Femelle*, blanche, longue de 14^{mm},2 ; — partie antérieure longue
« de 8^{mm},2 ; — large de 0^{mm},078 à sa base ; — largeur de la partie posté-
« rieure 0^{mm},16 ; — œuf long de 0^{mm},065, large de 0^{mm},025, ayant deux
« goulots très-évasés et paraissant revêtu d'une enveloppe gélatineuse,
« diaphane, continue. »

J'ai trouvé entre les enveloppes des testicules d'un *Sorex tetragonurus*, le 7 avril, à Rennes, plusieurs helminthes à corps filiforme,
très-grêle en avant, beaucoup plus renflé en arrière que celui des trichosomes, et cependant moins brusquement et moins fortement renflé
que celui des trichocéphales. En raison de la structure de ses œufs à
goulots évasés, et de la gaîne élégamment plissée de son spicule, il doit
appartenir à une division particulière.

6e Genre. TRICHOCÉPHALE. *TRICHOCÉPHALUS.* — Goeze.

θρίξ, θριχός cheveu, κεφαλή tête.

« Corps très-allongé, formé de deux parties, l'antérieure plus
« longue, filiforme, très-amincie en avant, et contenant seu-
« lement l'œsophage ou une première portion toruleuse de l'in-
« testin ; — l'autre partie, ou la postérieure, subitement renflée,
« contient le reste de l'intestin et les organes génitaux ; — l'anus
« est à l'extrémité qui finit en pointe obtuse.

« — *Mâle*, avec un spicule simple, tubuleux, entouré par une
« gaîne renflée ou vésiculeuse, de forme variable, et sortant à
« l'extrémité postérieure.

« — *Femelle*, à ovaire simple, replié dans la partie postérieure,
« terminé en avant par un oviducte charnu qui s'ouvre au
« point de jonction des deux parties du corps ; — œufs oblongs,
« revêtus d'une coque résistante, prolongée en un goulot court
« aux deux extrémités. »

Les trichocéphales vivent pour la plupart dans le gros intestin ou dans le cœcum de l'homme et des mammifères. Leur
organisation ressemble beaucoup à celle des trichosomes, dont
ils diffèrent principalement par le renflement brusque de la
partie postérieure du corps. Ils sont en général assez rares ;
Rudolphi n'en a trouvé lui-même que quatre espèces, et au musée
de Vienne, sur sept mille cent soixante-neuf mammifères disséqués, cent soixante seulement contenaient des trichocéphales

appartenant à six espèces dont deux encore sont indéterminées.

Le trichocéphale de l'homme (*Trich. dispar*) a été décrit pour la première fois par Morgagni [1], qui l'avait trouvé dans le cœcum et l'appendice vermiculaire.

Rœderer et Wagler en parlèrent ensuite dans divers écrits (1761-1762), sur la maladie qu'ils nomment *morbus mucosus*, à la suite de laquelle ils l'avaient trouvé dans l'intestin et particulièrement dans le cœcum des cadavres autopsiés; mais ils prirent son cou filiforme pour la queue, c'est pourquoi ils le nommèrent *Trichuris*. Ce nom fut adopté par Wrisberg (en 1767), et par Bloch (1782). Gœze, dans son *Histoire naturelle des vers intestinaux*, (1782), rectifia l'erreur de ses devanciers au sujet de la position de la tête de ces helminthes, que d'après cela il nomma *Trichocephalos*. Il décrivit en même temps deux autres trichocéphales, celui de la souris et celui du sanglier, et les réunit en un même genre avec un autre helminthe, l'oxyure du cheval, et avec le *Tœnia spirillum* de Pallas, dont nous faisons le genre *Sclerotrichum*.

Schrank, Gmelin, Rudolphi adoptèrent le nom de *Trichocephalus* créé par Gœze, en changeant seulement la terminaison. Zeder, en 1803, proposa pour ce même genre le nom de *Mastigodes*, et Lamarck, dans son *Histoire des animaux sans vertèbres*, en 1816, adopta en français le nom de *Trichure* avec le nom latin de *Trichocephalus*.

Rudolphi, dans son *Entozoorum Hist. nat.* en 1809, décrivit neuf espèces de trichocéphales, dont les deux premières ont dû être reportées plus tard avec ses trichosomes, et la dernière est le *Sclerotrichum*, de sorte qu'il n'y avait que six espèces de vrais trichocéphales. Dans son *Synopsis*, en 1819, il en ajouta une septième (le *Trich. palæformis*), et indiqua en outre six autres espèces exotiques ou douteuses.

M. Creplin, en 1825, dans ses *Observationes de Entozois* (p. 7), a prétendu que l'une des espèces de Rudolphi, son *Trich. crenatus* du cochon, est la même que le *Trich. dispar* de l'homme; il a rectifié en même temps une erreur de Rudolphi, au sujet de la position de la vulve, que cet auteur supposait être placée avec l'anus à l'extrémité postérieure, et qui se trouve réellement à la jonction des deux parties du corps, ou au commencement de la portion plus épaisse.

---

[1] MORGAGNI, *Epistolæ anatomicæ*, Patav., 1764, in-folio.

Les trichocéphales ont des œufs à peu près semblables, pour la forme et pour la grandeur, à ceux des trichosomes, je les ai trouvés longs de :

0^{mm},056 pour le *Trich. dispar* de l'homme.
0 ,062 à 0^{mm},65 pour le *Trich. unguiculatus* du lièvre.
0 ,065 pour le *Trich. nodosus* des souris (***Mus musculus*** et ***Mus rattus***).
0 ,074 pour le *Trich.* de l'*Arvicola subterraneus.*
0 ,077 pour le *Trich. affinis* du chevreuil (*Cervus capreolus*).
0 ,086 pour le *Trich. depressiusculus* du renard (*Canis vulpes*).

Comme ces helminthes aussi, ils ont un long œsophage toruleux, un ovaire simple, terminé en avant par un oviducte charnu, et un tégument en partie strié transversalement, avec une bande longitudinale, large, hérissée de papilles ou de granules saillants, et bordé de papilles plus grosses qui se gonflent par endosmose; mais ils se distinguent par le renflement brusque de la partie postérieure du corps, par la largeur des stries, et souvent aussi par la structure de la gaîne du spicule chez le mâle.

TRICHOCÉPHALE DE L'HOMME.

1. TRICH. DE L'HOMME.   ***TRICH. DISPAR.*** — Rud.

[Atlas, pl. 3, fig. A.]

—— Morgagni, epistolæ anatomicæ, XIV, art. 42.
Trichuris, Roederer et Wagler, Diss. de morbo mucoso, Gott., 1762.
Trichuris, Wrisberg, De anim. infusoriis satura, 1767, p. 6-10.
Trichuris, Bloch, Traité de la génér. des Vers, etc., trad. pl. 9, fig. 7-12.
Ascaris trichiura, Werner, Brev. exp., p. 84-87, pl. 6, fig. 138-143.
Trichocephalos hominis, Goeze, Naturg., p. 112, pl. 6, fig. 1-6.
Trich. hominis, Encycl. méth., pl. 33, fig. 1-4, (copie de Goeze).
Mastigodes hominis, Zeder, Naturg., p. 69.
Trichocephalus dispar, Rudolphi, Entoz., hist. nat., t. II, i, p. 88, et Synopsis, p. 16.
Trichure de l'homme, Lamarck, Anim. s. vert, t. III, p. 212 et 2ᵉ édit., t. III, p. 658.
Trich. dispar, Bremser, Vers de l'homme, trad., p. 143, pl. 1.
Trich. dispar, Schmalz, Tab. anat., Entoz., illust., pl. 18, fig. 7-9.

« — Tête large de 0^{mm},02, rétractile; — œsophage aussi large que la
« tête et flexueux dans la partie antérieure, toruleux un peu plus loin;
« — tégument strié transversalement avec une bande longitudinale
« hérissée de petites papilles, laquelle devient plus large à partir de
« la tête; — stries écartées de 0^{mm},0023. »
« — *Mâle*, blanc long de 37^{mm};—partie antérieure très-mince longue
« de 22^{mm};—partie postérieure longue de 15^{mm}, large de 0^{mm},5, enroulée

« en spirale ; — rapport des deux parties :: 3 : 2 ; — rapport de la
« longueur totale à la largeur 74 ; — spicule long de 3^{mm},35, large de
« 0^{mm},042 à la base et de 0^{mm},027 vers l'extrémité ; — gaîne cylindrique
« plus ou moins dilatée en entonnoir ou renflée et vésiculeuse à l'ex-
« trémité, qui est large de 0^{mm},05 à 0^{mm},07, et hérissée de petites pointes
« de 0^{mm},0036.

« — *Femelle* brunâtre en arrière longue de 34 à 50^{mm} ; — partie an-
« térieure longue de 22 à 33^{mm} ou égalant les deux tiers de la lon-
« gueur totale ; — partie postérieure large de 0^{mm},72 ; — rapport de
« la longueur à la largeur 70 ; — queue en pointe mousse ; — œufs bru-
« nâtres, longs de 0^{mm},052 à 0^{mm},056. »

J'ai eu abondamment ce trichocéphale à Rennes, grâce à l'obligeance
de M. Duval, directeur de l'École de médecine : cet helminthe s'est
trouvé principalement, mais non exclusivement, dans le cœcum des
malades enlevés par la fièvre typhoïde ; cependant on l'a trouvé
aussi, plus rarement, dans d'autres parties de l'intestin.

Longtemps après la première observation de Morgagni, un étudiant
de Goettingue, en 1761, retrouva dans le cœcum d'un enfant de cinq
ans le trichocéphale, qui fut pris alors pour une jeune ascaride lombricoïde, ou pour une très-grande ascaride vermiculaire ; vers cette
époque, Rœderer et Wagler, qui déjà avaient reconnu ce ver comme
une espèce distincte et l'avaient nommé *Trichuris*, eurent occasion
de le trouver fréquemment à Goettingue dans le cœcum des sol-
dats d'un corps d'armée français, enlevés par une épidémie que ces
mêmes médecins décrivirent sous le nom de *morbus mucosus*. Ils
furent ainsi conduits à regarder leurs *Trichuris* comme une production
de cette maladie. Mais depuis lors on les a trouvés dans les cadavres
d'hommes morts de toute autre maladie ; ordinairement ils y sont très-
peu nombreux ou même isolés, cependant Rudolphi en a trouvé une
fois plus de mille ensemble. — M. Creplin pense que c'est ce même trichocéphale qu'on trouve aussi dans le cochon et le sanglier.

TRICHOCÉPHALE DES SINGES.

2. TRICH. EN PELLE.   *TRICH. PALÆFORMIS.* — Rud.

Trich. palæformis, Rudolphi, Synopsis, p. 16 et 225.

« — Tête large de 0^{mm},023 (moins amincie que celle du *Tr. dispar,*
« Rud) ; — tégument hérissé de très-petites papilles d'un côté, et fine-
« ment strié au côté opposé (dorsal) ; stries écartées de 0^{mm},0045 en
« avant, et de 0^{mm},0028 en arrière.

« — *Mâle* long de 23^{mm} (de 23^{mm} Rud.) ; — partie antérieure longue
« de 15^{mm}, large de 0^{mm},16 à sa base ; — partie postérieure longue de
« 8^{mm}, large de 0^{mm},33, enroulée ; — rapport des deux parties :: 2 : 1 ; —
« rapport de la longueur totale à la largeur 69 ; — spicule arqué long
« de 2^{mm}, large de 0^{mm},045 ; — gaîne longue de 0^{mm},39, fortement dilatée
« (en forme de pelle Rud.) à l'extrémité, large de 0^{mm},158 et toute hé-
« rissée de pointes mousses de 0^{mm},0037.

3

« — *Femelle* longue de 23^mm à 45^mm (Rud.) ; — partie antérieure deux
« fois aussi longue que la postérieure ; — queue conoïde obtuse, ter-
« minée par une pointe mousse ; — œufs longs de 0^mm,044 à 0^mm,050,
« larges de 0^mm,021. »

Rudolphi en trouva un mâle et trois femelles dans un papion noir
(*Simia ursina*) à Berlin. Précédemment, en 1791, Treutler l'avait
trouvé, à Leipsick, dans un singe qu'il nomme à tort *Simia satyrus*, et
que Rudolphi suppose être simplement le magot (*Simia sylvanus*) ;
on l'a trouvé au musée de Vienne cinq fois parmi onze callitriches
(*Simia sabœa*), une fois dans un patas (*Simia rubra*), et une fois
dans un papion (*Simia sphinx*).

Le Muséum de Paris avait reçu de celui de Vienne, en 1816, un
mâle long de 23^mm et une femelle non adulte de même longueur,
trouvés dans le papion ; ces deux exemplaires m'ont été communiqués
par M. Valenciennes ; le mâle seul est adulte ; la femelle, sans œufs,
a sa partie antérieure également double de la postérieure.

M. Gervais a trouvé récemment à Paris dans le *Cercopithecus rho-
noïdes* une femelle longue de 23^mm, dont la partie postérieure est
large de 0^m,43, et qui contient quelques œufs plus étroits que dans
aucune autre espèce.

TRICHOCÉPHALE DES MAKIS. (Lemur mongoz.)

Le catalogue de Vienne indique comme indéterminé ce trichocéphale
trouvé une seule fois.

TRICHOCÉPHALE DE LA MUSARAIGNE. (Sorex tetragonurus, V. Linnœus.)

TRICHOCÉPHALE DES CHIENS. (Chien et renard.)

3. TRICH. DÉPRIMÉ.   *TRICH. DEPRESSIUSCULUS.* — Rud.

Trich. vulpis, Froelich, Naturf., XXIV, p. 142, pl. 4, fig. 25-29.
Trich. vulpis, Gmelin, Syst. nat., p. 3039.
Mastigodes vulpis, Zeder, Naturg., p. 70.
Trich. depressiusculus, Rud., Entoz., t. II, I, p. 94, et Syn., p. 17 et 226.
Trich. depressiusculus, Bremser, Icones helminthum, pl. 1, fig. 16-19.

« — Tête large de 0^mm,015 à 0^mm,18 ; — tégument strié transversale-
« ment, surtout en avant, et souvent aussi plissé ou ridé ; — stries
« écartées de 0^mm,0037 ; — des nodules ou tubercules produits souvent
« aussi le long du cou par un effet d'endosmose.
« — *Mâle* blanc, long de 45^mm à 54^mm,2 ; — partie postérieure for-
« mant le quart de la longueur totale, large de 0^mm,37 et contournée
« en spirale ; — queue un peu amincie et tronquée ; — rapport des
« deux parties :: 3 : 1 ; — rapport de la longueur à la largeur 145 ;
« — spicule mince, obtus, long de 0^mm,2, large de 0^mm,021 à 0^mm,029 ; —
« gaîne tubuleuse ou en massue, longue de 0^mm,62, large de 0^mm,046
« à la base, et renflée jusqu'à 0^mm,125, couverte de très-petites épines
« en quinconce dans ses deux premiers tiers, et lisse à l'extrémité.

« — *Femelle* blanche en avant, rouge-brun en arrière par suite du
« développement des œufs; — longue de 53^{mm}; — partie antérieure
« longue de 40^{mm}; — partie postérieure longue de 13^{mm}; — large de
« 60^{mm}; — rapport des deux parties :: 3 : 1; — rapport de la lon-
« gueur à la largeur 90; — queue conoïde, obtuse, lisse.

« — Vulve à bords gonflés, saillants; — œufs elliptiques, prolongés
« en papille ronde aux deux extrémités, longs de 0^{mm},083 à 0^{mm},086,
« larges de 0^{mm},038 à 0^{mm},045, à goulots étroits et à coque mince,
« lisse. »

Sur sept renards que j'ai disséqués à Rennes, deux seulement contenaient ce trichocéphale dans le cœcum, le 19 mars et le 11 avril.

Frœlich le premiers l'avait trouvé au mois d'octobre dans le cœcum
d'un renard. Depuis lors, au musée de Vienne, on l'a trouvé quatre
fois dans le cœcum des chiens, en disséquant cent quarante-quatre
de ces animaux; mais on ne l'a pas trouvé dans soixante-deux renards.

TRICHOCÉPHALE DES RATS. (*Mus et arvicola.*)

4. TRICH. NOUEUX.   *TRICH. NODOSUS.* — RUD.

Trich. muris, GOEZE, Naturg., p. 119, pl. 7 a, fig. 1-5.
Trich. muris, SCHRANCK, Verzeichn, p. 4. GMELIN, Syst. nat., p. 3038
Trich. muris, Encycl. méth., pl. 33, fig. 6-10 (copie de Gœze).
Mastigodes muris, ZEDER, Naturg., p. 70.
Trich. nodosus, RUDOLPHI, Entoz., t. II, I, p. 96, et Synopsis, p. 17 et 227.

« — Tête large de 0^{mm},018; — tégument strié transversalement et
« ayant une large bande longitudinale papilleuse bordée de papilles
« plus grandes susceptibles de se gonfler par endosmose; — stries
« écartées de 0^{mm},004 à 0^{mm},005.

« — *Mâle* long de 14 à 20^{mm}; — partie antérieure longue de 12^{mm},5,
« large de 0^{mm},018; — partie postérieure contournée, longue de 7^{mm},5,
« large de 0^{mm},22 à 0^{mm},30; — rapport des deux parties :: 5 : 3; — rap-
« port de la longueur à la largeur 66.

« Spicule long de 0^{mm},76, tubuleux, large de 0^{mm},015, courbé en
« cercle, entouré par une gaîne longue de 0^{mm},17, de forme très-va-
« riable, tantôt vésiculeuse, tantôt tubuleuse, ou en entonnoir, ou
« terminée par un renflement en turban large de 0^{mm},10.

« — *Femelle* longue de 23 à 31^{mm}; — partie antérieure longue de 14
« à 20^{mm}, large de 0^{mm},02; — partie postérieure longue de 8 à 11^{mm},
« large de 0^{mm},32 à 0^{mm},040; — rapport des deux parties :: 7 : 4; —
« rapport de la longueur à la largeur 77; — queue obtuse, terminée
« par une papille arrondie; — œufs oblongs, terminés par deux bou-
« tons arrondis, longs de 0^{mm},57 à 0^{mm},62. »

J'ai trouvé abondamment ce trichocéphale, à Paris en 1837 et 1838,
dans le cœcum des souris de mon habitation (rue des Postes). Depuis
lors, je l'ai cherché vainement à Toulouse et à Rennes; mais je l'ai
retrouvé encore dans les souris et les rats d'un canton situé à plus

d'un myriamètre au nord de Rennes. J'ai, de plus, trouvé dans plusieurs souris de cette même localité de jeunes trichocéphales longs de 3, de 8 et 12ᵐᵐ, sans renflement postérieur et sans aucune trace d'organes génitaux, si bien qu'on les prendrait pour des trichosomes jeunes, si l'on n'était guidé par l'observation des trichocéphales adultes trouvés dans le même lieu. Leur tête est large de 0ᵐᵐ,014 à 0ᵐᵐ,016; et le corps de 0ᵐᵐ,07 à 0ᵐᵐ,10; la partie postérieure du plus petit n'a encore que 0ᵐᵐ,8 de longueur.

J'ai trouvé une seule fois aussi dans l'*Arvicola subterraneus*, en disséquant quarante-cinq animaux de cette espèce, un trichocéphale femelle assez semblable à ceux de la souris et du rat; mais quoique long seulement de 23ᵐᵐ, il avait des œufs longs de 0ᵐᵐ,074, c'est-à-dire presque d'un quart plus grands. En étudiant le mâle, on pourra constater si c'est une espèce différente.

Gœze, le premier, découvrit le *Trichocephalus nodosus* dans la partie moyenne de l'intestin d'une souris, le 14 avril 1778; mais il ne le trouva que cette seule fois pendant le cours de ses longues recherches, et ses contemporains Pallas, Müller et de Borke, auxquels il le communiqua, regardèrent comme très-importante la découverte de cet helminthe d'une grande rareté.

Rudolphi ne l'a jamais trouvé lui-même, mais il a étudié une femelle trouvée par Hübner. Frœlich l'a trouvé de son côté et a décrit le mâle. Le catalogue du musée de Vienne rapporte que, sur onze cent trente-neuf souris grises, huit seulement contenaient cet helminthe, et cent vingt-cinq souris blanches ne le contenaient pas, non plus que quatre-vingt-six surmulots (*Mus decumanus*); mais un seul rat (*Mus rattus*) sur cent vingt-trois, quatre mulots (*Mus sylvaticus*) sur vingt-sept; un seul rat d'eau (*Arvicola amphibius*) sur cinquante-trois, et enfin huit campagnols (*Arvicola arvalis*) seulement ont présenté ce même trichocéphale toujours dans le cœcum. Aux caractères que nous avons donnés plus haut nous ajouterons seulement que, comme pour le *Trichocephalus dispar*, l'œsophage se voit à travers les téguments de la partie antérieure du cou, sous la forme d'un tube charnu aussi large que la tête, flexueux, égal, et qu'il ne devient tubuleux et plus large que vers le tiers de la longueur du cou.

TRICHOCÉPHALE DE L'ORYCTÈRE. (*Mus capensis*, Gm.)

5. TRICH. CONTOURNÉ.   **TRICH. CONTORTUS.** — Rud.
(*Synopsis*, p. 637.)

« — *Mâle* long de 40ᵐᵐ; — partie antérieure très-amincie, longue de
« 22ᵐᵐ; — partie postérieure brusquement renflée, presque en spirale,
« longue de 18ᵐᵐ; — gaîne en forme de tube court, assez large, tron-
« qué, sortant latéralement près de l'extrémité caudale qui est très-
» obtuse; — spicule mince recourbé.
« — *Femelle* longue de 50ᵐᵐ; — partie antérieure de 27ᵐᵐ, partie posté-

« rieure longue de 23ᵐᵐ, contournée ; extrémité caudale amincie,
« un peu aiguë. » (Rud.)

Rudolphi a trouvé un mâle et trois femelles de ce trichocéphale,
dans un oryctère à tache blanche (*Mus capensis*), du cap de Bonne-
Espérance, conservé dans l'alcool.

TRICHOCÉPHALE DU CASTOR.

Sur quarante-neuf castors disséqués au musée de Vienne, un seul
contenait un trichocéphale non déterminé.

TRICHOCÉPHALE DES LIÈVRES ET DU SOUSLIK.

6. TRICH. ONGUICULÉ.   *TRICH. UNGUICULATUS.*— Rud.

Trich. unguiculatus, Duc de Holstein-Beck, Naturf., XXI, p. 1-6,
   pl. 1, fig. 1-5.
Trich. leporis, Froelich, Naturforsch., XXIV, p. 144.
Mastigodes leporis, Zeder, Naturg., p. 71, pl. 1, fig. 3-5.
Trich. unguiculatus, Rud., Entoz., t. II, i, p. 93, et Synopsis, p. 17 et 225.

« — Tête large de 0ᵐᵐ,0175 à 0ᵐᵐ,020 semblable à celle des précé-
« dents, (recourbée un peu comme l'ongle de l'homme (*unguicula-*
« *tum*) suivant Rudolphi?); — tégument présentant à la face ventrale,
« en avant, une large bande granuleuse bordée de papilles suscep-
« tibles de se goufler par endosmose, et finement strié en travers sur
« le reste de sa surface; — stries de 0ᵐᵐ,0043.
« — *Mâle* blanc long de 29ᵐᵐ (de 40ᵐᵐ Rud.); partie antérieure
« longue de 17ᵐᵐ, large de 0ᵐᵐ,16 à sa base; — partie postérieure
« longue de 12ᵐᵐ, large de 0ᵐᵐ,58; — rapport des deux parties : : 3 : 2;
« — rapport de la longueur totale à la largeur 50; — spicule très-
« grêle long de 1ᵐᵐ,87 (+ ?), large de 0ᵐᵐ,010; gaine diaphane très-
« étroite longue de 1ᵐᵐ,55, filiforme, striée transversalement et large
« de 0ᵐᵐ,017 à sa base; un peu élargie en fuseau, large de 0ᵐᵐ,0425 et
« parsemée, vers l'extrémité, de pointes extrêmement petites, lon-
« gues de 0ᵐᵐ,001.
« — *Femelle* blanche en avant, brunâtre en arrière, longue de
« 34ᵐᵐ,5 (de 40ᵐᵐ Rud.); — partie antérieure longue de 23ᵐᵐ, large de
« 0ᵐᵐ,16 à sa base; — partie postérieure longue de 11ᵐᵐ,5, large de
« 1ᵐᵐ; — rapport des deux parties : : 2 : 1; — rapport de la longueur
« totale à la largeur 34; — œufs longs de 0ᵐᵐ,062 à 0ᵐᵐ,063 avec les
« boutons, ou de 0ᵐᵐ,052 sans ces boutons et larges de 0ᵐᵐ,031 à
« 0ᵐᵐ,034, à coque un peu granuleuse. »

Je décris ainsi ce trichocéphale sur deux exemplaires que le muséum de Paris a reçue de celui de Vienne et que M. le prof. Valenciennes m'a communiqués. On voit que cette espèce se distingue parfaitement par l'extrême ténuité du spicule et de la gaine du mâle
et non par la forme *onguiculée* que Rudolphi attribuait à la tête; la

longueur que j'indique pour les pointes, est celle de la portion saillante, je n'ai pu vérifier s'il y en avait une autre portion incluse.

Le duc de Holstein-Beck trouva le premier cet helminthe en grand nombre dans les gros intestins du lièvre, pendant les mois d'avril et mai; Rudolphi l'y trouva aussi très-abondamment ensuite au mois de septembre. Jurine, à Genève, le trouva également. Braun l'avait trouvé plus tard dans le lapin sauvage. Enfin, au musée de Vienne, on l'a trouvé dans le cœcum trente fois parmi cinquante-sept lapins sauvages, mais non dans cent vingt-cinq lapins domestiques; et en outre, soixante-deux fois parmi deux cent trente-neuf lièvres communs (*Lepus timidus*); deux fois dans huit lièvres variables (*Lepus variabilis*), et deux fois dans cent cinquante-six sousliks (*Arctomys citillus*) de Bohême; mais ceux de ce dernier mammifère pourraient bien former une espèce différente; la femelle communiquée à Rudolphi était longue de 22^{mm},5, et sa partie antérieure était longue de 16^{mm}.

Les premiers observateurs ont attribué au trichocéphale du lièvre des caractères controuvés, comme l'existence de deux crochets de chaque côté de la tête, indiqués par le duc de Holstein-Beck, et les renflements vésiculeux vus par Frœlich d'un seul côté du cou et qui sont un effet d'endosmose sur le tégument.

TRICHOCÉPHALE DE L'AGOUTI. (Cavia aguti, L.)

7. TRICH. GRÊLE.   *TRICH. GRACILIS.*—Rud. (*Synopsis,* p. 638.)

Rudolphi n'a pu étudier que des femelles de ce trichocéphale, trouvé au Brésil par Olfers, dans le cœcum de l'agouti; leur longueur est de 47 à 54^{mm}, la tête est amincie, la partie postérieure du corps est grêle, un peu courbée, obtuse en arrière, égalant presque la moitié de la longueur totale.

TRICHOCÉPHALE DU COCHON.

8 ?. TRICH. CRÉNELÉ.   *TRICH. CRENATUS.* — Rud.
(TR. DISPAR, Creplin.)

Trich. crenatus, Goeze, Naturg., p. 122, pl. 6, fig. 6-7.
Trich. suis, Schrank, Verzeichn, p. 8.
Trich. apri, Gmelin, Syst. nat., p. 3038.
Mastigodes apri, Zeder, Naturg., p. 70.
Trich. crenatus, Rud., Entoz., Hist. nat., t. II, 1, p. 96, et Synopsis, n° 6, p. 17 et 226.
Trich. dispar, Creplin, Observationes de Entoz., p. 7.

Gœze avait reçu d'un médecin de Laubach, au mois de mai 1781, deux trichosomes femelles trouvés dans un sanglier. Rudolphi ne le trouva jamais lui-même ni dans le cochon, ni dans le sanglier, mais il en reçut plusieurs de Hübner qui les avait recueillis dans les gros intestins d'un cochon. Rudolphi, dans sa description, a pris pour des caractères fixes ce qui était purement accidentel et provenait de l'action de l'alcool. Au musée de Vienne on ne l'avait pas rencontré ni dans cinquante-deux cochons, ni dans dix-neuf sangliers. Mais enfin, M. Creplin l'ayant trouvé lui-même abondamment dans le gros intestin d'un cochon, en janvier 1823, put l'étudier complétement, et prétendit qu'il ne diffère réellement pas du *Trichocephalus dispar* de l'homme, dont la gaîne du spicule prend comme nous l'avons dit les formes les plus variées.

TRICHOCÉPHALE DES RUMINANTS.

9. TRICHOCÉPHALE VOISIN.   *TRICH. AFFINIS.* — Rud.

Trich. affinis, Rudolphi, dans Wied, arch., t. II, 11, p. 7. — Entoz., hist., t. II, 1, p. 92, pl. 1, fig. 7-10. — et Synopsis n° 3, p. 16 et 225.
Mastigodes affinis, Zeder, Naturg., p. 70.

« Tête large de 0ᵐᵐ,019 à 0ᵐᵐ,022, avec deux renflements latéraux « vésiculeux, en forme d'ailes ; — tégument strié transversalement, « avec une large bande papilleuse, sur les bords de laquelle sont des « papilles plus fortes, susceptibles de se gonfler par endosmose ; — « écartement des stries variant de 0ᵐᵐ,0034 à 0ᵐᵐ,009.

« — *Mâle* long de 80ᵐᵐ ; — partie antérieure longue de 53ᵐᵐ, large « de 0ᵐᵐ,19 à sa base ; — partie postérieure longue de 27ᵐᵐ, large de « 0ᵐᵐ,78 ; — rapport des deux parties :: 2 : 1 ; — rapport de la lon- « gueur à la largeur 100 ; — spicule pointu, long de 6ᵐᵐ,75, large de « 0ᵐᵐ,025, élargi jusqu'à 0ᵐᵐ,038, par une lame diaphane ; — gaîne « tubuleuse, cylindrique, longue de 1ᵐᵐ,55, large de 0ᵐᵐ,07, toute « hérissée de petites épines, ou lames triangulaires, couchées en ar- « rière, longues de 0ᵐᵐ,005.

« — *Femelle* longue de 60 à 70ᵐᵐ ; — partie antérieure, longue de « 42 à 49ᵐᵐ ; — partie postérieure longue de 18 à 21ᵐᵐ, large de 0ᵐᵐ,94, « rapport des deux parties :: 7 : 3 ; — rapport de la longueur totale « à la largeur 74 ; — queue obtuse ; — œufs en navette longs de « 0ᵐᵐ,061, terminés par deux boutons diaphanes de 0ᵐᵐ,008, ce qui « porte leur longueur totale à 0ᵐᵐ,077. »

Cette espece que caractérise nettement la longueur considérable du spicule et de sa gaîne, habite exclusivement le cœcum des ruminants des genres *Cervus*, *Antilope*, *Ovis* et *Bos ;* sur trois chevreuils dont j'ai visité les intestins, un seul m'a fourni un mâle et huit femelles de cet helminthe, à Rennes, le 12 mars 1844. Je l'avais cherché vainement dans le mouton.

Rudolphi, le premier, l'a décrit comme trouvé par lui, au mois de novembre à Greifswald, dans le cœcum du mouton et du veau. Cependant il ajoute qu'Abildgaard, d'après le catalogue du musée de Copenhague, paraît devoir être considéré comme l'ayant trouvé le premier. Nitzsch en a rencontré ensuite dans le chevreuil (*Cervus capreolus*) deux femelles, l'une longue de 50ᵐᵐ, avec la partie postérieure longue de 13ᵐᵐ5, l'autre longue de 40ᵐᵐ, et dont la partie postérieure a 11ᵐᵐ,20. Rudolphi en a aussi examiné des mâles et des femelles trouvés par Brèmser dans le chamois (*Antilope rupicapra*), et dont la partie postérieure formait les deux neuvièmes de la longueur totale; les mâles longs de 47^{mm}, avaient l'organe génital plus long que celui des trichocéphales du mouton et du veau, la gaîne était mince, assez longue, courbée dans l'un et droite dans l'autre; les femelles étaient longues de 60^{mm}.

Le catalogue du musée de Vienne indique comme ayant contenu cet helminthe un chevreuil sur six; un daim (*Cervus dama*) sur neuf; huit cerfs sur trente; une gazelle (*Antilope dorcas*) sur deux; huit chamois (*Ant. rupicapra*) sur vingt; six argalis (*Ovis ammon*) sur treize, et sept moutons (*Ovis aries*) de diverses variétés sur soixante-dix.

(?) TRICHOCÉPHALE DES CHAMEAUX.

Au musée de Vienne on a trouvé une fois dans les gros intestins du chameau à deux bosses, et trois fois dans ceux du dromadaire, des trichocéphales indéterminés qui sont probablement le *Trich. affinis*.

TRICHOCÉPHALE DES DIDELPHES.

10. TRICH. MENU.   *TRICH. MINUTUS*. — Rud. (*Synopsis*, p. 638.)

Olfers a trouvé au Brésil, dans le cœcum du cayopollin (*Didelphis cayopollin*), trois mâles et plusieurs femelles de trichocéphales longs de 18 à 20^{mm}, la partie antérieure et filiforme du mâle est les trois quarts de la longueur totale; la partie antérieure de la femelle en est les sept dixièmes; la partie postérieure est terminée par une papille saillante.

2. GENRE SCLEROTRIQUE.   *SCLEROTRICHUM*. — Rud.

σχληρός dur, θρὶξ, θριχός cheveu.

« — Corps très-long, dur, composé de deux parties, l'une anté-
« rieure, très-mince, terminée en avant par un disque bordé de
« crochets, et au centre duquel s'ouvre la bouche; l'autre partie
« du corps, la postérieure, brusquement renflée, roulée en spi-
« rale et noduleuse. »

La seule espèce de ce genre incomplétement connu, et qui nous paraît douteuse elle-même, a été trouvée par Pallas dans l'estomac du scheltopusik (*Lacerta apus*, Pallas. — *Pseudopus serpentinus*, Merr.), de la Russie méridionale, et nommée par cet auteur *Tænia spirillum*. Gœze a reproduit le dessin et la figure donnés par Pallas, et a rangé cet helminthe dans son genre *Trichocephalos* (*Haarkopf*) dont Zeder changea le nom en celui de *Mastigodes*. Rudolphi, qui put étudier ce même helminthe, conservé dans l'alcool, le nomma *Trichocephalus echinatus*, et en fit une section distincte de ses autres trichocéphales; M. de Blainville en fit un genre à part sous le nom de *Mastigodes*, déjà appliqué par Zeder à tous les trichocéphales; enfin M. Nordmann, dans ses annotations au troisième volume des animaux sans vertèbres, de Lamarck (p. 660), pense aussi qu'on pourrait en faire un genre séparé, sous le nom de *Sclero-trichum*, proposé par Rudolphi (*Synopsis*, p. 225). Nous nous rangeons volontiers à cette opinion, et nous mettons à part cet helminthe dont l'organisation n'est pas encore suffisamment connue.

1. SCLÉROTRIQUE ÉPINEUX. *SCLEROTRICHUM ECHINATUM.*

Tænia, Pallas, dans Nov. comm. Petr., t. XIX, p. 449, pl. 10, fig. 6.
Tænia spirillum, Pallas, Nord. Beytr., t. I, ɪ, p. 111.
Trich. (*Haarkopf des Pallas*), Goeze, Naturg., p. 123, pl. 7 ᴀ, fig. 6-7.
Trich. lacertæ, Gmelin, Syst. nat., p. 3039.
Mastigodes lacertæ, Zeder, Naturg., p. 71.
Trich. echinatus, Rud., Entoz. hist., t. II, ɪ, p. 98, et Syn., p. 18.
Trich. spirillum, Bremser, Icones helm., pl. 4, fig. 20-22.
Mastigodes spirillum, Blainville, Dict. sc. nat., t. LVII, p. 539.

« — Long de 54ᵐᵐ environ;— tégument très-résistant et presque corné;
« — partie antérieure longue de 18 à 26ᵐᵐ, grosse et ferme comme un
« crin de cheval;—partie postérieure roulée en spirale, boursouflée ou
« noduleuse, longue de 27 à 30ᵐᵐ, large de 1ᵐᵐ,12, plus dure que la
« partie antérieure; — l'extrémité de la partie postérieure se trouve
« redressée et comprimée;— le disque antérieur est entouré de quinze
« crochets recourbés. »

?. Genre (*douteux*). — Rud.

TRICHOCEPHALUS GIBBOSUS. (*Synopsis*, p. 639.)

Rudolphi a décrit sous ce nom, tout en déclarant qu'on en pourrait faire un nouveau genre, deux helminthes vivipares qui avaient été envoyés au musée de Vienne par le docteur Pohl, comme ayant été trouvés dans la vésicule du fiel d'un thon (*Scomber thynnus*), près de l'équateur, en 1817. L'un était long de 67ᵐᵐ, et l'autre de 95ᵐᵐ; la partie postérieure de chacun avait seulement 20ᵐᵐ de long; la partie antérieure, qui n'était pas entière, était plus épaisse que dans les vrais trichocéphales, car elle avait presque 0ᵐᵐ,45. La partie postérieure à 1ᵐᵐ de la précédente, avait une gibbosité courte, large de 1ᵐᵐ,3 successivement resserrée et renflée jusqu'à avoir 0ᵐᵐ9, au milieu, elle se terminait par une pointe tubulée très-mince. A l'intérieur se trouvait une masse formée de fœtus déjà éclos et d'œufs contenant les fœtus repliés.

DEUXIÈME SECTION. (Filariens.)

Nématoïdes à bouche ronde ou triangulaire, nue ou munie de papilles, mais sans lobes saillants; mâles ayant deux spicules ou pénis inégaux.

TABLEAU DES GENRES.

* Spicules plus ou moins tordus.	7. *Filaria.*
** Spicules non tordus.	
† Corps peu aminci en avant.	
§ Œsophage formé de deux parties distinctes.	8. *Dispharagus.*
§§ Œsophage continu.	9. *Spiroptera.*
†† Corps très-aminci en avant.	10. *Proleptus.*

7ᵉ GENRE. FILAIRE. *FILARIA.* — MÜLL.

« —Vers blancs, jaunâtres ou rouges, élastiques, cylindriques,
« filiformes, très-longs, de quatre-vingts à cinq cents fois plus
« longs que larges, quelquefois un peu amincis vers une des ex-
« trémités; — tête continue avec le corps, nue ou munie de
« papilles saillantes, ou de pièces cornées constituant une sorte
« d'armure externe ou interne; — bouche ronde, ou triangu-
« laire; — œsophage court, tubuleux, plus étroit que l'intestin;
« — anus terminal ou suivi d'une queue; — tégument lisse ou
« finement strié en travers.

« — *Mâle* à queue souvent obtuse et quelquefois munie d'une
« aile membraneuse entourant l'extrémité; — spicule principal
« très-long, plus ou moins tordu; — spicule accessoire ordinai-
« rement tordu et obliquement strié.

« — *Femelle* à vulve située très-près de l'extrémité antérieure;
« —œufs elliptiques ou presque globuleux, ordinairement lisses,
« longs de 0ᵐᵐ02 à 0ᵐᵐ,062, éclosant quelquefois dans le corps
« de la mère. »

Le genre filaire, établi par O. F. Müller pour des helminthes
filiformes sans organes bien distincts, n'a jamais été encore
convenablement défini, car, s'il est facile d'appliquer le nom de
filaire à des helminthes ayant la forme d'un fil ou d'un cordon
blanc souvent très-long, il ne l'est pas autant d'étudier leur organisation. Les filaires, en effet, se trouvent le plus souvent
dans la cavité abdominale entre les replis du péritoine des

mammifères et des oiseaux. Mais on ne les y rencontre qu'accidentellement, et la plupart des espèces mentionnées par les auteurs n'ont été vues qu'une seule fois, comme par hasard. Pour beaucoup de ces espèces d'ailleurs, on n'a trouvé qu'un des sexes, et l'on n'a pu dès lors les caractériser complétement. Enfin tous les anciens observateurs se sont bornés à indiquer la forme extérieure, sans noter la position de la vulve, les dimensions des œufs, la structure des spicules, et les stries ou les appendices du tégument.

Quelques filaires se trouvent aussi dans le tissu cellulaire, sous la peau ou entre les chairs, ou dans divers organes, ou même dans les yeux des vertébrés de toutes les classes, mais jamais dans le canal digestif. On en trouve aussi dans la cavité abdominale des insectes, et quelques-unes se trouvent libres dans les eaux. Il en est qui naissent et se développent dans des kystes ou dans des concrétions squirreuses ou tuberculeuses des tissus vivants. Une espèce douteuse, très-commune chez presque tous les poissons de mer, se trouve enroulée en forme de spirale plate, dans des kystes du péritoine ou des viscères; elle est toujours sans organes sexuels.

Gœze, qui les nommait *Gordius,* d'après Linné, en a vu quatre ou cinq espèces; Zeder en a décrit ou indiqué, tant sous le nom de *Filaria* que sous ceux de *Fusaria* et de *Capsularia,* une vingtaine; mais il n'en a pas trouvé lui-même plus de quatre.

Rudolphi, en 1819, en a décrit dix-neuf espèces et indiqué quarante-huit autres comme douteuses; mais, par lui-même, il n'en avait trouvé que neuf. Depuis lors, divers helminthologistes en ont encore décrit quelques-uns, mais le nombre des espèces bien déterminées est très-peu considérable. Les *Mermis* et divers autres helminthes ont été réunis aux filaires par les auteurs; mais ils doivent en être absolument séparés d'après les caractères que nous avons indiqués.

Rudolphi divise les filaires en deux sections dont la première comprend les espèces à bouche nue, et la seconde les espèces à bouche garnie de papilles ou de lèvres; mais ce caractère paraît peu important pour lui-même, et d'ailleurs on ne connaît pas assez les filaires pour l'employer à leur classification.

Voici deux tableaux exprimant les caractères pris du rapport de la longueur à la largeur et de la dimension des œufs.

1° Le rapport de la longueur du corps à la largeur, est de :

80 pour la *Filaria obtusa* ♂ de l'hirondelle (*Hirundo rustica*).
84 pour la *Fil. ovata* ♀ du goujon (*Cyprinus gobio*).

100 pour la *Fil. coronata* ♀ du rollier (*Coracias garrula*).
108 pour la *Fil. aquatilis* ♀ des eaux douces.
110 pour la *Fil. papillosa* ♀ du cheval.
118 pour la filaire ♀ de la grenouille (*Rana esculenta*).
128 pour la filaire ♀ du cerf (*Cervus elaphus*).
140 pour la filaire ♀ de la souris (*Mus musculus*).
140 pour la *Fil. labiata* ♂ de la cigogne (*Ciconia nigra*).
240 pour la *Fil. labiata* ♀ de la cigogne (*Ciconia nigra*).
280 pour la *Fil. attenuata* ♂ des oiseaux de proie (*Falco*).
312 pour la *Fil. gracilis* ♂ des singes (*Simia*).
425 pour la filaire de la martre (*Mustela martes*).
440 pour la *Fil. attenuata* ♀ des oiseaux de proie.
500 pour la *Fil. gracilis* ♀ des singes.
500 et au delà pour la *Fil. medinensis* de l'homme.

2° La longueur des œufs est de :

0ᵐᵐ,017 à 0ᵐᵐ,020 pour la *Fil. gracilis* des singes.
0 ,017 pour la *Fil. ovata* du goujon (*Cyprinus gobio*).
0 ,022 pour la filaire de la grenouille.
0 ,032 à 0ᵐᵐ,034 pour la filaire du cerf (*Cervus elaphus*).
0 ,038 à 0ᵐᵐ,045 pour la filaire de la souris (*Mus musculus*).
0 ,042 pour la filaire de la martre (*Mustela martes*).
0 ,042 à 0ᵐᵐ,045 pour la *Fil. coronata* du rollier (*Coracias garrula*).
0 ,045 à 0ᵐᵐ,048 pour la *Fil. papillosa* du cheval.
0 ,053 pour la *Fil. attenuata* des oiseaux de proie.
0 ,058 (?) pour la *Fil. labiata* de la cigogne (*Ciconia nigra*).
0 ,062 pour la *Fil. aquatilis* des eaux douces.

I. FILAIRES DES MAMMIFÈRES.

FILAIRES DE L'HOMME.

1. FIL. DE MÉDINE. FIL. MEDINENSIS. — Gmelin.

Dracunculus perlarum, Kaempfer, Amœnit. exot., 1712.
Gordius medinensis, Linné, Syst. nat. ed., t. XII, p. 1075, n° 3.
Filaria medinensis, Gmelin, Syst. Nat., p. 3039, n° 1.
Furia medinensis, Modeer, dans les Mém. de l'Acad. de Stockh., 1795.
Filaria medinensis, Rud., Entoz., t. II, 1, p. 55 ; et Syn., p. 3 et p. 205.
Filaria dracunculus, Bremser, Tr. des Vers int., trad., p. 198, pl. 4, fig. 1.
Filaria medinensis, Jacobson, Nouv. ann. Mus., t. III, p. 83; et Ann.
  sc. nat., 2ᵉ série, t. I, p. 320.
Filaria medinensis, Leblond, quelques matériaux pour l'histoire des
  Filaires, 1836, p. 21.
Filaria medinensis, Creplin, dans All. Encyklop., v. Ersch und Gruber,
  t. XXXII, p. 278.

« — *Mâle* inconnu.
« — *Femelle* blanche longue de 500ᵐᵐ à 4 mètres ; — large de 1ᵐᵐ à
« 1ᵐᵐ,15, filiforme, un peu amincie en avant ;—bouche simple, arrondie;

« — queue un peu aiguë, recourbée en crochet; — œufs éclosant à
« l'intérieur du corps de la femelle, qui paraît alors vivipare. »

Cette filaire, très-commune dans les régions intertropicales de
l'ancien continent, s'observe accidentellement ailleurs chez des individus venant de ces contrées; elle se trouve dans le tissu cellulaire de
l'homme, au-dessous des téguments, et plus particulièrement sous la
peau des jambes, où elle forme des tumeurs souvent assez volumineuses.
Elle est ordinairement solitaire dans chaque tumeur; mais on en voit
presque toujours plusieurs sur le même individu. Sa présence paraît
quelquefois n'être nullement incommode, quelquefois aussi elle
cause d'atroces douleurs, et l'on doit chercher à l'extraire. Pour
cela on tâche de saisir une extrémité du ver, soit que la tumeur ait
été ouverte à dessein, soit que la suppuration y ait déterminé une
perforation, puis on roule peu à peu le corps de cette filaire autour
d'un petit bâton, de manière à la tirer sans la briser, car dans ce cas
le remède serait pire que le mal, puisque tous les petits vivants qui
remplissent le corps de cet helminthe se répandraient dans la plaie et
pourraient se développer ultérieurement en grand nombre.

Les filaires extraites ainsi du corps de l'homme sont toujours des
femelles, et toujours aussi elles sont plus ou moins altérées par le
procédé d'extraction et par l'action de l'alcool dans lequel on les conserve: il s'ensuit qu'on n'a pu jusqu'à présent les étudier convenablement. Quant aux mâles, qui doivent être beaucoup plus-petits, ils ne
sont pas susceptibles de s'accroître comme les femelles; il est donc
vraisemblable que leur présence ne devient jamais incommode, et
qu'on n'a pas l'occasion de les extraire de même.

Jacobson ayant eu l'occasion d'observer une de ces filaires à Copenhague, et trouvant son corps rempli de petits vivants, émit cette
singulière opinion que ce pourrait être un simple tube renfermant
une immense quantité de petits vers.

On a vu des filaires qui n'avaient encore que 2 à 3 décimètres de
longueur, peut-être étaient-ce des mâles.

On dit aussi en avoir vu qui avaient plus de 6 à 7 mètres, mais il est
vraisemblable qu'alors l'on a rapporté à un seul individu des fragments provenant de plusieurs autres.

On a supposé faussement que la queue recourbée en crochet sert à
la filaire pour se cramponner à l'intérieur des tissus. On lui a également attribué à tort quelquefois, soit une trompe, soit un suçoir ou
divers appendices autour de la bouche.

?. FIL. DES BRONCHES. *FIL. HOMINIS BRONCHIALIS.*—Rud.

Hamularia lymphatica, Treutler, Obs. path. anat., p. 10, pl. 2, fig. 3-7.
Tentacularia subcompressa, Zeder, Naturg., p. 45.
Hamularia subcompressa, Rudolphi, Entoz., t. II, 1, p. 82.
Filaria hominis bronchialis, Rudolphi, Synopsis, p. 14 et 215.

Treutler seul a trouvé, en 1789, dans des tubercules des bronches, chez un homme mort d'excès vénériens, des helminthes filiformes élastiques, longs de 27^{mm}, environ, un peu amincis en avant, un peu comprimés latéralement, brunâtres, variés de blanc et presque transparents en arrière, avec la tête et la queue obtuses. Treutler leur attribue en outre deux crochets saillants à la face inférieure, derrière la tête; mais Rudolphi (*Synopsis*, p. 216) pense que ces crochets sont très-certainement les spicules du mâle; dans ce cas Treutler aurait pris la tête pour la queue, et le caractère du genre *Hamularia* serait tout à fait erroné.

FIL. DE L'ŒIL HUMAIN. (*Fil. lacrymalis* et *Fil. oculi humani.*)

On a indiqué comme trouvées accidentellement dans la glande lacrymale, sous la conjonctive ou dans le globe de l'œil de l'homme, des filaires qui sont certainement différentes de la *Fil. medinensis*, mais elles n'ont pas été décrites.

2. FIL. DES SINGES. *FIL. GRACILIS.* — Rud.

Filaria gracilis, Rud., Entoz., t. II, i, p. 57, pl. 1, fig. 1, et Syn., p. 3, et 208.
Filaria gracilis, Bremser, Icones helminthum, pl. 1, fig. 1-5.

« —Corps blanc très-allongé, mince comme un fil, un peu aminci aux
« extrémités; —tête obtuse, large de 0^{mm},07, bouche très-petite, nue,
« triangulaire; — œsophage large de 0^{mm},035; — tégument à stries
« transverses très-fines écartées de 0^{mm},0014 à 0^{mm},002 et avec deux
« bandes latérales brunâtres.
« — *Mâle* long de 90 à 125^{mm}, large de 0^{mm},4 au milieu aminci de
« part et d'autre et contourné en hélice à l'extrémité postérieure; —
« rapport de la longueur à la largeur 312; — queue large de 0^{mm},088
« terminée en pointe aigüe, recourbée et munie de deux ou trois pa-
« pilles rangées en série avant la pointe; — anus à 0^{mm},32 de l'extré-
« mité; — spicule principal ou pénis, long de 0^{mm},88 courbé en arc et
« partagé vers le milieu (à 0^{mm},46 de la pointe) par une sorte d'arti-
« culation en deux portions dont l'antérieure plus épaisse large de
« 0^{mm},02; — spicule accessoire long de 0^{mm},23 creusé en gouttière.
« — *Femelle* longue de 200^{mm} à 350^{mm}, large de 0^{mm},6 au milieu,
« plus amincie en arrière où la queue est large seulement de 0^{mm},046;
« — rapport de la longueur à la largeur 500; — queue conoïde, ter-
« minée par une papille distincte et portant deux autres papilles laté-
« rales symétriques longues de 0^{mm},015; — vulve située à 0^{mm},5 de la
« tête; — oviducte simple (?) large de 0^{mm},17; — œufs elliptiques,
« longs de 0^{mm},017 à 0^{mm},020. »

J'ai étudié cet helminthe sur les nombreux exemplaires du muséum de Paris. On le trouve assez souvent dans l'abdomen, entre les replis du péritoine des diverses espèces de singes. Daubenton l'avait vu dans le coaïta (*Simia paniscus*), dans lequel on l'a trouvé, ainsi que dans le sajou à Paris et à Vienne.

On cite également le papion (*Simia sphinx*), et le saï (*Simia capucina*), comme ayant présenté plusieurs fois la *Filaria gracilis*.

FILAIRE DU HÉRISSON.

Cinq hérissons sur cent soixante-quinze disséqués dans ce même musée ont aussi présenté une filaire indéterminée habitant le poumon.

FILAIRE DES CHAUVES-SOURIS.

En disséquant au musée de Vienne cent dix *Vespertilio discolor*, on a trouvé huit fois une filaire indéterminée dans la cavité abdominale. Un exemplaire non adulte, envoyé en 1816 au musée de Paris, est long de 15^{mm}, large de 0^{mm},13, aminci en arrière où il se termine par une queue obtuse large de 0^{mm},015. Sa tête arrondie est large de 0^{mm},083 et laisse voir une très-petite bouche.

FILAIRES DES CHIENS.

On a indiqué une filaire trouvée dans l'œil d'un chien, et une autre filaire indéterminée vivant dans les reins et dans la cavité abdominale du renard ; mais ce peuvent être des helminthes jeunes de tout autre genre.

FILAIRE DU SANG DES CHIENS. (*Hœmatozoaire.*)

MM. Gruby et Delafond ont observé récemment, à l'aide du microscope, dans le sang de certains chiens, de petits helminthes nématoïdes qu'ils nomment filaires, sans avoir toutefois indiqué chez ces helminthes des organes caractéristiques. Cette filaire, trouvée cinq fois seulement parmi deux cent cinquante chiens, paraît vivre exclusivement dans le sang de ces animaux. (*Comptes rendus de l'Acad. des Sciences*, 30 jan. 1843 et 15 avril 1844.)

FILAIRES DES MARTRES ET DES PUTOIS.

Redi avait trouvé dans les poumons de quatre fouines (*Mustela foina*) de nombreux kystes noirâtres remplis de très-petits vers.

Werner trouva ensuite dans les poumons d'une martre cinq kystes de la grosseur d'une noisette, adhérents aux bronches et renfermant de nombreux helminthes qu'il nomma *Gordius bronchialis* (*Brevis expos. Cont.* 1, p. 9, pl. 8, f. 20-21), et que d'après lui, Gmelin (*Syst. nat.*, p. 3031), a nommés *Ascaris bronchialis*; Zeder (*Naturgesch.*, p. 116) les a nommés *Fusaria bronchialis*.

Rosa, en 1794, à Pavie (*Lettere zoologiche*, 4. p. 2), dit avoir trouvé sous la peau d'une fouine, et particulièrement dans la région dorsale, de nombreuses filaires de 54 à 160^{mm}, grosses comme un fil double.

Rudolphi, à Greifswald, avait également trouvé dans les poumons d'une martre de nombreuses filaires ; antérieurement aussi il avait vu, dans les poumons d'un putois, sept à huit globules ou kystes de la grosseur d'un pois renfermant des helminthes blancs tachés de noirâtre

çà et là. Ces vers, mis dans l'eau, se rompirent, et les ovaires devenus libres étaient remplis de petits vivants et d'œufs non encore mûrs
ou montrant déjà un embryon enroulé.

Au musée de Vienne, cinq martres sur sept, et une seule fouine sur
vingt, avaient des filaires dans leurs poumons.

Une filaire envoyée de Vienne au musée de Paris en 1816, et indiquée
comme trouvée sous la peau de la martre, est une femelle longue de
170^{mm}, large de 0^{mm},4, avec la tête large de 0^{mm},10 obliquement tronquée et la bouche ronde très-petite près du bord; sa queue est également obtuse et large de 0^{mm},07. Les œufs dont cet helminthe est
rempli sont elliptiques presque ronds, longs de 0^{mm},042 revêtus d'une
couche granuleuse caduque, et laissent voir à l'intérieur un embryon
enroulé. Il est vraisemblable, d'après ces caractères, qu'il doit faire
partie d'un autre genre.

?. FILAIRE DE LA SOURIS.

Un exemplaire envoyé de Vienne au muséum de Paris, en 1816,
sous le n° 63, est long de 21^{mm},6, large de 0^{mm},154; c'est une femelle
adulte contenant des œufs elliptiques longs de 0^{mm},045 et moitié moins
larges, son tégument a des stries transverses régulières de 0^{mm},0037 à
0^{mm},0045 et présente deux ailes membraneuses latérales dans sa partie
antérieure, sa queue est amincie en pointe mousse. D'après ces caractères on pourrait croire que c'est un spiroptère.

Sur mille deux cent soixante-quatorze souris disséquées au musée de
Vienne deux seulement sont indiquées comme ayant eu des filaires
d'espèce douteuse dans l'intestin ou (suivant le catalogue de Westrumb) autour de l'estomac et du foie.

FILAIRE DES LIÈVRES.

Pallas (N. nord, Beytr. t. I, p. 82) avait indiqué une filaire comme
se trouvant assez souvent dans les lièvres de la Russie méridionale,
entre les muscles des lombes et de la cuisse; d'après lui seulement,
cette filaire a ensuite été relatée par Gmelin (*Syst. nat.*, p. 3040), par
Zeder (*Naturgesch.*, p. 38) et par Rudolphi (*Entozoor.*, t. II, 1. p. 69)
sous le nom de *Filaria leporis*, mais sans aucun détail, Frœlich dans
le *Naturforscher* (t. XXIX, p. 18) décrivit plus tard, sous le nom de
Filaria pulmonalis, un autre helminthe filiforme trouvé très-abondamment par lui dans les bronches d'un jeune lièvre. Cette filaire,
formant des amas ou des pelotons, était longue de 140 à 160^{mm},
épaisse de 0^{mm},37, amincie en avant, avec la tête obtuse, et la queue
striée longitudinalement, presque anguleuse; l'intestin était mince,
noirâtre; les ovaires très-longs, capillaires, étaient remplis d'œufs
bruns disposés par paires. D'après ces caractères, Rudolphi (*Synopsis*, p. 216) conjectura que ce devait être un trichosome.

Sur deux cent trente-neuf lièvres disséqués au musée de Vienne
trois seulement avaient dans les poumons une filaire indéterminé.

FILAIRES DES BOEUFS.

— On a indiqué une filaire de l'œil du bœuf et une autre de l'abdomen du buffle (*Bos bubalus*), mais sans en donner la description.

3. FILAIRE DU CERF.   *FILARIA CERVINA.*

« — Corps filiforme, aminci en arrière; — bouche entourée de « quatre papilles saillantes; — tégument sans stries.

« — *Femelle* longue de 96^{mm}, large de 0^{mm},75; — rapport de la lon-« gueur à la largeur 128; — queue amincie peu à peu jusqu'à n'avoir « que 0^{mm},06 de largeur près de l'extrémité où elle présente deux « papilles latérales longues de 0^{mm},02, et une papille terminale plus « épaisse; — anus à 0^{mm},26 de l'extrémité; — vulve rapprochée de la « tête; — œufs elliptiques longs de 0^{mm},032 à 0^{mm},034 contenant un em-« bryon replié trois à quatre fois. »

Le muséum de Vienne a envoyé, en 1816, à celui de Paris l'helminthe que je décris ici et qui avait été trouvé dans l'abdomen d'un cerf (*Cervus elaphus*). Il diffère suffisammnt de la filaire du cheval par son tégument sans stries, par ses œufs d'un tiers plus courts et par les papilles de sa queue.

4. FIL. DU CHEVAL.   *FIL. PAPILLOSA.* — Rud.

Gordius equinus, Abilgaard, Zool. Dan., t. III, p. 49, pl. 109, fig. 12.
Filaria equi, Gmelin, Syst. nat., p. 3039, n° 18.
Filaria papillosa, Rud., Entoz., t. II, 1, p. 62 et Syn., p. 6 et 213, n° 14.
Filaria papillosa, Bremser, Icones helminthum, pl. 1, fig. 8-11.
Filaria papillosa, Leblond, Quelques matériaux pour l'histoire des
    Filaires et des Strongles, 1836.
Filaria papillosa, Gurlt, Lehrbuch d. path. An. d. Hauss., pl. 5, fig. 7-12.

« — Corps blanchâtre, long de 54^{mm} à 185^{mm}, large de 0^{mm},7 à 1^{mm},12, « aminci en arrière; — rapport de la longueur à la largeur 110; — tête « large de 0,^{mm}24, obtuse, avec huit papilles opposées et par paires, à « diverses distances de la bouche, qui est très-petite, terminale; — « tégument très-finement strié en travers; — stries écartées de 0^{mm},0017.

« — *Mâle* à queue recourbée et munie de deux ailes membraneuses « étroites, entre lesquelles sort le spicule.

« — *Femelle* queue amincie peu à peu jusqu'à l'épaisseur de 0^{mm},34 « et tronquée brusquement avec une papille oblique, et des indices de « papilles latérales; — vulve située très-près (à 0^{mm},69) de la tête; — œufs « elliptiques longs de 0^{mm},045 à 0^{mm},048 contenant un embryon épais « de 0^{mm},012, long de 0^{mm},33, roulé en trois ou quatre tours et éclosant « souvent dans le corps de la mère. »

Cette filaire vit dans la cavité abdominale du cheval et de l'âne, entre les replis du péritoine; on dit l'avoir aussi trouvée dans la cavité thoracique et même dans l'œil de ces animaux. M. Gurlt rapporte qu'on l'a trouvée également dans le bœuf; Rudolphi assure même qu'on l'a trouvée une fois dans l'intestin du cheval, et Abilgaard l'indique aussi entre les enveloppes du cerveau.

Rudolphi (*Entoz.*, p. 63) dit avec raison que le spicule ou pénis du mâle sort un peu en avant de l'extrémité caudale; cependant Leblond prenant de jeunes femelles pour les mâles a décrit l'appareil génital mâle comme semblable à l'ovaire et s'ouvrant de même à peu de distance de la bouche. Cet auteur s'est également trompé en voulant rectifier la description de Rudolphi au sujet des papilles qui entourent la bouche, car il n'y a point ici comme il le dit « un bord renversé qui parfois est inégal, » et les papilles décrites par Rudolphi méritent bien ce nom. Cet helminthe paraît être moins commun que les autres helminthes du cheval; je n'ai encore trouvé que la femelle que possède seule aussi le Muséum de Paris; au musée de Vienne sur quatre-vingt-douze chevaux disséqués pour cette recherche un seul contenait la *Filaria papillosa*.

FILAIRE DES CÉTACÉS.

5. FIL. A QUEUE ÉPAISSE.   *FIL. CRASSICAUDA.* — Creplin, dans les *Nov. Act. Acad. C. C. Leop.*, xiv, p. 874, pl. 52, fig. 1-11.

« — Corps blanc très-allongé; — bouche nue très-petite, presque « arrondie, transverse; — queue obtuse; — tégument strié transver-« salement.

« — *Mâle* long de 187^{mm}, très-mince; — queue épaissie, obtuse, « recourbée ou enroulée une à trois fois, et munie d'ailes membra-« neuses peu saillantes, soutenues par sept à huit côtes.

« — *Femelle* longue de 325 à 405^{mm} (un exemplaire incomplet long « de 700^{mm} large de 2^{mm},25 environ) amincie en arrière; — queue « épaissie brusquement sur une longueur de 5 à 8^{mm}, puis amincie, « terminée en pointe mousse, et présentant quelquefois en outre un « étranglement circulaire à 4 ou 5^{mm} de l'extrémité postérieure à l'en-« droit où est située la vulve; — anus terminal. »

Trouvé en grand nombre par M. Rosenthal en 1825 dans les corps caverneux du pénis d'une *Balœna rostrata* échouée à l'île de Rugen.

II. FILAIRES DES OISEAUX.

6. FIL. ATTÉNUÉE.   *FIL. ATTENUATA.* — Rud.

Filaria cornicis, Gmelin, Syst. nat., p. 3040, n° 7.
Filaria attenuata, Rud., Entoz., t. 11, i, p. 58 et Syn., p. 4 et 208, n° 3, (et *Fil aquilæ*, Entoz., p. 70, n° 17; *Fil. falconum*, ibid., n° 18; *Fil. strigis*, p. 71, n° 19.)
Filaria attenuata, Bremser, Icones helminthum, pl. 1, fig. 6-7.

« — Blanc-jaunâtre, long de 135^{mm} à 308^{mm}, large de 0^{mm},48 à 0^{mm},70;— « aminci en arrière; — tête large de 0^{mm},23, obtuse, terminée par une

« sorte d'armure elliptique aréolée présentant deux renflements laté-
« raux, séparés par une dépression, au milieu de laquelle est la bouche
« triangulaire. Chaque renflement de l'armure présente vers le centre
« trois aréoles quadrangulaires, et en dehors cinq papilles molles en-
« tourées par un épaississement cartilagineux du tégument ; — tégu-
« ment strié transversalement, stries écartées de 0^{mm},004 à 0^{mm},007.

« — *Mâle* long de 136^{mm} à 148^{mm}, large de 0^{mm},48 à 0^{mm},53 en avant,
« et de 0^{mm},33 en arrière ; — queue obtuse, garnie d'une aile membra-
« neuse peu saillante, soutenue par quelques renflements du tégument
« en manière de côtes ;—orifice anal et génital à 0^{mm},2 de l'extrémité ;—
« spicule ou pénis long de 1^{mm},07, élargi de chaque côté en forme de
« feuille roulée sur elle-même, avec des stries régulières dentelées,
« partant de la côte médiane, et divisé par une articulation mobile à
« 0^{mm},2 de l'extrémité ;— spicule accessoire, long de 0^{mm},48 tordu
« obliquement, plissé ou sillonné.

« — *Femelle* longue 250 à 308^{mm}, large 0^{mm},7 ; —vulve à 2^{mm},25 de la
« bouche ; —œufs elliptiques longs de 0^{mm},053. »

Cette filaire se trouve assez souvent dans les larges cellules aériennes
du thorax et de l'abdomen des oiseaux de proie diurnes, plus rarement chez les oiseaux de proie nocturnes, et quelquefois même chez
les corbeaux. Je ne l'ai vue que dans le thorax d'un faucon commun
(*Falco peregrinus*), où elle était en grand nombre entre le poumon et
le foie, le 29 mars, à Rennes ; je l'ai cherchée en vain dans cinquante
corbeaux de diverses espèces.

Redi et Pallas l'avaient trouvée dans les faucons, dans les chouettes.
dans les corbeaux et les corneilles. Il paraît même qu'elle avait été
remarquée anciennement par les fauconniers italiens qui lui donnaient
le nom de *filandre*. Redi parle aussi de filaires rouges, longues de 80^{mm}
environ, qu'il avait trouvées une seule fois entre le péritoine et les
muscles de l'abdomen d'un aigle à tête blanche (*Falco leucocephalus*).
Rudolphi, qui d'abord avait considéré d'après ses devanciers les filaires
de ces divers genres d'oiseaux comme constituant des espèces distinctes, les a toutes réunies en une seule espèce dans son *Synopsis ;*
lui-même les a trouvées dans la corneille, à Greifswald, et dans le
faucon commun , à Berlin.

Au musée de Vienne, deux soubuses (*Falco cyaneus*) sur cent
neuf ; deux laniers (*Falco laniarius*) sur vingt-trois ; deux émeril-
lons (*Falco lithofalco* ou *œsalon*) sur vingt ; un seul faucon commun
(*Falco peregrinus*) sur quatorze ; trois hobereaux (*Falco subbuteo*)
sur vingt-huit ; six chouettes (*Strix brachyotus*) sur soixante-treize ;
deux casse-noix (*Nucifraga caryocatactes*) sur vingt-huit ; deux
corbeaux (*Corvus corax*) sur huit ; quinze corneilles mantelées (*Corvus
cornix*) sur cent quarante et un ; trois corneilles communes (*Corvus
corone*) sur neuf ; quarante-deux freux (*Corvus frugilegus*) sur cinq
cent soixante-deux ; dix geais (*Corvus glandarius*) sur quatre cent
quatre-vingt-douze ; un choucas (*Corvus monedula*) sur deux cent

vingt-cinq; une pie (*Corvus pica*) sur cent soixante-douze; et un chocard (*Pyrrhocorax alpinus*) sur onze, contenaient la *Filaria attenuata*.

La structure singulièrement complexe des spicules ne peut être bien comprise qu'avec des figures; mais ce que j'en dis plus haut suffit pour donner une idée des nombreux détails d'organisation qu'on doit espérer trouver chez les filaires.

7. FIL. RACCOURCIE.   FIL. ABBREVIATA. — Rud. Syn.,
p. 4 et 210.

« — Corps blanc, mou, assez épais, de grosseur presque uniforme,
« un peu moindre en arrière; — bouche ronde; — intestin jaune-
« brunâtre.

« — *Mâle* long de 13ᵐᵐ à 15ᵐᵐ,5 ; — queue contournée une seule fois,
« terminée en pointe très-courte; — spicule recourbé.

« — *Femelle* longue de 18ᵐᵐ à 20ᵐᵐ; — queue droite à pointe très-
« courte déprimée; —oviductes très-larges, blancs avec de nombreuses
« taches obscures; — œufs elliptiques, oblongs, obscurs au milieu,
« transparents au bord. »

Rudolphi a réuni sous ce nom des filaires que lui avait envoyées Bremser, et qu'au musée de Vienne on avait trouvées une seule fois autour de l'œil et dans les cavités nasales de l'aigle tacheté (*Aquila nævia*), et une autre fois autour de l'œil du motteux à gorge noire (*Saxicola stapasina* T); le catalogue du musée de Vienne inscrit la filaire de l'aigle tacheté sous le nom de *Spiroptera stereüra*.

FILAIRES DES PIES-GRIÈCHES.

Au musée de Vienne, une seule pie-grièche écorcheur (*Lanius collurio*) sur deux cent quarante; un seul *Lanius minor* sur vingt-cinq, et une seule pie-grièche rousse (*Lanius rufus*) sur seize ont montré une filaire d'espèce indéterminée, habitant entre la peau et les muscles.

Rudolphi mentionne cette espèce comme douteuse sous le nom de *Filaria collurionis subcutanea* (***Entoz.***, II, 1, p. 71, nº 20, et *Synopsis*, p. 8 et 217, nº 32), en ajoutant, d'après Rosa qui l'avait vue d'abord, qu'elle est longue de 22ᵐᵐ,5, molle, peu élastique, amincie vers une des extrémités.

On a trouvé en outre à Vienne, huit fois, dans les bronches de l'écorcheur (*Lanius collurio*) une autre filaire regardée comme distincte, et que Rudolphi nomme avec doute *Filaria collurionis pulmonalis* (**Syn.**, p. 8 et 217, nº 33) après l'avoir précédemment décrite dans son *Entoz. hist. nat.* (II. 1. p. 83, pl. xii, f. 6,) sous le nom de *Hamularia cylindrica* d'après Schrank qui l'avait trouvée dans les poumons du même oiseau, et nommée *Linguatula bilinguis*, et d'après Zeder qui, l'ayant trouvée aussi dans les bronches, l'appelait *Tentacularia cylindrica*.

Tous ces noms doivent donc, comme le genre *Hamularia* lui-même, disparaître de la nomenclature. Rudolphi suppose que les crochets ou tentacules décrits par Schrank et Zeder sont les spicules du mâle.

La longueur de cette dernière filaire est de 40^{mm}.

FILAIRE DU GOBE-MOUCHES.

Rudolphi (*Synopsis*, p. 635), mentionne, sous le nom de *Filaria motacillœ*, un helminthe trouvé par Natterer, au Brésil, dans l'abdomen d'un gobe-mouches. Il est blanc, long de 50^{mm} environ, de grosseur médiocre, obtus aux deux extrémités, un peu plus mince en arrière ; avec l'anus un peu saillant en avant de la pointe caudale qui est courte, déprimée.

FILAIRES DES MERLES ET DES BECS-FINS.

D'après le catalogue du musée de Vienne, des filaires indéterminées ont été trouvées une fois dans l'intestin du merle bleu (*Turdus cyaneus*) ; quatre fois sur trente et une dans l'abdomen de la draine (*Turdus viscivorus*) ; deux fois dans l'abdomen de la *Sylvia melanocephala* ; une seule fois sur quarante et une dans l'abdomen du motteux (*Saxicola œnanthe*) ; une seule fois sur vingt-trois, dans l'oreille et sous la peau du cou de la *Sylvia philomela* ; une seule fois sur cent trente-sept dans l'abdomen du rouge-gorge (*Sylvia rubecula*).

Rudolphi (*Synopsis*, p. 9, n° 36 et n° 38) les place parmi ses espèces douteuses, en exprimant l'opinion que ce peut être une seule espèce.

Pallas avait trouvé dans les cavités de l'abdomen et du thorax d'un étourneau (*Sturnus vulgaris*) une filaire que Rudolphi a rangée parmi ses espèces douteuses. (*Entoz.*, II, 1, p. 73, et *Synopsis*, p. 9, n° 35.)

FILAIRE DES HIRONDELLES.

8. FILAIRE OBTUSE.   *FIL. OBTUSA.* — Rudolphi. (*Entoz.*, t. II, 1., p. 59, et *Synopsis*, p. 4, n° 4.

[Atlas, pl. 3, fig. 1.]

« — Corps blanc filiforme à peine aminci en avant, obtus aux
« deux extrémités et surtout en arrière ; — tégument lisse, sans
« stries transverses ; — tête large de 0^{mm},22 ; — bouche ronde très-
« petite, suivie d'un œsophage capillaire et ayant de chaque côté à
« l'intérieur une sorte d'armure ou d'appendice digité ; — œsophage
« claviforme long de 2^{mm},4.

« — *Mâle* long de 38 à 40^{mm}, large de 0^{mm}5 ; — rapport de la lon-
« gueur à la largeur, 80 ; — extrémité caudale renflée en bouton,
« avec l'orifice anal et génital situé près du bord de la convexité
« terminale ; — spicule principal tubuleux, filiforme long de 0^{mm},90,
« large de 0^{mm},015, spicule accessoire beaucoup plus large (de 0^{mm},035)
« long de 0^{mm},60, tordu en spire allongée.

« — *Femelle* longue de 67^{mm} (suivant Rudolphi). »

Cette filaire, caractérisée par la terminaison obtuse de l'extrémité caudale, habite la cavité abdominale des hirondelles; j'en ai trouvé une seule fois deux mâles sans femelles dans une hirondelle de cheminée (*Hirundo rustica*) à Rennes; c'est aussi dans la même espèce que Rudolphi avait trouvé une seule femelle sans mâle, au mois de mai à Greifswald. Je l'ai cherchée vainement dans vingt autres hirondelles. A Vienne, sur cinq cent trente hirondelles de cette espèce deux seulement contenaient la *Filaria obtusa*, mais on l'a trouvée également cinq fois parmi trois cent soixante hirondelles de fenêtre (*Hir. urbica*), et six fois parmi deux cent dix hirondelles de rivage (*Hir. riparia*.)

FILAIRE DES ALOUETTES.

9. FILAIRE ONGUICULÉE.   *FIL. UNGUICULATA.* — Rudolphi.
(*Synopsis,* p. 4 et 209.)

Gordius, Goeze, Naturgesch., p. 39.
Filaria alaudæ, Zeder, Naturgesch., p. 39.
Filaria alaudæ, Rudolphi, Entoz., t. II, 1, p. 72.

« — Corps blanc avec l'intestin et les œufs gris-noirâtres, long de « 80 à 160^{mm}, aminci aux deux extrémités et surtout en avant; — « tête obtuse; — queue recourbée en forme d'ongle. » (Rud.)

Cette filaire, observée d'abord par Welsch, puis par Gœze, a été imparfaitement décrite par Rudolphi, d'après un exemplaire que Klug avait trouvé à Berlin dans l'alouette des champs (*Alauda arvensis*), c'est dans l'abdomen ou dans le thorax de cet oiseau qu'elle habite.

FILAIRE DU CHARDONNERET.

Rudolphi a inscrit parmi ses espèces douteuses, sous le nom de *Filaria carduelis* (*Entoz.,* t. II, 1, p. 73, et *Synopsis,* p. 9, n° 37), une filaire que Welsch dit avoir été trouvée dans la cuisse d'un chardonneret.

(?.) FIL. DES MOINEAUX.   *FIL. AFFINIS.* — Rud., *Syn.,* p. 4
et 209, n° 6.

« — *Femelle* blanche, demi-transparente, molle, longue de 54 à « 81^{mm}, assez épaisse, surtout en arrière; — tête tronquée; — bouche « petite, ronde; — queue obtuse; — œufs arrondis contenant un « embryon enroulé. » (Rud.)

Rudolphi a décrit cette filaire d'après quatre individus femelles, provenant d'une nouvelle espèce de moineau à Algesiras, en Espagne, où cet oiseau est nommé *Gorion morisco;* il la distingue par sa queue obtuse et non onguiculée de la filaire des alouettes, n° 9, dont elle lui semble d'ailleurs assez voisine.

FILAIRE DES CORBEAUX. (Voy. *Filaria attenuata*, n° 5.)

FILAIRE DU ROLLIER. (*Coracias garrula.*)

10. FIL. COURONNÉE. *FIL. CORONATA.* — Rud.

Ascaris coraciœ, GMELIN, Syst. nat., p. 3033, n° 33.
Filaria coraciœ, ZEDER, Naturgesch., p. 119.
Filaria coronata, Rud., Entoz., t. II, ı, p. 65 et Syn., p. 6, n° 15.

« — Corps blanc, demi-transparent, long de 27 à 54^{mm}, large de 0^{mm},47,
« un peu aminci aux deux extrémités ; — rapport de la longueur à
« la largeur 100 ; — tête obtuse, terminée pas trois papilles, large de
« 0^{mm},075 ; — queue obtuse, en avant de laquelle, chez le mâle, sort
« un spicule court, cylindrique, obtus ; — tégument lisse sans stries
« transverses.

« — *Femelle* ayant la vulve située 0^{mm},5 de la bouche ; — œufs ellip-
« tiques longs de 0^{mm},042 à 0^{mm},45, contenant un embryon enroulé. »

Cet helminthe vit sous la peau du cou du rollier (*Coracias garrula*), autour des oreilles ou entre les muscles. C'est là qu'il a été
trouvé par Bloch, puis par Gœze, qui l'ont confondu avec l'*Ascaris
acus*. Rudolphi, qui le range dans la section des filaires à bouche garnie de papilles, l'a étudié d'après des exemplaires trouvés de même
par son ami Braun. Sur trente-huit rolliers disséqués au musée de
Vienne cinq contenaient cette filaire. Un exemplaire femelle envoyé
de Vienne au muséum de Paris en 1816 sous le n° 289 est long de
39^{mm} et large de 0^{mm},4 ; sa tête présente une structure singulière qui
devra être étudiée sur les helminthes frais.

FILAIRE DU GUÊPIER.

Sur cent un guêpiers (*Merops apiaster*) disséqués au musée de
Vienne sept seulement contenaient dans l'abdomen une filaire d'espèce indéterminée ; Rudolphi la mentionne sous le nom de *Filaria
meropis* (*Synopsis*, p. 9, n° 34.)

FILAIRE DES PICS.

11. FILAIRE A QUEUE OBTUSE. *FIL. OBTUSOCAUDATA.* — Rudolphi. (*Synopsis*, p. 634.)

« — *Mâle* brunâtre-pâle, long de 33^{mm},5 ; — grêle, un peu aminci en
« arrière ; — tête un peu aiguë ; — bouche orbiculaire, nue ; — deux
« spicules inégaux sortant en avant de l'extrémité caudale qui est
« très-courte, très-obtuse. » (Rud.)

Trouvé au Brésil dans le thorax du *Picus lineatus*.

FILAIRES DES MARTIN-PÊCHEURS.

Rudolphi inscrit aussi, sous le nom de *Filaria alcedinis* (*Synopsis,*

p. 635), une filaire trouvée au Brésil dans l'abdomen d'une espèce de martin-pêcheur; elle est longue de 29^{mm},5, sa queue est conique, un peu obtuse.

FILAIRE DE LA GELINOTTE.

— On a indiqué une *Fil. bonasiæ* trouvée dans l'œil de la gelinotte.

FILAIRES DES PLUVIERS.

Le catalogue du musée de Vienne mentionne une filaire d'espèce indéterminée trouvée une seule fois sur dix-huit dans les cavités nasales d'un petit pluvier (*Charadrius minor*).

12. FIL. DU VANNEAU.   *FIL. TRUNCATO CAUDATA.*
— E. Deslongchamps (*Encycl. méthod.,* Vers, p. 394, n° 5).

« — *Mâle* long de 40^{mm}, large de 1^{mm},12;—de grosseur uniforme;— « extrémité antérieure un peu obtuse; — bouche simple médiocre;— « œsophage long de 4^{mm},5, plus grêle que l'intestin; — deux spicules « longs de 3^{mm},37 sortent du milieu de l'extrémité postérieure qui est « tronquée. » (D.)

M. Deslongchamps a trouvé un seul mâle de cette filaire, à Caen, dans la cavité abdominale d'un vanneau (*Vanellus cristatus*), au mois d'octobre.

FILAIRES DES HÉRONS. (*Ardea.*)

Le catalogue du musée de Vienne indique des filaires indéterminées vivant sous la peau des hérons, et trouvées deux fois sur vingt-quatre dans le héron commun (*Ardea cinerea*), et une fois sur seize dans le crabier (*Ardea comata*). Celle du héron avait été mentionnée par Rudolphi (*Entoz.,* t. II, 1, p. 72 et *Synopsis,* p. 9).

Un exemplaire femelle, envoyé en 1816 au muséum de Paris, par celui de Vienne, sous le n° 362, comme trouvé sous la peau de la cuisse d'un héron (*Ardea major*), est « long de 65^{mm}, large de 0^{mm},55; « — sa tête obtuse large de 0^{mm},40 présente des indices de papilles peu « saillantes entre lesquelles est la bouche transverse, ou presque « triangulaire comme le canal œsophagien;— la queue est obtuse, « large de 0^{mm},13; — la vulve est située à 0^{mm},95 de la bouche; — « l'oviducte est rempli de jeunes vers déjà éclos longs de 0^{mm},15; — « le tégument est distinctement strié en travers, les stries sont écar- « tées de 0^{mm},0072 à 0^{mm},0076. »

Rudolphi (*Synopsis,* p. 636) nomme *Fil. ardearum* des filaires trouvées au Brésil, par Olfers, dans l'estomac et l'abdomen de deux espèces indéterminées de hérons. Elles sont longues de 54 à 120^{mm}, de grosseur uniforme, un peu obtuses aux deux extrémités. Quelques-unes avaient déterminé la production de tubes cartilagineux prolongés depuis l'estomac jusque dans le foie; d'autres occupaient un kyste rempli d'une humeur foncée qui liait l'estomac avec le sacrum.

FILAIRES DES CIGOGNES. (*Ciconia.*)

13. FIL. LABIÉE.   *FIL. LABIATA.* — CREPLIN.
(*Observ. de Entoz.*, p. 1).

?. *Filaria ardeæ nigræ*, RUD., Syn., p. 9 et 218, nᵒ 40.

« — Corps blanchâtre plus ou moins coloré en rouge vif par l'in-
« testin vu à travers les téguments ; — tête obtuse terminée par une
« sorte d'armure cartilagineuse entourant six papilles disposées symé-
« triquement et d'où partent aussi deux papilles ou pointes tronquées
« plus dures, entre lesquelles est la bouche large de 0ᵐᵐ,017, oblongue
« ou presque triangulaire ; — intestin revêtu d'une couche glandu-
« leuse d'un rouge vif ; — tégument finement strié ; — stries trans-
« verses de 0ᵐᵐ,0028.

« — *Mâle* long de 112ᵐᵐ, large de 0ᵐᵐ,80 ; — rapport de la longueur
« à la largeur 140 ; — queue recourbée amincie peu à peu, obtuse ,
« bordée par une aile membraneuse continue, longue de 0ᵐᵐ,53, sail-
« lante de 0ᵐᵐ,075 et soutenues par 5 côtes de part et d'autre ; — spi-
« cule principal long de 0ᵐᵐ,95 ; — spicule accessoire long de 0ᵐᵐ,40
« environ.

« — *Femelle* longue de 500 à 750, large de 2ᵐᵐ à 2ᵐᵐ,5, amincie en
« arrière , à queue droite ; — vulve située à 2ᵐᵐ de la bouche ; — uté-
« rus simple long de 5ᵐᵐ divisé en cinq oviductes très-longs filiformes ;
« — œufs oblongs, longs de 0ᵐᵐ,058. »

M. Valenciennes en ayant trouvé plusieurs beaux exemplaires dans
les cavités aériennes et les poumons d'une cigogne noire (*Ciconia
nigra*) tuée aux environs de Paris en 1843, il en fit l'objet d'un travail
anatomique fort remarquable qui sera bientôt public et qu'il a bien
voulu me communiquer à l'avance ainsi que ses préparations. Ce savant professeur a reconnu le premier la singulière division de l'utérus
en cinq oviductes, et la structure non moins remarquable de l'intestin et de sa couche glanduleuse colorée. Il a cru ne voir qu'un
spicule unique, mais sur le seul mâle qui reste entier dans la collection d'un muséum et que j'ai soumis au compresseur, il m'a bien semblé
voir aussi un spicule accessoire.

Cette filaire, la plus longue de toutes après la *Fil. medinensis*, avait
été décrite incomplétement par M. Creplin d'après des exemplaires
femelles trouvés une seule fois à Greifswald, par M. Barkow, dans la
cavité thoracique d'une cigogne noire.

C'est peut-être la même espèce que , d'après Rosa (*Lettere zoologiche*, p. 4), Rudolphi avait indiquée parmi ses espèces douteuses ,
sous le nom de *Fil. ardeæ nigræ* (*Synopsis*, p. 9 et 218 , nᵒ 40).
Cependant celle-ci , trouvée dans l'abdomen, était beaucoup plus
petite , n'ayant que 42 à 50ᵐᵐ de longueur.

Sous le nom de *Fil. ciconiæ*, le même auteur (*Entoz.*, II, I, p. 71 ,
et *Synopsis*, p. 9, nᵒ 39) inscrit parmi ses espèces douteuses des filaires

trouvées une seule fois par Redi dans l'abdomen et sous la peau de la cigogne, et que Schrank, Gmelin et Zeder avaient, d'après lui, inscrites également sous ce nom. C'étaient des vers d'un rouge vif de cinabre, longs de 80^{mm}, épais de 1^{mm} environ.

FILAIRE DU GRÈBE.

14. FIL. SUBULÉE.   *FIL. SUBULATA.* — E. DESLONGCHAMPS.
(*Encycl. méthod.,* Vers, p. 394, n° 7).

« — Corps blanc, long de 27 à 40^{mm}, large de 0^{mm},7 ;—tête brusque-
« ment amincie, longue de 1^{mm},12, un peu obtuse ; — vulve située au
« point même où commence le rétrécissement de la tête, c'est-à-dire à
« 1^{mm},12 de la bouche ; — extrémité postérieure obtuse, munie d'une
« très-petite papille aiguë terminale. » (D.)

M. Deslonchamps a trouvé trois femelles de cette espèce dans l'abdomen d'un grèbe huppé (*Podiceps cristatus*) au mois de mars, à Caen.

FILAIRES DES MOUETTES ET DES STERNES.

Sur treize mouettes (*Larus minutus*) disséquées au musée de Vienne, une seule contenait sous la peau du cou une filaire blanchâtre, longue de 115^{mm}, de grosseur médiocre, amincie vers une des extrémités (RUD., *Synopsis*, p. 10 et 218, n° 46).

Deux *Sterna leucopareia*, sur cinq disséquées à Vienne, contenaient aussi des filaires dans l'abdomen (RUD., *Synopsis*, p. 10, n° 44).

FILAIRES DES CYGNES ET DES CANARDS.

Redi avait trouvé dans la cavité abdominale, et même dans l'intestin et les cœcums d'un cygne très-maigre, plus de deux cents vers très-minces, longs de 200 à 240^{mm}, que Gmelin inscrivit ensuite dans le *Systema naturæ* (p. 3033), sous le nom d'*Ascaris cygni;* Zeder (*Naturg.*, p. 119) les nomma *Fusaria cygni,* et Rudolphi les plaça parmi ses filaires douteuses (*Entoz.,* t. II, 1, p. 71, et *Synopsis,* p. 10, n° 47).

— Rudolphi mentionne également (1. c., n° 48), sous le nom de *Fil. anatis,* un helminthe filiforme trouvé par Paullinus, diversement enroulé autour du cœur d'un canard.

III. FILAIRES DES REPTILES.

FILAIRES DES SERPENTS.

Rudolphi, d'après Bosc, a mentionné parmi ses espèces douteuses (*Entoz.*, t. II, 1, p. 73, et *Synopsis*, p. 10, n° 50) une filaire trouvée dans une couleuvre d'Amérique. D'après le catalogue du musée de Vienne, il inscrit de même (*Synopsis,* p. 10, n° 49) une filaire trouvée dans l'œsophage d'une couleuvre lisse (*Coluber austriacus*).

FILAIRES DES GRENOUILLES.

15. FIL. ROUGEATRE.   *FIL. RUBELLA*.—Rud., *Syn.*, p. 5 et 212.

« — Rougeâtre, longue de 90 à 120^{mm}, grêle, amincie en avant ; —
« tête un peu aiguë ; — queue obtuse. » (Rud.)

Rudolphi a décrit ainsi cette filaire, d'après deux individus trouvés
par M. Klug dans l'estomac d'une grenouille rousse (*Rana temporaria*), à Berlin ; lui-même ensuite, dans des tubercules du mésentère
et de la surface de l'estomac d'une grenouille verte affectée d'une
grande hernie dorsale, il observa des filaires roussâtres, longues de
34 à 40^{mm}, sans organes sexuels visibles.

Sur douze cent quatre-vingt-dix grenouilles vertes disséquées au
musée de Vienne vingt seulement avaient, sous la peau, des filaires
d'espèce indéterminée que Rudolphi inscrit (*Synopsis*, p. 10, n° 5)
parmi les espèces douteuses, tout en exprimant l'opinion que ce
pourrait être la *Fil. rubella*.

Un exemplaire femelle envoyé en 1816 par le musée de Vienne à
celui de Paris comme trouvé sous la peau et entre les muscles de la
grenouille verte est « long de 32^{mm}, large de 0^{mm},27 ; — sa tête obtuse
« et comme tronquée est large de 0^{mm},074 et présente un cercle irré-
« gulier de huit papilles peu saillantes au milieu desquelles se voit la
« bouche triangulaire ; — l'œsophage est large de 0^{mm},05 ; — la queue
« est obtuse, large de 0^{mm},18 ; — la vulve est située à 0^{mm},83 de la tête ;
« — l'oviducte très-développé est rempli de jeunes vers déjà éclos,
« très-minces et d'œufs elliptiques longs de 0^{mm},22. »

M. Valentin, à Berne, avait vu, en 1840, des petits nématoïdes dans
les vaisseaux sanguins des grenouilles. Depuis lors, en 1841, M. Vogt
(Muller's *Archiv.*, 1842, p. 189) trouva également ces petits vers dans
le sang des grenouilles et vit aussi, dans les divers viscères de ces animaux et sous le péritoine, des petits kystes ; les uns blancs ou jaunâtres contenaient isolément des filaires analogues à celles du sang,
les autres bruns étaient déjà vides. M. Vogt trouva de plus dans la
cavité abdominale d'une grenouille deux grandes filaires femelles
longues de plus de 27^{mm} remplies d'œufs et d'embryons. Il est donc
conduit à penser que ces nématoïdes pondus d'abord dans l'abdomen
pénètrent dans les vaisseaux sanguins et suivent la circulation jusqu'à
ce qu'ils s'arrêtent dans un endroit convenable pour le développement d'un petit kyste dans lequel ils continuent à croître. Ces
vers devenus libres ensuite dans la cavité abdominale doivent y
déposer leurs petits.

Mais ce mode d'explication ne me paraît pas devoir suffire dans
tous les cas où l'on voit, dans des kystes, des nématoïdes naissants,
plus petits et moins formés que ceux qu'on aurait vus libres ou déjà
encore contenus dans l'oviducte de la mère.

IV. FILAIRES DES POISSONS.

? FIL. DES POISSONS.   *FIL. PISCIUM.* — Rud.

Gordius marinus, Linné, Syst. nat., Ed., XII, p. 1075, n° 4.
Gordius harengum, Bloch, Vers intestinaux (trad.), p. 75, pl. 8, fig. 7-10.
Ascaris harengum, Schrank, Verzeichn., p. 9, n° 32.
Ascaris halecis, Gmelin, Syst. nat., p. 3037, n° 72.
Capsularia halecis, Zeder, Nachtrag., p. 13, pl. 1, fig. 1-6.
Ascaris marina, Gmelin, Syst. nat., p. 3035, n° 61.
Fusaria marina, Zeder, Naturgesch., p. 121, n° 76.
Filaria marina, Rathke, dans Dansk. selsk. skrivt., t. I, p. 66.
Filaria capsularia, Rudolphi, Entoz., t. II, 1, p. 67 et Syn., p. 6, n° 13.
Filaria piscium, Rud., Entoz., t. II, 1, p. 74 et Syn., p. 10 et 218, n° 52.
Filocapsularia, Deslongchamps, Encycl. méth., Vers, p. 398.
Filaria piscium, Siebold, dans Wiegmann's Archiv. 1838, p. 305.

On trouve dans le mésentère, dans le foie, ou à la surface de cet organe, entre les tuniques de l'estomac, etc., d'une foule de poissons de mer, un helminthe nématoïde toujours enfermé dans un kyste, où il forme une spirale plane, discoïdale. Il est souvent en outre revêtu immédiatement d'une enveloppe tubuleuse brunâtre, dans laquelle il paraît avoir pris naissance, et qui ressemble beaucoup à l'enveloppe externe des anthocéphales, à tel point que plusieurs naturalistes se sont efforcés de démontrer que ces helminthes appartenant à des classes si différentes proviennent des métamorphoses d'un même animal.

Cet helminthe, toujours dépourvu d'organes sexuels, est blanc, élastique, très-vivace. On peut le conserver vivant dans l'eau ou dans des vases humides pendant plus de huit jours; sa longueur est de 15 à 30^{mm}, sa grosseur de 0^{mm},5 à 0^{mm},7; il est un peu plus mince en avant; la bouche est petite, orbiculaire, accompagnée d'une seule papille latérale; l'œsophage, cylindrique, charnu, se prolonge en un appendice blanc, en forme de cœcum, au delà de sa jonction avec l'intestin, lequel se prolonge aussi en un cœcum blanc, opaque, de même longueur, en avant du pylore et à côté de l'œsophage; la queue conique est terminée par une petite pointe irrégulière.

J'ai trouvé plus de cent fois cette filaire, soit dans les tuniques de l'estomac du congre (*Muræna conger*), soit dans et sur le foie et dans le mésentère des *Gadus merluccius*, *Gadus pollachius*, *Gadus merlangus*, *Gadus morrhua*, du grondin (*Trigla gurnardus*), du maquereau (*Scomber scombrus*), du bars (*Labrax lupus*), du *Zeus faber*, du *Trachinus draco*, du turbot (*Pleuronectes maximus*), et je n'y ai jamais aperçu de différences caractéristiques.

Elle a été trouvée en outre dans les harengs (*Clupea harengus*), dans les *Perca norwegica*, *Lophius piscatorius*, *Gadus æglefinus*,

Gadus barbatus, Gadus brosme, Gadus callarias, Gadus islandicus, Gadus molva, pleuronectes platessoides, Pleur. hippoglossus, Pleur. platessa, Murœna anguilla, Salmo salar et *Salmo arcticus.*

On dit aussi l'avoir trouvée dans la sèche officinale.

— Si l'on tenait à classer tous les helminthes dont on ne connaît pas encore les caractères distinctifs, nous pourrions inscrire ici divers né-matoïdes très-jeunes trouvés chez les *Cyprinus crypthrophtalmus, Cypr. idus* et *Cypr. carpio,* dans des kystes du péritoine, etc. Il faudrait également énumérer divers helminthes douteux cités par Rudolphi (*Synopsis,* p. 191, n⁰ˢ 46 et suivants), et dont plusieurs ont offert le caractère attribué par Zeder à ses *Capsularia,* d'être en-roulés en spirale plane.

FIL. A TÊTE RONDE.　　*FIL. GLOBICEPS.* — Rud., (*Syn.,* p. 7 et 215, n° 19.)

« — Blanche ou brunâtre longue de 27 à 40 ᵐᵐ, également mince;—
« tête arrondie, munie de papilles peu saillantes, entre lesquelles est
« la bouche, orbiculaire, petite; — queue déprimée, très-obtuse; —
« intestin noirâtre. » (Rud.)

Rudolphi a trouvé cette filaire à Naples, dans les ovaires et les testicules de plusieurs *Uranoscopus scaber* et *Blennius phycis.*

FILAIRE AMINCIE.　　*FIL. EXTENUATA.* — Deslongchamps. (*Encycl. méth.,* Vers, p. 395.)

« — Blanc-grisâtre, longue de 27ᵐᵐ à 40ᵐᵐ large de 0ᵐᵐ7;—amincie
« en avant sur une longueur de 2ᵐᵐ,15 à 4ᵐᵐ;—extrémité antérieure
« obliquement tronquée; — bouche ronde très-visible; — queue du
« mâle infléchie, aiguë. » (D.)

M. Deslongchamps l'a trouvée à Caen, dans l'abdomen du surmulet (*Mullus surmuletus.*)

FILAIRE SANGUINE.　　*FIL. SANGUINEA.* — Rudolphi. (*Synopsis,* p. 5 et 211, n° 9, pl. 1, fig. 1.)

Rudolphi a vu deux fois, dans la nageoire caudale du *Cyprinus gibelio,* une filaire rouge logée entre les téguments. Cette filaire, également obtuse aux deux extrémités, est vivipare.

16. FILAIRE A TÊTE OVALE.　　*FIL. OVATA.* — Zeder.

Gordius, Goeze, Naturgesch., p. 126, pl. 8, fig. 1-3.
Filaria gobionis, Schrank, Verzeichn., p. 2.
Ascaris gobionis, Gmelin, Syst. nat., p. 3037, n° 74.
Fusaria gobionis et *Filaria ovata,* Zeder, Naturg., p. 36 et 124.
Filaria ovata, Rud., Entoz., hist., t. II, i, p. 60 et Syn., p. 5 et 213, n° 12.

« — Corps blanc, long de 81 à 108ᵐᵐ, aminci en avant; — tête

« ovoïde ? (suivant Gœze); — queue arrondie (échancrée suivant
« Rudolphi); — téguments promptement rompus par l'action de l'eau. »

Elle se trouve dans l'abdomen et dans le foie du goujon (*Cyprinus gobio*), et du véron (*Cypr. phoxinus*), en Allemagne.

Un *Cypr. aspius* sur neuf; douze *Cypr. gobio* sur trois cent quarante-huit, trois *Cypr. phoxinus* sur six cent trente-cinq; et un *Cypr. rutilus* sur deux cent huit ont présenté cette filaire aux helminthologistes du musée de Vienne.

Un exemplaire envoyé en 1816 au Muséum de Paris par celui de Vienne et provenant du foie d'un goujon (n° 582) est long de 38^{mm}, large de 0^{mm},45, sa tête obtuse arrondie est large de 0^{mm},29, et la queue également obtuse est large de 0^{mm},19.

17. FILAIRE EPAISSIE. *FIL. CRASSIUSCULA.* — Nordmann.
(*Mikrographisch Beiträge*, t. I, p. 20.)

« —Corps blanc, long de 10^{mm},12 ; — large de 0^{mm},36 ; — vingt-sept fois
« aussi long que large; — un peu aminci en avant; — tête obtuse avec
« deux très-petites papilles latérales. »

Trouvé par Nordmann dans l'œil du *Gadus œglefinus.*

FILAIRE BRUNE. *FIL. FUSCA.* — Rud., *Syn.,* p. 5 et 211 ; n° 9.

« —Corps brunâtre, long de 54 à 108^{mm}, aminci en arrière, obtus aux
« deux extrémités ; — bouche entière, assez grande ; — intestin brun,
« renflé brusquement après l'œsophage ; — oviductes blancs, conte-
« nant des petits vivants dont l'intestin est déjà coloré. » (Rud.)

Rudolphi l'a trouvée sept fois dans neuf *Pleuronectes mancus*, disséqués par lui à Naples, au mois de juin; il a remarqué aussi que, mis dans l'eau, cet helminthe se déchire presque aussitôt.

FILAIRE CYSTIQUE. *FIL. CYSTICA.* — Rud., *Syn.*, p. 634.

« —Corps brunâtre, assez résistant, long de 81 à 108^{mm}, de grosseur
« égale, médiocre, un peu plus mince en avant; — tête obtuse ; —
« bouche orbiculaire, très-distincte ; — queue obtuse, terminée par
« une papille très-petite. » (Rud.)

Trouvée par Olfers au Brésil, dans des kystes du péritoine et des muscles abdominaux du *Synbranchus laticaudis.*

V. FILAIRES DES INSECTES ET DES AUTRES ARTICULÉS.

Beaucoup de naturalistes ont accidentellement rencontré, dans les arachnides et les insectes, des helminthes filiformes très-longs, qu'ils ont confondus sous le nom de gordius ou de filaires; mais aucun encore n'a donné de ces helminthes une description détaillée, qui permette de les considérer véritablement comme des filaires, ou de les rapporter à un autre genre. Cependant M. Siebold a déjà annoncé que plusieurs de ceux qu'il a observés doivent appartenir au genre *Mermis*, genre établi par moi d'après des helminthes trouvés libres sur la terre, après avoir vraisemblablement vécu comme les autres filaires dans l'intérieur de quelque larve d'insecte. Nous devons donc nous borner ici à donner une énumération des insectes dans lesquels ont été trouvées ces prétendues filaires, et, pour cela, nous profiterons d'une première notice publiée par M. Siebold, dans l'*Entomologische Zeitung*, 1843, p. 79.

FILAIRES DES CRUSTACÉS ET DES ARACHNIDES.

Rudolphi inscrit (*Entoz.*, t. II., i, p. 79, et *Synopsis*, p. 12, n° 64), sous le nom de *Filaria monoculi*, une filaire trouvée dans l'*Apus cancriformis* par le duc de Schwarzburg-Rudolstadt, et décrite d'abord par Walch, sous le nom de *Gordius*, dans le *Naturforscher*, puis nommée par Gmelin (*Syst. nat.*, p. 3041, n° 14) *Filaria monoculi*.

La collection du musée de Vienne possède une filaire provenant d'une araignée qu'on suppose être le *Drassus lucifugus*. Latreille a dit avoir trouvé aussi dans une araignée une filaire longue de 135^{mm}.

Le même entomologiste a vu dans un faucheur (*Phalangium cornutum*) une autre filaire, que M. de Baer a trouvée aussi dans l'abdomen du *Phalangium opilio* et que Rudolphi a décrite comme espèce distincte, sous le nom de *Filaria truncatula*. (*Synopsis*, p. 5 et 214, n° 17), d'après un fragment long de 54^{mm} environ, très-mince, blanc, montrant une tête tronquée et entourée de six papilles (*ni fallor*, si je ne me trompe, ajoute Rudolphi).

FILAIRES DES COLÉOPTÈRES.

M. Siebold a reçu un *Gordius aquaticus* mâle de M. Fehler, qui l'avait vu sortir de l'abdomen d'un *Carabus hortensis*.

Le musée de Vienne possède une filaire provenant du *Carabus alternans*, et M. Heeger a vu sortir un semblable helminthe du *Carabus violaceus*.

La collection de Greifswald possède deux filaires du *Procrustes coriaceus*, lesquelles, d'après les détails communiqués par M. Creplin, M. Siebold croit être réellement des *Gordius*. Le musée de Vienne a aussi ce même helminthe du *Procrustes*. M. Heeger a vu sortir une filaire de la *Feronia metallica* et du *Harpalus ruficornis*.

MM. Kirby et Spence ont mentionné dans leur *Introd. to the Entom.*, une filaire brune qu'ils virent sortir du *Harpalus azureus*, plongé dans l'eau tiède. M. Brightwell (*the Zool. journal*, n° XX, 1835, p. 396), rapporte avoir trouvé très-abondamment dans le *Pterostichus madidus* des filaires longues de 25 à 75^{mm}. M. Mac-Leay a vu aussi une filaire dans l'*Abax striola*. Le docteur Lunemann de Gottingue en a trouvé également une dans le *Pristonychus terricola*, et M. Heeger, dans le *Cymindis humeralis*.

Laurer a trouvé plusieurs fois dans le *Dytiscus marginalis* des *Gordius*, avec ou sans la queue bifide. Le musée de Vienne possède des filaires du même insecte.

Rudolphi inscrit parmi ses espèces douteuses (*Entoz.*, t. II., 1, p. 77, et *Synopsis*, p. 11 , n° 59) une filaire indiquée dans le rapport des travaux de la Société philomatique de Paris (t. III, 1799, p. 72), comme trouvée dans un bupreste, par M. Boucher d'Abbeville.

Gœze avait trouvé dans le *Silpha obscura* un helminthe qu'il mentionna sous le nom de *Gordius*. Gmelin en fit la *Filaria silphœ* dans le *Syst. nat.* (p. 3040, n° 11), et après lui Zeder et Rudolphi (*Entoz.*, t. II, 1, p. 76, et *Synopsis*, p. 11, n° 56) l'ont aussi inscrit sous ce nom.

Leblond, dans la nouvelle édition de l'*Atlas des Vers intestinaux* de Bremser (1837, p. 57), dit avoir vu chez M. Audouin un grand nombre de larves de hanneton, contenant des gordius parasites et dans lesquelles ces helminthes n'avaient encore pénétré qu'à demi. Je suppose que ce sont les mêmes *Mermis* que j'ai vus libres, et que sur des larves conservées dans l'alcool, Leblond a cru voir ces helminthes entrés à demi, quand au contraire ils étaient à demi sortis pour aller déposer leurs œufs dans la terre humide.

M. Siebold a nommé *Filaria rigida* un très-petit helminthe dont la nature est assez douteuse, et qu'il avait trouvé dans l'*Aphodius fimetarius* (*Wiegmann's Archiv.*).

M. Gervais et M. Élie de Beaumont ont vu chacun de leur côté des filaires ou *Gordius* sortir de l'abdomen du *Blaps mortisaga.*

Parmi les curculionites le *Brachycerus undatus*, l'*Otiorhynchus ragusensis* et l'*Hylotrupes bajulus* sont indiqués (V. Siebold, l. c.) comme ayant contenu des filaires.

Rudolphi a inscrit parmi ses espèces douteuses (*Entoz.*, t. I, p. 76 et *Synops.*, p. 11, n° 57), sous le nom de *Filaria chrysomelæ tanaceti*, une filaire que Frœlich avait trouvée presque toute sortie de l'abdomen d'une *Galleruca tanaceti* morte, et qu'il avait décrite sous ce même nom dans le *Naturforscher* (25, p. 108). Elle était blanche, longue de 270^{mm} environ, très-mince et très-élastique : la tête était rompue et toute la portion exposée à l'air était déjà sèche. Holten, naturaliste danois, avait décrit (*Dansk. Selsk. Skrivt.*, t. IV, 1. p. 16, pl. 3, fig. 1-2), sous le nom de *Filaria chrysomelæ*, trois filaires longues de 108^{mm} environ, ayant quatre papilles à la tête, et qu'il avait trouvées dans l'abdomen très-gonflé d'une *Chrysomela alni.* Rudolphi l'a inscrite dans ses deux ouvrages (*Entoz.*, p. 77, n° 33 et *Synops.*, p. 11, n° 58).

FILAIRES DES ORTHOPTÈRES.

M. E. Deslongchamps a nommé *Filaria rytipleurites* (*Encycl. méth.*, Vers, p. 396, n° 22) des petits helminthes qu'il avait trouvés dans une centaine de kystes à parois doubles, remplissant l'abdomen d'une larve

de *Blatta orientalis* à Caen. Ces helminthes, longs de 11 à 16^{mm},
étaient minces comme un cheveu, transparents, un peu amincis aux
deux extrémités, avec une tête tronquée, garnie en avant de quatre
nodules peu apparents ; ils présentaient un pli très-saillant d'un côté
à peu de distance de l'extrémité antérieure.

Rudolphi a mentionné une *Filaria forficulœ* (*Entoz.*, t. II., ɪ, p. 77
et *Synops.*, p. 11 et 218). M. Creplin , de son côté, a vu, en août 1829,
quatre filaires sortant latéralement de l'abdomen d'une *Forficula auri-
cularia* qui courait vivement ; ces filaires étaient blanches, longues
de 40 à 54^{mm}. Le musée de Vienne possède aussi des filaires du même
insecte. M. Léon Dufour avait antérieurement mentionné et figuré une
Filaria forficulœ (*Ann. sc. nat.*, t. XIII, p. 66, pl. 9. C. fig. 1).

Rudolphi inscrit également (*Entoz.*, t. II, ɪ, p. 77 et *Synops.*, p. 11 ,
n° 61) une *Filaria locustœ* qui, vue par beaucoup de naturalistes, notamment par Frisch dans la *Locusta viridissima,* par Rœsel (t. II, p. 58)
dans le *Decticus verrucivorus,* et par Degeer (t. II , pl. 1 , p. 555), a
été nommée *Filaria grylli* par Gmelin (*Syst. nat.*, p. 3040 , n° 13).
M. L. Dufour avait décrit d'abord la femelle sous le nom de *Filaria
tricuspidata* (*Ann. sc. nat.*, t. XIV, p. 222, pl. 12. C.), plus tard
(*Ann. sc. nat.*, 2ᵉ série, t. VII, p. 7) il lui a rendu le nom de *Filaria
locustœ.* M. Wight l'a trouvée en Allemagne dans le *Decticus verrucivorus.* M. Matthey (*Journal de physique,* 1820, t. XCI, p. 476) avait vu
l'abdomen de plusieurs sauterelles vertes très-gonflé par des filaires.
Le musée de Vienne possède aussi des filaires provenant de cette même
sauterelle (*Locusta viridissima*) ainsi que des *Barbitistes serricauda,
Ephippigera perforata* Burm., *Decticus pedestris, Calopterus italicus*
Burm., *OEdipoda migratoria* et *Gomphocerus parallelus* Charp.; enfin
M. Heeger a vu sortir des filaires de l'*OEdipoda cœrulescens* et du *Gom-
phocerus biguttulus.*

Les filaires des sauterelles sont longues de 104 à 180^{mm}, blanches,
grêles ; l'extrémité antérieure est un peu obtuse ; l'extrémité postérieure de la femelle, suivant M. Dufour, est divisée en trois pointes.

FILAIRE DES NÉVROPTÈRES.

On cite la *Phryganea grisea* comme ayant montré une filaire sortant
de son abdomen (V. Siebold, l. c.). Degeer avait précédemment
(*Mém.*, t. II, pl. 1, p. 353) trouvé souvent dans les larves de phryganes
des filaires blanches très-longues qu'il ne put dérouler sans les rompre.

FILAIRES DES HYMÉNOPTÈRES.

Rudolphi a cité d'après Bergmann une filaire indéterminée vivant
dans les larves de tenthrèdes (*Entoz.*, t. II, ɪ, p. 82 et *Synops.*, p. 12,
n° 67.)

M. L. Dufour (*Ann. sc. nat.*, 2ᵉ série, t. VII, p. 8, pl. 1. A. fig. 1)
rapporte avec doute au genre filaire un singulier helminthe long de
160^{mm} , plus mince qu'un cheveu , blanchâtre, avec une des extrémités

renflée en olive et ayant un mouvement bien réel malgré une roideur remarquable, très-différente de celle des filaires ordinaires. M. Dufour n'en trouva qu'une seule fois cinq à six individus dans la cavité abdominale du *Sphecodes gibbus*.

MM. Kirby et Spence rapportent que M. Gould avait trouvé dans une fourmi une filaire longue de 13^mm^ ; M. Siebold a reçu d'un entomologiste de Heidelberg un autre helminthe brun long de 80^mm^, ressemblant à un *Gordius* et provenant aussi d'une fourmi.

FILAIRE DES HÉMIPTÈRES.

Rœsel (*Insect.*, t. II, p. 144) a trouvé souvent dans des cercopes écumeuses (*Aphrophora spumaria*) une ou deux filaires fort longues ; Rudolphi les inscrit parmi ses espèces douteuses (*Entoz.* t. II, 1, p. 78 et *Synops.*, p. 12, n° 62) sous le nom de *Filaria cercopidis*.

FILAIRES DES LÉPIDOPTÈRES.

On a trouvé plusieurs fois, et comme par hasard, dans diverses chenilles, des filaires qui sont mentionnées par les auteurs, et dont plusieurs sont même considérées comme des espèces distinctes.

Ainsi Rudolphi a nommé *Filaria truncata* (*Entoz.* p. 59, n° 5, et *Synops.*, p. 5, n° 11,) une filaire trouvée par Nitzsch, dans la chenille du *Tinea padella* ; elle est longue de 134^mm^, mince, blanche, de grosseur égale partout ; sa tête contractée est très-obtuse ou plutôt tronquée ; sa queue plus épaisse est terminée par une pointe très-courte, obtuse ou en forme de papille.

Le même auteur nomme *Filaria acuminata* (*Entoz.*, p. 66, et *Synops.*, p. 6, n° 16,) une filaire longue de 170^mm^, trouvée par Gœze dans la chenille de la *Catocala nupta*, et dont la tête est obtuse, munie de quatre nodules ou tubercules, et la queue, également obtuse, est terminée par une pointe droite et grêle. Gœze, qui en trouva dix-huit à la fois, l'a décrite sous le nom de *Gordius* (*Naturg.*, p. 127, pl. 8, fig. 4-6) ; Schrank (*Verzeich.*, p. 3, n° 11,) la nomme *Filaria nuptæ* ; Zeder (*Naturg.*, p. 37,) lui donna le nom de *Filaria uncinata*.

Une troisième filaire des chenilles est nommée par Rudolphi *Filaria plicata* (*Entoz.*, t. II, 1, p. 67, et *Synops.*, p. 7 et 214, n° 18). Zeder l'avait trouvée dans les chenilles et lui avait précédemment (*Naturg.*, p. 33) donné le nom de *Filaria attenuata*, qui sert à désigner la filaire des faucons, c'est pourquoi Rudolphi a dû changer ce nom spécifique. Depuis lors Hübner, à Hale, a trouvé aussi cette filaire dans la chenille du bombyx du saule (*Liparis salicis*), elle est longue de 175^mm^, grêle, jaune-brunâtre, très-élastique ; la tête est de même grosseur, tronquée, et elle montre sous le microscope des papilles peu distinctes ; la queue est plus épaisse, obtuse, et n'offre pas cette pointe terminale qui caractérise la *Filaria truncata*.

Enfin, sous le nom de *Filaria erucarum* (*Ent.*, t. II, 1, p. 79, et

Synops., p. 12 et 219, nᵒ 65) Rudolphi réunit parmi ses espèces dou-teuses toutes les autres filaires observées par divers naturalistes dans les chenilles, en ajoutant qu'il doit y avoir là plusieurs espèces.

Ainsi il comprend sous ce nom 1ᵒ le *Gordius crucarum*, trouvé par Werner (*Brév. expos. cont.*, t. I, p. 6, pl. 8, f. 16-19) dans les che-nilles du bombyx du chêne (*Gastropacha quercus*), de la *Vanessa urticæ*, de la *Vanessa polychloros*, de l'*Euprepia caja*, etc., et décrit comme blanc ou grisâtre, long de 120 à 215ᵐᵐ, aminci aux deux ext. émites, avec la bouche armée de trois lèvres oblongues et la queue très-mince, terminée en crochet; — 2ᵒ une filaire trou-vée par Gœze (*Naturg.*, p. 128) dans la chenille de la *Pyralis Pomonæ*; — 3ᵒ les filaires longues de 160 à 190ᵐᵐ, trouvées par Rœsel (*Insectenbelust*, t. I, p. 20 et 64,) dans les chenilles du *Sphinx euphorbiæ*, du *Liparis salicis* et de la *Vanessa Antiopa*; — 4ᵒ les filaires trouvées par Degeer (*Mém.*, t. I, 551, pl. 34, fig. 6-7,) dans les chenilles du *Bombyx* de l'aune et du *Liparis ziczac*; — 5ᵒ celles que Walch (*Natur.*, fig. 12, p. 87,) trouva dans la chenille de *Vanessa polychloros*; — 6ᵒ celles que Schrank (*Beytr. z. naturg.*, p. 98 et *Verzeichn.*, p. 2, nᵒ 10,) a trouvées dans diverses chenilles et notam-ment dans la *Vanessa polychloros*, et qu'il nomma d'abord *Gordius insectorum*, puis *Filaria crucarum*; — 7ᵒ une filaire longue de 350ᵐᵐ, trouvée par Hettlinger (*Obs. de phys.*, par Rozier, t. XXVI, p. 7,) dans la chenille du *Gastropacha trifolii*; — 8ᵒ les filaires trouvées par Gravenhorst et Treutler dans des poires et des pommes. Ce sont d'ailleurs les mêmes que Gmelin (*Syst. nat.*, p. 3041, nᵒ 15) avait réunies sous le nom de *Filaria lepidopterorum*.

M. Siebold indique, d'après les communications de M. Diesing, les chenilles des espèces suivantes comme ayant présenté des filaires aux naturalistes de Vienne : 1ᵒ *Vanessa Antiopa*, 2ᵒ *Sphinx ligustri*, 3ᵒ *Sphinx ocellata*, 4ᵒ *Notodonta camelinæ*, 5ᵒ *Saturnia pyri*, 6ᵒ *Gas-tropacha quercifolia*, 7ᵒ *Catocala fraxini*, 8ᵒ *Tortrix Pomonæ*. Il ajoute que M. Germar en a trouvé souvent dans la chenille de l'*Eu-prepia jacobeæ*; lui-même a reçu de M. Fehler, de Gottingue, trois filaires longues de plus de 135ᵐᵐ, provenant de l'*Euprepia caja* et qu'il croit être des *Mermis*; il possède également deux autres filaires provenant de chenilles indéterminées, qu'il regarde comme des *Mermis acuminata*. Enfin, il dit avoir vu dans la collection en-tomologique de M. de Heyden, à Francfort, une chenille de l'*Ela-chista cygnipenella*, de laquelle est sortie en partie une filaire qui est restée desséchée et enroulée.

FILAIRE DES DIPTÈRES.

M. Siebold a vu une *Cordylura pubera*, de l'abdomen de laquelle sortait une filaire blanc-jaunâtre tortillée, qu'il regarde aussi comme un *Mermis acuminata*.

VI. FILAIRES DES MOLLUSQUES.

En outre de la *Filaria piscium*, qui se trouve quelquefois dans la sèche officinale, on a trouvé chez beaucoup de mollusques terrestres et d'eau douce des helminthes nématoïdes, dont plusieurs ont été regardés comme des filaires; mais quand on a pu leur trouver des organes génitaux ou digestifs, on a reconnu qu'il fallait les placer dans des genres différents, comme nous l'avons fait pour le *Lepto-dera* et l'*Angiostomum*.

FILAIRES LIBRES DANS LES EAUX.

17. FIL. AQUATIQUE.   *FIL. AQUATILIS.* — Duj., *nov. sp.*

[Atlas, pl. 3, fig. E.]

« — *Femelle* blanche, longue de 8 à 11^{mm}, large de 0^{mm},102; — de
« grosseur égale, excepté au voisinage de la tête, où elle s'amincit
« beaucoup et présente une sorte d'étranglement en arrière de la
« tête qui est globuleuse, large de 0^{mm},033; pourvue d'un tégument
« fort épais, à travers lequel on distingue des papilles internes; —
« bouche centrale, ronde, très-petite, d'où part un œsophage capil-
« laire très-long, sinueux; — tégument homogène, sans stries; —
« vulve située un peu en avant du milieu; — ovaire tubuleux, étendu
« dans toute la longueur du corps, aminci aux deux extrémités, con-
« tenant une ou plusieurs rangées d'œufs ou d'ovules; — œufs globu-
« leux, larges de 0^{mm},062; — queue amincie peu à peu en pointe
« arquée. »

J'ai trouvé plusieurs fois cette filaire à Rennes, dans la Vilaine, sous les feuilles de *Nymphea*. J'ai pu la conserver vivante fort longtemps. Sa tête ressemble beaucoup à celle des *Mermis*, mais le mode de développement des œufs est totalement différent; la position de la vulve la distingue aussi des filaires parasites.

18. FIL. DES LACS.   *FIL. LACUSTRIS.* — Duj., *nov. sp.*

[Atlas, pl. 3, fig. F.]

« — *Femelle* blanc-rosé, longue de 13^{mm},5, large de 0^{mm},175, un
« peu amincie en avant; — tête obtuse, un peu anguleuse, large de
« 0^{mm},064, non séparée par un étranglement; — bouche ronde, très-
« petite, obliquement située de côté, suivie d'un œsophage filiforme
« très-long, noueux à l'origine; — queue conoïde, obtuse, termi-
« née obliquement par une très-petite pointe; — tégument sans stries
« transverses; — vulve située en arrière du milieu, aux trois cin-
« quièmes de la longueur. »

J'ai trouvé souvent aussi cette filaire sous les feuilles de *Nymphea* dans la Vilaine; elle est bien visible à l'œil nu.

—J'ai vu encore d'autres nématoïdes à bouche ronde et sans armure comme les filaires, soit dans l'eau douce, soit dans l'eau de mer; mais leurs organes n'étaient pas encore assez développés pour qu'il fût possible de les caractériser.

8ᵉ GENRE DISPHARAGE.   *DISPHARAGUS.* — DUJ.

Spiroptera. RUD. (en partie).

Δίς, deux, Σφάραγος, gosier.

«— Vers blanchâtres, demi-transparents, à corps cylindrique, « filiforme, quarante à cent fois plus long que large, aminci aux « extrémités; — tête distincte ou continue avec le corps, nue « ou entourée de divers appendices, et terminée par deux pa- « pilles opposées et très-rapprochées, entre lesquelles est la « bouche, ronde, et d'où partent ordinairement des cordons su- « perficiels, ou replis du tégument, plus ou moins prolongés en « arrière; — œsophage formé de deux parties distinctes, la pre- « mière longue, étroite, tubuleuse, séparée par un diaphragme « ou anneau musculeux de la deuxième partie plus longue, plus « épaisse, musculeuse; — ventricule encore plus épais, en forme « de cylindre allongé; — tégument à stries fines, transverses, « quelquefois ponctuées ou denticulées; — anus situé en avant « de l'extrémit écaudale.

« — *Mâle* à queue plus ou moins recourbée, munie d'ailes « latérales plus ou moins larges, soutenues par quelques papilles « saillantes, ou simplement munie d'un double rang de papilles; « — deux spicules inégaux.

« *Femelle* à queue droite conique; — ovaire simple, rempli « d'œufs petits (de 0^{mm},027 à 0^{mm},048), lisses ou tuberculeux « (dans le *Disph. decorus*). »

Les espèces que je réunis dans ce nouveau genre se trouvent presque toutes entre les tuniques de l'estomac ou du gésier des oiseaux; elles se ressemblent beaucoup par leurs divers carac- tères : la tête est terminée par deux papilles très-rapprochées qu'on pourrait prendre pour deux lèvres; de la bouche part un tube étroit quelquefois annelé ou strié transversalement, et qui semble être le pharynx; il est séparé par un anneau mus- culeux ou un bourrelet d'un second tube plus épais, plus long, à parois charnues, et qui paraît être l'œsophage proprement dit; à la suite se trouve un troisième tube encore plus épais et plus charnu, un cylindre plus ou moins long, qui doit être le ventricule ou estomac; enfin une quatrième partie du tube digestif est l'intestin, plus étroit que le ventricule, et souvent caché sous les replis de l'oviducte ou du testicule. — L'appareil génital mâle présente un double organe copulateur : l'un est un spicule ou pénis proprement dit; l'autre, plus petit, correspond au second spicule des ascarides et des strongles, et ne peut aucunement recevoir le nom de gaîne que lui donna Rudolphi; il est à côté du grand spicule, et l'on peut supposer tout au plus qu'il sert à le soutenir.

La vulve occupe une position différente dans les diverses espèces; l'ovaire et l'oviducte paraissent être toujours uniques; les œufs sont presque toujours elliptiques, leur coque est lisse, excepté pour le seul *Disph. decorus*, chez lequel ils présentent de chaque côté une rangée de trois à cinq tubercules contigus.

Les œufs sont longs de :

0^{mm},015(?) pour le *Disph. attenuatus* des hirondelles.
0   ,02 à 0^{mm},023 pour le *D. brevicaudatus* du butor (*Ardea stellaris*).
0   ,027 pour le *D. truncatus* de la huppe (*Upupa*).
0   ,030 pour le *D.* de l'épervier (B) (*Falco nisus*).
0   ,034 pour le *D. tenuis* du tarier (*Saxicola rubetra*).
0   ,036 pour le *D.* du hobereau (*Falco subbuteo*).
0   ,038 pour le *D. subula* du rouge-gorge (*Sylvia rubecula*).
0   ,038 pour le *D. nasutus* du moineau (*Fringilla domestica*).
0   ,039 pour le *D. decorus* du martin-pêcheur (*Alcedo ispida*).
0   ,039 pour le *D. denudatus* du cyprin rotengle.
0   ,040 pour le *D.* de l'épervier (D).
0   ,042 pour le *D. cysticola* de la truite (*Salmo fario*).
0   ,048 pour le *D. anthuris* des corbeaux.

La longueur de la portion du corps de la femelle située en avant de la vulve, est, par rapport à la portion postérieure, comme :

1 à 5 pour le *Disph. truncatus* de la huppe.
3 à 5 pour le *D. nasutus* du moineau.
4 à 5 pour le *D. cysticola* de la truite.
25 à 26 pour le *D. anthuris* des corbeaux.
6 à 5 pour les *D.* de l'épervier (B et D).
5 à 4 pour le *D. subula* du rouge-gorge.
6 à 4 pour le *D. denudatus* du cyprin rotengle.
7 à 5 pour le *D. attenuata* de l'hirondelle.
3 à 1 pour le *D. quadriloba* du pic-vert (suivant Rudolphi).
15 à 1 pour le *D. decorus* du martin-pêcheur.
16 à 1 pour le *D. brevicaudatus* du butor.

La largeur du corps est contenue dans la longueur :

20 fois pour le *Disph. nasutus* du moineau.
32 à 40 fois pour les dispharages de l'épervier.
35 à 40 fois pour le *D. decorus* du martin-pêcheur.
40 fois pour le *D. brevicaudatus* ♀ du butor.
42 fois pour le *D. subula* ♂ du rouge-gorge.
49 fois pour le *D. cysticola* ♀ de la truite.
50 fois pour le *D. anthuris* ♂ des corbeaux.
51 fois pour le *D. tenuis* ♂ du tarier (*saxicola rubetra*).
54 fois pour le *D. cysticola* ♂ de la truite.
55 à 60 fois pour le *D. denudatus* du cyprin rotengle.
62 fois pour le *D. anthuris* ♀ des corbeaux.
62 fois pour le *D. brevicaudatus* ♂ du butor.
64 fois pour le *D. subula* ♀ du rouge-gorge.
80 fois pour le *D. truncatus* de la huppe (*upupa epops*).
112 fois pour le *D. tenuis* ♀ du tarier.
138 fois pour le *D. attenuatus* de l'hirondelle.

Des dix-sept espèces que je décris ici, deux ont été trouvées dans des poissons, les quinze autres se trouvent entre les tuniques de l'estomac des oiseaux, ou plus rarement dans l'œsophage. J'en ai moi-même trouvé et étudié onze, dont sept que je décris comme nouvelles, sans cependant assigner un nom spécifique à trois d'entre elles; les cinq autres sont des spiroptères de Rudolphi, que je rapporte ici par conjecture.

DISPHARAGE DES FAUCONS.

1. DISPHARAGE A LARGE TÊTE.   *DISPHARAGUS LATICEPS.*

Spiroptera laticeps, RUDOLPHI , Synopsis, p. 23 et 238 , n° 5.

« — Tête ailée presque en fer de flèche, ayant de chaque côté une « membrane terminée postérieurement en pointe obtuse;—corps plus « mince en avant.

« — *Mâle* long de 9^{mm} ;— queue enroulée presque trois fois, munie « d'ailes membraneuses latérales, minces, et laissant voir seulement « la gaîne latérale du pénis? (RUD.)

« — *Femelle* longue de 14^{mm} ; — queue déprimée un peu obtuse. » (RUD.)

Sur cinq cent cinquante buses pattues (*Falco lagopus*), disséquées au musée de Vienne, quatre seulement contenaient cet helminthe dans l'œsophage.

D'après la description de Rudolphi, je soupçonne que la dilatation en fer de flèche à la tête est le résultat de la contraction des cordons saillants du tégument, comme on le voit dans le disph. de l'épervier (D).

DISPHARAGE DU HOBEREAU.

[Atlas, pl. 5, fig. C, 1.]

J'ai trouvé le 12 septembre, à Rennes, dans l'œsophage d'un hobereau (*Falco subbuteo*), un nématoïde femelle que je ne puis rapporter à aucun des spiroptères décrits; sa longueur est de 20^{mm}, sa tête, large de 0^{mm},20, est terminée par deux papilles situées de chaque côté de la bouche, et desquelles partent quatre cordons ou bourrelets formés par un épaississement du tégument, prolongés en arrière sur les faces ventrale et dorsale jusqu'à 0^{mm},52, puis revenant se joindre deux à deux sur les faces latérales à 0^{mm},27 de la papille terminale. Le tégument est strié transversalement, et les stries, écartées seulement de 0^{mm},005 en avant, deviennent peu à peu distantes de 0^{mm},008 en arrière, et se montrent distinctement denticulées; les œufs, longs de 0^{mm},036 et larges de 0^{mm},016, diffèrent par leur forme allongée de ceux des autres espèces.

? DISPHARAGE DE L'ÉPERVIER. (B.) — DUJ., *nov. sp.*?

[Atlas, pl. 5, fig. C, 2.]

Deux nématoïdes femelles longs de 10 et 11^{mm}, trouvés le 28 janvier à Rennes dans le proventricule d'un épervier (*F. nisus*), m'ont présenté une tête semblable à celle du précédent, mais leurs œufs elliptiques sont seulement longs de 0^{mm},030 et larges de 0^{mm},019; les stries du tégument sont lisses, écartées de 0^{mm},009 à 0^{mm},012 et sont croisées par des fibres obliques très-fines; la vulve est à 6^{mm} de l'extrémité antérieure; la largeur de la partie antérieure est de 0^{mm},19 vers l'extrémité postérieure des bourrelets; le corps est large de 0^{mm},30, ainsi le rapport de la longueur à la largeur est 37; la queue est conique, terminée en pointe mousse.

? DISPHARAGE DE L'ÉPERVIER. (D). — DUJ., *nov. sp.*?

[Atlas, pl. 5, fig. B.]

Un autre nématoïde femelle trouvé dans le proventricule d'un épervier le 14 novembre, à Rennes, m'a paru différent par le volume de ses œufs qui sont longs de 0^{mm},040 et larges de 0^{mm},027; ses stries sont beaucoup plus rapprochées (de 0^{mm},004 à 0^{mm},007), lisses; sa queue est plus obtuse et sa partie antérieure est tellement raccourcie que le bourrelet longitudinal paraît festonné et qu'on serait tenté d'attribuer à cet helminthe une tête en trèfle ou en cœur (voyez pl. 5, fig. B); mais il n'y a là, sans doute, comme pour les deux précédentes particularités, qu'un effet de la contraction de l'animal; d'ailleurs, la vulve est située exactement comme dans l'autre.

DISPHARAGE DU TARIER. (*Saxicola rubetra.*)

2. DISPHARAGE MINCE.   *DISPHARAGUS TENUIS.*— Duj., *n. sp.*

« — Tête terminée par deux papilles latérales d'où partent des cor-
« dons ou coutures longitudinales formées par un épaississement du
« tégument; — corps filiforme très-grêle.

« — *Mâle* long de 4^{mm},84, large de 0^{mm},094 ; — rapport de la longueur
« à la largeur 51 ; — tête large de 0^{mm},02 ; — première partie de l'œso-
« phage longue de 0^{mm},14, large de 0^{mm},011 ; — deuxième partie de
« l'œsophage charnue, longue de 0^{mm},25, large de 0^{mm},02 ; — ventri-
« cule long de 0^{mm},75, large de 0^{mm},044 ; — stries transverses du té-
« gument écartées de 0^{mm},0032 ; — spicule principal long de 0^{mm},133,
« large de 0^{mm},0096, tubuleux ; — spicule accessoire un peu plus large,
« long de 0^{mm},095 ; — queue longue de 0^{mm},135 à partir de l'orifice
« génital, peu courbée ou réfléchie ; — ailes diaphanes, minces, lon-
« gues de 0^{mm},24 avec des papilles intermédiaires peu saillantes.

« — *Femelle* longue de 18^{mm}, large de 0^{mm},16 ; — rapport de la lon-
« gueur à la largeur 112 ; — queue en pointe obtuse, rétrécie au
« milieu et un peu courbe, longue de 0^{mm},23 ; — stries transverses,
« écartées de 0^{mm},0042 en avant et de 0^{mm},0071 en arrière ; — œufs
« lisses, longs de 0^{mm},034. »

J'ai trouvé le 7 mai, à Rennes, deux individus mâle et femelle de ce
spiroptère sous l'épithelium du gésier d'un tarier (*Saxicola rubetra*).

DISPHARAGE DU ROUGE-GORGE. (*Sylvia rubecula.*)

3. DISPH. ALÈNE.   *DISPH. SUBULA.*— Duj., *nov. sp.*

« — Tête terminée par deux papilles latérales d'où partent des cor-
« dons ou des coutures longitudinales ; — corps un peu aminci en avant.

« — *Mâle* long de 7^{mm}, large de 0^{mm},167 ; — rapport de la longueur
« à la largeur 42 ; — tête large de 0^{mm},04 ; — première partie de
« l'œsophage, longue de 0^{mm},136, large de 0^{mm},0116 ; — deuxième par-
« tie de l'œsophage, charnue, longue de 0^{mm},51, large de 0^{mm},023 ; —
« ventricule large de 0^{mm},072, long de (?) ; — tégument strié transver-
« salement, stries écartées de 0^{mm},005 ; — spicule principal peu
« courbé, tubuleux, long de 0^{mm},227, large de 0^{mm}015 ; — spicule
« accessoire également tubuleux et de même largeur, long seulement
« de 0^{mm},134 ; — queue recourbée en crochet, bordée de deux ailes
« longues de 0^{mm},44, épaisses, striées transversalement, et qui lui
« donnent la forme d'un fer de lance large de 0^{mm},23.

« — *Femelle* longue de 18^{mm}, large de 0^{mm},29 ; — rapport de la lon-
« gueur à la largeur 64 ; — tête large de 0^{mm},051 ; — première partie de
« l'œsophage longue de 0^{mm},17, large de 0^{mm},0185 ; — deuxième partie
« de l'œsophage longue de 0^{mm},84 ; — queue droite, conique, longue

« de 0^{mm},225 ; — vulve située à 10^{mm} de l'extrémité antérieure, à 8^{mm}
« de l'extrémité caudale ; — œufs longs de 0^{mm},037 à 0^{mm},039 ; — stries
« du tégument écartées de 0^{mm},005 en avant et de 0^{mm},007 en ar-
« rière. »

Sur douze rouge-gorges (*Sylvia rubecula*) disséqués à Rennes, un
seul contenait deux mâles longs de 6^{mm},2 et 7^{mm} et quatre femelles
longues de 16^{mm}, 17^{mm}, 18^{mm} et 18^{mm},7 logés sous l'épithelium du
gésier. On ne peut, je crois, les confondre avec l'espèce précédente en
raison de la longueur relative du corps et de la dimension des œufs.
La forme de la queue est ici, chez la femelle, uniformément amincie
en pointe conique assez aiguë, et chez le mâle, fortement recourbée
en crochet, munie d'ailes striées, larges et épaisses sans papilles intermédiaires.

DISPHARAGE DES HIRONDELLES.

4. DISPHARAGE ATTÉNUÉ.   *DISPH. ATTENUATUS.*

Spiroptera attenuata, RUDOLPHI, Synopsis, p. 25 et 244, n° 14.

« — Corps filiforme très-grêle ; — tête large de 0^{mm}04, terminée par
« deux papilles latérales d'où partent des coutures longitudinales
« formées par un épaississement du tégument ; — première partie
« de l'œsophage en forme de tube, assez étroit, long de 0^{mm}17 ;
« —deuxième partie de l'œsophage longue de 0^{mm},54, plus épaisse ; —
« ventricule cylindrique, musculeux, encore plus épais, large de
« 0^{mm},052, et long de 1^{mm},46 ; — intestin plus étroit, simple ; — tégu-
« ment à stries transverses très-fines, de 0^{mm},0035.
« — *Femelle* longue de 18^{mm}, large de 0^{mm}13 ; — rapport de la lon-
« gueur à la largeur 138 ; — queue amincie, conique ; — anus à
« 0^{mm}16 de l'extrémité ; — vulve à 10^{mm},5 de la tête, à 7^{mm},5 de
« la queue ; — œufs (non mûrs?) elliptiques, longs de 0^{mm},015. »

J'ai trouvé les femelles seulement de cet helminthe à Rennes, au
mois de mai, trois fois dans l'hirondelle de cheminée (*Hirundo rustica*), et une fois dans l'hirondelle de fenêtre (*Hirundo urbica*), sous
la tunique interne du gésier.

Je le rapporte avec confiance à l'espèce nommée *Spiroptera attenuata* par Rudolphi, qui cependant la décrit d'une manière assez
différente ; suivant cet auteur en effet, « le corps est aminci de part
et d'autre, surtout en arrière ; le mâle est long de 6^{mm},8, ayant la
partie postérieure enroulée et munie d'ailes membraneuses minces,
avec une gaîne du pénis complexe et saillante ; la femelle est longue de 11^{mm},3, à queue déprimée, concave, terminée par une lame
mince, étroite et obtuse, en avant de laquelle est l'anus. » Mais Rudolphi n'a pu décrire cette espèce que d'après deux exemplaires
conservés dans l'alcool, et qu'il avait reçus de Bremser ; il a donc pu
être trompé par l'aspect des organes génitaux du mâle et surtout de

la queue de la femelle ; c'est d'ailleurs particulièrement d'après le caractère qu'il croit avoir reconnu à la queue, qu'il distingue cette espèce du *Spiroptera anthuris.* Une seule hirondelle de rivage (*Hir. riparia*) sur deux cent dix, deux *Hir. rustica,* sur cinq cent trente, et deux *Hir. urbica* sur trois cent soixante sont indiquées dans le catalogue du musée de Vienne, comme ayant contenu cet helminthe entre les tuniques de l'estomac.

SPIROPTÈRE DU MOINEAU. (*Fringilla domestica.*)

5. DISPHARAGE A NEZ SAILLANT.   *DISP. NASUTUS.* —

[Atlas, pl. 5, fig. D.]

Spiroptera nasuta, RUDOLPHI, Synopsis, p. 23 et 238, n° 4.

« — Tête munie de deux papilles terminales, d'où partent quatre
« cordons ou doubles bourrelets flexueux, formés par un repli du
« tégument, lesquels, arrivés à la distance de $0^{mm},6$, se recourbent
« et reviennent en avant sans se joindre — Tégument strié transver-
« salement ; — stries écartées de $0^{mm},006$ en avant, et de $0^{mm},0085$
« en arrière.

« — *Mâle* long de 5^{mm}, large de $0^{mm},25$; — rapport de la longueur
« à la largeur 20 ; — queue enroulée et formant un peu plus d'un
« tour, sans ailes membraneuses visibles, longue de $0^{mm},38$, en pointe
« mousse ; — spicule principal long de $0^{mm},20$, infléchi ; — spicule
« accessoire, long de $0^{mm},138$.

« — *Femelle* longue de 8^{mm}, (9^{mm} RUD.) large de $0^{mm},5$; — rapport
« de la longueur à la largeur 16 ; — queue conique terminée en
« pointe mousse ; — vulve à 3^{mm} de la bouche ; — œufs longs de
« $0^{mm},038$, contenant l'embryon roulé. »

Une seule fois à Paris, le 15 février 1838, j'ai trouvé plusieurs de ces helminthes dans le proventricule d'un moineau (*Fringilla domestica*); je les ai cherchés vainement depuis à Paris, à Toulouse et à Rennes, dans plus de cinquante moineaux.

Sur quinze cent cinquante-sept moineaux, disséqués au musée de Vienne, treize seulement sont indiqués comme ayant contenu ce spiroptère ou dispharage dans l'estomac.

DISPHARAGE DES CORBEAUX.

6. DISPHARAGE ANTHURIS.   *DISPH. ANTHURIS.*

[Atlas, pl. 5, fig. F.]

Spiroptera anthuris, RUDOLPHI, Synopsis, p. 25 et 245, n° 13.

« — Corps blanc ou rougeâtre, grêle, insensiblement aminci en
« avant, long de 11 à 30^{mm}, cinquante à soixante fois aussi long que
« large ; — tégument à stries tranverses rugueuses de $0^{mm},0074$ à

« 0^{mm},0083 ; — tête conoïde terminée par deux lèvres ou papilles
« opposées, de la commissure desquelles partent en dessus et en
« dessous deux cordons longitudinaux, comme deux coutures, for-
« més par un repli du tégument et s'effaçant peu à peu à la distance
« de 0^{mm},6 ; — première partie de l'œsophage longue de 0^{mm},25, large
« de 0^{mm},025 ; — deuxième partie de l'œsophage longue de 1^{mm}, large
« de 0^{mm},7 ; — ventricule large de 0^{mm},160.

« — *Mâle* long de 11^{mm} (13^{mm} Rud.), large de 0^{mm},22 ; — rapport de
« la longueur à la largeur 50 ; — tête large de 0^{mm},067 ; — queue
« recourbée, élargie, obtuse, terminée par une sorte de lame ar-
« rondie, large de 0^{mm},17, en avant de laquelle deux ailes latérales ;
« épaisses et fortement striées sont élargies de manière à donner à
« cette partie la forme d'un fer de lance, large de 0^{mm},35 à 0^{mm},40 ;
« — ailes soutenues par une rangée de six à huit papilles ; — anus
« à 0^{mm},30 ou 0^{mm}40 de l'extrémité ; — spicule court, massif, un peu
« arqué, long de 0^{mm},27, large de 0^{mm},05 ; — spicule accessoire plus
« courbé, un peu plus mince et plus court (0^{mm},21), paraissant renflé
« et comme lobé à l'extrémité.

« — *Femelle* longue de 22^{mm},3, (de 13 à 31^{mm},5, Rud.), large de 0^{mm}20 ;
« — rapport de la longueur à la largeur 40 ; — tête large de 0^{mm}086 ;
« — queue en pointe conique allongée, émoussée à l'extrémité ; —
« anus à 0^{mm},4 de la pointe ; — vulve un peu en avant du milieu à
« 10^{mm}6 de la tête ; — œufs longs de 0^{mm},048, larges de 0^{mm}027. »

Il se trouve engagé ou comme solidement enchâssé entre l'épithelium corné du gésier, et la membrane sous-jacente : l'on ne conçoit guère comment il peut se mouvoir dans une si étroite prison
moulée exactement sur son corps. Je l'ai trouvé dix fois à Rennes,
savoir : sept fois sur dix-neuf dans le geai (*Corvus glandarius*), en
février, mars et octobre ; une seule fois sur sept dans la pie (*C. pica*),
le 23 février ; et deux fois sur cinq dans le freux (*C. frugilegus*).
Au musée de Vienne, sept casse-noix (*Caryocatactes*) sur vingt-huit ;
deux corbeaux (*Corvus corax*) sur huit ; trois corneilles (*C. corone*)
sur neuf ; quarante corneilles mantelées (*C. cornix*) sur cent quarante et une ; deux cent soixante-dix-sept geais sur quatre cent quatre-
vingt-douze ; trente-sept pies sur cent soixante-dix ; un seul chocard
(*Pyrrhocorax alpinus*) sur onze ; six rolliers (*Coracias garrula*) sur
trente-huit ; et sept loriots (*Oriolus galbula*) sur cent onze, ont
donné cet helminthe. Rudolphi dit aussi l'avoir trouvé libre vers
l'extrémité de l'intestin du loriot à Florence.

J'en ai donné ici, d'après mes propres observations, une description qui ne s'accorde point avec celle de Rudolphi, car cet auteur
indique à la tête trois papilles terminales comme aux ascarides, et
il dit que la queue du mâle est « aiguë, recourbée en un seul tour,
munie d'ailes parallèles, assez larges, entre lesquelles sort un *long
spicule* entouré *d'une gaîne triphylle* ou *tétraphylle*, ou à folioles
jaunâtres, obtuses, plus ou moins distinctes ; » il ajoute que la queue

de la femelle est légèrement courbée, déprimée, un peu obtuse, et que l'anus est éloigné d'une ligne (2^{mm},25), de l'extrémité.

Cependant la constance du mode d'habitation de cet helminthe ne me permet pas de penser que j'aie eu sous les yeux une espèce différente de celle qu'on a trouvée si souvent à Vienne dans les différents corbeaux ; j'aime mieux croire que Rudolphi s'est trompé en étudiant des helminthes conservés dans l'alcool, car il ne les avait pas trouvés lui-même.

M. Bellingham indique le même helminthe comme trouvé en Irlande dans l'œsophage du freux, et signale aussi un spiroptère d'espèce douteuse, comme trouvé dans l'œsophage du corbeau.

DISPHARAGE DE LA HUPPE. (*Upupa epops.*)

7. DISPH. TRONQUÉ.   *DISPH. TRUNCATUS.*

Spiroptera truncata, Creplin, Observ. de Entoz., p. 12.

« — Gris-roussâtre, (blanc Crep.) ; — tête terminée par deux lobes « transverses, échancrés sur leur face et prolongés latéralement en « pointe de chaque côté ; — corps filiforme très-grêle ; — tégument « strié transversalement, stries denticulées, écartées de 0^{mm}053.

« — *Mâle* long de 6^{mm},7 (Crep.) ; — queue seulement réfléchie, « munie d'ailes larges, recourbée à l'extrémité ; — spicule... ?

« — *Femelle* longue de 16^{mm}, large de 0^{mm},20 ; — rapport de la lon-« gueur à la largeur 80 ; — tête large de 0^{mm},045 ; — première partie « de l'œsophage longue de 0^{mm},075 ; — deuxième partie de l'œsophage « longue de 0^{mm},54, large de 0^{mm},038 ; — ventricule long de 2^{mm},75, « large de 0^{mm},076 ; — vulve à 2^{mm},6 de la tête ; — œufs longs de « 0^{mm},027. »

J'ai trouvé le 6 mai, à Rennes, entre les tuniques du gésier d'une huppe (*Upupa epops*) deux femelles de cette espèce que je crois bien être la même que M. Creplin ayait trouvée, le 27 avril et le 23 mai 1824, à Greifswald, quoique cet habile observateur ait décrit autrement ce qu'il nomme les « quatre nodules assez grands, arrondis, dont la bouche est munie, » et quoiqu'il n'ait pu donner une description suffisante des autres organes.

DISPHARAGE DU GUÊPIER. (*Merops apiaster.*)

8. DISPH. BIDENTÉ.   *DISPH. BIDENS.*

Spiroptera bidens, Rudolphi, Synopsis, p. 24 et 240, n° 8.

« — Tête munie de papilles, séparée par un étranglement, en « arrière duquel se trouve encore une *papille en forme de dent laté-*« *rale ;* — corps très-grêle, aminci aux deux extrémités et surtout « en avant, et ressemblant à un fil de soie simple.

« — *Mâle* long de 6^{mm},75, à queue ailée, enroulée en double tour « de spire ; — spicule... ?

« — *Femelle* longue de 18^{mm}; — queue terminée par une pointe
« courte recourbée, en avant de laquelle est l'anus. » (Rud.)

Six guêpiers sur cent dix, disséqués au musée de Vienne, contenaient cet helminthe entre les tuniques du gésier.

Je le place ici par conjecture d'après le caractère offert par les dents latérales.

DISPHARAGE DU MARTIN-PÊCHEUR. (*Alcedo ispida.*)

9. DISPH. DÉCORÉ.   *DISPH. DECORUS.* — Duj., *nov. sp.*
[Atlas, pl. 3, fig. K.]

« — Corps blanc, filiforme, grêle, aminci en avant, un peu plus
« épais en arrière ; — tête obtuse, terminée par deux papilles opposées,
« conoïdes, obtuses, d'où partent en dessus et en dessous deux cor-
« dons denticulés entourant circulairement deux lobes latéraux con-
« vexes (en épaulettes); — tégument à stries transverses, finement
« pointillées de 0^{mm},0041 à 0^{mm},0056, susceptible de se gonfler en ar-
« rière de la tête ; — en arrière des deux lobes circulaires (à 0^{mm},12),
« se voit de chaque côté un appendice saillant en forme de dent
« tricuspide. — Première partie de l'œsophage, ou pharynx, tubu-
« leuse, annelée ou striée transversalement, égalant trois à quatre
« fois le diamètre de la tête.

« — *Mâle* long de 3^{mm},60, large de 0^{mm},11 ; — rapport de la lon-
« gueur à la largeur 35 ; — tête large de 0^{mm},042 ; — queue recour-
« bée, conique, terminée uniformément en pointe mousse et munie
« de deux ailes membraneuses, minces, très-peu saillantes, de 0^{mm},01,
« soutenues par six à sept côtes ; — anus à 0^{mm},13 de l'extrémité ;
« — spicule long de 0^{mm},237, épais de 0^{mm},0083, évasé en entonnoir aux
« deux extrémités, recourbé fortement en demi-cercle ; — spicule
« accessoire long de 0^{mm},068, large de 0^{mm},014, arqué et en forme
« de soc.

« — *Femelle* longue de 8^{mm}, large de 0^{mm},20 ; — rapport de la
« longueur à la largeur 40 ; — tête large de 0^{mm},056 ; — queue
« conoïde obtuse ; — anus à 0^{mm},13 de l'extrémité ; — vulve à
« 7^{mm},5 de la tête, et à 0^{mm},5 de l'extrémité caudale ; — ovaires oc-
« cupant seulement les deux tiers postérieurs du corps ; — œufs
« longs de 0^{mm},039, déprimés dans un sens où ils ne sont larges que
« de 0^{mm},023, et élargis dans l'autre sens jusqu'à 0^{mm}0315, par *deux*
« *rangées* latérales et opposées *de trois à cinq tubercules arrondis.* »

J'ai trouvé deux fois à Rennes, le 21 février et le 28 mars, entre
les tuniques de l'estomac du martin-pêcheur (*Alcedo ispida*), plusieurs individus de cet helminthe qui a des rapports avec les *Spiroptera bidens* et *Spir. bicuspis* de Rudolphi, quant à ses appendices
latéraux ; mais qui présente aussi des caractères tout à fait inatten-
dus, quant à la singulière décoration de sa tête, aux tubercules de
ses œufs et à la position de sa vulve.

DISPHARAGE DU PIC-VERT. (*Picus viridis.*)

10. DISPHARAGE A QUATRE LOBES.   *DISPH. QUADRILOBUS.*

Spiroptera quadriloba, Rudolphi, Synopsis, p. 25 et 241, n° 11.

« — Corps blanc; — tête déprimée, bilobée en dessus et en dessous,
« ou ayant deux lobes supérieurs et deux lobes inférieurs oblongs, dont
« l'extrémité postérieure est saillante, obtuse (de telle sorte qu'on
« croit voir de chaque côté une fossette bilobée comme chez un
« Bothriocphale); — bouche orbiculaire entourée de petites papilles
« un peu saillantes; — corps assez épais, aminci en avant.
« — *Femelle* longue de 9 à 11ᵐᵐ; — extrémité caudale aiguë, amin-
« cie et cependant plus épaisse que la tête; — anus rapproché de
« l'extrémité; — vulve située au troisième quart de la longueur; —
« œufs petits, arrondis. » (Rud.)

Quatre femelles de cette espèce ont été trouvées au mois de juin,
à Berlin, dans l'œsophage d'un pic-vert (*Picus viridis*). Les lobes
et les fossettes de la tête d'après la description de Rudolphi, ont
quelque rapport avec ce que nous avons vu dans le *Disph. truncatus*
de la huppe.

DISPHARAGE DE LA PETITE OUTARDE. (*Otis tetrax.*)

11. DISPHARAGE A LARGE QUEUE.   *DISPH. LATICAUDATA.*

Spiroptera laticaudata, Rudolphi, Synopsis, p. 24 et 239, n° 7.

« — Corps aminci de part et d'autre, et surtout en avant; — tête
« obtuse, simple ou avec quelques indices de papilles, et séparée du
« corps par une dent obtuse de chaque côté.
« — *Mâle* long de 13ᵐᵐ,5, beaucoup plus mince; — queue roulée
« en un seul tour, et munie de deux membranes latérales larges, qui
« la rendent arrondie vers l'extrémité.
« — *Femelle* longue de 27ᵐᵐ; — queue terminée par une pointe
« courte déprimée, assez aiguë. » (Rud.)

On l'a trouvé deux fois au musée de Vienne, entre les tuniques
du gésier de la petite outarde ou canepetière. Je rapporte ici cette
espèce à cause de la dent qu'elle porte de chaque côté de la tête.

DISPHARAGE DU VANNEAU GRIS. (*Tringa helvetica* ou *squatarola.*)

12. DISPHARAGE A DEUX POINTES.   *DISPH. BICUSPIS.*

Spiroptera bicuspis, Rudolphi, Synopsis, p. 24 et 248.

« — Corps aminci de part et d'autre et surtout en avant, deux
« fois plus épais au milieu; — tête petite, en continuité avec le corps
« et munie de papilles; — de chaque côté en arrière de la tête se

« voit un aiguillon ou une dent subulée, dirigée soit horizontalement,
« soit en arrière.

« — *Mâle* long de 4^{mm},5; — queue formant deux tours de spire
« réunis par les ailes membraneuses étroites.

« — *Femelle* longue de 9^{mm}; — queue terminée par une pointe
« courte déprimée et recourbée, en avant de laquelle est l'anus. » (R.)

Sur onze vanneaux gris (*Tringa helvetica*), disséqués au musée de
Vienne, un seul contenait cet helminthe entre les tuniques de
l'estomac.

DISPHARAGE DU BUTOR. (Ardea stellaris.)

13. DISPH. A COURTE QUEUE.   **DISPHAR. BREVICAUDATUS.**
— Duj. *n. sp.*

« — Corps filiforme long de 10 à 11^{mm}; — tête amincie, large de
« 0^{mm},025 à 0^{mm},035, terminée par deux papilles, d'où partent de part
« et d'autre deux cordons longitudinaux, fortement striés transver-
« salement; ces cordons s'élargissent en arrière, puis arrivés à la
« distance de 0^{mm},23 à 0^{mm},30, se replient pour revenir en avant, et
« se joignent deux à deux au milieu de l'intervalle; — *une dent* ou
« *un appendice tricuspide* situé latéralement à 0^{mm},06 en arrière de
« chaque cordon; — première portion de l'œsophage longue de 0^{mm},17;
« — deuxième portion de l'œsophage longue de 0^{mm},65; — large de
« 0^{mm},03; — ventricule cylindrique long de 2^{mm},16; — tégument à
« stries transverses très-prononcées, écartées de 0^{mm},009 à 0^{mm},014,
« qui le font paraître denté en scie sur les bords.

« — *Mâle* plus mince, long de 10^{mm}; — large de 0^{mm},16; — rapport
« de la longueur à la largeur 62; — cordons longs, très-minces,
« étendus jusqu'à 0^{mm},228 de la tête; — partie postérieure enroulée
« trois ou quatre fois en spirale allongée ou en hélice; — queue ob-
« tuse, recourbée et munie à sa face interne de deux ailes mem-
« braneuses soutenues par six à sept rayons; — anus situé à 0^{mm},063
« de l'extrémité; — spicules (peu distincts), longs de 0^{mm},06 et
« 0^{mm},11 (?).

« *Femelle* épaissie en arrière, longue de 11^{mm},6; — large de 0^{mm},29;
« rapport de la longueur à la largeur 40; — cordons longitudi-
« naux, étendus jusqu'à 0^{mm},31 de la tête; — queue épaisse en cône
« court, obtus; — anus situé près de l'extrémité; — vulve située à
« 0^{mm},64 ou 0^{mm},70 de l'extrémité postérieure; — œufs elliptiques, longs
« de 0^{mm},020 à 0^{mm},023. »

Deux bocaux envoyés par le musée de Vienne à celui de Paris, en
1816, sous les n°s 368 et 369, et avec la dénomination de *Strongylus
ardeœ stellaris*, contiennent, comme provenant de l'estomac du butor, un mâle et deux femelles de l'helminthe que je décris ici d'après
ces exemplaires déjà fort altérés. Ils doivent, comme les espèces
voisines, avoir été trouvés sous l'épithelium de l'estomac.

DISPHARAGE DES POISSONS. (*Cyprinus.*)

14. DISPHARAGE A QUEUE NUE.   *DISPH. DENUDATUS.* — Duj., *n. sp.*

[Atlas, pl. 3, fig. G.]

« —Corps blanc, long de 6^{mm}, large de 0^{mm},109, cinquante-cinq à
« soixante fois aussi long que large, filiforme, aminci aux extrémi-
« tés; — tégument presque lisse ou avec des stries transverses peu
« visibles de 0^{mm},007; — tête large de 0^{mm},018, à deux lobes un peu
« anguleux; — première partie de l'œsophage, longue de 0^{mm},14; —
« deuxième partie de l'œsophage longue de 0^{mm},28, large de 0^{mm},016;
« — ventricule cylindrique, allongé, large de 0^{mm},045.

« —*Mâle* à queue conique, allongée, ordinairement recourbée en
« hameçon et munie d'un double rang de papilles à la face ventrale;
« — anus à 0^{mm},28 de l'extrémité; — premier spicule droit d'abord,
« puis infléchi, long de 0^{mm},28, large de 0^{mm},012; — spicule acces-
« soire, long de 0^{mm},09.

« *Femelle* à queue droite, conique, allongée; — anus à 0^{mm},22 de
« l'extrémité; — vulve située à 3^{mm},5 de la tête, à 2^{mm} de l'anus; —
« oviductes très-longs, repliés; — œufs elliptiques, longs de 0^{mm},039.»

Trouvé à Rennes, en août et octobre, dans l'intestin du cyprin
rotengle (*Cyprinus erythrophthalmus.*)

15. DISPH. DE LA TRUITE.   *DISPH. CYSTIDICOLA.*

Cystidicola, FISCHER, de Cyst. novo vermium genere, dans Reil's Archiv.,
    t. III, p. 95, pl. 2.
Fissula cystidicola, BOSC, Hist. nat. des Vers, t. II, p. 37.
Ophiostoma cystidicola, RUDOLPHI, Entoz., t. II, 1, p. 122.
Spiroptera cystidicola, RUDOLPHI, Synopsis, p. 25 et 245.

« — Corps blanc filiforme; — tête large de 0^{mm},062, obtuse, avec
« quelques indices de papilles; — bouche ronde, suivie d'un premier
« œsophage, long de 0^{mm},092, large de 0^{mm},026; — deuxième œsophage,
« long de 0^{mm},24, large de 0^{mm},04; — ventricule cylindrique long de
« 1^{mm},61, large de 0^{mm},105; — intestin plus étroit, large de 0,077; — tégu-
« ment à stries transverses, écartées de 0^{mm},0035, très-peu marquées.

« — *Mâle* long de 10^{mm},5 à 21^{mm},5, large de 0^{mm},4; — rapport de
« la longueur à la largeur 54; — partie postérieure fortement en-
« roulée deux ou trois fois; — queue amincie, obtuse, avec deux
« membranes peu saillantes, dirigées en dessous et soutenues par des
« côtes nombreuses; — deux spicules inégaux, fortement arqués; —
« premier spicule, long de 0^{mm},52, large 0^{mm},01; — deuxième spicule
« plus épais, long de 0^{mm},2; — testicule occupant seulement la moitié
« postérieure du corps.

« — *Femelle* longue de 18 à 20ᵐᵐ, large de 0ᵐᵐ,4 ; — rapport de
« la longueur à la largeur 50 ; — vulve située un peu en avant du
« milieu (à 7ᵐᵐ,6 ou 9ᵐᵐ,5 de la tête) ; — œufs elliptiques oblongs,
« longs de 0ᵐᵐ,042 à 0ᵐᵐ,043, et moitié moins larges. »

J'ai pu étudier plusieurs exemplaires de cet helminthe envoyée au
Muséum de Paris, par celui de Vienne, où on l'a trouvé souvent
dans la vessie natatoire de la truite (*Salmo fario*).

Otto, à Breslau, l'a trouvé dans ce même poisson, Rudolphi, à
Berlin, l'a trouvé dans le *Salmo thymalus latus* de Bloch, dans la
vessie natatoire et dans l'œsophage.

Genre SPIROPTÈRE.   *SPIROPTERA.*

Spiroptera (en partie) et *Physaloptera.* — Rudolphi.

« —Vers blanchâtres ou rougeâtres, à corps cylindrique, aminci
« en avant ou de part et d'autre ; — tête nue ou munie de quel-
« ques papilles ; — bouche ronde, quelquefois suivie d'un pha-
« rynx ; — œsophage simple, long, charnu, cylindrique ou en
« massue, quelquefois suivi d'un petit ventriculé globuleux,
« à côté duquel l'intestin envoie en avant un appendice en cœ-
« cum plus ou moins long ; — tégument à stries transverses ;
« — anus en avant de l'extrémité caudale.

« — *Mâle* à queue ordinairement enroulée en spirale, munie
« d'expansions membraneuses ou vésiculeuses, avec deux spi-
« cules inégaux.

« — *Femelle* à queue conique droite ; — ovaire simple ou
« double. »

Le genre spiroptère, établi par Rudolphi dans son *Synopsis,*
avait été proposé d'abord dans le catalogue du musée de Vienne,
sous le nom d'*Acuaria,* et caractérisé par la présence des papilles autour de la bouche ; Rudolphi reconnut que la présence
des papilles n'est point un caractère commun à toutes les espèces, qui toutes, au contraire, ont la bouche ronde. Il rassembla donc dans ce genre avec beaucoup d'espèces nouvelles
plusieurs autres espèces classées précédemment parmi les ascarides ou les ophiostomes, et dont la bouche est ronde au lieu
d'être trilobée comme celle des ascarides, et de plus chez qui
les mâles ont la queue enroulée en spirale et pourvue d'ailes
membraneuses latérales, et non terminales comme la bourse foliacée des strongles dont ils diffèrent surtout par là. Mais le nombre des spiroptères ainsi caractérisés devenant trop considé-

rable, Rudolphi sépara les espèces dont les mâles présentent un renflement vésiculeux à la base de la queue en dessous, et il en fit le genre *Physaloptera*, avouant d'ailleurs qu'il est artificiel (*alias enim artificiosum esse facile concedo*, dit-il, l. c. p. 236). Nous avons cru devoir, au contraire, supprimer ce dernier genre, comme impossible à caractériser nettement, et réunir le tout dans un seul genre *Spiroptera*, en attendant que toutes les espèces soient suffisamment connues pour qu'on puisse établir, d'après leur organisation, plusieurs coupes génériques. Cependant je sépare dès à présent, pour en former le genre *Dispharagus*, les espèces dont l'œsophage se compose de deux parties distinctes, et dont le ventricule a la forme d'un cylindre très-allongé.

Rudolphi, en 1819, dans ses deux genres spiroptère et physaloptère, comprenait trente-trois espèces plus ou moins complétement déterminées, dont il n'avait lui-même trouvé que six, et dont huit autres provenaient d'animaux exotiques; depuis lors M. Creplin en a décrit sept nouvelles; mais du nombre total quarante il faut déduire les espèces dont je fais le genre *dispharagus*.

Beaucoup de spiroptères habitent entre les tuniques de l'estomac des animaux vertébrés, ou se trouvent dans des tubercules à la surface interne de l'œsophage ou de l'estomac; d'autres, qui probablement devront constituer des genres différents, se trouvent dans diverses cavités du corps des vertébrés. Un très-petit nombre de spiroptères vivent libres dans l'intestin, et ce sont eux surtout qui devront présenter des caractères différents. Il en est enfin qui prennent naissance dans des kystes du péritoine, et qui paraissent atteindre tout leur développement ultérieur dans un autre organe du même ou de quelque autre animal.

Parmi les spiroptères ou physaloptères que j'ai observés, les *Spir. clausa*, *Spir. obtusa* et *Spir. strumosa* ont leurs œufs assez semblables, longs de $0^{mm},043$ à $0^{mm},046$; un seul, le *Spir. mégastoma*, a des œufs d'une forme toute particulière, longs de $0^{mm},033$ à $0^{mm},035$, et quatre fois moins larges ou presque linéaires; en même temps ces œufs semblent dépourvus d'enveloppe membraneuse et se changent progressivement en embryons nus. Comme d'un autre côté la bouche de ce spiroptère a une structure fort remarquable, il est probable qu'il en faudra faire le type d'un genre distinct.

I. SPIROPTÈRES DES MAMMIFÈRES.

? SPIR. DE L'HOMME. *SPIR. HOMINIS.* — Rud.

Rudolphi (*Synopsis*, p. 27 et 250, n° 23) a rangé parmi ses espèces douteuses un helminthe qui avait été observé et décrit à Londres comme ayant été expulsé avec les urines d'une femme affectée de rétention d'urine. Le chirurgien anglais Barnett envoya même à Rudolphi, en 1816, six de ces helminthes, dont les mâles sont longs de 18^{mm} et les femelles longues de 22^{mm},5. Leur corps est blanchâtre, mince, très-élastique, aminci aux deux extrémités, et roulé en spirale ; leur tête est tronquée, et paraît munie d'une ou deux papilles ; la queue de la femelle est plus épaisse, terminée par une pointe obtuse très-courte, mince et diaphane ; celle des mâles est terminée par une pointe plus longue, plus mince, à la base de laquelle se voit une aile mince et très-courte et un petit tube médian cylindrique, qui est peut-être, dit-il, la gaîne du pénis.

? SPIR. DU SINGE. *SPIR. SIMIÆ.* — Rud., *Syn.*, p. 27 et 253.

Filaria alata, Rudolphi, Entoz., t. II, i, p. 67, n° 12.

C'est encore avec ses espèces douteuses que Rudolphi classe cet helminthe trouvé entre les membranes de l'estomac d'un mandrill (*Simia maimon*). Il n'en a vu que la femelle, qui est longue de 27^{mm} à 30^{mm}, blanche, mince, un peu épaisse en avant, avec la tête resserrée et la bouche orbiculaire ; la queue est aiguë, courbée et pourvue d'une aile membraneuse mince de chaque côté.

1. SPIR. DILATÉ. *SPIR. DILATATA.*

Physaloptera dilatata, Rudolphi, Synopsis, p. 644.
Physaloptera dilatata, Bremser, Icones helminth., pl. 3, fig. 8-9.

« — Corps blanc ; — tête un peu obtuse, ayant de chaque côté une « aile latérale, courte, tronquée et plus large en avant.

« — *Mâle* long de 6^{mm},7 à 7^{mm},8 ; — queue avec une vésicule très-« large, ouverte, obtuse en avant et n'atteignant pas l'extrémité.

« — *Femelle* longue de 14^{mm}, un peu plus épaisse en arrière ; — « queue déprimée et très-obtuse à l'extrémité. »

Trouvé au Brésil, par Natterer, dans l'estomac du singe marikina (*Hapale rosalia*).

SPIROPTÈRE DU HÉRISSON.

2. SPIR. A BOURSE CLOSE. *SPIR. CLAUSA.*

Physaloptera clausa, Rud., Syn., p. 29 et 255, n° 1, et 643, pl. 1, fig. 2-3.
Physaloptera clausa, Bremser, Icones helminth., pl. 3, fig. 1-7.

« — Corps blanc-rougeâtre, cylindrique, aminci de part et d'autre
« surtout en avant; — tête large de 0^{mm},15 ou 0^{mm},17, munie de deux
« lèvres, en retraite dans le tégument qui forme alors un repli sail-
« lant en manière de collerette, large de 0^{mm},25; — bouche située
« entre deux lèvres ou larges lobes saillants qui portent en dehors,
« trois petites papilles rondes, et en dedans une rangée de papilles
« aiguës dentiformes; — œsophage charnu, long de 4^{mm} à 4^{mm},5, un
« peu renflé en massue et large de 0^{mm},45 en arrière; — soutenant
« un canal triangulaire et paraissant simplement musculeux dans
« une première partie, longue de 0^{mm},48, et revêtu d'une couche
« glanduleuse dans le reste de la longueur; — tégument lisse, formé
« de deux plans de fibres obliques croisées, et d'une couche de
« fibres longitudinales très-fines.

« — *Mâle* long de 20 à 39^{mm}; — large de 0^{mm},85 à 1^{mm},10; — rap-
« port de la longueur à la largeur, 28 à 25; — queue infléchie ou re-
« courbée en dessous sur une longueur de 2 à 3^{mm}, et munie en des-
« sous et latéralement d'expansions membraneuses, susceptibles de
« se gonfler, de manière à présenter en avant un renflement vésicu-
« leux, et de chaque côté une aile épaisse, soutenue par quatre
« rayons et repliée en dessous, pour former une bourse close ou
« fermée; — deux spicules sinueux ou contournés très-inégaux, l'un
« long de 0^{mm},75, large de 0^{mm},038 à sa base, et de 0^{mm},019 vers l'ex-
« trémité; — l'autre spicule long de 0^{mm},48, large de 0^{mm},04 à sa base,
« et de 0^{mm},015 près de sa pointe.

« — *Femelle* longue de 45^{mm} à 48^{mm},5; — large de 1^{mm},40 à 1^{mm},43;
« rapport de la longueur à la largeur 32; — queue terminée en
« pointe conique un peu obtuse, droite ou recourbée à l'extrémité;
« anus à 0^{mm},9 de la pointe; — vulve située au tiers de la longueur, à
« 15^{mm} de la tête; — utérus musculeux, recourbé ou enroulé, rece-
« vant deux oviductes ou sacs ovigères larges de 0^{mm},45, filiformes,
« plissés longitudinalement et étendus parallèlement vers la partie
« postérieure du corps où ils se terminent chacun par un ovaire fili-
« forme pelotonné; — œufs elliptiques, longs de 0^{mm},043 à 0^{mm},045,
« larges de 0^{mm},027 à 0^{mm},031, contenant un embryon replié. »

J'ai pu étudier trois mâles et deux femelles de cet helminthe, envoyé au Muséum de Paris par celui de Vienne, où il a été trouvé
très-fréquemment dans l'estomac du hérisson (*Erinaceus europæus*);
car sur cent soixante-quinze de ces animaux, trente-huit en contenaient. Partout ailleurs il paraît être fort rare; cependant Rudolphi, qui l'avait cherché vainement d'abord, en trouva une seule

fois quinze exemplaires fortement engagés dans la muqueuse de l'estomac d'un hérisson, à Berlin, le 26 mars 1819; les plus petits étaient blancs, longs de 20^{mm}; les plus grands, rougeâtres, étaient longs de 68^{mm}. La partie interne de la bouche paraissait être bilabiée, s'allongeait en manière de trompe très-courte, et s'agitait continuellement.

J'ai trouvé moi-même à Rennes, entre les tuniques de l'estomac de plusieurs hérissons, des jeunes spiroptères roulés en spirale, et sans organes sexuels; leur longueur était de 6 à 8^{mm}; leur tégument, strié transversalement et les stries écartées de 0^{mm},028 en arrière, étaient de plus en plus serrées en approchant de la tête, jusqu'à se montrer seulement distantes de 0^{mm},006; la queue conique était terminée en pointe fine; et de l'intestin à sa jonction avec l'œsophage partait un long appendice pylorique dirigé en avant; leur tête ressemblait à celle du *Spiroptera strumosa*.

SPIROPTÈRES DES MUSARAIGNES. (*Sorex.*)

J'ai trouvé huit fois dans le *Sorex araneus*, dans le *Sorex fodiens* et dans le *Sorex tetragonurus*, des jeunes spiroptères contenus dans des kystes membraneux du péritoine. Ces jeunes helminthes, sans organes sexuels, sont longs seulement de 5 à 8^{mm} et 9^{mm},5; les plus gros sont larges de 0^{mm},28; leur tête obtuse présente deux petites papilles terminales, entre lesquelles est la bouche; leur queue est conique, terminée en pointe, et leur tégument présente des stries transverses très-prononcées, distantes de 0^{mm},016 au milieu.

SPIROPTÈRE DE LA TAUPE.

3. SPIR. A BOSSE.   *SPIR. STRUMOSA.* — Rud.

Ascaris talpæ, Gmelin, Syst. nat., p. 3032, n° 19 (d'après Gœze).
Ascaris strumosa, Froelich, dans Naturforsch., XXV, p. 82, pl. 3, fig. 15.
Fusaria convoluta, Zeder, Naturg., p. 106, n° 14.
Ascaris strumosa, Rudolphi, Entoz., t. II, I, p. 193, n° 55.
Spiroptera strumosa, Rudolphi, Synopsis, p. 24 et 241, n° 10.
Spiroptera strumosa, Nitzsch, Spir. strum descript., Halæ, 1829.
Spiroptera strumosa, Creplin, dans l'Encycl. de Ersch et Gruber, t. XXXII, p. 280.

« — Vers blancs-rougeâtres, prenant naissance isolément dans des « petits kystes membraneux pédonculés, appendus à la face externe « de l'estomac ou de l'intestin, achevant ensuite leur développement « dans l'estomac, où ils sont? (Nitzsch) engagés chacun dans une « anse de la membrane muqueuse à laquelle ils sont retenus par un « *tubercule saillant* caractéristique, situé à la base du cou, ou à

« 2^{mm} environ de la bouche ; — les jeunes, longs de 6 à 7^{mm} sont
« roulés en spirale discoïdale plate dans les petits kystes larges de
« 1^{mm},5 à 2^{mm} ; — tête amincie et tronquée à l'extrémité ; — bord de la
« bouche irrégulièrement saillant de manière à présenter une ou plu-
« sieurs petites papilles ; — orifice sous-œsophagien à 0^{mm},44 de la
« bouche ; — tégument strié transversalement ; — stries écartées de
« 0^{mm},0043 en avant, de 0^{mm},0055 à 0^{mm},0083 en arrière.

« — *Mâle* long de 15^{mm} ; — largeur de la tête, 0^{mm},07, et de la bouche,
« 0^{mm},04 ; — largeur du corps derrière le tubercule, 0^{mm},25, et dans la
« partie postérieure, 0^{mm},36 ; — rapport de la longueur à la largeur 43 ;
« — queue longue de 0^{mm},6, recourbée, amincie et obtuse à l'extré-
« mité, portant deux ailes membraneuses peu saillantes, rugueuses,
« renforcées par cinq ou six papilles ; — premier spicule ou pénis long
« de 0^{mm},53, large de 0^{mm},018, tubuleux, obtus, recourbé presque en
« cercle ; — deuxième spicule, ou pièce accessoire, long de 0^{mm},40
« présentant une côte médiane plus épaisse, cornée et deux ailes
« membraneuses diaphanes.

« — *Femelle* longue de 30 à 32^{mm} ; — tête large de 0^{mm},109 ; —
« bouche large de 0^{mm},058 ; — largeur du corps derrière le tubercule,
« 0^{mm},30 ; — largeur de la partie postérieure, 0^{mm},62 ; — rapport de la
« longueur à la largeur 48 ; — vulve située en arrière du milieu,
« aux cinq huitièmes de la longueur, ou à 11^{mm},8 de l'extrémité cau-
« dale ; — œufs elliptiques arrondis, lisses, longs de 0^{mm},048, larges
« de 0^{mm},038. »

Toutes les taupes que j'ai disséquées à Rennes en février et mars,
au nombre de soixante-huit, contenaient abondamment des *Spiroptera strumosa,* soit des adultes dans l'estomac et dans l'intestin, soit
en même temps des jeunes dans les petits kystes discoïdaux pédonculés
de la tunique externe de ces viscères. La coloration rougeâtre des
uns et des autres indiquait une analogie que l'observation microscopique confirmait pleinement quant à la structure de la bouche et du
tégument. Mais je n'ai pu voir bien distinctement les spiroptères engagés dans la muqueuse de l'estomac, comme Nitzsch les a représentés ; au contraire, je les ai trouvés le plus souvent libres, dans
l'estomac surtout, et souvent aussi dans l'intestin ; quelquefois aussi
ils étaient engagés et resserrés comme un faisceau dans l'ouverture
du pylore ; peut-être avaient-ils cherché tous ensemble à sortir de
l'estomac par cette voie, car je ne comprendrais pas qu'ils eussent
pu occuper cette station pendant la vie de la taupe. Je dois toutefois
remarquer que les taupes que j'ai disséquées, provenant de la
chasse des taupiers, étaient mortes depuis plusieurs jours ; leurs
divers helminthes (voyez *Distomes des taupes*) étaient encore bien
conservés, mais avaient tous cessé de vivre. Dans d'autres saisons, à
Rennes, j'avais cherché vainement les spiroptères dans les taupes ; le
2 août 1841 seulement, je trouvai dans l'estomac d'un de ces animaux
un jeune spiroptère long de 7^{mm},5, large de 0^{mm},20, et n'offrant pas

encore le tubercule caractéristique. Depuis lors, en juin 1844, j'ai trouvé encore des petits sacs membraneux contenant les jeunes spiroptères à la surface de l'estomac de sept taupes. Il n'a été trouvé que onze fois au musée de Vienne, où l'on a disséqué trois cent quatre-vingt-deux taupes; cependant Gœze, Schrank et Frœlich l'avaient trouvé antérieurement en Allemagne, et Rudolphi lui-même paraît l'avoir trouvé une seule fois à Greifswald au mois d'avril. Nitzsch, à Halle en Saxe, au mois d'avril 1814, trouva une seule fois sept individus de cet helminthe, qu'il n'a pas rencontré depuis.

SPIR. DE L'OURS.   *SPIR. URSI.* — Rud., *Synopsis*, p. 28 et 253.

On a trouvé deux fois au musée de Vienne un spiroptère indéterminé dans l'œsophage de l'ours brun (*Ursus arctos*). Son corps est long de 27 à 43^{mm}, très-mince, plus étroit en avant; la tête est petite, avec la bouche orbiculaire; la queue est déprimée, un peu obtuse, bordée d'une membrane qui, dans un seul individu, était beaucoup plus large.

SPIROPTÈRE DES PUTOIS ET MARTRES.

? SPIR. NASICOLE.   *SPIR. NASICOLA.* — Leuckart. *Zool. Bruch.*, III. *Helminth., Beitraege*, 1842, p. 43.

« Corps rouge; — tête non distincte; —bouche orbiculaire, nue;
« — œsophage court, étroit en avant, plus large en arrière.
« — *Mâle* long de 11^{mm},25 à 13^{mm},5; — queue droite, non enrou-
« lée, munie d'ailes très-courtes, qu'elle dépasse très-peu, et armée
« d'une pointe terminale; spicule de longueur médiocre.
« — *Femelle* longue de 18 à 27^{mm}, vivipare. » (Leuck.)

M. Leuckart a trouvé cet helminthe dans les sinus frontaux et ethmoïdaux du putois (*Mustela putorius*) et de la fouine (*Mustela foina*). Nous l'inscrivons ici à titre de renseignement, car il est bien probable que ce n'est pas un spiroptère.

SPIROPTÈRE DES CHIENS.

4. SPIR. ENSANGLANTÉ.   *SPIR. SANGUINOLENTA.* — Rud.

[Atlas, pl. 5, fig. A.]

Strongylus lupi, Rudolphi, Entoz., t. II, 1, p. 242, n° 26.
Spiroptera sanguinolenta, Rudolphi, Synopsis, p. 27 et 249, n° 21.

« — Corps rougeâtre, long de 40 à 80^{mm}, large de 0^{mm},57 à 0^{mm},65,
« ou quatre-vingt-dix fois environ plus long que large, filiforme,
« un peu plus mince en avant; — tête nue, plus étroite que le corps;
« — bouche grande, entourée de papilles, ou à bord ondulé; — œso-
« phage droit, sans ventricule, donnant immédiatement dans l'in-

« testin, qui est deux fois plus épais ; — tégument à stries transverses,
« écartées de 0ᵐᵐ,0025.

« — *Mâle* long de 40 à 54ᵐᵐ, large de 0ᵐᵐ,57 à 0ᵐᵐ,65 , à queue
« contournée une ou deux fois, terminée en pointe très-obtuse, et
« munie de deux ailes vésiculeuses striées transversalement avec une
« double rangée de papilles rétractiles ; — premier spicule ou pénis
« long de 2ᵐᵐ, large de 0ᵐᵐ,016 , courbé en arc ; — second spicule
« beaucoup plus court, terminé en bouton.

« — *Femelle* longue de 54 à 80ᵐᵐ, à queue déprimée, un peu obtuse. »

Heyse le premier avait trouvé cet helminthe dans des tubercules de
l'estomac de trois loups ; Rudolphi en trouva également ensuite un
grand nombre dans un gros tubercule de l'estomac du loup, à Berlin,
au mois de janvier ; puis il en vit encore deux dans des tubercules
plus petits d'un autre loup ; Otto , à Breslau, en a trouvé de même
aussi chez le loup quatre individus. Pour moi, je l'ai trouvé dans le
chien une première fois à Paris , le 26 juin 1839, une deuxième fois
à Toulouse , le 16 février 1840 ; mais je n'ai eu ainsi que des mâles
longs de 36 à 42ᵐᵐ, engagés dans la muqueuse de l'estomac.

? SPIR. DU LION ET DU TIGRE.   ***SPIR. LEONIS ET SPIR.***
TIGRIDIS. — Rud. (*Entoz.*, t. II, ı, p. 242 et 243, et *Synopsis*,
p. 27-28, nᵒˢ 25 et 26).

Rudolphi place parmi ses espèces douteuses deux helminthes rougeâtres dont il avait fait d'abord des strongles ; l'un trouvé dans des
tubercules de l'œsophage du lion , par Redi, l'autre trouvé par le
P. Du Halde dans la gueule et l'estomac du tigre.

? SPIR. DU SOUSLIK.   ***SPIR. CITILLI.*** — Rud., *Synopsis*,
p. 28 et 254.

Une seule fois, parmi cent cinquante-six sousliks (*Spermophilus ci-
tillus*), au musée de Vienne, on a trouvé des spiroptères dans l'estomac d'un de ces rongeurs ; la longueur d'une femelle était de 15ᵐᵐ.

SPIROPTÈRE DE LA SOURIS. (*Mus musculus.*)

5. SPIR. OBTUS.   ***SPIR. OBTUSA.*** — Rud.

Lumbricus muris, Werner, Brev. exp. cont., t. I, p. 10, pl. 8, fig. 1-7.
Ascaris obtusa, Froelich, dans Naturf., XXV, p. 88, pl. 3, fig. 16-17.
Ascaris obtusa, Rudolphi, Entoz., II, ı, p. 170, nᵒ 36.
Spiroptera obtusa, Rudolphi, Synopsis, p. 27 et 249, nᵒ 22.
Spiroptera obtusa, Bremser, Icones helminth., pl. 2, fig. 19-24.

« — Corps long de 13 à 52ᵐᵐ, épais de 0ᵐᵐ,5 à 2ᵐᵐ,25, plus aminci
« en avant ; — tête large de 0ᵐᵐ,18 à 0ᵐᵐ,28 ; — bouche orbiculaire,
« entourée de six lobes ; — tégument marqué de stries transverses,
« peu distinctes, écartées de 0ᵐᵐ,0046, et montrant des fibres obliques
« très-fines.

« — *Mâle* long de 23^{mm}, large de 1^{mm},25 ; — rapport de la lon-
« gueur à la largeur 18 ou 19 ; — queue fortement enroulée, de
« deux ou trois tours, obtuse et munie de deux ailes membraneuses,
« soutenues chacune par trois ou quatre petites côtes et recourbés
« en dessous ; — deux spicules peu inégaux , grêles, recourbés,
« l'un (saillant en dehors) long de 1^{mm},05, large de 0^{mm},026 ; — l'autre
« plus aigu, long de 0^{mm}86, large de 0^{mm},023 vers la base, et de 0^{mm},017,
« vers la pointe.
　　« — *Femelle* longue de 35^{mm},2, large de 1^{mm},60 ; — rapport de la
« longueur à la largeur 22 ; — queue épaisse, terminée en pointe
« conoïde courte, relevée ; — anus à 0^{mm},5 de l'extrémité, — vulve
« située aux trois huitièmes environ de la longueur, à 3^{mm} de la
« bouche, et à 22^{mm},2 de l'extrémité caudale ; — œufs elliptiques longs
« de 0^{mm},046 à 0^{mm},048. »

J'ai pu étudier deux exemplaires de cet helminthe envoyé par
le Muséum de Vienne à celui de Paris.

Il se trouve dans l'estomac de la souris (*Mus musculus*), où Gœze
paraît l'avoir vu le premier, Werner et Frœlich l'ont ensuite revu et
décrit, mais inexactement ; Rudolphi l'a eu plusieurs fois à Greifswald ; on l'avait cherché vainement dans douze cent soixante-quatre
souris au musée de Vienne, suivant le catalogue publié en 1821 par
M. Westrumb.

De mon côté, j'ai disséqué plus de soixante souris, soit à Paris,
sois à Toulouse, soit à Rennes, sans rencontrer cet helminthe adulte.
Une seule fois j'ai trouvé, le 1er mars à Rennes, dans l'intestin d'une
souris, un helminthe nématoïde mâle, long de 3^{mm},5, large de 0^{mm},16,
qui paraît bien être un jeune *Spiroptera obtusa.* Sa tête est large de
0^{mm},10 , et sa bouche rétractée est garnie de six tubercules peu prononcés ; la queue un peu recourbée, se termine en pointe conique
mousse ; l'orifice génital est un peu saillant, entouré de huit papilles
assez fortes ; le tégument présente des stries transverses écartées de
0^{mm},0058, et des fibres obliques.

Par ses spicules presque égaux , et par les lobes de sa bouche ,
cette espèce se rapproche beaucoup des ascarides.

? SPIR. DU PORC-ÉPIC.　　　*SPIR. HYSTRICIS.* — Rud. *Entoz.*
　　　(*Strongylus*), t. II, 1, p. 245, et *Synopsis,* p. 28, n° 28).

Redi seul a trouvé dans des tubercules de l'œsophage du porc-épic
(*Hystrix cristata*), en Italie , cet helminthe que Rudolphi place dans
ses espèces douteuses.

SPIROPTÈRE DU PARESSEUX.

? 6. SPIR. GRÊLE.　　　*SPIR. GRACILIS.* — Rud., *Synopsis,* p. 641.

« — Corps long de 6^{mm},7 à 13^{mm},5, très-mince, contourné ; — tête
« plus amincie ; — bouche orbiculaire , sans papilles ; — queue du

« mâle contournée trois fois en spirale très-serrée, avec des ailes
« membraneuses assez larges; — spicule long; — queue de la femelle
« déprimée, aiguë. » (Rud.)

Natterer l'a trouvé au Brésil, dans les intestins de l'aï (*Bradypus
tridactylus*). Je pense, d'après la description de Rudolphi, et d'après
l'habitation de cet helminthe, que ce doit être un strongle.

SPIROPTÈRE DU CHEVAL.

7. SPIR. MÉGASTOME.   *SPIR. MEGASTOMA.* — Rud.
(*Synopsis,* p. 22 et 236).

Spiroptera megastoma, Gurlt, Path. Anat. d. Haussaeugeth, pl. 6.
Spiroptera megastoma, Valenc., Comptes rendus, Acad. Sc., 10 juil., 1843.

« — Corps blanchâtre, filiforme alongé; — tête large de 0^{mm},13 à
« 0^{mm},15; — longue de 0^{mm},033, séparée par un étranglement bien
« marqué, munie de quatre lobes élargis, opposés par paires, et dont
« les deux premiers entourent entièrement la bouche qui est grande,
« large de 0^{mm},046 à 0^{mm},050; — pharynx en entonnoir, long de 0^{mm},14,
« rétréci peu à peu en arrière, où il se joint par un orifice rond de
« 0^{mm},004 à 0^{mm},005, avec le canal œsophagien qui est triangulaire ou
« triquètre; — œsophage musculeux long de 1^{mm},35, entouré de brides
« musculeuses, à 0^{mm},22 du pharynx, large de 0^{mm},035 en avant,
« renflé en massue, et large de 0^{mm},075 en arrière, suivi par l'intestin
« un peu plus étroit; — tégument à stries transverses bien distinctes,
« écartées de 0^{mm},004 à 0^{mm},005.
« — *Mâle* long de 7^{mm},5, large de 0^{mm},3; — rapport de la lon-
« gueur à la largeur 25; — partie postérieure fortement enroulée une
« ou deux fois; — queue obtuse et munie d'ailes membraneuses,
« striées longitudinalement et soutenues par trois à quatre côtes
« chacune; — deux spicules arqués inégaux, l'un plus grand, long
« de 0^{mm}40, large de 0^{mm},016; — l'autre long de 0^{mm},24, large de
« 0^{mm},0085.
« — *Femelle* longue de 11^{mm} à 11^{mm},5, large de 0^{mm},4; — rapport
« de la longueur à la largeur 23; — queue droite, allongée en pointe
« mousse; — anus situé à 0^{mm},34 de la pointe; — vulve située vers
« le tiers de la longueur (à 3^{mm},5 ou 4^{mm} ou 4^{mm},2 de la tête); —
« utérus musculeux dirigé en arrière, et divisé en deux branches
« larges, fusiformes, terminées chacune par un ovaire filiforme pelo-
« tonné; — œufs oblongs presque linéaires, longs de 0^{mm},033 à 0^{mm},035;
« larges de 0^{mm},0085, devenant un embryon replié en deux, long de
« 0^{mm},078, sans enveloppe visible. »

Rudolphi étudia d'abord cet helminthe d'après des exemplaires
trouvés en grand nombre à Berlin, par Reckleben, dans des tubercules
de l'estomac de deux chevaux. Tout récemment, M. Valenciennes, à
Paris, l'a retrouvé fréquemment dans des tumeurs larges de 20 à

40ᵐᵐ, dans l'estomac de onze chevàux sur vingt-cinq qu'il a soumis à ce genre de recherches. Ces tumeurs, logées entre la muqueuse et la tunique fibreuse du canal digestif, sont percées de plusieurs trous traversant la muqueuse ; elles sont divisées intérieurement par des replis nombreux en plusieurs cavités communiquant entre elles et remplie s de mucus quelquefois solide, et de spiroptères très-nombreux. C'est d'après les exemplaires recueillis par M. Valenciennes que j'ai pu l'étudier.

SPIROPTÈRE DU COCHON.

8. SPIR. STRONGLE.   SPIR. STRONGYLINA. — RUD.
(Synops., p. 23 et 237, n° 3.)

Spiroptera strongylina, BREMSER, Icones helminth.; pl. 2, fig. 15-18.
Spiroptera strongylina, GURLT, Path. Anat. d. Haussaeugeth, pl. 6, fig. 11-16.

« — Corps blanc, bouche orbiculaire sans papilles.
« — *Mâle* long de 11ᵐᵐ,3 à 13ᵐᵐ,5 ; — queue formant un tour ou
« un tour et demi, nue à l'extrémité qui est très-obtuse et présentant
« un peu en avant deux ailes rayées transversalement ou rayonnées ;
« — spicule ou pénis très-long.
« — *Femelle* longue de 15ᵐᵐ,8 à 20ᵐᵐ,3, mince, plus étroite en
« avant ; — queue déprimée presque droite, un peu aiguë. »

Sur dix-neuf sangliers disséqués au musée de Vienne, deux seulement avaient dans l'estomac cet helminthe qui a été trouvé rarement aussi dans l'estomac du cochon domestique en Allemagne.

SPIROPTÈRE DU CAYOPOLLIN.

9. SPIR. GONFLÉ.   SPIR. TURGIDA.

Physaloptera turgida, RUDOLPHI, Synopsis, p. 644.

« Corps un peu aminci aux deux extrémités et surtout en avant ;
« — bouche orbiculaire, nue (?).
« — *Mâle* long de 18ᵐᵐ à 22ᵐᵐ,5, large de 1ᵐᵐ,2 ; — queue portant
« une vessie plane, droite, ovale-lancéolée, renflée de chaque côté
« (par suite de l'absorption de l'eau ?), et prolongée jusqu'à l'ex-
« trémité, qui est rétuse ou presque échancrée.
« — *Femelle* longue de 29ᵐᵐ,5 à 34ᵐᵐ, large de 2ᵐᵐ ; — queue de
« la femelle très-obtuse. » (RUD.)

Trouvé au Brésil dans l'estomac du cayopollin (*Didelphis cayo-pollin*). — Le pénis n'était pas visible, mais il y avait un tubercule roux entre les ailes vésiculeuses.

II. SPIROPTÈRES DES OISEAUX.

SPIROPTÈRES DES FAUCONS.

10. SPIR. A QUEUE SOLIDE. *SPIR. STEREURA.* — Rudolphi, *Synops.*, p. 23 et 27, n° 2.

« — Corps épais, un peu plus mince en avant; — bouche orbicu-
« laire, sans papilles.

« — *Mâle* long de 13^{mm}; — queue recourbée en un seul tour, ayant
« à l'extrémité une pointe grêle, roide, qui paraît terminée par un
« nodule, et munie d'une aile membraneuse, mince de chaque côté;—
« spicule recourbé sortant en avant de la pointe caudale et accompagné
« d'une gaîne (pièce accessoire) monophylle.

« — *Femelle* longue de 18^{mm}; — queue droite, déprimée, terminée
« par une pointe roide, styliforme, arrondie à l'extrémité. » (Rud.)

Il a été trouvé une seule fois au musée de Vienne sous la paupière
interne et dans le conduit auditif d'un aigle tacheté (*Aquila nœvia*).

11. SPIR. A QUEUE ÉTROITE. *SPIR. LEPTOPTERA.*
— Rudolphi, *Synopsis*, p. 36 et 247, n° 19.

Ascaris anceps, Froelich, dans Naturf., XXIX, p. 36, n° 13.

« — Corps aminci vers les extrémités et surtout en avant; — tête
« simple, bouche orbiculaire, avec des papilles à peine visibles.

« — *Mâle* long de 7^{mm},8; — queue roulée presque de deux tours,
« garnie de chaque côté d'une membrane plus étroite que chez au-
« cun autre.

« — *Femelle* longue de 13 à 16^{mm}; — queue déprimée, droite, ter-
« minée par une pointe aiguë, en avant de laquelle est l'anus. » (Rud.)

Frœlich l'avait trouvé au mois d'avril dans l'estomac de l'épervier
(*Falco nisus*). Le catalogue du musée de Vienne indique aussi cet oiseau
comme ayant présenté le même helminthe cinq fois sur cent cinquante-quatre. Suivant ce catalogue douze buses (*Fal. buteo*) sur trois
cent vingt-cinq; quatre busards cendrés (*Fal. cineraceus*) sur trente-
neuf; deux hobereaux (*Fal. subbuteo*) sur vingt-huit; et quatre cré-
cerelles (*Fal. tinnunculus*) sur trois cent vingt et un, le contenaient
aussi. Rudolphi l'a vu trouvé par Klug, à Berlin, dans l'estomac de
la buse. M. Bellingham (*Annals of nat. hist.*, 1844, p. 102) l'inscrit
comme trouvé par lui en Irlande dans l'œsophage et l'estomac de
l'épervier.

SPIR. DE LA BUSE. — Duj., *sp. nov.* ?

J'ai trouvé dans l'intestin de deux buses (*Fal. buteo*), le 22 février
et le 21 novembre, à Rennes, un grand nombre de spiroptères fe-

melles, longs de 9 à 10^{mm}, et même de 18^{mm}, non adultes, et qui pourraient bien se rapporter au *Spiroptera leptoptera*, à en juger par la forme de la queue. Cependant, ils présentent d'autres caractères si remarquables que je crois devoir les indiquer ici à part, en attendant que les œufs et les individus mâles soient connus.

D'abord, ils avaient l'intestin rempli d'une substance gris-noirâtre, qui eût été remarquée par les précédents observateurs; ils étaient dans l'intestin et non dans l'estomac; mais leur caractère le plus saillant c'est d'avoir un appendice pylorique long de 0^{mm},60, en forme de cœcum partant de l'intestin, à sa jonction avec le ventricule et revenant en avant à côté de l'œsophage, comme chez le spiroptère du hérisson. L'œsophage, long de 1^{mm}, est suivi d'un petit ventricule ovoïde long de 0^{mm},20, large de 0^{mm},15. La bouche est munie de papilles irrégulières; le tégument est strié transversalement; les stries sont distantes de 0^{mm},0063 en avant et de 0^{mm},028 en arrière; la queue est conique, longue de 0^{mm},20, amincie ou terminée par une pointe subitement amincie.

Ces buses avaient encore dans leur estomac des restes de taupes; on eût donc pu penser que de jeunes *Spiroptera strumosa* avaient continué à se développer dans leur intestin; mais je n'ai pas vu chez les spiroptères si communs de la taupe la même structure de l'appendice pylorique, et les stries m'ont paru moins écartées en arrière : le spiroptère du hérisson aurait beaucoup plus de rapports.

12. SPIR. PHYSALURE. *SPIR. PHYSALURA.* — Duj.

Physaloptera alata, Rud., Synopsis, p. 20, 256 et 645, n° 2.
Physaloptera alata, Bremser, Icones helminth.; pl. 3, fig. 8-9.

« — Blanc jaunâtre, à tête renflée latéralement par une expansion « membraneuse et munie en avant de six papilles opposées deux à « deux, et dont deux plus extérieures;—bouche orbiculaire bordée par « les quatre papilles internes; — tégument finement strié en travers; « — stries de 0^{mm},0035 à 0^{mm}0085.

« — *Mâle* long de 22^{mm},7 (29, Rud.); — tête large de 0^{mm},165; — « corps large de 0^{mm},75; — rapport de la longueur à la largeur 30; — « queue gonflée, élargie en fer de lance (de 1^{mm},10), munie d'ailes « épaisses, soutenues de chaque côté par cinq côtes ou rayons cornés; « — entre les ailes, au tiers de leur longueur, se voit un *renflement* « *vésiculeux* strié longitudinalement et qui se confond latéralement « avec elles; — spicule recourbé, large de 0^{mm},026, long de 0^{mm},86?

« — *Femelle* longue de 25^{mm}, à queue droite un peu déprimée, ter-« minée par une pointe aiguë courte, en avant de laquelle est l'anus. »

Je l'ai trouvé d'abord à Toulouse, en 1840, dans l'œsophage du faucon commun (*F. communis*), puis à Rennes, dans l'œsophage de l'épervier (*F. nisus*), et dans celui du busard soubuse (*F. pygargus*); le 26 et le 28 janvier; mais je n'ai eu que des mâles adultes et une femelle jeune sans œufs.

Au musée de Vienne on l'a trouvé vingt fois sur cent cinquante-quatre entre les tuniques de l'estomac de l'épervier, trois fois sur quarante-deux dans l'estomac de l'autour (*F. palumbarius*), une fois aussi dans l'estomac de l'aigle botté (*F. pennatus*), trois fois sur quarante et une dans l'estomac de la harpaye (*F. rufus*), trois fois sur vingt-huit entre les tuniques de l'estomac du hobereau (*F. subbuteo*), et enfin une fois dans l'intestin du jean-le-blanc (*F. gallicus*).

Rudolphi, dans l'appendice de son *Synopsis*, p. 645, dit avoir reçu du Brésil, par Olfers, des helminthes de cette même espèce trouvés dans l'estomac d'un faucon d'Amérique ; un mâle long de 34^{mm} avait la vésicule préanale moins gonflée ; une femelle longue seulement de 13^{mm},5 avait la tête presque sagittée par suite de la dilatation des membranes latérales.

?. SPIR. A COU MINCE.   *SPIR. TENUICOLLIS.*

Physaloptera tenuicollis, Rud., Synopsis, p. 30 et 258, n° 5.

Rudolphi inscrit comme espèce douteuse cet helminthe trouvé une seule fois à Vienne, dans l'intestin du balbusard (*F. haliaetos*). On n'en a qu'un seul individu femelle long de 41^{mm}, large de 1^{mm},15, ayant la bouche orbiculaire et l'extrémité antérieure du corps subitement amincie sur une longueur de 2^{mm},25, ce qui peut tenir simplement à l'état de contraction de l'animal quand on l'a plongé dans l'alcool. Sa queue est aiguë.

SPIR. TRÈS-AIGU.   *SPIR. ACUTISSIMA.* — Rudolphi, *Synopsis*, p. 642.

« — Bouche nue sans papilles visibles ; — corps peu aminci, surtout « en arrière.

« — *Mâle* long de 9^{mm} ; — queue roulée en un double tour, munie « d'ailes membraneuses latérales, larges, n'atteignant pas l'extrémité « de la queue qui est nue, obtuse.

« — *Femelle* longue de 14^{mm}, à queue droite déprimée, très-« aiguë. » (Rud.)

Trouvé au Brésil, par Olfers, dans l'estomac d'un faucon d'espèce non déterminée.

13. SPIR. INTERMÉDIAIRE.   *SPIR. INTERMEDIA.* — Creplin. (*Observ. de Entoz.*, p. 11.)

« — Blanc ; — tête obtuse ; — bouche avec quelques papilles peu « distinctes ; — corps aminci en avant.

« — *Mâle* long de 9^{mm}, à queue roulée en double tour de spire, et « munie de deux ailes assez larges.

« — *Femelle* longue de 11^{mm},20, à queue amincie, assez aiguë, dé-« primée, presque droite. » (Crep.)

Dans l'estomac du *Falco fusco-ater*.

14. SPIROPTERA A GRANDE BOUCHE.　　SPIR. MEGALOSTOMA.

Physaloptera megalostoma, Creplin, (Nov. observ. de Entoz., p. 6, pl. 1,
fig. 1-5,

« —Jaunâtre;—tête plus large que le corps, terminée par la bouche
« grande, circulaire, béante, nue, entourée d'un bord renflé; —
« corps nu, médiocrement épais, un peu plus mince en avant qu'en
« arrière.

« —*Mâle* long de 26ᵐᵐ environ, à queue enroulée une seule fois,
« munie d'ailes gonflées qui se réunissent en avant sur la face
« ventrale et se prolongent latéralement en s'amincissant jusqu'à
« l'extrémité de la queue; — spicule assez court, évidemment
« double.

« — *Femelle* longue de 26ᵐᵐ environ, un peu plus épaisse que le
« mâle;—à queue droite, obtuse, amincie vers l'extrémité. » (Crep.)

Il a été trouvé une seule fois, à Greifswald, en 1826, dans le proventricule de l'épervier (*Falco nisus*); sa large bouche le distingue
comme espèce et peut-être comme genre de tous les autres spiroptères ou physaloptères.

SPIROPTÈRE DES OISEAUX DE PROIE NOCTURNES. (*Strix.*)

Le 25 mars, j'ai trouvé à Rennes, entre les tuniques de l'estomac
d'un chat-huant (*Strix aluco*), deux jeunes spiroptères femelles qui
doivent appartenir à une espèce distincte; ils sont longs de 4ᵐᵐ,
larges de 0ᵐᵐ,13 ; la tête est large de 0ᵐᵐ,0365, elle est tronquée
et terminée par une bouche nue, large de 0ᵐᵐ,020; l'œsophage est
charnu, tubuleux, long de 0ᵐᵐ,40; un ventricule oblong, large de
0ᵐᵐ,095, et long de 0ᵐᵐ,155 vient ensuite et est suivi par un intestin
noir beaucoup plus mince. Entre l'intestin et la couche charnue extérieure se trouve un liquide rougeâtre. Le tégument présente deux
ailes peu saillantes sur toute la longueur du corps et des stries transverses de 0ᵐᵐ,0068.

Le catalogue du musée de Vienne indique aussi un spiroptère indéterminé trouvé une seule fois dans le *Strix scops.*

SPIR. ÉPAISSI.　　SPIR. SAGINATA.

Physaloptera saginata, Rud., Synopsis, p. 647.

Natterer a trouvé au Brésil, dans l'intestin d'une espèce de *Strix*,
plusieurs femelles d'une espèce que Rudolphi a voulu rapporter à son
genre physaloptère. Elles sont brunâtres, avec les extrémités amincies, blanches, translucides; leur longueur est de 34 et 45ᵐᵐ, leur
épaisseur est de 2ᵐᵐ,25; la bouche est ovale, arrondie, plus large
transversalement; le tégument est fortement strié, la queue est terminée en pointe très-obtuse.

15. SPIR. A LARGE QUEUE.   *SPIR. EURYOPTERA.* — Rudolphi.
(*Synopsis*, p. 26 et 248, n° 2.)

Ascaris collurionis, Froelich, dans Naturforsch., XXIX, p. 40, n° 16.

« — Tête obtuse, petite, séparée par un léger étranglement, et
« terminée par des papilles ; — corps aminci aux deux extrémités, et
« surtout en avant.

« — *Mâle* long de 6ᵐᵐ,75 ; — queue enroulée de deux tours et demi,
« munie d'ailes membraneuses très-larges, occupant toute la longueur
« des tours de spire, de telle sorte que ces membranes semblent
« former un canal, ouvert seulement à l'extrémité.

« — *Femelle* longue de 9ᵐᵐ (Rud.), de 25ᵐᵐ (Froel) ; — queue un
« peu obtuse ; — anus en avant de la pointe, qui est plus amincie ;
« — œufs elliptiques arrondis, plus petits que ceux du *Disph.*
« *anthuris.* » (Rud.)

Frœlich l'avait trouvé au mois de juillet, entre les tuniques de
l'intestin d'un jeune écorcheur (*Lanius collurio*) ; vingt-sept pies-
grièches de cette même espèce sur deux cent-quarante disséquées au
musée de Vienne ont également présenté cet helminthe entre les
tuniques de l'intestin, ainsi que dix *Lanius excubitor* sur soixante-
dix-sept, et quatre *Lanius minor* sur vingt-cinq.

16. SPIR. BILABIÉE.   *SPIR. BILABIATA.*

Physaloptera bilabiata, Creplin, Nov. observ. de Entoz., p. 7.

« — Blanc ; — bouche bilabiée, à lèvres assez grandes, saillantes,
« obtuses, se continuant avec le corps ; — corps aminci vers les deux
« extrémités, surtout en avant ; — épais de 1ᵐᵐ,12, long de moins de
« 26ᵐᵐ.

« — *Mâle* moins long et moins épais que la femelle ; — queue courte,
« un peu recourbée en arrière, et portant de chaque côté, en dessous,
« une aile membraneuse gonflée, presque elliptique, soutenue par
« quatre côtes assez fortes ; — spicule grêle, simple, accompagné par
« une gaîne (second spicule ?).

« — *Femelle* à queue courte, un peu déprimée, presque conique et
« obtuse. » (Crep.)

M. Schilling, à Greifswald, avait trouvé, le 18 mai 1827, cet helminthe dans l'intestin d'un *Lanius minor.* Un seul individu était logé
en dehors de l'intestin entre les tuniques.

17. SPIR. NU.   *SPIR. DENUDATA.* — Rudolphi. (*Synop.*, p. 641.)

« — Tête arrondie, sans papilles ; — corps légèrement aminci en
« — avant.

« — *Mâle* long de 11^{mm}; — queue enroulée de deux tours et garnie
« d'ailes membraneuses si étroites qu'elle paraît nue.

« — *Femelle* longue de 15^{mm}6; — queue obtuse déprimée; — œufs
« très-petits, sphériques? » (Rud.)

Trouvé au Brésil dans l'intestin d'un tangara.

SPIR. DU CINCLE.   *SPIR. STURNI.* — Rud. (*Syn.*, p. 26.)

Sur dix-sept cincles (*Turdus cinclus*) disséqués au musée de Vienne,
un seul contenait, entre les tuniques de l'estomac, un spiroptère indéterminé.

J'ai trouvé aussi, le 14 avril, à Rennes, dans le proventricule du
rossignol de muraille (*Sylvia phœnicurus*) un jeune spiroptère femelle long de 2^{mm},6, ayant l'intestin jaune foncé.

SPIROPTÈRE DES COUCOUS.

18. SPIR. VOISIN.   *SPIR. AFFINIS.* — Duj.

Physaloptera strongylina, Rudolphi, Synopsis, p. 646.

« — Blanc, médiocrement épais, un peu aminci de part et d'autre;
« — tête paraissant munie de papilles.

« — *Mâle* long de 7^{mm},87; — queue munie vers l'extrémité d'une
« vessie latérale qui simule la bourse d'un strongle, et porte, à la
« face ventrale, un tubercule roux, d'où sort un spicule assez épais
« et long.

« — *Femelle* longue de 15^{mm},25 à 20^{mm},25; — queue droite, obtuse,
« déprimée ou plane en dessous. » (Rud.)

Natterer a trouvé, au Brésil, le mâle engagé dans les tuniques de
l'estomac et la femelle dans l'intestin du *Cucullus seniculus*.

SPIROPTÈRE DU VANNEAU. (*Vanellus cristatus.*)

Rudolphi inscrit, parmi ses espèces douteuses, sous le nom de *Spiroptera vanelli* (*Synopsis*, p. 29), un helminthe trouvé par Schrank
dans l'intestin du vanneau, et rangé précédemment par lui-même
parmi ses espèces douteuses de strongles, sous le nom de *Strongylus
vanelli.* (*Entoz. hist.*, II, 1, p. 189, n° 23.)

C'est probablement le même que cinq fois sur cent on a trouvé entre
les tuniques de l'estomac du vanneau au musée de Vienne.

SPIROPTÈRE DE LA CIGOGNE NOIRE. (*Ciconia nigra.*)

19. SPIR. AILÉ.   *SPIR. ALATA.* — Rud. (*Syn.*, p. 23 et 239, n. 6.)

Ascaris sagittata, Rud., Entoz., hist., t. II, ı, p. 189, n° 51.

« — Corps grêle, aminci de part et d'autre, surtout en avant ; —
« tête munie de papilles et suivie par deux ailes ou expansions
« membraneuses non permanentes, qui la font paraître quelquefois
« sagittée.
« — *Mâle* long de 7^mm^ (?) ; — queue formant trois tours de spire et
« munie de deux ailes membraneuses très-larges, prolongées jusqu'à
« l'extrémité.
« *Femelle* longue de 9^mm^ ; — queue terminée par une pointe courte,
« déprimée, ailée. » (Rud.)

Rudolphi l'avait étudié d'abord sur des exemplaires trouvés par
Braun dans l'intestin de la cigogne noire. Depuis, on l'a trouvé une
fois entre les tuniques de l'estomac de la même espèce d'oiseau au
musée de Vienne.

SPIROPTÈRE DE L'IBIS VERT. (*Tantalus falcinellus.*)

Sur dix-huit ibis verts disséqués au musée de Vienne deux contenaient des spiroptères entre les tuniques de l'estomac.

?. SPIROPTÈRE DE LA PETITE BÉCASSINE. (*Scolopax gallinula.*)

Rudolphi avait trouvé à Greifswald, au mois de juillet, dans l'œsophage d'une petite bécassine, six helminthes longs de 7^mm^,25, blancs,
très-grêles, à tête obtuse, polymorphe montrant à l'intérieur une sorte
de cordon en forme de 8 ; en arrière de la tête se trouvait une dent
obtuse ; puis la partie antérieure, ou le cou, présentait quatre rangées longitudinales d'aiguillons opposés en croix. Rudolphi l'avait
d'abord décrit et figuré (*Entoz.* II, p. 237, pl. 3, f. 8-10) comme
espèce douteuse sous le nom de *Strongylus horridus ;* dans son *Synopsis* il l'a inscrit comme espèce douteuse de spiroptère (*Spiroptera
gallinulæ*, p. 28 n. 35), sans donner de nouveaux détails. Il est vraisemblable que ses premières observations sur cet helminthe sont peu
exactes ; cependant la description de l'espèce suivante peut faire
comprendre un peu celle-ci.

SPIROPTÈRE DE L'ALOUETTE DE MER. (*Tringa alpina.*)

20. SPIR. ÉPINEUX.   *SPIR. ACULEATA.* — Creplin, *Observ. de
Entoz.*, p. 14.

« — Corps blanc, aminci en avant ; — tête munie de papilles, amin-
« cie et obtuse en avant, séparée en arrière par un étranglement, et
« montrant à l'intérieur des vaisseaux (cordons ?) diversement con-

« tournés (comme ceux que Rudolphi a représentés pour l'espèce
« précédente , *Entoz., Hist. nat.*, II, 1, pl. 1, f. 8 , 9 , 10) ; — un
« peu en arrière de la tête, de part et d'autre , se voit un arc formé
« d'une rangée d'aiguillons et suivi , de chaque côté, par une rangée
« longitudinale serrée d'épines droites , fortes, inclinées en arrière ,
« qui vont en diminuant vers la queue et disparaissent un peu avant
« l'extrémité ; il en résulte quatre rangées longitudinales d'épines
« opposées en croix.

« — *Mâle* plus petit et beaucoup plus grêle que les femelles ; — en-
« roulé postérieurement en trois ou quatre tours ; — queue munie
« d'ailes membraneuses très-minces et souvent non distinctes ; —
« obtuse à l'extrémité en avant de laquelle sort un spicule simple (?)
« assez long.

« — *Femelle* longue de 11^{mm},25 ; — queue amincie, presque droite,
« un peu obtuse à l'extrémité, en avant de laquelle est l'anus. »

M. Creplin l'a trouvé, le 30 avril 1824, dans un tubercule gros comme
un grain de vesce sur le proventricule de l'alouette de mer (*Tringa
alpina*) ; il remarque, avec raison, que cette espèce a de très-grands
rapports avec la précédente, trouvée par Rudolphi dans l'œsophage
d'une petite bécassine.

SPIROPTÈRE DE L'ÉCHASSE. (*Himantopus melanopterus.*)

21. SPIR. ENROULÉ.   *SPIR. REVOLUTA.* — Rud. (*Syn.,* p. 26
et 247, n° 18.)

« — Corps un peu aminci de part et d'autre, surtout en avant ; —
« tête munie de papilles et en continuité avec le corps.

« — *Mâle* long de 6^{mm},75 ; — enroulé de deux tours, muni d'ailes
« latérales, larges et recourbées à l'extrémité.

« — *Femelle* longue de 15^{mm},75 ; — queue amincie, déprimée à l'ex-
« trémité et coudée. » (Rud.)

Au musée de Vienne, sur soixante-deux échasses (*Himantopus melanopterus*) six seulement contenaient cet helminthe entre les tuniques de l'estomac.

SPIROPTÈRE DU RALE. (du Brésil.)

Rudolphi inscrit sous le nom de *Spiroptera ralli* (*Synopsis*, p. 642)
des helminthes trouvés par Natterer entre les tuniques de l'estomac de
deux râles du Brésil ; ce sont des femelles longues de 4^{mm},5 à 11^{mm},25,
dont la tête est obtuse, simple chez quelques-unes, pourvue d'ailes
semi-lancéolées pour d'autres, dont le corps est d'un diamètre presque
égal ; la queue, plus épaisse que la tête, est un peu obtuse, déprimée
et infléchie ; un seul exemplaire provenant d'un autre râle avait la
tête terminée par une papille un peu aiguë.

SPIROPTÈRE DE LA FOULQUE. (*Fulica atra.*)

Rudolphi place parmi ses espèces douteuses sous le nom de *Spiroptera fulicæ* (*Synopsis*, p. 29, n° 37) un helminthe trouvé entre les tuniques de l'estomac de la foulque, cinq fois sur cent cinquante-sept au musée de Vienne.

SPIROPTÈRE DU PLONGEON.

22. SPIR. A QUEUE ÉPAISSE.   *SPIR. CRASSICAUDA.*
CREPLIN, *Nov. observ. de Ent.*, p. 3.

« — Corps blanc, augmentant d'épaisseur vers la queue ; — tête ob-
« tuse ; — bouche munie de papilles.

« — *Mâle* long de 4^{mm},5 à 11^{mm},25 ; — queue amincie, simplement
« coudée et munie de deux ailes assez larges, rétrécies vers l'extrémité
« qu'elles dépassent.

« — *Femelle* longue de 7^{mm} à 21^{mm},12 ; — queue obtuse, peu amincie
« à l'extrémité. » (CREP.)

M. Creplin l'a trouvé plusieurs fois entre les tuniques de l'estomac du plongeon (*Colymbus rufo-gularis*) en mai, janvier, novembre et décembre, et du canard de Terre-Neuve (*Anas glacialis*) en janvier, février, mars et décembre. Une fois aussi au musée de Vienne on a trouvé dans ce dernier oiseau un spiroptère qui est probablement le même ; enfin M. Rosenthal a trouvé également à Greifswald le même spiroptère dans le garrot (*Anas clangula*) et dans le harle huppé (*Mergus serrator*).

SPIROPTÈRE DES GOÉLANDS.

23. SPIR. VOILÉ.   *SPIR. OBVELATA.* — CREP. *Observ. de Entoz.*,
p. 10, et *Nov. obs. de Ent.*, p. 4.

« — Blanc ; — tête libre seulement à l'extrémité et entourée latéra-
« lement dans une membrane translucide gonflée, elliptique ou ra-
« rement presque globuleuse, qui se prolonge en une saillie li-
« néaire, très-mince, de chaque côté du corps, vers la queue qu'elle
« n'atteint pas. — La membrane entourant la tête est soutenue par des
« cordons longitudinaux disposés régulièrement en arc et qui sont en
« quelque sorte le prolongement l'un de l'autre, car chacun, arrivé au
« bord postérieur, se recourbe en arc pour revenir au bord antérieur,
« et de là retourner encore en arrière.

« — *Mâle* long de 8^{mm},5 à 9^{mm},5, plus mince en arrière ; — queue
« roulée en un triple tour de spire, assez aiguë à l'extrémité, et pour-
« vue de deux ailes membraneuses un peu larges, assez longues, pres-
« que droites et dépassant la pointe caudale ; — spicule (?)

« — *Femelle* longue de 12 à 19^{mm}, très-peu amincie en avant et d'épais-

« seur presque égale dans le reste du corps ; — queue courte, droite,
« presque conique, assez plane en dessous et un peu obtuse, terminée
« par un globule translucide ; — œufs petits et subelliptiques. »

M. Creplin l'a trouvé d'abord à Greifswald, fixé à la tunique interne
de l'œsophage du *Larus maximus* ? M. Schilling le trouva avec lui dans
la proventricule du *Larus argentatus*, et dans l'estomac du *Larus
medius*, et puis seul il le trouva dans l'œsophage du *Larus argenta-
toides*, du *Sterna risoria*, et du *Totanus maculatus* (BECHST.) ou
T. fuscus (LEISL.).

SPIROPTÈRE DE L'HIRONDELLE DE MER. (*Sterna nigra.*)

24. SPIR. ALLONGÉ. **SPIR. ELONGATA.**—RUD., *Syn.*, p. 26 et 246.

« — Corps très-allongé et plus aminci en arrière ; — tête munie de
« papilles dont les latérale plus petites.
« — *Femelle* longue de 40ᵐᵐ, large de 0ᵐᵐ,56 ; — rapport de la lon-
« gueur à la largeur 71 ; — queue crochue et repliée à l'extrémité. »

Au musée de Vienne on a disséqué cinquante-trois *Sterna nigra*, dont
six contenaient cet helminthe entre les tuniques de l'estomac ; cent
neuf autres sternes d'espèces différentes n'en contenaient pas.

Rudolphi avait précédemment trouvé aussi à Greifswald, dans les tuniques de l'œsophage de l'hirondelle de mer (*Sterna hirundo*), un helminthe long de 6ᵐᵐ,75, très-grêle, qu'il nomma d'abord *Strongylus
ambiguus* (*Entoz.*, t. II, ɪ, p. 239, nᵒ 22), et qu'il a ensuite inscrit parmi
ses spiroptères douteux (*Spiroptera sternæ, Synopsis*, p. 29, nᵒ 38.)

? SPIROPTÈRE DU PETREL. (*Procellaria Anglorum.*)

M. Bellingham inscrit dans sa liste des entozoaires d'Irlande (***Ann. of
Nat. Hist.***, 1844, p. 101), comme une espèce douteuse de spiroptère,
un helminthe femelle qui a beaucoup de rapport avec le *Sp. aculeata*
(nᵒ 20), et qu'il a trouvé fixé par sa partie antérieure dans le jabot
d'une espèce de petrel (***Procellaria Anglorum***) ; sa longueur est de 13
à 14ᵐᵐ ; il est plus épais en arrière, presque translucide, de telle sorte
qu'on voit tout le trajet de l'intestin qui s'élargit en arrière.

La bouche est orbiculaire et saillante, entourée de quatre tubercules,
la queue est conique, l'anus est presque terminal ; le cou est armé de
crochets recourbés, et le tiers antérieur du corps présente aussi quatre rangées de crochets ou épines beaucoup moindres, très-serrés en
avant, et devenant plus écartés et plus petits en approchant du deuxième
tiers de la longueur.

SPIROPTÈRE DE L'OIE. (*Anas anser.*)

25. SPIR. A QUEUE CROCHUE. **SPIR. UNCINATA.** — RUD.
(*Synops.*, p. 26 et 246, nᵒ 16.)

« — Corps plus aminci en arrière ; — bouche orbiculaire entourée
« de six papilles qui ressemblent quelquefois à des valvules.

« — *Mâle* long de 9ᵐᵐ, très-grêle ; — queue roulée en spirale mu-
« nie de deux ailes entre lesquelles sort un spicule court.

« — *Femelle* longue de 9ᵐᵐ à 16ᵐᵐ,8, très-épaisse, large de 0ᵐᵐ,7;
« — rapport de la longueur à la largeur 27; — queue terminée par
« une pointe recourbée en crochet, déprimée et repliée. » (Rud.)

Il a été trouvé une fois assez nombreux dans des tubercules de
l'œsophage d'une oie.

———————

Rudolphi inscrit aussi parmi ses espèces douteuses, sous le nom de
Spiroptera anatis (*Synopsis*, p. 29, nᵒ 40), un helminthe trouvé une
seule fois entre les tuniques du gésier d'un canard de Terre-Neuve
(*Anas glacialis*) au musée de Vienne.

— M. Bellingham (*Ann. of Nat. Hist.*; 1844. p. 102) considère comme
un spiroptère d'espèce douteuse un helminthe qu'il a trouvé en Irlande dans des tubercules de l'œsophage d'un canard tadorne (*Anas
tadorna*). Il lui assigne une longueur de 35 à 37ᵐᵐ, une épaisseur
presque égale, une bouche orbiculaire sans papilles, et dit que la tête
et toute la partie antérieure du corps sont armés d'innombrables crochets recourbés; cet auteur ajoute aussi que l'on voit deux lignes
saillantes longitudinales étroites, l'une dorsale et l'autre ventrale.

— Nous avons indiqué plus haut le *Spiroptera crassicauda* nᵒ 22
des plongeons comme se trouvant aussi dans plusieurs canards (*Anas
glacialis, A. clangula*) et dans le harle (*Mergus serrator*).

III. SPIROPTÈRES DES REPTILES.

SPIROPTÈRE DE LA TORTUE D'EAU DOUCE. (*Emys orbicularis.*)

26. SPIR. CONTOURNÉ.   *SPIR. CONTORTA.* — Rud. (*Syn.* p. 25
et 242, nᵒ 12.)

Ascaris testudinis, Rudolphi, Entoz., t. II, 1, p. 198, nᵒ 67.

« — Corps blanc ou rougeâtre, souvent contourné en spirale serrée;
« — tête montrant quelquefois cinq à six papilles mobiles, quelque-
« fois trois seulement disposées en trèfle; — bouche orbiculaire sou-
« vent saillante (?).

« — *Femelle* longue de 5ᵐᵐ à 6ᵐᵐ,7, amincie en avant; — queue
« déprimée, infléchie, terminée par une pointe aiguë; — intestin en-
« touré par les circonvolutions de l'oviducte. » (Rud.)

Rudolphi l'a trouvé à Rimini, dans des tubercules à la surface de
l'estomac d'une petite tortue d'eau douce. Il l'a revu encore à Berlin,
dans une tortue de même espèce; antérieurement aussi Braun l'avait
trouvé dans l'estomac de cet animal.

SPIROPTÈRES DES LÉZARDS.

27. SPIR. RÉTUS.   *SPIR. RETUSA.*—Rud. (*Syn.*, p. 30, 250 et 646.)

« — Corps cylindrique aminci de part et d'autre, surtout en avant,
« long de 14 à 54ᵐᵐ; — tête large de 0ᵐᵐ,27 à 0ᵐᵐ,3 et munie de
« quatre papilles peu saillantes; — œsophage musculeux long de
« 4ᵐᵐ,6, large de 0ᵐᵐ,4; — tégument à stries transverses peu distinctes,
« très-fines, écartées de 0ᵐᵐ,0027 à 0ᵐᵐ,0035.

« — *Mâle* long de 22ᵐᵐ, large de 0ᵐᵐ,8; — rapport de la longueur à
« la largeur 27 ou 28; — queue munie d'une vessie inférieure, longi-
« tudinalement striée, très-large, s'étalant jusqu'à l'extrémité où elle
« paraît, soit rétuse, soit même échancrée, longue de 1ᵐᵐ,8, large de
« 1ᵐᵐ,55 et soutenue par quatre rayons de chaque côté; — un des
« spicules remplacé par un tubercule corné, pyriforme, saillant, large
« de 0ᵐᵐ,153; — l'autre spicule, infléchi, long de 0ᵐᵐ,26, large de
« 0ᵐᵐ,03.

« — *Femelle* longue de 27ᵐᵐ,5 large de 1ᵐᵐ,4; — rapport de la lon-
« gueur à la largeur 20; — queue terminée par une pointe obtuse
« très-courte et souvent recourbée; — anus situé à 0ᵐᵐ,84 de l'extré-
« mité; — vulve saillante, située au premier quart de la longueur
« (à 6ᵘⁱᵐ,6 de la tête et 20ᵐᵐ,9 de l'extrémité caudale); — utérus divisé
« en deux branches très-étroites d'abord, puis larges de 0ᵐᵐ,5, très-
« flexueuses et très-longues, dirigées en arrière; — œufs longs de
« 0ᵐᵐ,042 à 0ᵐᵐ,43, moitié moins larges, contenant un embryon replié. »

Trouvé abondamment par Olfers et par Natterer dans l'œsophage
et les intestins d'un lézard du Brésil *Monitor* ou (*Podinema teguixin*).

J'ai pu en étudier deux exemplaires envoyés par le musée de
Vienne à celui de Paris.

28. SPIR. RACCOURCI.   *SPIR. ABBREVIATA.*

Physaloptera, Rud., Syn., p. 30 et 257, n° 3.

« — Corps très-blanc, assez épais et ferme, aminci de part et
« d'autre, et davantage en avant; — bouche ronde munie de papilles
« à peine distinctes.

« — *Mâle* long de 9ᵐᵐ à 11ᵐᵐ,25; — queue infléchie, ayant de
« chaque côté une aile membraneuse large et gonflée, qui n'atteint
« pas l'extrémité, et présentant un tubercule génital roux inférieur.

« — *Femelle* longue de 13ᵐᵐ,5 à 20ᵐᵐ,25; — queue obtuse, termi-
« née par une pointe conique très-courte, laquelle, étant repliée, laisse
« paraître la queue comme tronquée. » (Rud.)

Trouvé à Algésiras, en Espagne, dans l'estomac et l'intestin du
Lacerta margaritacea.

SPIROPTÈRE DE LA RAIE. (*Raia clavata.*)

J'ai trouvé, dans l'épaisseur des tuniques de l'estomac d'une raie, un helminthe nématoïde rougeâtre, long de 1^{mm}8, et large de 0^{mm},7, assez mou, qui avait la tête semblable à celle des spiroptères de la taupe, du hérisson et de la buse, mais qui n'avait pas encore d'organes génitaux développés.

M. Bellingham indique aussi un spiroptère d'espèce douteuse trouvé par lui dans l'estomac et l'intestin de la raie blanche. (*Raia batis.*)

10e GENRE PROLEPTE. *PROLEPTUS.* — DUJ.

πρὸ en avant, λεπτὸς, étroit.

« Vers filiformes, très-amincis en avant; — tête petite; — « bouche orbiculaire; — première partie de l'œsophage longue, « tubuleuse; deux spicules inégaux ».

Les nématoïdes composant ce nouveau genre ont, comme les spiroptères et les dispharages, deux spicules inégaux, et la queue ordinairement munie d'ailes membraneuses ou vésiculeuses; mais ils sont beaucoup plus amincis en avant, et ne présentent plus la structure signalée chez les précédents genres. Je n'y rapporte que deux espèces trouvées dans les poissons cartilagineux.

1. PROL. A QUEUE AIGUË. *PROL. ACUTUS.* — DUJ., *nov. sp.*

« — Corps blanchâtre, long. de 12^{mm}, large de 0^{mm},25 en arrière, « très-aminci en avant; — tête large de 0^{mm}013; — premier œsophage « long de 0^{mm},07; — tégument lisse (?).

« — *Mâle* à queue roulée, terminée en pointe et munie de deux « rangs de papilles ou vésicules plus volumineuses et confluentes « autour de l'anus, qui est situé à 0^{mm},24 de l'extrémité; — premier « spicule ou pénis long de 0^{mm}46, large de 0^{mm},0076; — deuxième « spicule plus épais, long seulement de 0^{mm},12. »

J'ai trouvé une seule fois, à Rennes, le 18 juin 1841, un mâle de cette espèce en avant de la valvule spirale du gros intestin d'une raie (*Raia clavata*); je l'ai vainement cherché depuis dans soixantedix-huit raies.

? 2 PROL. A QUEUE OBTUSE. *PROL. OBTUSUS.* — DUJ.

J'ai trouvé, le 11 mars 1840, à Cette, dans l'intestin d'une petite roussette (*Scyllium catulus*) de la Méditerranée, un nématoïde mâle dont j'ai conservé seulement le dessin sans en avoir noté la grandeur; il diffère du précédent par sa queue obtuse, et par son tégument strié (?); il est en même temps moins aminci en avant.

TROISIÈME SECTION. (Strongyliens.)

Nématoïdes à bouche ronde ou triangulaire, nue et inerme,
et dont les mâles ont deux spicules égaux.

TABLEAU DES GENRES.

* Queue obtuse dans les deux sexes.
   † Quelques papilles à la tête et à la queue du
     mâle, sans ventouse et sans pièce accessoire
     derrière les spicules.   11. *Eucamptus.*
   †† Sans papilles, mais avec deux ventouses la-
     térales à la queue et avec une pièce acces-
     soire derrière les spicules.   12. *Dicelis.*
** Queue longue effilée dans les deux sexes.   13. *Leptodera.*
*** Queue du mâle tronquée, celle de la femelle
   aiguë.
     § Queue du mâle munie d'expansions ou
       d'ailes membraneuses très-amples, formant
       souvent une bourse.   14. *Strongylus.*
     §§ Queue du mâle bifide, ou munie seule-
       ment de deux lobes divergents.   15. *Pseudalius.*

11e GENRE. EUCAMPTE. *EUCAMPTUS.* — Duj.

εὔκαμτος, flexible.

« — Vers blancs filiformes à tête obtuse, à bouche nue,
« ronde, et à queue obtuse ; — œsophage simple presque cylin-
« drique.

« — *Mâle* contourné en hélice et aminci en arrière ; — deux
« spicules égaux, arqués très-petits.

« — *Femelle* ayant la vulve très-près de la tête, l'utérus
« fusiforme suivi de deux oviductes assez grands un peu ren-
« flés ; — œufs assez grands, pouvant éclore dans le corps de
« la mère. »

Ce genre, qui ne comprend qu'une seule espèce, se rapproche
beaucoup de certains spiroptères, mais il en diffère par ses spicules égaux et plus petits ; d'autre part il a quelques rapports
avec les strongles, près desquels nous le plaçons dans la troisième section : il s'en distingue par la queue du mâle totalement
dépourvue d'ailes membraneuses.

1. EUCAMPTE DE L'ENGOULEVENT.   *EUCAMPTUS OBTUSUS.*

« — Corps blanc filiforme, trente fois aussi long que large ; —
« tête large de 0^{mm},11, obtuse, avec quelques papilles latérales peu
« saillantes ; — bouche nue presque ronde ; — œsophage musculeux,
« presque cylindrique, long de 1^{mm}, large de 0^{mm},065 en avant, et de
« 0^{mm},082 en arrière, où il est un peu renflé ; — intestin plus large à
« l'origine ; — queue obtuse ; — anus près de l'extrémité ; — tégu-
« ment à stries tranverses de 0^{mm},0054 à 0^{mm},0058.

« — *Mâle* long de 12^{mm}, large de 0^{mm},5 en avant, et de 0^{mm},3 à 0^{mm},2
« en arrière, où il est fortement enroulé et forme une spire allongée ;
« — rapport de la longueur à la largeur 24 ; — queue obtuse, avec
« quelques papilles à la face ventrale ; — anus à 0^{mm},10 de l'extré-
« mité ; — deux spicules égaux, arqués, longs de 0^{mm},2, larges
« de 0^{mm},02.

« — *Femelle* longue de 20^{mm}, large de 0^{mm},57 à 0^{mm},60 ; — rapport de
« la longueur à la largeur 34 ; — queue obtuse ; — anus à 0^{mm},13
« de l'extrémité ; — vulve située à 0^{mm},5 de la tête ; — utérus fusi-
« forme long de 4^{mm}, large de 0^{mm},6 au milieu, suivi de deux ovi-
« ductes longs de 9^{mm} et larges de 0^{mm},3, qui se continuent avec les
« ovaires filiformes ; — œufs elliptiques oblongs, longs de 0^{mm},062,
« et larges de 0^{mm},030 à 0^{mm},032, contenant un embryon long de
« 0^{mm},25 enroulé.

J'ai étudié ces helminthes sur des exemplaires assez nombreux du
muséum de Paris, étiquetés, sous le n° 13, comme trouvés derrière
l'œsophage d'un tette-chèvre (*Caprimulgus europœus.*)

12ᵉ GENRE DICÉLIS.   *DICELIS.* — DUJ.

Δὶς, deux, Κηλὶς, cicatrice.

« Vers à corps filiforme, un peu aminci aux extrémités qui sont
« obtuses ; — bouche ronde, nue ; — œsophage musculeux en
« massue, suivi d'un intestin plus épais, sans ventricule ; — queue
« portant de chaque côté en arrière de l'anus une sorte de ven-
« touse discoïdale entourée de fibres rayonnantes.

« — *Mâle* muni de deux spicules simples peu arqués, avec
« une lame accessoire aiguë située en arrière.

« — *Femelle* œufs elliptiques lisses. »

Les helminthes dont je forme ce genre sont très-voisins des
strongles, mais ils s'en distinguent par l'absence complète d'ailes
membraneuses à la partie postérieure, et par les deux disques

en forme de ventouse, situés comme deux cicatrices de chaque côté de la queue ; la seule espèce connue se trouve dans les testicules du lombric.

1. DICÉLIS DU LOMBRIC.   *DICELIS FILARIA.* — Duj.

[Atlas, pl. 3, fig. H.]

« — Corps blanc filiforme, long de 3^{mm} à 5^{mm}, trente-quatre à quarante
« fois aussi long que large, obtus et peu aminci aux extrémités ; —
« tégument légèrement strié en travers ; — tête large de 0^{mm},03 ;
« bouche ronde, nue ; — œsophage long de 0^{mm},16, large de 0^{mm},024 ;
« — intestin large de 0^{mm},09.
« — *Mâle* long de 3^{mm},23, large de 0^{mm},095 ; — partie postérieure
« un peu enroulée ; — queue obtuse portant deux disques latéraux
« diaphanes, larges de 0^{mm},06 — anus situé à 0^{mm},17 de l'extrémité ;
« — deux spicules aigus falciformes, longs de 0^{mm},079, suivis d'une
« lame accessoire longue de 0^{mm},04.
« — *Femelle* longue de 5^{mm}, large de 0^{mm},10 à 0^{mm},13, à queue droite,
« obtuse, un peu amincie au-delà des deux disques latéraux qu'elle
« porte aussi ; — ovaire simple (?) ; — œufs longs de 0^{mm},04. »

Je l'ai trouvé fréquemment à Paris, en 1838 et 1839, dans les testicules des lombrics de mon jardin ; depuis lors je l'ai vainement cherché à Rennes.

13e Genre. LEPTODÉRE.   *LEPTODERA.* — Duj.

λεπτὸς, étroit, δέρη, cou.

« Vers à corps filiforme ou fusiforme très-élargi et très-aminci
« de part et d'autre ; — partie antérieure effilée très-étroite ; —
« bouche très-petite bilobée (?), — œsophage très-long, filiforme
« en avant, renflé et musculeux en arrière, où il tient lieu de
« ventricule.
« — *Mâle* à queue longue très-fine, droite et nue, précédée
« par un renflement d'où sortent deux spicules égaux, fasciculés
« ou composés, entre deux ailes courtes.
« — *Femelle* à queue droite très-longue ; — vulve transversale
« située au milieu de la longueur et d'où partent deux oviductes
« égaux opposés, arrondis et repliés aux extrémités. »

Les helminthes que je nomme ainsi ont beaucoup de rapport avec les strongles ; mais ils s'en distinguent par leur queue très-prolongée et nue dans les deux sexes ; tandis que les ailes membraneuses qui accompagnent l'organe copulatoire du mâle dépassent très-peu l'anus. La seule espèce connue vit dans un *mollusque gastéropode*.

1. LEPT. DE LA LIMACE.   *LEPT. FLEXILIS.* — Duj.

[Atlas, pl. 6, fig. A.]

« — Corps filiforme, long de $2^{mm},5$ à 4^{mm}, trente fois aussi long que
« large, très-aminci de part et d'autre, et surtout en avant où il est
« prolongé en un cou très-flexible, flagelliforme, agité d'un mouve-
« ment vif, ondulatoire; — cou large de $0^{mm},014$ quelquefois renflé en
« arrière de la tête qui est bilobée (?), large de $0^{mm},009$ à $0^{mm},011$; —
« œsophage long de $0^{mm},45$ à $0^{mm},55$, large de $0^{mm},036$ à $0^{mm},038$ en
« arrière; — tégument finement strié en travers; — stries irrégulières
« de $0,^{mm}0025$.

« — *Mâle* long de $2^{mm},5$, large de $0^{mm},09$ au milieu; — queue amin-
« cie en pointe fine, longue de $0^{mm},18$ à $0^{mm},22$, large de $0^{mm},025$ à sa
« base, et précédée par un renflement presque globuleux, large de
« $0^{mm},07$, portant en dessous deux ailes membraneuses courtes, sou-
« tenues par cinq à six côtes entre lesquelles est l'anus; — deux spi-
« cules égaux fasciculés, ou paraissant formés chacun de deux à trois
« tiges minces, longs de $0^{mm},16$ fortement arqués, et accompagnés
« en arrière par une petite lame accessoire.

« — *Femelle* longue de $3^{mm},5$ à 4^{mm} large de $0^{mm},11$ à $0^{mm},128$ au
« milieu; — queue droite, uniformément amincie en pointe; — vulve
« très-large située au milieu, — œufs longs de $0^{mm},078$ à $0^{mm},080$
« éclosant à l'intérieur; — embryons longs de $0^{mm},36$, larges
« de $0^{mm},0165$. »

J'ai trouvé une seule fois, à Rennes, le 25 septembre, dans le
conduit déférent d'une limace grise (*Limax cinereus*) quatre mâles
et neuf femelles de cette espèce vivipare.

14ᵉ Genre. STRONGLE.   *STRONGYLUS.* — Müller.

στρογγύλος, cylindrique.

« — Vers à corps filiforme souvent très-mince, 55 à 170 fois
« aussi long que large, ordinairement aminci en avant; —
« tête petite, nue ou munie de deux expansions latérales mem-
« braneuses ou vésiculeuses, bouche petite, nue ou entourée
« de six papilles, orbiculaire ou triangulaire comme le canal
« œsophagien quand elle est protractée; - œsophage musculeux,
« renflé en massue et tenant lieu de ventricule; — tégument fin,
« finement strié en travers.

« — *Mâle* ayant l'extrémité caudale munie d'une bourse caudale
« plus ou moins ouverte, soit tout à fait terminale, soit oblique-
« ment tronquée et soutenue par le prolongement de la pointe
« caudale; — un spicule ou deux spicules distincts de structure
« simple ou complexe et souvent accompagnés par une pièce
« accessoire près de l'orifice anal.

« — *Femelle* ayant l'extrémité caudale amincie, conique, en
« pointe obtuse ou mucronée; — anus à une certaine distance de
« l'extrémité; — vulve située en arrière du milieu, quelquefois
« près de l'anus; — utérus musculeux, simple ou à deux branches;
« — œufs assez volumineux (de 0^{mm},06 à 0^{mm},12). »

Le nom de strongle a été donné d'abord par Müller à l'helminthe
du cheval, que nous prenons pour type du genre sclérostome, et à
celui du blaireau qui fait partie de notre genre *Dochmius :* il a
été étendu ensuite par Zeder et Rudolphi à beaucoup d'autres
espèces confondues avec les ascarides, ou placées dans divers
genres par leurs prédécesseurs. Le genre strongle, tel que
l'admettait Rudolphi, comprend des espèces très disparates qui
n'ont rien de commun que la bourse caudale du mâle ou l'expansion membraneuse résultant du développement plus considérable
des ailes qu'on observe de chaque côté de la queue chez beaucoup d'autres nématoïdes mâles; mais il s'en faut bien que cette
bourse soit toujours exactement terminale. Rudolphi, quoiqu'il
ait précisé ce caractère d'une manière absolue pour distinguer
les strongles, est obligé d'indiquer, pour le *Str. filicolis,* que la
bourse est beaucoup plus allongée d'un côté et qu'elle est oblique
pour le *Str. filaria.* Si d'ailleurs on y porte quelque attention, on
n'a pas de peine à reconnaître dans cette bourse caudale un
lobe dorsal ordinairement plus petit qui est le prolongement di-
rect de la queue et deux lobes latéraux plus grands qui représentent les ailes caudales des autres nématoïdes. Quant au spicule
ou pénis que Rudolphi dit être simple, filiforme et exsertile, je
l'ai vu toujours double, tant chez les strongles que chez les helminthes qui doivent en être séparés pour former les genres *Scle-*
rostomum, Stenurus, Pseudalius et *Dochmius ;* mais de plus j'ai
vu ici les deux spicules tantôt filiformes et grêles, comme chez
ces autres helminthes, tantôt courts, épais, contournés ou
formés de plusieurs pièces articulées qui rappellent la structure
des appendices génitaux chez certains insectes.

La bouche, que Rudolphi dit être toujours ronde, est au contraire quelquefois triangulaire comme le canal œsophagien quand
elle est protractée ou saillante; elle présente d'ailleurs dans ses

dimensions, dans sa structure et dans ses appendices, des différences telles que Rudolphi dut partager son genre strongle en trois sections, dont la première, qu'il nomme *Sclerostoma*, caractérisée par une large bouche armée de pointes, est pour nous un genre distinct, et dont les deux autres contiennent encore des espèces fort dissemblables. Sa seconde section, caractérisée par une bouche petite entourée de papilles, comprend un type totalement distinct, le *Str. gigas*, avec deux autres espèces qui ont des papilles saillantes bien prononcées, et deux espèces enfin qui n'ont montré que des nodules peu distincts, et qui, par conséquent, ne diffèrent probablement des espèces suivantes que par le degré de protraction de leur bouche. Les strongles de la troisième section de Rudolphi sont censés avoir la bouche nue; mais il y a quatre espèces dont la bouche est au contraire entourée de lobes charnus élargis et repliés de manière à circonscrire une large cavité prébuccale ou prépharyngienne, et dont nous formons le genre *Dochmius*; un autre est un vrai sclérostome; celui du marsouin *Str. inflexus* nous fournit deux genres nouveaux *Stenurus* et *Pseudalius*; les autres ont à la vérité la bouche nue, mais ils présentent des différences nombreuses, surtout dans la structure des organes génitaux. Nous croyons qu'on devrait faire un genre distinct de ceux qui ont le corps aminci en avant et fortement enroulé, ou non susceptible d'être redressé sans torsion : nous voyons bien comment on le pourrait caractériser; mais nous n'aurions pas encore les moyens de caractériser aussi positivement les helminthes qui seraient laissés dans le genre strongle.

En attendant, nous laissons ce genre comme une réunion de types divers à distinguer plus tard, et après en avoir seulement distrait les sclérostomes, les pseudalius, les stenures et les dochmius, nous y voyons encore vingt-deux espèces plus ou moins déterminées et dix douteuses.

Les strongles se trouvent plus particulièrement chez les mammifères, quelquefois chez les oiseaux ou chez les reptiles, dans l'intestin ou dans des tubercules ou des kystes annexés à cet organe, à l'estomac ou à l'œsophage. Une espèce *Str. gigas* se développe exclusivement dans le rein de divers mammifères, plusieurs se trouvent dans la trachée-artère et les bronches du hérisson, des ruminants et du cochon.

La plupart des strongles sont d'une couleur rougeâtre plus ou moins vive qui les dérobe facilement à la vue, d'autant mieux qu'en même temps ils sont très-minces.

STRONGLE DU HÉRISSON. (*Erinaceus Europœus.*)

1. STRONG. DU HÉRISSON.   *STRONG. STRIATUS.* — Zeder, *Nachtr.*, p. 83.

Strongylus striatus, Rud., Entoz., t. II, 1, p. 225, n° 12 et Syn., 34, n° 15.

« — Corps noirâtre ou taché par suite de la coloration de l'intestin, « vu à travers les téguments; — fortement strié en travers et à bord « denticulé dans la partie antérieure chez le mâle et totalement chez « la femelle, aminci de part et d'autre; — tête obtuse, amincie sans « lobes ou papilles, mais munie d'ailes membraneuses ou vésicules « allongées latérales.

« — *Mâle* long de 5 à 6^{mm},75, à queue recourbée, terminée par une « bourse hémisphérique soutenue par deux rayons et que dépasse le « spicule (simple? ou double?).

« — *Femelle* longue de 12 à 13^{mm}, plus amincie en arrière; — à queue « terminée en pointe courte unguiforme, droite ou repliée en dessus, « selon que la vulve située près de l'extrémité est plus ou moins « saillante; — ovaires remplis d'œufs elliptiques. » (Rud.)

Redi avait le premier trouvé souvent cet helminthe dans les bronches du hérisson où Zeder et Rudolphi l'ont retrouvé chacun une seule fois. Mis dans l'eau il ne tarde pas à se rompre, ses œufs contiennent un embryon qu'on voit éclore après quatre heures. Les stries indiquées par les auteurs doivent plutôt être considérées comme des plis; la position de la vulve lui donne beaucoup de rapport avec les strongles des rongeurs, et je suppose que, comme eux, il doit avoir un double spicule filiforme.

2. STRONG. DE LA MUSARAIGNE.   *STRONG. DEPRESSUS.* — Duj. *n. sp.*

« — Corps blanc déprimé, prismatique, aminci en avant, solidement « enroulé en quatre tours de spire, ayant de chaque côté quatre petites « crêtes membraneuses, striées, roides et inextensibles qui ne per- « mettent pas de le dérouler sans torsion; — tête obtuse, entourée « d'un renflement membraneux ou munie d'ailes membraneuses « oblongues; — œsophage musculeux en massue; — tégument marqué « de stries transverses, peu distinctes, écartées de 0^{mm},00125, et qui « deviennent très-prononcées sur les crêtes.

« — *Mâle* long de 1^{mm},5, large de 0^{mm},05; — rapport de la longueur « à la largeur 30; — extrémité postérieure terminée par une vaste « bourse membraneuse, presque close, longue de 0^{mm},24, formée de « deux valves concaves soutenues chacune par une côte palmée en « avant et réunies en arrière par une côte médiane bifurquée à l'ex- « trémité et représentant la pointe caudale; — deux spicules très- « grêles, presque droits, longs de 0^{mm},24, larges de 0^{mm},002.

« — *Femelle* longue de 2^{mm},5 à 2^{mm},7, large de 0^{mm},066 ; — rapport de
« la longueur à la largeur 44 ; — queue épaisse obtuse, un peu
« recourbée et mucronée ou terminée par une pointe grêle longue de
« 0^{mm},032 implantée sur le milieu ; — tête large de 0^{mm},04 avec ses ailes
« membraneuses ou de 0^{mm},02 sans ses ailes ; — œsophage long de
« 0^{mm},24 , large de 0^{mm},014 en avant et de 0^{mm},021 en arrière ; — vulve
« située immédiatement en avant de l'anus près de l'extrémité cau-
« dale, et laissant quelquefois sortir une portion de l'utérus comme
« une hernie ; — utérus musculeux occupant la partie postérieure du
« corps et présentant plusieurs sphincters fibreux ; ovaire simple di-
« rigé en avant ; — œufs peu nombreux longs de 0^{mm},065 à 0^{mm},070 ,
« larges de 0^{mm},04. »

Je l'ai trouvé deux fois , le 18 août et le 16 octobre, assez nombreux
dans la première moitié de l'intestin du *Sorex tetragonurus* à Rennes ;
sept autres musaraignes de la même espèce n'en contenaient pas en
hiver et au printemps.

3. STRONG. DES REINS.   ***STRONG. GIGAS.*** — Rud., *Entoz.*, II, i,
p. 210, pl. II, fig. 1-4 , et *Synops.*, p. 31 et 200 n° 3.

Dioctophyme, Collet-Meygret, Journal de physique , 1802, t. LV, p. 458-
464 , fig. 1-4.

Ascaris visceralis, *Ascaris renalis* et *Ascaris lumbricoïdes* (en partie),
Gmelin, Syst. nat., p. 3031, n° 7, p. 3032, n° 16 et p. 3030.

Ascaris canis et *Ascaris martis*, Schrank, Verzeich., p. 7, n° 26 et p. 8, n° 27.

Fusaria visceralis et *Fusaria renalis*, Zeder, Naturg. p. 114 n° 49 et p. 116,
n° 56.

Strongylus gigas, Bremser, Traité des Vers intestinaux, trad., p. 253.
Atlas . 1re édition, pl. 4, fig. 3-5 ; 2e édit., pl. 7, fig. 5-9.

Strongylus gigas, Blainville, Dict. sc. nat., t. LVII, pl. 29, fig. 18.

Strongylus gigas, Schmalz, t. XIX, tab. anat., Entoz., pl. 19, fig. 1-7.

Strongylus gigas, Gurlt., Lehrb. der path. Anat. d. Hauss., pl 8, fig. 25-28.

« — Corps rouge, cylindrique très-long, un peu aminci de part et
« d'autre, présentant des stries ou des anneaux transverses inter-
« rompus et huit faisceaux de fibres longitudinales ; — tête obtuse ;
« — bouche petite, orbiculaire, entourée de six nodules ou papilles
« planes, rapprochées ; — œsophage long de 15 à 22^{mm} environ, grêle,
« plus étroit que l'intestin.

« — *Mâle* long de 140 à 400^{mm}, large de 4^{mm},0 à 6^{mm} ; — queue
« obtuse terminée par une bourse membraneuse entière (?) large de
« 3^{mm}, tronquée, d'où sort un spicule simple (?) très-grêle.

« — *Femelle* longue de 2 décimètres à 1 mètre, large de 4^{mm},5 à
« 12^{mm} ; — queue plus droite et obtuse ; — anus triangulaire-oblong,
« situé sous l'extrémité caudale ; — vulve située à un ou plusieurs
« pouces de distance de l'extrémité caudale, suivant la grandeur des
« individus ; — utérus et oviducte simples repliés et contournés ; —
« œufs presque globuleux. »

Le strongle géant a été observé plusieurs fois dans les reins de l'homme, mais c'est un cas d'une extrême rareté ; il se trouve rarement aussi dans les reins de plusieurs autres mammifères où divers observateurs l'ont trouvé, comme par hasard : il avait détruit en partie ces organes, et il était rempli de sang qui le colore en rouge. Ainsi, Redi l'avait trouvé en Italie dans la martre et dans le chien, où Hartmann, avant lui, l'avait aussi trouvé. Ruysch, en Hollande, l'avait vu dans l'homme et dans le chien ; Kleid, en 1730, l'avait trouvé dans les reins du loup. Pallas a parlé d'un ver trouvé dans le mésentère du glouton (*Gulo arcticus*) et qu'on suppose être aussi le strongle géant. Rudolphi le trouva, en Allemagne, dans le foie, dans le poumon et dans l'intestin du phoque (*Phoca vitulina*); puis, dans l'intestin de la loutre et dans les reins du cheval et du taureau. En France, Chabert l'avait trouvé dans le rein du cheval. Collet-Meygret qui le trouva dans le rein du chien, voulut en faire un nouveau genre sous le nom de *Dioctophyme*. Depuis lors on l'a trouvé aussi dans les reins du renard commun et du *Canis jubatus* d'Amérique. Cependant le catalogue du musée de Vienne ne l'inscrit pas une seule fois pour cent quarante-quatre chiens, sept loups, soixante-deux renards, sept martres, douze bœufs et quatre-vingt-douze chevaux.

M. Otto, dans son travail sur le système nerveux des helminthes (*Ueber die Nerven de Eingeweid*, dans le *Magazin d. Gesell. Nat. Fr.* Berlin, 1814), a donné une anatomie du strongle géant, et a prétendu démontrer chez cet helminthe l'existence d'un cordon nerveux étendu d'un bout à l'autre du corps à la face interne des téguments; ses figures sont reproduites dans l'atlas de Schmalz (xix *Tab. anat. entoz.*) et dans les *Icones zoolomicæ* de M. Wagner; mais elles ne suffisent pas pour nous convaincre qu'il y ait là autre chose qu'un simple épaississement du tégument comme on en voit chez la plupart des nématoïdes, surtout chez ceux qui ont des membranes latérales.

STRONGLES DES OURS , DES RENARDS , DES CHATS , ETC.

(Voyez *Docmius.*)

4. STRONG. DE LA BELETTE. *STRONG. PATENS.* — Duj., *nov. sp.*

— « Corps blanchâtre, filiforme, presque égal, aminci peu à peu
« en avant ; — tête obtuse, sans ailes ou avec une bordure membra-
« neuse peu prononcée ; — tégument sans stries transverses, mais avec
« trente à trente-six stries longitudinales assez distinctes.
« — *Mâle* long de 4^{mm},18, large de 0^{mm},106 ; — rapport de la lon-
« gueur à la largeur 41 ; — tête large de 0^{mm},028 ; — extrémité cau-
« dale très-courte recourbée, avec deux ailes ou expansions latérales
« oblongues, à bord un peu sinueux, épaissi ; — ailes soutenues par
« cinq à six côtes rayonnantes, ayant leur surface interne hérissée de
« petites papilles ou épines courtes et formant une bourse largement
« ouverte, large de 0,^{mm}32 ; — Deux spicules courts assez complexes,

« longs de 0^{mm},134, larges de 0^{mm},02 à la base, amincis, un peu plus
« courbés ou crochus au bout, et sortant d'un tubercule situé à l'ori-
« gine des ailes.

« — *Femelle* longue de 11^{mm},80, large de 0^{mm},17 ; — rapport de la
« longueur à la largeur 73 ; — tête large de 0^{mm},032, œsophage long
« de 0^{mm},60, large de 0^{mm},018 ; — queue conique allongée, tron-
« quée à l'extrémité et mucronée ou terminée par une petite pointe
« implantée sur la troncature ; —anus à 0,24 de l'extrémité ; —vulve
« saillante, située à 9^{mm},76 de la bouche, à 2^{mm},04 de l'extrémité pos-
« térieure ; —utérus double, musculeux, divisé en deux branches
« égales, l'une antérieure, l'autre postérieure ; —œufs elliptiques,
« longs de 0^{mm},066, larges de 0^{mm},041. »

Je l'ai trouvée quatre fois en mars, avril et octobre, à Rennes,
dans le duodénum de la belette (*Mustela vulgaris*), et une fois aussi
dans une hermine (*Mustela erminea*), le 27 janvier.

STRONGLES DES MULOTS ET CAMPAGNOLS.

J'ai disséqué à Rennes cinquante-trois mulots (*Mus sylvaticus*), quarante-huit *Arvicola subterraneus*, quinze *Arvicola arvalis* et huit
lérots (*Myoxus nitella*), et quatre-vingt-dix de ces rongeurs m'ont
présenté des helminthes filiformes plus ou moins enroulés et rouges,
qu'on eut pu prendre pour des strongles d'une seule espèce à différents
degrés de développement. Chez tous en effet on retrouvait la même
forme de tête et d'organes génitaux, et il semblait qu'on pût trouver
tous les intermédiaires entre les extrêmes de longueur, de grosseur
et de coloration; mais, après de longues et minutieuses recherches,
j'ai fini par être convaincu qu'on y doit voir quatre espèces distinctes,
que je distingue par les noms spécifiques de *Costellatus*, *Polygyrus*,
Lævis et *Minutus*. 1° Elles diffèrent par le volume des œufs qui sont
longs de 0^{mm},100 à 0^{mm},110 pour le *Costellatus;* de 0^{mm},062 à 0^{mm}066
pour le *Polygyrus;* de 0^{mm},074 pour le *Lævis*, et de 0^{mm},088 à 0^{mm},092
pour le *Minutus* qui est le plus petit de tous. Elles diffèrent par les
dimensions, car la longueur est de 11^{mm} (♂), et de 16^{mm},8 (♀) pour le
Costellatus; de 7^{mm},1 (♂) et 13^{mm} (♀) pour le *Polygyrus;* de 4^{mm},5 (♂)
et 6^{mm},4 (♀) pour le *Lævis*, et enfin de 2^{mm},25 (♂) et 2^{mm},40 (♀) pour
le *Minutus*. Le rapport de la longueur à la largeur est 65 (♂) et 67 (♀)
pour le *Costellatus;* 80 (♂) et 120 à 130 (♀) pour le *Polygyrus;*
43 (♂) et 53 à 56 (♀) pour le *Lævis;* 32 (♂) et 34 (♀) pour le *Minutus*.

Elles se distinguent en outre, parce que le *Costellatus* présente
dans toute sa longueur des plis ou des côtes obliques, joignant de
part et d'autre une bande dorsale et une bande ou arête ventrale;
le *Polygyrus* est enroulé en spirale serrée de six ou sept tours pour
le mâle, et de dix ou dix-huit pour la femelle; le *Minutus* est muni de
deux ailes membraneuses dans toute la longueur du corps et il a la
queue beaucoup plus courte, conoïde.

5. STRONG. A COTES OBLIQUES.   *STRONG. COSTELLATUS.* — Duj., *n. sp.*

« — Corps rouge filiforme, simplement courbé en arc, un peu
« aminci en avant, portant en dessus et en dessous (?) une petite arête
« ou ligne saillante d'où partent de chaque côté des plis réguliers,
« dirigés obliquement en bas et en arrière comme des côtes ; — tégu-
« ment strié transversalement, stries écartées de 0ᵐᵐ,0048 à la tête et
« au cou, de 0ᵐᵐ,0016 au milieu du corps, de 0ᵐᵐ,0028 en arrière ; —
« tête obtuse, large de 0ᵐᵐ,066, entourée d'un renflement vésiculeux
« qui la rend large de 0ᵐᵐ,10 ; — bouche ronde ; — œsophage mus-
« culeux en massue.

« — *Mâle* long de 11ᵐᵐ, large de 0ᵐᵐ,17 ; — rapport de la longueur
« à la largeur, 65 ; — terminé en arrière par une bourse membra-
« neuse longue de 0ᵐᵐ,31, formée de deux larges lobes plus ou
« moins enroulés l'un sur l'autre, soutenus par quatre côtes ; — deux
« spicules grêles, flexibles, longs de 0ᵐᵐ,93.

« — *Femelle* longue de 16ᵐᵐ,8, large de 0ᵐᵐ,25 au milieu, et de
« 0ᵐᵐ,207 en arrière ; — queue amincie, conique, aiguë (non mucro-
« née) ; — anus à 0ᵐᵐ,10 de l'extrémité ; — vulve à 0ᵐᵐ,63 de l'extré-
« mité ; — utérus simple musculeux, tordu et présentant plusieurs
« étranglements avec des fibres obliques régulières ; — oviducte et
« ovaire simples ; — œufs longs de 0ᵐᵐ,100 à 0ᵐᵐ110. »

J'ai trouvé une première fois à Rennes, le 8 août 1843, dans un
vieux campagnol, (*Arvicola arvalis*), deux mâles et sept femelles de
cet helminthe ; cinq étaient libres dans l'intestin, les quatre autres
étaient logés chacun dans un tubercule de l'estomac, s'ouvrant à
l'intérieur au centre d'une tache blanche opaque. J'en ai retrouvé
une seconde fois, le 6 mai, dans un campagnol plus jeune, trois
individus plus grands mêlés avec quelques petits et avec des *Strong.*
lævis qu'on aurait pu prendre aussi pour des jeunes si leurs organes
génitaux n'eussent été également développés.

6. STRONG. POLYGYRE.   *STRONG. POLYGYRUS.* — Duj., *n. sp.*

« — Corps rouge filiforme, aminci en avant, fortement enroulé en
« hélice à six et dix-huit tours, de telle sorte qu'on ne peut l'éten-
« dre sans le tordre ou le rompre ; — tégument finement strié en
« travers et en long ; stries transverses plus distinctes ; les unes et
« les autres écartées de 0ᵐᵐ,0020 à 0ᵐᵐ,0022 ; — tête amincie, obtuse,
« entourée d'un renflement vésiculeux qui la rend large de 0ᵐᵐ,045
« à 0ᵐᵐ,055.

« — *Mâle* long de 6 à 7ᵐᵐ,2, large de 0ᵐᵐ,09, enroulé de 5 à 6 tours ;
« — rapport de la longueur à la largeur 80 ; — tête large de
« 0ᵐᵐ,024 sous le tégument, ou de 0ᵐᵐ,042, avec le renflement
« vésiculeux qui l'entoure ; — bourse terminale, longue de 0ᵐᵐ,30,

« large de 0^{mm},25, formée de deux lobes larges, plus ou moins en-
« roulés ; — deux spicules filiformes longs de 0^{mm},58.

« — *Femelle* longue de 10 à 13^{mm}, large de 0^{mm},095 à 0^{mm},105 au
« milieu, et de 0^{mm},130 à 0^{mm},140 en arrière, vis-à-vis l'utérus ; en-
« roulée de dix à dix-huit tours ; — rapport de la longueur à la
« largeur 120 ; — tête large de 0^{mm},027 à 0^{mm},032 sous le tégu-
« ment et de 0^{mm},055, avec son enveloppe vésiculeuse ; — queue
« amincie, conique, tronquée, et terminée brusquement par une
« pointe grêle, diaphane longue de 0^{mm},02 ; — anus à 0^{mm},075 de l'ex-
« trémité ; — vulve à 0^{mm},30 de l'extrémité caudale ; — utérus simple
« remontant en avant, musculeux, avec plusieurs étranglements ; —
« oviducte et ovaire simples ; — œufs longs de 0^{mm},062 à 0^{mm},066. »

Je l'ai trouvé plusieurs fois en octobre et novembre, dans l'intestin
de l'*Arvicola arvalis,* très-abondamment aussi dans l'intestin de
trente à quarante mulots (*Mus sylvaticus*) en mars et avril ; une fois
j'ai vu dix de ces helminthes logés chacun dans un petit kyste,
pédonculé ou sac membraneux, rouge, long de 1^{mm},5 à 1^{mm},8, large
de 0^{mm},9, suspendu à la face externe de l'intestin d'un *Arvicola
arvalis,* le 21 novembre.

7. STRONG. LISSE.   *STRONG. LÆVIS.* — DUJ., *n. sp.*

« — Corps filiforme rougeâtre, à peine aminci en avant, plus ou
« moins infléchi ou enroulé, mais non d'une manière permanente ;
« — tégument légèrement strié en travers ; — stries écartées de
« 0^{mm},0018 ; — quelquefois deux lignes latérales ou crêtes saillantes
« se voient aussi. — Tête amincie, obtuse, large de 0^{mm},038 sous le
« tégument, entourée d'un renflement vésiculeux qui la rend large
« de 0^{mm},06.

« — *Mâle* long de 4^{mm},5, large de 0^{mm},109 ; — rapport de la longueur
« à la largeur 43 ; — corps terminé par une bourse membraneuse
« souvent étalée, longue de 0^{mm},20, large de 0^{mm},40, soutenue par
« six à sept côtes de part et d'autre, ou trois à quatre côtes bifides
« ou trifides ; — deux spicules filiformes longs de 0^{mm},60.

« — *Femelle* longue de 6^{mm},4, large de 0^{mm},115 en avant, de
« 0^{mm},118 en arrière ; — rapport de la longueur à la largeur 53 à
« 56 ; — queue amincie, conique, tronquée et mucronée ou ter-
« minée par une pointe grêle, longue 0^{mm},0023 ; — anus à 0^{mm},102 de
« l'extrémité ; — vulve à 0^{mm},380 de l'extrémité caudale ; — utérus
« musculeux, simple, remontant en avant et présentant plusieurs
« étranglements ; — œufs longs de 0^{mm},072 à 0^{mm},074. »

Je l'ai trouvé à Rennes, dans l'*Arvicola subterraneus*, des jardins
situés au bord de la Vilaine et autour de la ville, tandis que ce même
rongeur, pris à un myriamètre au nord de Rennes, contenait exclusivement l'espèce suivante. J'ai trouvé fréquemment aussi ce *Strong.
lævis* dans le mulot (*Mus sylvaticus*) ; et une seule fois dans le lérot

(*Myoxus nitella*); mais pour ceux du mulot, je n'ai pas toujours cherché à démêler laquelle des deux espèces, celle-ci ou la précédente j'avais sous les yeux. Cette distinction n'est pas toujours facile ; car la tête, le tégument, la bourse du mâle, l'utérus et la queue de la femelle pouvant être assez semblables chez l'un et chez l'autre, ce n'est que par la longueur et le mode d'enroulement du corps et par le volume des œufs, qu'on peut les distinguer sûrement.

8. STRONGLE NAIN.   *STRONG. MINUTUS.* — Duj., *n. sp.*

« — Corps rougeâtre, filiforme, recourbé en arc, déprimé ou « élargi latéralement par deux ailes membraneuses, larges de $0^{mm},01$, « striées transversalement ; — stries moins distinctes sur le reste du « tégument, écartées de $0^{mm},0145$; — tête ailée, brusquement amin- « cie, obtuse, large de $0^{mm},023$, sans les ailes membraneuses, et de « $0^{mm},035$, avec les ailes qui sont séparées par une incision ou un « étranglement des ailes latérales du corps.

« — *Mâle* long de $2^{mm},25$, large de $0^{mm},051$ ou de $0,0^{mm}70$, avec les mem- « branes latérales ; — rapport de la longueur à la largeur 32 ; — « corps terminé par une bourse membraneuse, longue de $0^{mm},09$, « large de $0^{mm},157$, largement ouverte, formée d'un double lobe ar- « rondi, soutenu par deux côtes simples en arrière et deux côtes « latérales à cinq digitations ; — deux spicules filiformes, longs de « $0^{mm},265$.

« — *Femelle* longue de $2^{mm},4$, un peu plus large que le mâle ; — « rapport de la longueur à la largeur 34 ; — queue amincie, conoïde, « obtuse ; — anus à $0^{mm},110$ de l'extrémité ; — vulve saillante, immé- « diatement en avant de l'anus ; — utérus simple à parois musculeuses « peu épaisses ; — œufs longs de $0^{mm},075$, à $0^{mm},090$. »

J'ai dû le trouver plusieurs fois, avec les espèces précédentes, dans les mulots et campagnols ; mais, pendant les mois de mars et d'avril, je l'ai trouvé exclusivement dans l'intestin grêle de trente *Arvicola subterraneus* pris dans une même localité au nord de Rennes (à un myriamètre) ; cette espèce est surtout remarquable par le vo- lume énorme et assez variable de ses œufs.

— Rudolphi inscrit au nombre de ses espèces douteuses un *Stron- gylus myoxi* (*Synopsis,* p. 36, n° 27), qui aurait été porté sur un ancien catalogue du musée de Vienne, et que nous ne trouvons pas dans le catalogue imprimé en 1821.

? 9. STRONG. DU LOIR.   *STRONG. GRACILIS.* — Leuckart,
        (*Zool., Bruchst.,* III, *Helm., Beitraege,* 1842, p. 38.

« — Corps blanc-brunâtre ; — tête petite, allongée, obtuse, ailée ; « — bouche orbiculaire.

« *Mâle* long de $6^{mm},75$, à bourse caudale ample, munie de petites « côtes et légèrement entaillée au bord.

« — *Femelle* longue de 9^{mm}, plus épaisse en arrière, à queue mu-
« cronée ou terminée par une pointe grêle. » (Leuck.)

M. Leuckart a caractérisé ainsi un helminthe trouvé dans l'intestin
grêle du loir (*Myoxus glis*) et qui, très-probablement, est identique
avec une des précédentes espèces.

STRONGLES DES LIÈVRES.

10. STRONGLE A QUEUE EN RETORTE.   *STRONGYLUS
RETORTÆFORMIS.* — Zeder.

[**Atlas, pl. 4, fig. B.**]

Strongylus retortæformis, Zeder, Nachtrag., p. 73 et 75.
Strongylus retortæformis, Rud., Entoz., t. II, ɪ, p. 229 et Syn., p. 34 et
    264, n° 17 ; et non l'espèce figurée par Bremser, Icon. helminth., pl. 4,
    fig. 5-9.

« — Corps rougeâtre filiforme, très-grêle, très-aminci, en avant ;
« — tête capillaire, nue ; — tégument strié transversalement ; — stries
« régulières de 0^{mm},0038 ; — fibres ou stries longitudinales plus ou
« moins visibles.

« *Mâle* long de 6^{mm} à 7^{mm} (3^{mm} à 4^{mm}, Zeder), large de 0^{mm},075 au
« milieu et de 0^{mm},078 en arrière ; — rapport de la longueur à la
« largeur 81 ; — tête large de 0^{mm},013 ; — corps élargi et tronqué
« un peu obliquement en arrière, terminé par une bourse presque
« globuleuse, large de 0^{mm},12, longue de 0^{mm},11, formée de deux
« valves latérales, elliptiques, concaves, soutenues par cinq côtes
« et réunies en arrière avec le prolongement caudal auquel
« correspond une côte élargie et une échancrure dans le bord
« membraneux ; — deux spicules écailleux, épais et courts, à plu-
« sieurs pans et tordus (V. pl. 4, fig. B.); longs de 0^{mm},13 ; — larges
« de 0^{mm},021, accompagnés en arrière par une pièce accessoire, longue
« de 0^{mm},065, large de 0^{mm},013, irrégulière ou un peu tordue.

« — *Femelle* longue de 8 à 9^{mm} (5^{mm}, Zeder), large de 0^{mm},085, à
« 0^{mm},10 ; — rapport de la longueur à la largeur 90 ; — tête large
« de 0^{mm},016 ; — queue en pointe conique allongée ; — vulve située à
« 1^{mm},75 de l'extrémité caudale ; — utérus épais, musculeux, formé
« de deux branches symétriques dirigées sur la même ligne, l'une en
« avant, l'autre en arrière, occupant presque toute la cavité in-
« terne du corps, et ayant plusieurs étranglements ou sphincters,
« tordus avec des fibres régulières; — œufs longs de 0^{mm},078 à 0^{mm},085,
« larges de 0^{mm},048, laissant voir l'embryon replié à l'intérieur. »

Je l'ai trouvé très-abondamment, le 26 septembre 1843, dans l'intestin grêle d'un lièvre tué à Bourg-des-Comtes (à deux myriamètres
de Rennes); mais je l'ai cherché vainement dans 6 autres lièvres
à Rennes.

Zeder l'avait trouvé le premier, et il observe qu'il a pu échapper souvent aux yeux des naturalistes ; car, par sa couleur et par sa forme, il ressemble aux poils même du lièvre que cet animal aurait avalés. D'après la description de Zeder, il est indubitable que j'ai sous les yeux la même espèce ; cependant cet auteur lui attribue des dimensions beaucoup moindres, il suppose que le mâle a un intestin bifurqué, et il attribue à sa queue la forme d'une cornue ou *retorte*, ce qui ne me semble guère exact ; il dit aussi avoir vu la vulve, située au dernier tiers de la longueur, laisser sortir quelquefois un corps cylindrique qu'il suppose devoir servir à l'accouplement ou n'être resté saillant que par suite de cet acte.

Rudolphi qui l'avait trouvé aussi très-abondamment au mois d'août, dans le lièvre, lui assigne des dimensions plus fortes, de 7 à 11^{mm},25 ; il attribue au mâle des ailes membraneuses à la tête, et à la femelle une queue subulée et des œufs ronds ; il dit, en outre, qu'elle a le corps aminci de part et d'autre, ce qui n'est pas absolument vrai.

Ce même auteur, dans son *Synopsis*, a voulu réunir à cette espèce des helminthes trouvés par Treutler, dans les bronches du lièvre. Il y rapporte, avec plus de raison peut-être, des strongles trouvés par Braun, fortement adhérents à la muqueuse de l'estomac.

Le catalogue du musée de Vienne indique le *Strongylus retortæformis*, comme trouvé quatre fois dans 57 lapins sauvages, et non dans le lapin domestique, ni dans le lièvre ; mais en même temps Bremser a donné la figure d'une espèce totalement différente.

M. Bellingham, en Irlande, l'a trouvé à la fois dans l'intestin grêle du lièvre et du lapin.

On doit considérer comme espèce distincte l'helminthe trouvé par Treutler, dans les bronches du lièvre, et que Rudolphi réunit à son *Strongylus retortæformis ;* en effet, en outre de son habitation si différente, il est long de 11^{mm},25 à 40^{mm},5, gris ou brunâtre.

11. STRONG. RAYÉ.   *STRONG. STRIGOSUS.* — Duj.

Strongylus retortæformis, Bremser, Icon. helminth., pl. 4, fig. 5-9.

« — Corps rouge, en partie jaunâtre, filiforme allongé ; — tête « large de 0^{mm},06 ; œsophage long de 0^{mm},8 à 0^{mm},9, renflé en massue ; « — tégument portant 40 à 60 lignes saillantes longitudinales et très- « finement striées en travers ; — stries de 0^{mm},0025, plus visibles sur les « lignes longitudinales saillantes.

« — *Mâle* long de 13^{mm},5 à 15^{mm}, large de 0^{mm},3 (0^{mm}6? d'après la « fig. de Bremser) ; — deux spicules grêles, longs de 1^{mm},8, larges de « 0^{mm},038 à la base, et de 0^{mm},019, vers la pointe ; — bourse ample, « terminale, campaniforme, longue de 1^{mm}, large de 0^{mm}8.

« — *Femelle* longue de 15 à 16^{mm} (de 20^{mm} Br.), large de 0^{mm},5 à « 0^{mm},6, en avant de la vulve (de 0^{mm},85, d'après la fig. de Bremser), « et de 0^{mm},4 en arrière ; — queue droite en pointe allongée ; — anus « à 0^{mm},3 de la pointe ; — vulve située au dernier quart de la lon- « gueur et divisant le corps en deux parties distinctes, dont l'anté-

« rieure plus épaisse contient l'utérus musculeux dirigé en avant; —
« œufs elliptiques oblongs, longs de 0^{mm},083. »

Je donne ici la description de cette espèce d'après divers exemplaires de la collection de Paris : les uns, trouvés anciennement à Paris même, étaient desséchés au fond d'un flacon, et ont pu être ramollis; les autres, provenant d'un envoi du musée de Vienne, en 1816 (n° 93), étaient contractés par l'alcool; voilà pourquoi j'indique une épaisseur beaucoup moindre que celle qui est exprimée dans les figures de Bremser. D'après ces figures, en effet, la longueur serait seulement égale à vingt-deux ou vingt-cinq fois la largeur; mais il me paraît bien y avoir aussi un peu d'exagération de la part du dessinateur.

Ce strongle a donc été trouvé à Paris et à Vienne, dans le gros intestin et dans le cœcum du lapin sauvage. Bremser l'a fait dessiner sous le nom de *Strong. retortæformis;* mais la description et la figure que je donne de celui-ci montrent combien il y a de différence entre l'helminthe découvert par Zeder, qui le compare aux poils de l'animal, et le *Strong. strigosus,* beaucoup plus épais, caractérisé par ses longs spicules et ses cordons saillants comme denticulés.

STRONGLE DES PARESSEUX. (*Bradypus tridactylus.*)

12. STRONG. A TÊTE ÉTROITE.   ***STRONG. LEPTOCEPHALUS.***
— Rud., *Syn.,* p. 649.

Rudolphi a décrit sous le nom de *Strongylus leptocephalus* des helminthes trouvés par Olfers au Brésil, dans le gros intestin d'un paresseux; ils ont la tête amincie, la bouche orbiculaire et nue ; les mâles sont longs de 13^{mm},5, avec une bourse multilobée et un spicule long; les femelles sont longues de 14^{mm} à 33^{mm}, leur queue est terminée en pointe courte assez aiguë ; les œufs sont ovales oblongs.

STRONGLES DES RUMINANTS.

La nomenclature des strongles trouvés dans les ruminants est très-embrouillée, parce que la plupart des auteurs ont décrit ces helminthes sans les avoir sous les yeux ou sans les soumettre à un examen comparatif. Ainsi Rudolphi en décrit sept espèces qu'il croit suffisamment déterminées et en mentionne quatre douteuses; mais ces prétendues espèces, vivant dans des conditions identiques, ne peuvent être toutes distinctes. L'une d'elles, le *Strongylus hypostomum,* devant être reportée dans le genre *Sclerostomum,* il en reste encore six à examiner, l'une *Strong. filaria,* habitant exclusivement le poumon et caractérisée par son allongement, ne peut être

confondue avec aucune autre ; mais, pour les cinq restant, il faut, je
crois, n'y voir que deux espèces , savoir: 1° le *Strong. contortus* qui
est le même que les *Strong. filicollis* et *Strong. ventricosus*, et qui
se distingue par sa tête amincie et par sa bouche très-petite; et 2° le
Strong radiatus, caractérisé par sa tête large et comme tronquée,
par sa bouche grande et froncée; c'est le même que le *Strong.*
venulosus.

13. STRONG. FILAIRE.   *STRONG. FILARIA.* — Rud.

Strongylus filaria, Rudolphi, Entoz., t. II, p. 219; et Syn., p. 32, n° 8.
Strongylus filaria, Bremser, Icones helminthum, pl. 3, fig. 26-31.
Strongylus filaria, Gurlt, Path. Anat. d. Haussaügeth, pl. 7, fig. 1-6.

« — Corps blanc, filiforme, très-long (cent soixante à deux cents
« fois aussi long que large), presque d'égale épaisseur, aminci seu-
« lement aux extrémités ; — tête obtuse, large de 0^{mm},12, quelque-
« fois un peu renflée ; — œsophage en massue , long de 1^{mm},25 à
« 1^{mm},40, large de 0^{mm},09 à 0^{mm},13 en arrière ; — tégument sans stries
« transverses.
« — *Mâle* long de 65^{mm}, large de 0^{mm},4; — rapport de la longueur
« à la largeur 160; — queue portant une expansion membraneuse
« ou bourse latérale oblique, soutenue par cinq rayons de chaque
« côté; — anus à 0^{mm},47 de l'extrémité; — deux spicules bruns,
« épais, courts et arqués, longs de 0^{mm},57, larges de 0^{mm},084 à la
« base, et élargis jusqu'à 0^{mm},12, par des expansions diaphanes, vers
« l'extrémité.
« — *Femelle* longue de 90^{mm} (de 50 à 100^{mm}), large de 0^{mm},45; —
« rapport de la longueur à la largeur 200; — queue droite, en
« pointe allongée ; — anus à 0^{mm},47 de l'extrémité; — vulve à bords
« gonflés située aux trois cinquièmes de la longueur (à 54^{mm} de la
« tête); — œufs elliptiques longs de 0^{mm},108 à 0^{mm},112, larges de
« 0^{mm},056 , contenant un embryon long de 0^{mm},25, large de 0^{mm}02. »

Je décris ainsi cet helminthe d'après deux exemplaires récemment envoyés de Vienne au musée de Paris, comme trouvés dans
la trachée, les bronches et les poumons de l'argali (*Ovis ammon*),
et je puis comparer en même temps quatre autres exemplaires envoyés précédemment du cabinet de Vienne , sous les n°s 104, 124, 125
et 148, comme trouvés aussi dans les poumons du dromadaire
(*Camelus dromedarius*), du mouton commun (*Ovis aries dom.*),
et de l'argali.

Rudolphi l'avait reçu d'abord de Sick, célèbre vétérinaire alle-
mand, et de Flormann, professeur à Lund. On l'a retrouvé depuis en
Allemagne, dans la trachée et les bronches du mouton, et même
de la chèvre, où il est assez abondant pour pouvoir causer la
mort de ces animaux.

Au musée de Vienne, on l'a trouvé trois fois sur trente-cinq dans
le mouton commun, une fois sur vingt-cinq dans le mérinos, deux

fois sur six dans le mouton à large queue, une fois dans la variété,
dite *erythrocephalus*, sept fois sur treize dans l'argali (*Ovis ammon*).
et en outre dans un chameau (*Camelus bactrianus*), et dans un dromadaire.

14 (*a*). STRONG. CONTOURNÉ. *STRONG. CONTORTUS.* — Rud.

Strongylus ovinus, Fabricius, dans Zool. Dan. de Müller, t. II, p. 3.
Strongylus ovinus, Gmelin, Syst. nat., p. 3044, n° 2.
Strongylus contortus, Rudolphi, Entoz., t. II, 1, p. 216, et Syn., p. 32, n° 6;
   et *Strongylus filicollis*, Rudolphi, Entoz., t. II, 1, p. 217, et Synopsis,
   p. 32, n° 7.

« — Corps blanc ou rougeâtre, filiforme, souvent enroulé en
« en avant; — cinquante à soixante fois aussi long que large; —
« aminci peu à peu en avant, jusqu'à n'avoir que $0^{mm},023$ à la tête;
« — bouche très-petite, nue; — œsophage en massue, long de
« $1^{mm},20$ à $1^{mm},35$, large de $0^{mm},091$ en arrière; — tégument avec qua-
« rante-quatre côtes longitudinales saillantes, séparées par des stries
« longitudinales granuleuses; — stries transverses, peu distinctes, de
« $0^{mm},0025$ à $0^{mm},0033$.

« — *Mâle* long de $12^{mm},5$ à 14^{mm}, large de $0^{mm},25$; — rapport de la
« longueur à la largeur, 56; — queue terminée par deux grands
« lobes membraneux, soutenus chacun par huit côtes divergentes et
« formant une bourse longue de $0^{mm},6$, large de $0^{mm},5$, presque cam-
« paniforme; — deux spicules brunâtres, longs de $0^{mm},366$, larges de
« $0^{mm},037$ à la base, et de $0^{mm},020$ au milieu, accompagnés par une
« pièce accessoire, longue de $0^{mm},20$.

« — *Femelle* longue de 19 à $22^{mm},5$, large de $0^{mm},35$ à $0^{mm},38$; —
« rapport de la longueur à la largeur, 55 à 65; — queue droite,
« terminée en pointe allongée très-aiguë; — anus à $0^{mm},32$ de la
« pointe; — vulve accompagnée par un tubercule très-saillant et
« située à 3^{mm} ou $3^{mm},16$ de l'extrémité caudale; — œufs longs de
« $0^{mm},056$. »

Je décris cette espèce d'après plusieurs exemplaires envoyés du
musée de Vienne à celui de Paris, sous le nom de *Strong. filicollis*,
comme trouvés dans l'intestin du mouton commun (*Ovis aries*).

O. Fabricius l'avait trouvé le premier, en Danemarck, dans l'intestin des moutons, et le décrivit comme ayant la tête ciliée. Rudolphi
le trouva ensuite une seule fois très-abondan et en pelotons dans le
quatrième estomac d'un agneau, à Greifswald, et le crut différent de
celui qu'il avait trouvé souvent aussi à Greifswald, mais isolément,
dans l'intestin grêle du mouton, et qu'il voulait nommer *Str. filicollis*.
Il assignait à la femelle de celui-ci une queue obtuse et au mâle un
spicule simple et une bourse oblique d'une seule pièce, tandis que
pour le *Strong. contortus* la bourse du mâle aurait été à quatre
lobes et la queue de la femelle aurait été aiguë, recourbée et terminée
par l'anus; il croyait d'ailleurs que Fabricius s'était trompé en attri-

buant à cet helminthe un double spicule. Mais il est bien certain que Rudolphi lui-même s'est trompé dans la distinction qu'il a prétendu établir entre ces deux espèces qui n'en forment réellement qu'une seule, caractérisée comme il l'indique par le tubercule saillant accompagnant la vulve, avec la bouche complétement nue et non à trois nodules (*subtrinode*), comme il le prétend. Aussi le catalogue du musée de Vienne, publié par M. Westrumb, en 1821, confondait dans un même nombre les deux *Strong. filicollis* et *contortus*, comme trouvés indifféremment dans le mouton; et si, depuis la mort de Bremser, ce même musée a voulu envoyer au musée de Paris le *Strong. contortus*, trouvé dans l'*Ovis ammon*, il s'est trouvé que les helminthes, inscrits aujourd'hui sous ce nom, ne sont autre chose que le *Strong.* ou *Sclerostomum hypostomum*, qui, dans aucun cas, et lors de la rédaction du premier catalogue, n'eût certainement pas été confondu avec le *Strong. filicollis*. Toutefois, déjà en 1816, un bocal, envoyé de Vienne, sous le n° 44, comme contenant le *Strong. contortus*, de l'*Ovis laticaudata*, ne renfermait aussi que le *Scl. hypostomum*.

Le catalogue de Vienne indique cet helminthe comme trouvé dans quatre moutons de race ordinaire. Quant au *Strong. contortus* qu'il indique comme trouvé une fois parmi vingt-cinq mérinos, une fois parmi six moutons à large queue, deux fois dans le mouton de la Valachie (*Ovis aries stepsiceros*), une fois dans la variété à tête rouge (*Ovis aries erythrocephalus*), et deux fois sur treize dans l'argali (*Ovis ammon*), il est probable que c'est le *Scl. hypostomum*. Nitzsch avait trouvé le *Strong. filicollis* ou *contortus* dans le chevreuil (*Cervus capreolus*). M. Bellingham (*Ann. of nat. hist.*) inscrit le *Strong. contortus* comme trouvé en Irlande, dans l'intestin grêle du mouton.

14 (b)? STRONG. VENTRU. *STRONG. VENTRICOSUS.* — Rud., *Entoz.* t. ll, ı, p. 222 et *Synopsis*, 33, n° 12.

« — Corps rougeâtre, très-grêle, long de 13 à 18^{mm}; — tête amincie, « munie d'une aile membraneuse, mince de chaque côté; — bouche « orbiculaire, nue.

« — *Mâle* linéaire au milieu, plus épais en arrière, et très-épais en « approchant de la bourse, qui est obtuse, formée de membranes re-« pliées un grand nombre de fois et soutenues par des côtes rayon-« nantes.

« — *Femelle* linéaire en avant, très-épaisse et comme noueuse vers « le tiers de la longueur, puis s'amincissant de nouveau en arrière; « — queue subulée; — vulve située en arrière, près de la partie « renflée. » (Rud.)

Rudolphi en trouva quatre individus dans la partie supérieure des intestins grêles d'un cerf (*Cervus elaphus*) au mois de février. Au musée de Vienne, on l'a trouvé aussi dans l'intestin de deux cerfs sur trente, et d'un seul daim (*Cervus dama*) parmi neuf de ces animaux.

Il me paraît bien probable que le renflement qui a fait donner à
cette espèce le nom de *ventricosus* par Rudolphi est purement accidentel ; d'après cela, tous les autres caractères s'accordent assez avec
ceux du *Strong. contortus* pour qu'on puisse admettre que c'est une
même espèce incomplétement étudiée.

15. STRONG. RADIÉ.   *STRONG. RADIATUS.* — Rud.

Strongylus radiatus, Rudolphi, Entoz., t. II, 1, p. 220, et Syn., p. 33, n° 10 ;
et *Strongylus venulosus*, Rudolphi, Entoz., t. II, 1, p. 221 et Synops.,
p. 33, n° 11.

« — Corps blanc ou un peu rougeâtre, fusiforme allongé, assez
« épais, trente à trente-cinq fois aussi long que large ; — tête obtuse
« ou comme tronquée, large de 0^{mm},14 à 0^{mm},23, souvent entourée
« d'un renflement oblong du tégument, figurant des ailes laté-
« rales ; — bouche grande, orbiculaire, froncée, souvent saillante et
« entourée d'un bourrelet ; — œsophage musculeux, en massue,
« long de 0^{mm},84 à 0^{mm},95, large de 0^{mm},25 en arrière, et traversé
« par un canal triquètre ; — tégument presque lisse avec des stries
« transverses peu distinctes, écartées de 0^{mm},0046 à 0^{mm},006.
« — *Mâle* long de 12^{mm},6, large de 0^{mm},37 ; — rapport de la longueur
« à la largeur, 34 ; — queue tronquée et terminée par une expan-
« sion membraneuse, ou bourse oblique d'une seule pièce, soutenue
« par douze à quatorze côtes divergentes ou rayons ; — deux spicules
« grêles, longs de 0^{mm},92 à 1^{mm}.
« — *Femelle* longue de 14 à 20^{mm},5, large de 0^{mm},40 à 0^{mm},62 ; —
« rapport de la longueur à la largeur, 30 à 35 ; — queue droite,
« en pointe allongée, très-aiguë ; — anus situé à 0^{mm},22 de la pointe ;
« — vulve située à 0^{mm},50 ou 0^{mm},75 en avant de l'anus ; — utérus
« musculeux situé longitudinalement, et envoyant en avant une
« branche droite, et en arrière une branche semblable qui se recourbe
« presque immédiatement en anse pour revenir en avant ; — œufs
« longs de 0^{mm},088 et 0^{mm},090. »

J'ai trouvé à Rennes, le 12 mars, dans le cœcum d'un chevreuil
(*Cervus capreolus*), une femelle isolée, longue de 20^{mm},5 ; et plus
tard, à Paris, dans la collection du muséum, j'ai pu étudier, d'une
part, un mâle, long de 12^{mm},6 et une femelle, longue de 14^{mm}, provenant du cœcum d'un cerf (*Cervus elaphus*), et envoyés par le musée
de Vienne, en 1816, sous le n° 109 ; d'autre part, j'ai trouvé une femelle, dans le bocal n° 117, provenant du même envoi, et contenant
une femelle du *Sclerostomum hypostomum*, trouvée dans l'intestin
du chamois (*Antilope rupicapra*). Je ne doute pas que ce ne soit le
même dont Rudolphi fit ses deux espèces, *Strong. venulosus* et
Strong. radiatus, l'une et l'autre ayant la « tête obtuse et la bouche
orbiculaire, grande, » comme celui que j'ai vu, mais ayant présenté
au savant helminthologiste quelques différences accidentelles qui
l'empêchèrent de décider formellement. «*Alii dijudicent*, que d'autres

décident, dit-il, après avoir répété que l'un est *valde affinis*, extrêmement voisin de l'autre. » Il avait trouvé une seule fois son *Strong.
venulosus*, à Greifswald, dans l'intestin d'une chèvre (*Capra hircus*),
et il le décrit comme « long de 27ᵐᵐ, aminci de part et d'autre, à tête
obtuse, de forme variable , à bouche orbiculaire, grande, formant
quelquefois saillie , et avec des vésicules latérales; la bourse caudale du mâle est, dit-il, presque bilobée, tronquée ou coupée carrément et soutenue par des côtes ramifiées en manière de nervures;
le spicule est simple, deux fois plus long que la bourse; la queue de
la femelle est un peu obtuse. » Quant à son *Strong. radiatus*, Rudolphi l'avait trouvé aussi à Greifswald, une fois assez nombreux dans
l'intestin grèle et dans le colon d'un bœuf, et une seconde fois dans le
duodénum d'un veau; il lui assigne les caractères suivants : « Corps
blanc ou rougeâtre, long de 8 à 40ᵐᵐ, aminci de part et d'autre, surtout en avant; tête obtuse, presque tronquée, entourée de quelques
saillies du tégument qui peuvent la faire paraître ailée ou noueuse;
bouche grande ; bourse du mâle soutenue par des rayons nombreux,
et formée de deux lobes, dont l'un plus grand, en forme de cœur
renversé, enveloppe l'autre; spicule simple, cinq fois plus long que
la bourse ; queue de la femelle subulée avec un tubercule à sa base,
où est située la vulve. »

Ainsi, comme on le peut voir, à part les inexactitudes manifestes
de ces deux descriptions, les principaux caractères que j'ai indiqués
s'y trouvent déjà mentionnés.

Rudolphi inscrit au nombre de ses espèces douteuses (*Synopsis*,
p. 36 et 37 nᵒˢ 31-34) : 1° un *Strong. capreoli*, porté dans un ancien
catalogue de Vienne, comme trouvé dans des tubercules des reins du
chevreuil, mais qui n'est plus mentionné dans celui de 1821; 2° un
Strong. dorcadis, porté dans le catalogue de Vienne, comme trouvé
une seule fois dans les poumons de la gazelle (*Antilope dorcas*), et
qui doit être le même que le *Strong. filaria* du mouton; 3° un *Strong.
ammonis*, porté comme *Strong. contortus* dans le dernier catalogue de
Vienne comme trouvé deux fois sur treize dans l'argali (*Ovis ammon*),
et qui est certainement le *Sclerostomum hypostomum;* 4° un *Strong.
vitulorum*, trouvé d'abord, en 1755, par Frank Nicholls, en Angleterre,
dans la trachée-artère des veaux d'un an, qui étaient atteints d'une
toux continuelle , puis par Camper, aussi dans la trachée des bestiaux
morts d'une maladie épidémique en Allemagne; ce sont des pelotons
d'helminthes vivipares, filiformes, blancs, longs de 27 à 100ᵐᵐ, et
rassemblés ainsi par milliers. Bloch en avait parlé d'après Camper, et
les nommait *Gordius viviparus;* Goeze, qui eut entre les mains les
vers trouvés par Camper, les décrivit (*Naturg.*, p. 91, pl. II, f. 7)
sous le nom d'*Ascaris filiformis cauda rotundata*.

Gmelin les inscrivit dans le *Systema naturæ* (p. 30-32), sous le nom d'*Ascaris vituli*, et Zeder (*Naturg.*, p. 117) les nomma *Fusaria vituli;* mais on manque de détails précis sur leur structure, et l'on peut seulement conjecturer que c'est quelqu'une des espèces précédentes, et plus vraisemblablement le *Strong. filaria.*

STRONGLES DU COCHON. (*Sus scrofa.*)

14. STRONG. DENTÉ.   *STRONG. DENTATUS.* — Rud., *Enioz.,*
t. II, i, p. 209 et *syn.*, p. 31 n° 2.

« — Corps blanchâtre ou gris-brunâtre, long de 10 à 15^{mm},7, large
« de 0^{mm},5 à 0^{mm},7; — rapport de la longueur à la largeur 18 ou 20;
« — tête obtuse, large de 0^{mm},10, entourée de six papilles aiguës; —
« œsophage musculeux court et épais, long de 0^{mm},28, large de 0^{mm},11
« en arrière; — tégument avec des stries transverses peu prononcées,
« écartées de 0^{mm},015 à 0^{mm},02.
« — *Mâle* long (?), large de 0^{mm},4; — queue tronquée et terminée
« par une bourse membraneuse oblique d'une seule pièce soutenue
« par trois côtes cartilagineuses subdivisées; — deux spicules grêles
« longs de 0^{mm},77, large de 0^{mm},017.
« — *Femelle;* — queue prolongée en pointe fine, subulée; — anus
« à 0^{mm},41 de l'extrémité; — vulve saillante située à 0^{mm},37 en avant
« de l'anus ou à 0^{mm},78 de l'extrémité; — utérus divisé en deux
« branches musculeuses et pelotonnées au-dessus de la vulve. »

Un bocal envoyé en 1816 par le musée de Vienne à celui de Paris, sous le n° 187, contient un mâle incomplet et une femelle non adulte de ce strongle, trouvé dans l'intestin du cochon trois fois sur cinquante-deux; le catalogue du même musée indique qu'on l'a trouvé aussi treize fois sur dix-neuf dans l'intestin du sanglier. Rudolphi, qui l'avait trouvé d'abord à Greifswald dans le cœcum et le colon du cochon, puis dans l'intestin grêle du sanglier, le décrit de manière à faire croire que ce pourrait être un sclérostome; mais c'est inexact.

15. STRONG. ALLONGÉ.   *STRONG. ELONGATUS.* — Duj.

« — Corps blanc ou brunâtre, filiforme, long de 20 à 40^{mm}, large
« de 0^{mm},38 à 0^{mm},40; — rapport de la longueur à la largeur 100; —
« tête amincie, large de 0^{mm},084 ; — œsophage musculeux assez étroit,
« long de 0^{mm},63 un peu renflé en massue et large de 0^{mm},084 en
« arrière; — tégument sans stries transverses.
« — *Femelle;* — queue droite amincie; — vulve située (?) à 1^{mm} de
« la tête; — oviducte large de 0^{mm},19; — œufs longs de 0^{mm},052, con-
« tenant un embryon long 0^{mm},17, large de 0^{mm},0085. »

Je décris ainsi, d'après des exemplaires en mauvais état, un helminthe de la collection du Muséum de Paris, trouvé en 1842 dans les bronches du cochon, par M. Rayer.

Rudolphi, dans son *Synopsis* (p. 36, n° 28 et p. 265), inscrit parmi ses espèces douteuses un *Strongylus suis ;* il en avait déjà parlé dans son *Entoz. hist.* (ll, ɪ, p. 246) d'après Ébel et Modeer qui l'avaient trouvé, l'un en Prusse, dans le poumon du sanglier, l'autre, en Suède, dans les bronches du cochon et que depuis, encore, on a trouvé une fois au musée de Vienne dans le cochon : c'est un helminthe très-mince, filiforme, blanc ou brunâtre, long de 25 à 35^{mm}. Gœze (*Naturg.* p. 92, pl. II, fig. 6) avait désigné l'helminthe d'Ebel, comme celui trouvé par Camper dans le veau, sous le nom d'*Ascaris filiformis cauda rotundata,* Gmelin (*Syst. nat.*, p. 3032) le nomma *Ascaris apri,* Zeder (*Naturg.*, p. 118) en fit sa *Filaria apri.*

M. Bellingham (*Ann. of nat. history.*, 1844, p. 104) a trouvé dans la trachée et les bronches du cochon en Irlande un grand nombre de strongles analogues au *Strongylus suis* de Rudolphi. Ils sont blancs, filiformes, leur bronche est garnie de papilles ; le *mâle* est long de 14^{mm} avec une bourse caudale où l'on distingue un lobe antérieur et un lobe postérieur, il est muni d'un (?) spicule long brunâtre ; la *femelle* est longue de 40^{mm} et plus épaisse que le mâle, sa queue est courbée et obtuse, terminée par une petite pointe courte.

STRONGLE DE L'ÉLÉPHANT.

Rudolphi (*Synopsis,* p. 36, n° 29) inscrit parmi ses espèces douteuses, sous le nom de *Strongylus elephanti,* un helminthe indiqué dans le catalogue du musée de Vienne comme trouvé dans le foie de l'éléphant des Indes.

STRONGLE DU CHEVAL. (Voyez *Sclerostomum.*)

STRONGLE DU MARSOUIN. (*Delphinus phocœena.*)

Sous le noms de *Strongylus inflexus* Rudolphi et d'autres helminthologistes ont confondu deux espèces que M. Raspail a le premier distinguées et que nous plaçons dans deux genres différents (voyez *Stenurus* et *Pseudalius*).

II. STRONGLES DES OISEAUX.

? 16. STRONG. DE L'ENGOULEVENT.   ***STRONG. CAPITEL-***
LATUS. — Rᴜᴅ. (*Syn.*, p. 35 et 265, n° 19).

Rudolphi a décrit incomplétement sous ce nom deux helminthes trouvés par Treutler, dans l'intestin de l'engoulevent (*Caprimulgus europœus*) et qui n'étaient entiers ni l'un ni l'autre. De l'un il n'existait que la partie antérieure longue de 6^{mm},7 amincie en avant et terminée par une tête globuleuse plus épaisse avec une bouche petite orbiculaire ; — à l'autre, long de 13^{mm},5, il paraissait manquer seulement la tête et le cou ; il était aminci en avant, plus épais en arrière, où la queue amincie de nouveau se terminait en pointe courbe et obtuse. Je crois que c'est le même helminthe que je décris plus loin sous le nom générique de *Eucamptus*.

17. STRONG. DU CASSE-NOIX.   *STRONG. PAPILLOSUS.* — Rud.,
   Entoz., t. II, 1, p. 214, pl. III, fig. 11-12 et *Syn.,* p. 31 et 261, n° 4.

« — Corps jaunâtre, filiforme, aminci de part et d'autre, long de
« 28 à 30ᵐᵐ, plissé transversalement (après la mort?) (Rud.); — tête
« obtuse entourée de six papilles coniques assez éloignées de la bouche,
« très-mobiles et protractiles comme autant de tentacules (?); —
« bouche orbiculaire très-grande; — intestin droit, brun.
   « — *Mâ͏e* à bourse caudale entière, oblique, striée longitudinale-
« ment; — spicule long.
   « — *Femelle* plus-grande à queue obtuse. » (Rud.)
   Rudolphi le trouva une seule fois à Greifswald entre les tuniques de l'œsophage du casse-noix (*Caryocatactes*); d'après sa description fort incomplète, et surtout d'après la figure médiocre qu'il en donne, on pourrait penser que c'est un spiroptère plutôt qu'un strongle.

STRONGLE DE L'OUTARDE. (*Otis tarda.*)

Rudolphi a inscrit comme espèce douteuse (*Entoz.*, t. II, 1, p. 241 et *Syn.*, p. 37, n° 35), un *Strongylus tardæ* qu'il avait trouvé une seule fois isolément dans une outarde à Greifswald au mois de septembre; c'est un ver filiforme long de 40ᵐᵐ, à tête séparée par un étranglement, à bouche orbiculaire large, à queue peu atténuée, terminée en pointe courte et dont la vulve n'est pas très-éloignée de l'extrémité caudale. Il contenait des œufs elliptiques bruns. Sans sa coloration et la largeur de sa bouche, Rudolphi en eût fait, dit-il, une filaire.

STRONGLE DU BUTOR. (*Ardea stellaris.*)

Rudolphi inscrit comme espèce douteuse un *Strongylus ardeæ stellaris* (*Syn.*, p. 37, n° 36) qui aurait été porté sur l'ancien catalogue de Vienne comme trouvé dans l'estomac du butor, mais qui n'est point mentionné dans le catalogue de 1821; un mâle et deux femelles de ce prétendu strongle envoyés par le musée de Vienne à celui de Paris en 1816, sous le n° 368, 369, sont des spiroptères ou *Dispharagus.* (Voy. *Dispharagus brevicaudatus.*)

STRONGLES DES OISEAUX PALMIPÈDES.

18. ? STRONG. PERFORANT.   *STRONG. TUBIFEX.* — Nitzsch.

Strongylus papillosus (en partie) *Strong. mergorum* et *Strong. analis,*
   Rudolphi, Entoz., t. II, p. 214 et 240, n°ˢ 4, 24, 25.
Strongylus elegans, Olfers, Comm. de Veg., et anim., 1816, p. 56, fig. 8-14.
Strongylus tubifex, Rudolphi, Synopsis, p. 31 et 262, n° 5.
Strongylus tubifex, Bremser, Icones helminth., pl. 3, fig. 16-25.

« — Corps blanchâtre, fusiforme, très-épais et contourné au milieu
« où il devient large de 3ᵐᵐ; long de 20 à 30ᵐᵐ, aminci vers les extré-

9

« mités où il n'est large que de 0^{mm},5 à 0^{mm},7, plissé ou crénelé laté-
« ralement ; — tête obtuse ou tronquée, large de 0^{mm},35, munie de
« six papilles saillantes surmontées chacune d'une petite pointe ; —
« bouche large, hexagonale ; — tégument sans stries régulières.

« — *Mâle* plus mince à bourse caudale campaniforme, obliquement
« tronquée ; — spicule grêle très-long.

« — *Femelle* à queue obtuse (Rud.) ou terminée brusquement par
« une pointe plus mince (Brems); — œufs elliptiques longs de 0^{mm},062
« à 0^{mm},064, un peu tronqués aux extrémités, à coques creusées de
« petits enfoncements réguliers comme un dé à coudre. »

Je n'ai pu étudier de cette espèce qu'une femelle provenant de
l'œsophage d'un *Colymbus arcticus* et envoyée de Vienne au musée de
Paris en 1816 sous le n° 336. Sur cet exemplaire altéré par l'alcool
je n'ai pu voir ni la pointe caudale, ni la position de la vulve, ni la
forme de l'œsophage; mais j'ai bien vu la bouche et les œufs, et je
suis resté convaincu que cet helminthe doit appartenir à un autre
genre.

Rudolphi l'avait trouvé d'abord dans des tubercules de l'œsophage
du petit Plongeon (*Colymbus septentrionalis*) et du petit Grèbe *Podiceps minor*, à Greifswald; il le reçut ensuite de Nitzsch qui l'avait
trouvé à Halle aussi dans des tubercules de l'œsophage du harle
(*Mergus merganser*) et qui le nommait *Str. tubifex* d'après la manière
dont il est engagé dans les tuniques de l'œsophage.

Redi l'avait antérieurement trouvé en Italie dans l'œsophage des
harles huppé et piette (*Mergus serrator* et *Mergus albellus*). Jurine
l'avait trouvé à Genève dans l'œsophage du canard domestique. Au
musée de Vienne on l'a trouvé deux fois sur dix dans le plongeon
lumme (*Colymbus arcticus*), une fois sur quarante et un dans le grèbe
huppé (*Podiceps cristatus*), quatre fois sur vingt-trois dans le cormoran (*Carbo cormoranus*), une fois sur sept dans le cormoran
pygmée (*Carbo pygmæus*), trois fois sur trente et un dans la petite
sarcelle (*Anas crecca*); deux fois sur dix dans le harle piette, et une
fois sur dix-sept dans le harle vulgaire (*Mergus merganser*), mais
toujours dans l'œsophage. M. Bellingham l'a trouvé également en
Irlande dans les tubercules de l'œsophage de la petite sarcelle, du
canard pilet (*Anas acuta*) et du souchet (*Anas clypeata*).

19. STRONG. NODULAIRE.   *STRONG. NODULARIS.* — Rud.

Ascaris mucronata, Froelich, Naturf., XXV, p. 97.
Strongylus anseris, Zeder, Naturg., p. 81.
Strongylus nodulosus, Rudolphi, dans Wied. Arch., t. III, p. 2.
Strongylus nodularis, Rud., Entoz., t. II, i, p. 230, Syn., p. 35 et 265, n° 18.

« — Corps blanchâtre (Zeder), rougeâtre (Rud.), aminci en avant ;
« — tête globuleuse tronquée en avant, distincte du cou qui est plus
« étroit, et munie latéralement de deux ailes vésiculeuses en forme
« de nodules.

« — *Mâle* long de 11ᵐᵐ25, à bourse caudale presque elliptique,
« oblique, bilobée, soutenue par des côtes rayonnantes.
« — *Femelle* longue de 20 à 22ᵐᵐ, amincie de part et d'autre; —
« queue subulée droite ou courbée. »

Rudolphi le trouva dans l'œsophage de l'oie (*Anas anser*) à Greifswald au mois de novembre; ceux que Frœlich étudia provenaient de
l'œsophage et du gésier de cet oiseau, et Zeder le trouva aussi fixé
dans le duodenum de l'oie. Nitzsch le trouva ensuite engagé entre
la membrane interne et la couche musculeuse du gésier d'une autre
espèce d'oie (*Anas segetum*). Au musée de Vienne on l'a trouvé deux
fois sur neuf dans l'intestin de l'*Anas segetum* et une fois sur douze
dans l'intestin du canard chipeau (*Anas strepera*).

III. STRONGLES DES REPTILES.

20. STRONG. A OREILLETTE.   *STRONG. AURICULARIS.* — Zeder.

[Atlas, pl. 6, fig. A.]

Ascaris filiformis (femelle) et *Cucullanus ranœ* (mâle), Goeze, Naturg.,
   p. 93 et 98, pl. 4, fig. 1-3.
Ascaris bufonis, Ascaris intestinalis et *Cucullanus ranœ*, Gmelin, Syst.
   nat., p. 3035 et 3051.
Ascaris tenuissima, Froelich, dans Naturf., XXV, p. 93.
Strongylus auricularis, Zeder, Naturg., p. 77, pl. 5, fig. 7-10.
Strongylus auricularis, Rud., Entoz., t. II, 1, p. 223 et Syn., p. 33, n° 13.

« — Corps blanc, très-allongé, filiforme, aminci en avant; — tête
« très-étroite, large de 0ᵐᵐ,05, avec un renflement de chaque côté
« ou une dilatation en forme d'aile courte (ce qui porte sa largeur
« totale à 0ᵐᵐ,06); — bouche ronde, quand elle est contractée,
« triangulaire quand elle s'avance, donnant immédiatement entrée
« dans un œsophage musculeux en massue, long de 0ᵐᵐ,6, large de
« 0ᵐᵐ,033 en avant, de 0ᵐᵐ,065 en arrière, où il tient lieu de ventri-
« cule, et traversé par un canal triquètre ou à trois plis; — tégu-
« ment avec des stries transverses très-fines de 0ᵐᵐ,0023, et des stries
« longitudinales de 0ᵐᵐ,0060 à 0ᵐᵐ,0078; et présentant souvent en
« outre des plis transverses assez réguliers de 0ᵐᵐ,0065.
« — *Mâle* long de 10ᵐᵐ, large de 0ᵐᵐ,18; — rapport de la longueur
« à la largeur 55; — bourse caudale, formée de deux lobes latéraux
« elliptiques, réunis sur la face dorsale par une membrane plus
« courte que soutient une côte palmée à l'extrémité, représentant la
« pointe caudale; chacun des deux lobes latéraux est soutenue par
« un bord cartilagineux épaissi, et par cinq côtes rayonnantes; son
« bord épaissi se relève en outre près de la face ventrale, pour
« former à sa base un lobe (comme celui de l'oreille humaine, *auri-*
« *cularis*, Zed.); — deux spicules brun-jaunâtre, longs de 0ᵐᵐ,23,

« larges de 0^{mm},04 à la base et très-complexes, formés d'un tube
« basilaire irrégulier, qui se prolonge d'une part au côté interne par
« une lame contournée, accompagnée d'un stylet parallèle de même
« longueur, et qui porte en outre deux pièces articulées, mobiles aussi
« de même longueur, bifides.

« — *Femelle* longue de 11^{mm} à 19^{mm}, large de 0^{mm},20 à 0^{mm},25 ; —
« rapport de la longueur à la largeur 75 ; — queue droite, brusque-
« ment amincie et terminée par une pointe aiguë ; — anus situé à
« 0^{mm},5 ou 0^{mm},7 de l'extrémité ; — vulve saillante située aux trois
« quarts de la longueur environ (à 4^{mm} de l'extrémité postérieure
« sur une femelle de 19^{mm}) ; — utérus musculeux double ou formé
« de deux branches symétriques opposées dans le sens de l'axe, et
« montrant sur divers points des étranglements ou des parties régu-
« lièrement tordues ; — œufs longs de 0^{mm},09 à 0^{mm},12, contenant un
« embryon replié, long de 0^{mm},36, large de 0^{mm},025. »

Je l'ai trouvé dans le lézard gris (*Lacerta muralis*) de Saint-Malo,
en septembre, dans le crapaud commun (*Bufo cinereus*), de la forêt
de Rennes, le 25 juin, et dans quatre grenouilles rousses (*Rana temporaria*), d'un bois à l'est de Rennes, en avril, juillet, août et septembre, toujours dans l'intestin, et toujours presque autant de mâles
que de femelles ; mais je l'ai cherché vainement dans quarante-trois
autres grenouilles rousses, dans neuf autres crapauds, dans vingt-deux
Salamandra maculata, et dans beaucoup d'autres reptiles de diverses
localités, indiqués comme l'ayant contenu ailleurs.

Gœze, Frœlich et Zeder, en Allemagne, l'avaient trouvé aussi dans
la grenouille rousse et dans le crapaud commun ; Rudolphi l'avait
trouvé à Greifswald dans les mêmes reptiles, et de plus au commencement de l'intestin de l'orvet (*Anguis fragilis.*)

Au musée de Vienne, on l'a trouvé dix fois sur neuf cent vingt-six,
dans le *Lacerta cœrulescens* ; deux fois sur cent trente-huit, dans le
Lacerta erythronotus ; cinq fois sur quarante-trois, dans l'orvet ;
trente-trois fois sur cent vingt-cinq, dans le crapaud commun ; cent
soixante-deux fois sur onze cent treize, dans le crapaud à ventre
jaune (*Bufo igneus*) ; quatre fois sur deux cent cinquante-six, dans
le crapaud brun (*Bufo fuscus*) ; cent dix fois sur sept cent quatre-
vingt-trois, dans le crapaud variable (*Bufo viridis*) ; sept fois sur
douze cent quatre-vingt-dix, dans la grenouille verte ; quarante-neuf
fois sur quatre cent vingt-sept, dans la grenouille rousse ; quatre-
vingt-deux fois sur deux mille cent soixante-seize, dans la rainette
(*Hyla arborea*) ; cinq fois sur cinquante-trois, dans la salamandre
noire ; vingt fois sur quarante, dans la salamandre commune (*Strong.
maculosa*), et quatre fois sur neuf cent cinquante-sept, dans le *Triton
cristatus.*

M. Deslongchamps l'a trouvé à Caen dans le crapaud variable, et
a conservé dans l'alcool les deux sexes accouplés.

Les helminthes que j'ai trouvés, et dont je donne la description, sont bien les mêmes que Zeder a nommés *Strong. auricularis*, mais il se pourrait que Rudolphi eût commis une erreur ou qu'il eût confondu quelques autres espèces, car il attribue au mâle *un organe génital assez long, très-mince*, et j'ai vu au contraire un appareil copulatoire très-compliqué, assez court et épais, qui rappelle un peu la structure du même appareil chez certains insectes. (Voy. pl. 4, fig. A.) Au reste, Gœze, dans les notes qu'il laissa après sa mort, a décrit sous le nom d'*Ascaris setiformis* un helminthe qui doit être aussi le même; en effet, il attribue au mâle « une queue foliacée à double lobe membraneux, avec trois ou quatre spicules génitaux mobiles. (Voy. Zeder, *Nachtrag*, p. 78).

C'est surtout avec des strongles de la belette et du lièvre que celui-ci a le plus de rapport.

? STR. SUBAURICULAIRE. *STR. SUBAURICULARIS.* — Rud., *Syn.*, p. 649.

« — Corps grêle très-aminci en avant, un peu moins en arrière; — « long de 9ᵐᵐ à 13ᵐᵐ,5; — tête tronquée, nue, avec quelques indices « de papilles antérieures.

« — *Mâle* à bourse caudale, bilobée, soutenue par des côtes « rayonnantes.

« — *Femelle* à queue déprimée, aiguë. » (Rud.)

Trouvé au Brésil, dans l'intestin de *Rana musica*.

Rudolphi, tout en indiquant sa grande affinité avec le *Strong. auricularis*, le croit assez différent pour en faire une autre espèce.

21. STRONG. INÉGAL. *STRONGYLUS DISPAR.* — Duj., *n. sp.*

« — *Femelle* longue de 7ᵐᵐ,8, large de 0ᵐᵐ,21 au milieu; — rap-« port de la longueur à la largeur 37; — tête large de 0ᵐᵐ,062, obtuse « ou épaissie assez rapidement et recourbée en crochet; — œsophage « musculeux en massue, long de 0ᵐᵐ,53, large de 0ᵐᵐ,0185 en avant, « et de 0ᵐᵐ,073 en arrière, où son renflement tient lieu de ventricule; « intestin large de 0ᵐᵐ,043; — queue amincie en pointe fine; — anus « à 0ᵐᵐ,33 de l'extrémité; — vulve large, transverse, située à 4ᵐᵐ,4 « de la tête, à 3ᵐᵐ,4 de l'extrémité caudale, et divisant le corps en « deux parties *dissemblables*, l'antérieure plus épaisse, large de « 0ᵐᵐ,21, contenant les deux branches parallèles musculeuses de l'u-« térus, la postérieure brusquement amincie d'un tiers environ, « contenant seulement un double repli de l'oviducte filiforme droit, « rempli d'œufs; — utérus composé d'un vaste sac plissé au-dessus « de la vulve, et d'où partent en avant deux branches symétriques « à parois épaisses musculeuses, à fibres obliques et contractées « régulièrement; — œufs très-volumineux, elliptiques, longs de « 0ᵐᵐ,134. »

Je n'ai trouvé qu'une seule fois, le 1ᵉʳ juin, à Rennes, dans l'intestin d'un orvet (*Anguis fragilis*), cette femelle de strongle qui, par la singulière disposition de ses organes génitaux se distingue de toutes les autres espèces. Quoique beaucoup plus épaisse ou plus courte proportionnellement, elle ressemble assez au *Strongylus auricularis*, par son aspect général. Je n'ai pas vu de stries en tégument.

STRONG. DENUDATUS. —Rudolphi, *Synops.*, p. 34 et 263, n° 14.

Rudolphi a décrit incomplétement sous ce nom des helminthes trouvés dans l'intestin de la couleuvre viperine (*C. viperinus* ou *tesselatus*), sept fois sur trente-six au musée de Vienne. D'après de jeunes femelles que lui avait envoyées Bremser, il les croit très-voisins du *Strongylus auricularis*; ces femelles, longues de 4^{mm},5 à 9^{mm}, amincies de part et d'autre, surtout en avant, ont la tête nue ou sans ailes membraneuses, la bouche ronde à bords renflés, la queue subulée, excepté sur un exemplaire où la queue est obtuse, terminée par une longue pointe grêle; c'est d'ailleurs, ajoute Rudolphi, une différence qui s'observe aussi chez le *Strong. auricularis*.

IV. STRONGLES DES POISSONS.

J'ai trouvé, en 1835, dans l'intestin d'une morue (*Gadus morrhua*), sur la côte du Calvados, un strongle dont je dessinai seulement alors la bourse caudale assez semblable à celle du *Strongylus auricularis*, avec des dimensions plus considérables.

15ᵉ Genre. PSEUDALIE.   *PSEUDALIUS.* — Duj.

ψευδάλιος, mensonger.

« — Vers filiformes, très-longs, à tête obtuse, à bouche nue,
« très-petite, presque triangulaire.
   « — *Mâle* à queue bifide ou bilobée, et à deux spicules courts,
« foliacés et contournés.
   « — *Femelle* à queue en pointe, courte, un peu recourbée;
« — vulve située près de l'anus, à l'extrémité d'un tube coni-
« que saillant; — oviducte très-vaste, rempli d'embryons déjà
« éclos; — œufs grands. »

La seule espèce qui constitue ce genre ressemble aux filaires par sa forme extérieure, par son allongement, mais elle s'en distingue par l'extrémité postérieure de l'un et l'autre sexe. La queue bifide du mâle a quelque rapport avec celle du *Gordius*, et ne ressemble à celle d'aucun autre helminthe; la vulve saillante de la femelle offre aussi un caractère tout à fait particulier.

PSEUDALIE DU MARSOUIN. *PSEUDALIUS FILUM.* — Duj.

Strongylus inflexus, (en partie) Rud., Entoz., t. II, 1, p. 227 et Syn., p. 34.
Strongylus inflexus, (en partie) Creplin, Nov. observ. de Entoz., p. 13.
Strongylus major, Raspail, dans les Ann. des sc. d'observ., 1830, t. II, p. 244, pl. 7-8.

« — Corps filiforme, gris ou brunâtre, presque d'égale épaisseur « partout, et cent soixante à deux cents fois aussi long que « large; — tête obtuse, large de 0^{mm},4 à 0^{mm},5; — bouche petite, pres- « que triangulaire; — œsophage musculeux, large de 0^{mm},11; — tégu- « ment lisse.

« — *Mâle* long de 75^{mm}, large de 0^{mm},4, à queue un peu plus « mince, bifide ou divisée en deux lobes courts, occupant ensemble « une largeur de 0^{mm},25; — deux spicules longs de 0^{mm},14, presque « membraneux ou foliacés et contournés.

« — *Femelle* longue de 175^{mm}, large de 1^{mm}, au milieu, et de 0^{mm},7 « près de la tête, qui n'a que 0^{mm},5 de largeur; — queue amincie « en pointe courte, obtuse et un peu recourbée; — anus situé à 0^{mm},24 « de l'extrémité; — vulve située à 0^{mm},17 seulement, en avant de « l'anus et portée par un tube saillant conique, long de 0^{mm},14; — « œufs longs de 0^{mm},092; — oviducte occupant presque toute la partie « postérieure du corps et rempli d'embryons déjà éclos, longs de « 0^{mm},57. »

J'ai étudié cet helminthe sur des exemplaires femelles communiqués par M. Duvernoy, et sur un mâle et quelques femelles non adultes, faisant partie de la collection du Muséum de Paris, que m'a communiqués M. Valenciennes; les uns et les autres provenaient des bronches du marsouin (*Delphinus phocœna*) dans lesquelles Camper et Klein l'avaient trouvé longtemps auparavant.

Rudolphi, par une singulière méprise, confondit ce ver si remarquable avec celui qui se trouve dans les sinus veineux de la tête du marsouin (voy. *Stenurus*), sous le nom de *Strongylus inflexus.*

M. Creplin fit encore la même confusion en 1829, au sujet des helminthes trouvés dans deux marsouins par M. Rosenthal; mais enfin M. Raspail fit voir qu'il y a là deux espèces distinctes dont nous-même nous faisons les types de deux genres.

QUATRIÈME SECTION. (Ascaridiens.)

Nématoïdes à bouche inerme, mais entourée de deux à trois lobes plus ou moins saillants; mâles ayant un ou deux spicules.

TABLEAU DES GENRES.

* Un seul spicule.

  † Spicule court, falciforme; bouche à trois lobes peu saillants.   16. *Oxyuris.*

  †† Spicule long, roide, presque droit; bouche à deux lobes latéraux.   17. *Ozolaimus.*

  ††† Spicule très-long, enroulable, flexible; bouche à trois lobes peu saillants.   18. *Heligmus.*

** Deux spicules

  § Bouche entourée de trois lobes égaux très-saillants et séparés par des sinus profonds; — œsophage continu, non précédé par un pharynx distinct.   19. *Ascaris.*

  §§ Bouche entourée de trois lobes inégaux peu saillants, œsophage précédé par un pharynx distinct.   20. *Heterakis.*

16ᵉ GENRE. OXYURE.   OXYURIS. — RUD.

ὀξὺς, pointu, οὐρὰ, queue.

« — Vers à corps cylindrique ou presque fusiforme, peu al-
« longé, treize à vingt fois aussi long que large; — tête nue ou
« entourée par un renflement vésiculeux du tégument; — bouche
« ronde dans l'état de contraction ou triangulaire quand elle est
« saillante, et alors avec trois lobes arrondis, peu marqués, cor-
« respondant aux angles rentrants du canal alimentaire; — œso-
« phage musculeux, cylindrique ou claviforme, traversé par un
« canal triquètre; — ventricule globuleux ou turbiné, continu
« avec l'œsophage qu'il dépasse beaucoup en largeur, ou séparé
« par un étranglement, et présentant toujours une cavité trian-
« gulaire ou trilobée, revêtue, comme le gésier, d'une membrane
« épaisse, plissée ou striée de manière à former sur les angles
« saillants une armure dentaire; — intestin renflé à l'origine en
« arrière du ventricule; — anus situé à une certaine distance de
« l'extrémité; — tégument toujours pourvu de stries transverses
« très-écartées (de 0ᵐᵐ,012 à 0ᵐᵐ,034).

« — *Mâle* beaucoup plus petit et plus rare que la femelle;
« plus ou moins contourné en spirale; — spicule simple, presque
« droit, accompagné d'une pièce accessoire plus courte en ar-
« rière.

« — *Femelle* ayant quelquefois la partie postérieure du corps
« brusquement amincie ou très-atténuée; — vulve située toujours
« en avant du milieu et quelquefois en avant du quart antérieur
« de la longueur; — utérus étendu de la vulve à l'extrémité cau-
« dale, et recevant un peu en avant deux ovaires très-longs qui
« remontent jusqu'à la vulve ou au ventricule; — œufs lisses,
« toujours oblongs, non symétriques, et quelquefois deux à trois
« fois plus longs que larges ; proportionnellement très-grands,
« longs de 0^{mm},064 à 0^{mm},136. »

Le genre oxyure a été établi par Rudolphi et caractérisé d'après
la seule espèce du cheval très-incomplétement observée. L'auteur
lui assignait donc d'abord *un corps cylindrique subulé en arrière
et une bouche orbiculaire;* et plus tard il ne voulut adjoindre à
son espèce type que deux autres espèces dont l'une est nommée
par lui-même *ambigua.* Le fait est pourtant que la bouche n'est
nullement orbiculaire dans l'*Oxyuris curvula,* et que les caractères du genre doivent être pris dans l'ensemble de l'organisation
et non dans un ou deux caractères artificiels. C'est, je crois, ce
que sentait Bremser quand, averti par son tact de profond naturaliste, il réunissait à l'espèce type plusieurs autres helminthes
dont Rudolphi continua à faire des ascarides.

La structure interne de l'organe de la manducation chez
l'*Oxyuris curvula* présente des particularités si curieuses et si
différentes de ce qu'on observe dans la bouche et l'œsophage des
autres espèces, que si, dans celles-ci, qui sont beaucoup plus
petites, on ne peut trouver une suffisante analogie, quant à la
structure des appareils génitaux, il faudra les séparer encore.

Les oxyures se trouvent dans la dernière partie de l'intestin
de quelques mammifères et reptiles seulement. Excepté l'oxyure
du cheval qui atteint des dimensions assez grandes, les autres
sont tous petits et cependant bien visibles à l'œil nu.

Le rapport de la longueur à la largeur est comme :

20 : 1 pour l'*Oxyuris vermicularis* ♀.
19 : 1 pour l'*Oxyuris obvelata* ♀ des mulots.
19 : 1 pour l'*Oxyuris curvula* ♀ du cheval.
17 : 1 pour l'*Oxyuris ornata* ♀ de la grenouille.
16 : 1 pour l'*Oxyuris* ♀ du lézard gris (*Lacerta muralis*).
14 : 1 pour l'*Oxyuris obvelata* ♂.

13 : 1 pour l'*Oxyuris brevicaudata* ♀ du gecko (*Platydactylus*).
13 : 1 pour l'*Oxyuris ornata* ♂.

Le rapport de la partie du corps, en avant de la vulve, et de la partie postérieure, est :

1 : 4 pour l'*Oxyuris vermicularis*.
1 : 6 pour l'oxyure du lézard.
1 : 4 pour l'*Oxyuris obvelata*.
1 : 3 pour l'*Oxyuris brevicaudata*.
2 : 5 pour l'*Oxyuris curvula*.
3 : 4 pour l'*Oxyuris ornata*.

La longueur des œufs est de :

$0^{mm},11$ à $0^{mm},136$ pour l'*Oxyuris obvelata*.
0   ,10 pour l'*Oxyuris brevicaudata*.
0   ,094 pour l'*Oxyuris curvula*.
0   ,09 pour l'*Oxyuris ornata*.
0   ,09 à $0^{mm},094$ pour l'*Oxyuris ambigua* (Rud.). (Voy. *Passalurus*.)
0   ,064 pour l'*Oxyuris vermicularis*.

Enfin les stries transverses du tégument sont écartées de :

$0^{mm},035$ à $0^{mm},047$ pour l'*Oxyuris curvula*.
0   ,034 pour l'*Oxyuris brevicaudata*.
0   ,018 à 0,023 pour l'*Oxyuris vermicularis*.
0   ,0,127 pour l'*Oxyuris obvelata*.

Une seule espèce *Oxyuris ornata* présente à l'extérieur des appendices cornés d'une structure fort singulière chez le mâle.

OXYURE DE L'HOMME.

1. OXYURE VERMICULAIRE. *OX. VERMICULARIS.* — Bremser.

Ascaris vermicularis, Linné, Syst. nat., éd. 12, p. 1076.
Ascaris vermicularis, Goeze, Naturg., p. 102, pl. 5, fig. 1-5.
Ascaris vermicularis, Rudolphi, Entoz., t. II, i, p. 152, n° 21 et Synopsis, p. 44, et 276, n° 31.
Fusaria vermicularis, Zeder, Naturg., p. 107, n° 9.
Oxyuris vermicularis, Bremser, Vers intest. de l'homme, trad., p. 149, pl. l, fig. 6-7 et pl. 2, fig. 1-5 (2e édit.).
Oxyuris vermicularis, Deslongchamps, Encycl. méth., Vers, p. 598.
Ascaris vermicularis, Schmalz, XIX, Tab. anat., Entoz., pl. 8, fig. 1-4.
Ascaris vermicularis, Creplin, dans Allg. Encycl., v. Ersch. u. Gruber, t. XXXII, p. 282.

« — Blanc, à tête ailée ou montrant deux renflements latéraux
« vésiculeux du tégument (produits par un effet d'endosmose ?) —
« tégument strié transversalement et montrant au-dessous une double

« couche de fibres obliques croisées ; — stries écartées de 0ᵐᵐ,018 à
« 0ᵐᵐ,023 ; — bouche ronde dans l'état de rétraction, devenant trian-
« gulaire ou à bord légèrement trilobé quand elle est au contraire
« protractée ou en saillie ; — œsophage charnu, musculeux en mas-
« sue, contenant un canal triquètre et séparé par un étranglement
« très-prononcé du ventricule globuleux, dont la cavité interne
« est triangulaire et revêtue d'une armure pliée angulairement.

« — *Mâle* long de 2ᵐᵐ,5 à 3ᵐᵐ,37, à queue enroulée en spirale, et
« terminée en pointe très-courte ; — spicule ?

« — *Femelle* longue de 9ᵐᵐ à 10ᵐᵐ, large de 0ᵐᵐ,48 à 0ᵐᵐ,50 ; —
« rapport de la longueur à la largeur 20 ; — corps très-aminci
« postérieurement en forme de queue, longue de 1ᵐᵐ,8 à 2ᵐᵐ, dans
« laquelle se prolongent les ovaires remplis d'œufs ; — anus à 1ᵐᵐ,8
« de l'extrémité ; — tête large de 0ᵐᵐ,12 (ou 0ᵐᵐ,16, avec sa membrane
« vésiculeuse) ; — œsophage long de 0ᵐᵐ,77 ; large de 0ᵐᵐ,11 en ar-
« rière ; — ventricule long de 0ᵐᵐ,16, large de 0ᵐᵐ,15 ; — vulve à
« 1ᵐᵐ,8 de la tête ; — œufs non symétriques plus convexes d'un côté,
« longs de 0ᵐᵐ,064, large de 0ᵐᵐ,035, contenant un embryon replié
« longitudinalement. »

L'oxyure vermiculaire se trouve fréquemment et abondamment
dans le rectum de l'homme, surtout chez les enfants ou les hommes
soumis à un régime débilitant ; sa présence s'annonce ordinairement par des démangeaisons insupportables à l'anus, et même par une
sorte de prurit au nez ; sous ce rapport, c'est le plus incommode de
tous les helminthes de l'homme ; quelquefois, chez la femme, il s'in-
troduit dans les organes voisins, et cause alors des inconvénients
d'un autre genre. On l'expulse surtout à l'aide de lavements composés avec des vermifuges, tels que l'absinthe, la valériane ou l'huile
animale de Dippel ; j'en ai vu expulser un nombre considérable avec
un lavement dans lequel entrait une solution d'aloès. On sait, d'ailleurs, qu'un simple lavement d'huile suffit pour faire cesser les démangeaisons les plus insupportables causées par ces oxyures. Dans tous
les cas, leur expulsion n'est définitive que si le régime ou la constitution, ou l'état moral du malade est changé convenablement.

Pendant longtemps on n'a connu que la femelle de cette espèce.
Bremser, le premier, distingua les mâles qui sont incomparablement
moins communs, et il en donna une description ; mais il ne put voir
le spicule ou pénis. Ce même auteur rapporta avec raison cet helminthe au genre Oxyure, d'après l'absence des trois lobes de la tête,
qui sont caractéristiques pour les ascarides.

Rudolphi et plus récemment encore M. Creplin ont prétendu que
la détermination de Bremser est erronée ; mais, de mon côté, j'ai
étudié les *Oxyuris* ou *Ascaris vermicularis* et *obvelata*, comparativement avec l'*Oxyuris curvula* qui est unanimement prise pour type
du genre Oxyure, et dans toutes j'ai vu l'œsophage et le pharynx
triangulaires ou triquètres et la bouche tantôt ronde, tantôt tri-

quètre suivant son degré de contraction; et quand elle était
autant avancée que possible, son bord devenait par suite légèrement trilobé. J'ai vu aussi quand cet helminthe était fortement
comprimé entre des lames de verre, après s'être gonflé d'eau par un
effet d'endosmose, j'ai vu l'œsophage tout entier sortir brusquement
au dehors, comme une trompe roide, charnue, renflée en avant de
son origine; mais ce n'était là qu'un accident anormal et nullement
un acte fonctionnel de l'oxyure, non plus que ce qu'on a pu voir de
semblable chez d'autres helminthes. Quand l'œsophage est isolé d'une
manière quelconque, il laisse voir dans son intérieur trois cordons
parallèles qui sont les trois angles saillants du canal triquètre par
lequel il est traversé. Quant aux ailes latérales attribuées par tous les
auteurs à la tête de cet helminthe, je puis assurer aussi qu'il y a là
simplement un gonflement uniforme, sur tout le contour de la partie
antérieure, et non point des ailes membraneuses indépendantes.

2. OXYURE DU BLAIREAU.   *OXYURIS ALATA.* — Rudolphi
(*Synopsis*, p. 19 et 229, n° 2).

Oxyuris alata, Bremser, Icon. helminth., pl. 2, fig. 4-5.

« — Tête obtuse, munie antérieurement de deux ailes vésiculeuses
« qui vont en diminuant en arrière; — bouche ronde, simple, sans
« valvules. (Rud.)
« — *Femelle* longue de 6mm,75, à corps assez épais, aminci posté-
« rieurement en une queue subulée qui contient des œufs oblongs. »

Sur quatorze blaireaux disséqués au musée de Vienne, huit contenaient cet oxyure dans le gros intestin. Suivant Rudolphi, qui l'a eu
de Vienne, il ressemble à l'oxyure vermiculaire, et n'en diffère principalement que par l'absence des lobes ou valvules de la tête.

3. OXYURE DES RONGEURS.   *OXYURIS OBVELATA.*

Ascaris vermicularis b. muris, Froelich, dans Naturf., XXV, p. 99.
Ascaris obvelata, Rud., Entoz., p. 155, n° 22 et Syn., p. 44 et 280, n° 32.
Fusaria obvelata, Zeder, Naturgesch, p. 108.
Ascaris oxyura, Nitzsch, dans Ersch und Gruber's Encyclopaedie.
Ascaris oxyura, Schmalz, XIX, Tabulæ anat., Entoz., pl. 17, fig. 8-9.

« — Tête obtuse, entourée par un renflement vésiculeux du tégu-
« ment; — tégument strié transversalement; — stries transverses
« écartées, de 0mm,0127, croisées par des stries longitudinales très-
« fines, de 0mm,0023, faiblement inclinées, et partant très-oblique-
« ment de deux cordons longitudinaux; — bouche triangulaire à
« bord gonflé, faiblement divisé en trois lobes larges, peu saillants;
« — œsophage musculeux, court, cylindrique, six à sept fois aussi
« long que large, à canal triquètre, séparé par un étranglement du
« ventricule, qui est deux fois plus large, globuleux, à cavité trian-

« gulaire, revêtu intérieurement d'une membrane jaunâtre, finement
« et régulièrement plissée ou striée de telle sorte que ses angles sail-
« lants ont la forme d'un éventail.

« — *Mâle* long de 1mm,6, large de 0mm,115 ; — rapport de la lon-
« gueur à la largeur 14 ; — partie postérieure roulée en spirale ;
« — queue longue de 0mm,21, très-amincie vers l'extrémité, un
« peu redressée ; — spicule simple, presque droit, falciforme, long
« de 0mm,085, large de 0mm,007 à la base ; — pièce accessoire en forme
« de soc, longue de 0m037, située en arrière du spicule et plus trans-
« versalement.

« — *Femelle* longue de 3mm,5 à 5mm,7, large de 0mm,26 ; — rapport
« de la longueur à la largeur 19 ; — queue très-amincie, longue de
« 0mm,53 ; — tête large de 0mm,056 à 0mm,060 sans son enveloppe
« vésiculeuse ; — œsophage long de 0mm,33 ; — ventricule large de
« 0mm,09 à 0mm,11 ; — anus un peu saillant, situé à la naissance de la
« queue ; — vulve éloignée de 1 à 1mm,33 de la bouche ; — œufs
« très-allongés, rétrécis aux extrémités, longs de 0mm,110 à 0mm,137,
« larges de 0mm,035. »

Il vit dans l'intestin, et surtout dans le gros intestin, des rongeurs
des genres *Mus* et *Arvicola*, habitant la campagne, rarement dans
ceux des villes ; ainsi, trente-cinq mulots (*Mus sylvaticus*) sur cinquante-trois ; neuf mulots nains (*Mus minutus*) sur seize ; six campagnols (*Arvicola arvalis*) sur quinze ; cinq campagnols souterrains
(*Arvicola subterraneus*) sur quarante-cinq ; un *Arvicola rubidus*
sur neuf. Deux *Arvicola amphibius* et deux souris prises dans un
jardin me l'ont fourni assez abondamment, à Rennes ; enfin une
belette (*Mustela vulgaris*), qui s'était nourrie de campagnols, contenait encore quatre *Oxyuris obvelata* vivants.

Au musée de Vienne, on l'a trouvé dans cent soixante-six souris
sur mille deux cent soixante-quatre ; dans quatre rats sur cent vingt-
trois ; dans deux mulots sur vingt-sept ; dans cent soixante-sept campagnols (*Arvicola arvalis*) sur deux mille quatre-vingt-quinze ; dans
cinq rats d'eau (*Arvicola amphibius*) sur cinquante-trois, et aussi
dans quatre spermophiles (*Spermophilus citillus*) sur cent cinquante-
six. Rudolphi l'avait trouvé, à Griefswald, dans le gros intestin de la
souris, et Frœlich l'avait précédemment aussi trouvé dans ce même
rongeur.

Les mâles de cette espèce, quoique beaucoup moins communs que
les femelles, se trouvent cependant plus aisément que ceux des autres oxyures. Cet helminthe, mis dans l'eau, ne tarde pas à se gonfler
et à se rompre par un effet d'endosmose ; quelquefois aussi, pour
cette même cause, son œsophage est repoussé au dehors comme une
trompe.

Rudolphi, contre l'avis de Bremser, a persisté à placer cette espèce
avec les ascarides, parce que, comme à *Oxyuris vermicularis*, il lui
a semblé voir la tête garnie de valvules (*valvulas videre mihi visus*

sum, dit-il, l. c., p. 280). Il est bien vrai que la bouche est encore plus distinctement lobée ici que chez l'oxyure vermiculaire; mais c'est un simple gonflement de la peau correspondant à chacun des angles rentrants de l'œsophage, et non point un lobe distinct comme chez les ascarides; d'ailleurs, ici les œufs, la position de la vulve, le spicule du mâle et la structure du tégument doivent également empêcher qu'on ne prenne cette espèce pour une ascaride.

OXYURE DES LIÈVRES. Voyez PASSALURE.

4. OXYURE DU CHEVAL.   *OXYURIS CURVULA.* — Rudolphi.

Trichocephalus equi, Goeze, Naturg., p. 117, pl. 6, fig. 8.
Trichocephalus equi, Gmelin, Syst. nat., p. 3038.
Oxyuris curvula, Rudolphi, Entoz. hist., t. II, 1, p. 100, pl. 1, fig. 3-6 et
    Synopsis, p. 18 et 229, n° 1.
Mastigodes equi, Zeder, Naturgesch, p. 70.
Oxyuris curvula, Bremser, Icon. helminth., pl. 2, fig. 1-3.
Oxyuris curvula, Gurlt, Path. anat. de Haussæugeth, pl. 5, fig. 13-18.
Oxyuris curvula, Creplin, dans Allg. Encyclop. v. Ersch u. Grüber,
    t. XXXII, p. 279.

« — Corps blanc, épais en avant, brusquement aminci en arrière
« en manière de queue, et souvent coudé ou infléchi au même en-
« droit; — extrémité caudale mucronée ou terminée par une petite
« pointe conique; — tégument à stries transverses écartées, de 0^{mm},037
« à 0^{mm},045, et soutenue par une double couche de fibres obliques
« croisées; — tête un peu amincie et tronquée; — bouche triangulaire,
« à bord légèrement gonflé en trois lobes quelquefois saillants; —
« — pharynx séparé de la bouche par une arête transverse, présen-
« tant trois houppes de poils ou cirrhes flottants vis-à-vis chacun des
« angles saillants du canal œsophagien, lesquels sont eux-mêmes ar-
« rondis et garnis d'une série de lacunes; — œsophage musculeux,
« d'abord aussi large que la tête, puis rétréci un peu, et cepen-
« dant conservant dans sa première moitié un diamètre beaucoup
« plus considérable que dans l'autre qui se continue insensiblement
« avec le ventricule, en se renflant peu à peu; de telle sorte que l'en-
« semble de l'œsophage avec le ventricule présente la forme d'un
« pilon; — ventricule revêtu intérieurement par une membrane
« cornée, jaune-brunâtre, finement striée en travers, suivant une
« courbe élégamment ondulée; — intestin droit inégalement renflé,
« beaucoup plus court que le corps; — anus situé en avant de l'amin-
« cissement postérieur du corps.
« — *Mâle* long de 9^{mm} à 16^{mm},6; — un spicule sortant en avant de la
« partie postérieure, subulée, aiguë.
« — *Femelle* longue de 29^{mm} (et jusqu'à 80^{mm}, Rud.?), large de 1^{mm},5;
« — rapport de la longueur à la largeur 19 (40?); — tête large de
« 0^{mm},5; — œsophage et ventricule longs de 2^{mm},7; largeur de l'œso-
« phage en avant 0^{mm},5, en arrière 0^{mm},24; — largeur du ventricule

« 0^{mm},55; — anus à 6^{mm},5 de l'extrémité caudale, qui après avoir di-
« minué de largeur jusqu'à 0^{mm},072, se termine brusquement par une
« petite pointe conique, courte, irrégulière, longue et large de
« 0^{mm},022; — vulve située à 8^{mm} de la bouche; — utérus simple en
« forme de long sac élargi, fusiforme, étendu depuis la vulve jusqu'à
« l'extrémité caudale où il est attaché; — oviducte simple, étroit,
« long de 1^{mm}, inséré obliquement à 1^{mm} de l'extrémité de l'utérus,
« et résultant de la jonction de deux ovaires filiformes blancs opa-
« ques, symétriques, lesquels remontent presque jusqu'à la vulve
« en se repliant plusieurs fois; — œufs longs de 0^{mm},094, larges du
« 0^{mm},45, non symétriques accumulés dans l'utérus où ils flottent
« librement, depuis la vulve jusqu'à l'extrémité caudale. »

Cet oxyure se trouve assez souvent dans le cœcum et le colon du
cheval et de l'âne; mais le mâle est beaucoup plus rare que la
femelle; pendant longtemps il est resté inconnu, Gœze, Bremser,
Rudolphi n'avaient pu le rencontrer et je dois dire que je n'ai pas été
plus heureux que ces grands helminthologistes, quoique j'aie cherché
avec le plus grand soin à Rennes dans plusieurs chevaux qui contenaient des femelles à différents degrés de développement. Ce n'est
qu'en 1831 que Mehlis parvint à découvrir dans une grande quantité
d'oxyures recueillis à Hanovre des mâles qu'il communiqua à
M. Créplin et à M. Gurlt; mais je n'ai pas appris que d'autres en
aient trouvé aussi.

Rudolphi avait trouvé communément l'oxyure du cheval à Greifswald
et à Berlin; on l'a trouvé également sur plusieurs points de la France,
mais sur quatre-vingt-douze chevaux disséqués au musée de Vienne,
un seul contenait cet helminthe.

A la description donnée plus haut, j'ajouterai seulement 1° que chacun des lobes ou renflements du bord de la bouche présente à la face
interne une paire de disques à peine visibles formés de fibres ou
stries rayonnantes en avant desquels le tégument paraît former un
repli en angle obtus. 2° Que l'œsophage contient ordinairement une
quantité de grains de sable mêlés de grains jaunâtres d'une substance
organique prise par ces oxyures dans le résidu de la digestion du
cheval. Au reste toute l'organisation de cet oxyure est tellement
complexe et si pleine de détails curieux qu'elle devra former l'objet
d'une monographie.

5. ? OXYURE DU LÉZARD. *OXYURIS SPINICAUDA.*—Duj., *n. sp.*

? *Ascaris extenuata,* RUDOLPHI, Synopsis, p. 47 et 287, n° 46.

J'ai trouvé, le 17 septembre, dans un lézard gris (*Lacerta muralis*)
de Saint-Malo, un helminthe long de 3^{mm},10 dont le corps cylindrique, épais de 0^{mm},085 et aminci en avant se termine brusquement
en arrière par une longue pointe droite très-grêle qui est large de
0^{mm},035 à sa base, de 0^{mm},0037 vers l'extrémité, longue de 0^{mm},75 et

munie latéralement de huit à neuf épines courtes irrégulièrement éparses. L'œsophage, presque cylindrique, est long de 0^{mm},33, large de 0^{mm},031, et se renfle en un ventricule large de 0^{mm},074 revêtu intérieurement d'une membrane striée comme chez les oxyures précédents. Le tégument présente des stries transverses de 0^{mm},005 et des stries longitudinales de 0^{mm},0027; — la vulve est située à 0^{mm},5 de l'extrémité antérieure, mais les œufs ne sont pas encore développés.

D'après ces caractères, je crois que ce doit être un oxyure, et que l'*Ascaris extenuata* de Rudolphi est probablement le même.

6. OXYURE DU GECKO. *OXYURIS BREVICAUDATA.*—Duj., *n. sp.*

« — Corps peu allongé, presque fusiforme, un peu plus étroit en
« avant; — tête conoïde; — bouche ronde, nue; — œsophage,
« presque cylindrique, peu renflé en arrière, quatorze à quinze fois
« plus long que large, séparé par un léger étranglement du ventri-
« cule qui est turbiné trois ou quatre fois plus large; — tégument à
« stries transverses écartées de 0^{mm},034.

« — *Femelle* longue de 6 à 9^{mm}, large de 0^{mm},7; — rapport de
« la longueur à la largeur 13; — corps terminé brusquement en
« arrière par une pointe courte de 0^{mm}, 12; — tête large de 0^{mm},06;
« œsophage long de 0^{mm},91, large de 0^{mm},91; — ventricule large de
« 0^{mm},22, revêtu intérieurement d'une membrane plissée; — intestin
« très-dilaté en arrière du ventricule; — anus à 0^{mm},4 de la pointe
« caudale; — vulve située au quart antérieur de la longueur; —
« œufs longs 0^{mm},10. »

Je l'ai trouvé plusieurs fois dans le gecko (*Platydactylus fascicularis*), en juillet 1835, à Toulon.

Son œsophage est traversé par un canal triquètre ou à trois rainures, dont chaque angle saillant présente un peu en arrière de la bouche deux cordons longitudinaux jaunâtre, roides. L'appareil génital, d'après mes dessins, me paraît formé d'un utérus ou large sac fusiforme, étendu de la vulve à la queue et rempli d'œufs, flottant librement; un peu en avant de l'extrémité postérieure, il reçoit deux longs ovaires qui remontent jusqu'au-dessus du ventricule, autour duquel ils se replient.

OXYURE DES GRENOUILLES. *OXYURIS ORNATA.*—Duj., *n. sp.*

[Atlas, pl. 5, fig. G.]

« — Corps blanc fusiforme, très-aminci de part et d'autre, avec deux
« membranes latérales peu saillantes; — tête très-petite, large de
« 0^{mm},035, peu distincte; — bouche triangulaire, rétractile; — œso-
« phage cylindrique, long de 0^{mm},3, renflé brusquement comme un
« pilon pour former le ventricule qui est suivi par une dilatation
« considérable de l'intestin; — queue amincie très-aiguë; — tégu-
« ment finement strié en travers; — stries de 0^{mm},0033 à 0,0035.

« — *Mâle* long de 2^mm,7 à 3^mm5, large de 0^mm,16 à 0^mm,27 au milieu ;
« rapport de la longueur à la largeur 17 ou 13 ; — partie postérieure
« recourbée en hameçon, amincie en pointe assez longue, avec une
« pointe plus grêle sétacée à l'extrémité ; — anus à 0^mm,186 de l'extré-
« mité ; — spicule simple, falciforme, long de 0^mm,10 ; — quatre rangées,
« en quinconce à la face ventrale en arrière, d'appendices cornés,
« formés de deux pièces articulées, terminées comme une portion
« de roue dentée (fig. G).

« — *Femelle* longue de 6^mm,4, large de 0^mm,38 au milieu ; — rapport
« de la longueur à la largeur 17 ; — queue droite conique, très-
« amincie, terminée en pointe très-fine ; — anus à 0^mm,4 de l'extré-
« mité ; — vulve en avant du milieu à 3^mm de la tête ; — œufs ellip-
« tiques oblongs, longs de 0^mm,09. »

Je l'ai trouvé à Rennes, en juillet et août, dans l'intestin de la grenouille verte (*Rana esculenta*) et de la grenouille rousse (*Rana temporaria*).

La bouche et le *pharynx* sont quelquefois retirés fort loin à l'intérieur.

J'ai trouvé, dans la grenouille et dans plusieurs insectes et mollusques, des helminthes nématoïdes jeunes, sans organes génitaux,
qui paraissent bien être des oxyures, mais qu'on ne peut caractériser,
à moins que d'avoir des individus adultes. M. Léon Dufour avait déjà
nommé oxyure un petit helminthe trouvé par lui dans la taupe-
grillon (*Gryllo talpa vulgaris*) ; et, suivant M. Leuckart (*Isis*, 1836,
p. 764), une oxyure notablement grosse a été trouvée par M. Hammerschmidt dans des larves d'insectes.

17e GENRE. OZOLAIME. *OZOLAIMUS.* — DUJ.

ὄζος, nœud, λαιμός, gosier.

« — Vers blancs, fusiformes, à tête amincie et munie de
« deux lobes latéraux plus écartés vers le haut ; — bouche verti-
« cale ; œsophage très-long, formé de deux parties distinctes,
« dont l'antérieure, plus épaisse et plus courte, est fortement
« renflée en fuseau avant de se joindre à la deuxième partie, qui
« est grêle, presque filiforme ; — ventricule distinct ; — intes-
« tin renflé à l'origine.

« — *Mâle* à queue courte, recourbée et tronquée ou appen-
« diculée ; — spicule simple, très-long, droit.

« — *Femelle* à queue droite, amincie peu à peu ; — anus

« rapproché de l'extrémité; — vulve gonflée, située vers le
« quart postérieur; — utérus et oviductes pelotonnés au-dessus
« de la vulve; — œufs grands. »

Ce genre, dont le nom exprime cette sorte de nœud ou d'articulation que nous offre le long œsophage de ces vers, ne comprend encore qu'une seule espèce; mais il se distingue suffisamment des ascarides et des oxyures par son spicule et par la
structure de sa bouche, munie seulement de deux lobes et non
de trois. La queue du mâle diffère totalement aussi de celle des
oxyures.

1. OZOLAIME DE L'IGUANE.   *OZOLAIMUS MEGATYPHLON.*

Ascaris megatyphlon, Rudolphi, Synopsis, p. 47 et 285, n° 45.

« —Corps blanc fusiforme plus ou moins recourbé, long de 5 à 8^{mm},
« 10 à 12 fois plus long que large; — tête à deux lobes latéraux
« plus écartés vers le haut; — bouche verticale; — pharynx rétréci
« obtus, par des lobes internes, à travers lesquels on voit l'orifice
« triangulaire du canal œsophagien; — œsophage brunâtre, long
« de 2^{mm},8, traversé par un canal triangulaire, dont les arêtes sont
« occupées chacune par une petite gouttière tubuleuse; — première
« partie de l'œsophage longue de 1^{mm},14, large de 0^{mm},08 au milieu, et
« renflée en un fuseau large de 0^{mm},16 avant de se joindre par une
« sorte d'articulation avec la suivante; — deuxième partie de l'œso-
« phage longue de 1^{mm},66, d'abord aussi large, puis rétrécie jusqu'à
« n'avoir que 0^{mm},05, et séparée, par un étranglement, du ventricule
« large de 0^{mm},18 turbiné; —cavité interne du ventricule triangulaire,
« et revêtue par une membrane striée transversalement; — intestin
« très-gonflé en arrière du ventricule, plus étroit en approchant de
« l'anus; —tégument strié transversalement, et muni de deux bandes
« opposées granuleuses, larges de 0^{mm},05; —stries écartées de 0^{mm},0045
« a 0^{mm},007.

« — *Mâle* long de 5^{mm}, large de 0^{mm},5, recourbé en arrière; —
« queue obliquement tronquée et comme onguiculée, ou terminée
« obliquement par un appendice déprimé, arqué; — anus près de
« l'extrémité; — spicule simple, presque droit, très-aigu, long
« de 1^{mm},25, large de 0^{mm},025 près de sa base, contenu dans une gaîne
« fibreuse et musculeuse qui le fait saillir en se contractant, ré-
« tractile au moyen de deux muscles symétriques insérés à sa base.

« — *Femelle* longue de 7^{mm},5 à 8^{mm},2, large de 0^{mm},66 à 0^{mm},70; —
« queue droite, amincie peu à peu et terminée en pointe mousse; —
« anus situé à 0^{mm},25 de l'extrémité; —vulve saillante et boursouflée,
« située au quart postérieur de la longueur, à 1^{mm},5 de l'anus; — uté-
« rus et oviductes repliés et comme pelotonnés au-dessus de la vulve;
« œufs elliptiques longs de 0^{mm},096 à 0^{mm},100, larges de 0^{mm},053. »

J'ai étudié cet helminthe sur des exemplaires assez nombreux trouvés au Muséum de Paris en août 1841, dans un jeune iguane qui était mort à la ménagerie. C'est bien probablement le même que Rudolphi avait trouvé dans l'intestin d'un *Iguane tuberculata* conservé dans l'alcool, et qu'il nomma *Ascaris megatyphlon* d'après l'apparence du tube digestif avec un grand cœcum à l'origine ; plus tard il détermina autrement les diverses parties de l'intestin en disant (*Synopsis*, p. 285) : « Que la première partie du tube digestif forme un sac long et ample (pharynx) que suit une deuxième partie, autant ou beaucoup plus longue, mais trois fois plus mince (œsophage), qui aboutit à une troisième partie presque globuleuse (proventricule) ; à la suite de celle-ci se trouve immédiatement une quatrième partie obtuse en avant, très-épaisse, presque ovale (ventricule), que suit enfin une cinquième partie plus mince (intestin). » Rudolphi observe en outre que les deux premières parties prises ensemble sont aussi longues, ou même plus longues que le reste de l'intestin. Il semble véritablement, d'après cela, que l'illustre helminthologiste a eu sous les yeux notre Ozolaime ; ce qu'il a nommé pharynx et œsophage, ce sont les deux parties de l'œsophage qui, en effet, sont remarquablement longues, sans toutefois égaler le reste de l'intestin. Ce qu'il nomme proventricule est le ventricule même ; et c'est la portion renflée de l'intestin qu'il a nommée ventricule. Il a bien décrit la forme générale des deux sexes, et la queue tronquée du mâle et son spicule long, droit et grêle qu'il a vu saillant au dehors sur un seul exemplaire. Mais, à tort, il leur attribue trois petites valvules un peu aiguës à la tête.

18ᵉ GENRE. HELIGME. *HELIGMUS*. — DUJ.

ἐλιγμός, enroulement.

« — Vers cylindriques, un peu amincis aux extrémités, à « tête obtuse, à trois lobes arrondis, peu distincts, et à queue « aiguë.

« — *Mâle* à queue recourbée, munie d'une double rangée « ventrale de papilles ; — spicule unique, très-long, flexible et « enroulable en hélice lâche.

« — *Femelle* ayant la vulve située en avant du milieu. »

Ce genre, que je nomme ainsi à cause de l'enroulement singulier du spicule ou pénis, renferme une seule espèce que l'on ne pouvait placer convenablement avec les ascarides, ni avec les helminthes d'aucun autre genre. Je l'ai trouvé dans l'intestin d'un poisson de mer.

1. HELIGME A LONG PÉNIS.   *HELIGMUS LONGICIRRUS.*

« — Corps blanc, cylindrique, un peu aminci vers les extrémités,
« quarante à cinquante fois aussi long que large; — tête obtuse, à
« trois lobes convexes, peu saillants, portant chacun une papille en
« dehors; — œsophage musculeux, long de 2^{mm},25 à 3^{mm}, renflé en
« massue, et large de 0^{mm},195; — ventricule distinct, large de 0^{mm},24;
« — tégument à stries fines, de 0^{mm},0047 à 0^{mm},0055.

« — *Mâle* long de 17^{mm}, large de 0^{mm},34; — rapport de la longueur
« à la largeur, 50; — tête large de 0^{mm},084; — queue recourbée,
« terminée brusquement par une pointe conique, assez aiguë, longue
« de 0,^{mm}125; — anus porté par un gros tubercule saillant, à 0^{mm},19 de
« l'extrémité, et accompagné par une double rangée ventrale de
« douze à treize papilles; — spicule ou pénis unique, long de 2^{mm},25,
« susceptible de s'enrouler en hélice lâche à l'intérieur, et formé
« d'un tube strié transversalement, large de 0^{mm},0146, contenu dans
« une lame transparente, assez épaisse, large de 0^{m},029.

« — *Femelle* longue de 25^{mm},5, large de 0^{mm},62 en arrière, un peu
« plus mince en avant; — rapport de la longueur à la largeur, 41;
« — tête large de 0^{mm},13; — vulve située vers le tiers antérieur, à
« 7^{mm},8 de la tête. »

J'ai trouvé un seul mâle et une femelle dans les intestins d'une plie
(*Pleuronectes platessa*), à Rennes.

19e GENRE. ASCARIDE.   *ASCARIS.* — LINNÉ.

ασχαρίς, ver intestinal.

« — Vers ordinairement blancs ou jaunâtres, cylindriques,
« amincis de part et d'autre ou fusiformes plus ou moins al-
« longés; — vingt à quatre-vingts fois plus longs que larges; —
« avec quatre lignes longitudinales blanches opaques diamétrale-
« ment opposées, correspondant aux divisions de la masse
« musculaire; — la ligne dorsale et la ligne ventrale étant ordi-
« nairement plus enfoncées, les deux lignes latérales souvent
« plus saillantes ou accompagnées par un repli membraneux
« linéaire, plus ou moins dilaté en forme d'ailes à la partie
« antérieure; — tégument ordinairement strié transversalement
« (stries de 0^{mm},002 à 0^{mm},037, tableau A), montrant quelque-
« fois en outre des fibres obliques croisées; — tête munie de
« trois valves distinctes presque semblables, convexes ou semi-
« globuleuses, dont une supérieure et deux latérales inférieures,
« fendues intérieurement et correspondant aux trois angles
« saillants ou aux trois gouttières du canal œsophagien tri-

« quètre; — bouche située entre les valves ; — œsophage mus-
« culeux, cylindrique ou en massue, ou en forme de pilon, et
« alors son renflément postérieur est le ventricule avec sa cavité
« triangulaire; quelquefois séparé par un étranglement plus ou
« moins marqué d'un ventricule également large ; — quelquefois
« un cœcum ou appendice pylorique partant de la base de
« l'œsophage, ou de l'intestin.

« — *Mâle* plus petit, ayant la partie postérieure plus ou moins
« enroulée, souvent munie à la face ventrale de deux ailes mem-
« braneuses latérales et de deux rangées de tubercules et de pa-
« pilles, plus rarement une ventouse se trouve en avant de
« l'anus; — queue plus courte, plus obtuse que celle de la fe-
« melle ; — deux spicules plus ou moins longs et arqués, quel-
« quefois revêtus chacun d'une gaîne membraneuse, ou accom-
« pagnés en arrière par une pièce accessoire en forme de lame
« aiguë.

« — *Femelle* à queue plus droite et plus longue; — vulve si-
« tuée ordinairement en avant du milieu ou même en avant du
« premier tiers; — utérus simple d'abord, puis divisé en deux
« ou plusieurs branches continuées chacune par un oviducte et
« par un ovaire filiforme très-long, enroulé autour de l'intestin;
« — œufs elliptiques ou globuleux, à coque lisse, ou pointillée
« ou ciselée, longs de 0^{mm},041 à 0^{mm},150 (voyez tableau B),
« éclosant quelquefois dans le corps de la mère, qui paraît alors
« vivipare. »

Le nom d'*Ascaris*, chez les anciens, désignait particulièrement l'*Ascaris vermicularis* de Linné et de Rudolphi, que nous
avons placée dans le genre *Oxyuris*, à l'exemple de Bremser;
Linné, en instituant un genre *Ascaris*, y comprit également
l'*Ascaris* de l'homme et le *Trichocephalus dispar*, qu'il nommait *Ascaris trichiura*. Après lui Müller, Fabricius, Bloch,
Gœze, Frœlich et Schrank augmentèrent ce genre de beaucoup d'espèces. Gmelin, dans l'édition qu'il voulut faire du
Systema naturæ de Linné, enregistra toutes ces espèces; et les
multiplia par des répétitions et des doubles emplois, jusqu'à en
compter soixante-dix-sept; Zeder, en continuant l'ouvrage de
Gœze, ajouta encore de nouvelles espèces, et cependant il n'en
compta que vingt-cinq, parce qu'il négligea les espèces simplement nominales et si multipliées de Gmelin; mais il changea
mal à propos le nom d'*Ascaris* en *Fusaria*. Rudolphi avait déjà
décrit plusieurs espèces nouvelles dans les archives de Wiede-
mann, quand il publia son célèbre ouvrage sur les Helminthes.

Il y décrivit plus ou moins complétement cinquante-cinq espèces, dont plusieurs ont dû passer ensuite dans d'autres genres, et il enregistra en outre vingt-deux espèces douteuses; dans la suite, il recueillit encore lui-même un très-grand nombre d'espèces pendant un voyage en Italie; il reçut de Bremser presque toutes les espèces nouvelles qui avaient été trouvées au musée de Vienne; il reçut aussi plusieurs espèces du Brésil, et par ses propres recherches, ou par celles de ses amis, il augmenta encore le nombre des ascarides jusqu'à avoir dans son *Synopsis* quatre-vingt-cinq espèces déterminées et soixante-neuf espèces douteuses, déduction faite des doubles emplois et des espèces reportées dans d'autres genres; mais il y comprenait encore deux oxyures de Bremser. M. Deslonchamps, dans l'*Encyclopédie méthodique*, ajouta encore trois espèces à celles de Rudolphi; depuis encore, Nitzsch, à Halle, en décrivit deux ou trois nouvelles; Jules Cloquet distingua l'ascaride du cheval; M. Creplin en a décrit aussi une; M. Bellingham en a signalé une nouvelle (*Ascaris alata*) dans l'homme; moi-même, ici, j'en donne plusieurs comme nouvelles, et cependant, à part les ascarides constituant de nouveaux genres, je ne compte que quatre-vingts espèces plus ou moins déterminées, dont quarante environ sont vraiment bien distinctes ou suffisamment connues, et dont les autres ne sont que très-incomplétement décrites.

Ce nombre devrait même encore être réduit en prenant pour type une ascaride bien connue, celle du chien, par exemple, l'*Ascaris marginata*, qui a les « trois valves de la tête bien « égales; l'œsophage simple, claviforme, sans étranglement, « sans pharynx, et suivi d'un ventricule globuleux plus ou « moins distinct; deux membranes latérales distinctes au moins « en avant; deux rangées de papilles à la face ventrale de la « partie postérieure du corps; deux spicules égaux; la vulve « située en avant du milieu; l'utérus divisé en deux branches « égales dirigés parallèlement en arrière. » C'est ainsi que se trouve caractérisé d'une manière précise notre sous-genre *Ascaris*, ou notre première grande division.

On pourrait en séparer comme sections, les espèces nombreuses qui en diffèrent par l'absence d'un ventricule distinct, le renflement postérieur de l'œsophage tenant lieu de cet organe; et surtout les espèces qui, avec ou sans ventricule, ont un ou deux appendices pyloriques couchés le long du tube digestif. Ainsi, les *Ascaris depressa* des oiseaux de proie et *Ascaris crassa* des canards, etc., ont un ventricule distinct, plus ou moins globuleux, entre l'œsophage et l'intestin, comme les vraies ascarides; et, de plus, elles ont un cœcum ou appendice pylorique, qui, partant de la base de l'intestin, revient en avant à côté de l'œsophage. Les *Ascaris clavata* des gades, *scombrica* du maquereau, *adunca* de l'alose, *obtusocaudata* de la truite, etc., ont ou n'ont point de ventricule, mais elles ont deux cœcums ou appendices pyloriques, l'un partant de la base de l'œsophage pour longer l'intestin, l'autre partant de la base de l'intestin pour revenir en avant, à côté de l'œsophage. Toutefois, ces diverses ascarides, sauf cette modification de l'appareil digestif, ont la tête et les organes génitaux conformes à la structure observée chez les vraies ascarides; tout au plus aurait-on à mentionner chez plusieurs la présence d'une pièce accessoire en arrière des spicules et l'absence des gaînes membraneuses aux spicules et des ailes à la queue.

Nous séparerons pour former un deuxième sous-genre (*Ascaridia*) les espèces dont l'utérus est divisé en deux branches opposées : telles sont les *Ascaris truncata* du perroquet, *Ascaris inflexa* de la poule, *Ascaris maculosa* du pigeon dont les mâles portent aussi une ventouse en avant de l'anus.

Un troisième sous-genre (*Anisakis*) comprend les espèces dont les mâles ont les spicules inégaux; telles que l'*Ascaris distans* des singes, suivant Rudolphi, et l'*Ascaris simplex* des dauphins.

Un quatrième sous-genre (*Polydelphis*) comprend les espèces dont l'utérus a plus de deux branches.

Après la séparation de toutes les espèces dont la tête est munie de valves bien distinctes, aussi longues que larges, et séparées par des entailles profondes, ou étranglées à la base, il reste des espèces dont la tête présente seulement trois lobes plus ou moins convexes, mais toujours moins longs que larges, et quelquefois aussi peu prononcés que chez les oxyures. Plusieurs, telles que l'*Ascaris vesicularis* de la poule, l'*Ascaris acuminata* et l'*Ascaris brevicaudata* des batraciens, ont en outre une cavité pharyngienne bien distincte, séparée de l'œsophage par une zone de petites pièces cornées, dentiformes, par une sorte d'armure dentaire; leur ventricule, comme celui des oxyures, fait suite à l'œsophage, et présente ainsi la forme d'un pilon; le canal œsophagien est triquètre ou formé de la réunion de trois gouttières, dont le fond est garni d'une double tige cornée; la queue est toujours terminée en pointe très-fine; il y a donc ici une réunion de caractères bien suffisants pour l'établissement d'un genre distinct, que nous nommons *Heterakis*.

Il y aurait peut-être aussi des motifs suffisants pour séparer l'*Ascaris nigrovenosa* des batraciens, à cause de sa tête sans lobes distincts, ainsi que beaucoup d'ascarides incomplétement décrites par Rudolphi.

Soit qu'on divise ainsi le genre *Ascaris*, soit qu'on y laisse provisoirement tous les types divers qu'il renferme, il sera facile de distinguer les espèces par des caractères précis pris : 1° de la forme et du volume des œufs; 2° de la position de la vulve; 3° de la forme et de la dimension des spicules; 4° du rapport de la longueur du corps à la largeur chez les adultes; 5° de la forme et de la dimension des stries du tégument, de la présence et du développement des membranes latérales, de la présence et du nombre des papilles, qui, souvent sur deux rangées, se voient à la face ventrale de la partie postérieure du mâle; 6° de la forme et de la proportion de la queue, et en même temps de la position de l'anus; 7° de la présence d'un tubercule préanal, ou d'une ventouse soutenue par un cercle corné comme chez les ascarides de la poule et du pigeon; 8° des proportions de la tête et de ses valves, ainsi que de la présence d'une ou deux papilles sur la convexité de chaque valve; 9° des proportions et de la forme des diverses parties du tube digestif; 10° des proportions de l'utérus et de la disposition des branches dans lesquelles il se divise.

Tels sont les caractères que j'ai employés, autant que possible, et qui semblent surtout susceptibles d'une détermination précise. Il n'en est pas de même assurément des caractères employés par Rudolphi, et basés d'abord pour l'établissement des sections sur la manière trop variable dont le corps est aminci, soit également de part et d'autre, soit davantage en avant ou en arrière; ensuite sur le développement plus ou moins considérable des membranes latérales formant ou ne formant pas des ailes de chaque côté de la tête; enfin, sur la forme de la queue. Au reste, on sentira généralement qu'il est impossible désormais de caractériser une ascaride par une phrase linnéenne aussi concise que celles de Rudolphi; la forme extérieure est trop semblable chez toutes pour qu'on ne doive pas chercher des caractères dans la structure et dans l'organisation; or, ces caractères ne se peuvent exprimer assez clairement par un trop petit nombre de mots.

Voici d'ailleurs deux tableaux exprimant pour les vraies ascarides et pour celles dont nous avons fait de nouveaux genres les caractères que nous avons employés, c'est-à-dire des mesures prises comparativement.

Tableau A. Les stries transverses du tégument sont écartées de :

0^{mm},025 à 0^{mm},054, pour l'*Ascaris prælonga* du grèbe (*Podiceps*).
0 ,016 à 0 ,038, pour l'*Ascaris spiralis* des hibous (*Strix*).
0 ,012 à 0 ,037, pour l'*Ascaris crassa* du canard.
0 ,020 à 0 ,030, pour l'*Ascaris depressa* des faucons (*Falco*).
0 ,025 pour l'*Ascaris maculosa* du pigeon.
0 ,020 à 0^{mm},029, pour l'*Ascaris simplex* des dauphins.
0 ,012 à 0 ,025, pour l'*Ascaris marginata* du chien et du loup.
0 ,014 à 0 ,026, pour l'*Ascaris mystax* du chat et du lion.
0 ,013 à 0 ,025, pour l'*Ascaris inflexa* de la poule.
0 ,012 à 0 ,021, pour l'*Ascaris triquetra* du renard.
0 ,020 pour l'*Ascaris lumbricoides* de l'homme.
0 ,009 à 0^{mm},017, pour l'*Ascaris acus* du brochet.
0 ,013 à 0 ,016, pour l'*Ascaris truncata* des perroquets.
0 ,010 à 0 ,013, pour l'*Ascaris gypina* des vautours.
0 ,008 à 0 ,0115, pour l'*Ascaris transfuga* des ours.
0 ,006 à 0 ,010, pour l'*Ascaris megalocephala* du cheval.
0 ,009 à 0 ,011, pour l'*Ascaris semiteres* du vanneau.
0 ,008 à 0 ,010, pour l'*Ascaris incurva* de l'espadon (*Xiphias*).
0 ,004 à 0 ,007, pour l'*Ascaris adunca* de l'alose (*Clupea*).
0 ,006 à 0 ,009, pour l'*Ascaris spiculigera* du cormoran.
0 ,006, pour l'*Ascaris obtusocaudata* de la truite (*Salmo*).
0 ,0050, pour l'*Ascaris pedum* du maquereau.
0 ,0041, pour l'*Ascaris ecaudata* du congre.
0 ,0045, pour l'*Ascaris clavata* des gades.
0 ,0043, pour l'*Ascaris anoura* du python.
0 ,0026 à 0^{mm},0038, pour l'*Ascaris* ou *Heterakis vesicularis* de la poule.
0 ,0036, pour l'*Ascaris* ou *Heterakis acuminata* de la grenouille.
0 ,0035, pour l'*Ascaris* ou *Heterakis brevicaudata* de la grenouille.

Tableau B. De la longueur des œufs chez les diverses espèces.

0^{mm},14 à 0^{mm},16, œuf membraneux contenant l'embryon replié de l'*Ascaris acuminata* de la grenouille.
0 ,11 à 0 ,12, œuf de l'*Ascaris prælonga* du grèbe. — Globuleux.
0 ,108 à 0 ,120, œuf de l'*Ascaris ecaudata* du congre. —Ovale.
0 ,116, œuf membraneux contenant l'embryon replié de l'*Ascaris nigrovenosa* du crapaud.
0 ,104 à 0^{mm},108, œuf de l'*Ascaris depressa* des faucons.—Globuleux.
0 ,100   —   de l'*Ascaris brevicaudata* de la salamandre.
0 ,100   —   de l'*Ascaris crassa* du canard. — Globuleux.
0 ,100   —   de l'*Asc. megalocephala* du cheval. — Ovale.
0 ,098   —   de l'*Ascaris ensicaudata* du merle. — Oblong.
0 ,091   —   de l'*Ascaris semiteres* du vanneau. — Oblong.
0 ,088   —   de l'*Asc. brevicaudata* de la grenouille rousse.

0ᵐᵐ,088 à 0ᵐᵐ,108, œuf de l'*Ascaris acus* du brochet. — Globuleux.
0 ,087 —   de l'*Asc. lumbricoides* de l'homme. —Oblong.
0 ,075 à 0 ,083, de l'*Asc. gypina* des vautours. — Globuleux.
0 ,075 à 0 ,083, de l'*Ascaris spiralis* des hibous. —Oblong.
0 ,075 à 0 ,082, de l'*Ascaris triquetra* du renard.
0 ,075 à 0 ,078, de l'*Asc. marginata* du chien — Globuleux.
0 ,070 à 0 ,075, de l'*Asc. incurva* de l'espadon. — Globuleux.
0 ,077 —   de l'*Ascaris inflexa* de la poule. — Oblong.
0 ,071 —   de l'*Ascaris vesicularis* de la poule.
0 ,069 à 0 ,071, de l'*Ascaris truncata* des perroquets.
0 ,070 —   de l'*Ascaris adunca* de l'alose. — Globuleux.
0 ,070 —   de l'*Asc. maculosa* du pigeon. — Globuleux.
0 ,066 —   de l'*Ascaris suilla* du cochon. — Oblong.
0 ,062 —   de l'*Asc. transfuga* de l'ours. — Globuleux ?
0 ,066 à 0 ,072, de l'*Ascaris anoura* du pithon. —Elliptique.
0 ,057 —   de l'*Asc. pedum* du maquereau. — Globuleux.
0 ,055 —   de l'*Asc. obtusocaudata* de la truite. — Oblong.
0 ,054 à 0 ,058, de l'*Ascaris clavata* des gades. — Globuleux.
0 ,050 à 0 ,056, de l'*Ascaris spiculigera* du cormoran. — *Id.*
0 ,041 à 0 ,047, de l'*Ascaris simplex* des dauphins. — *Id.*

Les ascarides se trouvent presque toujours dans l'intestin des vertébrés des différentes classes; on a seulement cité une ou deux espèces dans l'intestin des insectes, et il est encore douteux que ce soient de vraies ascarides; parmi les ascarides des vertébrés, l'*Ascaris nigrovenosa* vit exclusivement dans les poumons de plusieurs reptiles, mais peut-être doit elle être reportée dans un autre genre. Beaucoup d'ascarides toujours très-petites ou très-jeunes se développent dans des kystes du péritoine ou du tissu cellulaire de divers organes, mais comme on ne leur voit pas d'organes sexuels ni quelquefois aucun organe distinct, il est difficile d'affirmer si ce sont toujours de vraies ascarides.

Iᵉʳ SOUS-GENRE. — ASCARIDES VRAIES. (*ASCARIS.*)

Utérus à deux branches parallèles dirigées en arrière.

§ I. PREMIÈRE SECTION[1].

Ascarides à œsophage simple avec ou sans ventricule, mais sans appendices pyloriques.

(Toutes les ascarides connues des mammifères sont dans cette section.)

---

[1] Dans cette première section nous inscrivons avec le signe de doute (?) et sans rien préjuger toutes les espèces qui ne sont pas suffisamment connues pour que leur vraie place puisse être assignée.

I. ASCARIDES DES MAMMIFÈRES.

ASCARIDES DE L'HOMME. (Voyez aussi *Oxyure.*)

1. ASCARIDE LOMBRICOÏDE.   *ASCARIS LUMBRICOIDES.*

Ascaris lumbricoides, Linné, Syst. nat., XII Edit., p. 1076.
Ascaris lumbricoides, Bloch, Traité des Vers intestinaux, trad., p. 63.
Ascaris gigas, Goeze, Naturgesch., p. 62, pl. 1, fig. 1.
Fusaria lumbricoides, Zeder, Nachtrag., p. 25.
Ascaris lumbricoides, Rud., Entoz., t. II, 1, p. 125; et Syn., p. 37 et 267.
Ascaris lumbricoides, Bremser, Traité des Vers intest., trad., p. 157, pl. 2,
    et Atlas 3ᵉ édit., pl. 2.
Ascaris lumbricoides, Bremser, Icones helminthum, pl. 4, fig. 10-11.
Ascaris lumbricoides, Bojanus, Enthelminthica dans l'Isis, 1821, p. 162.
Ascaris lumbricoides, Cloquet, Anat. des Vers intest., p. 1, pl. 1-4.
Ascaris lumbricoides, Blainville, Dict. sc. nat., t. LVII, p. 541, pl. 37,
    fig. 1-4.
Ascaris lumbricoides, Schmalz, XIX Tab. anat., Entoz., ill, pl. 13, 14, 15,
    16, d'après Cloquet et Bojanus.

« — Corps blanchâtre ou rougeâtre-pâle, cylindrique, aminci aux
« deux extrémités ou fusiforme-allongé, assez roide, élastique ; — tête
« distincte, petite (large de 0ᵐᵐ,7), avec trois valves finement denticulées
« sur leur bord interne, et portant chacune près du sommet une pa-
« pille peu saillante ; — œsophage musculeux long de 8 à 11ᵐᵐ, renflé
« en massue (large de 0ᵐᵐ,7), et tenant lieu de ventricule ; — tégument
« soutenu par deux couches de fibres obliques, croisées, et présentant
« des stries transverses, écartées de 0ᵐᵐ,02, et deux lignes latérales
« enfoncées.

« — *Mâle* long de 150 à 170ᵐᵐ, large de 3ᵐᵐ,2 ; — rapport de la lon-
« gueur à la largeur 50 ; — queue un peu déprimée et courbée ; —
« spicules aplatis, presque droits, longs de 1ᵐᵐ8 à 2ᵐᵐ,12, larges de
« 0ᵐᵐ,18 à 0ᵐᵐ,23, et contenus dans une gaîne fibreuse contractile.

« — *Femelle* longue de 200 à 250ᵐᵐ (jusqu'à 320 et 400ᵐᵐ, Rud.), large
« de 4 à 5ᵐᵐ,5 ; — rapport de la longueur à la largeur 52 ; — queue
« conique, obtuse ; — anus situé à 1ᵐᵐ,1 ou 1ᵐᵐ de l'extrémité ; — vulve
« en avant du milieu, (à 85ᵐᵐ de la tête sur une femelle de 245ᵐᵐ et à
« 103ᵐᵐ sur une femelle de 214ᵐᵐ) ; — utérus d'abord simple, long
« de 5ᵐᵐ,15, puis divisé en deux branches longues de 6ᵐᵐ, dirigées pa-
« rallèlement en arrière, et continuées chacune en un long oviducte ;
« — ovaires filiformes, formant ensemble une masse pelotonnée qui
« commence à 76ᵐᵐ de la tête et occupe une longueur de 64 à 70ᵐᵐ ;
« — œufs longs de 0ᵐᵐ,087, à coque mince, lisse. »

L'ascaride lombricoïde a été remarquée depuis les temps les plus
anciens; elle se trouve communément dans l'intestin grêle de l'homme
pendant son enfance. Bien loin de causer tous les maux qu'on lui at-

tribue, elle paraît même ne nuire à la santé que si elle se multiplie à l'excès ou si quelque cause la force à remonter dans l'estomac, car on voit souvent des enfants jouissant de la plus belle constitution et exempts de toute sorte d'indisposition, rendre des ascarides sans même s'en apercevoir; on assure même qu'un cinquième des enfants de trois à dix ans en ont habituellement. Toutefois, quand leur présence est incommode, on favorise leur expulsion par les purgatifs et par les vermifuges, et surtout par l'emploi de l'huile empyreumatique de Chabert, laquelle ne doit elle-même sa vertu qu'à l'huile animale de Dippel. L'ascaride lombricoïde laisse voir en dehors, à travers les téguments, quatre lignes longitudinales, deux latérales plus larges, une dorsale et une ventrale. Ces lignes, auxquelles correspond à l'intérieur un cordon fibreux ont pu quelquefois être prises pour des vaisseaux ou pour des nerfs.

On a répété jusqu'à présent que l'ascaride lombricoïde se trouve également dans l'intestin du bœuf et du cochon; on croyait même qu'elle se trouve aussi dans le cheval; mais J. Cloquet a montré que l'ascaride du cheval est une espèce différente qu'on nomme, d'après lui, *Ascaris megalocephala* et l'on verra plus loin en quoi diffère aussi l'ascaride du cochon. Cloquet, en donnant l'anatomie de ces ascarides, ne vit qu'un seul des spicules qui sont assez difficiles à trouver; il le représenta assez exactement (pl. 2, fig. 79) comme étant conique, blanchâtre, un peu courbe, et terminé en pointe aiguë. Depuis lors, plusieurs auteurs, persuadés de l'identité de l'ascaride de l'homme avec celle des divers animaux domestiques, ont représenté l'ascaride lombricoïde mâle avec les spicules courbés et saillants de l'ascaride du cheval ou de quelque autre, parce qu'il est plus aisé de se procurer les mâles de celles-ci ou plus difficile de distinguer les mâles des femelles dans les ascarides de l'homme.

2. ASCARIDE AILÉE.   *ASCARIS ALATA.* — BELLINGHAM.

M. Bellingham, en Irlande, a trouvé une seule fois dans l'intestin de l'homme deux ascarides femelles longues de 88^{mm}, larges de 1^{mm},05 en avant, et de 1^{mm},57 en arrière, où le corps est droit; l'extrémité antérieure, infléchie, est munie de deux ailes membraneuses, demi-transparentes, longues de 3^{mm},16, plus larges en arrière, de sorte que cette partie a une forme triangulaire : ces vers ressemblent ainsi à l'ascaride du chat (*Ascaris mystax*), qui cependant a son plus grand diamètre en avant, et non en arrière. M. B. croit que cette espèce avait déjà été observée une fois auparavant par le docteur J. V. Thomson.

ASCARIDES DES SINGES. (Voyez aussi aussi au sous-genre *Anisakis*.)

ASCARIS ELONGATA. — RUDOLPHI, *Syn.*, p. 650.

Rudolphi n'a eu de cette espèce qu'une femelle trouvée au Brésil par Olfers dans l'intestin du coaïta à ventre blanc (*Simia Beelzebuth*); elle est, dit-il, blanchâtre, longue de 54^{mm}, large de 0^{mm},56 : ainsi le rapport de la longueur à la largeur serait 96; la tête est petite; le corps est à peu près également aminci de part et d'autre; la queue est déprimée et aiguë.

? 3. ASCARIDE DU HÉRISSON.   *ASCARIS PUSILLA.* — Rudolphi, *Entoz*, II, 1, p. 164, et *Synops.*, p. 46, n° 42.

Ascaris pusilla, Creplin, dans l'Encyclop., de Ersch et Gruber, t. XXXII, p. 282.

« — Corps blanc, long de 1^{mm}, plus mince qu'un cheveu, demi-« transparent, un peu plus épais en arrière, où la queue se termine « en pointe obtuse; — tête nue, mince, à trois valves distinctes. » Rud.

Rudolphi le trouva en juillet et septembre, à Griefswald, dans des petits kystes *du péritoine du hérisson.*

M. Creplin l'a trouvée, longue de quelques lignes, dans des petits kystes du tissu cellulaire sous la peau.

J'ai trouvé à Rennes, dans l'intestin du hérisson, le 28 mars, de très-petites ascarides libres, assez nombreuses, vivipares, qui m'ont paru être la même espèce, mais qui ne m'ont pas offert de caractères suffisants pour en faire une description complète. Voici comment je les décris :

« — Corps blanc, long de 1^{mm},3, large de 0,054, aminci peu à peu en « avant, plus brusquement en arrière, où il se termine par une pointe « conique allongée; — tête sans valves distinctes; — vulve saillante, « située en arrière du milieu, aux trois cinquièmes de la longueur; « — embryons vivants, longs de 0^{mm},12, repliés dans l'intérieur du « corps. »

ASCARIDE DE LA MUSARAIGNE.

J'ai trouvé plusieurs fois dans des kystes du péritoine de la musa-raigne d'eau (*Sorex fodiens*) et de la musette (*Sorex araneus*) des petits nématoïdes très-jeunes, et par conséquent sans organes géni-taux, mais dont la tête paraît bien être d'une ascaride.

? 4. ASCARIDE DE LA TAUPE.   *ASCARIS INCISA.* — Rudolphi.

Cucullanus talpæ, Goeze, Naturg., p. 130, pl. 8, fig. 7-8.
Cucullanus talpæ, Gmelin, Syst. nat., p. 3051.
Ascaris incisa, Rud., Entoz. t. II, 1, p. 163, et Syn., p. 46, n° 41.
Fusaria incisa, Zeden, Naturg., p. 108.

« — Corps très-grêle, long de 9^{mm}, un peu plus épais en avant, ridé « transversalement et comme crénelé sur les bords; — tête arron-« die avec trois petites valves; — bouche très-petite; — queue cour-« bée, terminée par une pointe conique courte. » (Rud.)

Goeze l'avait trouvée enroulée dans de petits kystes du péritoine de la taupe; au mois de mai, Rudolphi l'y trouva ensuite dans de petits kystes adhérents, soit à l'estomac, soit à l'intestin. Mais il est évident que ce n'est pas une espèce que l'on puisse déterminer avec précision ; car les organes génitaux n'y sont pas encore visibles ; c'est plutôt un spiroptère.

5. ASCARIDE DE L'OURS. *ASCARIS TRANSFUGA.* — Rudolphi, *Synops.*, p. 40 et 273, n° 15.

« — Corps blanc, cylindrique, cinquante fois aussi long que large,
« aminci vers les extrémités, surtout en arrière ; — tête large, de
« 0ᵐᵐ,5 à 0ᵐᵐ,6, à trois lobes bien prononcés ; — œsophage en mas-
« sue, long de 5ᵐᵐ, large de 0ᵐᵐ,5 en arrière, où il est suivi immédia-
« tement par l'intestin sans ventricule ; — tégument à stries trans-
« verses, de 0ᵐᵐ,0083 à 0ᵐᵐ,011, avec deux couches de fibres obliques
« croisées, et portant à la partie antérieure deux ailes arrondies, peu
« saillantes, ou deux bourrelets qui, arrivés à 3 ou 5ᵐᵐ de la tête,
« disparaissent dans des sillons latéraux.
« — *Mâle* long de 92ᵐᵐ, large de 1ᵐᵐ,8 ; — rapport de la longueur
« à la largeur, 51 ; — queue conoïde courte, avec deux rangs de pa-
« pilles ventrales peu visibles ; — anus à 0ᵐᵐ,4 de l'extrémité ; —
« deux spicules presque droits, longs de 0ᵐᵐ,53, larges de 0ᵐᵐ,054 ;
« — vésicule séminale longue de 17ᵐᵐ ; — repli du testicule remon-
« tant jusqu'à 32ᵐᵐ de la tête.
« — *Femelle* longue de 140ᵐᵐ, large de 2ᵐᵐ,8 ; — rapport de la
« longueur à la largeur, 50 ; — queue conique, brusquement amin-
« cie, et un peu recourbée en dessus ; — anus à 1ᵐᵐ,4 de l'extrémité ;
« — vulve au tiers antérieur de la longueur, à 43ᵐᵐ de la tête ; —
« vagin tubuleux infléchi, long de 4ᵐᵐ, suivi d'une première par-
« tie de l'utérus, longue de 4ᵐᵐ,2, large de 1ᵐᵐ, en forme de sac
« oblong, d'où partent en arrière deux branches musculeuses, larges
« de 0ᵐᵐ,3 à 0ᵐᵐ,4, très-flexueuses, et se continuant avec les ovi-
« ductes et les ovaires filiformes, dont les replis s'étendent depuis la
« vulve jusqu'à 8ᵐᵐ de l'anus ; — œufs longs de 0ᵐᵐ,062ᵐᵐ, presque
« globuleux, à coque pointillée. »

J'ai pu étudier un mâle provenant de l'intestin d'un ours blanc (*Ursus maritimus*), et une femelle provenant d'un ours brun (*Ursus arctos*), l'un et l'autre trouvés au musée de Vienne, et envoyés au Muséum de Paris, en 1816, sous les n°ˢ 50 et 48. Rudolphi, qui avait également reçu de Bremser cette même ascaride, lui donna le nom d'*Ascaris transfuga,* parce que, tout en ressemblant beaucoup à l'ascaride lombricoïde, elle fait le passage à la section des ascarides dont la tête est ailée.

6. ASCARIDE DU COATI. *ASCARIS ALIENATA.* — Rudolphi, *Synopsis,* p. 661.

« — Corps aminci de part et d'autre, mais davantage en avant ; —
« tête à trois valves obtuses, très-distinctes, plus transparentes que

« le reste du corps, presque totalement dépourvue d'ailes membra-
« neuses.

« — *Mâle* long de 36^{mm}, à queue recourbée, et concave en dessous,
« terminée par une pointe très-courte, obtuse, mince et diaphane,
« en avant de laquelle sortent deux spicules tellement rapprochés
« qu'ils semblent n'en former qu'un.

— « *Femelle* longue de 50^{mm}, à queue presque droite, très-obtuse,
« terminée par une pointe diaphane, très-courte, assez obtuse, en
« avant de laquelle est l'anus. » (Rud.)

Rudolphi la reçut d'Olfers, qui l'avait trouvée au Brésil dans l'intestin d'un jeune coati; comme c'est la seule espèce, parmi les ascarides des carnassiers, qui soit dépourvue d'ailes membraneuses aux
côtés de la tête, Rudolphi a voulu exprimer cette différence par le
nom spécifique d'*Alienata*.

ASCARIDE DU GLOUTON. (*Gulo arcticus.*)

Rudolphi a inscrit parmi ses espèces douteuses une *Ascaris gulonis*
(*Entoz.,* II, 2, p. 374, et *Synopsis,* p. 53, n° 77); c'est un helminthe
long de 250 à 200^{mm} trouvé dans l'intestin grêle du glouton (*Gulo
arcticus*), par Pallas, qui s'est contenté de l'indiquer sans en donner
la description. D'autres auteurs ont parlé d'une ascaride du glouton,
trouvée par Redi; mais Rudolphi a montré qu'il s'agissait non d'un
glouton, mais d'une fouine.

ASCARIDE DE LA MARTRE. (*Mustela martes.*)

Rudolphi a encore inscrit, sous le nom de *Ascaris martis* (*Synopsis,* p. 664), des ascarides blanches, grêles, longues de 6^{mm},75 à
9^{mm}, trouvées à Berlin dans l'intestin grêle d'une martre; leur tête
est tronquée, à trois valves; leur corps s'amincit davantage en arrière,
et se termine par une longue queue subulée; l'œsophage, renflé à la
base, se termine par un renflement en forme de pilon, qui est le ventricule. Ce serait peut-être un oxyure?

J'ai trouvé moi-même dans la belette (*Mustela vulgaris*), des
Oxyuris obvelata ou *Ascaris obvelata,* Rud., provenant très-certainement des campagnols dévorés par ce carnassier.

C'est également parmi ses espèces douteuses qu'est inscrite une
Ascaris mustelarum (*Synops.,* p. 53, n° 76), trouvée d'abord par
Gœze dans la martre, puis au musée de Vienne dans la fouine (*Mustela foina*); Gœze dit que la sienne est très-voisine de l'ascaride
du chat (*Ascaris mystax*).

5. ASCARIDE DU CHIEN. *ASCARIS MARGINATA.* — Rud.

Ascaris canis, Werner, Brev. exp., cont., I, p. 11, pl. 9, fig. 38-40.
Ascaris teres canis, Goeze, Naturg., p. 81.
Ascaris canis, Gmelin, Syst. nat., p. 3030.
Ascaris caniculæ, Schrank, Verzeichn, p. 10.
Ascaris tricuspidata, Encycl. méth., atlas, pl. 30, fig. 7-9.
Ascaris Werneri, Rudolphi, Observ., t. I, p. 10.
Ascaris marginata, Rud., Entoz., t. II, i, p. 138, et Syn., p. 41, n° 18.
Fusaria Werneri et *Fusaria marginata*, Zeder, Nachtr., p. 42, et Naturg.,
　　p. 106.
Ascaris marginata, Bremser, Icones helminthum, pl. 4, fig. 21.
Ascaris marginata, Gurlt, Path. Anat. de Haussaeug., pl. 8, fig. 11-15.

Var. α Ascaride du loup. *Ascaris microptera.* — Rud., *Syn.*,
p. 41 et 275, n° 17.

« — Corps blanchâtre ou un peu brunâtre, cylindrique, aminci aux
« deux extrémités ; — tête large de $0^{mm},30$ à $0^{mm},44$, arrondie, à lobes
« convexes, portant chacun une papille saillante au milieu de leur
« convexité, et une mince bordure denticulée sur leur contour ; —
« œsophage long de 5^{mm}, en massue, large de $0^{mm},4$ à $0^{mm},5$, suivi d'un
« petit ventricule presque globuleux ; — tégument à stries transverses,
« de $0^{mm},012$ à $0^{mm},025$, soutenu par deux couches de fibres obliques
« croisées et portant de chaque côté du cou une expansion latérale ou
« une aile oblongue plus ou moins étroite.

« — *Mâle* long de 50 à 92^{mm}, large de 1^{mm} à $1^{mm},6$; — rapport de la
« longueur à la largeur 50 à 58 ; — partie postérieure enroulée d'un
« seul tour, avec deux rangées ventrales de quinze papilles soute-
« nant des membranes très-peu saillantes, et terminées par une petite
« queue brusquement rétrécie ; — spicules courbés et élargis en lame
« de sabre, longs de $1^{mm},12$.

« — *Femelle* longue de 91 à 115^{mm} (jusqu'à 190, Rud., et 270, Crepl.),
« large de $1^{mm},5$ à $1^{mm},7$; — rapport de la longueur à la largeur 53 à
« 82 ; — queue conoïde, assez aiguë ; — anus à $1^{mm},10$ de l'extrémité ;
« — vulve située à 20 ou 26^{mm} de la tête ; — utérus très-allongé (de 35 à
« 50^{mm}, plus ou moins flexueux), commençant par une première partie
« filiforme sinueuse (vagin), longue de 5 à 8^{mm}, puis devenant large de
« $0^{mm},7$, sur une longueur de 12 à 15^{mm}, et enfin divisé en deux bran-
« ches parallèles longues de 18 à 24^{mm}, larges de $0^{mm},7$ à $0^{mm},8$, qui se
« continuent chacune avec l'oviducte et l'ovaire filiforme correspon-
« dant ; — ovaires repliés et pelotonnés dans presque toute l'étendue
« du corps ; — œufs presque globuleux, longs de $0^{mm},075$ à $0^{mm},079$,
« revêtus d'une coque réticulée ou parsemée de trous réguliers. »

On la trouve communément dans l'intestin grêle du chien. Je l'y ai
vue très-souvent à Paris, à Toulouse et à Rennes. Gœze, Rudolphi et
tous les autres helminthologistes l'ont également trouvée en Italie, en

Allemagne, en Angleterre ou en France. Sur cent quarante-quatre chiens disséqués au musée de Vienne, cent quatre en contenaient.

Cette même espèce vit aussi dans l'intestin grêle du loup (*Canis lupus*). Rudolphi l'y avait trouvée et l'avait prise pour une espèce distincte caractérisée, pensait-il, par le peu de largeur des ailes membraneuses de la tête, mais j'ai pu m'assurer que cette différence est purement accidentelle. J'ai vu des ascarides du chien avec ces ailes plus ou moins développées, et j'ai retrouvé tous les caractères essentiels de cette espèce sur deux exemplaires, mâle et femelle d'*Ascaris microptera* provenant d'un loup, envoyés au Muséum de Paris par celui de Vienne. Les œufs dont la structure est en rapport avec le long séjour qu'ils doivent faire dans un utérus aussi développé, sont identiques dans les ascarides du chien et du loup, ainsi que l'utérus, le tégument, les spicules, etc., et, je le répète, le plus ou moins de développement des ailes membraneuses ne suffit pas même pour constituer une variété constante.

? 6. ASCARIDE DU RENARD.   *ASCARIS TRIQUETRA.* —Rud.

Ascaris teres, Goeze, Naturg., p. 84.
Ascaris vulpis, Froelich, dans Naturf., XXIV, p. 140, pl. 4, fig. 30-31.
Ascaris triquetra, Schrank, dans Vetensk., Acad. Handl., 1790, p. 120.
Fusaria triquetra, Zeder, Naturg., p. 43.
Ascaris triquetra, Rudolphi, Entoz., t. II, 1, p. 139, et Syn., p. 41, n° 19.

Cette ascaride ne me paraît pas différer essentiellement de celles du chien et du loup ; les œufs, l'utérus, la position de la vulve chez la femelle, les spicules chez le mâle, le tégument, les lobes de la tête sont complétement semblables ; l'œsophage est également suivi d'un ventricule globuleux, mais il m'a paru plus large proportionnellement ; la queue du mâle ne m'a pas présenté la double rangée ventrale de papilles ; enfin, les ailes membraneuses de la tête sont plus larges et plus courtes, de telle sorte que l'extrémité antérieure du corps est en fer de lance.

J'en ai trouvé à Rennes, trois fois sur sept, dans l'intestin grêle du renard (*Canis vulpes*) plusieurs mâles longs de 48ᵐᵐ, larges de 1ᵐᵐ, et des femelles longues de 60 à 88ᵐᵐ, larges de 1ᵐᵐ,20 à 1ᵐᵐ,50 ; je ne l'avais pas vue dans deux renards à Toulouse. Gœze, Frœlich, Rudolphi et d'autres helminthologistes l'avaient trouvée en Allemagne, et Zeder en rencontra une fois plus de deux cents dans un seul renard. Au musée de Vienne, on l'a trouvée aussi trente-cinq fois sur soixante-deux. M. Deslongchamps l'a trouvée à Caen, et M. Bellingham en Irlande.

—Le catalogue du musée de Vienne indique comme trouvée dans le chacal (*Canis aureus*), une ascaride indéterminée, que Rudolphi place dans ses espèces douteuses (*Synops.*, p. 53, n° 74), ainsi qu'une autre ascaride (*ibid.*, n° 75) portée sur le catalogue du musée vétérinaire de Copenhague, comme trouvée dans l'Isatis (*Canis lagopus*) ; on peut croire que c'est la même que celle du chien ou du renard.

(?) 7. ASCARIDE DE LA GENETTE.   *ASCARIS BRACHYOPTERA.*
— Rud., *Synops.*, p. 41 et 275, n° 20.

« — Corps également aminci de part et d'autre ; — tête distincte avec
« trois valves petites, obtuses ; — deux ailes membraneuses, semi-
« elliptiques, courtes.
« — *Mâle* long de 68ᵐᵐ, à queue déprimée, infléchie, terminée par
« pointe papilliforme, très-courte, sans ailes latérales.
« — *Femelle* longue de 81ᵐᵐ, à queue conique, terminée par une
« une pointe très-courte en avant de laquelle est l'anus. » (Rud.)

Rudolphi la reçut de Bremser, qui l'avait trouvée à Algésiras, en
Espagne, dans la genette ; il la croit assez différente de l'ascaride du
chat, par l'absence des ailes à la queue du mâle, et par la forme des
ailes de la tête ; mais il faudrait d'autres caractères pour la distinguer
suffisamment comme espèce.   .

8. ASCARIDE DU CHAT.   *ASCARIS MYSTAX.* — Zeder.

Ascaris teres felis, Goeze, Naturgesch., p. 79, pl. 1, fig. 9-13.
Ascaris felis, Gmelin, Syst. nat., p. 3031.
Ascaris cati, Schrank, Verzeichn., p. 8, n° 29.
Fusaria mystax, Zeder, Nachtrag., p. 45.
Ascaris mystax, Rudolphi, Entoz., t. II, 1, p. 140 et Syn., p. 42, n° 21.
Ascaris mystax, Bremser, Icones helminthum, pl. 4, fig. 23.

Var. α ASCARIDE DU LION. *Ascaris leptoptera.* — Rud., *Entoz.*, t. II, 1,
p. 137, pl. 1, fig. 12-13, et *Synopsis*, p. 41 et 74, n° 16.

« — Corps blanchâtre, également aminci de part et d'autre ; — tête
« large de 0ᵐᵐ,18 à 0ᵐᵐ,28, à lobes oblongs portant chacun une papille
« saillante ; — œsophage long de 4ᵐᵐ, large de 0ᵐᵐ,38, suivi d'un petit
« ventricule presque cylindrique ; — tégument à stries transverses
« de 0ᵐᵐ,014 à 0ᵐᵐ,026 soutenu par deux couches de fibres obliques
« croisées, et portant de chaque côté du cou une aile membraneuse
« oblongue, plus ou moins large.
« — *Mâle* long de 30 à 60ᵐᵐ, large de 0ᵐᵐ,6 à 1ᵐᵐ ; — rapport de la
« longueur à la largeur 50 à 60 ; — partie postérieure recourbée avec
« deux ailes membraneuses, peu saillantes, soutenues par deux ran-
« gées ventrales de treize à quinze papilles, auxquelles correspondent
« intérieurement des bandes musculeuses transverses ; — queue brus-
« quement rétrécie, longue de 0ᵐᵐ,16 ; — spicules recourbés, longs
« de 1ᵐᵐ,2, larges de 0ᵐᵐ,05.
« — *Femelle* longue de 46 à 108ᵐᵐ, large de 0ᵐᵐ,8 à 2ᵐᵐ ; — rapport
« de la longueur à la largeur 57 à 70 ; — queue conique aiguë ; — anus
« à 0ᵐᵐ,70 de l'extrémité ; — vulve située à 14ᵐᵐ de la tête ; — utérus
« dirigé en arrière, très-allongé (long de 25 à 34ᵐᵐ), large de 0ᵐᵐ,6,
« commençant par une portion plus étroite, flexueuse (vagin), puis

« après un trajet de 20 à 25ᵐᵐ, se divisant en deux branches paral-
« lèles larges de 0ᵐᵐ,5, longues de 8 à 12ᵐᵐ qui se rétrécissent brus-
« quement à la fois, pour se continuer chacun avec l'oviducte et l'ovaire
« filiforme correspondant; — œufs presque globuleux, longs de 0ᵐᵐ,070
« à 0ᵐᵐ,072, larges de 0ᵐᵐ,066, à coque revêtue d'un épaississement
« réticulé, ou alvéolé comme un dé à coudre. »

On voit par cette description faite sur divers exemplaires recueillis
dans le chat, et comparativement, sur d'autres exemplaires recueillis
dans l'intestin du lion, soit à Paris, soit à Vienne, qu'il y a peu de
différences essentielles entre cette espèce et celles du chien et du
renard; la largeur et la disposition des ailes membraneuses de la tête
quelquefois relevées obliquement en moustache (*mystax*) n'ont rien
de constant, et ne peuvent fournir un bon caractère spécifique; les
organes génitaux, les lobes de la tête et le tégument sont presque
semblables; cependant il m'a paru que les papilles de la queue du
mâle correspondent ici à des muscles transverses bien plus prononcés;
l'œuf est un peu plus petit, et les alvéoles de la coque sont aussi plus
petits.

Je l'ai trouvée plusieurs fois, à Toulouse et à Rennes, dans l'intestin grêle du chat. Tous les helminthologistes l'ont également
trouvée, et quelquefois abondamment dans le chat domestique et
dans le chat sauvage, en Allemagne, en Angleterre, en Italie et en
France. Au musée de Vienne, on l'a trouvée également dans le lynx
(*Felis lynx*).

Quant à l'ascaride du lion, Rudolphi la reçut d'abord du professeur
Schwaegrichen, qui l'avait trouvée dans un lion mort à Leipsik. Mais
il en trouva ensuite lui-même plus de cent dans l'œsophage et l'estomac
d'un lion né à Londres dix-neuf mois auparavant. Elle fut aussi trouvée
au musée de Vienne dans l'estomac et l'intestin d'un lion, et Bremser
crut devoir la réunir avec l'*Ascaris mystax* du chat, parce qu'il lui vit
les ailes membraneuses de la tête aussi larges; mais Rudolphi qui,
d'abord, n'avait vu que des ailes très-étroites sur ses premiers exemplaires, et qui même avait formé le nom spécifique (λεπτὸν, mince;
πτερὸν, aile) d'après ce caractère qu'il croyait fixe et assez important,
Rudolphi, dis-je, persista à la considérer comme espèce distincte,
parce qu'il ne lui vit pas d'ailes membraneuses à la queue comme à
l'*Ascaris mystax*.

— Rudolphi (*Entoz.*, II, ɪ, p. 194; et *Synopsis*, p. 53, nᵒ 75) inscrit
comme espèce douteuse une ascaride du tigre qu'il a vue dans la
collection du musée de Vienne, en assez mauvais état; elle était
longue de 11ᵐᵐ,25, avec la tête obtuse, ailée et la queue ailée. Cet
auteur y rapporte aussi un ver observé dans le tigre par Redi, qui a
représenté la base de l'œsophage avec un cœcum assez long de part
et d'autre.

9. ASCARIDE DU PHOQUE.   *ASCARIS OSCULATA*.— Rudolphi,
Entoz., II, 1, p. 135; et *Synopsis,* p. 39, n° 9.

« — Corps plus aminci en avant, à queue épaisse; — tête plus
« étroite que le corps, avec trois valves assez grandes, rebordées,
« presque orbiculaires; — deux membranes latérales, plus larges et
« obtuses en avant du cou, décurrentes, de plus en plus minces, et
« finissant par disparaître en arrière.
      « — *Mâle* long de 34^mm; — à queue infléchie, terminée par une
« pointe aiguë très-courte, en avant de laquelle sortent deux spicules
« arqués très-longs.
      « — *Femelle* longue de 40 à 54^mm, large de 2^mm,25 (?); — rapport
« de la longueur à la largeur 24; — à queue droite, obtuse, terminée
« par une petite pointe aiguë très-courte. » (Rud.)

Rudolphi avait d'abord décrit (*Entoz.,* II, 1, p. 135) de jeunes individus de cette ascaride, trouvés par lui entre les plis de l'estomac
d'un phoque (*Phoca vitulina*), à Greifswald. Il plaça son *Ascaris
osculata* dans la section des espèces à corps également aminci de part
et d'autre et sans ailes membraneuses; plus tard il en reçut de plus
grandes, qui avaient été trouvées dans le même phoque par Baker;
et enfin il put rectifier sa description d'après des individus adultes
trouvés dans le *Phoca groenlandica,* et que lui envoya Bremser.
      M. Bellingham l'a trouvée, en Irlande, dans l'œsophage et les ar-
rière-narines du phoque.

? 10. ASCARIDE DE L'ÉCUREUIL. *ASCARIS ACUTISSIMA*.—Zed.

Fusaria acutissima, Zeder, Nachtrag., p. 51.
Ascaris acutissima, Rud., Entoz., t. II, 1, p. 156, et Synopsis, p. 44, n° 33.

« — Corps aminci de part et d'autre, plus épais en avant long de 9^mm;
« — tête aiguë, à trois valves, et munie de deux ailes, ou membranes
« aliformes, linéaires, qui se prolongent jusqu'à l'extrémité caudale;
« — queue presque triquètre, subulée, très-longue, diaphane, éga-
« lant presque le tiers de la longueur totale; — vulve à lèvres très-
« gonflées, située dans la partie la plus large du corps; — œsophage
« d'abord mince, puis renflé considérablement, et séparé, par un
« étranglement, de l'intestin très-dilaté lui-même à l'origine. » (Rud.)

Zeder en trouva une seule fois un seul individu dans le cœcum d'un
écureuil (*Sciurus vulgaris*), et la chercha vainement depuis; elle est
indiquée aussi comme trouvée dans un seul écureuil sur cent trente-
huit disséqués au musée de Vienne. Je n'ai pu, de mon côté, la trouver
dans sept écureuils à Rennes; mais, d'après la description de Zeder,
je présume que ce doit être un oxyure.

ASCARIDES DES RATS ET DES CAMPAGNOLS.

A l'exemple de Bremser, nous avons inscrit, parmi les oxyures, l'*Ascaris obvelata* Rudolphi, qui se trouve dans presque toutes les espèces indigènes des genres *Mus* et *Arvicola*, ainsi que dans les spermophiles, et que Nitzsch a nommée *Ascaris oxyura*.

? 11. ASC. DE LA SOURIS.   *ASC. TETRAPTERA.*—Nitzsch. (Dans l'*Encyclop. de Ersch et Gruber,* fig. copiée par *Schmalz,* XIX Tab. anat. Entoz., pl. 17, fig. 10-12.)

« — Corps 22 à 24 fois aussi long que large un peu aminci en avant
« pour le mâle, aminci de part et d'autre, et bien davantage en arrière
« pour la femelle ; — tête peu distincte avec deux ailes membraneuses
« latérales, élargies, prolongées en arrière, où elles sont tronquées
« brusquement et presque transversalement ; — œsophage muscu-
« leux presque cylindrique ou claviforme, séparé par un étrangle-
« ment du ventricule qui est globuleux, et que suit un renflement
« considérable de l'intestin.
« — *Mâle* à queue courte, aiguë, recourbée en crochet, précédée
« par un tubercule saillant, d'où sort un (deux ?) spicule grêle et
« court.
« — *Femelle* à queue amincie, longue, droite ; — œufs ovales oblongs. »

Nitrich l'a trouvée dans les gros intestins de la souris en Saxe.

ASCARIDE DE LA GERBOISE.

Le catalogue du musée de Vienne mentionne une ascaride indéter-
minée vivant dans la gerboise (*Dipus sagitta*) ; Rudolphi a inscrit cette *Ascaris dipodis* parmi ses espèces douteuses (*Synopsis,* p. 54, n° 80).

ASCARIDE DU CASTOR.

Perrault, Charras et Dodart, dans leurs Mémoires sur les mammi-
fères, mentionnent des helminthes cylindriques longs de 4 à 8 pouces (108^{mm} à 217^{mm}), trouvés par eux dans l'intestin du castor, et qui sont probablement des ascarides. Rudolphi les inscrit comme douteux sous le nom d'*Ascaris castoris* (*Synopsis,* p. 54, n° 79).

? 12. ASC. DU LIÈVRE DU BRÉSIL.   *ASC. VELIGERA.* — Rud.
(*Synopsis,* p. 656.)

« — Corps plus épais en avant ; — tête déprimée à valves petites
« peu distinctes ou douteuses, munie d'ailes membraneuses, lancéo-
« lées, larges.
« — *Mâle* long de 9^{mm}, à queue infléchie et munie d'ailes lancéolées,
« larges, qui n'atteignent pas l'extrémité.

« — *Femelle* longue de 16ᵐᵐ, à queue nue, amincie et terminée par
« une pointe assez aiguë : — œufs oblongs, grands, montrant une en-
« veloppe externe assez éloignée du contenu. » (Rud.)

Trouvée au Brésil dans le cœcum d'un lièvre.

D'après la description incomplète de Rudolphi, on doit penser que
c'est un oxyure, car cet auteur avoue qu'il n'a pu distinguer les
valves ou lobes de la tête que sur quelques individus, et la forme
du corps amincie en arrière, ainsi que la forme des œufs, se rapportent entièrement aux oxyures, chez lesquels on observe la même
différence de grandeur entre les deux sexes.

13. ASC. DU PACA. *ASC. UNCINATA.* — Rud. (*Syn.,* p. 661.)

« — Corps aminci de part et d'autre, mais plus épais en avant ; —
« tête distincte à valves obtuses, assez longues, sans ailes latérales.
« — *Mâle* long de 13 à 15ᵐᵐ,8, à queue fortement recourbée, ter-
« minée par une pointe assez longue, amincie, aiguë, en crochet, et
« présentant dans la concavité de la courbure plusieurs papilles ou
« tubercules obtus.
« — *Femelle* longue de 18ᵐᵐ, à queue droite assez aiguë. » (Rud.)

Trouvée au Brésil dans l'intestin du *Cavia aperea* et dans le cœcum
du Paca (*Cœlogenys paca*).

14. ASC. DU TATOU. *ASC. RETUSA.* — Rud. (*Syn.,* p. 656.)

« — Corps plus aminci en arrière ; — tête obtuse non distincte de
« la partie antérieure et atténuée du corps, avec des valves peu vi-
« sibles et des ailes latérales très-étroites.
« — *Mâle* long de 6ᵐᵐ,75, à queue recourbée et terminée par une
« pointe courte aiguë.
« — *Femelle* longue de 9ᵐᵐ, à queue droite aiguë ; — anus situé
« très-près de l'extrémité ; — vulve saillante située au tiers antérieur
« ou aux deux cinquièmes de la longueur totale. » (Rud.)

Trouvée par Natterer au Brésil, dans des tubercules de l'intestin du
Tatou noir (*Dasypus novemcinctus*) ; chacun de ces tubercules était
rempli d'une humeur blanche et contenait une seule ascaride.

ASCARIDES DU MOUTON ET DU BOEUF.

Le catalogue du musée de Vienne mentionne une ascaride indéterminée, trouvée une seule fois dans l'intestin du mouton. Rudolphi
l'inscrit comme douteuse, sous le nom d'*Ascaris ovis.* (*Synops.,* p. 54,
n° 81.)

On considère d'ailleurs, comme identique avec l'ascaride lombricoïde de l'homme, celle qu'on trouve dans l'intestin du bœuf.

15. ASCARIDE DU CHEVAL.   *ASCARIS MEGALOCEPHALA.* —
Cloquet, *Anat. des Vers intestinaux,* 1824, p. 58, pl. 1, fig. 5,
pl. 3, fig. 14, pl. 4, fig. 2.

>*Ascaris gigas equi,* Goeze, Naturg., p. 63, pl. 1, fig. 1-3.
>*Ascaris equi,* Gmelin, Syst. nat., p. 3032, n° 23.
>*Ascaris lumbricoides* (en partie), Rud., Entoz., t. II, I, p. 124 et Syn.,
>p. 37, n° 1.
>*Ascaris megalocephala,* Gurlt, Path. Anat. d. Haussaeug., pl. 8, fig. 5-10.

« — Corps blanchâtre ou un peu rosé, cylindrique, aminci de part
« et d'autre ou fusiforme allongé ; — tête assez large (1^{mm},60), à trois
« valves arrondies, convexes, entaillées à la face interne ; — sans
« ailes membraneuses à la partie antérieure, mais avec deux sillons
« latéraux dans toute la longueur du corps ; — tégument strié trans-
« versalement, stries écartées de 0^{mm},006 à 0^{mm},010.

« — *Mâle* long de 245^{mm}, large de 4^{mm},10 ; — rapport de la longueur
« à la largeur 60 ; — queue conique, obtuse, déprimée, concave en
« dessous, avec deux ailes membraneuses latérales, longues de 3^{mm},4,
« larges de 0^{mm},25, atteignant l'extrémité obtuse de la queue et à
« la base desquelles se trouve en dedans une rangée de neuf à dix
« tubercules peu saillants ; — anus à 1^{mm},2 de l'extrémité ; — deux
« spicules arqués, longs de 2^{mm},4, larges de 0^{mm},103, cylindriques
« ou tubuleux, tronqués à l'extrémité.

« — *Femelle* longue de 200 à 320^{mm}, large de 5^{mm} à 7^{mm} ; — rap-
« port de la longueur à la largeur 45 ; — queue conoïde, obtuse,
« mucronée ; — anus à 1^{mm},5 de l'extrémité ; — vulve au quart de
« la longueur en avant (à 47^{mm} de la tête) ; — œufs elliptiques, pres-
« que ronds, longs de 0^{mm},096 à 0^{mm},10. »

Cette ascaride est partout très-commune dans l'intestin grêle du
cheval : on l'a trouvée également dans l'âne, dans le mulet, et dans
le zèbre. J'ai donné la description ci-dessus, d'après des exemplaires
recueillis dans des chevaux à Rennes.

16. ASC. DU COCHON.   ASC. SUILLA. — Duj.

>*Ascaris lumbricoides* (en partie), Rudolphi, Cloquet, et autres.

« — Diffère de l'*Ascaris lumbricoides* 1° par les stries plus étroites
« du tégument, écartées de 0^{mm},013 à 0^{mm},017 ; — 2° par les œufs plus
« petits (longs de 0^{mm},066), à coque revêtue d'un épaississement réti-
« culé, ou alvéolé comme un dé à coudre ; — 3° par la structure de
« l'appareil génital femelle ; en effet, le vagin également long est
« suivi de deux longs utérus dirigés parallèlement en arrière et qui
« n'ont pas moins de 82^{mm}, c'est-à-dire qui sont quatorze fois environ
« aussi longs que ceux de l'*Ascaris lumbricoides ;* — les oviductes et
« les ovaires filiformes, au lieu d'être simplement pelotonnés en
« arrière des deux utérus, étendent leurs circonvolutions multipliées
« sur toute la longueur de ces organes, jusqu'à 110^{mm} en arrière de la
« vulve. »

Cette différence dans la structure des utérus est en rapport avec la différence non moins remarquable offerte par l'enveloppe des œufs qui doivent séjourner plus longtemps dans les organes où leur coque est produite.

M. Valenciennes, de son côté, avait remarqué aussi la différence offerte par ces organes, et il avait été conduit également à distinguer cet helminthe de l'espèce qui paraît appartenir exclusivement à l'homme.

On peut noter quelques autres différences peu importantes entre ces deux espèces; ainsi, pour l'*Ascaris* du cochon, les spicules du mâle m'ont paru un peu moins aigus, plus aplatis et presque lancéolés; la queue du mâle est moins aplatie en dessous. La longueur du mâle que j'ai observé égale soixante-deux fois la largeur; elle est donc proportionnellement plus grande.

Ou trouve cette ascaride assez communément dans l'intestin grêle du cochon; j'ai étudié les exemplaires recueillis à Paris et faisant partie de la collection du Muséum.

ASCARIDE DES DAUPHINS. (Voyez au sous-genre *Anisákis*.)

(?) 17. ASCARIDE DU CAYOPOLLIN. ***ASCARIS TENTACULATA.***
— RUDOLPHI, *Synops.*, p. 658.

« — Corps blanchâtre droit, aminci de part et d'autre, mais davan-
« tage en arrière, long de 7ᵐᵐ, et rarement de 13 à 18ᵐᵐ; — tête à
« trois valves, obtuses, oblongues, très-distinctes sans ailes membra-
« neuses; — œsophage renflé en forme de pilon.

« — *Mâle* à queue recourbée un peu épaisse, terminée par une
« pointe grêle, en avant de laquelle sortent deux spicules de forme
« singulière, c'est-à-dire longs, cylindriques, infléchis, obtus, ressem-
« blant à des tentacules.

« — *Femelle* à queue droite, longuement subulée. » (RUD.)

Trouvés au Brésil dans le cœcum du *Cayopollin* (*Didelphis cayopollin*).

Le catalogue du musée de Vienne mentionne aussi une ascaride des intestins de la marmose (*Didelphis murina*), que Rudolphi a inscrite parmi ses espèces douteuses. (*Synops.*, p. 53, n° 78.)

II. ASCARIDES DES OISEAUX.

Voyez aussi aux deux sections suivantes les ascarides des oiseaux de proie, des merles, etc., et au 2ᵉ sous-genre celles des perroquets, des gallinacés, etc.

ASCARIDES DES PIES-GRIÈCHES. (*Lanius.*)

Rudolphi inscrit parmi ses espèces douteuses une *Ascaris laniorum* (*Synops.*, p. 54 et 297, n° 83), trouvée d'abord par Frœlich, fixée à

l'intestin grêle de la pie-grièche écorcheur (*Lanius collurio*), et décrite ainsi par cet auteur : « elle est blancbâtre, longue de 27ᵐᵐ environ,
assez épaisse, amincie de part et d'autre ; sa tête est rougeâtre,
échancrée et paraît être munie de quatre valves assez distinctes ; la
pointe caudale, en avant de laquelle se trouve l'anus, est courte,
assez aiguë, déprimée et concave en dessous ; une membrane latérale
mince, crénelée, s'étend de chaque côté, depuis la tête jusqu'à l'extrémité postérieure. »

Le catalogue du musée de Vienne indique aussi une ascaride indéterminée, trouvée deux fois parmi deux cent-quarante *Lanius
collurio*, et une seule fois parmi vingt-cinq *Lanius minor*.

ASCARIDES DES ENGOULEVENTS. (*Caprimulgus*.)

(?) 18. ASCARIDE SUBULÉE.   *ASCARIS SUBULATA*. — Rudolphi,
Synops., p. 38 et 269, nº 5.

« — Corps également aminci de part et d'autre, à tête non dis-
« tincte, nue ou sans ailes latérales, et dont les valves sont petites et
« difficilement visibles, à queue subulée.

« — *Mâle* long de 16 à 18ᵐᵐ, à queue fortement infléchie, termi-
« née par une longue pointe subulée, portant deux ailes ; — deux
« spicules filiformes, aigus, allongés.

« — *Femelle* longue de 20ᵐᵐ à 22ᵐᵐ,5, à queue droite, déprimée,
« subulée ; — œufs arrondis, montrant l'embryon roulé en spirale. »
(Rud.)

Rudolphi reçut de Bremser cet helminthe trouvé à Algésiras, en
Espagne, dans l'intestin du *Caprimulgus ruficollis*. D'après ce qu'il
dit de la tête (*haud discretum*), des valves petites (*œgrè discernendæ*)
et de la queue subulée, on est conduit à penser que c'est plutôt un
oxyure ou quelque nouveau genre.

19. ASCARIDE RÉFLÉCHIE.   *ASCARIS REFLEXA*. — Nitzsch,
dans l'*Encyclopédie de Ersch et Gruber*.

Ascaris reflexa, Schmalz, XIX Tab. Anat., Entoz., pl. 18, fig. 1-6.

« — Corps aminci de part et d'autre ; — tête à trois valves dis-
« tinctes, et munie de deux ailes membraneuses latérales, arrondies
« en avant, plus étroites et décurrentes en arrière ; — œsophage
« long, claviforme, suivi d'un ventricule petit, globuleux, en arrière
« duquel l'intestin présente un renflement presque globuleux aussi
« large.

« — *Mâle* à queue amincie, en pointe, fortement recourbée ou
« enroulée, munie de deux ailes membraneuses étroites, et de cinq
« papilles à la face inférieure, dont une en avant de l'anus ; — anus
« porté par un tubercule à la base de la queue ; — deux spicules
« longs et grêles, recourbés, enveloppés d'une gaîne membraneuse
« diaphane qu'ils dépassent à l'extrémité.

« — *Femelle* à queue longue, droite, amincie, mucronée ou ter-
« minée par une petite pointe grêle ; — œufs ronds contenant un
« embryon roulé en spirale. »

Trouvée dans l'intestin de l'engoulevent (*Caprimulgus europœus*).

—Natterer a trouvé au Brésil, dans divers oiseaux des genres *Caprimulgus*, *Cucullus* et *Bucco*, des ascarides remarquables par la dilatation de leurs spicules foliacés. Rudolphi les a réunies en une seule
espèce (*Ascaris forcipata*) dont nous parlons plus loin (p. 171).

Le catalogue du musée de Vienne mentionne une ascaride indéterminée de l'intestin du *Caprimulgus europœus*. Rudolphi l'inscrit parmi
ses espèces douteuses (*Synops.*, p. 55, n° 90), en demandant si ce ne
serait pas l'*Ascaris subulata* ?

ASCARIDES DES ALOUETTES ET DES BRUANTS.

Une *Ascaris alaudœ* et une *Ascaris emberizœ*, également douteuses,
sont inscrites dans le *Synop.* (n°s 88 et 89), d'après le catalogue de
Vienne, comme trouvées dans l'intestin du pipi (*Anthus trivialis*), et
de l'ortolan (*Emberiza hortulana*).

ASCARIDES DES CORBEAUX. (*Corvus.*)

Rudolphi inscrit comme douteuses les *Ascaris cornicis*, *Ascaris
corvi-glandarii*, *Ascaris frugilegi* et *Ascaris picœ* (*Synops.*, p. 54,
n°s 84, 85, 86 et 87).

La première, trouvée par Redi, par Gœze, par Sœmmering et par
lui-même dans l'estomac ou dans l'intestin de la corneille mantelée
(*Corvus cornix*), est blanche, longue de 27 à 80ᵐᵐ, à tête obtuse, suivie
d'un renflement du cou ; sa queue est un peu obtuse, elle est munie
d'ailes membraneuses assez larges près de la tête.

La deuxième a été trouvée dans l'intestin du geai (*Corvus glandarius*) : c'est une femelle qui n'a pu être distinguée spécifiquement
des trois autres.

La troisième a été trouvée dans l'intestin du freux (*Corvus frugilegus*), par Schrank, qui dit seulement qu'elle est longue de quatre
doigts et épaisse comme une corde à violon.

La quatrième a été trouvée par Rudolphi dans l'intestin de la pie
(*Corvus pica*), à Greifswald ; il y avait seulement quatre femelles
longues de 54 à 81ᵐᵐ, jaunâtres, assez épaisses, également amincies
de part et d'autre, avec l'intestin brun, la tête petite, distincte, et
la queue assez aiguë, mais sans ailes membraneuses.

(?) 20. ASCARIDE DE LA HUPPE.   *ASCARIS PELLUCIDA.* —
Rudolphi, *Synopsis*, p. 39 et 270, n° 10.

« — Corps très-blanc et translucide, long de 49ᵐᵐ,5, également
« aminci de part et d'autre, à tête nue, avec trois valves distinctes,

« grandes et obtuses ; — queue terminée en pointe obtuse, en avant
« de laquelle est l'anus. » (Rud.)

Rudolphi a établi cette espèce d'après un seul exemplaire qui avait
été trouvé longtemps auparavant par Treutler sous les enveloppes du
foie d'une huppe (*Upupa epops*).

21. ASCARIDE DES COUCOUS. *ASCARIS FORCIPATA.* — Rud., Synopsis, p. 659.

« — Corps long de 4^{mm},5 à 11^{mm},25 (et 15^{mm},5); — tête nue ; — valves
« à peine visibles.
« — *Mâle* à queue infléchie, aiguë, munie de deux ailes minces et
« terminée par une pointe en avant de laquelle sortent deux spicules
« très-longs, foliacés, ressemblant à des lames de ciseaux, et quelque-
« fois plus ou moins élargis en disque au milieu.
« — *Femelle* à queue aiguë, mucronée, droite ; — œufs ronds assez
« grands. » (Rud.)

Natterer trouva au Brésil ces helminthes à grands spicules foliacés,
dans les intestins des *Cucullus seniculus, Cucullus nœvius* et *Cucullus
tingazu,* dans une espèce de *Bucco,* et dans les *Caprimulgus urutau,
Cucullus bacaurau*, et dans une autre *Caprimulgus.*

Rudolphi a cru devoir n'en faire qu'une seule espèce, d'après la
forme singulière des spicules ; cependant les ascarides des coucous ont
les valves de la tête si peu distinctes qu'il les dit lui-même *vix dignos-
cendæ*, tandis que les ascarides des *Caprimulgus* ont les valves distinctes ; une de celles-ci est d'ailleurs bien plus grande (15^{mm},75) que
les autres, et leurs spicules n'ont pas de dilatation orbiculaire.

ASCARIDE DES PERROQUETS. (Voyez 2e sous-genre *Ascaridia.*)

ASCARIDES DES GALLINACÉS. (Voyez 2e sous-genre et *Heterakis.*)

(?) 22. ASCARIDE DU TINAMOU. *ASCARIS STRONGYLINA.* — Rudolphi, Synopsis, p. 651.

« — Corps long de 4^{mm}5 à 6^{mm}, assez aminci de part et d'autre ; —
« tête à trois valves oblongues, bien distinctes ; — queue du mâle
« très-obtuse, mucronée ou terminée par une petite pointe très-fine
« dans le prolongement du dos, et munie de deux ailes arrondies
« en dessous, atteignant la base de la petite pointe ; — queue de la
« femelle droite, terminée par une pointe subulée, très-longue et
« très-mince. » (Rud.)

Trouvée au Brésil dans l'intestin du tinamou (*Crypturus*), et du
Tetrao uru.

ASCARIDES DES VANNEAUX ET DES PLUVIERS. (Voyez 2ᵉ section.)

ASCARIDE DES HÉRONS ET DE LA GRUE.

(?) 23. ASC. DU HÉRON.   *ASC. SERPENTULUS.* — Rudolphi ,
Entoz., II, i, p. 191 , n° 53 , et *Syn.*, p. 53 et 296, n° 72.

> *Ascaris ardeœ,* Froelich , dans Naturf., XXIX, p. 44, pl. 1, fig. 17-18.
> *Ascaris serpentulus ,* Bremser , Icones helminthum, pl. 5, fig. 9-14.
> *Ascaris serpentulus ,* Creplin , dans l'Encycl. de Ersch et Gruber,
> t. XXXII, p. 282.

« — Corps blanchâtre (long de 50 à 160ᵐᵐ), aminci de part et d'au-
« tre, surtout en avant ; — tête obtuse infléchie, à trois valves assez
« grandes , et avec deux ailes latérales linéaires qui se prolongent aux
« côtés du corps ; — queue infléchie obtuse, terminée par une petite
« pointe. » (Rud.)

Rudolphi en eut une seule femelle longue de 50 à 52ᵐᵐ, trouvée par
Braun dans l'intestin du héron (*Ardea cinerea*); Frœlich en trouva
pareillement une seule femelle dans l'intestin du héron, où on l'a
trouvée aussi au musée de Vienne, cinq fois sur vingt-quatre. M. Creplin rapporte qu'elle a été trouvée dans d'autres espèces voisines, et
notamment par lui-même et par MM. Rosenthal et Schilling à Greifswald dans l'intestin de la grue (*Grus cinerea*), et il en cite une femelle
longue de 160ᵐᵐ, et large de 2ᵐᵐ,25.

Rudolphi (*Synopsis*, p. 663) rapporte à cette même espèce des ascarides de longueur fort différente (de 13 à 39ᵐᵐ), trouvées au Brésil dans
diverses espèces de hérons.

(?) 24. ASC. MICROCÉPHALE.   *ASC. MICROCEPHALA.* — Rud.,
Entoz., t. II, i, p. 167 et *Synops.*, p. 48 et 288, n° 48.

« — Corps blanc, long de 32ᵐᵐ, assez épais relativement, plus mince
« en avant , à tête nue, resserrée , petite ; — queue épaisse , terminée
« par une petite pointe très-courte et recourbée, en avant de laquelle
« chez le mâle , sortent deux spicules très-longs, recourbés (moins
« longs que ceux de l'*Ascaris spiculigera*). »

Rudolphi en eut d'abord une seule femelle trouvée par Nitzsch dans
l'abdomen du crabier de Mahon (*Ardea comata*); mais ensuite lui-
même en trouva plusieurs , dont un mâle , dans l'œsophage , dans
l'estomac et entre les tuniques de cet organe d'un bihoreau (*Ardea
nycticorax*), à Rimini en Italie.

Rudolphi inscrit parmi ses espèces douteuses, 1° une *Ascaris ciconiæ* (*Synopsis*, p. 55 , n° 91), trouvée au musée de Vienne, dans l'intestin de la cigogne blanche, et par Rosa, en Italie, dans la cigogne
noire; 2° une *Ascaris ardearum* (*l. c.*, n° 92), des intestins du héron
commun et du héron pourpré, qu'il soupçonne lui-même devoir être
rapportée à l'une des précédentes; 3° une *Ascaris charadriorum* (*l. c.*,

n° 93), que nous citons plus loin comme devant être synonyme de l'*Ascaris heteroüra*; 4° une *Ascaris ralli* (*l. c.*, n° 94), indiquée dans le catalogue du musée de Vienne comme trouvée une seule fois dans le râle de genêt (*Rallus crex*); 5° une *Ascaris glareolœ* (*l. c.*, n° 95), trouvée trois fois sur quarante-huit dans l'intestin de la giarole (*Glareola austriaca*), à Vienne : Rudolphi lui-même a trouvé dans le cœcum de cet oiseau, à Rimini, quatre helminthes blancs, longs de 13^{mm},5 à 18^{mm}, ayant le corps plus aminci en arrière, infléchi en avant, la tête avec des valves grandes, tronquées, la vulve en avant de la queue, qui est longue, droite, aiguë, et qui porte l'anus près de l'extrémité.

M. Bellingham a trouvé en Irlande une ascaride douteuse dans le péritoine du héron.

ASCARIDES DES PALMIPÈDES. (Voyez à la 3ᵉ section l'*Ascaris spiculigera* et à la 2ᵉ section les *Ascaris prœlonga* et *crassa*.

(*Ascaris inflexa*. Voyez 2ᵉ sous-genre *Ascaridia*.)

On inscrit généralement l'*Ascaris inflexa* au nombre des helminthes des canards. Zeder, en décrivant (*Nachtrag.*, p. 36) sa *Fusaria inflexa*, trouvée souvent dans toute la longueur de l'intestin du canard domestique (*Anas boschas domestica*) et d'un canard sauvage, dit qu'elle est longue de 70 à 88^{mm}, avec une membrane linéaire de chaque côté dans toute la longueur du corps, et que sa queue, qui se trouve infléchie par suite du rapprochement des membranes à la face abdominale, est en demi-cône convexe en dessus, plane en dessous. Gœze avait trouvé aussi dans un canard des ascarides qu'il confondit avec ses autres *Ascaris teres* sans les décrire; Frœlich trouva ensuite dans le canard sauvage et décrivit (*Naturforscher*, 29, p. 43, n° 18) une ascaride femelle, longue de 40^{mm}. Rudolphi n'eut pas l'occasion de les étudier lui-même; mais, à l'exemple de Gœze, il les réunit, sous le nom d'*Ascaris inflexa*, avec les grandes ascarides de la poule. Cependant, si réellement il y a dans le canard une ascaride longue de 70 à 88^{mm}, je crois que ce doit être une espèce différente; quant à moi, j'y ai trouvé, ainsi que M. Deslongchamps, une ascaride beaucoup plus courte et plus épaisse. (Voy. *Ascaris crassa.*)

III. ASCARIDES DES REPTILES.

ASCARIDES DES TORTUES. (Voyez aussi *Atractis*.)

25. ASCARIDE HOLOPTÈRE. *ASCARIS HOLOPTERA.*—RUDOLPHI, *Synopsis*, p. 53 et 295, n° 71; et *Ascaris sulcata*. — RUDOLPHI, *Synopsis*, p. 48 et 289, n° 50.

« — Corps blanchâtre-sale, cylindrique, très-allongé (70 fois aussi « long que large), un peu plus mince en avant; — tête large de 0^{mm},22,

« œsophage simple, en massue, long de 5^{mm}, large de 0^{mm},32 en ar-
« rière, sans ventricule; — tégument à stries transverses très-fines,
« de 0^{mm},0062.

« — *Mâle* long de 85 à 95^{mm} (Rud.), large de 1^{mm},2; — partie posté-
« rieure brusquement amincie, sans ailes ni papilles; — anus à 0^{mm},28
« de l'extrémité; — spicules égaux, fortement arqués, longs dé 1^{mm},2,
« bordés de membranes diaphanes, repliées en gouttière, et parais-
« sant ainsi larges de 0^{mm},05.

« — *Femelle* longue de 126^{mm}, à queue droite. »

J'en ai étudié un exemplaire mâle trouvé à Vienne dans l'intestin
de la tortue grecque (*Testudo græca*) et envoyé en 1816 au Muséum de
Paris; Rudolphi l'avait décrit d'une manière différente, mais inexacte,
sur des exemplaires trouvés en même temps, et que Bremser lui envoya de Vienne. Rudolphi, ayant reçu également de Bremser d'autres
ascarides longues de 110 à 160^{mm}, provenant de la tortue franche
Chelonia mydas, et lui-même en ayant trouvé de semblables dans
une tortue des Indes (*Testudo indica*), il crut devoir en faire une autre
espèce *Ascaris sulcata*, caractérisée par la présence d'un sillon latéral de chaque côté, à la place d'une aile ou membrane latérale très-
étroite qu'il avait vu régner sur toute la longueur de l'autre ascaride,
comme l'indique le nom *holoptera* (de ὅλον, *complet;* πτερὸν, *aile*);
mais cette membrane latérale ne se montre pas toujours sur les espèces
que Rudolphi veut caractériser par là; et il n'y en a pas le moindre
indice sur l'exemplaire que j'ai sous les yeux, et qui est absolument de même origine que ceux de Rudolphi, c'est-à-dire trouvé au
musée de Vienne et envoyé par Bremser.

ASCARIDES DES SAURIENS. (Voyez aussi *Oxyure* et *Ozolaime.*)

(?) 26. ASCARIDE A COU MINCE.   *ASCARIS TENUICOLLIS.* —
Rudolphi, *Synopsis*, p. 47 et 286, n° 45 *b*.

« — Corps blanc ou en partie brunâtre vers la tête, long de 9 à
« 15^{mm},75, aminci de part et d'autre, surtout en avant; — tête nue
« distincte, à trois valves obtuses assez grandes; — queue munie d'une
« membrane mince de chaque côté; — queue du mâle courbée en
« dessous, obliquement tronquée, et terminée par une pointe courte
« très-aiguë, en avant de laquelle sortent deux spicules inégaux, dont
« un seul est ordinairement visible; — queue de la femelle droite,
« déprimée, subulée. » (Rud.)

M. Tiedemann la trouva, en 1818, dans des tubercules assez durs de
l'estomac d'un jeune crocodile, mort à Heidelberg.

(?) 27. ASCARIDE A QUEUE AIGUE.   *ASCARIS SPINICAUDA.* —
Olfers et Rudolphi, *Synopsis*, p. 40 et 272, n° 13 et p. 652.

« — Corps long de 5^{mm},6 à 7^{mm},8, aminci de part et d'autre, et
« davantage en arrière chez la femelle; — tête paraissant à trois

« valves, mais prenant, par suite de la contraction des téguments,
« des formes variées, celle d'une tiare, par exemple, et avec des stries
« nombreuses.

   « — *Mâle* à queue courbée en dessous, avec une pointe terminale
« infléchie, aiguë, et deux ailes dans la courbure; — spicule (?)
« court, subulé, sortant entre les ailes.

   « — *Femelle* à queue droite, subulée; — vulve saillante à quelque
« distance de l'extrémité, de manière à représenter tantôt un cy-
« lindre, tantôt une coupe. » (Rud.)

   Trouvée par Olfers au Brésil dans le gros intestin, et particulièrement dans le cœcum d'un lézard (*Podinema teguixin*), il trouva en
même temps une ascaride femelle longue de 22^{mm},5, assez épaisse, un
peu plus amincie en arrière, ayant les valves de la tête distinctes, et
la queue non subulée, à pointe déprimée, aiguë.

   Rudolphi, à qui Olfers avait envoyé ces helminthes, en reçut d'autres
trouvés aussi au Brésil, par Natterer, sous les paupières d'un scinque,
et peu ou point différents de l'*Ascaris spinicauda*. C'étaient trois
femelles, longues de quelques lignes (5 à 9^{mm}?), dont la queue était
moins subulée.

(?) 28. ASCARIDE AMINCIE.   *ASCARIS EXTENUATA.* — Rudolphi, *Synopsis*, p. 47 et 287, n° 46.

   « — Tête à valves peu distinctes; — œsophage mince, droit, court,
« brusquement élargi en un ventricule presque globuleux, d'où part
« l'intestin d'abord assez large, puis plus étroit.

   « — *Femelle* longue de 6^{mm},7 à 9^{mm}, amincie de part et d'autre,
« davantage en avant; — anus situé à une assez grande distance de
« la pointe caudale; — queue obtuse, subitement amincie en une
« pointe longue et très-grêle; — vulve peu éloignée de la tête, en
« arrière du ventricule; — oviductes plus épais, s'amincissant vers la
« queue, où ils sont repliés; — œufs de forme tout à fait singulière,
« linéaires, très-longs, parallélipipèdes, à bords droits coupés carré-
« ment, comme s'il y avait des cirres à chacun des angles, ainsi qu'aux
« œufs de squales; — enveloppe interne trois fois plus courte que l'ex-
« terne, et ovale. » (Rud.)

   Bremser la trouva en Espagne, à Algésiras, dans le rectum d'un
lézard ocellé (*Lacerta margaritacea* ou *ocellata*). Rudolphi, auquel il le
communiqua, présume, d'après la forme singulière des œufs, que ce
doit être un nouveau genre. Bremser avait trouvé, dans des tubercules
ou des kystes, entre les muscles du même lézard, des ascarides très-
petites, capillaires (longues de 2^{mm},2 environ), dont la queue est
courte, assez aiguë. Rudolphi soupçonne que ce pouvaient être les
jeunes de l'ascaride en question.

(?) 29. ASCARIDE TROMPEUSE.   *ASCARIS FALLAX.* — Rud., *Syn.*, p. 43 et 279, n° 27.

« — Corps blanchâtre, médiocrement épais, également aminci de
« part et d'autre ; — tête avec deux valves quelquefois assez grandes,
« obtuses ou arrondies, et des indices d'une troisième valve moins
« distincte, ou sans valves distinctes, et alors avec deux membranes
« latérales.

« — *Mâle* long de 9 à 11^{mm},25, à queue infléchie, avec des ailes laté-
« rales relevées.

« — *Femelle* longue de 11^{mm},25 à 31^{mm},5, à queue droite, déprimée,
« obtuse. » (Rud.)

Trouvée par Bremser et par Rudolphi dans l'intestin du lézard vert
(*Lacerta viridis* ou *cœrulescens*). On l'y a trouvée trente-quatre fois sur
neuf cent vingt-six au musée de Vienne. Ce n'est probablement pas une
vraie ascaride.

(?) 30. ASCARIDE ÉPINEUSE.   *ASCARIS ECHINATA.* — Rudolphi, *Synopsis*, p. 47 et 284, n° 44.

« — Corps long de 2^{mm},3, aminci en avant, tronqué ou rétus en
« arrière, et terminé par une longue pointe très-grêle, d'abord droite,
« puis infléchie ; — tégument hérissé d'aiguillons, réfléchis, partant
« d'une base plus large, et disposés en rangées transverses serrées,
« — tête à trois valves, grandes, assez aiguës ; œsophage mince et
« court, proventricule petit, globuleux ; — ventricule trois fois plus
« grand, obtus et très-épais en avant, et s'amincissant en arrière,
« pour se continuer avec l'intestin. » (Rud.)

Trouvée par Bremser dans un gecko (*Platydactylus fascicularis*), à
Algésiras, en Espagne. En décrivant cette espèce, Rudolphi nomme
ventricule la dilatation antérieure de l'intestin, et le proventricule,
pour lui, est ce que nous nommons le ventricule.

ASCARIDES DES SERPENTS (Voyez aussi dans la 4e section *Polydelphis*
l'ascaride du pithon.)

J'ai trouvé dans l'orvet, plusieurs fois, l'*Ascaris brevicaudata*, que
divers helminthologistes y ont vue avant moi, ainsi que l'*Ascaris
nigrovenosa ;* nous décrirons plus loin ces deux espèces beaucoup
plus communes dans les batraciens.

D'après le catalogue du musée de Vienne, quatorze orvets sur quarante-trois contenaient l'*Ascaris brevicaudata*, et deux sur quarante-
trois contenaient l'*Ascaris nigrovenosa* dans le poumon.

On a aussi trouvé au musée de Vienne l'*Ascaris brevicaudata* dans
la couleuvre à collier (*Coluber natrix*), sept fois sur deux cent qua-

rante-neuf, et des ascarides indéterminées dans le *Boa constrictor*, dans le *Crotalus durissus*, dans la vipère à museau cornu. (*Vip. Ammodytes.*)

31. ASCARIDE FILAIRE.   *ASCARIS FILARIA*. — Duj.

Voyez à la fin du volume, dans les additions, la description de cette espèce appartenant à la première section des ascarides vraies.

(?) 32. ASCARIDE ONGUICULÉE.   *ASCARIS UNGUICULATA*. — Rud., *Synops.*, p. 653.

« — Corps long de 1^mm à 4^mm,5, également aminci de part et d'autre ;
« — tête amincie, nue, à trois valves assez distinctes ; — queue du
« mâle onguiculée (c'est-à-dire terminée par une pointe assez longue,
« recourbée comme l'ongle d'un oiseau de proie), et séparée du corps
« par une crénelure d'où sort un spicule court ; — queue de la fe-
« melle droite, déprimée, subulée ; — œsophage long, renflé à la
« base ; — ventricule presque rond. » (Rud.)

Trouvée au Brésil dans les intestins d'une amphisbœne.

? 33. ASCARIDE CÉPHALOPTÈRE.   *ASCARIS CEPHALOPTERA*. — Rud., *Synops.*, p. 52 et 295, n° 70.

« — Corps blanc, assez grêle, très-aminci en avant, beaucoup
« moins en arrière ; — tête mince, à trois petites valves, avec deux
« ailes membraneuses latérales, courtes, semi-lancéolées ou presque
« linéaires, qui disparaissent sur le reste du corps.
« — *Mâle* long de 40^mm, à queue épaisse, recourbée en dessous,
« terminée par une pointe assez obtuse, très-courte, en avant de la-
« quelle sort un spicule droit, court (?)
« — *Femelle* longue de 50 à 81^mm, large de (?) à 1^mm,15 ; — rapport
« de la longueur à la largeur 60 ou 70 ; — queue obtuse. » (Rud.)

Rudolphi reçut de Nesti, directeur du musée zoologique de Florence, deux exemplaires de cette ascaride récemment expulsés avec
les excréments par la *Vipera Redii*. Il la compare avec l'*Ascaris holoptera* de la tortue, dont elle paraît différer seulement par la membrane latérale visible sur tout le corps de celle-ci. Plus tard Rudolphi
reçut cinq exemplaires de cette même ascaride, trouvés par Doellinger
dans l'estomac et l'intestin grêle du *Coluber quadrilineatus*.

? 34. ASCARIDE A SPICULE ÉPAIS.   *ASCARIS MASCULA*. — Rud., *Synops.*, p. 653.

« — Corps long de 6^mm,75 à 9^mm, également aminci de part et d'autre
« (plus épais en arrière chez le mâle), à tête nue, peu distincte ; —
« queue du mâle infléchie, à pointe courte, un peu obtuse, en avant

« de laquelle sortent deux spicules courts, épais, infléchis; — queue
« de la femelle aiguë, mucronée, droite. » (Rud.)

Trouvée au Brésil dans l'intestin d'une couleuvre.

P 35. ASC. AURICULÉE. *ASC. AURICULATA.* — Rud., *Syn.*, p. 655.

« — Corps long de 13^{mm},5 à 24^{mm},7, également aminci de part et
« d'autre; — tête obtuse, à trois valves courtes, larges, obliquement
« inclinées en dedans, et munies d'ailes latérales, grandes et vésicu-
« leuses; — queue du mâle fortement infléchie, terminée par une
« pointe aiguë, courte, en avant de laquelle sortent deux spicules très-
« longs; — queue de la femelle terminée en pointe courte, aiguë, di-
« vergente. » (Rud.)

Trouvée au Brésil dans l'intestin d'une couleuvre.

ASCARIDES DES BATRACIENS. (Voyez aussi *Oxyure* et *Heterakis.*)

P 36. ASC. DES POUMONS. *ASC. NIGROVENOSA.* — Zeder.

Ascaris filiformis, cauda rotundata, bufonum et *Ascaris subulata bufonum,*
  Goeze, Naturg., p. 95 et 198, pl. 5, fig. 6-17 et pl. 2, fig. 8.
Ascaris pulmonalis, Ascaris trachealis, Ascaris dyspnoos, Ascaris insons,
  Gmelin, Syst. nat., p. 3035, n°s 53, 55, 58 et 59.
Ascaris bufonis et *Ascaris subulata,* Schrank, Verzeichn., p. 11, n°s 40 et 41.
Ascaris pulmonalis et *Ascaris acicula,* Encycl. méth., pl. 32, fig. 4-7 et 19-21.
Fusaria nigrovenosa, Zeder, Nachtrag., p. 48, pl. 6, fig. 5-7.
Ascaris nigrovenosa, Rud., Entoz., t. II, I, p. 147, n° 18, et Syn., p. 43, n° 28.

« — Corps grisâtre, avec l'intestin noir, long de 7 à 13^{mm}, cylindri-
« que, aminci seulement vers les extrémités, et davantage en arrière;
« — tête obtuse, à valves petites, peu distinctes (plus souvent invi-
« sibles, Rud.); — bouche assez grande, orbiculaire; — une mem-
« brane latérale assez large et obtuse de chaque côté de la tête, de-
« venant ensuite plus étroite, et se prolongeant sur le corps et la
« queue; — œsophage musculeux claviforme, long de 0^{mm},84, large
« de 0^{mm},133 en arrière, sans ventricule; — intestin étroit à l'origine.

« — *Mâle* à queue plus courte, terminée par une pointe conique
« relevée, avec les membranes latérales un peu plus larges.

« — *Femelle* longue de 11 à 13^{mm} (?), large de 0^{mm},3 à (?); — rapport
« de la longueur à la largeur 35; — queue plus longue, amincie
« ou presque subulée, un peu infléchie et obtuse à l'extrémité; —
« anus à 0^{mm},58 de l'extrémité; — vulve saillante, située en arrière
« du milieu, aux trois cinquièmes de la longueur; — embryons longs
« de 0^{mm},37, larges de 0^{mm},029; les uns libres et actifs dans le corps
« de la mère, les autres repliés dans des œufs à coque membraneuse,
« flexible, longs de 0^{mm},116. »

Je l'ai trouvée à Paris, en mars 1838, dans les poumons du crapaud
commun (*Bufo cinereus*), et à Rennes, en juillet 1843, dans la grenouille rousse (*Rana temporaria*); mais je l'ai cherchée vainement
dans un grand nombre de batraciens.

Rudolphi l'avait trouvée plus abondamment dans les mêmes espèces en Allemagne, plus rarement dans la grenouille verte (*Rana esculenta*), et quelquefois aussi dans l'orvet (*Anguis fragilis*), si toutefois il n'a pas pris pour une ascaride notre *Angiostomum entomelas*. Gœze, précédemment, l'avait aussi rencontrée dans les poumons de la grenouille rousse et du crapaud, et de plus, dans le crapaud à ventre jaune (*R. bombina* ou *Bufo igneus*). Zeder l'avait trouvée seulement dans la grenouille.

Au musée de Vienne, on l'a trouvée deux fois sur quarante-trois dans le poumon de l'orvet, soixante-cinq fois sur cent vingt-cinq dans le crapaud commun, cent cinquante-huit fois sur onze cent treize dans le *Bufo igneus*, vingt et une fois sur deux cent cinquante-six dans le *Bufo fuscus*, deux cent soixante-quatre fois sur sept cent quatre-vingt-trois dans le *Bufo viridis*, seize fois sur douze cent quatre-vingt-dix dans la grenouille verte, et cent vingt-quatre fois sur quatre cent vingt-sept dans la grenouille rousse. Swammerdam, le premier, l'avait trouvée en Hollande. En Irlande, M. Bellingham l'a trouvée seulement dans la grenouille rousse et ne lui a pas vu d'embryons vivants.

On doit penser qu'elle est beaucoup plus rare en France qu'en Allemagne.

? 37. ASCARIDE LEPTOCEPHALE. *ASCARIS LEPTOCEPHALA.*
— Rudolphi, *Synopsis*, p. 46 et 282, n° 40.)

« — Corps blanc assez épais, long de $3^{mm}37$, aminci en avant; — « tête longue, mince, à trois valves, grandes, oblongues, obtuses; « — tube digestif, simple, sans divisions.

« — *Mâle* obtus et comme tronqué en arrière; — spicule redressé, « sortant du bord inférieur de l'extrémité ou appliqué sur l'extré- « mité tronquée.

« — *Femelle* plus amincie en arrière, à queue aiguë. » (Rud.)

Elle fut trouvée d'abord par Gaede, dans un kyste de la rate du *Bufo cruciatus*, ensuite le professeur Otto de Breslau la trouva libre ou fixée dans l'estomac du *Triton palustris*, et enfin, au musée de Vienne, on l'a trouvée cent quatre-vingt-huit fois sur onze cent treize, dans le *Bufo igneus ;* trente-neuf fois sur neuf cent cinquante-sept, dans le *Triton cristatus ;* dix fois sur cent quatre-vingt-six, dans le *Triton tœniatus*, et deux fois sur quatre, dans le *Proteus anguinus*. Rudolphi, d'après la forme singulière de cet helminthe, pense qu'il pourrait bien former un nouveau genre.

—————

— Nitzsch a compris au nombre des ascarides, son *Ascaris androphora*, dont M. Creplin a fait le genre *Hedruris* et qui vit dans l'estomac du *Triton tœniatus*.

On pourrait aussi comprendre dans ce genre les diverses espèces d'oxyures que nous avons décrites comme trouvées dans les batraciens et les autres reptiles; mais il serait encore plus rationnel, je crois, de séparer du genre *Ascaris* presque toutes les espèces vivant dans les batraciens ainsi que beaucoup d'autres.

J'y ai d'ailleurs trouvé plusieurs fois des nématoïdes qui devraient être inscrites dans ce genre au moins provisoirement; savoir :

1° Dans un kyste du péritoine du crapaud (*Bufo cinereus*), je trouvai, le 21 juin, à Rennes, une ascaride longue de 4^{mm}, amincie de part et d'autre, mais davantage en arrière, large de 0^{mm},10 au milieu, et de 0^{mm},13 en avant, où elle est élargie par deux ailes membraneuses longitudinales; sa tête est large de 0^{mm},06, à trois lobes bien prononcés, ayant chacun une papille saillante au milieu de leur convexité; la queue est conique, allongée, très-aiguë; — le tégument a des stries transverses, très-fines, de 0^{mm},0024, visibles seulement après l'action de l'iode; — les organes génitaux ne sont pas visibles;

2° Dans de petits kystes larges de 0^{mm},27 à 0^{mm},50 du poumon et de la muqueuse intestinale de la grenouille rousse, j'ai vu souvent de très-petites nématoïdes sans organes distincts; leur longueur est de 0^{mm},6, et leur épaisseur de 0^{mm},025;

3° Dans deux kystes du péritoine d'un *Triton abdominalis*, se trouvaient deux ascarides longues de 2^{mm},2 et 2^{mm}4, larges de 0^{mm},074, munies d'ailes membraneuses linéaires, assez larges, sur toute leur longueur; ayant la tête large de 0^{mm},062, à trois valves sinueuses, élargies par la membrane latérale et la queue conique très-amincie et très-aiguë.

IV. ASCARIDES DES POISSONS.

ASCARIDES DES PERCOÏDES (Voyez aussi à la 2e section l'ascaride de la vive.)

? 38. ASCARIDE DES PERCHES.   *ASCARIS TRUNCATULA*. — Rudolphi.

Ascaris acus, Goeze, Naturg., p. 90.
Ascaris percœ, Gmelin, Syst. nat., p. 3036, n° 64.
Ascaris bicolor, Rudolphi, Obs. P. 1, p. 13.
Fusaria percœ, Zeder, Naturg., p. 122.
Ascaris truncatula, Rud., Entoz., t. II, 1, p. 172 et Syn., p. 49, n° 55.

« — Corps blanc ou jaunâtre en avant, roussâtre en arrière; —
« long de 27^{mm} environ à 40^{mm}, assez grêle, plus aminci en avant,
« plus épais en arrière, et terminé par une pointe caudale très-
« courte, mince et obtuse; — tête distincte tronquée, ou à trois val-

« ves tronquées en avant et laissant voir entre elles l'orifice buccal ;
« pas de membrane latérale ; — anus rapproché de l'extrémité ; —
« ovaires remplis de très-petits œufs globuleux. » (Rud.)

Rudolphi l'a trouvée dans l'intestin, dans des kystes du foie ou à
la surface de cet organe, et entre les muscles de la perche (*Perca
fluviatilis*); il l'a aussi rencontrée dans le péritoine du sandre (*Lucioperca sandra*), à Greifswald. Gœze et Schrank ont trouvé aussi dans la
perche une ascaride qui doit être la même. On l'a trouvée aussi neuf
fois sur trois cent soixante-trois dans le sandre, au musée de Vienne.

— Rudolphi a trouvé à Naples, en juin et juillet, dans le péritoine de
l'*Uranoscopus scaber*, des ascarides blanches, grêles, longues de
11mm à 27mm, plus amincies en avant, qu'il range parmi les espèces
douteuses. (*Synopsis*, p. 57, n° 111.)

Le même auteur étant à Rimini, vit aussi dans l'intestin du *Mullus
rubescens* une ascaride douteuse, blanche, longue de 13mm,5, plus
mince en avant, ayant les valves de la tête très-petites, l'extrémité
caudale, déprimée, obtuse. (*Syn.* p. 59, n° 128.)

Le catalogue du musée de Vienne inscrit, comme trouvée sur le
foie du surmulet (*Mullus surmuletus*), l'ascaris capsularia dont nous
parlons plus loin.

ASCARIDES DES POISSONS A JOUES CUIRASSÉES.

39. ASCARIDE DU SCORPION DE MER.   *ASCARIS ANGULATA*.
— Rudolphi, *Entoz.*, II, p. 152, et *Synops.*, p. 44, n° 30.

« — Corps blanc, très-grêle, long de 27mm environ, aminci de part
« et d'autre ; — tête tronquée à trois valves, avec deux ailes mem-
« braneuses latérales, très-larges, qui la font paraître anguleuse ; —
« queue du mâle droite, assez obtuse ; — queue de la femelle plus
« amincie et un peu relevée. » (Rud.)

Rudolphi trouva, une seule fois en décembre, à Greifswald, plusieurs de ces ascarides enfermées dans des kystes formés de nombreuses membranes du mésentère d'un *Cottus scorpius*.

M. Bellingham, dans son catalogue des helminthes d'Irlande, indique l'*Ascaris constricta* de la vive, comme trouvée par lui dans le
péritoine du *Cottus scorpius*, et au contraire l'*Ascaris angulata* de
ce poisson, comme trouvée par lui dans l'intestin de la baudroie
(*Lophius piscatorius*). Il faudrait une description exacte de ces helminthes pour qu'on pût adopter cette opinion.

— Rudolphi étant à Rimini, en Italie, trouva dans l'intestin d'une
Scorpæna scrofa, au mois d'avril, une seule ascaride blanche, longue de 34mm, très-amincie en avant, beaucoup moins en arrière, où
elle est plus épaisse et se termine en pointe obtuse déprimée. Il l'inscrit parmi ses espèces douteuses. (*Syn.*, p. 57, n° 115.)

— Le *Trigla lyra* a aussi présenté à cet auteur une ascaride douteuse

(*Syn.*, p. 59, n° 129), vivant dans le mésentère ; elle est longue de 13mm, blanche, plus amincie en avant, avec les valves de la tête petites, et l'extrémité caudale déprimée, obtuse.

M. Bellingham mentionne l'*Ascaris capsularia*, comme trouvée dans le péritoine du grondin (*Trigla gurnardus.*)

— Fabricius avait trouvé dans l'intestin de l'épinoche (*Gasterosteus aculeatus*) un helminthe filiforme, qu'il nomma *Gordius lacustris.* (*Faun. Groen.* p. 268, n° 242), et que Gmelin inscrivit dans le *Systema naturæ*, sous le nom d'*Ascaris lacustris* (pag. 3036, n° 66), Rudolphi trouva lui-même une seule fois, à Greifswald, dans le même poisson, une véritable ascaride, longue de 25mm environ, grêle et blanche, qu'il ne put décrire et qu'il nomma *Ascaris gasterostei* (*Entoz.*, p. 201, et *Synops.*, p. 59, n° 127.)

ASCARIDES DES SCIÉNOÏDES, DES SPAROÏDES ET DES MÉNIDES.

Rudolphi, étant à Spezia au mois d'août, trouva dans le péritoine d'une *Sciæna umbra* plusieurs ascarides rougeâtres, longues de 7 à 9mm, plus amincies en arrière et à queue aiguë ; il les inscrit parmi ses espèces douteuses (*Syn.*, p. 58, n° 126).

Le catalogue de Vienne inscrit aussi une ascaride douteuse du *Sciæna nigra*.

L'*Ascaris spari spicre* (*Syn.*, p. 58, n° 121) est une espèce douteuse de Rudolphi, trouvée en grand nombre, mais sans organes sexuels, dans le péritoine du *Sparus spicre*, elle est blanche ou rougeâtre, longue de 7 à 11mm, plus amincie en avant, à tête obtuse trivalve et à queue déprimée assez obtuse.

L'*Ascaris boopis* (*Syn.*, p. 58, n° 120) est une espèce douteuse trouvée une seule fois à Rimini, par Rudolphi, dans le péritoine du Bogue (*Sparus boops*) elle est longue de 6mm,75 très-grêle ; rougeâtre ; — sa tête a trois valves ; — le corps est plus aminci en arrière ; — la queue est aiguë, déprimée ; — l'intestin est droit, brunâtre. Rudolphi la croit identique avec la suivante.

L'*Ascaris mœnæ* de Rudolphi, également douteuse (*Syn.*, n° 119), trouvée dans la mendole (*Mæna vulgaris*, ou *Sparus mœna*, L.), à Rimini, est blanche, très-grêle, longue de 7 à 9mm, avec de petites valves à la tête, et la queue aiguë déprimée.

Le catalogue du musée de Vienne inscrit aussi une ascaride douteuse du picarel commun (*Smaris smaris*, C., ou *Sparus smaris*, L.).

ASCARIDES DES SCOMBEROÏDES. (Voyez aussi à la 2e section l'ascaride de l'espadon, et à la 3e section l'ascaride du maquereau.

— L'*Ascaris fabri* (*Synops.*, p. 57, n° 116), espèce douteuse de Rudolphi, a été trouvée dans l'intestin du *Zeus faber*, à Rimini ; elle est blanche, longue de 27mm, plus amincie en arrière, avec les valves de la tête bien distinctes.

— Le catalogue du musée de Vienne mentionne aussi une ascaride douteuse trouvée dix fois sur quinze dans le *Zeus faber*.

— Rudolphi rapporte avec doute au genre *Ascaris* des helminthes longs de 11 à 18^{mm}, assez épais, amincis de part et d'autre, et à tête obtuse, munie de papilles, qu'il trouva dans les appendices pyloriques, et dans l'intestin du *Stromateus fiatola*, en Italie.

— Une ascaride douteuse est ainsi indiqué dans le *Lepidopus argyreus*.

— Rudolphi place dans ses espèces douteuses une *Ascaris atherinæ*, trouvée à Naples dans l'intestin de l'*Atherina hepsetus*; elle est longue de 31^{mm},5, assez épaisse, plus amincie en avant, et à queue déprimée, obtuse. Il trouva aussi dans le péritoine du même poisson d'autres petites ascarides longues de 7 à 14^{mm}.

? 40. ASCARIDE DES BLENNIES. *ASCARIS AUCTA*. — Rudolphi, *Entoz.*, II, i, p. 175, et *Synops.*, p. 50, n° 57.

Ascaris acus, Müller, Besch. d. Berl. Naturf., I, p. 216.
Ascaris blennii, Gmelin, Syst. nat., p. 3036, n° 62.

« — Corps blanc, long de 13 à 94^{mm}, assez épais, plus mince en
« avant, avec deux membranes latérales, d'abord à peine visibles,
« puis devenant de plus en plus larges jusqu'à la queue, dont elles
« déterminent la courbure en se rapprochant de la face ventrale;
« — tête assez aiguë, à trois valves. » (Rud.)

Rudolphi la trouva souvent dans l'intestin et quelquefois aussi dans le péritoine du *Blennius viviparus*, à Greifswald. Müller l'avait précédemment trouvée dans le même poisson en Danemark.

— Rudolphi trouva ensuite dans les appendices pyloriques du *blennius phycis*, à Rimini, deux ascarides blanches, longues de 20^{mm},59, également amincies de part et d'autre, à tête petite, distincte, avec les valves bien visibles et la queue courte, aiguë, divergente, précédée par un tubercule; il l'inscrit comme douteuse, sous le nom de *Ascaris phycidis* (*Synops.*, p. 57, n° 113), tout en ajoutant qu'elle lui paraît constituer une espèce distincte qui pourrait être nommée *Ascaris divaricata*.

ASCARIDE DES GOBIES.

— Le catalogue du musée de Vienne mentionne une ascaride douteuse trouvée une seule fois parmi cent trente-neuf *Gobius jozo*; c'est l'*Ascaris gobii* (Rud., *Synops.*, p. 57, n° 114).

? 41. ASCARIDE DE LA BAUDROIE. *ASCARIS RIGIDA*. — Rud., *Entoz.*, II, i, p. 181, et *Synops.*, p. 51, n° 61.

Ascaris marina, Müller, Besch. d. Berl. Naturf., I, p. 211, et *Ascaris lophii*, Zool. Dan., t. III, pl. CXI, fig. 1-4.
Ascaris lophii, Gmelin, Syst. nat., p. 3037, n° 77.

« — Corps grisâtre, laissant voir les viscères blancs à travers les
« téguments, long de 27 à 80^{mm} (Mull.), large de 0^{mm},38 à (?), plus

« aminci en avant ; — tête large de 0^{mm},14 à (?), avec trois valves
« grandes, allongées, tégument à stries transverses, très-fines (de
« 0^{mm},003).

« — *Mâle* à queue enroulée, terminée par une pointe mince ; —
« — deux spicules arqués, longs de plus de 1^{mm}, larges de 0^{mm},028.

« — *Femelle* à queue déprimée, assez épaisse, terminée par un
« prolongement plus étroit, obtus ou en forme de papille (?). »

J'ai vu de cette espèce un mâle long de 36^{mm}, large de 0^{mm},38, mais
fortement contracté et altéré par l'alcool ; il provient de l'envoi fait
par le Muséum de Vienne à celui de Paris, en 1816, et avait été
trouvé dans l'intestin d'une baudroie (*Lophius piscatorius*) ; les spicules, en partie saillants, étaient brisés ; mais j'ai parfaitement vu
qu'ils sont deux ; leur largeur, ainsi que les stries du tégument, distinguent cette ascaride de celles des autres poissons de mer.

Rudolphi, qui l'avait d'abord décrite inexactement d'après Müller,
reçut d'abord de Bremser un mâle long de 27^{mm}, et deux femelles longues de 11^{mm},25 et 24^{mm},75 provenant du même *Lophius piscatorius*,
le seul, parmi quarante-quatre, dans lequel on l'eût trouvé au musée
de Vienne ; cependant il lui attribue un spicule simple et des valves à
peine distinctes à la tête.

— M. Bellingham indique comme trouvée par lui dans la Baudroie,
en Irlande, l'*Ascaris angulata* du *Cottus* et non l'*Ascaris rigida*.

? 42. ASCARIDE DES LABRES.   *ASCARIS CRASSICAUDA.* —
Rud., *Synopsis*, p. 50 et 291, n° 56.

« — Corps blanc, long de 11^{mm},25 à 31^{mm},5, médiocrement épais,
« aminci de part et d'autre, davantage en avant ; — valves de la tête
« grandes, tronquées, souvent écartées ; — queue de la femelle assez
« obtuse, quelquefois avec une papille terminale et avec un grand
« tubercule près de l'extrémité. » (Rud.)

Rudolphi l'a décrite d'après des individus qu'il avait reçus de Bremser, et qui provenaient des intestins de deux *Labrus tinca* disséqués
au musée de Vienne.

— Le catalogue de ce musée mentionne aussi des ascarides indéterminées, trouvées une fois sur six dans la girelle (*Labrus julis*) ;
sept fois sur douze dans le *Labrus olivaceus*, et une seule fois parmi
quatorze *Labrus rupestris*, toujours dans l'intestin.

— Rudolphi, de son côté, a trouvé à Naples, dans des labroïdes,
trois autres ascarides qu'il inscrit parmi ses espèces douteuses, savoir : 1° l'*Ascaris labri lusci* (*Synop.*, p. 58, n° 124) ; dans l'abdomen
de ce poisson, adhérente à la tunique péritonéale de l'intestin, ou
cachée sous la tunique du foie, elle est blanche, longue de 14 à 27^{mm},
plus amincie en avant, à tête trivalve, tronquée, et avec la pointe
caudale déprimée, assez aiguë ; 2° l'*Ascaris cynædi* (*l. c.*, n° 123),
petite, également amincie de part et d'autre dans le péritoine du

Labrus cynædus; 3° l'*Ascaris novaculæ* (*l. c.*, n° 125), rougeâtre, longue de 11ᵐᵐ,25, grêle, plus amincie en avant, ayant les valves de la tête distinctes, et la queue déprimée, assez aiguë; elle était dans le péritoine du rason (*Xyrichthys novacula*).

ASCARIDE DU CENTRISQUE.

L'*Ascaris centrisci* (Rud., *Syn.*, p. 57, n° 108) est aussi une espèce douteuse de Rudolphi, trouvée à Naples dans le péritoine de deux *Centriscus scolopax;* elle est petite, assez épaisse, également amincie de part et d'autre.

? 43. ASCARIDE DU BARBEAU.   *ASCARIS DENTATA.* — Zeder.

Fusaria dentata, Zeder, Nachtrag., p. 54.
Ascaris dentata, Rud., Entoz., t. II, p. 160, et Syn., p. 45 et 280, n° 37.

« — Corps blanc, long de 6ᵐᵐ,7 à 15ᵐᵐ,7, très-grêle, aminci de part
« et d'autre, mais un peu davantage en arrière, surtout chez les fe-
« melles; — tête très-amincie, à valves petites, oblongues, et sans
« ailes membraneuses.
« — *Mâle* à queue enroulée en spirale.
« — *Femelle* à queue infléchie; — œufs petits, globuleux. » (Rud.)

Rudolphi l'avait d'abord décrite d'après Zeder, qui lui-même l'avait trouvée dans l'estomac et l'intestin du barbeau (*Cyprinus barbus*); mais plus tard, il en reçut de Huebner et de Bremser, plusieurs provenant aussi de l'intestin du barbeau, et put rectifier en partie sa description. On l'avait trouvée deux fois sur quarante-huit au musée de Vienne.

M. Bellingham inscrit cette même ascaride comme trouvée en Irlande dans la loche (*Cobitis barbatula*).

? 44. ASC. DU GARDON.   *ASC. CUNEIFORMIS.* — Zeder.

Fusaria cuneiformis, Zeder, Nachtrag., p. 54.
Ascaris cuneiformis, Rud., Entoz., t. II, I, p. 177, et Syn., p. 50, n° 58.

« — Corps demi-transparent, long de 9 à 11ᵐᵐ,25; capillaire,
« aminci de part et d'autre, surtout en avant; — tête très-mince; —
« membranes latérales très-minces de chaque côté du corps, plus
« larges et plus visibles à la queue; — tube digestif s'élargissant peu
« à peu, puis présentant un étranglement et se contournant pour se
« rendre ensuite jusqu'à la queue, qui est longue, plane en dessous,
« et terminée par une pointe mince, diaphane. » (Zed.)

Zeder seul a décrit incomplétement cet helminthe, dont il n'a vu qu'un des sexes sans organes génitaux distincts; je crois que c'est le *Dispharagus denudatus*, dont j'ai étudié les deux sexes, voy. p. 81.

Le catalogue du musée de Vienne inscrit l'*Ascaris cuneiformis*

comme trouvée une fois seulement parmi les gardons (*Cyprinus idus*),
et une seule fois (*Ascaris unciformis*, par erreur), parmi quarante-
deux *Cyprinus cultratus*. M. Bellingham l'inscrit aussi comme trouvée
en Irlande dans le goujon (*Cyprinus gobio*).

Rudolphi inscrit d'ailleurs aussi comme espèce douteuse une *Ascaris cyprini erythrophthalmi* (*Entoz.*, II , 2 , p. 375 , et *Synops.*, p. 60,
nº 139), longue de 27^{mm} environ, assez mince, à tête très-obtuse,
munie de valves arrondies, et conséquemment bien distincte de l'*Ascaris cuneiformis* de Zeder. Elle avait été trouvée par Braun dans
l'intestin du rotengle (*Cyprinus erythrophthalmus*).

Moi-même j'ai trouvé très-souvent à Rennes, dans des kystes en-
croûtés du péritoine des *Cyprinus idus* et *Cyprinus erythrophthalmus*,
des jeunes ascarides qui doivent appartenir à plusieurs espèces distinctes : l'une, dans un kyste tubuleux, était longue de 2^{mm},2, large
de 0^{mm},07, avec deux membranes latérales très-étroites, mais distinctes, et un œsophage cylindrique, suivi d'un ventricule globuleux,
comme chez l'*Ascaris acus*. Une autre, dans un kyste tubuleux brunâtre du gardon, était longue de 1^{mm},5, large de 0^{mm},06, avec trois
valves bien distinctes à la tête, la queue amincie en cône aigu terminé par une longue pointe, etc.

ASCARIDES DES LOCHES. (*Cobitis.*)

Le catalogue du musée de Vienne mentionne une ascaride indéterminée, trouvée sept fois sur trois cent quatre-vingt-cinq dans la loche
franche (*Cobitis barbatula*); Rudolphi l'inscrit parmi ses espèces douteuses (*Synops.*, p. 59, nº 130). M. Bellingham, dans son catalogue
des helminthes d'Irlande, attribue à la loche l'ascaride du barbeau
(*Ascaris dentata*), qui vit dans l'intestin; il a en outre trouvé dans le
péritoine du même poisson une petite ascaride douteuse longue de
6^{mm},35, très-mince, également amincie de part et d'autre, et munie
de deux membranes latérales également larges à la tête et dans le
premier tiers de la longueur du corps.

ASCARIDES DU BROCHET. (*Esox Lucius.*) Voyez aussi à la 4ᵉ section *Ascaris acus*.

Schrank, dans les Mémoires de l'Académie de Suède (1790, p. 122),
indique sous le nom d'*Ascaris adiposa*, une ascaride qu'il avait trouvée dans la graisse des intestins d'un brochet; Zeder, sans plus de
renseignements, admet cette espèce; mais Rudolphi l'a laissée parmi
les douteuses, en exprimant l'opinion très-probable que ce doit être
une *Ascaris acus*.

ASCARIDE DU SILURE. (*Silurus glanis*)

Rudolphi a trouvé dans l'intestin d'un silure, à Greifswald, un
helminthe blanc, long de 27^{mm}, qu'il n'a pu étudier et qu'il range

parmi ses espèces douteuses (*Synopsis*, p. 59, n° 131), en citant, comme synonyme, une ascaride trouvée précédemment par Bloch, dans le même poisson, et que Gmelin avait enregistrée sous le nom d'*Ascaris siluri*. (*Syst. nat.*, p. 3036.)

? 45. ASCARIDE DU SAUMON.   *ASCARIS CAPSULARIA.*—Rud.

> *Cucullanus salaris*, Goeze, Naturg., p. 133, pl. 8, fig. 9-10.
> *Cucullanus lacustris*, Gmelin, Syst. nat., p. 3052, n° 6.
> *Capsularia salaris*, Zeder, Nachtrag., p. 10.
> *Capsularia trinodosa*, Zeder, Naturg., p. 55.
> *Ascaris capsularia*, Rudolphi, Entoz., t. II, i, p. 179, et Syn., p. 50, n° 60.

« — Corps blanc, grêle, long de 27ᵐᵐ environ, plus épais vers la « queue qui est conique, obtuse, sans membranes latérales; — tête « mince, obtuse, à trois valves petites;—anus peu éloigné de l'ex- « trémité; — organes génitaux non visibles. » (Rud.)

Gœze, le premier, avait trouvé trois de ces helminthes enroulés sous la tunique du foie d'un saumon (*Salmo salar*).

Rudolphi les trouva ensuite très-souvent enroulés à la surface des différents viscères ou libres dans l'estomac et dans l'intestin du même poisson, et il affirme positivement que ce sont bien des ascarides, d'après la structure de leur bouche (*oris fabrica*); on ne peut donc les confondre avec les *Filaria piscium* (pag. 60), qu'on trouve également enroulées et engagées à la surface des viscères des pois- sons, et qui de même aussi ont des mouvements très-vifs quand elles sont mises en liberté, et se conservent longtemps vivantes dans l'eau. Il est cependant bien probable que de même que leur aspect exté- rieur et leur mode de développement les avaient fait d'abord réu- nir par Zeder, dans le même genre *Capsularia*, ces caractères exté- rieurs auront fait confondre souvent la vraie *Ascaris capsularia*, ou *Capsularia trinodosa*, de Zeder, avec des helminthes qui n'ont point la tête à trois valves. Ainsi Gœze et Rudolphi n'ont trouvé cette ascaride que dans le saumon; les helminthologistes du musée de Vienne l'indiquent aussi dans leur catalogue, comme trouvée une fois dans le merlan (*Gadus merlangus*); une fois dans le *Gadus medi- terraneus;* une fois sur vingt-six dans la *Scorpœna scrofa;* trois fois sur vingt-trois dans le *Mullus surmuletus;* et deux fois sur vingt- trois dans le *Salmo salar*. De même aussi, M. Bellingham, en Irlande, l'inscrit (*Ann. of Nat. Hist.*, 1844, t. XIII, p. 172) comme trouvée par lui dans le péritoine du hareng (*Clupea harengus*), du *Cyclop- terus rufus*, du saumon, de la morue (*Gadus morrhua*); du merlan (*Gadus merlangus*); du merlus (*Gadus merlucius*); de la lingue (*Gadus molva*); du flétan (*Pleuronectes hippoglossus*); du turbot (*Pleuronectes maximus*); du congre (*Murœna conger*); de la bau- droie (*Lophius piscatorius*); du grondin (*Trigla gurnardus*); du maque- reau (*Scomber scomber*); du *Syngnathus acus* et dans l'estomac, l'intes- tin, le péritoine et la vésicule du fiel du *Squalus acanthias;* il dit que les valves de la bouche sont très-petites, et que le ventricule est plus blanc et plus opaque que le reste du canal digestif, et se voit comme une ligne blanche, plus large et courte, à travers les parois. Gœze avait déjà parlé de cette particularité, que Rudolphi ne vit pas et que M. Bellingham regarde comme très-caractéristique de cette espèce ; mais j'ai vu dans de vraies ascarides et dans la *Filaria piscium* cette tache blanche interne, qui provient de la présence d'un appendice pylorique en forme de cœcum, partant de la base de l'intestin pour revenir en avant à côté de l'œsophage, et je n'ai vu bien certainement, dans les kystes du péritoine des gades, du maquereau, du grondin, du congre et du flétan, que la *Filaria piscium*.

ASCARIDES DES CLUPES. (Voyez aussi à la 3ᵉ section *Ascaris adunca.*)

? 46. ASCARIDE EFFILÉE.   *ASCARIS GRACILESCENS.* — Rud., *Synopsis*, p. 45 et 282, nº 38.

Ascaris gracilescens, Creplin, dans l'Enc. de Ersch. et Gruber, t. XXXII, p. 282.

« — Corps blanc ou rougeâtre, long de 4ᵐᵐ,5 à 11ᵐᵐ,25, très-grêle, « aminci de part et d'autre, davantage en arrière ; tête non distincte, à « trois valves larges ; — queue en pointe assez longue aiguë. »

Rudolphi, en Italie, la trouva très-nombreuse dans la péritoine du *Clupea sprattus* et de l'anchois (*Engraulis encrasicholus*).

Au musée de Vienne on l'a trouvée 26 fois parmi 51 *Clupea sprattus* dans l'intestin ; M. Creplin l'a trouvée aussi dans l'intestin du hareng.

On ne peut considérer cette espèce comme bien déterminée, puisqu'on n'en a vu que de jeunes individus sans organes génitaux.

—Rudolphi inscrit parmi ses espèces douteuses (*Synop.*, p. 60 et 303, nº 138) une *Ascaris clupearum* que Fabricius avait trouvée dans l'abdomen du hareng (*Clupea harengus*); elle est blanchâtre, très-mince, longue de 40ᵐᵐ, amincie de part et d'autre, davantage en avant, ayant trois petites valves à la tête, et montrant par transparence un ventricule oblong blanc opaque, à quelque distance de la tête : elle est d'ailleurs enroulée en spirale dans des kystes du péritoine comme la *Filaria piscium* et la prétendue *Ascaris capsularia*. On peut donc penser que c'est l'une de ces deux espèces, ou même l'une et l'autre en même temps ; Rudolphi, pendant toutes ses recherches, dit n'avoir pu trouver dans le hareng que la Filaire ; mais M. Bellingham, dans son catalogue des helminthes d'Irlande, attribue l'*Ascaris capsularia* au hareng, ainsi qu'à beaucoup d'autres poissons de mer.

ASCARIDES DES GADES. (Voyez aussi à la 3ᵉ section l'*Ascaris clavata.*)

? 47. ASCARIDE FLUETTE.   *ASCARIS TENUISSIMA.* — Zeder.

Fusaria tenuissima, Zeder, Nachtrag., p. 57.
Ascaris tenuissima, Rudolphi, Entoz., t. II, i, p. 185, et Syn., p. 52, n° 66.

« — Corps très-grêle, long de 4ᵐᵐ,5 à 9ᵐᵐ, aminci de part et d'autre,
« davantage en avant ; — tête amincie avec deux membranes latérales
« étroites ; — queue longue subulée, celle du mâle plus mince et cy-
« lindrique, celle de la femelle plus longue, plus épaisse, plane en
« dessous ; — spicule simple (?), accompagné par plusieurs tubercules
« très-petits. » (Zed.)

Zeder seul l'avait trouvée d'abord dans l'intestin de la lotte (*Gadus
lotta*) ; M. Bellingham l'inscrit dans son catalogue des helminthes
d'Irlande, comme trouvée par lui dans l'intestin du Merlan. Le catalogue du musée de Vienne mentionne avec le double nom de *tenuissima* et de *mucronata* une ascaride trouvée soixante-treize fois sur
quatre cent quatre-vingt-deux dans la lotte.

? 48. ASCARIDE MUCRONÉE.   *ASCARIS MUCRONATA.* — Schrank.

Ascaris mucronata et *Ascaris capillaris,* Schrank, dans les Mémoires de
    l'Académie suédoise, 1790, p. 121, n° 13 et n° 12.
Fusaria mucronata, Zeder, Nachtrag., p. 62.
Ascaris mucronata, Rudolphi, Entoz., t. II, i, p. 186, et Syn., p. 52, n° 67.

« Corps blanchâtre (jeunes) ou cendré (adultes), long de 18ᵐᵐ à
« 31ᵐᵐ,15 ; plus mince en avant, de plus en plus épais en arrière
« jusqu'à l'extrémité caudale qui est arrondie et terminée par une
« pointe droite et mince ; — tête petite distincte ; — membranes laté-
« rales très-larges à la tête et diminuant peu à peu jusqu'à l'extrémité
« caudale ; — queue du mâle plus obtuse et avec une pointe terminale
« plus courte, et portant en outre deux rangées de petits tubercules
« qui s'étendent le long de la face ventrale. » (Zed.)

Zeder seul l'avait trouvée dans l'estomac de la lotte (*Gadus lotta*),
et l'avait communiquée à Schrank ; depuis lors, au musée de Vienne,
on a retrouvé dans l'intestin du même poisson, soixante-treize fois sur
quatre cent quatre-vingt-deux, des ascarides qui sont indiquées avec
la double dénomination spécifique *Ascaris tenuissima* et *Ascaris mucronata.* Il en faut conclure que la distinction des deux espèces n'est
pas facile, je crois même qu'elle n'est guère plus réelle par rapport à
l'*Ascaris clavata.* Il faut attendre des observations détaillées sur la
structure des unes et des autres pour se prononcer.

— Rudolphi inscrit en outre, comme espèce douteuse (*Syn.,* p. 57,
n° 112), une *Ascaris gadi* longue de 40ᵐᵐ, plus mince en arrière avec
la pointe caudale infléchie aiguë ; il a trouvé une seule femelle dans
un *Gadus minutus* à Rimini. Le catalogue du musée de Vienne mentionne aussi une ascaride indéterminée du *Gadus merlucius.*

— M. Bellingham inscrit, dans son catalogue des helminthes d'Irlande, l'*Acaris rotundata* des squales comme trouvée par lui dans le péritoine de la morue, et l'*Ascaris constricta* de la vive comme trouvée dans le péritoine du *Gadus luscus*.

? 49. ASCARIDE DES PLEURONECTES.   *ASCARIS COLLARIS.*
—Rudolphi, *Entoz.*, II, 1, p. 134, et *Synops.*, p. 52, n° 65.

Fusaria hoffmanni, Zeder, Nachtrag., p. 59.

« — Corps blanc plus ou moins épais, long de 27 à 81ᵐᵐ, aminci « de part et d'autre, davantage en avant; — tête obtuse à trois valves « médiocres, avec deux membranes latérales étroites, qui s'élargis- « sent quelquefois derrière la tête, mais qui, devenant ensuite très-« minces, se continuent jusqu'à la pointe caudale en avant de laquelle « est l'anus. » (Rud.)

Rudolphi la trouva d'abord à Greifswald, dans l'intestin du turbot (*Pleuronectes maximus*), et du flet (*Pleuronectes flesus*); plus tard, il la trouva aussi à Naples, dans l'abdomen du (*Pleuronectes mancus*).

M. Bellingham l'inscrit dans son catalogue des helminthes d'Irlande, comme trouvée dans l'intestin et les appendices pyloriques du flétan (*Pleuronectes hippoglossus*), ainsi que dans l'intestin du turbot. Ce même helminthologiste attribue d'ailleurs aussi l'*Ascaris capsularia* à ces deux pleuronectes (turbot et flétan). D'un autre côté, Rudolphi inscrit par ses espèces douteuses une *Ascaris linguatulæ* (*Syn.*, p. 58, n° 118), qu'il trouva une seule fois dans le mésentère du *Pleuronectes linguatula* à Naples, et une *Ascaris soleæ* (*L. C.*, n° 117), qui a été trouvée sept fois sur cent vingt-huit, dans l'intestin de la sole (*Pleuronectes soleæ*), au musée de Vienne.

— Pour moi, j'ai trouvé plusieurs fois dans l'intestin du turbot et de la sole des ascarides femelles non adultes, ressemblant à celles des gades ou du maquereau (voyez à la 3ᵉ section); en effet, leur tête large de 0ᵐᵐ,13, est à trois valves, un peu sinueuses, portant chacune deux papilles sur leur convexité; leur œsophage cylindrique est accompagné à sa jonction avec l'intestin, par deux cœcums dirigés l'un en avant, l'autre en arrière; leur queue est droite, conoïde, terminée par une papille aiguë, hérissée de petites épines ou denticules; dans l'ascaride du turbot, le tégument est finement strié en travers, ses stries étant écartées de 0ᵐᵐ,002 à 0ᵐᵐ,005; une ascaride que j'ai trouvée dans le turbot, le 22 décembre, est longue de 16ᵐᵐ; celles que j'ai trouvées dans la sole sont longues de 24ᵐᵐ.

ASCARIDE DU CYCLOPTÈRE LUMP.

M. Bellingham inscrit dans son catalogue des helminthes d'Irlande, l'*Ascaris succisa* de la raie, comme trouvée dans l'intestin du lump, et l'*Ascaris capsularia*, comme trouvée dans le péritoine du même poisson.

P 50. ASCARIDE DE L'ANGUILLE.   *ASCARIS LABIATA.* — Rud.

Ascaris anguillae, Abilgaard, dans Zool. Dan., t. IV, p. 22, pl. 147, D. 1-2.
Fusaria redii, Zeder, Nachtrag., p. 58.
Ascaris labiata, Rud., Entoz., t. II, i, p. 172, et Syn., p. 49 et 290, n° 54.

« — Corps blanc en avant, quelquefois jaunâtre dans les deux
« tiers postérieurs, long de 27 à 40^{mm}, plus mince en avant, avec deux
« membranes latérales qui, d'abord à peine visibles, deviennent plus
« saillantes et se prolongent jusqu'à la queue, laquelle alors paraît
« demi-cylindrique; — tête munie de valvules très-grandes comme
« des lèvres; — tégument fortement strié en travers et presque denté
« en scie;—anus simple en avant de la pointe caudale;—vulve située
« au tiers antérieur; — œufs globuleux assez grands à double enve-
« loppe. » (Rud.)

Zeder l'avait d'abord trouvée dans l'intestin de l'anguille (*Murœna
anguilla*) et la crut faussement analogue à un helminthe indéterminé, que Redi avait précédemment trouvé dans le même poisson;
Rudolphi qui démontra cette erreur trouva aussi dans une anguille
à Greifswald, quatre exemplaires de cette ascaride qui paraît assez
rare; par la suite étant à Naples, il trouva dans un congre (*Murœna
conger*) une ascaride blanche, longue de 25^{mm}, qu'il croit être la
même espèce. Un autre ascaride longue de six lignes, ayant les valves de grandeur médiocre à la tête, fut alors aussi trouvée par lui
dans le myre (*Murœna myrus*), mais c'est avec doute qu'il la rapporte à cette espèce. Au musée de Vienne, on l'a trouvée huit fois
sur quarante-trois, dans l'intestin grêle de l'anguille. M. Bellingham
l'inscrit aussi comme trouvée dans l'intestin de l'anguille, en Irlande.
Je l'ai cherchée vainement dans vingt-quatre anguilles à Rennes.
Abildgaard a décrit et figuré dans la *Zoologia danica* une *Ascaris
anguillæ,* filiforme, longue de 95^{mm}, blanche, avec deux lignes latérales d'un vert-doré et laissant voir par transparent les intestins
blancs opaques; la tête est amincie et obtuse; la partie postérieure
plus épaisse se termine par une pointe très-grêle. Rudolphi, sans
pouvoir se rendre compte de la coloration brillante indiquée par
Abilgaard, croit que ce peut être une *Ascaris labiata.*

ASCARIDE DU CONGRE. (Voyez aussi à la 2ᵉ section l'*Ascaris ecaudata.*)

ASCARIDES DES SYNGNATHES.

Rudolphi (*Syn.,* p. 50, n° 107) inscrit comme douteuse une *Ascaris
hippocampi* longue de 13^{mm},5, non adulte, à queue aiguë, trouvée
par lui à Rimini, dans l'intestin de l'hippocampe (*Syngnathus hippocampus.*)
Le catalogue du musée de Vienne mentionne aussi une ascaride
indéterminée du *Syngnathus acus,* trouvée dans l'intestin.

M. Bellingham, en Irlande, a trouvé dans le péritoine du *Syngnathus acus*, l'*Ascaris constricta* et l'*Ascaris capsularia*.

ASCARIDES DES PLECTOGNATHES (*Orthagoriscus mola.*)

L'*Ascaris orthagorisci* (*Syn.*, p. 56, n° 106) est une espèce fort douteuse dont Rudolphi trouva deux très-petits individus dans l'eau où il avait mis la veille les intestins d'un poisson lune, à Naples.

ASCARIDES DES ESTURGEONS. (*Accipenser.*)

L'*Ascaris helopis* (*Synops.*, p. 56, n° 105) est une espèce douteuse trouvée par Pallas (*Zoographia rosso-asiatica*, t. III, p. 102), et souvent très-abondante, dans le rectum de l'*Accipenser helops*.

M. Bellingham a trouvé en Irlande, dit-il, l'*Ascaris constricta* dans l'estomac et l'intestin de l'esturgeon (*Ascaris sturio*).

? 51. ASCARIDE DES SQUALES. *ASCARIS ROTUNDATA.* — Rud., *Synops.*, p. 39 et 270, n° 8.

« — Corps aminci de part et d'autre, quelquefois davantage en « avant, long de 18 à 47^{mm} ; — tête arrondie, à valves distinctes, mé- « diocrement grandes, sans membranes latérales ; — queue terminée « en pointe courte, aiguë, infléchie. » (Rud.)

Rudolphi trouva d'abord, à Rimini, dans l'estomac et l'intestin du milandre (*Squalus galeus*), deux individus mutilés et une seule femelle entière longue de 18^{mm} ; par la suite, il reçut de Bremser des exemplaires plus grands trouvés au musée de Vienne dans l'estomac du *Squalus glaucus*, dit-il ; cependant le catalogue publié par Westrumb indique seulement cette ascaride comme trouvée quatre fois sur dix-huit dans le *Squalus galeus*, à Vienne, et non dans le *Squalus glaucus*.

M. Bellingham inscrit dans son catalogue des helminthes d'Irlande, l'*Ascaris rotundata*, comme trouvée dans la raie (*Raia batis*) et dans la morue (*Gadus morrhua*) ; mais la description donnée par Rudolphi est trop incomplète pour qu'on puisse, d'après lui, rapporter à une espèce trouvée dans un squale des helminthes vivant dans des gades.

Bosc avait décrit dans son Histoire naturelle des vers (t. II, p. 36), une *Ascaris lineata* très-longue, brune, avec cinq lignes longitudinales, vivant dans les intestins du squale. Rudolphi (*Entoz.*, t. II, p. 200, n° 71) l'avait d'abord inscrite comme douteuse sous ce même nom ; mais dans son *Synopsis*, il l'a simplement nommée *Ascaris squali* (p. 56, n° 104). Il est bien probable que Bosc a eu sous les yeux quelque némerte, trouvée ou non dans l'intestin d'un squale.

M. Bellingham a trouvé son *Ascaris capsularia* dans l'estomac, l'intestin, le péritoine et la vésicule biliaire de l'Aiguillat (*Squalus acanthias.*)

? 53. ASCARIDE DES RAIES.   *ASCARIS SUCCISA.* — Rud., *Entoz.*,
p. 187, n° 49; II, 1, et *Synopsis*, p. 52, n° 69.

« — Corps blanc, grêle, long de 27ᵐᵐ environ, aminci de part et
« d'autre, davantage en avant; — tête à trois valves, avec une aile
« membraneuse linéaire, peu saillante de chaque côté; — queue
« épaissie, obtuse et tronquée. » (Rud.)

Rudolphi a décrit trop incomplétement cette espèce d'après des
exemplaires que M. Treviranus avait trouvés dans l'intestin de la raie
bouclée (*Raia clavata*); il mentionne aussi des points arrondis ou
petits tubercules, dont la queue était couverte accidentellement.

Le catalogue du musée de Vienne indique aussi l'*Ascaris succisa*
comme trouvée une seule fois dans la *Raia miraletus*.

— M. Bellingham, en Irlande, dit avoir trouvé l'*Ascaris succisa* dans
le lump (*Cyclopterus lumpus*); mais ce n'est assurément pas d'après
la description de Rudolphi qu'on pourrait affirmer l'analogie ou l'identité de deux helminthes trouvés dans des poissons d'espèces si différentes.

— M. Bellingham attribue en outre à la raie l'*Ascaris rotundata*,
et une autre espèce nouvelle ou indéterminée (*Ann. of nat. hist.*
1844, p. 174); elle est longue de 35ᵐᵐ environ, très-blanche, plus
épaisse en arrière qu'en avant; sa tête est munie de trois valves,
petites, quelquefois saillantes et entourées d'un bord saillant; — l'anus
est saillant; — au quart antérieur de la longueur se voit un étranglement notable correspondant à la vulve qui a la forme d'une petite
papille.

Moi-même j'ai trouvé dans la raie bouclée un helminthe que je
place dans le nouveau genre *Leptodera;* j'y ai trouvé aussi des filaires
qui ont pu être ailleurs prises pour des ascarides.

— Le catalogue du musée de Vienne mentionne une ascaride indéterminée trouvée deux fois sur seize dans la pastenague (*Raia pastinaca*); c'est l'*Ascaris pastinacæ*, espèce douteuse de Rudolphi
(*Synopsis*, p. 55, n° 103).

— L'*Ascaris torpedinis* (*l. c.*, 102) du même auteur comprend deux
helminthes très-grêles, longs de 6ᵐᵐ,75 et 9ᵐᵐ, presque droits, à tête
très-aiguë et sans valves distinctes, et à queue droite, déprimée, assez
aiguë. Bremser les lui avait envoyés comme provenant de l'estomac
d'une torpille; mais le catalogue de Vienne n'en fait aucune mention.
Il est bien probable que ce ne sont pas des ascarides.

IV. FILAIRES DES INSECTES.

?? 54. ASCARIDE DU NASICORNE.   *ASCARIS CUSPIDATA*. —
Rud., *Synopsis*, p. 52 et 294, n° 68.

« — Corps blanc, long de 3^{mm},4 à 6^{mm},75, aminci de part et d'autre,
« davantage en avant ; — tête continue avec le corps, assez mince, à
« trois valves petites, et avec une membrane très-étroite de chaque
« côté ; œsophage mince, renflé subitement en un ventricule presque
« globuleux (proventicule, Rud.), que suit un renflement considérable
« (ventricule, Rud.) de l'intestin, lequel est noirâtre et diminue en-
« suite de largeur ; — queue obtuse, terminée brusquement par une
« longue pointe terminale, grêle ; — œufs elliptiques noirâtres. »

Rudolphi trouva une seule fois, à Berlin, dans le gros intestin de
deux larves d'*Oryctes nasicornis*, quatorze *Ascaris cuspidata*. Quoiqu'il
pense que les œufs n'étaient peut-être pas mûrs, on peut juger déjà
par sa description qu'il a eu sous les yeux des femelles adultes d'une
espèce distincte d'ascaride ou de quelque autre nematoïde ; mais on
ne peut, sans en connaître le mâle, considérer cette espèce comme
assez solidement établie.

— Le même helminthologiste inscrit parmi ses espèces douteuses
une *Ascaris lucani* (*Synopsis*, p. 60, n° 140) que Frœlich avait fait
sortir en grand nombre de l'anus d'un *Lucanus capreolus*, et qu'il
avait décrite sous ce même nom dans le *Naturforscher* (p. 51, n° 25).
Elle est, dit-il, à peine longue de 4^{mm},5, très-grêle, demi-transparente, avec la queue subulée.

— J'ai moi-même trouvé dans différents insectes, dans les lombrics,
dans des mollusques et dans la terre humide ou dans les eaux, divers
helminthes qui auraient pu être rangés dans le genre *Ascaris*, si je
n'eusse cru devoir établir pour eux les nouveaux genres *Rhabditis*,
Dicelis, etc.

DEUXIÈME SECTION.

*Ascarides vraies ayant l'œsophage suivi d'un ventricule plus ou
moins distinct et accompagné par un cœcum ou appendice pylorique partant de l'intestin.*

55. ASCARIDE DES VAUTOURS.   *ASCARIS GYPINA*. — Duj.

Ascaris depressa (en partie), Rud., Entoz., t. II, 1, p. 143 et Syn., p. 42.

« — Corps blanc, cylindrique, plus aminci en avant, très-allongé
« (soixante à quatre-vingt-huit fois aussi long que large) ; — tête
« large de 0^{mm},3 à 0^{mm},4 ; — tégument assez épais à stries transverses,

« très-distinctes, écartées de 0^{mm},010 à 0^{mm},013, et soutenu par des
« fibres obliques croisées.

« — *Mâle* long de 35 à 79^{mm}, large de 0^{mm},6 à 1^{mm},03 ; — spicules
« égaux, un peu arqués, longs de 1^{mm},4, larges de 0^{mm},045 vers l'ex-
« trémité, contenus chacun dans une gaîne fibreuse, large de 0^{mm},095,
« — queue conoïde longue de 0^{mm},3.

« — *Femelle* longue de 90 à 106^{mm}, large de 1^{mm},2 ; — queue conique,
« assez aiguë ; — anus à 0^{mm},82 de l'extrémité ; — vulve située entre
« le milieu et le tiers antérieur (à 30 ou 45^{mm} de la tête) ; — utérus
« dirigé en arrière, très-effilé en avant, s'élargissant peu à peu, et
« se divisant à la distance de 18^{mm} de la vulve, en deux branches
« parallèles, droites, contiguës, longues de 11^{mm} à 19^{mm}, larges de
« 0^{mm},5 à 0^{mm},7, qui se rétrécissent à la fois pour se continuer chacune
« avec l'oviducte et l'ovaire correspondant ; — œufs globuleux, longs
« de 0^{mm},076 à 0^{mm},083, à coque lisse homogène, assez épaisse, recou-
« verte d'une enveloppe membraneuse, parsemée de très-petits gra-
« nules saillants, et susceptible de se détacher tout entière. »

Je décris cette espèce sur deux mâles longs de 35 et 79^{mm}, et une
femelle longue de 91^{mm}, provenant de l'intestin du *Vultur cinereus*,
et sur un autre mâle long de 57^{mm}, et une femelle longue de 106^{mm},
provenant de l'intestin du *Vultur fulvus*. Ces helminthes trouvés au
Muséum de Vienne, deux fois dans le vautour fauve, et deux fois
parmi quatre vautours bruns avaient été envoyés au Muséum de
Paris, en 1816, sous les n°s 201 et 202. Rudolphi en avait reçu également des exemplaires, et les avait crus identiques avec ceux des
faucons. Mais ils en diffèrent bien positivement : 1° par la structure
du tégument, plus résistant et à stries beaucoup plus fines ; 2° par
leurs œufs plus petits, revêtus d'une membrane granuleuse qui se
détache aisément ; 3° par les spicules du mâle. La longueur du corps
est peut-être aussi plus considérable proportionnellement à la largeur.

56. ASCARIDE DES FAUCONS.   *ASCARIS DEPRESSA.* — Rud.

Ascaris teres milvi, Goeze, Naturg., p. 85.
Ascaris acus albicillæ, Bloch, Traité des Vers intest., trad. p. 68.
Ascaris albicillæ et *Ascaris milvi*, Gmelin, Syst. nat., p. 3033, n°s 27 et 19.
Fusaria depressa, Zeder, Nachtrag., p. 37.
Ascaris depressa, Rudolphi, Entoz., t. II, 1, p. 143, et Syn., p. 42, n° 24.

« — Corps blanc, cylindrique, aminci aux extrémités et davantage
« en avant, cinquante à soixante-dix fois aussi long que large, plus
« ou moins déprimé en avant ; — tête large de 0^{mm},4 ; — œsophage
« long de 5^{mm}, suivi d'un ventricule presque globuleux, long de 0^{mm},6,
« et accompagné par une sorte de cœcum épais, long de 3^{mm} à 4^{mm},
« partant de l'intestin ; — tégument très-mince et se détachant aisé-
« ment, à stries transverses, écartées de 0^{mm},025 à 0^{mm},030, et por-
« tant en avant deux ailes latérales, étroites, arrondies.

« — *Mâle* long de 70 à 100^{mm}, large de 1 à 1^{mm},5 ; — rapport de la

« longueur à la largeur 70 ; — queue resserrée, courte ; — spicules
« égaux, droits, convergents, longs de 1^{mm},12, larges de 0^{mm},04,
« contenus chacun dans une gaîne large de 0^{mm},10, et obliquement
« tronqués et élargis à l'extrémité.

« —*Femelle* longue de 100 à 110^{mm}, large de 1^{mm},5 à 2^{mm},20 ; — rap-
« port de la longueur à la largeur 50 à 70 ; — queue aiguë ; — anus
« à 0^{mm},9 de l'extrémité ; — vulve située vers le tiers ou le quart an-
« térieur de la longueur (à 23^{mm} ou 31^{mm} de la tête) ; — utérus long
« de 50 à 55^{mm}, d'abord mince et filiforme, dans une longueur de
« 22^{mm}, puis renflé en un tube long de 30^{mm}, large de 1^{mm},25, qui se
« divise bientôt en deux branches droites parallèles et contiguës, con-
« tinuées par les oviductes et les ovaires filiformes repliés en arrière ;
« — œufs blancs, globuleux, très-volumineux, larges de 0^{mm},104 à
« 0^{mm},108, à coque revêtue d'un épaississement réticulé, ou parsemée
« d'alvéoles larges de 0^{mm},004 environ. »

J'ai étudié cette espèce, bien distincte de la précédente et de la
suivante, sur divers exemplaires, envoyés en 1816 au Muséum de
Paris par celui de Vienne ; savoir : 1° une femelle longue de 110^{mm},
dont les œufs n'ont encore que des alvéoles très-peu visibles, provenant de l'intestin du balbuzard (*Falco chrysaetos*) ; 2° une femelle
longue de 97^{mm}, large de 1^{mm},4, dont les œufs ont la coque bien formée,
provenant de l'intestin d'un milan (*Falco milvus*) ; 3° un mâle long
de 100^{mm}, et une femelle, provenant de la harpaye (*Falco rufus*) ; 4° plusieurs autres exemplaires trouvés dans le *Falco lagopus*.

Rudolphi, après avoir établi cette espèce comme distincte, la réunit ensuite avec celle des oiseaux de nuit. Il n'avait trouvé d'abord
que des femelles longues de 80 à 130^{mm}, dans l'intestin du milan (*Falco
milvus*), depuis lors il la trouva aussi dans l'autour (*Falco palumbarius*) et dans la buse ; Zeder avait trouvé, dans l'orfaie (*Falco
albicilla*), des individus longs de 22^{mm},5 à 32^{mm}. Gœze l'avait précédemment trouvée dans la buse. Au musée de Vienne on l'avait trouvée,
nombre de fois, dans les *Falco albicilla, apivorus, buteo, chrysaetos, cineraceus, cyaneus, lagopus, laniarius, milvus, nævius,
nisus, palumbarius, pennatus, peregrinus, rufus* et *tinnunculus*.
On l'a trouvée aussi dans des faucons du Brésil.

Frœlich, dans le *Naturforscher*, en avait voulu faire plusieurs
espèces distinctes, sous les noms d'*Ascaris milvi, Ascaris nisi* et *Ascaris æqualis ;* mais Rudolphi conteste la nécessité de ces distinctions,
basées sur des caractères extrêmement vagues.

57. ASCARIDE DES HIBOUS.   *ASCARIS SPIRALIS.* — Zeder.

Fusaria spiralis, Zeder, Naturgesch., p. 110.
Ascaris spiralis, Rudolphi, Entoz., II, 1, p. 189, n° 52.

« — Corps blanchâtre, cylindrique, aminci de part et d'autre, un
« peu davantage en avant, cinquante fois environ aussi long que
« large ; — tête large de 0,25 à 0^{mm},46, à lobes grands, anguleux,

« avec une papille sur chacun ; — œsophage musculeux, cylindri-
« que, long de 2 à 3ᵐᵐ, suivi d'un petit ventricule presque globuleux,
« et accompagné latéralement par un cœcum partant de l'intestin ; —
« tégument à stries transverses, écartées de 0ᵐᵐ,016 à 0ᵐᵐ,038, sou-
« tenu par deux couches de fibres obliques, croisées et portant en
« avant deux ailes ou expansions latérales peu saillantes.

« — *Mâle* long de 24 à 38ᵐᵐ, large de 0ᵐᵐ,5 à 0ᵐᵐ,8 ; — queue très-
« courte, brusquement rétrécie ; — spicules égaux, falciformes, longs
« de 0ᵐᵐ,47.

« — *Femelle* longue de 50 à 74ᵐᵐ, large de 1ᵐᵐ,0 à 1ᵐᵐ,60 ; — queue
« droite, conique, assez aiguë ; — anus à 0ᵐᵐ,7 de l'extrémité ; —
« vulve en avant du milieu (à 30ᵐᵐ de la tête) ; — utérus très-long,
« dirigé en arrière et divisé, à la distance de 9ᵐᵐ de la vulve, en deux
« branches droites, parallèles et contiguës, longues de 17ᵐᵐ, larges de
« 0ᵐᵐ,5, rétrécies à la fois pour se continuer chacune avec l'oviducte et
« l'ovaire correspondant ; — œufs *jaunes, elliptiques,* longs de
« 0ᵐᵐ,075 à 0,083 avec *un orifice* ou *un goulot* très-court à chaque
« extrémité, et revêtus d'une coque résistante, parsemée de petits
« alvéoles. »

J'ai trouvé à Rennes, deux fois dans le chat-huant (*Strix aluco*),
et deux fois dans l'effraie (*Strix flammea*), en mars et avril, des
ascarides assez nombreuses, mais non adultes, de cette espèce ; mais
j'ai pu la décrire ici d'après les exemplaires trouvés à Vienne dans les
Strix bubo et *aluco,* et envoyés en 1816 au Muséum de Paris ; c'est
bien certainement l'espèce décrite d'abord par Rudolphi, sous le nom
d'*Ascaris spiralis,* et trouvée par lui-même dans l'effraie (*Strix
flammea*) ; par Braun dans le *Strix aluco,* et par Nitzsch dans le
duc (*Strix bubo*) ; les ascarides de ces derniers étaient longues de 40ᵐᵐ,
celles du *Strix flammea* avaient de 80 à 130ᵐᵐ ; la queue des plus
grandes est décrite comme un peu aiguë ; celle des plus petites comme
terminée par une petite pointe grêle ; Rudolphi leur attribue une aile
membraneuse, linéaire, visible de chaque côté de la tête, devenant
presque nulle au milieu du corps et à peine distincte à la queue.

Au musée de Vienne, on l'a trouvée quatre fois dans vingt ducs ;
treize fois dans soixante-dix-neuf chats-huants, et neuf fois dans
cent quatre-vingt-treize hiboux (*Strix otus*).

Rudolphi, dans son *Synopsis,* a réuni cette espèce avec l'*Ascaris
depressa* des oiseaux de proie diurnes qui en diffère notablement par
la forme des spicules du mâle, mais surtout par la forme et par le
volume des œufs.

58. ASCARIDE DES MERLES.   *ASCARIS ENSICAUDATA.* —
ZEDER.

Ascaris teres turdorum, GOEZE, Naturg., p. 75, 77 et 85, pl. 2, fig. 1-4.
Ascaris turdi, GMELIN, Syst. nat., p. 3034, n° 49.
Ascaris turdi, Encycl. méth., Atlas, pl. 31, fig. 13.
Fusaria ensicaudata et *Fusaria lancea,* ZEDER, Nachtrag., p. 86 et 60.
Ascaris ensicaudata et *Ascaris lancea,* RUDOLPHI, Entoz., t. II, I, p. 145,
     n° 16 et p. 191, n° 54.
Ascaris ensicaudata, RUDOLPHI, Synopsis, p. 42 et 275, n° 25.

« — Corps blanc jaunâtre sale, cylindrique, presque d'égale gros-
« seur au milieu, aminci aux deux extrémités; — tête bien distincte,
« avancée, avec trois valves grandes, bordées intérieurement par une
« ligne saillante denticulée, et portant chacune deux tubercules
« ronds; — ailes membraneuses, assez larges de chaque côté, en
« arrière de la tête; — tégument strié transversalement; — stries
« écartées de 0^{mm},0065 en avant, de 0^{mm},017 en arrière; — œsophage
« musculeux, long de 2^{mm},16 à 3^{mm}, large de 0^{mm},3 à 0^{mm},5, cylindri-
« que, un peu renflé postérieurement, suivi d'un ventricule oblong
« et accompagné par un petit cœcum partant de l'intestin (chez
« l'adulte).
« — *Mâle* long de 23^{mm},7 large de 0^{mm},74; — rapport de la longueur
« à la largeur 32; — tête large de 0^{mm},24; — queue subitement
« amincie, et comme étranglée en arrière de l'anus, en pointe obtuse,
« sans ailes ni papilles; — anus saillant, à 0^{mm},23 de l'extrémité; —
« deux spicules fortement arqués, en faucille, longs de 0^{mm},51, lar-
« ges de 0^{mm},048, formés d'une côte épaisse, cornée au côté convexe,
« et d'une double lame mince transparente.
« — *Femelle* longue de 65^{mm}, large de 1^{mm},57; — rapport de la lon-
« gueur à la largeur 38; — tête large de 0^{mm},53; — queue droite
« conique, aiguë; — anus à 1^{mm} de l'extrémité; — vulve à 25^{mm} de la
« tête, à 38^{mm} de l'extrémité caudale; — utérus très-long, dirigé en
« arrière, et divisé à la distance de 9^{mm} de la vulve, en deux bran-
« ches parallèles, sinueuses, longues de 14^{mm},5, larges de 0^{mm},5, ré-
« trécies brusquement pour se continuer chacune avec l'oviducte et
« l'ovaire correspondant; — œufs elliptiques, longs de 0^{mm},098, à
« coque épaisse, parsemée d'alvéoles larges de 0^{mm},006, et présentant
« deux orifices terminaux, peu distincts. »

Je l'ai trouvée à Rennes, deux fois sur huit, dans l'intestin du
merle (*Turdus merula*), et trois fois sur quatre dans l'intestin de la
draine (*Turdus viscivorus*), depuis le mois de novembre jusqu'à la
fin d'avril; mais non dans la grive (*Turdus musicus*). Gœze, le premier, l'avait trouvée dans le mauvis (*Turdus iliacus*), et dans la
litorne (*Turdus pilaris*); Nitzsch en trouva aussi dans ce dernier
oiseau, et Zeder dans le merle. Rudolphi, qui n'avait vu d'abord que
l'ascaride trouvée par Nitzsch, suivit l'exemple de Zeder en faisant deux

espèces de ces helminthes ; mais en ayant plus tard trouvé lui-même à Greifswald, dans l'intestin du merle, il reconnut qu'elles doivent être réunies.

Il leur assigne une longueur plus considérable que celle indiquée ci-dessus ; car il dit qu'il est long de 40 à 81^{mm} (Zeder avait dit pour le mâle 34 à 45^{mm}, pour la femelle 40 à 61^{mm}) ; il leur attribue, ainsi que Zeder, des ailes membraneuses à la queue, où je n'ai vu que des gonflements accidentels du tégument par un effet d'endosmose ; enfin, Zeder a signalé deux orifices ronds, situés l'un au-devant de l'autre, à l'extrémité caudale, et des tubercules très-nombreux et très-petits à la queue ; mais je n'en ai rien pu voir, et je crois qu'il y a eu quelque erreur.

Au musée de Vienne, on a trouvé l'*Ascaris ensicaudata* une fois sur douze dans le *Turdus arundinaces ;* cinq fois sur sept dans le mauvis (*Turdus iliacus*) ; neuf fois sur trente et une dans le merle ; une fois sur seize dans la grive (*Turdus musicus*) ; une fois sur trente-quatre dans le *Turdus saxatilis ;* une fois sur quinze dans le merle à plastron blanc (*Turdus torquatus*), et trois fois sur trente et une dans la draine (*Turdus viscivorus*).

M. Bellingham l'a aussi trouvée en Irlande dans le merle et dans la draine.

? 59. ASCARIDE DE L'ÉTOURNEAU.   *ASCARIS CRENATA.* — Zeder.

Ascaris teres, Goeze, Naturg., p. 86.
Ascaris sturni, Gmelin, Syst. Nat., p. 3034, n° 48.
Fusaria crenata, Zeder, Nachtrag., p. 40.
Ascaris crenata, Rud., Entoz., t. II, i, p. 146, n° 17, et Syn., p. 43, n° 26.

« — Corps cylindrique, long de 54 à 108^{mm}, également aminci de
« part et d'autre ; — tête convexe en dessus, un peu plane en dessous ;
« — deux ailes membraneuses linéaires dans toute la longueur du
« corps, assez larges et crénelées à la tête et au milieu du corps, de-
« venant égales et aiguës vers la queue ; — anus en avant de l'extré-
« mité caudale qui est en pointe obtuse.

« — *Mâle* à deux spicules foliacés visibles à l'œil nu, plus minces à
« l'extrémité, et terminés par une sorte de nodule. » (Rud.)

Gœze et Zeder l'avaient trouvée l'un et l'autre en Allemagne, soli-taire, dans l'intestin de l'étourneau (*Sturnus vulgaris*), où Braun en trouva ensuite beaucoup ; Rudolphi, auquel il les envoya, fut frappé de la disposition régulière des crénelures que nous croirions, au con-traire, purement accidentelles, et que nous avons vues souvent sur l'*Ascaris ensicaudata* résulter de la contraction du tégument et de l'action des liquides. Rudolphi décrit les spicules comme étant quatre fois plus larges que chez aucune autre ascaride ; mais il n'avait pas vu les spicules de l'*Ascaris ensicaudata*, qui ont ce même caractère,

comme on l'a pu voir d'après la description que nous en avons donnée ;
aussi je pense que les ascarides des *Turdus* et des *Sturnus* doivent ,
ainsi que leurs *Echinorhynchus ,* être réunies en une seule espèce.

? 60. ASCARIDE DES PLUVIERS. . *ASCARIS HETER OÜRA.* — Creplin , *Nov. obs. de Entoz,* p. 20.

« — Corps blanchâtre sale , long de 14 à 30 , notablement épais,
« nu ou sans ailes membraneuses, plus aminci en avant; — tête
« nue, distincte, à valves assez grandes, étalées, obtuses ; — queue
« du mâle, courte, assez aiguë, en avant de laquelle sortent deux
« spicules de longueur moyenne mais forts ; — queue de la femelle
« courte, rétractile, de telle sorte que le corps peut paraître très-
« obtus en arrière, avec une petite pointe très-courte au milieu. »
(Crep.)

M. Creplin l'a trouvée très-nombreuse dans l'intestin du pluvier
doré (*Charadrius pluvialis*), à Greifswald ; il pense que les ascarides
douteuses mentionnées par Rudolphi , et par le catalogue du musée
de Vienne, comme trouvées dans l'œdicnème (*OE. crepitans*), dans
le guignard (*Charadrius morinellus*), dans le pluvier et dans l'échasse
(*Himantopus melanopterus*), sont peut-être cette même espèce qu'il
caractérise par sa queue rétractile, et qui d'ailleurs, dit-il, a beaucoup
de rapports avec l'*Ascaris spiculigera ,* dont elle se distingue par les
valves beaucoup plus grandes de sa bouche.

M. Bellingham l'a trouvée en Irlande dans le pluvier doré, et il indique aussi une autre espèce douteuse dans le pluvier à collier
(*Charadrius hiaticula*).

— Je pense que c'est la même que l'espèce suivante.

61. ASC. DU VANNEAU. *ASC. SEMITERES.* — Zeder.

Fusaria semiteres , Zeder , Nachtrag., p. 37.
Ascaris semiteres , Rud., Entoz., t. II , 1 , p. 143 et Syn., p. 42 et 282, n° 23.
Ascaris semiteres , Nitzsch , dans l'Encycl. de Ersch et Gruber.
Ascaris semiteres , Schmalz , XIX Tab. Anat., Entoz, pl. 17, fig. 13-16.

« — Corps blanchâtre, long de 18 à 63^{mm}, large de 0^{mm},92, aminci
« de part et d'autre (et (?) plane en dessous, Zeder); — rapport de la
« longueur à la largeur 52 ; — tête large de 0^{mm},23 à 0^{mm},30 , à trois
« lobes larges, convexes, portant chacun une papille au milieu de
« leur convexité ; — œsophage long de 2^{mm},8, suivi d'un ventricule in-
« forme à côté duquel revient un cœcum court partant de l'intestin ;
« — une membrane latérale étroite de chaque côté du corps et de
« la queue, plus large près de la tête ; — tégument à tries transverses
« très-prononcées, écartées de 0^{mm},009 à 0^{mm},011.

« — *Mâle* à queue terminée par une pointe conique aiguë, en
« avant de laquelle sortent deux spicules larges, un peu courbés.

« — *Femelle* longue de 40 à 53^{mm}, large de 0^{mm},9 à 1^{mm},14 ; — queue

« droite, assez aiguë ; — anus à 0^{mm},8 de l'extrémité ; — vulve si-
« tuée aux deux cinquièmes de la longueur, à 22^{mm} de la tête ; —
« utérus d'abord étroit, filiforme et recourbé en avant, jusqu'à 3^{mm},
« puis se renflant peu à peu et retournant en arrière jusqu'à la dis-
« tance de 4^{mm}, où il se divise en deux branches parallèles conti-
« guës, larges de 0^{mm},35 à 0^{mm},40, longues de 14^{mm}, et continuées
« avec les oviductes et les ovaires filiformes pelotonnés autour de
« l'intestin, presque sur toute la longueur ; — œufs elliptiques, longs
« de 0^{mm},091, à coque épaisse, réticulée ou couverte d'alvéoles larges
« de 0^{mm},0084. »

Zeder, Frœlich et Rudolphi l'ont trouvée chacun une seule fois dans
l'intestin du vanneau. L'aplatissement de la face ventrale, qui a fourni
à Zeder et à Rudolphi un caractère spécifique exprimé par le nom
semiteres, me paraît accidentel et inconstant. Frœlich avait réuni cette
ascaride à celle de la corneille.

Dans le catalogue du musée de Vienne, cette espèce est portée
comme trouvée vingt-deux fois sur cent dans le vanneau ; mais c'est
la même qui a été trouvée aussi dans le pluvier.

J'en ai trouvé plusieurs femelles dans l'intestin d'un vanneau (*Vanellus cristatus*), à Toulouse, le 30 janvier 1840, et j'ai pu constater
leur parfaite identité avec un exemplaire envoyé du Muséum de
Vienne à celui de Paris, en 1816, sous le n° 386, comme trouvé dans
l'intestin du pluvier doré (*Charadrius pluvialis*).

62. ASCARIDE DU GRÈBE.   *ASCARIS PRÆLONGA.* — Duj.

« Corps blanc, enroulé, filiforme, *très-allongé,* cent à cent dix fois
« aussi long que large ; — tête grande proportionnellement, large de
« 0^{mm},4 ; œsophage long de 4^{mm},3, presque cylindrique, large de 0^{mm},4,
« suivi d'un ventricule informe long de 0^{mm},4, et accompagné d'un
« cœcum épais, long de 3^{mm}, large de 0^{mm},6, partant de l'intestin ; —
« tégument à stries transverses *très-écartées,* de 0^{mm},025 à 0^{mm},054, sou-
« tenu par deux couches de fibres obliques croisées.

« — *Mâle* long de 90^{mm}, large de 0^{mm},9 ; — queue brusquement
« amincie et terminée par une pointe conique courte ; — anus porté
« par un gros tubercule à 0^{mm},33 de l'extrémité ; — une *aile membra-
« neuse* longue et étroite, soutenue par une rangée de quinze pa-
« pilles de chaque côté de la partie postérieure avant l'anus ; — spi-
« cules égaux, longs de 0^{mm},9, larges de 0^{mm},058, contenus chacun
« dans une gaîne fibreuse d'un tiers plus longue.

« — *Femelle* longue de 154^{mm}, large de 1^{mm},3 ; — queue droite, co-
« nique, aiguë ; — anus à 0^{mm},6 de la pointe ; — vulve située vers le
« quart de la longueur, à 44^{mm} de la tête ; — utérus d'abord mince,
« presque filiforme et sinueux jusqu'à 45^{mm} de la vulve, puis renflé et
« divisé en deux branches droites parallèles et contiguës, longues de
« 35^{mm},5, larges de 0^{mm},75, qui, à l'extrémité, sont flexueuses, plus
« étroites, et se continuent avec les oviductes et les ovaires filiformes ;

« — œufs globuleux, larges de 0^{mm},11 à 0^{mm},12, à coque membra-
« neuse irrégulièrement plissée ou réticulée. »

Je décris ainsi cette espèce bien distincte, d'après deux exemplaires
envoyés du Muséum de Vienne à celui de Paris en 1816, sous le
n° 343, comme trouvés dans l'intestin du grèbe cornu (*Colymbus auritus*).

63. ASC. DU CANARD.   *ASC. CRASSA.* — E. Deslongchamps, *Encycl. méth.*, Vers, p. 89, n° 8.

« — Corps blanc rougeâtre sale, cylindrique, assez épais, aminci
« seulement vers les extrémités, sans ailes ou membranes latérales;
« — tête distincte, à trois valves très-convexes, portant chacune deux
« papilles sur leur convexité et une petite bordure denticulée à l'in-
« térieur; — œsophage musculeux claviforme, long de 1^{mm},64 et large
« de 0^{mm},18, suivi d'un ventricule anguleux, large de 0^{mm},165, et
« accompagné par un cœcum étroit qui part de la base de l'intestin et
« revient en avant; — tégument fortement strié en travers, et comme
« denté en scie; — stries écartées de 0^{mm},012 à 0^{mm},037.

« — *Mâle* (adulte?) long de 11^{mm},6, large de 0^{mm}496; — rapport de
« la longueur à la largeur 23; — tête large de 0^{mm},165; — queue
« amincie, conique, aiguë; — anus à 0^{mm}25 de l'extrémité, deux
« spicules cylindriques, longs de 0^{mm},338, larges de 0^{mm},0157, élargis
« en champignon à leur base et pourvus de deux lames accessoires ou
« gaînes.

« — *Femelle* longue de 46 à 48^{mm}, large de 2,^{mm}20; — rapport de la
« longueur à la largeur 21; — tête large de 0,^{mm}637; — queue amincie,
« conique, aiguë, droite; — anus à 0^{mm},85 de l'extrémité; — vulve
« en arrière du milieu, à 26^{mm}, de la tête, à 22^{mm} de la queue; — œufs
« (non mûrs?) globuleux, larges de 0^{mm},10. »

M. Deslongchamps l'a trouvée dans le canard domestique, à Caen,
en mai et juin si fréquemment qu'il s'étonne que Rudolphi ne l'ait
pas rencontrée; moi-même je l'ai trouvée, à Rennes, en février et mars,
trois fois seulement, dans le canard domestique (*Anas boschas*), dans le
canard sauvage et dans le canard musqué (*Anas moschata*). Je l'ai
cherché vainement dans vingt-quatre canards domestiques.

— M. Creplin (*Nov. observ. de Entoz.*, p. 21) mentionne une ascaride douteuse trouvée dans l'œsophage d'une oie de Guinée (*Anas
cycnoidea*): c'est une femelle de couleur jaunâtre sale, longue de 27^{mm}
environ, d'épaisseur médiocre, plus amincie en avant qu'en arrière,
ayant les valves de la bouche grandes et saillantes, une aile membraneuse assez longue, semi-lancéolée, commençant en arrière des valves,
et disparaissant plus loin.

— Rudolphi inscrit aussi comme espèce douteuse une *Ascaris fuligula* (*Synopsis*, p. 56, n° 99) trouvée par Bloch dans l'intestin du
morillon (*Ascaris fuligula*), et confondue avec l'*Anas acus*.

? 64. ASCARIDE DE LA VIVE.   *ASCARIS CONSTRICTA*. —
RUDOLPHI, *Entoz.*, II, 1, p. 34, et *Synops.*, p. 39, n° 7.

« — Corps blanc, long de 9 à 27^{mm}, grêle, amincie de part et d'autre
« (étranglé çà et là (?) RUD.); — rapport de la longueur à la lar-
« geur 60; — membrane latérale, très-peu saillante ou à peine
« visible; — tête tronquée à trois valves, assez grandes, obtuses,
« anguleuses, large de 0^{mm},077; — queue conique, aiguë, terminée
« par une petite pointe plus grêle; — anus à 0^{mm},22 de l'extrémité;
« œsophage cylindrique long de 1^{mm},85, large de 0^{mm},062, accompa-
« gnés par un appendice en cœcum, long de 0^{mm},56, large de 0^{mm},062
« qui part de la base de l'intestin et se dirige en avant; — tégument
« sans stries distinctes. »

Je place avec doute dans la deuxième section cette ascaride que je
n'ai pu étudier complétement, et qui pourrait bien avoir un deuxième
cœcum.

Je l'ai trouvée en 1838, dans l'intestin de la vive (*Trachinus draco*),
à Paris; Rudolphi, lui-même, l'y avait également trouvée; mais ce
célèbre helminthologiste, qui la trouva encore plus tard à Naples, l'a
toujours vue adhérente à la tunique externe des intestins; il avait pris
d'abord pour un caractère de cette espèce la présence de quelques
étranglements irréguliers produits par un effet de contraction, et qu'il
n'a plus mentionné dans le *Synopsis*. Au musée de Vienne on l'a
trouvée aussi dans des tubercules du péritoine de la vive.

65. ASCARIDE DE L'ESPADON.   *ASCARIS INCURVA*. — RUDOLPHI,
Synop., p. 51 et 292, n° 63.

« — Corps blanchâtre ou rougeâtre, mou, cylindrique, plus aminci en
« avant; — tête large de 0^{mm},38; — œsophage long de 7^{mm},2, un peu
« renflé en massue et large de 0^{mm},38 en arrière; — ventricule irrégu-
« lier, long de 0^{mm},4; — cœcum long de 6^{mm},2, large de 0^{mm},39, accom-
« pagnant l'œsophage, et partant de l'intestin, qui est large de 0^{mm},6
« derrière le ventricule et s'élargit ensuite; — tégument très-mince,
« à stries transverses peu distinctes, de 0^{mm},008 à 0^{mm},01.

« — *Mâle* long de 55^{mm}, large de 1^{mm}; — rapport de la longueur à la lar-
« geur 55; — partie postérieure enroulée d'un à deux tours, épaisse et
« terminée par une queue brusquement amincie et recourbée en un
« crochet assez résistant; — deux spicules très-longs (de 4^{mm},4), larges
« de 0^{mm},052, avec renflement au milieu, et terminés par une pointe
« subulée.

« — *Femelle* longue de 122^{mm}, large de 2^{mm},52; — rapport de la lon-
« gueur à la largeur 48; — queue terminée en pointe allongée aiguë
« — anus à 1^{mm},7 de l'extrémité; — vulve située vers le tiers antérieur,
« à 44^{mm} de la tête; — utérus commençant par un tube musculeux
« étroit, recourbé, (vagin) long de 3 à 5^{mm}, puis s'élargissant en un sac

« oblong large de 1ᵐᵐ,7 à 2ᵐᵐ,4, long de 20ᵐᵐ, qui se partage en deux
« branches parallèles et contiguës longues de 46ᵐᵐ, large de 1ᵐᵐ,7
« —chaque branche de l'utérus se recourbe à 57ᵐᵐ de la vulve en se
« continuant avec l'oviducte et l'ovaire correspondant qui remonte
« en droite ligne jusqu'auprès de la vulve, y forme quelques replis,
« puis revient encore en droite ligne former un amas pelotonné en
« arrière des branches de l'utérus ; — œufs globuleux à coque molle,
« membraneuse (plissés par l'action de l'alcool?), larges de 0ᵐᵐ,070 à
« 0ᵐᵐ,05. »

J'ai pu étudier dans la collection du musée de Paris un seul mâle et
de nombreuses femelles, trouvés anciennement dans l'intestin d'un
espadon (*Xiphias gladius*) par M. Dorbigny, à la Rochelle.

Rudolphi en avait trouvé beaucoup sur les branchies, dans l'œsophage, et surtout dans l'estomac et le duodénum d'un espadon de la
mer Baltique au mois d'octobre ; précédemment aussi, il avait reçu du
professeur Spedalieri, en Italie, une portion d'intestin d'espadon, parsemée de tubercules dans lesquelles étaient enroulées des Ascarides
longues de 16 à 18ᵐᵐ, larges de 0ᵐᵐ,7, plus amincies en avant.

Redi (*Anim. viv.*, p. 162, *Vers*, p. 242, pl. 19, f. 3) décrit et représente comme hérissés de poils, des vers longs de 27ᵐᵐ environ, très-
grêles, qu'il avait trouvés dans des kystes du péritoine d'un espadon ;
mais que probablement il a étudiés avec un trop mauvais microscope.

66. ASC. DU CONGRE. *ASC. ECAUDATA.* — Duj., *nov. sp.*

« — Corps jaunâtre, plus épais en arrière, trente-huit à quarante fois
« aussi long que large, muni latéralement dans toute sa longueur de
« deux membranes linéaires très-étroites ; — tête distincte, arrondie,
« large de 0ᵐᵐ,22 à 0ᵐᵐ,28, avec trois valves, demi-globuleuses, ayant
« chacune deux papilles saillantes sur leur convexité ; — œsophage
« cylindrique, long de 4 à 5ᵐᵐ, large de 0ᵐᵐ,22, accompagné par un
« cœcum long de 3ᵐᵐ,25, large de 0ᵐᵐ,3, partant de l'intestin ; —
« tégument finement strié en travers ; — stries de 0ᵐᵐ,0033 à 0ᵐᵐ,004,
« soutenues par *une seule couche* de fibres obliques.

« — *Mâle* long de 28ᵐᵐ, large de 0ᵐᵐ,75 ; — partie postérieure en-
« roulée, munie de deux rangées de vingt-quatre papilles à la face
« ventrale, et terminée en pointe conoïde courte ; — anus à 0ᵐᵐ,17
« de l'extrémité ; — deux spicules arqués, longs de 3ᵐᵐ,15, larges
« de 0ᵐᵐ,039, formés d'une tige cornée, plus épaisse au côté convexe,
« et d'une double lame transparente au côté concave ; — sans gaîne
« visible et sans pièces accessoires.

« — *Femelle* longue de 33 à 45ᵐᵐ, large de 0ᵐᵐ,92 à 1ᵐᵐ,15 ; — par-
« tie postérieure arquée, terminée en pointe conoïde, obtuse, très-
« courte ; anus à 0ᵐᵐ,20 de l'extrémité ; — vulve située au tiers ou au
« quart antérieur de la longueur (à 10 ou 12ᵐᵐ de la tête) ; — utérus
« presque *immédiatement divisé* en deux branches très-longues
« (de 24ᵐᵐ), larges de 0ᵐᵐ,5, dirigées en arrière, sinueuses et repliées

« de manière à n'occuper qu'une longueur de 12 à 15ᵐᵐ; — oviductes
« d'abord très-étroits, naissant à l'extrémité recourbée et brusque-
« ment rétrécie des branches de l'utérus, et se continuant avec les
« ovaires filiformes, pelotonnés dans la partie postérieure du corps ;
« — œufs elliptiques longs de 0ᵐᵐ,108 à 0ᵐᵐ,120, avec une sorte de
« goulot court terminal, et à coque épaisse reticulée ou parsemée
« d'alvéoles larges de 0ᵐᵐ,007 à 0ᵐᵐ,009. »

J'ai trouvé trois fois cet helminthe à Rennes dans le péritoine du
congre *Muræna conger*); douze autres congres ne le contenaient pas.
Il se distingue des autres espèces de la même division par l'allongement de l'œsophage, et par le renflement de la partie postérieure du
corps, et par ses œufs à coque réticulée; la longueur de ses spicules
est moindre que chez l'ascaride de l'alose, mais plus considérable
que chez celles des gades, des maquereaux et du brochet.

——————

— Rudolphi attribue au congre, comme nous l'avons dit, l'*Ascaris
labiata* de l'anguille ; M. Bellingham, en Irlande, dit avoir trouvé
dans l'estomac et dans l'intestin de ce poisson l'*Ascaris clavata*, et
dans le péritoine l'*Ascaris capsularia*. Quant à cette dernière, je dois
rappeler ici que, dans le péritoine et dans les tuniques de l'estomac de
huit congres sur quatorze, j'ai trouvé, à Rennes, assez abondamment,
enroulée et engagée dans les tissus, la *Filaria piscium* qui a été nommée par d'autres *Capsularia* et *Filo-capsularia*, et qui, je suppose, a
bien pu quelquefois aussi être prise pour une ascaride.
— Au musée de Vienne on n'a trouvé aucune ascaride dans cinquante-
cinq congres.
— Rudolphi a trouvé, à Naples, dans le mésentère de la donzelle
(*Ophidium barbatum*) et du fierasfer (*Ophidium imberbe*), des ascarides qu'il inscrit parmi les espèces douteuses; la première (*Ascaris
ophidii barbati, Synops.*, p. 57, nᵒ 109) est blanche ou rougeâtre,
longue de 6ᵐᵐ,75 à 11ᵐᵐ,25, amincie en avant, et sa queue est déprimée, assez aiguë; l'autre (*A. ophidii imberbis*, l. c., nᵒ 110) est
longue de 18ᵐᵐ, grêle, plus amincie en avant, avec la tête tronquée,
munie de valves médiocrement grandes.

TROISIÈME SECTION.

*Ascarides vraies ayant l'œsophage prolongé par un cæcum ou appen-
dice pylorique à côté de l'intestin, et accompagné lui-même par un
autre cæcum partant de l'intestin et dirigé en avant.*

67. ASC. SPICULIGÈRE.   *ASC. SPICULIGERA.* — Rud.

Ascaris spiculigera et *Ascaris variegata*, Rudolphi, Entoz., t. II, i, p. 168
et 169, et Synopsis, p. 48, 290, et 662, n° 51 et p. 49, n° 52.
Ascaris spiculigera, Bremser, Icones helminth., pl. 5, fig. 5-8.
Ascaris spiculigera, Creplin, Nov. observ. de Entoz., p. 22.

« Corps blanchâtre plus ou moins taché de brunâtre (en raison de
« la couleur de l'intestin), cylindrique, assez épais, vingt à quarante
« fois aussi long que large ; — tête assez petite, large de $0^{mm},20$ à
« $0^{mm},26$, suivie par un épaississement du tégument, et présen-
« tant trois valves bilobées, symétriques, *séparées par autant de
« lobes étroits*, presque aussi longs ; — œsophage long de $4^{mm},4$, assez
« étroit, presque cylindrique, suivi d'un ventricule peu distinct, d'où
« part en arrière un cæcum étroit, long de $1^{mm},2$, et accompagné
« par un autre cæcum très-volumineux en cône allongé partant de
« l'intestin ; — tégument à stries transverses de $0^{mm},062$ à $0^{mm},092$,
« soutenu par deux couches de fibres obliques croisées, laissant
« entre elles, au-dessous des stries, des *séries assez régulières de la-
« cunes* (qu'on pourrait prendre pour des séries de globules sous-
« jacents).
« — *Mâle* long de 32 à 36^{mm}, large de $0^{mm},8$ à $0^{mm},9$; — queue en-
« roulée d'un tour et terminée en pointe conique aiguë, un peu cro-
« chue ; — anus à $0^{mm},25$ de l'extrémité ; — spicules longs de 2^{mm},
« larges de $0^{mm},033$.
« — *Femelle* longue de 30 à 44^{mm}, large de $1^{mm},5$ à $1^{mm},8$; — queue
« conique ou conoïde plus ou moins aiguë suivant l'état de rétrac-
« tion de la pointe ; — anus à $0^{mm},4$; — vulve située vers le tiers an-
« térieur, à 12^{mm} de la tête ; — utérus d'abord filiforme, sinueux,
« jusqu'à 8 ou 10^{mm}, puis élargi et divisé en deux branches un peu
« flexueuses, parallèles et contiguës, longues de 6 à 8^{mm}, retrécies à
« la fois et continuées avec les oviductes qui présentent aussi un ren-
« flement allongé près de l'origine ; — *cloison* séparant l'intestin de
« l'utérus, et formée par un cordon jaune glanduleux, épais, que
« des membranes blanches unissent aux deux cordons latéraux ; —
« œufs globuleux, lisses, larges de $0^{mm},050$ à $0^{mm},052$. »

Je décris cette espèce, d'après divers exemplaires provenant du
cormoran (*Carbo cormoranus*), et du pélican (*Pelecanus onocrotalus*),
envoyés en 1816, et plus récemment encore, au Muséum de Paris,

par celui de Vienne, où ils ont été recueillis. Elle se distingue de toutes les autres espèces à ma connaissance : 1° par les lobes étroits, qui séparent les valves ou les lobes principaux de la tête ; 2° par son tégument qui paraît intérieurement parsemé de granules formant des séries longitudinales et transverses, presque régulières, et que l'on reconnaît bien être simplement des lacunes entre les fibres, si l'on varie convenablement la distance de l'objectif et l'éclairage du microscope ; 3° enfin par la singulière cloison transverse qui sépare l'intestin de l'utérus.

Jurine, de Genève, avait trouvé dans l'œsophage et l'estomac du pélican (*Pelecanus onocrotalus*) de nombreux helminthes que Rudolphi décrivit sous le nom d'*Ascaris spiculigera*. Il les caractérisa comme ayant la tête mince, le corps cylindrique, assez épais, plus mince en avant, la queue courbée en dessous, terminée en pointe très-courte, et surtout les deux spicules, très-longs et grêles.

Rudolphi ayant lui-même trouvé dans l'œsophage du petit-plongeon (*Colymbus septentrionalis*) une seule ascaride femelle, longue de 40ᵐᵐ, assez épaisse, variée de brun et de blanc, il la prit pour type d'une seconde espèce (*Ascaris variegata*), qui, d'après la description, ne diffère de la précédente que par sa tête en continuité avec le corps et par sa queue droite, assez obtuse.

Plus tard, il rapporta encore à la première espèce plusieurs ascarides recueillies par lui dans trois cormorans conservés depuis onze à douze jours dans l'eau-de-vie : ce sont précisément ces ascarides qui lui offrirent le phénomène si curieux de pouvoir être rappelées à la vie par l'immersion dans l'eau tiède.

M. Creplin ayant eu l'occasion d'étudier des ascarides trouvées dans le proventricule et dans le gésier du harle huppé (*Mergus serrator*), du harle vulgaire (*Mergus merganser*), dans le pingouin (*Alca torda*), dans le guillemot (*Uria troile*) et dans le *Colymbus rufogularis*, put se convaincre que c'est une seule et même espèce avec les deux de Rudolphi, et en compléter les caractères. En même temps il a fait connaître la singulière structure des spicules et de leur gaîne membraneuse qui les abandonne lorsqu'ils pénètrent dans les organes génitaux de la femelle. Toutefois il a hésité à réunir avec ces ascarides celles de l'intestin des grèbes (*Podiceps* ou *Podicipes*), qui sont plus blanches, moins longues, avec la tête un peu plus grande et les valves plus distinctes ; la queue du mâle est moins recourbée, quoique semblable d'ailleurs, et les spicules sont un peu moins longs. M. Creplin signale aussi des anneaux ou des rides transverses du tégument, mais, comme chez beaucoup d'autres nematoïdes, c'est un résultat de la contraction des tissus.

Rudolphi (*Synop.*, p. 662), reçut plus tard des *Ascaris spiculigera* de l'œsophage d'une frégate (*Pelecanus aquila*), et d'un autre pélican du Brésil.

Le catalogue du musée de Vienne porte l'*Ascaris spiculigera* comme trouvée vingt fois sur vingt-trois dans le cormoran, et une fois sur

cinq dans le pélican ; ce catalogue, en outre, mentionne des ascarides indéterminées, qu'on peut supposer analogues, dans deux
harles et dans sept grèbes ou plongeons de différentes espèces. M. Deslonchamps a trouvé aussi cette ascaride à Caen ; et M. Bellingham, en
Irlande, l'indique comme très-abondante dans l'estomac du cormoran,
dans le grèbe huppé (*Podiceps cristatus*), dans le harle vulgaire et
dans un labbe ou stercoraire (*Lestris pomarinus*) ; mais en même
temps ce même helminthologiste, n'adoptant pas l'opinion de M. Creplin, inscrit aussi une *Ascaris variegata* comme trouvée dans l'œsophage du petit-plongeon (*Colymbus septentrionalis*), du pingouin
(*Alca torda*) et de la mouette à trois doigts (*Larus tridactylus*), ainsi
que dans l'estomac de ces deux derniers oiseaux.

Rudolphi inscrit parmi ses espèces douteuses (*Synops.*, p. 55, n° 97
et 100), d'après le catalogue de Vienne, une *Ascaris colymborum* et
une *Ascaris mergorum* que nous rapportons à l'espèce précédente ; il
inscrit également (*l. c.*, n° 96), une *Ascaris sternœ*, pour de très-
petits nématoïdes, sans organes distincts, trouvés par lui dans de
petits kystes (de $0^{mm},56$) du péritoine de trois hirondelles de mer
(*Sterna nigra*), à Rimini ; enfin, il inscrit, d'après Bloch, une *Ascaris lari* (n° 98), longue de 108 à 160^{mm}, qu'il présume pouvoir être
l'analogue de son *Ascaris variegata*.

66. ASCARIDE DU MAQUEREAU.   *ASCARIS PEDUM.* —
DESLONGCHAMPS, *Encycl. méth.*, Vers, p. 97.

« — Corps blanc, aminci de part et d'autre, un peu davantage en
« avant, et muni dans toute sa longueur de deux membranes laté-
« rales linéaires ; — tête large de $0^{mm},36$, à trois valves anguleuses
« ou sinueuses au bord, cannelées à leur face interne et portant
« deux papilles sur leur convexité ; — œsophage cylindrique, pro-
« longé par un cœcum partant du pylore et accompagné par un
« autre cœcum ou appendice pylorique dirigé en avant à partir de
« l'intestin ; — tégument finement strié en travers, stries écartées de
« $0^{mm},005$.
« — *Mâle* long de 32^{mm}, large de $0^{mm},6$; — rapport de la longueur
« à la largeur 53 ; — extrémité postérieure recourbée, terminée en
« pointe conoïde, obtuse et mucronée ou prolongée par une petite
« pointe conique, plissée ou hérissée de denticules ; — anus à $0^{mm},22$
« de l'extrémité ; — deux rangées latérales de 18 à 20 papilles, à la
« face ventrale, plus écartées en avant de l'anus ; — deux spicules
« arqués, longs de $2^{mm}4$, larges de $0^{mm},053$, soutenus par une tige
« cornée brunâtre le long du bord convexe, d'où part une double
« lame plus mince, plus transparente vers le bord concave.
« — *Femelle* longue de 30 à 43^{mm}, large de $0^{mm},6$ à $0^{mm},8$; — rap-
« port de la longueur à la largeur 54 ;—queue droite, conoïde, plus
« ou moins obtuse et terminée par une petite pointe conique hérissée.
« — anus à $0^{mm},36$ de l'extrémité ; — vulve située à 11 ou 15^{mm} de la

« tête ; — utérus formé d'une première partie longue de 5 à 6^{mm}, fili-
« forme et pelotonnée, puis renflé et divisé en deux branches paral-
« lèles, longues de 6 à 7^{mm} dirigées en arrière, mais repliées ainsi
« que les oviductes qui en sont la continuation ; — œufs globuleux,
« longs de 0^{mm},54, à coque épaisse diaphane. »

J'ai trouvé cette ascaride assez souvent, dans l'intestin ou dans le
péritoine du maquereau (*Scomber scomber*) à Rennes. Je crois bien
que c'est la même que M. Deslongchamps a trouvée à Caen plusieurs
fois, dans l'intestin du maquereau.

M. Bellingham inscrit aussi l'*Ascaris clavata* comme trouvée dans le
péritoine du maquereau ; mais le même helminthologiste attribue
également au maquereau l'*Ascaris capsularia*, comme vivant dans
le péritoine, où je n'ai trouvé qu'un helminthe problématique sans
organes sexuels que j'ai décrit précédemment sous le nom de *Filaria*
piscium.

69. ASC. DE LA TRUITE. *ASC. OBTUSOCAUDATA.* — Zeder.

Ascaris, Goeze, Naturg., p. 73 et 93.
Ascaris farionis et *Ascaris truttæ*, Gmelin, Syst. nat., p. 3036, n°s 68 et 69.
Fusaria farionis et *Fusaria truttæ*, Zeder, Naturg., p. 123.
Fusaria obtusocaudata, Zeder, Nachtrag., p. 55.
Ascaris obtusocaudata, Rudolphi, Entoz., t. II, i, p. 177, et Syn., p. 50
    et 291, n° 59, et *Ascaris truttæ*, Entoz., t. II, i, p. 202.

« — Corps blanc rougeâtre, long de 60^{mm} à 80^{mm}, aminci peu à peu en
« avant, plus épais en arrière et large de 1^{mm},2 ; — rapport de la lon-
« gueur à la largeur 50 ; — tête assez large de 0^{mm},34, obtuse, dis-
« tincte, à trois valves arrondies, portant chacune deux papilles sur
« la convexité ; — œsophage cylindrique, long de 6^{mm}, large de 0^{mm},34,
« prolongé par un ventricule imparfait et par un cœcum long de
« 1^{mm},8, accompagné lui-même en avant, à partir de l'intestin, par
« un autre cœcum ou appendice pylorique de 1^{mm},8 ; — deux mem-
« branes latérales, linéaires, peu saillantes, sur toute la longueur du
« corps ; — tégument presque lisse, avec des stries transverses de
« 0^{mm},006 à 0^{mm},0063.

« — *Femelle* — partie postérieure épaissie, enroulée en crosse, et
« terminée en pointe conoïde très-obtuse ; — anus à 0^{mm},25 de l'ex-
« trémité ; — vulve au tiers antérieur de la longueur (à 20^{mm} de la
« tête) ; — utérus très-long et dirigé en arrière, présentant d'abord
« une partie filiforme, sinueuse, longue de 9^{mm},5, puis renflé et
« divisé en deux branches parallèles, longues de 9^{mm},5, larges de
« 0^{mm},45 à 0^{mm},50 ; — oviductes, d'abord également renflés, partant
« de l'extrémité brusquement amincie des branches de l'utérus et
« continués par les ovaires filiformes, pelotonnés dans la partie
« postérieure du corps ; — œufs presque globuleux ou un peu ellip-
« tiques, longs de 0^{mm},055 à 0^{mm},060. »

J'ai décrit ici l'unique exemplaire femelle que j'ai trouvé vivant et libre (?) entre le foie et l'intestin d'une truite (*Salmo fario*), le 16 mars, à Rennes ; je l'ai cherché vainement dans cinq autres truites ; cet helminthe, pendant la vie ou quand il était gonflé par l'eau, n'avait pas moins de 80^{mm} de longueur, mais par la contraction ou exposé à l'air, il se réduisait à la longueur de 60, de 54 et même de 50^{mm}.

Je crois que c'est bien la même espèce dont Rudolphi avait reçu deux individus trouvés dans l'intestin de la truite, par le professeur Otto ; ils étaient longs de 40^{mm},5, et 43^{mm}, très-épais, plus minces en avant, avec les valves de la bouche très-distinctes ; la queue de l'un se terminait par une pointe oblique, courte, celle de l'autre, par une pointe droite percée d'une petite ouverture. (*Synopsis,* p. 292.)

Dans une truite que Rudolphi croit être le *Salmo trutta,* et non le *Salmo fario,* comme l'a dit Gmelin ; Gœze (*l. c., p.* 77) avait trouvé une ascaride grisâtre, longue de quelques pouces, qui, vraisemblablement, est l'*Ascaris obtusocaudata;* ce même helminthologiste avait trouvé dans une autre truite un helminthe rougeâtre, qui n'est pas un cucullan, comme Zeder l'a pensé, mais que sa couleur rapproche aussi de l'exemplaire trouvé par moi.

Cet helminthe, qui paraît être rare, a été trouvé aussi par M. Bellingham, en Irlande, dans l'estomac et l'intestin de la truite commune (*Salmo fario*). Dans huit cent soixante-huit truites au musée de Vienne, on ne l'a pas rencontré ; on l'a au contraire trouvé dans des lavarets (*Coregonus*).

— Rudolphi inscrit comme espèces douteuses (*Synops.,* p. 59, n° 132) une *Ascaris albulæ,* trouvée par Kœlreuter dans des tubercules de l'estomac et des branchies du *Coregonus murænula,* ou *albula;* 2° une *Ascaris salmonis omul* (*l. c.,* n° 133), indiquée par Pallas, comme trouvée fréquemment dans l'estomac et les appendices pyloriques du *Salmo omul* de la Russie d'Asie ; 3° une *Ascaris argentinæ* (*l. c.,* n° 136), longue de 34^{mm}, grêle, plus amincie en avant, à tête obtuse, tronquée, avec des valves distinctes, et ayant l'extrémité caudale déprimée, courte, assez obtuse ; il l'a trouvée une seule fois à Rome ; en disséquant trente à quarante argentines (*Argentina sphyræna*) ; 4° une *Ascaris sauri* (*l. c.,* n° 134), dont il trouva une seule fois à Naples, dans le mésentère du saurus (*Osmerus saurus*), trois femelles jeunes, longues de 6^{mm},7 à 13^{mm},5, plus amincies en avant, et à queue déprimée, assez aiguë.

70. ASCARIDE DE L'ALOSE.   *ASCARIS ADUNCA.* — Rudolphi, *Entoz.,* II, 1, p. 133, et *Syn.,* p. 39 et 270, n° 6.

« — Corps blanc, également aminci de part et d'autre, et muni de « deux membranes latérales linéaires peu visibles ; — tête large, de « 0^{mm},30, obtuse, à trois valves arrondies, sinueuses, portant cha-« cune deux papilles sur leur convexité ; — œsophage cylindrique, « long de 5^{mm},2, traversé par un canal triquètre, prolongé par un « cœcum partant du pylore, long de 2^{mm},1, et accompagné en avant

« par un autre cœcum ou appendice pylorique, long de 2^{mm},1 à par-
« tir de l'intestin, sans ventricule ; — tégument finement strié en
« travers ; — stries de 0^{mm},004 à 0^{mm},007.

« — *Mâle* long de 31^{mm}, large de 0^{mm},8 ; — rapport de la longueur
« à la largeur 40 ; — partie postérieure enroulée et terminée en
« pointe conique, obtuse, très-courte ; — anus à 0^{mm},16 de l'ex-
« trémité, et précédé d'un tubercule arrondi, sans papilles latérales ;
« — deux spicules très-longs (de 3^{mm},6), arqués, larges de 0^{mm},033,
« soutenus par une tige cornée au milieu ; — sans gaîne ni pièces
« accessoires.

« — *Femelle* longue de 65^{mm}, large de 1^{mm} ; — rapport de la lon-
« gueur à la largeur 65 ; — queue un peu amincie, conoïde, obtuse,
« et recourbée plus ou moins ; — anus à 0^{mm},33 de l'extrémité ; —
« vulve située vers le tiers antérieur de la longueur (à 22^{mm},5 de la
« tête) ; — utérus dirigé en arrière, simple d'abord, et très-mince,
« puis épaissi et partagé en deux branches plus épaisses, parallèles,
« qui se prolongent chacun en un oviducte et un ovaire de plus en
« plus mince, sinueux et replié ; — œufs globuleux, à coque épaisse,
« larges de 0^{mm},070. »

J'ai cherché des helminthes dans six aloses (*Clupea alosa*), à Rennes, en avril et mai, et dans chacune j'ai trouvé des ascarides plus
ou moins développées, et dont les plus grandes atteignent seulement
les dimensions indiquées ci-dessus. Je ne doute nullement que ce ne soit
la même espèce que Rudolphi a trouvée aussi dans l'alose, à Greifswald d'abord, très-jeune et longue seulement de 13^{mm} au mois de mai,
à Rimini ensuite, au mois d'avril, longue de 9 à 40^{mm} ; cependant cet
auteur lui refuse les membranes latérales que j'ai bien vues.

Cette espèce ressemble beaucoup à l'*Ascaris obtusocaudata* de la
truite par la structure de l'appareil digestif, de la tête, du tégument
et même à peu près de la queue, ainsi que par la position de la vulve,
et par le rapport de la longueur ; elle ne paraît même différer essentiellement que par la forme et le volume des œufs et par les proportions de l'œsophage et du cœcum ; quand on connaîtra le mâle de
l'*Ascaris obtusocaudata,* et qu'on aura pu comparer de nouveau les
œufs au même degré de maturité, on devra peut-être n'en faire
qu'une seule espèce.

Au musée de Vienne, on a trouvé aussi cette ascaride dans cinq
aloses sur six.

71. ASCARIDE DES GADES. *ASCARIS CLAVATA.* — Rudolphi.

Ascaris gadi, Müller, Zool. dan. prodr., n° 2595, et Zool. dan. t. II, p. 47,
  pl. 74, fig. 6.
Ascaris gadi, Fabricius, Faun. groenl, p. 274, n° 255.
Proboscidea gadi, Atlas de l'Encyclop. méth., pl. 32, fig. 15-16.
Ascaris clavata, Rud., Entoz., t. II, 1, p. 183, et Syn., p. 51 et 293, n° 64.

« — Corps blanc grisâtre, notablement plus mince en avant, plus
« épais et presque obtus en arrière, long de 35 à 67^{mm}, quarante à

« cinquante fois aussi long que large ; — tête large de 0^{mm},26 à 0^{mm}33 ;
« œsophage long de 3^{mm},5 à 4^{mm},5, un peu renflé postérieurement,
« suivi d'un ventricule peu distinct et d'un cœcum étroit, *flexueux,*
« long de 1^{mm},2 ; — un autre cœcum long de 1^{mm},6 partant de l'intes-
« tin et dirigé en avant, à côté de l'œsophage ; — tégument à stries
« transverses, de 0^{mm},0045, soutenu par une *seule couche* de fibres
« obliques ; — deux ailes membraneuses étroites sur toute la lon-
« gueur du corps.

« — *Mâle* long de 33 à 46^{mm}, large de 0^{mm},78 à 10^{mm} ; queue re-
« courbée et terminée par une pointe conique et crochue ; — anus à
« 0^{mm} de l'extrémité ; — spicules longs de 1^{mm},25, larges de 0^{mm},05,
« fortement arqués et bordés de deux membranes diaphanes formant
« gouttière dans la courbure.

« — *Femelle* longue de 46 à 64^{mm}, large de 1^{mm},30 à (?) ; — queue
« brusquement rétrécie, et terminée par une pointe conoïde, longue
« de 0^{mm},3 à 0^{mm},48 ; — anus à 0^{mm},30 ou 0^{mm},48 de l'extrémité ; —
« vulve située vers le tiers antérieur, à 16^{mm} de la tête ; utérus d'abord
« mince, contourné en avant et de côté, puis dirigé en arrière, si-
« nueux et progressivement épaissi, jusqu'à ce que, arrivé à 10 ou
« 11^{mm} de la vulve, il se divise en deux branches parallèles, conti-
« guës, presque droites, longues de 12^{mm} ; — oviductes partant des
« deux branches de l'utérus, subitement rétrécis, puis renflés eux-
« mêmes, et, après s'être de nouveau amincis, se pelotonnent autour
« de l'intestin, ainsi que les ovaires qui leur font suite ; — œufs glo-
« buleux, larges de 0^{mm},054 à 0^{mm},058, à coque revêtue d'une enve-
« loppe membraneuse plissée. »

Je l'ai trouvée fréquemment à Paris, en 1838 et 1839, dans l'intestin du merlan (*Gadus merlangus*) ; mais j'ai complété ma description
d'après des exemplaires de la collection du Muséum de Paris, recueillis anciennement dans la morue (*Gadus morrhua*).

— M. Bellingham, en Irlande (*Ann. of nat. hist.,* 1844, p. 173), dit
avoir trouvé l'*Ascaris clavata,* 1° dans l'intestin et le péritoine du
saumon, *Salmo salar*) ; 2° dans l'intestin du *Salmo trutta ;* 3° dans
l'estomac et le péritoine de la morue (*Gadus morrhua*) ; 4° dans l'estomac et l'intestin du *Gadus æglefinus ;* 5° dans l'intestin du merlan
(*Gadus merlangus*) ; 6° et 7° dans l'estomac et l'intestin des *Gadus
merluccius* et *Gadus Pollachius ;* 8° dans l'intestin du *Gadus carbonarius ;* 9° dans l'estomac et l'intestin du congre (*Murœna conger*) ;
10° enfin, dans le péritoine du maquereau. Mais il est bien probable
qu'il a confondu avec cette espèce les *Ascaris ecaudata* et *Ascairs
obtusocaudata,* qui en sont si différentes.

Rudolphi, au contraire, la cite comme trouvée seulement dans l'estomac du *Gadus barbatus,* par Fabricius ; dans l'abdomen du merlan,
par Gæde, et dans le gosier du *Gadus æglefinus,* par lui-même.

Le catalogue du musée de Vienne l'indique seulement comme trouvée cinq fois parmi quarante-six *Gadus barbatus.*

QUATRIÈME SECTION.

Ascarides vraies ayant un seul cœcum ou appendice pylorique partant de l'œsophage, en arrière, à côté de l'intestin.

72. ASCARIDE DU BROCHET.   *ASCARIS ACUS.* — BLOCH.

Ascaris scta, MÜLLER, dans Naturf., XXIV, p. 544.
Ascaris acus, BLOCH, Besch. d. Berl. Naturf., IV, p. 544.
Ascaris acus, GOEZE, Naturg., p. 90.
Ascaris acus, GMELIN, Syst. nat., p. 3037, n° 71.
Ascaris acus, SCHRANK, Verzeich., p. 10, et *Ascaris boa,* dans les Mém. de l'Acad. de Suède, 1790, p. 120.
Fusaria acus, ZEDER, Nachtrag., p. 39.
Ascaris acus, RUDOLPHI, Entoz., t. II, I, p. 194, et Syn. p. 43, n° 29.

« — Corps blanc, allongé, cylindrique, aminci seulement vers les
« extrémités ; — tête assez large, de $0^{mm},12$ à $0^{mm},16$, à trois valves
« presque trilobées, ayant chacune une papille sur leur convexité ;
« — œsophage musculeux, presque cylindrique, un peu élargi posté-
« rieurement, long de $3^{mm},4$, large de $0^{mm},23$, suivi d'un ventricule
« irrégulier, long de $0^{mm},15$, large de $0^{mm},23$, et d'où part un petit cœ-
« cum long de $0^{mm},2$ à $1^{mm},5$, dirigé en arrière, à côté de l'intestin ; —
« ailes membraneuses latérales souvent un peu sinueuses, linéaires,
« mais bien visibles, sur toute la longueur du corps ; — tégument
« fortement strié en travers, et comme denté en scie sur les bords ; —
« stries écartées de $0^{mm},009$ à $0^{mm},017$.

« — *Mâle* long de 31^{mm}, large de $0^{mm},7$; — rapport de la longueur
« à la largeur 44 ; — partie postérieure recourbée ou enroulée en des-
« sous, brusquement amincie en pointe conique recourbée, et munie
« de deux rangs de dix à douze papilles ou de tubercules coniques ;
« —anus à $0^{mm},2$ de l'extrémité, précédé par un tubercule ou mame-
« lon dont la surface est munie d'une petite plaque cornée, réniforme ;
« — deux spicules un peu arqués, longs de $0^{mm},65$, larges de $0^{mm},03$,
« y compris une double lame diaphane partant de la tige cylindrique
« cornée qui en occupe la convexité, et revêtus d'une gaîne mem-
« braneuse (à l'intérieur du corps?).

« — *Femelle* longue de $36^{mm},5$, large de $0^{mm},9$ à 1^{mm} ; rapport de la
« longueur à la largeur 38 ; — queue droite, en pointe conique aiguë ;
« — anus à $0^{mm},50$ de l'extrémité ; — vulve située vers le quart anté-
« rieur de la longueur, à 9^{mm} de la tête, à 27^{mm} de l'extrémité cau-
« dale ; — utérus commençant par une portion tubuleuse plus étroite
« (vagin), longue de 3^{mm}, puis s'élargissant en un sac long de 4 à 5^{mm},
« large de $0^{mm},5$, enveloppé par les replis des ovaires, et se divisant
« en deux branches parallèles contiguës ou presque soudées, longues
« de 14 à 16^{mm}, larges de $0^{mm},5$ à $0^{mm},7$; —oviductes partant de l'extré-

« mité rétrécie des branches de l'utérus pour revenir en avant et se
« continuer avec les ovaires filiformes, pelotonnés, à 27^{mm} de l'extré-
« mité caudale ; — œufs globuleux, à coque diaphane très-épaisse,
« larges de 0^{mm},088, contenant d'abord plusieurs nucléus ou vitellus
« apparents, qui plus tard se soudent en un seul embryon replié, long
« de 0um,3, large de 0^{mm},015. »

Je l'ai trouvée onze fois sur quinze, dans l'intestin et dans l'estomac
du brochet, à Rennes, mais huit fois seulement avec des œufs mûrs,
et j'ai pu la conserver pendant plusieurs jours vivante dans l'eau, et
suivre le développement de ses œufs entre des lames de verre.

Tous les helminthologistes allemands l'ont trouvée très-abondamment dans l'intestin du brochet; Zeder lui assigne une longueur de
27 à 54^{mm}, et Rudolphi en a vu qui avaient 94^{mm}, dans de très-grands
brochets; il l'a trouvée aussi, une fois solitaire, dans l'abdomen de
l'orphie (*Esox belone*).

Au musée de Vienne, on l'a trouvée quarante-cinq fois sur huit
cent soixante-sept, dans l'intestin du brochet. M. Deslongchamps,
à Caen, l'y a trouvée également.

M. Bellingham, dans son catalogue des helminthes d'Irlande, inscrit l'*Ascaris acus*, comme trouvée seulement dans l'intestin de la
truite saumonée (*Salmo trutta*), et du hareng (*Clupea harengus*).

IIe SOUS-GENRE. — (*ASCARIDIA*.)

Utérus divisé en deux branches opposées.

73. ASCARIDE DES PERROQUETS.   *ASC. TRUNCATA*. — ZEDER.

Ascaris hermaphrodita, FROELICH, dans Naturf., XXIV, p. 151, pl. 4,
    fig. 11-13.
Fusaria truncata, ZEDER, Naturg., p. 105.
Ascaris truncata, RUD., Entoz., t. II, 1, p. 195, n° 60, et Syn., p. 45 et 281,
    n° 36 et p. 657.

« — Corps blanc, un peu translucide, cylindrique, aminci aux deux
« extrémités, trente-sept fois aussi long que large, laissant voir par
« transparence des vésicules internes (parasites?), larges de 0^{mm},15 à
« 0^{mm},36, paraissant autant de taches; — tête large de 0^{mm},28 à 0^{mm},38;
« — œsophage long de 2^{mm},4, un peu renflé en arrière, et large
« de 0^{mm},28, sans ventricule ni cœcum; — queue aiguë; — tégument
« à stries transverses de 0^{mm},013 à 0^{mm},016, soutenu par deux couches
« de fibres obliques croisées.

« — *Mâle* long de 52^{mm}, large de 1^{mm},4; — queue en pointe conique,
« avec une ou deux papilles à la face ventrale; — anus à bords très-
« gonflés, situé à 0^{mm},6 de l'extrémité, et précédé par une sorte
« de ventouse discoïdale; — spicules arqués égaux, longs de 2^{mm},2,

« très-élargis au milieu, où ils ont 0^{mm},17, et repliés en forme de
« gouttière vers l'extrémité, où ils paraissent larges seulement
« de 0^{mm},054.

« — *Femelle* longue de 63^{mm}, large de 1^{mm},7; — queue droite, co-
« nique, aiguë; — anus à 1^{mm},3 de l'extrémité; — vulve située en
« arrière du milieu à 34^{mm} de la tête; — utérus divisé presque immé-
« diatement en deux branches égales et opposées, larges de 0^{mm},6, et
« s'amincissant peu à peu en se continuant avec les oviductes et les
« ovaires filiformes, après s'être repliées de part et d'autre, en avant
« et en arrière à 17^{mm},19 de la vulve; — œufs elliptiques, lisses, longs
« de 0^{mm},069 à 0^{mm},071, à coque épaisse, homogène, revêtue d'une
« enveloppe externe plus mince. »

Je décris ainsi cet helminthe sur deux exemplaires provenant de
l'intestin d'un perroquet (*Psittacus pulverulentus*), et envoyés par le
Muséum de Vienne à celui de Paris.

Frœlich, le premier, en trouva trois mâles dans l'intestin d'un perroquet aourou (*Psittacus æstivus*), et comme dans ces mâles il remarqua sous le tégument des corps globuleux analogues à ceux
de l'ascaride du pigeon, et qu'il prit pour des œufs, il crut avoir
sous les yeux un helminthe hermaphrodite, et le désigna ainsi.
Rudolphi, qui n'en pouvait juger que d'après la description très-
incomplète de Frœlich, pensa d'abord qu'il y avait là quelque erreur,
et que c'était simplement une ascaride de pigeon avec les singuliers
corpuscules ronds qui lui ont valu le nom spécifique de *maculosa;*
mais plus tard il vit dans le musée de Vienne les deux sexes de cette
même ascaride trouvée dans le perroquet vineux (*Psitt. dominicensis*)
et dans le perroquet à tête blanche (*Psitt. leucocephalus*); il put alors
se convaincre que c'est bien une espèce distincte, qui diffère, dit-il,
de celle du pigeon par les ailes de la tête, beaucoup plus étroites, par
la queue recourbée et non droite chez le mâle, et par les spicules plus
courts; ce qui n'est pas exact. Sur soixante-six perroquets de diverses
espèces disséqués au musée de Vienne avant 1820, deux seulement
contenaient, l'un, deux femelles et l'autre, un seul mâle de cette ascaride. Je l'ai moi-même cherchée vainement dans cinq de ces oiseaux.

Rudolphi par la suite reçut du Brésil des femelles de cette espèce
non adultes, longues de 22 à 34^{mm}, trouvées dans divers perroquets.

Cette ascaride, si remarquable par la disposition des branches de
l'utérus et par la grandeur des spicules, présente, ainsi que l'ascaride
du pigeon, une particularité curieuse : toutes les cavités inter-
viscérales sont occupées, chez les mâles comme chez les femelles,
par des vésicules indépendantes qui ont attiré l'attention de tous les
helminthologistes, mais dont on n'a point indiqué la nature. Il semble
qu'on ne peut en dire autre chose, sinon que ce sont des productions
parasites analogues aux acéphalocystes des mammifères.

ASCARIDES DES GALLINACÉS. (Voyez aussi *Heterakis.*)

74. ASCARIDE DE LA POULE.   *ASCARIS INFLEXA.* — Rudolphi.

Ascaris teres galli (*major*), Goeze, Naturg., p. 76, pl. 1, fig. 4-7.
Fusaria reflexa (en partie), Zeder, Nachtrag., p. 33, pl. 4, fig. 7, et non
   Fusaria inflexa, ibid., p. 36.
Ascaris vesicularis (en partie), Rudolphi, Entoz., t. II, I, p. 129.
Ascaris inflexa, Rudolphi, Synopsis, p. 38 et 268, n° 4.
Ascaris funiculus, E. Deslongchamps, Encycl. méth., Vers, p. 89 n° 6.

« — Corps jaunâtre sale, cylindrique allongé, peu aminci vers
« les extrémités, mais davantage en arrière, et avec deux mem-
« branes latérales peu saillantes sur toute la longueur; — tête obtuse
« assez large (de 0^{mm},4), à trois valves, grandes, distinctes, avec des
« papilles à la face externe; — œsophage musculeux, claviforme,
« long de 3^{mm},75, large de 0^{mm},65, sans ventricule; — queue conique,
« courte, mucronée; — tégument à stries transverses, écartées de
« 0^{mm},0125 en avant et de 0^{mm},0125 en arrière et soutenu par deux
« couches de fibres obliques croisées.
   « — *Mâle* long de 33 (à 80^{mm}), large de 0^{mm},6; — rapport de la lon-
« gueur à la largeur 55; — partie postérieure droite ou quelquefois
« relevée, portant de chaque côté une aile membraneuse semi-lan-
« céolée, longue de 0^{mm},56, striée transversalement, et soutenue par
« trois côtes ou rayons courts de chaque côté de l'anus; — anus situé
« à 0^{mm},64 de l'extrémité entre les ailes, à l'endroit de la plus
« grande largeur qui est de 0^{mm},52, et entouré d'un large tubercule
« hérissé de papilles courtes ou granules; — à 0^{mm},32 de l'extré-
« mité les ailes disparaissent, et la partie postérieure se termine par
« une pointe conique ou conoïde un peu déprimée et mucronée,
« portant aussi deux tubercules au delà des ailes; — en avant de
« l'anus (à 0^{mm},24) se trouve une ventouse soutenue par un cercle
« corné (de 0^{mm},20), auquel se rendent obliquement plusieurs faisceaux
« musculaires; deux papilles assez fortes se voient aussi de chaque
« côté; — spicules égaux, longs de 1^{mm},10, larges de 0^{mm},035, ter-
« minés en bouton.
   « — *Femelle* longue de 70 à 87^{mm} (et jusqu'à 123^{mm}), large de 1^{mm},60
« (et jusqu'à 1^{mm},86); — rapport de la longueur à la largeur, 55;
« — queue droite ou relevée (! *reflexa*, Zeder), conique, terminée par
« une pointe grêle; — anus à 1^{mm},4 de l'extrémité; — vulve en avant
« du milieu (à 38^{mm} de la tête et 49^{mm} de l'extrémité caudale; — utérus
« divisé presque immédiatement en deux branches épaisses opposées,
« dirigées l'une en avant, l'autre en arrière; — œufs longs de 0^{mm},077,
« larges de 0^{mm},047, à coque lisse, épaisse. »

   Je l'ai trouvée, à Rennes, trente fois seulement, en explorant les
intestins de cent quatre-vingt-quinze poules ou poulets (*Phasianus*

gallus), et toujours dans l'intestin grêle, où l'avaient également trouvée Gœze et Zeder, qui la confondaient avec l'espèce précédente. Rudolphi, qui ne l'avait pas trouvée lui-même, suivit d'abord leur exemple ; mais l'ayant ensuite reçue d'un étudiant qui l'avait trouvée dans l'intestin grêle d'un poulet, il sentit la nécessité de la considérer comme espèce distincte ; répudiant alors le nom de *reflexa* donné par Zeder aux deux ascarides du poulet, et qui s'applique très-certainement à celle-ci, il préféra considérer cette espèce comme identique avec celle du canard, nommée *inflexa* par Zeder ; cependant on ne peut guère concevoir l'existence d'helminthes identiques chez des animaux aussi différents que la poule et le canard.

M. Deslongchamps (*Encycl. méthodique,* Vers, p. 89), qui avait trouvé à Caen les deux ascarides de la poule et une autre ascaride dans le canard, sentit la nécessité de sortir de cette confusion, laissant donc de côté le nom de *reflexa*, sous lequel Zeder réunit deux espèces, il nomma comme Frœlich et Rudolphi la plus petite ascaride *vesicularis,* et créa pour la plus grande le nom spécifique de *funiculus ;* supposant ensuite qu'il doit se trouver dans le canard une vraie *Ascaris inflexa* de Zeder, il nomma *Ascaris crassa* une espèce que nous avons trouvée comme lui, et que nous décrivons plus loin sous ce nom. Si nous ne pensions qu'il a pu se glisser quelque erreur dans la description donnée par Zeder, nous suivrions entièrement M. Deslongchamps, mais, dans l'opinion contraire, nous croyons qu'on peut laisser à la grande ascaride de la poule, le nom d'*inflexa,* que tous les helminthologistes lui donnent aujourd'hui d'après Rudolphi.

Au musée de Vienne, on ne l'a pas trouvée dans cent vingt-sept poules, mais le catalogue porte comme trouvée dans plusieurs espèces de canards une *Ascaris inflexa,* qui probablement est notre *Ascaris crassa ;* M. Bellingham a trouvé l'*Ascaris inflexa,* en Irlande, dans la poule.

Je dois ajouter aux détails précédemment donnés, que j'ai vu dans les mâles de cette espèce, à la face ventrale, un peu en avant de la base des spicules (à 2^{mm} de l'extrémité) et à l'intérieur, un corps glanduleux, tout particulier ; il est blanc, opaque, aussi long que large, de 0^{mm},30 à 0^{mm},31, formé de deux moitié symétriques et divisées l'une et l'autre en trois à cinq lobes au bord externe.

P 74 (*a*). ASCARIS GIBBOSA. — Rudolphi. *Entoz.*, t. II, 1, p. 167, et *Syn.*, p. 48.

Fusaria strumosa, Zeder, Nachtrag., p. 64.

« — Corps long de 13^{mm},5 à 22^{mm},5, plus épais en arrière, aminci
« en avant et portant un renflement gibbeux, à peu de distance de
« la tête qui est mince ; — aile membraneuse, mince, sur chaque côté
« du corps ; — queue du mâle moins épaisse, terminée en pointe
« conique obtuse, et plane en dessous, et munie de deux ailes mem-

« braneuses, entre lesquelles sortent les spicules ; — queue de la
« femelle plus épaisse, longue, aiguë, plane en dessous et in-
« fléchie. » (Zed.)

On doit considérer comme très-douteuse cette espèce, que Zeder
seul avait trouvée en 1788, dans l'intestin de la poule, et qu'il n'a
décrite qu'en 1800, d'après ses souvenirs.

? 74 (*b*). *ASCARIS PERSPICILLUM.* — Rudolphi, *Entoz.,* II., I.,
p. 141, et p. 141, et *Synopsis,* p. 42, n° 22.

« — Corps blanchâtre, grêle, long de 27 à 40^{mm}, également aminci
« de part et d'autre ; — tête mince, avec trois grandes valves, en-
« tourées d'une bordure membraneuse (comme une lunette ou un
« lorgnon, *Perspicillum*), queue de la femelle courte, aiguë, un peu
« infléchie ou recourbée en hameçon ; — anus rapproché de l'extré-
« mité caudale ; — une aile membraneuse linéaire de chaque côté de
« la tête et disparaissant aux côtés du corps. » (Rud.)

Cette espèce a été établie par Rudolphi, d'après trois femelles non
adultes qu'il avait trouvées à Greifswald, dans l'intestin grêle d'un
dindon (*Meleagris gallopavo*), à une époque où il confondait, ainsi
que Zeder, les ascarides de la poule, il est donc vraisemblable que
c'est une *Ascaris inflexa.*

Le catalogue du musée de Vienne porte aussi l'*Ascaris perspicillum,* comme trouvée une seule fois parmi treize dindons disséqués
ou explorés dans cet établissement, mais comme ce même catalogue
ne mentionne pas la grande ascaride de la poule, et inscrit au contraire l'*Ascaris inflexa,* comme trouvée dans les canards, il est très-
probable que la prétendue *Ascaris perspicillum* est encore ici notre
vraie *Ascaris inflexa* de la poule.

? 74 (*c*). *ASCARIS COMPAR.* — Schrank.

Ascaris lagopodis, Froelich, dans Naturforsch., XXIX, p. 46, pl. 1, fig. 21,
pl. 2, fig. 1-3.
Ascaris compar, Schrank, Bayersche Reise, p. 90.
Fusaria compar, Zeder, Naturgesch., p. 110, n° 29.
Ascaris compar, Rud., Entoz., t. II, 1, p. 161, et Syn., p. 46 et 289, n° 39.

« — Corps blanchâtre, peu aminci en avant, davantage en ar-
« rière ; — tête obtuse à trois grandes valves ; — queue un peu
« obtuse.
« — *Mâle* long de 40 à 54^{mm}, à queue oblique ; — deux ailes mem-
« braneuses crénelées, soutenues par trois rayons de chaque côté,
« en avant de la pointe caudale ; — spicule simple (?) (Rud., Froel.),
« deux spicules (Schrank).
« — *Femelle* longue de 80 à 94^{mm}, à queue droite ; — anus en avant
« de la pointe caudale. » (Rud.)

Schrank , et après lui Frœlich, l'ont trouvée dans l'intestin du lagopède (*Tetrao lagopus*). Rudolphi la reçut de Braun, qui l'avait trouvée
dans le même oiseau ; il avait d'abord cité comme synonyme un helminthe du lagopède, trouvé par Redi en Italie , et inscrit par Gmelin
(*Syst. nat.*, p. 3034, n° 45), sous le nom d'*Ascaris tetraonis ;* mais
plus tard , il pensa que ce pourrait être plus probablement un trichosome. D'ailleurs l'*Ascaris compar* est décrite d'une manière si
vague et si incomplète qu'on peut bien douter que ce soit aussi une
espèce distincte.

75. ASCARIDE DU PIGEON.   *ASCARIS MACULOSA.* — Rud.

> *Ascaris teres*, Goëze, Naturg., p. 84, pl. 1, fig. 6.
> *Ascaris columbæ*, Gmelin, Syst. nat., p. 3034, n° 46.
> *Ascaris maculosa*, Rudolphi, Entoz., t. II, i, p. 153, pl. 1, fig. 14, n° 16, et
>   Synopsis, p. 45, n° 35.
> *Ascaris maculosa*, Bremser, Icones helm., pl. 4, fig. 25-28.

« — Corps blanc, un peu translucide , cylindrique, aminci de part
« et d'autre, laissant voir par transparence, comme autant de *taches,*
« des vésicules internes ; — tête assez large (0^{mm},18 à 0^{mm},23), à valves
« anguleuses , avec une papille sur chacune ; — membrane latérale
« nulle ou peu distincte (distincte et semi-elliptique , Rud.) de
« chaque côté de la tête , nulle sur le reste du corps ; — tégument à
« stries transverses très-prononcées, de 0^{mm},0252.

« — *Mâle* long de 25^{mm},8, large de 0^{mm},77 ; — rapport de la lon-
« gueur à la largeur, 33 ; — tête large de 0^{mm},18 ; — queue droite,
« conique , assez aiguë , mucronée ou terminée par une pointe fine
« et portant à la face ventrale deux rangées de tubercules réguliers,
« papilliformes, entre lesquels se trouve l'anus porté par un mamelon
« saillant à 0^{mm},48 de l'extrémité ; — à la même distance en avant
« de l'anus se trouve une ventouse large de 0^{mm},16 , soutenue par un
« anneau corné peu distinct ; — deux spicules longs de 1^{mm},2, larges
« de 0^{mm},028, arqués ; — nulle trace d'aile membraneuse à la queue.

« — *Femelle* longue de 34^{mm},0 (54^{mm} Rud.), large de 1^{mm},20 ; — rap-
« port de la longueur à la largeur, 29 ; — tête large de 0^{mm},23 ; —
« queue droite conique ou conoïde mucronée ; — anus à 1^{mm},10 de
« l'extrémité ; — vulve au milieu de la longueur, à 17^{mm} de la tête ;
« utérus divisé en deux branches opposées, dirigées l'une en avant,
« l'autre en arrière ; — œufs longs de 0^{mm},07. »

Je l'ai trouvée une seule fois, et très-abondamment, dans l'intestin
d'un jeune pigeon (*Columba domestica*) le 12 octobre, à Rennes ; je
l'ai cherchée vainement dans soixante-douze autres pigeons et dans
un ramier (*Columba palumbus*).

Gœze le premier a parlé de cet helminthe sans le décrire, Rudolphi
l'a trouvé ensuite à Greifswald au mois de juin. Il lui attribue des
ailes latérales à la tête, que nous n'avons pu voir, et des crénelures
qui sont simplement un effet de la contraction des téguments. Il si-

gnale aussi dans le tégument des corpuscules orbiculaires diaphanes beaucoup plus grands que les œufs, et qui rendent le corps presque tacheté, d'où le nom spécifique de *maculosa*. En disséquant ces ascarides, on voit en effet flotter avec les œufs, dans le liquide, des vésicules larges de 0^mm,14 à 0^mm,30, sur la nature desquelles il est difficile d'être fixé. Ce sont les mêmes que l'on trouve aussi dans l'ascaride du perroquet, et que je crois analogues à des acéphalocystes.

La figure donnée par Rudolphi (pl. 1, f. 16), représente tout à fait droits les spicules que j'ai vus toujours arqués.

Deux auteurs allemands, Heister à Rostok, et Gebauer à Breslau, avaient trouvé abondamment cette ascaride au commencement du XVIIIe siècle. Le catalogue du musée de Vienne la porte aussi comme trouvée onze fois sur deux cent quarante-cinq dans le pigeon, et trois fois sur trente-huit dans la tourterelle à collier (*Columba risoria*); quatre-vingt-sept autres pigeons ou tourterelles de diverses espèces n'en contenaient pas. M. Bellingham l'a trouvée aussi en Irlande.

IIIe SOUS-GENRE. — (*ANISAKIS*.)

Mâle ayant deux spicules inégaux.

76. ASCARIDE DES SINGES.   *ASCARIS DISTANS*. — Rudolphi, *Entoz.*, t. II, 1, p. 128, et *Syn.*, p. 38, n° 2.

« — Corps roussâtre, assez épais, presque d'égale épaisseur ou un
« peu plus mince en avant, contourné en spirale; — tête nue; — œso-
« phage musculeux en forme de pilon, suivi d'un ventricule sphérique.
« — *Mâle* long de 27^mm, plus grêle, à queue recourbée en hameçon,
« terminée par une pointe courte, en avant de laquelle sortent deux
« spicules inégaux, très-longs, courbés.
« — *Femelle* longue de 40^mm, deux fois plus épaisse que le mâle,
« droite, subulée, avec la pointe de la queue un peu divergente; —
« œufs ronds. » (Rud.)

Rudolphi en trouva une vingtaine dans le cœcum et le colon d'un callitriche (*Simia sabœa*) mort scrofuleux. Sur onze callitriches disséqués au musée de Vienne, un seul contenait aussi cette ascaride.

77. ASCARIDE DES DAUPHINS.   *ASCARIS SIMPLEX*. — Rudolphi, *Entoz.*, II, 1., p. 170, et *Synops.*, p. 60, n° 53.

« — Corps blanchâtre, assez épais, trente-six à quarante fois aussi
« long que large, un peu plus aminci en avant; — tête obtuse, large
« de 0^mm,4, à trois lobes très-petits; — sans aucune trace d'ailes ou
« membranes latérales; — œsophage long de 5 à 5^mm,5, un peu renflé
« en massue et large de 0^mm,5, suivi d'un *ventricule mince flexueux,*

« long de 1^{mm},5, large de 0^{mm},4; — intestin épais, large de 1^{mm}; —
« queue très-courte, obtuse; — tégument à stries transverses, très-
« prononcées, distantes de 0^{mm},02 à 0^{mm},03, et comme denté en scie
« latéralement.

« — *Mâle* long de 79^{mm}, large de 2^{mm},2; — partie postérieure en-
« roulée et munie de deux ailes ou membranes latérales, étroites,
« soutenues par huit à dix papilles à la face ventrale; — deux spi-
« cules *inégaux*, un peu arqués, larges de 0^{mm},04, l'un long de 27^{mm},
« l'autre long de 15^{mm}.

« — *Femelle* longue de 70 à 100^{mm}, large de 2^{mm} à 2^{mm},5, à queue
« conoïde très-courte; — anus à 0^{mm},2 de l'extrémité; — vulve située
« en avant du milieu (à 25 ou 40^{mm} de la tête); — utérus très-ample,
« long de 28 à 30^{mm}, dirigé en arrière, commençant par une partie
« presque filiforme (vagin), longue de 5 à 8^{mm}, puis devenant cylin-
« drique, large de 1^{mm},8, dans une longueur de 10 à 17^{mm}, et se divisant
« enfin en deux branches parallèles contiguës, larges de 1^{mm}, longues de
« 7 à 10^{mm}, qui se rétrécissent à la fois pour se continuer chacune
« avec l'oviducte et l'ovaire filiforme correspondant, dont les replis
« nombreux occupent toute la partie postérieure du corps, à par-
« tir de la vulve; — œufs globuleux, lisses, larges de 0^{mm},041 à
« 0^{mm},043. »

Je décris ainsi des helminthes assez nombreux de la collection du
Muséum de Paris, étiquetés comme trouvés par M. Dussumier, dans
un dauphin, n° 5, à l'ouest des îles Maldives, en 1830, et je ne doute
pas qu'ils ne soient identiques avec ceux que Rudolphi a décrits sous
ce même nom comme trouvés dans le premier estomac d'un marsouin
(*Delphinus phocœna.*)

Rudolphi inscrit aussi parmi ses espèces douteuses (*Synops.*, p. 54
et 296), une *Ascaris delphini*, longue de 27^{mm} environ, trouvée dans
la bouche et l'estomac du dauphin du Gange (*Delph. gangeticus*).

IVe SOUS-GENRE. (*POLYDELPHIS.*)

Utérus divisé en plus de deux branches.

78. ASCARIDE DU PITHON.   *ASCARIS ANOURA.* — Du.

« — Corps blanc, cinquante à cinquante-six fois aussi long que large,
« très-aminci en avant, obtus en arrière; — tête petite, large de 0^{mm},22
« à 0^{mm},3; — œsophage très-allongé, de 10^{mm}, renflé peu à peu en
« arrière, et large de 0^{mm},75, suivi d'un ventricule plus étroit, peu
« distinct, long de 0^{mm},5, mais sans appendices pyloriques; — tégu-
« ment mince, à stries transverses fines, de 0^{mm},0043; — cordons
« latéraux moins opaques que le reste.

« — *Mâle* long de 116^{mm}, large de 2^{mm},15 ; — extrémité postérieure
« du corps enroulée d'un tour ; — queue obtuse, terminée par une
« petite pointe ; — anus à 0^{mm},35 de la pointe ; — spicules égaux très-
« longs, de 10^{mm},5, larges seulement de 0^{mm},087.

« — *Femelle* longue de 144^{mm}, large de 2^{mm},5 à 2^{mm},8 ; — queue
« obtuse ; — anus situé à 0^{mm},6 de l'extrémité ; — vulve située à
« 40^{mm} de la tête ; — utérus dirigé en arrière, simple d'abord, presque
« filiforme, flexueux, sur une longueur de 30^{mm}, puis divisé en quatre
« branches longues et plus ou moins gonflées, qui partent symétri-
« quement d'un renflement ovale ; — œufs elliptiques longs de 0^{mm},0 56
« à 0^{mm},072, à coque pointillée finement. »

J'ai étudié des exemplaires de cet helminthe rendus fréquemment
par des pithons (*Pithon bivittatus*) vivants, à la ménagerie du Muséum
de Paris ; M. Valenciennes, qui me les a communiqués, avait observé le
premier comment l'utérus se partage en quatre branches. La longueur
extraordinaire des spicules est en rapport avec celle de la première
portion simple de l'utérus.

20° GENRE. HETERAKIS.   *HETERAKIS.*

Ascaris (en partie), RUD.

ἕτερος, différent, ἀκίς, aiguillon, spicule.

« — Diffère des ascarides : 1° par des lobes de la tête moins
« prononcés et non séparés par des sinus profonds ; 2° par un
« pharynx distinct qu'une zone de pièces cornées sépare de l'œso-
« phage ; 3° par le ventricule beaucoup plus renflé, quoique en
« continuité avec l'œsophage. » (Voyez ci-dessus, p. 151.)

Pour type de ce genre je prends l'*Ascaris vesicularis* de la
poule qui présente en outre plusieurs caractères fort importants,
tels que l'inégalité des spicules, la position reculée de la vulve
et le mode de division de l'utérus d'abord simple et replié.
Cette espèce se rapproche d'ailleurs des ascarides du 2° sous-
genre (*Ascaridia*) par ce dernier caractère d'avoir l'utérus
divisé en deux branches opposées et par les appendices de la
queue du mâle (ailes et ventouse) ; mais pour tout le reste elle
en diffère comme des autres ascarides. L'*Ascaris dispar* de l'oie,
si elle n'est pas une simple variété de celle de la poule, est
évidemment une espèce du même genre. Quant aux ascarides
des batraciens (*Ascaris brevicaudata* et *Ascaris acuminata*) je
ne les place ici que provisoirement. L'appareil digestif chez
elles paraît en effet semblable à celui de notre espèce type ;

mais les organes génitaux diffèrent beaucoup trop. Il est vraisemblable qu'elles devront former un genre distinct, mais on
pourrait encore moins les placer avec les ascarides qu'avec nos
Heterakis des oiseaux.

HETERAKIS DES GALLINACÉS.   *HETERAKIS VESICULARIS.*

Ascaris papillosa, Bloch, traité des Vers intest., trad. p. 71, pl. 9, fig. 1-6.
Ascaris teres (minor), Goeze, Naturg., p. 86.
Ascaris vesicularis (en partie), Froelich, dans Naturforsch., XXV, p. 85.
Fusaria reflexa (en partie), Zeder, Nachtrag., p. 33.
Ascaris vesicularis (en partie), Rudolphi, Entoz., t. II, 1, p. 129, et
   Synopsis, p. 38 et 268, n° 3.
Ascaris vesicularis, Creplin, Observ. de Entoz., p. 20.

« — Corps blanc, aminci de part et d'autre, mais plus promptement
« et plus fortement en arrière ; — partie antérieure courbée ou même
« enroulée ; — partie postérieure presque droite ; — une aile peu
« saillante de chaque côté sur toute la longueur du corps ; — tête
« amincie, large de $0^{mm},066$, à trois valves obtuses, très-courtes ;
« — pharynx long de $0^{mm},72$, à trois angles, plissé longitudinalement,
« séparé de l'œsophage par trois petites pièces cornées, dentiformes ;
« — œsophage musculeux, cylindrique, long de $0^{mm},67$ à $0^{mm},19$, large
« de $0^{mm},072$, se continuant avec le ventricule qui est turbiné ou pyri-
« forme, long de $0^{mm},33$, large de $0^{mm},246$, à cavité triangulaire ; —
« canal œsophagien à triple rainure ou formé de trois gouttières fasci-
« culées, et tapissé par une membrane résistante, régulièrement rayée
« en travers ; — intestin droit renflé à l'origine ; — tégument presque
« lisse, homogène, épais de $0^{mm},009$, avec des stries à peine distinctes,
« écartées de $0^{mm},0026$ à $0^{mm},0038$.
« — *Mâle* long de $8^{mm},5$ à $9^{mm},5$, large de $0^{mm},4$; — rapport de la
« longueur à la largeur, 23 ; — partie postérieure droite, terminée
« par une pointe subulée, fine, en avant de laquelle elle est
« munie de deux ailes latérales lancéolées assez larges, concaves en
« dessous ; — anus à $0^{mm},54$ de l'extrémité, précédé à $0^{mm},25$ par une
« ventouse vésiculeuse que soutient un anneau corné, large de $0^{mm},09$;
« — les ailes membraneuses, qui commencent un peu en avant de la
« ventouse, sont soutenues d'abord par deux paires de rayons droits,
« grêles, partant de chaque côté de l'anneau corné, ensuite par
« quatre paires de rayons entourant l'anus, et dont les seconds sont
« les plus forts, et arrivent seuls jusqu'au bord ; les ailes vont ensuite
« en se rétrécissant, et reçoivent encore deux paires de rayons, l'une
« assez longue à moitié chemin de l'anus à la pointe, et la dernière
« plus courte à la base même ou à la naissance de la pointe, là où
« les ailes sont près de disparaître ; — deux spicules inégaux contenus
« dans une gaîne membraneuse ; l'un long de $1^{mm},6$ à 2^{mm}, large
« de $0^{mm},032$ à sa base et de $0^{mm},022$ vers l'extrémité, l'autre long de

« 0^{mm},55 à 0^{mm},66 , large de 0^{mm},022 ; l'un et l'autre , presque droits à
« l'intérieur du corps , se courbent fortement quand ils sortent.

« — *Femelle* longue de 11^{mm},0 à 13^{mm},15 , large de 0^{mm},40 à 0^{mm},46 ;
« — rapport de la longueur à la largeur, 29 ; — queue subulée très-
« longue et très-fine ; — anus à 1^{mm},15 de l'extrémité ; — vulve non
« saillante , en arrière du milieu, éloignée de 5 à 6^{mm},2 de la tête ; —
« utérus musculeux, simple d'abord et replié en arrière jusqu'à
« 3^{mm} environ, puis revenant en avant de 1^{mm},5, et se divisant alors
« en deux branches larges, opposées sur la même ligne, et dirigées,
« l'une en avant, l'autre en arrière ; — œufs elliptiques, longs de
« 0^{mm},063 à 0^{mm},071. »

Sur cent quatre-vingt-dix poules ou poulets (*Phasianus gallus*)
dont j'ai visité les intestins à Rennes, cent sept contenaient cet
helminthe dans les cœcums exclusivement, mais quelquefois en
quantité prodigieuse pendant les diverses saisons ; je l'ai trouvé également dans le faisan doré (*Phasianus pictus*), dans le dindon (*Mele-
gris gallopavo*) et dans la perdrix grise (*Perdix cinerea*). Bloch
l'observa le premier dans le cœcum de l'outarde (*Otis tarda*), et,
trompé par un gonflement accidentel du tégument (effet d'endosmose),
il lui attribua des papilles à la face ventrale ; Gœze le vit ensuite, trouvé
dans le faisan doré par le comte de Borke, et le confondit avec la
grande ascaride (*Ascaris inflexa*) de la poule ; Frœlich , Zeder et
Rudolphi le virent aussi, et firent la même confusion ; mais plus tard
ce dernier, dans son *Synopsis,* distingua enfin les deux espèces ; il
avait d'ailleurs trouvé celle-ci à Greifswald dans plusieurs des oiseaux
que nous venons de citer, et de plus, à Berlin, dans le paon (*Pavo
cristatus*), et à Ancône, en Italie, dans la caille (*Perdix coturnix*).
Au musée de Vienne on l'a trouvé dans quatre gélinottes (*Tetrao bona-
sio*) sur cent onze, dans quatorze cailles sur vingt-six, dans vingt-trois
perdrix grises sur six cent quarante-quatre, dans neuf bartavelles
(*Perdix græca* Br. ou *saxatilis* Mey.) sur seize, dans quatre coqs de
bruyère (*Tetrao urogallus*) sur dix-neuf, dans six pintades (*Numida
meleagris*) sur douze, dans cinquante faisans (*Phasianus colchicus*)
sur six cent huit, dans quarante-un coqs ou poules sur cent vingt-
sept, dans trois faisans argentés (*Phasianus nycthemerus*) sur quatorze, dans onze faisans dorés sur trente-un, dans neuf paons sur dix-
sept, dans trois grandes outardes sur sept, et dans une petite outarde
(*Otis tetrax*).

M. Bellingham l'a trouvé en Irlande, dans la perdrix grise, dans
la caille, dans le faisan, dans le coq, dans le paon, et dans le canard
tadorne (*Anas tadorna*), dit-il. Antérieurement aussi, M. Deslongchamps, dans l'*Encyclopédie méthodique,* avait dit l'avoir trouvé à
Caen , dans un goéland, en outre des gallinacés ; mais je doute
fortement que cette ascaride ait vécu dans des palmipèdes, peut-
être a-t-on pris pour elle une *Ascaris dispar,* peut-être aussi est-il
arrivé qu'un helminthe de poule étant resté adhérent aux vases

dont on s'est servi, en a été détaché par l'eau de lavage, pour se trouver accidentellement parmi des intestins de l'autre oiseau. Pareille chose m'est arrivée plusieurs fois, et j'ai eu beaucoup de peine à ne pas croire que je venais de trouver l'*Ascaris vesicularis*, une fois dans l'intestin du pigeon, et une autre fois dans l'intestin du renard, d'autant plus que depuis plus d'une semaine je n'avais pas visité d'intestins de poule; mais l'ascaride en question s'était desséchée sur l'assiette dont je m'étais servi; puis, ramollie par l'eau durant la nouvelle recherche dont je m'occupais, elle avait repris l'aspect d'un helminthe frais.

Frœlich donna à cet helminthe le nom spécifique de *vesicularis*, d'après l'aspect vésiculeux de la ventouse qui précède l'anus du mâle; ce même auteur avait vu aussi deux spicules distincts. Rudolphi le classa dans sa première section des ascarides avec les espèces à corps également aminci de part et d'autre et à tête sans aile.

M. Creplin (*Obs. de Entoz.*, p. 17-20), a montré au contraire que chez cette espèce comme chez l'*Heterakis dispar* de l'oie, la partie antérieure est, au moins chez les femelles, plus épaisse que la postérieure, et que l'on voit aussi de chaque côté sur toute la longueur du corps, une aile ou bordure membraneuse, mais partout également étroite. M. Creplin qui a décrit parfaitement la partie postérieure du mâle, dit qu'il y a véritablement deux spicules, quoiqu'on n'en voie ordinairement qu'un seul, mais il ne parle pas de l'inégalité si singulière de ces spicules.

2. HETERAKIS DE L'OIE.   *HETERAKIS DISPAR.*

Ascaris dispar, Schrank, dans les Mém. de l'Acad. de Suède, 1790, p. 120.
Fusaria dispar, Zeder, Nachtrag., p. 52.
Ascaris dispar, Rudolphi, Entoz., t. II, 1, p. 157, et Syn., p. 45, n° 34.
Ascaris dispar, Creplin, Observ. de Entoz., p. 17.

« — Corps blanc, aminci de part et d'autre, mais davantage en
« arrière et recourbé ou enroulé en avant, muni de deux ailes laté-
« rales qui d'abord étroites, deviennent assez larges à quelque dis-
« tance de la tête, puis se prolongent en se rétrécissant jusqu'à la
« queue; — tête très-obtuse, presque tronquée, à trois valves très-
« distinctes; — œsophage comme dans l'*Heterakis vesicularis.*
« — *Mâle* long de 18^mm, ayant la partie postérieure droite ter-
« minée par une pointe fine assez longue, en avant de laquelle elle
« est munie de deux ailes membraneuses diaphanes, concaves en
« dessous; — entre les ailes qui sont d'abord très-larges, se trouve
« en avant une sorte de ventouse ou de grande éminence, arrondie,
« puis l'anus, vis-à-vis duquel les ailes, après s'être rétrécies dans
« l'intervalle, s'élargissent de nouveau pour diminuer encore jusqu'à
« disparaître sur la pointe caudale; — de chaque côté de l'anus, les
« ailes élargies sont soutenues par quatre côtes ou rayons, les deux
« premières côtes sont dirigées obliquement en avant, les troisièmes

« sont transversales ou perpendiculaires à la queue, les quatrièmes
« sont obliques en arrière ; — les seconde et quatrième sont les plus
« longues, et seules elles atteignent le bord ; — au delà de cette partie
« élargie, chaque aile devenue beaucoup plus étroite, présente encore
« successivement deux petites côtes dont la première est la plus
« grande ; immédiatement après la dernière, la queue se prolonge en
« une pointe courte, nue et grêle ; — spicule paraissant simple (mais
« probablement deux spicules inégaux comme chez l'*Heterakis vesi-*
« *cularis.*)

« — *Femelle* longue de 23ᵐᵐ et plus ; — queue amincie peu à peu et
« terminée en pointe droite très-grêle ; — vulve située au milieu de
« la longueur, accompagnée soit en arrière, soit en avant, de trois
« ou six papilles en série, assez grandes, diaphanes, et non toujours
« visibles. » (CREP.)

Cet helminthe qui a les plus grands rapports avec l'*Heterakis vesicu-*
laris des gallinacés et, qui n'en diffère guère que par ses dimensions presque doubles, a été vu d'abord par Frœlich, puis par
Schrank et Zeder en Allemagne, dans les cœcums des oies grasses,
et très-rarement dans les oies au pâturage. Il doit même être
fort rare dans les oies grasses, car Rudolphi l'a cherché vainement
pendant plus de vingt ans, et je ne crois pas qu'on l'ait trouvé en
France ou en Angleterre. M. Creplin l'a trouvé trois fois à Greifswald, en mai et juin, dans les cœcums de l'oie et l'a cherché vainement ensuite vers la fin de l'automne, dans des oies engraissées avec
l'orge et l'avoine, ce qui l'a conduit à penser que la nature des aliments devait influer sur le développement de ces helminthes qui seraient expulsés mécaniquement par les parties dures ou les téguments
de l'orge et de l'avoine ; mais je ne crois pas cette opinion fondée, car
si je n'ai pas trouvé d'*Heterakis dispar* dans les oies de Bretagne, j'ai
au contraire trouvé abondamment l'*Heterakis vesicularis* dans les
cœcums des poules nourries de blé noir (*Polygonum fagopyrum*),
dont les téguments résistent à l'action des sucs digestifs.

Schrank avait signalé chez l'*Ascaris dispar*, la présence des vésicules ou papilles diaphanes de la face ventrale ; Zeder ne put les
revoir ; M. Creplin, dont la description paraît si exacte, les a revues,
mais non constamment ni surtout chez les petits individus, c'est
sans doute la même chose que Bloch avait vu chez l'*Ascaris vesicu-*
laris, nommée par lui pour cette raison *Ascaris papillosa*, et que je
n'ai pu voir, mais que je regarde comme le résultat d'un gonflement
accidentel du tégument, par un effet endosmose.

Je présume que tous les détails de structure que j'ai décrits dans
l'*Heterakis vesicularis*, doivent se rencontrer également ici.

P.3. HÉTÉRAKIS ou ASCARIDE ACUMINÉE.   *ASC. ACUMINATA.*
— Schrank.

Ascaris subulata , Goeze, Naturg., p. 100, pl. 4, fig. 4-9.
Ascaris ranæ , Gmelin, Syst. nat., p. 3035, n° 56.
Ascaris acuminata , Schrank, Verzeichn., p. 12, n° 43.
Fusaria acuminata , Zeder, Nachtrag., p. 47.
Ascaris acuminata , Rudolphi, Entoz., t. II, I, p. 136, et Syn., p. 40, n° 14.
Ascaris acuminata , Deslongchamps, Encycl. Méth., Vers, p. 92.

« — Corps blanc, aminci de part et d'autre ; —tête large de $0^{mm},07$,
« obtuse, à trois lobes peu développés et dont les deux inférieurs
« sont mucronés ; — pharynx long de $0^{mm},035$, armé de trois lames
« cartilagineuses doubles ; — œsophage cylindrique, large de $0^{mm},05$,
« et sept fois aussi long, séparé par un étranglement peu marqué du
« ventricule qui est large de $0^{mm},11$, pyriforme, et que suit un renflé-
« ment considérable de l'intestin ; — canal interne de l'œsophage tri-
« quètre ou formé de trois profondes rainures ayant chacune à leur fond
« une double tige cartilagineuse et séparées par des lames saillantes
« qui font suite aux trois lames du pharynx ; — ventricule revêtu à
« l'intérieur, par une membrane jaune cartilagineuse, dont les plis
« assemblés en triangle constituent un appareil masticateur ; — une
« aile membraneuse, linéaire, très-peu saillante de chaque côté du
« corps ; — tégument finement strié en travers ; — stries écartées de
« $0^{mm},0036$; — épiderme homogène, épais de $0^{mm},003$.
« — *Mâle* ..... deux spicules courts accompagnés d'une pièce ac-
« cessoire.
« — *Femelle* longue de 5 à 7^{mm} (9 à 13um, Rud.), large de $0^{mm},17$ à
« $0^{mm},25$ jusqu'à $0^{mm},40$; — rapport de la longueur à la largeur 18 à
« 24 ; — queue conique terminée par une longue pointe très-grêle,
« épaisse seulement de $0^{mm},0025$ vers l'extrémité ; — anus à $0^{mm},7$ de
« l'extrémité ;—vulve située un peu en avant du milieu de la longueur ;
« —œufs longs de $0^{mm},14$ à $0^{mm},16$, éclosant dans le corps de la mère ;—
« embryons longs de $0^{mm},7$, larges de $0^{mm},026$ (et dans une femelle
« morte, longs de 1^{mm}, larges de $0^{mm},03$). »

Elle se distingue de l'*Ascaris nigrovenosa* par sa couleur, par son
habitation hors du poumon, et surtout par l'œsophage et le ventricule en forme de pilon ; elle se distingue de l'espèce suivante *Ascaris
brevicaudata,* par la longue pointe qui termine la queue de la
femelle, par la longueur relative de l'œsophage et du ventricule égalant ensemble seulement deux fois et demie le diamètre du corps,
par la longueur beaucoup moindre des spicules du mâle, et par
l'éclosion des œufs avant la ponte.

Je l'ai trouvée à Paris, en juin 1838, et à Rennes, en juin, août et
septembre, dans l'intestin ou dans le rectum de la grenouille verte
(*Rana esculenta*), bien moins communément que l'*Ascaris brevi-*

caudata; Gœze l'avait trouvée dans la grenouille rousse (*R. tempo-raria*), et dans la rainette (*Hyla arborea*); Zeder n'a eu que des femelles dans la grenouille; Rudolphi l'a trouvée plus fréquemment dans la grenouille rousse.

Au musée de Vienne on l'a trouvée cent vingt-quatre fois sur quatre cent vingt-sept, dans la grenouille rousse; dix-neuf fois seulement sur mille deux cent quatre-vingt-dix, dans la grenouille verte; et trente et une fois sur deux mille cent soixante-seize, dans la rainette.

M. Bellingham l'a trouvée très-communément en Irlande, dans l'intestin grêle de la grenouille rousse, et il croit pouvoir rapporter à la même espèce un helminthe du *Triton palustris;* il lui assigne une longueur maximum de 17^{mm}.

Des femelles longues de 4 à 5^{mm}, et remplies d'œufs mûrs, sont restées vivantes pendant cinq à six jours entre des lames de verre avec de l'eau. Les œufs étaient éclos dans le corps, et les jeunes ascarides ont continué à vivre encore pendant longtemps, soit dans l'eau, soit dans les téguments. Gœze avait fait des observations analogues en 1781; il dit avoir remarqué aussi que dans la grenouille rousse, le strongle auriculaire (son *Ascaris filiformis*), occupait seulement l'intestin grêle, et l'ascaride acuminée, seulement le rectum.

? 4. HÉTÉRAKIS ou ASCARIDE A COURTE QUEUE. *ASCARIS BREVICAUDATA.*

[Atlas, pl. 5, fig. E.]

Fusaria brevicaudata, Zeder, Nachtrag., p. 66, pl. 5, fig. 1-6.
Ascaris brevicaudata, Rud., Entoz., t. 11, i, p. 165, et Syn., p. 47, n° 43,
  et p. 283.

« — Corps blanc, long de 4^{mm},5 à 6^{mm}, large de 0^{mm},20 à 0^{mm},28,
« aminci peu à peu en avant, plus épais en arrière, et terminé par
« une queue conique aiguë, à pointe grêle, allongée; — rapport de
« la longueur à la largeur 25; — tête large de 0^{mm},05, obtuse, à trois
« lobes peu distincts, non mucronés, séparés à l'intérieur par des
« pièces cornées; — pharynx long de 0^{mm},05, à trois angles, aux-
« quels correspondent trois tiges cornées, et séparé de l'œsophage par
« une sorte de diaphragme armé de trois pointes horizontales; —
« œsophage musculeux, cylindrique, large de 0^{mm},05, long de 0^{mm},56,
« dix à onze fois aussi long que large, et se continuant presque sans
« étranglement avec le ventricule pyriforme ou turbiné, large de
« 0^{mm},1; — canal œsophagien triquètre ou formé de trois rainures, au
« fond de chacune desquelles sont deux tiges cornées longitudinales;
« — cavité du ventricule triangulaire; — intestin dilaté à l'origine,
« plus étroit en arrière; — tégument strié transversalement et longi-
« tudinalement; — stries transverses, écartées de 0^{mm},0035, peu vi-
« sibles; — stries longitudinales de 0^{mm},0023; — un orifice latéral en
« avant du ventricule.

« — *Mâle* à queue brusquement amincie par-dessous et recourbée,
« munie de deux membranes très-étroites et de deux rangées de treize
« papilles, dont trois ou quatre en arrière de l'anus, qui est à 0^{mm},25
« de l'extrémité ; — deux spicules très-longs, très-minces, très-flexi-
« bles, longs de 1^{mm},6 à 2^{mm}, terminés en pointe falciforme très-aiguë ;
« tubuleux à leur base, où ils présentent une dilatation spongieuse en
« forme de champignon ; — pièce accessoire en forme de lame aiguë,
« faiblement arquée, longue de 0^{mm},127, située en arrière des spicules
« qu'elle semble diriger à leur sortie.

« — *Femelle* à queue droite, conique, terminée en pointe très-fine ;
« — anus à 0^{mm},25 de l'extrémité ; — vulve située en arrière du mi-
« lieu, à 3^{mm},4 de la tête et 2^{mm},6 de l'extrémité caudale ; — œufs
« elliptiques arrondis, longs de 0^{mm},08 à 0^{mm},088 (à 0^{mm},10 pour les
« exemplaires pris dans la salamandre). »

Je l'ai trouvée très-fréquemment à Paris et à Rennes dans la partie
postérieure de l'intestin de la grenouille rousse (*Rana temporaria*),
dans l'orvet (*Anguis fragilis*), dans la salamandre (*Salamandra maculata*), et dans le crapaud commun (*Bufo cinereus*). Zeder avait trouvé
dans le crapaud une espèce parfaitement identique avec celle que nous
décrivons. Rudolphi probablement l'a trouvée aussi dans le crapaud
et dans l'orvet ; mais celle que Gœze avait trouvée dans le crapaud,
et que Rudolphi cite comme synonyme, doit être toute autre chose,
à en juger par les figures citées (pl. 35, fig. 7-10 de Gœze). Le catalogue du musée de Vienne indique cette ascaride quatorze fois sur
quarante-trois dans l'orvet, sept fois sur deux cent quarante-neuf
dans la couleuvre à collier (*Coluber natrix*), quarante-cinq fois sur
cent vingt-cinq dans le crapaud commun, quatre cent dix fois sur
onze cent treize dans le *Bufo igneus*, dix fois sur deux cent cinquante-
six dans le crapaud brun (*Bufo fuscus*), trois cent huit fois sur sept
cent quatre-vingt-trois dans le crapaud variable (*Bufo viridis*), vingt
fois sur cinquante-trois dans la *Salamandra atra*, et vingt fois sur
quarante dans la *Salamandra maculata*, mais non dans la grenouille.

M. Deslongchamps l'a trouvée à Caen ; M. Bellingham l'a trouvée
en Irlande dans le gros intestin de la grenouille rousse (*Ann. of Nat.
Hist.*, 1844, p. 171), et l'a vue vivipare, tandis qu'il a vu l'*Ascaris acuminata* ovipare ; or c'est tout le contraire chez nous : cet helminthologiste dit en outre n'avoir pas vu les spicules saillants chez les mâles,
mais seulement un tube court ; la longueur observée par lui est de
4^{mm},23 à 5^{mm},3, et celle des femelles est de 7^{mm},4 ; leur épaisseur par
rapport à la longueur est plus considérable que chez l'*Ascaris acuminata*.

Toutefois il est bien vraisemblable que des helminthes différents
ont pu être confondus sous le nom de cette espèce, qui varie notablement suivant l'espèce de reptile dont elle habite l'intestin, et qui
cependant me paraît se distinguer toujours assez nettement de l'*Ascaris acuminata* par les lobes moins profondément divisés à la tête,

par le pharynx et l'œsophage proportionnellement plus longs ; enfin ,
par la structure de la queue, et surtout par la longueur des spicules ;
ainsi les ascarides trouvées à Vienne dans le *Bufo viridis*, et envoyées
par Bremser à Rudolphi, avaient un spicule très-court.

CINQUIÈME SECTION. (Énopliens.)

Nématoïdes à bouche armée d'une ou de plusieurs pièces
distinctes (stylet ou mâchoires?)

TABLEAU DES GENRES.

† Bouche armée d'un seul stylet.   21. *Dorylaimus.*
†† Bouche armée de deux à trois pièces.
   * Pièces en forme de crochet ou de dent, sans ca-
      vité buccale bien distincte.
     § Queue brusquement rétrécie et subulée ;
       mâle ayant un seul spicule.   22. *Passalurus.*
     §§ Queue amincie peu à peu ; spicules inégaux. 23. *Atractis.*
     §§§ Deux spicules égaux.   24. *Enoplus.*
   ** Pièces en forme d'arc, dont une au moins porte
     une forte dent ; — cavité buccale spacieuse.   25. *Oncholaimus*
   *** Pièces en forme de baguettes dans un pharynx
     oblong , distinct de l'œsophage.   26. *Rhabditis.*

Genres analogues ou devant être réunis : 25 *b, Amblyura ;* 25 *c, Phanoglene ;* 25 *d, Enchilidium ;* 26 *b, Anguillula.*

21e Genre DORYLAIME.   *DORYLAIMUS.* — Duj.

δόρυ, lance, λαιμὸς, gosier.

« — Vers filiformes, amincis aux extrémités ; — bouche tu-
« buleuse, rétractile, armée d'un *seul stylet* corné, très-long,
« creux (?), invaginé et protractile.
  « — *Mâle* ayant deux spicules égaux, falciformes, courts.
  « — *Femelle* ayant la vulve au milieu du corps, l'utérus di-
« visé en deux branches opposées, et les œufs grands, oblongs. »

Je propose d'instituer ce nouveau genre pour des nématoïdes
trouvés libres dans les eaux douces ou marines, et accidentellement dans l'intestin des poissons ; leur bouche, armée d'un
stylet simple, les distingue de tous les autres, et ce n'est même
que provisoirement qu'on peut les ranger dans la cinquième
section.

DORYLAIME DES ÉTANGS.   *DORYLAIMUS STAGNALIS.*
— Duj.

[Atlas, pl. 3, fig. C.]

« — Corps blanc, filiforme, long de 6^{mm}, large de 0^{mm},66 ; — rap-
« port de la longueur à la largeur 36 ; — stylet aigu et corné en avant,
« se continuant en arrière, avec un tube plus mou et flexible, long
« de 1^{mm},08, large de 0^{mm},0074 ; — tégument formé de fibres obliques
« croisées.
  « — *Mâle* à spicules falciformes élargis au milieu, longs de 0^{mm},106.
  « — *Femelle* ayant les œufs elliptiques-oblongs, longs de 0^{mm},094 à
« 0^{mm},120, larges de 0^{mm},051. »

Je l'ai trouvé plusieurs fois à Rennes dans l'intestin de la carpe
(*Cyprinus carpio*) et du *Gasterosteus lævis* qui l'avaient avalé avec les
autres habitants de la vase des étangs.

2. DORYLAIME MARIN.   *DORYLAIMUS MARINUS.* — Duj.

[Atlas, pl. 3, fig. D.]

« — Corps blanc, long de 3^{mm}, large de 0^{mm},125 ; — rapport de la
« longueur à la largeur 24 ; — stylet protractile, continué par un long
« tube flexible et par le canal triquètre de l'œsophage ; — tégument
« lisse.
  « — *Femelle* ayant la queue longue, effilée, la vulve au milieu de
« la longueur, et les œufs oblongs, longs de 0^{mm},07, larges de 0^{mm},027. »
Je l'ai trouvé dans l'eau de mer, parmi les algues, à Lorient.

22e Genre PASSALURE.   *PASSALURUS.* — Duj.

πάσσαλος, cheville, ὀυρὰ, queue.

« — Vers fusiformes, allongés, plus amincis en arrière et
« terminés par une *queue subulée*, ou brusquement rétrécie ; —
« tête obtuse ; — bouche armée intérieurement de trois pièces
« oblongues réunies par une membrane résistante, pliée ; —
« œsophage en massue, suivi d'un ventricule plus large ; — té-
« gument strié transversalement.
  « — *Mâle* ayant un spicule simple.
  « — *Femelle* ayant la vulve rapprochée du ventricule, l'utérus
« et l'ovaire simples ; — œufs grands, oblongs. »

Ce genre ne comprend encore qu'une seule espèce vivant dans
les gros intestins des lièvres en Autriche ; Rudolphi l'avait pla-

cée dans le genre oxyure, en indiquant lui-même par le nom spécifique *ambigua* combien il conservait de doutes à ce sujet, et en signalant de prétendues analogies avec les trichocéphales; mais il est certain que cet helminthe ne peut être placé convenablement dans aucun des autres genres, et qu'il se distingue suffisamment des oxyures par sa bouche armée et par la singulière structure de sa queue.

1. PASSALURE DU LIÈVRE. *PASSALURUS AMBIGUUS.*

Oxyuris ambigua, Rudolphi, Synopsis, p. 19 et 229, n° 3.
Oxyuris ambigua, Bremser, Icones helminth., pl. 2, fig. 6-9.

« — Corps blanc, fusiforme, allongé, vingt fois aussi long que
« large; — tête large de 0mm,042, présentant une cavité séparée de
« l'œsophage et armée de trois pièces cornées, oblongues; — œso-
« phage long de 0mm,30 ($\mathcal{d}$) à 0mm,40 ($\mathcal{Q}$), renflé en arrière, et large
« de 0mm,075; — ventricule turbiné, large de 0mm,108 à 0mm,116; — té-
« gument à stries transverses de 0mm,0066 à 0mm,0084, soutenu par
« deux couches de fibres obliques croisées.

« — *Mâle* long de 5mm, large de 0mm,25, enroulé d'un ou deux tours
« en arrière; — partie postérieure amincie peu à peu jusqu'à la dis-
« tance de 0mm,054 après l'anus, puis rétrécie brusquement et terminée
« par une queue flexible, ridée transversalement, longue de 0mm,20,
« large de 0mm,016 à la base; — spicule en forme d'aiguillon, long de
« 0mm,116, large de 0mm,023, contenu dans une gaîne fibreuse.

« — *Femelle* longue de 10 à 11mm,4, large de 0mm,5 à 0mm,6, droite ou
« un peu flexueuse; — partie postérieure amincie peu à peu à partir de
« l'anus, où elle est large de 0mm,157 jusqu'à la distance de 2mm,30,
« où elle n'a que 0mm,038, présentant une série de renflements
« vésiculeux du tégument, et terminée par une *queue subulée* ou
« brusquement amincie, longue de 0,20, ridée transversalement; —
« vulve située à 1mm,8 de la tête, à 6mm de l'anus; — utérus composé
« d'un large sac, d'où part un oviducte simple dirigé en arrière; —
« ovaire pelotonné près de l'anus, puis revenant s'attacher à côté de
« la vulve; — œufs oblongs, longs de 0mm,088, large de 0,042, un peu
« renflés d'un côté. »

Je le décris d'après des exemplaires envoyés en 1816 (n° 91), par le Muséum de Vienne, où on les avait trouvés dans les gros intestins du lapin (*Lepus cuniculus*) et du lièvre (*Lepus timidus*), savoir : douze fois sur cent vingt-cinq dans le lapin domestique, six fois sur cinquante-sept dans le lapin sauvage, et trois fois sur deux cent trente-neuf dans le lièvre. Rudolphi, qui avait également reçu de Vienne cet helminthe, en a donné une description inexacte sous le nom d'*Oxyuris ambigua,* faisant ainsi allusion à un prétendu caractère ambigu, qui rapprocherait cette espèce des trichocéphales; savoir : la position du spicule et la présence d'une gaîne; mais tout porte à croire que ce caractère, observé sur un seul d'entre plusieurs mâles conservés dans l'alcool et déjà altérés, a été mal vu et mal interprété.

23ᵉ Genre. *ATRACTIS.*

Voyez à la fin du volume dans les additions, la description de cet helminthe de l'intestin des tortues.

24ᵉ Genre. ÉNOPLE.   *ENOPLUS.* — Duj.

ἔνοπλος, armé.

« — Vers filiformes, plus ou moins amincis de part et d'au-
« tre, et davantage en arrière; — tête anguleuse ou tronquée,
« hérissée de soies roides, opposées, peu nombreuses; —bouche
« armée intérieurement de trois pièces en crochet (mâchoires ?);
« — œsophage musculeux, presque cylindrique, traversé par
« un canal triquètre; — queue terminée par une sorte de ven-
« touse; — une ou plusieurs taches oculiformes formées par des
« amas de pigment rouge sur l'œsophage en avant; — tégument
« lisse.

« — *Mâle* ayant un orifice supplémentaire (anus ou ven-
« touse?) en avant de l'orifice génital; — deux spicules égaux,
« forts et courbés en faucille.

« — *Femelle* ayant la vulve située vers le milieu, l'utérus di-
« visé en deux branches opposées, et les œufs elliptiques pro-
« portionnellement grands. »

Les helminthes que je place dans ce genre, caractérisé par l'armure dentaire de la bouche, se trouvent tous libres dans les eaux
douces ou marines. Il est bien vraisemblable que ce sont eux-
mêmes ou d'autres espèces de ce genre, dont on a fait les genres
Amblyura, *Phanoglene* et *Enchilidium*; mais faute d'une description suffisamment détaillée de ces genres, je ne puis me
hasarder de les réunir d'autant plus que le caractère fourni par le
renflement terminal de la queue, en manière de ventouse, se
voit également chez les *Oncholaimus.*

1. ÉNOPLE A TROIS DENTS.   *ENOPLUS TRIDENTATUS.*

« — Corps filiforme, gris-brunâtre, long de 3 à 7ᵐᵐ, large de 0ᵐᵐ,11
« à 0ᵐᵐ,23, trente à trente-cinq fois aussi long que large; — tête
« anguleuse, large de 0ᵐᵐ,06, portant latéralement quelques soies
« roides, opposées; —bouche ronde, entourée par le tégument mou,
« et armée intérieurement de trois mâchoires cornées, symétriques;
« — mandibules longues de 0ᵐᵐ,046, formées d'une apophyse posté-

« rieure, plus étroite, élargies et bilobées en avant, où elles se ter-
« minent par une dent crochue interne ; — œsophage musculeux,
« long de 0^{mm},9, large de 0,063, avec des bandes transverses de pig-
« ment brun-rougeâtre ; — deux amas de pigment rouge (taches
« oculiformes?) à l'origine de l'œsophage ; — canal œsophagien tri-
« quètre, à bord flexueux ; — intestin revêtu de plaques aréolées,
« brunâtres (foie?) ; — tégument formé d'un épiderme épais de
« 0^{mm},0017, et de huit à neuf couches d'une substance diaphane
« élastique.

« — *Mâle* ayant la partie postérieure du corps hérissée de quel-
« ques soies éparses ; — queue assez brusquement amincie, large de
« 0^{mm},02 à l'extrémité ; — orifice génital (et anal?) à 0^{mm},31 de l'extré-
« mité ; — un autre orifice (anus ou ventouse?) situé à 0^{mm},35 en
« avant ; — spicules épais, longs de 0^{mm},15, courbés en faucille et
« dentelés vers l'extrémité ; — pièce accessoire longue de 0,048, em-
« brassant l'extrémité des spicules.

« — *Femelle* à queue plus longue et moins brusquement amincie ;
« — anus à 0^{mm},47 de l'extrémité ; — vulve orbiculaire, située en
« avant du milieu. »

Je l'ai trouvé fréquemment entre les algues marines à Toulon, et à
Cette dans la Méditerranée, et dans l'étang de Thau, et à Saint-Malo
dans l'Océan.

2. ÉNOPLE A DENTS ÉTROITES. *ENOPLUS STENODON.*

« — Corps long de 2^{mm} à (?), large de 0^{mm},04 à (?), cinquante fois
« environ aussi long que large ; — tête large de 0^{mm},013, munie de
« quelques soies roides, latérales ; — bouche armée intérieurement de
« trois dents étroites, sinueuses, longues de 0^{mm},012 ; — une tache
« rouge, bien nette, sur l'œsophage, à 0^{mm},03 de la bouche ; — queue
« épaisse, amincie peu à peu ; — anus à 0^{mm},07 de l'extrémité. »

Dans l'eau de mer, entre les algues, à Lorient.

3. ÉNOPLE ÉTIRÉ. *ENOPLUS ELONGATUS.*

« — Corps long de 18^{mm}, large de 0^{mm},2, quatre-vingt-dix fois aussi
« long que large ; — tête large de 0^{mm},06, tronquée et munie de soies
« latérales roides, assez longues ; — bouche armée intérieurement de
« deux ou trois pièces (mâchoires) coudées, à angle droit en avant
« et en dedans, et dentelées en avant. »

Dans l'eau de mer, à Saint-Malo.

4. ÉNOPLE A BOUCHE ÉTROITE. *ENOPLUS MICROSTOMUS.*

« — Corps proportionnellement assez épais, long de 2^{mm},6, large de
« 0^{mm},10, vingt-six fois aussi long que large, aminci seulement aux ex-
« trémités ; tête amincie brusquement, et large de 0^{mm},016 en avant,

« et entourée de quelques soies roides; — bouche armée intérieure-
« ment de trois pièces (mâchoires?) prolongées par des apophyses
« étroites en arrière; — deux taches rouges bien nettes et bien sépa-
« rées, à 0mm,06 de la bouche; — queue courte, assez brusquement
« amincie. »

Dans l'eau de mer, à Lorient.

5. ÉNOPLE DES RIVIÈRES.   *ENOPLUS RIVALIS.*

« — Corps blanc filiforme, aminci en arrière, long de 2mm,23, large
« de 0mm,055, quarante fois aussi long que large; — tête large de
« 0mm,28, tronquée en avant et hérissée de quelques soies roides; —
« bouche armée intérieurement de trois pièces étroites, arquées, qui
« se réunissent à l'entrée de l'œsophage; — œsophage musculeux,
« cylindrique, long de 0mm,34, terminé par un petit ventricule, que
« précède un léger étranglement.
« — *Femelle* longue de 2mm,23 à 3mm, large de 0mm,055 à 0mm,08, à
« queue insensiblement amincie, et terminée par un petit renflement
« d'où part une soie courte; — vulve située un peu en avant du
« milieu; — utérus divisé en deux branches opposées, qui, arrivées
« à 0mm,30 ou 0mm,45 en avant et en arrière de la vulve, se recourbent
« pour se continuer avec les ovaires correspondants qui reviennent
« de part et d'autre jusqu'au-dessus de la vulve comme deux larges
« tubes contenant une pile d'œufs comprimés; — œufs elliptiques
« longs de 0mm,06. »

Je l'ai trouvé dans l'eau de la Seine, à Paris, et dans l'eau courante
d'une fontaine à Blagnac près de Toulouse, ainsi que dans la Vilaine,
à Rennes.

P 6. ÉNOPLE ÉPAISSI.   *ENOPLUS CRASSIUSCULUS.*

« — Corps long de 0mm,60 à (?), large de 0mm,026 à (?), vingt-trois
« fois seulement aussi long que large; — tête large de 0mm,015, héris-
« sée de quelques soies roides; — bouche montrant une armure
« interne; — œsophage musculeux, épais, long de 0mm,112, large de
« 0mm,02.
« — *Femelle* à queue allongée, amincie peu à peu; — anus à 0mm,12
« de l'extrémité; — vulve située vers le tiers postérieur. »

J'ai trouvé dans l'eau de la Vilaine, à Rennes, cet helminthe, qui
pourrait bien appartenir à un autre genre, à l'Oncholaime ou au
Sclérostome, car il paraît avoir une cavité buccale distincte.

25e GENRE. ONCHOLAIME.   *ONCHOLAIMUS.* — DUJ.

ὄγχος, croc, λαιμὸς, gosier.

« — Vers filiformes, plus ou moins amincis aux extrémités;
« — tête obtuse; — cavité buccale spacieuse, armée intérieure-

« ment de deux ou trois pièces étroites, arquées ou crochues,
« situées longitudinalement, et dont une au moins porte une
« dent saillante en avant du milieu; — œsophage musculeux,
« épais et allongé, presque cylindrique, sans ventricule; —
« queue paraissant terminée par une ventouse; — tégument
« lisse.

« — *Mâle* à queue brusquement amincie, courté; — deux
« spicules égaux, courts.

« — *Femelle* ayant la vulve située vers le milieu, ou un peu
« en arrière; — utérus (?) divisé en deux branches opposées;
« — œufs elliptiques, grands. »

Les helminthes que je place dans ce genre se distinguent par
leur cavité buccale, aussi spacieuse que chez les sclérostomes et
les cucullans, mais armée seulement de deux ou trois pièces
longitudinales, et non revêtue intérieurement d'une capsule
cornée. Ce sont de très-petits vers vivant dans les eaux douces ou
marines, ou même dans la terre humide, entre les mousses; ils
ont pu être pris pour des *Anguillula* ou des *Amblyura*.

1. ONCHOLAIME EFFILÉ. *ONCHOLAIMUS ATTENUATUS.*—Duj.

« — Corps filiforme très-mince, cinquante fois aussi long que large;
« — tête munie latéralement de deux ou quatre *soies courtes;* — ca-
« vité buccale allongée, armée de trois pièces longitudinales, étroites,
« portant chacune une forte dent au milieu; — *deux taches rouges*
« contiguës, près du pharynx; — œsophage long de 0^{mm},4, large
« de 0^{mm},025.

« — *Mâle* long de 2^{mm},4, large de 0^{mm},045; — queue brusquement
« rétrécie en arrière de l'anus, recourbée en crochet et terminée par
« une sorte de papille (ou ventouse?); — anus à 0^{mm},033 de l'extrémité,
« accompagné d'une double *série de soies roides;* — spicules longs
« de 0^{mm},03. »

Dans l'eau de mer entre les algues à Lorient.

2. ONCHOLAIME DES FOSSÉS. *ONCHOL. FOVEARUM.* — Duj.

« — Corps trente à trente-trois fois aussi long que large; — tête un
« peu anguleuse; — cavité buccale oblongue, armée de deux ou trois
« pièces étroites, portant chacune une forte dent en avant du milieu;
« — œsophage long de 0^{mm},37.

« — *Femelle* longue de 2^{mm},5, large de 0^{mm},075, à queue amincie,
« assez longue, conservant une même longueur de 0^{mm},011 dans sa
« dernière moitié, et terminée par une sorte de ventouse (?); — anus
« à 0^{mm},18 de l'extrémité; — vulve située au milieu de la longueur;

« — utérus divisé en deux branches opposées, contenant une seule
« série d'œufs. »

Je l'ai trouvé à Rennes, au mois de septembre, dans un fossé
rempli par les eaux pluviales, et contenant des *Branchipus*, divers
entomostracés, des hydatides et des *Euglena*.

3. ONCHOLAÏME DES MOUSSES.   *ONCH. MUSCORUM*. — Duj.

« — Corps trente-deux fois aussi long que large ; — tête rendue
« anguleuse par six ou huit papilles opposées, large de 0^{mm},046 ; —
« cavité buccale ovale, armée de trois pièces longitudinales arquées,
« dont une seule porte une forte dent en avant du milieu, tandis que
« les deux autres sont finement denticulées ou en peigne ; — œsophage
« long de 0^{mm},55, large de 0^{mm},04.
« — *Femelle* longue de 2^{mm},56, large de 0^{mm},08 ; — queue amincie
« recourbée en crochet ; — anus à 0^{mm},11 de l'extrémité ; — vulve
« saillante située au tiers postérieur de la longueur ; — œufs longs
« de 0^{mm},035. »

Il a été trouvé assez abondamment à Paris par mon ami, M. Doyère,
en 1839, dans les touffes de mousses (*Bryum*) des allées du Jardin-des-
Plantes.

— J'ai depuis lors, en janvier 1844, trouvé à Rennes des oncholaimes presque semblables dans l'intestin des *Gasterosteus lœvis*, qui
probablement les avaient avalés avec d'autres vers. Ils sont longs
de 1^{mm},6, larges de 0^{mm},09, avec la tête large de 0^{mm},046, et la cavité
buccale également longue de 0^{mm},046.

25e (α) Genre AMBLYURE.   *AMBLYURA*. — Ehrenberg.

« — Vers à corps filiformes, cylindriques, à bouche tronquée,
« munie de cirres, à queue subulée et un peu renflée à l'extré-
« mité où se trouve une papille servant de ventouse ; — spicule
« du mâle simple, rétractile et sans gaîne. » (Ehr.)

Il est probable que ce sont des oncholaimes ou des énoples.

1. AMBLYURE SERPENT.   *AMBLYURA SERPENTULUS*.
— Ehrenberg. *Symb. phys.*, pl. 2, fig. 14.

Vibrio serpentulus, Müller, Infus., p. 6, pl. 8, fig. 15.

« — Corps cylindrique, trente-huit fois environ aussi long que large,
« tronqué en avant, plus transparent dans le premier tiers de la lon-
« gueur, qui contient l'œsophage, et présentant dans le deuxième
« tiers de la longueur une série de treize globules (œufs?). » (Müll.)

Müller l'avait trouvé dans une vieille infusion végétale.

2. AMBLYURE GORDIUS.   *AMBLYURA GORDIUS*.—Ehrenberg.

Vibrio gordius, Müller, Infus., p. 60, pl. 8, fig. 13-14.

« — Corps filiforme, soixante fois environ aussi long que large, —
« œsophage occupant la sixième partie de la longueur ; — queue dia-
« phane, amincie et terminée par un petit renflement. » (Müll.)

Müller le trouva dans des infusions marines ; ce pourrait donc être
notre *Enoplus elongatus*.

25e (β) Genre PHANOGLÈNE.   *PHANOGLÈNE*.—Nord.

« — Vers à corps filiformes, terminés en pointe à l'extrémité
« postérieure, à bouche tronquée, bilobée, munie de cirres ou
« tentacules, et avec des points rouges oculiformes derrière la
« tête ; — pénis ou spicule du mâle simple. » (Nord.)

1. PHANOGLÈNE BRILLANT.   *PHANOGLENE MICANS*. —
Nordmann, dans les annotations à l'*Hist. des An. sans vert.* de
Lamarck, t. III, p. 564.

« — Bouche munie de deux cirres ; — points rouges contigus. »
Trouvé dans la larve d'un névroptère.

2. PHANOGLÈNE BARBU.   *PHANOGLENE BARBIGER*.
— Nordmann, l. c.

« — Bouche munie de quatre cirres ; — points rouges séparés. »
Trouvé dans l'eau stagnante, près de Berlin.

25e (γ) Genre ENCHILIDIE.   *ENCHILIDIUM*. — Ehr.

« — Vers à corps filiformes, avec un point rouge oculiforme,
« de même largeur que le corps, situé à quelque distance de la
« tête. » (Ehr.)

M. Ehrenberg a indiqué sous ce nom un nouveau genre de
nématoïdes auxquels pourraient appartenir quelques-uns des
vers confondus par Müller sous le nom de *Vibrio marinus*.

26ᵉ Genre. RHABDITIS. *RHABDITIS.* — Duj.

Vibrio et *Anguillula* des auteurs.

ῥάϐδος, baguette.

« — Vers filiformes, amincis de part et d'autre, ou fusi-
« formes, allongés ; — tête nue ; — bouche ronde, suivie d'une
« cavité oblongue (pharynx), prismatique, soutenue par deux
« ou trois *baguettes* longitudinales, et nettement distincte de
« l'œsophage ; — œsophage musculeux, cylindrique ou fusiforme,
« traversé par un canal triquètre, et renflé brusquement à
« l'extrémité pour former un ventricule plus large, turbiné ou
« globuleux, dont la cavité, étroite et anguleuse, est revêtue
« d'une sorte d'armure dentaire ; — intestin recouvert d'une
« couche glanduleuse, épaisse (foie) ; — tégument lisse, mais
« finement et régulièrement plissé par contraction.

« — *Mâle* ayant la queue nue ou munie d'ailes membra-
« neuses ; — deux spicules égaux, courts, avec une pièce acces-
« soire.

« — *Femelle* à queue conique, aiguë, souvent prolongée en
« une pointe fine ; — vulve située vers le tiers postérieur de la
« longueur ; — utérus à deux branches opposées ; - œufs grands,
« elliptiques, éclosant quelquefois dans le corps de la mère. »

Les helminthes composant le genre *Rhabditis* sont tous très-
petits, ou même microscopiques ; ils étaient confondus, ainsi
que les précédents, sous le nom de *Vibrio* par Müller, qui les
comprenait parmi les infusoires. Bauer et Dugès les étudièrent
plus en détail, et montrèrent combien ils se rapprochent des
oxyures et des autres nématoïdes. M. Ehrenberg les avait probablement en vue quand il établit son genre *Anguillula ;* mais les
caractères qu'il assigne à ce genre, comme, on le verra plus
loin, diffèrent tellement de ce qui existe réellement chez les
Rhabditis que je n'ai pas cru pouvoir conserver le nom en
donnant une autre phrase caractéristique.

Ces nématoïdes, si petits, sont peut-être ceux qui nous présentent les particularités les plus curieuses, et qui nous four-
nissent les déductions les plus précieuses pour la biologie. En
effet, d'une part nous voyons chez eux comme chez les tardi-
grades et les rotifères le phénomène d'une résurrection appa-

rente, c'est-à-dire la suspension indéfinie de la vie, ou mieux des fonctions vitales, par la dessiccation. Les uns, déjà observés anciennement par Spallanzani, se trouvent dans les touffes de mousses, sur les murs et sur les toits exposés au soleil le plus brûlant; ils se dessèchent donc; ils deviennent durs et cassants comme une substance morte; mais quand la pluie vient raviver les mousses, ces petits vers sortent aussi de leur léthargie; ils se gonflent, se ramollissent, reprennent peu à peu leur forme, et bientôt se meuvent, se nourrissent, s'accroissent et se reproduisent, parcourant ainsi le cycle de leur existence normale, à moins qu'une nouvelle période de dessiccation ne vienne l'interrompre. Une espèce distincte, qui se développe dans l'intérieur des grains de blé niellé, et qui peut-être même est la seule cause de la maladie du blé qu'on désigne ainsi, résiste également à la dessiccation pendant une longue suite d'années, et passe alternativement de la vie active à la mort apparente, suivant qu'on humecte ou dessèche les grains niellés.

D'autre part, plusieurs *Rhabditis*, bien que pourvus d'organes génitaux distincts, et se reproduisant par des œufs bien visibles et proportionnellement assez volumineux, ont un mode d'habitation tout à fait particulier et exclusif; on ne peut donc s'empêcher de penser qu'ils ont pu d'abord se produire spontanément dans le milieu où ils continuent ensuite à se propager par la génération. Ainsi, une espèce habitant exclusivement le vinaigre de vin, n'existait préalablement ni dans le vin, ni dans le raisin, et ne se trouve nulle part ailleurs; on ne peut donc s'expliquer comment à la suite de l'acidification du vin, il serait arrivé dans ce liquide deux œufs devant donner naissance à un mâle et à une femelle destinés à produire une nouvelle génération.

En troisième lieu, enfin, on doit noter aussi la transmigration de plusieurs de ces helminthes qui vivant libres dans la terre, ou entraînés par les eaux, continuent à vivre dans l'intestin des animaux qui les ont avalés, et de là peuvent passer encore dans d'autres animaux, dont les premiers ont été la proie.

1. RHABDITIS TERRICOLE. *RHABDITIS TERRICOLA.* — Duj.

« — Corps blanc, fusiforme, allongé, quinze fois environ aussi long
« que large; — tête large de 0ᵐᵐ,016; — bouche suivie d'un pharynx
« prismatique long de 0ᵐᵐ,03; — œsophage long de 0ᵐᵐ,13 à 0ᵐᵐ,2,
« *renflé en fuseau,* large de 0ᵐᵐ,033 au milieu, élargi de nouveau en
« arrière pour se continuer avec le ventricule beaucoup plus large
« (de 0ᵐᵐ,04 à 0ᵐᵐ,045).

« — *Mâle* long de $0^{mm},50$ à $1^{mm},05$, large de $0^{mm},025$ à $0^{mm},07$; —
« queue courte, un peu courbée, terminée en pointe fine, et munie
« en dessous de deux ailes latérales, soutenues par sept à huit côtes
« chacune ; — anus à $0^{mm},04$ de l'extrémité ; — deux spicules longs
« de $0^{mm},06$.

« — *Femelle* longue de $0^{mm},5$ à 2^{mm}, large de $0^{mm},025$ à $0^{mm},10$; —
« queue droite, amincie et prolongée en pointe fine plus ou moins
« longue ; — anus à $0^{mm},14$ au moins de l'extrémité ; — vulve située
« vers le milieu ; — utérus très-large, musculeux au-dessus de la
« vulve, puis divisé en deux branches opposées ; — œufs elliptiques
« longs de $0^{mm},05$ à $0^{mm},06$, contenant un embryon replié trois fois. »

Cet helminthe, si remarquable par sa structure, ne l'est pas moins
par son habitation dans la terre humide et parmi les mousses, où il
peut subir une dessiccation complète sans périr, et d'où il est entraîné par la pluie dans les fossés et les rivières. Il passe ensuite
comme nourriture dans l'intestin des limaces, et de là dans l'intestin
de la grenouille rousse, qui dévore ces mollusques ; ou bien il est
avalé dans les eaux par les gastérostés et divers petits poissons ; on le
trouve enfin aussi dans les lombrics ; mais là il paraît avoir pris naissance dans des masses de parenchyme, libres entre l'intestin et l'enveloppe musculeuse. Je l'ai vu plusieurs fois, soit à Paris, soit à
Rennes, se développer en quantité prodigieuse et former des amas
blanchâtres dans des vases où j'avais conservé des lombrics avec de
la mousse et de la terre humide. Je l'ai trouvé communément dans
les plaques d'oscillaires qui se développent sur la terre humide et
dans les touffes de mousses (*Bryum*) qui se trouvent sur le sol et
même sur les murs.

Les exemplaires que j'ai recueillis dans l'intestin des *Gasterosteus*
sont longs de $1^{mm},55$, leur queue est plus brusquement amincie ou
subulée, longue de $0^{mm},07$; les œufs sont longs de $0^{mm},062$.

— J'ai trouvé fréquemment, soit dans la terre humide ou dans les
eaux vaseuses, ou dans l'intestin des batraciens et des mollusques,
divers *Rhabditis* qui diffèrent du précédent par leur œsophage cylindrique et non renflé en fuseau. Ce sont 1° des vers filiformes longs
de $0^{mm},25$, larges de $0^{mm},016$, dans les oscillaires, à Paris ; 2° des vers
fusiformes longs de $0^{mm},5$, larges de $0^{mm},026$, parmi les conferves,
sur les murs humides des fontaines, à Toulon ; 3° des vers longs
de $0^{mm},6$, larges de $0^{mm},3$, à queue obtuse, et ayant l'œsophage étroit,
long de $0^{mm},15$, parmi les oscillaires ; 4° un ver long de $0^{mm},53$, large
de $0^{mm},02$, ayant les baguettes du pharynx longues de $0^{mm},023$, et
l'œsophage long de $0^{mm},08$, dans l'intestin du *Triton variegatus*, etc.

RHABDITIS DES INSECTES.

On a trouvé fréquemment dans l'intestin des insectes des petits
nématoïdes qu'on a nommés improprement ascarides, mais qui pour
la plupart sont des *Rhabditis*. J'ai noté de tels helminthes trouvés en

grand nombre dans les géotrupes et dans les capricornes (*Hamaticherus heros*); ceux-ci longs de 0^mm,7, larges de 0^mm,038, plus amincis en arrière, ont l'œsophage un peu renflé en fuseau, comme le *Rhabditis terricola.*

2. RHABDITIS DU VINAIGRE.   *RHABDITIS ACETI,*
vulgairement *anguille du vinaigre.*

Vibrio anguillula (α) *aceti,* Müller, Infus., p. 63, pl. 9.
Vibrio aceti, Dugès, dans Ann. sc. nat., 1826, t. IX, p. 225, pl. 47-48.

« — Corps filiforme, trente à quarante-cinq fois aussi long que
« large, plus aminci en arrière, et terminé par une pointe effilée,
« longue de 0^mm,06, large de 0^mm,0008 vers l'extrémité; — tête obtuse;
« — baguettes du pharynx longues de 0^mm,014; — œsophage cylin-
« drique, épais, long de 0^mm,14; — ventricule globuleux, large
« de 0^mm,021.
« — *Mâle* long de 0^mm,85, large de 0^mm,027, ayant l'anus à 0^mm,13 de
« l'extrémité; — spicules en §, longs de 0^mm,04.
« — *Femelle* longue de 1^mm,46, (de 2^mm,25 Dug.) large de 0^mm,032;
« — rapport de la longueur à la largeur 46; — vulve située au tiers
« postérieur de la longueur. »

Ce petit helminthe microscopique se voit à l'œil nu dans certains vinaigres de vin comme des myriades de petits filaments qui scintillent à la lumière en ondulant avec vivacité. Les premiers observateurs au microscope le remarquèrent tout d'abord; mais aujourd'hui il devient fort difficile de le trouver, parce qu'on n'a plus guère de vinaigre naturel ou provenant du vin pur, acidifié spontanément. Je l'avais eu anciennement à Tours; mais je n'ai pu l'avoir à Paris, et ce n'est qu'à Toulouse que j'ai obtenu de M. Bonne, secrétaire de l'École vétérinaire, du vinaigre rempli de ces vers. Je les ai conservés pendant quatre ou cinq ans, en remplaçant par du vin pur le liquide évaporé; mais ils ont fini par périr quand j'ai ajouté du vin qui sans doute était falsifié.

3. RHABDITIS DU BLÉ NIELLÉ.   *RHABDITIS TRITICI.*

Anguille du blé rachitique ou du *faux ergot,* Rozier, Obs., 1775, p. 218.
Vibrio anguillula (γ) Müller, Infus., p. 63, pl. 9.
Vibrio agrostis, Steinbuch, dans Naturf., XXVIII, p. 233, pl. 5.
Vibrio tritici, Bauer, dans les Phil. transact., 1823, t. CXIII, p. 1, pl. 1-2
et dans les Ann. sc. nat. 1824, t. II, p. 154, pl. 7.

« — Corps filiforme, long de 0^mm,75 à 6^mm, large de 0^mm,0166 dans le
« jeune âge, et alors soixante fois aussi long que large, mais deve-
« nant ensuite large de 0^mm,3 et seulement vingt fois aussi long que
« large; — baguettes du pharynx longues de 0^mm,033; — queue en
« pointe conique; — vulve au tiers postérieur de la longueur; —

« œufs oblongs, à coque membraneuse, longs de 0^mm,09, contenant un
« embryon replié quatre ou cinq fois. »

Cet helminthe se multiplie quelquefois d'une manière prodigieuse
dans les grains de blé encore verts, auxquels il cause la maladie nommée la *nielle;* les grains, au lieu de grossir, se racornissent et contiennent avec un reste de fécule altérée, une substance distincte, blanchâtre, fibreuse, qui n'est autre chose qu'un amas de petits vers
desséchés et susceptibles de rester indéfiniment ainsi sans mourir,
jusqu'à ce que l'humidité leur rende le mouvement et les autres fonctions vitales. J'ai répété souvent l'expérience de cette résurrection
avec des grains de blé niellé apportés d'Angleterre depuis quatre ou
cinq ans, puis avec d'autres grains recueillis aux environs de Rennes.
Si l'on humecte, ou si l'on place dans une atmosphère saturée d'humidité, une partie de la masse fibreuse du grain niellé, on voit les
petits vers gonflés et donnant quelques signes de vie au bout de dix à
douze heures.

Bauer, en Angleterre, a étudié plus complétement ces helminthes;
quant à moi, je n'ai pu voir que des exemplaires jeunes et sans organes génitaux, entremêlés d'œufs mûrs, je les ai conservés vivants
pendant sept à huit jours, mais je n'ai pu les faire croître.

Steinbuch, en 1799, a publié dans le *Naturforscher* une observation
curieuse sur un helminthe qui très-probablement est identique avec
celui du blé, et qu'il avait trouvé l'année précédente à Erlangen dans
des ovaires monstrueux de l'*Agrostis capillaris,* Lin.; ces ovaires
étaient devenus des sacs coniques, d'un violet foncé presque noir et
luisant, remplis d'une pulpe blanche formée d'un amas de petits vers.

RHABDITIS DE LA COLLE.   *RHABDITIS GLUTINIS.*

Vibrio anguilla (β) *glutinis,* MÜLLER, Infus., p. 63.
Vibrio glutinis, DUGÈS, dans Ann. sc. nat., 1826, t. XI, p. 225, pl. 47-48.

« — Corps filiforme assez épais, long de 1^mm,68 ; vingt fois environ
« aussi long que large, aminci en arrière et terminé par une pointe
« fine allongée ; — vulve située au tiers postérieur ; — œufs grands (de
« 0^mm,09), à coque membraneuse et contenant un embryon replié. »

Il se produit quelquefois en nombre considérable dans la colle de
farine aigrie.

26e (α) GENRE ANGUILLULE.   *ANGUILLULA.* — EHR.

« — Vers à corps filiforme, cylindrique, élastique; — bouche
« orbiculaire, tronquée, nue; — queue, aiguë ou obtuse, sans
« papille terminale; — spicule du mâle simple, rétractile et sans
« gaîne. » (EHR.)

Il est bien probable que la plupart des anguillules appartiennent au genre *Rhabditis*, dont les caractères sont si différents.

M. Ehrenberg y comprend cinq espèces, savoir :

1° *Anguillula fluviatilis*, EHR., *Symbolæ physicæ*, pl. 2, fig. 8; ou *Vibrio anguillula* de Müller. (*Infus.*, p. 63, pl. 9.)

2° *Anguillula inflexa*, EHR., *l. c.*, pl. 1, fig. 12; — long 2ᵐᵐ,25.

3° *Anguillula coluber*, EHR., ou *Vibrio coluber* de Müller. (*Infus.*, p. 62, pl. 8, fig. 16-18.)

4° *Anguillula recticauda*, EHR.

5° *Anguillula dongolana*, EHR., *l. c.*, pl. 1, fig. 13; — long 0ᵐᵐ,56.

SIXIÈME SECTION. (Sclérostomiens.)

Nématoïdes ayant la bouche grande suivie d'une armure pharyngienne inerme, cornée en forme de capsule bivalve ou globuleuse d'une seule pièce.

TABLEAU DES GENRES.

† Capsule pharyngienne bivalve.	27. *Cucullanus.*
†† Capsule pharyngienne d'une seule pièce.	
* Queue du mâle tronquée et terminée en bourse membraneuse, celle de la femelle étant en pointe.	
§ Accouplement temporaire ; — mâle non soudé à la femelle.	28. *Sclerostoma.*
§§ Accouplement permanent ; — mâle soudé à la femelle.	29. *Syngamus.*
** Queue prolongée en pointe dans les deux sexes.	
¶ Capsule pharyngienne complète, sphéroïdale ; — sans ventricule ; — spicules courts.	30. *Angiostoma.*
¶¶ Capsule pharyngienne incomplète ou réduite à un simple disque autour de la bouche ; — un ventricule distinct ; — spicules longs.	31. *Stenodes.*
*** Queue tronquée dans les deux sexes ; — spicules courts, réunis en une lame élargie et roulée ; — anus de la femelle terminal.	32. *Stenurus.*

27ᵉ Genre. CUCULLAN. *CUCULLANUS.* — Müller.

« — Vers ordinairement rouges, cylindriques, obtus en avant,
« un peu amincis en arrière; trente à quarante fois aussi longs
« que larges; — tête assez large, et renfermant un appareil de
« manducation composé de deux valves latérales, en forme de
« coquille (chaperon *cucullus* Rud.), ayant à la base une sorte
« de barre transverse (*apophysis,* Rud.), et de deux pièces in-
« termédiaires, formées d'une tige longitudinale et de deux ou
« quatre branches dirigées obliquement en arrière; (ce sont (?)
« des vaisseaux pour Rudolphi); — bouche représentée par la
« fente verticale plus ou moins béante, laissée entre les valves
« de l'appareil buccal; — œsophage musculeux, claviforme,
« représentant le ventricule par son renflement postérieur et
« traversé par un canal triquètre revêtu d'une forte membrane
« sur laquelle sont implantées perpendiculairement les fibres
« musculaires; — tégument finement strié.
  « — *Mâle* plus petit, à queue recourbée ou enroulée, et muni
« d'ailes membraneuses peu saillantes; — spicule simple, accom-
« pagné en arrière par une pièce accessoire, plus petite, ser-
« vant de gaîne partielle.
  « — *Femelle* plus grande, à queue droite, conique; — vulve
« gonflée, située en avant du milieu; — œufs éclosant ordinai-
« rement à l'intérieur; — utérus rempli d'embryons vivants. »

Le genre *Cucullanus,* établi par O. F. Müller, a pour type le
Cucullanus elegans des poissons d'eau douce, et ne doit comprendre que des espèces analogues; mais Rudolphi a réuni sous
ce nom tous les nématoïdes à tête globuleuse, aussi large que
le corps, et notamment des helminthes blancs ovipares, à bouche verticale, dentée au bord, mais sans appareil crustacé interne, lesquels diffèrent en tout point des vrais cucullans, et
constituent notre genre *Dacnitis.* Ainsi, du genre *Cucullanus* de
Rudolphi, contenant neuf espèces déterminées plus ou moins
réelles, et huit espèces douteuses, il faut distraire trois ou quatre
Dacnitis, et supprimer encore deux autres espèces, savoir : les
Cucullanus truncatus et *alatus,* pour les réunir avec l'*elegans,*
dont ils ne paraissent pas différer réellement, suivant l'auteur
lui-même. Il ne reste donc comme espèces bien authentiques, que

le *Cucullanus elegans* des poissons d'eau douce, et le *Cucullanus melanocephalus* des scombres, auxquels nous ajoutons le
Cucullanus microcephalus de la tortue; deux autres espèces, le
Cucullanus globosus, trouvé par Zeder seul dans la truite, et
le *Cucullanus minutus* des pleuronectes, auraient besoin d'être
revus.

Ainsi, les espèces peu nombreuses de cucullans se trouvent
seulement dans les intestins d'un reptile et de quelques poissons.

I. CUCULLANS DES REPTILES.

1. CUCULLAN DE LA TORTUE.   *CUCULL. MICROCEPHALUS.*
— Duj.

Cucullanus testudinis, Rudolphi, Synopsis, p. 21, n° 10.

« — Corps cylindrique, quarante-cinq à cinquante fois aussi long
« que large; — tête plus étroite, contenant un appareil buccal trois
« fois plus étroit que le corps, à valves striées; — œsophage court
« (de 0^{mm},42), épais et renflé en massue, large de 0^{mm},09;—tégument
« à stries transverses de 0^{mm},004 à 0^{mm},0047.
« — *Mâle* long de 9^{mm},5, large de 0^{mm},19; rapport de la longueur à
« la largeur 50; — tête large de 0^{mm},11; — appareil buccal *rouge*,
« large de 0^{mm},09; —queue recourbée; —anus à 0^{mm},0 de l'extrémité;
« — spicule. (Voyez aux additions à la fin du volume.)
« —*Femelle* longue de 14^{mm}, large de 0^{mm},31; rapport de la longueur
« à la largeur 45; — tête large de 0^{mm},13; — appareil buccal large de
« 0^{mm},10; — queue en pointe allongée, émoussée; — anus à 0^{mm},1 de
« l'extrémité; — vulve très-saillante située au milieu de la longueur;
« utérus et oviducte remplis d'embryons éclos. »

On l'a trouvé dix-sept fois sur cent seize dans l'intestin de la tortue
d'eau douce (*Emys orbicularis*) au musée de Vienne d'où sont venus,
en 1816, les deux exemplaires que j'ai étudiés. Rudolphi, qui ne
l'avait pas vu, l'inscrit parmi ses espèces douteuses; mais j'ai pu me
convaincre que c'est un vrai cucullan bien différent de celui des
perches par sa longueur plus considérable et par sa tête beaucoup
plus petite.

— Rudolphi inscrit aussi parmi ses espèces douteuses sous le nom de
Cucullanus hydri (*Synop.*, p. 21, n° 11), un helminthe trouvé une
seule fois à Vienne dans l'*Hydrus Schneideri*.

II. CUCULLANS DES POISSONS.

2. CUCULL. ÉLÉGANT.   *CUCULL. ELEGANS.* — Müller.

Cucullanus percœ fluviatilis et cernuœ, Müller, dans Schrift. der Berl.
   Ges. Naturforsch., Fr., t. I, p. 214, t. II, p. 133.
Cucullanus viviparus, Bloch, Traité des Vers intestinaux, trad., p. 77,
   pl. 10, fig. 1-4 (mauvaise).
Cucullanus luciopercœ et *Cucullanus percœ*, Goeze, Naturg., p. 132, pl. 9 A,
   fig. 1-3 (mauvaise) et pl. 9 B, fig. A-B, 4-9.
Cucullanus lacustris, α *anguillœ*, ϐ *percœ*, γ *luciopercœ*, δ *cernuœ*,
   Gmelin, Syst. nat., p. 3051.
Cucullanus elegans, Zeder, Nachtrag., p. 91.
Cucullanus elegans, Rud., Entoz., t. II, I, p. 102, pl. 3, fig. 1-3-5-7, et
   Syn., p. 19 et 230, n° 1.
Cucullanus armatus, *Cucullanus papillosus* et *Cucullanus coronatus*, Zeder,
   Nachtr., p. 92-94, et Naturg., p. 78 et 79.
Cucullanus armatus, *papillosus* et *coronatus*, Rudolphi, Entoz., t. II, I,
   p. 107, n° 3, 108, n° 4 et 113, n° 7.
Cucullanus elegans, Bremser, Icones helminthum, pl. 2, fig. 10-14.
Cucullanus elegans, Blainville, Dict. sc. nat., t. LVII, pl. 30, fig. 13.
Cucullanus elegans, Creplin, dans Allg. Encyclop. v. Ersch u. Gruber,
   t. XXXII, p. 279.

« — Corps rouge, cylindrique, très-peu aminci en avant et davantage
« en arrière ; trente fois aussi long que large ; — tête obtuse presque
« aussi large que le corps, présentant en avant une large cavité buc-
« cale formée par deux valves latérales écailleuses, fauves, en forme
« de coquille, striées longitudinalement, et deux pièces l'une en
« dessus et l'autre en dessous, composées d'une tige médiane et de
« deux branches dirigées obliquement de côté et en arrière pour
« servir à l'insertion des muscles (et que Rudolphi nomme vaisseaux
« latéraux) ; — arrière-bouche ou pharynx en forme d'anneau com-
« pris entre les barres de la base des coquilles (entre les apophyses,
« Rud.) ; — œsophage charnu, musculeux, long de 0^{mm},70, en forme de
« massue, large de 0^{mm},075 en avant, et de 0^{mm},134 en arrière où il
« tient lieu de ventricules ; — traversé par un canal triquètre à parois
« membraneuses épaisses ; — tégument à stries transverses de 0^{mm},005.
   « — *Mâle* long de 5^{mm}, large de 0^{mm},15 ; rapport de la longueur à la
« largeur 33 ; — queue recourbée, terminée en pointe mousse et
« munie en dessous de deux ailes latérales, larges de 0^{mm},028,
« soutenues par cinq à six papilles claviformes ; — orifice anal et
« génital entouré de cinq à six papilles semblables, éloigné de 0^{mm},10
« à 0^{mm},13 de l'extrémité ; — spicule simple, grêle, un peu recourbé
« et aminci vers la pointe, long de 0^{mm},135, accompagné par une pièce
« accessoire, longue de 0^{mm},074, en forme de soc ou de lame triangu-
« laire, étroite, recourbée.

« — *Femelle* longue de 9ᵐᵐ à 10ᵐᵐ, large de 0ᵐᵐ,30; rapport de la lon-
« gueur à la largeur 30; — tête large de 0ᵐᵐ,23; — queue droite,
« conique, allongée, tronquée à l'extrémité qui est large de 0ᵐᵐ,013;
« vulve à bords très-gonflés, située à 5ᵐᵐ de l'extrémité anté-
« rieure; — œufs éclosant dans l'intérieur du corps qui est presque
« toujours rempli d'embryons très-vifs, longs de 0ᵐᵐ,57, larges de
« 0ᵐᵐ,018, terminés postérieurement en pointe grêle assez longue, et
« ne montrant encore aucune trace de l'appareil buccal caractéris-
« tique chez l'adulte. »

Le cucullan ainsi nommé, parce que son appareil buccal, vu de
côté, ressemble à une coiffe, à une sorte de chaperon (*cucullus*), a
été d'abord vu par Leeuwenhoek (*Arcan. Nat.,* p. 341), dans l'anguille; mais c'est O. F. Müller, qui, le premier, le décrivit et lui donna
le nom que nous lui conservons; il l'avait trouvé dans la perche
(*Perca fluviatilis*) et dans la grémille (*Perca cernua*); Bloch le
trouva aussi dans la perche, et Gœze, dans le sandre (*Lucioperca
sandra*), dans l'anguille et dans la lotte (*Gadus lotta*); Zeder le
trouva dans le brochet (*Esox lucius*), et le considéra comme une
espèce distincte, *Cucullanus papillosus,* en même temps qu'il distinguait comme autant d'espèces les cucullans de l'anguille, du sandre
et de la perche, sous les noms de *Cucullanus coronatus, Cucullanus
elegans* et *Cucullanus armatus ;* mais Rudolphi, qui d'abord (*Entoz.,
Hist. Nat.*) avait admis ces quatre espèces, a montré plus tard
qu'elles doivent être réunies en une seule. Ce dernier helminthologiste a trouvé lui-même ce cucullan dans la perche, le sandre, le
brochet et la lotte, à Greifswald, et plus tard, dans le *Cyprinus aspius*, à Berlin.

Au musée de Vienne, on l'a trouvé quatorze fois sur trois cent
soixante-quinze, dans la perche commune; cent dix-sept fois sur
trois cent soixante-trois, dans le sandre; — deux fois sur soixante-
onze, dans la grémille (*Perca cernua*); trois fois sur vingt-cinq, dans
le *Perca labrax* (que je soupçonne être différent de notre bars des
côtes de Bretagne); deux fois sur quarante-quatre, dans le cingle
du Danube (*Perca zingel*); deux fois sur quarante-trois, dans l'anguille, et trois fois sur quatre cent quatre-vingt-deux, dans la lotte.

M. Creplin l'a trouvé dans plusieurs des mêmes poissons, et en
outre dans l'épinoche (*Gasterosteus aculatus*), dans le saumon (*Salmo
salar*), dans les *Salmo oxyrhynchus* et *Salmo eperlanus*. Moi-même,
je l'ai trouvé à Paris, en mai 1838, dans le barbeau (*Cyprinus barbus*), et à Rennes, très-abondamment dans douze perches (un seul
de ces poissons n'en contenait pas.)

Dans ces diverses espèces de poissons, le cucullan se trouve dans
la première partie de l'intestin, mais plus particulièrement dans les
appendices pyloriques de la perche. M. Creplin a parlé de quatre
sacs très-allongés, en forme de cordon, situés entre le tégument et
l'œsophage, et pouvant être considérés comme des organes excré-

leurs (dans *All. Encyclop.*, t. XXX, p. 386); mais je n'ai rien pu voir de semblable, à moins que ce ne soient les pièces situées entre les coquilles dont nous avons parlé plus haut, et que Rudolphi avait prises pour des vaisseaux.

? 3. *CUCULLANUS ABBREVIATUS.* — Rudolphi (*Syn.*, p. 21 et 234, n° 7).

Rudolphi, étant à Rome, trouva dans l'intestin d'une très-grande *Perca cirrosa*, le 30 mai, de nombreux helminthes blancs, cylindriques, longs de 6^{mm},25 à 11^{mm},25, qui s'attachaient fortement avec leur bouche à l'intestin de ce poisson; leur corps était aminci en arrière, et terminé par une pointe caudale courte, presque papillaire; la tête était obtuse, et l'appareil de manducation (*Cucullus*), ordinairement distinct, se montra une fois tellement contracté au milieu de la tête qu'il ressemblait à une tache rouge striée. Le spicule du mâle paraissait simple (?); l'oviducte était enroulé autour de l'intestin, et contenait des œufs de grande dimension. D'après toutes ces particularités, et surtout d'après sa manière de mordre l'intestin du poisson, ce pourrait être non un cucullan, mais un *Dacnitis*.

— Rudolphi inscrit parmi ses espèces douteuses un *Cucullanus percæ* trouvé par Abilgaard dans la *Perca norwegica*, et un *Cucullanus spari* qui, porté d'abord dans le catalogue du musée de Vienne comme trouvé dans le *Sparus maena*, en a été effacé plus tard.

4. CUCULLAN DES SCOMBRES.   *CUCULLANUS MELANOCE-PHALUS.* — Rudolphi (*Syn.*, p. 20 et 232, n° 5).

« — Rougeâtre, avec la tête noire; — l'extrémité caudale d'un « rouge plus foncé; — à la base de l'appareil buccal se voit une « apophyse rougeâtre ou jaunâtre, déprimée-arrondie; — de chaque « côté, une tige (vaisseau, Rud.) noire, deux fois plus longue que « le chaperon (*cucullus*), part de la partie antérieure, et envoie « en dedans deux rameaux courts.

« — *Mâle* long de 15 à 18^{mm}, à queue déprimée, recourbée, munie « d'une aile membraneuse, large, de chaque côté; — en avant de la « pointe caudale mince et papillaire, Rudolphi a cru voir une fois « sortir deux spicules courts.

« — *Femelle* à queue obtuse déprimée. » (Rud.)

Rudolphi a trouvé seulement deux mâles et une femelle non adulte de cette espèce dans les appendices pyloriques de trois scombres (*Scomber sardæ, Scomber rochei* et *Scomber colias*), à Naples, en juin et juillet.

CUCULLAN DE LA TANCHE.

Une seule tanche (*Cyprinus tinca*), sur quatre cent soixante-six, est portée au catalogue du musée de Vienne, comme ayant présenté un cucullan indéterminé, que Rudolphi inscrit aussi parmi ses espèces douteuses, *Cucullanus tincæ* (*Syn.*, p. 22, n° 17), en ajoutant que ce pourrait bien être le *Cucullanus elegans*, déjà trouvé par lui-même dans le *Cyprinus aspius*.

? 5. CUCULLAN DU SILURE.   *CUCULLANUS TRUNCATUS.* —
RUDOLPHI (*Syn.*, p. 20 et 231 , n° 2.)

« — Corps semblable à celui du *Cucullanus elegans ;* — tête obtuse;
« appareil buccal (chaperon) ovale, longitudinalement strié avec
« addition de quelques stries courtes, recourbées en forme de crochet
« dans la partie antérieure; — apophyse de la base du chaperon,
« tantôt égale, tantôt armée de quatre ou cinq dents en arrière; —
« vaisseaux latéraux du chaperon, comme dans le *Cucullanus elegans*,
« tache latérale, diaphane, plus longue.
« — *Mâle* long de 6^{mm},75, à queue pointue, munie de deux ailes
« membraneuses.
« — *Femelle* longue de 11^{mm},25, à queue amincie, terminée par
« une pointe courte tronquée ou excisée, à l'extrémité de laquelle
« est l'anus (? RUD.); — vulve un peu en arrière du milieu, à bords
« gonflés; — utérus rempli d'embryons vivants, plus grands que ceux
« du *Cucullanus elegans.* » (RUD.)

Rudolphi en trouva une seule fois un mâle et quatre femelles dans l'intestin d'un silure (*Silurus glanis*), à Greifswald. Il répète plusieurs fois qu'il ressemble beaucoup au *Cucullanus elegans*, et indique pour principales différences, la forme ovale plus allongée de son chaperon, les dents de l'apophyse ou de la base des valves et la troncature de la pointe caudale de la femelle; or, ces dents de l'apophyse ne sont pas toujours visibles; et nous avons observé plus haut que la queue du *Cucullanus elegans* femelle est également tronquée, sans toutefois avoir vu que l'anus s'y trouve réellement.

? 6. CUCULLAN DE LA TRUITE.   *CUCULLANUS GLOBOSUS.*
— ZEDER.

Cucullanus globosus, GOEZE, Naturg., p. 133.
Cucullanus lacustris, ε *farionis*, GMELIN, Syst. nat., p. 3051.
Cucullanus globosus, ZEDER, Nachtrag., p. 94.
Cucullanus globosus, RUD., Entoz., t. II, 1, p. 111, et Syn., p. 20, n° 4.

« — Corps rouge, très-allongé, d'égale épaisseur, long de 4^{mm},5 à
« 18^{mm}; — tête presque globuleuse; — bouche entourée d'un bord
« gonflé divergent en dessous, et formant un tubercule de chaque
« côté du cou, qui est assez long et grêle.
« — *Mâle* plus petit, à queue excavée, plus courte, recourbée,
« terminée en pointe obtuse; — deux spicules (?) en forme de sabre
« sortant d'un tubercule.

« — *Femelle* plus grande, à queue plus longue, droite; — vulve
« représentée par une simple fente à bords non gonflés, et située un
« peu en arrière du milieu. » (ZED.)

Zeder avait trouvé dans le pylore et dans les appendices pyloriques
de la truite saumonée (*Salmo trutta*), au mois de mars cet helminthe
qui pourrait bien être un vrai cucullan; mais Rudolphi, en l'admettant
ainsi, veut lui adjoindre un autre helminthe trouvé par Fabricius dans
ce même poisson, et que de mon côté j'ai trouvé dans la truite commune (*Salmo fario*); celui-ci est certainement toute autre chose
qu'un cucullan : nous le rangeons dans le genre *Dacnitis*; c'est probablement aussi ce que le catalogue du musée de Vienne indique sous
le nom de *Cucullanus globosus*, comme ayant été trouvé trente-huit
fois sur huit cent soixante-huit dans le *Salmo fario*.

P 7. CUCULLAN DES GADES.   *CUCULLANUS FOVEOLATUS.*
— RUDOLPHI, *Entoz.*, t. II, ɪ, p. 109, pl. 3, fig. 4, et *Syn.*, p. 21 et
233, nᵒ 6.

> *Cucullanus marinus*, MÜLLER, Zool. dan., t. I, p. 50, pl. 38, fig. 1-11.
> *Cucullanus marinus α cirratus, ϐ muticus*, GMELIN, Syst. nat., p. 3052.
> *Cucullanus marinus*, ZEDER, Naturg., p. 80.

« — Jaunâtre, strié transversalement, à tête obtuse, globuleuse,
« paraissant quelquefois excavée d'un côté par l'effet d'une illusion;
« chaperon (?) marqué de stries longitudinales minces; — queue sans
« ailes membraneuses.
« — *Mâle* long de 16 à 18ᵐᵐ, à queue concave, aiguë à l'extrémité,
« avec deux spicules très-longs. (?)
« — *Femelle* longue de 20ᵐᵐ, à queue plus obtuse; — vulve sail-
« lante, située vers le milieu du corps; — oviductes contenant des
« œufs, et non des embryons. »

Müller avait trouvé dans l'intestin de la morue (*Gadus morrhua*),
et probablement aussi dans d'autres gades, cet helminthe, qu'il prit
pour un cucullan, et qu'il distingua spécifiquement d'après une prétendue fossette qu'il avait cru voir sur un côté de la tête. Rudolphi se
contenta d'abord de répéter la description de Müller; mais ensuite il
voulut réunir en une seule espèce le cucullan de Müller et divers
helminthes plus ou moins semblables, qu'il trouva à Naples dans le
mésentère du *Blennius phycis*, dans l'intestin de la *Muræna helena*
et dans le péritoine de la *Muræna Cassini*. Il s'ensuit que les caractères sont devenus ambigus et incertains. C'est ainsi qu'après avoir
copié, dans son premier ouvrage, la figure donnée par Müller, qui
montre la queue du mâle avec deux spicules distincts, il dit, dans
son *Synopsis*, qu'il n'y a qu'un seul spicule très-long sortant d'une
gaîne particulière, en avant de l'extrémité caudale. Puis, en opposition avec la description donnée plus haut, d'après Müller, il ajoute
que la queue de la femelle est droite et subulée (*Syn.*, p. 234).

J'ai moi-même trouvé dans l'intestin du congre (*Muræna conger*), à Rennes, des helminthes qui me paraissent être les mêmes que quelques-uns de ceux de Rudolphi , et je suis convaincu que ceux-ci , comme les miens, doivent être reportés dans le genre *Dacnitis* (voy. p. 270).

?? 8. CUCULLAN DU TURBOT.   *CUCULLANUS ALATUS.* —
Rud., *Entoz.*, t. II , 1. p. 106, et *Syn.*, p. 20, n° 3.

Rudolphi avait trouvé à Greifswald, dans l'intestin du turbot (*Pleuronectes maximus*), un cucullan très-semblable à celui de la perche , et qui paraissait en différer seulement parce que la queue du mâle avait d'un seul côté une aile membraneuse très-large. Rudolphi déjà, dans son premier ouvrage , exprimait des doutes sur la constance de ce caractère. Dans son *Synopsis*, il exprime ces doutes plus formellement encore , en se demandant s'il a bien vu (*Num alam rectè vidi?*) et si cette espèce diffère réellement du *Cucullanus elegans*.

? 9. CUCULLAN NAIN.   *CUCULLANUS MINUTUS.* — Rudolphi,
Syn., p. 21 et 235, n° 8.

« — Corps aminci vers les deux extrémités , long de 2^{mm},25 à 3^{mm}; —
« tête globuleuse ; — corps plus mince ; — appareil buccal (chaperon)
« strié ; — œsophage fusiforme à partir de la bouche , puis un peu
« renflé, suivi d'un intestin plus étroit ; — queue aiguë.
« — *Mâle* à queue infléchie ; — deux spicules longs et grêles sortant en avant de l'extrémité caudale , et suivis d'un petit tubercule.
« — *Femelle* à queue droite déprimée ; — vulve située en avant du
« milieu ; — œufs (?). »

Rudolphi regarde comme très-distincte cette espèce trouvée deux fois seulement dans le *Pleuronectes passer* au musée de Vienne, et qui pourtant paraît établie sur des individus non adultes.

?? 10. CUCULLAN DU FLET.   *CUCULLANUS HETEROCHROUS.*
— Rudolphi , *Entoz.*, II , 1, p. 114 ; et *Syn.*, p. 21 , n° 9.

Cucullanus heterochrous, Creplin, dans Allg. Encyclop., t. XXXII, p. 280.

« — Blanc, aminci en arrière, long de 10 à 13^{mm}; — tête plus
« épaisse que le corps, obtuse, cunéiforme, munie de quatre à cinq
« papilles ; — appareil buccal (chaperon (?)) plus étroit en arrière ,
« marqué de stries (?) plus larges, et formant le commencement de
« l'œsophage, qui se rétrécit en arrière de cet appareil, puis se renfle
« un peu plus loin en forme de pilon pour représenter le ventricule ;
« — intestin renflé à l'origine, puis plus étroit, et cylindrique jusqu'à
« l'extrémité caudale, qui se termine par une pointe courte.

« — *Mâle* à queue recourbée, avec deux spicules assez longs.

« — *Femelle* à queue droite; — vulve située un peu en arrière du
« milieu (Creplin); — utérus contenant seulement des œufs en partie
« diaphanes, et dont le vitellus est étranglé au milieu, comme formé
« de deux globules soudés. »

Rudolphi l'avait trouvé une seule fois dans le flet (*Pleuronectes
flesus*) à Greifswald, en mai 1800, et il le nomma *heterochrous* pour
exprimer sa couleur différente de celle des autres cucullans alors
connus et tous rouges; mais depuis lors il inscrivit dans son *Synopsis*
plusieurs autres espèces également blanches. Toutefois, je pense que
celle-ci, comme les autres espèces ovipares de couleur blanche, munies d'un spicule double et dont la bouche ne contient pas une double
coquille, doit appartenir au genre *Dacnitis*.

M. Creplin dit que cette espèce n'est pas rare dans le flet; nous
pourrions dire la même chose par rapport à d'autres pleuronectes, si
c'était vraiment notre *Dacnitis esuriens*, comme nous avons lieu de le
croire.

Rudolphi inscrit (*Synopsis*, p. 22) comme espèce douteuse, sous
le nom de *Cucullanus platessæ*, des helminthes qui avaient été trouvés
par Treviranus dans le carrelet (*Pleuronectes platessa*), il ajoute néanmoins que ce pourrait être le *Cucullanus minutus*, quoique leur longueur soit de 9 à 11^{mm}. Dans son *Entoz., Hist. nat.*, il avait admis, au
contraire, que ce pourrait être le *Cucullanus heterochrous*.

Le même auteur inscrit aussi comme douteux, sous le nom de
Cucullanus soleæ (*Syn.*, p. 22, n° 14), un cucullan indéterminé
inscrit dans le catalogue du musée de Vienne comme trouvé dix fois
sur cent vingt dans la sole (*Pl. soleæ*), et que je soupçonne fortement
d'être notre *Dacnitis esuriens*.

CUCULLAN DE L'ESTURGEON.

Rudolphi enfin inscrit aussi comme espèce douteuse, sous le nom
de *Cucullanus accipenseris*, un helminthe trouvé en Danemark par
Abilgaard dans l'intestin de l'*Accipenser sturio*, et qui est aussi mentionné dans le catalogue de Vienne comme trouvé une fois sur neuf
dans ce même esturgeon, et cinq fois sur six dans l'*Accipenser huso*.

Ce doit être un *Dacnitis*, le même dont Rudolphi avait fait un
ophiostome.

CUCULLAN DES SQUALES.

Le Muséum de Vienne envoya, en 1816, à celui de Paris, un
Cucullanus squali galei que j'ai pu étudier et que je décrirai plus loin
avec les *Dacnitis;* ce n'est point un vrai cucullan.

28ᵉ Genre. SCLÉROSTOME.   *SCLEROSTOMA.*

(*Strongylus.* Iʳᵉ section, *Sclerostomata*, Rud.)

« — Vers à corps blanc ou brunâtre, cylindrique, assez épais
« et assez roide, un peu aminci en avant pour le mâle, et de
« part et d'autre pour la femelle, vingt à trente fois environ
« plus long que large ; — tête globuleuse, tronquée, quelque-
« fois plus large que le cou, soutenue à l'intérieur par une bulle
« ou capsule cornée, dont l'ouverture terminale, tenant lieu de
« bouche, est large, orbiculaire, dirigée en avant ou un peu en
« dessous, et quelquefois garnie d'un ou plusieurs rangs de dents
« ou de pointes ; — œsophage épais, musculeux, renflé postérieu-
« rement et tenant lieu de ventricule, traversé par un canal
« triquètre ou à trois plis ; — intestin large, ordinairement
« coloré ; — tégument à stries transverses très-fines.

« — *Mâle* ayant l'extrémité caudale peu amincie, tronquée
« et terminée par une large expansion membraneuse, foliacée
« (bourse caudale), formée de deux lobes latéraux, soutenus
« par des côtes ou lignes plus épaisses, et réunis en arrière
« par un lobe plus ou moins prononcé, qui représente la
« pointe caudale ; — du milieu de la bourse caudale sortent
« deux spicules, longs et grêles (entourés ? d'une gaîne dia-
« phane).

« — *Femelle* ayant l'extrémité caudale amincie, conique, droite ;
« — anus en avant de la pointe caudale ; — vulve située vers
« les deux tiers de la longueur en arrière ; — œufs elliptiques,
« ou presque globuleux. »

Les sclérostomes diffèrent presque en tout point des strongles
proprement dits, avec lesquels on les avait réunis d'après le
seul caractère de la bourse caudale du mâle ; aussi Rudolphi
avait-il dû en faire une section distincte dans son genre *Strongylus :* il les désignait déjà par le nom que nous leur conservons.
M. de Blainville a distingué nettement le genre sclérostome ;
néanmoins, la plupart des helminthologistes, entraînés par l'au-
torité de Rudolphi, n'adoptent pas cette opinion. Nous pensons
qu'il en sera tout autrement quand on aura voulu réfléchir à
la valeur et à la subordination des caractères de ces helminthes.
En effet, ce qu'on nomme la bourse caudale, le prolongement
des ailes membraneuses de la queue du mâle, se trouvant plus

ou moins prononcé chez presque tous les genres de nématoïdes, ne peut conséquemment servir à en caractériser aucun d'une manière absolue; d'autre part, il n'a aucun rapport avec le reste de l'appareil génital, puisque, même chez les helminthes que nous laissons encore réunis sous le nom de strongles, on trouve des spicules de forme si diverse, simples ou complexes. L'appareil buccal, au contraire, est en rapport et avec la manière de vivre et avec la structure du reste de l'appareil digestif; il y a donc beaucoup moins de rapport entre les strongles à tête filiforme, amincie, et les sclérostomes qu'entre ceux-ci et les angiostomes, et divers autres nématoïdes à bouche armée, mais sans bourse caudale.

Les sclérostomes n'ont été trouvés jusqu'à présent que chez les chevaux, et divers ruminants parmi les mammifères, et, d'autre part, chez divers reptiles exotiques; leurs dimensions sont ordinairement assez considérables; ils habitent presque tous l'intestin à la surface interne duquel ils se fixent, en suçant avec leur appareil buccal, qui fait les fonctions de ventouses; mais l'espèce type, celle du cheval, se rencontre aussi dans l'épaisseur même des organes, et surtout dans des anévrismes de l'artère mésentérique.

1. SCLÉROSTOME DES RUMINANTS. *SCLEROSTOMA HYPOSTOMUM.*

Strongylus hypostomus, RUDOLPHI, Synopsis, p. 33 et 263, n° 9.
Strongylus hypostomus, BREMSER, Icones helminthum, pl. 4, fig. 1-3.
Strongylus hypostomus, CREPLIN, Nov. observ. de Entoz., p. 10, et MEHLIS, dans l'Isis, 1831, p. 78, pl. 2, fig. 5-9.
Et *Strongylus cernuus,* CREPLIN, Nov. observ. de Entoz., p. 9.

« —Corps cylindrique, un peu roide, vingt à trente fois aussi long que
« large; — tête globuleuse, large de $0^{mm},5$ à $0^{mm},54$, tronquée oblique-
« ment, soutenue par une bulle ou capsule interne de substance cornée
« et inclinée ou dirigée vers la face ventrale (?); — bouche grande,
« orbiculaire, large de $0^{mm},3$, entourée du bord annulaire, épais, nu,
« ou portant (chez le mâle) une frange ou rangée de dents membra-
« neuses; — œsophage musculeux, épais, long de $1^{mm},10$ à $1^{mm},3$;
« tégument à stries transverses de $0^{mm},0042$ à $0^{mm},006$, peu marquées.
« — *Mâle* long de $10^{mm},5$ à 20^{mm}, large de $0^{mm},5$ à $0^{mm},6$ et (?); —
« rapport de la longueur à la largeur 21 à 30; — queue obliquement
« terminée par une double expansion membraneuse ou bourse longue
« de $0^{mm},34$ qui se trouve dans le prolongement de la ligne dorsale, et
« qui fait, au contraire, un angle avec la face ventrale; — bourse
« soutenue de chaque côté par quatre rayons, dont deux doubles; —

« deux spicules longs de 1ᵐᵐ,33 à 1ᵐᵐ,47, larges de 0ᵐᵐ,023, y compris
« une double lame diaphane dont ils sont bordés, et qu'on a pu
« prendre pour une gaîne.

« — *Femelle* longue de 20 à 21ᵐᵐ, large de 0ᵐᵐ,7 à (?); — rapport
« de la longueur à la largeur 28 à 30; — queue conoïde obtuse, ter-
« minée par une petite pointe large de 0ᵐᵐ,035 à la base, longue
« de 0ᵐᵐ,15, et relevée; — anus situé près de l'extrémité de la partie
« conoïde épaisse; vulve située à 0ᵐᵐ,3 ou 0ᵐᵐ,4 en avant de l'anus;
« œufs elliptiques longs de 0ᵐᵐ,066. »

J'ai pu étudier cet helminthe d'après plusieurs exemplaires envoyés
de Vienne au Muséum de Paris en 1816, savoir : 1° un mâle long de 14ᵐᵐ,
large de 0ᵐᵐ,6, et une femelle provenant de l'intestin du chamois (*Antilope rupicapra*), nᵒˢ 116 et 117; 2° un mâle long de 15ᵐᵐ, large de
0ᵐᵐ,5, et une femelle longue de 20ᵐᵐ, large de 0ᵐᵐ,7, de l'intestin du
chevreuil (*Cervus capreolus*), nᵒ 113; 3° un mâle de l'intestin de l'*Ovis
aries laticaudata* (sous le nom de *Strongylus contortus*), nᵒ 144;
4° un mâle long de 10ᵐᵐ,5, large de 0ᵐᵐ,5, et une femelle longue
de 20ᵐᵐ, large de 0ᵐᵐ,7, de l'intestin de l'argali (*Ovis ammon*); ces
derniers, envoyés plus récemment sous le nom de *Strongylus contortus*, sont parfaitement identiques avec les précédents. La bouche
des femelles m'a paru complétement nue, parce que peut-être elles
sont plus âgées; celle d'un mâle long de 15ᵐᵐ a encore une rangée de
dents courtes, irrégulières; et, au contraire, la bouche d'un jeune
mâle long de 10ᵐᵐ,5, présente très-distinctement une frange comparable au péristome de l'urne des mousses.

On l'avait trouvé assez souvent dans ces divers ruminants au musée
de Vienne, où on le confondit plusieurs fois avec le *Strongylus contortus* (voy. page 124). Rudolphi le décrivit d'après les exemplaires
que lui avait envoyés Bremser; depuis lors, à Greifswald, M. Creplin
l'ayant trouvé deux fois dans le mouton, il a cherché à en compléter
la description; mais il a pris, je crois, les lames diaphanes des spicules pour une gaîne distincte, et il n'a pas vu la frange dentaire de
la bouche.

M. Creplin, ayant ensuite trouvé aussi à Greifswald, dans l'intestin
d'un mouton mérinos malade, deux femelles et deux mâles dont
la tête lui parut proportionnellement plus grosse, il a cru pouvoir
en faire une autre espèce sous le nom de *Strongylus cernuus*, et il le
décrit ainsi :

« — Corps cylindrique, aminci de part et d'autre, un peu moins en
arrière; — tête un peu inclinée en dessous, renflée, un peu plus
épaisse que la partie antérieure du corps, et soutenue par une bulle
ou capsule interne de substance cornée; — bouche grande, inégale,
tournée vers la face ventrale; — intestin large. — *Mâle* blanc,
long de 18ᵐᵐ environ, mince; — bourse caudale, évasée en entonnoir, moins allongée, en dessus et en dessous et prolongée latéralement en deux lobes arrondis, un peu recourbés en dedans à

l'extrémité, et soutenus par des côtes très-fortes, dont les latérales sont divisées en plusieurs branches. — *Femelle* de couleur sale , longue de 23 à 25^{mm}, médiocrement épaisse ; — queue courte, conique, presque droite, et un peu obtuse. » (CREP.)

Mais je ne vois pas là un seul caractère essentiel pouvant motiver la séparation de cette espèce, et je reste convaincu qu'il n'y a qu'une seule espèce de *Sclerostoma* dans les divers ruminants.

2. SCLÉROSTOME DU CHEVAL.   *SCLEROSTOMA EQUINUM.*

Strongylus equinus, MÜLLER, Zool. dan., t. II , p. 2, pl. 42, fig. 1-12.
Strongylus, GOEZE, Naturg., p. 137, pl. 9 b, fig 10-11.
Strongylus equinus, GMELIN, Syst. nat., p. 3043.
Strongylus armatus, RUD., Entoz., t. II, I, p. 204, et Syn., p. 30 et 259, n° 1.
Strongylus armatus, BREMSER , Icon. helminth., pl. 3, fig. 10-15.
Sclerostoma equinum, BLAINVILLE, Dict. sc. nat., t. LVII, p. 544, et pl. 29, fig. 15.
Strongylus armatus, WESTRUMB, dans l'Isis, 1822, p. 685, pl.
Strongylus armatus, SCHMALZ, XIX, Tab. anat., Entoz., pl. 18, fig. 10-15.
Strongylus armatus, LEBLOND, Quelques matériaux pour l'histoire des Filaires et des Strongles, 1836, p. 31, pl. 4, fig. 1.
Strongylus armatus, GURLT, Path. Anat. d. Haussaügeth, pl. 6, fig. 23-73.
Strongylus armatus minor, RAYER, Archiv. de méd. comp., 1843, n° 1, p. 1, pl. 1-2.

Var. α *de l'intestin du cheval.*

« — Corps gris-rougeâtre ou brunâtre, cylindrique , presque droit,
« assez épais, un peu aminci en avant, plus épais au milieu, finement
« strié en travers , et avec dix à douze stries longitudinales ; — stries
« transverses écartées de 0^{mm},0043 ; — tête globuleuse, tronquée en
« avant, plus large que la partie antérieure du corps, soutenue par
« une bulle ou capsule interne de substance cornée, au fond de la-
« quelle se trouve le pharynx ou l'entrée de l'œsophage, et dont le
« bord antérieur constitue la bouche largement ouverte, orbiculaire,
« et bordée par un ou plusieurs anneaux garnis de dentelures fines ou
« de franges convergentes ; — œsophage musculeux , en massue, long
« de 1^{mm},5.
« — *Mâle* long de 27 à 30^{mm}, large de 1 à 1^{mm},2 ; — partie postérieure
« un peu infléchie ; — bourse caudale assez étalée, longue de 0^{mm},7,
« formée de trois lobes, un postérieur, plus petit, deux latéraux ,
« plus grands, arrondis, concaves en dedans ; — deux spicules grêles
« longs de 1^{mm},5 (?).
« — *Femelle* longue de 35 à 55^{mm}, large de 1^{mm},8 à 2^{mm},4 ; — queue
« amincie, droite, terminée en pointe obtuse ; — anus situé à 0^{mm},58
« de l'extrémité ; — vulve située à 14 ou 18^{mm} de l'extrémité caudale ;
« — utérus à deux branches assez larges dirigées en avant ; — ovaires
« longs, enroulés autour de l'intestin ; — œufs elliptiques longs de
« 0^{mm},092 (dans l'utérus). »

17

Var. β des anévrismes de l'artère mésentérique du cheval.

« Corps blanc ou rosé, avec la tête et le cou d'un rouge vif, long de
10 à 20^{mm}, large de 0^{mm},6 à 1^{mm}; — tête moins grosse relativement, et
susceptible d'abandonner le tégument externe pour se contracter à
l'intérieur après la mort; — organes génitaux non développés. »

Le sclérostome du cheval, ou strongle armé, est un des helminthes
les plus communs et les plus remarquables en même temps. On le
trouve aisément à Paris, et je l'ai vu à Toulouse et à Rennes dans
tous les chevaux dont j'ai visité les intestins; cependant, au musée
de Vienne, dix-sept chevaux seulement sur quatre-vingt-douze en
contenaient. Rudolphi l'avait trouvé très-abondamment aussi pendant
toutes les saisons.

C'est ordinairement dans le cœcum et le colon qu'on voit les sclérostomes fixés solidement par leur armure buccale à la muqueuse de
l'intestin, sur laquelle chacun forme, en suçant, une petite papille de
couleur foncée. Mais on les trouve aussi dans divers organes du cheval, dans le pancréas, le duodenum, dans la tunique du testicule, et
surtout, ce qui est le plus remarquable, dans des anévrismes plus ou
moins volumineux de l'artère mésentérique. La paroi de l'artère, soit
primitivement, soit par suite du développement de ces helminthes,
s'épaissit considérablement et présente des lacunes ou cellules irrégulières dans lesquelles sont contenus les sclérostomes en partie libres
et en partie engagés dans l'épaisseur même du tissu. A l'extérieur,
ces anévrismes paraissent comme des glandes ou des nodules; mais
en suivant le trajet de l'artère, on constate facilement leur structure.
On connaissait depuis longtemps ces derniers faits : Ruysch, Schulze,
Rudolphi, M. Hodgson en Angleterre, et M. Greve en Allemagne, en
avaient parlé; M. Rayer en a fait récemment l'objet d'un mémoire spé-
cial dans ses *Archives de médecine comparée.*

En observant sur place les sclérostomes contenus dans les gros intestins du cheval, il n'est pas rare d'en trouver d'accouplés : le mâle,
plus petit que la femelle, se trouve alors solidement fixé par la
bourse caudale à la vulve de celle-ci en faisant un angle aigu avec son
corps, et l'on peut les conserver dans l'alcool sans qu'ils se détachent.

Avec eux se trouvent d'autres sclérostomes plus petits, *sclerostoma
quadridentatum*, proportionnellement plus grêles, et pourvus d'une
bourse caudale plus grande. On les trouve aussi fréquemment accouplés; les mâles ont la partie postérieure du corps un peu courbée en S;
les femelles ont la queue encroûtée d'une substance amorphe, noirâtre,
qu'on en détache difficilement, et la vulve très-rapprochée de l'anus.
Leur bouche présente quelques modifications de structure par rapport aux franges ou dentelures, et elle a quatre papilles ou dents
dirigées en avant et fixées sur les points diamétralement opposés;
mais cette partie varie tellement dans le sclérostome du cheval,
suivant son âge ou son degré de développement, qu'on ne peut dire

quels sont les caractères qui distinguent exclusivement la structure de son armure dentaire.

On doit noter aussi que le sclérostome a été trouvé également dans l'âne et dans le mulet.

La structure interne du sclérostome présente un grand nombre de particularités curieuses; les stries transverses du tégument correspondent à autant de bandes régulières transverses qui se prolongent à l'intérieur par une frange de fibres épaisses seulement de $0^{mm},0014$ et qui, après la macération, paraissent autant de filaments flottants longs de $0^{mm},0123$. Ces filaments repliés uniformément suivant des ondes ou sinuosités alternes, peuvent donner un aspect granulé ou perlé à chacune des bandes, ou encore, chaque rangée vue à l'intérieur peut simuler une crête sinueuse. On conçoit qu'un tel assemblage de bandes et de fibres si délicates puisse agir sur la lumière pour produire les effets de réfraction et d'interférence les plus variés. Et par exemple une portion de tégument détachée par la macération et séchée sur une plaque de verre, produit avec la lumière réfléchie les nuances irisées les plus brillantes comme les surfaces finement striées, et produit par transmission les plus beaux effets des réseaux de Fraüenhofer. M. Creplin explique aussi d'autres effets de coloration propres à l'intestin par la structure particulière de cet organe, qui se compose de trois membranes différentes, une externe, brune, spongieuse et granuleuse, une intermédiaire, assez mince, composée de fibres longitudinales très-fines, d'un jaune clair, et une interne très-épaisse, composée de fibres transverses également fines, lisse et rouge-pâle à la surface. Quand l'intestin a été coupé, on voit sur la section ces deux membranes internes avec un éclat métallique-vert, remarquable et comparable à celui du tapis de l'œil des ruminants.

On remarque aussi que les sclérostomes, à mesure qu'ils s'accroissent, peuvent subir de véritables mues, par suite de chacune desquelles une armure buccale plus simple est remplacée par une armure plus complexe, jusqu'à ce que l'animal ait atteint le terme de son développement. On voit sur les plus jeunes que l'armure ne se compose que d'un simple anneau écailleux bordé intérieurement d'une rangée de denticules; plus tard, il se développe en arrière une capsule encore très-petite et successivement plus grande à chaque mue, et montrant alors quatre arêtes ou côtes opposées comme les méridiens principaux d'une sphère et à chacun desquels correspond en avant une papille aiguë. En même temps l'anneau buccal devient plus grand à chaque mue et montre à l'intérieur un feston frangé ou une frange uniforme à lamelles plus ou moins longues; peut-être doit-on regarder les deux, trois et quelquefois quatre franges entourant en même temps la bouche d'un sclérostome, comme appartenant à autant de téguments qui doivent se succéder et se détacher tour à tour.

? 3. SCLÉROSTOME DES LÉZARDS.   *SCLEROST. GALEATUM.*

Strongylus galeatus, RUDOLPHI, Synopsis, p. 648.

« — Corps aminci en arrière de la tête, et un peu vers l'extrémité
« postérieure ; — tête arrondie et comme entourée d'un casque
« strié.

« — *Mâle* long de 4^{mm},6, à bourse caudale, gibbeuse en dessus, non
« saillante en dessous, formée d'un seul lobe crénelé.

« — *Femelle* longue de 6^{mm},75, plus épaisse, à queue mucronée ou
« terminée par une pointe courte en avant de laquelle est l'anus ; —
« vulve portée par un tubercule simple ou double, à peu de distance
« de l'anus. » (RUD.)

Natterer l'avait trouvé au Brésil dans l'intestin d'un lézard (*Podinema Teguixin*). Rudolphi, qui n'eut sous les yeux que des exemplaires conservés dans l'alcool, dit n'avoir pu bien comprendre la
structure de leur tête ; « elle porte, dit-il, une aile membraneuse transverse, courte et large, et rappelant le souvenir de l'armet de Mam-
brin de l'incomparable don Quichotte ». La tête paraît contenir en
outre une bulle ou capsule dure, cornée comme celle des sclérostomes, et recouverte par des fibres longitudinales et transverses.

? 4. SCLÉROSTOME DES SERPENTS.   *SCLEROST. COSTATUM.*

Strongylus costatus, RUDOLPHI, Synopsis, p. 647.

« — Corps cylindrique médiocrement épais, plus aminci en avant ;
« tête obtuse paraissant contenir une bulle ou capsule cornée, entou-
« rée de 8 (?) côtes assez larges, un peu déprimées,

« — *Mâle* long de 11^{mm}, à bourse caudale presque trilobée, ayant
« deux lobes latéraux plus grands et un troisième inférieur, plus
« court.

« — *Femelle* longue de 13^{mm},5 à queue obtuse, avec un tubercule
« ovoïde à 2^{mm},25 de l'extrémité ; — œufs ronds. » (RUD.)

Trouvé au Brésil dans l'intestin d'une couleuvre.

29e GENRE. SYNGAME.   *SYNGAMUS.* — SIEBOLD.

σὺν, ensemble, complétement, γάμος, mariage.

« — Vers ordinairement accouplés d'une manière perma-
« nente ou par soudure des téguments ; le mâle cylindrique
« beaucoup plus petit que la femelle, qui est irrégulièrement cy-
« lindrique, à cou plus étroit, et à queue amincie en pointe ; —

« tête globuleuse, grande, soutenue par une bulle ou capsule
« interne, cornée; — bouche large, irrégulièrement arrondie
« avec six à sept lobes élargis; — pharynx muni de papilles
« charnues; — tégument plissé ou ridé sans stries régulières.

« — *Mâle* à queue tronquée, munie d'une expansion mem-
« braneuse qui se soude au tégument de la femelle.

« — *Femelle* à queue conique allongée; — vulve située en
« avant, à la base d'un rétrécissement en forme de cou; — œufs
« grands, elliptiques. »

Ce genre a été établi d'abord par M. Siebold, pour une seule
espèce, qui vit exclusivement dans la trachée des oiseaux, et
qui se distingue surtout par le singulier mode d'accouplement
permanent qu'elle nous présente; mais, plus tard, M. Siebold,
cédant aux observations de M. Nathusius, a renoncé à sa première idée, et a réuni cet helminthe au genre strongle. Cependant, à part tous les autres détails de l'organisation, je crois
qu'on doit regarder le caractère de l'accouplement permanent et
de la soudure des téguments du mâle à ceux de la femelle,
comme parfaitement constaté et comme motivant suffisamment
la séparation du *Syngamus,* d'avec les autres strongles ou sclérostomes.

1. SYNGAME DE LA TRACHÉE.　　*SYNGAMUS TRACHEALIS.* —
Siebold., dans les Archiv für Naturg. v. Wiegmann, 1835, pl. 1.

Strongylus trachealis, Nathusius, dans les Arch. de Wiegm., 1836.

« — Corps mou, coloré en rouge-vif par un liquide interposé entre
« les viscères.

« — *Mâle* long de 4ᵐᵐ à 4ᵐᵐ,5, large de 0ᵐᵐ,4; — tête élargie, obli-
« quement tronquée, large de 0ᵐᵐ,7; — queue obliquement terminée
« par une bourse membraneuse, convexe, unilatérale, longue de
« 0ᵐᵐ,25 à 0ᵐᵐ,3 qui se soude au bord supérieur de la vulve de la
« femelle, et qui est soutenu par douze à quinze rayons égaux.

« — *Femelle* longue de 13ᵐᵐ, large de 0ᵐᵐ,85 à 1ᵐᵐ, irrégulièrement
« plissée et ridée; — tête large de 1ᵐᵐ,3; — queue en cône allongé; —
« anus à 1ᵐᵐ,2 de l'extrémité; — vulve saillante à la base d'un cou
« long de 1ᵐᵐ,5 à 2ᵐᵐ, divergent ou incliné de côté; — œufs lisses,
« elliptiques, longs de 0ᵐᵐ,087 à 0ᵐᵐ,093 avec un goulot terminal
« court. »

J'ai trouvé dans la trachée de deux pies (*Corvus pica*), à Rennes, le
17 octobre, cinq paires de ces helminthes accouplés, et j'ai pu con-
tater que, même après la macération, le mâle ne peut être séparé
sans qu'il y ait déchirure du tégument.

Il a été trouvé, soit en Allemagne soit en Angleterre, dans la trachée des espèces suivantes : du martinet (*Cypselus apus*), de l'étourneau (*Sturnus vulgaris*), du pic-vert (*Picus viridis*), du coq (*Phasianus gallus*), de la perdrix (*Perdix cinerea*) et de la cigogne noire (*Ciconia nigra*), par M. Nathusius (si toutefois c'est le même).

30ᵉ Genre. ANGIOSTOME.   *ANGIOSTOMA*. — Duj.

ἀγγεῖον, vase, capsule, στόμα, bouche.

« —Vers blancs, cylindriques, un peu amincis aux extrémités ;
« tête obtuse ou comme tronquée, soutenue à l'intérieur par
« une capsule cornée, sphéroïdale tronquée, que dépassent les
« téguments mous ; — œsophage musculeux en massue, sans
« ventricule distinct ; — queue en pointe, plus ou moins aiguë.
« — *Mâle* ayant la queue nue ou munie d'ailes membraneuses
« latérales peu saillantes en avant de la pointe ; — deux spicules
« égaux, courts.
« — *Femelle* ayant la vulve située vers le milieu de la longueur ;
« —œufs grands, éclosant quelquefois à l'intérieur du corps. »

Les helminthes constituant ce genre ne diffèrent essentiellement des sclérostomes que par l'absence d'une bourse membraneuse terminale à la queue du mâle qui, au lieu d'être brusquement tronquée, se prolonge en pointe ; les spicules sont en même temps beaucoup plus courts. Cependant, je n'aurais pas hésité à les réunir si je n'eusse cru devoir conserver aux sclérostomes le caractère distinctif qu'ils avaient précédemment, comme formant une subdivision des strongles.

Les deux espèces que je connais se trouvent l'une, dans le poumon d'un reptile, l'orvet, l'autre dans l'intestin d'un mollusque ; elles diffèrent beaucoup aussi par le mode de développement des œufs, et par la structure de la queue et des spicules du mâle.

1. ANGIOSTOME DE L'ORVET.   *ANGIOST. ENTOMELAS.* — Duj.

[**Atlas, pl. 4, fig. C.**]

« —Corps blanc avec l'intestin noir, cylindrique, vingt-deux fois aussi
« long que large, un peu aminci aux extrémités ; — tête large de
« 0ᵐᵐ,15 contenant une capsule cornée large de 0ᵐᵐ,12, longue de
« 0ᵐᵐ,085, dont l'orifice antérieur est large de 0ᵐᵐ,04 et qui est
« entourée par le tégument formant un bord saillant (et cilié (?) dans

« le jeune âge); — œsophage long de 0ᵐᵐ,75, large de 0ᵐᵐ,12; —
« intestin noirâtre; — tégument à stries transverses de 0ᵐᵐ,0028.

« — *Mâle* long de 0ᵐᵐ..., à queue en pointe nue; — anus à 0ᵐᵐ,22 de
« l'extrémité; deux spicules aigus longs de 0ᵐᵐ,08.

« — *Femelle* longue de 5ᵐᵐ,6, large de 0ᵐᵐ,25; — queue en pointe
« fine; anus à 0ᵐᵐ,33 de l'extrémité; — vulve large, transverse, située
« entre le milieu et le tiers postérieur; — œufs elliptiques, longs
« de 0ᵐᵐ,12, à coque membraneuse, et contenant un embryon long de
« 0ᵐᵐ,39, large de 0ᵐᵐ,026 qui éclôt dans le corps de la mère, parais-
« sant ainsi vivipare. »

Je l'ai trouvé, à Rennes, trois fois assez abondamment dans le
poumon de l'orvet (*Anguis fragilis*), et j'ai dû penser, d'après la
coloration de l'intestin, que les helminthologistes l'ont confondu avec
l'*Ascaris nigrovenosa*. Je n'ai trouvé qu'un seul mâle, en 1843, et je
crains encore de m'être mépris dans la description que j'en donne;
depuis lors je n'ai vu absolument que des femelles, mais j'ai remarqué
entre elles de singulières différences quant à la structure de la capsule buccale qui, d'abord plus petite, est revêtue d'une couche molle
charnue beaucoup plus considérable, et m'a paru bordée de cils. Je
n'ose croire pourtant qu'il y ait là deux espèces, quoique les femelles
à petites capsules contiennent des œufs et des embryons comme les
autres.

2. ANGIOSTOME DE LA LIMACE.   *ANGIOSTOMA LIMACIS.*

[**Atlas, pl. 4, fig. B.**]

« — Corps filiforme, long de 6 à 7ᵐᵐ, large de 0ᵐᵐ,14 à 0ᵐᵐ,18,
« aminci aux extrémité, quarante fois environ aussi long que large;
« — tête large de 0ᵐᵐ,038, tronquée et contenant une capsule courte,
  large de 0ᵐᵐ,033; — œsophage long de 0ᵐᵐ,3, large d'abord de
« 0ᵐᵐ,048, puis rétréci vers le tiers postérieur, et renflé en manière
« de pilon large de 0ᵐᵐ,051 à l'extrémité; — tégument lisse.

« — *Mâle* ayant la queue rétrécie en arrière de l'anus, courbée en
« dessus ou en dessous, et présentant quelques petites papilles à la
« face ventrale; — deux ailes membraneuses courtes et peu saillantes,
« soutenues chacune par six petites côtes sur la protubérance précau-
« dale; — anus à 0ᵐᵐ,12 de l'extrémité; — deux spicules longs de
« 0ᵐᵐ,07, arqués et soutenus vers la pointe par une pièce accessoire
« longue de 0ᵐᵐ,034.

« — *Femelle* ayant la queue droite, uniformément amincie, et ter-
« minée par une pointe irrégulièrement déchirée; — œufs elliptiques,
« longs de 0ᵐᵐ,083. »

Je l'ai trouvé très-abondamment dans l'intestin de la limace rousse
(*Limax rufa* ou *Arion rufus*) prise dans les bois et les forêts des environs de Rennes, où elle se nourrit de champignons; mais je l'ai cherché
vainement dans ce même mollusque vivant de végétaux phanéro-
games dans les jardins et dans les champs.

31ᵉ Genre. STÉNODE.   *STENODES.* — Duj.

στενώδης, resserré.

« — Vers cylindriques, amincis de part et d'autre ou fusi-
« formes, très-allongés; — tête petite tronquée, soutenue par
« une petite capsule imparfaite ou par un disque corné, au
« milieu duquel est la bouche ronde; — cou *resserré*, ou plus
« étroit que la tête; — œsophage musculeux, en massue, suivi
« d'un ventricule distinct; — tégument à stries transverses,
« fines.

« — *Mâle* à queue aiguë, enroulée; — deux spicules égaux,
« très-longs.

« — *Femelle* à queue droite, très-aiguë; — vulve située en
« avant du milieu; — utérus simple; — œufs globuleux. »

Je propose d'établir ce genre pour une seule espèce de la collection du Muséum de Paris, provenant de l'intestin d'un mammifère, et qui diffère trop de tous les autres genres chez lesquels la bouche est armée d'une capsule; en effet, elle diffère
des sclérostomes par l'absence de la bourse membraneuse du
mâle; elle diffère des angiostomes, par son aspect général, par
la structure de l'appareil digestif, par les œufs, les spicules, etc.;
elle diffère enfin des sténures, parce que le corps n'est point de
même rétréci en arrière et tronqué à l'extrémité.

1. STÉNODE EFFILÉ.   *STENODES ACUS.* — Duj.

« — Corps blanc, effilé, trente-cinq à quarante fois aussi long que
« large; — tête large de 0ᵐᵐ,15 à 0ᵐᵐ,16, contenant une petite capsule
« réduite presque à un disque antérieur, large de 0ᵐᵐ,09 au milieu
« duquel est la bouche large de 0ᵐᵐ,035; — œsophage long de 0ᵐᵐ,95,
« large de 0ᵐᵐ,06 en avant, renflé en massue et large de 0ᵐᵐ,153 en
« arrière; — ventricule turbiné, long de 0ᵐᵐ,33, large de 0ᵐᵐ,29, à
« cavité interne triangulaire, revêtue d'une membrane striée et plis-
« sée, séparé de l'œsophage par un étranglement très-prononcé et,
« au contraire, à peine séparé de l'intestin; — tégument avec des
« stries transverses de 0ᵐᵐ,0023 à 0ᵐᵐ,0034, et portant deux ailes laté-
« rales peu saillantes.

« — *Mâle* long de 16ᵐᵐ,5, large de 0ᵐᵐ,48; — rapport de la longueur
« à la largeur, 35; — queue enroulée d'un demi-tour et terminée
« en pointe fine; — anus situé à 0ᵐᵐ,32 de l'extrémité; — deux paires
« de petites ventouses, larges de 0ᵐᵐ,025 et 0ᵐᵐ,039 en avant de
« l'anus; — spicules arqués, longs de 1ᵐᵐ,5, larges de 0ᵐᵐ,025.

« — *Femelle* longue de 25ᵐᵐ, large de 0ᵐᵐ,6; rapport de la longueur
« à la largeur, 40; — queue terminée en pointe très-fine; — anus
« à 0ᵐᵐ,95 de l'extrémité; — vulve située au tiers antérieur; — œuf
« globuleux, large de 0ᵐᵐ,066, revêtu d'une enveloppe qui, d'abord
« large de 0ᵐᵐ,084 et diaphane, se réduit à former seulement une
« couche réticulée ou alvéolée sur l'œuf mûr, contenant alors un
« embryon roulé en spirale. »

Un bocal sans étiquette de la collection du Muséum contient
cet helminthe qui doit provenir d'un mammifère étranger ayant
vécu à la ménagerie. On voit dans la liqueur quelques poils longs
de 20 à 25ᵐᵐ, larges de 0ᵐᵐ,020 à 0ᵐᵐ,037, et contenant une série
de cellules aérifères; ils pourront servir à déterminer l'espèce de
mammifère d'où proviennent les helminthes. Le nom spécifique
que je propose exprime la ressemblance de cet helminthe avec l'ascaride du brochet.

32ᵉ Genre. STÉNURE. *STENURUS.* — Duj.

στενή, étroite, οὐρά, queue.

« — Vers à corps uniformément rétréci dans la partie posté-
« rieure, qui est tronquée obliquement en arrière; — tête con-
« tenant une petite capsule cornée; — bouche ronde, nue; —
« œsophage en massue, sans ventricule; — anus terminal.
« — *Mâle* ayant l'extrémité postérieure du corps un peu
« recourbée, et munie latéralement d'expansions membraneuses;
« — spicules très-courts, soudés en une lame triangulaire, rou-
« lée en cornet.
« — *Femelle* ayant l'extrémité postérieure droite tronquée,
« l'anus terminal et la vulve en avant de l'anus. »

La seule espèce constituant ce genre se trouve dans les sinus
veineux de la tête du marsouin (*Delphinus phocœna*), d'où elle
passe dans les autres vaisseaux, et dans la cavité tympanique.
Elle a été confondue par Rudolphi avec un autre helminthe des
bronches du même cétacé, avec le *Pseudalius,* dans une seule
espèce, qu'il nomme *Strongylus inflexus.* M. Raspail fit voir le premier qu'il y a là deux helminthes distincts, et j'ai cru, en raison
de l'importance de leurs caractères distinctifs, devoir en faire
les types de deux genres. Le sténure, en effet, par sa bouche
capsulaire, se rapproche des autres sclérostomiens; mais par la
forme du spicule, par la position de la vulve et de l'anus de la
femelle, il se distingue de tous les autres nématoïdes.

1. STÉNURE DU MARSOUIN. *STENURUS INFLEXUS.*

Vermes in Delphi phoc. tympani cavo reperti, KLEIN, Hist. piscium natur.,
  1740, Miss. I, p. 27, pl. 5, fig. 5.
— CAMPER, von Krankh. der Thiere, p. 47.
Strongylus inflexus, RUD., Entoz., p. 227, et Syn., p. 34.
Strongylus inflexus, CREPLIN, Nov. observ. de Entoz., p. 13.
Strongylus minor, RASPAIL, dans les Ann. des sc. d'observ., 1830, t. II,
  p. 244, pl. 7-8.

« — Corps blanc, rétréci dans la partie postérieure et tronqué obli-
« quement ou renflé à l'extrémité ; — quarante-cinq fois environ
« aussi long que large ; — tête large de 0^{mm},06 à 0^{mm},075, contenant
« une capsule cornée, courte, large de 0^{mm},05 ; — bouche orbiculaire,
« large de 0^{mm},043, entourée d'un anneau corné et laissant voir,
« au fond, l'orifice triangulaire du canal triquètre de l'œsophage ; —
« œsophage long de 0^{mm},40 un peu renflé, large de 0^{mm},05 à 0^{mm},058.
« — *Mâle* long de 17^{mm},5, large de 0^{mm},4 en avant et de 0^{mm},10 en
« arrière ; — queue un peu recourbée et obliquement tronquée en
« dessous, où elle porte une expansion membraneuse, courte (en
« forme de cuiller), soutenue latéralement par deux côtes épaisses,
« courtes ; — anus à 0^{mm},10 de l'extrémité ; — spicules longs de
« 0^{mm},11, recourbés, larges, et paraissant réunis en une lame trian-
« gulaire flexible.
« — *Femelle* longue de 14 à 27^{mm}, large de 0^{mm},56 à 0^{mm},60 en avant,
« et de 0^{mm},20 en arrière ; — tête large de 0^{mm},075 ; — queue oblique-
« ment tronquée et anguleuse, large de 0^{mm},116 ; — anus terminal ;
« — vulve située en avant de l'anus au commencement de la tronca-
« ture, et accompagnée de deux appendices mous en forme de tenta-
« cules longs de 0^{mm},028 ; — utérus simple, très-dilaté. »

J'ai étudié cet helminthe sur les exemplaires nombreux du Muséum
de Paris provenant des sinus veineux de plusieurs marsouins (*Delphinus phocæna*).

J. T. Klein, en 1740 (*Hist. piscium nat.*), avait le premier parlé
de cet helminthe trouvé par lui dans la cavité tympanique du marsouin ; Camper en parla aussi comme l'ayant trouvé dans le même
lieu ; il le confondait avec celui des bronches du marsouin. Rudolphi
enfin le décrivit très-inexactement d'après des exemplaires recueillis
par Albers dans la cavité tympanique du même cétacé.

Mais plus récemment, à Greifswald, M. Rosenthal ayant eu occasion de disséquer deux marsouins en 1828 et 1829, put constater que
cet helminthe, très-abondant chez eux, se trouve non pas immédiatement dans la cavité tympanique, mais dans le plexus veineux
occupant la fosse temporale qui s'étend depuis les os de l'oreille jusqu'au maxillaire supérieur ; M. Creplin reconnut aussi avec lui, que
ces vers n'arrivent que secondairement et en quelque sorte accidentellement dans la cavité tympanique, où ils semblent chercher un

refuge ainsi que dans les autres cavités du crâne. M. Rosenthal avait
d'ailleurs trouvé en même temps un grand nombre de ces vers, ou
de pseudalies dans les poumons, dans les bronches et même dans les
vaisseaux sanguins du poumon.

D'autre part, comme nous l'avons déjà dit, M. Raspail ayant eu à
Paris les deux nématoïdes du Marsouin, signala l'erreur qu'on avait
commise jusqu'alors, en les prenant pour une même espèce.

SEPTIÈME SECTION. (Dacnidiens.)

Nématoïdes ayant la bouche située obliquement ou latéralement à l'extrémité antérieure, et non terminale.

TABLEAU DES GENRES.

† Tête globuleuse formée d'une masse musculeuse
entourant le pharynx; — bouche verticale.   33. *Dacnitis.*

†† ? Tête à deux lèvres inégales; — bouche
transverse.   34. *Ophiostoma.*

††† Tête relevée et tronquée obliquement en
dessus, ayant une large cavité anguleuse,
revêtue d'une membrane cornée; — bouche
presque arrondie, béante.   35. *Dochmius.*

†††† Tête terminée par une lèvre arrondie en
forme de casque.   36. *Rictularia.*

33ᵉ GENRE. DACNITIS.   *DACNITIS.* — DUJ.

Cucullanus (en partie) et *Ophiostoma* (en partie) RUDOLPHI.

δάχνειν, mordre.

« — Vers à corps blanc, cylindrique, aminci en arrière, trente-
« trois à cinquante fois plus long que large; — tête obtuse
« aussi large et quelquefois plus large que la partie antérieure
« du corps, quelquefois munie de papilles peu saillantes en
« avant; — bouche très-grande, verticale, comprise entre deux
« lèvres charnues, épaisses, à bord arrondi, quelquefois sou-
« tenu par un arc cartilagineux, lisse ou bordé à l'intérieur par
« une rangée de petites dents très-nombreuses; — arrière-bouche
« ou pharynx présentant une fente verticale traversée vers le
« tiers inférieur par une fente horizontale, moitié plus courte;

« — (la fente verticale se continue avec la rainure supérieure
« du canal œsophagien; et la fente horizontale se continue avec
« les deux rainures latérales); — canal œsophagien triquètre,
« revêtu d'une épaisse membrane, sur laquelle sont implantées
« perpendiculairement les fibres musculaires; — œsophage très-
« épais, en forme de pilon, commençant immédiatement der-
« rière les lèvres, par une partie renflée, puis se rétrécissant
« jusque vers le tiers ou le milieu au point d'insertion des
« muscles rétracteurs de l'appareil, et se renflant ensuite,
« surtout vers l'extrémité, pour représenter le ventricule; —
« Intestin droit, présentant une dilatation assez considérable en
« arrière du ventricule, et restant ensuite plus étroit; — anus
« situé à une certaine distance de l'extrémité caudale; — queue
« conique aiguë; — tégument finement strié en travers.

« — *Mâle* presque aussi grand que la femelle, à queue re-
« courbée, aiguë, munie de papilles latérales, et quelquefois
« d'une large ventouse préanale; mais sans (?) ailes membra-
« neuses; — deux spicules, souvent larges en lame de sabre;
« pièce accessoire très-petite ou nulle.

« — *Femelle* à queue droite, conique, aiguë; — vulve située
« beaucoup en arrière du milieu ou aux trois cinquièmes de la
« longueur; — œufs assez grands (de $0^{mm},076$ à $0^{mm},095$), ellip-
« tiques ou oblongs, à coque lisse, contenant à l'intérieur un nu-
« cléus ou vitellus formé de deux ou plusieurs gros globules sou-
« dés. »

Les dacnitis dont le nom, dérivé du mot grec δάχνειν, mordre,
indique comment ils se fixent à l'intestin des poissons avec leur
bouche, sont bien différents comme on le voit, des cucullans
avec lesquels on les avait confondus, en raison de la largeur de
leur tête et des ophiostomes qui sont censés avoir la bouche
transverse. Ils habitent également dans l'intestin de plusieurs
genres de poissons de mer ou d'eau douce, mais ils ne sont point
colorés en rouge, ils ne sont point vivipares, et surtout ils n'ont
point cet appareil buccal si remarquable des cucullans; la masse
charnue pharyngo-œsophagienne est continue depuis les lèvres
jusqu'à l'extrémité renflée qui représente le ventricule. Enfin,
les organes génitaux du mâle sont notablement différents; car ici
l'on voit deux larges spicules en lame de sabre, au lieu du spicule
simple et grêle du *Cucullanus elegans.*

(?) 1. DACNITIS DES PERCHES. *DACNITIS ABBREVIATA.*

Cucullanus abbreviatus, Rudolphi, Synopsis , p. 21 et 254.

Je propose de désigner ainsi le *Cucullanus abbreviatus* (Voyez pag. 249), d'après ce que dit Rudolphi de la couleur blanche, et du volume des œufs de cet helminthe, long de 6^{mm},7 à 11^{mm}, qu'il avait trouvé à Rome dans la *Perca cirrosa;* et surtout d'après cette particularité curieuse de saisir fortement l'intestin du poisson avec leur bouche (*intestinum ore fortiter prensitantia*), particularité que nous avons remarquée aussi sur le *Dacnitis esuriens.*

2. DACNITIS DES TRUITES. *DACNITIS GLOBOSA.* — Duj.

Cucullanus truttœ, Fabricius, dans Dansk. Selsk. Shrivt., t. III, ii, p. 30, pl. 9-12.

Cucullanus globosus (en partie), Rud., Entoz., t. II, i, p. 115.

« — Corps cylindrique recourbé en dessus, comme une crosse, à
« l'extrémité antérieure ; — tête plus large que le corps, presque
« globuleuse, tronquée obliquement et portant un nœud ou tubercule
« sur la face dorsale ;—tégument à stries transverses, à peine visibles,
« écartées de 0^{mm},0048.

« — *Mâle* long de 13^{mm}, large de 0^{mm},26 ; — rapport de la longueur
« à la largeur, 50 ; — tête large de 0^{mm},30 ; — partie postérieure en-
« roulée d'un tour de spire ; — queue recourbée, munie de papilles ;
« deux spicules en lames de sabre, longs de 0^{mm},52, fortement cour-
« bés, larges de 0^{mm},044, sortant d'un tubercule et précédés par
« une *ventouse préanale;* — pièce accessoire, longue de 0^{mm},10,
« tronquée.

« — *Femelle* longue de 16^{mm}, large 0^{mm},29 ; — rapport de la lon-
« gueur à la largeur, 55 ; — tête large de 0^{mm},34 ; — anus situé à
« 0^{mm},324 de l'extrémité caudale ;—vulve située à 10^{mm} de la bouche ;
« — œufs longs de 0^{mm},062 (peut-être ces femelles ne sont pas adul-
« tes ?). »

J'en ai trouvé des exemplaires assez nombreux (plus de mâles que de femelles), dans l'intestin de cinq truites (*Salmo fario*), à Rennes, au mois de mars. Malgré quelques différences, je ne puis m'empêcher de penser que c'est la même espèce que Fabricius a eue sous les yeux. Ce zoologiste lui attribue un seul spicule, mais il est vraisem-blable qu'il a vu les spicules superposés ; toutefois, je ne comprends pas comment il se fait qu'il ait pu voir les femelles dix fois plus nom-breuses que les mâles.

3. DACNITIS DES PLEURONECTES. *DACNITIS ESURIENS.* — Duj.

? Cucullanus heterochrous, Rud., Entoz., t. II, ɪ, p. 114, et Syn., p. 28, n° 9.
? Cucullanus heterochrous, Creplin, dans Allg. Encycl., t. XXXII, p. 280.
Cucullanus platessæ et Cucullanus soleæ, Rud., Syn., p. 22, n° 13 et 14.

« — Corps cylindrique, insensiblement aminci en avant; — tête
« aussi large que la partie antérieure du corps, obliquement tron-
« quée vers la face dorsale et portant en avant quatre papilles
« symétriques, deux de chaque côté de la bouche; — œsophage long
« de 1^{mm}; — tégument strié transversalement; — stries de 0^{mm},005.

« — *Mâle* long de 10^{mm}, large de 0^{mm},25; — rapport de la longueur
« à la largeur, 40; — partie postérieure courbée, munie de deux
« rangs de huit papilles, et d'une *ventouse* large et saillante en avant
« de l'orifice anal et génital, qui est lui-même saillant et que suit la
« queue plus étroite, longue de 0^{mm},24; — deux spicules en lame de
« sabre, peu courbés, longs de 1^{mm},15, larges de 0^{mm},04.

— « *Femelle* longue de 13^{mm}, large de 0^{mm},30; — rapport de la
« longueur à la largeur, 43; — queue conique, droite; — anus situé
« à 0^{mm},30 de l'extrémité; — vulve très-saillante située à 7^{mm},6 de la
« bouche; — œufs longs de 0^{mm},076, larges de 0^{mm},052. »

J'avais trouvé plusieurs fois cet helminthe à Paris, en 1838, dans
des soles (*Pleuronectes soleæ*); je l'ai trouvé depuis, très-souvent à
Rennes, dans ce même poisson; savoir : vingt-quatre fois sur soixante-
douze. Je l'ai trouvé aussi dans le *Pleuronectes latus,* au mois de
décembre 1843.

Il continue à vivre pendant longtemps dans l'intestin du poisson
mort, surtout en hiver; on peut alors observer comment il s'attache
à l'intestin en mordant la membrane muqueuse qu'il semble sucer
et s'y reprenant avec avidité si on le force de lâcher prise. Rudolphi
avait déjà vu quelque chose d'analogue sur son prétendu *Cucullanus
abbreviatus.*

Quand on conserve avec de l'eau, dans un verre de montre, plusieurs de ces dacnitis, ils se mordent l'un l'autre et se tiennent ainsi
plusieurs ensemble par le milieu du corps, c'est là ce qui m'a déterminé
à leur donner le nom *esuriens,* affamé.

4. DACNITIS DU CONGRE. *DACNITIS HIANS.* — Duj.

? Cucullanus foveolatus (en partie), Rud., Entoz., t. II, ɪ, p. 109 et Syn.,
p. 21-23.

« — Corps un peu aminci en avant; — tête arrondie, un peu plus
« étroite que le corps; — bouche verticale à lèvres soutenues par des
« arceaux cartilagineux; — masse pharyngienne, turbinnée, beaucoup
« plus étroite en arrière que l'œsophage qui en est la continuation
« et qui, deux fois plus long, est en forme de pilon ou se renfle en

« arrière pour tenir lieu de ventricule ; — tégument à stries trans-
« verses, très-fines, écartées de 0^{mm},0024.

« — *Mâle* long de 14^{mm},8, large de 0^{mm},45 ; — rapport de la lon-
« gueur à la largeur, 33 ; — tête large de 0^{mm},35 ; — longueur depuis
« la bouche jusqu'au pylore, 1^{mm},65 ; — de l'anus à l'extrémité cau-
« dale, 0^{mm},40 ; — queue recourbée, conique, déprimée, avec deux
« rangées latérales de papilles ; — deux spicules, blancs, opaques,
« peu courbés, lanceolés, allongés ; — longs de 1^{mm},40, larges de
« 0^{mm},09, y compris leur bord diaphane ; — pièce accessoire située un
« peu en arrière, très-petite, triangulaire, en forme de soc.

« — *Femelle* longue de 20^{mm},7, large de 0^{mm},55 ; — rapport de la
« longueur à la largeur, 39 ; — tête large de 0^{mm},35 ; — œsophage long
« de 1^{mm},75 ; — anus situé à 0^{mm},77 de l'extrémité caudale ; — vulve
« située à 12^{mm},4 de la bouche ; — œuf oblong, long de 0^{mm},096, large
« de 0^{mm},048. »

Sur 13 congres (*Murœna conger*), dans lesquels j'ai cherché des
helminthes à Rennes, deux seulement, le 5 et le 14 avril, m'ont donné
ce *Dacnitis* qui diffère beaucoup des précédents par sa tête moins
large que la partie antérieure du corps dont la longueur est aussi
moins considérable en raison de la largeur, par la forme des spicules
plus droits, et par la forme oblongue des œufs, par la finesse des
stries du tégument, etc. Je soupçonne que c'est le prétendu *Cucullanus* trouvé par Rudolphi dans plusieurs murènes de la Méditerranée.

5. DAC. DE L'ESTURGEON.   *DACNITIS SPHÆROCEPHALA.*

Pleurorhynchus, B. Nau, dans Schr. d. Berl. Naturf., VII, p. 471, pl. 7.
Ascaris sphærocephala, Rudolphi, Entoz., t. II, 1, p. 188.
Ophiostoma sphærocephalum, Rudolphi, Synopsis, p. 61 et 305.
Ophiostoma sphærocephalum, Bremser, Icon. helminth., pl. 5, fig. 15-18.
Ophiostoma sphærocephalum, Creplin, dans l'Encycl. de Ersch et Gruber,
    t. XXXII, p. 283.

« — Corps blanc, long de 15 à 33^{mm}, assez grêle, aminci de part et
« d'autre, large de 0^{mm},27, relevé en dessus ; — bouche s'ouvrant
« obliquement vers la face dorsale, dans le sens de la longueur ;—lèvres
« soutenues en dedans par deux arcs cartilagineux, élargis et prolon-
« gés en arrière par une lame qui, de plus en plus étroite, circonscrit
« la cavité pharyngienne, et sur laquelle sont implantées perpendicu-
« lairement les fibres musculaires ; — deux petits crochets sortent de
« la commissure antérieure des lèvres ; — œsophage musculeux en
« massue, long de 1^{mm},2, large de 0^{mm},25, — tégument à stries fines
« de 0^{mm},0077 à 0^{mm},0083.

« — *Mâle* long de 15^{mm},5, large de 0^{mm},5 ; — rapport de la longueur à
« la largeur, 31 ; — partie postérieure un peu enroulée ; — queue co-
« nique ; — anus à 0^{mm},28 de l'extrémité ; — ventouse musculeuse à
« 0^{mm},64 en avant ; — deux *spicules courts, foliacés,* flexibles, longs
« de 0^{mm},3, larges de 0^{mm},035 à 0^{mm},05.

« — *Femelle* longue de 15^{mm},6, large de 0^{mm},6, rapport de la lon-
« gueur à la largeur, 26 ; — queue conique droite, mucronée ; — anus
« à 0^{mm},28 de l'extrémité ; — vulve transverse située aux trois cin-
« quièmes de la longueur, à 9^{mm} de la tête ; — utérus d'abord dirigé
« en avant sur une longueur de 1^{mm}, et se divisant presque immédiate-
« ment (à 0^{mm},4 de la vulve) en deux branches larges de 0^{mm},2 à 0^{mm},35,
« dont l'une se prolonge en avant et l'autre revient en arrière pour
« se continuer chacune avec l'oviducte et l'ovaire filiforme correspon-
« dant ; — œufs elliptiques, oblongs, longs de 0^{mm},052, larges de
« 0^{mm},027, à coque lisse, revêtue d'une membrane pointillée ou granu-
« leuse, susceptible de se détacher. »

J'ai étudié cet helminthe sur deux exemplaires envoyés en 1841 au
Muséum de Paris par celui de Vienne et provenant d'un esturgeon
(*Accipenser microcephalus*).

Rudolphi en avait d'abord trouvé trois exemplaires femelles
dans le gros intestin d'un esturgeon (*Accipenser sturio*), à Greifswald,
et il les rangea parmi les ascarides ; plus tard, à Berlin, il en trouva
un grand nombre dans un autre esturgeon, mais sa description
incomplète et embarrassée n'eut pu suffire pour donner une idée
juste des ophiostomes ; en effet, Rudolphi dit que « la tête au moyen
de laquelle ces helminthes s'attachent à l'intestin, est très-difficile à
étudier, soit pendant la vie, soit après la mort ; elle est très-épaisse
et paraît souvent munie de côtes saillantes ou d'ailes membraneuses ;
en même temps, le commencement du canal digestif est très-dilaté. »

Nau avait précédemment trouvé aussi dans l'intestin de l'esturgeon,
un helminthe filiforme et à tête globuleuse, long de 13^{mm},5, et dont il
voulut faire le type d'un genre nouveau, nommé *Pleurorhynchus*, à
cause d'une trompe lisse qui paraissait sortir latéralement de la tête ;
mais il est probable que c'était tout simplement l'ophiostome de
Rudolphi, dont l'œsophage rompu faisait saillie au dehors.

6. DACNITIS DES SQUALES.   *DACNITIS SQUALI.*

Cucullanus squali galei, musée de Vienne.

« — Corps blanc, cylindrique, aminci en arrière, trente-sept fois
« aussi long que large ; — tête large de 0^{mm},32, globuleuse, inclinée
« en dessous ; — œsophage long de 2^{mm},3, épais, fortement renflé en
« massue, large de 0^{mm},15 en avant, et de 0^{mm},42 en arrière ; — tégu-
« ment à stries transverses de 0^{mm},014, et paraissant denté en scie
« sur les bords.

« — *Femelle* longue de 18^{mm},5, large de 0^{mm},5 ; — queue amincie en
« pointe assez longue ; — anus à 0^{mm},33 de l'extrémité ; — vulve située
« à 11^{mm},5 de la tête ; — œufs elliptiques, longs de 0^{mm},08. »

Cet helminthe a été envoyé en 1816 par le Muséum de Vienne à celui de Paris, comme trouvé dans l'intestin du milandre (*Squalus
galeus*).

34ᵉ Genre. OPHIOSTOME. *OPHIOSTOMA.* — Rud.

ὄφις-ὄφιος, serpent, στόμα, bouche.

« — Vers filiformes ou cylindriques, plus ou moins amincis
« de part et d'autre; à bouche large munie de deux lèvres,
« l'une supérieure, l'autre inférieure (?). » (Rud.)

Le genre ophiostome établi par Rudolphi avait été précédemment nommé *Fissule* par Lamarck, qui y comprenait les mêmes espèces, et notamment celle du phoque, que Fabricius avait décrite en prenant la tête pour la queue. Ainsi, pour Lamarck, ce nom Fissule exprimait une fente ou division profonde de la partie postérieure; pour Rudolphi, au contraire, cette partie étant avec raison regardée comme la tête, le nom Ophiostome exprime la ressemblance de leur bouche largement fendue avec celle d'un serpent.

Ce genre, tout à fait artificiel, se composait de cinq espèces qui n'ont aucun rapport entre elles, les trois premières se trouvent dans des mammifères, les deux autres, dans des poissons, et toujours dans l'intestin; mais de ces cinq espèces, il n'y en a que deux qui aient été vues et très-incomplétement étudiées par Rudolphi, l'*Ophiostoma mucronatum* des chauves-souris qui aurait besoin d'être soumis à de nouvelles recherches pour rester seul peut-être dans ce genre Ophiostome, et l'*Ophiostoma sphærocephalum* de l'esturgeon, qui est simplement un *Dacnitis;* des trois autres espèces, l'une, *Ophiostoma lepturum*, n'est fondée que sur un dessin ridicule de Tilesius, l'autre, *Ophiostoma dispar* des phoques, n'a été vue, et fort mal vue, que par Fabricius; la dernière, enfin, observée par Froelich et par moi, dans des rongeurs, constitue le genre *Rictularia.*

1. OPHIOSTOME DES CHAUVES-SOURIS. *OPHIOSTOMA MU-CRONATUM.* — Rud., *Entoz.*, t. II, ɪ, p. 117, pl. 3, fig. 13-14, et *Syn.*, p. 61, n° 2.

 Fissula mucronata, Lamarck, Hist. an. s. vert., 2ᵉ édit., t. III, p. 657.
 Ophiostoma mucronatum, Blainville, Dict. sc. nat., t. LVII, p. 540 et
  pl. 30, fig. 8.

« — Corps blanc, long de 27ᵐᵐ environ, grêle, d'égale épaisseur,
« — tête obtuse, à deux lèvres déprimées, égales; — queue (de la
« femelle) obtuse, mucronée ou terminée par une petite pointe subu-

« lée ; — anus très-rapproché de l'extrémité ; tégument paraissant
« crénelé sur les bords ; — vulve à lèvres saillantes, située au tiers
« antérieur de la longueur ; — oviductes enroulés autour de l'intestin,
« et remplis d'œufs dans lesquels se voit l'embryon enroulé ; — in-
« testin dilaté en avant et montrant des stries transverses nombreuses. »

Rudolphi en trouva deux fois à Greifswald quatre et cinq exemplaires dans l'intestin de l'oreillard (*Plecotus auritus*) ; on l'a trouvé
au musée de Vienne une seule fois parmi dix-sept *Plecotus auritus,*
une seule fois parmi deux cent quatre-vingt-quatre *Vespertilio lasiopterus* (? *Vespertilio noctula,* Cuv.), et dix fois sur deux cent quarante-
quatre dans le *Vespertilio murinus.* Gœze et Zeder ont trouvé aussi,
dans l'oreillard, des helminthes qu'ils ont pris pour des ascarides, mais
qui pourraient bien être cet ophiostome ; cependant Zeder dit que ses
ascarides avaient l'œsophage en forme de pilon et l'utérus bicorne ;
mais il les perdit sans les avoir pu étudier suffisamment. Moi-même,
au mois de février 1843, j'ai reçu à Rennes des helminthes filiformes
blancs qui venaient d'être trouvés dans un oreillard ; mais je les ai
perdus avant d'avoir eu le temps de les observer.

? 2. OPHIOST. DES PHOQUES. *OPHIOST. DISPAR.* — Rud.

♂ *Ascaris atak,* Müller, Prodr. zool. dan., n° 2592.
    Ascaris bifida, Fabricius, Faun. groenl., p. 273, n° 252.
    Ascaris bifida, Müller, Zool. dan., t. II, p. 47, pl. 74, fig. 3.
    Ophiostoma bifidum, Zeder, Naturg., p. 128, n° 2.

♀ *Ascaris neitsib,* Müller, Prodr. zool. dan., n° 2590.
    Ascaris phocæ, Fabricius, Faun. groenl., p. 272, n° 250.
    Ascaris phocæ, Müller, Zool. dan., t. II, p. 46, pl. 74, fig. 1.
    Ascaris phocæ et *Echinorhynchus phocæ,* Gmelin, Syst. nat., p. 3030, n° 4,
       et p 3044, n° 1.
    Proboscidea bifida, Encycl. méth., pl. 32, fig. 8 (d'après Müller).
    Ophiostoma phocæ, Zeder, Naturg., p. 128, n° 1.

♂ et ♀ *Ophiostoma dispar,* Rud., Entoz., t. II, i, p. 119, et Syn., p. 61, n° 4.

« — *Mâle* plus petit que la femelle, blanchâtre, cylindrique, lisse,
« aminci en arrière ; — tête à deux lèvres inégales ; — queue assez
« obtuse, terminée par une pointe longue et grêle, à la base de la-
« quelle se trouve un pore d'où sort une soie très-déliée (spicule ou
« pénis).
« — *Femelle* longue de 94 à 216ᵐᵐ, large de 2ᵐᵐ,25, amincie de part
« et d'autre, davantage en arrière, demi-transparente, avec les
« ovaires blancs, opaques ; — tête à deux lèvres, dont la supérieure
« est plus large ; — queue courbée en crochet, assez obtuse. »

Fabricius seul a trouvé ces helminthes dans les phoques des mers
polaires, *Phoca fœtida* et *Phoca groenlandica ;* il les étudia si légèrement avec une simple loupe qu'il prit d'abord la queue pour la tête
de son *Ascaris bifida,* et qu'il ne reconnut pas son *Ascaris phocæ* pour

la femelle de l'autre ; il ne les avait pas conservés, et c'est d'après ses
souvenirs seulement que, plus tard, il exprima sur sa première opinion des doutes que Rudolphi a changés en certitude, d'après l'examen
des figures de la *Zoologia danica.*

? ? 3. OPHIOSTOME DES CORYPHÈNES.   *OPHIOSTOMA LEP-
TURUM.* — Rudolphi (*Entoz.,* II, I, p. 121, pl. 7, fig. 1-2, d'après
Tilesius, et *Synops.,* p. 61, n° 5.)

« — Corps long de 85^mm environ, large de 1^mm,7 au milieu, aminci
« de part et d'autre, mais bien davantage en arrière, où il se termine
« par une queue presque capillaire ; — partie antérieure un peu
« renflée vers la tête, qui, plus épaisse à la base, se prolonge en
« une sorte de museau dont la lèvre supérieure est plus courte, et
« l'inférieure deux fois plus longue ; — une tache en forme d'œil
« (?) est représentée au milieu de la tête. »

Rudolphi a établi cette espèce, plus que douteuse, d'après une figure
fantastique, représentant plutôt un petit syngnathe, et que Tilesius
lui transmit comme représentant un helminthe trouvé par lui-même
dans l'intestin de la *Coryphæna hippuris.*

? 4. OPHIOSTOME DE L'ESTURGEON.   *OPHIOSTOMA
SPHÆROCEPHALUM.* — Rudolphi. (Voy. *Dacnitis.*)

— Rudolphi, dans son *Entoz. His. Nat.,* avait nommé *Ophiostoma
cystidicola,* un helminthe que plus tard il a rangé dans le genre
Spiroptère (voy. pag. 81), et qui se trouve inscrit dans la nouvelle
édition de Lamarck (t. III, p. 658), comme synonyme de l'*O. lepturum.*

35e Genre. DOCHMIE.   *DOCHMIUS.* — Duj.

Strongylus (en partie), Rud.

δόχμιος, à coiffure ou chevelure oblique.

« — Vers à corps blanc, cylindrique, assez mince, trente à
« quarante fois environ plus long que large ; — tête relevée et
« obliquement tronquée en dessus, contenant une large cavité
« pharyngienne anguleuse tapissée par une membrane résis-
« tante ; — bouche latérale ; — œsophage musculeux, renflé en
« arrière, où il tient lieu de ventricule ; — tégument finement
« strié en travers.

« — *Mâle* ayant l'extrémité postérieure tronquée et terminée
« par une large expansion membraneuse, tantôt rapprochée, en
« forme de bourse, tantôt plus ou moins ouverte et campanulée,
« formée de deux lobes latéraux, soutenus par des côtes rayon-

« nantes et réunies en arrière par la pointe caudale, qui est
« élargie elle-même en un lobe aigu, recourbé en dedans ; —
« deux spicules longs et grêles.

« — *Femelle* à queue amincie, droite, conique, obtuse ou
« mucronée ; — vulve située en arrière du milieu, aux deux tiers
« environ de la longueur. »

Le genre *Dochmius* se compose d'espèces très-analogues entre
elles, et dont plusieurs même devront probablement être réunies ; Rudolphi les laissait dans la troisième section de son genre
Strongle, parmi les espèces à bouche nue ; mais ici, bien loin
d'être nue, la bouche est entourée d'un appareil capsulaire complexe. On ne peut donc les laisser avec des espèces à tête amincie,
souvent capillaire et à bouche orbiculaire très-petite : d'autant
plus que la bourse caudale chez les nématoïdes n'est jamais en
rapport avec le reste de l'organisation ni même avec la forme des
spicules, et qu'elle ne peut fournir un caractère générique
suffisant.

Les *Dochmius* ne se sont trouvés que dans l'intestin de plusieurs
mammifères carnivores, du blaireau, de l'ours, du chien, du
renard, des diverses espèces de chat et de genettes ; ils sont
blancs, petits, mais pourtant bien visibles à l'œil nu.

1. DOCHMIE DU BLAIREAU. *DOCHMIUS CRINIFORMIS.*

Ascaris criniformis, Goeze, Naturg., p. 106, pl. 3, fig. 1-4.
Strongylus melis, Müller, dans Naturf., XXII, p. 55.
Uncinaria melis, Froelich, dans Naturf., XXIV, p. 136.
Uncinaria melis, Gmelin, Syst. nat., p. 3041.
Strongylus criniformis, Rud., Entoz., t. II, 1, p. 234, et Syn., p. 35, n° 22.

« — Corps blanc, un peu aminci de part et d'autre, long de 6 à
« 9ᵐᵐ (Rud.), de 18ᵐᵐ (Goeze), trente-cinq fois aussi long que large ;
« — tête inclinée et obliquement tronquée, ou terminée par deux
« larges lobes repliés en forme de casque autour de la bouche ; —
« œsophage charnu, en massue ; — tégument strié transversalement.

« — *Mâle* terminé en arrière par une bourse presque globuleuse,
« formée de deux lobes dont l'un est plus grand et soutenu par des
« côtes cartilagineuses.

« — *Femelle* un peu plus grande, plus amincie en arrière, à queue
« un peu obtuse (Rud.) (aiguë, Goeze) ; — vulve peu éloignée de
« l'extrémité caudale ; — oviducte rempli d'œufs globuleux. »

Goeze le trouva deux fois dans le rectum du blaireau, le 23 avril,
et à l'automne de l'année 1780 ; Rudolphi le trouva une seule fois au
mois d'octobre, à Greifswald, en quantité innombrable, dans tout
l'intestin aussi d'un blaireau (*Meles taxus*) ; il soupçonne, en outre,

que Redi (*Anim. Viv.*, p. 137 et 138., Vers., p. 203, 204), l'avait aussi trouvé dans les tubercules de l'œsophage et dans les cryptes des glandes sous-caudales. On l'a trouvé quatre fois sur quatorze dans l'intestin du blaireau, à Vienne.

La figure donnée par Gœze, comme exprimant la grandeur naturelle, me paraît avoir été considérablement exagérée par le dessinateur. Cet auteur suppose, d'ailleurs, que les côtes soutenant la bourse du mâle sont deux crochets courbes qui pourraient être les organes génitaux (*an genitalia?*), c'est d'après cela que Frœlich avait adopté le nom générique d'*Uncinaria*.

? 2. DOCHMIE DE L'OURS.   *DOCHMIUS URSI.*

Strongylus ursi maritimi, musée de Vienne.

« — Corps blanc, cylindrique, trente-huit fois aussi long que large,
« aminci en arrière; — tête longue de 0^{mm},12, large de 0^{mm},09, obli-
« quement tronquée; — bouche large, suivie d'une vaste cavité pha-
« ryngienne, tapissée par une membrane résistante qui paraît résulter
« de la soudure de deux lobes latéraux symétriques, soutenus par des
« côtes plus épaisses; — œsophage en massue, long de 0^{mm},75, large
« de 0^{mm},15; — tégument à stries transverses de 0^{mm},0032, très-peu
« visibles.

« — *Femelle* longue de 6^{mm},6 à 7^{mm},6, large de 0,^{mm},18 à 0^{mm},20; —
« queue en pointe allongée et terminée par une soie, ou mucronée; —
« anus à 0^{mm},13 de l'extrémité; — vulve située au tiers antérieur de
« la longueur; — œufs elliptiques, longs de 0^{mm},073 à 0^{mm},078. »

J'ai vu seulement des femelles de cet helminthe trouvées dans l'intestin de l'ours blanc (*Ursus maritimus*), au Muséum de Vienne, et envoyées en 1816, sous le n° 51, au Muséum de Paris.

Je ne vois pas de différences essentielles entre cette espèce et les suivantes, quant à présent, mais peut-être le mâle diffère-t-il davantage.

3. DOCH. TRIGONOCÉPHALE.   *DOCH. TRIGONOCEPHALUS.*

(α)   du chien. *Strongylus trigonocephalus*, RUDOLPHI, Entoz., t. II, ɪ, p. 231,
     pl. 2, fig. 5-6, et Syn., p. 35 et 265, n° 17.

(β)   du renard. *Strongylus tetragonocephalus*, RUDOLPHI, Entoz., t. II, ɪ,
     p. 232, et Syn., p. 35 et 265, n° 17.
     Uncinaria vulpis, FRŒLICH, dans Naturf., XXIV, p. 137, pl. 4, fig. 18-19.
     Strongylus vulpis, ZEDER, Nachtrag., p. 45.

« — Corps blanc, mince, cylindrique, long de 8 à 11^{mm} (de 11 à 20^{mm},
« RUD.), large de 0^{mm},28; — rapport de la longueur à la largeur, 36; —
« tête longue de 0^{mm},143, large de 0^{mm},114, relevée et obliquement tron-
« quée vers la face dorsale, ou terminée par une vaste cavité buccale
« qu'enveloppent deux larges lobes, assez minces, soudés et repliés;

« — œsophage claviforme, musculeux, long de 0^{mm},74, large de
« 0^{mm},138; — tégument à stries transverses écartées de 0^{mm},004.

« — *Mâle* terminé en arrière par une large bourse, tantôt presque
« globuleuse, tantôt ouverte et comme campanulée, formée par deux
« lobes latéraux assez larges que soutiennent trois à quatre côtes, et
« que réunit en arrière la pointe caudale élargie et recourbée en
« dedans ; — *deux spicules* très-grêles, flexibles, longs de 0^{mm},55.

« — *Femelle* à queue amincie, conique, longue de 0^{mm},205, à partir
« de l'anus, mucronée, c'est-à-dire terminée brusquement par une
« petite pointe grêle; — vulve située à 5 ou 6^{mm} de la bouche; —
« œufs longs de 0^{mm},074, larges de 0^{mm},048. »

Je l'ai trouvé dans l'intestin grêle de sept renards tués à la forêt
de Rennes en mars, avril et mai. Frœlich le premier l'avait trouvé
au mois d'octobre dans le gros intestin, près du rectum; Zeder ensuite le trouva aussi vers la fin de l'intestin grêle du renard, au mois
de novembre. C'est d'après les ouvrages de ces deux naturalistes que
Rudolphi composa sa description qui diffère un peu de la nôtre, surtout quant aux dimensions de l'helminthe. Cet auteur l'ayant reçu
plus tard de Treutler, qui l'avait trouvé dans l'intestin du renard,
vérifia, dit-il, sa description et la trouva exacte, sauf la forme de la
queue de la femelle qui n'est pas déprimée.

M. Bellingham inscrit cette espèce comme trouvée par lui en Irlande dans l'estomac et l'intestin grêle du renard.

Sur soixante-deux renards disséqués au musée de Vienne, un seul
est porté au catalogue comme ayant contenu le *Strongylus trigonocephalus*, attribué par Rudolphi exclusivement au chien : y a-t-il erreur, ou bien a-t-on pensé que les deux espèces devraient être
réunies ?

C'est d'ailleurs l'opinion que j'adopte; la description donnée par
Rudolphi pour l'helminthe du chien diffère sans doute beaucoup
de celle que nous venons de donner pour l'helminthe du renard, notamment par la longueur du corps (de 13^{mm},5 à 27^{mm}), par la position
de la vulve qui est, dit-il, peu éloignée de l'extrémité caudale, et
par les œufs qui sont très-petits, presque globuleux; mais je suis
convaincu qu'il a confondu plus d'une fois le spiroptère du chien avec
ce dochmie, et que c'est là ce qui rend sa description inexacte.

En effet, la figure qu'il donne d'un des helminthes trouvés primitivement par Chabert dans l'estomac d'un chien, ressemble suffisamment
à nos dochmies du renard. On voit d'ailleurs la source de l'erreur
qu'il a pu commettre quand il indique comme des vers de la même
espèce ceux qui précédemment avaient été trouvés par Wepfer, Hartmann, Dolæus et Schulze dans des tumeurs de l'estomac, par Morgagni
dans des tubercules de l'œsophage et de l'aorte, et par Redi dans des
tubercules de l'œsophage du chien, quoique ces derniers, colorés en
rouge, soient vraisemblablement des *Spiroptera sanguinolenta*. Au
musée de Vienne, en disséquant cent quarante-quatre chiens, on a

trouvé une seule fois cet helminthe dans l'intestin. On l'indique aussi comme trouvé à Paris, en 1813, dans le cœur même d'un de ces animaux. M. Bellingham l'a trouvé en Irlande dans l'intestin du chien.

4. DOCHMIE DE LA GENETTE. *DOCHMIUS CRASSUS.* — Duj.

« — Corps dix-huit fois seulement aussi long que large, aminci vers
« les extrémités; — tête fortement recourbée en dessus, oblique-
« ment tronquée, large de 0^{mm},104, longue de 0^{mm},145 ; — œsophage
« épais et court, long de 0^{mm},56, large de 0^{mm},117 ; — tégument à
« stries t ansverses, bien distinctes, de 0^{mm},007 à 0^{mm},008.
« — *Femelle* longue de 7^{mm},5, large de 0^{mm},42, à queue conique
« tronquée et mucronée; — anus à 0^{mm},062 de l'extrémité; — vulve
« située au quart postérieur de la longueur, à 5^{mm},5 de la tête; —
« œufs elliptiques, longs de 0^{mm},051 (non mûrs?). »

Je n'ai vu de cette espèce qu'une seule femelle trouvée par M. Gervais dans l'intestin d'une genette (*Viverra*) du Sénégal. Elle se distingue nettement des autres espèces par son épaisseur relativement plus considérable, et par les stries du tégument beaucoup plus fortes.

5. DOCHMIE DES CHATS. *DOCHMIUS TUBÆFORMIS.*

Strongylus tubæformis, Zeder, Nachtrag., p. 73 et 74.
Strongylus tubæformis, Rud., Entoz., t. II, i, p. 236, et Syn., p. 36, n° 19.

« — Corps grisâtre, cylindrique, grêle, aminci en avant, trente à
« quarante fois aussi long que large; — tête recourbée en dessus et
« *très-obliquement tronquée;* — œsophage assez allongé, en massue,
« long de 0^{mm},5, large de 0^{mm},11 ; — tégument à stries transverses de
« 0^{mm},006 à 0^{mm},0063.
« — *Mâle* long de 6 à 7^{mm}, large de 0^{mm},15 à 0^{mm},17; — bourse cau-
« dale et évasée en trompette (*tubæformis*), longue de 0^{mm},26, large
« de 0^{mm},32; — deux spicules longs de 0^{mm},5, larges de 0^{mm},0033 *très-*
« *grêles.*
« — *Femelle* longue de 6^{mm},5 à 9^{mm}, à queue conique, aiguë et
« mucronée; — anus à 0^{mm},137 de l'extrémité; — vulve située en
« arrière du quart postérieur, à 1^{mm} seulement en avant de l'anus;
« — œufs longs de 0^{mm},045 à 0^{mm},047. »

Zeder l'avait trouvé une seule fois dans le duodénum d'un chat (*Felis catus*). M. Gervais l'a trouvé à Paris assez abondamment dans l'intestin des *Felis concolor* et *Felis viverrina*, morts à la Ménagerie. C'est d'après ses exemplaires que j'ai complété la description de Zeder.

36ᵉ Genre.   RICTULAIRE.   *RICTULARIA.* — Frœlich.

Rictus, *rictula*, fente, gueule fendue.

« — Vers cylindriques, amincis en avant, à tête nue, obtuse,
« portant *en dessous* (?), à une petite distance de l'extrémité,
« une *bouche transverse, béante et dentée, en forme de gueule;*
« — lèvre supérieure, ou portion terminale de la tête, en forme
« de casque; — œsophage musculeux, en massue, sans ventri-
« cule et sans cœcum; — vulve située latéralement, ou presque
« à la face dorsale (?), et rapprochée de la tête; — utérus court,
« divisé en deux oviductes parallèles, et dirigés en arrière; —
« anus situé sur la face opposée à la bouche. »

Frœlich a établi ce genre pour une seule espèce d'helminthe
vivant dans l'intestin du mulot (*Mus silvaticus*), et qui se distingue de tous les autres nématoïdes par des particularités surprenantes; ainsi, sà bouche est tout à fait inférieure, comme
celle des poissons cartilagineux; sa vulve est située latéralement,
ou même sur le dos, si l'on regarde la bouche comme occupant
la face ventrale; mais si l'on considère que l'anus est situé aussi
sur la face opposée à la bouche, on est conduit à penser que la
bouche pourrait bien s'ouvrir à la face dorsale comme chez les
Dochmius et les *Dacnitis.* Rudolphi, qui n'en eut connaissance
que par la description de Frœlich, interpréta fort mal cette description, en disant que la lèvre serait en crête (*cristatum*) et en
plaçant cet helminthe si remarquable parmi ses ophiostomes.
On verra d'ailleurs, par la description suivante, combien cette
opinion est peu fondée.

1. RICTULAIRE DU MULOT.   *RICTULARIA CRISTATA.* —
Frœlich, dans *Naturforscher*, XXIX, p. 9, pl. 1, fig. 1-3.

Ophiostoma cristatum, Rudolphi, Synopsis, p. 60 et 304.

« — Corps plus ou moins rouge (blanchâtre chez les jeunes ou après
« le séjour dans l'alcool), cylindrique, plus aminci en avant, long
« de 16 à 66ᵐᵐ (♀), large de 0ᵐᵐ,4 à 1ᵐᵐ,32; — quarante à cinquante
« fois aussi long que large; — tête large de 0ᵐᵐ,28, terminée par une
« lèvre épaisse, arrondie en forme de casque avec quelques petites
« papilles; — bouche transverse, réniforme ou en demi-cercle, large
« de 0ᵐᵐ,18, bordée en avant par une rangée de douze petites dents,
« et limitée en arrière par une lèvre inférieure (? ou postérieure),
« renflée et saillante, portant elle-même en dedans une bordure de
« douze à quinze dents aiguës (Frœlich signale deux dents latérales
« qui sont le résultat d'une illusion d'optique causée par l'épaisseur

« du tégument buccal); — œsophage long de 4^{mm},3, large de 0^{mm},3;
« — tégument mou, lisse pendant la vie, quelquefois ridé ou plissé
« transversalement, mais sans stries transverses; ayant deux bandes
« longitudinales internes, larges de 0^{mm},17, plus transparentes que le
« reste et portant, à partir de la tête jusqu'à la vulve, *une rangée* non
« symétrique *de dix-huit à vingt crochets oblongs et obliques, peu*
« *saillants,* finement striés, qui rendent cette partie crêtée (*cristata*).
« — *Femelle* à queue conoïde, obtuse, assez épaisse; — anus situé
« à 0^{mm},4 de l'extrémité; — vulve située latéralement vers la face dor-
« sale (? ou opposée à la bouche), large et transverse; — utérus long
« de 1^{mm},3, large de 0^{mm},26, divisé en deux oviductes très-longs (de
« 150^{mm} et plus), d'abord minces, presque filiformes, puis larges de
« 0^{mm},4 à 0^{mm},6, repliés un grand nombre de fois en arrière et reve-
« nant se terminer près de la vulve par un ovaire filiforme très-
« mince; — œufs elliptiques, d'abord longs de 0^{mm},041 et revêtus
« d'une coque épaisse, puis revêtus d'une deuxième coque et longs
« alors de 0^{mm},050, et contenant un embryon replié. »

Ainsi que Frœlich, je n'ai trouvé de cet helminthe que des femelles,
mais j'ai eu des exemplaires beaucoup plus grands que les siens et
adultes; en effet, le 2 mars 1844, j'ai eu dans le duodénum d'un mulot
(*Mus silvaticus*) trois rictulaires longues de 46, 50 et 66 ^{mm}, larges de
1^{mm},30 à 1^{mm},32, d'un rouge assez vif et qui dilataient fortement cet intestin; le 1er avril, je trouvai encore dans le duodénum d'un mulot une
femelle longue de 40^{mm} et de jeunes femelles de 16^{mm}; ces mulots
provenaient d'une seule localité, à 1 myriamètre au nord de Rennes,
et trente autres mulots de cette même localité, ainsi que vingt-quatre
mulots pris autour de la ville, n'en contenaient pas.

Le catalogue du musée de Vienne le porte comme trouvé une fois
dans le *Myoxus dryas* et quatre fois sur trente-deux dans le loir
(*Myoxus glis*).

Ier APPENDICE.

NÉMATOÏDES VRAIS QUI NE PEUVENT ÊTRE CLASSÉS SUREMENT DANS LES PRÉCÉDENTES SECTIONS.

37e GENRE. STELMIE.   *STELMIUS.* — DUJ.

στέλμα, ceinture, sangle.

« — Vers blancs, cylindriques, amincis peu à peu en avant,
« et plus brusquement en arrière, à tête en partie rétractile,
« comme tronquée et entourée d'un bord saillant formé par un
« pli du tégument; — bouche orbiculaire, accompagnée par
« deux papilles saillantes.

« — *Femelle* à queue brusquement amincie, subulée, courte,
« relevée; — vulve située un peu en avant de l'anus. »

Je n'ai trouvé que des femelles des helminthes que je désigne
sous ce nom, et qui doivent certainement former un genre distinct; mais il faut attendre que le mâle soit connu pour leur
assigner la place qui leur convient dans une classification méthodique. On les trouve dans l'intestin du congre.

1. STELMIE DU CONGRE.   *STELMIUS PRÆCINCTUS.* —
Duj., *n. sp.*

« — Corps blanc, aminci peu à peu en avant; — tête entourée d'un
« bord saillant, cupuliforme; — bouche enfoncée entre deux lobes
« arrondis, gonflés, portant chacun une papille aiguë; — tégument
« strié transversalement; — stries de 0^{mm},0030 à 0^{mm},0035.
« — *Femelle* longue de 34^{mm}, large de 0^{mm},80 en arrière, et s'amin-
« cissant peu à peu en avant, jusqu'à n'avoir que 0^{mm},30 près de la
« tête, qui est entourée d'un rebord circulaire large de 0^{mm},34; —
« queue brusquement amincie et coudée ou relevée en arrière de
« l'anus, qui est à 0^{mm},54 de l'extrémité; — vulve saillante située à
« 0^{mm},53 en avant de l'anus, à l'endroit même où le diamètre du
« corps commence à décroître; — œufs elliptiques, longs de 0^{mm},048,
« larges de 0^{mm},034. »

Je l'ai trouvé plusieurs fois à Rennes, pendant les mois de mars et
d'avril, dans l'intestin du congre (*Murœna conger*).

? 38ᵉ Genre. LIORHYNQUE.   *LIORYNCHUS.* — Rud.

λεῖος, lisse, ῥύγχος, bec, trompe.

« — Vers à corps cylindrique, élastique, à tête obtuse, sans
« valves, laissant sortir un tube lisse, rétractile comme une
« trompe. » (Rud.)

Ce genre, établi par Rudolphi, et caractérisé par sa trompe
lisse, est artificiel, et très-douteux pour son auteur lui-même;
car il déclare que la première espèce observée par lui seul
vingt-six ans auparavant, exigerait un nouvel examen; que la
seconde, trouvée par O. Fabricius, est extrêmement douteuse,
et que la troisième pourrait bien être un spiroptère.

? 1. LIORHYNQUE DU BLAIREAU. *LIORHYNCHUS TRUNCATUS.*
— Rud., *Entoz.,* t. II, i, p. 247, et *Syn.,* p. 62.

« — Corps blanchâtre extérieurement et coloré intérieurement par
« l'intestin noirâtre, long de 4^{mm},5 à 6^{mm},7, mince comme un poil,

« assez roide, courbé et fixé à la muqueuse de l'intestin grêle ; —
« tête tronquée, laissant sortir un tube cylindrique, rétractile, sans
« lèvres distinctes ; — queue un peu amincie, très-aiguë. »

Rudolphi seul a trouvé une fois cet helminthe très-abondamment
dans l'intestin d'un blaireau (*Meles taxus*), à Greifswald, en octobre
1792 ; il dit que pendant la vie il faisait sortir et rentrer le petit tube
antérieur. Personne n'a revu cet helminthe ; Rudolphi lui-même l'a
cherché en vain depuis, et comme alors il n'avait pas encore les con-
naissances en helminthologie qui, plus tard, l'ont rendu si célèbre, il
est probable que son observation a besoin d'être vérifiée.

? 2. LIORHYNQUE DU RENARD. *LIORHYNCHUS VULPIS.* — Duj.

J'ai trouvé desséchés, au fond d'un ancien flacon de la collection
du Muséum portant cette inscription : *v. g. d. canis vulpis pulm.*
(vers d'un genre douteux du poumon d'un renard), plusieurs vers
filiformes que j'ai pu étudier un peu en les ramollissant. Ils sont
longs de 10 à 12^{mm}, larges de 0^{mm},25 à 0^{mm},30, ou quarante fois aussi
longs que larges ; le tégument est sans stries transverses ; mais en
avant il présente seize à vingt crêtes transverses ou plis saillants et
régulièrement froncés comme ceux que Rudolphi a représentés
(*Entoz.*, pl. 12, fig. 2), d'après Braun, sur le liorhynque de l'anguille, et dont les stries fines se prolongent en avant sur le tégument.
Toute la partie antérieure du corps paraît d'ailleurs, autant qu'on en
peut juger, avoir été très-extensible, et sur un exemplaire l'extrémité est prolongée en une sorte de trompe lisse longue de 0^{mm},20,
large de 0^{mm},04, terminée par la bouche nue et ronde.

A la base de cette sorte de trompe, le corps est très-élargi, et ses
crêtes transverses sont beaucoup plus rapprochées. A l'intérieur on
voit par transparence un œsophage musculeux long de 0^{mm},23, large
de 0^{mm},049, suivi d'un renflement de l'intestin ou d'un ventricule
large de 0^{mm},095, et à côté on distingue deux corps allongés comme
les lemnisques des échinorhynques ; la queue est terminée en pointe ;
l'anus est à 0^{mm},2 de l'extrémité, et tout l'intérieur du corps est rempli
d'embryons libres et d'œufs à coque membraneuse, longs de 0^{mm},058,
contenant un embryon replié. Cet helminthe est bien certainement
analogue à celui de Braun, et il doit constituer un genre distinct.

— Ce même helminthe a été trouvé au Muséum de Vienne et envoyé
à celui de Paris en 1816, avec cette indication : *Verm. gen. nov. canis
vulpis è pul.* (n° 31), mais il est complétement altéré.

? 3. LIORHYNQUE DU PHOQUE.   *LIOR. GRACILESCENS.* — Rud.

Ascaris tubifera, Fabricius, Faun. groenl., p. 273, n° 251.
Ascaris tubifera, Müller, Zool. dan., t. II, p. 46, pl. 74, fig. 2.
Echinorhynchus tubifer, Gmelin, Syst. nat., p. 3044, n° 2.
Proboscidea bifida, Encycl. méth., pl. 32, fig. 9-10 (d'après Müller).
Liorhynchus gracilescens, Rud., Entoz., t. II, i, p. 248, et Syn., p. 62, n° 2.

« — Corps blanchâtre, glabre, long de 26^{mm} environ, large de 1^{mm},12

« en avant, plus mince en arrière, et terminé en pointe très-aiguë ;—
« tête tronquée, laissant sortir un tube court, cylindrique, plus
« étroit, tronqué, et sans lèvres. »

Fabricius seul a vu cet helminthe dans l'estomac du phoque barbu
(*Phoca barbata*), au Groenland ; Rudolphi doute lui-même si la
trompe représentée comme lisse n'est pas en réalité épineuse ; dans
ce cas, ce serait un échinorhynque.

4. LIORHYNQUE DE L'ANGUILLE.   *LIORHYNCHUS DENTI-CULATUS*.— Rudolphi.

Gœzia inermis, Zeder, Nachtrag., p. 102.
Cochlus inermis, Zeder, Naturg., p. 50, pl. 1, fig. 6.
Liorhynchus denticulatus, Rud., Entoz., t. II, ı, p. 249, pl. 12, fig. 1-2, et
      Synopsis, p. 62 et 307, n° 3.
Liorhynchus denticulatus, Bremser, Icon. helminth., pl. 5, fig. 19-22.
Liorhynchus denticulatus, Blainville, Dict. sc. nat., t. LVII, p. 548,
      pl. 30, fig. 9.

« — Corps blanc, cylindrique, un peu aminci à la partie antérieure,
« où il est armé de huit à dix rangées transverses de denticules ; —
« tête obtuse, d'où sort un tube un peu plus étroit, cylindrique,
« court, avec un orifice orbiculaire entouré d'une lèvre gonflée.
« — *Mâle* plus grêle, long de 6ᵐᵐ,7 à 7ᵐᵐ,9, à queue enroulée en
« spirale, avec des ailes ou membranes latérales, et un spicule simple,
« filiforme, recourbé, assez long.
« — *Femelle* longue de 11 à 18ᵐᵐ, à queue plus épaisse d'abord,
« puis amincie avant l'extrémité, et terminée par une longue pointe
« grêle ; — œufs elliptiques, petits, à bord transparent. »

Zeder, le premier, trouva cet helminthe dans l'estomac d'une anguille, et croyant que les rangées transverses de denticules ou crénelures à la partie antérieure, se continuent en hélice, il lui donna le
nom de *Cochlus*. Rudolphi put d'abord vérifier la description de Zeder
d'après le dessin d'un liorhynque trouvé par Braun dans l'anguille ;
mais ensuite il eut lui-même entre les mains plusieurs exemplaires
trouvés dans ce poisson par Hübner, et il rectifia en partie cette description ; toutefois, n'ayant pu voir la prétendue trompe saillante de
cet helminthe, il ajouta : « Si la bouche était orbiculaire, je reporte-
« rais cette espèce parmi les spiroptères. » Cet helminthe paraît fort
rare ; au musée de Vienne on l'a cependant trouvé deux fois parmi
quarante-trois anguilles ; de mon côté je n'ai pu le rencontrer dans
vingt-quatre anguilles.

— J'ai vu dans les collections du Muséum, sous le nom de *Liorhynchus* du saumon, une *Filaria piscium*, revêtue du tube ou kyste dans
lequel elle a pris naissance, excepté à l'extrémité antérieure qui,
plus lisse et plus étroite, devait donner exactement l'idée d'un
liorhynque, suivant la définition de Rudolphi.

? 39ᵉ Genre. PRIONODERME. *PRIONODERMA.*—Rud.

πρίων, scie, δέρμα, peau.

« Vers à corps allongé et déprimé ou cylindrique, assez épais,
« plissé transversalement, et paraissant *denté en scie* sur les
« bords; tête lobée.

« — *Mâle* ayant deux spicules égaux. »

Rudolphi avait d'abord institué son genre Prionoderme pour
y placer à la fois le *Pentastoma tænioides* et l'helminthe dont
nous allons parler, mais plus tard, lui-même, séparant le pentastome pour le placer dans son genre polystome (*Entoz.*, t. II,
I, p. 439), il inscrivit le genre prionoderme avec la seule espèce restante, parmi les genres dont la place est douteuse (*Entoz.*, t. II, II, p. 254). Dans son *Synopsis* enfin (p. 196 et 308),
il inscrit simplement l'helminthe en question parmi les *Entozoaires* douteux (n° 74), sans même lui donner de nom; cependant on ne peut douter que cet helminthe n'existe réellement; Gœze, si véridique, l'a trouvé dans le silure, et en a
donné une figure tellement détaillée qu'elle ne peut être ima-
ginaire. Rudolphi lui-même l'a vu en Italie dans l'ancienne collection de Gœze, et ajoute quelques détails à sa description. Je
pense donc qu'il faut encore le maintenir, au moins parmi les
genres douteux, jusqu'à ce que de nouvelles recherches nous
aient fixés sur sa vraie structure.

PRIONODERME DU SILURE.   *PRIONODERMA ASCAROIDES.*
— Rudolphi.

Cucullanus ascaroides, Gœze, Naturg., p. 134, pl. 8, fig. 11-14.
Tœnia cucullanus, Schrank, Verzeichn, p. 50 et 196.
Gœzia armata, Zeder, Nachtrag., p. 100.
Cochlus armatus, Zeder, Naturg., p. 50.
Prionoderma ascaroides, Rud., Entoz., t. II, II, p. 254, pl. 12, fig. 3.

« — Corps blanchâtre, avec les viscères d'un blanc opaque, long
« de 27ᵐᵐ environ, large de 2ᵐᵐ,25 et épais de 0ᵐᵐ,56 (comprimé (?));
« — tête distincte, rétractile, large de 0ᵐᵐ,6; — bouche armée (?)
« d'un crochet court de chaque côté; — tégument plissé transversa-
« lement avec régularité, et paraissant denté en scie sur les bords;
« — deux spicules arqués assez larges; — œufs presque globuleux,
« contenant sous une enveloppe transparente un vitellus qui paraît
« double. »

Gœze seul a trouvé dans l'estomac d'un *Silurus glanis* neuf exemplaires de cet helminthe, que Rudolphi et Braun ont cherché vainement dans ce même poisson.

40ᵉ Genre. CHIRACANTHE. *CHEIRACANTHUS.*—Dies.

χείρ, main, ἄκανθα, épine, c'est-à-dire, épine palmée.

« Vers à corps cylindrique, aminci en arrière, à tégument « armé dans la partie antérieure de petites épines palmées à « deux, trois ou cinq dents, devenant plus petites, simples et « tout à fait nulles vers le milieu du corps; tête presque glo- « buleuse, hérissée d'épines courtes, simples, et séparée par un « étranglement; — bouche terminale à deux valves et nue (?).

« — *Mâle* à queue roulée en spirale, concave en dessous, et « munie de deux séries de trois papilles; — spicule simple, co- « nique, allongé. »

M. Diesing, en décrivant ce genre, exprime lui-même la pensée que c'est probablement le même que M. Owen a nommé Gnatho-stome, et décrit différemment, comme on le verra plus loin. Dans l'anatomie de ses deux espèces de chiracanthe, ainsi que pour les les autres nématoïdes qu'il a fait connaître dans les *Annales du Muséum de Vienne*, M. Diesing admet des détails de structure qui nous semblent peu vraisemblables; il regarde notamment comme des vaisseaux dans le tégument ce que nous croyons être simplement des fibres, et ce qu'on ne pourrait juger autrement d'après des objets conservés dans l'alcool.

CHIRACANTHE ROBUSTE. *CHEIRACANTHUS ROBUSTUS.* — Diesing, dans *Annalen d. Wien. Museums.* 1839, t. II, p. 222, pl. 14, fig. 1-7.

« — Corps long de 11 à 13ᵐᵐ,5, large de 2ᵐᵐ,25 environ au milieu, « presque cylindrique, aminci en arrière; — épines antérieures à « quatre, puis à trois dents presque égales; — épines postérieures à « deux dents, puis à une dent, et finissant par disparaître. »

Trouvé au musée de Vienne, engagé dans les membranes de l'estomac d'un chat sauvage (*Felis catus*), et ensuite au Brésil dans l'estomac de deux *Felis concolor*.

2. CHIRACANTHE GRÊLE. *CHEIRACANTHUS GRACILIS.* — Dies., l. c., p. 225, pl. 14, fig. 8-11.

« Corps long de 28 à 45ᵐᵐ, large de 2ᵐᵐ,25, armé en avant d'épines « palmées, allongées, à cinq ou quatre dents, et dont la dent intermé-

« diaire est la plus longue ; — épines postérieures à trois, puis à deux
« dents, et enfin simples et finissant par disparaître au milieu du corps. »

Trouvé, au Brésil, dans l'intestin du *Sudis gigas*. (Cuv.)

40ᵉ (α) Genre. GNATHOSTOME.   *GNATHOSTOMA.*
— Owen.

γνάθος, mâchoire, στόμα, bouche.

M. Owen dans les *Proceedings of the Zoological Society* (1836,
p. 123), a établi ce genre pour des helminthes trouvés à Londres
dans des tubercules de l'estomac d'un jeune tigre (*Felis tigris*).
Ce sont des vers nématoïdes longs de 13 à 54ᵐᵐ, cylindriques,
un peu amincis de part et d'autre, blancs avec une teinte jaune
produite par l'intestin vu à travers les téguments ; la surface du
corps en avant est couverte de séries transverses de très-petites
épines couchées, qui, vues au microscope, sont à trois pointes :
la bouche est entourée par une lèvre gonflée circulaire armée de
six ou sept rangées circulaires d'épines semblables. L'orifice buccal lui-même présente la forme d'une fissure elliptique verticale,
limitée de chaque côté par un pli membraneux ou par une saillie
semblable à une mâchoire, et dont le bord antérieur s'avance
sous la forme de trois pointes cornées, roides, dirigées en avant.
Ces saillies latérales peuvent être poussées au delà de la lèvre
circulaire, en comprimant la peau lisse et sans épines située derrière la tête ; et l'élasticité de structure détermine la rétraction
de ces parties quand la pression vient à cesser.

La vulve est située à la jonction du tiers moyen et du tiers
postérieur du corps ; l'anus, chez la femelle, a la forme d'une
fente transverse semi-lunaire, en avant de la pointe.

De l'anus du mâle sort un spicule simple légèrement courbé,
entouré par huit papilles distinctes pointues, dont trois de
chaque côté sont en rangée verticale, et dont deux plus petites
sont au bord inférieur de l'orifice commun du rectum et du
pénis.

L'espèce observée par M. Owen est nommée *Gnathostoma spi-
nigerum;* il est probable que c'est le *Cheiracanthus robustus,*
comme le pense M. Diesing ; mais alors une des deux descriptions
est erronée quant à la structure de la bouche.

41ᵉ Genre. LÉCANOCÉPHALE.   *LECANOCEPHALUS.*
— Diesing.

λεκάνη, patelle, capsule, κεφαλή, tête.

« Vers à corps cylindrique élastique, épaissi aux extrémités,
« obtus en avant, acuminé en arrière, tout couvert de petites
« épines simples en séries transverses ; — tête en forme de patelle
« à trois angles obtus peu marqués, séparée du corps par un
« étranglement, bouche à trois lèvres ; — queue du mâle inflé-
« chie en crochet ; deux spicules égaux ; queue de la femelle
« droite, subulée. »

LÉCANOCÉPHALE ÉPINEUX.   *LECANOCEPH. SPINULOSUS.*
— Diesing, dans les *Ann. d. Wien. Mus.,* t. II, p. 227, pl. 14,
fig. 12-20.

« — Corps long de 18 à 27ᵐᵐ, large de 2ᵐᵐ,25 environ. »
Trouvé dans l'estomac du *Sudis gigas,* au Brésil.
M. Diesing pense qu'il se rapproche beaucoup du genre Liorhynque.

42ᵉ Genre. ANCYRACANTHE. *ANCYRACANTHUS.*—Dies.

ἄγκυρα, ancre, ἄκανθα, épine.

« Vers à corps cylindrique élastique, aminci de part et d'au-
« tre ; — bouche terminale orbiculaire, armée extérieurement de
« quatre épines pinnatifides opposées en croix ;
« — *Mâle* à queue infléchie, à deux spicules égaux ;
« — *Femelle* à queue droite acuminée. »

1. ANCYRACANTHE PINNATIFIDE.   *ANCYRACANTHUS PIN-
NATIFIDUS.* Diesing, dans les *Ann. d. Wien. Mus.,* p. 227, pl. 14,
fig. 21-27.

« — Corps long de 54 à 67ᵐᵐ, large de 2ᵐᵐ,25 ; — épines pinnati-
« fides à pinnules entaillées au sommet. »
Trouvé, au Brésil, dans l'intestin de plusieurs lézards (*Podocnemis
expansa* et *Podocnemis tracaxa*).

43ᵉ Genre. HÉTÉROCHILE. *HETEROCHEILUS.*—Dies.

ἕτερος, différent, χεῖλος, lèvre.

« Vers à corps cylindrique élastique, aminci de part et d'au-
« tre ; — tête presque triquètre, acuminée, à trois lèvres de

« forme différente ; savoir : deux opposées concaves, égales,
« tronquées au sommet, et une troisième latérale plus large et
« plus longue, un peu convexe, à contour arrondi ;— cou court,
« revêtu d'une tunique (portion renflée du tégument) à neuf plis
« dont trois principaux plus forts élargis en avant, et les autres
« plus courts placés dans l'intervalle ;
« — *Mâle* à queue presque droite, acuminée, à deux spicules
« ailés ou élargis de part et d'autre par un bord membraneux ;
« — *Femelle* à queue droite subulée. »

HÉTÉROCHILE DU LAMANTIN. *HETEROCHEILUS TUNICATUS.*
DIESING, dans les *Ann. d. Wien. Mus.*, II, p. 230, pl. 15, fig. 1-8.

« — Corps long de 40^{mm}, large de 1^{mm},12 au milieu. »

Trouvé, au Brésil, dans l'estomac et l'intestin d'un lamantin (*Manatus exunguis*, NATTERER).

M. Diesing, qui avait d'abord nommé cet helminthe *Lobocephalus* (dans le *Bericht über die XV Versam. deut. Naturf.*, p. 189), dit qu'on pourrait aussi considérer la tête comme formée de quatre lèvres, dont les deux inférieures plus petites sont séparées, tandis que les deux supérieures plus grandes sont soudées au milieu. Ces lèvres forment une vaste cavité buccale, au fond de laquelle se trouve le pharynx ou l'entrée de l'œsophage.

GENRE STÉPHANURE.   *STEPHANURUS.* — DIESING.

στέφανος, couronne , οὐρά, queue.

« Vers à corps cylindrique, élastique, plus aminci en avant ;
« bouche grande, presque orbiculaire, à six dents peu marquées,
« dont deux opposées plus fortes ;
« — *Mâle* à queue droite, couronnée par cinq lobes que réu-
« nit une membrane ; spicule terminal simple, saillant entre
« trois papilles coniques ;
« — *Femelle* à queue infléchie obtuse, terminée par une pointe
« (un rostre) et portant de chaque côté un tubercule obtus. »

1. STÉPHANURE DENTÉ.   *STEPHANURUS DENTATUS.* —
DIESING, dans *Ann. d. Wien. Mus.*, II, p. 232, pl. 15, fig. 19.

« — *Mâle* long de 22 à 30^{mm}, large de 2^{mm},2.
« — *Femelle* longue de 34 à 40^{mm}, large de 3^{mm},37. »

Trouvé au Brésil, isolément ou plusieurs ensemble dans des kystes du mésentère d'un cochon (*Sus scrofa*) de race chinoise.

Genre HYSTRICHIS. *HYSTRICHIS.* — Duj.

ὑστριχίς, fouet armé de piquants, ὕτριξ, porc-épic.

« Vers à corps mou filiforme, revêtu d'un tégument lâche,
« hérissé de piquants en avant, et susceptible de se renouveler
« par une sorte de mue (et se trouvant ainsi quelquefois mul-
« tiple); — tête obtuse un peu renflée, hérissée d'épines plus
« petites et plus nombreuses; — bouche ronde protractile; —
« œsophage musculeux renflé en massue; — queue obtuse ou
« rétuse; — anus terminal; — œufs oblongs tronqués aux extré-
« mités, à coque épaisse granuleuse. »

Je propose de former ce genre avec un helminthe fort singulier dont je n'ai vu que la femelle, vivant dans le tissu épaissi du
proventricule des canards.

1. HYSTRICHIS TRICOLORE. *HYSTRICHIS TRICOLOR.* — Duj.

« — *Femelle* blanche à l'extérieur, noire au centre ou dans l'intes-
« tin, et rouge vif dans la couche intermédiaire et dans toute la région
« œsophagienne; — corps long de 27^{mm}, large de 0^{mm},35 à 0^{mm},5,
« obtus aux deux extrémités, engagé dans des tubes squirreux du pro-
« ventricule, lesquels s'épaississent par suite des mues successives; —
« bouche ronde, un peu protractile; — œsophage long de 6^{mm}; —
« tégument dans la partie antérieure, hérissé d'épines ou lamelles
« aiguës, inclinées en arrière, disposées en quinconce sur quarante
« à quarante-deux rangs, beaucoup plus rapprochées en appro-
« chant de la tête; les plus longues ayant de 0^{mm},06 à 0^{mm},07 (le
« tégument est en outre susceptible de se renouveler par une sorte de
« mue, et sous l'ancien tégument garni de ses épines, il s'en trouve
« un autre également garni d'épines); — œufs oblongs et comme
« tronqués aux deux extrémités, longs de 0^{mm},85 à 0^{mm},88, larges de
« 0^{mm},036 à 0^{mm},040, couverts de granules ou tubercules réguliers,
« peu saillants. »

Cet helminthe, quand le mâle sera connu, devra constituer un des
genres les plus remarquables; en effet, son tégument épineux et
susceptible de se renouveler, ses œufs tuberculeux, d'une forme
toute particulière, et son mode d'habitation, le distinguent des
filaires, des spiroptères et des strongles, avec lesquels il a d'ailleurs
quelques autres rapports.

Je l'ai trouvé deux fois assez nombreux, le 3 mars, dans un canard
sauvage, et le 12 mars, dans un canard domestique, à Rennes. Il
était tellement engagé dans le tissu épaissi et squirreux du proventricule ou ventricule succenturié qu'il était fort difficile de l'en extraire
sans le rompre.

Quelques loges étaient occupées seulement par des tubes remplis d'œufs, reste de la décomposition des helminthes arrivés au terme de leur développement.

M. Bellingham (voy. p. 103) a considéré comme un spiroptère un helminthe trouvé par lui dans des tubercules de l'œsophage du canard tadorne, et qui pourrait bien être le même.

GENRE HEDRURIS. *HEDRURIS.* — NITZSCH.

ἕδρα, siége, οὐρά, queue.

« — Vers filiformes, à tête distincte entourée de quatre valves
« cornées opposées par paires; — valves externes sagittées ou
« munies de prolongements latéraux en arrière;—valves internes
« trilobées; — œsophage musculeux allongé; — tégument plissé
« mais non strié transversalement.

« — *Mâle* à queue courbée en arc et terminée en pointe
« longue.

« — *Femelle* à queue renflée revêtue d'un tégument épais fine-
« ment strié transversalement et rétractile ou susceptible de
« rentrer en partie à l'intérieur par invagination; — un crochet
« terminal à la face ventrale, recourbé en dessus en forme
« d'ongle de chat et pouvant rentrer et sortir par suite des
« mouvements de l'extrémité caudale; — anus en avant de la
« portion renflée de la queue; — vulve peu éloignée de l'anus;
« — œufs oblongs.

Nitzsch a établi ce genre pour un helminthe fort singulier, dont la femelle se tient fixée par son appareil caudal à la face interne de l'estomac du triton, tandis que le mâle, privé du même moyen de fixation, se tient enroulé autour d'elle.

HEDRURIS ANDROPHORA. — NITZSCH, dans l'*Encyclopédie*
de Ersch et Gruber, t. VI, p. 48.

Ascaris androphora, SCHMALZ, XIX Tab. Anat., Entoz., pl. 17, fig. 5-7.
Hedruris androphora, CREPLIN, dans l'Encycl. de Ersch. et Gruber,
t. XXXII, p. 181.

« — Corps long de 3^{mm},37 à 9^{mm},75, large de 0^{mm},2 à 0^{mm},4; tête large
« de 0^{mm},106; — anus à 0^{mm},4 en avant du crochet qui est long de
« 0^{mm},104; — vulve à 0^{mm},4 ou 0^{mm},7 en avant de l'anus; — œufs longs
« de 0^{mm},046. »

Trouvé par Nitzch d'abord, et par Creplin ensuite dans l'estomac des tritons, mais très-incomplétement étudié par cet auteur.

J'ai vu au Muséum de Paris plusieurs femelles trouvées à Vienne dans l'estomac d'un triton et dans l'estomac du *Bufo igneus.*

Genre CROSSOPHORE. *CROSSOPHORUS.* — Ehr.
dans les *Symbolæ physicæ*, Mamm., à l'art. *Hyrax*.

χροσσός, frange, φέρω, porter.

« — Vers à corps cylindrique, élastique, un peu aminci en
« avant, finement strié en travers; — tête à trois valves, sillon-
« nées à l'intérieur, et munies de papilles, ou frangées; — in-
« testin (?) ayant deux cœcums dirigés en avant.

« — *Mâle* à spicule simple, nu, sortant en avant d'une
« queue très-courte, courbée.

« — *Femelle* ayant l'utérus à deux branches. »

M. Ehrenberg a établi ce genre pour deux helminthes ressemblant à des ascarides, et qu'il a trouvés dans le cœcum du
daman (*Hyrax capensis*); il ajoute aussi à la phrase caractéristique que la vésicule séminale est appendiculée, villeuse; mais
il ne donne pas d'autres détails, de sorte que je ne peux, avec
certitude, les placer dans une des sections précédentes. Ses
deux espèces, nommées *Crossophorus collaris* et *Crossophorus
tentaculatus*, se distinguent, parce que la première a la tête séparée par un étranglement très-prononcé, et entourée d'un
collier très-élégant, formé d'appendices (*fimbriæ*) bifurqués;
la seconde a la tête peu distincte, sans collier; mais sa bouche
est munie de papilles, et chacune des valves porte trois cils ou
tentacules plus longs. Ce sont des vers longs de 54 à 81^{mm}.

Genre ODONTOBIE. *ODONTOBIUS.* — Roussel.

ὀδούς — ὀδόντος, dent, βίος, vie.

« — Vers à corps filiforme, obtus en avant, aminci en arrière;
« — bouche ronde, entourée de plusieurs pointes ou aiguillons
« cornés; — queue aiguë, roulée en spirale. »

La seule espèce de ce genre, incomplétement caractérisé par
M. Roussel de Vauzême, se trouve abondamment dans l'enduit
muqueux des fanons de la baleine.

ODONTOBIE DE LA BALEINE. *ODONTOBIUS CETI.* — Roussel
de V., dans *Ann. sc. nat.*, 1834, 2ᵉ série, t. 1, p. 326, pl. 9, fig. 3 A.

« — Corps blanc, long de 5 à 6^{mm}, enroulé postérieurement. »

GENRE TROPISURE.   *TROPISURUS.* — DIESING.

τρόπις, carène , οὐρά, queue.

« — *Mâle* à corps filiforme, aminci de part et d'autre, quinze
« à dix-huit fois plus long que large; — un spicule simple, muni
« d'une gaîne; — queue *carénée* en dessous.

« — *Femelle* à corps très-épais, ovoïde, ayant quatre sillons
« longitudinaux opposés, terminé de part et d'autre par une
« pointe conique, courte, à bouche orbiculaire; — vulve située
« à la base de la pointe conique antérieure. »

Ce genre, si remarquable par la différence de forme des deux
sexes, ne comprend qu'une seule espèce trouvée entre les tuniques de l'estomac d'un oiseau.

TROPISURE PARADOXAL.   *TROPISURUS PARADOXUS.* —
DIESING., dans le *Med. Jahrb. d. œsterr. Staates*, t. XVI.

« — *Mâle* long de 11 à 13^{mm},5 , large de 0^{mm},75 , recourbé, finement
« strié en travers.
« — *Femelle* longue de 6^{mm},75 , large de 4^{mm},5 , ovoïde, terminée
« aux deux extrémités par une pointe conique très-courte, large de
« 0^{mm},75. »

Trouvé au Brésil entre les tuniques de l'estomac du vautour urubu
(*Cathartes urubu*, TEMM.), soit par couples enfermés dans des kystes
longs de 27^{mm} environ, et larges de 6 à 7^{mm}, soit les femelles seules à
nu ou dans ces mêmes kystes.

GENRE TRICHINE.   *TRICHINA.* — OWEN.

Θρίξ — Θριχός, cheveu.

M. R. Owen a décrit, sous le nom de *Trichina spiralis*, en
1835, dans les *Transactions de la Société zoologique de Londres*
(vol. I, p. 315), un petit ver nématoïde, sans organes extérieurs
ou sexuels, et qui se développe quelquefois en quantité considérable dans le tissu musculaire de l'homme. Chaque petit ver,
long de 0^{mm},8 à 1^{mm} et épais de 0^{mm},03 à 0^{mm},037, obtus en
avant, aminci en arrière , est logé isolément (rarement deux
ensemble) dans un petit kyste blanchâtre, ovoïde, oblong, ayant
à peine 0,5^{mm} de longueur, et dans lequel il paraît avoir pris
naissance, on ne sait comment; car on ne voit point les œufs qui
ont dû lui donner naissance ou qui doivent le reproduire. Tout

porte à croire que ces *Trichina* sont les jeunes de quelque autre espèce de nématoïde, qui se sont ainsi développés dans des kystes, comme la *Filaria piscium*, etc.; mais il reste à savoir quelle espèce ils doivent représenter plus tard, et surtout s'ils proviennent eux-mêmes de cette espèce, ou s'ils se sont produits spontanément; car l'apparition de ces *Trichina* est encore un des plus puissants arguments en faveur de la génération spontanée de certains helminthes.

En 1836, M. Thomas Hodgkin a observé un second fait analogue au sujet de la présence des *Trichina* dans les muscles de l'homme. Depuis lors, MM. Wood, Farre, en Angleterre, et Henle, en Allemagne, ont également observé des *Trichina* dans les muscles de l'homme.

— En 1838, M. Siebold (*Wiegmann's Archiv*, IVᵉ année, p. 312) a décrit un ver assez semblable à la *Trichina spiralis;* il l'avait trouvé dans des petits kystes du péritoine de divers mammifères et oiseaux, ainsi que du lézard gris.

— Moi-même j'indiquerai, sous le nom de *Trichina inflexa*, un nématoïde formant un amas compacte blanc dans l'abdomen d'un jeune *Mullus* de la Méditerranée.

IIᵉ APPENDICE.

GORDIACÉS. — Siebold.

« — Helminthes filiformes, à tégument résistant, qui diffè-
« rent des nématoïdes par leur appareil digestif moins complet,
« par le mode de développement des œufs, etc. »

M. Siebold, dans son résumé des travaux helminthologiques pour 1842 (*Archiv. für naturg.*, 1843, II, p. 303), propose de former un ordre d'helminthes pour les vers qui, présentant le même aspect que les filaires et les autres nématoïdes filiformes, en diffèrent essentiellement par leur structure anatomique, comme les *Gordius* et les *Mermis*, soit constamment, soit dans la dernière période de leur vie.

Genre MERMIS.   *MERMIS.* — Duj.

μέρμις, cordelette.

« — Vers à corps très-long, filiforme, élastique, aminci peu
« à peu en avant; — tête un peu renflée; — bouche terminale,

« ronde, très-petite ; — intestin simple, s'atrophiant en arrière ;
« — anus nul (chez les adultes) ; — vulve transverse, située
« vers l'extrémité antérieure ; — œufs globuleux , naissant sur
« deux placentas linéaires longitudinaux fixés à la couche muscu-
« laire, et contenus ensuite dans des capsules de même forme ;
« — deux cordons fibreux partant des deux pôles ou du som-
« met des deux demi-calottes hémisphériques dans lesquelles
« chaque capsule se divise. »

J'ai proposé l'établissement de ce genre pour un helminthe
confondu avec les filaires ou les gordius, et trouvé souvent sur
la terre humide, mais ayant très-probablement vécu dans des
larves d'insectes, d'où il sort pour déposer ses œufs. M. Siebold
en a depuis étudié plusieurs autres espèces trouvées directement dans des insectes (*Entomologische Zeitung.*, 1842, p. 146);
mais il n'en a pas encore donné la description ; il leur a vu toutefois des œufs libres dans un oviducte tubuleux, et non fixés
aux bandes longitudinales que je regarde comme des placentas,
et il ne leur a point vu l'épaisse couche multiple de substance
cartilagineuse, diaphane, caractéristique de notre espèce, et
qui est située entre les couches externes du tégument et la
couche musculaire interne. Il a d'ailleurs confirmé (*Archiv. für
naturg.*, 1843, II, p. 309) les autres faits que j'avais mentionnés.

MERMIS NOIRATRE. *MERMIS NIGRESCENS.* — Duj., dans les
Ann. des sc. nat., 2ᵉ série, 1842, t. XVIII, p. 129, pl. 6.

« Corps filiforme, long de 100 à 125ᵐᵐ, large de 0ᵐᵐ,5 à 0ᵐᵐ,6, blan-
« châtre d'abord , et montrant à l'intérieur une ligne noire longitu-
« dinale, qui devient plus prononcée à mesure que les œufs se déve-
« loppent ; — tête large de 0ᵐᵐ,1, arrondie, un peu renflée, rendue
« un peu anguleuse par plusieurs petites papilles ; — œsophage très-
« étroit, suivi d'un intestin plus large, qui s'efface peu à peu en
« arrière ; queue obtuse, épaisse, mais terminée dans le jeune âge
« par une pointe très-grêle ; — tégument formé d'un épiderme ho-
« mogène, épais de 0ᵐᵐ,0018, soutenu par une double couche de
« fibres obliques, croisées, au-dessous desquelles se trouve un tube
« cartilagineux, formé de quinze à trente couches homogènes, épaisses
« de 0ᵐᵐ,0015 à 0ᵐᵐ,0030 chacune ; — tube musculeux formé de fibres
« ou lames longitudinales disposées en rayonnant ; — vulve située à
« 15ᵐᵐ de la tête ; — placentas formant deux bandes longitudinales à
« la face interne du tube musculeux ; — œufs noirs globuleux, larges
« de 0ᵐᵐ,043, contenant un embryon enroulé, long de 0ᵐᵐ,23, large
« de 0ᵐᵐ,01 à 0ᵐᵐ,02 ; — capsule de l'œuf large de 0ᵐᵐ,05, divisible par
« rupture en deux calottes, du sommet de chacune desquelles part

« un cordon fibreux large de 0^{mm},003, plus ou moins flexueux qui
« s'épanouit en fibres adhérentes à la couche musculeuse. »

Cet helminthe singulier a été trouvé, souvent isolé, quelquefois
très-abondamment, sur la terre nouvellement béchée et humide des
jardins, à Rennes, pendant les mois de mars, avril et mai. Je suppose
qu'il provient des larves de hanneton vivant dans les mêmes terrains.
Je l'ai trouvé aussi en morceaux dans l'estomac et l'intestin des
taupes qui l'avaient dévoré en même temps que les lombrics.

J'ai trouvé aussi dans l'estomac de plusieurs taupes des mermis
jeunes, longs de 16^{mm}, larges de 0^{mm},22 à 0^{mm},28, ayant la queue
obtuse, arrondie, prolongée par une pointe très-fine.

La structure de cet helminthe ressemble beaucoup à celle de notre
Filaria aquatilis, (pag. 68), qui a les œufs libres dans l'utérus, et non
renfermés dans une capsule. Les espèces de mermis observées par
M. Siebold diffèrent aussi de la nôtre sur ce point, et c'est là ce qui
explique pourquoi ce savant helminthologiste n'a pas cru devoir
admettre tous les résultats de mes recherches au sujet du mode de
production des œufs; cependant le doute qu'il exprime sera un motif
de vérifier encore ce que j'ai cru voir le mieux.

Genre DRAGONNEAU.   *GORDIUS.* — Linné.

« — Vers bruns ou noirâtres, filiformes, assez roides, élas-
« tiques, à tête obtuse, arrondie, blanchâtre, à queue diffé-
« rente dans les deux sexes, celle du mâle étant bifide, celle de
« la femelle arrondie; — tégument formé d'un épiderme lisse ou
« aréolé, soutenu par plusieurs couches de fibres obliques, croi-
« sées, plus ou moins serrées, de manière à présenter dans
« leur ensemble un réseau de losanges inégaux; — tube mus-
« culeux, étendu d'un bout à l'autre sous le tégument, et
« formé de lames ou fibres lamelliformes disposées suivant l'axe
« du corps; — cavité interne, contenant dans une masse de
« tissu cellulaire ou aréolaire deux longues lacunes (ovaires
« ou testicules) séparées par une cloison longitudinale dans
« l'épaisseur de laquelle se trouvent un ou plusieurs canaux
« plus étroits (intestin?); — bouche peu distincte; — orifice
« ano-génital situé à l'extrémité. »

Le nom de *Gordius* avait été donné par Linné à plusieurs
espèces de vers très-longs, filiformes, imitant en quelque sorte,
par leurs circonvolutions, un *nœud gordien;* à ce nom latin on
a donné pour synonyme le nom français de dragonneau, qui
devait désigner plus particulièrement un ver très-dangereux
pour l'homme, c'est-à-dire la filaire de Médine. Plusieurs des

vers nommés anciennement *Gordius* sont aquatiques ; d'autres se trouvent sur la terre humide ; d'autres enfin, plus nombreux, vivent en parasites dans l'intérieur du corps des autres animaux. Ces derniers ont formé le genre *Filaria* de Rudolphi, genre adopté depuis par la plupart des helminthologistes qui ont paru croire que la principale différence entre les *Gordius* et les *Filaria* est dans le mode d'habitation. Mais dans ces dernières années plusieurs naturalistes ont essayé de connaître l'organisation des *Gordius*, et ils ont aisément constaté que ces vers diffèrent considérablement des nématoïdes. Toutefois, les observateurs ont vu d'une manière bien opposée dans leurs recherches ; ainsi, M. Charvet, de Grenoble (*Nouv. Annales du Muséum*, 1834, III, p. 38), leur attribue un vaisseau dorsal ; M. Berthold, dans une publication récente (*Uber den Bau des Wasserkalbes Gœttingen*, 1842), leur attribue non-seulement aussi un vaisseau dorsal, mais tout un système circulatoire et un réseau de vaisseaux, et en outre un système nerveux ; mais en même temps il n'a pas distingué des femelles les mâles à queue bifide, et il pense que tous les *Gordius* sont hermaphrodites. De mon côté, (dans les *Ann. sc. nat.*, 1842, t. XVIII, p. 142), j'ai essayé d'éclaircir cette question si obscure encore. Enfin, M. Siebold (dans les *Arch. f. Naturg.*, 1843, II, p. 302 et 307), en présentant l'analyse des travaux helminthologiques, expose le résultat de ses propres observations sur les *Gordius*, et, d'accord avec les idées que j'ai émises, il ne voit que des fibres contractiles dans ce que M. Berthold nomme des vaisseaux, et déclare n'avoir pu voir les prétendus systèmes nerveux et vasculaire. Mais il ne croit pas que le *Gordius* étudié par moi à Rennes, et sur lequel je n'ai pu voir d'épiderme ni pendant la vie ni après la mort, soit différent de ceux que j'ai eus à Toulouse, et qui ont un épiderme aréolé si distinct. M. Siebold, d'ailleurs, est convaincu que les *Gordius*, comme les *Mermis*, ont d'abord passé comme parasites, dans le corps des insectes, une première période de leur vie ; il cite même (*Entom. Zeitung*, 1842) de nombreux exemples de vrais *Gordius* sortis du corps des insectes.

En résumé, malgré toutes les recherches dont les *Gordius* ont été l'objet, ce sont encore des animaux dont la structure comme la manière de vivre sont tout à fait énigmatiques. On en a indiqué plusieurs espèces en outre du *Gordius aquaticus*, qui, peut-être, est la seule ; ainsi, M. Charvet veut désigner deux espèces nouvelles, d'après les noms des localités où il les a trouvées ; et moi-même j'ai cru pouvoir désigner, sous le nom de *Gordius tolosanus*, celle de Toulouse ; mais il faudra de nouvelles recherches, entreprises dans les lieux où ces helminthes se trouvent communément, pour qu'on arrive à des résultats précis à ce sujet.

Dans l'absence des descriptions spécifiques que nous omettons ici comme superflues nous dirons seulement que les *Gordius* sont des vers aquatiques, bruns ou noirâtres, longs de 100 à 270^{mm}, larges de 0^{mm},7 à 1^{mm} ; de grosseur presque égale partout ; se mouvant dans leur ensemble, sans contractions partielles ; assez roides et élastiques tant qu'ils sont dans l'eau, mais devenant promptement flasques et affaissés à l'air.

LIVRE DEUXIÈME.

IIᵉ SOUS-CLASSE OU TYPE.

ACANTHOTHÈQUES. *ACANTHOTHECA.* — Diesing.

ἄκανθα, épine, θήκη, gaîne, loge.

« — Vers ayant un intestin droit avec une bouche sub-
« terminale et un anus terminal ; — bouche située à la face infé-
« rieure, et accompagné par deux paires de crochets rétractiles
« dans des gaînes ou loges ; — tégument résistant ; — système
« nerveux distinct ; — sexes séparés (?). »

Les acanthothèques présentent un certain rapport avec les
crustacés entomostracés, ou les crustacés parasites dont les
appendices antérieurs seraient représentés par les deux paires
de crochets. Ils ont d'autres rapports avec les nématoïdes et
les trématodes, mais ils ne peuvent convenablement être rangés
avec les uns ni avec les autres ; leur bouche inférieure, avec
ses deux paires d'appendices, leur pénis antérieur, papilliforme, en même temps que leur système nerveux, et la nature
de leurs muscles, les distinguent suffisamment des nématoïdes
avec lesquels Cuvier les réunissait dans son ordre des intestinaux cavitaires. D'un autre côté leur intestin complet ou à
double ouverture, et leurs sexes séparés, les distinguent des
trématodes avec lesquels Rudolphi les réunissait.

Cette classe ne comprend encore que le genre Pentastome.

Genre PENTASTOME. *PENTASTOMA.* — Rud.

(*Linguatula*, Cuvier, Lamarck, Owen.)

πέντε, cinq, στόμα, bouche.

« Vers à corps oblong ou cylindrique, plissé transversalement
« ou presque annelé ; bouche inférieure, accompagnée par deux

« paires de crochets simples ou doubles , rétractiles dans autant
« de cavités distinctes; pénis simple, papilliforme. »

Il est peu de genres qui aient reçu plus de noms différents
que celui-ci. Chabert qui, le premier, découvrit le *Pentastoma
tænioides* dans les sinus frontaux d'un cheval, à Paris, en 1787,
le nomma *Tænia lancéolé*. Abilgaard nomma également *Tænia*
une seconde espèce (*Pentastoma denticulatum*), qu'il trouva
(1789) à la surface du foie d'un bouc en Danemark. Frœlich,
en cette même année (1789), trouva dans le poumon d'un lièvre
une troisième espèce (*Pentastoma serratum*) qu'il nomma *Linguatula serrata*. Zeder avait placé les deux premières dans son
genre *Halysis* avec les *Tænia*, et la troisième dans son genre
Polystoma. Rudolphi, dans son *Histoire naturelle des Entozoaires*, en 1808 et 1809, nomma d'abord la première espèce
Prionoderma, et plus loin la plaça définitivement avec les deux
autres dans le genre *Polystoma*. M. de Humboldt, en 1799, trouva
dans le poumon d'un serpent à sonnettes (*crotalus durissus*), à
Cumana, en Amérique , une quatrième espèce qu'il décrivit
d'abord comme une échinorhynque, puis comme un *Distome*,
et qu'il nomma enfin *Porocephalus crotali*. Bosc, en 1811, décrivit sous le nom de *Tetragulus caviæ*, un Pentastome trouvé par
Legallois dans le poumon du cochon d'Inde, et qui, nommé
plus tard par Rudolphi *Pentastoma emarginatum*, a été reconnu ensuite comme identique avec le *denticulatum*. C'est aussi
à cette même espèce qu'on a dû rapporter le Pentastome décrit
par M. Creplin en 1829 sous le nom de *Pentastoma fera*, et
trouvé par lui sur le foie d'un chat domestique. Cuvier, en 1817,
dans la première édition de son *Règne animal*, avait nommé
Prionoderme lancéolé le *Pentastoma tænioides*; mais dans la
deuxième édition, en 1830, il adopta pour tous les pentastomes
le nom générique de linguatule , comme Lamarck l'avait fait
avant lui dans son *Histoire des animaux sans vertèbres*, en 1816.
Cependant Rudolphi, dans son *Entozoorum synopsis*, en 1819,
avait créé pour ces helminthes le genre *Pentastome*, dont
le nom signifiait pour lui non pas cinq bouches , mais simplement cinq pores ou oscules. Ce nom a été adopté depuis
lors par la plupart des naturalistes. M. Nordmann toutefois,
dans ses annotations à Lamarck, en 1840, regarde comme pré-
férable le nom de *Linguatula* que M. Owen a employé en
1835; ce nom exprime, en effet, assez bien la forme déprimée,
oblongue des trois anciennes espèces, et ne renferme pas une
notion erronée , comme celui de Pentastome, mais il cesse

d'être exact quand il s'agit des espèces parasites des reptiles des poissons.

On connaissait donc, comme nous l'avons dit, quatre espèces distinctes de Pentastomes, dont trois vivant dans des mammifères indigènes, et une seule trouvée dans un reptile exotique; une des espèces indigènes se trouvait en outre répétée deux fois sous des noms différents par Rudolphi, ce qui portait à cinq le nombre de ses espèces nominales. Mais, en 1835, Diesing, profitant des richesses zoologiques réunies au Muséum de Vienne, publia une *Monographie* du genre *Pentastome*, dans laquelle, réduisant à quatre le nombre des anciennes espèces, il en ajoute sept nouvelles, toutes trouvées au Brésil, savoir: 5° le *Pentastoma subcylindricum* dans des kystes de divers viscères d'un Midas, d'un Phyllostome, de deux Didelphes, de deux rats et d'un ratón; 6° le *Pentastoma megastomum* dans le poumon d'une tortue; 7° le *Pentastoma subtriquetrum* dans le gosier du caïman à lunettes; 8° le *Pentastoma oxycephalum* dans le poumon de ce même caïman, et d'un crocodile à museau de brochet; 9° le *Pentastoma proboscideum* dans le poumon et l'abdomen de plusieurs lézards et serpents; 10° le *Pentastoma furcocerem*, qui vit dans les poumons de plusieurs serpents; 11° enfin le *Pentastoma gracile*, qui se trouve dans des kystes membraneux du mesentère, ou à la surface des viscères des reptiles et des poissons, ou même logé dans les chairs d'un poisson. Cet auteur les divise en trois sections, selon que les crochets sont simples ou géminés, et selon que le corps est déprimé ou cylindrique; mais il nous semble que cette division est purement artificielle, et qu'il faudra chercher dans l'organisation même les principes d'un autre division, qui pourrait bien alors avoir plus d'importance, en nécessitant l'établissement d'un ou deux genres distincts.

L'anatomie de la première espèce a été faite par plusieurs auteurs; M. Diesing y ajoute l'anatomie du *Pentastoma proboscideum*, mais il nous a paru que dans les autres espèces on doit voir quelque chose de plus ou de non entièrement conforme. Chez les Pentastomes le tégument est membraneux et résistant, plissé mais non strié transversalement; il porte ordinairement des rangées transverses de petits disques bordés et saillants que M. Diesing, d'après M. Nordmann, a nommé des oscules ou pores respiratoires, ou des stigmates : chez quelques espèces on voit en outre des rangées transverses de petites épines dont le mode d'implantation rappelle celui des écailles de papillon. La bouche est large, béante, soutenue par un appareil corné souvent prolongé en arrière, et auquel s'appliquent les muscles destinés à opérer la succion. J'ai vu de plus dans le Pentastome du cochon d'Inde, à l'extrémité de l'œsophage, un sphincter ou anneau musculaire, comme celui qu'on observe chez les mouches et chez d'autres insectes suceurs; les crochets ou organes d'adhérence sont mus par des muscles nombreux *à fibres striées*, comme ceux des insectes, s'insérant soit à leurs apophyses, soit à une pièce interne articulée à leur base; chez quelques espèces, on voit en outre une ou deux pièces accessoires partant de la base des crochets et prises même pour un double crochet par M. Diesing. Au bord antérieur et à la face dorsale, au-dessus des crochets, se voient quelquefois plusieurs appendices courts, papilliformes symétriques, qui semblent être un rudiment ou un dernier vestige de certains appendices des animaux articulés. L'intestin est simple et se dirige presque en droite ligne de la bouche à l'anus qui est terminale, et située soit dans une échancrure du bord postérieur, soit entre deux appendices rappelant encore la queue bifide de certains articulés. Le système nerveux est ici bien réel, bien distinct; il se compose d'un grand ganglion sous-œsophagien envoyant des troncs nerveux en diverses directions à tous les organes et deux longues branches parallèles à l'intestin; un anneau œsophagien sans ganglion supérieur a été représenté par les divers anatomistes, mais je n'ai bien vu que la partie inférieure du système nerveux. L'appareil génital mâle se compose d'un long testicule cylindrique étendu depuis la queue jusqu'au milieu du corps, où il se continue par deux canaux déférents embrassant l'intestin pour se rendre obliquement au pénis en forme de papille, situé en arrière de la bouche.

L'appareil génital femelle (des *Pentastoma tœnioides* et *proboscideum*) se compose également d'un long ovaire cylindrique étendu sur l'intestin et divisé en deux branches qui, embrassant l'intestin en avant, vont se réunir sous le ganglion nerveux après avoir reçu le produit de deux glandes accessoires (secrétant l'albumen des œufs?) et se continuent par un oviducte unique très-long, formant de nombreuses circonvolutions autour de l'intestin et aboutissant à côté de l'anus. Mais il m'a semblé que la structure de cet appareil est différente chez le Pentastome du gecko de Siam.

Nous devons ajouter toutefois que M. Owen a considéré le Pentastome comme hermaphodite et que M. Valentin, dans son *Repertorium für Anat.* (t. II, p. 135), dit avoir trouvé des spermatozoïdes dans les sacs ou glandes accessoires de l'oviducte.

D'après ces caractères on peut juger que les Pentastomes se rapprochent beaucoup du type des articulés dont ils sont une dégradation manifeste sous certains rapports; tandis que, sous d'autres rapports, les nématoïdes et certains trématodes nous rappellent aussi ce type des animaux articulés.

Les Pentastomes, si différents des autres helminthes par leur organisation, nous offrent aussi une particularité remarquable dans leur mode d'habitation; ainsi c'est dans les sinus frontaux, dans le larynx et dans les poumons qu'on les trouve pour la plupart, ou bien dans des kystes, ou des cavités séreuses, et jamais dans l'intestin. C'est là ce qui pourrait expliquer pourquoi, tandis que les autres helminthes parasites semblent appartenir exclusivement à une seule espèce, ou à des espèces d'un même genre d'animaux, les Pentastomes, vivant au milieu d'une sécrétion indépendante du mode d'alimentation de leurs hôtes, peuvent se trouver dans des animaux de genres très-différents.

1. PENTASTOME TÉNIOIDE.   *PENT. TÆNIOIDES.* — Rud.

Tænia lancéolé, Chabert, Maladies vermineuses, 2ᵉ édit., p. 39-41.

Tænia rhinaria, Pilger, Handbuch der Veterin. Wissensch., 1802 t. II, p. 1284.

Polystoma tænioides, Rudolphi, Entoz., t. II, i, p. 440, pl. 12, fig. 8-12.

Prionoderma lanceolata, Cuvier, Règne animal, éd. 1, t. IV, p. 35.

Linguatula tænioides, Lamarck, Anim. sans vert., éd. 1, t. 3, et Cuvier, Règne animal, éd. 2, t. III, p. 254.

Pentastoma tænioides, Rudolphi, Synopsis, p. 123, 432 et 577.

Pentastoma tænioides, Bremser, Icones helminth., pl. 10, fig. 14-16.

Pentastoma tænioides, Diesing, dans Ann. des Wien. Mus., 1836, t. I, p. 16, pl. 2, fig. 1, 2, 14-16 et 20 et pl. 3, fig. 1-5.

Linguatula tænioides, Owen, dans les Transact. Zoologic. Society, t. I, p. 325, pl. 41.

Pentastoma tænioides, Miram, dans les Nova acta Acad. C. C. L. 1836, t. XVII, ii, p. 603, pl. 46, trad. dans Ann. sc. nat., 1836, t. VI, p. 135, pl. 8.

« — Corps déprimé, lancéolé, très-allongé, et beaucoup plus rétréci « en arrière; — plissé transversalement et crénelé au bord; — bouche « presque orbiculaire, située entre les crochets qui sont rangés en « demi-cercle.

« — *Mâle* blanc, long de 18ᵐᵐ, large de 2ᵐᵐ,25, en avant, et de « 0ᵐᵐ,45 à l'extrémité postérieure; — pénis simple en forme de papille, « situé derrière la bouche.

« — *Femelle* longue de 50 à 100ᵐᵐ, large de 4ᵐᵐ,5, en avant et de « 1ᵐᵐ,12, en arrière; — gris blanchâtre, rendue plus ou moins brun « rougeâtre par les œufs dans la partie moyenne où le tégument est « plus mince et demi-transparent. »

J'en ai trouvé une seule fois à Paris en 1838 une femelle isolée dans le sinus frontal d'un chien venu de la campagne et je l'ai cherché vainement dans plus de vingt autres chiens à Paris, à Toulouse et à Rennes ; mais j'ai pu observer des mâles de la collection du Muséum étiquetés comme trouvés dans le larynx d'un loup. Chabert le premier avait trouvé cet helminthe très-abondamment dans les sinus frontaux du chien, il l'avait trouvé aussi dans les sinus frontaux du cheval, où Bremser et Rudolphi l'ont cherché vainement à Vienne et à Berlin. Cependant Gœze en Allemagne l'a trouvé aussi dans les sinus ethmoïdaux d'un mulet. On l'a d'ailleurs trouvé en différents pays, tant dans les sinus frontaux que dans le larynx du chien et du loup ; mais partout assez rare.

2. PENTASTOME DENTICULÉ. *PENT. DENTICULATUM.* — Rud.

Tœnia caprina, Abilgaard, dans Zool. dan., t. III, p. 52, pl. 108, fig. 4-5, et Gmelin, Syst. nat., p. 3069.

Halysis caprina, Zeder, Naturgesch., p. 372.

Polystoma denticulatum, Rudolphi, Entoz., t. II, I, p. 447, pl. 12, fig. 7.

Tetragulus caviæ, Bosc, dans Bulletin Soc. philom., 1811, n° 44, p. 269, pl. 2, fig. 1.

Lingualula denticulata, Lamarck, Anim. sans vert., éd. 1, t. III, p. 174.

Pentastoma denticulatum et *Pent. emarginatum*, Rud., Syn., p. 124 et 433.

Pentastoma denticulatum, Bremser, Icon. helminth., pl. 10, fig. 17-18.

Pentastoma fera, Creplin, Nov. observ. de Entoz., p. 76.

Pentastoma denticulatum, Diesing, dans Ann. des Wien. Mus., t. I, p, 18, pl. 3, fig. 9-13.

« — Corps blanc, long de 4 à 6^{mm}, large de 1^{mm} à 1^{mm},35 en avant, « déprimé à dos un peu convexe, élargi en avant, rétréci en arrière, « échancré aux extrémités ; — annelé ou présentant des franges trans« verses saillantes très-nombreuses (près de 200) formés de lames « lancéolées à pointe multiple ; — bouche elliptique située entre les « deux crochets antérieurs ; — crochets rangés en arc près des bords, « fortement recourbés, logés dans des gaînes terminées par une petite « pointe en avant, et articulés à l'extrémité d'une lame interne longue « de 0^{mm},24, donnant attache aux muscles ; — lamelles ou épines des « franges, longues de 0^{mm},025, implantées dans le tégument au moyen « d'un pédoncule tubuleux. »

J'en ai trouvé deux exemplaires, le 22 avril 1838, à Paris, sur le poumon d'un vieux cochon d'Inde (*Cavia cobaya*) et je les ai conservés vivants pendant quatre jours entre des lames de verre. J'ai cherché ensuite vainement cet helminthe dans douze autres cochons d'Inde. Legallois en avait trouvé aussi une seule fois à Paris, en 1811, plus de quarante exemplaires dans le poumon du même animal ; mais partout ailleurs on l'y a cherché sans succès ; Abilgaard l'avait trouvé le premier sur le foie d'un bouc (*Capra hircus*) en Danemark ; et Flormann à Lund dans une chèvre d'Amérique (*Capra americana*) ; M. Gurlt l'a trouvé depuis en Allemagne dans l'épiploon et le foie d'une chèvre,

M. Hermann à Vienne en 1825 dans le poumon d'un bœuf; M. Otto à Breslau sur le poumon d'un porc-épic (*Hystrix cristata*) et enfin M. Creplin à Greifswald dans un petit tubercule sur le foie d'un chat domestique (*Felis catus*). Ces pentastomes provenant d'animaux divers ont été regardés d'abord comme formant plusieurs espèces, savoir : le *denticulatum* de la chèvre, l'*emarginatum* du cochon d'Inde et le *fera* du chat; mais M. Diesing, ayant eu l'occasion de comparer ces trois espèces, les déclare parfaitement identiques. Son opinion, toutefois, ne nous semblerait suffisamment démontrée que s'il eût donné la description détaillée des crochets, des franges, etc.

(?) 3. PENTASTOME DU LIÈVRE. *PENTAST. SERRATUM.* — Rud.

> *Linguatula serrata*, Froelich, dans Naturf., XXIV, p. 148, fig. 11-15, et
> XXV, p. 101.
> *Polystoma serratum*, Zeder, Nachtrag., p. 203.
> *Polystoma serratum*, Rudolphi, Entoz., t. II, 1, p. 449.
> *Pentastoma serratum*, Rudolphi, Synopsis, p. 124.
> *Pentastoma serratum*, Diesing, dans Ann. des Wien. Mus., t. I, p. 19,
> fig. 14-15 (copie de Frœlich).

« — Corps blanc long de 4^{mm},5, large de 1^{mm},90, en avant et de « 1^{mm},12, en arrière, ovale-oblong, plat, annelé; avec des rangées « transverses de petites épines qui se voient mieux sur le bord trans- « parent du corps; — bouche ronde située en avant des quatre cro- « chets rangés en arc. »

Frœlich seul a trouvé, en décembre 1788, cinq exemplaires de cet helminthe dans le poumon d'un lièvre ((*Lepus timidus*); il n'a point vu les crochets, et sa description est trop incomplète pour qu'on ne conserve pas quelques doutes, d'autant plus que les helminthes étaient déjà morts et probablement altérés. Peut-être le bord transparent qu'il a représenté n'est-il qu'un effet du gonflement des téguments.

4. PENT. SUBCYLINDRIQUE. *PENT. SUBCYLINDRICUM.* — Diesing, dans *Ann. d. Wien. Mus.*, I., p. 21, pl. 3, fig. 24-36.

« — Corps blanc-jaunâtre opaque, long de 11 à 16^{mm}, large de « 2^{mm},25, presque cylindrique plissé-annelé, un peu aminci de part et « d'autre et obtus aux extrémités; — plis transverses au nombre de « plus de 80; — bouche ronde située sur la même ligne que les cro- « chets qui sont rangés en arc plus ou moins courbé soit en avant, « soit en arrière. »

Il a été trouvé au Brésil, libre ou enfermé dans des kystes, sur ou entre les viscères de divers mammifères, savoir : sur le foie et sur le poumon d'un ouistiti (*Midas chrysopygus*), sur le foie, et fixé au diaphragme du raton (*Procyon cancrivorus*), à la face externe de l'estomac d'une chauve-souris (*Phyllostoma discolor*), fixé sur le foie d'un rat d'Amérique (*Mus pyrrhorhinos* Neuw.), dans les cavités thoracique et abdominale d'un autre rat (*Mus fuliginosus* Natt.), dans l'abdomen d'un tatou (*Dasypus niger*), dans le thorax et l'abdomen de la marmose (*Didelphis murina*) et dans des kystes sur le foie et l'intestin du *Didelphis philander*.

II. PENTASTOMES DES REPTILES.

5. PENTASTOME MEGASTOME. *PENTASTOMA MEGASTOMUM.* — Diesing, dans *Ann. d. Wien. Mus.*, 1, p. 23, pl. 4, fig. 14-18.

« — Corps long de 11^{mm},25, large de 2^{mm},25 en avant, et de 0^{mm},75
« à l'extrémité postérieure, un peu courbé, renflé en massue, à tête
« épaissie, obtuse et comme voûtée; — bouche ronde très-grande,
« située entre les crochets qui sont simples, rangés en arc peu con-
« vexe; — disques ou oscules respiratoires (?) formant des lignes
« transverses; — deux petits tubercules en avant et en arrière de la
« bouche. »

Trouvé, par M. Schweigger, dans le poumon d'une tortue (*Phry-nops geoffroana*).

6. PENT. SUBTRIQUÈTRE. *PENT. SUBTRIQUETRUM.* — Dies.

> *Pentastoma proboscideum* (en partie), Bremser, Icon. helminth., pl. 10,
> fig. 19-21 (mais non Rudolphi).
> *Pentastoma subtriquetrum*, Diesing, dans Ann. des Wien. Mus., t. I, p. 17,
> pl. 3, fig. 6-8.

« — Corps rouge-clair, long de 22^{mm},5, large de 6^{mm},75, elliptique
« déprimé presque triquètre ou prismatique, ayant en dessus deux
« faces convexes, lisses, et en dessous une face plate, ridée ou
« sillonnée transversalement avec les bords crénelés; — vingt-six à
« vingt-huit sillons transverses; — bouche orbiculaire, supérieure ou
« située en avant des crochets qui sont simples, brunâtres, rangés en
« arc. »

Trouvé dans le gosier d'un caïman à lunettes (*Crocodilus sclerops*) au musée de Vienne. Ce pentastome fut pris d'abord par Bremser pour un *Pentastoma proboscideum*, et dessiné sous ce nom dans les *Icones helminthum*; mais M. Diesing qui, lui-même, avec M. Fischer, l'avait trouvé en 1821, a montré que c'est une espèce distincte.

7. PENT. A TÊTE POINTUE. *PENT. OXYCEPHALUM.* — Dies.

> *Pentastoma proboscideum* (*crocodili sclerops*), Rudolphi, Syn., p. 687.
> *Pentastoma oxycephalum*, Diesing, dans Ann. des Wien. Mus., t. I, p. 20,
> pl. 3, fig. 16-23.

« — Corps blanc sale, quelquefois brunâtre, long de 11 à 18^{mm},
« large de 2^{mm},25 et plus, en avant, et de 1^{mm},12 en arrière, rayé

« transversalement, renflé en massue, avec la tête amincie, tronquée,
« aplatie et la queue obtuse; — bouche oblongue, située au milieu
« des crochets, qui sont simples et disposés sur deux lignes conver-
« gentes; — disques ou oscules respiratoires (?) très-nombreux, en
« rangées transverses. »

M. Diesing le trouva, en 1821, à Vienne, dans le poumon du même
caïman à lunettes (*Crocodilus sclerops*) que l'espèce précédente, et
dans le poumon d'un crocodile (*Crocodilus acutus*). Plus tard, M. Natterer le trouva aussi très-abondamment, au Brésil, dans le poumon
et la trachée du caïman à lunettes.

8. PENTASTOME A TROMPE.   *PENT. PROBOSCIDEUM.* — Rud.

Echinorhynchus crotali, Humboldt, Ansicht. d. Natur., 1re éd., p. 162.
Distoma crotali, Humboldt, Ansicht. d. Natur.. 1re éd., p. 227.
Porocephalus crotali, Humb., Rec. d'obs. de Zoolog., fasc. 5 et 6, n° 17, p. 298.
Pentastoma proboscideum, Rudolphi, Synopsis, p. 421 et 240.
Pentastoma proboscideum, Bremser, Icon. helminth., pl. 10, fig. 22-24.
Pentastoma proboscideum, Diesing, Ann. des Wien. Mus., t. I, p. 21,
    pl. 1 et 2, fig. 3-13 et 19, pl. 3, fig. 37-41, pl. 4, fig. 1-10.

« — Corps blanchâtre, demi-transparent, long de 7 à 50^{mm}, large
« de 2 à 6^{mm},75 en avant, et de 1^{mm},12 à 4^{mm},15 en arrière, cylindrique,
« renflé en massue, plus ou moins plissé transversalement, obtus aux
« extrémités; — bouche ronde, située au milieu des crochets, qui
« sont simples et rangés en arc presque convexe; — disques ou
« oscules respiratoires (?) en rangée sur chaque pli transverse.
« — *Mâle* moitié plus petit et plus étroit que la femelle, ayant un
« pénis en forme de papille, entouré d'une sorte de prépuce. »

M. de Humboldt trouva d'abord cet helminthe dans le poumon
d'un serpent à sonnettes (*Crotalus durissus*); M. Natterer l'a trouvé
depuis dans plusieurs autres reptiles du Brésil, savoir : long de 7 à
13^{mm} dans la cavité abdominale d'un lézard ou monitor (*Podinema
teguixin* Wagl.), long de 40^{mm} dans le poumon d'un *Boa constrictor;*
long de 16 à 50^{mm} dans le poumon et la cavité abdominale du *Bothrops
jacaraca* Wagl. (c'est celui que Bremser a figuré, comme provenant
du *Crocodilus sclerops*, lequel, au contraire, ne contient que les
deux espèces précédentes); long de 9 à 27^{mm} dans le poumon et l'abdomen du *Crotalus horridus*, long de 40^{mm} dans le poumon de l'*Eunectes scytale* Wagl.; long de 34^{mm} dans la trachée de l'*Ophis merremii*
Wagl., et enfin dans le poumon du *Spilotes pullatus* Wagl.

9. PENTASTOME GRÊLE.   *PENT. GRACILE.* — Diesing, dans
***Ann. d. Wien. Mus.,* p. 23, pl. 4, fig. 19-23.**

« — Corps blanc-jaunâtre, opaque, long de 4^{mm},5 à 27^{mm} et davan-
« tage, large de 0^{mm},75 à 1^{mm},12 en avant, et de 0^{mm},56 à 0^{mm},75 en
« arrière, cylindrique, annelé ou plissé; — tête renflée en massue,

« arrondie et voûtée ; — bouche arrondie, située en arrière de l'arc
« suivant lequel sont rangés les crochets, fauves, égaux, *géminés ou*
« *doubles*, logés dans des fentes linéaires ; — au-dessus de chaque
« crochet sur la face dorsale, se voit une protubérance ou grosse
« papille molle ; — sur chaque pli transverse du corps se voit aussi
« une rangée de petits disques ou oscules respiratoires (?). »

Ce pentastome a été trouvé par M. Natterer, au Brésil, dans un
grand nombre de reptiles et de poissons, soit libre dans la cavité
abdominale, soit isolé dans un kyste membraneux fixé au mésentère
ou aux viscères, ou engagé dans les chairs. Les reptiles cités comme
contenant cet helminthe sont : le *Podinema teguixin* Wagl., le
Bothrops jacaraca, l'*Eunectes scytale* Wagl. et des espèces nouvelles
de *Podinema, Elaps, Pseudcrys, Tropidonotus* et *Coluber*. Les poissons beaucoup plus nombreux dans lesquels on l'a trouvé sont quatre
saumons, le *Serrosalmo piranha* Spix, l'*Erythrinus trahira* Spix,
sept silures (*Silurus*), les *Pirarara bicolor* Spix, *Pimelodes pira-
rampu* Spix, *Sternarchus albifrons* Schneid, *Clupea tobarana* Natt.,
Raia motoro Natt., *Lobotes monoculus*, deux *Synbranchus*, le gymnote
électrique et deux autres gymnotes.

10. PENTASTOME MONILIFORME. *PENTASTOMA MONILIFORME*.
— Diesing, dans *Ann. d. Wien. Mus.*, t. I, p. 22, pl. 4, fig. 11-13.

« — Corps gris-cendré, long de 22^mm,5, large de 4^mm,5 en avant et
« de 2^mm,25 en arrière, claviforme, moniliforme, articulé ou présen-
« tant vingt segments presque également longs, séparés par des étran-
« glements ; — tête épaisse, obtuse, un peu comprimée ; — bouche
« ronde, située un peu en arrière des crochets qui sont simples, jaune-
« clair, rangés en arc peu convexe ; — queue acuminée ; — disques
« ou oscules respiratoires (?) en rangées transverses. »

Trouvé dans le poumon du *Pithon tigris*.

M. Diesing reconnaît que cette espèce a beaucoup de rapports avec
le *P. proboscideum*, dont elle n'est peut-être qu'une variété.

**11. PENTASTOME A QUEUE BIFIDE. *PENTASTOMA FURCO-
CERCUM*. — Diesing, dans *Ann. d. Wien. Mus.*, t. I, p. 26,
pl. 4, fig. 24-32.**

« — Corps gris-cendré, tacheté en brun ou en rougeâtre par les
« organes internes vus à travers les téguments, long de 20 à 22^mm,55,
« large de 2^mm,25 en avant, et de 1^mm,12 en arrière, presque fusi-
« forme, rayé transversalement ; — tête comprimée, anguleuse ; —
« queue bifide ; — bouche terminale, ovale, à bord calleux, entaillé
« en dehors ; — crochets inégaux, *géminés* ou *doubles*, logés dans des
« fossettes trilobées, et rangés sur deux lignes convergentes ; — dis-
« ques ou oscules respiratoires (?) nombreux, en rangées transverses. »

Trouvé par M. Natterer, au Brésil, dans le poumon de l'*Amphis-*

bœna flavescens Neuw., dans le mésentère d'une nouvelle espèce de *Spilotes* et dans la cavité abdominale du *Coluber Lichtensteinii.*

PENTASTOME DU GECKO DE SIAM.

La collection du Muséum de Paris possède des pentastomes trouvés dans le poumon du gecko de Siam, et qui pourraient bien être identiques avec l'espèce précédente. Ils sont « longs de 16 à 18^{mm}, larges « de 1^{mm},66 à 1^{mm},8 , également rayés, fusiformes, à tête presque trian- « gulaire, et à queue bifide. » Mais ils diffèrent sur plusieurs points , à moins que la description de M. Diesing ne soit pas suffisamment pré- cise. Ainsi : « les crochets sont inégaux , les antérieurs longs de 0^{mm},25, « les postérieurs de 0^{mm},33 , mais ils ne sont pas doubles; chacun « d'eux porte à sa face interne, près de sa base, un ou deux stylets « flexueux; — au-dessus de chaque crochet, sur la face dorsale, se voit « un appendice mou, en forme de grosse papille ; — la bouche, située « près du bord antérieur, est entourée d'un cadre cartilagineux, den- « telé en dehors, d'où partent en arrière deux tiges cornées qui se « réunissent à une sorte d'armure palatine ; — les fibres musculaires « sont striées transversalement, à stries de 0^{mm},0033 ; — le ganglion « sous-œsophagien est grand, presque carré ; — l'oviducte m'a paru se « terminer en sac fermé en arrière, et par conséquent il doit s'ouvrir « ailleurs qu'à l'extrémité caudale ; — les œufs elliptiques, longs de « 0^{mm},070 à 0^{mm},089, s'ouvrent par un opercule distinct à une des « extrémités. »

LIVRE TROISIÈME.

IIIᵉ TYPE OU SOUS-CLASSE.

TRÉMATODES. — Rudolphi.

τρηματώδης, troué, percé,

« Animaux mous, plus ou moins allongés et déprimés, ordi-
« nairement pourvus d'un ou plusieurs *organes d'adhérence* ou
« de *ventouses* ; — à tégument non résistant, mais décomposable
« par le contact de l'eau ; — pourvus d'une bouche et d'un
« intestin simple, ou bifurqué, ou ramifié, terminé en cœcums
« et sans anus ; — organes génitaux des deux sexes réunis sur
« le même individu, s'ouvrant au dehors par des orifices distincts
« ou réunis; — testicules multiples, accompagnés de réservoirs
« ou vésicules séminales dans lesquels se voient souvent des
« spermatozoaires filiformes en mouvement; — cirre ou pénis
« plus ou moins long, lisse ou hérissé de pointes, rétractile et
« souvent replié dans un réceptacle claviforme ; — ovaires en
« forme de grappes granuleuses; — oviducte ou utérus ordinai-
« rement tubuleux, très-long; — œufs elliptiques, quelquefois
« prolongés par un ou par deux appendices efflés; — embryons
« de forme variable, ordinairement revêtus de cils vibratiles, et
« subissant de vraies métamorphoses; — système nerveux quel-
« quefois distinct ? — système vasculaire formé de canaux anas-
« tomosés dans l'intérieur desquels les liquides sont mis en
« mouvement par des cils ou filaments ondulants.

« — *Habitation* dans les cavités naturelles, ou dans le tissu des
« organes, ou à la surface du corps des animaux. »

Les trématodes ont été ainsi nommés par Rudolphi, à cause
de l'apparence de leurs ventouses ou organes d'adhérence, res-

semblant à des trous (τρῆμα), et désignés d'abord comme autant de bouches. C'est même d'après le nombre de ces prétendues bouches, qu'on les classa numériquement en *monostome*, *distome*, *tristome*, *pentastome*, *octostome*, et *polystome*; cependant Rudolphi lui-même reconnut que ce ne sont pas toujours des vraies bouches, mais il y vit un caractère commun pour désigner le troisième ordre de ses entozoaires, et il a été suivi en cela par presque tous les helminthologistes.

Toutefois les pentastomes parurent à Cuvier, à MM. de Blainville, Miram, Owen et Diesing, ne pouvoir rester avec les trématodes, et M. Diesing en a fait un ordre distinct, qui pour nous est plus qu'un ordre, est une sous-classe. Le reste des trématodes présente encore une réunion de types assez divers; on y voit d'une part des vers qui se rapprochent singulièrement des hirudinées, comme les *Tristoma*, et les *Aspidogaster*, ou des planariées comme certains distomes; et d'autre part, on retrouve dans les octobothriums, et les genres voisins des traces non équivoques du type des articulés déjà si dégradé dans les lernées. Il y aura lieu plus tard de multiplier les sections qu'on pourra faire dans cette sous-classe; mais pour le moment nous nous bornerons à séparer dans une première section, sous le nom de *Onchobothriens*, tous ceux dont les organes d'adhérence sont armés d'un appareil corné bivalve, ou accompagnés de crochets; ce sont ceux qui rappellent davantage le type des articulés, une deuxième section comprend les tristomes si voisines des sangsues; enfin nous laissons dans la troisième section, sous le nom de *Distomiens*, des types divers dont les ventouses sont simplement musculeuses inermes. Dans deux appendices à la suite des trématodes nous parlerons de quelques genres classés par plusieurs auteurs parmi ces helminthes ou incomplétement connus.

PREMIÈRE SECTION. (Onchobothriens.)

Trématodes ayant des ventouses postérieures armées de crochets ou accompagnées de crochets intermédiaires.

TABLEAU DES GENRES.

† Bouche accompagnée de deux ventouses laté-
    rales antérieures.
   * Huit ou deux organes d'adhérence bivalves
    (en forme de piége à loup.)
    § Huit organes d'adhérence à chaque animal.
     ¶ Animaux isolés.   1. *Octobothrium.*
      ¶¶ Animaux soudés deux à deux par le mi-
        lieu et écartés en X.   2. *Diplozoon.*
    §§ Deux organes d'adhérence.   3. *Diporpa.*
  ** Organes d'adhérence très-nombreux en ran-
    gée au bord postérieur.   4. *Axine.*
†† Bouche sans ventouses latérales. — Organes
    d'adhérence au nombre de six et en forme de
    ventouses musculeuses, inermes ou munies de
    pièces cornées.   5. *Polystoma.*

1ᵉʳ GENRE. OCTOBOTHRIUM.   *OCTOBOTH.* — LEUCK.

Octostoma. KUHN.

ὀκτώ, huit, βόθριον, fossette.

« Vers à corps mou allongé, déprimé ou plat, terminé en ar-
« rière par une expansion portant de chaque côté quatre or-
« ganes d'adhérence, sur deux lignes parallèles ou conver-
« gentes, et au bord postérieur, deux ou quatre crochets; —
« bouche située au bord antérieur, et suivie de deux ventouses
« latérales; — intestin divisé en deux branches rameuses; —
« orifice génital, situé en arrière de la bouche, et entouré de dix
« à douze crochets; — œufs très-grands, oblongs ou fusiformes. »

Les *Octobothrium* vivent exclusivement sur les branchies des
poissons, où ils se tiennent fixés au moyen de leurs huit organes
d'adhérence, et des crochets intermédiaires, en même temps que
la bouche, accompagnée de ses deux ventouses, va pomper les
sucs nourriciers sur les filets branchiaux sans cesse agités. Les

organes d'adhérence présentent une structure fort complexe :
ils se composent d'une sorte de charpente cornée ou cartilagineuse, formée d'un grand nombre de pièces articulées, et qu'on
peut comparer à un *piége à loup* dans leur ensemble, avec deux
crochets internes opposés, partant des extrémités de la char-
nière; ces organes s'ouvrent et se ferment pour saisir fortement
la membrane de la branchie.

§ I. OCTOBOTHRIUMS VRAIS.

1. OCTOBOTH. DU MAQUEREAU.   *OCTOBOTH. SCOMBRI.*

[Atlas, pl. 8, fig. E.]

Octostoma scombri, Kuhn, dans Mém. du Mus. d'hist. nat., 1830, t. XVIII.
Octobothrium scombri, Nordmann, Mikrogr. Beitraege, t. I, p. 77.

« — Corps gris-rougeâtre, plus ou moins taché de brun, long de
« 5^{mm}, large de 0^{mm},6, lancéolé-linéaire; — ventouses antérieures
« oblongues; — organes d'adhérence, sessiles sur deux lignes latéra-
« les parallèles; — crochets de l'orifice génital sur deux lignes longi-
« tudinales de cinq chacune, avec deux autres crochets plus exté-
« rieurs, inverses, en avant. »

Je l'ai trouvé plusieurs fois à Rennes sur les maquereaux (*Scomber
scombrus*) au moi de juin; M. Nordmann, et M. Kuhn avant lui, l'ont
trouvé également. La forme générale, la disposition des organes d'adhérence et des crochets de l'orifice génital le distinguent suffisamment de l'octobothrium de l'alose dont M. Leuckart le croit à peine
différent.

2. OCTOBOTH. DE L'ALOSE.   *OCTOB. LANCEOLATUM.* — Leuck.

[Atlas, pl. 8, fig. F.]

Mazocraes alosæ, Hermann, dans Naturforsch., 1782, n° 17, p. 182.
Octobothrium alosæ, Leuckart, Brev. anim. descr., 1828.
Octostoma alosæ, Kuhn, dans Mém. Mus. d'hist. nat., 1830, t. XVIII.
Octoboth. alosæ, Mayer, Beitr. an. d. Ent., Bonn., 1341, p. 19, pl. 3, fig. 1-8.

« — Corps gris-rougeâtre, long de 10 à 12^{mm}, large de 1^{mm},4 à 1^{mm},5,
« lancéolé-oblong, terminé en arrière par une expansion rhomboï-
« dale, sur les bords postérieurs de laquelle les organes d'adhérence
« sont en saillie ou pédonculés et rangés sur deux lignes obliques; —
« crochets de l'orifice génital formant deux rangées transverses de
« quatre chacune avec un autre crochet intermédiaire de chaque
« côté; — œufs jaunes presque fusiformes longs de 0^{mm},26, larges de
« 0^{mm},085. »

Je l'ai trouvé très-abondamment sur les branchies de l'alose (*Clupea
alosa*) à Rennes; Hermann, et MM. Leuckart et Kuhn l'avaient trouvé
précédemment sur ce même poisson en France et en Allemagne.

3. OCTOBOTH. DE LA TRUITE.   *OCTOBOTH. SAGITTATUM.* —

Leuckart, *Zoolog. Bruchst.* 3ᵉ *Helm. Beitr.* 1842.

« — Corps long de 6ᵐᵐ,7 à 9ᵐᵐ, plus étroit en avant, plus large en
« arrière ou en forme de fer de flèche (*sagitta*); séparé de l'expansion
« postérieure par un étranglement ; — organes d'adhérence sessiles
« et rapprochés de chaque côté. »

Sur les branchies de la truite (*Salmo fario*). MM. Schultze et Zäh-
ringer l'y avaient trouvé précédemment, et ce dernier l'avait mentionné sous le nom de *Cyclocotyle lanceolatum* dans une dissertation
sur l'hist. nat. de la truite (*Diss. inaug.* Fribourg 1829).

§ II. *Octobothriums* sans (?) ventouses antérieures (*Cyclocotyle*).

P 4. OCTOBOTH. DU MERLAN.   *OCTOBOTH. MERLANGI.*
— Nordmann.

Octostoma merlangi, Kuhn. Mém. Mus. d'hist. nat., 1830.
Octobothrium merlangi , Nordmann, Mikrogr. Beitr., 1832, t. I, p. 73,
    pl. 7, fig. 1-5.
Octobothrium platygaster, Leuckart , Zool. Bruchst., l. c.

« — Corps rougeâtre , long de 10ᵐᵐ, formé de deux parties; l'une
« antérieure, allongée en forme de cou, large de 1ᵐᵐ,12; l'autre, très-
« large et aplatie en forme de feuille de rose , longue de 4ᵐᵐ,5 à 5ᵐᵐ,
« et portant en arrière huit appendices divergents ou bras, longs
« de 1ᵐᵐ,12 , terminés par les organes d'adhérence qui sont à *quatre*
valves (?); — ventouses antérieures nulles. »

Trouvé d'abord par M. Kuhn sur les branchies du merlan (*Gadus
merlangus*), il a été revu et étudié plus en détail par M. Nordmann;
cependant je pense que la structure des valves et l'absence des ventouses antérieures sont des faits à vérifier encore.

5. OCTOBOTH. PALMÉ.   *OCTOBOTH. PALMATUM.* — Leuckart,
Zool. Bruchst. 3ᵉ *Helm. Beitr.,* 1842.

« — Corps long de 16 à 18ᵐᵐ, large de 3ᵐᵐ,75 , plus étroit en avant
« et en arrière ; — organes d'adhérence portés par des pédoncules
« allongés qui partent en divergeant de l'expansion postérieure
« palmée; — intestin à deux branches très-élégamment ramifiées ;
« — œufs jaunes-bruns très-grands, ovales, s'ouvrant par un opercule. »
Trouvé par M. Rapp sur les branchies de la lingue (*Gadus molva*).

6. OCTOBOTH. DE LA CHIMÈRE.   *OCTOBOTH. LEPTOGASTER.*
— Leuckart, *Zool. Bruchst.* 3ᵉ *Helm. Beitr.,* 1842.

« — Corps lancéolé, plus large en avant, très-étroit, presque fili-
« forme en arrière; — organes d'adhérence portés sur des pédoncules
« courts. »

Trouvé par M. Rapp sur les branchies de la *Chimaera monstrosa*.

— Une septième espèce, indiquée sous le nom d'*Octobothrium hirudinaceum*, a été trouvée par M. Bartels, à Saint-Pétersbourg, sur les branchies du *Sa'mo lavaretus*.

— Le *Cyclocotyle belones* (*Nov. Act. Acad.* C.C.L., t. XI, 2, p. 300, pl. 41, fig. 2, *a-c*), trouvé par M. Otto sur la peau de l'orphie (*Esox belone*), est considéré par MM. Nordmann et Creplin comme appartenant à ce même genre; mais ni la figure ni la description de M. Otto ne peuvent suffire pour résoudre cette question.

2ᵉ GENRE. DIPLOZOON. *DIPLOZOON.* — NORD.

« — Vers à corps mou, allongé et aplati, réunis par paires,
« et soudés côte à côte par le milieu du corps, de telle sorte que,
« s'écartant par les extrémités libres, leur ensemble a la forme
« d'un X; — chaque corps terminé par une expansion trans-
« verse, ovale, ou presque quadrilatère, portant deux rangées
« latérales de quatre organes d'adhérence, et repliée en dessous,
« à son bord postérieur; — bouche terminale, antérieure, ac-
« compagnée par deux ventouses oblongues; — intestin divisé
« en deux branches ramifiées; — système vasculaire (?), ra-
« mifié dans tout le corps; — œufs très-grands, prolongés en
« avant par un long filament roulé en spirale, ou pelotonné
« diversement. »

Les *Diplozoon,* découverts par M. Nordmann, sont un des objets les plus admirables de l'helminthologie, car c'est le seul exemple de deux animaux parfaitement égaux et semblables, réunis par une soudure partielle comme certains fœtus mons-trueux de mammifères. Il semble même impossible de trouver de ce fait une raison suffisante, à moins qu'on ne vienne à con-stater, que dans leurs œufs si volumineux, il se développe toujours deux embryons à la fois. Mais, d'autre part, nous verrons plus loin que sur les mêmes branchies de cyprins qu'habite le Diplozoon, il se trouve des helminthes isolés, les *Diporpa* qui, peut-être, en sont les jeunes. M. Nordmann a étudié, dans le plus grand détail, l'organisation du Diplozoon; mais il s'est trompé en prenant les œufs pour des pénis; peut-être aussi attribue-t-il trop d'extension au système vasculaire; quant aux organes d'adhérence que M. Nordmann ne paraît pas, d'après ses dessins, avoir parfaitement compris, ils sont semblables à ceux des octobothriums.

DIPLOZOON PARADOXAL.   ***DIPLOZOON PARADOXUM.*** —
Nordmann, *Mikrogr. Beitraege*, 1832, I, p. 56, pl. 5 et 6; et trad.
dans les *Ann. sc. nat.*, 1833, t. XXX.

> *Diplozoon paradoxum,* Creplin, dans l'Encycl. de Ersch et Gruber,
> t. XXXII, p. 292.

« — Corps gris plus ou moins brun, long de 4 à 5^{mm} (jusqu'à 11^{mm}
« Nord.); — partie antérieure de chaque corps lancéolée, deux fois
« plus longue et plus large que celle qui suit la soudure; — ventouses
« antérieures orbiculaires, soutenues par une armure interne peu
« distincte; — bouche suivie d'un bulbe œsophagien, musculeux; —
« organes d'adhérence bivalves, longs de 0^{mm},17, sessiles très-rap-
« prochés sur deux lignes latérales; — œufs, au nombre d'un à trois,
« très-volumineux, jaunes, longs de 0^{mm},6, larges de 0^{mm},11 environ,
« ayant leur coque prolongée en une longue pointe, amincie peu à
« peu et enroulée en spirale ou pelotonnée. »

Je décris cet helminthe d'après des exemplaires que j'ai trouvés
assez souvent, à Rennes, sur les branchies de la carpe (*Cyprinus
carpio*) et du gardon (*Cyprinus idus*); je l'ai cherché vainement sur
la brème et sur divers autres cyprins. J'ai pu le conserver vivant
entre des lames de verre pendant vingt-huit heures, ou jusqu'à quarante-huit heures après la mort du poisson; il m'a été possible alors
de constater plusieurs des faits annoncés par M. Nordmann; ainsi, j'ai
bien vu l'utérus et l'oviducte avec les ovules contenus dans la partie
postérieure de chaque corps, et j'ai vu les œufs beaucoup plus volumineux que M. Nordmann a pris pour des pénis, occupant les posi-
tions les plus variées, lorsque au nombre de deux à trois ils se sont
revêtus de leur coque. J'ai vu distinctement aussi dans la partie
postérieure plusieurs vaisseaux sinueux, munis intérieurement de cils
vibratiles ou ondulants; mais je n'ai pu voir tout le réseau vasculaire
dessiné par M Nordmann.

M. Nordmann l'avait trouvé fréquemment sur les branchies de la
brème (*Cyprinus brama*), à Berlin; M. Kollar, à Vienne, le trouva
ensuite sur divers autres cyprins, et notamment sur le *Cyprinus
nasus*, et plus rarement sur la brème; M. Creplin, à Berlin, l'a
trouvé lui-même assez commun, non-seulement sur la brème, mais
aussi sur les *Cyprinus balerus, jeses, rutilus* et *vimba*.

3e Genre. DIPORPE.   *DIPORPA*. — Duj.

δίς, à deux, πόρπη, agrafe.

[Atlas, pl. 3, fig. C.]

Je propose de nommer ainsi de petits helminthes vivant sur
les branchies de la carpe, avec les Diplozoon, dont il sont peut-
être de jeunes individus isolés; ils sont linéaires, longs de 0^{mm},26

à 0^mm,56, larges de 0^mm,35 à 0^mm,18, un peu élargis en arrière, où ils portent seulement *deux organes d'adhérence,* complétement semblables à ceux des Diplozoon; — leur bouche est également terminale, accompagnée de deux ventouses orbiculaires, et d'un bulbe œsophagien musculeux; j'ai vu une seule fois au milieu du corps une sorte de ventouse ou d'orifice entouré de fibres musculaires, rayonnantes; — je n'ai pu distinguer ni l'intestin, ni aucun autre organe dans la masse parenchymateuse et diaphane du corps; — j'ai trouvé ces mêmes helminthes sur les branchies des *Cyprinus erythrophthalmus* qui ne m'ont point encore présenté de Diplozoon.

4ᵉ Genre. AXINE.   *AXINE.* — Abildgaard.

Heteracanthus. Diesing.

ἀξίνη, hache.

« — Vers à corps allongé, aplati, très-étroit en avant où se
« trouve la bouche terminale, accompagnée de deux ventouses,
« et très-élargi (*en fer de hache*) en arrière, où se trouve une
« rangée d'organes d'adhérence nombreux, à deux valves, for-
« més d'une charpente cornée, soutenant une forte membrane. »

La seule espèce de ce genre a été trouvée par Abildgaard sur les branchies de l'orphie (*Esox belone*), et décrite dans les *Skrivter. of natur. hist. Selsk*, 1794, t. III. Depuis lors M. Diesing, à Vienne, a cru pouvoir compléter l'histoire de cet helminthe d'après des exemplaires recueillis par M. Kollar, et conservés dans l'alcool; — il en a fait, dans les *Nova acta acad.* (1836, t. XVIII, I, p. 307) le genre *Heteracanthus* qu'il caractérise ainsi : « corps comprimé, allongé, rétréci en avant, échancré au sommet, à bouche granuleuse, accompagnée de deux ventouses latérales; — bord postérieur du corps muni d'aiguillons de deux sortes (ἕτερα, différente, ἄκανθα, épine), » et qu'il divise en deux espèces, le *pedatus* en forme de pied, et le *sagittatus* en fer de flèche, suivant la modification subie par les objets dans l'alcool. M. Creplin l'ayant trouvé lui-même en 1835, aussi sur les branchies de l'orphie, a contredit formellement les observations de M. Diesing (dans l'*Encyclop.* de Ersch et Gruber, t. XXXII, p. 291). Ses plus grands exemplaires sont de 7^mm,87, et larges de 2^mm,25; la partie postérieure porte 50 à 70 organes d'adhérence.

5e Genre. POLYSTOME.   *POLYSTOMA.* — Rud.

πολὺς, plusieurs, στόμα, bouche.

« —Vers à corps oblong plus ou moins déprimé, plus étroit
« en avant où se trouve la bouche, sans ventouses latérales,
« plus large en arrière où se trouvent *six ventouses ;* — ventou-
« ses musculeuses soutenues par une charpente cornée, où ar-
« mées d'un crochet, ou inermes, mais accompagnées alors de
« deux crochets au bord postérieur ; — bouche suivie d'un bulbe
« œsophagien musculeux ; — intestin divisé en deux branches
« très-ramifiées ; — orifice génital situé derrière le bulbe œso-
« phagien. »

Le genre polystome a été établi par Rudolphi pour des helminthes, auxquels il supposait plusieurs bouches comme leur
nom l'indique, parce qu'il prenait la partie postérieure pour la
tête. Il y comprenait d'abord les pentastomes, mais plus tard il
n'y comprit que les espèces à six ventouses, savoir : le polystome
de la vessie des grenouilles, celui du gosier de la tortue, celui des
branchies du thon, et celui de l'ovaire de la femme, et de plus
une espèce douteuse indiquée comme trouvée dans les veines
de l'homme. Depuis lors une cinquième espèce, *Pol. appendiculatum,* fut trouvée par M. Kuhn sur les branchies d'un squale, et
une sixième, vivant sur les branchies de l'esturgeon, a été décrite
par Leuckart sous le nom de *Diplobothrium,* après avoir été
nommée par lui-même précédemment *Diclibothrium.* Il est bien
vraisemblable que ce genre, que nous conservons ainsi provisoirement, renferme des types fort différents, d'autant plus que le
mode d'habitation diffère beaucoup. Les deux premières espèces
dont les ventouses sont soutenues par un assemblage de pièces
cornées, comme chez les *Octobothrium,* doivent au moins former
une première section, que nous nommerons avec M. Nordmann
Hexacotyle.

§. Espèces ayant des ventouses soutenues par un assemblage de
pièces cornées (*Hexacotyle*).

1. POLYSTOME DU THON.   *POLYSTOMA DUPLICATUM.* — Rud.,
Syn., p. 125 et 438.

Polystoma thynni, Delaroche, dans le Nouv. bulletin de la Soc. philom.,
1811, p. 271, pl. 2, fig. 3.
Hexacotyle thynni, Nordmann, dans l'Hist. nat. de Lamarck, 2e édit.,
t. III, p. 600.

« — Corps grisâtre, mou et lisse, long de 12 à 16^{mm}, large de 3^{mm},4,

« et elliptique au milieu, rétréci en avant, élargi en arrière, où se
« trouvent les six ventouses rangées transversalement, avec deux
« papilles intermédiaires; — bouche terminale; — ventouses bivalves,
« soutenues par plusieurs pièces cornées qui, en se rapprochant, les
« font paraître divisées (*duplicata*). »

Trouvé par Delaroche, à l'île de Majorque, sur les branchies d'un
thon (*Scomber thynnus*).

2. POLYSTOME DE L'ESTURGEON.   *POLYSTOMA ARMATUM.*

Diclibothrium crassicaudatum, Leuckart, 1836, et *Diplobothrium armatum,*
   Leuckart, Zoolog. Bruchst., 3e helm. Beitr., 1842, p. 13.
Hexacotyle elegans, Nordmann, dans l'Hist. nat. des An. s. vert. de La-
   marck, 2e édit., t. III, p. 600.

« — Corps mou allongé, déprimé, portant en arrière (?) six ven-
« touses latérales (trois de chaque côté) et un prolongement inter-
« médiaire armé de quatre crochets; — ventouses pédonculées divisées
« en deux fossettes par une valvule, rayées et ciliées au bord, et
« armées d'un aiguillon. »

Il a été trouvé, sur les branchies d'un esturgeon (*Accipenser stel-
latus* Pall.), par M. Kollar et par Leuckart, qui se chargea de le
décrire, et qui a prétendu que les ventouses sont situées à la partie
antérieure, et que le prolongement intermédiaire est terminé par la
bouche. S'il en était ainsi cet helminthe devrait assurément constituer
un genre distinct de tous les autres trématodes, et peut-être même
plus voisin des acanthothèques; mais sa ressemblance avec l'espèce
précédente et avec les *Octobothrium* nous détermine à le placer ici.

§§ Espèces à ventouses inermes ou armées d'un seul crochet.

? 3. POLYST. DE LA FEMME.   *POLYST. PINGUICOLA.*— Zeder.

Hexathyridium pinguicola, Treutler, Ob. path. an., p. 19-22, pl. 2, fig. 7-11.
Polystoma pinguicola, Zeder, Naturg., p. 230.
Polystoma pinguicola, Rud., Entoz., t II, I, p. 455 et Syn., p. 125 et 437.

« — Corps jaunâtre, long de 18^{mm}, large de 6^{mm},7 environ, oblong,
« déprimé, rétréci ou acuminé en avant, tronqué en arrière, où se
« trouvent les six ventouses orbiculaires rangées en arc de cercle. »

Treutler seul a trouvé, en Allemagne, cet helminthe que personne
n'a vu depuis, pas même dans sa collection, où il était totalement
altéré quand Rudolphi essaya de l'examiner. Il avait été pris dans un
tubercule du tissu graisseux entourant l'ovaire d'une femme de vingt
ans, morte à la suite d'un accouchement laborieux.

? ? 4. POLYSTOME DES TORTUES.   *POLYSTOMA OCELLATUM.*
— Rudolphi, *Synopsis,* p. 125 et 436.

« — Corps rougeâtre, long de 3^{mm},4, large de 1^{mm},15 environ, ovale,

« déprimé, de forme variable, convexe en dessus, plane ou concave
« en dessous; — ventouses inermes, à bord contractile susceptible de
« se replier. »

Rudolphi a trouvé, en Italie, à Rimini, deux exemplaires seulement
de cet helminthe, fixé au palais d'une tortue d'eau douce (*Emys
orbicularis*), et il le nomma *ocellatum* à cause de deux taches demi-
transparentes, figurant des pores, et placées comme deux yeux de
chaque côté de la bouche. Sa description d'ailleurs est trop incomplète pour bien faire connaître cette espèce.

5. POLYSTOME DES GRENOUILLES.　*POLYST. INTEGERRIMUM.*
— RUDOLPHI.

> *Polystoma integerrimum*, ROESEL, dans Histor. ranarum, p. 24, pl. 4,
> 　fig. 10 (mauvaise).
> *Planaria uncinulata*, BRAUN, dans Schrift. der Berl. Ges. Naturf. Fr. t. X,
> 　p. 58, pl. 3, fig. 1-3.
> *Linguatula integerrima*, FROELICH, dans Naturf., XXV, p. 103.
> *Fasciola uncinulata*, GMELIN, Syst. nat., p. 3056.
> *Polystoma ranœ*, ZEDER, Nachtrag., p. 203, pl. 4, fig. 1-3.
> *Polystoma integerrimum*, RUD., Entoz., t. II, I, p. 451, pl. 6, fig. 1-6, et
> 　Synopsis, p. 125
> *Polystoma integerrimum*, BREMSER, Icon. helminth., pl. 10, fig. 25-26.
> *Polystoma integerrimum*, BAER, dans Nova acta Acad. c. c. l. t. XIII, II,
> 　pl. 32, fig. 7-8.

« — Corps blanc-jaunâtre, élégamment décoré par les ramifications
« noires de l'intestin, mou, très-extensible et contractile; long de
« 7^{mm},5 à 9^{mm} (de 11^{mm}, comprimé) large de 2^{mm},8 à 4^{mm}; plus étroit en
« avant où il est terminé par la bouche urcéolée, protractile; terminé
« en arrière par une expansion discoïdale autour de laquelle se trou-
« vent les six ventouses inermes, à bord très-contractile, larges de
« 0^{mm},4; — deux forts crochets, longs de 0^{mm},42, près du bord posté-
« rieur entre les deux dernières ventouses; — orifice génital entouré
« d'une couronne de huit petites lames aiguës qui se rapprochent
« comme les pièces d'une nasse. »

J'en ai trouvé deux exemplaires dans la vessie urinaire d'une grenouille rousse (*Rana temporaria*), prise dans un bois à un myriamètre
de Rennes; soixante-dix autres grenouilles vertes ou brunes de diverses localités, que j'ai disséquées, n'en contenaient pas. J'ai bien vu
les vaisseaux dans lesquels la circulation est produite par des cils ou
filaments ondulants, isolés; ainsi que les cils vibratiles très-nombreux
du canal efférent ou éjaculateur qui vient aboutir à l'orifice génital.

Il n'a été trouvé par Rudolphi, Zeder, M. Creplin, etc., que dans la
vessie urinaire de la grenouille rousse; Braun seul l'a trouvé dans la
grenouille verte, et le catalogue du musée de Vienne l'indique comme
trouvé dans le *Bufo variabilis*.

**6. POLYSTOME DES SQUALES.   *POLYST. APPENDICULATUM.*
— Kuhn, dans *An. des sc. d'obs.*, t. II, 1829, p. 460, pl. 11, fig. 1-3.**

Polystomum appendiculatum, Nordmann, Mikrog. Beitr., 1832, t. I, p. 80,
  pl. 5, fig. 6-7.

« — Corps jaunâtre-sale ou brunâtre, long de 9^{mm},75, large de
« 1^{mm},12, allongé, presque linéaire, aminci aux extrémités, et por-
« tant en arrière avant l'extrémité un appendice oblong, saillant, sur
« lequel se trouvent les six ventouses très-rapprochées sur deux
« rangs ; — ventouses presque globuleuses, armées chacune d'un cro-
« chet enroulé au bord dont il paraît être la continuation. »

Trouvé d'abord par M. Kuhn sur les branchies de la roussette (*Squalus catulus*), il a été étudié depuis par M. Nordmann d'après des
exemplaires conservés dans l'alcool et envoyés précédemment à Rudolphi.

POLYSTOME DES VEINES.

Treutler avait décrit dans ses *Observ. path. anat.* (p. 23, pl. 4,
fig. 1-3) sous le nom de *Hexathyridium venarum*, deux helminthes
provenant, disait-il, d'une veine accidentellement ou fortuitement
rompue à la jambe d'un jeune homme qui se baignait à Leipsick. Ces
helminthes, longs de 4^{mm} environ, avaient le corps aplati, lancéolé,
obtus, avec six pores ou ventouses à une des extrémités un peu
amincie. Rudolphi et tous les autres helminthologistes ont révoqué
en doute l'observation de Treutler, ou bien ont pensé qu'il avait pris
des planaires pour des helminthes ; cependant plus récemment,
M. Dellechiaje, à Naples, dit avoir observé dans le sang craché par
deux jeunes gens atteints d'hémoptysie, « des helminthes à corps
« cylindrique ou déprimé, ayant six pores antérieurs, et deux autres
« pores, l'un ventral, l'autre postérieur. »

DEUXIÈME SECTION. (Tristomiens.)

Trématodes à ventouses inermes, ayant la bouche accompagnée de deux ventouses et l'intestin ramifié.

6ᵉ Genre. TRISTOME.   *TRISTOMA.* — Cuvier.

« — Vers à corps aplati, plus ou moins allongé, portant en ar-
« rière une large ventouse sessile ou pédonculée, bordée d'une
« membrane plissée ; — bouche située sous le bord antérieur
« entre deux ventouses ; — intestin divisé en deux ou quatre
« branches ramifiées ; — orifices génitaux distincts ; — pénis

« tubuleux, exsertile à gauche de la bouche; — testicules pelo-
« tonnés en arrière de l'œsophage , — ovaire ramifié ou palmé,
« étendu à la face dorsale; — orifice de l'oviducte situé à côté
« du pénis; — œufs ? »

Le genre tristome a été établi par Cuvier pour une espèce
trouvée sur les branchies de divers poissons de la Méditerranée,
et qui se distingue par sa forme presque orbiculaire, échancrée
en arrière pour l'insertion de la ventouse. Précédemment une espèce du même genre avait été trouvée sur les branchies d'un
diodon près des côtes de la Californie, par Lamartinière, naturaliste de l'expédition de Lapérouse; Bosc la décrivit plus tard,
en 1811, sous le nom générique de *Capsala*, qui a été changé
pour celui de *Phylline*, par Oken. Abilgaard (en 1794) avait décrit comme une sangsue sous le nom de *Hirudo sturionis* une
troisième espèce vivant sur les branchies des esturgeons; par la
suite Nitzsch la nomma *Tristoma elongatum*, et M. Baer de son
côté la décrivit sous le nom de *Nitzschia elegans*; une quatrième
et une cinquième espèce ont enfin été décrites par M. Diesing, à
Vienne, dans une monographie qu'il a faite du genre tristome.

1. TRISTOME TACHETÉ.   *TRISTOMA MACULATUM.*—Rud.

> *Tristoma maculatum*, Lamartinière, dans le Journal de physique, 1787,
> p. 207, pl. 2, fig. 4-5, et dans le Voyage de Lapérouse, 1798, t. IV, p. 79,
> pl. 20, fig. 4-5.
> *Capsala martinieri*, Bosc, dans Bull. Soc. philom., 1811, p. 384.
> *Phylline diodontis*, Oken, Lehrb. des Naturg., t. III, 1, p. 182 et 370,
> pl. 10, fig. 3.
> *Tristoma maculatum*, Rudolphi, Synopsis, p. 123 et 430, pl. 1, fig. 9-10.

« — Corps blanchâtre, avec de petites taches ovales, foncées, sur
« le dos, aplati, ovale en cœur, long de 22^{mm},5 , large de 18^{mm} ; —
« ventouse postérieure rayonnée, sessile dans l'échancrure postérieure
« du corps; — bouche recouverte par un lobe cilié (?). »

Sur les branchies d'un *Diodon* des côtes de Californie.

2. TRISTOME ROUGE.   *TRISTOMA COCCINEUM.* — Cuvier,
dans *Règne animal*, 1re éd., t. IV, p. 42, pl. 15, fig. 10.

> *Tristoma coccineum*, Rudolphi, Synopsis, p. 123 et 428, pl. 1, fig. 7-8.
> *Tristoma coccineum*, Bremser, Icon. helm., pl. 10, fig. 12-13.
> *Tristoma coccineum*, Diesing, dans Nova acta Acad., c. c. l., t. XVIII, 1,
> pl. 1, fig. 1-13.

« — Corps rouge-rosé, aplati, presque discoïdal, long de 18 à 22^{mm},
« échancré en arrière pour l'insertion de la ventouse postérieure, qui
« est large de 6^{mm}, soutenue par sept rayons saillants, et bordée d'une

« membrane plissée; — face ventrale parsemée de très-petites fos-
« settes; — bouche bilabiée, large de 0^mm,7 ; — lèvres prolongées en
« angle obtus; — œsophage large et court; — intestin divisé en quatre
« branches ramifiées; — ventouses antérieures, larges de 1^mm, situées
« un peu en avant de la bouche dans deux échancrures du bord. »

Sur les branchies de l'*Orthragoriscus mola,* du *Xiphias gladius* et
de quelques autres poissons de la Méditerranée. J'ai pu vérifier plusieurs détails de la structure de cet helminthe sur les exemplaires du
Muséum de Paris.

3. TRISTOME PAPILLEUX.   *TRISTOMA PAPILLOSUM.*—Diesing,
dans *Nova acta Acad.,* c. c. l., t. XVIII, i, p. 313, pl. 17, fig. 13-16.

« — Corps ovale, oblong, rétréci au milieu, plus large et échancré
« en arrière, papilleux en dessus; — tête distincte, presque carrée ,
« avec des prolongements en forme de tentacules; — bouche presque
« ronde entre les ventouses antérieures; — ventouse postérieure
« sesile, rayonnée, à bord strié. »

Sur les branchies du *Xiphias gladius.*

**4. TRISTOME DE L'ESTURGEON.   *TRISTOMA ELONGATUM.*
— **Nitzsch.

Hirudo sturionis , Abilgaard, Skrivter af Naturh. Selsk., t. III, ii, p. 55 ,
    pl. 6 , fig. 1.
Phylline hippoglossi , Oken, Lehrb. de Naturg., t. III, i, p. 371.
Tristoma elongatum, Nitzsch, dans l'Enc. de Ersch et Gruber, t. XV, p. 150.
Tristoma elongatum, Dies., dans Nova acta Acad., c c.l., t. XVIII, i, p. 12.
Nitzschia elegans , Baer, dans Nova acta Acad., c. c. l., t. XIII, ii, p. 660,
    pl. 22, fig. 1-4.

« — Corps rougeâtre, long de 13 à 22^mm,5 , large de 4^mm,5 à 7^mm,8,
« oblong, rétréci en arrière, où se trouve une grosse ventouse
« presque globuleuse, à bord crénelé; — ventouses antérieures mar-
« ginales, linéaires, obliques; — bouche triangulaire. »

Trouvé sur les opercules et autour de l'orifice des branchies de
l'esturgeon (*Accipenser sturio*).

5. TRISTOME TUBIPORE.   *TRISTOMA TUBIPORUM.*—Diesing,
dans *Nova acta Acad.,* c.c. l., t. XVIII, i, p. 14, pl. 1, fig. 14-16.

« — Corps long de 6^mm,75, large de 2^mm,25, elliptique, sinué ou
« échancré en avant, brusquement rétréci en arrière, pour former un
« pédoncule long de 1^mm,50, que termine une large ventouse en forme
« de roue à neuf ou dix rayons, bordée d'une membrane étroite et
« plissée ; — ventouses antérieures oblongues , latérales, parallèles. »

Trouvé par M. Kollar sur les branchies d'un *Trigla hirundo* conservé dans l'alcool.

TROISIÈME SECTION. (Distomiens.)

Trématodes vrais ayant les ventouses inermes et l'intestin simple ou à deux branches non ramifiées (excepté dans le *Distoma hepaticum.*)

TABLEAU DES GENRES.

† Intestin simple ou à une seule branche, en
   cœcum, un grand disque ventral tenant lieu
   de pied.   7. *Aspidogaster.*
†† Intestin à deux branches.
  * Une grande ventouse postérieure.   8. *Amphistoma.*
  ** Sans ventouse postérieure.
    § Sans ventouse ventrale.   9. *—onostoma.*
    §§ Avec une ventouse ventrale.
      ¶ Partie antérieure dilatée ou bordée par
        des expansions membraneuses qui en
        font une large ventouse comprenant
        tous les orifices ou les ventouses.   10. *Holostomum.*
      ¶¶ Partie antérieure non dilatée, ventouses
        antérieure et ventrale, bien distinctes
        et isolées.   11. *Distoma.*

7ᵉ Genre. ASPIDOGASTER. *ASPIDOGASTER.* — Baer.

« —Helminthes à corps ovale-oblong, très-contractile, muni
« en dessous d'un disque oblong, extensible, treillissé ou creusé
« de plusieurs rangées de fossettes quadrangulaires, servant à la
« reptation, comme le pied des mollusques gastéropodes ; — bou-
« che orbiculaire, dilatable à l'extrémité d'un cou protractile ;—
« intestin simple en cœcum. »

Le genre *Aspidogaster* a été établi par le professeur Baer pour un helminthe très-remarquable, habitant le péricarde des moules d'eau douce (anodontes et mulettes); depuis lors M. Diesing en a trouvé dans l'intestin des cyprins une seconde espèce qui nous paraît un peu douteuse.

1. ASPIDOGASTER DE L'ANODONTE. *ASPIDOGASTER CON-
CHICOLA.* — Baer, *Beitraege zur Kenntniss d. Nied. Thieren.* 1826.,
dans les *Nov. Act. Acad.*, c. c. L. t. XlIl, p. 527, pl. 28, fig. 12.

   Aspidogaster conchicola, Creplin, dans l'Encycl. de Ersch et Gruber,
   t. XXXII, p. 286.

« — Corps blanc-jaunâtre, long de 1ᵐᵐ,6 à 3ᵐᵐ,8, large de 0ᵐᵐ,7 à
« 1ᵐᵐ,8, ovale oblong, un peu déprimé, extensible et contractile en

« boule ; rampant au moyen d'un disque ventral, oblong musculeux,
« treillissé, très-extensible, au-dessus duquel s'avance un prolon-
« gement antérieur en forme de cou, large de 0^{mm},35, terminé par
« l'orifice buccal ; — bouche large, dilatable en entonnoir, et con-
« tractile, suivie par un bulbe œsophagien et par l'intestin simple dilaté
« en avant, plus étroit en arrière et terminé en cœcum ; — orifice gé-
« nital situé à la base du cou ; — pénis replié dans un sac ou récepta-
« cle oblong ; — testicule ovoïde ; — oviducte très-long contenant des
« œufs brunâtres, elliptiques longs de 0^{mm},11, larges de 0^{mm},06, dans
« lesquels se voit l'embryon replié.

« — Vaisseaux très-nombreux, sinueux, ramifiés et anastomosés,
« munis à l'intérieur de cils ou filaments ondulants qui déterminent
« la circulation des liquides ; — orifice anal donnant entrée au liquide
« extérieur dans une cavité respiratoire très-contractile avec laquelle
« paraissent communiquer les vaisseaux.

« — Embryon nouvellement éclos long de 0^{mm},2 à 0^{mm},24, très-con-
« tractile et de forme très-variable sans aucun cil vibratile, terminé
« d'un côté en entonnoir et de l'autre en pointe mousse, avec une ven-
« touse latérale un peu avant la pointe. »

Cet helminthe, non moins remarquable par sa structure que par son
habitation dans le péricarde des anodontes et des mulettes (*Unio*), a
été découvert par M. Baer, qui l'a décrit avec soin, mais qui pourtant
n'a pas bien vu tous les détails de son organisation. La description que
j'en donne, un peu différente de la sienne, est le résultat des observations multipliées que j'ai faites sur cet helminthe assez commun à
Rennes dans le péricarde de l'*Anodonta cygnea* et de l'*Unio littoralis*,
où j'en ai trouvé quelquefois huit exemplaires ensemble. J'en ai conservé plusieurs vivants dans l'eau pendant plus de douze jours, ils subissent alors des changements de forme déjà signalés par M. Baer ; ils
se gonflent, deviennent vésiculeux en dessus et l'on aperçoit mieux
leurs vaisseaux à travers les téguments.

Le disque ventral susceptible de s'étendre au delà du contour du
corps sert à la reptation comme le pied des mollusques gastéropodes ;
de même aussi l'animal s'en sert pour ramper non-seulement sur les
corps solides, mais sous la surface du liquide en le rendant concave
ainsi que le font les lymnées et les planorbes. Ce disque présente 25
à 30 rangées transverses, ou quatre rangées longitudinales de fossettes
quadrangulaires séparées par des plis transverses à chacun desquels
correspond, près du bord externe, un pore ou une glande orbiculaire ;
le disque vu de profil montre des dentelures obliques, séparées par des
espaces 4 à 5 fois plus larges, et ainsi, écartés de 0^{mm},09.

Au fond de l'orifice buccal en entonnoir se voit le bulbe œsophagien
à la suite duquel est l'intestin presque droit, d'abord renflé, puis un
peu plus mince, et terminé en cœcum vers les quatre cinquièmes de
la longueur totale.

A la base du cou, entre le cou et le prolongement antérieur du disque, se trouve l'orifice génital non saillant, auquel aboutit un tube musculeux, renflé postérieurement, pour servir de réceptacle au pénis qu'on voit replié dans l'intérieur ; ce même tube musculeux reçoit latéralement, avant sa terminaison, un autre tube contractile qui est l'extrémité de l'oviducte ; de sorte que bien positivement ici les deux appareils génitaux, mâle et femelle, ont un orifice commun.

L'orifice caudal correspond à une cavité interne très-contractile à parois peu distinctes ; quelquefois il fait saillie au dehors ; quand, au contraire, il est rétracté, on voit de chaque côté une vésicule contractile.

Le système vasculaire est assez compliqué ; les vaisseaux, larges de $0^{mm},015$, ramifiés et anastomosés, paraissent n'être pas contractiles ; le mouvement du liquide contenu ne s'aperçoit nullement, mais il est démontré par l'agitation des longs cils ou filaments placés d'espace en espace et ondulant sans cesse. Ces organes vibratiles ou ondulants se trouvent jusque dans des petits tubes en cœcum qui semblent être l'origine du système vasculaire près du bord postérieur ; leur mouvement est dirigé d'arrière en avant, et suffit sans doute pour que le liquide revienne ensuite par les vaisseaux efférents. Ceux-ci n'ont pas de cils ondulants, et, vraisemblablement, ils aboutissent aux vésicules latérales de la cavité postérieure. Ainsi cet appareil est à la fois circulatoire et respiratoire.

L'intestin est rempli d'une substance granuleuse opaque qui, par contraction, est refoulée dans un sens et dans l'autre. Quand l'animal est pressé entre des lames de verre, il rejette par la bouche une partie de cette substance contenue dans l'intestin, et alors on observe qu'elle est formée de granules larges de $0^{mm},01$ environ.

Les œufs, avant la maturité, et longs de $0^{mm},10$ seulement, sont pleins de globules huileux, et ont une large tache diaphane à une des extrémités ; les œufs mûrs laissent voir l'embryon replié en double sur lui-même, et montrent encore la tache diaphane à une des extrémités ; en appuyant une lame de verre sur l'œuf, sa coquille se brise avec bruit, et l'embryon s'échappe et se meut assez vivement dans le liquide.

L'embryon, long de $0^{mm},20$ à $0^{mm},24$, dépourvu de cils vibratiles, est d'une forme tellement différente de l'adulte et des autres trématodes, que je n'ai pu me rendre compte de la signification de ses diverses parties. Une des extrémités, celle qui sort de l'œuf la dernière, est obliquement tronquée, dilatable, en entonnoir, à bords épais, et pourrait être prise pour la bouche ; l'autre extrémité est terminée en pointe, et porte une ventouse très-contractile et saillante à la face ventrale en avant de la pointe ; et on voit en outre dans l'intérieur du corps, au milieu, à l'endroit où il était replié sur lui-même, un globule diaphane correspondant à la tache claire observée à une des extrémités de l'œuf : ce globule semblerait donc être le principe de l'intestin, et la ventouse postérieure serait destinée, par suite d'un développement excessif, à devenir le disque ventral.

M. Baer avait bien vu l'entonnoir buccal, le bulbe pharyngien et l'intestin simple; mais il a supposé que l'intestin, au lieu de se terminer en cœcum, doit communiquer, par une portion plus mince qu'il n'a pas vue, avec la cavité qu'il nomme le rectum, et qui s'ouvre au dehors par l'orifice caudal qu'il nomme l'anus; il a d'ailleurs représenté cet orifice caudal quelquefois prolongé en un tube assez long.

? 2. ASPIDOGASTER LIMACOIDE. *ASP. LIMACOIDES.* — DIES., dans la *Medicin Jahrb. d. K.K. Oester. Staat*, 1834, t. VII, p. 420 (par extrait) dans les *Archives de Wiegmann*, 1835, I, p. 335.

« — Corps long de 0^mm,7 à 4^mm,5, large de 0^mm,56 à 0^mm,7, un peu
« déprimé, convexe en dessus, plane en dessous, presque lancéolé,
« avec un cou très-court, cylindrique; — bouche orbiculaire, béante;
« — extrémité caudale très-courte, obtusément arrondie, conique;
« plaque ventrale à mailles inégales, les latérales plus étroites,
« presque rondes; — orifice génital à l'extrémité postérieure. »

M. Diesing l'a trouvé dans l'intestin des *Cyprinus dobula* et *Cyprinus idus*. Il lui attribue un intestin simple, en cœcum, et prend l'orifice caudal pour un orifice génital commun, d'où il a vu, dit-il, sortir l'extrémité de l'oviducte sous la forme d'un cirre. Ce fait est en contradiction avec ce que M. Baer et moi nous avons vu sur l'espèce précédente; autrement, on eût pu croire que cette espèce est l'*Aspidogaster conchicola* devenu la proie des cyprins, soit par suite de la mort de l'anodonte, soit par quelque circonstance fortuite; car on sait que les aspidogasters peuvent rester vivants dans l'eau, ou dans les anodontes en décomposition, pendant fort longtemps.

8e GENRE. AMPHISTOME. *AMPHISTOMA.* — RUD.

« —Helminthes blancs ou rougeâtres; — corps musculeux, assez
« ferme, épais, ovoïde, cylindroïde ou conoïde, souvent courbé,
« deux à trois fois plus long que large; terminé en avant par
« l'orifice buccal; plus large et obliquement tronqué en arrière,
« où il se termine par une large ventouse, au moyen de laquelle
« ces vers se fixent aux papilles ou à la muqueuse de l'intestin
« qu'ils habitent.
« — Bouche orbiculaire, suivie d'un sac pharyngien ovoïde,
« de la face dorsale duquel part l'œsophage plus étroit; — intestin
« bifurqué, ayant ses deux branches terminées en cœcum vers
« l'extrémité postérieure; — orifice génital situé au-dessous de
« l'œsophage; — testicules conglobés ou fasciculés, situés en ar-
« rière, conduit déférent, dirigé en avant, et aboutissant au pénis
« plus ou moins allongé; — ovaires latéraux, racémiformes (en

« grappe); — oviducte très-long, tubuleux, replié entre les
« branches de l'intestin, et aboutissant aussi à l'orifice génital;
« —œufs elliptiques, assez volumineux, longs de 0^{mm},13 à 0^{mm},16;
« — embryon muni de cils vibratiles.

   « — Système vasculaire assez complexe, avec des organes
« vibratiles internes ; — système nerveux, distinct.

   « — Tégument décomposable en partie par l'eau, soutenu par
« plusieurs couches de fibres, soit transverses ou longitudinales,
« soit obliques, et laissant voir un réseau (vasculaire (?)) sous-
« jacent. »

Le genre *Amphistoma,* institué par Rudolphi, était caractérisé
par la présence de deux orifices terminaux, et se composait
d'abord de neuf espèces, partagées en deux sections. La première
comprenait six espèces parasites des oiseaux, et qui sont aujour-
d'hui des holostomes

La deuxième section comprenait encore une espèce propre
aux oiseaux, une aux mammifères, et une aux reptiles : plus
tard, dans son *Synopsis,* Rudolphi doubla ce nombre en trans-
posant quelques espèces, et en ajoutant d'autres ; c'est presque
en même temps que Nitzsch, dans son article *Amphistome* de
l'*Encyclopédie allemande* de Ersch et Gruber, sépara les espèces
de la première section de Rudolphi pour en faire le genre *Holostome,* et en même temps il changea la terminaison du nom
latin pour celle d'*Amphistomum.*

Depuis lors Bojanus et Laurer ont publié d'excellents travaux
sur deux espèces, les *Amphistoma subtriquetrum* et *Amphistoma conicum;* M. Westrumb a aussi publié un travail général
sur les Amphistomes; mais M. Diesing, à Vienne, a, plus récemment (1836-1839), publié une *Monographie* complète du genre
Amphistome et du genre *Diplodiscus,* comprenant les *Amphistomes* des Batraciens, qu'il sépare des autres d'après un prétendu caractère que nous n'admettons pas. La Monographie de
M. Diesing comprend dix-huit amphistomes et deux *Diplodiscus,*
en tout vingt espèces; mais M. Creplin a reconnu d'une part que
les *Diplodiscus* ou Amphistomes des Batraciens ne forment
qu'une seule espèce, et d'autre part que l'*Amphistoma truncatum* du Phoque est un vrai distome (*Distoma conus*); il ne reste
donc que dix-huit espèces, dont trois seulement indigènes
(*Amphistoma subtriquetrum, Amphistoma conicum, Amphistoma subclavatum*), plus anciennement connues, ont été
étudiées à l'état frais ou vivantes, et dont les quinze autres,
trouvées au Brésil dans des vertébrés de diverses classes, n'ont

été étudiées et décrites que d'après des exemplaires conservés dans l'alcool.

Une seule de ces quinze espèces, l'*Amphistoma giganteum* a été disséquée et étudiée en détail par M. Diesing; les autres, caractérisées par leur forme extérieure, ne peuvent être regardées comme suffisamment distinctes, surtout si l'on considère que deux d'entre elles ont été trouvées dans les cœcums du Tapir d'Amérique, et six autres dans des poissons d'eau douce d'un même genre ou de genres voisins. Il se pourrait bien, d'ailleurs, que quelque erreur ait eu lieu dans les indications de M. Natterer, qui indique une espèce d'Amphistome (*Amphistoma lunatum* n. 10), comme rencontrée par lui dans le cœcum d'un cerf, et dans les cœcums de deux espèces de canard et d'une échasse.

Au reste, des dix-huit amphistomes décrits ici, sept seulement vivent dans les mammifères, trois dans les oiseaux, deux dans les reptiles, et six dans les poissons; un seul, l'*Amphistoma conicum*, se trouve exclusivement dans l'estomac des ruminants, tous les autres habitent l'intestin, et plus particulièrement le cœcum ou le rectum.

Les amphistomes présentent bien les caractères essentiels des Trématodes : d'avoir le tégument sarcodique, décomposable par l'eau, au moins en partie, et laissant exsuder des globules diaphanes de sarcode; d'avoir un intestin à simple orifice, terminé en deux cœcums, et sans anus; d'avoir les organes génitaux mâles et femelles distincts, et réunis sur le même individu, etc. ; mais ils se distinguent des autres genres de cette sous-classe : 1° par la structure de leur bouche et de leur pharynx, en forme de sac musculeux; par leur œsophage qui part de la face dorsale de ce sac, et qui, totalement musculeux et contractile, est dépourvu de bulbe œsophagien ; 2° par la forme et la position de leur ventouse postérieure, avec laquelle ils se fixent comme les sangsues; 3° et enfin par la quantité de fibres musculaires qui entrent dans la composition du tégument, et qui le rendent plus ferme. Le système vasculaire est ici très-développé, mais il n'est pas bien certain qu'un réseau très-complexe, situé sous le tégument, soit vraiment vasculaire; il est peut-être trop consistant pour qu'on puisse lui supposer cette fonction.

C'est chez les amphistomes que le système nerveux a été vu plus clairement, peut-être, que chez les autres trématodes; Bojanus, le premier, l'avait décrit et représenté chez l'*Amphistoma subtriquetrum*, où il se compose d'une bande transverse, sus-œsophagienne, renflée de part et d'autre en un ganglion, envoyant en toutes les directions des filets nerveux (et peut-être un cordon œsophagien complétant un anneau), et de plus deux longs cordons latéraux, parallèles aux deux branches de l'intestin ; Laurer le vit ensuite à peu près de même chez l'*Amphistoma conicum*, et M. Diesing chez l'*Amphistoma giganteum*. Moi-même j'ai vu dans l'*Amphistoma conicum*, plusieurs fois, ce qu'on a nommé le système nerveux de ces helminthes (sauf les cordons longitudinaux) ; il est blanc, plus opaque que les fibres contractiles, mais il est lui-même formé de faisceaux de fibres parallèles très-fines ; il ne présente nulle part des tubes ou des cordons distincts, comme les nerfs des articulés et des mollusques ; enfin il semble passer insensiblement à la contexture des faisceaux musculaires, auxquels il est lié dans presque toute son étendue par des brides membraneuses, ou par des fibres, de telle sorte que, sans l'analogie de sa position avec ce qu'on observe chez les mollusques, on serait tenté peut-être de contester sa nature nerveuse pour le considérer simplement comme des faisceaux tendineux, servant à maintenir et à diriger l'œsophage. M. Laurer et M. Diesing ont attribué un épiderme distinct aux Amphistomes, mais j'ai vu, au contraire, ces helminthes dans l'eau, laisser exsuder des globules de sarcode, ce qui n'arrive pas aux nématoïdes qui ont un véritable épiderme.

M. Diesing nomme estomac ce que j'ai décrit comme un sac pharyngien, conséquemment il n'admet pas d'œsophage, et, plaçant le système nerveux en arrière de l'estomac il nomme intestin le tube musculeux, contractile, à part de cette première cavité. Cet helminthologiste, n'étudiant de son *Amphistoma giganteum* que des exemplaires conservés dans l'alcool, a décrit toutes les fibres adhérentes à l'intestin comme des vaisseaux nourriciers qui, se réunissant de proche en proche, se rendent finalement dans un canal flexueux, étendu de la tête presque jusqu'au bord supérieur de la ventouse, et terminé à une petite saillie, en forme de verrue, souvent peu visible au-dessus de la ventouse.

Laurer, au contraire, a vu dans l'*Amphistoma conicum* deux vaisseaux principaux, parallèles aux branches de l'intestin, aboutissant à un sac ovale (réservoir du chyle), situé au-dessus de l'extrémité de l'intestin, lequel réservoir du chyle se termine au prétendu orifice caudal. Moi-même j'ai vu dans l'*Amphistoma subclavatum* deux vaisseaux principaux, flexueux et d'autres vaisseaux nombreux, réticulés, et, de plus, j'ai vu des organes vibratiles, intérieurs à l'extrémité des vaisseaux, mais je n'ai pas vu le réservoir du chyle, ni l'orifice caudal que M. Diesing, d'ailleurs, ne paraît pas admettre comme un orifice réel.

I. AMPHISTOMES DES MAMMIFÈRES.

1. AMPHISTOME DU SINGE.   *AMPHISTOMA EMARGINATUM.*
— Diesing, dans les *Ann. d. Wien. Mus.*, II, 2, p. 237.

« — Corps long de 4ᵐᵐ,5, large de 3ᵐᵐ,9 environ, elliptique, un peu comprimé; — bouche orbiculaire terminale; ventouse postérieure, située à la base de la face ventrale, échancrée en arrière. »

Trouvé par M. Natterer, au Brésil, dans le gros intestin du *Callithrix noctivaga.* (Natt.)

?AMPHISTOME DU PHOQUE.   *AMPHISTOMA TRUNCATUM.* —
Rudolphi, *Synopsis*, p. 90, et 359, n° 15.

Amphistoma truncatum, Westrumb, dans l'Isis. 1823, t. IV, p. 597.
Amphistoma truncatum, Diesing, dans les Ann. du Mus. de Vienne, t. I, II,
    p. 252, pl. 24, fig. 13-15.
Distomum conus, Creplin, Observ. de Entoz., 1825, p. 50, et dans l'Encycl.
    de Ersch et Gruber, 1839, t. XXXII, p. 286 (note).

Trouvé d'abord par le professeur Otto dans le foie du phoque, et ensuite par Rudolphi, à Berlin, dans l'estomac et l'intestin du même animal; M. Creplin a reconnu que c'est un vrai distome.

2. AMPHIST. DU CASTOR. - *AMPH. SUBTRIQUETRUM.* — Rud.

Distoma amphistomoides, Bojanus, dans les Mém. de la Soc. imp. de Moscou,
    1817, t. V, p. 270, pl. 9, fig. 1-8.
Amphistoma subtriquetrum, Rudolphi, Synopsis, p. 91 et 360, n° 18.
Amphist. subtriquet., Bojanus, dans l'Isis, 1821, t. II, p. 164, pl. 2, fig. 5-12.
Amphist. subtriquetrum, Westrumb, dans l'Isis, 1823, t. IV, p. 397.
Amphist. subtriquetrum, Schmalz, t. XIX, Tab. anat., Entoz., pl. 8, fig. 4-10
    (copie de Bojanus).
Amphist. subtriquetrum, Bremser, Icones helminth., pl. 8, fig. 32-33.
Amphist. subtriquetrum, Diesing, dans les Ann. du Mus. de Vienne, t. I, II,
    p. 248, pl. 23, fig. 7-9.

« — Corps blanc-grisâtre, souvent gris-jaune, long de 6ᵐᵐ,75 à 15ᵐᵐ,75, rétréci en avant, et large de 2ᵐᵐ,25 environ, à l'extrémité antérieure, large de 4ᵐᵐ,5 à 6ᵐᵐ,75 en arrière, claviforme et arrondi; — face ventrale, un peu aplatie, dos bombé et quelquefois caréné, ce qui fait paraître le corps presque triquètre; — bouche orbiculaire à l'extrémité antérieure; — ventouse postérieure, grande et profonde, avec un bord gonflé, et située en dessous à 0ᵐᵐ,56 de l'extrémité postérieure; — organe génital externe

« situé en arrière de la ventouse buccale, quelquefois saillant en
« forme de papille, mais plus souvent rétracté et laissant un petit
« enfoncement. »

Bojanus le premier, et après lui Bremser, Rudolphi et Walter l'ont
trouvé dans le cœcum et dans le colon, comme aussi dans l'intestin
grêle du castor (*Castor fiber*). Trente castors sur cinquante-six, disséqués au musée de Vienne, contenaient cet helminthe.

Bojanus, en donnant l'anatomie de cet amphistome, lui attribue
un système nerveux assez complexe, présentant de chaque côté de
l'œsophage un ganglion principal, d'où partent des filets nerveux
assez nombreux dirigés en avant, un cordon transverse formant un
collier œsophagien, et en arrière deux cordons latéraux ramifiés. Ce
savant naturaliste a décrit l'intestin comme bifurqué à peu de distance
de la masse musculaire buccale, et envoyant en arrière deux larges
branches terminées en cœcum; il décrit aussi les deux testicules
comme formés d'une touffe rayonnante de tubes, et l'oviducte
comme un sac tubuleux inégal, assez large, occupant la face ventrale.

3. AMPHISTOME DES RUMINANTS. *AMPHIST. CONICUM.*—Rud.

Amphistoma conicum, confondu avec *Fasciola hepatica*, Müller, dans le
  Naturf., XVIII, p. 34, pl. 3, fig. 11.
Festucaria cervi, Zeder, dans les Schrift. d. Berl. Ges., t. X, p. 65, pl. 3,
  fig. 8-11.
Fasciola cervi, Schrank, dans les Mém. de l'Acad. de Suède, 1790, p. 123,
  n° 23.
Fasciola elaphi, Gmelin, Syst. nat., p. 3054, n° 7.
Monostoma elaphi, Zeder, Nachtrag., p. 150, et *Monost. conicum*, Naturg.,
  p. 188.
Amphist. conicum, Rud., Entoz., t. II, 1, p. 349, et Syn., p. 91 et 360, n° 17.
Amphist. conicum, Nitzsch, dans l'Enc. de Ersch et Gruber, t. III, p. 398.
Amphist. conicum, Westrumb, dans l'Isis, 1824, t. IV, p. 397.
Amphist. conicum, Laurer, *de Amphistomo conico*, 1830.
Amphist. conicum, Gurlt, Path. Anat. d. Hauss., t. I, p. 369, pl. 8, fig. 25-28.
Amphist. conicum, Diesing, dans les Ann. du Mus. de Vienne, t. I, p. 246,
  pl. 23, fig. 1-4, 1836.
Amphist. conicum, Creplin, dans l'Encyc. de Ersch et Gruber, t. XXXII,
  p. 286, 1839.

« — Corps blanc-rougeâtre, long de 11^{mm},5 (à 13^{mm},15), large
« de 2 à 3^{mm},37, ovoïde oblong ou presque cylindrique, aminci en
« avant, renflé progressivement et obtus en arrière, un peu recourbé;
« ventouse buccale urcéolée, large de 0^{mm},8, tout à fait terminale;
« — œsophage simple, long de 1^{mm},5, large de 0^{mm},28, suivi par les
« deux branches renflées, inégales et sinueuses de l'intestin, ter-
« miné en cœcum un peu pointu à 2^{mm},2 de l'extrémité; — ventouse
« postérieure, large de 1^{mm},8 à 2^{mm}, presque globuleuse, excavée,
« située en dessous; — orifice génital, situé un peu en avant de la

« bifurcation de l'intestin, et souvent de côté ; — ovaires latéraux ; —
« œufs longs de 0^{mm},15 à 0^{mm},16 ; — réseau (vasculaire ?) paraissant
« formé par une sorte de cartilage très-mince, sous le tégument. »

Je l'ai trouvé abondamment, à Rennes, au mois d'avril, dans la
panse de huit bœufs nourris dans le département du Morbihan ; ils
étaient attachés solidement, par leur ventouse postérieure, aux papilles de la muqueuse du premier estomac, près de la gouttière qui
fait communiquer ce premier estomac avec les suivants.

Daubenton, le premier, trouva cet helminthe dans le bœuf, à Paris,
en 1755 ; ensuite Treutler le trouva dans la panse du mouton ; Zeder
et Wrède, dans le cerf (*Cervus elaphus*) ; Nitzsch, dans le chevreuil
(*Cervus capreolus*) ; Rudolphi l'avait souvent trouvé dans le bœuf,
à Greifswald ; au musée de Vienne on l'a trouvé seulement deux fois
sur neuf dans le daim (*Cervus dama*) et quinze fois sur trente dans le
cerf. M. Natterer, au Brésil, l'a trouvé aussi dans la panse et dans le
feuillet des *Cervus campestris, dichotomus, namby, rufus* et *sim-
plicicornis* ; M. Creplin en a vu des exemplaires trouvés dans l'élan
(*Cervus alces*).

— M. Diesing a vu la bouche des jeunes individus provenant du *Cervus dichotomus*, entourée de douze à quinze cils ou soies roides.

— Laurer, dans son beau travail sur l'*Amphistoma conicum*, a
décrit le système nerveux analogue à ce que Bojanus·avait vu dans
l'*Amphistoma subtriquetrum*, et j'ai pu constater en partie ses observations.

4. AMPHIST. DU PÉCARI. *AMPHIST. GIGANTEUM.* — Diesing,
dans les *Ann. du Mus. de Vienne*, t. I, ii, p. 248, pl. 22 et 23, fig. 5-6.

« — Corps blanc-jaunâtre, demi-transparent, long de 20 à 22^{mm},5 ,
« large de 2^{mm},25 en avant, et de 6^{mm},7 en arrière, ovoïde, oblong,
« un peu comprimé, plissé transversalement ; — bouche terminale,
« circulaire ; — ventouse postérieure, presque ovale, profonde, située
« à la face ventrale, à 2^{mm},25 de l'extrémité ; — orifice génital situé à
« 6^{mm},75 de la bouche. »

Trouvé par M. Natterer au Brésil, dans le cœcum de trois *Dicotyles
albirostris*, et d'un *Dicotyles torquatus*.

M. Diesing a fait l'anatomie de cette espèce sur des exemplaires conservés dans l'esprit-de-vin ; il a décrit le tégument général comme
formé de six couches : l'épiderme, le réseau de Malpighi, une première couche de fibres musculaires transverses, une deuxième couche
de fibres longitudinales, une troisième couche musculaire formée de
fibres obliques croisées, et enfin une membrane vasculaire ; il a vu
l'œsophage prendre naissance sur la face dorsale d'un sac buccal ou
pharyngien oblong, assez profond, puis se diviser dans les deux branches de l'intestin ; il a vu aussi les testicules formant deux masses
fasciculées ; enfin M. Diesing représente le système nerveux à peu près

de même que M. Bojanus pour l'*Amphist. subtriquetrum*, c'est-à-dire avec un ganglion de chaque côté de l'œsophage, envoyant deux filets obliquement en avant, un autre cordon transverse pour former l'anneau œsophagien, et un long cordon longitudinal qui accompagne l'intestin, en envoyant quelques petits filets latéralement.

5. AMPHIST. RUDE. *AMPHIST. ASPERUM.* — Diesing, dans les *Ann. du Mus. de Vienne*, t. II, ii, p. 236, pl. 20, fig. 14-16.

« — Corps long de 4^{mm},5 à 11^{mm},25, conique, obliquement tronqué « à la base, en arrière, où il est large de 2^{mm},15 à 6^{mm},75 ; — bouche « terminale, orbiculaire ; — ventouse postérieure entourée d'un bord « étroit, hérissée de petites papilles, et formant la base oblique du « cône ; — pénis quelquefois saillant, très-long, filiforme. »

M. Natterer l'a trouvé deux fois au Brésil dans le cœcum du tapir d'Amérique.

? 6. AMPHIST. PYRIFORME. *AMPHIST. PYRIFORME.* — Diesing, dans les *Ann. du Mus. de Vienne*, t. II, ii, p. 236, pl. 20, fig. 17-18.

« — Corps long de 6^{mm},75 à 11^{mm},25, large de 4^{mm},5 à 6^{mm},75, pyri-« forme ou aminci en avant ; bouche très-petite, orbiculaire, termi-« nale ; — ventouse postérieure située à la face ventrale près de « l'extrémité, entourée d'un bord saillant, concave et lisse ; — pénis « quelquefois saillant sous la forme d'une pointe courte et mince. »

M. Natterer l'a trouvé au Brésil, dans le cœcum du tapir, en même temps que l'espèce précédente, dont elle ne me paraît pas différer essentiellement, car les caractères indiqués par M. Diesing n'ont été tracés que d'après des exemplaires conservés dans l'esprit-de-vin.

7. AMPHIST. DU LAMANTIN. *AMPHIST. FABACEUM.* — Diesing, dans les *Ann. du Mus. de Vienne*, t. II, ii, p. 236, pl. 20, fig. 19-24.

« — Corps blanc rougeâtre, demi-transparent, long de 6^{mm},75 à « 13^{mm},50, ovale, lancéolé, large de 0^{mm},75 à 1^{mm},10 en avant, et de « 3^{mm},37 à 6^{mm},75 au milieu, convexe en dessus, plane en dessous, ou « convexe seulement dans le jeune âge ; — cou cylindrique, protrac-« tile (et pouvant être entièrement rétracté de sorte que le corps « a la forme d'un grain de café) ; — bouche terminale légèrement « crénelée ; — ventouse postérieure orbiculaire, située en dessous, « près de l'extrémité, et entourée d'un bord peu saillant. »

Natterer le trouva deux fois au Brésil très-abondamment dans l'intestin, et particulièrement dans le cœcum du *Manatus exunguis*.

II. AMPHISTOMES DES OISEAUX.

L'*Amphist. tanagræ*, espèce douteuse de Rudolphi (*Syn.*, p. 674), a été trouvé au Brésil par Olfers, dans la bourse de Fabricius du *Tanagra tatoa;* mais par suite de quelque erreur, il n'a pu être déterminé convenablement.

L'*Amphistoma emberizæ citrinellæ*, autre espèce douteuse, est indiqué comme ayant été trouvé au musée de Vienne ; mais il n'en reste qu'un dessin imparfait.

8. AMPHIST. EN CROCHET. *AMPHIST. UNCIFORME.* — Rud.,
Syn., p. 674.

Amphistoma *unciforme*, Westrumb, dans l'Isis, 1823, p. 397.
Amphistoma *unciforme*, Diesing, dans les Ann. du Mus. de Vienne, t. 1, ii, p. 252, pl. 24, fig. 16-18.

« — Corps long de 2^{mm},3 , presque cylindrique ou en massue, aminci « et recourbé en crochet à l'extrémité antérieure , plus épais et « tronqué en arrière ; — bouche peu visible ; — ventouse postérieure « circulaire située à l'extrémité , et entourée d'un large bord « saillant. »

Trouvé par M. Natterer au Brésil dans l'intestin de l'*Icterus cristatus* (*Oriolus cristatus*, L.).

9. AMPHIST. SANGSUE. *AMPHIST. HIRUDO.* — Diesing, dans
les *Ann. du Mus. de Vienne*, t. I, ii, p. 249, pl. 23, fig. 10-12.

« — Corps blanc jaunâtre, long de 3^{mm},37, ovale, lancéolé, dé« primé, plissé transversalement, et crénelé au bord, large de 1^{mm},12 « en avant, et de 2^{mm},25 en arrière ; — bouche orbiculaire, presque « terminale ; — ventouse postérieure presque hémisphérique, située en « dessous. »

Trouvé par M. Natterer au Brésil dans le cœcum d'un kamichi (*Palamedea cornuta*).

10. AMPHIST. EN CROISSANT. *AMPHIST. LUNATUM.* — Diesing,
dans les *Ann. du Mus. de Vienne*, t. I, ii, p. 250, pl. 23, fig. 21-22.

« — Corps jaunâtre, demi-transparent, long de 6^{mm},75, large de « 2^{mm},25 à 3^{mm},37 au milieu, presque elliptique, comprimé, un peu « convexe en dessus, plane en dessous ; — bouche orbiculaire située « un peu en dessous ; — ventouse postérieure presque ronde, un peu « transverse, située en dessous, près de l'extrémité, à bords resser« rés, et accompagnée en arrière par une sorte de bourrelet en crois« sant, dont les pointes amincies se recourbent en dehors. »

M. Natterer dit l'avoir trouvé au Brésil, d'abord dans le cœcum du *Cervus dichotomus*, puis dans les cœcums des *Anas melanotus* et *Anas ipecutiri*, et de deux *Himantopus Wilsonii* ; mais il est vraisemblable qu'il a pu commettre quelque méprise, car on n'a pas d'autre exemple d'un même helminthe trouvé dans des habitations si différentes, à moins que d'y être arrivé accidentellement quand quelque animal est devenu la proie d'un carnassier.

III. AMPHISTOMES DES REPTILES.

11. AMPHIST. DES TORTUES.   *AMPHIST. GRANDE.*

Amphistoma grande, DIESING, dans les Ann. du Mus. de Vienne, t. II, II, p. 237, pl. 20, fig. 25-27.

« — Corps long de 4ᵐᵐ,5 à 27ᵐᵐ, large de 2ᵐᵐ,25 à 13ᵐᵐ,5, elliptique, « ou ovale lancéolé, un peu convexe en dessus, plane en dessous, « ou quelquefois paraissant concave en raison de la courbure géné-« rale ; — bouche orbiculaire, terminale ; — ventouse postérieure « ovale, à bord saillant ou triangulaire dans la jeunesse, située en « dessous, près de l'extrémité ; — pénis conique, peu saillant. »

M. Natterer l'a trouvé au Brésil assez abondamment dans l'intestin ou l'estomac de plusieurs espèces de tortues (*Chelys fimbriata, Phrynops Geoffroanus et Schopfii, Peltocephalus Dumerilianus, Podocnemis erythrocephala, expansa et tracaxa, Rhinemys gibba et nasuta*.)

12. AMPHIST. DE LA GRENOUILLE.   *AMPHIST. SUBCLAVATUM.*
— NITZSCH.

Planaria subclavata, GOEZE, Naturg., p. 93 et 178, pl. 15, fig. 2-3.
Fasciola subclavata, SCHRANK, Verzeichn., p. 19, n° 56.
Fasciola ranæ, GMELIN, Syst. nat., p. 3055, n° 18.
Distoma subclavatum, ZÆDER, Nachtrag., p. 185.
Hirudo tuba, BRAUN, Hist. hirud., 1805, p. 49, pl. 5, fig. 5-8.
Amphistoma subclavatum, RUD., Entoz., t. II, 1, p. 348, et Syn., p. 90 et 358, n° 14.
Amphistoma unguiculatum, RUDOLPHI, Synopsis, p. 91 et 360.
Amphistomum subclavatum, NITZSCH, dans l'Encycl. de Ersch et Gruber, 1819, t. III, p. 398.
Amphistoma subclavatum, WESTRUMB, dans l'Isis, 1823, p. 369.
Amphistoma subclavatum, BREMSER, Icones helminth., pl. 8, fig. 30-31.
Diplodiscus subclavatus, DIESING, dans les Ann. du Mus. de Vienne, 1836, t. I, II, p. 253, pl. 24, fig. 19-24, et *Dipl. unguiculatus*, l. c., p. 254, pl. 24, fig. 25-27.
Diplodiscus subclavatus, CREPLIN, dans l'Encycl. de Ersch et Gruber, 1839, t. XXXII, p. 286.

« — Corps rougeâtre ou jaunâtre, avec diverses teintes de rouge, « de jaune et de blanc opaque, long de 3 à 6ᵐᵐ, large de 2ᵐᵐ,6 pen-« dant la vie (long de 8ᵐᵐ, large de 3ᵐᵐ,1 après la mort, et quand il est

« étendu sous le compresseur), cylindroïde, ou conique, ou en
« massue, recourbé en dessous, plus étroit en avant, obliquement
« tronqué en arrière où il se termine par une large ventouse contrac-
« tile, en forme de cloche à bord membraneux, extensible, légère-
« ment festonnée, dirigée en dessous ; — bouche presque terminale,
« un peu en dessous, donnant dans un sac pharyngien, musculeux,
« ovoïde, large de 1^{mm}, prolongé en arrière par deux sacs (sali-
« vaires ?) globuleux ; — œsophage musculeux, partant de la face
« dorsale du sac pharyngien, relevé d'abord et renflé en massue,
« puis recourbé en dessous ; — intestin bifurqué à branches sinueuses,
« inégalement renflées et plus rapprochées du dos, se contractant
« ensemble et périodiquement d'arrière en avant, de manière à pré-
« senter deux ou trois étranglements qui remontent en même temps
« à l'embouchure de l'œsophage, lequel se contracte aussi.

« — Deux gros *vaisseaux* latéraux, sinueux, plus rapprochés du
« ventre, rendus blancs opaques, par un amas de globules graisseux,
« lentement contractiles d'arrière en avant, terminés en cœcum de
« chaque côté du sac pharyngien, plus transparents en arrière où ils
« paraissent se réunir vers le centre de la ventouse.

« — *Vaisseaux* nombreux, diaphanes, striés transversalement, et
« formant un réseau sous le tégument de la face dorsale, mais sans
« contractions ni courants appréciables.

« — *Branchies* (?) ou organes vibratiles situés en différents points de
« la face dorsale à l'extrémité des vaisseaux, et surtout à l'extrémité
« des dix ou douze canaux sinueux qui partent en rayonnant du
« centre de la ventouse ; — chaque organe vibratile formé d'un sac large
« de 0^{mm},02, dans lequel s'agitent sans cesse d'un mouvement ondu-
« latoire un, ou deux, ou trois cils ou filaments.

« — *Tégument* formé de fibres longitudinales assez régulières sur
« lesquelles sont croisées en deux directions des fibres obliques,
« larges de 0^{mm},01, espacées de 0^{mm},04 à 0^{mm},05.

« — *Ventouse postérieure* extensible et contractile, large de 2^{mm},6
« à 3^{mm}, quelquefois resserrée en cupule formée de nombreux fais-
« ceaux musculaires partant comme des rayons d'une papille cen-
« trale plus ou moins saillante et dilatable, mais *non perforée ;* —
« surface de la ventouse granuleuse ou papilleuse, avec des stries
« concentriques, assez régulières, écartées de 0^{mm},0075 ; dans l'épais-
« seur de la couche musculaire de la ventouse, se voient dix à
« douze canaux flexueux partant du centre, et renflés en massue vers
« le bord.

« — *Orifice génital* large de 0^{mm},03 à 0^{mm},04, entouré de fibres
« concentriques et souvent difficile à apercevoir, situé à la face ven-
« trale entre le bord postérieur du sac pharyngien et l'extrémité de
« l'œsophage.

« — Testicules globuleux, situés au-dessus de la ventouse.

« — Ovaires latéraux, oviducte formant un long tube large de
« 0^{mm},06 à 0^{mm},18, musculeux, contractile, replié un grand nombre

« de fois entre les branches de l'intestin et aboutissant à un sac plus
« épais, recourbé au-dessus de l'orifice génital.

« — OEufs longs de 0^{mm},13, elliptiques, à coque membraneuse,
« lisse, blanche, s'ouvrant par une calotte terminale et laissant voir
« l'embryon agité d'un mouvement continuel de contraction.

« — L'embryon, sorti de l'œuf naturellement ou par compression,
« se montre aussitôt couvert de cils vibratiles, longs de 0^{mm},08, au
« moyen desquels il se meut dans le liquide; sa longueur est de
« 0^{mm},125, il change de forme à chaque instant, présentant un ren-
« flement à une des extrémités, ou deux renflements séparés par
« un étranglement au milieu. »

Je l'ai trouvé, à Rennes, six fois sur vingt-cinq dans le rectum de
la grenouille verte (*Rana esculenta*) en juin et août, mais trois fois
seulement j'ai eu des individus adultes et aussi grands que ceux
que je viens de décrire.

Gœze le trouva le premier dans l'intestin et surtout dans le rectum
de la grenouille rousse (*Rana temporaria*), du crapaud (*Bufo cinereus*) et de la rainette (*Hyla arborea*); Zeder ensuite le trouva dans
la grenouille verte. Rudolphi le trouva seulement dans le rectum de
la grenouille rousse, à Greifswald, assez abondamment, et plus tard
à Berlin, il le revit une seule fois dans l'intestin de la grenouille
verte, et une fois aussi, dit-il, dans la vessie urinaire d'un crapaud
désigné différemment comme *Bombinator* ou *Bufo*; enfin il trouva
dans le *Triton tœniatus* un amphistome dont il crut devoir former une
autre espèce (*Amphistoma unguiculatum*), mais qui est encore le
même; au musée de Vienne, on l'a trouvé trente-trois fois sur douze
cent quatre-vingt-dix dans le rectum de la grenouille verte, dix-
neuf fois sur quatre cent vingt-sept dans la grenouille rousse, et
onze fois sur cent vingt-cinq dans le crapaud (*Bufo cinereus*), dix
fois sur cent quatre-vingt-six (*Amphistoma unguiculatum*) dans le
Triton tœniatus, mais non dans les autres crapauds et les rainettes.
M. Creplin l'a trouvé dans le *Bufo viridis* et dans un triton; M. Natterer l'a trouvé au Brésil dans le *Leptodactylus* (*Rana*) *sibilatrix*.
Mais tous ces auteurs indiquent pour maximum de longueur 4^{mm},
et j'en ai eu de 6^{mm}. — Rudolphi avait pris d'abord la large ventouse
de cet helminthe pour l'extrémité antérieure; mais lui-même, dans
son *Synopsis*, il rectifia cette erreur.

Zeder ne prétendit pas avoir vu sortir des petits vivants par un
orifice postérieur, comme l'ont répété Rudolphi et après lui M. Diesing, mais il dit seulement (*Nachtrag.*, p. 187) qu'il a vu les petits
vivants se mouvoir très-activement dans la partie la plus large (*in
dem breiteren Theile*) de cet helminthe, et qu'il les a vus se mouvoir
aussi activement dans l'eau froide après être sortis du corps de leur
mère.

— C'est en partie d'après l'observation que Rudolphi supposait
avoir été faite par Zeder, que M. Diesing a attribué à l'amphistome des

grenouilles un orifice génital situé au milieu de la ventouse postérieure, et il s'est trouvé ainsi conduit à le séparer des autres amphistomes pour en faire le type de son genre *Diplodiscus;* mais, je le
répète, l'orifice génital est bien réellement ici comme chez les autres
vrais amphistomes, situé à la face ventrale au-dessous de l'œsophage
et donne seul issue aux œufs contenant des embryons vivants et
peut-être à des embryons déjà éclos, tandis que la papille occupant
le milieu de la ventouse postérieure n'est pas perforée. Ainsi le caractère du genre *Diplodiscus* est complétement fictif, et l'on doit
laisser avec les amphistomes les helminthes qu'on supposait en différer par la présence d'un orifice génital au milieu de la ventouse.
Toutefois M. Diesing lui-même a relevé une erreur commise par
M. Westrumb qui, dans l'*Isis* (1823, p. 369), avait parlé de deux helminthes de cette espèce conservés dans la collection du musée de
Vienne encore unis par copulation; en effet de ces helminthes qu'il a
fait représenter (pl. 24, fig. 24), l'un a simplement saisi l'autre par
la face dorsale au moyen de sa ventouse postérieure.

— M. Siebold, dans les archives de Wiegmann (1837, II, p. 263), avait
déjà contesté l'exactitude des caractères assignés par M. Diesing à son
Diplodiscus, déclarant n'avoir jamais pu apercevoir lui-même un
orifice génital au milieu de la ventouse postérieure dont la saillie
médiane lui paraît être plutôt une plus petite ventouse. M. Siebold,
d'ailleurs, dit avoir vu au même endroit que sur les autres amphistomes, une saillie que longtemps auparavant il avait cru être l'indice
de l'orifice génital. M. Creplin (1839), qui a pu comparer les amphistomes des grenouilles et ceux des tritons, a constaté que ceux-ci,
beaucoup plus petits, sont évidemment des jeunes de la même espèce,
et que les caractères indiqués par M. Diesing, pour le *Diplodiscus
unguiculatus,* se rencontrent fréquemment chez les jeunes helminthes des grenouilles. Ce savant helminthologiste reconnaît, comme
M. Siebold, que M. Diesing a pu se tromper; cependant, il semble admettre lui-même le genre *Diplodiscus,* en le caractérisant non point
par un orifice génital au centre de la ventouse, mais par la grandeur
et la dilatabilité de la ventouse. En même temps, il tâche de concilier
les opinions de MM. Siebold et Diesing, en disant que l'orifice postérieur admis par celui-ci pourrait être la vulve, tandis que la saillie
indiquée par M. Siebold correspondrait à l'orifice génital mâle.

IV. AMPHISTOMES DES POISSONS.

13. AMPHIST. A TÊTE AIGUE.   *AMPHIST. OXYCEPHALUM.* —
D̲i̲e̲s̲i̲n̲g̲, *Ann. Mus. Vienn.,* I, ii, p. 251, pl. 24, fig. 1-9.

« — Corps blanchâtre ou brunâtre, de forme très-variable, long de
« 4^{mm},5 à 13^{mm},5, large de 2^{mm},25 à 6^{mm},75, plane ou comprimé, ou
« cylindrique, ovale-oblong ou ovale-lancéolé, souvent terminé en

« pointe allongée en avant; — bouche terminale, orbiculaire; —
« ventouse postérieure entourée d'un bord saillant, et située latéra-
« lement à l'extrémité qu'elle dépasse un peu, et, par suite, parais-
« sant quelquefois échancrée en arrière. »

Trouvé par M. Natterer, au Brésil, dans l'intestin du *Silurus megace-*
phalus et des *Salmo auratus*, *Salmo pacu* et *Salmo pacupeba*. Natt.

(?) 14. AMPHIST. A GRANDE VENTOUSE.   *AMPHIST. MEGA-*
 COTYLE. — Diesing, *l. c.*, t. I, ii, p. 250, pl. 23, fig. 19-20.

 « — Corps blanc, avec la ventouse brun-jaunâtre, long de 6^{mm},8,
« large de 1^{mm},12 en avant, de 2^{mm},25 en arrière, presque cylindrique,
« aminci et recourbé en avant, obtus en arrière; — bouche termi-
« nale, petite, circulaire; — ventouse située à la face inférieure,
« très-grande, presque orbiculaire, entourée d'un bord mince, et si-
« nuée en arrière; — orifice génital situé sur une petite saillie, à
« 2^{mm},2 environ de la bouche. »

Trouvé par M. Natterer, au Brésil, dans l'intestin du *Silurus palmito.*

(?) 15. AMPHIST. CYLINDRIQUE.   *AMPHIST. CYLINDRICUM.*
 — Diesing, *Ann. d. Mus. Vienn.*, I, ii, p. 249, pl. 23, fig. 13-15.

 « — Corps blanc, long de 9^{mm}, large de 4^{mm},50, tout à fait cylin-
« drique au milieu, obtus, arrondi aux deux extrémités, ridé trans-
« versalement; — bouche terminale, orbiculaire, saillante; — ven-
« touse située en dessous, orbiculaire, latérale, à bord élevé. »

Trouvé par M. Natterer, au Brésil, dans l'intestin du *Callichthys* ou
Cataphractus murica. Natt.

(?) 16. AMPHIST. CORNE.   *AMPHIST. CORNU.* — Diesing,
 Ann. Mus. Vienn., II, ii, p. 235, pl. 20, fig. 12-13.

 « — Corps long de 4^{mm},50 à 5^{mm},66, large de 0^{mm},75 en avant, de
« 2^{mm},25 en arrière, conique, recourbé comme une corne de bœuf;
« — bouche terminale, orbiculaire; — ventouse large, orbiculaire, à
« bord gonflé, occupant l'extrémité du corps qui est obliquement
« tronquée. »

Trouvé par M. Natterer, au Brésil, dans le *Callichthys* ou *Cata-*
phractus vacu. Natt.

(?) 17. AMPHIST. FER A CHEVAL.   *AMPHIST. FERRUM*
 EQUINUM. — Diesing, *Ann. Mus. Vien.*, I, ii, p. 250, pl. 23,
 fig. 16-18.

 « — Corps brunâtre, long de 13^{mm},5, large de 6^{mm},75, cylindrique,
« comprimé, ridé, obtus de part et d'autre; — bouche terminale,

« presque ronde; — ventouse postérieure située en dessous, orbicu-
« laire, à bord large, échancré en arrière ; tégument paraissant cou-
« vert de petites fossettes (?). »

Trouvé par M. Natterer, au Brésil, dans l'intestin des *Callichthys* ou
Cataphractus murica et *corome.*

(?) 18. AMPHIST. ATTÉNUÉ.   ***AMPHIST. ATTENUATUM.*** —
DIESING, *Ann. Mus. Vienn.,* I, II, p. 252, pl. 24, fig. 9-12.

« — Corps blanc, opaque, long de $3^{mm},37$ à $4^{mm},5$, large de $2^{mm},25$
« en avant, de $1^{mm},12$ à l'extrémité postérieure, presque elliptique,
« comprimé, ou arrondi, aminci en arrière; — bouche située un peu
« en dessous, orbiculaire; — ventouse postérieure située en dessous,
« ovale-oblongue, sinuée en arrière. »

Trouvé par M. Natterer, au Brésil, dans l'intestin du *Salmo pacu.*
Cette espèce et les cinq précédentes, trouvées également dans des
poissons des rivières du Brésil, ne me paraissent pas avoir été suffisamment déterminées par M. Diesing, qui n'a vu que des exemplaires conservés dans l'esprit-de-vin, et qui prend pour constantes des différences dans la forme du corps, dans la forme et la grandeur ou la
position plus ou moins inférieure de la ventouse, différences qui,
comme on le sait, sont essentiellement variables sur les amphistomes
vivants; il est donc bien vraisemblable que de ses six espèces la plupart doivent être réunies si l'on cherche des caractères plus solides
dans leur organisation; la seule espèce d'ailleurs que M. Diesing ait
représentée, avec ses organes intérieurs, est l'*Ascaris oxycephalum.*

(?) ***AMPHISTOMA ROPALOIDES.*** — LEBLOND, dans les *Ann. des
sciences nat.,* 1836, t. VI, p. 290, pl. 16, fig. 1-3.

Leblond, jeune helminthologiste peu exercé aux observations,
s'appuyant sur la définition donnée par Rudolphi, établit sous ce
nom une nouvelle espèce d'amphistome. Il avait, pour la première
fois, tiré de son kyste un des anthocéphales si communs dans les
poissons de mer pêchés sur les côtes de Normandie, et il vit l'enveloppe externe et vivante de cet helminthe se mouvoir spontanément;
mais M. Deslonchamps releva cette erreur dans le tome suivant des
Annales des sciences naturelles (t. 7, 249).
— Nous mentionnerons également des helminthes ou des portions
d'helminthes cestoïdes, des articles isolés de ténias et de bothriocéphales qui, continuant à vivre séparément, présentent en apparence
les caractères assignés par Rudolphi aux amphistomes (voyez *Proglottis*).

9ᵉ GENRE. MONOSTOME.   *MONOSTOMA.* — RUD.

μόνον, une seule , στόμα, bouche.

« — Helminthes à corps plus ou moins allongé et applati ; —
« bouche située à l'extrémité antérieure et entourée d'une masse
« musculaire urcéolée, formant une ventouse ; — deux orifices
« génitaux distincts et quelquefois un orifice postérieur respira-
« toire ou excrétoire, mais sans ventouse ventrale. »

Le genre monostome distingué d'abord par Schrank sous le
nom de *Festucaria* a été nommé ensuite *Monostoma* par Zeder,
puis par Rudolphi qui, dans son *Entoz. hist. nat.*, y comprit
quinze espèces déterminées, et porta ce nombre à vingt-trois,
dans son *Synopsis,* en y ajoutant encore sept espèces douteuses.
Depuis lors, Bremser, MM. Mehlis, Deslongchamps et Creplin ont
décrit quatre nouvelles espèces; moi-même j'en indique une
autre (*Monostoma filum*, nº 24), de sorte que le nombre des
espèces plus ou moins déterminées se monte à vingt-huit, dont
quatre nommées par Zeder, et dix-neuf par Rudolphi; mais il y
en a au moins treize qui ne peuvent être admises comme réelles
ou distinctes; savoir : le *Monostoma ocreatum* qui me semble
identique avec le distome filiforme que j'ai trouvé dans la taupe ;
le *Monostoma ellipticum* que je crois aussi être identique avec le
Distoma variegatum; les *Monostoma lineare,* nº 7, et *Monostoma
attenuatum,* nº 9, que M. Creplin croit, avec raison, être les mêmes
que le *Monostoma verrucosum,* nº 13; les *Monostoma crenulatum,*
nº 4, *Monostoma ventricosum,* nº 3, et *Monostoma macrostomum,*
nº 14, vus très-incomplétement une seule fois par Rudolphi qui
doute lui-même si ce ne sont pas des Amphistomes; les *Monostoma
cochlerariforme,* nº 25, *Monostoma gracile,* nº 26, et *Monostoma
caryophyllinum,* nº 18, vus incomplétement aussi, une seule fois,
l'un par Acharius, l'autre par Schrank , le troisième par Rudolphi et qui, d'après une observation de M. Creplin sur un helminthe ressemblant à ce dernier, pourraient bien être simplement des jeunes Bothriocéphales. D'ailleurs ces trois derniers
constituent pour Rudolphi, qui les caractérise par leur bouche
non terminale , mais inférieure , une section ou un sous-genre
distingué par le nom d'*Hypostoma* (ὑπὸ, sous, στόμα, bouche).
M. de Blinville a même adopté cette section comme un genre
distinct. Le *Monost. crucibulum* me paraît bien être un distome

du sous-genre *Crossodera;* enfin le *Monostoma foliaceum* de l'esturgeon n'est certainement pas un trématade.

M. Diesing avait aussi voulu faire le genre *Notocotylus* avec le *Monostoma verrucosum* (n° 13), dont il prit le ventre pour la face dorsale et qu'il ne put étudier suffisamment.

Déduction faite de ces espèces, et peut-être aussi des *Monostoma petasatum,* n° 10, et *Monostoma filum,* n° 24, il reste encore quinze espèces offrant entre elles des différences tellement prononcées qu'on ne peut s'empêcher de penser qu'elles appartiennent à des types distincts; ainsi le *Monostoma faba,* trouvé exclusivement par paires dans les kystes de la peau des passereaux, ou, pour mieux dire, dans les follicules destinés à la production des plumes, est, comme l'indique son nom, en forme de fève ou de grain de café, avec un orifice postérieur, prolongé en tube qu'on a pris pour un cou; les autres, au contraire, ont une forme plus ou moins allongée, mais tantôt déprimée ou foliacée, tantôt presque cylindrique plus ou moins dilatée ou amincie en avant, obtuse en arrière. Les œufs présentent des différences plus curieuses, ceux du *Monostoma verrucosum* sont assez petits, elliptiques, prolongés de part et d'autre par deux longs appendices effilés; ceux du *Monostoma mutabile,* beaucoup plus volumineux, n'ont point de tels appendices, mais ils contiennent un embryon cilié, pourvu de deux points oculiformes, et dont M. de Siebold a pu suivre les singulières métamorphoses. A part les trois espèces que nous venons de nommer, et le *Monostoma expansum* de M. Creplin, toutes les autres sont trop imparfaitement connues pour qu'on puisse donner en détail les caractères communs de leur organisation.

Les vrais monostomes se trouvent dans les vertébrés ovipares, ordinairement dans l'intestin; mais, comme nous l'avons dit déjà, le *Monostoma faba* se trouve exclusivement dans des kystes ou follicules de la peau des oiseaux. Deux autres, *Monostoma filicolle* (n° 21) et *Monostoma tenuicolle* (n° 22) ont été trouvés dans les chairs de deux poissons; quelques-uns, *Monostoma ventricosum,* n° 5, *Monostoma prismaticum,* n° 6, *Monostoma gracile,* n° 26, et *Monostoma foliaceum,* n° 28, se trouvent dans l'abdomen ou autour du foie des oiseaux ou des poissons : enfin les *Monostoma mutabile,* n° 13, et *Monostoma flavum,* n° 14, vivent dans diverses cavités des oiseaux palmipèdes et des échassiers hors de l'intestin, mais plus particulièrement dans la cellule infra-oculaire et dans les cavités nasales ou respiratoires.

1. MONOSTOMES DES MAMMIFÈRES.

Rudolphi cite un monostome non déterminé trouvé à Vienne dans l'intestin de la noctule (*Vespertilio lasiopterus,* Schr.)

? 1. MONOSTOME DE LA TAUPE.   *MONOST. OCREATUM.*—Zed.

Fasciola talpæ, Goeze, Naturg., p. 182, pl. 15, fig. 6-7.
Cucullanus talpæ, Müller, dans Naturf., XXII, p. 55.
Cucullanus ocreatus, Schrank, Verzeichn., p. 14 et 95.
Monostoma ocreatum, Zeder, Nachtrag., p. 152, et Naturg., p. 189.
Monostoma ocreatum, Rudolphi, Entoz., t. II, i, p. 329, et Syn., p. 84.
Monostoma ocreatum, Bremser, Icones helminth., pl. 8, fig. 10-11.

« — Corps long de 15^{mm} à 54^{mm}, (?) vingt à trente fois aussi long
« que large, terminé en avant par un orifice tronqué un peu élargi;
« — extrémité postérieure subitement coudée et amincie à partir d'un
« tubercule latéral de manière à représenter un pied de botte (*ocrea*);
« — une ventouse ventrale; — œufs longs de 0^{mm},029 à 0^{mm},033. »
(Voyez *Distoma lorum.*)

Dans l'intestin de la taupe où Gœze le trouva deux fois; Zeder l'a trouvé très-abondamment aussi en Allemagne à l'automne, plus rarement en hiver et au printemps et jamais en été; Müller l'avait également trouvé en Danemark; au musée de Vienne, sur trois cent quatre-vingt-deux taupes soixante-huit ont présenté cet helminthe. De mon côté, en le cherchant à Rennes, j'ai trouvé, non un monostome, mais un vrai distome filiforme que j'ai reconnu être le même helminthe, en comparant trois exemplaires envoyés de Vienne au Muséum de Paris. Le plus grand, qui n'est pas entier, est encore long de 26^{mm}, large de 0^{mm},72; le deuxième, aussi large, n'est long que de 21^{mm}, sa ventouse antérieure est large de 0^{mm},35 et il montre une ventouse ventrale large de 0^{mm},107 située à 5^{mm},3 de la première; le troisième, qui a été desséché, n'est long que de 20^{mm}, mais il montre plus distinctement sa ventouse ventrale large de 0^{mm},083 située à 5^{mm},8 de la première. Leurs œufs sont longs de 0^{mm},029 à 0^{mm},031 : le reste de leur organisation est exactement conforme à ce que j'ai vu dans le *Distoma lorum.*

2. MONOST. DE LA BALEINE.   *MON. PLICATUM.* — Creplin, dans *Nov. act. Acad. C. C. L.,* 1827, t. XIV, p. 878, pl. 52, fig 9-11.

« — Corps blanchâtre long de 6 à 7^{mm},8, large de 2^{mm},8 à 3^{mm},37,
« plane, presque elliptique, à bords plissés; — face ventrale, ridée
« longitudinalement; — bouche presque terminale, transverse, assez
« grande; — orifice génital porté par un petit tubercule à peu de
« distance de la bouche, et laissant sortir un cirre ou pénis mince,
« très-long (égalant quelquefois la longueur du corps). »

Trouvé dans l'intestin grêle et dans l'œsophage d'une *Balæna rostrata* à tête de Rugen, en 1825.

II. MONOSTOMES DES OISEAUX.

3. MONOST. DU BALBUZARD.   *MONOST. EXPANSUM.* —
Creplin (dans *Wiegmann's Archiv.*, 1842, p. 327.)

« — Corps long de 6^{mm},2, large de 3^{mm},9 en avant et de 1^{mm},4 en
« arrière ; — partie antérieure plus courte, largement étalée, plus dé-
« licate, membraniforme ; — partie postérieure plus longue et plus
« étroite, aplatie, obtuse à l'extrémité ; — bouche très-petite au mi-
« lieu du bord antérieur. »

M. Creplin en a trouvé une seule fois quatre individus dans l'intestin grêle d'un balbuzard (*Aquila haliaëtos*), le 18 mai 1841.

La partie antérieure longue de 2^{mm}, est transparente, plissée çà et
là ; son bord antérieur est mince et presque droit au milieu, puis
courbé latéralement jusqu'à un angle arrondi, auquel correspond
la plus grande largeur. A partir de cet angle le diamètre transverse
va en diminuant jusqu'à la jonction des deux parties du corps, où
elle n'est plus que de 1^{mm},4, comme dans le reste de la longueur du
corps. Tout le premier tiers de la partie antérieure membraneuse,
est finement et régulièrement strié longitudinalement ; en arrière se
trouve une couche blanchâtre formée de vésicules de diverses grosseurs, puis les branches transverses de l'intestin précédant deux
masses ovariennes triangulaires. La bouche très-petite est située
au milieu du bord antérieur sous forme d'une ventouse assez profonde, dirigée complétement en avant ; elle est jointe par un canal
court, très-mince, avec le bulbe œsophagien qui est oblong, plus petit que la bouche, formé de fibres musculaires transverses. Ensuite
vient l'œsophage qui est aussi très-mince et se continue jusqu'au
milieu de la partie antérieure du corps.

La partie postérieure du corps contient de chaque côté une des
branches de l'intestin en partie cachée par les ovaires. Dans la partie
moyenne de cette même partie du corps se trouvent d'avant en arrière
d'abord un tubercule ou bulbe pyriforme, au milieu duquel s'ouvre
l'oviducte par un orifice triangulaire et que suit immédiatement un
gros tubercule rond qui doit être le pore génital mâle ; puis l'utérus
ou oviducte replié neuf fois de gauche à droite et en partie rempli
d'œufs. Derrière ces neufs replis de l'utérus se voit un canal transverse de communication entre les deux bandes ovariennes latérales,
et enfin les deux testicules ayant la forme d'une rosace irrégulière,
savoir : le premier plus petit et à quatre branches épaisses, divisées en
rameaux ou lobes courts, situé en avant des deux expansions triangulaires postérieures de l'ovaire, et le second à cinq branches un peu
plus complexes occupant tout l'espace elliptique transverse entre
ces mêmes expansions triangulaires et la bande terminale des ovaires.
De ces testicules et plus visiblement du postérieur, part un canal

déférent ou conduit séminifère qui se renfle successivement deux fois pour former deux vésicules séminales ou réservoirs oblongs, transverses, situés au-dessus des replis de l'oviducte, puis, qui se joint à la partie postérieure du réceptacle du cirre, lequel lui-même aboutit au tubercule rond correspondant à l'orifice génital mâle.

Les œufs, remarquablement gros, sont brunâtres, de forme ovale, avec un petit tubercule sur l'extrémité la plus petite. Entre les replis de l'oviducte et chaque branche latérale de l'intestin se voit aussi, de chaque côté, un vaisseau ou tube longitudinal.

4. MONOSTOME FÈVE.   *MONOST. FABA.* — Bremser.

Monostoma faba, Schmalz, XIX, Tab. anat., Entoz., p. 11, pl. 6, fig. 1-9.
Monostoma bijugum, Miescher, Beschr. und Untersuch. des *Monostoma bijugum*, Bâle, 1838.
Monostoma faba, Creplin, dans Wiegmann's Arch., 1839, p. 1, pl. 1, fig. 1-2, et dans Allg. Encycl., t. XXXII, p. 286.

« — Corps déprimé, arrondi, long de 1^{mm},1 à 4^{mm}, et un peu plus
« large, convexe en dessus, plane ou concave en dessous, presque
« cylindrique; — ventouse buccale grande, ronde, située au milieu du
« bord antérieur, à peine saillante; — pore excréteur ou caudal très-
« visible, gonflé, au milieu du bord postérieur. — Vivant deux en-
« semble, appliqués ventre contre ventre, dans un follicule ou sac
« de la grosseur d'un pois, muni d'un orifice externe au milieu,
« logés dans l'épaisseur de la peau des mésanges, des becs-fins et des
« moineaux et provenant du développement d'un follicule. »

Cet helminthe, si remarquable sous tous les rapports, a été trouvé pour la première fois à Vienne par Bremser, mais étudié et reconnu d'abord par Sœmmering, en 1823. Une mésange charbonnière apportée vivante à Bremser, présentait cinq tubercules globuleux, assez gros, sous le ventre, et deux autres au milieu de la cuisse, recouverts seulement par la peau.

S. Th. Sœmmering ayant reçu de Bremser deux de ces tubercules, trouva à l'intérieur deux helminthes presque hémisphériques, appliqués l'un contre l'autre comme les deux grains d'un fruit de café, et prit pour la tête et la bouche de ces animaux le pore excréteur prolongé en manière de cou, et sortant même par l'orifice externe du tubercule commun.

Bremser, au contraire, ne put rien trouver de semblable dans les tubercules qu'il avait gardés, parce qu'ils s'étaient desséchés; mais à quelque temps de là, en juin 1823, il retrouva sur un pouillot sylvicole (*Sylvia sibilatrix*) de semblables tubercules fixés aux deux talons, c'est-à-dire à l'articulation de la jambe avec le tarse. Ayant disséqué un de ces tubercules, il vit les mêmes helminthes dont Sœmmering lui avait envoyé la description; frappé du mode d'association de ces animaux, il leur donna d'abord le nom de *Monostoma geminum;* mais, plus tard, il le changea en celui de *Monostoma faba*. En outre des deux espèces d'oiseaux déjà cités, la bergeronnette jaune (*Motacilla boarula*) présenta également ensuite cet helminthe au professeur Fischer, à Vienne ; mais M. Schmalz l'avait cherché vainement dans de nombreuses dissections d'oiseaux, à Dresde. — M. Miescher, à Bâle, l'a trouvé depuis, en 1838, sur huit passereaux, savoir : sur un tarin (*Fringilla spinus*), sur un serin (*Fringilla canariensis*) et sur six moineaux (*Fringilla domestica*) ; presque tous ces oiseaux étaient jeunes , et leurs tubercules étaient situés sous le ventre, au voisinage de l'anus ou sur le croupion. M. Miescher le considérant comme une nouvelle espèce , en a publié à Bâle une description détaillée eu le nommant *Monostoma bijugum ;* mais d'après cette description même, M. Siebold a démontré dans les *Archives de Wiegmann,* 1839 , t. II, p. 160, que c'est bien le *Monostoma faba.* Dans le même temps et dans le même recueil (1839, t. I, p. 1, pl. 1), M. Creplin, de son côté, a publié aussi la description du même helminthe trouvé par lui assez abondamment une seule fois le 8 juin 1831, à Greifswald , sur un pouillot (*Sylvia trochilus,* LATH., ou *Sylvia fitis,* BECHS.). Les tubercules se trouvaient en certain nombre dans la peau des deux cuisses et du croupion ; ils étaient de la grosseur d'un pois et présentaient chacun une très-petite ouverture au milieu ; il s'en écoulait par la dissection un peu du liquide clair qui occupait la portion de la cavité interne non remplie par les monostomes. L'intérieur de cette cavité était tapissé par une membrane particulière résistante. Au milieu du bord antérieur se voit la bouche , très-peu distincte ; aussi avait-elle échappé à l'attention des premiers observateurs, qui avaient au contraire pris pour la bouche le pore excréteur situé au milieu du bord opposé et à l'extrémité d'une papille plus ou moins saillante. Comme ce pore excréteur, correspond toujours à l'orifice externe du tubercule, on a attribué à une véritable excrétion du monostome, la matière desséchée qui occupe souvent l'orifice externe ; cependant , si l'on veut considérer que ces tubercules semblent bien résulter seulement du développement des monostomes dans le follicule sécréteur d'une plume , on concevra l'origine de l'orifice central et de la matière contenue.

La ventouse buccale est suivie d'un bulbe œsophagien qui conduit à un intestin bifurqué sans issue que M. Schmalz avait pris pour le testicule , et dont les deux branches très-larges sont remplies d'un liquide jaune. Le pore excréteur communique avec un réservoir pyriforme contenant une matière granuleuse et qu'on avait pris d'abord pour l'œsophage.

Les ovaires sont deux grappes de glandes granuleuses , blanchâtres, situées de chaque côté, vers la face dorsale , et liées ensemble par un canal transverse , du milieu duquel part l'oviducte sinueux ou replié de diverses manières dans la région dorsale, puis s'élargissant pour former un vaste utérus rempli d'œufs noirâtres. L'orifice externe de cet utérus, entouré d'un faible rebord, se trouve au-dessous de la bouche.

De chaque côté, dans la région dorsale moyenne, au-dessus du bord externe de l'intestin, se trouve un corps globuleux, blanc-jaunâtre, qui, suivant Creplin, doit être un testicule, et vers le milieu un organe blanchâtre lobé ou divisé en rameaux courts, renflés, qui, pour cet auteur, est la vésicule séminale, et pour Miescher le testicule; à cet organe est annexée une vésicule ronde qui semble être plus spécialement un réservoir spermatique, et il en part un conduit déférent qui s'ouvre près de la vulve, après avoir traversé le bulbe du pénis.

Les deux helminthes se trouvent presque toujours engagés par la copulation dans le tubercule qui les contient. Il semble donc que toutes les énigmes de l'histoire des helminthes se trouvent réunies ici; car on voit ici deux helminthes trématodes, évidemment andro-gynes, produits presque toujours par paires (car il est fort rare d'en trouver trois à la fois) dans une cavité où leurs œufs n'ont pu venir du dehors directement ni par la circulation des humeurs de l'oiseau; et, d'autre part, on ne voit ces helminthes qu'à de rares intervalles et dans des lieux fort éloignés. Toutefois, le nombre des tubercules à monostomes, observé par M. Miescher, paraît indiquer qu'ils sont plus communs en Suisse.

? 5. MONOST. CRÉNELÉ. *MONOST. CRENULATUM.* — Rudolphi, *Entoz.,* II, I, p. 328, n° 4, et *Synopsis,* p. 84, n° 9.

« — Corps presque cylindrique, long de 1ᵐᵐ,12, un peu aminci en « avant, obtus en arrière; — orifice buccal terminal, crénelé au bord. »

Rudolphi en a trouvé une seule fois deux individus dans l'intestin du rouge-queue (*Sylvia phenicurus*), à Greifswald. Il les a étudiés incomplétement, et il doute lui-même si ce ne seraient pas des amphistomes.

? 6. MONOST. VENTRU. *MONOST. VENTRICOSUM.* — Rudolphi, *Entoz.* II, I, p. 335, n° 11, et *Synopsis,* p. 86, n° 19.

« — Corps cylindrique, long de 3ᵐᵐ,4 à 5ᵐᵐ,6, large de 1ᵐᵐ,12, di-« versement coloré en brun par les œufs, un peu aminci vers l'extré-« mité postérieure, qui est obtuse; — tête petite, conique, séparée « du reste du corps par une partie antérieure, ou par un cou presque « globuleux. »

Rudolphi en trouva une seule fois onze individus dans l'abdomen et autour du foie, en partie altéré, d'un rossignol (*Sylvia luscinia*), au mois de mai, à Greifswald. Il a vu, dit-il, dans le cou, deux vaisseaux transverses, moniliformes, anastomosés de part et d'autre, et formant un anneau comprimé, duquel part en arrière un vaisseau dorsal, spiral ou ondulé. Ces vaisseaux, noirs, élégamment tranchés sur le fond blanc du corps, étaient probablement l'oviducte, d'autant plus que Rudolphi dit aussi que l'extrémité caudale était remplie d'œufs bruns. Au reste, cet auteur doute lui-même si ce n'est pas un amphistome.

7. MONOST. PRISMATIQUE. *MONOST. PRISMATICUM.* — ZEDER, *Nachtrag.*, p. 151.

Monostoma prismaticum, RUD., Entoz., t. II, 1, p. 335, nᵒ 10, et Synopsis, p. 85, nᵉ 15.

« — Corps long de 6ᵐᵐ,7, large de 4ᵐᵐ,5, jaunâtre, presque pris-
« matique, obtus aux deux extrémités, convexe en dessus, caréné
« en dessous avec deux faces planes, séparées de la face dorsale par
« un bord aigu; — bouche petite, orbiculaire à l'extrémité de la
« carène inférieure, une fossette oblique au milieu de cette carène. »

Zeder l'a trouvé une seule fois solitaire près du foie d'un freux
(*Corvus frugilegus*), au commencement de l'été.

? 8. MONOST. LINÉAIRE. *MONOST. LINEARE.* — RUD., *Synopsis,* p. 83 et 343, n° 8.

Monostoma lineare, BREMSER, Icones helminth., pl. 8, fig. 8-9.

« — Corps long de 4ᵐᵐ,4, large de 1ᵐᵐ,12, obtus aux deux extré-
« mités, surtout en arrière; — bouche petite, orbiculaire, termi-
« nale. » (RUD.)

Sur cent vanneaux (*Vanellus cristatus*), disséqués au musée de Vienne, un seul contenait dans l'intestin plusieurs monostomes, dont le corps linéaire, demi-transparent, laissait bien voir au milieu un vaisseau spiral jaunâtre, qui doit être l'oviducte, et de chaque côté un vaisseau blanchâtre, partant de la tête, et qui doit être une branche de l'intestin bifurqué, comme on le voit aussi dans le *Monostoma verrucosum*, auquel M. Creplin, avec raison, croit devoir rapporter cette espèce.

Un autre des cent vanneaux disséqués à Vienne, contenait dans le poumon un monostome non déterminé que M. Siebold croit être le *Monostoma mutabile*.

9. MONOSTOME CORNE. *MONOST. CORNU.* — RUD. *Synopsis,* p. 85 et 345, n° 14.

Distoma cornu, ZEDER, Nachtrag., p. 180, pl. 2, fig. 1-3.
Amphistoma cornu, RUDOLPHI, Entoz., t. II, I, p. 346.

« — Corps long de 3ᵐᵐ à 4ᵐᵐ,5, large 0ᵐᵐ,56, cylindrique, courbé
« en arc en arrière, renflé en avant; — ouverture buccale, oblongue,
« très-entière. » (RUD.)

Gœze en trouva plusieurs individus au mois de novembre, à Quedlinbourg, dans l'intestin d'un héron (*Ardea cinerea*), et n'en a laissé que des figures fort inexactes publiées par Zeder. Braun communiqua ensuite à Rudolphi une figure du même helminthe, trouvé également par lui dans le héron ; au musée de Vienne, on l'a trouvé une seule fois dans l'intestin d'un bihoreau (*Ardea nycticorax*), parmi trente et un de ces oiseaux soumis à la dissection , et une autre fois dans une petite aigrette (*Ardea garzetta*). Les monostomes du bihoreau, envoyés à Rudolphi, étaient longs de 2^{mm},25 environ ; l'orifice buccal était contracté, au lieu d'être large et oblong, comme dans la figure de Gœze, qui indique aussi les œufs de forme elliptique.

? 10. MONOST. AMINCI.   ***MONOST. ATTENUATUM.*** — Rud., *Entoz.*, II, i, p. 328, n° 5, et *Synopsis*, p. 84, n° 10.

« — Corps long de 3^{mm},37, large de 0,75 (roussâtre?), déprimé, rétréci « en avant, arrondi en arrière ; — orifice buccal orbiculaire, termi- « nal. » (Rud.)

Rudolphi en trouva quatre individus dans le cœcum d'une bécassine (*Scolopax gallinago*) à Greifswald, au mois de juillet.

De la ventouse buccale de cet helminthe part l'intestin bifurqué, dont les deux branches se voient bien dans le premier tiers du corps, le reste étant occupé par l'oviducte, contourné en spirale lâche, sauf à l'extrémité postérieure. Il y a donc encore ici une grande analogie avec le *Monostoma verrucosum*, auquel M. Creplin veut le réunir ; c'est plus sûrement encore qu'on rapporterait à cette dernière espèce le monostome mentionné ici par Rudolphi comme ayant été trouvé dans les cœcums du souchet (*Anas clypeata*) par Braun.

— M. Bellingham inscrit dans son catalogue des helminthes d'Irlande (*Ann. of nat. hist.* 1844, p. 336) le *Monost. attenuatum*, comme trouvé dans les cœcums de l'*Anas tadorna*, de l'*Anas penelope* et de l'*Anas* ou *Anser albifrons ;* mais il est bien vraisemblable qu'il n'a eu sous les yeux que des jeunes *Monostoma verrucosum*, dont les tubercules n'étaient pas encore développés ; en effet, ses helminthes sont longs de 2^{mm},11 à 3,^{mm},07, blanchâtres, avec une teinte de rouge-jaunâtre, aplatis, obtus en arrière, plus étroits en avant.

? 11. MONOSTOME DE L'HUITRIER.   ***MONOST. PETASATUM.*** — Deslongchamps (*Encycl. meth. Vers.*, p. 551, n° 2.

« — Corps long de 4^{mm},5, large de 0^{mm},75, de couleur verdâtre, « déprimé, ayant en avant une partie plus large, presque triangulaire, « sous laquelle est un pore très-grand , orbiculaire, profond. »

M. Deslongchamps l'a trouvé, à Caen, dans les cœcums de l'Huîtrier (*Hæmatopus ostralegus*); le corps est allongé, aplati, mou, égal dans toute sa longueur, avec les côtés rectilignes et l'extrémité postérieure obtuse ; la partie centrale du corps est occupée dans presque toute la longueur par des vaisseaux nourriciers (?), ou plutôt par l'oviducte contourné en spirale ; les œufs sont arrondis et situés sur les côtés du corps.

Il est probable, d'après cette description, que cet helminthe est un Holostome voisin de l'*Holostomum denticulatum*, et qu'un orifice buccal se trouvait à l'extrémité du bord antérieur.

MONOSTOME DE L'ÉCHASSE.

« — Parmi soixante-deux échasses (*Himantopus melanopterus*) disséquées au musée de Vienne, deux seulement avaient dans l'intestin des monostomes d'espèce indéterminée, que Rudolphi nomme *Monostoma himantopodis* (*Synopsis*, p. 87).

12. MONOSTOME CHANGEANT.   *MONOST. MUTABILE.* — Zeder, *Nachtrag.*, p. 154, et *Naturg.*, p. 189, n° 6, pl. 3, fig. 1.

Monostoma mutabile, Rud.; Entoz., t. II, I, p. 333, n° 9, et Syn., p. 16.
Monostomum microstomum, Creplin, Nov. obs. de Ent., p. 49, pl. 1, fig. 10-11, et Mehlis dans l'Isis, 1831.
Monostomum mutabile, Siebold, dans Wieg. Archiv., 1835, t. I, p. 49, pl. 1.
Monostoma mutabile, Leuckart, Zool. Bruchst., 3e helm., Beitr., 1842, p. 35, pl. 1, fig. 12.

« — Corps long de 5 à 14^{mm}, et même jusqu'à 24^{mm}, large de $1^{mm},12$
« chez les plus petits, et de $4^{mm},15$ à $5^{mm},7$ chez les plus grands, forte-
« ment déprimé, très-obtus en arrière, un peu rétréci en avant, où il
« se termine par un orifice buccal très-petit, entouré d'un rebord
« saillant; — intestin blanchâtre, à deux branches, s'écartant à peu
« de distance de la bouche pour s'étendre parallèlement au bord
« jusqu'auprès de l'extrémité postérieure, où elles se joignent de
« nouveau (?); — orifices génitaux situés immédiatement derrière la
« bifurcation de l'intestin, oviducte replié dans l'intervalle des
« branches de l'intestin, et coloré par les œufs, qui sont brunâtres,
« longs de $0^{mm},173$, larges de $0^{mm},084$. »

Zeder, le premier, a trouvé ce monostome dans l'abdomen d'une poule d'eau (*Gallinula chloropus*), et divers observateurs l'ont aussi trouvé dans ce même oiseau; M. Creplin l'ayant étudié d'après des individus trouvés, à Greifswald, dans la foulque (*Fulica atra*), et dans la grue (*Grus cinerea*), le décrivit comme espèce nouvelle sous le nom de *Monostomum microstomum*. Mais enfin, M. Siebold a trouvé le véritable gîte de ces helminthes dans la cavité infra-oculaire de l'oie domestique du nord de l'Allemagne. Cette cavité infra-oculaire, que Nitzsch avait nommée *Cella infra-ocularis*, et qui paraît correspondre au sinus maxillaire ou à l'antre d'Hygmore des mammifères, est très-vaste chez certains oiseaux, et notamment chez les palmipèdes; elle est située entre l'œil, le front et le bord latéral de la mandibule supérieure; elle communique avec les fosses nasales, et se trouve limitée à l'extérieur par des parties molles seulement.

M. Siebold a trouvé ce monostome à Kœnigsberg, dans les cavités infra-oculaires de presque toutes les oies qu'il a visitées; ces oies étaient jeunes, ayant moins d'un an; une seule cavité en contenait douze; une autre tête en donna neuf, savoir : sept dans une cavité et deux dans l'autre. Conduit par cette découverte à visiter de même les cavités infra-oculaires des autres oiseaux qui avaient présenté antérieurement le *Monostoma mutabile,* il le trouva aussi dans ces cavités du râle d'eau (*Rallus aquaticus*) et de la foulque; mais il put remarquer alors que la grandeur de l'helminthe est en rapport avec les dimensions de la cavité qu'il habite; car des monostomes, qui s'étaient trouvés réunis quatre ensemble dans la cavité gauche d'un râle, étaient longs seulement de 4^{mm},5 à 4^{mm},6, et larges de 1^{mm},12, tandis qu'un monostome de la cavité infra-oculaire d'une foulque était long de 9^{mm} et large de 2^{mm},25; celui de l'intestin d'une poule d'eau était long de 11^{mm},25 et large de 4^{mm},5; enfin, ceux des oies étaient longs de 12^{mm},4 à 20^{mm}, et même jusqu'à 24^{mm},5; mais leur largeur n'avait pas augmenté en proportion; elle ne dépassait guère 5^{mm},6 à 5^{mm},7. L'épaisseur des plus grands est de 0^{mm},56 en avant, et devient progressivement double en arrière. M. Siebold, ayant dès lors pu étudier complétement cet helminthe, en a donné la description avec l'histoire de son développement dans un excellent Mémoire, où nous puisons les détails suivants. Rudolphi n'avait jamais trouvé lui-même cet helminthe; de mon côté, je l'ai cherché vainement dans les têtes de divers oiseaux à Rennes, et je ne crois pas qu'on l'ait trouvé en France.

La face ventrale est plus plane, et la face dorsale est un peu renflée le long de chaque bord, de sorte qu'elle présente au milieu un sillon longitudinal déprimé. La cavité buccale est un canal en entonnoir avec une ouverture antérieure, transversalement ovale, recouverte en dessus par le bord du corps, et limitée en dessous par un repli en forme de croissant; il n'y a aucune trace de ventouse; un peu en arrière de cet orifice se voient les deux orifices génitaux entourés en commun d'un renflement, et d'où l'on voit souvent sortir le cirre ou pénis. Il n'y a aucune trace d'anus ni d'orifice caudal (*foramen caudale*); M. Siebold n'a pu voir un prétendu orifice indiqué par Zeder à l'extrémité d'un sillon médian de la face ventrale, ni un point enfoncé que Mehlis a indiqué à l'extrémité de la face dorsale. L'animal vivant est de couleur de chair, quelquefois jaunâtre, assez transparent pour laisser voir presque toute sa structure interne; il fait mouvoir surtout la partie antérieure de son corps en l'allongeant et la contractant, tandis que la partie postérieure est presque immobile. Il présente donc ainsi des changements de forme souvent considérables. L'extrémité buccale se fixe quelquefois à un corps solide en s'élargissant et se creusant comme un suçoir.

La cavité buccale aboutit à un bulbe œsophagien situé au milieu du premier sixième de la longueur totale; l'œsophage courbé en S part de ce bulbe et arrive au commencement du second sixième; il se divise et forme les deux branches de l'intestin transversales d'abord, puis dirigées le long des deux côtés jusqu'auprès de l'extrémité pos-

térieure, où au lieu de se terminer en cœcums , ainsi que chez les
autres monostomes et la plupart des trématodes, elles se réunissent
de nouveau et forment un arc fermé. L'intestin, plus gros en arrière
qu'en avant, montre un mouvement péristaltique vif; il est plein d'un
liquide, coloré en brun foncé par des granules; il est plus rapproché
de la face ventrale, et conséquemment plus visible d'un côté. Les testicules sont deux corps ronds, blanchâtres , longs de 0^{mm},7 : l'un est
au milieu de la moitié postérieure du corps, un peu plus rapproché
du bord interne de la branche droite de l'intestin ; il est souvent presque entièrement caché par les replis de l'utérus. L'autre testicule est
presque au milieu de l'extrémité caudale, immédiatement devant
l'arc de l'intestin : il est toujours plus visible par la face dorsale. De
chacun des deux testicules part un conduit déférent, très-délié, dirigé
en avant. Les deux conduits, arrivés à quelque distance du réceptacle
du pénis, se réunissent en un canal commun qui aboutit à l'extrémité
postérieure de ce réceptacle. Ce dernier organe est allongé, claviforme, un peu repoussé vers la droite. Le pénis mince et lisse qu'on
voit rétracté et non replié , mais droit dans son réceptacle, se montre
quelquefois saillant d'un millimètre.

Les ovaires sont des tubes fermés à l'extrémité, anastomosés entre
eux, et entourant comme un réseau les deux branches de l'intestin ;
un peu avant l'arc postérieur de l'intestin, il part des ovaires deux fins
cordons blancs courbés en arc derrière le testicule postérieur, et
formant par leur réunion un canal commun ; c'est par là que les ovules
arrivent dans un organe destiné à former l'enveloppe des œufs, lequel
est une masse celluleuse presque incolore, à contour irrégulier, situé
devant le testicule postérieur, et recevant, dit M. Siebold, le produit
de deux autres corps jaunâtres, l'un rond, placé à droite en avant du
testicule postérieur dont il égale presque la grosseur, l'autre ovale,
plus petit, placé en dedans et communiquant avec le premier par un
canal court. L'utérus rempli d'œufs dont la coloration est de plus en
plus prononcée vers la région antérieure du corps, part de cette
même masse celluleuse qui reçoit le conduit commun des ovaires. Il
occupe la majeure partie du corps en formant des replis d'abord irréguliers et s'étendant d'un bord à l'autre ; puis, dans le premier tiers
de la longueur totale, ses replis sont limités par les deux branches de
l'intestin, et enfin, avant d'atteindre la bifurcation, il continue sa route
à gauche du réceptacle du cirre, presque directement jusqu'à l'orifice
génital. Son diamètre est de 0^{mm},37 ; mais il se rétrécit un peu à l'endroit où il accompagne le réceptacle du cirre , pour s'élargir de nouveau avant d'arriver à la vulve. Les œufs observés dans les premiers
replis au commencement de l'utérus sont incolores, ovales, longs de
0^{mm},094, et contiennent une masse blanche finement granuleuse, uniformément répartie; en avançant dans l'utérus, ils deviennent de plus
en plus gros et finissent par être longs de 0^{mm},173, et larges de 0^{mm},084 ;
leur coque est devenue d'abord jaunâtre, puis jaune foncé, et enfin
brune et susceptible de s'ouvrir par la séparation d'une calotte. Cette

coque est tapissée à l'intérieur par les granules du vitellus devenant peu à peu inégalement répartis, et formant souvent des bandes transverses.

A l'intérieur de l'œuf, dès que sa coque est devenue jaunâtre et que sa longueur a atteint 0^{mm},16, on voit l'embryon de plus en plus distinct. Cet embryon n'était d'abord qu'un corps oblong, sans organes ; plus tard, on distingue son bord antérieur découpé en six lobes, et sur sa nuque ou sur son cou qui est plus étroit, deux points noirs, oculiformes, très-petits, plus écartés et ronds dans le principe, mais devenant successivement plus grands, carrés et contigus en avant, par un de leurs angles ; au milieu de la partie postérieure de l'embryon, on distingue aussi un corps plus petit, oblong, presque fusiforme, que M. Siebold regarde comme un parasite du jeune monostome.

Quand la coque de l'œuf est devenue brune, l'embryon est presque entièrement formé ; il est tout couvert de cils vibratiles, et il commence à se mouvoir lentement en se contractant. Bientôt il achève de se développer ; ses mouvements deviennent plus vifs, et il finit par déterminer l'ouverture de sa coque ; il nage alors librement dans l'utérus au moyen de ses cils vibratiles, entre les coques vides et les œufs près d'éclore, jusqu'à ce qu'il ait été expulsé. Le jeune monostome, devenu libre, est long de 0^{mm},225 à 0^{mm},250, de forme oblongue, presque claviforme, obtus en arrière, large de 0^{mm},065 vers le tiers antérieur, plus étroit en avant, où il présente deux étranglements, l'un derrière le bord antérieur crénelé, et en avant des points noirs, l'autre vers le tiers antérieur et où il est seulement large de 0^{mm},03. Il se meut vivement dans le liquide à la manière des leucophres et des paramécies, par l'agitation régulière des cils vibratiles de sa surface, qui déterminent des courants de chaque côté ; en même temps aussi, il tourne sur son axe. Placé dans l'eau, le jeune monostome ne tarde pas à périr ; au bout de quelques heures, il se décompose par une sorte de diffluence comme les infusoires, laissant avec quelques débris encore entourés de cils, le gros organe interne que M. Siebold nomme un parasite, et qui reste encore vivant. Ce corps ou cet organe, qu'on voyait déjà par transparence dans le jeune monostome vivant, est long de 0^{mm},22, nu ou dépourvu de cils vibratiles, capable seulement de se mouvoir très-lentement en s'allongeant ou se contractant ; il est très-allongé, presque cylindrique, un peu plus étroit en avant, où il se termine par une pointe mousse présentant quelque apparence d'orifice buccal, et également terminé en pointe mousse postérieurement ; il porte en arrière, vers le dernier sixième de la longueur, deux appendices latéraux, obliques, courts, tronqués ; presque en manière de ventouse.

D'après ces belles observations de M. Siebold, on voit combien de faits curieux et inexpliqués sont compris dans l'histoire du *Monostoma mutabile.* Qu'est-ce que ce prétendu parasite ? Est-ce un organe survivant au reste du jeune helminthe ? Est-ce un second état ou le résultat d'une première métamorphose, comme une sorte de nymphe du monostome futur qui n'aurait fait que se dépouiller d'abord de son vêtement cilié de larve? car autrement on ne pourrait concevoir la propagation d'une espèce dont tous les embryons seraient nécessairement victimes du développement d'un parasite.

Comment d'ailleurs, si l'on admet que ce monostome doit subir plusieurs métamorphoses, comment encore expliquera-t-on l'arrivée chez un oiseau, de ces embryons éclos avant la ponte, et qui meurent nécessairement dans l'eau au bout de quelques heures, tout comme les infusoires parasites des lombrics et des batraciens?

M. Siebold, enfin, dans la *Physiologie de Burdach* (trad. fr., t. III, p. 59), partant de ce que le prétendu parasite du jeune monostome ressemble par sa forme à la sporocyste de la *Cercaria echinata,* se hasarde à dire « qu'on pourrait croire que ces parasites nécessaires, qui continuent de vivre après la mort de leur prison vivante, se développent en sporocystes, et produisent ensuite les monostomes proprement dits. »

13. MONOSTOME JAUNE. *MONOSTOMA FLAVUM.* — Mehlis, dans *Isis,* 1831, p. 172.

« — Corps jaune d'ocre, plus plat, plus foliacé que le *Monostoma*
« *mutabile,* plus large d'un tiers par rapport à la longueur, ou presque
« moitié aussi large que long, ovale-oblong, également obtus et
« arrondi aux extrémités; — face ventrale réticulée; — bouche tout à
« fait en dessous; — œufs longs de $0^{mm},18$ et moitié aussi larges,
« bruns-jaunâtres. »

Dans la trachée et le gosier des *Anas mollissima, fusca, marila* et *fuligula,* où il est entouré de mucosités.

M. Siebold l'a trouvée également à Kœnisgsberg, dans les bronches, dans les fosses nasales et dans les cavités infra-oculaires du harlepiette *(Mergus albellus)*. Comme le *Monostoma mutabile,* il produit des petits vivants revêtus de cils vibratiles, et ornés d'une double tache noire oculiforme sur la nuque. Mais cet helminthe ne me paraît pas assez différent du précédent.

14. MONOST. VERRUQUEUX. *MONOST. VERRUCOSUM.* — Zed.

[**Atlas, pl. 8, fig B,** JEUNE INDIVIDU.]

Fasciola verrucosa, Froelich, dans le Naturforsch., XXIV, p. 112, pl. 4.
Fasciola anseris, Gmelin, Syst. nat., p. 3055.
Festucaria pedata, Schrank, Samml. Natur. hist. Aufs., p. 335.
Monostoma verrucosum, Zeder, Nachtrag., p. 155.
Monostoma verrucosum, Rud., Entoz., t. 11, p. 331, n° 7, et Syn., p. 84, n° 12, et p. 344.
Monostomum verrucosum, Creplin, dans Allg. Encycl., t. XXXII, p. 285.
Notocotylus triserialis, Disesing, dans Ann. d. Wiener Mus., t. II, p. 234, pl. 15, fig. 23-25.

« Corps blanc ou rougeâtre, long de $2^{mm},6$ à 6^{mm}, large de $0^{mm},63$ à

« 1^{mm},50, ovale-oblong, plus étroit en avant, arrondi en arrière , très-
« déprimé ; — avec trois rangées de disques ou de grosses papilles
« rondes, rougeâtres à la face ventrale, en nombre très-variable, et
« manquant même souvent ; — bouche circulaire, urcéolée ; — in-
« testin à deux branches parallèles terminées en cœcum près du bord
« postérieur ; — orifices génitaux contigus, situés immédiatement
« derrière la bifurcation de l'intestin ; — réceptacle du pénis très-long,
« mince , claviforme, dans lequel est replié le pénis, hérissé de petites
« épines, long de 0^{mm},2, large de 0^{mm},028 ; — testicules situés à
« l'extrémité postérieure.

« — Ovaires latéraux ; — utérus replié environ trente-quatre fois
« entre les deux branches de l'intestin , en formant chaque fois une
« boucle ; puis se rendant presque directement vers l'orifice géni-
« tal , à partir de la base du réceptacle du pénis ; — œufs un peu rou-
« geâtres, elliptiques , longs de 0^{mm},0227, larges de 0^{mm},011 , munis à
« chaque extrémité d'un appendice prolongé dans le sens de l'axe, et
« long de 0^{mm},16, de sorte que la longueur totale de l'œuf est de
« 0,357. »

Je l'ai trouvé, à Rennes, une fois dans le cœcum du canard musqué
(*Anas moschata*), le 13 février, et trois fois sur vingt-quatre dans le
canard domestique (*Anas boschas*), en décembre, en février et en
mai, assez abondamment ces deux dernières fois ; j'ai donc pu vérifier tous les caractères énoncés ici, et notamment m'assurer de la
manière la plus positive que les ventouses ou papilles rougeâtres ne
se montrent qu'à un certain âge ; qu'elles sont situées à la face *ventrale* et non à la face dorsale, comme l'a cru M. Diesing ; j'ai vu que
ces helminthes, adultes, se recourbent vers le dos, de manière à
présenter sur la face ventrale, devenue convexe, toutes leurs papilles saillantes et leur pénis épineux quelquefois libre et flottant. Le
tégument est finement strié en travers ; les stries sont écartées de
0^{mm},0047. La face ventrale est en outre parsemée de petits granules
saillants, en quinconce, larges de 0^{mm},0028 environ ; les ventouses ou
papilles sont jaune-brunâtre ou rougeâtre, larges de 0^{mm},10, déprimées au centre et formées de granules peu saillants, de 0^{mm},012
environ, disposées irrégulièrement sur trois rangs. Les trois rangées
de ventouses ou papilles commencent à 0^{mm},23 de l'orifice génital et se
continuent jusqu'à l'extrémité ; les premières ventouses sont moins
colorées, et leur contour est plus net ; les dernières correspondent
toutes aux boucles ou circonvolutions de l'oviducte, de telle sorte
qu'elles sont occupées par une portion enroulée de l'oviducte, rempli d'œufs, dont la coloration contribue à les rendre plus foncées. Au
reste, je n'ai vu les particularités relatives aux ventouses et au cirre
épineux que sur les individus adultes trouvés en dernier lieu. Voilà
pourquoi, dans la figure que j'ai donnée (planch. VIII, fig. B), je n'ai
représenté qu'un jeune individu, long de 2^{mm},6, trouvé le 31 décembre, et ne montrant pas encore ces organes. Les branches de l'in-

testin sont sinueuses, larges de 0,04, remplies d'une matière blanchâtre, opaque; les testicules et leurs annexes occupent l'extrémité
postérieure du corps; ce sont deux corps demi-transparents, blanchâtres, globuleux, situés l'un au-devant de l'autre, entre les
branches de l'intestin. Deux autres corps oblongs, trois fois plus longs,
lobés au bord externe, sont situés en dehors des branches de l'intestin; ce sont les vésicules séminales, à moins que, suivant l'interpré-
tation donnée par M. Siebold, pour le *Monost. mutabile*, ces organes
ne soient relatifs qu'à la production de l'enveloppe de l'œuf.

L'oviducte ou utérus est large de 0^{mm},020 à 0^{mm},022 dans le milieu
du corps; mais en approchant l'orifice génital, il se rétrécit jusqu'à
n'avoir que 0^{mm},015.

Frœlich, le premier, trouva cet helminthe dans les cœcums et dans
le rectum des oies (*Anas anser*), nourries au pâturage et non encore
engraissées; Zeder l'y trouva également, et confirma l'observation
de Frœlich; mais en outre il le vit dans la sarcelle (*Anas querquedula*). Au musée de Vienne, avant 1820, un seul canard domestique
(*Anas boschas*), sur cent onze, a donné cet helminthe; deux *Anas
segetum* sur neuf le contenaient également; mais il ne fut trouvé ni
dans quatre-vingt-dix-sept canards sauvages ni dans trois cent trente-
huit autres oiseaux du genre *Anas*. D'après M. Diesing, depuis 1821,
au même musée, on a disséqué cinq autres *Anas segetum*, dont un
seul a donné cet helminthe; on l'a trouvé dans un seul siffleur (*Anas
Penélope*) sur seize, et dans deux *Anas Marila* sur sept; mais non
dans cinquante-six autres canards domestiques.

M. Siebold l'a trouvé dans les cœcums du coq, dans ceux du râle
d'eau, de la *Gallinula porzana* et de la foulque (*Fulica atra*).

M. Natterer, en 1835, l'avait trouvé à Londres, en très-petit nombre, dans les cœcums de l'oie rieuse (*Anas albifrons*) et du cygne de
Bewik (*Cygnus Bewikii*).

M. Bellingham (*Ann. of Nat. Hist.*, 1844, p. 336) a trouvé aussi,
en Irlande, le *Monostoma verrucosum*, dans les cœcums de la poule
d'eau (*Gallinula chloropus*), de la foulque (*Fulica atra*), du millouin
(*Anas ferina*), et surtout très-abondamment deux fois dans les
cœcums du souchet (*Anas clypeata*). Il le décrit comme long de 2^{mm},11,
large de 0^{mm},7; jaune-rougeâtre, se courbant dans l'eau, et montrant
alors des rangées parallèles de petites proéminences sur la face convexe que M. Bellingham, sans l'avoir vérifié, croit être la face dorsale. Enfin, M. Creplin rapporte que le musée zoologique de Greifswald possède des *Monostoma verrucosum* provenant des cœcums
du cygne (*Cygnus musicus*), de l'oie domestique, de la bernache
(*Anas leucopsis*), du millouinan, du canard de Terre-Neuve (*Anas
glacialis*), du canard sauvage, du tadorne (*Anas tadorna*) et du coq.
M. Creplin d'ailleurs prétend, avec raison, je crois, qu'il faut considérer aussi comme identiques avec cette espèce le *Monostoma lineare*
(n° 7?) du vanneau, et le *Monostoma attenuatum* (n° 9?) de la bécassine. Ce qui ne peut se faire qu'en admettant avec lui, et comme

je l'ai vu moi-même, que les papilles ventrales n'existent pas toujours chez cet helminthe, et qu'elles ne peuvent même pas servir à caractériser une espèce : M. Diesing, au contraire, a voulu en faire le caractère distinctif de son genre *Notocotylus*, ainsi nommé du mot grec νῶτος (dos), parce qu'il suppose que les rangées de papilles sont placées sur le dos ; au reste M. Diesing lui-même reconnaît que le nombre de ces papilles est très-variable ; car il en compte cinquante en trois rangées, tandis que Zeder, Schrank et Rudolphi en comptent seulement vingt-trois à vingt-quatre, et que Frœlich n'en a vu que deux rangées.

J'ai donc été conduit à révoquer en doute l'exactitude des figures données par M. Diesing et la valeur des caractères de son genre *Notocotylus*. Il me paraît d'ailleurs que, dans sa figure 24, le canal médian qui fait suite à la bouche est le résultat de la confusion du réceptacle du pénis avec l'extrémité de l'oviducte, tandis que les deux canaux latéraux qui paraissent sans communication avec la bouche sont les deux branches de l'intestin, et que les deux tubes repliés de chaque côté de la ligne médiane sont une représentation inexacte d'un oviducte unique replié en se bouclant ou se contournant de chaque côté. Quant aux deux canaux obliques partant de l'extrémité du canal médian vers le milieu de la longueur du corps, je ne sais ce qu'ils peuvent signifier.

? 15. MONOSTOME DES MOUETTES.   *MONOST. MACROSTOMUM.*
— Rudolphi, *Entoz.*, II, 1, p. 337, n° 14 ; et *Syn.*, p. 86, n° 23.

« — Corps long de 1mm,1 à 1mm,5, très-mince, convexe en dessus,
« concave en dessous, avec une partie antérieure ou tête distincte,
« ovale, ayant deux crénelures au bord antérieur ; bouche très-dila-
« table à deux lèvres, l'une supérieure plus petite, l'autre inférieure
« plus longue, souvent appendiculée ou terminée en pointe. » (Rud.)

Rudolphi trouva une seule fois au mois de juillet, à Greifswald, cet helminthe assez nombreux dans l'intestin de la petite mouette cendrée (*Larus cinerarius*) ; il doute lui-même si ce n'est pas plutôt un amphistome (*Holostomum*), ce qui nous paraît bien probable.

— Cet auteur a reporté avec les amphistomes une autre espèce qu'il avait trouvée dans l'hirondelle de mer à bec rouge (*Sterna hirundo*), et qu'il avait d'abord décrite sous le nom de *Monostoma pileatum* (*Entoz.*, t. II, 1, p. 338, n° 15).

II. MONOSTOMES DES REPTILES.

16. MONOST. DE LA TORTUE.   *MONOST. TRIGONOCEPHALUM.*
— Rud., *Entoz.*, II, 1, p. 336, n° 12 ; et *Syn.*, p. 86 et 349, n° 20.

« — Corps long de 2mm,5, large de 0mm,75, convexe en dessus,
« concave en dessous, plus étroit en arrière, et ayant une partie

« antérieure ou tête triangulaire ou cordiforme, terminée en avant
« par une bouche orbiculaire ; — pénis sortant d'un tubercule au-
« dessous du bord inférieur de la tête. » (RUD.)

Rudolphi a trouvé abondamment cet helminthe dans l'intestin de la
tortue franche (*Chelonia mydas*), où Braun l'avait aussi rencontré
avant lui, et où on l'a trouvé également au musée de Vienne.

Il signale la présence d'une tache demi-transparente près du bord
postérieur ; c'est sans doute un testicule. Les ovaires sont latéraux,
blancs, et le bord de la face ventrale est fauve ou rougeâtre.

— M. Bellingham lui assigne une longueur de $6^{mm},35$ et une largeur
de $2^{mm},11$.

## ?? MONOSTOME DU CRAPAUD.	*MONOST. ELLIPTICUM.* — RUD.

> *Monostoma bombynœ,* ZEDER, Nachtrag., p. 160.
> *Monostoma ellipticum,* RUD., Entoz., t. II, I, p. 333, n° 3, et Syn., p. 84
> et 344, n° 13.
> *Monostoma ellipticum,* BREMSER, Icones helminthum, pl. 8, fig. 12-14.

C'est le même que le *Distoma variegatum.* Voy. au genre Distome.
Zeder trouva, le premier, cet helminthe solitaire dans le poumon
du crapaud à ventre jaune (*Bufo igneus*), et en donna, d'après ses
souvenirs, une description inexacte, que Rudolphi suivit d'abord,
mais qu'il rectifia ensuite quand il eut étudié un individu long de
$6^{mm},7$, trouvé dans le poumon de ce même crapaud par Gaede. Au
musée de Vienne, parmi onze cent treize *Bufo igneus,* trente seulement ont présenté, toujours dans le poumon, ce prétendu monostome
qu'on a trouvé en outre dans le poumon d'un seul *Bufo cinereus*
sur cent vingt-cinq ; deux de ces exemplaires envoyés de Vienne au
Muséum de Paris, en 1816, m'ont mis à même de constater que c'est
tout simplement le *Distoma variegatum,* le même qu'on trouve assez
souvent dans le poumon de la grenouille verte.

## 17. MONOSTOME DU PIPA.	*MONOST. SULCATUM.* — RUDOLPHI,
Entoz., II, I, p. 337, n° 13 ; et *Syn.,* p. 86, n° 23.

« — Corps long de $1^{mm},12$ à $4^{mm},5$, large de $0^{mm},7$, linéaire, déprimé,
« avec un sillon longitudinal sur une des faces, obtus en arrière,
« ayant en avant une partie antérieure ou tête ovoïde plus large,
« séparée par un étranglement. » (RUD.)

Rudolphi le trouva une seule fois assez nombreux dans l'intestin
d'un *Pipa,* conservé dans l'alcool, il n'a donc pu l'étudier complète-
ment ; mais il remarqua l'analogie de sa forme avec celle des amphistomes.

III. MONOSTOMES DES POISSONS.

? 18. MONOST. CARYOPHYLLIN. *MONOST. CARYOPHYLLINUM.*
— Rud. *Entoz.,* t. II, ı, p. 325, n° 1, pl. 9, fig. 5, et *Syn.,* p. 82, n° 1.

Monostoma caryophyllinum, Bremser, Icon. helminth., pl. 8, fig. 1-2.

« — Corps long de 40ᵐᵐ, large de 1ᵐᵐ,12, déprimé, à bords un peu
« crénelés en avant, un peu rétrécis en arrière et obtus à l'extrémité
« postérieure, élargis en avant en manière de tête avec une grande
« bouche rhomboïdale située en dessous. » (Rud.)

Rudolphi en trouva une seule fois deux individus dans l'intestin
de l'épinoche (*Gasterosteus aculeatus*) à Greifswald, et dit n'avoir pu
distinguer aucune trace de viscères. Il en fit une section particulière désignée par le nom d'*Hypostoma* d'après la position de la
bouche. M. de Blainville qui en fait un genre distinct, exprime l'opinion que ces helminthes sont peut-être plus voisins des ligules.

M. Creplin (*Observat. de Entoz.,* 1825, p. 80) a trouvé aussi à Greifswald dans un épinoche deux helminthes, qu'il croit identiques avec
ceux de Rudolphi, mais qui lui ont présenté en avant non pas une seule
bouche inférieure, mais deux fossettes latérales opposées, comme les
bothriocéphales. Il pense donc que le monostome ou hypostome, imparfaitement étudié par Rudolphi, n'est qu'un jeune bothriocéphale.

19. MONOST. ORBICULAIRE. *MONOST. ORBICULARE.* —
Rudolphi, *Synops.,* p. 83 et 342, n° 5.

« — Corps long de 2 à 3ᵐᵐ, orbiculaire, convexe en dessus, con-
« cave en dessous ou rarement plane; — orifice buccal terminal,
« quelquefois un peu saillant, ovale-oblong. » (Rud.)

Rudolphi en trouva une fois onze et une autre fois cinq dans les
intestins de deux *Sparus salpa,* à Naples; il a vu un canal obscur
partir de l'orifice buccal et arriver au milieu du corps qui, dans le
reste de sa surface, présente un réseau très-élégant de petits canaux.

20. MONOST. CAPITÉ. *MONOST. CAPITELLATUM.* — Rudolphi,
Syn., p. 83 et 343, n° 7.

« — Corps long de 4ᵐᵐ,5 à 13ᵐᵐ,3, large de 0ᵐᵐ,75, cylindrique da-
« bord, puis un peu déprimé, linéaire, un peu plus large et obtus en
« arrière, un peu renflé en avant en manière de tête arrondie; —
« orifice buccal terminal, un peu plus long que large. » (Rud.)

Rudolphi l'a trouvé plusieurs fois assez nombreux dans l'intestin
du *Sparus salpa,* à Naples; il a vu partir (?) de l'orifice buccal
plusieurs vaisseaux anastomosés un grand nombre de fois de

manière à couvrir presque tout le corps; le long du dos se voient aussi deux vaisseaux ou canaux qui sont peut-être les deux branches de l'intestin; enfin au milieu de la partie postérieure se trouvent plusieurs corps opaques, presque globuleux (testicules?).

21. MONOST. DE LA CASTAGNOLE.　　*MONOST. FILICOLLE.* —
RUDOLPHI, *Synops.*, p. 85 et 347, n° 18.

« — Corps long de 30 à 100ᵐᵐ, formé d'une partie postérieure
« oblongue, quatre à cinq fois plus longue que large, épaisse, com-
« prenant environ le tiers de la longueur totale et d'une partie an-
« térieure, en manière de cou, beaucoup plus étroite, filiforme, deux
« fois plus longue. » (RUD.)

Rudolphi trouva cet helminthe au mois de juillet, à Naples, dans des kystes ovales, logés entre les apophyses épineuses accessoires de la castagnole (*Brama Raü*); chacun des kystes formé d'une membrane mince contenait un seul monostome replié.

Ce monostome, très-voisin du *Monostoma tenuicolle* (n° 21), se distingue particulièrement par son cou très-long, filiforme. Pour un individu, long de 108ᵐᵐ, le cou avait 75ᵐᵐ; pour un autre, long de 93ᵐᵐ, le cou avait 59ᵐᵐ.

Près de l'extrémité un peu pointue de ce cou, Rudolphi a cru voir en dessous un orifice allongé; il décrit aussi un oviducte jaune, flexueux au milieu du cou. La partie postérieure oblongue, large de 6ᵐᵐ,75, est plane en dessus, arrondie en dessous, obtuse en arrière; elle est blanche, demi-transparente, avec des taches et des lignes jaunes, formées par les œufs.

22. MONOST. A COU MINCE.　　*MONOST. TENUICOLLE.* —
RUDOLPHI, *Syn.*, p. 85 et 346, n° 17, pl. 2, fig. 1—4.

« — Corps long de 52ᵐᵐ, formé d'une partie postérieure,
« épaisse, oblongue, large de 6ᵐᵐ,75, occupant environ la moitié de la
« longueur et d'une partie antérieure en manière de cou claviforme,
« large seulement de 1ᵐᵐ,15, long de 27 à 30ᵐᵐ; — orifice buccal,
« petit, mais bien distinct, orbiculaire, terminal; — œufs globuleux,
« bruns, remplissant des canaux diversement repliés. » (RUD.)

Rudolphi le vit seulement conservé dans l'alcool, il avait été trouvé par Bakker, à Groningue, dans les chairs du poisson Lune (*Lampris guttatus*); M. Deslongchamps, à Caen, le cite comme ayant été trouvé par lui dans les branchies du même poisson.

Rudolphi décrit dans cet helminthe trois sortes de vaisseaux ou canaux; c'est d'abord un vaisseau qui s'étend presque directement le long du cou, et qui forme dans l'abdomen des canaux transverses très-nombreux, irréguliers, épais, renflés çà et là, et communiquant avec des masses ovales, également colorées en brun, longues de 2ᵐᵐ,5 à 4ᵐᵐ,5 et formées d'œufs petits, globuleux; les vaisseaux de la seconde sorte, colorés aussi et également repliés, sont plus minces, égaux ; ceux de la troisième sorte enfin sont blancs, très-minces et forment un réseau très-serré.

23. MONOST. A CASQUE.   *MONOST. GALEATUM.* — Rudolphi, *Synops.*, p. 86 et 349, nᵒ 21.

« — Corps long de 1ᵐᵐ,12, très-mince, cylindrique, aminci en ar-
« rière, ayant en avant une sorte de tête distincte, quadrangulaire,
« tronquée, plane ou concave en dessous, pourvue de six à sept
« papilles en forme de dents, aux bords latéraux et supérieurs ; —
« orifice buccal variant de forme et de position, tantôt inférieur,
« tantôt terminal, semi-circulaire ou anguleux. » (Rud.)

Rudolphi l'a trouvé très-nombreux dans l'intestin d'un *Centronotus glaucus,* à Naples.

? 24. MONOST. FILIFORME.   *MONOST. FILUM.* — Duj., *n. sp.*

« — Corps long de 21ᵐᵐ, large de 0ᵐᵐ,20 à 0ᵐᵐ,23, cylindrique, fili-
« forme, terminé en avant par une large ouverture ou ventouse
« cupuliforme, dirigée en dessous ; un tubercule rond est également
« situé en dessous, près de l'extrémité caudale ; — oviducte formant
« deux cordons sinueux, étendus dans presque toute la longueur du
« corps ; — œufs brunâtres, ovales, arrondis, longs de 0ᵐᵐ,014. »

J'ai trouvé une seule fois cet helminthe dans l'intestin d'un maquereau (*Scomber scombrus*), à Rennes ; il était déjà trop altéré pour
que sa structure pût être étudiée complétement.

? 25. MONOST. EN CUILLER.   *MONOST. COCHLEARIFORME.*
— Rudolphi.

Festucaria cyprinacea, Schrank, dans Vet. Ac. Nya. Handl., 1790, p. 122.
Monostoma cochleariforme, Rud., Entoz., t. II, i, p. 326, et Syn., p. 8.

« — Corps long de 13ᵐᵐ, large de 1ᵐᵐ,12, presque cylindrique,
« ayant en avant une sorte de tête deux fois plus large, ovale tron-
« quée, convexe en dessus, concave en dessous, où se trouve l'orifice
« buccal, ovale, profond. » (Rud.)

Schrank seul l'a trouvé dans l'intestin du barbeau (*Cyprinus barbus*).
Rudolphi, qui ne l'a point vu, lui a donné ce nom spécifique d'après
une ressemblance supposée avec une cuiller (*Cochlear*), et il le place
dans la section des hypostomes, dont l'organisation n'est point suffisamment connue.

— On a trouvé une seule fois, au musée de Vienne, dans l'intestin
du gardon (*Cyprinus idus*), un monostome indéterminé, que Rudolphi
suppose pouvoir être aussi un hypostome.

26. MONOSTOME DE LA BRÈME.   *MONOST. PRÆMORSUM.*
— NORDMANN, *Mikrographische Beitræge*, t. I, p. 55.

« — Corps blanc, plus transparent, et bleuâtre en avant, long de
« 9^{mm},75, large de 1^{mm},68, déprimé, arrondi en avant, presque tronqué
« en arrière, à bords parallèles; — bouche petite, à peine visible,
« située au bord antérieur; — bulbe œsophagien, petit, pyriforme,
« plus large en avant; — ovaires occupant les côtés du corps sur les
« trois quarts au moins de la longueur totale; — oviductes enroulés
« en tours serrés, et contenant des œufs relativement très-petits,
« elliptiques, bruns-jaunâtres; — orifice génital mâle, situé près de la
« bouche, entouré d'un bord large comme une ventouse, et laissant
« sortir un long pénis, plus épais à sa base, aminci vers l'extrémité. »

M. Nordmann le trouva entre les derniers feuillets branchiaux et la
muqueuse des joues d'une brème (*Cyprinus brama*).

? 27. MONOSTOME GRÊLE.   *MONOST. GRACILE.* — RUD.

Monostoma gracile, ACHARIUS; dans Vet. Ac. Nya. Handl., 1780, p. 53,
    pl. 2, fig. 8-9.
Monostoma gracile, RUD., Entoz., t. II, 1, p. 326, et Syn., p. 82, n° 2.

« — Corps long de 6^{mm},7 à 13^{mm},5, large de 1^{mm},12, un peu déprimé,
« rétréci aux deux extrémités, surtout en arrière; — sous la partie
« antérieure est l'orifice buccal ovale. » (RUD.)

Acharius seul a trouvé, en Suède, dans l'abdomen de l'éperlan
(*Salmo eperlanus*), cet helminthe dont les mouvements étaient très-
vifs. Rudolphi, qui ne l'a point vu, le place dans sa section des hypostomes.

Braun trouva dans un kyste adhérent à l'estomac du *Coregonus*
marænula un monostome que Rudolphi place aussi parmi ses espèces
douteuses d'hypostomes. (*Syn.,* p. 87, n° 24.)

? 28. MONOSTOME CREUSET.   *MONOST. CRUCIBULUM.*
— RUDOLPHI, *Syn.,* p. 83 et 342, n° 6.

« — Corps long de 3^{mm},37, large de 1^{mm},12, ovale oblong, déprimé,
« convexe en dessus, plane en dessous, un peu en pointe à l'ex-
« trémité postérieure, plus étroit en avant, où il se prolonge en
« manière de cou, terminé par un orifice buccal en forme de creuset
« profond (*crucibulum*); — œufs globuleux, brunâtres; — ovi-
« ducte replié dans la partie postérieure et étendu en avant. » (RUD.)

Rudolphi en trouva d'abord trois dans un grand congre (*Murena*
conger), à Naples, et plus tard, un seul dans la *Muræna cassini*.

J'ai trouvé un helminte semblable, je crois, assez nombreux
dans l'intestin d'un congre à Rennes; et je doute que ce soit un

vrai monostome en raison de la présence d'une « ventouse abdominale
« large de 0^{mm},20 à 0^{mm},29, située en arrière du milieu , et qui a dû
« échapper à Rudolphi, car elle est assez difficile à voir ; les œufs
« sont ovales, un peu amincis vers l'extrémité antérieure, qui est
« fermée par un opuscule presque plat ; leur longueur est de 0^{mm},032 ;
« le tégument est hérissé de très-petites épines, en arrière seulement
« où se trouve un orifice caudal ou respiratoire ; la longueur totale ne
« dépasse guère 3^{mm}. (Voyez *Distoma crucibulum.*) »

(?) 29. MONOSTOME DE L'ESTURGEON.   *MONOST. FOLIACEUM.*
— Rudolphi , *Syn.,* p. 83 et 340, n° 4.

Monostoma foliaceum , Bremser , Icon. helminth., pl. 8, fig. 3-7.

« — Corps long de 6^{mm},7 à 27^{mm}, large de 2^{mm},25 à 9^{mm}, ovale oblong,
« obtus aux deux extrémités , convexe en dessus , plane en dessous ;
« — orifice buccal terminal, rond , très-petit , et quelquefois porté
« par une papille saillante ; — ovaires remplis d'œufs globuleux,
« occupant la majeure partie du corps au milieu. » (Rud.)

Rudolphi en a trouvé deux individus longs de 27^{mm} et larges de 9^{mm}
dans l'abdomen d'un jeune esturgeon (*Accipenser sturio*), à Rimini,
en Italie. Antérieurement on l'avait trouvé une seule fois assez nombreux dans la même espèce de poisson, au musée de Vienne ; mais
les individus étaient longs seulement de 6^{mm},7 à 16^{mm}. J'ai examiné
un exemplaire long de 10^{mm}, large de 4^{mm},3, envoyé de Vienne au
Muséum de Paris en 1841 ; mais je n'ai pu y découvrir ni bouche, ni
intestin, ni œufs bien distincts ; la papille saillante, qui est censée
porter la bouche, est large de 0^{mm},22 , et saillante de la même quantité ; à l'extrémité opposée se voient deux organes brunâtres, allongés
et en massue, et à col sinueux comme les organes mâles de certains
cestoïdes ; les bords du corps sont légèrement crénelés ; parallèlement au bord, de chaque côté se voit un cordon plus foncé qui n'est
pas une branche d'intestin, et au milieu on voit des lignes foncées,
transverses ou sinueuses, qui paraissent circonscrire des ovaires in-
distincts. D'après cela, je crois que cet helminthe n'est point un vrai
monostome, mais un de ces organismes dérivant des cestoïdes, dont
nous parlerons à la fin du livre cinquième.

10ᵉ Genre. HOLOSTOME.   *HOLOSTOMUM.* — Nitzsch.

(*Amphistoma.* Rudolphi.)

δλον , toute , στόμα , bouche.

« — Helminthes à corps divisé en deux parties, dont l'anté-
« rieure est ou séparée par un étranglement, ou considérable-
« ment dilatée et comme membraneuse, et souvent repliée la-

« téralement, de manière à faire tout entière les fonctions
« d'une large ventouse, en saisissant une partie de la muqueuse
« intestinale, tandis que la partie postérieure est plus épaisse et
« presque cylindrique; — bouche très-petite au bord antérieur,
« entourée d'une masse musculaire, dilatable, en cupule, et
« contractile; — bulbe œsophagien, musculaire; — intestin
« simple d'abord, puis bifurqué ou divisé en deux branches
« égales, qui vont, en s'écartant plus ou moins, se terminer en
« cœcum près de l'extrémité postérieure; — une ventouse
« moyenne (orifice génital mâle (?)) au milieu de la partie anté-
« rieure, plus ou moins éloignée de la bifurcation de l'intestin,
« et quelquefois aussi une ventouse postérieure (ou orifice génital
« femelle (?)); plus large près du bord de cette même partie
« antérieure du corps; — partie postérieure obtuse ou tronquée,
« munie d'un orifice caudal, et présentant en outre un orifice
« latéral (orifice génital mâle (?)), près de l'extrémité, quand il
« n'existe qu'une seule ventouse au milieu de la partie anté-
« rieure; — deux testicules ovoïdes; — œufs ordinairement assez
« volumineux (de 0^{mm},09 à 0^{mm},12), elliptiques. »

Le genre Holostome, institué par Nitzsch, comprend des espèces petites, peu nombreuses, habitant presque toutes l'intestin des oiseaux; une seule (*Holostomum platycephalum*) a été
trouvée dans le sac glanduleux, nommé *Bursa Fabricii*, d'un
plongeon; une autre (*Holostomum erraticum*) dans la cavité abdominale en même temps que dans l'intestin; une seule espèce
(*Holostomum alatum*) se trouve dans l'intestin des mammifères
du genre *cànis;* on classe dans ce genre aussi un helminthe incomplétement connu (*Holostomum urnigerum*, n. 8), qui se développe dans des kystes nombreux de la cavité abdominale des
grenouilles, et deux helminthes très-petits et sans organes génitaux trouvés par M. Nordmann, l'un (*Holostomum cuticola*,
n. 9) dans des petits kystes des téguments et des tissus sous-
jacents des poissons; l'autre (*Holostomum brevicaudatum*, n. 10)
dans le corps vitré de l'œil de la perche. Des autres espèces,
deux ont été trouvées d'abord par Gœze, deux par Nitzsch, une
par Abilgaard à Copenhague, six par Rudolphi, qui en reçut
une septième de Hübner, cinq par Bremser au musée de Vienne,
trois par MM. Creplin et Schilling, et moi-même j'en ajoute
aussi une nouvelle (*Holostomum auritum*, n. 4). Plusieurs de ces
espèces n'ont été vues qu'une fois, et très-incomplétement observées, de sorte qu'il n'en est guère que neuf qu'on puisse regarder comme suffisamment déterminées.

Les *Holostomum macrocephalum*, *excavatum*, *spathaceum*, *spatulatum* et *alatum* avaient été d'abord classés avec les Distomes ; Rudolphi rassembla les autres espèces dans son genre Amphistome, qui a dû être divisé depuis en deux genres distincts ; lui-même cependant partageait déjà ses Amphistomes en deux sections, comprenant dans la première les espèces qu'il dit avoir une tête distincte (*capite discreto*), et qui sont précisément nos Holostomes. D'ailleurs il caractérisait tous les Amphistomes par l'existence d'un pore solitaire aux deux extrémités du corps, mais ce qu'il nommait ainsi c'était, quant au pore antérieur de plusieurs Holostomes, le large orifice que présente en avant la partie antérieure si ses bords membraneux sont repliés longitudinalement et enroulés, ou bien c'était la partie antérieure tout entière, si elle est fortement excavée ; quant au pore postérieur, c'était, pour plusieurs, l'extrémité tronquée du corps prise pour un large orifice, et plus souvent encore ce pore était simplement supposé. Nitzsch, en séparant avec raison les Holostomes, en fit deux sections, en désignant, par le nom de *Cryptostomes*, ceux dont la partie antérieure ne s'enroule pas eu forme de calice, de manière à présenter un large orifice antérieur ; tels sont les *Holost. alatum*, n. 1 ; *Holost. podomorphum*, n. 5 ; *Holost. spathaceum*, n. 14, *spatulatum*, n. 15, *excavatum*, n. 13, qui ont la partie postérieure cylindrique, et l'antérieure conchoïde ou en spatule, munie en arrière de deux saillies longitudinales, à la face ventrale, et d'une petite ventouse rudimentaire au milieu. Les autres, composant la seconde section, ont la partie postérieure plus longue, séparée par un étranglement de l'antérieure, qui est plus courte, globuleuse ou campanulée. Les diplostomes de M. Nordmann ne diffèrent des holostomes de la première section que par le développement d'une large cavité postérieure, en rapport avec l'orifice caudal, et que cet helminthologiste nomme le réservoir du chyle, mais qui me semble plutôt un appareil respiratoire et circulatoire.

I. HOLOSTOMES DES MAMMIFÈRES.

1. HOLOST. DU RENARD.   *HOLOST. ALATUM.* — Nitzsch.

[**Atlas, pl. 8, fig. 9.**]

Planaria alata, Goeze, Naturg., p. 176, pl. 14, fig. 11-13.
Fasciola vulpis, Gmelin, Syst. nat., p. 3053, n° 4.
Alaria vulpis, Schrank, Verzeichn., p. 52, n° 157.
Festucaria alata, Schrank, dans les Mém. de l'Acad. de Suède, 1790, p. 118.
Distoma alatum, Zeder, Nachtrag., p. 177.
Distoma alatum, Rud., Entoz., t. II, i, p. 402, et Syn., p. 112 et 412, n° 96.
Holostomum alatum, Nitzsch, dans l'Encycl. de Ersch et Gruber, 1819, t III, p. 390.
Holostomum alatum, Guelt, Path. Anat. d. Hauss., p. 375, pl. 8, fig. 39-40.
Holostomum alatum, Creplin, dans l'Enc. de Ersch et Gruber, t. XXXII, p. 287, et Nov. obs. de Entoz., p. 66.

« —Corps blanchâtre, long de 3^{mm},7 à 5^{mm} (à 6^{mm},75, Crep.); —
« partie antérieure longue de 2^{mm},75, large de 1^{mm},8 (à 2^{mm},25, Crepl.),
« élargie presque en cœur, plus large et arrondie en arrière, terminée
« en avant par une pointe tronquée, ayant au sommet la bouche ur-
« céolée, entourée d'une masse musculaire large de 0^{mm},16, et de
« chaque côté, un lobe assez long, aigu, dirigé en avant; — bords
« membraneux de la partie antérieure (ailes) ordinairement repliés ou
« enroulés longitudinalement à la face ventrale de manière à former
« plus ou moins complétement une gouttière ou un tube ouvert obli-
« quement en avant; — partie postérieure en demi-ovale, longue de
« 1^{mm},37, ou presque cylindrique; — bulbe œsophagien remplacé par
« la masse musculaire de la bouche; — intestin d'abord simple,
« large de 0^{mm},08, puis se bifurquant à la distance de 0^{mm},23, et for-
« mant deux branches peu écartées, entre lesquelles se trouvent suc-
« cessivement deux orifices (ventouses?) bordés d'un anneau muscu-
« leux; le premier (orifice génital mâle?), avec sa bordure muscu-
« leuse, est large de 0^{mm},20 et situé à 0^{mm},7 de la masse buccale; le
« deuxième (vulve?), large de 0^{mm},21, situé à 0^{mm},21 du précédent; —
« œufs peu nombreux, elliptiques, longs de 0^{mm},115 à 0^{mm},120. »

Je décris ici cet helminthe d'après les exemplaires assez nombreux
que j'ai trouvés deux fois à Rennes, le 19 mars et le 6 avril, dans
l'intestin du renard.

Gœze, le premier, en trouva huit exemplaires dans le rectum de
ce mammifère; Zeder ensuite l'y trouva également, ainsi que vers la
fin de l'intestin grêle. Rudolphi, à Greifswald, le trouva souvent très-
abondamment et en amas dans le duodenum du renard, et plus tard,
à Berlin, dans l'estomac et le duodenum du loup. Abilgaard l'avait
trouvé aussi à Copenhague, et Nitzsch à Halle. M. Creplin le trouva
dans le renard, et reconnut la présence d'une ventouse ventrale; il a
trouvé, en outre, dans le chien, une variété plus petite.

II. HOLOSTOMES DES OISEAUX.

2. HOLOST. MACROCÉPHALE.   *HOLOST. MACROCEPHALUM.*
— Creplin.

Planaria teres poro simplici, Goeze, Naturg., p. 174, pl. 14, fig. 4-6.
Festucaria strigis, Schrank, Verzeichn., p. 16, n° 55.
Fasciola strigis, Gmelin, Syst. nat., p. 3055, n° 11.
Strigea, Abildgaard, dans les Dansk. Selsk. Skr., t. I, i, p. 35, pl. 5, fig. 5.
Amphistoma clavigerum, Zeder, Naturg., p. 199, n° 2.
Amphistoma macrocephalum, Rudolphi, Entoz., t. II, i, p. 340, et *Amphist. striatum*, l. c., p. 343, et *Amphist. falconis palumbarii*, p. 352.
Festucaria strigis et *Fest. oti*, Froelich, Naturforsch., XXIX, p. 51 et 53.
Amphistoma macrocephalum, Rudolphi, Synopsis, p. 88 et 354 n° 3.
Amphistoma macrocephalum, Bremser, Icon. helm., pl. 8, fig. 18, 19, 21, 22.
Holostomum variabile, Nitzsch, dans l'Encycl. de Ersch et Gruber, t. III, p. 400.
Holostomum macrocephalum, Creplin, Nov. obs., p. 50, et dans l'Encycl. de Ersch et Gruber, t. XXXII, p. 288.

« — Corps en partie blanc et en partie coloré en brun-jaunâtre par
« les œufs, long de 3^{mm},5 à 6^{mu}, composé de deux parties distinctes,
« dont l'antérieure plus courte, et séparée de la postérieure par un
« étranglement bien prononcé, est large de 1^{mm} à 1^{mm},20, enroulé
« en forme de calice à bord lobé ou festonné; — partie postérieure
« presque cylindrique, large de 0^{mm},75, recourbée, tronquée à l'extré-
« mité ou terminée par un disque ayant au centre une papille conique
« percée d'un orifice postérieur; — bouche située au bord antérieur
« de la partie membraneuse en dessous, et accompagnée par une
« ventouse musculaire large de 0^{mm},15 à 0^{mm},17; — ventouse posté-
« rieure ou ventrale large de 0^{mm},35, située à 0^{mm},45 de la première;
« — testicules occupant le dernier tiers de la partie postérieure; —
« orifice génital mâle saillant, situé à 0^{mm},6 de l'extrémité postérieure;
« œufs brun-jaunâtre, elliptiques, longs de 0^{mm},12, larges de 0^{mm},08. »

Je l'ai trouvé d'abord à Toulouse, le 20 janvier 1840, dans l'intestin du hibou (*Strix brachyotus*), puis deux fois à Rennes assez abondamment, le 25 et le 28 mars, dans l'intestin du chat-huant (*Strix aluco*); ceux du 28 mars surtout avaient les lobes membraneux de l'extrémité antérieure déployés en partie comme ceux de l'*Holostomum alatum*, et montraient de même aussi deux lobes saillants en forme d'oreil- lettes de chaque côté de la ventouse antérieure; il serait possible d'ailleurs qu'ils fussent une espèce distincte, car je n'y ai pas vu comme sur les autres ce que je nomme avec doute une ventouse pos- térieure (?), et que j'ai vue, au contraire, sous la forme d'un disque radié sur les exemplaires de Toulouse, et sous la forme d'une masse globuleuse saillante sur ceux du 28 mars.

Gœze, le premier, l'avait trouvé dans un oiseau de nuit (*Strix*);
Abilgaard, à Copenhague, le trouva ensuite dans les *Strix ulula* et
otus, et dans l'autour (*Falco palumbarius*); Rudolphi le trouva aussi
à Greifswald, dans l'intestin des *Strix bubo, flammea* et *otus*, et
d'autre part, il trouva dans un milan (*Falco milvus*) des helminthes
morts dont il crut devoir faire une espèce distincte (*Amphistoma striatum*), mais que dans son *Synopsis* il réunit à l'*Amphistoma macrocephalum;* en même temps il signala la bondrée (*Falco apiverus*)
comme lui ayant aussi présenté cet helminthe à Berlin.

Frœlich l'avait trouvé aussi dans la crécerelle (*Falco tinnunculus*).
Le catalogue du musée de Vienne l'indique comme trouvé dans beaucoup d'oiseaux de proie diurnes et nocturnes; mais il est bien vraisemblable qu'on a confondu avec cette espèce les deux espèces suivantes.

M. Creplin, dans les *Nov. observ. de Entoz.*, 1829 (p. 50), fit voir
qu'en effet Bremser avait donné avec les figures des vrais *Amphistoma* ou *Holostomum macrocephalum* deux figures (fig. 17 et 20) qui
appartiennent à une autre espèce, que lui-même, M. Creplin, a trouvée
dans la buse et dans l'épervier, et qu'il nomme *Holostomum spathula*,
en y rapportant aussi des exemplaires trouvés par M. Schilling dans le
Falco lagopus. M. Creplin, dans l'*Encyclopédie* de Ersch et Gruber,
exprime l'opinion que l'*Holostomum erraticum* des échassiers et des
palmipèdes ne diffère pas réellement de l'*Holostomum macrocephalum*.

M. Bellingham a trouvé en Irlande cet holostome dans le *Falco peregrinus*, et dans le *Falco rufus* ou *Buteo rufus;* il lui assigne une
longueur de 3^{mm},7.

3. HOLOST. SPATULA. *HOLOST. SPATULA.* — CREPLIN, *Nov.
obs. de Entoz.*, 1829, p. 50, et MEHLIS, dans *l'Isis*, 1831, p. 175.

Amphistoma macrocephalum (en partie), RUDOLPHI, Synopsis, p. 88.
Amphistoma macrocephalum, BREMSER, Icones helminth., pl. 8, fig. 17-20.

« — Corps blanchâtre, demi-transparent, long de 2^{mm},5 à 3^{mm},2,
« composé de deux parties; — l'antérieure oblongue, mince, mem-
« braneuse, concave, souvent repliée longitudinalement de chaque
« côté, longue de 1^{mm},75 à 2^{mm},35, large de 0^{mm},75 à 0^{mm},80, laissant
« voir par transparence l'intestin, simple d'abord à partir du bulbe
« œsophagien, puis bifurqué et prolongé en deux longues branches pa-
« rallèles; — partie postérieure plus épaisse et plus étroite, presque
« ovoïde, longue de 0^{mm},75 à 0^{mm},85, large de 0^{mm},4 à 0^{mm},45; — ventouse
« buccale ronde, large de 0^{mm},082; — bulbe œsophagien large de
« 0^{mm},065; — ventouse postérieure large de 0^{mm},125, située au milieu
« de la portion membraneuse du corps, entre les branches de l'intes-
« tin; — œufs (?). »

Je décris ainsi cette espèce d'après des exemplaires trouvés à Rennes, le 28 mars, dans l'intestin du *Strix aluco* avec l'*Amphistoma*

macrocephalum, et que je crois bien être les mêmes que M. Creplin a le premier distingués de cet *Amphistoma macrocephalum,* avec lequel les autres helminthologistes les avaient confondus. Il les avait trouvés dans la buse (*Falco buteo*), dans l'épervier (*Falco nisus*), et son ami, M. Schilling, les avait trouvés dans le *Falco lagopus.* Il les décrit comme toujours blanchâtres, longs de 2^{mm},25 environ, avec la partie antérieure, plus longue et plus large que la postérieure, un peu plus étroite et arrondie en avant, où se voit au sommet la masse buccale, petite, ronde et saillante ; cette partie antérieure, dit-il, se recourbe souvent latéralement de manière à représenter un tube obliquement ouvert en avant. La partie postérieure est cylindrique, de forme très-variable, tantôt allongée, tantôt plus raccourcie ; M. Creplin a vu aussi l'intestin bifurqué à peu de distance de la bouche, et les œufs grands, presque ovales, mais il n'a pas vu d'orifice postérieur. Il signale aussi l'existence des deux bourrelets formant vers l'extrémité postérieure de la partie membraneuse du corps une figure elliptique.

4. HOLOST. A OREILLETTES.   *HOLOST. AURITUM.* — Duj.

« — Corps blanc, long de 1^{mm},6, large de 0^{mm},40, composé de deux
« parties dont l'antérieure oblongue, longue de 1^{mm}, plus déprimée,
« presque en lyre, présente de chaque côté près de l'extrémité an-
» térieure une échancrure qui correspond à un groupe de petites pa-
« pilles opaques, et qui sépare en manière de tête une portion pres-
« que triangulaire, large de 0^{mm},20, terminée en avant par l'orifice
« buccal, urcéolé et entouré d'une masse musculaire large de 0^{mm},093 ;
« — bulbe œsophagien large de 0^{mm},055, ovoïde ; — intestin bifurqué
« immédiatement après le bulbe, écartant ses branches plus larges,
« pour laisser la place du réceptacle du pénis, en arrière duquel se
« trouve la ventouse moyenne ou ventrale, large de 0^{mm},08, située à
« 0^{mm},26 de la première ; — partie postérieure ovale, longue de 0^{mm},56
« et large de 0^{mm},30 à 0^{mm},33, séparée de la partie antérieure par un
« étranglement et contenant les testicules ; — œufs peu nombreux
« (environ sept), longs de 0^{mm},82 à 0^{mm},9, brunâtres. »

Je l'ai trouvé à Rennes très-abondamment dans l'intestin d'une effraie (*Strix flammea*), le 11 avril.

5. HOLOST. PODOMORPHUM.   *HOLOST. PODOMORPHUM.* —
Nitzsch, dans l'*Encycl. de Ersch et Gruber,* t. 3, p. 399.

« — Corps long de 2^{mm},25 à 4^{mm},5, de forme peu variable ; — face
« ventrale, presque plane et avec deux courts appendices de chaque
« côté de la bouche ; — partie postérieure, un peu renflée, aussi lon-
« gue que l'antérieure et se tenant perpendiculaire, quand celle-ci
« est horizontale (de manière à représenter un pied ou une botte : πούς,
« ποδός, pied, μορφή, forme). »

Dans l'intestin du balbuzard (*Falco haliaetos*), avec l'espèce suivante.

6. HOLOST. SERPENT.   *HOLOST. SERPENS*. — Nitzsch, dans
l'*Encycl. de Ersch et Gruber*, t. III, p. 400.

Amphistoma serpens, Rudolphi, Synopsis, p. 88 et 253, n° 1.
Holostomum serpens, Schmalz, XIX, Tab. anat., pl. 10, fig. 11-16.

« — Corps allongé, presque cylindrique, long de 13^{mm},5 à 22^{mm},
« large de 1^{mm} à 2^{mm} au milieu, un peu plus épais en arrière, aminci,
« au contraire, en manière de cou en avant où il se termine par une
« large partie antérieure, membraneuse, concave, dont le bord anté-
« rieur présente trois petits lobes aigus, et dont le bord postérieur,
« plus saillant, émet deux larges lobes arrondis; — bouche au som-
« met du bord antérieur sous le lobe moyen; — extrémité postérieure
« du corps tronquée avec une papille terminale, portant un orifice
« génital d'où sortent les œufs, ronds, jaunâtres, et en outre un li-
« quide séminal, blanc; — deux testicules occupant le dernier quart
« de la longueur. »

Nitzsch seul a trouvé cet helminthe singulier à Halle dans l'intestin
d'un balbuzard (*Falco haliaetos*), il dit en avoir vu d'accouplés par la
jonction de l'extrémité postérieure de leurs corps, et même il les a
représentés ainsi.

7. HOLOST. DU CASSE-NOIX.   *HOLOST. MICROSTOMUM*.

Amphistoma microstomum, Rud., Entoz., t. II, 1, p. 342, et Syn., p. 88, n° 4.

« — Corps blanc-rougeâtre, long de 2^{mm},25; — partie antérieure
« longue de 0^{mm},75, presque conique, arrondie en arrière, plus étroite
« en avant, où se trouve l'orifice buccal, petit et orbiculaire; — par-
« tie postérieure longue de 1^{mm},50, plus étroite, presque cylindrique.»

Rudolphi en trouva une seule fois à Greifswald dans le duodenum d'un casse-noix (*Caryocatactes*), deux exemplaires morts, mais il
n'eut pas le temps de l'examiner suffisamment.

8. HOLOST. DE LA CORNEILLE.   *HOLOST. SPHAERULA*.

Amphistoma sphærula, Rud., Entoz., t. II, 1, p. 345, et Syn., p. 90 et 358,
n° 11.

« — Corps jaunâtre, long de 1^{mm},12 à 2^{mm},25 et moitié aussi large;
« partie antérieure distincte, presque globuleuse, avec l'orifice multi-
« lobé; — partie postérieure deux fois plus longue, presque cylin-
« drique, amincie en arrière; — orifice de l'extrémité caudale, plus
« étroit, orbiculaire, à bord entier. »

Rudolphi en trouva une seule fois, à Greifswald, dans une corneille
(*Corvus cornix*) douze exemplaires très-petits qui semblaient être
autant de points jaunes, à la face interne de l'intestin. Il reçut ensuite de Bremser, comme provenant aussi des intestins de la corneille,

des helminthes semblables, mais longs de 2^{mm},25, et montrant au milieu de l'orifice antérieur multilobé, la bouche orbiculaire ou en forme de fente transverse. Le catalogue du musée de Copenhague mentionne aussi une *Strigea cornicis*, trouvée dans la cavité abdominale du même oiseau,

M. Bellingham, en Irlande, l'a trouvé dans l'intestin grêle du freux (*Corvus frugilegus*).

9. HOLOST. DU MARTIN-PÊCHEUR. *HOLOST. DENTICULATUM.*

[Atlas, pl. 8, fig. A.]

Amphistoma denticulatum, RUDOLPHI, Synopsis, p. 90 et 358, n° 13.

« — Corps allongé, blanchâtre, long de 2^{mm},2 à 4^{mm},4, large de
« 0^{mm},28 à 0^{mm},35; — partie antérieure dilatée, en forme de cœur
« renversé, large de 0^{mm},40 à 0^{mm},51, concave ou en cuiller, et gra-
« nuleuse ou hérissée de papilles en dedans, à bords latéraux, mem-
« braneux, festonnés ou crénelés et à bord postérieur, relevé et
« saillant en arrière; — partie postérieure linéaire, presque cylin-
« drique, s'élargissant peu à peu en arrière, très-contractile et ridée
« ou plissée transversalement, de manière à paraître crénelée latéra-
« lement; — quelques stries granuleuses ou finement denticulées, avec
« d'autres stries longitudinales plus légères; — bouche terminale,
« urcéolée, et dilatable en ventouse, large de 0^{mm},11, suivie par un
« bulbe œsophagien large de 0^{mm},035, d'où part l'intestin d'abord
« simple, sur une longueur de 0^{mm},125, et large de 0^{mm},023, puis
« bifurqué en avant de la ventouse moyenne; — ventouse moyenne
« (orifice génital?) large de 0,038, suivie d'une autre ventouse gonflée,
« large de 0^{mm},17, très-dilatable, ayant un orifice triangulaire; —
« branches de l'intestin prolongées latéralement jusqu'à l'extrémité;
« — testicules ovoïdes, situés au milieu de la partie postérieure; —
« œufs elliptiques, peu nombreux, longs de 0^{mm},084 à 0^{mm},090; —
« extrémité postérieure obtuse, avec un orifice contractile. »

J'ai trouvé une première fois neuf, et une seconde fois cinq exemplaires de cet helminthe à Rennes, le 28 septembre et le 26 mars, dans le rectum du martin-pêcheur (*Alcedo ispida*). Je l'ai cherché vainement dans trois autres oiseaux de la même espèce; on ne l'a trouvé que quatre fois sur soixante et une dans le martin-pêcheur, au musée de Vienne, et Rudolphi n'a vu que les exemplaires qui lui furent envoyés par Bremser.

10. HOLOST. DU PLUVIER. *HOLOST. CORNUTUM.*

Amphistoma cornutum, RUDOLPHI, Entoz., t. II, I, p. 343, pl. 5, fig. 4-7, et Synopsis, p. 90, n° 10.

« — Corps jaunâtre, long de 2^{mm},2; — partie antérieure distincte,
« semi-globuleuse, arrondie en arrière, tronquée en avant, et offrant
« une large ouverture à bords lobés; — lobes variables, plus ou

« moins nombreux (de 5 à 8^{mm}), souvent très-saillants, et ressemblant
« à autant de cornes ; — partie postérieure un peu recourbée, convexe
« en dehors, concave en dedans, irrégulièrement plissée ou ridée ; —
« extrémité postérieure tronquée avec un orifice génital (?) » (RUD.)

Rudolphi seul en trouva une seule fois, à Greifswald, deux exemplaires dans l'intestin d'un pluvier doré (*Charadrius pluvialis*). Il a décrit le phénomène de l'émission des œufs d'une manière fort extraordinaire (*Entoz.*, I, p. 314). Il dit qu'un globule, qu'il suppose être l'utérus, et qui pourrait être plus vraisemblablement un testicule, était vu montant et descendant à l'intérieur du corps; qu'ensuite une corne assez longue sortait de l'orifice postérieur, et s'agitait vivement jusqu'à ce qu'elle se rompît près du corps, après quoi le globule intérieur était de plus en plus agité, s'approchant même de l'orifice postérieur comme pour sortir lui-même, et laissant sortir souvent deux ou trois œufs quand il se retirait; au bout d'un quart d'heure, une seconde corne était émise et rompue de la même manière, et suivie pareillement d'une émission d'œufs par intervalles; enfin, une troisième corne toute semblable se montrait encore au bout d'une heure; mais bientôt après l'animal avait cessé de vivre.

11. HOLOST. ERRATIQUE.   *HOLOST. ERRATICUM.*

Amphistoma erraticum, RUD., Ent., t. II, I, p. 344, et Syn., p. 89 et 356, n° 7.

« — Corps blanchâtre, en partie coloré en brun par les œufs, long
« de 2^{mm},25 à 3^{mm},37 ; — partie antérieure distincte, assez grande,
« longue de 0^{mm},75 à 1^{mm},2, campanulée, tronquée en avant, avec
« plusieurs lobes membraneux partant du fond; — partie postérieure
« épaisse, recourbée, amincie de part et d'autre, davantage en
« avant, obtuse en arrière, avec un orifice entaillé; — œufs longs de
« 0^{mm},09 à 0^{mm},104, groupés du côté convexe du corps. »

Rudolphi le trouva, à Greifswald, d'abord dans un plongeon (*Colymbus septentrionalis*); et comme cet helminthe était à la fois dans tout le tube digestif et adhérent à la surface externe de l'intestin, il le désigna par le nom d'*erraticum,* pour exprimer cette différence d'habitation. Rudolphi avait aussi trouvé cet helminthe dans l'intestin de la bécassine (*Scolopax gallinago*); mais il l'avait cru identique avec l'amphistome ou holostome des oiseaux de proie (*Holost. macrocephalum*), opinion que M. Creplin, aujourd'hui, croit réellement fondée : cependant la partie antérieure du corps m'a paru différemment construite, et bien plus nettement campanulée, à bord continu, avec des lobes séparés, partant du fond. M. Creplin indique cette espèce comme trouvée dans l'intestin du vanneau (*Vanellus cristatus*), des *Colymbus septentrionalis* et *balticus,* du pingouin (*Alca torda*), du *Cygnus musicus,* des *Anas clangula, glacialis, marila, boschas fera* (?), *mollissima* et *tadorna,* et du *Mergus albellus.*

— Au musée de Vienne, on l'a trouvé une seule fois parmi vingt-neuf bécasses (*Scolopax rusticola*); une fois parmi vingt *Scolopax gallinago,* et une fois parmi dix *Colymbus arcticus.*

Je n'ai pu étudier suffisamment les exemplaires envoyés de Vienne au Muséum de Paris, en 1816, provenant des deux *Scolopax;* ils sont trop altérés; mais j'ai observé des exemplaires en assez bon état, trouvés dans l'intestin du *Colymbus arcticus,* et étiquetés autrefois par Lamarck.

12. HOLOST. CORNE. *HOLOST. CORNU.* — Nitzsch.

Amphistoma cornu, Rudolphi, Synopsis, p. 89 et 357, n° 9.

« — Corps jaunâtre, plus ou moins coloré par les œufs, long de
« 6 à 8^{mm} (de 3^{mm},37, Rud.); — partie antérieure presque cyathi-
« forme ou en calice, longue de 1^{mm},5 à 1^{mm},7, large de 1^{mm},0, pré-
« sentant au bord antérieur une entaille avec un lobe saillant de
« chaque côté de la ventouse antérieure, qui est large de 0^{mm},18 à
« 0^{mm},20; — ventouse moyenne, large de 0^{mm},30; — partie postérieure
« presque droite et linéaire, longue de 4^{mm},5 à 6^{mm},3, d'abord mince,
« large seulement de 0^{mm},41, puis s'épaississant peu à peu, jusqu'à
« avoir 0^{mm},66 vers le tiers postérieur, diminuant ensuite et tronquée
« brusquement en arrière; — œufs elliptiques, longs de 0^{mm},10. »

Je décris ainsi des helminthes que je trouvai, le 22 janvier 1840, à Toulouse, dans l'intestin d'un héron (*Ardea cinerea*), et que je crois bien être identiques, quoique plus grands, avec ceux de Nitzsch et de Bremser. Nitzsch avait trouvé à Halle, dans l'intestin du même héron, plusieurs holostomes qu'il communiqua à Rudolphi; ces exemplaires, longs de 3^{mm},37, avaient la partie antérieure distincte, élargie, avec une large ouverture inégale, incisée ou bilobée au bord; le corps, d'abord très-mince, devenait graduellement plus épais en arrière.

Bremser envoya aussi à Rudolphi des helminthes trouvés dans la petite aigrette (*Ardea garzetta*), longs de 3^{mm},37 environ, jaunâtres en avant, brunâtres en arrière, avec le bord antérieur trilobé. On a aussi trouvé cet holostome au musée de Vienne, une fois, parmi douze cigognes (*Ciconia alba*), une fois dans l'*Ardea egretta,* et deux fois sur trente et une dans le bihoreau (*Ardea nycticorax*).

— Le nom d'*Amphistoma cornu* avait d'abord été donné par Rudolphi (*Entoz.,* II, 1, p. 346, n° 7) à un helminthe trouvé dans les mêmes oiseaux, et que plus tard, dans son *Synopsis* (p. 85, n° 14), il a nommé *Monost. cornu.* (Voy. ci-dessus, n° 8); ce même nom, remplacé ici par le nom de *Holostomum cornu,* s'est trouvé une troisième fois appliqué par M. Diesing, à un amphistome des poissons.

13. HOLOSTOME A LONG COU. *HOLOST. LONGICOLLE.*

Amphistoma longicolle, Rudolphi, Synopsis, p. 87, n° 1.
Amphistoma longicolle, Bremser, Icones helm., pl. 8, fig. 15-16.

« — Corps très-allongé, blanc, plus ou moins coloré en brun au

« milieu, long de 10 à 18^{mm}; — partie antérieure en forme de tête,
« longue de 0^{mm},75 à 1^{mm},50, blanche, presque en cœur, souvent
« trilobée, avec deux lobes en arrière et un en avant, ou simplement
« plus large en arrière; — partie postérieure composée d'un cou long
« de 6^{mm},75 à 13^{mm},5, plus mince, brunâtre, ridé ou plissé, un peu
« épaissi en arrière, et d'un renflement postérieur oblong, cylin-
« drique, inégal, deux ou trois fois plus court et beaucoup plus
« épais que le cou, obtus à l'extrémité; — orifices terminaux,
« petits, profonds, l'antérieur plus grand, à bords inégaux, le posté-
« rieur orbiculaire; — œufs jaunes, elliptiques, longs de 0^{mm},092
« à 0^{mm},110. »

Rudolphi reçut cet helminthe de Hübner, qui l'avait trouvé dans
les intestins de la grande aigrette (*Ardea alba*), et de Bremser, qui
l'avait eu au musée de Vienne une fois sur huit dans le butor (*Ardea
stellaris*), deux fois sur vingt-trois dans le *Larus ridibundus*, et aussi
dans le *Larus atricilla*.

— Le seul exemplaire provenant de ce dernier oiseau présentait
en avant, au bord de la partie antérieure, deux lobes oblongs qui
firent penser à Rudolphi que ce pourrait être une espèce distincte, à
moins que ce ne soit le résultat de quelque altération.

— M. Bellingham, en Irlande, l'a trouvé dans le *Larus argentatus*
long de 12^{mm},7, brun-rougeâtre, avec le cou ridé transversalement.

— Ces holostomes si allongés sont fortement adhérents à la tunique
interne des intestins, où ils semblent suspendus par un fil en raison
de la longueur de leur cou.

14. HOLOSTOME EXCAVÉ.　　*HOLOST. EXCAVATUM.* — Nitzsch, *l. c.*, p. 399.

Distoma excavatum, Rud., Entoz., t. II, 1, p. 399, et Syn., p. 109 et 402, n° 82.

« — Corps blanc, long de 1^{mm},12, très-grêle; — partie antérieure
« convexe en dessus, concave en dessous, plus étroite en avant; —
« partie postérieure distincte, plus grêle et plus longue, presque cy-
« lindrique, obtuse; — bouche terminale, petite, entourée d'une
« masse musculaire presque globuleuse et de forme variable; — ven-
« touse ventrale (orifice génital?) plus grande, située à la base de la
« partie antérieure. » (Rud.)

Rudolphi en trouva d'abord vingt exemplaires dans l'intestin grêle
d'une cigogne (*Ciconia alba*); le catalogue du musée de Vienne l'indique comme trouvé deux fois sur trente et une dans le bihoreau
(*Ardea nycticorax*) et quatre fois dans la cigogne, en commun avec le
Distoma ferox.

15. HOLOSTOME SPATHACÉ.　　*HOLOST. SPATHACEUM.*

Distoma spathaceum, Rudolphi, Synopsis, p. 109 et 403, n° 83.

« — Corps long de 2^{mm},30; — partie antérieure ovale, presque
« plane, en forme de spatule ou concave; — partie postérieure une

« fois et demie ou deux fois aussi longue, cylindrique, remplie d'œufs,
« et convexe au côté dorsal ; — bouche peu visible ; — ventouse pos-
« térieure assez grande, orbiculaire, située à la base de la partie anté-
« rieure. » (Rud.)

Cette espèce, très-voisine de la précédente et de la suivante, a été
trouvée, au musée de Vienne, une seule fois en disséquant onze
Larus glaucus.

16. HOLOSTOME SPATULÉ.   *HOLOST. SPATULATUM.*

Distoma spatulatum, Rudolphi, Synopsis, p. 109 et 403, n° 84.
Distoma spatulatum, Bremser, Icones helminth., pl. 9, fig. 15-16.

« — Corps blanc en avant, brunâtre en arrière, long de 10^{mm} ;
« — partie antérieure, plane, mince, plus large en avant, bords
« latéraux un peu infléchis, bord antérieur très-large, tronqué ; —
« partie postérieure cylindrique, très-longue, égale, un peu pointue
« à l'extrémité ; — ventouse buccale terminale, petite ; — ventouse
« postérieure trois fois plus large, assez éloignée. » (Rud.)

Trouvé une seule fois, au musée de Vienne, parmi dix *Ardea
minuta.* Comme les précédentes et comme son *Distoma alatum,* cette
espèce avait paru à Rudolphi lui-même devoir être prise pour un
holostome par Nitzsch.

17. HOLOSTOME PLATICÉPHALE. *HOLOST. PLATYCEPHALUM.*
— Creplin, *Observ. de Entoz.,* 1825, p. 39..

« — Corps blanc, cylindrique, long de 9^{mm} à 12^{mm},25, large de
« 2^{mm},25 à 4^{mm},4 ; — partie antérieure plus large, longue de 3 à 4^{mm}, et
« de forme irrégulière, transverse, plus convexe en dessous, tronquée
« obliquement, et présentant ainsi une ouverture assez grande,
« transversalement oblique, à bord entier, et dans laquelle se voient
« des plis inégaux un peu lobés ; — partie postérieure amincie de part
« d'autre, davantage en arrière, et obtuse à l'extrémité, avec un ori-
« fice postérieur inégal, moindre que l'antérieur. »

Il se trouve dans l'organe nommé *bursa Fabricii* du *Colymbus
rufogularis,* où M. Schilling et M. Creplin l'ont trouvé à Greifswald.

18. HOLOSTOME VARIÉ.   *HOLOST. VARIEGATUM.* — Creplin,
Observ. de Entoz., p. 38, fig. 4-6.

« — Corps blanchâtre, varié de violet, long de 7^{mm},87 à 10^{mm},12,
« large de 3^{mm} ; — partie antérieure bleuâtre, presque cylindrique,
« formant environ le tiers de la longueur totale, et plus étroite que le
« milieu, avec un orifice terminal, transverse, presque bilobé ; —
« partie postérieure séparée par un étranglement, amincie de part et
« d'autre, obtuse en arrière, convexe du côté dorsal, un peu con-
« cave à la face abdominale ; — orifice postérieur, petit, inégal,

« presque terminal ; — une strie de couleur violette produite par le
« parenchyme sous-cutané, parcourt la face dorsale, entoure comme
« un anneau le corps en arrière de la partie antérieure, et envoie des
« branches latérales vers le milieu du corps, et en avant de l'orifice
« postérieur ; — œufs petits, elliptiques, brunâtres. »

Trouvé une seule fois par M. Schilling, à Greifswald, assez nombreux dans l'intestin du *Larus maximus*.

19. HOLOSTOME BONNET.   *HOLOST. PILEATUM.*

Festucaria pileata, Rudolphi, dans les Arch. de Wiedmann, t. III, p. 65.
Monostoma pileatum, Rudolphi, Entoz., t. II, i, p. 338, n° 15.
Amphistoma pileatum, Rudolphi, Synopsis, p. 90 et 358, n° 12.
Amphistoma pileatum, Bremser, Icones helminth., pl. 8, fig. 28-29.

« — Corps blanc-jaunâtre, étroit, cylindrique, long de 2^{mm},25 à
« 4^{mm},50 ; — partie antérieure (tête Rud.) orbiculaire, large de 1^{mm},1,
« excavée, un peu prolongée en avant, où se trouve un orifice étroit
« à bord bilobé ; partie postérieure beaucoup plus mince, ordinaire-
« ment courbée, obtuse en arrière, et terminée par un petit orifice ;
« — un vaisseau brunâtre entoure comme un anneau l'orifice anté-
« rieur, et deux vaisseaux semblables parcourent la longueur du
« corps. »

Rudolphi l'avait trouvé d'abord, à Greifswald, dans les intestins de
l'hirondelle de mer (*Sterna hirundo*) ; il en reçut ensuite de Bremser,
qui les avait trouvés, à Vienne, deux fois sur vingt-six, dans le
Sterna cantiaca.

20. HOLOSTOME ISOSTOME.   *HOLOST. ISOSTOMUM.*

Amphistoma anatis tadornœ, Rudolphi, Entoz., t. II, i, p. 352.
Strigea candida, Abilgaard, Zool. dan., t. IV, 1806, p. 32, pl. 148 C, fig. 1-2.
Amphistoma isostomum, Rudolphi, Synopsis, p. 89 et 355, n° 5.

« — Corps long de 4^{mm},4 ; — partie antérieure longue de 1^{mm},1, large
« de 0^{mm},56, oblongue, presque conique ou amincie en avant, et sépa-
« rée du reste par un étranglement ; — partie postérieure longue
« de 3^{mm},3, large de 1^{mm},1 en avant, obconique, demi-transparente,
« et remplie d'œufs blancs, opaques, dans la région dorsale ;— orifices
« terminaux très-entiers presque égaux. »

Abilgaard, à Copenhague, l'a trouvé dans l'*Anas tadorna ;* M. Bellingham inscrit, sous le même nom, dans son catalogue des helminthes
d'Irlande, un holostome ressemblant beaucoup, dit-il, à l'*Holostomum macrocephalum,* quoique beaucoup plus petit ; long de 1^{mm}
environ, divisé en deux parties égales par un étranglement, blanc
en avant et jaune en arrière.

21. HOLOSTOME GRÊLE. *HOLOST. GRACILE.*

Amphistoma gracile, Rud., Synopsis, p. 89 et 355, n° 6.

« — Corps grêle, long de 2^{mm},30 et plus; — partie antérieure
« longue, grêle, avec deux ou trois lobes oblongs, variables en
« avant; — partie postérieure aussi épaisse que l'antérieure, mais
« amincie de part et d'autre, convexe en dessus, concave en dessous,
« et terminée par une papille distincte saillante, à l'extrémité de
« laquelle est l'orifice postérieur. »

Bremser l'a trouvé, à Vienne, trois fois sur dix-sept dans le harle
(*Mergus merganser*) et une fois parmi dix *Mergus albellus.* M. Bellingham inscrit sous ce nom, dans son catalogue des helminthes
d'Irlande, un holostome trouvé dans l'intestin grêle du *Colymbus
glacialis,* et qui est blanc, long de 5^{mm},28, avec la partie antérieure
longue de 1^{mm},32, et la partie postérieure trois fois aussi longue, cylindrique; l'orifice antérieur, large et en forme de calice, devient
lobé par l'action de l'alcool; l'orifice postérieur est presque triangulaire.

III. HOLOSTOMES DES REPTILES.

?? 22. HOLOST. URNIGÈRE. *HOLOST. URNIGERUM.*

Amphistoma urnigerum, Rudolphi, Synopsis, p. 89 et 356, n° 8.
Amphistoma urnigerum, Bremser, Icones helminth., pl. 8, fig 24-27.
Amphistoma urnigerum, Creplin, Observ. de Entoz., p. 41.

« — Corps blanc, presque cylindrique, continu, élargi, et presque
« campanulé en avant, souvent contracté çà et là, long de 4^{mm},7 à
« 6^{mm},75, renfermé dans des kystes ovoïdes, longs de 2 à 3^{mm}; — té-
« gument (ou couche extérieure) rempli de granules concrétionnés,
« larges de 0^{mm},005 à 0^{mm},020 (comme ceux des cysticerques), et dis-
« posés en réseau; — extrémité antérieure très-dilatable et con-
« tractile, tantôt en calice ou en cloche, tantôt plus resserrée, à bord
« membraneux plus diaphane, festonné, précédé par une bande plus
« opaque, produite par un épaississement du réseau; — orifice buccal
« situé au bord même, et entouré d'une masse musculaire ovoïde, à
« partir de laquelle l'intestin se bifurque et se courbe en arc; — ven-
« touse moyenne large de 0^{mm},245, située entre les branches de l'in-
« testin, à 0^{mm},30 du bord; — deux testicules ovoïdes vers l'extrémité
« postérieure, qui se termine par un orifice tubuleux contractile. »

Cet helminthe, qui diffère considérablement des autres holostomes
ou amphistomes, et qui devra former un genre distinct quand il sera
suffisamment connu, se trouve exclusivement dans des kystes blancs
résistants, ovoïdes ou globuleux, qui se développent quelquefois en

qúantité considérable dans le mésentère , dans le foie, dans les reins et dans les autres viscères de la grenouille verte (*Rana esculenta*); c'est ainsi que je l'ai trouvé à Paris le 6 août 1838 : je l'ai cherché vainement ensuite dans plus de cinquante autres grenouilles , soit à Paris , soit à Rennes.

Rudolphi ne l'a point trouvé et n'a vu que des exemplaires conservés dans l'alcool, qui lui furent envoyés du musée de Vienne où on l'avait trouvé cent quarante-trois fois en disséquant douze cent quatre-vingt-dix grenouilles, tant dans des kystes que dans le rectum, dit Rudolphi.

M. Westrumb ne put également observer que des exemplaires conservés dans l'alcool; mais M. Creplin ayant trouvé plusieurs fois dans des grenouilles, à Greifswald, ces helminthes contenus isolément dans des kystes nombreux, il put les étudier vivants. Il signala d'abord la présence du réseau blanc opaque qui occupe tout le tégument, excepté le bord antérieur , et décrivit les mouvements de contraction de la partie antérieure et du corps entier, et une *bulle* assez grande ou masse musculaire striée longitudinalement très-transparente, munie d'un pore terminal, et occupant le fond de l'orifice campanulé antérieur. Quant aux organes internes, il ne vit que deux canaux latéraux allant de la tête à la queue, et qui sont sans doute les deux branches de l'intestin. Moi-même, sur ces helminthes vivants , j'ai vu aussi et dessiné le réseau du tégument et les globules dont il est formé; mais je n'ai pu compléter cette étude que longtemps après sur les animaux conservés dans l'alcool. J'ai vu alors, à l'aide du compresseur, la bouche , la ventouse, un organe glanduleux, diaphane, à la partie antérieure, et les testicules analogues à ceux du *Caryophyllæus*, dans la partie postérieure qui se termine par un appareil assez complexe analogue à ce qu'on voit chez les distomes à queue rétractile , tels que le *Distoma rufoviride*.

IV. HOLOSTOMES DES POISSONS.

꙳ 23. HOLOST. CUTICOLE. *HOLOST. CUTICOLA.* — Nordmann. *Mikrographische Beitraege*, t. I, p. 49, pl. 4, fig. 1-4.

« — Corps blanc, long de 1ᵐᵐ,10, renfermé dans un kyste ; — partie
« antérieure ovale, plus étroite en avant, déprimée, convexe en
« dessus, avec les bords légèrement sinueux , mais pouvant se plisser
« fortement et se contracter en forme de coquille; — partie postérieure
« un peu plus étroite que l'antérieure, et aussi longue que le tiers de
« cette partie, et souvent recourbée en dessus ; — bouche très-petite,
« en forme de fente, sans bords renflés, et quelquefois rétractée en en-
« tonnoir ; — ventouse moyenne rudimentaire, large de 0ᵐᵐ,07 envi-
« ron, située au milieu de la partie antérieure, et suivie à quelque

« distance en arrière par une autre ventouse rudimentaire deux fois
« plus large ; — bulbe œsophagien très-étroit, suivi presque immé-
« diatement par la bifurcation de l'intestin, dont les deux branches
« se dirigent, en faisant quelques sinuosités, jusqu'à l'extrémité pos-
« térieure, où elles se terminent en cœcums ; — ouverture caudale
« contractile située à l'extrémité postérieure, sur la face dorsale. »

M. Nordmann l'a trouvé en Allemagne, dans l'œil de la perche (*Perca fluviatilis*), et de plusieurs espèces de cyprins, mais plus souvent encore dans des kystes du tégument, ou de la muqueuse buccale, ou des branchies, ou des muscles superficiels de ces derniers poissons. Ces kystes se forment par un épaississement du tissu cellulaire environnant, et sont eux-mêmes entourés par une tache noire de pigment, qui, par suite de la multiplication de ces helminthes, devient bien visible à la surface ainsi tachée. Quand on les tire de leur enveloppe, leurs mouvements sont très-lents et se bornent presque à des contractions sans changement de lieu.

24. HOLOST. A COURTE QUEUE. *HOLOST. BREVICAUDATUM.*
— Nordmann, *Mikrographische Beitraege*, t. I, p. 52.

« — Corps blanc, long de 0^{mm},75, — partie antérieure en forme de
« cœur, plus large et tronquée en avant, rétrécie en arrière ; — partie
« postérieure en forme de demi-ovale, des deux tiers plus étroite
« que la partie antérieure, et des trois quarts plus courte, plus dé-
« primée, et jamais recourbée en dessous ; — bouche très-petite ; —
« bulbe œsophagien plus large en avant, plus étroit en arrière ; —
« intestin divisé en deux branches beaucoup plus étroites que dans
« l'espèce précédente ; — ventouse moyenne rudimentaire située im-
« médiatement en arrière de la bifurcation de l'intestin ; — bord pos-
« térieur de la partie antérieure du corps souvent dilaté jusqu'à la
« ventouse, de manière à former une sorte de poche. »

M. Nordmann a trouvé seulement trois fois cet helminthe isolé dans le corps vitré de l'œil de la perche où il est libre et non renfermé dans un kyste comme le précédent, dont il se rapproche beaucoup par tous les autres caractères : l'un et l'autre d'ailleurs paraissent s'être développés spontanément dans le lieu qu'ils habitent, et ne peuvent être considérés comme des animaux adultes, puisqu'ils n'ont pas d'organes génitaux. M. Nordmann les distingua surtout des diplostomes, avec lesquels ils ont beaucoup de rapports, par l'absence de cette cavité contractile postérieure qu'il veut nommer le réservoir du chyle.

11ᵉ Genre. DISTOME.   *DISTOMA*. — Retzius.

« — Vers à corps mou, cylindrique ou déprimé, plus ou moins
« allongé, avec deux ventouses distinctes et isolées, l'une anté-
« rieure contenant la bouche, l'autre imperforée et située à la
« face ventrale, entre le milieu et le premier sixième de la lon-
« gueur ; — bouche suivie d'un bulbe œsophagien musculeux,
« presque globuleux ; — intestin divisé en deux branches ordi-
« nairement simples (rameuses dans le *Distoma hepaticum*) ; —
« deux orifices génitaux contigus ou séparés ; — deux ou trois
« testicules ovoïdes, ou lobés, ou multipartites, situés dans la
« partie postérieure du corps ; — quelquefois un cirre ou pénis
« assez long, lisse ou épineux ; — ovaires latéraux ou quelquefois
« aussi occupant la partie antérieure du corps ; — oviducte
« replié ou pelotonné entre les branches de l'intestin ou dans la
« partie postérieure du corps ; — un orifice postérieur, contrac-
« tile donnant entrée dans une cavité interne plus ou moins
« grande, quelquefois rameuse ; — vaisseaux sinueux, quel-
« quefois ramifiés, étendus depuis la cavité postérieure jusqu'à
« la ventouse buccale, et dans deux desquels se trouvent des
« cils ou filaments agités d'un mouvement ondulatoire. »

Les distomes se reconnaissent au premier coup d'œil par la
position et par la forme de leurs deux ventouses musculeuses, tantôt discoïdales ou tantôt globuleuses ; quelques-uns ressemblent à
certaines espèces de sangsues ; mais en général ils ressemblent
bien davantage aux planaires avec lesquelles Linné, Müller,
les ont d'abord confondus sous le nom de *Fasciola*, puis Gœze,
sous le nom de *Planaria ;* cependant, à part la confusion de
types si différents nommés ainsi, ces deux noms exprimant une
idée de forme, ne peuvent s'appliquer exactement à tous les
distomes. Le nom que nous adoptons avec Rudolphi et tous les
helminthologistes modernes a été proposé par Retzius, et
exprime au contraire le caractère commun et distinctif de ces
helminthes, si l'on veut se rappeler que les deux ventouses,
sans être deux bouches, en ont l'apparence.

Ce sont tous de vrais entozoaires sous ce rapport qu'ils vivent
à l'intérieur du corps des animaux vivants ; mais quelques-uns
seulement se trouvent dans l'intestin, d'autres habitent le poumon, le foie ou les canaux biliaires, la vésicule du fiel, la vessie
urinaire et diverses cavités naturelles ; d'autres, enfin, naissent

et se développent jusqu'à un certain point dans des kystes ou dans les tissus mêmes; mais ils n'y acquièrent jamais d'organes génitaux, et ils paraissent devoir acquérir ailleurs le reste de leur développement.

La forme des distomes est naturellement très-variable en raison de la mollesse et de la contractilité de leur corps; cependant on peut distinguer une forme ovale oblongue ou lancéolée, apla tie, qui se voit chez le plus grand nombre; une forme cylindrique ou très-effilée caractérisant certaines espèces, une forme élargie et aplatie en même temps chez le Distome du putois, etc. On doit noter aussi que la forme varie beaucoup avec l'âge chez ces vers. Les deux ventouses sont en forme de disque excavé, ou de cupule, avec des fibres concentriques et rayonnées, leur grandeur relative présente des différences notables, et Rudolphi s'en est servi pour caractériser les divisions de son genre distome.

Cependant ce caractère, comme celui de la forme générale, est incertain et varie avec l'âge; il m'a paru même que chez certaines espèces (*Distoma lorum* de la taupe, et *Distoma variegatum* des batraciens) la ventouse ventrale diminue et s'atrophie peu à peu.

La ventouse antérieure ou buccale est ordinairement nue ou inerme, mais dans le sous-genre *Echinostoma* elle est entourée d'une couronne de piquants, et dans le sous-genre *Crossodera* elle est souvent cachée entre des lobes charnus assez développés.

La ventouse ventrale est plus ou moins rapprochée de l'antérieure; quand cette distance est plus considérable et que le corps s'amincit en avant, il en résulte une sorte de cou qui a fait nommer certaines espèces : *tereticolle, tenuicolle, cygnoïdes*, etc. Cette ventouse ventrale, ordinairement sessile, se montre aussi pédonculée ou portée par une sorte de bras chez les espèces de notre sous-genre *Podocotyle*.

La bouche est, à proprement parler, la ventouse antérieure que suit un bulbe ou globule musculeux traversé par le canal alimentaire, et servant à produire la succion à la manière d'une pompe; à partir de ce bulbe, le canal alimentaire se continue quelquefois avant de se diviser chez les *Cladocœlium, Dicrocœlium*, etc.; mais quelquefois aussi l'intestin se divise immédiatement en deux branches, et même il forme un arc transverse en arrière du bulbe œsophagien, chez les *Brachylaimus*. Les deux branches de l'intestin, excepté chez le *Cladocœlium* ou *Distoma hepaticum*, sont ordinairement deux cœcums plus ou moins allongés et sinueux, atteignant presque le bord postérieur; mais chez les espèces de notre sous-genre *Brachycœlium*, les deux branches de l'intestin sont courtes et en massue.

Les distomes, en outre de leurs deux ventouses, ont toujours trois orifices distincts, savoir : les deux orifices génitaux, qui sont contigus en avant ou à côté de la ventouse ventrale, ou dont l'un seulement occupant cette position, l'autre, le mâle, est situé en arrière du milieu; et un troisième orifice tout à fait terminal en arrière, donnant entrée dans une cavité respiratoire (?) et quelquefois porté par un gros et long tube membraneux, protractile et rétractile comme chez nos *Apoblema*.

L'appareil génital mâle se compose de deux ou trois testicules diversement situés, d'une vésicule séminale dans laquelle on voit s'agiter des spermatozoïdes filiformes, et d'un pénis ou cirre lisse ou épineux, quelquefois nul, quelquefois très-long et replié dans un sac ou réceptacle contigu à la ventouse ventrale.

L'appareil génital femelle se compose des ovaires et de l'oviducte, ou utérus, dans lequel se produit la coque des œufs. Les ovaires sont placés symétriquement sur les côtés du corps en grappes isolées, globuleuses ou étoilées, ou formant une seule longue grappe de chaque côté; ils sont reliés entre eux par des cordons de communication d'où dérive l'oviducte. Celui-ci est un long tube qui se replie un grand nombre de fois et dont la paroi devient peu à peu musculeuse et contractile; il aboutit à un orifice qui paraît devoir être toujours situé entre les deux ventouses ou contigu à la deuxième. Les œufs sont elliptiques, plus ou moins oblongs, excepté chez le *Distoma lucipetum*, où ils sont plus allongés presque en massue. La coque des œufs se produit et se consolide peu à peu dans le long trajet de l'oviducte, elle est toujours lisse et s'ouvre, par un opercule un peu déprimé, à une des extrémités. L'embryon, chez certaines espèces, se voit déjà très-développé dans l'œuf avant la ponte; il est oblong, très-contractile et revêtu de cils vibratiles comme un infusoire, mais sans aucun organe distinct; l'embryon du *Distoma lucipetum* montre cependant aussi une tache noire très-prononcée.

A l'extrémité postérieure se trouve une cavité plus ou moins vaste, qui s'ouvre au dehors par l'orifice terminal, dont nous avons parlé. Cette cavité a paru, à quelques auteurs, un organe excréteur parce qu'on voit dans ses branches ou ses dépendances une substance blanche, opaque, que l'animal peut, à la vérité, expulser forcément si on le comprime, mais que je croirais plutôt un produit sécrété, ou un dépôt de substances nutritives. Je suis plus porté à regarder cette cavité postérieure comme un appareil respiratoire, d'après ses connexions avec le système vasculaire. Toutefois cette cavité, quelquefois très-petite et à peine visible, prend un développement considérable chez les *Brachylaimus*, où on la voit bifurquée ou pinnatifide, ou rameuse; elle devient chez les *Apoblema* un long tube rétractile, qui peut, en se gonflant d'eau, présenter un volume plus considérable que le reste du corps; dans ce cas, comme aussi chez quelques *Dicrocœlium*, on voit un canal longitudinal partir de cette cavité pour se rendre en avant, puis se diviser vers le milieu du corps en deux branches, qui se rejoignent en cercle, au-dessus de la ventouse buccale.

Des vaisseaux sinueux, bien distincts, et quelquefois ramifiés et anastomosés, se voient chez les distomes, particulièrement chez les jeunes, et chez ceux dont le corps est assez transparent; une circulation est évidemment produite dans ces vaisseaux par des cils, ou filaments placés isolément de distance en distance, et agités d'un mouvement ondulatoire, continuel, d'arrière en avant; mais ces petits organes vibratiles ne se voient que dans quelques-uns des vaisseaux, les autres en sont dépourvus, et servent sans doute comme des veines pour le retour du liquide. Les vaisseaux paraissent aboutir en arrière, à la cavité postérieure que je nomme respiratoire, et d'après cela on peut penser que c'est le liquide extérieur seul qu'ils charrient à l'intérieur.

Le tégument des distomes est mou, décomposable par l'eau, en laissant exsuder abondamment cette substance gélatineuse, diaphane que j'ai proposé de nommer sarcode; bientôt il n'en reste que les diverses couches de fibres, entre lesquelles ce sarcode était interposé. Ainsi, quand un distome vivant est placé entre deux lames de verre sous le microscope, on voit bientôt sur tout son contour se produire des globules diaphanes, qu'on prendrait, au premier instant, pour autant de vésicules; ces globules s'accroissent jusqu'à avoir un sixième ou un cinquième de millimètre, puis il s'y forme des cavités ou vacuoles sphériques, où l'eau vient remplacer le sarcode décomposé peu à peu; ces vacuoles s'accroissant peu à peu, il ne reste enfin des globules de sarcode qu'un réseau informe, un dernier résidu comparable à un peu d'albumine coagulée.

Le tégument est lisse, au moins en apparence; mais, soumis

au microscope, il montre chez la plupart des espèces un grand nombre des petites épines ou lamelles aiguës, contenues seulement dans une couche externe, diaphane et décomposable par l'eau, en se gonflant et se boursouflant çà et là; c'est pourquoi, après quelque temps de séjour dans l'eau, toutes ces petites épines ont disparu sur les distomes.

Les espèces du sous-genre *Echinostoma* ont, en outre, des piquants beaucoup plus volumineux, formant une couronne autour de la ventouse buccale, ou mieux, implantés sur le contour d'un disque antérieur, au milieu duquel s'ouvre la bouche. Mais encore, ces piquants sont caducs, et variables en nombre.

Un système nerveux a été attribué aux distomes, et particulièrement au *Distoma hepaticum*; il se compose d'un anneau œsophagien, ou mieux d'une bride transverse, au-dessus de l'œsophage, et envoyant de chaque côté des filets nerveux en diverses directions; mais cet appareil est moins distinct que chez les amphistomes, et bien moins surtout que chez les pentastomes; il ressemble ici à des fibres contractiles.

C'est dans les particularités que nous offre ainsi l'organisation des distomes, que nous avons pris les caractères distinctifs des sous-genres à établir parmi ces helminthes si nombreux, au lieu de nous en tenir aux caractères, tous externes, variables et incertains, que Rudolphi avait pris de la forme du corps aplati ou cylindrique, et de la grandeur relative des ventouses; caractères que nous employons, d'ailleurs, pour la distinction des espèces, ainsi que la couleur, la forme générale, les dimensions absolues ou relatives de la longueur et de la largeur; la forme et la structure du pénis, etc.

Il est un autre caractère qui nous a semblé, comme chez les autres helminthes, susceptible d'une détermination assez précise, c'est la grandeur des œufs; en effet, quoiqu'elle varie dans certaines limites, leur longueur offre des différences bien tranchées, comme on le verra dans le tableau suivant.

Tableau de la longueur des œufs des distomes.

0^{mm},13 à 0^{mm},14 œufs du	*Dist. hepaticum*, n° 1 (*Cladocœlium*), des ruminants.
0 ,09 à 0 ,11 —	*Dist. echinatum*, n° 55 (*Echinostoma*) du canard.
0 ,094 à 0 ,102 —	*Dist. ferox*, n° 60 (*Echin.*), des cigognes.
0 ,10 — —	*Dist. radiatum*, n° 56 (*Echin.*), du cormoran.
0 ,094 à 0 ,097 —	*Dist. bilobum*, n° 65 (*Echin.*), de l'ibis.

0^{mm},08 à 0^{mm},096	œufs du	*Dist.* des *Blennius, Gadus,* etc.
0 ,09 à 0 ,094	—	*Dist. lucipetum,* n° 14 (*Dicrocœlium, §* 2), des mouettes.
0 ,092	—	—	*Dist. hians,* n° 13 (*Dicroc.,* § 2), de la cigogne.
0 ,093	—	—	*Dist. soleæ,* n° 39 (*Brachylaimus, §* 3), de la sole.
0 ,081 à 0 ,091	—	*Dist. angulatum,* n° 16 (*Podocotyle*), de l'anguille.
0 ,081	—	—	*Dist. labracis,* n° 11 (*Dicrocœlium, §* 1), du bars.
0 ,080	—	—	*Dist. des labres,* n°
0 ,072	—	—	*Dist. laureatum,* n° 76 (*Crossodera*), de la truite.
0 ,060 à 0 ,072	—	*Dist. nodulosum,* n° 73 (*Crossodera*), du barbeau.
0 ,064	—	—	*Dist. rubens,* n° 30 (*Brachylaimus, §* 3), des musaraignes.
0 ,063	—	—	*Dist. gelatinosum,* de la tortue.
0 ,060	—	—	*Dist. flexuosum,* n° 12 (*Dicrocœlium, §* 2), de la taupe.
0 ,055	—	—	*Dist. filum,* n° 40 (*Brachylaimus, §* 4), du moineau.
0 ,046 à 0 ,55	—	*Dist. crassicolle,* n° 22 (*Brachycœlium*), des reptiles.
0 ,054	—	—	*Dist. retusum,* n° 23 (*Brachycœlium*), des grenouilles.
0 ,042	—	—	*Dist. instabile,* n° 32 (*Brachylaimus, §* 3), des musaraignes.
0 ,048 à 0 ,050	—	*Dist. endolobum,* n° 9 (*Dicrocœlium, §* 1), des grenouilles.
0 ,050	—	—	*Dist. tereticolle,* n° 42 (*Brachylaimus, §* 5), du brochet.
0 ,030 à 0 ,047	—	*Dist. lanceolatum,* n° 2 (*Dicrocœlium, §* 1), des ruminants.
0 ,036 à 0 ,045	—	*Dist. cygnoides,* n° 8 (*Dicrocœlium, §* 1), de la grenouille verte.
0 ,044	—	—	*Dist. cylindraceum,* n° 7 (*Dicrocœlium, §* 1), de la grenouille rousse.
0 ,035 à 0 ,044	—	*Dist. signatum,* n° 36 (*Brachylaimus, §* 3), de la couleuvre.
0 ,043	—	—	*Dist. vitta,* n° 41 (*Brachylaimus, §* 4), du mulot.
0 ,04	—	—	*Dist. spatula,* n° 4 (*Dicrocœlium, §* 1), de la fauvette d'hiver.
0 ,039	—	—	*Distoma,* de la sittelle.

0^{mm},034 à 0^{mm},038 œufs du *Dist. naia,* n° 6 (*Dicrocœlium,* § 1), de la couleuvre.

0 ,037 à 0 ,038 — *Dist. micrococcum,* de la giarole.

0 ,035 à 0 ,038 — *Dist. maculosum,* n° 33 (*Brachylaimus,* § 3), des passereaux.

0 ,036 à 0 ,037 — *Dist. migrans,* n° 26 (*Brachylaimus,* § 1), des musaraignes.

0 ,035 à 0 ,036 — *Dist. mentulatum,* n° 35 (*Brachylaimus*), des lézards.

0 ,035 — — *Dist. albicolle,* n° 33 (*a*) (*Dicrocœlium,* § 1), des faucons.

0 ,033 — — *Dist. attenuatum,* n° 3 (*Dicr.*), du merle.

0 ,033 — — *Dist. assula,* n° 10 (*Dicrocœlium,* § 1), de la couleuvre.

0 ,031 à 0 ,033 — *Dist. lorum,* n° 25 (*Brachylaimus,* § 1), de la taupe.

0 ,031 à 0 ,033 — *Dist. crucibulum,* n° 75 (*Crossodera*), du congre.

0 ,028 à 0 ,033 — *Dist. variegatum,* n° 37 (*Brachylaimus,* § 3), de la grenouille.

0 ,026 à 0 ,031 — *Dist. arcuatum,* n° 30 (*Brachylaimus,* § 2), du geai.

0 ,024 à 0 ,031 — *Dist. rufoviride,* n° 44 (*Apoblema*), du congre.

0 ,032 — — *Dist. arrectum,* n° 20 (*Brachycœlium*), des lézards.

0 ,030 — — *Dist. perlatum,* n° 15 (*Podocotyle*), de la tanche.

0 ,032 — — *Dist. excisum,* n° 77 (*Crossodera*), du maquereau.

0 ,029 à 0 ,033 — *Dist. clavigerum,* n° 21 (*Brachycœlium*), des grenouilles.

0 ,029 à 0 ,033 — *Dist. clavatum,* de la bonite.

0 ,029 — — *Dist. squamula,* n° 24 (*Eurysoma*), du putois.

0 ,028 — — *Dist. campanula,* n° 74 (*Crossodera*), du brochet.

0 ,028 — — *Dist. recurvum,* n° 28 (*Brachylaimus,* § 2), du mulot.

0 ,028 — — *Dist. migrans* var., n° 26 (*Brachylaimus,* § 2), de la musaraigne.

0 ,028 — — *Dist. æquale,* n° 29 (*Brachylaimus,* § 2), des oiseaux de nuit.

0 ,027 — — *Dist. appendiculatum,* n° 43 (*Apoblema*), des poissons.

0 ,023 — — *Dist. tornatum,* n° 45 (*Apoblema*), des coryphènes.

0^{mm},023 à 0^{mm},033 œufs du *Dist.* du *gadus 5 cirratus*, n° (*Apoblema?*)

0 ,022 — — *Dist. ovatum*, n° 5-(*Dicrocœlium*, § 1),
de la *Bursa-Fabricii* des oiseaux.

0 ,020 — — *Dist. heteroporum*, n° 19 (*Brachycœlium*),
de la pipistrelle.

Les distomes se trouvent communément chez les animaux ver-tébrés, quelques-uns naissent aussi dans les tissus de divers mollusques ; mais, comme nous l'avons dit, ils n'y acquièrent pas tout leur développement ; on cite même aussi deux espèces dans les crustacés.

TABLEAU DES SOUS-GENRES DE DISTOMES.

† Intestin à deux branches rameuses.   I. *Cladocœlium.*

†† Intestin à deux branches simples.

* Ventouse buccale non entourée de piquants ou de lobes charnus.

§ Bifurcation de l'intestin, précédée d'un œso-phage plus ou moins long.

¶ Branches de l'intestin prolongées.

)(Ventouse ventrale sessile.   II. *Dicrocœlium.*

1re section. — Testicules situés après la ventouse ventrale, avant ou entre les replis de l'oviducte.

2e section. — Testicules situés en ar-rière des replis de l'oviducte.

)( )(Ventouse ventrale pédonculée.   III. *Podocotyle.*

¶¶ Branches de l'intestin très-courtes.

)(Corps oblong.   IV. *Brachycœlium.*

)( )(Corps plus large que long.   V. *Eurysoma* (?).

§§ Bifurcation de l'intestin située immédiate-ment après le bulbe œsophagien.

¶ Sans tube ou appendice protractile en arrière.   VI. *Brachylaimus.*

1re section. — Corps filiforme, testi-cules et orifice mâle situés à l'extré-mité postérieure (*D. lorum*).

2e section. — Corps ovale-oblong, tes-ticules situés à l'extr. postérieure, orifice mâle en arrière de la ventouse ventrale.

3e section. — Corps ovale-oblong, tes-ticules rapprochés de la ventouse ventrale, et orifices génitaux contigus en avant de cette ventouse.

4ᵉ section. — Corps filiforme, testicules rapprochés de la ventouse ventrale, et orifices génitaux en avant (*D. filum*).

5ᵉ section. — corps linéaire, testicules situés en arrière de l'oviducte, orifices génitaux en avant de la ventouse ventrale (*D. tereticolle*).

¶¶ Avec un tube ou appendice protractile en arrière.   VII. *Apoblema.*

** Ventouse buccale, entourée de piquants.   VIII. *Echinostoma.*

*** Ventouse buccale, entourée de lobes charnus.   IX. *Crossodera.*

A la suite de ces neuf sous-genres, nous mentionnerons, par ordre, dans une deuxième série, les espèces qui n'ont pu être classées avec certitude, ou qui sont imparfaitement connues; et nous y ajouterons quelques observations.

Iᵉʳ SOUS-GENRE. (*CLADOCOELIUM.*)

Intestin à deux branches rameuses.

1. DISTOME HÉPATIQUE.   *DISTOMA HEPATICUM.* — Abilgaard.

Vulgairement *Douve de foie.*

Fasciola hepatica, Linné, Syst. nat. ed., t. XII, p. 1077, n° 1.
Egelschnecke, Schæffer, Von d. Egelschn, 1753.
Planaria latiuscula, Goeze, Naturg:, p. 169.
Distoma hepaticum, Zeder, Nachtrag., p. 165.
Distoma hepaticum, Rud., Entoz., t. II, 1, p. 352, et Syn., p. 92 et 363.
Distoma hepaticum, Bremser, Traité des Vers intestinaux, trad., p. 265.
Distoma hepaticum, Otto, Ub. d. Nervensyst. dans Magas. d. Berlin Ges. Naturf., t. VIII, p. 228, pl. 6, fig. 7-10.
Distoma hepaticum, Olfers, Commen. d. Veget., et anim. corp. Berl., 1816, t. I, p. 4.
Distoma hepaticum, Gæde, Diss. de insect. ver. struct. Kiliæ, 1817, p. 8.
Distoma hepaticum, Bojanus, dans l'Isis, 1821, p. 170 et 305, pl. 2, fig. 20-23; pl. 4, fig. a-b-c.
Distoma hepaticum, Mehlis, Obs. de Distom. hep. et lanceol. Gotting., 1825, p. 1.
Distoma hepaticum, Gurlt, Lehrb. d. Path. An. d. Hauss., pl. 8, fig. 29-33.

« — Corps blanchâtre sale, plus ou moins teint de brun; — long
« de 9ᵐᵐ, large de 3ᵐᵐ,3, (jeune); — long de 18ᵐᵐ à 31ᵐᵐ, large de 4ᵐᵐ
« à 13ᵐᵐ,5, (adulte); — ovale-oblong ou lancéolé, obtus, plus large et
« arrondi en avant où il se prolonge en une sorte de cou conique,

« court, rétréci en arrière et aplati en forme de feuille ; — tégument
« parsemé d'épines ou de lamelles, longues de $0^{mm},058$, plus aiguës
« en avant, plus larges en arrière ; — ventouse antérieure terminale,
« large de $1^{mm},4$; — ventouse postérieure à orifice triangulaire, large
« de $1^{mm},5$, située à $3^{mm},4$ de la première, bulbe œsophagien moitié
« moins large ; — intestin ramifié ; — orifices génitaux, contigus,
« situés au milieu de l'intervalle des deux ventouses ; — pénis cylin-
« drique, long de 3^{mm}, large de $0^{mm},5$, saillant et recourbé ; — ovaires
« blancs, latéraux en grappe ; — oviducte, formant des circonvolu-
« tions nombreuses au milieu, rempli d'œufs brunâtres, longs de
« $0^{mm},13$ à $0^{mm},14$ et moitié aussi larges. »

Je l'ai trouvé fréquemment et abondamment en Normandie et à
Rennes dans les canaux biliaires du mouton.

Il est surtout assez commun dans cette partie du foie des ruminants, ainsi que dans la vésicule du fiel, d'où il passe accidentellement
quelquefois dans l'intestin ; mais on l'a trouvé aussi dans beaucoup
d'autres mammifères et même, quoique beaucoup plus rarement,
chez l'homme, où Bauhin, Biddloo, Pallas et Mehlis l'ont vu ; et
tout récemment encore M. Duval, à Rennes, l'y a trouvé dans la
veine porte.

Rudolphi l'a trouvé dans le mouton (*Ovis aries*), dans la chèvre,
dans le bœuf, dans le cochon et dans le cheval ; Schœffer l'avait précédemment trouvé dans plusieurs de ces animaux et dans le daim
(*Cervus dama*) ; Daubenton dans le chevreuil (*Cervus capreolus*), dans
le cerf (*Cervus elaphus*), dans le cheval et l'âne ; Sœmmering dans
l'*Antilope corinna ;* Targioni-Tozzetti, dans l'écureuil (*Sciurus
europœus*) ; Bremser, au musée de Vienne, l'a trouvé dans le lièvre
(*Lepus timidus*), dans le cochon, dans le chameau (*Camelus bactrianus*), dans l'*Antilope kevella,* dans la chèvre (*Capra hircus*), une fois
sur treize, dans l'argali (*Ovis ammon*), quatre fois seulement dans
soixante-neuf moutons (*Ovis aries*) de diverses races, mais plus
souvent dans le bœuf, une seule fois dans quatre-vingt-douze chevaux
et une fois dans le kanguroo (*Macropus major*).

Otto, et après lui Mehlis, et plusieurs autres auteurs ont représenté
le système nerveux de ce distome à peu près comme celui des amphistomes, c'est-à-dire, formé d'une bande transverse sur le bulbe œsophagien (et peut-être un anneau tout autour), envoyant de part et
d'autre plusieurs filets nerveux et deux longs cordons, dirigés parallèlement en arrière ; j'ai cherché et j'ai vu, je crois, ce que ces auteurs ont décrit ainsi ; mais, plus encore que chez les amphistomes, il
m'a semblé que ce sont des brides fibreuses destinées à maintenir et
à mouvoir le bulbe œsophagien.

IIᵉ SOUS-GENRE. (*DICROCOELIUM.*)

Intestin à deux branches simples prolongées en arrière et précédées
par un œsophage simple assez long ; ventouse antérieure nue ou
sans épines ni lobes ; ventouse ventrale sessile.

PREMIÈRE SECTION.

*Testicules situés derrière la ventouse ventrale avant ou entre les
replis de l'oviducte.*

2. DIST. LANCÉOLÉ.   *DIST. LANCEOLATUM.* — MEHLIS.

Egelschnecke, SCHÆFFER, V. d. Egelschn. 1753, p. 20-45, fig. 9-13-16.
Fasciola hepatica, BLOCH, traité des Vers intest., trad. p. 10, pl. 1, fig. 3-4.
Planaria latiuscula, GOEZE, Naturg., p. 171.
Distoma hepaticum, ZEDER, Nachtrag., p. 167, note 2.
Fasciola lanceolata, RUDOLPHI, dans Wiedmann's Archiv., t. III, II, p. 24.
Distoma hepaticum (en partie), RUD., Entoz., t. II, I, p. 352, et Syn., p. 92.
Distoma hepaticum, OLFERS, Comm. de Veget et anim., 1816.
Distoma hepaticum, BREMSER, Traité des Vers intest., trad., p. 265, pl. 8,
     fig. 3-4 (2ᵉ édit.)
Distoma hepaticum (jeune), BOJANUS, dans l'Isis, 1821, p. 173-176, pl. 3,
     fig. 24-27.
Distoma hepaticum, MEHLIS, Obs. de dist. hep. et lanc., 1825, p. 3, fig. 19-24.
Distoma hepaticum, GURLT, Lehrb. d. path. Anat. d. Hauss., pl. 8, fig. 34-35.
Distoma hepaticum, CREPLIN, dans l'Enc. de Ersch et Gruber, t. XXXII,
     p. 288.

« — Corps demi-transparent, plus ou moins taché en brun par les
« œufs, long de 4ᵐᵐ,5 à 9ᵐᵐ, large de 2ᵐᵐ,2 à peine, trois à quatre fois
« aussi long que large, plane, lancéolé, obtus en arrière, plus aminci
« en avant, où il est terminé par la ventouse, mais non prolongé en
« forme de cou ; — tégument lisse ; — ventouse antérieure, presque
« terminale, globuleuse, large de 0ᵐᵐ,48 ; — ventouse postérieure or-
« biculaire, également large de 0ᵐᵐ,48, située à 1ᵐᵐ,10 de la première ;
« — bulbe œsophagien, large de 0ᵐᵐ,10 ; — œsophage, long de 0ᵐᵐ,45 ;—
« intestin, divisé en deux branches longitudinales, droites, simples,
« larges de 0ᵐᵐ,04 ; — orifices génitaux contigus, situés entre les
« deux ventouses, dans la bifurcation de l'intestin ; — réceptacle
« du pénis, claviforme, plus ou moins flexueux ; — pénis long, cylin-
« drique, flexueux ; — deux (trois?) testicules, grands, lobés situés
« à la suite l'un de l'autre en arrière de la ventouse ventrale ; — ovai-
« res blanchâtres, ramifiés, occupant les deux côtés du corps sur
« une longueur de 1ᵐᵐ à 1ᵐᵐ,5 au milieu ; — oviducte très-long,
« replié un grand nombre de fois dans les deux tiers postérieurs de
« la longueur en arrière des testicules, et contenant des œufs jaunâ-
« tres d'abord, puis bruns et de plus en plus foncés en avant ; — œufs,
« longs de 0ᵐᵐ,030 à 0ᵐᵐ,047 ; — orifice caudal distinct ; — cavité respi-

« ratoire (?) simple, tubuleuse, assez longue, occupant la ligne mé-
« diane ; — vaisseaux nombreux, ramifiés, terminés çà et là par de
« petits cœcums allongés, au fond desquels se voit un filament
« flexueux, agité vivement d'un mouvement ondulatoire continuel. »

Je l'ai trouvé en Normandie et à Rennes très-fréquemment dans les
conduits biliaires du mouton, ainsi que le précédent, avec lequel on
l'a confondu, comme n'en étant que le jeune âge. Cependant, comme
on peut le voir d'après la description qui précède, il en diffère considérablement, et par le volume de ses œufs et par son intestin non
ramifié et par les dimensions de toutes ses parties, quand il est adulte.
C'est Mehlis qui, le premier, a montré nettement que les deux espèces sont distinctes. Au reste, l'erreur commise en réunissant ces deux
distomes, est d'autant plus concevable qu'on les trouve presque toujours ensemble dans les mêmes animaux, et particulièrement chez les
ruminants, chez divers herbivores et très-rarement chez l'homme ; on
ne peut guère citer que Bucholz et Mehlis, en Allemagne, comme
l'ayant vu dans le foie de l'homme ; et Chabert, en France, qui en fit
rendre une quantité innombrable à une jeune fille de douze ans, au
moyen de son huile empyreumatique. Zeder l'a trouvé dans le lièvre
(*Lepus timidus*) ; Bremser, dans le lapin (*Lepus cuniculus*) ; Rudolphi,
dans le cerf (*Cervus elaphus*) ; Schæffer, dans le daim (*Cervus dama*) ;
Gœze, dans le cochon ; Rudolphi et Siebold dans le chat (*Felis catus*),
et la plupart des helminthologistes, dans le mouton et dans le bœuf.

3. DISTOME DU FIEL.   *DIST. ATTENUATUM.* — Duj.

? *Distoma longicauda*, Rud., Entoz., t. II, i, p. 372, et *Distoma macrourum*,
   Synopsis, p. 98.
? *Distoma albicolle*, Rudolphi, Synopsis, p. 98 et 376.
? *Distoma clathratum*, Deslongchamps, Encycl. Méth., Vers, p. 2.

« — Corps coloré par les œufs bruns, formant des taches sinueuses,
« long de 3 à 4^{mm}, large de 0^{mm},28 à 0^{mm},5 (huit à dix fois aussi long
« que large), fusiforme très-effilé et aminci de part et d'autre ; —
« partie antérieure du corps rétrécie en manière de cou ; — tégument
« strié transversalement ; — ventouse antérieure orbiculaire, large
« de 0^{mm},167, situé en dessous près du bord ; — ventouse ventrale
« large de 0^{mm},27, située à 0^{mm},45 de la première ; — bulbe œsopha-
« gien large de 0^{mm},08 ; — œsophage tubuleux long de 0^{mm},25 (?) ; —
« intestin divisé en deux branches longitudinales simples ; — trois tes-
« ticules ovoïdes situés à la suite, derrière la ventouse ventrale ; —
« réceptacle du pénis recourbé ; — orifices génitaux contigus, situés
« entre les ventouses, à la bifurcation de l'intestin ; — oviducte replié
« un grand nombre de fois dans la partie postérieure du corps et au-
« tour des testicules et de la ventouse ventrale ; — œufs bruns longs
« de 0^{mm},033, larges de 0^{mm},022 ; — orifice caudal et cavité posté-
« rieure nuls (?).

Je l'ai trouvé en grand nombre, le 12 novembre, à Rennes, dans la vésicule du fiel très-dilatée d'un merle (*Turdus merula*); je l'ai cherché vainement dans huit autres merles et dans plusieurs autres oiseaux du même genre; mais je soupçonne qu'il est identique avec le distome trouvé anciennement par Jurine dans le foie et la vésicule du fiel d'une corneille (*Corvus cornix*), et décrit ainsi par Rudolphi sous le nom de *Distoma longicauda* (*Entoz.*, II, 1, p. 372, n° 15), et de *Distoma macrourum* (*Syn.*, p. 98, n° 30): « Corps plus ou moins coloré par les œufs brunâtres en arrière, long de 11^{mm},25 à 13^{mm},15, large de 1^{mm},12 au milieu, déprimé, oblong, diminuant de largeur en arrière et obtus à l'extrémité; — partie antérieure (cou) plus étroite, longue de 2^{mm},2; — ventouse antérieure, petite, orbiculaire, située en dessous, avec l'orifice rond; — ventouse ventrale deux fois plus grande, avec l'orifice oblong; — pénis saillant en forme de petit tubercule derrière la ventouse antérieure. » (Rud.)

— Malgré leur forme moins allongée, il faut, je crois, regarder comme de simples variétés les deux espèces suivantes de Rudolphi et de M. Deslongchamps; savoir :

3. (a) DISTOMA ALBICOLLE. — Rud., *Syn.*, p. 98 et 376, n° 31.

« — Corps blanc en avant, brunâtre en arrière, long de 5^{mm},6 à « 6^{mm},75, déprimé, oblong, terminé en avant par un cou rétréci, et « de même aussi rétréci en arrière jusqu'à l'extrémité postérieure, « qui est assez obtuse; — ventouses hémisphériques, l'antérieure « terminale, la ventrale deux fois plus grande, peu éloignée. » (Rud.)

Bremser, au musée de Vienne, l'a trouvé une seule fois dans le foie et la vésicule biliaire de l'aigle botté (*Falco pennatus*); un de ses exemplaires envoyé au Muséum de Paris est long de 4^{mm},5, large de 0^{mm},9, avec la ventouse antérieure de 0^{mm},34, la postérieure de 0^{mm},51, et la distance entre les ventouses de 0^{mm},38; les œufs, elliptiques, oblongs, sont longs de 0^{mm},032, à coque épaisse comme ceux du *Distoma attenuatum*, mais proportionnellement plus étroits.

3. (b) DISTOMA CLATHRATUM. — Deslongchamps, dans l'*Encycl. Meth.*, *Vers*, p. 265, n° 35.

« Corps jaunâtre barré de noir, long de 3^{mm},4 à 4^{mm},5, déprimé, « ovale-oblong prolongé en manière de cou presque cylindrique en « avant; — la ventouse antérieure située en dessous; — la ventouse « ventrale, gonflée, ovale; — les ovaires formant des barres comme « un grillage. » (Desl.)

— C'est encore probablement le même dont je trouvai une seule fois cinq exemplaires non adultes dans la vésicule du fiel d'une fauvette (*Sylvia atricapilla*), à Rennes, et dont voici la description :

« — Corps long de 1^{mm},12 à 2^{mm}, large de 0^{mm},6 (trois fois aussi long « que large), aplati, presque lancéolé ou ovale-oblong, aminci vers « les extrémités; — ventouse antérieure orbiculaire, large de 0^{mm},20,

« située en dessous ; — ventouse ventrale très-grande, large de 0^{mm},40
« à 0^{mm},45, située à 0^{mm},25 de la première ; — bulbe œsophagien
« large de 0^{mm},078 ; — œsophage étroit, long de 0^{mm},15 ; — intestin
« divisé en deux branches longitudinales, étroites, flexueuses ; —
« orifices génitaux, contigus devant la ventouse ventrale ; — trois
« testicules ovoïdes situés au milieu du corps ; — orifice caudal et
« cavité postérieure ou respiratoire (?) visibles ; — œufs et ovaires non
« développés. »

Tous ces distomes du fiel des oiseaux ont la ventouse ventrale
beaucoup plus grande que l'antérieure ; dans la 2ᵉ série nous en
décrirons un autre (*Distoma crassiusculum*) n'offrant pas ce caractère.

4. DISTOME DE LA FARLOUSE.　　*DIST. SPATULA.* — Duj., *nov. sp.*

« — Corps transparent, coloré en brun par les œufs en arrière,
« long de 8^{mm}, large de 1^{mm},7 (cinq fois aussi long que large), en forme
« de spatule, plus large en arrière, aminci en avant, et prolongé en
« un cou large de 0^{mm},78 à la base, de 0^{mm},50 au sommet, où il se
« termine par la ventouse antérieure, large de 0^{mm},48, anguleuse ; —
« ventouse ventrale orbiculaire large de 0^{mm},80, située à 3^{mm} de la
« première ; — bulbe œsophagien large de 0^{mm},6 ; — œsophage étroit,
« long de 1^{mm},5 (?) ; — intestin divisé en deux branches longitudinales
« simples ; — orifices génitaux contigus, situés entre les deux ven-
« touses dans la bifurcation de l'intestin ; — trois testicules ovoïdes,
« situés derrière la ventouse ventrale ; — oviducte replié un grand
« nombre de fois, occupant toute la partie postérieure, et rempli
« d'œufs brunâtres longs de 0^{mm},040, larges de 0^{mm},027 ; — orifice
« caudal et cavité postérieure nuls (?). »

J'en ai trouvé une seule fois deux individus dans l'intestin de
l'*Accentor modularis*, le 24 décembre, à Rennes.

5. DISTOME DE LA BOURSE DE FABRICIUS.　　*DIST. OVATUM.*
— Rud., *Entoz.*, II, i, p. 357, et *Syn.*, p. 93, n° 2.

« — Corps blanchâtre, taché de noir, long de 3^{mm},37 à 6^{mm},75, large
« de 2^{mm},25 en arrière, aplati, ovale, plus étroit en avant ; — ventouse
« antérieure terminale, orbiculaire, large de 0^{mm},4 ; — ventouse ven-
« trale presque deux fois plus large (0^{mm},77) que la première, dont
« elle est assez éloignée ; — pénis assez long, un peu flexueux,
« sortant derrière la ventouse antérieure ; — œufs elliptiques très-
« petits, longs de 0^{mm},021. »

Ce distome paraît se trouver exclusivement dans la cavité muqueuse
et plissée qui communique avec l'extrémité du rectum des oiseaux,
et qu'on nomme bourse de Fabricius. Meyer en trouva, le premier,
plus de trente dans cette cavité d'un freux (*Corvus frugilegus*) ; Rudolphi l'y trouva ensuite dans une pie (*Corvus pica*), dans deux *Anas
clypeata* et dans une foulque (*Fulica atra*) ; Bremser, de son côté, le

trouva, à Vienne, deux fois sur cent quarante-une dans la corneille mantelée (*Corvus cornix*), trois fois sur cinq cent soixante-deux dans le *Corvus frugilegus* et deux fois sur cent soixante-douze dans la pie. Depuis lors on l'a trouvé dans cette même cavité chez un grand nombre d'oiseaux de différents genres, des rapaces, des passereaux, des gallinacés et des palmipèdes.

6. DIST. NAJA.   *DIST. NAJA.* — Rudolphi , *Syn.*, p. 99 et 377.

> *Distoma pulmonale colubri natricis,* Viborg , Ind. mus. Hafn., p. 243.
> *Distoma pulmonale colubri natricis ,* Rud., Entoz., t. II, 1, p. 434.
> *Fasciola longicollis ,* Abilgaard , dans Zool. dan., t. IV. p. 34, pl. 151, fig. A, 1-2.

« — Corps blanchâtre , coloré en brun et en noir par l'oviducte
« formant un cordon sinueux et replié ; long de 11^{mm},25 à 16^{mm} (à 20^{mm},
« Rud.), large de 1^{mm},5 à 2^{mm}, très-extensible et très-contractile, très-
« mou , déprimé , linéaire , avec la partie antérieure susceptible de se
« dilater davantage en se raccourcissant ; — tégument parsemé en
« avant de petites épines longues de 0^{mm},019 à 0^{mm},033 ; — ventouse
« antérieure large de 0^{mm},50 à 0^{mm},55 , située en dessous , près du bord,
« avec l'orifice anguleux ou longitudinal ; — ventouse ventrale beau-
« coup plus grande , large de 0^{mm},88 , discoïdale et quelquefois trans-
« versalement oblongue ; — bulbe œsophagien large de 0^{mm},27 ; —
« œsophage mince , long de 0^{mm},25 ; — intestin en deux branches très-
« longues , flexueuses ; — orifices génitaux contigus à la ventouse
« ventrale en avant ; — réceptacle du pénis large de 0^{mm},23 , conte-
« nant le pénis mince , replié ; — trois testicules globuleux , situés à
« quelque distance l'un de l'autre , vers le milieu du corps ; — ovaires
« formant des petites grappes nombreuses blanches , latérales , liées
« par un cordon longitudinal ; — oviducte replié dans la partie posté-
« rieure du corps , et simplement flexueux en avant ; — œufs presque
« noirs , longs de 0^{mm},034 à 0^{mm},038 , larges de 0^{mm},02. »

J'en ai trouvé plusieurs exemplaires à Rennes , le 4 avril et le 26 mai , dans la partie postérieure ou membraneuse du poumon de deux couleuvres à collier (*Coluber natrix*); Abilgaard et Rudolphi l'ont trouvé également, l'un en Danemark, l'autre en Prusse, dans le poumon de cette même couleuvre. On l'y a trouvé aussi au musée de Vienne soixante-quatre fois, en disséquant deux cent quarante-neuf de ces couleuvres, mais non dans aucun autre serpent.

7. DIST. CYLINDRACÉ.   *DIST. CYLINDRACEUM.* — Zeder.
Nachtrag., p. 188 , pl. 4, fig. 4-6.

> *Distoma cylindraceum ,* Rud., Entoz., t. II, 1, p. 393, et Syn., p. 106, n° 66.

« — Corps plus ou moins coloré en brun et en noir par les œufs ,
« long de 6 à 10^{mm}, large de 1^{mm},6 à 2^{mm},5 (dans le jeune âge long de
« 2^{mm}, large de 0^{mm},6) ou quatre à cinq fois plus long que large , plus

« ou moins déprimé d'abord, mais devenant cylindrique quand il est
« rempli d'œufs, un peu aminci aux extrémités et obtus ; — tégument
« parsemé de petites épines ou lamelles aiguës, longues de 0^{mm},015 ;
« — ventouses orbiculaires : l'antérieure large de 0^{mm},80, la posté-
« rieure ou ventrale large de 0^{mm},58, située à 1^{mm},9 de la première
« (dans le jeune âge les ventouses sont presque égales); — bulbe œso-
« phagien large de 0^{mm},40 ; — œsophage assez large, long de 0^{mm},40 ;
« — intestin divisé en deux branches longues, inégalement boursou-
« flées ; — orifices génitaux contigus à la ventouse ventrale en avant ;
« — réceptacle du pénis courbé autour de la ventouse et contenant
« un pénis peu volumineux ; — deux grands testicules ovoïdes blancs
« situés à la suite l'un de l'autre dans l'axe du corps, et précédés par
« un autre corps globuleux plus petit (vésicule séminale?); — ovaires
« en grappes granuleuses assez nombreuses, inégalement répartis sur
« les côtés du corps dans toute sa longueur ; — oviducte large, très-
« dilatable, formant des replis peu nombreux et des sinuosités entre les
« divers organes ; — œufs rougeâtres au commencement de l'oviducte,
« bruns au milieu, et noirs en approchant de la ventouse, longs de
« 0^{mm},043, larges de 0^{mm},021 ; — orifice caudal et cavité correspon-
« dante bien visibles chez les jeunes individus. »

Ce distome remarquable paraît se trouver exclusivement dans les
poumons de la grenouille rousse (*Rana temporaria*); je l'y ai trouvé
huit fois en disséquant quarante-sept grenouilles de cette espèce à
Rennes, et j'en ai vu à la fois cinq dans un poumon. Rudolphi l'y avait
trouvé souvent et abondamment aussi à Greifswald. Au musée de
Vienne on l'a trouvé seize fois seulement parmi quatre cent vingt-
sept de ces grenouilles. Mais en outre, à Vienne, on l'a trouvé, dit-on,
une seule fois parmi deux mille cent soixante-seize rainettes (*Hyla
arborea*), et plus anciennement, Zeder et Braun l'ont trouvé dans la
grenouille verte, à moins qu'il n'y ait eu erreur de leur part dans la
détermination de ce batracien dont l'aspect est si variable suivant son
habitation.

8. DIST. A COU DE CYGNE.   *DIST. CYGNOIDES.* — Zeder.

Distoma cygnoides, Loschge, dans Naturf., XXI, p. 10-14.
Distoma cygnoides, Zeder, Nachtrag., p. 175.
Distoma cygnoides, Rud., Entoz., t. II, i, p. 367, et Syn., p. 96 et 370, n° 19.

« — Corps blanc-jaunâtre, long de 4 à 15^{mm}, large de 1^{mm} à 1^{mm},4
« (jusqu'à 2^{mm}, Rud.), six à sept fois plus long que large, linéaire, un
« peu déprimé, aminci peu à peu en arrière, et prolongé en avant
« par une sorte de cou plus étroit, presque cylindrique, large de
« 0^{mm},50 en avant, long de 1^{mm}, et souvent redressé ou recourbé ; —
« tégument strié (sans épines); — ventouses orbiculaires inégales,
« l'antérieure terminale large de 0^{mm},50 ; — ventouse ventrale large de
« 1^{mm},10, très-saillante, plus ou moins éloignée de la première suivant
« le degré d'extension du cou ; — bulbe œsophagien nul (?); — intes-

« tin à deux branches très-longues, transparentes, sinueuses; — ori-
« fices génitaux (ou l'orifice de l'oviducte seul) contigus à la ventouse
« antérieure; — testicules situés vers le milieu du corps; — oviducte
« mince, replié un grand nombre de fois entre les branches de l'in-
« testin; — œufs longs de 0^{mm},36 à 0^{mm},045, contenant un embryon
« distinct couvert de cils vibratiles; — vaisseaux nombreux. »

Ce distome se trouve (presque) exclusivement dans la vessie urinaire de la grenouille verte (*Rana esculenta*); c'est là que je l'ai
trouvé quatre fois sur trente-six à Paris et à Rennes; il s'y tient fixé
solidement par sa ventouse postérieure. Zeder, qui ne l'a vu que deux
fois, est censé l'avoir trouvé dans la cavité abdominale de cet animal;
mais il est bien vraisemblable qu'il a vu un distome sorti accidentellement de la vessie déchirée. Rudolphi l'a trouvé rarement aussi dans
la grenouille verte à Greifswald, et non à Berlin, et ensuite il a
rapporté à la même espèce des petits distomes longs de 2^{mm},3, blancs-
jaunâtres, trouvés deux fois par Gaede à Berlin, dans la vessie du
Bufo igneus, et qui, dit-il, étaient remplis d'œufs, ce qui pourrait
faire croire qu'ils sont d'une autre espèce. Sur douze cent quatre-
vingt-dix grenouilles vertes disséquées au musée de Vienne, cent
quarante-six contenaient le *Distoma cygnoides*.

9. DIST. ENDOLOBÉ.   *DIST. ENDOLOBUM.* — Duj., *nov. sp.*

— « Corps blanchâtre, plus ou moins taché de fauve par les œufs,
« longs de 2^{mm} à 5^{mm},2, large de 0^{mm},5 à 1^{mm},2, ou quatre fois environ
« aussi long que large, ovale-oblong, plus ou moins rétréci et pro-
« longé en avant, obtus en arrière; — tégument parsemé de très-
« petites épines; — ventouse antérieure terminale large de 0^{mm},37,
« avec l'orifice oblong; — ventouse ventrale orbiculaire large de
« 0^{mm},25, située à 0^{mm},9 de la première; — bulbe œsophagien large de
« 0^{mm},21, urcéolé, terminé en avant par *quatre lobes arrondis*, et
« séparé de la ventouse antérieure par un tube membraneux, court,
« qui l'embrasse; — œsophage droit un peu plus mince, long de
« 0^{mm},35; — intestin à deux branches longues, droites; — orifices
« génitaux contigus à la ventouse ventrale en avant; — pénis dirigé
« transversalement, cylindrique, lisse, long de 0^{mm},50, large de
« 0^{mm},05; — réceptacle du pénis en forme de sac oblong un peu courbé
« et appliqué au côté droit de la ventouse ventrale; — trois testicules
« presque globuleux, situés à la suite l'un de l'autre vers le milieu;
« ovaires blancs, granuleux répandus dans tout le corps et surtout
« en avant; — oviducte long, replié dans le milieu du corps; — œufs
« longs de 0^{mm},051 à 0^{mm},055; — orifice caudal communiquant avec
« une cavité postérieure allongée. »

Je désigne sous ce nom des distomes trouvés à Rennes dans les intestins des grenouilles vertes et rousses, et de la salamandre.

### 10. DIST. ÉCLISSE.			*DIST. ASSULA.* — Duj., *nov. sp.*

« — Corps blanchâtre , coloré en fauve au milieu, par les œufs,
« long de 6^{mm}, large de 1^{mm},10, déprimé, linéaire, un peu rétréci aux
« extrémités ; — tégument parsemé de petites épines en avant ; —
« ventouses orbiculaires, égales, larges de 0^{mm},21, écartées de 1^{mm},15 ;
« — bulbe œsophagien, large de 0^{mm},14 ; — œsophage mince, long de
« 0^{mm},22 ; — intestin à deux branches droites, simples, très-longues ;
« — orifices génitaux, contigus à la ventouse ventrale en avant ; —
« réceptacle du pénis fusiforme, longitudinal ; — deux testicules, situés
« vers le milieu ; — ovaires latéraux, blancs, en petites-grappes dis-
« tinctes ; — oviducte replié un grand nombre de fois entre les bran-
« ches de l'intestin ; — œufs longs de 0^{mm},033, larges de 0^{mm},017. »

Je l'ai trouvé à Toulouse, en 1840, dans l'intestin d'une couleuvre
(*Coluber natrix*).

### 11. DIST. DU BARS.		*DIST. LABRACIS.* — Duj., *n. sp.*

« — Corps blanchâtre, long de 9 à 10^{mm}, large de 2 à 2^{mm},4, oblong,
« rétréci de part et d'autre, obtus aux extrémités ; — ventouse an-
« térieure, large de 0^{mm},4 ; — ventouse ventrale, large de 0^{mm},5, située
« à 1^{mm},25 de la première ; — bulbe œsophagien de 0^{mm},25, suivi d'un
« œsophage mince , long de 0^{mm},38 ; — trois testicules ronds, assez
« grands, au milieu du corps ; — réceptacle du pénis, grand, clavi-
« forme, situé à côté de la ventouse ventrale ; — pénis lisse, long et
« grêle ; — orifices génitaux derrière la bifurcation de l'intestin ; —
« œufs *grands,* elliptiques, longs de 0^{mm},08, avec une petite papille
« à une des extrémités. »

Trouvé à Rennes, dans l'intestin d'un bars (*Labrax lupus*).

DEUXIÈME SECTION. (*Dicrocœlium*).

*Testicules situés à l'extrémité postérieure du corps, ou en arrière des
replis de l'oviducte.*

### 12. DIST. FLEXUEUX.		*DIST. FLEXUOSUM.* — Rud., *Entoz.*, II,
p. 389, n° 32, et *Synops.,* p. 105, n° 64.

« — Corps rougeâtre ou pourpré, plus foncé au milieu, se décolo-
« rant dans l'eau, long de 12^{mm} à 17^{mm}, large de 1^{mm},4 à 2^{mm},0, lancéolé-
« linéaire, aminci de part et d'autre , et présentant une sorte de cou
« en avant ; — tégument hérissé de lamelles aiguës, longues de 0^{mm},033 ;
« — ventouse antérieure, large de 0^{mm},43 ; — ventouse ventrale,
« large de 0^{mm},28, située à 4^{mm} de la première (vers le tiers de la lon-
« gueur, Rud.) ; — bulbe œsophagien large de 0^{mm},28 ; — œsophage long
« de 0^{mm},4, quelquefois totalement contracté ; — branches de l'intes-

« tin longues et grêles ; — deux testicules blancs, multi-partites ou
« divisés en huit à dix lobes, et situés à la suite l'un de l'autre au
« milieu du corps ; — orifices génitaux situés en avant de la ven-
« touse ventrale, ainsi que le réceptacle du pénis qu'on voit contourné
« en spirale à l'intérieur ; — ovaires occupant la majeure partie du
« corps ; — oviductes colorés en fauve dans l'intervalle entre la
« ventouse et le premier testicule ; — œufs longs de 0^{mm},055 à 0^{mm},062,
« larges de 0^{mm},020, presque fusiformes ; — orifice caudal donnant
« dans une cavité ramifiée à l'intérieur. »

J'en ai trouvé neuf fois plusieurs individus ensemble, en disséquant,
à Rennes, soixante-quatorze taupes. Rudolphi, à Greifswald, en reçut
d'un de ses élèves trois exemplaires, longs de 13^{mm},5, trouvés morts
dans une taupe, et il suppose qu'un distome de la taupe, indiqué par
Viborg dans le catalogue du musée de Copenhague, et qu'un autre
fragment de distome, trouvé par son ami Braun, doivent appartenir à
la même espèce.

13. DIST. BÉANT.   ***DIST. HIANS.*** — Rudolphi, *Entoz.*, II, 1, p. 359,
et *Syn.*, p. 37 et 94.

« — Corps rougeâtre, long de 5^{mm},7 à 13^{mm},5, large de 2^{mm},25 à 3^{mm},5,
« oblong ; — ventouses larges, *béantes ;* — l'antérieure large de 0^{mm},82,
« la postérieure large de 1^{mm},1, et située à 2^{mm},8 de la première ; —
« bulbe œsophagien large de 0^{mm},6, incisé en avant, et rattaché à la
« ventouse par une membrane enveloppante ; — œsophage mince,
« long de 0^{mm},8 ; — branches de l'intestin longues et grêles ; — deux
« testicules multifides, situés l'un devant l'autre, vers l'extrémité
« postérieure, et précédés par une vésicule séminale lobée (ou, trois
« testicules) ; — réceptacle du pénis en avant de la ventouse ventrale ;
« — orifices génitaux contigus, derrière la bifurcation de l'intestin ;
« — ovaires en grappes, étroites, allongées depuis la ventouse ventrale
« jusqu'à l'extrémité ; — oviducte coloré en jaune brunâtre par les
« œufs, qui sont elliptiques, longs de 0^{mm},088 à 0^{mm},092. »

Il a été trouvé très-nombreux entre les plis de l'œsophage de la
cigogne noire (*Ciconia nigra*), à Paris, à Vienne, à Greifswald, etc.
J'ai pu étudier les exemplaires du Muséum.
— Il faut, je crois, malgré des différences dans les descriptions de
Rudolphi, considérer comme identiques avec le *Dist. hians* les deux
espèces suivantes :

13. (a) *DIST. COMPLANATUM.* — Rudolphi, *Synops.,* p. 98
et 376, p. 29.

« — Corps blanc, tacheté de noir, long de 3^{mm},37 à 5^{mm},68, large de
« 2^{mm},10 à peine, oblong, mince, un peu aminci en avant, obtus en
« arrière ; — ventouse antérieure terminale, un peu dirigée en des-
« sous, à bord gonflé, et avec l'orifice grand, orbiculaire ; — ven-

« touse ventrale située à 0^mm,56 de la première , à bord gonflé et à ori-
« fice tantôt triangulaire , tantôt oblong. » (Rud.)

Rudolphi l'a décrit ainsi d'après quatre exemplaires trouvés à Berlin,
par le professeur Rosenthal, dans l'intestin d'un héron (*Ardea cinerea*);
mais en même temps il indique son affinité avec le *Dist. hians* et avec
le *Dist. heterostomum.*

? 13. (b) *DIST. HETEROSTOMUM.* — Rudolphi, *Entoz.,* II , 1, p. 381, et *Synops.,* p. 102 et 388 , n° 50.

« — Corps blanchâtre, avec des taches ou deux lignes latérales,
« obscures, long de 6^mm,75 , large de plus de 2^mm,25 au milieu, strié
« transversalement, déprimé, oblong, obtus en arrière, prolongé
« en manière de cou un peu plus étroit en avant, et formant le
« quart de la longueur totale; — ventouse antérieure, grande, à bord
« élargi , gonflé et à ouverture triangulaire, située à la face infé-
« rieure du cou, près de l'extrémité; — ventouse ventrale presque
« contiguë à la première, plus petite, plus profonde, avec un orifice
« longitudinal presque triangulaire; — orifice génital très-petit, situé
« à 2^mm,25 en arrière de la ventouse ventrale (?). » (Rud.)

Jurine, de Genève, en trouva deux exemplaires dans l'œsophage
du héron pourpré (*Ardea purpurea*), et Rosa, ensuite en Italie , le
trouva sur les côtés et au dessous de la langue de deux hérons de
cette même espèce.

14. DIST. LUCIPÈTE. *DIST. LUCIPETUM.* — Rudolphi, *Synops.,* p. 94 et 367.

Distoma lucipetum, Bremser, Icones helminth., pl. 9, fig. 1-2.

« — Corps blanchâtre avec une teinte rouge derrière la ventouse
« ventrale, long de 4^mm,5 à 7^mm,87, large de plus de 1^mm,12 à 1^mm,7,
« déprimé, oblong, élargi vis-à-vis la ventouse ventrale, diminuant
« de largeur en arrière et obtus; — partie antérieure en forme de
« cou, plus étroite, oblongue; — ventouses orbiculaires;—l'antérieure
« large de 0^mm,5, située en dessous; — la postérieure éloignée de la
« première et presque deux fois plus grande, large de 0^mm,92 ; —
« bulbe œsophagien large de 0^mm,4, situé au-dessus de la ventouse, et
« suivi d'un œsophage filiforme de même longueur; — orifices géni-
« taux contigus derrière la bifurcation de l'intestin; — deux grands
« testicules arrondis, occupant le dernier quart de la longueur; —
« pénis lisse, long de 0^mm,85 (à 1^mm,12, Rud.), large de 0^mm,058; —
« ovaires formant de chaque côté, vers le milieu du corps, une rangée
« de quatre à cinq amas distincts, arrondis et communiquant par un
« canal transverse en avant des testicules; — oviducte occupant par
« ses replis nombreux presque tout l'espace entre la ventouse ven-
« trale et le testicule; — œufs de *forme singulière,* longs de 0^mm,092,
« larges de 0^mm,037, vers une des extrémités, et plus étroits vers

« l'autre, contenant un embryon, marqué d'une *tache noire* au milieu
« de l'extrémité la plus large. »

Trouvé au Muséum de Vienne, sous la membrane clignotante du
Larus glaucus, trois fois sur onze, et du *Larus fuscus*, trois fois sur
quatre ; j'ai pu le décrire d'après l'exemplaire envoyé de Vienne au
Muséum de Paris.

IIIe SOUS-GENRE. (*PODOCOTYLE*.)

Ventouse ventrale pédonculée ou portée par une sorte de bras ; —
bifurcation de l'intestin précédée d'un œsophage assez long.

15. DISTOME DE LA TANCHE.   *DIST. PERLATUM.* — Nord.,
Microgr. Beitr., 1832, I, p. 88, pl. 9.

« — Corps long de 1^{mm} à 1^{mm},6, large de 0^{mm},34 ; — partie anté-
« rieure formant une sorte de *cou plus étroit*, flexible, long de 0^{mm},4,
« large de 0^{mm},08 à 0^{mm},16 ; — ventouse antérieure large de 0^{mm},10,
« terminale ; — ventouse ventrale presque égale, portée par un pro-
« longement latéral à la base du cou ; — bulbe œsophagien large de
« 0^{mm},03, globuleux, séparé de la ventouse antérieure par un tube
« long de 0^{mm},06 à 0^{mm},10, paraissant être une première portion de
« l'œsophage, et suivi d'un œsophage simple qui se divise seulement
« à la base du cou dans les deux longues branches de l'intestin ; —
« orifices génitaux contigus, à côté du prolongement qui porte la
« ventouse ventrale ; — deux testicules oblongs, situés au milieu de
« la partie postérieure ; — réceptacle du pénis très-grand, clavi-
« forme, prolongé en arrière de la ventouse ventrale ; — pénis
« rétractile, *hérissé de petites épines ;* — ovaires formant deux bandes
« latérales, étroites, irrégulières dans le dernier tiers de la longueur ;
« — oviducte replié autour des testicules ; — œufs elliptiques, longs
« de 0^{mm},03 ; — (tégument parsemé de petites épines, Nord.) »

Je l'ai trouvé assez nombreux à Rennes, dans l'intestin de la tanche
(*Cyprinus tinca*), et je le décris ici un peu différemment que M. Nordmann qui n'a vu qu'un orifice génital commun, et qui représente la
ventouse ventrale comme très-saillante et non pédonculée.

16. DISTOME ANGULEUX.   *DIST. ANGULATUM.* — Duj., *n. sp.*

« — Corps cylindrique, long de 1^{mm},3 à 1^{mm},0, large de 0^{mm},3 à
« 0^{mm},32 ; — partie antérieure en forme de cou divergent, long de
« 0^{mm},45, large de 0^{mm},18 ; — ventouse antérieure large de 0^{mm},12 ; —
« ventouse ventrale postérieure large de 0^{mm},23, portée par un pro-
« longement latéral à la base du cou ; — bulbe œsophagien large de
« 0^{mm},08, séparé de la ventouse par un tube membraneux, large et

26

« court; — œsophage simple, prolongé jusqu'à la ventouse ventrale;
« branches de l'intestin prolongées jusqu'à l'extrémité postérieuré;
« — orifices génitaux contigus à la base du prolongement qui porte
« la ventouse; — deux testicules globuleux, situés à la suite l'un
« de l'autre, dans le quart postérieur de la longueur, et précédés
« par une vésicule séminale lobée; — réceptacle du pénis tubuleux,
« étroit; — pénis lisse et mince, assez long; — ovaires latéraux; —
« oviducte peu étendu; — œufs très-gros, peu nombreux, longs de
« 0ᵐᵐ,085 à 0ᵐᵐ,09. »

Trouvé dans l'intestin d'une anguille pêchée dans le Morbihan.

? 17. DIST. DE L'ORPHIE. *DIST. GIBBOSUM.* — Rudolphi, *Entoz.,* II, I, p. 399, et *Synops.,* p. 107 et 395.

« — Corps blanchâtre, coloré en brun par les œufs en arrière, long
« de 1ᵐᵐ,12 à 1ᵐᵐ,5, cylindrique; — ventouse ventrale plus grande,
« portée par un pédoncule court et épais. »

Rudolphi en avait d'abord trouvé dans l'orphie (*Esox belone*) deux
exemplaires à ventre très-gonflé (*gibbosum*); mais plus tard il en
reçut de Bremser trois exemplaires non gonflés de cette manière,
et simplement cylindriques, avec la ventouse ventrale pédonculée.

18. DISTOME FOURCHU. *DIST. FURCATUM.* — Bremser.

Distoma furcatum, Rudolphi, Synopsis, p. 107 et 396.
Distoma furcatum, Bremser, Icones helminth., pl. 9, fig. 13-14.

« — Corps blanchâtre, long de 3ᵐᵐ,37 à 10ᵐᵐ, large de 0ᵐᵐ,5, fili-
« forme, bifurqué en avant; — ventouse antérieure terminale, oblon-
« gue et presque fendue en dessous; — ventouse ventrale semblable,
« mais un peu plus grande, et portée par un pédoncule presque aussi
« long que la partie antérieure du corps; — orifices génitaux à la base
« du pédoncule. »

Dans l'intestin du surmulet (*Mullus surmuletus*), du rouget (*Mullus rubescens*) et de la lingue (*Gadus molva*).

IVᵉ SOUS-GENRE. (*BRACHYCOELIUM.*)

Intestin divisé en deux branches courtes, renflées en massue, et
précédé d'un long œsophage filiforme.

19. DISTOME DE LA PIPISTRELLE. *DIST. HETEROPORUM.* — Duj., *n. sp.*

« — Corps blanchâtre, coloré en brun par les œufs en arrière, long de
« 1ᵐᵐ à 2ᵐᵐ,1, large de 0ᵐᵐ,15 à 0ᵐᵐ,40 (longueur égalant trois à sept fois
« la largeur), lancéolé, inégal, hérissé en avant de très-petites épines

« caduques; — ventouse buccale large de 0^{mm},065, de forme très-
« variable; — bulbe œsophagien, contigu, large 0^{mm},03; — œsophage
« droit, filiforme, long de 0^{mm},24, large de 0,013, terminé par les deux
« branches de l'intestin, courtes (longues de 0^{mm},16), vésiculeuses ou
« claviformes; — ventouse ventrale située à 0^{mm},44 de la première,
« large de 0^{mm},32, échancrée en avant par le réceptacle globuleux du
« pénis, qui est large de 0^{mm},13, et se trouve compris entre cette
« ventouse et la bifurcation de l'intestin; — pénis lisse; — vésicule
« séminale oblongue, appliquée contre la ventouse en arrière, et
« remplie de spermatozoïdes; — deux testicules ovoïdes situés la-
« téralement derrière la ventouse; — ovaires latéraux dans la partie
« antérieure; — oviducte replié un grand nombre de fois, et abou-
« tissant à un orifice situé à côté du réceptacle du cirre; — œufs
« allongés, longs de 0^{mm},019 à 0^{mm},021, larges de 0,008; — cavité res-
« piratoire postérieure divisée en deux branches courtes. »

Je l'ai trouvé deux fois assez abondamment, à Rennes, dans la pipistrelle (*Vespertilio pipistrellus*) Il diffère de tous les autres distomes
par l'échancrure de sa ventouse ventrale, résultant de la position du
réceptacle globuleux du pénis, et par la forme plus oblongue de ses
œufs.

J'ai trouvé en même temps des exemplaires beaucoup plus petits,
longs de 0^{mm},49, en forme d'urne, et n'ayant pas encore la ventouse
ventrale développée, mais pourtant ayant déjà des œufs mûrs de
même grandeur.

20. DISTOME A GROS PÉNIS.   *DIST. ARRECTUM.* — Duj., *n. sp.*

« — Corps blanc-jaunâtre, taché de fauve par les œufs, long de
« 1^{mm},32, large de 0^{mm},45, ovale-oblong, peu déprimé, ou convexe
« en dessous; — tégument parsemé de très-petites épines; — ven-
« touses orbiculaires; l'antérieure dépassant un peu le bord et large
« de 0^{mm},15; — ventouse ventrale large de 0^{mm},12, située au milieu de
« la longueur, à 0^{mm},45 de la première; — bulbe œsophagien large de
« 0^{mm},08; — œsophage tubuleux assez long; — intestin (?); — ori-
« fices génitaux contigus entre les deux ventouses, et paraissant quel-
« quefois latéral; — pénis droit, très-gros, large de 0^{mm},066, tout
« hérissé de très-petites pointes ou de granules saillants; — récep-
« tacle du pénis cylindrique, long de 0^{mm},3, partant obliquement de
« derrière la ventouse ventrale; — trois testicules blancs, globuleux,
« situés à côté de la ventouse ventrale; — ovaires en grappes laté-
« rales en avant; — oviducte en long tube, replié irrégulièrement dans
« tout le corps, aboutissant à côté de l'orifice mâle, et rempli d'œufs
« fauves ou brunâtres, longs de 0^{mm},032, larges de 0^{mm},015; — ori-
« fice caudal largement ouvert, et communiquant avec une cavité
« respiratoire prolongée vers le milieu du corps. »

Trouvé une seule fois à Rennes, dans l'intestin du lézard vert.

21. DISTOME CLAVIGÈRE.   *DIST. CLAVIGERUM.* — Rudolphi, *Synopsis,* p. 103 et 388 , n° 52.

Fasciola ranœ, Froelich , dans Naturf., XXV, p. 69, pl. 3, fig. 7-8.

« — Corps jaunâtre ou rougeâtre, long de $0^{mm},9$ à $1^{mm},16$, large de
« $0^{mm},4$ à $0^{mm},5$, deux fois environ aussi long que large, ovale, dé-
« primé , assez épais, un peu plus étroit en avant ; — tégument par-
« semé de très-petites épines, longues de $0^{mm},008$ à $0^{mm},010$; — ven-
« touses petites, orbiculaires, égales, larges de $0^{mm},10$; — bulbe
« œsophagien, large de $0^{mm},06$; — œsophage mince, droit, long de
« $0^{mm},22$;—intestin formé de deux branches courtes, divergentes, ren-
« flées en massue ; — orifices génitaux situés dans l'intervalle des
« deux ventouses, plus près de l'antérieure sur le côté gauche ; —
« pénis très-grand, logé dans un réceptacle ou sac oblong, clavi-
« forme, étendu obliquement depuis la ventouse postérieure jus-
« qu'auprès de l'antérieure ; — deux ou trois testicules globuleux,
« blancs, situés autour de la ventouse; — vésicule séminale oblongue,
« remplie de spermatozoïdes située entre les branches de l'intestin ;
« — oviducte assez large, replié en divers sens dans tout le corps
« comme un long cordon ; — œufs jaune-foncé , longs de $0^{mm},029$,
« larges de $0^{mm},016$; — orifice caudal communiquant avec une vaste
« cavité postérieure divisée en deux branches peu divergentes , larges
« et sinueuses, contractiles. »

Je l'ai trouvé plusieurs fois dans l'intestin de la grenouille verte
(*Rana esculenta*), à Paris, et à Rennes.

Olfers, à Berlin, en avait trouvé précédemment un grand nombre
dans l'intestin du *Bufo viridis,* et Rudolphi, qui étudia ces mêmes
exemplaires, en donna une description qui se rapporte assez bien à
ce que j'ai vu, quoiqu'il lui assigne une longueur d'un peu plus d'une
ligne ($2^{mm},30$); en même temps, il rapporta à la même espèce un distome trouvé dans la grenouille rousse (*Rana temporaria*) par Frœlich
qui le décrit comme ayant le pénis (cirre) peu saillant du côté droit.

Le catalogue du musée de Vienne indique le *Dist. clavigerum*
comme trouvé onze fois sur cent vingt-cinq dans le crapaud commun
(*Bufo cinereus*); deux cent quatre-vingt-quatre fois sur mille deux
cent quatre-vingt-dix dans la grenouille verte; quarante-six fois sur
quatre cent vingt-sept dans la grenouille rousse, et soixante fois sur
deux mille cent soixante-seize dans la rainette, *Hyla arborea ;* mais
il est bien probable qu'on aura confondu plusieurs espèces.

22. DISTOME A COU ÉPAIS.   *DIST. CRASSICOLLE.* — Rudolphi, *Synops.,* p. 46 et 285, n° 46.

Fasciola salamandrœ, Froelich, dans Naturf., XXIV, p. 119, pl. 4, fig. 8-10.
Distoma salamandrœ, Zeder, Naturg., p. 215.

« —Corps coloré en fauve par les œufs dans les trois quarts posté-
« rieurs, long de 4^{mm}, large de 1^{mm} à $1^{mm},5$, déprimé , ovale-oblong,

« rétréci aux deux extrémités, s'allongeant quelquefois beaucoup
« pendant la vie ; — tégument parsemé de très-petites épines longues
« de 0^{mm},01 ; — ventouse antérieure ordinairement plus grande,
« large de 0^{mm},25 à 0^{mm},34, à orifice triangulaire ou orbiculaire ; —
« ventouse ventrale, large de 0^{mm},20 à 0^{mm},30, située à 0^{mm},40 ou
« 0^{mm},50 de la première ; — bulbe œsophagien large de 0^{mm},12 à
« 0^{mm},14 ; — œsophage mince, long de 0^{mm},23 ; — intestin à deux
« branches très-courtes, renflées en massue, divergentes ; — orifices
« génitaux contigus à la ventouse antérieure en avant ; — pénis assez
« mince, replié dans un réceptacle peu volumineux, courbé en avant
« et appliqué au côté droit de la ventouse ; — trois testicules blancs,
« globuleux, situés en arrière de la ventouse ventrale ; — ovaires
« blancs en cordons repliés latéralement et dans la partie antérieure ;
« — oviducte replié un grand nombre de fois et rempli d'œufs fauves,
« longs de 0^{mm},048 à 0^{mm},055 ; — orifice caudal contractile, communi-
« quant avec une cavité respiratoire longue et étroite. »

Je l'ai trouvé fréquemment, à Rennes, dans l'intestin de la salamandre (*Salamandra maculata*) ; Rudolphi et Frœlich l'ont trouvé,
en Allemagne, dans ce même animal et dans la *Salamandra atra* ;
on l'a trouvé aussi dans ces deux espèces au musée de Vienne.

Moi-même j'ai trouvé, dans l'orvet (*Anguis fragilis*) et dans la
grenouille rousse (*Rana temporaria*), des distomes qui me semblent
n'en pas différer essentiellement ; cependant la distance des ventouses
est proportionnellement plus grande, et le bulbe œsophagien ainsi
que la ventouse postérieure sont plus petits.

23. DISTOME RÉTUS.   ***DIST. RETUSUM.*** — Duj., *nov. sp.*

« — Corps blanchâtre, plus ou moins coloré en fauve au milieu
« par les œufs, long de 2^{mm},4, large de 0^{mm},5, ou quatre à cinq fois
« aussi long que large, oblong, presque linéaire, un peu aminci en
« avant, tronqué ou même échancré en arrière ; — tégument parsemé
« de petites épines ; — ventouses orbiculaires, inégales, l'antérieure
« presque double, large de 0^{mm},36, située en dessous près de l'extré-
« mité ; — ventouse ventrale, large de 0^{mm},19, située à 0^{mm},35 de la
« première ; — bulbe œsophagien large de 0^{mm},09 ; — œsophage long
« de 0^{mm},20 environ, tantôt flexueux, tantôt contracté ; — intestin à
« deux branches courtes, en massue ; — orifices génitaux contigus à
« la ventouse ventrale en avant ; — réceptacle du cirre, petit, non
« saillant, mince ; — pénis lisse ; — trois testicules globuleux, situés
« auprès de la ventouse ventrale en arrière, avec une vésicule sémi-
« nale oblongue, remplie de spermatozoïdes actifs ; — oviducte
« replié entre les autres organes comme un long cordon flexueux ; —
« œufs fauves, longs de 0^{mm},054 à 0^{mm},056, larges de 0^{mm},036 ; — ori-
« fice caudal situé en dessous et entouré de fibres musculaires rayon-
« nantes qui lui donnent l'aspect d'une ventouse large de 0^{mm},10 ; —

« cavité postérieure ou respiratoire très-vaste, ramifiée ou pinnati-
« fide, prolongée jusqu'au-dessus des testicules. »

Je l'ai trouvé assez souvent dans l'intestin grêle de la grenouille
rousse (*Rana temporaria*), à Rennes, et je ne doute pas que ce ne
soit un des distomes qui, à Vienne et ailleurs, ont été pris pour le
Distoma clavigerum. Il s'en distingue bien pourtant par la position
des orifices génitaux, par le volume du réceptacle du pénis et par la
grandeur des œufs qui sont ici presque deux fois plus longs. Au
reste, l'un et l'autre, ainsi que le *Distoma crassicolle*, pourraient
bien provenir du développement ultérieur de quelques distomes à
court intestin, spontanément produits dans les mollusques dont ces
batraciens ont fait leur proie.

Ve SOUS-GENRE (*EURYSOMA*.)

Corps plus large que long, foliacé ; — ? Intestin à deux branches
courtes précédé d'un œsophage mince.

24. DISTOME DU PUTOIS.   *DIST. SQUAMULA*. — RUDOLPHI,
Synopsis, p. 103 et 390, n° 53.

Distoma squamula, B\REMSER, Icones helminth., pl. 9, fig. 9-10.

« — Corps demi-transparent, blanchâtre, avec une large tache
« brune formée par les œufs, aplati en forme d'écaille, plus large
« que long, presque pentagonal et souvent réniforme, long de 1^{mm},12,
« large de 1^{mm},50 à 1^{mm},66 ; — ventouse antérieure large de 0^{mm},107,
« presque terminale et portée par un prolongement antérieur ; —
« ventouse ventrale large de 0^{mm},103, située à 0^{mm},26 de la première ;
« — bulbe œsophagien large de 0^{mm},05 ; — trois testicules situés d'un
« côté de la ventouse postérieure, tandis que l'oviducte ou utérus,
« rempli d'œufs bruns, longs de 0^{mm},031 à 0^{mm},035, occupe un espace
« correspondant de l'autre côté ; — ovaire situé tout autour près du
« bord ; — cavité respiratoire divisée en deux grands sacs latéraux,
« lobés ; — orifice caudal situé dans une échancrure postérieure. »

Je l'ai trouvé abondamment, à Toulouse, le 15 janvier 1840, dans
l'intestin de deux putois (*Mustela patorius*) ; il avait été découvert
par Bremser au musée de Vienne, dont le catalogue l'indique en
même temps que le *Distoma trigonocephalum*, quatre fois parmi
quatre-vingt-quinze putois.

VIᵉ SOUS-GENRE. (*BRACHYLAIMUS.*)

Intestin divisé immédiatement en arrière du bulbe œsophagien.

PREMIÈRE SECTION.

Orifice génital mâle et testicules situés près de l'extrémité postérieure.

25. DISTOME LANIÈRE.   *DIST. LORUM.* — Duj., *nov. sp.*
Monostoma ocreatum (?). Voy. p. 344.

« Corps blanchâtre, coloré en brun par les œufs; — long de 8 à
« 30ᵐᵐ, large de 0ᵐᵐ,5 à 0ᵐᵐ,8 (douze à trente fois plus long que large),
« linéaire ou presque filiforme, subitement aminci et relevé en arrière
« comme un pied de botte après un gros tubercule saillant qui en
« figure le talon; — ventouse antérieure, large de 0ᵐᵐ,25 à 0ᵐᵐ,48;
« — ventouse postérieure large de 0ᵐᵐ,45 à 0ᵐᵐ,51, située à 2ᵐᵐ,65
« (jusqu'à 5ᵐᵐ) de la première; — bulbe œsophagien, large seulement
« de 0ᵐᵐ,15, séparé de la ventouse antérieure par un petit in-
« tervalle (de 0ᵐᵐ,10 à 0ᵐᵐ,13); — intestin divisé en deux longues
« branches parallèles prolongées jusqu'à l'extrémité du corps; —
« deux testicules ovoïdes, situés à l'extrémité postérieure; — orifice
« génital mâle, porté par un gros tubercule saillant à 0ᵐᵐ,6 de l'ex-
« trémité, et d'où sort le pénis comme une papille saillante; —
« ovaires blancs latéraux; — oviducte replié un grand nombre de fois
« entre les branches de l'intestin et s'ouvrant près de la ventouse; —
« œufs bruns, longs de 0ᵐᵐ,030 à 0ᵐᵐ,033, larges de 0ᵐᵐ,015. »

En disséquant soixante-quatorze taupes, à Rennes, j'ai trouvé
vingt-huit fois et assez abondamment ce distome remarquable qui est
identique avec le *Monostoma ocreatum* des helminthologistes allemands.

DEUXIÈME SECTION.

*Testicules situés en arrière des replis de l'oviducte; — orifice génital
mâle en arrière de la ventouse ventrale, vers le milieu de la partie
postérieure du corps.*

26. DISTOME ÉMIGRANT.   *DIST. MIGRANS.* — Duj., *nov. sp.*

« — Corps blanchâtre, plus ou moins coloré en brun par les œufs,
« long de 0ᵐᵐ,8 à 1ᵐᵐ,8, large 0ᵐᵐ,30 à 0ᵐᵐ,75, elliptique, plus ou
« moins allongé et quelquefois tout à fait linéaire et recourbé, avec
« ses ventouses saillantes; — tégument sarcodique, épais de 0ᵐᵐ,005,

« contenant, surtout en avant, des rangées transverses de petites
« épines, ou lamelles aiguës, longues de 0^mm,006 ; — ventouses égales,
« presque globuleuses, larges de 0^mm,14 à 0^mm,21, l'antérieure située
« tout à fait en dessous avec un orifice longitudinal ; — bulbe œso-
« phagien, large de 0^mm,10 à 0^mm,12 ; — trois testicules blancs,
« diaphanes, situés dans le dernier quart de la longueur ; — orifice
« génital mâle, contractile, situé au tiers postérieur de la longueur ;
« pénis nul (?) ; — ovaires blancs, opaques, latéraux dans les deux
« tiers postérieurs du corps ; — oviducte très-long, replié entre les
« branches de l'intestin et la ventouse ventrale, et s'ouvrant en
« avant ; — œufs brunâtres, longs de 0^mm,036, larges de 0^mm,018 ; — sys-
« tème vasculaire très-complexe, lié avec une cavité postérieure qui se
« contracte périodiquement et s'ouvre par l'orifice caudal très-distinct.

« — Huit vaisseaux principaux, flexueux, larges de 0^mm,01, en-
« voient de nombreux rameaux transverses ; un seul de ces vais-
« seaux de chaque côté est muni à l'intérieur de filaments ou cils
« vibratiles, longs de 0^mm,03, agités d'un mouvement ondulatoire
« d'arrière en avant ; un autre vaisseau plus droit, plus interne
« s'abouche directement dans la cavité postérieure en s'unissant avec
« le vaisseau correspondant. »

Je l'ai trouvé plus de trente fois et souvent très-abondamment en
disséquant quatre-vingts *Sorex araneus*, mais cinq fois seulement il
était adulte et contenait des œufs ; je l'ai trouvé aussi une fois dans
le *Sorex leucodon*, et je n'ai pu le distinguer suffisamment des autres
distomes trouvés dans le lérot, *Myoxus nitella*, dans le surmulot,
Mus decumanus, dans des oiseaux des genres *Turdus* et *Corvus*, dans
la grenouille rousse, etc. Or, comme d'un autre côté on trouve dans
le foie des limaces un distome très-analogue qui s'y produit spônta-
nément et qui n'a jamais d'organes génitaux, je suis porté à croire
que c'est une seule et même espèce spontanément produite chez
les mollusques, et continuant à se développer chez les divers animaux
vertébrés qui se nourrissent de limaces. Et en effet, dans l'intestin
des musaraignes j'ai constamment trouvé des débris de limaces : soit
leur coquille dorsale, soit l'armure buccale.

— *Var. α.* — J'ai observé aussi un distome long de 1^mm,82, large de,
0^mm,70 dans un *Sorex araneus*, à Rennes. Il diffère principalement
du *Distoma migrans* par le volume de ses œufs longs seulement de
0^mm,028 à 0^mm,029, et parce que la ventouse postérieure est large de
0^mm,167, tandis que l'antérieure n'a que 0^mm,13 ; l'oviducte n'étend pas
ses nombreuses circonvolutions au-dessus et en avant de la ventouse,
et les testicules sont encore plus reculés en arrière.

— J'ai trouvé cinq fois assez abondamment, en disséquant huit lérots
(*Myoxus nitella*), des distomes tellement semblables au *Distoma
migrans*, que je suis forcé de les regarder comme appartenant à la
même espèce, et comme pouvant provenir également des limaces,
d'autant plus que j'ai toujours trouvé dans l'intestin des lérots des

débris d'insectes, ce qui prouve que ces animaux peuvent rechercher la même proie que les musaraignes.

— La même observation s'applique également au rat (*Mus rattus*) et au surmulot (*Mus decumanus*), dans l'intestin desquels j'ai trouvé des distomes tout semblables, à la grandeur près. En même temps j'ai trouvé dans l'intestin de ces animaux pris dans la campagne, autour de Rennes, des débris d'insectes et de lombrics. Toutefois, il faut ajouter ici que le seul exemplaire trouvé dans le rat est long de $2^{mm},2$, large de $0^{mm},78$, avec la ventouse antérieure large de $0^{mm},23$, la ventouse postérieure de $0^{mm},28$ et le bulbe œsophagien de $0^{mm},16$. Il faut noter aussi que la longueur des œufs varie pour tous ces distomes entre $0^{mm},030$ et $0^{mm},036$. L'orifice génital mâle est toujours situé vers le tiers postérieur de la longueur.

— J'ai trouvé dans l'intestin de la grive (*Turdus musicus*), à Rennes, un distome que je crois très-voisin du *Distoma migrans*, sinon identique; il est long de 1^{mm}, large de $0^{mm},37$, avec les ventouses presque égales, larges de $0^{mm},16$; le bulbe œsophagien, large de $0^{mm},075$, est immédiatement suivi par l'intestin, transverse d'abord, puis prolongé en deux branches latérales presque jusqu'au bord postérieur; les testicules sont situés près de l'extrémité; l'orifice génital mâle est situé au dernier tiers de la longueur, l'orifice caudal et la cavité correspondante sont bien visibles; mais les ovaires et les oviductes ne sont pas encore développés.

— Enfin, j'ai trouvé plusieurs fois dans l'intestin de la grenouille rousse des jeunes distomes qui me paraissent véritablement provenir aussi des limaces avalées par ce reptile. Ils sont longs de $0^{mm},8$, larges de $0^{mm},32$, avec les deux ventouses orbiculaires égales, situées en dessous, larges de $0^{mm},16$ et écartées de $0^{mm},15$; le bulbe œsophagien est large de $0^{mm},09$, et l'intestin, appliqué immédiatement à ce bulbe musculeux, est transversal d'abord, puis prolongé en arrière par deux longues branches droites assez larges; à l'extrémité postérieure se voient des testicules, mais il n'y a encore aucune trace d'ovaire.

(?) 27. **DISTOME RIDÉ.**   *DIST. CORRUGATUM.* — Duj., *nov. sp.*

« — Corps blanc, long de $0^{mm},53$ à $0^{mm}8$, large de $0^{mm},25$ à $0^{mm},4$,
« (deux à trois fois aussi long que large), elliptique, plus ou moins
« allongé, et quelquefois presque linéaire; ridé ou plissé transversa-
« lement avec une sorte de régularité; rides très-prononcées, un
« peu sinueuses; — ventouses égales, larges de $0^{mm},16$, ou bien
« l'antérieure un peu plus large, rétractile, et laissant un orifice
« longitudinal froncé, qui atteint le bord antérieur; — ventouse ven-
« trale à orifice transverse ou anguleux; — bulbe œsophagien très-
« gros, large de $0^{mm},10$; — organes génitaux internes non dévelop-
« pés; — orifice génital mâle contractile, à bord inégal, froncé, situé
« aux quatre cinquièmes de la longueur en arrière; — vaisseaux
« flexueux, partant de la cavité contractile postérieure dont l'orifice
« situé en dessous est bien distinct. »

J'ai trouvé deux fois, le 18 août et le 13 octobre, à Rennes, dans l'intestin du *Sorex tetragonurus*, ce distome, qui n'est pas adulte, mais qui présente déjà des caractères distinctifs dans ses plis transverses et dans la forme de ses ventouses et de ses vaisseaux.

28. DISTOME DU MULOT.   *DIST. RECURVUM.* — Duj., *nov. sp.*

« — Corps rougeâtre ou coloré en fauve par les œufs, long de
« 4 à 5^{mm}, large de 0^{mm},70 à 1^{mm}, fortement recourbé ou enroulé de
« côté, un peu déprimé; — tégument parsemé de lamelles aiguës,
« en avant; — ventouse antérieure située en dessous, large de 0^{mm},33;
« — ventouse ventrale large de 0^{mm},38, située à 0^{mm},55 de la première;
« bulbe œsophagien large de 0^{mm},22; — testicules près l'extrémité
« postérieure;—œufs brunâtres, longs de 0^{mm},028 à 0^{mm},030; — orifice
« caudal très-distinct, très-large;—vaisseaux nombreux, anastomosés?

Je l'ai trouvé dix fois plus ou moins nombreux parmi cinquante-trois mulots (*Mus sylvaticus*) dans l'intestin, à Rennes.

29. DISTOME DE L'EFFRAIE.   *DIST. ÆQUALE.* — Duj., *nov. sp.*

« — Corps coloré en roux par les œufs, long de 3^{mm},5 à 4^{mm}, large de
« 0^{mm},6 à 0^{mm} (cinq à six fois aussi long que large), oblong, presque
« linéaire, déprimé; — ventouses égales, saillantes, orbiculaires,
« larges de 0^{mm},41, l'antérieure située en dessous près du bord; la
« ventrale située à 0^{mm},70 de la première; — bulbe œsophagien
« large de 0^{mm},30; — trois testicules situés à l'extrémité postérieure;
« — orifice génital mâle orbiculaire, contractile, non saillant, situé
« au dernier quart de la longueur; — ovaires situés latéralement,
« en dehors de l'intestin; — oviducte replié un grand nombre de
« fois entre les deux branches de l'intestin et souvent entre les deux
« ventouses; — œufs roux longs de 0^{mm},028. »

J'en ai trouvé plusieurs exemplaires dans l'intestin d'une effraie (*Strix flammea*), à Rennes, le 14 mars.

30. DISTOME DU GEAI.   *DIST. ARCUATUM.* — Duj., *nov. sp.*

« — Corps plus ou moins coloré en brun par les œufs, long de
« 3 à 5^{mm}, large de 0^{mm},75 à 1^{mm},10, un peu déprimé, oblong, souvent
« aminci en forme de cou en avant, et recourbé en arc; — tégument
« épais de 0^{mm},014, parsemé de petites épines ou lamelles aiguës; —
« ventouses presque égales, orbiculaires, l'antérieure un peu plus
« petite, de 0^{mm},30 à 0^{mm},36, située en dessous, à peu de distance du
« bord; — ventouse ventrale large de 0^{mm},33 à 0^{mm},40, située vers le
« tiers de la longueur; — bulbe œsophagien large de 0^{mm},15 à
« 0^{mm},20; — trois testicules blancs, ovoïdes ou globuleux, situés à
« l'extrémité postérieure; — orifice génital mâle, situé vers le tiers
« postérieur de la longueur; — ovaires formant deux bandes laté-

« rales, ramifiées, opaques; — oviducte replié un grand nombre de
« fois en avant et en arrière de la ventouse ventrale; — œufs bruns
« longs de 0^{mm},026 à 0^{mm},028, et jusqu'à 0^{mm},031 ; — orifice caudal et
« sac respiratoire bien visibles. »

Je l'ai trouvé six fois, à Rennes, en disséquant dix-neuf geais
(*Corvus glandarius*).

TROISIÈME SECTION.

*Orifices génitaux contigus, en avant de la ventouse ventrale; —
testicules situés en avant des replis de l'oviducte ou entre ces replis
de l'oviducte; — corps ovale-oblong.*

31. DISTOME ROUGEATRE.   *DIST. RUBENS.* — Duj., *nov. sp.*

« — Corps rougeâtre épais, long de 2^{mm},6 à 5^{mm},2, large de 0um,80
« à 1^{mm},50 (trois à quatre fois aussi long que large), elliptique ou
« lancéolé-oblong, déprimé; — ventouse antérieure orbiculaire,
« large de 0^{mm},53 à 0^{mm},70, située en dessous; — ventouse ventrale
« large de 0^{mm},90 à 1^{mm},10, située à 1^{mm} de la première; — bulbe œso-
« phagien globuleux large de 0^{mm},33; — pénis libre en forme de
« corne, sortant en avant de la ventouse ventrale; — deux testicules
« ovoïdes blancs, situés en arrière du milieu; — œufs fauves-brunâtres,
« longs de 0^{mm},063 à 0^{mm},066 et moitié aussi larges; — orifice posté-
« rieur. »

Je l'ai trouvé, à Rennes, le 24 octobre, dans l'intestin du *Sorex
fodiens*, et le 5 avril dans l'intestin du *Sorex tetragonurus*. Je pense
que c'est la même espèce que Rudolphi a nommée et décrite sous le
nom de :

? 31. (*a*) *DIST. EXASPERATUM.* — Rud., *Syn.,* p. 117 et 421, n° 118.

« — Corps brunâtre long de 4^{mm},5, large de 1^{mm},12 en avant, cylin-
« drique, aminci peu à peu en arrière, arrondi en avant, échancré
« en arrière, tout strié transversalement ou tout couvert de très-
« petits aiguillons visibles à l'aide du microscope, surtout aux bords
« de la ventouse postérieure; — ventouse antérieure située en des-
« sous; — ventouse postérieure beaucoup plus grande, l'une et
« l'autre ayant l'orifice transverse (?); — pénis assez épais, blanchâtre,
« en forme de corne spirale sortant entre les deux ventouses. » (Rud.)

Bremser trouva deux fois cet helminthe parmi vingt-deux *Sorex
cremita* ou *Sorex tetragonurus* Herm., disséqués au musée de Vienne.
Rudolphi en ayant reçu un exemplaire dans l'alcool, en donna la
description que nous avons transcrite, et qui doit être bien différente de celle qu'on pourrait faire d'après l'animal vivant; je suis
même porté à croire que les petites épines du tégument signalées par
Rudolphi comme visibles seulement au microscope, sont analogues
à ce que j'ai vu sur les autres distomes des musaraignes.

32. DISTOME INSTABLE. ***DIST. INSTABILE.*** — Duj., *nov. sp.*

« — Corps blanchâtre, coloré en brun au milieu par les œufs, long
« de 1^{mm},25, large de 0^{mm},4 (deux à quatre fois aussi long que large),
« ovale-oblong, déprimé; — couvert en avant de stries transverses,
« armées de très-petites épines; — ventouse buccale large de 0^{mm},12
« à 0^{mm},14, presque terminale; — ventouse ventrale beaucoup plus
« petite, orbiculaire, large de 0^{mm},064 à 0^{mm},106; — bulbe œso-
« phagien globuleux; — branches de l'intestin très-longues; — pénis
« sortant en avant de la ventouse ventrale; — ovaires latéraux; —
« œufs fauves longs de 0^{mm},051 à 0^{mm},053, larges de 0^{mm},08; — orifice
« caudal communiquant à une cavité postérieure. »

Je l'ai trouvé le 24 octobre, à Rennes, dans le *Sorex fodiens* avec
l'espèce précédente, dont il diffère surtout par la grandeur relative de
la ventouse postérieure et par la dimension des œufs.

33. DIST. TACHÉ. ***DIST. MACULOSUM.*** — Rudolphi.

Fasciola hirundinis, Froelich, dans Naturf., XXV, p. 75.
Distoma hirundinum, Zeder, Nachtrag., p. 169.
Distoma maculosum, Rud., Entoz., t. II, 1, p. 374, et Syn., p. 100 et 382.

« — Corps blanchâtre, taché de fauve par les œufs, long de 1^{mm},8 à
« 2^{mm},5, large de 0^{mm},75 à 1^{mm}, ovale-oblong, déprimé; — tégument
« parsemé de très-petites épines, caduques, longues de 0^{mm},012; —
« ventouses globuleuses presque égales, larges de 0^{mm},21 à 0^{mm},32; —
« la ventouse ventrale située un peu en avant du milieu; — bulbe
« œsophagien large de 0^{mm},115; — orifices génitaux contigus à la ven-
« touse ventrale en avant; — réceptacle du pénis courbé en arc au-
« tour de cette ventouse; — pénis *très-long*, grêle; — ovaires for-
« mant deux longues grappes latérales dans presque toute la lon-
« gueur; — oviducte replié en arrière des testicules et entre eux; —
« œufs elliptiques longs de 0^{mm},033 à 0^{mm},037; — cavité respiratoire
« tubuleuse, s'avançant jusqu'au milieu du corps où elle se bifurque
« en Y. »

Frœlich, le premier, avait trouvé le *Distoma maculosum* dans le
rectum du martinet (*Cypselus apus*). Zeder le trouva ensuite dans
l'hirondelle de fenêtre (*Hirundo urbica*); et Rudolphi dans l'hirondelle de cheminée (*Hirundo rustica*) plusieurs fois, et dans l'engoulevent (*Caprimulgus europæus*). Au musée de Vienne, il a été trouvé
onze fois sur quarante et une dans le martinet, une fois dans le *Cypselus melba*, cinquante-six fois sur deux cent dix dans l'hirondelle
de rivage (*Hirundo riparia*), cent soixante-trois fois sur cinq cent
trente dans l'hirondelle de cheminée, cent quarante-trois fois sur
trois cent soixante dans l'hirondelle de fenêtre, et une fois dans l'engoulevent.

J'ai pu étudier deux exemplaires, envoyés de Vienne au Muséum de Paris, et malgré quelques différences. je crois devoir réunir sous le même nom spécifique, 1° les distomes que j'ai trouvés à Rennes quatre fois sur huit dans le gros intestin de l'hirondelle de fenêtre; 2° un distome long de 2^{mm}, large de 0^{mm},64, ayant les ventouses égales, larges de 0^{mm},19, et les œufs longs de 0^{mm},035, provenant de l'intestin d'une mésange (*Parus caudatus*; 3° un distome de l'intestin du moineau (*Fringilla domestica*) long de 2^{mm},5, large de 1^{mm}, ayant les ventouses larges de 0^{mm},30; le bulbe œsophagien large de 0^{mm},153 et les œufs longs de 0^{mm},033 à 0^{mm},035; 4° enfin sept distomes trouvés aussi à Rennes dans l'intestin d'un *Anthus aquaticus*, BECHST., et qui sont longs de 1^{mm},5, larges de 0^{mm},5, à tégument parsemé de petites épines disposées sur des stries transverses; ils ont les ventouses larges de 0^{mm},2, le bulbe œsophagien large de 0^{mm},11; le réceptacle du pénis recourbé en arc autour de la ventouse ventrale, et le pénis saillant, lisse, très-long et quelquefois enroulé, long de 0^{mm},6, large de 0^{mm},015; leurs œufs sont longs de 0^{mm},037; la cavité respiratoire est particulièrement plus distincte et en forme d'Y.

Ces derniers distomes, quoique plus petits, doivent être identiques, je crois, avec l'espèce suivante de Rudolphi.

?? 33 (*a*). **DIST. CIRRATUM.** — RUDOLPHI, *Entoz.*, II, I, p. 376, pl. 6, fig. 7, et *Synops.*, p. 100, n° 40.

« — Corps blanchâtre, taché ou varié de rougeâtre par les œufs, « long de 2^{mm},25, large de 0^{mm},75 (trois fois aussi long que large), dé- « primé, ovale, pointillé en avant; — ventouse antérieure plus « grande, terminale, à orifice oblong; — ventouse ventrale orbicu- « laire; — pénis très-long, grêle, toujours saillant, épaissi à l'extré- « mité. » (RUD.)

Rudolphi en trouva treize individus dans le gros intestin d'un choucas (*Corvus monedula*) et deux individus dans le gros intestin d'une jeune pie (*Corvus pica*); il déclare lui-même qu'ila trop d'affinité avec son *Distoma elegans*, dont il ne diffère guère que par sa partie antérieure (cou), pointillée (*punctatum*), ce qui signifie, je pense, que le tégument est parsemé de très-petites épines, comme je l'indique chez le *Distoma maculosum* des hirondelles, des farlouses et du moineau; mais, le *Distoma elegans* de Rudolphi me paraît être identique avec le *Distoma maculosum*; il faudrait donc réunir en une seule toutes ces espèces qui auraient pour caractère commun la position et la longueur du pénis.

(?) 33 (*b*). **DIST. GLOBOCAUDATUM.** — CREPLIN, *Observ. de Entoz.*, p. 49.

Il faut aussi, je crois, réunir avec l'espèce précédente, et celles que nous venons de nommer, un petit distome que M. Creplin a trouvé dans l'intestin d'une corneille (*Corvus cornix*) et qu'il décrivit en 1825 sous le nom de *Distoma globocaudatum*, tout en reconnaissant lui-même combien il ressemble aux *Distoma elegans* et *Distoma cirratum* de Rudolphi. La différence principale, suivant cet auteur, consiste en un appendice caudal, presque globuleux ; or, ce prétendu appendice n'est probablement que le résultat de la contractilité des tissus pendant la vie, car M. Creplin dit que, sur les exemplaires conservés dans l'esprit-de-vin, cet étranglement disparaît, et l'extrémité postérieure du corps est alors obtuse. Au reste, les jeunes distomes, trouvés par M. Creplin au nombre de dix, étaient « translucides au milieu, blancs-opaques près des bords, longs de 2^{mm},25 environ, déprimés, oblongs, plus épais en avant, avec la ventouse antérieure plus grande, terminale, à orifice oblong; la ventouse ventrale orbiculaire, et le pénis ou cirre, grêle, assez long, courbé, sortait en avant de la ventouse ventrale; — l'oviducte, rouge, formait une ligne tortueuse en arrière à partir de la ventouse ventrale. »

? 34. DIST. ÉLÉGANT.   *DIST. ELEGANS.* — Rud., *Entoz.*, II, p. 375, et *Synops.*, p. 100.

Distomum elegans, Creplin, Nov. observ. de Entoz., p. 59.

« — Corps translucide avec deux bandes latérales blanchâtres, opa-
« ques (ovaires), et une bande flexueuse, repliée, rougeâtre (oviducte)
« au milieu, long de 2^{mm},25 à 3^{mm},37, large de 0^{mm},75 à 1^{mm},10 (trois
« fois aussi long que large), déprimé, ovale, un peu plus étroit en
« avant; — ventouses presque égales, l'antérieure située en dessous,
« avec l'orifice longitudinal à bords renflés; la postérieure située vers
« le tiers antérieur de la longueur; — orifice génital contigu à la ven-
« touse antérieure en arrière (Creplin ?) ou à la ventouse posté-
« rieure (Rudolphi); — orifice caudal correspondant à une cavité pos-
« térieure qui, d'abord simple, se dirige en avant suivant la ligne
« médiane, puis se partage en deux branches divergentes terminées
« en cœcum. »

Rudolphi trouva dans l'intestin de deux jeunes moineaux (*Fringilla domestica*), à Greifswald, sept exemplaires de son *Distoma elegans*, que je suis bien tenté de croire identiques avec le *Distoma maculosum* (n° 33), que j'ai moi-même trouvé dans le moineau, et surtout avec celui de l'*Anthus aquaticus ;* car la position qu'il indique pour l'orifice génital et les autres caractères sont les mêmes, sauf la forme oblongue, qu'il attribue à la ventouse antérieure, ce qui ne peut constituer une différence réelle, puisque chez la plupart des distomes on voit cet orifice de la ventouse changer de forme et se contracter de diverses manières. Mais M. Creplin ayant aussi trouvé des distomes dans l'intestin du moineau, en donne une description un peu différente de celle de Rudolphi, et, notamment, il dit positivement n'avoir pas vu devant la ventouse ventrale le tubercule indice de l'orifice génital, pour Rudolphi; mais, au contraire, avoir vu

cet orifice contigu à la ventouse antérieure. Si cet observateur, ordinairement très-exact, ne s'est pas trompé dans ce cas, s'il n'a pas pris
la cavité interne du bulbe œsophagien pour l'indice d'un orifice génital, il faut, d'après un tel caractère, distinguer le *Distoma elegans*
de toutes les autres espèces.

Le catalogue du musée de Vienne indique le *Distoma elegans*
comme trouvé quatre fois parmi cinq cent trente pinsons (*Fringilla
cœlebs*), et quatre fois parmi cinq cent seize friquets (*Fringilla mon-
tana*); mais pas même une seule fois dans quinze cent cinquante-sept
moineaux.

35. DIST. A LONG CIRRE.   *DIST. MENTULATUM.* — Rud., *Synops.*, p. 103 et 388.

« — Corps blanchâtre ou rougeâtre, taché de fauve par les œufs,
« long de $2^{mm},5$ à $3^{mm},4$, quatre à cinq fois aussi long que large, dé-
« primé, obtus aux extrémités ; — ventouse antérieure presque deux
« fois plus grande (large de $0^{mm},27$), à orifice longitudinal ; — ventouse
« ventrale large de $0^{mm},18$, située à $0^{mm},48$ de la première ; — bulbe
« œsophagien large de $0^{mm},4$; — œsophage nul (?) ; — orifices géni-
« taux, situés en avant de la ventouse ventrale ; — réceptacle du pénis
« claviforme, allongé ; — pénis *très-long*, enroulé, long de $0^{mm},6$, large
« de $0^{mm},029$; — oviducte formant une masse oblongue, claviforme,
« ou en S dans la partie postérieure ; — œufs elliptiques, longs de
« $0^{mm},035$ à $0^{mm},036$. »

J'ai observé deux exemplaires envoyés, en 1841, par le Muséum
de Vienne à celui de Paris, et trouvés dans l'intestin du *Lacerta
agilis cœrulescens;* je n'ai pu voir bien distinctement l'origine des
branches de l'intestin, mais la ressemblance de cette espèce avec le
Distoma maculosum et avec le distome de la couleuvre me détermine à le placer ici.

Rudolphi a décrit sous ce nom divers distomes qu'il a trouvés dans
l'intestin des couleuvres, à Berlin, et dans des lézards (*Lacerta maculata*), à Rimini, en Italie, et d'autres encore trouvés par Gaede, à Berlin, dans l'intestin du lézard gris (*Lacerta agilis*). Il a voulu y réunir
en outre un distome trouvé par le duc de Holstein-Beck dans la couleuvre à collier, mais il est très-probable que les distomes des couleuvres sont différents de ceux des lézards, car ils n'ont point montré le long pénis ou cirre qui a mérité leur nom spécifique aux distomes des lézards, et je crois qu'ils appartiennent à l'espèce suivante.

36. DIST. MARQUÉ.   *DIST. SIGNATUM.* — Duj., *nov. sp.*

« — Corps blanc, avec une bande fauve (œufs) diversement con-
« tournée et très-tranchée, long de $2^{mm},25$, large de $0^{mm},85$, ovale,
« oblong, déprimé, plus ou moins courbé ; — tégument parsemé en
« avant de petites épines longues de $0^{mm},007$; — ventouses orbiculaires

« saillantes, presque égales, larges de 0^{mm},28 à 0^{mm},31, écartées de
« 0^{mm},30; — bulbe œsophagien large de 0^{mm},095; — œsophage nul; —
« intestin courbé en arc, transverse et prolongé en deux branches
« simples; — orifices génitaux contigus devant la ventouse ventrale;
« — trois testicules globuleux, assez gros, situés au milieu de la lon-
« gueur; — oviducte dilaté et formant une bande contournée en S;
« — œufs longs de 0^{mm},035 à 0^{mm},044, larges de 0^{mm},020; — vaisseaux
« nombreux avec cils ou filaments ondulatoires. »

J'en ai trouvé plusieurs dans l'œsophage d'une couleuvre (*Coluber
natrix*), le 26 mai, à Rennes.

37. DIST. VARIÉ. *DIST. VARIEGATUM.* — Rud., *Synops.*, p. 90 et 378, n° 33.

Distomum variegatum, Creplin, dans l'Enc. de Ersch et Gruber, t. XXXII,
p. 282; et *Monostoma ellipticum*, Rudolphi et Bremser (voy. p. 359).

« — Corps blanc-bleuâtre avec les ovaires d'un blanc mat, de cha-
« que côté, et l'oviducte rempli d'œufs presque noirs formant, par ses
« nombreuses sinuosités, des dessins élégants au milieu; — long de
« 8^{mm} à 16^{mm}, large de 1^{mm},2 à 2^{mm},25, ou sept fois environ plus long
« que large, déprimé, allongé, un peu rétréci en avant; — tégument
« lisse (?); — ventouses orbiculaires petites, l'antérieure large de
« 0^{mm},44, terminale; — ventouse ventrale large de 0^{mm},38, située à
« 2^{mm},54 de la première; — bulbe œsophagien large de 0^{mm},23; —
« intestin à deux branches très-longues, sinueuses; — orifices géni-
« taux situés vis-à-vis la bifurcation de l'intestin; — pénis lisse,
« conique, assez long; — trois testicules très-grands, ovoïdes, situés
« dans l'axe du corps derrière la ventouse ventrale; — ovaires blancs,
« opaques, formant des grappes irrégulières, latérales; — oviducte
« plus ou moins dilaté, très-long, replié entre les autres organes; —
« œufs noirs, longs de 0^{mm},030 à 0^{mm},033, larges de 0^{mm},019. »

Ce distome se trouve exclusivement dans les poumons de la grenouille verte (*Rana esculenta*) et de plusieurs autres batraciens, où
on l'a pris pour un monostome. Je l'ai trouvé à Paris, le 5 août 1838,
et quatre fois, à Rennes, parmi trente-six grenouilles vertes; Rudolphi
l'avait trouvé une seule fois, à Berlin, et en avait reçu de nombreux
exemplaires, trouvés par Bremser dans les poumons de la même grenouille. Cependant le catalogue du musée de Vienne, publié par
Westrumb, ne mentionne pas une seule fois cette espèce.

Le *Dist. variegatum* du poumon de la grenouille verte ne peut être
confondu avec le *Dist. cylindraceum*, habitant le poumon de la grenouille rousse, il en est parfaitement distinct tant à cause de la forme
générale et de la couleur de son corps, beaucoup plus mou, que
par la position des orifices génitaux, situés plus en avant, par le volume des œufs beaucoup moindres, et par la grandeur relative et
l'écartement des ventouses; mais c'est précisément le même helminthe
qui, trouvé dans le poumon des *Bufo igneus* et *cinereus*, a été décrit

par les auteurs sous le nom de *monostoma ellipticum*, parce que la
ventouse ventrale est très-petite et souvent difficile à apercevoir, soit
à cause du développement des oviductes, soit que cette ventouse même
finisse par s'atrophier à un certain âge chez les distomes qui en ont
moins besoin pour se fixer.

38. DIST. GLOBIPORE.   *DIST. GLOBIPORUM.* — Rudolphi.

> *Fasciola bramœ*, Müller, Zool. dan., t. I, p. 33, pl. 30, fig. 6.
> *Fasciola tincœ*, Moderer, dans les Mém. de l'Acad. suédoise, 1790, p. 127.
> *Fasciola longicollis (carpionis)*, Froelich, Naturf., XXV, p. 72, pl. 3, fig. 9-11.
> *Distoma cyprinaceum*, Zeder, Nachtrag., p. 181.
> *Distoma globiporum*, Rud., Entoz., t. II, 1, p. 365, et Syn., p. 96.
> *Distoma globiporum*, Burmeister, dans Wiegmann's Archiv., 1835, t. II, p. 187, pl. 2, et Siebold, 1836, t. I, p. 217, pl. 6.
> *Distoma globiporum*, Ehrenberg, Mém. Acad. Berlin, 1837, t. XXII, p. 167 et 179, pl. 1, fig. 1.

« — Corps blanc ou jaunâtre, long de 2^{mm} à 3^{mm},8, large de 0^{mm},6
« à 1^{mm},12, un peu déprimé, oblong; — partie antérieure (cou)
« cylindrique ou concave en dessous; — ventouses globuleuses; la
« ventrale plus grande, quelquefois très-saillante ou presque pédon-
« culée, située vers le tiers antérieur; — bulbe œsophagien moitié
« plus petit que la ventouse antérieure; — œsophage nul; — bran-
« ches de l'intestin longues; — orifices génitaux contigus entre
« les deux ventouses; — réceptacle du pénis cylindrique, oblique-
« ment dirigé en avant à partir de la ventouse ventrale; — deux
« testicules grands, à bord sinueux, occupant la partie postérieure
« du corps. »

Trouvé dans l'intestin de divers cyprins (*Cyprinus carpio, brama,
tinca, erythrophthalmus, nasus*) et aussi, suivant Zeder, dans la
perche. D'après la description de Rudolphi, j'aurais pensé que c'est
le même distome que, d'après M. Nordmann, nous avons nommé
Dist. perlatum; mais la figure donnée par M. Burmeister semble
prouver que c'est un *Brachylaimus*. Celle de M. Ehrenberg montre
au contraire un œsophage court; d'ailleurs la position et la forme du
pénis ne permettent pas de confondre les deux espèces.

39. DIST. DE LA SOLE.   *DIST. SOLEÆ.* — Duj., *nov. sp.*

« — Corps long de 1^{mm},5, large de 0^{mm},57, ovale-oblong, déprimé ;
« — ventouse antérieure large de 0^{mm},14; — ventouse ventrale large
« de 0^{mm},22, située un peu en avant du milieu; — bulbe œsophagien
« large de 0^{mm},09; — orifices génitaux contigus en avant de la ven-
« touse ventrale; — deux testicules ovoïdes situés à l'extrémité pos-
« térieure; — réceptacle du pénis fusiforme, courbé en arc sur le
« côté de la ventouse;—pénis long, filiforme, replié dans son récep-

« tacle ; — œufs elliptiques *très-grands* , peu nombreux, longs de
« 0^{mm},093. »

Je l'ai trouvé plusieurs fois à Rennes dans l'intestin de la sole (*Pleu-ronectes solea*).

QUATRIÈME SECTION. *(Brachylaimus).*

Orifices génitaux contigus en avant de la ventouse ventrale ; — testi-cules situés en avant des replis de l'oviducte ; — corps filiforme.

40. DIST. FIL, **DIST. FILUM.** — Duj., nov. *sp.*

« — Corps coloré en brun, translucide en avant seulement, long
« de 5^{mm} à 6^{mm},5 , large de 0^{mm},2 à 0^{mm},25 (vingt-cinq fois aussi long
« que large), filiforme, très-grêle ; — ventouses égales, orbiculaires,
« saillantes, larges de 0^{mm},22 , l'antérieure située en dessous près du
« bord, la postérieure située à 0^{mm},57 de la première ; — bulbe œso-
« phagien large de 0^{mm},10 ; — intestin divisé immédiatement en deux
« branches droites, peu divergentes ; — orifices génitaux situés en
« avant de la ventouse ventrale ; — trois testicules ovoïdes placés à
« la suite, derrière cette même ventouse ; — oviductes repliés sur eux-
« mêmes dans toute la partie postérieure du corps ; — œufs bruns,
« longs de 0^{mm},055 à 0^{mm},057. »

J'en ai trouvé à Rennes huit exemplaires d'abord, dans l'intestin de
deux moineaux le 26 mars, puis deux autres dans un troisième moineau le 7 avril ; vingt-deux autres moineaux à Rennes et dix-sept à
Paris ne contenaient pas ce distome si remarquable par sa forme.

? 41. DIST. BANDELETTE. , **DIST. VITTA.** — Duj., nov. *sp.*

« — Corps fauve, filiforme, long de plus de 10^{mm}, large de 0^{mm},75 ;
« — ventouses ?..... — replis de l'oviducte occupant toute la partie
« postérieure du corps en arrière du testicule ; — œufs elliptiques-
« oblongs, longs de 0^{mm},042 , larges de 0^{mm},02. »

Je désigne ainsi comme espèce tout à fait distincte un distome auquel manquait la partie antérieure du corps, et que j'ai trouvé dans
l'intestin d'un mulot (*Mus sylvaticus*) à Rennes ; sa ressemblance
avec l'espèce précédente me détermine à le placer dans la même
section.

CINQUIÈME SECTION. *(Brachylaimus).*

*Orifices génitaux contigus en avant de la ventouse ventrale; — testi-
cules situés derrière les replis de l'oviducte.*

42. DIST. DU BROCHET.   *DIST. TERETICOLLE.* — RUD.

Fasciola lucii, MÜLLER, dans Schrif. d. Berl. nat. fr., t. I, p. 203 ; et dans
  Naturf., XIV, p. 136 et dans Zool. dan., t. I, p. 33, pl. 30, et t. II, pl. 78.
Fasciola longicollis, BLOCH, Traité des Vers intestinaux.
Planaria lucii, GOEZE, Naturg., p. 172, pl. 14, fig. 3 (mauvaise).
Distoma lucii, ZEDER, Nachtrag., p. 173.
Distoma tereticolle, RUD., Entoz., t. II, 1, p. 379, et Syn., p. 102.
Distoma tereticolle, BREMSER, Icones helminth., pl. 9, fig. 5-6.
Douve à long cou, JURINE, dans Ann. sc. nat., 1824, t. II, p. 489.

Var. (α) *Distomum rosaceum,* NORDMANN, Mikrogr. Beitr, 1832, I, p. 82, p. 8,
  fig. 1-3.

« — Corps rougeâtre, long de 10 à 40^{mm} (jusqu'à 54^{mm}, MULL.), large
« de 1^{mm},50 à 3^{mm},37, ou douze à treize fois aussi long que large, li-
« néaire, un peu déprimé et aminci en arrière, et ayant au contraire
« la partie antérieure cylindrique, souvent recourbée en forme de
« cou; — ventouse antérieure très-grande, urcéolée, presque aussi
« large (1^{mm},4) que la partie antérieure du corps; — ventouse ven-
« trale presque moitié moins grande (0^{mm},8), très-saillante, et située
« à 8^{mm} environ de la première; — bulbe œsophagien assez petit (de
« 0^{mm},4); — intestin transverse d'abord, puis envoyant deux longues
« branches droites et parallèles, presque jusqu'à l'extrémité posté-
« rieure; — orifices génitaux contigus en avant de la ventouse ven-
« trale; — trois testicules globuleux, situés à la file, vers le milieu
« de la longueur; — ovaires formant deux bandes latérales, depuis
« la ventouse ventrale jusqu'au dernier testicule; — oviducte replié
« entre les branches de l'intestin, depuis la ventouse ventrale jus-
« qu'aux testicules; — œufs elliptiques, longs de 0^{mm},05; — cavité
« respiratoire (?) tubuleuse, très-longue, occupant la partie posté-
« rieure du corps entre les branches de l'intestin. »

Il se trouve assez communément en Allemagne et en Danemark,
entre les plis de l'estomac des vieux brochets (*Esox lucius*); mais
je ne crois pas qu'on l'y ait trouvé en France : quant à moi, je l'ai
cherché vainement. Jurine, à Genève, l'a trouvé dans le brochet et
dans la truite saumonée (*Salmo trutta*). Au musée de Vienne on l'a
trouvé dans l'estomac de la truite commune (*Salmo fario*) et du *Salmo
hucho;* j'ai observé au Muséum de Paris des exemplaires provenant
de ces deux poissons et envoyés de Vienne. Gœze, et après lui Rudolphi, ont indiqué comme un caractère de cet helminthe les plis transverses et les crénelures marginales résultant de la contraction.

— M. Nordmann a décrit, comme espèce distincte, une simple variété de ce distome trouvé par lui dans la lotte (*Gadus lotta*) et qui se distingue seulement par la couleur plus rose.

VIIe SOUS-GENRE. (*APOBLEMA*.)

Intestin transverse ou bifurqué immédiatement en arrière du bulbe œsophagien ; — partie postérieure du corps en forme de queue épaisse, tubuleuse ; — rétractile par invagination.

43. DIST. APPENDICULÉ.   ***DIST. APPENDICULATUM***.—RUD., *Ent.*, t. II, ɪ, p. 400, pl. 5, fig. 1-2, et *Syn.*, p. 110 et 404, et ***Dist. crenatum***, *Ent.*, t. II, ɪ, p. 404 et ***Dist. affine***, ? *Syn.*, p. 110.

« — Corps blanc coloré en fauve par les œufs, long de 2^{mm} à 5^{mm},2
« (jusqu'à 6^{mm},7, CREP., et 9^{mm}, RUD.), large de 1^{mm}, aminci en avant ; —
« partie postérieure rétractile, ou queue, moitié moins large, longue
« de 1^{mm},3 à (?) ; — tégument assez régulièrement strié ou plissé en
« travers, et paraissant quelquefois denté en scie sur les bords ; —
« stries écartées de 0^{mm},01 à 0^{mm},02 ; — ventouse antérieure petite, large
« de 0^{mm},20 à 0^{mm},25 ; — ventouse ventrale deux fois plus large, éloi-
« gnée de 0^{mm},5 ou 0^{mm},6 ; — bulbe œsophagien large de 0^{mm},13 ; —
« orifices génitaux contigus près de la ventouse antérieure ; — testi-
« cules globuleux situés au milieu du corps, entre les replis de l'ovi-
« ducte, précédés d'une vésicule séminale remplie de spermatozoïdes
« actifs ; — pénis épais, *hérissé de granules* ou de pointes courtes,
« large de 0^{mm},062, saillant, sous la ventouse antérieure ; — œufs
« elliptiques, longs de 0^{mm},025 à 0^{mm},030 ; — un gros canal longitudi-
« nal, partant de la queue pour venir au-dessus de la ventouse ven-
« trale se diviser en deux branches qui se rejoignent en anneau au-
« dessus de la bouche. »

Je le décris d'après des exemplaires que j'ai trouvés à Rennes dans les intestins de l'alose (*Clupea alosa*), du bars (*Labrax lupus*) et du maquereau (*Scomber scombrus*). Rudolphi l'indique comme trouvé dans la torpille (*Torpedo marmorata*), dans l'esturgeon, dans les *Ophidium barbatum* et *vassali*, dans le *Zeus aper*, dans les *Pleuronectes maximus*, *linguatula*, *passer* et *solea*, dans le *Gasterosteus aculeatus*, dans les *Trigla hirundo* et *adriatica*, dans le *Salmo salar*, dans l'*Osmerus saurus* et dans l'alose. M. Creplin l'a trouvé en outre dans la perche, dans le brochet, dans l'anguille, dans le hareng, dans les *Gadus callarias* et *lotta*, et dans le *Cottus scorpius*.

Il faut très-probablement réunir à cette espèce le *Distoma affine* (RUD., *Syn.*, p. 110 et 406), dont Rudolphi trouva seulement deux très-petits exemplaires dans une *Perca cirrosa*. Lui-même soupçonne cette identité. Il ne distingue que par leurs œufs présentant, dit-il, un point noirâtre au milieu, ces distomes longs de 0^{mm},75 contractés, et de 2^{mm},25 quand ils s'allongent.

44. DIST. DU CONGRE. *DIST. RUFO-VIRIDE.*—Rud., *Syn.*, p. 110, et *Distoma grandiporum*, Rud., *Syn.*, p. 110, 407 et 406.

« — Corps blanc ou verdâtre, taché de roux, long de 5 à 10^{mm}, « large de 1^{mm} à 2^{mm},7, cylindrique, un peu aminci en avant, tronqué « en arrière, où il fait sortir et rentrer un appendice tubuleux en « forme de queue large et plissée transversalement ; — tégument lisse, « assez résistant, avec des rides ou stries transverses irrégulières, peu « distinctes ; — ventouse antérieure de grandeur très-variable (de « 0^{mm},24 à 1^{mm}) ; — ventouse postérieure toujours plus grande, et « quelquefois du double, large de 0^{mm},51 à 1^{mm},25, située au tiers an-« térieur de la longueur ; — bulbe œsophagien globuleux moitié aussi « large que la ventouse antérieure ; — branches de l'intestin larges, « finement plissées en travers ; — orifices génitaux presque contigus « en arrière de la bifurcation de l'intestin ; — orifice mâle entouré « d'un bulbe musculeux ; — pénis lisse, assez long ; — réceptacle du « pénis blanc, opaque, claviforme, situé en avant de la ventouse « ventrale ; — trois testicules globuleux situés en arrière de cette « même ventouse ; — oviductes formant des circonvolutions lâches « entre les autres organes, au milieu du corps ; — œufs d'un roux vif, « longs de 0^{mm},024 à 0^{mm},028 (de 0^{mm},031 dans un exemplaire) ; — « appendice postérieur rétractile par invagination, et contenant une « vaste cavité (respiratoire ?) ; — canal blanc, opaque, plus ou moins « sinueux, partant de l'extrémité de l'appendice rétractile pour venir « au-dessus de la ventouse ventrale se diviser en deux branches qui se « rejoignent en anneau au-dessus de la bouche. »

Je l'ai trouvé souvent et abondamment à Rennes dans l'estomac et l'œsophage du congre (*Murœna conger*), où Rudolphi l'avait trouvé aussi ; mais je n'ai jamais vu la couleur verte indiquée par cet auteur.

Il faut réunir à cette espèce le *Distoma grandiporum* (Rud., *Syn.*, p. 110 et 407), que Rudolphi avait trouvé aussi à Naples dans l'œsophage de la *Murœna helena*, et qu'il voulait distinguer seulement par la différence de grandeur des deux ventouses ; mais lui-même avait fini par reconnaître combien ce caractère est incertain, et après avoir comparé des exemplaires que lui envoya Bremser, il dit : « *conjungendum tamen erit,* » il faudra les réunir.

45. DIST. DES CORYPHÈNES. *DIST. TORNATUM.* — Rudolphi, *Syn.*, p. 684.

« — Corps demi-transparent, taché en blanc opaque et en jaune « ou en brun par les organes internes, long de 7 à 8^{mm} (jusqu'à 15^{mm}, « Rud.), huit à neuf fois aussi long que large, recourbé ; — partie

« antérieure cylindrique, obtuse en avant, tronquée en arrière, où
« elle laisse sortir et rentrer par invagination un long appendice en
« forme de queue ridée ou presque moniliforme, une ou deux fois
« aussi longue, et moitié moins large ; — tégument lisse, assez résis-
« tant, formé de fibres obliques en diverses directions ; — ventouse
« antérieure dirigée en dessous, large de 0^{mm},4 ; — ventouse posté-
« rieure globuleuse, très-saillante, large de 0^{mm},53 ; — bulbe œso-
« phagien large de 0^{mm},18 ; — intervalle entre les ventouses long de
« 0^{mm},5 à 0^{mm},6, très-gonflé par les orifices génitaux et par le récep-
« tacle du pénis, que termine une gaîne musculeuse, épaisse, striée
« en travers ; — pénis assez long, large de 0^{mm},095, saillant en avant
« de la bouche ; — testicules globuleux, situés au milieu du corps,
« en avant des replis de l'oviducte ; — œufs très-petits, elliptiques,
« longs de 0^{mm},023. »

J'ai étudié deux exemplaires de cet helminthe, envoyés par le Muséum de Vienne à celui de Paris, comme provenant des intestins de
la *Coryphœna hippuris*. Rudolphi avait reçu de Vienne ces mêmes
distomes, trouvés par Natterer ; mais précédemment aussi il avait
reçu d'Olfers des exemplaires provenant de la *Coryphœna equiselis*.

? 46. DIST. CAUDIPORE.　　*DIST. CAUDIPORUM*. — RUDOLPHI,
Syn., p. 96 et 370.

« — Corps blanchâtre, taché de fauve au milieu, long de 3^{mm},37,
« très-extensible, presque elliptique, déprimé, convexe en dessus,
« plane en dessous, tronqué en arrière, où il fait sortir et rentrer une
« queue beaucoup plus étroite ; — ventouse antérieure globuleuse,
« dirigée en dessous ; — ventouse ventrale du double plus grande, à
« bord gonflé, et très-éloignée de la première » (RUD.)

Rudolphi a établi cette espèce pour un seul exemplaire trouvé dans
l'intestin du *Zeus faber* à Rimini ; mais il est bien probable qu'il appartient à une des espèces précédentes.

? 47. DIST. OUVERT.　　*DIST. APERTUM*. — RUDOLPHI, *Syn.*,
p. 108 et 79.

« — Corps blanchâtre, long de 1^{mm},20 à 2^{mm},25, large de 0^{mm},55 à (?),
« cylindrique, aminci en avant, ou présentant une sorte de cou plus
« étroit, tronqué et comme ouvert en arrière (ayant un appendice
« caudal rétracté?) ; — ventouse ventrale plus grande ; — réceptacle
« du pénis situé entre les ventouses. » (RUD.)

Trouvé deux fois par Rudolphi dans les intestins de l'*Apogon ruber.*

? 48. DIST. BOTTE.　　*DIST. OCREATUM*. — RUDOLPHI, *Entoz.*,
t. II , 1, p. 397, et *Syn.*, p. 107.

« — Corps blanchâtre, long de 1^{mm},2 à 2^{mm},25, cylindrique, mince ;
« — partie antérieure rétrécie en avant et divergente ; — partie pos-

« térieure terminée par un appendice en forme de queue tubuleuse,
« rétractile ; — ventouses globuleuses, l'antérieure terminale, la ven-
« trale plus grande, située à l'angle saillant du corps. » (Rud.)

Rudolphi le trouva très-nombreux dans l'intestin d'un hareng
(*Clupea harengus*), à Greifswald.

VIIIe SOUS-GENRE. (*ECHINOSTOMA*.)

Ventouse antérieure entourée de piquants, ou occupant le milieu
d'un disque échancré en dessous et bordé de piquants latéralement et en dessus, ou accompagnée de deux larges lobes bordés
de piquants.

49. DIST. TRIGONOCÉPHALE.   *DIST. TRIGONOCEPHALUM.*
— RUDOLPHI.

Planaria putorii et *Planaria melis*, GOEZE, Naturg., p. 175, pl. 14, fig. 7-10.
Distoma melis, ZEDER, Nachtrag., p. 194.
Fasciola trigonocephala et *Fasciola armata*, RUDOLPHI, dans les Arch. de
    Wiedem, t. III, p. 87, et 88.
Distoma armatum, ZEDER, Naturg., p. 220, n° 34.
Distoma trigonocephalum, RUD., Entoz., t. II, I, p. 415, et Syn., p. 114,
    n° 103.

« — Corps blanc d'abord, puis rosé et rouge, long de 1^{mm},12 à
« 11^{mm},25, large de 0^{mm},75 à 2^{mm},25, oblong, déprimé ou aplati, or-
« dinairement plus épais en avant, diminuant peu à peu de largeur
« en arrière ; — partie antérieure (cou), rétrécie peu à peu, à partir
« de la ventouse ventrale, et terminée par une sorte de tête presque
« triangulaire, saillante, entourée d'épines droites ; — ventouse anté-
« rieure terminale, orbiculaire, dirigée en dessous, large de 0^{mm},5 (?) ;
« — ventouse postérieure beaucoup plus grande, large de 1^{mm},10, et
« située à 1^{mm},65 de l'antérieure ;— bulbe œsophagien large de 0^{mm},30 (?);
« — orifice génital situé en avant de la ventouse ventrale ; — pénis
« plus long que la partie antérieure (long de 5^{mm} ?), cylindrique,
« flexueux. » (Rud.)

Gœze, d'abord, puis Zeder, l'ont trouvé adhérent à la muqueuse
intestinale du blaireau (*Meles taxus*) et du putois (*Mustela putorius*);
Rudolphi le trouva ensuite, à Greifswald, dans l'intestin de trois hérissons, de plusieurs putois et d'une belette (*Mustela vulgaris*);
Treutler l'a trouvé aussi dans la fouine (*Mustela foina*), et le catalogue du musée de Vienne l'indique quatre fois sur quatre-vingt-
quinze dans le putois, et deux fois sur cent soixante-quinze dans le
hérisson (*Erinaceus europœus*).

50. DISTOME ACANTHOIDE. *DIST. ACANTHOIDES.* — Rud.,
Synopsis, p. 114 et 415, n° 104.

« — Corps blanc, long de 4 à 6^mm, large de 0^mm,75, déprimé, pres-
« que linéaire, aminci à l'extrémité postérieure; — ventouse anté-
« rieure, terminale, petite, portée par une sorte de tête conique,
« entourée d'*épines* droites, à sa base, et portant en outre d'autres
« épines groupées de chaque côté en arrière; — ventouse postérieure
« beaucoup plus grande, profonde; — pénis long, flexueux, assez
« épais. » (Rud.)

Rudolphi seul en a trouvé deux exemplaires dans l'intestin grêle
du *Phoca vitulina,* à Berlin.

? **51. DISTOME DU RAT.** *DIST. SPICULATOR.* — Duj., *sp. nov.*

« — Corps long de 1^mm,7 à 2^mm,0, large de 0^mm,5 à 0^mm,6, ovale,
« oblong, prolongé en une sorte de cou plus étroit que termine une
« tête presque triangulaire, entourée sur les côtés et en arrière par
« une double rangée de vingt épines droites, longues de 0^mm,045; —
« tégument épais de 0^mm,01, parsemé en avant de très-petites lamelles
« aiguës formant des rangées transverses; — ventouse antérieure
« globuleuse, presque terminale, large de 0^mm,18, sans échancrure;
« — ventouse ventrale beaucoup plus grande, large de 0^mm,37, située
« vers le milieu de la longueur; — bulbe œsophagien large de 0^mm,11,
« strié transversalement, séparé de la ventouse antérieure par un
« premier tube œsophagien mince, long de 0^mm,04, et suivi d'un
« autre tube œsophagien long de 0^mm,23, après lequel l'intestin se
« partage en deux branches devant la ventouse ventrale; — deux tes-
« ticules ovoïdes, diaphanes, derrière la ventouse ventrale; — récep-
« tacle du pénis claviforme en avant de cette même ventouse; —
« pénis long de 0^mm,4, large de 0^mm,01, flexueux, tout hérissé de
« très-petites pointes; — orifice génital entre la ventouse et la bifur-
« cation de l'intestin; — ovaires et oviductes (?) (non développés);
« orifice caudal très-distinct, circulaire, froncé, situé à l'extrémité
« postérieure; — sac respiratoire (cavité postérieure) très-vaste,
« pinnatifide, prolongé en avant, de chaque côté de la ventouse ven-
« trale, par deux longues branches latérales rameuses, qui atteignent
« la ventouse antérieure. Toute cette cavité montre des contractions
« successives par suite desquelles le liquide contenu est refoulé dans
« un sens et dans l'autre; — vaisseaux nombreux, ramifiés, et dont
« un seul de chaque côté, partant de l'extrémité postérieure, sinueux,
« large de 0^mm,0076, contient des cils longs de 0^mm,033, agités d'un
« mouvement ondulatoire continuel; — d'autres vaisseaux ramifiés,
« courts, formant un réseau à la surface. »

J'ai trouvé à Rennes, le 22 août, dans l'intestin grêle du surmulot
(*Mus decumanus*), six individus de ce distome non adulte, que je

croirais volontiers identique avec le *Distoma trigonocephalum*,
n° 49, d'autant plus que le surmulot, dans la campagne, dévore des
mollusques et d'autres animaux invertébrés, ainsi que le hérisson, le
blaireau, le putois et la belette, dans lesquels ce dernier distome a
été trouvé, et que je soupçonne ce distome épineux d'être produit
spontanément dans les mollusques terrestres; de même que le
Distoma echinatum et le *Distomum ferox* des oiseaux de marais,
auraient pris naissance dans les mollusques d'eau douce.

52. DISTOME DE LA SARIGUE.   *DIST. CORONATUM*. — Rud., *Synopsis*, p. 686.

« — Corps long de 4^{mm},50 à 9,^{mm}12, plane, oblong,
« finement strié en travers, rétréci en arrière et terminé en pointe;
« — partie antérieure (cou) presque ovale, convexe en dessus, con-
« cave en dessous, terminée en avant par une sorte de tête distincte,
« presque réniforme, armée d'aiguillons droits de chaque côté; —
« ventouse antérieure, orbiculaire, située en dessous; — ventouse
« ventrale plus grande que l'antérieure, presque globuleuse, située
« à la jonction du cou avec le corps. » (Rud.)

Trouvé par Natterer, au Brésil, dans l'intestin grêle du *Didelphis virginiana*.

? 53. DISTOME DU MILAN.   *DIST. ECHINOCEPHALUM*. — Rud., *Synopsis*, p. 115 et 418, n° 109.

Planaria latiuscula, Goeze, Naturg., p. 173.
Distoma milvi, Zeder, Naturg., p. 209, n° 2.

« — Corps blanc, long de 3^{mm},37 environ, étroit, linéaire, un peu
« aminci en arrière et obtus à l'extrémité, terminé en avant par une
« sorte de tête plus étroite, presque ronde, entourée d'épines droites;
« — ventouse antérieure petite; — ventouse ventrale beaucoup plus
« grande. » (Rud.)

Goeze l'avait trouvé dans l'intestin du milan, mais ne l'avait pas
décrit suffisamment en disant que le corps est ovale, blanc. Rudolphi
ayant reçu plus tard des distomes trouvés par Treutler dans le même
oiseau de proie, et conservés dans l'alcool, les décrivit ainsi; et,
malgré leur forme linéaire et non ovale, il les crut identiques avec
ceux de Goeze. On peut croire que ces distomes provenaient d'un
autre animal dévoré par le milan.

? 54. DISTOME APICULÉ.   *DIST. APICULATUM*. — Rudolphi, *Entoz.*, II, 1, p. 423, et *Synopsis*, p. 116, n° 111.

« — Corps rougeâtre, long de 6^{mm},7 à 10^{mm},12, large de 1^{mm},12 en-
« viron, oblong, déprimé, plus large au milieu, aminci en arrière; —
« partie antérieure (cou) plus étroite, hérissée d'épines et terminée
« par une tête petite, presque conique, échancrée en dessous, et

« entourée d'épines droites, obtuses, excepté dans l'échancrure ; —
« — ventouse antérieure petite, orbiculaire ; — ventouse ventrale
« plus grande. » (Rud.)

Reich, le premier, trouva ce distome dans le *Strix stridula ;* Rudolphi le trouva ensuite à Greifswald, dans l'effraie (*Strix flammea*) ;
mais leurs descriptions sont trop incomplètes pour qu'on puisse décider si cette espèce est vraiment distincte, ou si, comme le *Distoma echinocephalum,* elle ne proviendrait pas de quelque animal dévoré par ces oiseaux de proie.

55. DISTOME DU CANARD. *DIST. ECHINATUM.* — Zeder.

Cucullanus conoideus, Bloch, Traité des Vers intest., trad., p. 78, pl. 9, fig. 5-7 (mauvaise).
Planaria poro teres simplici, Naturg., p. 174, pl. 13, fig. 8-11.
Fasciola gruis et *Fasciola anatis,* Gmelin, Syst. nat., p. 3055, nᵒˢ 15 et 13.
Festucaria anatis, Schrank, Verzeichn., p. 16, nᵒ 54.
Distoma anatis, Zeder, Nachtrag., p. 196.
Distoma echinatum et *Dist. gruis,* Zeder, Naturg., p. 220-221, nᵒˢ 35 et 39.
Distoma echinatum, Rud., Ent., t. II, ɪ, p. 418, et Syn., p. 115 et 416, nᵒ 106.
Distoma echinatum, Bremser, Icon. helminth., pl. 10, fig. 4-5.

Var. α sans piquants. *Distoma oxycephalum,* Rudolphi, Syn., p. 98 et 375.

« — Corps rosé ou rougeâtre, long de 4 à 15ᵐᵐ, large de 0ᵐᵐ,7
« à 2ᵐᵐ,25 (sept fois aussi long que large), déprimé, lancéolé,
« linéaire, prolongé en avant par un cou plus étroit, très-court,
« terminé par une sorte de tête ou de dilatation réniforme, échan-
« crée en dessous, et entourée d'épines droites, longues de 0ᵐᵐ,125,
« (quelquefois très-petites et presque nulles ?) sur tout le reste de
« son contour ; — tégument parsemé de petites épines ou lamelles
« aiguës longues de 0ᵐᵐ,023 sur la partie antérieure, et de lamelles
« obtuses sur la partie postérieure ; — ventouse antérieure termi-
« nale large de 0ᵐᵐ,25 à 0ᵐᵐ,34 ; — ventouse ventrale beaucoup
« plus grande, large de 1 à 1ᵐᵐ,20, située à 1ᵐᵐ de la première ; —
« bulbe œsophagien large de 0ᵐᵐ,377 ; — orifice génital entouré de
« fibres rayonnantes, formant un disque large de 0ᵐᵐ,20, et situé
« entre les deux ventouses, un peu plus rapproché de la deuxième ;
« — pénis lisse, court ; — réceptacle du pénis claviforme ; — trois
« testicules ovoïdes, grands, translucides, situés au milieu du corps ;
« — ovaires formant deux longues grappes latérales ; — œufs jaunes-
« brunâtres longs de 0ᵐᵐ,094 à 0ᵐᵐ,110, larges de 0ᵐᵐ,075 ; — vais-
« seaux nombreux ramifiés, contenant, çà et là, près de la surface,
« des cils ou filaments longs de 0ᵐᵐ,075 à 0ᵐᵐ,080, agités d'un mou-
« vement ondulatoire continuel ; — orifice caudal et cavité postérieure
« respiratoire. »

Je décris ici cet helminthe d'après les exemplaires nombreux que
j'ai trouvés, à Rennes, trois fois parmi vingt-cinq canards domestiques (*Anas boschas domest.*), une fois dans le canard sauvage,

une fois dans l'oie (*Anas anser*), et une fois dans le canard musqué (*Anas moschata*). C'est, en effet, dans ces oiseaux qu'il paraît être le plus fréquent ; mais il se trouve aussi, dit-on, dans d'autres palmipèdes, et même dans des échassiers. Bloch, Gœze, Schrank, Zeder et Jurine l'ont trouvé dans les canards sauvage et domestique ; Zeder l'a trouvé en outre dans la sarcelle (*Anas querquedula*) ; Bloch, Braun et Nitzsch l'ont trouvé dans la grue (*Grus cinerea*) ; Bremser au musée de Vienne, l'a trouvé deux fois sur cinq dans la grue, quatre fois sur seize dans le crabier (*Ardea comata*) ; quatorze fois sur vingt-trois dans le cormoran (*Carbo cormoranus*), où il n'a pas été distingué du *Distoma trilobum* ; deux fois sur sept dans le *Carbo pygmæus*, deux fois sur cent trente-neuf dans l'oie, quatre fois sur onze dans le canard domestique et une fois sur quatre-vingt-dix-sept dans le canard sauvage ; et de plus dans les *Anas ferina, leucophthalmos, penelope, rufina* et *strepera*. M. Creplin, dans l'*Encyclopédie* de Ersch et Gruber, cite aussi, comme ayant contenu cet helminthe, le bihoreau (*Ardea nycticorax*), le grèbe castagneux (*Podiceps minor*), l'*Anas nyraca*, l'*Anas marila* et le cygne à bec noir (*Cygnus musicus*). Mais il est bien vraisemblable qu'on a confondu avec le distome du canard plusieurs autres espèces pourvues de piquants. J'ai pu du moins constater que les exemplaires envoyés de Vienne comme trouvés dans le cormoran constituent une espèce bien distincte.

D'autre part, les piquants de la tête étant quelquefois très-petits ou presque nuls, ou bien s'étant détachés, on a pu considérer comme appartenant à une autre espèce des exemplaires dont la tête, sans piquants visibles, est plus étroite ; c'est ainsi que Rudolphi, Nitzsch et Bremser ont inscrit un *Distoma oxycephalum*, qui est un vrai *Distoma echinatum* sans piquants visibles. J'avais trouvé aussi dans les canards ces deux variétés, et j'avais été frappé de leur ressemblance ; mais j'ai pu me convaincre à ce sujet, en étudiant un exemplaire envoyé de Vienne au Muséum de Paris, en 1841, sous le nom de *Distoma oxycephalum* ; il est long de 8^{mm},25, large de 1^{mm},7 ; la ventouse antérieure est large de 0^{mm},23 ; et la ventrale, large de 1^{mm}, en est éloignée de 0^{mm},53 ; il paraît dépourvu de piquants ; mais le microscope fait reconnaître une couronne de petits piquants longs seulement de 0^{mm},023, et disposés comme ceux du *Distoma echinatum* ; le tégument est également parsemé de petites épines ou lamelles aiguës ; les œufs sont longs de 0^{mm},10 ; les testicules ont la même forme et la même position, etc. Frœlich (dans *Naturforsch.*, 29, p. 56, pl. 2., a décrit cette variété sous le nom de *Fasciola appendiculata*, parce que sous le compresseur il en vit sortir un appendice caudal tubuleux.

56. DISTOME DU CORMORAN.   *DIST. RADIATUM.* — Duj.

« — Il diffère du *Distoma echinatum* avec lequel on l'a confondu
« 1° par sa tête plus large proportionnellement et entourée de vingt-
« sept piquants plus longs (de 0^{mm},12 à 0^{mm},016), disposés en rayons

« presque réguliers ; 2° par sa ventouse ventrale proportionnellement
« moins grande et plus éloignée de la première ; 3° par ses *testicules*
« *lobés* ou *en rosace.* »

Le Muséum de Paris a reçu de celui de Vienne, en 1841, sous le
nom de *Distoma echinatum*, deux exemplaires de cet helminthe provenant de l'intestin du *Carbo cormoranus* ou *Pelecanus carbo*. Ils sont
longs de 4^{mm},2 et 6^{mm}, larges de 0^{mm},5 et 0^{mm},6 ; la tête du plus grand
est large de 0^{mm},50 avec ses piquants ; la ventouse antérieure n'est pas
distincte ; la ventouse ventrale, large de 0^{mm},67, est située à 0^{mm},66
de la tête ; les testicules, situés au tiers postérieur de la longueur,
sont l'un à quatre et l'autre à six ou sept lobes.

? 57. DIST. DE LA POULE D'EAU. *DIST. UNCINATUM.* — Zeder.

Distoma chloropodis, Zeder, Nachtrag., p. 198.
Distoma uncinatum, Zeder, Naturg., p. 221.
Distoma uncinatum, Rud., Ent., t. II, I, p. 420, et Syn., p. 115 et 417, n° 107.
Fasciola crenata, Froelich, dans Nat., XXIX, p. 60, n° 31, pl. 2, fig. 10-11.

« — Corps blanchâtre, et de couleur de chair autour de la ventouse
« ventrale, avec une bande médiane demi-transparente ; long de
« 14^{mm},6, large de 2^{mm},25 en avant et de 1^{mm},68 en arrière, plane,
« linéaire, arrondi en arrière ; — partie antérieure (cou) plus large
« que le reste du corps, et rétrécie en avant, où elle se termine par
« une sorte de tête presque réniforme renflée en dessus, échancrée à
« sa base en dessous, et entourée dans le reste de son contour
« d'épines droites et obtuses ; — ventouse antérieure petite, à bord
« renflé ; — ventouse ventrale très-grande, à bord très-saillant. »

Zeder et Frœlich l'ont trouvé dans l'intestin de la poule d'eau
(*Gallinula chloropus*) ; Rudolphi n'en a parlé que d'après la description de Zeder qui lui-même n'en avait vu qu'un seul exemplaire, et
il remarque combien ce distome a d'analogie avec les *Distoma militare* et *Distoma cinctum.*

? 58. DISTOME LEPTOSOME. *DIST. LEPTOSOMUM.* — Creplin,
Nov. observ. de Entoz., p. 57.

« — Corps long de 9 à 11^{mm},25, très-étroit, déprimé, terminé par un
« cou long de 1^{mm},12, rétréci en avant, avec une tête presque
« réniforme, entourée d'épines droites et courtes ; — ventouse anté-
« rieure terminale, saillante ; — ventouse ventrale beaucoup plus
« grande ; — pénis court sortant en avant de la ventouse ventrale. »

M. Creplin a étudié cette espèce d'après des exemplaires conservés
dans l'alcool, et trouvés dans l'intestin du *Tringa variabilis*. Lui-
même d'ailleurs la regarde comme un peu douteuse, et reconnaît
qu'elle a trop d'affinité avec le *Distoma uncinatum* dont elle ne
paraît différer que par la position terminale de la ventouse et par
l'allongement plus considérable du corps.

P. 59. **DIST. MILITAIRE.** *DIST. MILITARE.* — Rudolphi, *Entoz.*, II, 1, p. 421, et *Syn.*, p. 115 et 418, n° 108.

« — Corps rougeâtre, avec la partie antérieure blanche ; long de « 6ᵐᵐ,75 à 11ᵐᵐ,25, large de 0ᵐᵐ,56 à 1ᵐᵐ,68, plane, linéaire, obtus en « arrière ; — partie antérieure prolongée en un cou court, aminci, et « terminée par une sorte de tête transverse, échancrée en dessous « et entourée d'épines droites, obtuses, presque égales ; — ventouses « orbiculaires, l'antérieure petite, terminale ; la ventrale très-grande, « à bord saillant ; — pénis cylindrique, flexueux, plus long que le « cou. »

Rudolphi en trouva un seul individu dans le courlis (*Numenius arcuatus*) à Greifswald, et en reçut de son ami Hildebrandt quatre individus, trouvés dans la petite bécassine (*Scolopax gallinula*) ; il a vu le corps tout parsemé de très-petites épines, et il pense d'ailleurs que cette espèce a peut-être trop d'affinité avec les *Distoma cinctum* et *Distoma uncinatum.*

Le catalogue du musée de Vienne indique, comme ayant contenu cet helminthe, la *Scolopax gallinago* une fois sur vingt, et la *Scolopax gallinula* une fois sur trois, et le *Rallus porzana* une fois sur huit.

60. **DIST. FÉROCE.** *DIST. FEROX.* — Rud., *Entoz.*, II, 1, p. 426, et *Synops.*, p. 116 et 419, n° 114.

Distoma ferox, Bremser, Icones helminth., pl. 10, fig. 6-11.

« — Corps blanchâtre ou rougeâtre, long de 5ᵐᵐ à 7ᵐᵐ, large de « 1ᵐᵐ,65 en avant et de 0ᵐᵐ,8 en arrière ; — partie antérieure, dé-« primée, large, presque discoïdale, formant le tiers ou la moitié « de la longueur totale, parsemée d'épines ; — tête en forme de « papille peu saillante, presque réniforme, large de 0ᵐᵐ,48, échan-« crée à la face ventrale et bordée de vingt-sept à trente épines « droites, plus courtes en dessus, plus longues en dessous, longues « de 0ᵐᵐ,11 à 0ᵐᵐ,17, larges de 0ᵐᵐ,021 à 0ᵐᵐ,025 ; — ventouses orbi-« culaires, l'antérieure petite (de 0ᵐᵐ,17 à 0ᵐᵐ,18), terminale ; la ven-« trale beaucoup plus grande, large de 0ᵐᵐ,40 à 0ᵐᵐ,57, située vers le « milieu de la longueur à la limite des deux parties du corps ; — ovai-« res occupant la partie antérieure du corps ; — œufs longs de 0ᵐᵐ,092 « à 0ᵐᵐ,102, larges de 0ᵐᵐ,049. »

Ce distome, si remarquable par sa forme élargie en avant et par la distance des ventouses, se trouve logé et plié en double dans des tubercules saillants et ouverts à la surface interne de l'intestin des cigognes. Ces tubercules présentent un petit orifice rond, à bords épaissis et, si on les comprime, on en fait sortir le distome contenu.

Je l'ai trouvé à Rennes assez nombreux dans l'intestin d'une cigogne (*Ciconia alba*), le 11 mai. Rudolphi l'avait anciennement trouvé, à

Greifswald, deux fois dans ce même oiseau et une fois dans la cigogne noire (*Ciconia nigra*). Bremser, au musée de Vienne, l'a trouvé également dans les deux cigognes. Ses épines sont très-caduques.

P 61. DIST. ÉPINEUX.   *DIST. SPINULOSUM.* — Rud,, *Entoz.*, II, 1, p. 425, et *Synops.*, p. 116 et 419, n° 113.

« — Corps blanc, long de 6ᵐᵐ,75, large de 0ᵐᵐ,75, cylindrique, al-« longé ; — partie antérieure en forme de cou, large de 0ᵐᵐ,38 à « 0ᵐᵐ,40, et longue de 2ᵐᵐ,25, terminée par une sorte de tête presque « conique, gonflée et saillante à la base, entourée d'une couronne «ᵪd'épines droites ; — ventouses orbiculaires, l'antérieure petite, ter-« minale ; — ventouse ventrale beaucoup plus grande. »

Rudolphi l'a trouvé à Greifswald, avant 1809, dans l'intestin du plongeon (*Colymbus septentrionalis*), et dans les *Larus nævius*, et *Larus cinerarius ;* il a ensuite rapporté avec doute à la même espèce des distomes très-petits, longs seulement de 0ᵐᵐ,75 à 1ᵐᵐ,12, trouvés une seule fois par Bremser, à Vienne, dans le grèbe huppé (*Podiceps cristatus*) ; mais, en somme, cette espèce est trop imparfaitement décrite pour qu'on puisse la croire réellement distincte des autres échinostomes.

62. DIST. DENTICULÉ.   *DIST. DENTICULATUM.* — Rud., *Entoz.*, II, 1, pl. 5, fig. 3, p. 424, et *Synops.*, p. 116 et 419, n° 112.

« — Corps blanchâtre, mince, long de 2ᵐᵐ,25 à 3ᵐᵐ,37, presque cy-« lindrique, oblong, aminci en arrière, obtus à l'extrémité ; — partie « antérieure en forme de cou assez long, amincie en avant, or-« dinairement recourbée, toute couverte de petits aiguillons aigus, « droits, inclinés en arrière, et terminée par une sorte de tête presque « conique, renflée à la base, saillante des deux côtés et entourée « d'épines droites, obtuses, assez grandes ; — ventouses orbiculaires, « l'antérieure terminale ; — la ventrale plus grande. »

Rudolphi trouva ce distome, à Greifswald, dans l'intestin de l'hirondelle de mer (*Sterna hirundo*), et crut d'abord pouvoir le réunir dans une même espèce avec un distome de l'*Anas clypeata,* qui doit être le *Distoma echinatum ;* en même temps (1809) il signalait la très-grande affinité de cette espèce avec la précédente. Plus tard il reçut de Bremser des exemplaires du même distome caractérisé par les épines ou denticules dont son cou est armé. On l'a trouvé au musée de Vienne une fois parmi soixante-six, *Sterna hirundo,* une fois parmi vingt-six *Sterna cantiaca,* et cinq fois parmi cinquante-trois *Sterna nigra.*

63. DIST. A COU PLAT.   *DIST. PLANICOLLE.* — Rudolphi, *Synops.*, p. 686.

« — Corps long de 2ᵐᵐ,2, large de 0ᵐᵐ,56, ovale oblong ; — partie

« antérieure (cou) linéaire, convexe en dessus, concave en dessous,
« formant les deux tiers de la longueur à partir de la ventouse ven-
« trale; — ventouses orbiculaires, l'antérieure plus grande, terminale,
« entourée d'épines inclinées en arrière; — ventouse ventrale très-
« éloignée de la première et beaucoup plus petite. »

Trouvé au Brésil, par Natterer, dans l'intestin du *Pelecanus sula*.

? 64. DIST. DU VANNEAU.   *DIST. CINCTUM.* — Rud., *Entoz.*,
II, ɪ, p. 422, et *Synops.*, p. 116, n° 110.

« — Corps long de 2ᵐᵐ,30 et davantage, assez déprimé, oblong, ob-
« tus en arrière et prolongé en avant par un cou court, rétréci en avant
« et terminé par une sorte de tête distincte, presque orbiculaire, un
« peu échancrée à sa base et entourée d'épines droites, obtuses, assez
« grandes et rapprochées; — ventouse antérieure terminale, petite;
« — ventouse ventrale grande; — pénis petit, peu distinct; — œufs
« bruns, remplissant le corps. »

Rudolphi reçut anciennement trois exemplaires de cet helminthe,
trouvés par Weigel dans l'intestin du vanneau (*Vanellus cristatus*) et
conservés dans l'alcool. Le catalogue du musée de Vienne l'indique
aussi comme trouvé une seule fois parmi cent dix vanneaux, et Rudolphi pense que ce n'est pas une espèce suffisamment distincte;
c'est plutôt un jeune *Distoma echinatum*.

? 65. DIST. BILOBÉ.   *DIST. BILOBUM.* — Rud., *Syn.*, p. 114 et 416.

« — Corps long de 9ᵐᵐ à 13ᵐᵐ, large de 1ᵐᵐ,50 à 2ᵐᵐ, plane, linéaire,
« un peu obtus en arrière, terminé en avant par une tête ou expansion
« bilobée, dont les lobes semi-lunaires sont papilleux (hérissés d'épi-
« nes, ? Rud.) en dessus, et bordés chacun de vingt-trois piquants
« longs de 0ᵐᵐ,14; — ventouse antérieure petite (de 0ᵐᵐ,4), située en
« dessous, au point de jonction des deux lobes, — ventouse ventrale
« beaucoup plus grande (de 1ᵐᵐ,50) et peu éloignée de la première; —
« orifices génitaux devant la ventouse ventrale; — oviductes situés
« seulement dans la portion du corps, renflée et fibreuse, qui suit cette
« ventouse; — œufs elliptiques à coque molle, longs de 0ᵐᵐ,094 à
« 0ᵐᵐ,097; — ramifications dendritiques (ovaires? ou intestin??), ré-
« pandues dans tout le corps et laissant dans les deux tiers postérieurs
« de la longueur une bande longitudinale vide, de chaque côté de la-
« quelle deux troncs principaux envoient latéralement des branches
« élégamment ramifiées; — orifice postérieur communiquant avec
« une longue cavité, située dans la bande médiane de la partie posté-
« rieure. »

J'ai étudié deux exemplaires, envoyés au Muséum de Paris par celui de Vienne, où on l'a trouvé neuf fois sur dix-huit dans l'*Ibis* ou
Tantalus falcinellus. J'ai pu me convaincre ainsi, que cet helminthe
diffère considérablement de tous les autres distomes; en effet, ses

ramifications internes sont formées par des amas de granules qui pénètrent entre les fibres du tissu en les écartant; ce ne sont donc pas les ramifications d'un intestin comparable à celui du distome hépatique; je n'ai pu d'ailleurs apercevoir aucune trace de bulbe œsophagien ni d'intestin.

66. DIST. TROMPEUR.   ***DIST. FALLAX.***—Rud., *Syn.*, p. 117 et 420.

« — Corps blanchâtre, avec une ligne dorsale sinueuse (oviducte)
« noire, long de $2^{mm},3$ à 11^{mm}, cylindrique, un peu aminci en arrière;
« renflé à l'endroit de la ventouse ventrale; — cou cylindrique,
« court, plus étroit terminé par la ventouse antérieure plus petite,
« presque globuleuse, entourée d'épines droites. »

Trouvé par Rudolphi dans l'intestin de trois uranoscopes à Naples;
les plus petits exemplaires n'avaient pas de piquants.

67. DIST. A LARGE COU.   ***DIST. LATICOLLE.*** — Rud.,
Syn., p. 117 et 421.

« — Corps blanc, avec une tache médiane jaune, long de $3^{mm},37$,
« large de $0^{mm},56$, aplati, presque linéaire, dilatant considérablement
« sa partie antérieure (le cou), qui est armée de six épines assez
« écartées de chaque côté; — ventouse antérieure portée par une
« sorte de tête presque globuleuse, entourée de piquants; — ven-
« touse ventrale plus grande. »

Rudolphi le trouva plusieurs fois à Naples dans le *Caranx trachurus*.
Les plus petits exemplaires ne montraient pas de piquants.

68. DIST. A CRÊTE.   ***DIST. CRISTATUM.***—Rud., *Syn.*, p. 117 et 422.

« — Corps blanc, avec le milieu verdâtre, long de $4^{mm},5$ à $7^{mm},8$,
« large de $1^{mm},50$, cylindrique, toruleux, épineux, très-renflé à
« l'endroit de la ventouse ventrale, et brusquement rétréci en arrière,
« comme s'il avait une longue queue; — partie antérieure recourbée
« en dessous et surmontée d'un tubercule épineux (*cristatum*); —
« ventouses presque égales, assez rapprochées. »

Rudolphi en trouva dix exemplaires dans deux *Stromateus fiatola*
à Rimini; il le dit très-ressemblant au *Distoma appendiculatum*, dont
il diffère, dit-il, par le tubercule de la nuque, et par les épines dont
tout son corps est hérissé, à l'exception de l'extrémité postérieure.

69. DIST. RUDE.   ***DIST. SCABRUM.*** — Zeder, *Naturg.*, p. 215.

Fasciola scabra, Müller, Zool. dan., t. II, p. 14, pl. 51, fig. 1-8.
Distoma scabrum, Rud., Entoz., p. 408, et Syn., p. 118 et 424.

« — Corps blanc, long de $3^{mm},37$, cylindrique; — partie antérieure
« (cou) un peu plus mince, hérissée d'épines, et terminée par une

« sorte de tête entourée de piquants; — partie postérieure plus épaisse,
« lisse, obtuse en arrière; — ventouse ventrale plus grande. » (Rud.)

Rudolphi trouva dans l'intestin du *Gadus molva*, à Naples, cet
helminthe que précédemment Müller avait trouvé en Danemark dans
l'estomac du *Gadus barbatus*, et décrit d'une manière différente.

70. DIST. PORC-ÉPIC.   *DIST. HYSTRIX.* — Duj.

« — (Non adulte.) Corps blanc, long de $1^{mm},6$ à 2^{mm}, large de, $0^{mm},5$,
« de forme très-variable et souvent lagéniforme ou cylindrique, obtus
« en arrière, et prolongé en avant par une sorte de cou épineux,
« que termine la tête globuleuse, large de $0^{mm},2$, entourée d'un
« double rang d'épines plus longues; — ventouse ventrale large de
« $0^{mm},18$, située au milieu de la longueur; — bulbe œsophagien très-
« grand, large de $0^{mm},16$, situé à la base du cou en avant de la ven-
« touse ventrale, et séparé de la tête par un tube étroit et long; —
« intestin bifurqué immédiatement en arrière de la ventouse ventrale,
« et envoyant ses branches jusqu'à l'extrémité postérieure; — orifice
« postérieur donnant entrée dans une vaste cavité ventrale remplie
« d'une substance blanche opaque; — deux vaisseaux latéraux sinueux
« dans toute la longueur du corps. »

Je l'ai trouvé plusieurs fois assez abondamment dans des petits
kystes blancs, globuleux, entremêlés avec les kystes plus gros qui
contiennent le *Tetrarhynchus*, dans l'épaisseur de la muqueuse de
la bouche, et des branchies du turbot (*Pleuronectes maximus*). Je
l'ai trouvé aussi dans la plie (*Pleuronectes platessa*).

71. DIST. SCIE.   *DIST. PRISTIS.*—Desl., *Encyc. Méth., Vers.,* p. 281.

« — Corps blanc, transparent, avec quelques taches verdâtres en
« arrière, long de $3^{mm},3$ à 15^{mm}, aplati, linéaire; — partie antérieure
« (cou), très-aplatie, armée sur les côtés d'une rangée d'épines; —
« ventouse antérieure terminale, grande, entourée d'un rang de
« piquants; — ventouse ventrale saillante, un peu moins grande. »

Trouvé dans l'intestin du merlan (*Gadus merlangus*), par M. Deslongchamps, à Caen.

? 72. DIST. RAPE.   *DIST. RADULA.* — Duj.

« — (Non adulte.) Corps blanc, long de $1^{mm},25$, large de $0^{mm},14$ à
« $0^{mm},20$, cylindrique, presque linéaire, mais plié en double dans un
« kyste globuleux, large de $0^{mm},4$, à enveloppe très-résistante; —
« partie antérieure plus large, formant le tiers de la longueur totale
« et terminée par un disque échancré à la face ventrale et bordé
« d'une double rangée de vingt piquants; — ventouse ventrale très-
« large et très-saillante ou portée par un pédoncule épais;—tégument
« strié longitudinalement par des fibres larges de $0^{mm},002$, et portant

« en outre des petites épines ou lamelles aiguës, disposées en quin-
« conce ; — bulbe œsophagien large de 0^{mm},04, séparé de la bouche
« par un tube étroit, long de 0^{mm},06 ; — branches de l'intestin prolon-
« gées jusqu'à l'extrémité postérieure. »

Je l'ai trouvé plusieurs fois dans des kystes cartilagineux, larges
de 0^{mm},4, formés de huit à dix couches concentriques, diaphanes,
logés dans la membrane de la cavité pulmonaire du *Lymnœus palustris*, à Rennes ; or, comme ce mollusque est dévoré par les oiseaux
de marais, chez lesquels on trouve diverses espèces d'échinostomes,
on peut supposer que c'est le même helminthe, qui, né dans les
kystes du lymnée, achève de se développer dans l'intestin de ces oiseaux.

IXe SOUS-GENRE. (*CROSSODERA*.)

Ventouse antérieure ou tête entourée de papilles ou de lobes
charnus.

73. DISTOME NODULEUX.   *DIST. NODULOSUM.* — Zeder.

Fasciola luciopercœ et *Fasciola percœ cernuœ*, Müller, Zool. dan., t. 1,
  p. 32, pl. 30, fig. 2-3 (mauvaise).
Planaria lagena, Braun, dans Schrift. d. Berl. N. Fr. t. VIII, p. 237, pl. 10,
  fig. 1-3.
Fasciola nodulosa, Froelich, dans Naturf., XXV, p. 76.
Distoma nodulosum, Zeder, Nachtrag., p 190.
Distoma nodulosum, Rudolphi, Entoz., t. II, 1, p. 410, et Synopsis, p. 113.
Distoma nodulosum, Bremser, Icones helminth., pl. 10, fig. 1-3 (mauvaise).

« — Corps blanchâtre, coloré en brun par les œufs, long de 1 à
« 2^{mm},3, large de 0^{mm},3 à 0^{mm},7, ovoïde-oblong, prolongé en avant
« par une sorte de cou plus ou moins resserré, portant la ventouse
« antérieure entourée de cinq à six lobes charnus, très-variables,
« plissés ou étalés en manière de corolle ; — ventouse ventrale très-
« grande, aussi large que la tête, et située vers le tiers antérieur de
« la longueur ; — bulbe œsophagien petit, globuleux, suivi d'un
« œsophage simple, assez long, après lequel l'intestin se partage en
« deux branches prolongées jusqu'à l'extrémité ; — œufs elliptiques,
« longs de 0^{mm},06 ; — orifice postérieur donnant entrée dans une ca-
« vité ventrale très-dilatée et contenant (chez les jeunes) des con-
« crétions discoïdales larges de 0^{mm},04, formées d'un globule central
« très-réfringent et de nombreuses zones concentriques. »

J'ai trouvé abondamment dans l'intestin de la perche (*Perca fluviatilis*), à Rennes, ce distome, mais jeune, long seulement de
0^{mm},8 à 1^{mm},6, et sans organes génitaux ; c'est alors que j'y ai bien vu
le sac ventral et les concrétions qu'il contient. J'avais trouvé, en
1838, à Paris, dans l'intestin d'un barbeau (*Cyprinus barbus*), des
exemplaires longs de 2 à 2^{mm},3, remplis d'œufs, et que je crois

bien être la même espèce; ainsi, c'est d'après des exemplaires provenant de deux poissons de genre si différent que j'ai tâché de compléter la description de cet helminthe mal décrit et mal figuré précédemment. Zoéga, Braun, Schrank, Frœlich, Zeder, Rudolphi, etc., l'ont trouvé seulement dans les *Perca fluviatilis, cernua, zingel, asper* et *lucioperca.*

M. Creplin (*Nov. observ. de Entoz.,* p. 67) a décrit le *Dist. nodulosum* d'après des exemplaires assez nombreux qu'il trouva dans le brochet et qui me paraissent bien différents de notre *Distoma campanula :* « la ventouse antérieure, dit-il, n'est point terminale, mais entaillée sous le cou à l'extrémité de la face ventrale; les nodules n'entourent pas la ventouse, mais l'extrémité antérieure en avant de la ventouse. »

? 74. DISTOME CAMPANULE. *DIST. CAMPANULA.* — Duj.

J'ai trouvé à Rennes, dans l'intestin du brochet (*Esox lucius*), des petits distomes, moitié plus petits que le *Distoma nodulosum,* quoique adultes, et contenant aussi des œufs plus petits de 0^mm,028; ils en diffèrent en outre par leur ventouse ventrale, beaucoup plus petite; la ventouse antérieure est entourée d'un large bord, finement plissé, en forme de cloche, mais non lobé; le tégument est parsemé de petites épines.

— C'est peut-être à la même espèce qu'il faut rapporter de petits helminthes longs de 0^mm,4 à 0^mm,6, contenus dans de petits kystes (de 0^mm,5) de la branchie d'un gardon (*Cyprinus idus*) que j'ai trouvés à Rennes; leur tête est également campanulée; la ventouse ventrale est si peu distincte qu'on les prendrait pour des monostomes; le tégument montre des stries obliques, croisées.

? 75. DISTOME CREUSET. *DIST. CRUCIBULUM.*

C'est aussi dans ce sous-genre de distomes qu'il faut placer, je crois, un helminthe du congre, dont nous avons déjà parlé, sous le nom de *Monostoma crucibulum* (page 363); il offre en effet une ressemblance assez grande avec l'espèce précédente; il est long de 2^mm,8 à 4^mm,3; la ventouse antérieure, avec les lobes qui l'entourent, est portée par un cou, et, sinon campanulée, du moins excavée comme certaines corolles de scrophularinées; la ventouse ventrale est située au milieu du corps, et large seulement de 0^mm,2 à 0^mm,3; les œufs sont longs de 0^mm,031 à 0^mm,033.

76. DISTOME LAURÉAT. *DIST. LAUREATUM.* — Zeder.

Fasciola farionis, Müller, Zool. dan., t. II, p. 42, pl. 72, fig. 1-3.
Fasciola truttœ, Froelich, dans Naturf., XXIV, p. 126, pl. 4, fig. 16-17.
Distoma laureatum, Zeder, Nachtrag., p. 192.
Distoma laureatum, Rud., Entoz., t. II, ɪ, p. 413, et Syn., p. 113.

« — Corps blanchâtre, long de 2 à 3^mm,35, large de 1 à 1^mm,22; « ovoïde-oblong, un peu déprimé, un peu plus rétréci en avant; —

« ventouse antérieure large de 0^{mm},38 , entourée latéralement et sur la
« nuque, de *cinq* papilles transverses, et paraissant aussi quelquefois
« lobée ; — ventouse ventrale large de 0^{mm},51 , située vers le quart
« antérieur de la longueur ; — bulbe œsophagien large de 0^{mm},23 ; —
« œsophage assez long ; — intestin bifurqué au-dessus de la ventouse
« ventrale et à branches longues ; — orifices génitaux réunis au mi-
« lieu de l'intervalle des ventouses ; — deux testicules gros, globu-
« leux, situés à la suite l'un de l'autre dans le dernier tiers de la
« longueur ; — ovaires latéraux occupant toute la longueur ; — œufs
« longs de 0^{mm},072 , larges de 0^{mm},05. »

J'ai étudié deux exemplaires de cet helminthe, provenant de l'intestin de la truite , et envoyés de Vienne au Muséum de Paris. Il a été
trouvé par Müller et par Rudolphi dans ce même poisson, et par
Frœlich et Zeder dans la truite saumonée (*Salmo trutta*) ; il est indiqué aussi dans les *Salmo alpinus* et *thymallus*.

77. DISTOME DU MAQUEREAU.   *DIST. EXCISUM.* — Rudolphi , *Synopsis,* p. 112 et 411.

Distoma excisum , Bremser , Icones helminth., pl. 6 , fig. 19-20 (mauvaise).

« — Corps blanc, taché de jaune par les œufs, long de 4 à 11^{mm},
« large de 0^{mm},7 à 1^{mm},1, cylindrique, inégalement renflé ; — tégument
« assez résistant, marqué de stries transverses, écartées de 0^{mm},05 ,
« assez fortes et presque régulières, laissant voir une double couche
« de fibres obliques croisées ; — partie postérieure amincie, en forme
« de queue (rétractile ?) ; — partie antérieure rétrécie en manière de
« cou , et quelquefois relevée ou divergente , plus ou moins excavée
« en dessous ; — ventouse antérieure grande et en entonnoir chez les
« jeunes ; puis irrégulièrement lobée et entaillée en avant chez les
« adultes, aussi large que la partie antérieure, qui paraît ainsi tron-
« quée ; — ventouse postérieure orbiculaire, moitié plus petite, large
« seulement de 0^{mm},5 , située sur l'angle saillant du corps à la base du
« cou ; — bulbe œsophagien assez grand, suivi d'un œsophage long et
« mince ; — branches de l'intestin prolongées presque jusqu'à l'ex-
« trémité postérieure ; — œufs longs de 0^{mm},032 , et moitié moins
« larges. »

Je l'ai trouvé assez souvent dans l'intestin du maquereau (*Scomber
scombrus*), à Rennes. J'ai trouvé en même temps dans les appendices pyloriques de ce poisson des petits distomes minces, longs de
1^{mm},5 à 1^{mm},8 , sans organes génitaux , que je regarde comme les
jeunes de la même espèce, malgré les différences énormes qui doivent tenir aux divers degrés de développement ; ces petits distomes
ont la ventouse antérieure en entonnoir assez régulier, et la ventouse
ventrale large de 0^{mm},1, située au milieu de la longueur ; — l'intestin,

précédé d'un long œsophage filiforme, se bifurque en avant de la ventouse ventrale.

Rudolphi l'avait trouvé aussi dans le maquereau et dans le *Scomber
colias*, à Naples.

DEUXIÈME SÉRIE.

Comprenant les espèces de distomes qui n'ont pu être classés
avec certitude dans les sous-genres précédents.

I. DISTOMES DES MAMMIFÈRES.

DISTOMES DE L'HOMME.

On a trouvé plusieurs fois de petits exemplaires du *Distoma hepaticum* ou du *Distoma lanceolatum* dans le foie de l'homme. M. Duval,
directeur de l'École de médecine de Rennes, a même trouvé le
Distoma hepaticum adulte dans la veine porte. Il paraît toutefois
qu'il est très-rare chez l'homme, car ni Rudolphi ni Bremser ne l'y
ont trouvé, et ce dernier ne cite que six ou sept cas de la présence
de cet helminthe dans les conduits biliaires.

DISTOME DES SINGES.

78. DIST. LACINIÉ.   *DIST. LACINIATUM.*

Fasciole de Brongniart et *Alaire de Brongniart,* Blainville, Dict. sc. nat.,
    pl. 41, fig. 3, et dans l'appendice au Traité des Vers intest. de Bremser,
    p. 518, Atlas pl. 2, fig. 8, et 2ᵉ édit., pl. 14, fig. 15.

« — Corps long de 20ᵐᵐ, cylindrique, large de 1ᵐᵐ,5 à 2ᵐᵐ, brus-
« quement élargi de chaque côté, en arrière de la deuxième ventouse,
« par deux expansions latérales, membraneuses, laciniées au bord;
« — ventouses saillantes, écartées de 1ᵐᵐ,5. »

Cet helminthe très-remarquable a été trouvé une seule fois par
M. Brongniart, à Paris, dans le pancréas du mandrill (*Simia maimon*). M. de Blainville, d'après le dessin qui lui fut communiqué, en
fit d'abord le type d'un genre *Alaire,* différent des *Alaria* de Schrank ;
mais plus tard il le laissa simplement dans une division du genre
distome.

DISTOMES DES CHAUVES-SOURIS. (Voy. aussi *Brachycœlium.*)

79. DIST. LIME.   *DIST. LIMA.* — Rudolphi.

Fasciola vespertilionis, Müller, Zool. dan., t. II, p. 43, pl. 72, fig. 12-16.
Planaria vespertilionis, Goeze, Naturg., p. 171, pl. 14, fig. 1-2.
Distoma lima, Rud., Entoz., t. II, i, p. 427, nº 60, et Syn., p. 117, nº 117.
Distoma lima, Creplin, Nov. observ. de Entoz., p. 70.

« — Corps blanc, coloré en brun rougeâtre au milieu par les
« œufs, long de 5ᵐᵐ,67 à 9ᵐᵐ, large de 0ᵐᵐ,75, déprimé, aminci de part

« et d'autre et obtus aux extrémités, hérissé de petites épines (Rud.),
« sur les deux tiers antérieurs (non hérissé, Crepl.); — ventouse
« antérieure large de 0^{mm},17, située en dessous, près du bord, et à
« orifice oblong; — ventouse ventrale plus grande, large de 0^{mm},35,
« orbiculaire, éloignée de 2^{mm}, et précédée par l'orifice génital, d'où
« sort un cirre ou pénis cylindrique, flexueux; — ovaires blancs laté-
« raux; — oviducte flexueux, rempli d'œufs très-petits, brunâtres. »

Trouvé dans l'intestin de l'oreillard (*Plecotus auritus*), par Müller,
par Gœze et par Weigel, souvent aussi dans l'intestin de la chauve-
souris (*Vespertilio murinus*), par Rudolphi. Au musée de Vienne on
l'a trouvé trois fois sur dix-sept dans l'oreillard, dix fois sur cent dix
dans le *Vespertilio discolor,* une fois sur dix dans le fer à cheval
(*Rhinolophus ferrum equinum*), deux cent trente-quatre fois dans le
Vespertilio lasiopterus, quatre fois dans le *Vespertilio noctula,* dix
fois dans le *Vespertilio murinus,* et une fois dans le *Vespertilio pipistrellus.*

M. Creplin l'a trouvé deux fois dans le *Vespertilio serotinus* et déclare n'avoir pu voir les épines signalées par Rudolphi comme méri-
tant à cet helminthe le nom de lime, et dont n'avaient parlé ni Müller
ni Gœze. A la vérité, M. Creplin a reconnu que, chez d'autres distomes,
les épines sont très-caduques, et que chez celui-ci même on voit
quelquefois des stries transverses crénelées qui le font paraître rude.
Ce distome peut rester vivant dans l'eau pendant plus de vingt heures.

DISTOMES DES INSECTIVORES.

Nous avons décrit précédemment deux distomes de la taupe, n° 12
et n° 25, et plusieurs distomes des musaraignes, n°s 26, 27, 31 et 32.

**80. DIST. TRONQUÉ.　　*DIST. TRUNCATUM.* — Leuckart, *Zool.
Bruchst.,* 3e *helm., Beitr.,* p. 34, pl. 1, fig. 8.**

« — Corps brunâtre, long de 3^{mm},37 à 4^{mm},5, large de 2^{mm},5 à
« 3^{mm},37, ovoïde, plus épais et obtus en avant, aminci et tronqué en
« arrière; — ventouse antérieure orbiculaire, non saillante; — ven-
« touse ventrale plus petite, à orifice transverse, et située au mi-
« lieu de la longueur. »

Leuckart en trouva deux exemplaires seulement dans le rein d'une
musaraigne d'eau (*Sorex fodiens*).

? 81. DIST. DU HÉRISSON.　　*DIST. PUSILLUM.* — Zeder.

Planaria pusilla , Braun, dans Schr. d. Berl. Naturf., X, p. 62, pl. 3, fig. 6-7.
Distoma pusillum, Rud., Entoz., t. II, i, p. 384, et Syn., p. 104, n° 56.
Distoma pusillum, Creplin, Nov. observ. de Entoz., p. 55.

« — Corps blanc-jaunâtre, long de 0^{mm},56 à 0^{mm},65 (non adulte),
« oblong, déprimé, soit libre, soit contenu dans une enveloppe vi-
« vante, parenchymateuse, laquelle est elle-même enfermée dans

« un kyste elliptique-oblong, à parois cartilagineuses, diaphanes,
« épaisses, formées de couches concentriques, long de 0ᵐᵐ,86 ; —
« ventouses égales, orbiculaires, assez distantes, larges de 0ᵐᵐ,125 ;
« — intestin non visible ; — organes génitaux nuls ou non développés. »

Braun le trouva d'abord dans de petits kystes, sous la peau du hérisson ; Rudolphi trouva ensuite des kystes semblables dans le tissu
cellulaire sous-cutané, dans le péritoine et dans la plèvre du hérisson ; mais il ne put reconnaître ce distome dans les corps blancs ovales
ou pyriformes percés à une extrémité, qui occupaient ces kystes et
qu'il ne songea pas à disséquer ou à comprimer pour en connaître le
contenu. M. Creplin, en 1822, trouva aussi à Greifswald une fois plusieurs exemplaires libres sous la peau, et une deuxième fois un seul
exemplaire dans un kyste sous-cutané. Il a pu constater combien
leur forme est variable et combien leur vie est tenace.

Moi-même à Rennes, le 28 mars, j'ai trouvé dans le mésentère d'un
hérisson plusieurs petits kystes elliptiques, longs de 0ᵐᵐ,86, à paroi
très-résistante, et contenant un corps blanc, mou, contractile, de
forme variable, tantôt en ovoïde tronqué, tantôt en poire ou prolongé
en une sorte de cou mince. Ce corps blanc laissait déjà voir par
transparence un distome à l'intérieur ; mais quand il fut coupé transversalement, il laissa sortir le même distome que Braun avait vu,
et qui avait échappé aux yeux de Rudolphi. C'est un helminthe assurément fort remarquable à cause de ce mode d'inclusion dans une
enveloppe vivante que naguère on eût pu nommer un amphistome
ou un monostome.

DISTOMES DES CARNASSIERS.

Le *Distoma trigonocephalum,* nᵒ 49, et le *Distoma squamula,* nᵒ 24,
ont été trouvés, celui-ci dans le putois seul, celui-là dans ce même
carnassier ainsi que dans la marte et dans le blaireau ; le *Distoma
lanceolatum,* nᵒ 2, a été trouvé par Rudolphi et par M. Siebold dans
le foie du chat ; quant au *Distoma alatum* du chien et du renard, c'est
un holostome. (Pag. 367.)

82. DIST. AIGU.   ***DIST. ACUTUM.*** — Leuckart, *Zool. Bruchst.,*
3ᵉ *helm., Beitr.,* 1842, p. 33, pl. 1, fig. 7.

« — Corps blanc, long de 3ᵐᵐ,37, large de 2ᵐᵐ,25, ovoïde, plus
« épais et obtus en avant, plus mince et aigu en arrière ; — ventouses
« orbiculaires, l'antérieure peu saillante, la ventrale plus grande, si-
« tuée au milieu de la longueur. »

Trouvé deux fois par Leuckart dans les cellules ethmoïdales du putois (*Mustela putorius*).

83. DIST. CONE. *DIST. CONUS.* — Creplin, *Obs. de Entoz.*, p. 50.

Amphistoma truncatum, Rudolphi, Synopsis, p. 90 et 359, n° 15.
Amphistoma truncatum, Diesing, dans les Ann. du Mus. de Vienne, t. I, ii,
   p. 252, pl. 24, fig. 13-15.

« — Corps blanchâtre avec une tache brune ou jaune au milieu,
« long de 2^{mm},25 à 4^{mm}, large de 0^{mm},75 en avant, de 2^{mm},25 au delà
« du milieu, oblong, déprimé; — partie antérieure (cou) amincie
« peu à peu en avant ou conique, un peu excavée en dessous formant
« la moitié de la longueur; partie postérieure presque droite d'abord,
« puis brusquement élargie et épaissie, comme tronquée à l'extrémité,
« où se trouve un orifice terminal (qui a fait prendre cet helminthe
« pour un amphistome); — ventouses petites, presque égales, orbi-
« culaires, l'antérieure terminale, la postérieure située au milieu de
« la longueur et saillante; — deux testicules blancs, ovoïdes, situés en
« arrière; — ovaires blancs situés sur les côtés et au milieu de la
« partie postérieure; — oviducte rempli d'œufs colorés formant une
« tache fauve appliquée en arrière de la ventouse postérieure; —
« intestin formant un arc entre les deux ventouses et prolongé de
« chaque côté par une branche flexueuse, large, plus transparente
« que le reste du corps. »

Le professeur Otto de Breslau le trouva d'abord dans le foie du
phoque, Rudolphi l'y trouva ensuite également ainsi que dans l'intestin du même animal, et il le décrivit comme un amphistome.
M. Diesing, n'ayant pu étudier que des exemplaires conservés dans
l'alcool, suivit cet exemple; mais M. Creplin, dès l'année 1822, avait
observé dans les conduits biliaires et dans la vésicule du fiel du chat
domestique et du renard ce même helminthe très-abondant, et l'avait
décrit comme un vrai distome. Plus tard enfin, dans l'*Encyclopédie*
de Ersch et Gruber (t. XXXII, p. 286), ce savant helminthologiste a
dit avoir reconnu l'identité de son *Distoma conus* avec les helminthes
trouvés dans le phoque par M. Otto.

**84. DIST. A COU AMINCI. *DIST. TENUICOLLE.* — Rudolphi,
Synops., p. 93 et 365.**

« — Corps blanc, brunâtre au milieu, long de 8^{mm} à 10^{mm},12, large
« de 1^{mm},12, oblong, plat, prolongé en avant par une partie plus
« étroite (cou) formant le quart de la longueur totale; — ventouses
« semi-globuleuses de grandeur médiocre, l'antérieure un peu plus
« petite; — queue assez obtuse, paraissant munie d'un orifice; —
« testicules ovoïdes situés en arrière; — oviducte rempli d'œufs petits,
« elliptiques, bruns, disposé en grappe derrière la ventouse posté-
« rieure; — intestin divisé en deux branches latérales à partir de la
« ventouse antérieure. » (Rud.)

Rudolphi l'a décrit d'après des exemplaires trouvés abondamment
en 1788 par Treutler dans le foie du *Phoca barbata*.

DISTOMES DES RONGEURS.

— Targioni-Tozzetti a trouvé, en Italie, le *Distoma hepaticum,* nº 1, dans un kyste du foie de l'écureuil (*Sciurus vulgaris*). Ce même distome et le *Distoma lanceolatum,* nº 2, ont été trouvés aussi dans le foie du lièvre et du lapin.

— Le catalogue du musée de Vienne indique un distome douteux trouvé une seule fois en disséquant mille deux cent soixante-quatre souris; Rudolphi l'inscrit sous le nom de *Distoma musculi* (*Syn.,* p. 119). — Nous avons décrit plus haut un distome du rat et du surmulot *Distoma spiculator,* nº 51, et deux distomes du mulot. *Distoma recurvum,* nº 28, et *Distoma vitta,* nº 41.

DISTOMES DES RUMINANTS ET DES PACHYDERMES.

Les *Distoma hepaticum* et *lanceolatum* se trouvent plus spécialement dans le foie des ruminants, mais quelquefois aussi dans le foie du cheval et du cochon.

DISTOMES DES MARSUPIAUX.

Le *Distoma hepaticum* a été trouvé dans le foie du kanguroo et nous avons décrit, nº 52, le *Distoma coronatum* de la sarigue.

II. DISTOMES DES OISEAUX.

DISTOMES DES OISEAUX DE PROIE.

Le *Distoma ovatum,* nº 5, a été trouvé dans la *Bursa Fabricii* du hobereau; nous décrivons aussi comme appartenant aux oiseaux de proie diurnes, le *Distoma albicolle,* nº 3 (a), le *Distoma echinocephalum,* nº 53, et comme provenant des nocturnes le *Distoma æquale,* nº 29, et le *Distoma apiculatum,* nº 54; il reste à mentionner l'espèce suivante qui n'est peut-être que l'*albicolle.*

85. DISTOME DE LA BILE.   *DIST. CRASSIUSCULUM.* — Rudolphi.

Planaria bilis, Braun, dans Schrift. der Berl. Nat. Fr., X, p. 61, pl. 3, fig. 4-5.
Distoma crassiusculum, Rud., Entoz., t. II, ɪ, p. 408, et Syn., p. 112, nº 97.

« — Corps blanchâtre taché de vert, long de 3ᵐᵐ,75 (quatre fois et
« demie aussi long que large); — ovoïde-oblong arrondi en arrière,
« aminci et tronqué en avant; — ventouses hémisphériques égales,
« grandes, l'antérieure terminale, la postérieure peu éloignée. » (Rud.)

Il a été trouvé une seule fois en grand nombre, par Braun, dans la vésicule biliaire de l'aigle commun (*Falco melanaetos*).

— Rudolphi mentionne aussi trois espèces douteuses des rapaces diurnes : 1º le *Distoma chrysaeti* (*Syn.,* p. 119), trouvé par Abilgaard dans la vésicule biliaire du *Falco chrysactos*; 2° le *Distoma buteonis* (*Syn.*, p. 119) trouvé par Gœze dans l'intestin grêle de la buse (*Falco buteo*); 3° le *Distoma falconis rufi* (*Syn.*, p. 119) trouvé au musée de Vienne dans le *Falco rufus*. D'autre part il inscrit deux espèces douteuses des nocturnes : 1° le *Distoma aluconis intestinale* (*Syn.*, p. 119) trouvé à Vienne dans les intestins du *Strix aluco* et qu'il soupçonne d'être analogue au *Distoma apiculatum*, n° 16; 2° le *Distoma aluconis thoracicum* (*Syn.*, p. 119) trouvé dans le thorax du *Strix aluco* par Braun, qui l'avait cru faussement identique avec le *Distoma pusillum*, n° 81 du hérisson.

DISTOMES DES PASSEREAUX.

— Rudolphi inscrit parmi ses espèces douteuses, comme provenant d'une pie-grièche, le *Distoma collurionis* (*Syn.*, p. 119, n° 131. — *Entoz.*, II, I, p. 430) long de 2^mm,25, ovale-oblong, aplati, blanc avec une tache sinueuse rousse, que Schrank a trouvé dans l'intestin du *Lanius collurio*. Je soupçonne que c'est un de nos *Brachylaimus*.

— Nous avons décrit déjà le *Distoma attenuatum*, n° 3, trouvé dans la vésicule biliaire du merle et d'une fauvette, le *Distoma ovatum* vivant dans la bourse de Fabricius chez divers oiseaux et notamment chez les corbeaux, le *Distoma spatula*, n° 4, de la fauvette d'hiver, le *Distoma arcuatum*, n° 30 du geai, le *Distoma maculosum*, n° 33, auquel nous réunissons les *Distoma elegans*, *Distoma cirratum*, et *Distoma globocaudatum*; enfin le *Distoma filum*, n° 40, du moineau. Il nous reste à parler des espèces suivantes que nous n'avons pu classer dans nos sous-genres.

86. DIST. CAUDAL. *DIST. CAUDALE.* — Rudolphi.

Distoma caryocatactis, Zeder, Nachtrag., p. 168.
Distoma caudale, Rud., Entoz., t. II, I, p. 382, et Syn., p. 103, n° 54.

« — Corps grisâtre, long de 2^mm,25 à 3^mm,37, long de 0^mm,57 à
« 1^mm,12, déprimé, presque elliptique, plus large en avant où il est
« un peu plus épais et presque cylindrique, rétréci en pointe en
« arrière, un peu convexe en dessus, plane en dessous; — ven-
« touses grandes, profondes, presque égales, l'antérieure située en
« dessous vers l'extrémité, la postérieure anguleuse; — pénis court,
« en forme de verrue, situé vers l'extrémité postérieure. (?) » (Rud.)

Zeder, en disséquant vingt-six casse-noix (*Caryocatactes*), trouva deux fois ce distome. Bremser l'a trouvé ensuite trois fois dans le même oiseau et deux fois dans le geai (*Corvus glandarius*). Rudolphi, qui ne l'a pas vu, lui donna pour caractère distinctif la position qui me paraît assez douteuse du pénis, d'après Zeder.

87. DIST. MACROSTOME. *DIST. MACROSTOMUM.* — Rudolphi,
Entoz., II, 1, p. 386, et *Synops.,* p. 104, n° 57.

« — Corps taché de brun par les œufs, long de 1ᵐᵐ,12 à 1ᵐᵐ,68,
« large de 0ᵐᵐ,75, aplati, oblong, plus large et obtus en avant, dimi-
« nuant de largeur en arrière ; — ventouse antérieure très-grande,
« tantôt globuleuse, tantôt en forme de coupe ; — ventouse ventrale,
« au moins aussi grande, située au milieu de la longueur ; — orifice
« caudal porté par un tube rétractile, quelquefois saillant, en forme
« de globule pédonculé ; — œufs disposés en séries longitudinales au
« milieu (?). » (Rud.)

Rudolphi en trouva une seule fois vingt exemplaires dans le rectum
d'un rossignol (*Sylvia luscinia*), à Greifswald.

Le catalogue du musée de Vienne indique cet helminthe comme
trouvé deux fois sur trente-neuf dans la lavandière (*Motacilla cinerea*), une fois sur quinze dans la bergeronnette (*Motacilla flava*), et en
outre dans les *Motacilla* ou *Sylvia fluviatilis, nisoria, cinerea,* et
passerina.

88. DIST. DÉVIÉ. *DIST. DEFLECTENS.* — Rud., *Synops.*, p. 677.

« — Corps long de 3ᵐᵐ,37, large de 0ᵐᵐ,75, déprimé, presque lan-
« céolé, assez aigu en arrière, partie antérieure séparée par une cré-
« nelure de chaque côté ; — ventouse antérieure orbiculaire, située
« en dessous ; — ventouse ventrale plus grande, oblongue. » (Rud.)

Trouvé au Brésil par Natterer dans l'intestin d'une sylvie.
— Rudolphi inscrit aussi comme espèce douteuse un *Distoma phi-
lomelæ* (*Synops.,* p. 120, n° 136), trouvé au musée de Vienne dans l'intestin de la *Sylvia philomela.*
— Le *Distoma loxiæ,* espèce douteuse de Rudolphi (*Synops.,* p. 120,
n° 134), a été trouvé au musée de Vienne six fois sur deux cent
soixante-quinze dans le bouvreuil (*Loxia pyrrhula*), une fois sur cent
trente-trois dans le gros-bec (*Loxia coccothraustes*), une fois dans les
Loxia chloris, et *pithiopsittaca.*
— Le *Distoma erraticum,* autre espèce douteuse (Rud., *Synops.,*
p. 120, n° 135), a été trouvé, à Vienne, huit fois sur trois cent quatre-
vingt-neuf dans le siserin (*Fringilla linaria*), deux fois sur soixante-
seize dans la lavandière (*Motacilla alba*), deux fois sur soixante-huit
dans la mésange à tête bleue (*Parus cæruleus*), trois fois sur soixante-
six dans la charbonnière (*Parus major*), cinq fois sur cinquante et
un dans le *Parus palustris,* et une fois sur quarante-cinq dans le
Parus pendulinus.
— Il faut mentionner également un distome indéterminé, indiqué
dans le catalogue de Vienne comme trouvé deux fois, parmi six cent
sept bruants (*Emberiza citrinella*).
— J'ai trouvé une seule fois, à Rennes, dans l'intestin d'une sittelle

(*Sitta europæa*) un distome, coloré en brun par des œufs longs de 0ᵐᵐ,038 à 0ᵐᵐ,039. Il était long de 1ᵐᵐ, large de 0ᵐᵐ,38, déprimé, ovale-oblong et il m'a paru semblable au *Distoma migrans* ou au *Distoma maculosum*, mais je n'ai pu l'étudier suffisamment.

— Le *Distoma meropis*, espèce douteuse de Rudolphi (*Synops.*, p. 120, n° 132), a été trouvé une seule fois au musée de Vienne parmi cent et un guêpiers (*Merops apiaster*).

89. DIST. DU PIC. *DIST. RINGENS.* — Rud., *Syn.*, p. 101 et 385, n° 44.

« — Corps long de 2ᵐᵐ,25, large de 0ᵐᵐ,75, déprimé, oblong, obtus « en arrière, convexe en dessus, concave en dessous; — ventouse an- « térieure très-grande, tout à fait terminale et à bords gonflés; — « ventouse ventrale très-éloignée de la première, tantôt plus petite, « tantôt presque aussi grande, mais à bords non saillants. »

Trouvé une seule fois au musée de Vienne dans l'intestin du *Picus tridactylus*. D'après la description très-incomplète qu'en a faite Rudolphi sur trois exemplaires reçus de Bremser, on peut supposer que c'est une des précédentes espèces.

DISTOMES DES GALLINACÉS.

— Le *Distoma ovatum* n° 5 a été trouvé dans la bourse de Fabricius du coq.

? 90. DIST. LINÉAIRE, *DIST. LINEARE.* — Rud., *Entoz.*, II, 1, p. 414, et *Synops.*, p. 113 et 414, et p. 685.

« — Corps rougeâtre, long de 11ᵐᵐ,25 à 15ᵐᵐ,75, large de 1ᵐᵐ,5, « plane, linéaire, obtus en arrière, prolongé en avant par une sorte « de cou terminé par la ventouse antérieure, entourée de six petites « papilles; — ventouse ventrale assez éloignée de la première et beau- « coup plus grande; — pénis assez grand, cylindrique, visible à l'œil « nu, sortant en avant de la ventouse ventrale. »

Rudolphi seul a trouvé sept exemplaires de cette espèce dans les gros intestins de deux poulets à Greifswald, en 1792, à une époque, où novice (*tiro*), comme il le dit lui-même, dans l'art d'observer, il n'en put donner qu'une description fort incomplète, et je crois même inexacte quant aux papilles qu'il a indiquées autour de la ventouse antérieure. Plus tard il a cru faussement pouvoir rapporter à la même espèce d'une part (*Synops.*, p. 414) le *Syngamus trachealis*, trouvé par Montagu dans la trachée des poulets, et d'autre part (*Synops.*, p. 685) le *Monostoma mutabile*, signalé en Allemagne comme une sangsue, vivant dans les fosses nasales des oies, dont elle aurait occasionné la mort.

**91. DIST. REMBRUNI.   *DIST. FUSCATUM.* — Rud., *Synops.,*
p. 101 et 384, nᵒ 43.**

« — Corps blanc avec une tache longitudinale au milieu du dos,
« long de 3ᵐᵐ,37, large de 0ᵐᵐ,56, oblong, un peu déprimé ou convexe
« sur les deux faces, obtus aux deux extrémités, et quelquefois
« avec la tête ou la queue séparées par un étranglement; — ventouse
« antérieure située en dessous avec l'orifice oblong; — ventouse ven-
« trale deux fois moindre, orbiculaire; — réceptacle du pénis situé
« devant la ventouse ventrale; — œufs bruns. »

Rudolphi trouva plusieurs fois ce distome vivant dans l'intestin
grêle des cailles (*Tetrao coturnix*), en Italie, à Ancône. D'après sa description incomplète, on pourrait supposer que cette espèce est identique avec quelqu'une des précédentes, d'autant plus qu'après avoir
dit que la ventouse antérieure est double de l'autre, il ajoute que
dans un exemplaire la ventouse ventrale était plus grande et plus
saillante qu'à l'ordinaire.

DISTOMES DES ÉCHASSIERS.

**? 92. DIST. DE L'OUTARDE.   *DIST. CUNEATUM.* — Rudolphi,
Entoz., II, ɪ, p. 358, et *Synops.,* p. 93, nᵒ 3.**

« — Corps blanc taché de brun, long de 3ᵐᵐ,37 à 6ᵐᵐ,75, large de
« 2ᵐᵐ,25 en arrière, aminci en avant ou en forme de coin, plane
« en dessus, convexe en dessous; — ventouse antérieure terminale,
« très-petite; — ventouse ventrale presque deux fois plus large, située
« à 1ᵐᵐ,5 de la première, l'une et l'autre orbiculaire à bord saillant;
« — œufs brunâtres, très-petits. » (Rud.)

Rudolphi en trouva une seule fois trois exemplaires dans l'intestin
d'une outarde (*Otis tarda*), à Greifswald; il remarque sa grande affinité avec le *Distoma ovatum,* nᵒ 5.

**93. DISTOME DE L'HUITRIER.   *DIST. BREVICOLLE.* — Creplin,
Nov. obs. de Entoz., p. 54.**

« — Corps blanchâtre, long de 3ᵐᵐ,37 à 5ᵐᵐ,67, étroit, presque
« linéaire, un peu déprimé, obtus aux deux extrémités; — partie
« antérieure (cou), plus large que le reste du corps, et formant le
« quart ou le cinquième de la longueur totale; — ventouses presque
« égales, l'antérieure à moitié en dessous, avec l'orifice presque
« triangulaire; — ventouse ventrale très-saillante; — pénis très-court
« et très-épais, saillant en avant de la ventouse ventrale. »

M. Creplin en trouva une seule fois six individus dans l'intestin
grêle d'un huitrier (*Hæmatopus ostralegus*).

94. DISTOME MARGINÉ. *DIST. MARGINATUM.*—Rud., *Syn.*, p. 680.

« — Corps oblong, convexe en dessus, plane en dessous, long de
« 7 à 10^{mm}, large de 1^{mm},68 en avant, et de 3^{mm},37 en arrière ; — ven-
« touse antérieure plus grande, orbiculaire, située en dessous ; —
« ventouse ventrale assez éloignée de la première, épaisse, avec
« l'orifice triangulaire ; — orifice génital situé en arrière de la ven-
« touse ventrale. » (Rud.)

Trouvé par Olfers, au Brésil, dans le gosier, et adhérent aux côtés
de la langue d'une espèce de héron.

95. DISTOME GRAND. *DIST. GRANDE.* — Rud., *Syn.*, p. 676.

« — Corps de couleur de chair, long de 27^{mm}, large de 3^{mm},37 à
« 4^{mm},50 , concave en dessus, convexe en dessous ; — ventouse an-
« térieure petite, orbiculaire, terminale, large de 0^{mm},37 ; — ventouse
« ventrale très-rapprochée de la première, très-grande, transverse,
« large de 2^{mm},25, longue de 1^{mm},50 ; — orifice génital situé au bord
« antérieur de la ventouse ventrale ; — pénis aigu, très-court, long
« de 0^{mm},28 , dirigé en avant. »

Trouvé au Brésil, par Natterer, dans l'intestin de la spatule rose
(*Platalea ajaja*).

? 96. DISTOME DE LA BÉCASSINE. *DIST. NANUM.* — Rud.,
Entoz., II, I, p. 376, et *Syn.*, p. 101, n° 41.

« — Corps mince, blanc, avec une tache rougeâtre, long de
« 1^{mm},12, plane, elliptique, rétréci au milieu, — ventouses rappro-
« chées, l'antérieure plus grande, terminale, avec l'orifice oblong ;
« — ventouse ventrale deux fois plus petite, orbiculaire. »

Rudolphi en trouva anciennement deux exemplaires dans le gros
intestin d'une bécassine (*Scolopax gallinula*), à Greifswald.

97. DISTOME DU RALE D'EAU. *DIST. HOLOSTOMUM.* — Rud.,
Synopsis, p. 94 et 368, n° 12.

« — Corps élégamment coloré par les ovaires latéraux et par
« l'oviducte formant une grappe au milieu, long de 3^{mm},37, large de
« 1^{mm},12, oblong, plus large et comme tronqué en avant, plus étroit
« en arrière, convexe en dessus, plane en dessous ; — ventouses
« très-grandes, l'antérieure terminale, orbiculaire ; — ventouse ven-
« trale plus grande, avec l'orifice transverse. »

Bremser l'a trouvé une seule fois au musée de Vienne, dans l'intestin d'un râle d'eau (*Rallus aquaticus*).

P 98. DISTOME DE LA FOULQUE.   *DIST. ARENULA*. — Creplin,
Obs. de Entoz., p. 53.

« — Corps noirâtre au milieu, très-petit, ovoïde-lancéolé, — ven-
« touse antérieure plus petite, terminale ; — ventouse ventrale un
« peu plus grande, située vers le tiers de la longueur ; — pénis
« court, cylindrique sortant vers le milieu. »

M. Creplin trouva dans une jeune foulque (*Fulica atra*), au mois de
juillet, à Greifswald, une très-grande quantité de ces distomes tellement engagés dans le mucus intestinal qu'ils étaient invisibles à l'œil
nu ; vus à la loupe, ils paraissaient comme autant de points noirs.

99. DISTOME DE LA GIAROLE.   *DIST. MICROCOCCUM.* — Rud.,
Synopsis, p. 101 et 383, n° 42.

« — Corps blanc, avec une tache brune, long de 0ᵐᵐ,56 à 2ᵐᵐ,16,
« large de 0ᵐᵐ,18 à 0ᵐᵐ,61, déprimé, elliptique, oblong, quelque-
« fois rétréci au milieu ; — ventouse antérieure plus grande, large
« de 0ᵐᵐ,24, presque globuleuse ; — ventouse ventrale plus petite,
« de 0ᵐᵐ,120, située vers le milieu du corps ; — bulbe œsophagien de
« 0ᵐᵐ,13 ; — œsophage nul ; — pénis vu par transparence sous la
« forme d'un long cordon contourné ? (Rud.) ; — œufs longs de
« 0ᵐᵐ,37 à 0ᵐᵐ,38. »

Rudolphi étant à Rimini, en Italie, en trouva beaucoup de très-
petits dans l'intestin d'une giarole (*Glareola austriaca*) ; plus tard, il
en reçut de Bremser, qui avaient été trouvés dans le même oiseau, à
Vienne, mais qui étaient plus grands ; l'un d'eux était long de 2ᵐᵐ,3.
Les détails descriptifs et les mesures que je donne ici sont pris d'un
exemplaire long de 2ᵐᵐ,16, envoyé de Vienne au Muséum de Paris.
C'est bien certainement un *Brachylaimus ;* mais n'ayant pu voir les
testicules ni les orifices génitaux, j'ignore à quelle section il doit
appartenir.
— Rudolphi inscrit en outre parmi les espèces douteuses, 1° le
Distoma ardeæ stellaris (*Synopsis,* p. 120, n° 137), trouvé par
Gœze dans des tubercules de l'intestin du butor, et que, d'après ce
genre d'habitation, il regarde comme pouvant être le même que le
Distoma ferox ; 2° le *Distoma calidris* (*Synopsis,* p. 120, n° 138),
trouvé au musée de Vienne une seule fois parmi trente-deux sander-
lings (*Arenaria,* ou *Charadrius calidris*) ; 3° le *Distoma tringæ hel-
veticæ,* et 4° le *Distoma Ralli,* trouvés au musée de Vienne dans les
intestins du *Tringa helvetica* et du *Rallus aquaticus.*
— Les *Distoma excavatum* du bihoreau (*Ardea nycticorax*) et
Distoma spatulatum du blongios (*Ardea minuta*) sont des holostomes, et sont décrits comme tels p. 375 et 376.

DISTOMES DES PALMIPÈDES.

— Le *Distoma ovatum,* nº 5, a été trouvé dans la bourse de Fabricius du canard (*Anas boschas*), de l'*Anas clypeata* et du petit guillemot (*Uria grylle*).

— Le *Distoma echinatum,* nº 55, se trouve fréquemment dans l'intestin des diverses espèces de canards; on l'a trouvé aussi dans le grèbe castagneux (*Podiceps minor*); mais celui des cormorans (*Carbo*) est une espèce distincte, *Distoma radiatum,* nº 56.

— Le *Distoma oxycephalum,* regardé comme une espèce distincte, n'est pour nous qu'une variété du *Distoma echinatum.*

— Le *Distoma spinulosum,* nº 61, est un *Echinostoma* des grèbes, des plongeons et des goëlands; le *Distoma denticulatum,* nº 62, de l'hirondelle de mer est aussi un *Echinostoma,* ainsi que le *Distoma planicolle* nº 63 du fou (*Sula*).

— Le *Distoma lucipetum,* nº 14, est une espèce fort remarquable du sous-genre *Dicrocœlium,* vivant sous la paupière ou membrane clignotante des mouettes.

Les espèces suivantes, dont le nombre devra probablement être réduit quand elles seront mieux connues, n'ont pu être inscrites dans les sous-genres précédents.

100. DISTOME CONCAVE. *DIST. CONCAVUM.* — Creplin, *Observ. de Entoz.,* p. 45, fig. 7–8.

« — Corps blanc, taché de brun par les œufs, long de 1^{mm},68, large
« de 1^{mm},12, plane, irrégulièrement ovale, très-obtus en arrière;
« — ventouse antérieure orbiculaire, située en dessous; — ventouse
« postérieure plus grande, elliptique, transverse, située en arrière
« du milieu; — bulbe œsophagien moitié plus étroit que la ventouse
« antérieure; — intestin bifurqué, à peu de distance du bulbe œso-
« phagien; — orifice génital contigu à la ventouse antérieure; — deux
« testicules elliptiques, situés près du bord postérieur; — ovaires
« blancs, granuleux, latéraux; — oviducte rempli d'œufs bruns, et
« situé transversalement en arrière de la ventouse ventrale. »

M. Creplin l'a trouvé, à Greifswald, dans le rectum du *Colymbus rufogularis* et dans l'intestin grêle et les cœcums de l'*Anas horschuchii,* Brehm. Ceux du plongeon étaient moitié plus petits.

101. DIST. LANGUE. *DIST. LINGUA.* — Creplin., *Obs. de Ent.,* p. 47.

« — Corps blanchâtre, long de 2^{mm},25, plus ou moins plane, al-
« longé, obtus de part et d'autre; — ventouses orbiculaires, l'anté-
« rieure petite, terminale, la ventrale un peu plus grande, située au
« milieu de la longueur; — oviducte formant des circonvolutions en
« arrière de la ventouse ventrale. »

M. Creplin trouva ce distome en grand nombre dans l'intestin du *Larus marinus* ou *Larus maximus,* à Greifswald.

102. DIST. EN CUILLER. *DIST. COCHLEARIFORME.* — Rᴜᴅ., *Syn.,* p. 681.

« Corps blanc, taché de brun, long de 4 à 9^{mm}, déprimé, linéaire,
« obtus en arrière ; — partie antérieure (cou) longue de 2^{mm},25, large
« de 1^{mm},50, ovale, convexe en dessus, concave en dessous ; — partie
« postérieure longue de 6^{mm},75, large de 1^{mm},12 ; — ventouses orbicu-
« laires, l'antérieure plus grande, à ouverture transverse ; — ven-
« touse ventrale plus petite, difficile à voir, située au milieu de la
« partie antérieure. »

Trouvé par Natterer au Brésil, dans les intestins de la frégate (*Pelecanus aquila*), du *Sterna minuta,* et de deux autres sternes d'Amérique. La description ci-dessus se rapporte surtout aux helminthes de
la frégate ; ceux des sternes sont beaucoup plus petits, longs seulement de 3^{mm},37 à 5^{mm},68.

103. DIST. CANALICULÉ. *DIST. CANALICULATUM.* — Rᴜᴅ. *Syn.,* p. 676.

« — Corps long de 11^{mm},25 à 15^{mm},75, large de 0^{mm},75, très-allongé ,
« convexe en dessus, concave en dessous ou roulé en gouttière ; —
« ventouses orbiculaires très-peu profondes, rapprochées ; la posté-
« rieure plus grande. »

Trouvé par Natterer au Brésil, dans l'intestin d'un sterne.

? **104. DIST. TRILOBÉ.** *DIST. TRILOBUM.* — Rᴜᴅᴏʟᴘʜɪ, *Syn.,* p. 104 et 392, n° 60 (*Holostomum?*).

« — Corps long de 1^{mm},12, déprimé, très-large et comme tronqué
« en avant, où la ventouse saillante le fait paraître trilobé, diminuant
« de largeur en arrière jusqu'à l'extrémité obtuse ; — ventouses pe-
« tites, orbiculaires, égales, l'antérieure terminale , la ventrale , peu
« éloignée, non saillante. »

Trouvé par Bremser dans le cormoran (*Carbo cormoranus*).

105. DIST. DÉLICAT. *DIST. DELICATULUM.* — Rᴜᴅ., *Entoz.,* t. II, p. 373, et *Syn.,* p. 99.

« — Corps blanchâtre, taché de noir au milieu, long de 2^{mm},15,
« plus ou moins plane, elliptique, mince, prolongé en un cou presque
« cylindrique, ridé ; — ventouses orbiculaires, l'antérieure plus grande,
« terminale ; — ventouse ventrale deux fois moindre , très-petite. »

Braun en trouva une seule fois plus de cinquante individus dans la
vésicule du fiel de l'*Anas sponsa.*

**106. DIST. GLOBULE.   *DIST. GLOBULUS.* — Rud., *Syn.,*
p. 109 et 401, n° 81.**

« — Corps blanchâtre, taché de jaunâtre au milieu, long de 0mm,56
« à 0mm,75, globuleux ou ovoïde et ressemblant à un petit grain de
« sable quand il est contracté; ou bien s'il est étendu, aminci en avant,
« ou de part et d'autre, et très-renflé au milieu ; — ventouses orbicu-
« laires, l'antérieure située en dessous, la ventrale assez éloignée et
« plus grande ; — appendice (pénis) plus ou moins long, assez épais,
« strié longitudinalement, sortant derrière la ventouse antérieure. »

Rudolphi en trouva une seule fois plus de mille individus dans l'intestin grêle d'un canard de la Caroline (*Anas sponsa*), à Greifswald.
Il dit qu'il a beaucoup d'affinité avec le *Distoma gibbosum,* qui vit
dans un poisson (*Esox belone*), et que le catalogue du musée de
Vienne a indiqué aussi comme trouvé dans le *Podiceps cristatus.*

**107. DIST. A QUEUE POINTUE.   *DIST. OXYURUM.* — Creplin,
Observ. de Entoz., p. 48.**

« — (Non adulte). Corps blanc, long de 2mm,8 à 4mm,5 , large de
« 1mm,12, déprimé, oblong, rétréci de part et d'autre, et davantage
« en arrière, où il se termine en une pointe mince, courte, souvent
« aiguë ; — partie antérieure (cou) cylindrique, plus étroite, presque
« égale au reste du corps; — ventouse antérieure presque orbicu-
« laire, plus petite, située en dessous; — ventouse ventrale plus
« grande, transverse, éloignée de la première et très-saillante ; —
« ovaires latéraux blancs opaques. »

Trouvé une seule fois par M. Creplin, à Greifswald, en grande quantité dans l'intestin de l'*Anas marila.*

— Le *Distoma lineare,* n° 90, est indiqué par Rudolphi comme trouvé
dans la trachée du canard par Wiesenthal, à Baltimore, et dans les
cavités nasales de l'oie (*Anas anser*); mais il est bien vraisemblable
qu'il s'agit du *Monostoma mutabile.*

Rudolphi inscrit en outre parmi ses espèces douteuses, 1° le *Distoma
anatis fuscæ* (*Syn.,* p. 120 , n° 141), trouvé par Abilgaard à Copenhague, dans l'*Anas fusca,* et qu'il suppose être identique avec le
Distoma echinatum ; 2° le *Distoma anatis domesticæ* (*Syn.,* p. 121 ,
n° 142), trouvé une seule fois par Müller, adhérant à l'extérieur de
l'intestin du canard domestique, et qui paraît être un *Distoma ovatum* échappé accidentellement de la *bursa Fabricii ;* 3° le *Distoma
mergi,* trouvé une seule fois au musée de Vienne dans le *Mergus
albellus.*

III. DISTOMES DES REPTILES.

DISTOMES DES TORTUES.

Au musée de Vienne, en disséquant cent seize tortues d'eau douce (*Emys orbicularis*), on a trouvé sept fois un distome indéterminé, *Distoma testudinis* de Rudolphi (*Syn.*, p. 121 et 144).

108. DIST. CYMBIFORME. *DIST. CYMBIFORME.* — Rud., *Syn.*, p. 96 et 371 , nᵒ 20.

« — Corps blanchâtre, avec une tache violette au milieu , long de
« 5ᵐᵐ,68 à 7ᵐᵐ,88 , large de 1ᵐᵐ,12 en avant , de 2ᵐᵐ,25 en arrière, dé-
« primé, ovale, convexe en dessus, concave en dessous, avec la
« partie antérieure (ou le cou) très-extensible, plus étroite, et sé-
« parée par une entaille de chaque côté ; — ventouses globuleuses ; —
« ventouse ventrale éloignée de l'antérieure , et deux fois plus
« grande. » (Rud.)

Rudolphi en trouva quatre exemplaires dans la vessie urinaire d'une tortue franche (*Chelonia mydas*) à Rimini.

109. DIST. GÉLATINEUX. *DIST. GELATINOSUM.* — Rud., *Syn.*, p. 102 et 386 , nᵒ 48.

« — Corps blanc en grande partie, diaphane, avec une ligne longi-
« tudinale jaunâtre au milieu , long de 13ᵐᵐ,5 à 22ᵐᵐ,5 large de 0ᵐᵐ,12
« à 1ᵐᵐ,50 , un peu déprimé, plus aminci en avant, obtus de part et
« d'autre ; — ventouses globuleuses, l'antérieure plus grande, portée
« par une sorte de tête distincte; — ventouse ventrale éloignée de la
« première et presque deux fois moindre; — une petite tache ronde
« (orifice génital ou réceptacle du pénis) entre les deux ventouses
« (Rud.); — œufs longs de 0ᵐᵐ,063. »

Rudolphi en trouva neuf exemplaires dans l'intestin d'une *Chelonia mydas* à Rimini; il décrit un vaisseau simple partant de la ventouse antérieure, et qui, arrivé à la ventouse ventrale, se divise en deux branches prolongées en arrière, et de nouveau réunies en un seul vaisseau à l'extrémité; c'est sans doute l'intestin vu en avant, et que Rudolphi a confondu avec la cavité respiratoire dans la partie posté-rieure. D'après cela, on peut penser que c'est un *Dicrocœlium.* J'ai mesuré les œufs sur des débris d'un exemplaire envoyé de Vienne.

110. DIST. PANACHÉ. *DIST. IRRORATUM.* — Rud., *Syn.*, p. 105.

« — Corps blanc avec des taches ramifiées brunes et blanches
« opaques, et les ventouses rosées, long de 4ᵐᵐ,5 à 7ᵐᵐ,88 , large de
« 1ᵐᵐ,12 à 1ᵐᵐ,50, déprimé, presque linéaire, obtus de part et d'autre,

« convexe en dessus ; — ventouses globuleuses égales, l'antérieure
« très-dilatable avec l'orifice quelquefois transverse ; la postérieure
« éloignée du tiers de la longueur totale. » (Rud.)

Rudolphi en trouva treize exemplaires dans l'estomac d'une *Chelonia mydas*, à Rimini.

DISTOMES DES CROCODILES.

111. DIST. DU CAÏMAN.   *DIST. PYXIDATUM.* — Bremser.

Distoma pyxidatum, Rudolphi, Synopsis, p. 678.

« — Corps blanc et diaphane en avant, noirâtre en arrière avec les
« ventouses jaunâtres ; — long de 11^{mm},25 à 24^{mm}, 75, large de 0^{mm},28
« en avant, de 0^{mm},56 en arrière, déprimé, allongé et très-étroit ; —
« partie antérieure (cou) plane, courte, comprenant avec les deux
« ventouses une longueur de 2^{mm},25 et s'avançant en forme d'aile de
« chaque côté ; — ventouse antérieure terminale, en cône renversé ;
« — ventouse ventrale globuleuse, beaucoup plus petite ; — une
« tache jaune (réceptacle du pénis?) entre les deux ventouses. »

Trouvé au Brésil, dans l'intestin du *Crocodilus sclerops*.

DISTOMES DES LÉZARDS.

Le *Distoma arrectum*, n° 20, et le *Distoma mentulatum*, n° 35,
ont été décrits comme trouvés dans l'intestin des lézards.
— Rudolphi inscrit en outre comme espèce douteuse un *Distoma
lacertæ* (*Synops.*, p. 121) trouvé au musée de Vienne cinquante fois
dans le *Lacerta cœrulescens*, mais c'est aussi le *Distoma mentulatum*.

DISTOMES DES SERPENTS.

Nous avons décrit précédemment les *Distoma naja*, n° 6, *Distoma
assula*, n° 10, et *Distoma signatum*, n° 36, de la couleuvre à collier ;
Rudolphi assigne en outre à ce serpent le *Distoma mentulatum* du
lézard, mais c'est, je crois, une erreur. Il inscrit aussi parmi ses
espèces douteuses (*Synops.*, p. 121, n°s 146, 147 et 148) les *Distoma
colubri murorum* et *Distoma colubri tesselati* trouvés au musée de
Vienne, et le *Distoma colubri americani* trouvé par Bosc, en Amérique, dans le gosier d'une couleuvre.
— Rudolphi a trouvé deux fois, à Berlin, dans la vipère (*Vipera
berus*), à la surface du cœur, des petits kystes globuleux, longs de
0,^{mm}56, contenant chacun un distome qu'il croit être le *Distoma
crystallinum*. (Voyez pag. suivante, n° 113.)

112. DIST. DE L'AMPHISBÈNE. *DIST. MONAS.* — Rud., *Syn.*, p. 679.

« — Corps gris-jaunâtre, long de 0ᵐᵐ, 38, déprimé, presque ovale,
« souvent rétus ou même échancré ; — ventouses très-grandes, écar-
« tées ; — ovaires latéraux ; — œufs mûrs, réunis au milieu. »

Trouvé par Natterer, au Brésil, dans l'intestin d'un amphisbène.

DISTOMES DES BATRACIENS.

On trouve dans les batraciens indigènes huit ou neuf espèces de distomes qui peuvent être distingués suffisamment par la dimension et le rapport des ventouses, et de l'intestin, ainsi que par la position des orifices génitaux et par la longueur des œufs ; on doit noter aussi la différence de leur habitation dans le poumon, dans l'intestin, dans la vessie ou dans des kystes.

1° Quant à la grandeur des ventouses, elles sont presque égales chez les *Distoma endolobum,* n° 9, *Distoma variegatum,* n° 35, et *Distoma clavigerum,* n° 21 ; l'antérieure est presque deux fois plus large chez le *Distoma retusum,* n° 23, et d'un tiers seulement plus large chez les *Distoma cylindraceum,* n° 7, et *Distoma crassicolle,* n° 22 ; c'est au contraire la ventouse ventrale qui est deux fois plus grande chez le *Distoma cygnoïdes,* n° 8.

2° L'œsophage est nul chez le *Distoma variegatum* et chez des très-jeunes distomes de l'intestin de la *Rana temporaria,* qui sont ainsi des *Brachylaimus.*

3° L'intestin a les branches longues chez les *Distoma cylindraceum, Distoma cygnoïdes, Distoma endolobum, Distoma variegatum.*

Au contraire, les branches de l'intestin sont très-courtes chez les *Distoma retusum, Distoma clavigerum* et *Distoma crassicolle,* qui sont des *Brachycœlium.*

4° Les orifices génitaux sont contigus à la ventouse antérieure chez les *Distoma cygnoïdes?* et *Distoma retusum,* ils sont situés dans l'intervalle des deux ventouses chez les *Distoma clavigerum* et *Distoma variegatum,* enfin ils sont contigus à la ventouse postérieure, en avant, chez les *Distoma cylindraceum, Dis. endolobum* et *Dis. crassicolle.*

5° Les œufs sont longs de 0ᵐᵐ,050 à 0ᵐᵐ,055 chez les *Distoma endolobum, Distoma retusum* et *Distoma crassicolle ;* ils sont longs de 0ᵐᵐ,043 à 0ᵐᵐ,046 chez les *Distoma cylindraceum* et *Distoma cygnoïdes ;* enfin, ils sont longs seulement de 0ᵐᵐ,029 à 0ᵐᵐ,033 chez les *Distoma variegatum* et *Distoma clavigerum.*

Le *Distoma crystallinum* est le seul que je n'aie pas étudié, et qui n'ait pas été décrit dans les sous-genres précédents.

113. DIST. CRISTALLIN. *DIST. CRYSTALLINUM.* — Rudolphi, *Synopsis,* p. 100 et 380, n° 36.

« — Corps blanc, transparent, avec une tache rousse derrière la

« ventouse ventrale; — long de 1ᵐᵐ,55, large de 0ᵐᵐ,56, assez dé-
« primé, presque elliptique, plus rétréci en avant, obtus en arrière;
« ventouses globuleuses éloignées, l'antérieure plus grande. »

Trouvé par Gaëde, à Berlin, dans des petits kystes du mésentère,
ou à la surface du foie ou dans la vésicule du fiel des grenouilles
(*Rana temporaria* et *Rana esculenta*) et des crapauds (*Bufo igneus*
et *Bufo viridis*), dont le poumon contenait ces mêmes kystes. Rudolphi, en donnant une description trop incomplète de ces helminthes, a regardé comme identiques d'autres distomes trouvés par
lui-même dans de petits kystes à la surface du cœur de la vipère.

— Je n'ai rien trouvé de tel dans les batraciens en France, et je
crois que cette prétendue espèce pourrait bien être seulement le jeune
âge de quelque autre; d'autant plus que Rudolphi, en disant que les
ovaires n'étaient pas bien distincts, donne à entendre que ses distomes n'étaient pas adultes. Toutefois on a inscrit dans le catalogue
du musée de Vienne le *Dist. crystallinum* comme trouvé seulement
deux fois parmi sept cent quatre-vingt-trois *Bufo viridis*, et deux
fois parmi mille cent treize *Bufo igneus* dans des kystes du mésentère.

114. DIST. LINGUATULE. *DIST. LINGUATULA.* — Rud., *Syn.*, p. 100 et 383, n° 38 et p. 679.

« Corps blanchâtre, coloré en brun par les oviductes repliés élé-
« gamment au milieu; — long de 2ᵐᵐ,25 à 3ᵐᵐ,37, large de 0ᵐᵐ,75,
« déprimé, elliptique, — ventouses orbiculaires, l'antérieure plus
« grande; — orifices génitaux situés devant la ventouse ventrale. »

Trouvé au Brésil par Natterer, dans la *Rana musica*, et par Olfers
dans une nouvelle espèce de grenouille.

115. DIST. SINUEUX. *DIST. REPANDUM.* — Rud., *Syn.*, p. 681.

« — Corps blanc coloré en jaune ou en brun par les oviductes au
« milieu; — long de 4ᵐᵐ,50 à 5ᵐᵐ,62, déprimé; tantôt oblong à bords
« droits et obtus aux extrémités; tantôt aminci et prolongé en avant;
« plus large en arrière, souvent à bords sinueux; — ventouse anté-
« rieure plus grande à orifice oblong; — ventouse postérieure orbi-
« culaire éloignée de la première. »

Rudolphi décrit ainsi un distome trouvé par Natterer, au Brésil,
dans l'intestin d'une nouvelle espèce de grenouille, et il ajoute que
l'on aperçoit à gauche de la ventouse ventrale une sorte de pénis
(cirre) mince, ce qui doit le distinguer du *Distoma mentulatum* avec
lequel il a peut-être trop de rapports.

— Rudolphi mentionne aussi, sous le nom de *Distoma hylæ* (*Syn.*,
p. 121, n° 149), une espèce douteuse trouvée dans la vessie urinaire
de la rainette au musée de Vienne.

IV. DISTOMES DES POISSONS.

DISTOMES DES ACANTHOPTÉRYGIENS PERCOÏDES.

— Les *Distoma appendiculatum*, n° 43, et *nodulosum*, n° 73, ont été trouvés dans des perches et dans d'autres percoïdes; le *Distoma tereticolle*, n° 42, est indiqué aussi comme ayant été trouvé dans le sandre (*Perca lucioperca*); mais peut-être y était-il accidentellement? Rudolphi suppose que le *Distoma truncatum* d'Abilgaard n'est aussi qu'un exemplaire mutilé de ce *Distoma tereticolle*. Nous avons inscrit dans le sous-genre *Apoblema*, n° 47, le *Distoma apertum* de l'*Apogon;* quant à notre *Distoma labracis*, n° 11, du bars, c'est une espèce bien distincte du sous-genre *Dicrocœlium*. Zeder a trouvé dans la perche le *Distoma globiporum* des cyprins, mais nous croyons, avec Rudolphi, qu'il s'y trouvait accidentellement.

Il nous reste à parler des espèces suivantes.

116. DIST. LONGICOLLE. *DIST. LONGICOLLE.* — Creplin, *Obs. de Entoz.*, p. 57.

« — (Non adulte). Corps blanchâtre, long de 0ᵐᵐ,56, large de 0ᵐᵐ,37, « elliptique, obové ou presque globuleux, quelquefois pyriforme par « suite de l'allongement de la partie postérieure; — ventouses très-« écartées; — la ventrale deux fois plus grande (?). »

Dans des petits kystes du foie et du péritoine de la perche et de la gremille (*Perca cernua*). On doit penser que c'est le même que l'espèce suivante, trouvée dans l'œil de la perche, par M. Nordmann. La différence de grandeur des ventouses est un caractère extrêmement variable chez les distomes très-jeunes.

? 117. DIST. ANNULIGÈRE *DIST. ANNULIGERUM.* — Nord., *Mikrogr. Beitr.*, 1832, I, p. 53, pl. 1, fig. 4-10.

« — (Non adulte). Corps blanchâtre, oblong, de forme très-variable, « long de 0ᵐᵐ,60 à 0ᵐᵐ,8; — ventouses presque égales, assez larges; « — ventouse ventrale au milieu de la longueur; — bulbe œsophagien « deux fois moins large que les ventouses; — œsophage nul; — bran-« ches de l'intestin longues. »

M. Nordmann a trouvé ce distome dans des petits kystes isolés au milieu du corps vitré de l'œil de la perche. Ces kystes, longs de 0ᵐᵐ,56, étaient entourés d'une sorte d'anneau ou d'auréole gélatineuse. Ce petit distome est bien un brachylaime, mais on ne peut savoir à quelle section il appartient, puisque ses organes génitaux ne sont pas encore développés.

118. DIST. FASCIÉ.   *DIST. FASCIATUM.*—Rud., *Syn.,* p. 97 et 373.

« — Corps blanchâtre, avec une tache médiane jaune, long de
« 2^{mm},25 à 3^{mm},75, large de 0^{mm},75, elliptique, oblong, obtus avec la
« partie antérieure très-rétrécie; — ventouses globuleuses; la ven-
« trale deux fois plus grande. »

Rudolphi a nommé ainsi des petits distomes qu'il trouva à Naples
dans des perches marines (*Serranus*) et dans des labres; en même
temps il signale leur affinité avec d'autres distomes des gades et des
Ophidium.

**119. DIST. MICROSOME.   *DIST. MICROSOMA.* — Rud., *Syn.,*
p. 109 et 401.**

« — Corps blanc, jaunâtre en arrière, long de 2^{mm},25 à 3^{mm},37, large
« de 0^{mm},56, cylindrique, aminci en avant, obtus en arrière; — ven-
« touses globuleuses très-écartées; — ventouse ventrale trois fois
« plus grande, située (?) au quart postérieur de la longueur. »

Rudolphi trouva dans les intestins de deux serrans trois exemplaires
de ce distome qui s'éloigne de tous les autres par la position de la
ventouse ventrale. Cet auteur parle « d'un vaisseau transverse noir,
prolongé de part et d'autre en ligne droite jusqu'à la ventouse ventrale, en arrière de laquelle sont deux grandes taches elliptiques,
obscures, et des ovules en amas. » Il semble bien d'après cela que
c'est un *Brachylaimus.*

**120. DIST. CAPITÉ.   *DIST. CAPITELLATUM.* — Rud., *Syn.,*
p. 99 et 379.**

« — Corps blanc avec une tache médiane verte, et une ligne spirale
« brune; ou, tout vert, excepté les ventouses et la queue; long de
« 3^{mm},37 à 4^{mm},5, elliptique, aplati, large de 0^{mm},75 au milieu, aminci
« en avant et davantage en arrière, où il se termine par une queue
« linéaire, obtuse; — ventouses globuleuses, l'antérieure presque du
« double plus grande, et isolée de manière à représenter une petite
« tête; — ventouse ventrale située au tiers de la longueur. »

Rudolphi l'a trouvé dans la vésicule du fiel de cinq *Uranoscopus
scaber,* à Naples et à Rimini; c'est le seul connu jusqu'à ce jour,
comme habitant cette vésicule chez les poissons.

— Le *Distoma fallax,* nᵒ 66 du sous-genre *Echinostoma,* provient
aussi de l'uranoscope.

— Le *Distoma furcatum,* nᵒ 18, vit dans l'intestin du rouget et du
surmulet (*Mullus*).

DISTOMES DES ACANTHOPTÉRYGIENS A JOUES CUIRASSÉES.

— Le *Distoma appendiculatum* a été trouvé dans les *Trigla* et *Gasterosteus.*

121. DIST. DU GRONDIN.　　*DIST. SOLEÆFORME.* — Rᴜᴅ., *Entoz.,*
II, ɪ, p. 384, et *Synops.,* p. 104.

« — Corps grisâtre, long de 3ᵐᵐ,37, large de 1ᵐᵐ,12, plane, presque
« elliptique, un peu élargi en avant ; — ventouses globuleuses, pres-
« que égales, assez grandes et peu éloignées. »

Trouvé par Rathke dans l'estomac du grondin, *Trigla gurnardus.*

122. DIST. GRANULE.　　*DIST. GRANULUM.* — Rᴜᴅ., *Entoz.,*
II, ɪ, p. 394, et *Synops.,* p. 106.

Fasciola scorpii, Mᴜ̈ʟʟᴇʀ, Zool. dan., t. Iʳ, p. 32, pl. 30, fig. 1.
Distoma scorpii, Zᴇᴅᴇʀ, Naturg., p. 216.

« — Corps brunâtre, long de 2ᵐᵐ environ, mince, cylindrique,
« aminci de part et d'autre ; — ventouses globuleuses, l'antérieure
« très-petite, la ventrale plus grande et saillante. »

Trouvé en Danemark dans l'intestin du *Cottus scorpius,* et du *Blennius viviparus.*
— Rudolphi inscrit aussi, comme espèce douteuse, un *Distoma scorpaenæ (Synops.,* p. 122).

DISTOMES DES ACANTHOPTÉRYGIENS-SCIÉNOÏDES, SPAROÏDES, ETC.

123. DIST. TUBAIRE.　　*DIST. TUBARIUM.* — Rᴜᴅ., *Synops.,*
p. 111 et 419.

« — Corps blanc avec une ligne noire (oviducte), long de 2ᵐᵐ,25 à
« 3ᵐᵐ,37, mince, cylindrique, élargi à l'endroit de la ventouse ven-
« trale, qui est deux fois plus petite que l'antérieure. »

Rudolphi en trouva plus de vingt exemplaires dans l'intestin d'une
Sciæna umbra, à Spezzia ; il le caractérise par deux larges tubes latéraux qui se rejoignent en avant de la ventouse ventrale et qui, dit-il,
ne se voient dans aucun autre distome. Cependant on peut croire que
ce sont les deux branches de l'intestin, si distinctes chez la plupart des
Brachylaimus. Entre ces deux tubes se trouvent l'oviducte, que Rudolphi nomme vaisseau dorsal (*vas dorsale*) noir, et les testicules, qu'il
nomme des ovaires orbiculaires.

124. DIST. PALE.　　*DIST. PALLENS.* — Rᴜᴅ., *Syn.,* p. 111 et 410.

« — Corps blanc, un peu jaune au milieu, long de 2ᵐᵐ,25 à 4ᵐᵐ,5,

« large de 0mm,75, elliptique, oblong, presque cylindrique; — ventouse
« antérieure située en dessous et ayant l'orifice souvent oblong; —
« ventouse ventrale deux fois plus grande, à orifice transverse; — pé-
« nis droit, court et tronqué. »

Rudolphi en trouva huit exemplaires dans l'intestin d'une dorade
(*Sparus* ou *Chrysophrys auratus*), à Naples; il signale l'analogie de
cette espèce avec le *Distoma areolatum* des pleuronectes.

125. DIST. ASCIDIE.   *DIST. ASCIDIA*. — Rud., *Syn.*, p. 108 et 399.

« — Corps blanc, avec une tache jaunâtre, long de 0mm,75 à
« 1mm,12, cylindrique, obtus en arrière, et avec la partie antérieure
« plus mince, en forme de cou court; — ventouses globuleuses rap-
« prochées; — ventouse ventrale deux fois plus grande, quelquefois
« très-saillante. »

Trouvé abondamment dans l'intestin du bogue (*Sparus boops*), par
Rudolphi, qui, d'une part, dit avoir vu la ventouse ventrale presque
pédonculée, comme chez le *Dist. gibbosum*, et, d'autre part, l'a
vu à Naples muni d'un appendice postérieur rétractile ou d'une
queue mince, oblongue et obtuse, ce qui le rapprocherait beaucoup du *Dist. appendiculatum*. Un seul exemplaire trouvé dans le
Sparus pagrus est rapporté à cette espèce avec doute.

126. DIST. CHARNU.   *DIST. CARNOSUM*.— Rud., *Syn.*, p. 93 et 366.

« — Corps rougeâtre ou jaunâtre, long de 3mm,37 à 4mm,5, large de
« 2mm,2 en arrière, déprimé, ovale, convexe en dessus, plane en
« dessous, prolongé en avant par une sorte de cou conique rétrac-
« tile; — ventouses très-inégales, l'antérieure petite, située en des-
« sous, la ventrale quatre fois plus grande, très-saillante. »

Rudolphi en trouva deux fois plusieurs exemplaires, dans l'intestin
du *Sparus dentex*.

? 127. DIST. CASSÉ.   *DIST. FRACTUM*.— Rud., *Syn.*, p. 107 et 397.

« — Corps blanc-verdâtre, long de 3mm,37 à 5mm,67, épais, cylin-
« drique, un peu aminci aux extrémités, paraissant cassé au milieu,
« parce que la ventouse ventrale est en saillie, et que le dos est
« échancré vis-à-vis; — partie postérieure plus mince que l'anté-
« rieure; — ventouse antérieure oblongue et profonde; — ventouse
« ventrale globuleuse, plus grande et très-éloignée; — pénis ou
« cirre court, sortant entre les ventouses. » (Rud.)

Dans les intestins du *Sparus salpa*.
— Rudolphi inscrit comme espèce douteuse un *Dist. spari* (*Syn.*,
p. 122), trouvé dans les intestins du *Sparus erythrinus* et du *Smaris*.

**128. DIST. DU CHÆTODON.   *DIST. INCOMTUM.* — Rudolphi,
Synopsis, p. 683.**

« — Corps long de 5ᵐᵐ,6 à 9ᵐᵐ, large de plus de 2ᵐᵐ,25, et presque
« de 3ᵐᵐ,35 à l'endroit de la ventouse ventrale; cylindrique, ayant
« la partie antérieure en forme de cou, très-long, ridé, et la partie
« postérieure plus courte, conique; — ventouse ventrale très-éloi-
« gnée de l'antérieure, beaucoup plus grande et saillante. » (Rud.)

Trouvé par Olfers, au Brésil, dans l'intestin d'un *Chætodon*.

DISTOMES DES SCOMBÉROÏDES.

Nous avons décrit précédemment le *Dist. excisum*, n° 77, du
maquereau, de notre sous-genre *Crossodera*; les *Dist. appendiculatum*, n° 43, du *Zeus aper*, *Dist. caudiporum*, n° 46, du *Zeus faber*,
et *Dist. tornatum*, n° 45, des *Coryphènes*, qui sont des *Apoblema*;
enfin les *Dist. laticolle*, n° 67, du *Caranx*, et *Dist. cristatum*, n° 68,
du *Stromateus*, qui font partie du sous-genre *Echinostoma*. Le *Dist.
furcatum*, n° 18, a été indiqué aussi comme trouvé dans les coryphènes. Il ne reste à parler que des deux espèces suivantes comme
trouvées dans les scombéroïdes.

**? 129. DIST. EN MASSUE.   *DIST. CLAVATUM.* — Rud., *Entoz.*,
II, p. 391, et *Synopsis*, p. 106 et 394.**

Distoma clavatum, Owen, dans les Transact. Zool. Soc., t. I, p. 384,
pl. 41, fig. 17-20.

« — Corps ferme, musculeux, long de 18 à 30ᵐᵐ, cylindrique et
« large de 2 à 2ᵐᵐ,5 au milieu, avec un renflement presque globu-
« leux à l'extrémité postérieure, large de 4 à 6ᵐᵐ, arqué, terminé
« en avant par deux orifices ou ventouses (?) urcéolées, profondes,
« larges de 1ᵐᵐ,5 à 2ᵐᵐ, l'antérieure portée par une sorte de cou
« arqué et déprimé, ou un peu concave en dessous, long de 4 à
« 8ᵐᵐ, la deuxième plus grosse, très-saillante, portée sur un angle
« saillant de la face ventrale; — orifice génital situé entre les deux
« ventouses; — tégument très-épais, résistant, ridé transversale-
« ment; — œufs elliptiques, bruns, longs de 0ᵐᵐ,031; — renflement
« postérieur contenant un sac rempli d'une pulpe noire. »

Ce ver, trouvé assez communément dans l'estomac de la bonite
(*Scomber pelamys*), et quelquefois aussi dans l'estomac du thon,
n'est certainement pas un distome ni même un trématode. Si sa forme
extérieure et ses deux oscules lui donnent quelque ressemblance
avec les distomes, sa structure musculeuse le rapproche davantage
des gordius, et son tégument ressemble à celui des siponcles. J'en
ai vu dans la collection du Muséum de Paris des exemplaires assez

nombreux, provenant de la bonite et recueillis par M. Dussumier et par M. Reynaud.

J'ai vu en même temps, au Muséum, un ver long de 54ᵐᵐ, large de 3ᵐᵐ,5, étiqueté : *Fasciola, trouvé dans la mer de Nice,* et qui présente une certaine analogie avec le prétendu *Distoma clavatum.* Il est terminé de même en avant par un orifice large de 1ᵐᵐ,2, et porté un deuxième orifice latéral, plus large (de 1ᵐᵐ,8), saillant, situé à 4ᵐᵐ du premier; l'orifice génital est à 1ᵐᵐ,2 de l'extrémité antérieure.

130. DIST. DE L'ESPADON.   *DIST. DENDRITICUM.* — Rud., *Synops.,* p. 93 et 364.

« — Corps blanc avec des ramifications noires, long de 3ᵐᵐ,37 à
« 6ᵐᵐ,75, large de 1ᵐᵐ à 2ᵐᵐ,25, ovale lancéolé, aplati; — partie an-
« térieure très-étroite, occupant à peine le quart de la longueur to-
« tale; — ventouse ventrale plus grande; — orifices génitaux contigus
« derrière la ventouse antérieure. »

Trouvé en grand nombre dans l'intestin de l'espadon (*Xiphias gladius*), par Spedalieri. Rudolphi, en le décrivant, indique une tache ronde, blanche, qui doit être le réceptacle du pénis, derrière la ventouse antérieure, et plusieurs autres taches blanches arrondies qui doivent être les testicules en arrière de la ventouse ventrale. Il décrit aussi trois sortes de vaisseaux, savoir : 1° un grand vaisseau noirâtre, très-rameux, rappelant la forme de la *Jungermannia tamarisciformis,* et occupant la majeure partie du corps au milieu, ce doit être l'oviducte; 2° deux autres vaisseaux également noirs et très-rameux, situés de chaque côté de la partie médiane, ce sont sans doute les ovaires; 3° deux vaisseaux blancs, simples, sinueux, partant de la ventouse antérieure pour se rendre de chaque côté à l'extrémité postérieure; ce sont évidemment les deux branches de l'intestin; enfin Rudolphi mentionne aussi un canal blanc, droit, très-court, partant du milieu de la ventouse antérieure pour arriver au réceptacle du pénis et qui doit être le bulbe œsophagien ou l'œsophage. D'après cette description, assez précise, nous aurions pu classer ce distome dans la troisième section de nos *Brachylaimus,* si nous eussions été certain qu'il n'y a pas d'œsophage.

DISTOMES DES ACANTHOPTÉRYGIENS-GOBIOÏDES, LABROÏDES, ETC.

Nous avons déjà décrit le *Distoma fasciatum,* n° 118, qui se trouve aussi dans les *Labrus,* et le *Distoma granulum,* n° 122, trouvé dans des *Blennius*; il reste à parler des espèces suivantes :

131. DIST. FILIFORME.   *DIST. FILIFORME.* — Rud., *Syn.,* p. 112 et 411.

« — Corps jaunâtre, long de 4ᵐᵐ,5 à 5ᵐᵐ,6, très-mince, cylindrique
« ou filiforme; — partie antérieure (cou) cylindrique, occupant le

« quart de la longueur totale ; — ventouse antérieure plus grande,
« oblongue, éloignée de la ventouse ventrale. »

Trouvé par Rudolphi dans l'intestin de la *Depola tœnia*.

132. DIST. BACCIGÈRE.   *DIST. BACCIGERUM.* — Rud., *Syn.,* p. 108 et 398.

« — Corps blanc avec une tache jaunâtre en arrière, long de 1ᵐᵐ,12
« à 1ᵐᵐ,5, large de 0ᵐᵐ,56 à 0ᵐᵐ,75, assez épais, ovale ; — ventouses
« orbiculaires ; — ventouse ventrale plus grande , assez éloignée de
« la première ; — réceptacle du pénis situé en avant de la ventouse
« ventrale ; — deux globules noirs (?) pédonculés à l'intérieur, en
« avant de la tache jaune postérieure. »

Rudolphi le trouva plusieurs fois dans les intestins de l'*Atherina
hepsetus,* à Naples ; il le caractérisa par la présence des globules pédonculés que , sous le microscope, il vit noirs, mais qui pourraient
bien être simplement les testicules blancs, opaques.

133. DIST. DIVERGENT.   *DIST. DIVERGENS.* — Rud., *Entoz.,* II, i, p. 371, et *Synops.,* p. 97, n° 372.

Fasciola blennii, Müller, Zool. dan., t. I, p. 33, pl. 30, fig. 5, t. II, p. 53,
pl. 78, fig. 9-12.

« — Corps blanc, demi-transparent, avec une tache fauve ou jaunâ-
« tre, long de 1ᵐᵐ,5 à 2ᵐᵐ,25 , oblong, déprimé ; — partie antérieure
« en forme de cou conique, divergent, à la base duquel se voit le pé-
« nis recourbé ; — ventouses globuleuses ; ventouse ventrale deux
« fois plus grande. »

Dans les intestins des *Blennius viviparus, gastorugo* et *cornutus.*

DISTOME DE LA GONELLE.

J'ai trouvé aussi dans l'intestin du *Blennius gunellus,* des côtes de
Bretagne, des petits distomes « oblongs, longs de 2ᵐᵐ, larges de
« 0ᵐᵐ,38, ayant la ventouse antérieure large de 0ᵐᵐ,16, la ventouse
« ventrale de 0ᵐᵐ,24 , et le bulbe œsophagien large de 0ᵐᵐ,11 ; — le
« réceptacle du pénis est grand, claviforme, et les œufs très-grands,
« au nombre de cinq à six seulement, sont longs de 0ᵐᵐ,088 à 0ᵐᵐ,097. »
Comme les poissons avaient été conservés dans l'alcool je n'ai pu voir
l'intestin, mais je présume que c'est un *Brachylaimus,* bien voisin de
celui de là sole, n° 36.

134. DIST. INCISÉ.   *DIST. INCISUM.* — Rud., *Entoz.,* II, i, p. 361, et *Synops.,* p. 94.

Distoma anarrhichœ, Rathke, dans Dansk. selsk. skrivt., t. V, i, p. 70,
pl. 2, fig. 3.

« — Corps long de 2ᵐᵐ,3 (?), large de 1ᵐᵐ,12, plane, elliptique ; —

« ventouse antérieure globuleuse, assez grande ; — ventouse ventrale
« éloignée de la première et plus grande , à bord large, rouge, bifide
« en arrière. »

Trouvé dans l'estomac de l'*Anarrhichas lupus,* par Rathke, qui recueillit en même temps une deuxième espèce longue de 4^{mm},5, avec
la ventouse ventrale orbiculaire entourée d'un bord jaune.

135. DIST. GRÊLE.　　*DIST. GRACILESCENS.* — Rud., *Synops.,* p. 111 et 409.

« — Corps blanc taché de brun au milieu, long de 2^{mm},25 à 3^{mm},37,
« large de 0^{mm},56, cylindrique, grêle, aminci en arrière, où l'extré-
« mité caudale paraît être rétractile ; — ventouses globuleuses ; —
« l'antérieure plus grande. »

Trouvé par Bremser et par Rudolphi dans les intestins de la baudroie (*Lophius piscatorius*).

136. DIST. GENTIL.　　*DIST. PULCHELLUM.* — Rud., *Synops.,* p. 94 et 367.

« — Corps blanc avec une tache médiane jaune, produite par l'ovi-
« ducte sinueux , long de 1^{mm},12 à 2^{mm},2, déprimé, elliptique, plus
« étroit en avant ; — ventouses globuleuses, la ventrale deux fois plus
« grande et très-éloignée de la première ; — ovaires en grappes ra-
« mifiées, latérales. »

Trouvé souvent par Rudolphi dans le *Labrus cynædus,* à Naples.

137. DIST. GENOU.　　*DIST. GENU.* — Rud., *Syn.,* p. 107 et 397.

« — Corps blanchâtre avec le milieu fauve, long de plus de 2^{mm},25,
« large de 0^{mm},75 environ, oblong, cylindrique, coudé au milieu, où
« il est renflé à l'endroit de la ventouse ventrale ; — ventouse anté-
« rieure hémisphérique, située en dessous ; — ventouse ventrale plus
« grande, globuleuse, éloignée de la première ; — orifices génitaux
« situés en avant de la ventouse ventrale ; — pénis simple, court. »

Trouvé deux fois par Rudolphi, très-nombreux dans les intestins
du *Labrus luscus.*

— J'ai trouvé aussi plusieurs fois, dans des labres à Saint-Malo, des
distomes « longs de 2^{mm} à 2^{mm},3, larges de 0^{mm},95 à 0^{mm},6, ayant la
« ventouse antérieure large de 0^{mm},20, la ventrale de 0^{mm},36, le bulbe
« œsophagien de 0^{mm},145, et les œufs grands, peu nombreux, longs de
« 0^{mm},08. » Ils étaient déjà altérés, mais j'ai cru reconnaître que ce
sont des *Brachylaimus.*

DISTOMES DES MALACOPTÉRYGIENS-CYPRINOÏDES.

Nous avons déjà décrit le *Distoma perlatum,* n° 15, de la tanche ,

le *Distoma globiporum,* n° 38, et le *Distoma nodulosum,* n° 73,
trouvé dans le barbeau ; il nous reste à parler des espèces suivantes.

138. DIST. POINT.   *DIST. PUNCTUM.* — ZEDER, *Nachtr.,* p. 183.

Distoma punctum, RUD., Entoz., t. II, I, p. 409, et Synopsis, p. 106.
Distoma punctum, BREMSER, Icones helminth., pl. 9, fig. 21-22.

« — Corps long de 0ᵐᵐ,75 à 1ᵐᵐ,7, large de 0ᵐᵐ,56 à 0ᵐᵐ,75, ovoïde,
« un peu aminci en avant ; — ventouses grandes, orbiculaires, écar-
« tées ; — réceptacle du pénis long, cylindrique, obliquement situé à
« partir de la ventouse ventrale. »

Il est bien probable que ce distome est le même que le *Distoma
globiporum ;* il est indiqué comme trouvé dans le barbeau (*Cyprinus
barbus*).

? 139. DIST. INFLÉCHI.   *DIST. INFLEXUM.* — RUD., *Entoz.,* II, I, p. 395, et *Synops.,* p. 106.

« — Corps blanchâtre, long de 2ᵐᵐ,2, cylindrique, obtus en arrière
« et ayant la partie antérieure plus étroite et infléchie en forme de
« cou ; — ventouses globuleuses, l'antérieure terminale plus petite ;
« la ventrale assez éloignée, située dans l'angle rentrant formé par
« la jonction des deux parties du corps. » (RUD.)

Rudolphi en trouva trois exemplaires dans l'intestin du *Cyprinus
jeses,* à Greifswald.

— J'ai trouvé, dans les *Cyprinus idus* et *erythrophthalmus,* à Rennes,
plusieurs fois des distomes jeunes qui ne peuvent être complétement
caractérisés. Ce sont : 1° dans des kystes du péritoine du gardon (*Cyprinus idus*), le 14 et le 31 août, des distomes ovoïdes ou oblongs,
très-contractiles, à tégument parsemé de très-petites épines et remarquables surtout par deux cavités en forme de *ventouses latérales*
de chaque côté de la ventouse buccale ; ils sont longs de 0ᵐᵐ,4 à
0ᵐᵐ,75 ; la ventouse ventrale, située au tiers ou au quart postérieur de
la longueur, est suivie d'un large orifice transverse, froncé, qui doit
être l'orifice caudal ; l'intestin se partage en deux branches longues,
immédiatement en arrière du bulbe œsophagien ; — 2° dans l'intestin des
deux espèces de cyprin, des distomes assez nombreux, longs de 0ᵐᵐ,54
à 0ᵐᵐ,84, ayant la ventouse antérieure aussi large que le corps, et la
ventouse ventrale un peu moins large située en avant du milieu ; la
bifurcation de l'intestin est précédée par un long œsophage ; la cavité
postérieure envoie en avant des vaisseaux sinueux.

140. DIST. TRANSVERSAL.   *DIST. TRANSVERSALE.* — RUD., *Entoz.,* II, I, p. 361, et *Synops.,* p. 95 et 368.

« — Corps blanc avec une tache postérieure rougeâtre, long de
« 2ᵐᵐ, un peu déprimé, oblong, rétréci en avant, échancré en ar-

« rière; — ventouse antérieure petite, orbiculaire; — ventouse ven-
« trale très-grande, saillante, à orifice transverse. »

Trouvé rarement dans l'intestin des loches (*Cobitis fossilis* et
Cobitis tœnia.)

DIST. DES MALACOPTÉRYGIENS - ESOCES, SALMONES, CLUPES, ETC.

Nous avons décrit le *Dist. gibbosum*, n° 17, de l'orphie, le *Dist. tereticolle*, n° 42, des truites et du brochet, le *Dist. appendiculatum*, n° 43 du brochet, du saumon et de l'alose, le *Dist. ocreatum*, n° 48, du hareng, le *Dist. campanula*, n° 74, du brochet, et le *Dist. laureatum*, n° 76, de la truite : nous allons indiquer quelques autres espèces trouvées dans ces mêmes poissons.

141. DIST. FEUILLE   *DIST. FOLIUM.* — Olfers, *de Veget. et Anim.*, p. 45, fig. 15.

Distoma folium, Rudolphi, Synopsis, p. 96 et 376.

« — Corps blanc, long de $0^{mm},75$ à $1^{mm},12$, déprimé, ovale, moitié
« moins large; — rétréci en manière de cou en avant; — ventouse
« antérieure plus petite, terminale; — ventouse ventrale quelque-
« fois saillante. »

Trouvé par Olfers, à Berlin, dans la vessie urinaire (?) du brochet
(*Esox lucius*).

142. DIST. DU SILURE.   *DIST. TORULOSUM.* — Rud., *Syn.*,
p. 111 et 410.

« — Corps blanchâtre, long de $4^{mm},5$, large de $0^{mm},75$, cylindrique,
« renflé inégalement çà et là ou toruleux, plus aminci en arrière; —
« ventouses presque globuleuses, la ventrale éloignée de la première,
« et quelquefois plus grande. »

Rudolphi en a trouvé un seul exemplaire, à Greifswald, dans l'intestin du *Silurus glanis*.

143. DIST. SERIAL.   *DIST. SERIALE.* — Rudolphi, *Entoz.*, II,
p. 368, et *Synops.*, p. 97.

Fasciola umblœ, Fabricius, Faun. groenl., p. 329.

« — Corps blanchâtre avec une bordure blanche-opaque, long de
« $3^{mm},37$, large de $1^{mm},5$, aplati, presque carré avec un prolongement
« étroit en forme de cou, de même longueur que le reste du corps,
« mais trois fois plus étroit; — ventouse antérieure longue; — ven-
« touse ventrale plus grande, orbiculaire, située à la base du cou. »

Trouvé par Fabricius, en Norwège, dans les reins du *Salmo alpinus.*

144. DIST. DU SAUMON.   *DIST. VARICUM.* — ZEDER.

Fasciolaria varica, MÜLLER, Zool. dan., t. II, p. 53, pl. 72, fig. 8-11.
Distoma varicum, RUD., Entoz., t. II, I, p. 399, et Syn., p. 106.

« — Corps blanchâtre, long de 2ᵐᵐ,25 (à 6ᵐᵐ,7, Müll.), cylindrique,
« mince; — partie antérieure divergente, de même grosseur et
« presque de même longueur que le reste; — ventouses globuleuses,
« la ventrale plus grande située à l'angle saillant formé par la jonc-
« tion des deux parties du corps. » (RUD.)

Muller en trouva cinq exemplaires, et Rudolphi deux seulement
dans l'intestin d'un saumon (*Salmo salar*); il est indiqué aussi dans
le catalogue de Vienne comme trouvé dans le *Salmo thymallus*.

145. DIST. HYALIN.   *DIST. HYALINUM.* — RUD., *Entoz.,* II, I,
p. 389, et *Synopsis*, p. 105.

Fasciola eriocis, MÜLLER, Zool. dan., t. II, p. 42, pl. 72, fig. 1-7.

« — Corps transparent, roux au milieu, long de 2ᵐᵐ,2 environ, dé-
« primé, oblong; — ventouses globuleuses égales, écartées. »

Trouvé par Müller dans l'intestin du *Salmo eriox*.

146. DIST. VENTRU.   *DIST. VENTRICOSUM.* — RUD., *Syn.,*
p. 108 et 398.

« — Corps blanc avec la partie postérieure verdâtre, long de 1ᵐᵐ,12
« à 1ᵐᵐ,5, cylindrique, renflé à l'endroit du pore ventral qui est le
« plus grand; — pénis mince en avant de la ventouse ventrale der-
« rière laquelle se voient à l'intérieur deux globules pédonculés qui,
« vus au microscope, paraissent noirs. » (RUD.)

Trouvé abondamment par Rudolphi dans l'intestin d'une alose
(*Clupea alosa*), à Rimini.
— Rudolphi mentionne aussi comme espèce douteuse un *Dist. lucii,*
Syn., p. 122.

DISTOMES DES MALACOPTÉRYGIENS GADOÏDES.

Nous avons déjà parlé du *Dist. appendiculatum,* nᵒ 43, trouvé
dans différents gades; du *Dist. furcatum,* nᵒ 18, dans le *Gadus molva*;
du *Dist. rosaceum* de la lotte comme variété du *Dist. tereticolle*; du
Dist. scabrum, nᵒ 66, trouvé dans les *Gadus barbatus* et *molva*, et
du *Dist. pristis,* nᵒ 67, du merlan; nous allons mentionner encore
quelques autres distomes des gades.

30

147. DIST. FAUVE.   **_DIST. FULVUM._** — Rud., *Syn.,* p. 98 et 374.

« — Corps fauve, long de 2ᵐᵐ,2 à 2ᵐᵐ,7, déprimé, ovale, prolongé
« par une sorte de cou plus mince ; — ventouses semi-globuleuses,
« marginées, la ventrale plus grande, éloignée de la première. »

Dans l'intestin des *Gadus molva* et *mediterraneus.*

148. DIST. SIMPLE.   **_DIST. SIMPLEX._** — Rud., *Entoz.,* t. II, ɪ,
p. 370, et *Syn.,* p. 92.

Fasciola æglefini, Müller, Zool. dan., t. I, p. 33, pl. 30, fig. 4.

« — Corps gris brun, long de 6ᵐᵐ,7, très-mince, déprimé, linéaire ;
« — ventouses orbiculaires, la ventrale plus grande. »

Trouvé par Müller dans l'intestin du *Gadus æglefinus.*
— Rudolphi mentionne aussi comme espèce douteuse un *Dist.
Wachniæ* (*Syn.,* p. 122 et 427).
— Moi-même j'ai trouvé dans le *Gadus quinquecirratus* des côtes
de Bretagne deux espèces de distome que je n'ai pu étudier complétement : 1º l'un « long de 3ᵐᵐ,6, large de 1ᵐᵐ,5 à 2ᵐᵐ, ovale, déprimé,
« avec la ventouse antérieure de 0ᵐᵐ,33 à 0ᵐᵐ,44, la ventouse ven-
« trale de 0ᵐᵐ,58 à 0ᵐᵐ,66, et les œufs très-petits, longs de 0ᵐᵐ,022 à
« 0ᵐᵐ,03, en nombre infini ; ils paraissait manquer d'œsophage et
« même de bulbe œsophagien, et présentait, comme les *Apoblema,*
« un vaisseau dont les branches se rejoignent au-dessus de la ven-
« touse ventrale ; mais je n'ai pu voir l'appendice rétractile posté-
« rieur qui caractérise les *Apoblema,* ni les orifices génitaux ; » —
2º l'autre, « long de 1ᵐᵐ,25 à 2ᵐᵐ, large de 0ᵐᵐ,4 à 0ᵐᵐ,54, est presque
« fusiforme, et se distingue par le volume de ses œufs, longs de
« 0ᵐᵐ,08 à 0ᵐᵐ,093 ; et au nombre seulement de treize à dix-sept ; sa
« ventouse antérieure est large de 0ᵐᵐ,11 à 0ᵐᵐ,12, et la ventrale de
« 0ᵐᵐ,20 à 0ᵐᵐ,22 ; le bulbe œsophagien est large de 0ᵐᵐ06 à 0ᵐᵐ,07. »

DISTOMES DES PLEURONECTES.

Le *Dist. appendiculatum,* nº 43, a été trouvé dans plusieurs pleuronectes ; le *Dist. soleæ,* nº 36, et le *Dist. hystrix* ont été également
décrits. Il reste à mentionner les espèces suivantes.

149. DIST. ATOME.   **_DIST. ATOMON._** — Rud., *Entoz.,* t. II, ɪ,
p. 362, et *Syn.,* p. 95.

« — Corps blanchâtre, avec une tache rougeâtre, long de 1ᵐᵐ,5 à
« 3ᵐᵐ,37, plat, oblong, prolongé en une sorte de cou étroit ; — ven-
« touse antérieure terminale, petite ; — ventouse ventrale plus grande

« et saillante ; — pénis droit et court en avant de la ventouse ven-
« trale. »

Trouvé une seule fois abondamment dans le *Pleuronectes flesus* par
Rudolphi, à Greifswald.

**150. DIST. ARÉOLÉ.   *DIST. AREOLATUM.*—Rud., *Entoz.*, t. II, ı,
p. 363, et *Syn.*, p. 111 et 408.**

Fasciola platessæ, Müller, Zool. dan., t. II, p. 52, pl. 78, fig. 1-5.

« — Corps verdâtre, avec trois ou quatre aréoles ou taches trans-
« parentes au milieu, long de 2ᵐᵐ à 5ᵐᵐ,5, un peu déprimé, inégale-
« ment renflé, ordinairement plus mince en arrière ; — ventouses
« globuleuses, assez écartées, presque égales, l'antérieure ayant l'ori-
« fice oblong et recouvert par le prolongement du bord antérieur en
« manière de casque. »

Fabricius en trouva de très-petits exemplaires (de 0ᵐᵐ,75 à 1ᵐᵐ,1)
dans la plie (*Pleuronectes platessa*); mais ensuite Rudolphi en trouva
de plus grands dans le *Pleuronectes manca*, à Naples.

**151. DIST. MICROSTOME.   *DIST. MICROSTOMUM.* — Rudolphi,
Entoz., t. II, ı, p. 388, et *Syn.*, p. 104.**

« — Corps long de 9ᵐᵐ, large de 0ᵐᵐ,75 environ, déprimé, presque
« linéaire ; — partie antérieure (cou) presque elliptique ; — ven-
« touses petites, égales, éloignées seulement de 1ᵐᵐ,1. » (Rud.)

Rudolphi en trouva une seule fois à Paris cinq exemplaires dans
l'intestin d'une sole (*Pleuronectes solea*).

DISTOME DES MALACOPTÉRYGIENS DISCOBOLES.

— J'ai trouvé souvent dans les *Lepadogaster*, en Bretagne, des
petits distomes ressemblant beaucoup à ceux de la gonelle.

**152. DIST. DU LUMP.   *DIST. REFLEXUM.* — Creplin, *Observ. de
Entoz.*, 1825, p. 54.**

« — Corps blanchâtre, long de 4ᵐᵐ,5 environ, linéaire, cylindrique ;
« — partie antérieure (cou) longue de 0ᵐᵐ,56, un peu plus étroite,
« inclinée ou divergente ; — ventouses globuleuses, l'antérieure située
« en dessous, la ventrale très-saillante et trois fois plus large. »

M. Creplin le trouva deux fois solitaire dans l'intestin du *Cyclopterus lumpus*.

DISTOMES DES MALACOPTÉRYGIENS APODES.

Le *Dist. appendiculatum*, nᵒ 43, a été trouvé dans l'anguille et dans les *Ophidium;* nous avons aussi décrit le *Dist. rufoviride*, n° 44, du congre, et le *Dist. angulatum*, n° 16, de l'anguille. Il reste à parler des espèces suivantes :

153. DIST. POLYMORPHE.   *DIST. POLYMORPHUM*. — Rud.,
Entoz., t. II, I, p. 363, et *Syn.*, p. 95 et 369.

Fasciola anguillæ, Gmelin, Syst. nat., p. 3056, d'après Leeuwenhoek, Arcan. Nat., p. 344, fig. 6 (mauvaise).

« — Corps blanc, avec une tache jaune, long de 0^{mm},75 à 1^{mm},2 ,
« deux ou trois fois aussi long que large, déprimé, presque ovale,
« crénelé, échancré en arrière, prolongé en manière de cou en avant ;
« — ventouse antérieure à bord gonflé ; — ventouse ventrale plus
« grande, à bord droit, élevé. »

Rudolphi le trouva abondamment dans l'intestin de l'anguille, à Greifswald ; plus tard, il voulut (*Syn.*, p. 369) rapporter à la même espèce un *Dist. anguillæ*, décrit par Abildgaard (*Zool. dan.*, t. IV, p. 26, pl. 142, fig. 7-10); mais celui-ci, d'après la figure citée, serait beaucoup plus grand (de plus de 10^{mm}).

154. DIST. SINUÉ.   *DIST. SINUATUM*. — Rud., *Syn.*, p. 97 et 374.

« — Corps blanchâtre, avec une tache roussâtre au milieu, long
« de 3^{mm}, large de 0^{mm},55, déprimé, à bords sinueux ; — partie anté-
« rieure (cou) conique ; — ventouses assez éloignées, la ventrale
« plus grande. »

Trouvé par Rudolphi dans l'intestin de l'*Ophidium imberbe*, à Naples.

155. DIST. TUBULÉ.   *DIST. TUBULATUM*. — Rud., *Syn.*, p. 675.

« — Corps blanchâtre en avant, noirâtre en arrière, long de
« 2^{mm},25 à 3^{mm},37, large de plus de 0^{mm},75, assez épais, déprimé,
« ovale ; — ventouse ventrale plus grande que l'antérieure, et sail-
« lante en manière de tube. »

Trouvé par Olfers, au Brésil, dans l'intestin d'une *Murœna*.

DISTOMES DES LOPHOBRANCHES.

156. DIST. LABIÉ.   *DIST. LABIATUM*. — Rud., *Syn.*, p. 108 et 400.

« — Corps blanchâtre, long de 1^{mm},12, et trois à cinq fois moins
« large, cylindrique, aminci en avant, très-obtus en arrière ; — ven-
« touses orbiculaires, la ventrale plus grande, saillante, l'antérieure
« surmontée par un lobe supérieur en forme de lèvre. »

Rudolphi en trouva à Naples un seul exemplaire sous le péritoine, à **la surface du foie d'un *Syngnathus pelagicus*.**

157. DIST. DE L'HIPPOCAMPE.   *DIST. TUMIDULUM.* — Rud.,
Synops., p. 95 et 369.

« — Corps long de 2ᵐᵐ,25 environ, linéaire, aplati, obtus aux ex-
« trémités ; — ventouse antérieure globuleuse, terminale, plus pe-
« tite ; — ventouse ventrale très-saillante, située au milieu de la lon-
« gueur, et ayant l'orifice transverse. »

Dans l'intestin des *Syngnathus hippocampus* et *acus.*

DISTOMES DES PLECTOGNATHES.

? 158. DIST. CONTOURNÉ.   *DIST. CONTORTUM.* — Rud., *Syn.,*
p. 118 et 424.

« — Corps blanc en avant, jaune rougeâtre en arrière, avec les
« côtés blanchâtres et deux vaisseaux brunâtres allant de la ventouse
« antérieure à la queue, très-long (de plus de 27ᵐᵐ), cylindrique, un
« peu aminci en arrière, ferme, et se courbant ou se tordant avec
« force ; — partie antérieure (cou) longue, convexe en dessus, con-
« cave en dessous, hérissée de petites épines ; — ventouses presque
« globuleuses, la ventrale deux fois plus grande, portée par un pé-
« doncule quelquefois très-long. » (Rud.)

Rudolphi en trouva plus de vingt sur les branchies de deux *Orthragoriscus mola,* à Naples, et, d'après ce mode d'habitation, ainsi que
d'après la description, on peut conclure, je crois, que ce n'est pas
un distome ni même un trématode, non plus que le *Dist. ovatum* de la
bonite.

159. DIST. NOIR ET JAUNE.   *DIST. NIGROFLAVUM.* — Rud.,
Synops., p. 118 et 423.

Schisturus paradoxus, Rud., Entoz., t. II, ii, p. 257, pl. 12, fig. 4, d'après
Redi, Anim. viv., p. 168, Vers, p. 249, pl. 20, fig. 1-4.

« — Corps mou, blanc, avec un vaisseau (oviducte?) dorsal, noir,
« très-rameux, épais, et des oviductes jaunes, très-enroulés, formant
« presque des anneaux et occupant les côtés et la partie postérieure ;
« long de 7ᵐᵐ à 13ᵐᵐ et quelquefois jusqu'à 27ᵐᵐ, et 50ᵐᵐ ; — partie
« antérieure (cou) courte, conique, hérissée de petites épines, ainsi
« que la tête ; — ventouses presque globuleuses ; la ventrale beau-
« coup plus grande, portée par un pédoncule assez long. »

Trouvé, avec la précédente espèce, près des branchies de l'*Orthragoriscus mola,* dans le gosier, et surtout plus nombreux dans l'estomac
et dans l'intestin. Je crois que ce n'est pas non plus un distome.

DISTOMES DES ESTURGEONS.

Le *Distoma appendiculatum*, n° 43, été trouvé dans les esturgeons, ainsi que les espèces suivantes :

160. DIST. PARTAGÉ.   *DIST. DIMIDIATUM*. — Creplin, *Nov. obs. de Entoz.*, p. 55.

« — Corps translucide, long de 8^{mm},3 à 4^{mm},5, presque cylindrique,
« et formé de deux parties presque égales, l'antérieure (cou) large
« de 1^{mm},12 environ, un peu concave en dessous, convexe en dessus,
« et séparée du reste par une dépression ; — partie postérieure large
« de 0^{mm},75 ; — ventouse ventrale plus grande et saillante, située
« entre le milieu et le tiers antérieur de la longueur. »

M. Creplin en a trouvé deux exemplaires dans l'œsophage ou l'estomac de l'*Accipenser sturio*.

161. DIST. HISPIDE.   *DIST. HISPIDUM*. — Abilgaard.

Distoma hispidum, Rud., Entoz., t. II, i, p. 435, et Syn., p. 118 et 423.
Distoma hispidum, Creplin, Nov. obs. de Entoz., p. 73.

« — Corps blanc, taché de jaune et de brun par les œufs, long
« de 5 à 20^{mm}, mince, un peu déprimé, presque linéaire, hérissé,
« surtout en avant, d'épines droites, inclinées en arrière, excepté vers
« l'extrémité qui est nue, obtuse ; — partie antérieure (cou), très-
« courte, longue à peine de 2^{mm},3, conique, obtuse en avant, portant
« de chaque côté, avant le milieu, une expansion latérale en forme
« d'aile à bord arrondi, et sur la nuque un tubercule armé, ainsi
« que le bord des ailes, d'aiguillons plus grands et plus forts que
« ceux du reste du cou ; — ventouse antérieure presque terminale,
« petite, non entourée d'épines, et paraissant irrégulière ; — ventouse
« ventrale presque globuleuse, ordinairement un peu plus grande ;
« — branches de l'intestin d'abord très-minces en partant de la ven-
« touse antérieure, puis renflées de plus en plus jusqu'à l'extrémité
« postérieure. »

Abilgaard l'avait trouvé, le premier, dans l'esturgeon ; Rudolphi l'y trouva ensuite à Rimini, puis à Berlin, et Braun, à Vienne. Mais M. Creplin, ayant pu l'observer de nouveau vivant, en donna une description plus exacte, et signala surtout la facile décomposition du tégument et la disparition des épines par suite de cette décomposition au contact de l'eau. D'après ce qu'a dit M. Creplin de la ventouse antérieure non entourée de piquants (*aculeis minime cinctus*), nous avons cru ne pas devoir mettre cette espèce dans le sous-genre échinostome.

DISTOMES DES SQUALES.

162. DIST. VÉLIPORE.   *DIST. VELIPORUM.* — Creplin , dans
Wiegmann's Archiv., 1842 , 1 , p. 336.

« — Corps long de plus de 80ᵐᵐ ; — ventouse ventrale située à 6ᵐᵐ,7
« seulement de l'antérieure ; — orifices génitaux portés par un tuber-
« cule au milieu de l'intervalle des ventouses ; — orifice caudal bien
« visible ; — œufs très-petits, ovales, bruns. »

Trouvé par M. Otto dans le *Squalus griseus.*

163. DIST. MÉGASTOME.   *DIST. MEGASTOMUM.* — Rudolphi ,
Syn., p. 102 et 387.

Distoma megastoma, Kuhn, dans Ann. sc. d'obs., 1829, t. II, p. 463, pl. 11,
fig. 4-5.

« — Corps blanc, long de 6 à 9ᵐᵐ, large de 1ᵐᵐ,5 à 2ᵐᵐ,25, ou quatre
« fois aussi long que large, oblong, déprimé, obtus aux extrémités,
« convexe en dessus, concave en dessous ; — ventouse antérieure
« grande, aussi large que le corps, située en dessous ; — ventouse
« ventrale, située au milieu de la longueur chez les jeunes, ou un peu
« en avant chez les adultes ; — orifices génitaux contigus en avant de
« la ventouse ventrale. »

Trouvé par Rudolphi dans l'estomac du milandre (*Squalus galeus*),
et par M. Kuhn dans l'intestin de la roussette (*Squalus catulus*).

V. DISTOMES DES CRUSTACÉS.

164. DIST. ISOSTOME.   *DIST. ISOSTOMUM.* — Rud., *Synops.,*
p. 105 et 392.

Distoma isostomum, Creplin, Nov. obs. de Entoz., p. 64.

« — Corps rougeâtre ou rose , long de 2ᵐᵐ,8 à 3ᵐᵐ,37 , large de
« 0ᵐᵐ,56 à peine, déprimé, obtus de part et l'autre ; — ventouse an-
« térieure non terminale ; située en dessous ; — ventouse ventrale un
« peu plus grande, située au milieu de la longueur ; — orifices géni-
« taux contigus, en arrière de la ventouse antérieure. »

Trouvé par M. Otto à Breslau et par M. Baer à Kœnigsberg dans les
conduits biliaires de l'écrevisse (*Astacus fluviatilis*), par M. Carus, sur
les ganglions nerveux, et par M. Creplin, sur les tubes séminifères du
même crustacé. Il n'a présenté aucune trace d'organes génitaux internes.

— M. Baer, dans son Mémoire sur les animaux inférieurs (*Nova
acta Acad.* c. l. c. , *Nat. curiosorum,* t. XIII, p. 553), dit avoir trouvé

abondamment, à Kœnigsberg, dans les écrevisses deux espèces de distomes, savoir : le *Dist. isostomum* et un deuxième qu'il nomme *Dist. cirrigerum,* en raison de la grosseur de son cirre. Ce distome est enfermé dans de petits kystes globuleux qu'on pourrait confondre avec les œufs mêmes de l'écrevisse, parmi lesquels on les voit quelquefois dans l'ovaire; mais le plus souvent ils sont disséminés dans les muscles et dans les membranes de l'estomac; c'est ainsi que M. Siebold les a vus aussi, à Heilsberg, au mois de mai, et seulement dans les écrevisses provenant d'un certain lac. On en trouve ainsi jusqu'à deux cents dans une seule écrevisse. M. Siebold assigne à ce distome une cavité postérieure simple, en forme de cœcum, auquel aboutissent quelques branches d'un système vasculaire.

VI. DISTOMES DES MOLLUSQUES.

On trouve souvent dans les mollusques des distomes de diverses espèces, mais toujours sans organes génitaux, et conséquemment on ne peut les décrire et les spécifier complétement. Nous avons cependant déjà décrit, sous le nom de *Dist. radula,* un petit *Echinostome* très-remarquable du *Lymnæus palustris*; et M. Baer avait précédemment nommé *Dist. luteum* et *Dist. duplicatum* deux helminthes des mollusques (Voyez *Nova acta Acad.,* c. l. c. t. XIII, ii, p. 600 et 610, pl. 29, fig. 18 et 20-22). Le *Dist. luteum,* trouvé dans les testicules et le foie de la *Paludina vivipara,* est long de $0^{mm},75$ à $1^{mm},12$, plat, ovale, un peu aigu en arrière; le *Dist. duplicatum* se produit dans des kystes globuleux du rein et des autres organes de l'*Anodonta ventricosa.* Ces kystes contiennent deux, trois et quelquefois jusqu'à six de ces distomes dont chacun se compose de deux parties, savoir : un corps long de $0^{mm},37$, ressemblant à un petit distome oblong, et une sorte de queue également longue et renflée en massue, qui se détache à une certaine époque, comme la queue des cercaires.

J'ai trouvé, de mon côté, à Rennes, plusieurs distomes que je vais indiquer sommairement : 1º dans le foie de l'*Helix aspersa* plusieurs fois, une immense quantité de sacs jaunâtres (sporocystes) oblongs, ou fusiformes, ou bifurqués, contenant chacun quatre à douze petits distomes minces, très-contractiles, longs de $0^{mm},3$ à $1^{mm},3$, suivant l'état de contraction, à tégument finement strié en travers, avec les ventouses grandes, égales et saillantes, le bulbe œsophagien très-gros et l'intestin immédiatement bifurqué.

2º Dans l'intestin et dans le foie des *Limax agrestis* et *Limax rufa* des distomes ovales, longs de $0^{mm},5$ à $0^{mm},9$, larges de $0^{mm},2$ à $0^{mm},28$, avec deux ventouses globuleuses, saillantes, larges de $0^{mm},12$ à $0^{mm},4$, un bulbe œsophagien large de $0^{mm},09$ à $0^{mm},10$, en arrière duquel se trouve l'intestin transverse ou immédiatement divisé; à l'extrémité postérieure se trouve un orifice contractile donnant entrée dans une cavité d'où partent les vaisseaux, munis de cils vibratiles ou filaments

ondulants. C'est ce distome que je suppose devoir acquérir son développement ultérieur dans les divers animaux (musaraignes, rats, lérots,
merles, grenouilles, etc.) qui ont mangé des limaces.

3° Dans l'intestin du *Limax cinerea*, des distomes très-nombreux,
longs de 0^mm,38 à 0^mm,44, promptement décomposés par le contact
de l'eau. Ils ont les deux ventouses très-larges, et se recourbent fortement pour ramener en dessous l'orifice de la ventouse antérieure. Le
bulbe œsophagien est précédé et suivi d'un œsophage mince ; l'intestin se divise en deux branches courtes et épaisses ; l'extrémité postérieure est amincie et contient une cavité ou vésicule contractile, qui
s'ouvre au dehors par l'orifice caudal. On pourrait croire que ce distome, achevant de se développer dans l'intestin de la salamandre et
de la grenouille rousse, y devient un *Brachycœlium*, comme le précédent peut devenir un *Brachylaimus*.

4° Dans le foie du *Lymnœus palustris* des distomes obovés ou presque globuleux, convexes en dessus, fortement excavés en dessous, ou
plutôt présentant une excavation médiane, dans laquelle sont com-
prises la ventouse ventrale et les autres orifices ; de telle sorte qu'on
pourrait croire que, par suite d'un développement ultérieur, ils pourraient devenir des holostomes dans l'intestin des oiseaux de marais
qui dévorent les lymnées. Ces distomes sont longs de 0^mm,4 à 0^mm,55,
larges de 0^mm,3 ; le tégument est lisse, la ventouse antérieure est petite, située en dessous et donne naissance, immédiatement et sans
bulbe œsophagien, à l'intestin bientôt bifurqué ; la ventouse ventrale
est située au fond de l'excavation, dont le bord postérieur la recouvre
ordinairement.

Ier APPENDICE.

TRÉMATODES VRAIS, MAIS IMPARFAITEMENT CONNUS, OU INCOMPLÉTEMENT DÉVELOPPÉS.

12e GENRE. DIPLOSTOME. *DIPLOSTOMUM.* — NORDM.

« Helminthes très-petits, incomplétement développés, habi-
« tant les yeux des poissons ; — corps mou, oblong, plus ou
« moins déprimé, plus ou moins allongé, très-contractile et de
« forme très-variable ; — bouche située en dessous, près de
« l'extrémité antérieure ; — œsophage précédé par un bulbe
« œsophagien ; — intestin divisé en deux branches prolongées en
« arrière et terminées en cœcum ; — deux ventouses situées
« sur la ligne médiane en arrière du milieu, la première orbicu-

« laire, formée de fibres radiées, la deuxième plus large, à bord
« épais, irrégulièrement contractile; — système vasculaire
« très-complexe, aboutissant en arrière à une vaste cavité con-
« tractile qui s'ouvre au dehors par un orifice situé à l'extrémité
« d'un prolongement caudal plus ou moins prononcé; — organes
« génitaux nuls ou non développés. »

Le genre *Diplostomum* a été établi par M. Nordmann pour des
helminthes très-petits. Ce savant naturaliste les trouva dans le
corps vitré de l'œil des poissons, où il prétend en avoir distingué cinquante-huit espèces; mais il en a décrit deux seulement
comme types de deux groupes à établir. Ce sont les deux seules
espèces que j'ai pu rencontrer, et je suis porté à croire que la
plupart des cinquante-six autres sont purement nominales ou
basées sur les différences nombreuses de forme que présentent ces
helminthes. Depuis lors, M. Henle a décrit une troisième espèce
trouvée par lui sur la moelle épinière des grenouilles.

Les displostomes se présentent à la vue simple comme des
points blancs ou des petites lignes blanches, longues d'un demi-
millimètre environ, quelquefois en nombre considérable; leurs
mouvements sont très-vifs, et on peut les conserver vivants pendant plus de deux jours entre des lames de verre avec les humeurs
de l'œil. Ce sont des trématodes incomplétement développés,
sans aucun moyen de reproduction, qui doivent s'être produits
spontanément dans le lieu qu'ils habitent. Comme les cercaires
des mollusques, ils ont de grands rapports de structure avec les
distomes et les holostomes.

DIPLOSTOME ENROULÉ. *DIPLOST. VOLVENS.* — Nordmann,
Mikrograph. Beitræge, I, p. 28, pl. 2, 3 et 4, fig. 6; et dans les
Annales des sciences nat., t. XXX, p. 270, pl. 18 et 19.

« — Corps elliptique oblong, long de $0^{mm},4$ à $0^{mm},6$, large de $0^{mm},3$
« avec deux ou trois saillies au bord antérieur, et un prolongement
« conoïde postérieur qui représente la partie postérieure du corps des
« holostomes, tandis que le reste du corps dilatable en disque con-
« cave représente la partie antérieure; — cavité postérieure triangu-
« laire, non divisée; — les deux lobes latéraux antérieurs rétractiles
« et susceptibles de se creuser en ventouses; — tégument finement
« strié suivant deux directions obliques; — stries écartées de $0^{mm},0025$;
« — souvent ridé ou plissé transversalement; — globules larges de
« $0^{mm},016$ plus ou moins nombreux dans l'intérieur du corps. »

Je l'ai trouvé plusieurs fois dans l'œil de la perche (*Perca fluviatilis*), à Rennes, mais je ne l'ai trouvé dans aucun autre poisson.

M. Nordmann l'a trouvé en Allemagne dans les yeux du sandre (*Perca lucioperca*), des *Perca fluviatilis* et *Perca cernua*, et de la lotte *Gadus lotta*); il a décrit comme organes génitaux des parties peu distinctes, sans œufs, sans pénis; il a signalé aussi, dans ces helminthes, la formation de certains amas d'infusoires monadaires.

2. DIPLOSTOME EN MASSUE. *DIPLOST. CLAVATUM.* — Nordm., *Mikr. Beitræg.*, I, p. 42, pl. 3, fig. 5-8, et pl. 4, fig. 5; et dans les *Ann. sc. nat.*, t. XXX, p. 286, pl. 18, 19.

« — Corps long de 0^{mm},4 à 0^{mm},7, lancéolé oblong ou claviforme,
« allongé, très-variable, et plus contracté tantôt sur un point tantôt
« sur un autre; — extrémité postérieure susceptible de s'allonger
« beaucoup; — tégument finement strié en long et en travers; —
« stries écartées de 0^{mm},0023 à 0^{mm},003; — plis transverses produisant
« de chaque côté des crénelures égales et régulières de 0^{mm},006; —
« bord antérieur, souvent sinueux, avec deux échancrures séparant
« trois lobes peu saillants; — bouche entourée d'une masse muscu-
« leuse, large de 0^{mm},035; — première ventouse ventrale large de
« 0^{mm},03, située aux trois cinquièmes de la longueur totale, et s'ou-
« vrant par une petite ouverture froncée ou transverse; — deuxième
« ventouse ventrale située aux quatre cinquièmes de la longueur,
« tantôt largement ouverte, tantôt froncée et à peine visible; — ca-
« vité postérieure bifurquée en avant; — granules ovales oblongs,
« diaphanes, fortement réfringents, longs de 0^{mm},01, disséminés dans
« l'intérieur du corps. »

Je l'ai trouvé plusieurs fois très-abondamment dans les yeux des perches et des brochets (*Esox lucius*), à Rennes. M. Nordmann l'a trouvé constamment dans les yeux des *Perca fluviatilis*, *Perca lucioperca* et *Perca cernua*.

3. DIPLOSTOME DU RACHIS. *DIPLOST. RACHIÆUM.* — Henle dans *Froriep's Notizen*, t. XXXVIII, n° 2.

« — Corps de forme très-variable, tantôt filiforme, long de 2^{mm},25,
« tantôt globuleux, large de 0^{mm},56; — bord antérieur aminci ou
« obtus, ou tronqué, ou à trois lobes. »

Dans le canal rachidien de la grenouille, vers l'extrémité postérieure, quelquefois vingt à trente ou quarante ensemble.

13e Genre. CERCAIRE. *CERCARIA.* — Müller.

ET ENVELOPPE VIVANTE OU SPOROCYSTE DES CERCAIRES.

Les cercaires, prises d'abord pour des infusoires, sont de très-
petits distomes sans organes génitaux, mais temporairement pourvus
d'une queue très-mobile, très-contractile. Cette queue leur sert

d'organe locomoteur pour nager dans les eaux jusqu'à ce qu'elles aient trouvé un gîte pour s'y développer peut-être, ou se métamorphoser, car on ne sait encore ce que deviennent ces singuliers parasites quand ils ont quitté leur premier domicile. On les a vues se fixer sur les parois des vases ou sur le corps des mollusques et s'y envelopper d'une sorte d'excrétion, comme consolidée. Elles avaient dû passer par un état de nymphe, mais on n'a point vu avec certitude leur réveil, si toutefois ce réveil a lieu; et quant à nous, il nous paraît bien plus probable que parmi les myriades de jeunes cercaires ainsi destinées à périr au début de leur carrière, comme la plupart des graines de certains végétaux, quelques-unes seulement peuvent arriver dans l'intérieur de quelque animal pour y achever leur vie de distome.

Les cercaires qu'on voit nager, quelquefois très-nombreuses, autour des lymnées, des planorbes et des paludines, recueillies récemment et placées dans des vases avec de l'eau, furent d'abord étudiées par Müller qui en décrivit trois espèces sous les noms de *Cercaria lemna,* *Cercaria inquieta* et *Vibrio ma leus* dans son Histoire des infusoires. M. Bory de Saint-Vincent en fit plus tard son genre *Histrionella.* Nitzsch, en 1817 (*Beitræge z. Infusorienk.* dans *N. Schr. d. Nat. Gesel.* Halle, t. III, ı), en fit une étude particulière, et les distingua des autres infusoires; il nomma les trois espèces de Müller : 1° *Cercaria major;* 2° *Cercaria inquieta* et *Cercaria furcata,* et il décrivit en outre la *Cercaria ephemera* caractérisée par trois points noirs oculiformes en avant, et la *Cercaria minuta;* mais il ne connut pas leur origine. Ce fut Bojanus qui, en 1818, dans (*Isis,* p. 729, pl. 4), reconnut leur parasitisme chez les lymnées, et vit le premier leurs sporocystes qu'on désigna d'abord sous le nom de *vers jaunes de Bojanus.*

Mais M. de Baer, en 1826 (dans *Nova acta Acad.,* c. l. c., t. XIII, ıı), fit connaître la relation étrange qui existe entre les cercaires et leurs sporocystes vivants; il suivit leur développement et, par ce travail admirable, il enrichit la science des faits les plus curieux. M. Wagner dans l'*Isis,* en 1832 (pag. 394, pl. 4) et 1834 (p. 131, pl. 1, fig. 4), fit connaître mieux encore la structure de ces helminthes; M. Siebold, dans le troisième volume de la Physiologie de Burdach (trad. franç.), a encore ajouté considérablement à ce qu'on savait déjà sur le développement de ces êtres singuliers. Enfin M. Steenstrup (*Ueber den Generationwechsel,* Copenhag. 1842, analysé dans *Wiegmann's Archiv.,* 1843, II, p. 320), a de nouveau appelé l'attention sur ce sujet si intéressant et a ajouté encore quelques faits nouveaux avec d'autres détails qui sont évidemment inexacts.

Ainsi donc on sait aujourd'hui que les cercaires se produisent dans des enveloppes spéciales (sporocystes) qui sont elles-mêmes vivantes, et présentent quelquefois tous les caractères de l'animalité, du moins à une certaine époque de leur développement, mais qui peu à peu se déforment et finissent souvent par n'être plus que des sacs ou des

kystes membraneux. Ces sacs ou sporocystes contiennent d'abord des
petits corps globuleux demi-transparents qui sont des germes; plus
tard on voit les cercaires de plus en plus distinctes et souvent entre-
mêlées de germes à différents degrés de développement. En même
temps aussi on y voit des germes de sporocystes bien reconnaissables,
et destinés à propager ces enveloppes vivantes et leurs cercaires;
quant à celles-ci, malgré ce qu'on en a pu dire, il ne paraît pas probable qu'elles puissent donner naissance à de nouveaux sporocystes,
elles ne peuvent devenir que des distomes, mais je ne crois pas que
ce soit en s'enfermant dans cette prison excrétée qui a été observée; je ne crois pas non plus que les kystes de notre *Distoma
radula* soient le résultat d'une de ces métamorphoses de cercaires;
quoiqu'une pareille idée eût pu sembler probable d'abord; car le
mode de structure du kyste est exactement le même que chez les
vertébrés, et le petit distome inclus n'a absolument rien de la forme
des cercaires privées de leur queue.

Il est impossible de caractériser convenablement les espèces de
cercaires; cependant il en est plusieurs qui ont été désignées par des
noms particuliers; la plus remarquable, assurément, est la *Cercaria
armata* (Sieb.), qui prend naissance dans les sporocystes vivants ou
vers jaunes de Bojanus du foie des lymnées, des planorbes et des
paludines, du moins je crois qu'on ne peut distinguer suffisamment les
sporocystes de ces divers mollusques. Ces sporocystes jeunes sont, à
vrai dire, des helminthes bien caractérisés, des trématodes, des monostomes; ils sont jaunâtres ou colorés ainsi par l'intestin simple et
très-long; ils sont eux-mêmes longs de $0^{mm},5$ à 2^{mm} dans le premier
âge, six à dix fois aussi longs que larges, terminés en avant
par une petite bouche orbiculaire, quelquefois un peu saillante et
tubuleuse; cette bouche est suivie d'un bulbe œsophagien très-volumineux, formé de fibres musculaires radiées, et large de $0^{mm},06$;
l'intestin qui vient ensuite est simple, assez étroit, sinueux et inéga-
tement renflé. Vers l'extrémité antérieure on voit deux papilles latérales opposées; et en arrière, avant la queue amincie et conique, se
voient deux appendices latéraux comme deux moignons. C'est dans
ces sporocystes que prennent naissance les cercaires, comme nous
l'avons déjà dit; et à mesure que ces parasites inclus se développent,
le sporocyste s'allonge jusqu'à 4^{mm} et se déforme, et présente des
renflements ou des étranglements irréguliers. La *Cercaria armata*
se distingue par un petit dard ou stylet rétractile qu'elle porte au-
dessus de la ventouse antérieure; elle a son corps de distome long
de $0^{mm},3$ à $0^{mm},6$, et sa queue longue de $0^{mm},6$ à $0^{mm},8$, de sorte que
sa longueur totale est de $1^{mm},2$ à $1^{mm},4$; sa largeur est de $0^{mm},12$
à $0^{mm},20$, et plus souvent de $0^{mm},15$; la ventouse antérieure est large
de $0^{mm},06$ à $0^{mm},07$, et la ventrale de $0^{mm},075$; le bulbe œsophagien est
large de $0^{mm},034$. Des deux côtés en avant se voit à l'intérieur un
cordon ou vaisseau replié, aboutissant au-dessus de la ventouse à la
base du dard; en arrière se voient aussi des corps globuleux, qu'on

pourrait prendre pour des glandes; au milieu de la partie postérieure se trouve une cavité ventrale contractile, quelquefois bifurquée, et quelquefois aussi divisée par le rapprochement des parois; cette cavité communique au dehors par l'orifice laissé libre après la chute de la queue. Les deux branches de l'intestin sont comme chez les distomes.

C'est ainsi que j'ai vu et le sporocyste jaune et les *Cercaria armata* dans le *Lymnæus stagnalis* et dans les *Planorbis corneus* et *carinatus,* à Paris et à Rennes. M. Siebold lui attribue en outre une couronne de petites épines que je n'ai pas vue.

Dans la *Paludina impura,* à Rennes, j'ai trouvé des sporocystes jaunes de même forme, mais proportionnellement plus courts et plus épais, avec un bulbe œsophagien large de 0^{mm},102; les cercaires contenues sont couvertes de très-petites épines disposées en quinconce, mais dépourvues de stylet; elles ont le corps long de 0^{mm},26 à 0^{mm},5, suivant le degré de contraction, large de 0^{mm},16 à 0^{mm},17; la ventouse antérieure large de 0^{mm},07 à 0^{mm},08, et la postérieure de 0^{mm},062 à 0^{mm},065. C'est la *Cercaria echinata.*

La *Cercaria ephemera* de Nitzsch, caractérisée par les points oculiformes noirs, se développe dans des sporocystes globuleux brunâtres, couvrant quelquefois le péricarde de la *Paludina vivipara;* ces sporocystes n'ont presque rien conservé de leur animalité.

La *Cercaria furcata* de Nitzsch, si remarquable par les deux appendices ou stylets divergents qui terminent sa queue, se produit dans de longs tubes ou sporocystes au milieu des tissus vivants des paludines et des lymnées.

— J'ai trouvé abondamment parmi les touffes de corallines, à Cette, au mois de mars, des helminthes ressemblant beaucoup à de grosses cercaires sans queue, et que je crois provenir des *Trochus;* ils sont longs de 1 à 2^{mm},5, larges de 0^{mm},2 à 0^{mm},6, suivant l'état de contraction, pourvus de deux ventouses, l'une antérieure, l'autre ventrale, plus grande.

14e Genre. BUCÉPHALE.   *BUCEPHALUS.* — Baer, dans *Nov. acta Acad.,* c. l. c., t. XIII, II, p. 570, pl. 30.

Sous ce nom M. Baer a établi un genre pour un helminthe analogue aux cercaires et au *Distoma duplicatum,* et trouvé, comme ce dernier, dans l'épaisseur des organes des anodontes. La seule espèce qu'il nomme *Bucephalus polymorphus* se compose d'un petit corps semblable à un très-jeune distome, portant à l'extrémité postérieure deux appendices divergents en forme de cornes de bœuf, ou très-longs, droits ou diversement contournés, lesquels se détachent à une certaine époque. Les bucéphales se produisent dans des tubes ou sporocystes ramifiés présentant des renflements successifs dont chacun loge un ou deux helminthes.

15ᵉ GENRE. LEUCOCHLORIDIE.   *LEUCOCHLORIDIUM.*
— CARUS, *Nov. act. Acad.*, t. XVII, I, p. 85, pl. 7.

M. Carus a voulu établir sous ce nom un genre d'helminthes pro-
blématiques. Cette production parasite trouvée dans un mollusque
(*Succinea amphibia*), et nommée spécifiquement par lui *Leucochloridium paradoxum,* c'est en apparence un ver blanchâtre, mou et
ridé, cylindrique, long de 9 à 12^{mm}, large de 2^{mm} environ, et prolongé
par une sorte de queue plus ou moins flexueuse, de manière à res-
sembler un peu à une larve de syrphe ou d'*Elophilus tenax*. Ce ver
présente d'ailleurs deux bandes vertes transverses, en avant, et six à
huit tubercules noirs saillants près de l'extrémité antérieure. Il se
meut assez vivement entre les viscères et jusque dans les tentacules
du mollusque, où il se laisse voir à travers les téguments; mais si
on veut chercher quelques traces d'organisation interne, on voit que
ce n'est qu'un sac, qu'un grand sporocyste, contenant de jeunes
trématodes analogues aux distomes, ainsi que les sporocystes des
cercaires.

?16ᵉ GENRE. ASPIDOCOTYLE. *ASPIDOCOTYLUS.*—DIES.

« — Vers à corps allongé, déprimé, aminci en avant, élargi
« en arrière où se trouve une dilatation presque orbiculaire
« toute couverte de ventouses (?) très-nombreuses; — bouche
« orbiculaire terminale; — pénis simple et conique saillant à la
« face ventrale en avant. »

M. Diesing a établi ce genre en même temps que son genre
Notocotylus dont nous avons parlé (voyez *Monostoma verrucosum*) et avec lequel il paraît avoir beaucoup trop de rapport.

ASPID. CHANGEANT.   *ASPID. MUTABILIS.* — DIESING, dans les
Ann. Mus. Wien., t, II, II, p. 234, pl. 15, fig. 20-22.

« — Corps long de 3^{mm},37, large de 1^{mm},12 environ à la partie anté-
« rieure, et de plus de 2^{mm},25 en arrière; — intestin bifurqué, pré-
« cédé d'un long œsophage; — ventouses très-nombreuses, formant
« environ quatorze rangées transverses-et longitudinales sur le disque
« postérieur. »

M. Natterer en a trouvé deux exemplaires seulement dans l'intestin
d'une nouvelle espèce de *Cataphractus*.

IIe APPENDICE.

TRÉMATODES DOUTEUX.

? 17e Genre. PELTOGASTRE. *PELTOGASTER.* —Rathke.

M. Rathke a décrit sous le nom de *Peltogaster paguri* (dans *Neu. Danzig. Schrift.*, t. III, iv, p. 105) un parasite du pagure ou Bernard l'Ermite, qui paraît être toute autre chose qu'un trématode; c'est un ver long de 13^{mm},5, ovale oblong, courbé en arc, portant à l'extrémité la plus large un tube court et épais terminé par la bouche. Au milieu de la face inférieure se trouve un disque rayonné en forme de ventouse, mais d'un tissu corné. La bouche est suivie d'un large intestin simple, prolongé jusqu'à l'extrémité postérieure. Les ovaires sont deux tubes situés entre l'intestin et la face inférieure, et divisés par des cloisons transverses; de chacun d'eux, en arrière du milieu du corps, part un canal court qui vient aboutir dans l'intestin, où les œufs achèvent leur développement, fixés à la paroi.

? 18e Genre. GYRODACTYLE. *GYRODACTYLUS.* — Nordm., *Mikrog. Beitr.,* 1842, t. I, p. 105, pl. 10.

M. Nordmann nomme ainsi de très-petits vers parasites à la surface du corps des poissons d'eau douce, et les caractérise par une expansion membraneuse discoïdale ou concave à la partie postérieure, soutenue par deux grands crochets minces et par une rangée de petits spicules disposés en rayonnant. Leur corps est linéaire ou fusiforme, diaphane; la partie antérieure est lobée ou échancrée, et munie de quelques points noirs, oculiformes, à la face dorsale. On voit aussi une sorte de trompe sortant à angle droit comme un bulbe pharyngien exsertile, de sorte que, vue de face, elle peut être prise pour une ventouse; vers le milieu ou le tiers antérieur de la longueur se voient deux petits crochets obliques qui paraissent correspondre à un orifice génital; quelquefois aussi on voit deux canaux latéraux plus transparents, qu'on peut prendre pour les branches de l'intestin. Toutefois, on ne peut classer convenablement ces petits vers non adultes parmi les trématodes. M. Creplin (dans l'*Encyclopédie* de Ersch et Gruber, t. XXXII, p. 301) doute même que ce soient des helminthes.

M. Nordmann en avait décrit deux espèces qu'il nomma *Gyrodactylus elegans* (fig. 1-2) et *Gyrodactylus auriculatus* (fig. 4-6). Moi-même j'ai trouvé souvent ce dernier sur les branchies de la carpe et du gardon, et je l'ai représenté (Atlas , pl. 8 , fig. H) avec bien moins de détails que M. Nordmann, mais tel que je l'ai vu. Il est long de 0^{mm},25 et d'une délicatesse extrême. J'en ai trouvé aussi sur les branchies de la carpe une autre espèce plus grande, longue de $0^{mm},42$ à $0^{mm},55$, large de $0^{mm},10$, remarquable par la grandeur des deux crochets qui soutiennent son expansion membraneuse en arrière. J'en ai donné deux figures partielles (ATLAS, pl. 8, fig. J), et je proposerai de la nommer *Gyrodactylus anchoratus;* enfin, j'en ai vu aussi une troisième espèce sur le corps du *Gasterosteus lœvis.*

? 19ᵉ GENRE. MYZOSTOME.   *MYZOSTOMA.* — LÉUCK.

Leuckart établit ce genre en 1838 (*Froriep's Notiz.,* p. 49 et 50, et *Isis,* p. 613, pl. 1, fig. 9-10) pour des parasites très-singuliers trouvés sur les comatules, et il en décrivit trois espèces; mais il n'avait eu sous les yeux que des exemplaires conservés dans l'alcool. M. Loven ayant pu, au contraire, étudier vivant le *Myzostoma cirriferum,* en a donné dans les *Ann. des sc. nat.* (1842, t. XVIII, p. 291) une description beaucoup plus exacte, d'où il résulte que ce n'est pas un trématode ni même un helminthe. M. Siebold, en analysant ce travail dans les *Archiv für Naturgeschichte* (1843, t. II, p. 297), exprime l'opinion qui nous semble assez juste que les myzostomes font le passage des annélides aux trématodes; cependant, nous les croyons encore plus voisins des annélides. En effet, leur corps plat, discoïdal, plus ou moins lobé, est couvert de cils vibratiles, et présente en dessous cinq paires de pieds formés chacun de trois segments courts, dont le dernier porte quatre crochets rétractiles; la bouche est portée à l'extrémité d'une trompe charnue, complétement rétractile. Leur longueur totale est de 2 à 4^{mm}; ils se meuvent avec assez de vivacité sur les bras des comatules (*Comatula mediterranea* et *Comatula multiradiata*). Leuckart a donné quelques autres détails descriptifs dans son dernier Mémoire helminthologique (*Zool. Bruchst.,* 1842, p. 5); mais M. Siebold pense que ces trois espèces doivent être réduites à deux.

?? 20ᵉ GENRE. HECTOCOTYLE.   *HECTOCOTYLUS.*— CUVIER, dans *Annales sc. nat.,* 1829, t. XVIII, p. 147, pl. 11 , A.

Cuvier a décrit sous ce nom un ver énigmatique dont M. Laurillard avait trouvé cinq exemplaires longs de 100 à 150^{mm}, à Nice, sur le poulpe granuleux (*Octopus granulatus*). J'ai vu les préparations anatomiques conservées dans la galerie d'anatomie, ainsi qu'un exemplaire entier; mais j'avoue qu'il m'est impossible de comprendre ce que ce peut être : je suis seulement bien convaincu que ce n'est pas un helminthe trématode. On dirait un bras arraché de quelque autre céphalopode, tant la double série de ventouses occupant la face ventrale de l'hectocotyle ressemble aux ventouses plus grandes du poulpe; la structure interne est également musculeuse, mais on voit dans la partie dorsale un long fil blanc, sinueux et replié que Cuvier n'a pu voir qu'après l'action de l'alcool, et qui par conséquent doit provenir de la coagulation de quelque substance liquide (spermatique?). M. Laurillard les a vus nager librement dans l'eau comme de petites anguilles et revenir se fixer à la surface du poulpe.

M. Delle Chiaje, à Naples, a décrit sous le nom de *Trichocephalus acetabularis*, une autre sorte d'hectocotyle trouvé sur l'argonaute, long seulement de 54^{mm}, avec des ventouses moins nombreuses.

Ce sera seulement en étudiant ces objets vivants qu'on pourra décider de leur vraie nature et constater si ce ne seraient pas des parties détachées de quelque céphalopode dans le but de servir à la fécondation. Ce que je puis affirmer dès à présent, c'est que le long fil blanc décrit par Cuvier, et dont la longueur est de plus d'un mètre, est tout simplement un faisceau de filaments très-longs et très-fins, indépendants, et ressemblant complétement aux spermatozoïdes des céphalopodes.

LIVRE QUATRIÈME.

ACANTHOCÉPHALES. — RUDOLPHI.

« — Animaux ovoïdes-oblongs ou cylindriques plus ou moins
« allongés, revêtus d'un tégument élastique, résistant, et pourvus
« d'une trompe rétractile, armée d'aiguillons, mais sans bouche
« et sans tube digestif; se nourrissant par absorption; — à sexes
« séparés; — ovipares. »

Rudolphi, en instituant cet ordre, y comprit avec les vrais échinorhynques le genre tétrarhynque, que plus tard il dut reporter
parmi les cestoïdes. Lamarck laissa les échinorhynques avec les
nématoïdes dans son ordre des vers rigidules, et reporta les tétrarhynques ou tentaculaires dans la troisième section de son ordre
premier les hétéromorphes. Cuvier adopta les acanthocéphales de
Rudolphi comme première famille de son deuxième ordre des
intestinaux, les parenchymateux, mais en même temps il admit
dans cette famille le genre *Hœruca*, de Gmelin, pour une espèce
fictive qu'il dit se trouver dans le foie des rats et qui est un cysticerque mutilé.

1er GENRE. ÉCHINORHYNQUE. *ECHINORHYNCHUS.*
— MÜLLER.

« — Helminthes à corps sacciforme, plus ou moins allongé, or
« dinairement flasque pendant la vie, gonflé par l'absorption
« après la mort; quelquefois hérissé en partie d'aiguillons;
« — trompe rétractile, plus ou moins allongée, cylindrique, cla
« viforme ou presque globuleuse, armée d'aiguillons quelque
« fois caducs, formant une à soixante rangées transverses; cou
« ordinairement court, quelquefois allongé ou filiforme, et plus
« rarement renflé à l'extrémité.

« — *Mâle* ayant à l'intérieur un, deux ou trois testicules,
« avec des vésicules séminales complexes; souvent terminé par
« un appendice copulatoire, en forme de vésicule membraneuse,
« quelquefois rétractée en partie, et figurant alors soit une
« cupule, soit une cloche ou un tube court, épais; — pénis
« simple, entouré d'une gaîne membraneuse.

« — *Femelle* ayant à l'intérieur un oviducte tubuleux et mus-
« culeux élargi en avant, aboutissant à l'extrémité postérieure,
« et soutenu dans l'axe du corps par un faisceau membraneux,
« ou ligament qui part du fond du réceptacle de la trompe; —
« ovaires libres, isolés, naissant à la paroi interne de la cavité
« viscérale, ou de la couche musculaire; — œufs elliptiques ou
« fusiformes, flottant librement dans l'intérieur du corps jus-
« qu'à ce qu'ils soient saisis par les contractions alternatives de
« l'extrémité dilatée de l'oviducte. »

Le genre *Echinorynchus* a été créé par O.-F. Müller, qui
adopta ce nom (ἐχῖνος, hérisson, ῥύγχος, trompe); d'après
Zoëga, il avait été nommé aussi *Acanthocephalus* par Koelreuter,
et *Acanthrus* par Acharius.

Ce genre, parfaitement circonscrit, et qui compose seul la
famille et l'ordre, ou même la sous-classe des Acanthocéphales,
contient des espèces assez nombreuses, toutes réunies par des
caractères communs exclusifs, comme d'avoir une seule trompe
rétractile, armée de crochets, d'avoir des sexes séparés et des organes sexuels assez complexes, et enfin de manquer de canal
digestif, de bouche et d'anus. Tout au plus pourra-t-on le sub-
diviser en sous-genres, d'après la structure et le mode du développement de la trompe, et d'après les principales différences
offertes par les organes sexuels.

Redi, le premier, avait observé plusieurs de ces helminthes
sans les décrire méthodiquement; Leuwenhoeck les observa également vers la fin du xviie siècle; quelques naturalistes ou médecins s'en occupèrent aussi dans le xviiie siècle; mais Müller le
premier, les étudia spécialement, et en découvrit plusieurs;
Pallas en découvrit deux autres espèces, mais il n'adopta point
comme Müller le nom d'*Echinorhynques,* et il les rangea parmi
les *Tænia;* Gœze, de son côté, trouva six nouvelles espèces; son
continuateur, Zeder, au contraire, n'en ajouta qu'une espèce,
mais il imposa des noms spécifiques aux Echinorhynques trouvés
par ses prédécesseurs; Rudolphi en découvrit lui-même dix-sept,
il en reçut de Nitzsch, de Chamisso, de Treutler, d'Olfers, de
Bremser et de beaucoup d'autres; et il put, en rectifiant et en

rassemblant tout ce qu'on avait fait avant lui, décrire dans son *Synopsis* cinquante-trois espèces plus ou moins complétement déterminées, dont trente-trois nommées par lui, et le reste par Schrank, par Frœlich, par Gœze, par Zeder, par Olfers et par Bremser; il inscrit, en outre, cinquante-deux espèces indéterminées ou douteuses, ce qui fait un nombre total de cent cinq.

Bremser, de son côté, en avait trouvé, au musée de Vienne, dix-huit espèces nouvelles, il en avait nommé plusieurs; et M. Westrumb, qui se servit de sa riche collection pour faire son traité *De Helminthibus acanthocephalis* (1821), put décrire, tout en supprimant ou réunissant plusieurs de celles de Rudolphi, soixante-six espèces déterminées, dont seize nommées par lui-même, neuf par Bremser, vingt-neuf par Rudolphi, sept par Zeder, deux par Gœze, et trois par Olfers, Schrank et Frœlich, à la suite desquelles il inscrit seulement vingt-quatre espèces douteuses; en tout quatre-vingt-dix.

Depuis lors, M. Creplin a décrit quatre nouvelles espèces, et a montré la nécessité de séparer de l'*Ech. globulosus* l'espèce que je nomme *Ech. propinquus*. Moi-même je décris ici, comme nouvelles, six autres espèces, et j'ajoute un Echinorhynque des crustacés, trouvé par M. Zenker, de sorte qu'après quelques rectifications, il me reste soixante-quinze espèces plus ou moins déterminées, dont à peu près soixante-trois certaines, et en outre quatorze échinorhynques tout à fait douteux.

Des soixante-quinze espèces ainsi admises, douze vivent dans les mammifères, trente-quatre dans les oiseaux, sept dans les reptiles, et vingt et une dans les poissons, et une dans les crustacés; presque toutes se trouvent dans l'intestin; on en connaît douze à treize qui se développent dans des kystes membraneux, ou entre les replis du mésentère, tels que l'*Ech. appendiculatus* de la musaraigne, l'*Ech. amphipachus* du hérisson, les quatre échinorhynques des serpents, l'*Ech. gibbosus* du lump et de la vive, et l'*Ech. vasculosus* de la castagnole; un échinorhynque de hérisson a été trouvé sous la peau, et une seule espèce douteuse est indiquée comme ayant été trouvée dans la bourse de Fabricius (*bursa Fabricii*) d'un oiseau.

Les Echinorhynques sont d'ailleurs généralement assez rares; sur deux mille quatre cents vertébrés, dans lesquels j'ai cherché des helminthes, quatre-vingts seulement (un sur trente) appartenant à vingt-cinq espèces, m'ont fourni des échinorhynques; et encore, ce n'est que dans le merle, dans le chat-huant

(*Strix aluco*), dans le muge, dans l'anguille et dans les tritons que j'en ai trouvé plus habituellement à Rennes.

Au musée de Vienne, on en a trouvé quinze cent soixante-six fois, en disséquant quarante-quatre mille sept cent vingt-cinq vertébrés, ce qui fait aussi à peu près une fois sur trente; mais de ce nombre de fois, il y en a deux cent trente-neuf pour l'*Ech. hæruca* de la grenouille verte, disséqués douze cent quatre-vingt-dix fois; deux cent un pour les Échinorhynques de la lotte (*Gadus lotta*), cent cinq pour ceux du *Gobius Jozo*, cent quarante-deux pour l'*Ech. angustatus* de la perche, et cent vingt-deux pour l'*Ech. fusiformis* de la truite (*Salmo fario*); ainsi des Échinorhynques de cinq à six espèces seulement ont été trouvés huit cent neuf fois dans cinq espèces de vertébrés, et tous les autres n'ont été trouvés que sept cent cinquante-sept fois, dont quarante et un mille cinq cent quarante vertébrés, ce qui représente un sur cinquante-cinq. D'ailleurs parmi les sept mille cent soixante-neuf mammifères disséqués à Vienne, cinquante et un seulement contenaient des Échinorhynques, et parmi les seize mille cinq cent vingt-quatre oiseaux disséqués, quatre cent sept seulement contenaient ces helminthes, ce qui donne la proportion de un sur cent cinquante pour ceux-là, et de un sur quarante et un pour ceux-ci.

— Coloration. La plupart des Échinorhynques sont blancs, plus ou moins opaques ou blanchâtres, quelques-uns seulement sont colorés, soit totalement, soit partiellement, en rouge, en rose, en orangé ou en jaune; ce sont particulièrement quelques Échinorhynques vivant dans l'intestin des poissons, qui présentent cette coloration, qu'on pourrait bien attribuer à la nature du chyme au milieu duquel ils se trouvent; cependant l'*Ech. subulatus*, qu'à la vérité on n'a trouvé qu'une seule fois, est indiqué comme rougeâtre en avant, et blanc en arrière, et l'*Ech. vasculosus*, de la castagnole, est, au contraire, blanc en avant, et rouge ou rosé en arrière; les *Ech. pristis, terebra, fusiformis, acus, polymorphus* sont plus ou moins rouges : l'*Ech. proteus* est quelquefois orangé, ainsi que l'*Ech. miliarius* des crustacés.

— Les Échinorhynques sont revêtus d'un tégument élastique, flexible et résistant, qui se gonfle par un effet d'endosmose, comme un sac fermé plus ou moins allongé, et plus ou moins renflé, soit en avant, soit au milieu. Mais, pendant la vie, il est flasque, plissé irrégulièrement, de sorte que certains Échinorhynques, dans l'intestin des oiseaux surtout, ne semblent être qu'un

lambeau de membrane blanche, chiffonnée, ou même un amas
de cette matière blanche, opaque, qui provient de l'urine des
oiseaux et des serpents. Ce n'est qu'après avoir été plongés dans
l'eau qu'ils se gonflent, et prennent la figure sous laquelle on a
coutume de les décrire; il semblerait même que ce gonflement
n'a lieu souvent qu'après la cessation de la vie; cependant
M. Creplin a vu des *Ech. proteus* (ou *tereticollis*), plongés dans
l'eau vivants, devenir alternativement gonflés et flasques plusieurs fois de suite en absorbant et expulsant le liquide à travers les pores du tégument; on conçoit d'ailleurs que, chez les
poissons et les batraciens, qui vivent dans l'eau, le contenu des
intestins devant être plus aqueux, les Echinorhynques seront
pendant la vie moins flasques que chez les oiseaux.

— La FORME, ainsi déterminée par le gonflement, est ordinairement cylindrique, amincie vers les extrémités, et surtout en
arrière; quelquefois elle est en navet, *Ech. napæformis* (n° 2),
en fuseau, *Ech. fusiformis* (n° 67), en poire, *Ech. pyriformis*,
(n° 21); une espèce, *Ech. amphipachus* (n° 5), présente deux
renflements terminaux, séparés par une partie plus étroite; une
autre présente une série de renflements comme un rang de
perles, *Ech. moniliformis* (n° 9); la plupart sont droits ou peu
courbés, quelques-uns sont recourbés ou même enroulés comme
les *Ech. spiralis* (n° 1), *Ech. contortus* (n° 18), *Ech. spirulis*,
(n° 40), *Ech. tuberosus* (n° 66). La forme est d'ailleurs considérablement modifiée par suite du développement du cou, de la
trompe et de l'appareil copulatoire dont nous parlons plus loin.
Toutefois, le rapport de la longueur à la largeur (voyez tableau
B) peut offrir un bon caractère spécifique pour ces helminthes.

Le *tégument*, qui paraît homogène et continu, est le plus souvent lisse et nu; dans quelques espèces seulement, il présente
constamment des stries transverses (*Ech. agilis*) ou longitudinales (*Ech. striatus*); des stries dans deux directions le font paraître réticulé chez l'*Ech. reticulatus*, et d'un autre côté une
sorte de pigment blanc, qui le tapisse en dessous, présente
quelquefois une apparence d'aréoles (*Ech. areolatus*, *Ech.
anthuris*); mais une différence bien plus caractéristique, offerte
par le tégument de certaines espèces, c'est d'être hérissé d'aiguillons ou de crochets analogues à ceux de la trompe; ces
aiguillons peuvent disparaître en partie chez les adultes; et,
d'ailleurs; ce n'est guère qu'à la partie antérieure qu'on les voit
chez les *Ech. ventricosus* (n° 6), *strumosus* (n° 7), *pyriformis*
(n° 20), *sphærocephalus* (n° 37), *striatus* (n° 38), *hystrix* (n° 44),

polymorphus (n° 45), *vasculosus* (n° 60), *pristis* (n° 61), *subulatus* (n° 69) et *gibbosus* (n° 73).

— La MOTILITÉ des Échinorhynques est ordinairement fort obscure, et consiste seulement à faire saillir et à rétracter alternativement la trompe, soit seule, soit avec le cou et la partie antérieure du corps qui peuvent ainsi rentrer complétement à l'intérieur; quelques-uns, comme l'*Ech. appendiculatus* (n° 5), peuvent en même temps faire saillir, et rentrer alternativement la partie postérieure du corps plus mince, et en forme de queue. Les mouvements assez vifs de l'*Ech. agilis* (n° 63) ont paru assez extraordinaires à Rudolphi pour déterminer cet illustre helminthologiste à nommer ainsi cette espèce. ·

— Cou. — La partie antérieure du corps est plus ou moins rétractile, ou susceptible de rentrer à l'intérieur, comme nous l'avons déjà dit; elle est en même temps rétrécie, en manière de cou plus ou moins distinct, et souvent ridé ou plissé transversalement; ce cou, ordinairement court, s'allonge considérablement au contraire chez l'*Ech. porrigens* (n° 11), où il est filiforme, et terminé par une dilatation en cône renversé; il est cylindrique et lisse, ou sans aiguillons chez les *Ech. sphærocephalus* (n° 37), *striatus* (n° 58), *hystrix* (n° 44, b) et *polymorphus* (n° 45), qui ont la partie antérieure du corps toute hérissée d'aiguillons, mais le cou de cette dernière espèce n'est visible ou développé qu'à un certain âge; celui de l'*Ech. hystrix* et de l'*Ech. striatus* est souvent rétracté, et n'est pas plus long que la trompe. Le cou des *Ech. globicollis* (n° 42) et *proteus* (n° 54) présente à l'extrémité, un renflement globuleux, caractéristique sur lequel est implantée la trompe. M. Creplin a pris pour le cou, chez quelques espèces, la partie postérieure de la trompe.

— TROMPE. — L'organe le plus remarquable des Échinorhynques, celui qui les caractérise en général, et qui leur a valu leur nom, c'est la trompe, partie tubuleuse allongée, plus ou moins renflée, susceptible de rentrer en elle-même par invagination, et armée d'aiguillons ou de crochets recourbés, au moyen desquels ces helminthes s'accrochent à la tunique interne de l'intestin des animaux dont ils sont parasites. Les crochets de la trompe sont disposés régulièrement en quinconce, et forment douze à trente rangées longitudinales, chacune de un à trente crochets, ou même davantage. Le nombre des rangées transverses est nécessairement double du nombre des crochets de chaque rangée, puisque, en raison de la disposition quinconciale, les crochets de deux rangées contiguës sont alternes. Le moindre nombre de crochets paraît être de six (*Ech. hexacanthus* (n° 64),) formant une seule rangée transverse; on ne connaît d'ailleurs aucun autre exemple bien certain d'une couronne simple de crochets chez les échinorhynques, car l'échinorhynque de la souris, *Ech. muris*, Rud., ou *Hæruca muris,* Gmel., est une espèce fictive (voyez page 302). On voit chez tous les autres échinorhynques adultes douze (?) ou dix-huit crochets au moins, ou un nombre de plus en plus considérable jusqu'à neuf cents, et davantage peut-être. Ce nombre varie, sans doute, avec l'âge, et l'on voit souvent à la base de la trompe, chez beaucoup d'échinorhynques, des crochets naissants, destinés à accroître le nombre des rangées transverses; tandis que chez certaines espèces, *Ech. sphærocephalus* (n° 37), *Ech. polymorphus* (n° 45), au contraire, la trompe finit par se dépouiller de ses crochets. Cependant ce nombre est assez constant, dans certaines limites, pour qu'on puisse y trouver un caractère spécifique.

La forme de la trompe présente des variations, qui ont paru assez importantes à Rudolphi et à Westrumb pour servir à diviser en sections le grand genre échinorhynque; ainsi, pour Rudolphi, parmi les espèces dont le cou très-court ou nul est sans aiguillons, ainsi que le corps, les unes ont la trompe presque globuleuse: *Ech. gigas* (n° 11), *Ech. spirula* (n° 1), *Ech. ricinoides* (n° 32), *Ech. napæformis* (n° 2), *Ech. compressus* (n° 28), *Ech. oligacanthus* (n° 49), *Ech. oligacanthoides* (n° 48), *Ech. tuberosus* (n° 66), *Ech. clavæceps* (n° 65), et *Ech. microcephalus* (n° 12); d'autres ont la trompe ovale: *Ech. globulosus* (n° 57), *Ech. propinquus* (n° 58); d'autres l'ont oblongue, renflée au milieu : *Ech. pumilio* (n° 71), *Ech. inæqualis* (n° 14), *Ech. globocaudatus* (n° 17 a), *Ech. cinctus* (n° 50); d'autres l'ont renflée à l'extrémité, ou en massue: *Ech. bacillaris* (n° 46), *Ech. agilis* (n° 63), *Ech. fusiformis* (n° 67); une seule *Ech. hæruca* (n° 51) a sa trompe renflée à la base ou conique; les autres, plus nombreuses, l'ont cylindrique ou linéaire. M. Westrumb (*de Helm. acanth.,* 1821) a intercalé dans cette classification les espèces dénommées par lui ou par Bremser; et, de plus, il a subdivisé chaque section d'après la présence ou l'absence d'un cou très-court. Mais on voit que ce mode de classification est plus artificiel qu'aucun autre, car il éloigne, d'après un caractère trop variable, des espèces qui ont les plus grands rapports, et M. Westrumb lui-même est obligé souvent de dire que la forme de la trompe est très-variable; et dans la section des Echinorhynques à trompe cylindrique ou linéaire, il dit, presque pour chaque espèce, que la trompe est retrécie à la base (*basi parum constricta*, l. c., p. 19, 20, etc.), ou plus épaisse au sommet (*in apice parum crassior*, l. c., p. 20, 21, etc.), ou rétrécie au sommet (*ita in apice angustata est, ut aptius conica diceretur*, p. 21). C'est que, en effet, à part quelques espèces à trompe très-longue, linéaire, presque toujours cet organe, suivant le degré de protraction et de gonflement, présente des variations de forme assez notables.

Chez quelques espèces : *Ech. appendiculatus* (n° 5), *Ech. globocaudatus* (n° 17, a), *Ech. polyacanthus* (n° 16), la trompe est formée de deux parties distinctes, une antérieure, plus grosse, ovoïde, armée de crochets plus forts, une postérieure ou basilaire, plus étroite, armée de crochets plus petits, et que M. Creplin veut nommer un cou; mais il me semble que c'est véritablement une partie de la trompe, car elle se contracte et se retire de même à l'intérieur; et d'ailleurs, ce qui paraît plus concluant, c'est à sa base et non à son sommet que viennent aboutir les lemnisques, ou sacs salivaires.

Les *Ech. sphœrocephalus* et *polymorphus* se distinguent de tous les autres par leur trompe d'abord, hérissée de crochets; puis devenant une bulle globuleuse, dépouillée successivement de ses crochets, et finalement tout à fait nue; et demeurant alors engagée entre les tuniques des intestins, auxquels elle s'était d'abord accrochée.

La trompe, ordinairement située dans l'axe du corps, est quelquefois aussi insérée obliquement, ou presque transversalement à l'extrémité antérieure du corps, notamment chez les Échinorhynques des passereaux insectivores, *Ech. obliquus* (n° 31), *Ech. transversus* (n° 20), *Ech. decipiens* (n° 25) et chez l'*Ech. globicollis*.

—Plusieurs naturalistes ont pensé que la trompe doit être percée à l'extrémité; mais je n'ai pu y voir aucun indice d'une ouverture réelle; à la vérité, en comprimant, on fait souvent saillir une papille, mais ce n'est que le résultat d'une sorte de hernie du tissu de la trompe. Gœze, et, après lui, presque tous les helminthologistes ont même admis que, chez l'*Ech. tuba* (n° 17, b), un suçoir tubuleux, en forme de trompette, part du sommet de la trompe pour s'attacher à la surface des intestins; mais je suis convaincu que c'est une erreur fondée tout simplement sur ce que la trompe, engagée dans la muqueuse intestinale, a entraîné, quand on l'a arrachée, des lambeaux ou des fibres de cette membrane qui, mal vus au moyen d'un mauvais microscope, et mal figurés par Gœze, ont pu être pris pour un suçoir. Il suffit, d'ailleurs, de réfléchir un instant sur la structure et sur le mécanisme de la trompe des échinorhynques, pour concevoir qu'un pareil appendice serait non-seulement superflu, mais nuisible, puisque la trompe doit toujours être complétement plongée dans les tissus vivants.

— RÉCEPTACLE DE LA TROMPE. — Dans la partie antérieure du corps en opposition avec la trompe, se trouve un sac musculeux de même longueur au moins que cet organe qu'il est destiné à loger pendant la rétraction. Ce réceptacle, sans aucune autre ouverture que sa base unie à la base de la trompe, doit aussi, par un simple effet de contraction, déterminer la saillie et l'allongement de la trompe, puisque le liquide contenu, devant occuper toujours le même espace, doit trouver un emplacement nécessaire dans la trompe étendue, si le volume du réceptacle vient à diminuer. Quand la contraction du réceptacle a cessé, si la trompe se contracte à son tour, il en résulte un effet inverse; car le liquide revenant peu à peu dans le sac, la trompe rentrera ou se retournera en dedans pour occuper l'espace que le liquide tend à laisser libre.

Pour produire ces effets, la trompe et le réceptacle sont formés de deux ou trois tuniques musculeuses ou élastiques, superposées. La couche externe du réceptacle est formée de fibres obliquement dirigées de gauche à droite, d'arrière en avant, et l'entourant comme un pas de vis; la seconde couche est formée de cellules ou glandes aréolées, hexagones; la couche interne, qui se continue depuis le fond du réceptacle jusqu'à l'extrémité de la trompe, est un cylindre creux ou tube musculeux, formé de fibres longitudinales, élastiques, larges de $0^{mm},0023$, qui paraissent granulées après la macération. La prédominance et la résistance de cette couche interne est cause que la trompe se déchire longitudinalement; cependant la trompe elle-même a aussi une tunique externe d'une autre structure assez complexe, dans laquelle on distingue aussi les fibres obliques, et les autres fibres qui, insérées à la base et aux apophyses des crochets, font mouvoir ces appendices. Au fond du réceptacle, à l'intérieur, on voit toujours un corps glanduleux ou ganglionnaire, d'où partent un ou plusieurs cordons homogènes, dirigés en avant, et qui paraît communiquer avec les ligaments obliques du réceptacle. De chaque côté du réceptacle se trouve un organe glanduleux, blanc, opaque, allongé en massue, ou quelquefois beaucoup plus long, filiforme ou noduleux, nommé LEMNISQUE par Rudolphi. Les lemnisques sont des sacs à parois épaisses, glanduleuses, contenant une substance blanche, opaque qui, par la macération se change presque toute en gros globules d'huile limpide; ce sont évidemment des organes sécréteurs, en rapport avec l'appareil digestif, qui semble être réduit ici au réceptacle et à la trompe, formant un sac fermé, dans lequel les substances nutritives pénètrent seulement par absorption. Il est probable que les lemnisques versent à la base de la trompe un suc salivaire, et en même temps excrémentitiel, qui modifie les tissus vivants au milieu desquels cet organe s'est enfoncé.

—Du fond du réceptacle, en arrière, partent trois cordons qui vont s'attacher obliquement à l'enveloppe musculeuse, interne; chacun de ces cordons est revêtu d'une tunique charnue, glanduleuse, et contient à l'intérieur un faisceau de fibres sinueuses; du fond du réceptacle part aussi, directement en arrière, un faisceau membraneux, sorte de mésentère que M. Siebold nomme ligament suspenseur, et qui va, en se déployant, embrasser l'appareil génital mâle, ou s'attacher au bord de l'entonnoir musculeux de l'oviducte.

— Quand le tégument se gonfle par l'absorption de l'eau, il se sépare de la couche charnue ou musculeuse sous-jacente, laquelle, formée de bandes longitudinales, striées en long et en travers, paraît devoir, par sa contraction, raccourcir le corps, qui tend, au contraire, à s'allonger par la contraction du tégument homogène et élastique. Le tégument tient à la couche sous-jacente par de nombreuses brides, ou par des piliers fibreux, courts; il est tapissé, comme nous l'avons dit, par une sorte de pigment qui, pendant le gonflement du corps, semble se diviser en aréoles, dont les interstices, comme autant de canaux, peuvent être pris souvent pour des *vaisseaux,* d'autant plus que, sous le compresseur, on voit le liquide se mouvoir en diverses directions dans ces interstices. Plusieurs naturalistes ont d'ailleurs vu, chez l'*Ech. gigas* notamment, deux vaisseaux ou canaux longitudinaux, distincts, logés dans l'épaisseur de la couche charnue. Cette couche, plus mince et comme membraneuse en avant, devient plus épaisse et comme glanduleuse au milieu du corps, où, chez la femelle, elle donne naissance par gemmation sur sa face interne, aux masses ovariennes, qui sont des ovaires multiples, isolés.

— Organes génitaux males. — Ils occupent presque toute la cavité de la tunique musculeuse interne, qu'on peut nommer aussi le sac viscéral; ils se composent de un à trois, plus souvent deux testicules blancs, ovoïdes, de chacun desquels part un conduit déférent, qui aboutit à une grande vésicule séminale, distincte et très-complexe, ou à un appareil accessoire, très-volumineux, quelquefois coloré, *Ech. clavula* (n° 56). De là part enfin un conduit éjaculateur, qui aboutit à un pénis simple, revêtu d'une gaîne membraneuse, et souvent accompagné par un appareil copulatoire.

— *L'appareil copulatoire* est une vésicule plus ou moins globuleuse, ou en forme d'urne : (*Ech. urniger* n° 72), traversée par le pénis; ou bien elle rentre en elle-même à l'extrémité, de manière à présenter la forme d'une cupule : (*Ech. gigas* n° 11), ou d'une cloche, ou d'une corolle campanulée : (*Ech. anthuris* n° 53), ou d'un manchon, ou d'un tube court et épais. Rudolphi a représenté deux papilles latérales à l'extrémité de la vésicule de l'*Ech. proteus* ou *nodulosus*, et M. Westrumb a représenté aussi la vésicule cyathiforme de l'*Ech. compressus* avec deux lobes, ou deux papilles terminales. Dans tous les cas, cet appareil est formé par un prolongement continu du tégument plus mince, souvent plissé régulièrement ou granuleux, et susceptible de se redoubler comme un prépuce. Cloquet a vu cet appareil copulatoire embrasser l'extrémité caudale de la femelle chez l'*Ech. gigas* pendant l'accouplement. Peut-être existe-t-il toujours un semblable appareil copulatoire, sans toutefois que ses fonctions soient les mêmes, mais on ne le voit pas à l'extérieur chez toutes les espèces; il semble alors que, replié en dedans, il contribue, en apparence, à augmenter le volume et la complication des vésicules séminales.

— Quand cet appareil est saillant, c'est presque toujours à l'extrémité, soit directement, soit un peu obliquement, ou presque transversalement; mais, chez l'*Ech. globocaudatus* (n° 17, a), l'extrémité caudale est occupée par une sorte de coque ou capsule globuleuse, crustacée, opaque et jaune; l'appareil copulatoire sort alors un peu en avant et de côté.

— Organes génitaux femelles. — C'est à la face interne de la couche musculaire interne, ou du sac viscéral, que prennent naissance par gemmation, comme nous l'avons dit, les ovaires, qui sont des masses gélatineuses ovoïdes, dans chacune desquelles se développent peu à peu un certain nombre d'œufs. M. Siebold croit, au contraire, que les ovaires naissent sur le ligament suspenseur. Les œufs sont ordinairement revêtus d'une double ou d'une triple enveloppe ; ils présentent plusieurs variétés de formes, dont les principales sont : 1° la forme effilée en fuseau, six fois aussi longue que large ; 2° la forme elliptique, deux fois seulement aussi longue que large chez les *Ech. transversus* (n° 20), *Ech. decipiens.* (n° 25), *Ech. globocaudatus* (n° 17, a) ; l'enveloppe externe de ces œufs est plissée ou fibreuse longitudinalement ; et, à l'époque de la maturité, elle se déploie et s'entr'ouvre aux extrémités, ainsi que l'enveloppe moyenne, pour laisser sortir l'enveloppe interne, dans laquelle on voit l'embryon mobile, strié transversalement et obliquement, montrant déjà des rudiments de crochets, et s'agitant de diverses manières.

Les œufs de l'*Ech. gigas*, également elliptiques, sont jaunes-brunâtres, et doivent cette coloration à une membrane moyenne, hérissée de petites épines mousses.

L'enveloppe externe des œufs fusiformes des *Ech. strumosus, hystrix, angustatus* et *proteus*, suivant M. Siebold, a des propriétés toutes particulières ; quand on l'écrase entre deux plaques de verre, elle se résout entièrement en filaments élastiques d'une ténuité extraordinaire (*Physiologie de Burdach,* t. III, p. 47).

Les œufs mûrs flottent librement dans la cavité viscérale jusqu'à ce qu'ils soient saisis par l'entonnoir musculeux de l'oviducte, qui doit les conduire au dehors.

L'OVIDUCTE est un tube musculeux, formé de plusieurs parties consécutives d'un diamètre différent ; il se termine postérieurement à l'orifice génital, et se trouve soutenu dans l'axe de la cavité viscérale par le faisceau membraneux, qui part du fond du réceptacle de la trompe, et qui est beaucoup plus long. L'extrémité antérieure de l'oviducte est plus volumineuse, dilatable en ENTONNOIR, et alternativement contractile : c'est pendant ses mouvements alternatifs de dilatation que cet entonnoir reçoit les œufs flottants à l'intérieur du corps ; puis, en se contractant, il les pousse peu à peu vers l'extrémité postérieure.

L'oviducte est accompagné en arrière par plusieurs corps glanduleux, qui ont sans doute rapport à l'acte de la copulation. L'orifice génital externe est presque toujours terminal ; je ne l'ai vu situé latéralement que chez l'*Ech. agilis* (n° 63), qui ne m'a point montré non plus d'oviducte ni d'entonnoir, mais simplement un sac viscéral plus large en avant, où il embrasse

le réceptacle de la trompe et les lemnisques très-allongés, mais
rétréci et presque filiforme en arrière.

— *Nerfs*. — Plusieurs auteurs ont attribué des nerfs aux Échinorhynques; M. Henle tout récemment (*Müller's Archiv.*, 1840,
p. 518, note), dit que le système nerveux de ces helminthes
consiste en un anneau entourant l'orifice génital, avec un groupe
de ganglions de chaque côté, d'où les fibres se répandent dans le
corps. Je n'ai rien vu de tel; et dans tout ce que j'ai dit précédemment, je n'ai voulu parler que de ce que j'ai vu ou vérifié;
aussi n'ai-je point mentionné l'orifice buccal, qui doit, suivant
l'opinion de Mehlis, se trouver au milieu d'une petite papille à
l'extrémité de la trompe, ni l'œsophage qui doit partir de la
bouche, et traverser le fléchisseur cylindrique, ni les deux intestins libres, qui partent du fond du réceptacle de la trompe; et,
après s'être fixés obliquement à la paroi interne du corps, doivent se continuer avec les deux grands canaux latéraux, lesquels
communiquent avec un réseau vasculaire, étendu sur le corps
entier. M. Siebold, en analysant dans les *Archives* de Wiegmann
(1839, t. II, p. 159), l'article *Echinorhynchus* de l'*Encyclopédie* de
Ersch et Gruber par M. Creplin, déclare, au contraire, ne pouvoir adopter ces opinions; et, d'ailleurs, il a inséré lui-même
dans la *Physiologie* de Burdach (trad. fran., t. III, p. 47) des
observations très-précises, et que j'ai pu vérifier sur la structure
et l'action de l'oviducte.

Tels sont les principaux détails de la structure des Echinorhynques; ils doivent faire comprendre combien serait artificielle et prématurée une classification basée uniquement, comme
celle de Rudolphi, sur la forme de la trompe, et sur la présence
d'un cou; il y aura lieu certainement plus tard d'établir, parmi
ces helminthes, plusieurs genres nettement caractérisés, d'après
le mode de développement, d'après les métamorphoses, et
d'après la structure définitive des divers organes, mais les observations manquent encore pour cela; et les échinorhynques,
déjà assez rares par eux-mêmes, se trouvent plus rarement encore vivants, et au degré de développement qu'on voudrait étudier; sans compter que la division des sexes diminue encore
de moitié les chances d'observation. Au reste, voici dans les
deux tableaux suivants l'indication, au moins approximative,
des caractères qui me paraissent le plus propres à distinguer
les espèces que je décris ensuite, suivant l'ordre méthodique
des animaux, dont ils sont parasites, en regrettant de n'avoir pas
eu d'observations suffisantes pour séparer dès à présent en

quatre ou cinq genres différents : 1° l'*Ech. porrigens* (n° 11), à cause de son cou si long et si singulièrement dilaté ; — 2° les *Ech. ventricosus* (n° 6), *strumosus* (n° 7), *hystrix* (n° 44), *gibbosus* (n° 73), dont le corps court est presque tout hérissé d'aiguillons ; — 3° les *Ech. subulatus* (n° 69), *pristis* (n° 61), etc. ; — 4° les *Ech. polymorphus* (n° 45), *striatus* (n° 38), *sphærocephalus* (n° 37), dont la forme est si singulièrement variable ; — 5° l'*Ech. globocaudatus* (n° 17), etc.

Tableau A. La longueur du corps contient la largeur :

2 à 3 fois environ pour l'*Echin. megacephalus*, n° 47, des serpents.

3 fois   —   pour l'*Echin. cinctus*, n° 50, *idem*.

3 fois   —   pour l'*Echin. macracanthus*, n° 35, des pluviers.

3 fois   —   pour l'*Echin. inflatus*, n° 36, *idem*.

3 fois   —   pour l'*Echin. hystrix*, n° 44, des oiseaux palmipèdes.

3 à 5 fois (?) —   pour l'*Echin. gibbosus*, n° 73.

3 à 5 fois   —   pour l'*Echin. polymorphus*, n° 45, *idem*.

4 à 5 fois   —   pour l'*Echin. appendiculatus*, n° 5.

4 à 5 fois   —   pour l'*Echin. ventricosus*, n° 6.

4 à 5 fois   —   pour l'*Echin. pyriformis*, n° 21.

4 à 5 fois   —   pour l'*Echin. obliquus*, n° 31, des passereaux tenuirostres.

4 à 6 fois   —   pour l'*Echin. striatus*, n° 38, des hérons.

5 fois   —   pour l'*Echin. lancea*, n° 34, des vanneaux.

5 à 9 fois   —   pour l'*Echin. proteus*, n° 54, des poissons d'eau douce.

6 fois   —   pour l'*Echin. ricinoïdes*, n° 32.

6 fois   —   pour l'*Echin. napæformis*, n° 2.

6 fois   —   pour l'*Echin. propinquus*, n° 57, des poissons de mer.

6 à 7 fois   —   pour l'*Echin. decipiens*, n° 25, des passereaux insectivores.

6 à 7 fois   —   pour l'*Echin. transversus*, n° 20, *idem*.

6 à 10 fois   —   pour l'*Echin. sphærocephalus*, n° 37.

6 à 14 fois   —   pour l'*Echin. hæruca*, n° 51, des batraciens.

7 à 8 fois   —   pour l'*Echin. macrourus*, n° 39.

8 fois   —   pour l'*Echin. dimorphocephalus*, n° 19.

8 à 9 fois   —   pour l'*Echin. anthuris*, n° 53, des tritons.

8 à 11 fois   —   pour l'*Echin. angustatus*, n° 55, du barbeau.

8 à 12 fois   —   pour l'*Echin. falcatus*, n° 52, des salamandres.

9 à 10 fois   —   pour l'*Echin. caudatus*, n° 15.

9 à 10 fois   —   pour l'*Echin. clavula*, n° 56.

10 fois   environ   pour l'*Echin. compressus*, n° 28, des corbeaux.
10 fois   —   pour l'*Echin. teres*, n° 29, *idem*.
10 fois   —   pour l'*Echin. agilis*, n° 63, du muge.
10 fois   —   pour l'*Echin. clavæceps*, n° 65, des poissons
                      d'eau douce.
10 fois (?)   —   pour l'*Echin. tuberosus*, n° 66, *idem*.
10 à 24 fois   —   pour l'*Echin cylindraceus*, n° 33, des pies.
12 fois   —   pour l'*Echin. inæqualis*, n° 14, des faucons.
15 à 16 fois   —   pour l'*Echin. polyacanthus*, n° 16, *idem*.
15 à 27 fois   —   pour l'*Echin. fusiformis*, n° 67, des saumons.
16 fois   —   pour l'*Echin. simplex*, n° 59.
17 à 19 fois   —   pour l'*Echin. urniger*, n° 72.
20 fois   —   pour l'*Echin. pachysomus*, n° 68, *idem*.
20 fois   —   pour l'*Echin. bacillaris*, n° 46, des oiseaux
                      palmipèdes.
20 à 40 fois   —   pour l'*Echin. gigas*, n° 10.
25 fois   —   pour l'*Echin. linearis*, n° 43, *idem*.
25 fois   —   pour l'*Echin. spirula*, n° 1, des singes.
35 à 45 fois   —   pour l'*Echin. globocaudatus*, n° 17 (*a*), pour les
                      oiseaux de proie nocturnes.
30 à 45 fois   —   pour l'*Echin. tuba*, n° 17 (*b*), *idem*.
(?)   —   pour l'*Echin. æqualis*, n° 17 (*c*), *idem*.
35 à 76 fois   —   pour l'*Echin. pristis*, n° 61, des scombres.
(?)   —   pour l'*Echin. terebra*, n° 62, *idem*.
36 fois   —   pour l'*Echin. major*, n° 4, du hérisson.
36 à 40 fois   —   pour l'*Echin. acus*, n° 70, des gades.
40 à 80 fois   —   pour l'*Echin. moniliformis*, n° 9.
(?)   —   pour l'*Echin. microcephalus*, n° 12.
40 à 90 fois   —   pour l'*Echin. spiralis*, n° 40.
45 fois   —   pour l'*Echin. porrigens*, n° 11.
(?)   —   pour l'*Echin. globicollis*, n° 42.
48 fois (?)   —   pour l'*Echin. subulatus*, n° 69, de l'alose.
60 fois   —   pour l'*Echin. hexacanthus*, n° 64, du muge.

Tableau B. Du nombre des rangées transverses de crochets de la trompe des échinorhynques.

1 seule rangée. pour l'*Echin. hexacanthus*, n° 64 (total 6 crochets),
                      du muge (*Mugil*).
2 à 3 rangées.   —   l'*Echin. tuberosus*, n° 66, des poissons d'eau
                      douce (total 18 crochets).
3 à 6 rang. (?)   —   l'*Echin. clavæceps*, n° 65, *idem*.
3 rangées.   —   l'*Echin. agilis*, n° 63 (total 18 crochets).
3 rangées.   —   l'*Echin. oligacanthus*, n° 49, des serpents.
4 rangées.   —   l'*Echin. oligacanthoïdes*, n° 48, *idem*.
4 rangées.   —   l'*Echin. macracanthus*, n° 35, du pluvier.
4 rangées   —   l'*Echin. napæformis*, n° 2, du hérisson.

32

4 à 5 rangées. pour l'*Echin. porrigens*, n° 11, de la baleine.
4 à 6 rang. (?) — l'*Echin. pumilio*, n° 71, des gades (?).
5 rangées.   — l'*Echin. amphipachus*, n° 3, du hérisson.
5 rangées.   — l'*Echin. major*, n° 4 , *idem*.
5 rangées.   — l'*Echin. kerkoideus*, n° 8, du spermophile.
5 à 6 rangées.   — l'*Echin. lagenæformis*, n° 13, d'un faucon (?),
                     mais provenant peut-être d'un petit mam-
                     mifère dévoré.

6 rangées.   — l'*Echin. microcephalus*, n° 12, d'un didelphe.
6 rangées.   — l'*Echin. spirula*, n° 1, des singes.
6 rangées.   — l'*Echin. gigas*, n° 10, du cochon.
6 rangées.   — l'*Echin. ricinoïdes*, n° 32, de la huppe.
6 à 8 rangées.   — l'*Echin. propinquus*, n° 58, des poissons de mer.
6 à 8 rangées.   — l'*Echin. hæruca*, n° 51, des batraciens.
6 à 8 rangées.   — l'*Echin. falcatus*, n° 52, des salamandres.
7 rangées.   — l'*Echin. compressus*, n° 28, des corbeaux.
8 rangées.   — l'*Echin. pyriformis*, n° 21, du merle.
8 rangées.   — l'*Echin. urniger*, n° 72, de la sole.
8 rangées.   — l'*Echin. polymorphus*, n° 45.
8 rangées.   — l'*Echin. pachysomus*, n° 68, des saumons.
8 à 10 rangées.   — l'*Echin. fusiformis*, n° 67, *idem*.
8 à 10 rangées.   — l'*Echin. cylindraceus*, n° 33, des pics.
8 à 12 rangées.   — l'*Echin. globulosus*, n° 57, des poissons d'eau
                     douce.

8 à 12 à 20 rang. (?) — l'*Echin. angustatus*, n° 55, *idem*.
10 rangées.   — l'*Echin. vasculosus*, n° 60.
10 rangées.   — l'*Echin. gracilis*, n° 30, du rollier.
10 à 12 rangées. — l'*Echin. teres*, n° 29, *idem*.
12 rangées.   — l'*Echin. lancea*, n° 34, du vanneau.
12 rangées.   — l'*Echin. linearis*, n° 43.
12 rangées.   — l'*Echin. fasciatus*, n° 24.
12 rangées.   — l'*Echin. dimorphocephalus*, n° 19.
12 à 14 rangées. — l'*Echin. striatus*, n° 38, des hérons.
12 à 14 rangées. — l'*Echin. ventricosus*, n° 6.
12 à 16 rangées. — l'*Echin. moniliformis*, n° 9.
15 à 16 rangées. — l'*Echin. obliquus*, n° 31.
16 rangées.   — l'*Echin. strumosus*, n° 7.
16 rangées.   — l'*Echin. contortus*, n° 18.
16 rangées.   — l'*Echin. sphærocephalus*, n° 37.
19 rangées.   — l'*Echin. reticulatus*, n° 41.
16 rangées. (?)   — l'*Echin. subulatus*, n° 69.
16 à 20 rangées. — l'*Echin. proteus*, n° 54.
16 à 18 à 30 rang. — l'*Echin. spiralis*, n° 40.
18 rangées.   — l'*Echin. hystrix*, n° 44.
18 à 30 rang. (?) — l'*Echin. spiralis*, n° 40.
20 rangées (?)   — l'*Echin. inscriptus*, n° 22, des passereaux in-
                     sectivores.

20 rangées.   pour l'*Echin. areolatus*, n° 27, *idem.*
20 rangées.   — l'*Echin. acus*, n° 70, des poissons.
20 rangées.   — l'*Echin. simplex*, n° 59.
20 à 24 rangées. — l'*Echin. sigmoideus*, n° 23, des passereaux in-
                     sectivores.
20 à 24 rangées. — l'*Echin. inæqualis*, n° 14, des oiseaux de
                     proie.
20 à 30 rangées. — l'*Echin. transversus*, n° 20, des passereaux
                     insectivores.
24 à 26 rangées. — l'*Echin. transversus*, n° 20, des passereaux
                     insectivores. (Duj.)
24 à 27 rangées. — l'*Echin. decipiens*, n° 25, *idem.*
24 à 26 rangées. — l'*Echin. anthuris*, n° 53, des tritons.
24 à 32 rang. (?) — l'*Echin. appendiculatus*, n° 5. (West.)
27 à 30 rangées. — l'*Echin. caudatus*, n° 15, des oiseaux de
                     proie.
30 rangées.   — l'*Echin. globocaudatus*, n° 17 (a), des oiseaux
                     de nuit.
30 rangées.   — l'*Echin. megacephalus*, n° 47.
30 rang. envir. (?) — l'*Echin. micracanthus*, n° 26, des passereaux
                     insectivores.
30 à 32 rangées. — l'*Echin. clavula*, n° 56.
30 à 35 rangées. — l'*Echin. bacillaris*, n° 46.
30 à 40 rangées. — l'*Echin. pristis*, n° 61.
32 à 36 rangées. — l'*Echin. appendiculatus*, n° 5. (Duj.)
35 à 40 rangées. — l'*Echin. macrourus*, n° 39.
40 rangées.   — l'*Echin. cinctus*, n° 50.
60 à 80 rang. (?) — l'*Echin. terebra*, n° 62.
Rangées très-nombreuses. — *Echin. tuba*, n° 17 (b); *æqualis*, n° 17 (c),
  et *polyacanthus*, n° 16, des oiseaux de proie; *inflatus*, n° 36, de
  l'huîtrier; et *globicollis*, n° 42, des goëlands.

I. ÉCHINORHYNQUES DES MAMMIFÈRES.

1. ECHIN. DES SINGES.   *ECHIN. SPIRULA.* — Olfers.

Echinorhynchus spirula, Rudolphi, Synopsis, p. 83 et 310, n° 2, et p. 665.
Echin. spirula, Westrumb, de Helm. acanth., p. 4, n° 2, pl. 1, fig. 16.

« — Corps blanchâtre, long de 9^{mm} à 36^{mm}, aminci de part et d'autre,
« surtout en arrière; rapport de la longueur à la largeur 35; — lisse
« ou un peu ridé, souvent recourbé en arrière; — trompe petite,
« presque globuleuse, armée de six rangées de crochets en quin-
« conce; — cou presque nul. »

Trouvé au Brésil dans l'intestin du sajou (*Simia apella*), du marikina (*Simia rosalia*) et du coati (*Nasua*).

2. ÉCHIN. NAPIFORME.   *ECHIN. NAPÆFORMIS.* — Rudolphi,
Entoz., II, i, p. 254, et *Synops.,* p. 64, n° 4.

Echinorhynchus erinacei subcutaneus, Rudolphi, Synopsis, p. 76, n° 53.
Echinorhynchus napæformis, Westrumb, de Helm. acanth., p. 8, n° 11.

« — Corps blanc, long de 6^{mm},6, large de 1^{mm},1 ; rapport de la lon-
« gueur à la largeur 6 ; plus mince en arrière ; à trompe presque glo-
« buleuse, armée de quatre rangées transverses de crochets ; — cou
« très-court, invaginé. »

Rudolphi en trouva un seul individu dans le cœcum d'un hérisson,
à Greifswald. M. Westrumb rapporte à la même espèce un échinorhynque également grand, mais ayant cinq rangées de crochets, et
trouvé, à Vienne, sous la peau d'un hérisson, à l'automne.

3. ÉCHIN. BISSAC.   *ECHIN. AMPHIPACHUS.* — Westrumb, de
Helm. acanth., p. 4, n° 3.

Echin. erinacei abdominalis, Rudolphi, Synopsis, p. 76, n° 52.

« — Corps blanchâtre, long de 13^{mm} à 27^{mm}, renflé vers les deux
« extrémités, plus mince et filiforme au milieu ; — trompe grande,
« presque globuleuse, armée de cinq rangées transverses de crochets
« assez longs ; — cou presque nul. »

Trouvé une seule fois, à Vienne, dans le mésentère du hérisson.

4. ÉCHINORHYNQUE MAJEUR.   *ECHIN. MAJOR.* — Bremser.

Echin. major, Westrumb, de Helm. acanth., p. 97, n° 14, pl. 2, fig. 11-15.

« — Corps long de 160^{mm} à 240^{mm}, large de 4^{mm},5 à 6^{mm},75 ; rapport
« de la longueur à la largeur 36 ; cylindrique, plus mince en arrière,
« lisse avec quelques plis ou étranglements çà et là ; — trompe petite,
« presque globuleuse, munie d'une petite papille au milieu et armée
« de cinq rangées transverses de crochets assez forts ; — cou très-
« court, presque invaginé ; — queue du mâle terminée par une
« vésicule ; — queue de la femelle obtuse. »

Trouvé huit fois, dans l'intestin du hérisson, à Vienne.

5. ÉCHIN. DE LA MUSARAIGNE.   *ECHIN. APPENDICULATUS*
— Westrumb, de *Helm. acanth.,* p. 15, n° 25.

[Atlas, pl. 7, fig. A.]

« — Corps long de 4^{mm} à 9^{mm}, large de 0^{mm},82 à 2^{mm} ; rapport
« de la longueur à la largeur 4 ou 5 ; composé d'une partie ovoïde,

« plus renflée au milieu et de deux parties terminales, entièrement
« rétractiles à l'intérieur, savoir : 1° une partie postérieure également
« longue, mais quatre fois plus étroite, cylindrique, un peu amincie
« en arrière, contractile et mobile en différents sens comme une
« trompe ; 2° une partie antérieure aussi de même longueur que les
« deux autres, composée d'un cou plus mince en cône tronqué, nu
« et rétractile, et d'une trompe en massue, également rétractile,
« armée de trente-deux rangées transverses ou vingt-huit rangées
« longitudinales de seize crochets, qui sont plus grands sur la
« partie renflée, plus minces sur la partie étroite ou basilaire, qu'on
« peut nommer le cou. »

Cet échinorhynque très-remarquable est inscrit dans le catalogue
du musée de Vienne, comme trouvé une seule fois dans l'intestin de
la musaraigne (*Sorex araneus*), parmi dix-huit de ces animaux. De
mon côté, je l'ai trouvé deux fois, à Rennes, savoir : une fois, le 17 septembre, dans une musaraigne qui avait été déchirée par un chat, de
sorte que je ne puis dire, avec une entière certitude, qu'il était dans
un kyste du mésentère, quoiqu'il m'ait semblé le voir ainsi ; il était
bien vivant et se tenait d'abord contracté en forme d'œuf blanchâtre
long de 1^{mm},5, mais ensuite il fit saillir sa trompe et sa partie postérieure et continua à mouvoir ces parties de diverses manières ; la seconde fois, le 11 avril, j'ai trouvé cet échinorhynque de même grandeur dans l'intestin d'un renard qui, vraisemblablement, avait mangé
des musaraignes. J'ai d'ailleurs été toujours frappé de la ressemblance
des jeunes *Échinorhynques* des *Strix* avec celui-là, quant à la structure de la trompe. Je l'ai cherché vainement dans soixante-dix-huit
autres musaraignes.

**6. ÉCHIN. DU PUTOIS.   *ECHIN. VENTRICOSUS.* — Rud., *Entoz.*.
II, i, p. 294, et *Synops.*, p. 74, n° 24.**

Echin. ventricosus, Westrumb, de Helm. acanth., p. 33, n° 63.

« — Corps blanc, long de 4^{mm},5 à 6^{mm},7, presque globuleux et tout
« hérissé d'aiguillons an avant, cylindrique dans le reste de la lon-
« gueur et en partie seulement épineux ; — trompe droite, cylindri-
« que, armée de douze à quatorze rangées transverses de crochets
« assez forts ; — cou conique, armé de petits crochets. »

Trouvé une seule fois, par Rudolphi, dans l'intestin du putois, à
Greifswald.

— Bremser a trouvé aussi une fois dans le putois un *Echin. moniliformis*, provenant des campagnols dont ce carnassier s'était nourri.

— On a trouvé une seule fois sur trois cent soixante-treize dans
l'intestin de la belette (*Mustela vulgaris*), au musée de Vienne, trois
échinorhynques indéterminés, longs de 4^{mm},5 à 6^{mm},7, cylindriques, à
cou court. Rudolphi les inscrit parmi les espèces douteuses sous le

nom d'*Echin. mustelœ* (*Synops.*, p. 75). M. Westrumb dit qu'ils lui paraissent semblables à l'*Echin. napœformis.*

7. ÉCHIN. DU PHOQUE.   *ECHIN. STRUMOSUS.* — Rud., *Entoz.*, II, i, p. 293, et *Synops.*, p. 73, n° 41.

> *Echin. strumosus*, Westrumb , de Helm. acanth., p. 32, n° 61.
> *Echin. strumosus*, Burow, Ech. strum. anat. Dissert., 1836.

« — Corps blanchâtre, long de 5^mm à 6^mm,75, très-épais, arrondi, « presque globuleux en avant, et hérissé d'aiguillons; diminuant « d'épaisseur en arrière, presque conique et obtus à l'extrémité; — « cou nul; — trompe cylindrique, située transversalement, et armée « de seize rangées transverses de petits crochets très-rapprochés. »

Rudolphi l'avait d'abord trouvé une seule fois, à Greifswald, dans l'intestin grêle du phoque (*Phoca vitulina*); mais depuis, divers helminthologistes, en Allemagne, l'ont trouvé aussi, soit dans ce même phoque, soit dans les *Phoca fœtida* et *Phoca grypus;* M. Bellingham, en Irlande, l'a trouvé dans le *Phoca variegata.*

8. ÉCHIN. DU SPERMOPHILE.   *ECHIN. KERKOIDEUS.* — Westrumb, *de Helm. acanth.*, p. 8 , n° 12.

> *Echinorhynchus citilli* , Rudolphi, Synopsis, p. 76, n° 54.

« — Corps long de 5^mm,65, un peu déprimé, rétréci de part et « d'autre, mais davantage en arrière, presque en forme de navette « (κερκίς); — trompe presque globuleuse assez grande, armée de « cinq rangées transverses de crochets en quinconce; — cou distinct, « court, invaginé. »

Trouvé une seule fois, au musée de Vienne, en disséquant cent cinquante-six *Spermophilus citillus* ou *Arctomys citillus*. M. Westrumb lui reconnaît une grande analogie avec l'*Echin. napœformis.*

ÉCHINORHYNQUES DU RAT ET DE LA SOURIS.

L'*Echin. muris*, espèce douteuse de Rudolphi (*Syn.*, p. 76, n° 53) et de M. Westrumb (*Helm. acanth.*, p. 39, n° 69), avait été trouvé une seule fois par le comte de Borke dans l'estomac, disait-il, d'une souris, et comme il n'avait pas de trompe rétractile, Gœze (*Naturg.*, p. 138, pl. 9 B, fig. 12) le nomma *Pseudo-echinorhynchus.*

Rudolphi et M. Westrumb croient que ce prétendu helminthe, qu'on n'a pu retrouver depuis dans tant de milliers de souris soumises aux recherches des naturalistes, devait être une larve d'insecte mal vue et mal figurée; mais le dessin du comte de Borke copié par Gœze, représente tout simplement la partie antérieure d'un *Cysticercus fasciolaris* avec sa couronne de dix-huit crochets. J'en ai acquis la conviction en voyant dans la collection du Muséum de Paris, sous le nom de *Hœruca* ou *Echin. muris* (du foie d'un rat) un fragment de cysticerque long de 6^mm,5, large de 1^mm,5, avec une double couronne de dix-huit crochets, dont les supérieurs plus grands, longs de 0^mm,8, se voient seuls d'abord; j'ai d'ailleurs parfaitement vu aussi les quatre ventouses de la tête.

Toutefois, le dessin du comte de Borke, reproduit par Gœze, a été copié sans être compris par la plupart des auteurs, et a même servi à l'établissement du genre *Hœruca* par Gmelin (*Syst. nat.*, p. 3051, n° 1); genre adopté ensuite par Bruguière dans l'atlas de l'*Encyclopédie méthodique* (pl. 37, fig. 1), par Zeder (*Nachtrag.*, p. 106) et par Cuvier dans le *Règne animal*. C'est même encore cette figure que l'on a donnée souvent pour type du genre échinorhynque dans divers ouvrages.

9. ÉCHIN. DES CAMPAGNOLS.   *ECHIN. MONILIFORMIS.* — Bremser.

Echinorhynchus moniliformis, Rudolphi, Synopsis, p. 71 et 324, n° 44.
Echinorhynchus moniliformis, Westrumb, l. c., p. 25, n° 46, et pl. 1, fig. 3.

« — Corps blanc long de 54 à 128^mm (et jusqu'à 270^mm), large de
« 1^mm,5; — rapport de la longueur à la largeur 80; — partie anté-
« rieure, dans les deux tiers ou les trois quarts de la longueur
« totale, divisée comme un rang de perles par des étranglements éga-
« lement espacés (de 2^mm,25) en avant et davantage au milieu; —
« partie postérieure plus égale, presque lisse, cylindrique, avec
« deux autres étranglements à l'extrémité; — trompe cylindrique très-
« petite, longue de 0^mm,6 environ, large de 0^mm,37, armée de douze
« à seize rangées transverses de crochets très-petits; — cou nul. »

Il habite, à l'est de l'Europe, l'intestin du campagnol (*Arvicola arvalis*), et du hamster (*Arctomys cricetus* ou *Cricetus vulgaris*); mais il paraît y être fort rare, car sur deux mille quatre-vingt-quinze campagnols disséqués au musée de Vienne, huit seulement conte-naient cet helminthe, trouvé en même temps une seule fois dans le hamster, et en outre, dans un putois, et dans un oiseau de proie (*Falco cineraceus*), qui avaient dévoré des campagnols.

10. ÉCHIN. DU COCHON.   *ECHIN. GIGAS.* — Gœze.

Tænia hirudinacea, Pallas, N. Nord. Beytr., t. I, 1, p. 107, et (sans nom) dans les Nov. Comm. Petrop., t. XIX, p. 453, pl. 9, fig. 3.
Echinorhynchus gigas, Gœze, Naturg., p. 143, pl. 10.
Echin. gigas, Westrumb, de Helm. acanth., p. 10, n° 15, et pl. 2, fig. 1-10.
Echin. gigas, Cloquet, Anat. des Vers intest., p. 63, pl. 5-8.
Echin. gigas, Bremser, Icones helminthum, pl. 6, fig. 1-4.
Echin. gigas, Bojanus, Enthelmintica, dans l Isis, 1821, pl. 10.

« Corps blanc ou un peu bleuâtre, lisse ou ridé transversalement,
« très-allongé, cylindrique, un peu aminci en arrière; — trompe

« petite, presque globuleuse, armée de cinq à six rangées transverses
« de crochets en quinconce assez forts ; — cou très-court invaginé.

« — *Mâle* long de 60 à 86ᵐᵐ, large de 3 à 4ᵐᵐ,5 ; — rapport de la
« longueur à la largeur 20 ; — terminé par un appendice membra-
« neux en forme de cloche ou de cupule servant à la copulation.

« — *Femelle* longue de 80 à 320ᵐᵐ, large de 4 à 7ᵐᵐ ; — rapport de
« la longueur à la largeur 20 ou 40 ; — œufs oblongs presque cylin-
« driques. »

Il a été trouvé fréquemment, en France et en Allemagne, fixé
solidement à la tunique interne des intestins du cochon et du sanglier,
quelquefois même aussi dans la cavité abdominale, où il arrive en
perçant l'intestin. Les mâles sont beaucoup moins communs que les
femelles ; Rudolphi n'eut pas l'occasion d'en voir, Cloquet a trouvé
quarante-quatre mâles et cent quatre-vingt-trois femelles dans un
très-grand nombre de cochons tués aux abattoirs de Paris. Il a
remarqué que les cochons venant du Limousin ont bien plus d'échinorhynques, surtout vers la fin de l'hiver.

Au musée de Vienne on a trouvé l'échinorhynque géant quinze fois
sur cinquante-deux dans le cochon, et treize fois dans le sanglier.

11. ÉCHIN. DE LA BALEINE.   *ECHIN. PORRIGENS.* — Rud.

Sipunculus lendix, Phipps, Voyage, tow. the N. pole, 1774, p. 194.
Echinorhynchus balænæ, Gmelin, Syst. nat., p. 3045, n° 4.
Echin. porrigens, Rudolphi, Synopsis, p. 171 et 325, n° 34 ; et pl. 1, fig. 4-6.
Echin. porrigens, Westrumb, de Helm. acanth., p. 28, n° 53, et pl. 1,
    fig. 17-18, et pl 2, fig. 25-33.
Echin. porrigens, Bremser, Icones helminth., pl. 7, fig. 1.

« — Corps long de 27 à 160ᵐᵐ, large de 1ᵐᵐ,12 à 3ᵐᵐ,37 ; — rap-
« port de la longueur à la largeur 45 ; — partie antérieure amincie en
« une sorte de cou long de 27ᵐᵐ, très-étroit (de 0ᵐᵐ,7), filiforme ;
« — un renflement terminal en entonnoir ou en cône renversé, large
« de 4 à 5ᵐᵐ à son extrémité tronquée, du milieu de laquelle sort la
« trompe longue de 2ᵐᵐ,25 environ, rétractile, armée de quatre à
« cinq rangées transverses de crochets ; — extrémité postérieure
« rétuse ou creusée d'une fossette laissant quelquefois saillir une
« papille. »

Cet helminthe avait peut-être été vu d'abord par Hunter, cité par
le voyageur Phipps comme l'ayant trouvé également dans l'intestin de
l'eider (*Anas mollissima*) ; mais c'est Rudolphi qui le premier le décrivit avec soin ; il l'avait trouvé fixé sur un morceau de l'intestin de
Balæna rostrata, conservé dans la collection anatomique de Berlin.

12. ÉCHIN. DU CAYOPOLLIN.   *ECHIN. MICROCÉPHALUS.*
— Rudolphi, *Syn.*, p. 655.

Echin. microcephalus, Westrumb, de Helm. acanth., p. 3, n° 1.

« — Corps très-allongé, long de 81ᵐᵐ, très-mince en avant, puis ren-

« flé peu à peu, resserré çà et là, et enfin d'un diamètre presque égal
« vers la partie postérieure qui est obtuse à l'extrémité ; — trompe
« petite, presque globuleuse, longue de 0^{mm},28, armée de six rangées
« transverses de crochets ; — cou nul. »

Trouvé au Brésil dans l'intestin du *Didelphis cayopollin*.

II. ÉCHINORHYNQUES DES OISEAUX.

? 13. ÉCHIN. LAGÉNIFORME.   *ECHIN. LAGENÆFORMIS.*
—Westrumb, *De Helm. acanth.*, p. 7, n° 8.

Echin. falconis cyanei, Rudolphi, Synopsis, p. 76, n° 56.

« — Corps blanc, long de 3^{mm},37, presque cylindrique, aminci de
« part et d'autre, davantage en arrière ; — trompe grande, presque
« globuleuse, armée de cinq à six rangées de crochets en quinconce ;
« cou très-court, presque invaginé. »

Trouvé une seule fois, en automne, dans l'intestin de la soubuse
(*Falco cyaneus* ou *pygargus*), au musée de Vienne ; M. Westrumb
soupçonne qu'il pouvait provenir de quelque petit animal dévoré.

? 14. ÉCHIN. INÉGAL.   *ECHIN. INÆQUALIS.* — Rudolphi,
Entoz., t. II, p. 261, pl. IV, fig. 2, et *Syn.*, p. 66, n° 12.

Echin. inæqualis, Westrumb, de Helm. acanth., p. 14, n° 22.

« — Corps blanc, long de 13^{mm} environ, large de 1^{mm},12 ; rapport
« de la longueur à la largeur 12 ; — ovoïde en avant, plus mince
« et cylindrique en arrière ; — trompe oblongue, renflée et presque
« globuleuse au milieu, et armée de vingt à vingt-quatre rangées
« transverses de crochets très-petits ; — cou distinct, mais court, à
« peine plus large que la base de la trompe. »

Trouvé d'abord par Jurine à Genève, dans l'estomac de la buse
(*Falco buteo*) ; et ensuite, par Bremser, deux fois au musée de
Vienne. Il se pourrait bien que ce fût une même espèce avec la sui-
vante.

15. ÉCHIN. A QUEUE.   *ECHIN. CAUDATUS.* — Zeder.

Echin buteonis, Goeze. Naturg., p. 154, pl. 12, fig. 1-2, A.
Echin. caudatus, Zeder, Naturg., p. 153, n° 12.
Echin. caudatus, Rud., Entoz. t. II, 1, p. 274, et Syn., p. 70 et 303, n° 29.
Echin. tumidulus, Rudolphi, Synopsis, p. 69 et 320, n° 25.
Echin. caudatus, Westrumb, de Helm acanth. p. 22, n° 40, et pl. 1, fig. 5.

« — Corps blanc, long de 27 à 45^{mm}, cylindrique, renflé en avant,
« dans une longueur de 4^{mm},5 ; d'un diamètre moindre ensuite, puis

« aminci à l'extrémité caudale qui est infléchie et terminée par une
« papille ou une vésicule ; — trompe cylindrique, quelquefois inéga-
« lement renflée, armée de vingt-sept à trente rangées transverses de
« crochets courts, mais forts. »

Cet helminthe a été trouvé par les helminthologistes allemands
dans l'intestin de diverses espèces de faucon ; au musée de Vienne, on
l'a trouvé dans la buse (*Falco buteo*), dans la soubuse (*Falco cyaneus* ou *pygargus*), dans les *Falco lagopus, milvus, nœvius, pennatus, rufus,* et *tinnunculus;* on l'a d'ailleurs trouvé aussi dans
plusieurs faucons du Brésil , ainsi que dans le *Crotophaga ani* et dans
plusieurs coucous de cette contrée.

M. Westrumb a reconnu que les échinorhynques provenant de ces
divers oiseaux ne sont qu'une seule espèce à laquelle il réunit
l'*Echin. tumidulus* de Rudolphi, et il pense même que l'espèce précédente (*Echin. inæqualis*) ne s'en distingue peut-être pas essentiellement.

Il n'en est pas ainsi de l'espèce que Frœlich a trouvée dans la crécerelle, et décrite sous le nom d'*Echin. buteonis* dans le *Naturforscher* (29, p. 63); en effet, d'après ce naturaliste, la trompe est longue de 2^{mm},25, cylindrique, avec des rangées nombreuses de petits
crochets très-serrés ; le cou est presque de même longueur , cylindrique , égal, parsemé de très-petites verrues irrégulières, saillantes et
rouges , ce qui le fait paraître taché de rouge ; le corps est linéaire,
lisse, avec l'extrémité caudale obtuse, munie d'une vésicule diaphane , infléchie, longue de 4^{mm},5, terminée par un bouton.

16. ÉCHIN. POLYACANTHE.   *ECHIN. POLYACANTHUS.* —
Creplin, *Observ. de Entoz.*, 1825, p. 22.

« — Corps blanchâtre, environ quinze fois aussi long que large,
« aminci de part et d'autre, et recourbé aux extrémités, presque cy-
« lindrique, renflé au milieu ; — trompe mince presque pyriforme,
« portée par un cou conique de même longueur ou un peu moindre,
« couverts l'un et l'autre de petits crochets très-courts et très-rap-
« prochés.

   « — *Mâle* long de 22^{mm},5 ; partie postérieure cylindrique, obtuse,
« quelquefois terminée par une vessie assez grande, irrégulière.

   « — *Femelle* longue de 36 à 38^{mm}, large de 2^{mm},25 en avant, et de
« 1^{mm},68 en arrière, où elle est terminée par une pointe latérale très-
« courte et obtuse. »

M. Creplin a décrit cette espèce d'après six exemplaires trouvés
dans le *Falco fusco-ater,* par M. Schilling, à Greifswald ; c'est une
des espèces peu nombreuses qui ont le cou armé d'épines, et, sous
ce rapport, elle a une certaine analogie avec l'*Echin. buteonis* de
Frœlich, dont nous avons parlé plus haut.

M. Creplin décrivit en même temps (p. 24), sous le nom d'*Echin.
oligacanthoides,* des échynorhynques trouvés dans le milan, et

ayant également le cou armé d'épines; mais, plus tard (*Obs. nov.*,
1829, p. 45), il reconnut l'identité de cette espèce avec l'*Echin. globocaudatus* de Rudolphi, qu'il trouva dans le chat-huant (*Strix aluco*);
en même temps, il montra combien on est peu d'accord sur ce qui
peut se nommer le cou chez ces helminthes.

17. ÉCHIN. DES HIBOUX.   *ECHIN. GLOBOCAUDATUS.*—Zeder.

[Atlas, pl. 7, fig. C.]

Echin. globocaudatus, Zeder, Nachtrag., p. 128.
Echin. globocaudatus, Rud., Entoz., t. II, 1, p. 264, et Syn., p. 66 et 314.
Echin. glebocaudatus, Westrumb, de Helm. acanth., p. 13, n° 30.
Echin. polyacanthoides, Creplin, Observ. de Entoz., 1825, p. 20.
Echin. globocaudatus, Creplin, Nov. obs. de Entoz., 1829, p. 45.

« —Corps blanchâtre très-allongé, en forme de cordon inégal,
« d'abord flasque, puis gonflé et cylindrique après l'immersion dans
« l'eau; trente-cinq à quarante-cinq fois aussi long que large;—trompe
« glandiforme, plus large (de 0^mm,4) et ovoïde tronquée à l'extré-
« mité, plus étroite et cylindrique en arrière où elle forme une sorte
« de cou large de 0^mm,35, long de 0^mm,35, armé de crochets plus pe-
« tits, de sorte que la longueur totale de la trompe est de 1um envi-
« ron; — crochets très-nombreux (450), disposés en quinconce
« sur trente rangées transverses, ou trente rangées longitudinales;
« plus forts et longs de 0^mm,074 sur la partie antérieure.
« — *Mâle* long de 18 à 20^mm, large de 0^mm,55, terminé en arrière
« par une sorte de capsule crustacée, jaune, opaque, en avant de la-
« quelle sort latéralement le pavillon copulatoire, large de 0um,85,
« urcéolé, rétractile par invagination.
« — *Femelle* longue de 30 à 44^mm, large de 0^mm,60 à 1^mm,10, un peu
« épaissie en arrière, avec un renflement latéral plus ou moins pro-
« noncé; — œufs elliptiques, oblongs, à triple enveloppe; l'externe
« longue de 0^mm,067 à 0^mm,072, large de 0^mm,027 à 0^mm,032, plissée lon-
« gitudinalement s'ouvrant aux extrémités ainsi que l'enveloppe
« moyenne longue de 0^mm,058, pour laisser sortir l'embryon; —
« enveloppe interne, longue de 0^mm,48 et striée transversalement; —
« embryon montrant à l'extrémité antérieure des indices de crochets;
« — entonnoir interne et oviducte long de 2^mm,7. »

Je l'ai trouvé à Rennes assez abondamment, six fois dans l'intestin
du chat-huant (*Strix aluco*), et une fois dans l'effraie (*Strix flammea*) en janvier, février et mars. Des jeunes individus, longs seulement de 2 à 3^mm, ont la trompe déjà presque aussi longue que le reste
du corps. Je suis convaincu que l'helminthe que j'ai pu étudier vivant
est bien le même que Zeder avait décrit d'abord, et que Rudolphi
put étudier ensuite, d'après trois exemplaires trouvés dans le *Strix
aluco* par Nitzsch, à Halle; c'est le même aussi dont M. Creplin avait
fait son *Echin. polyacanthoides*, d'après des exemplaires trouvés dans
un milan, et qu'il compara plus tard avec ceux qu'il trouva dans un

Strix aluco; il en rectifia la description quant à la partie postérieure
et à l'appareil copulatoire ; mais il a pris pour un cou la partie postérieure et plus étroite de la trompe. C'est une opinion que je ne puis
partager, car j'ai vu bien nettement les deux sacs salivaires (lemnisques, Rud.) s'insérer à la base même de cette partie plus étroite,
et non pas s'avancer dans cette partie comme cela devrait être si
c'était vraiment le cou.

? 17 (*b*). *ECHIN. TUBA.* — Rudolphi, *Entoz.*, t. II, 1, p. 275, et
Synops., p. 70 et 324, n° 30.

> *Echin. aluconis*, Müller, Zool. dan., t. II, p. 39, pl. 69, fig. 7-12.
> *Echin. stridulæ*, Goeze, Naturg., p. 153, pl. 11, fig. 8-11.
> *Echin. nycteæ*, Schrank, Verzeichn., p. 22, n° 75.
> *Echin. tuba*, Westrumb, de Helm. acanth., p. 23, n° 41.

« — Corps très-allongé, linéaire, cylindrique, flasque et plissé dans
« l'intestin, long de 20 à 54^{mm}, large de 1^{mm},12 ; — trompe linéaire
« (Rud.), en massue (Goeze), droite, armée de crochets très-petits en
« rangées nombreuses, et munie (?) d'un tube terminal, exsertile (en
« forme de trompette??) ; — cou nul. »

Je suis porté à croire que cette espèce diversement, mais très-im-
parfaitement décrite par les auteurs, est la même que la précédente,
mais observée seulement après avoir subi certaines altérations, soit
par la putréfaction dans l'intestin, soit par l'action de l'alcool dans les
collections. M. Westrumb, en effet, se borne à copier la description
de Rudolphi, parce que les exemplaires de la collection de Vienne,
trouvés trois fois sur vingt dans le *Strix bubo*, et sur lesquels Bremser
est censé avoir vu ce tube, sont tellement altérés par la liqueur qu'on
ne peut distinguer leur structure. Rudolphi l'avait trouvé anciennement à Greifswald une seule fois dans l'effraie (*Strix flammea*), dans
laquelle, de mon côté, j'ai trouvé l'espèce précédente ; d'ailleurs,
il n'a trouvé d'échinorhynque dans aucun autre oiseau du genre *Strix*
pour en faire la comparaison. Il dit bien avoir vu le tube exsertile en
trompette, ainsi que l'avait vu Goeze ; mais ce dernier donne une
trompe en massue, armée de crochets grands, peu nombreux, à son
Echin. stridulæ, trouvé comme l'espèce précédente dans le chat-
huant (*Strix aluco* ou *stridula*) ; tandis que Rudolphi attribue à son
Echin. tuba une trompe linéaire armée de crochets très-petits et très-
nombreux, ce qui prouve qu'il n'avait nulle confiance dans la figure
donnée par Goeze.

Les figures données par Müller, d'après des échinorhynques du
Strix aluco, et citées aussi comme synonymes, ne montrent point,
au contraire, le tube exsertile en trompette que Rudolphi doit supposer alors retiré à l'intérieur de la trompe ici renflée en massue. Je
ne crois donc pas que l'existence de ce tube exsertile puisse être regardée comme bien démontrée, je croirais plutôt que l'objet représenté par Goeze est le résultat de la traction exercée sur la trompe

déjà altérée, ou que c'est simplement un petit lambeau de l'intestin
auquel les crochets de l'helminthe étaient fixés.

Quant à l'identité probable avec l'espèce précédente, elle est encore
confirmée par ce que dit Frœlich d'une vésicule latérale portée par le
mâle en avant de l'extrémité caudale. Ce même auteur parle d'un
cou très-court qui serait simplement la partie plus contractée du tégument, comme je l'ai vu souvent.

? 17 (c). *ECHIN. ÆQUALIS.* — Zeder, *Naturg.*, p. 154.

Echin. strigis auriculati, Goeze, Naturg., p. 154, pl. 11, fig. 13.
Echin. scopis, Gmelin, Syst. nat., p. 3045, n° 6.
Echin. otidis, Schrank, Verzeichn., p. 23, n° 76.
Echin. æqualis, Rudolphi, Entoz., t. II, 1, p. 277, et Syn., p. 70, n° 31.
Echin. æqualis, Westrumb, de Helm. acanth., p. 23, n° 42.

« — Corps long de 40^mm, flasque et plissé dans l'intestin, et devenant
« cylindrique dans l'eau ; — trompe longue, cylindrique, à peine
« moins épaisse que le corps, tronquée à l'extrémité, et armée de
« petits crochets très-nombreux ; — cou nul. »

Gœze seul a décrit très-incomplétement cet helminthe trouvé par
lui-même et par le comte de Borke dans le *Strix otus;* la figure qu'il
donne de sa trompe ressemble beaucoup à celle de l'*Echin. globocaudatus,* et je crois que ce doit être une même espèce.

? 18. ÉCHIN. DE LA PIE-GRIÈCHE.   *ECH. CONTORTUS.* — Brems.

Echin. collurionis, Rudolphi, Synopsis, p. 76, n° 58.
Echin. contortus, Westrumb, de Helm. acanth., p. 25, n° 47.

« — Corps blanchâtre, long de 9^mm environ, cylindrique, inégal,
« avec quelques plis transverses, recourbé ou presque contourné,
« strié longitudinalement et obtus, arrondi à l'extrémité ; — trompe
« cylindrique, arrondie à l'extrémité, insérée obliquement et armée
« de seize rangées transverses de crochets petits, mais aigus. »

Trouvé une seule fois parmi deux cent quarante écorcheurs (*Lanius collurio*) au musée de Vienne. Je présume que ce doit être la
même espèce (*Echin. transversus*) que dans les merles et les bec-
fins.

19. ÉCHIN. DU GOBE-MOUCHE. *ECHIN. DIMORPHOCEPHALUS.*
—Westrumb, *de Helm. acanth.,* p. 17, n° 30, pl. 1, f. 8, 9.

Echin. muscicapœ, Rudolphi, Synopsis, p. 77, n° 64.

« —Corps long de 13 à 18^mm, large de 2^mm,2 ; rapport de la longueur
« à la largeur 8 ; — ovoïde en avant, plus mince et cylindrique en
« arrière, assez obtus à l'extrémité ; — trompe presque en mas-
« sue ou de forme variable, tantôt presque globuleuse, tantôt resser-

« rée au milieu, armée de douze rangées transverses de crochets, et
« implantée obliquement ; — cou distinct, court. »

Trouvé deux fois au musée de Vienne, dans le gobe-mouche à collier (*Muscicapa colloris*), et par Natterer, en Espagne, dans le *Muscicapa olivaris*, Wils. La forme variable de sa trompe le distingue de
l'*Echin. transversus*.

L'*Echinorhynchus tanagræ* de Rudolphi (*Synops.*, p. 675) est une
espèce douteuse dont Olfers trouva au Brésil des exemplaires longs
de 34^{mm}, cylindriques, plus épais aux extrémités

20. ÉCHIN. DES MERLES.   *ECHIN. TRANSVERSUS.* — Rud.,
Syn., p. 69 et 321, n° 26.

[Atlas, pl. 7, fig. B.]

Echin. transversus, Westrumb, de Helm. acanth., p. 20, n° 37.

« — Corps blanc, flasque et plissé dans l'intestin des oiseaux, gon-
« flé, cylindrique, et un peu courbé après avoir séjourné dans l'eau,
« six à sept fois plus long que large, plus ou moins recourbé à l'extré-
« mité antérieure, d'où sort très-obliquement ou transversalement
« la trompe ; — trompe cylindrique, longue de 0^{mm},90, large de
« 0^{mm},29, armée de cent quatre-vingt-douze à deux cent trente-
« quatre crochets longs de 0^{mm},092, en quinconce et formant vingt-
« quatre à vingt-six rangées transverses, ou seize à dix-huit rangées
« longitudinales ; — cou nul.
« — *Mâle* long de 7^{mm} ayant un seul testicule globuleux.
« — *Femelle* longue de 12^{mm} ; — œufs elliptiques à triple enveloppe,
« l'externe membraneuse, plissée longitudinalement et susceptible de
« s'ouvrir aux deux extrémités, longue de 0^{mm},078 à 0^{mm},080, large
« de 0^{mm},038 ; l'enveloppe moyenne, lisse, longue de 0^{mm},07, l'interne
« longue de 0^{mm},058, presque entièrement remplie par l'embryon con-
« tractile dont la surface paraît striée transversalement et oblique-
« ment en deux directions, ou couverte de petites dépressions régu-
« lières en quinconce ; — ovaires ovoïdes, longs de 0^{mm},5. »

Je l'ai trouvé, à Rennes, six fois sur huit dans l'intestin du merle
(*Turdus Merula*), une fois sur trois dans l'étourneau (*Sturnus vulgaris*), et une fois dans le rossignol (*Sylvia luscinia*) ; j'ai trouvé souvent
aussi dans le troglodyte un échinorhynque plus petit qui pourrait
bien n'en être qu'une variété.

Rudolphi n'a vu que des exemplaires transmis par Bremser qui
avait trouvé, au musée de Vienne, l'*Echin. transversus*, sept fois sur
trente et une dans le merle, une seule fois parmi trente-quatre *Turdus saxatilis*, trois fois sur dix dans le *Turdus galactotus*, trois fois
sur cinquante et une dans l'étourneau, et une fois dans le *Turdus cyaneus*, et, en outre, deux fois sur onze dans le *Saxicola stapazina*,
si toutefois c'est bien la même espèce ; car Rudolphi dit que l'échino-

rhynque de ce dernier oiseau était long de 11^{mm},25, avec une trompe longue de 1^{mm},4, armée de vingt-quatre à trente rangées de crochets ; il ajoute qu'en lui envoyant un échinorhynque de l'étourneau, long de 11^{mm},25, avec une trompe de 1^{mm},12, Bremser lui avait dit en avoir un autre deux fois plus grand.

M. Natterer a trouvé l'*Echin. transversus* dans le *Turdus leucurus* d'Espagne. M. Bellingham, dans son catalogue des helminthes d'Irlande (*Ann. of nat. hist.*, 1844, p. 256), inscrit cet helminthe comme trouvé dans le rouge-gorge (*Sylvia rubecula*) ; mais, en même temps, il dit que son corps est presque cylindrique, un peu plus épais en avant, long de 6^{mm},35, avec une trompe linéaire, longue de 1^{mm},6, armée de crochets en rangées nombreuses, et il ajoute que l'extrémité postérieure du mâle est terminée par une large bourse (*pouch*) globuleuse, plus blanche que le reste du corps ; or, quelque peine que je me sois donnée, il m'a été impossible de faire sortir du corps de l'*Echin. transversus* mâle aucun appendice de cette sorte.

21. ÉCHIN. PYRIFORME.   *ECHIN. PYRIFORMIS.* — BREMSER.

Echin. *pyriformis*, RUDOLPHI, Synopsis, p. 74 et 331, n° 45.
Echin. *pyriformis*, WESTRUMB, de Helm. acanth, p. 31, n° 58, pl. 1, fig. 20.
Echin. *pyriformis*, BREMSER, Icon. helminth., pl. 7, fig. 20-21.

« — Corps pyriforme, long de 6^{mm},75 à 15^{mm},75, large de 1^{mm},5 à
« 2^{mm},25 en avant, où il est très-renflé, globuleux et tout hérissé
« de petits crochets ; brusquement aminci, conique et lisse en
« arrière ; — trompe petite, un peu renflée en massue, et armée
« de huit rangées transverses de très-petits crochets ; — cou nul. »

Parmi trente et un merles (*Turdus merula*) disséqués au musée de Vienne, Bremser a trouvé cinq fois cet échinorhynque singulier, et tout à fait remarquable par sa forme et par la manière dont il est hérissé.

22. ÉCHIN. INSCRIT.   *ECHIN. INSCRIPTUS.* — WESTRUMB, *de Helm. acanth.*, p. 15, n° 27.

« — Corps blanchâtre, long de 13 à 22^{mm},5, cylindrique, aminci de
« part et d'autre, avec des plis transverses, et obtus ou même échan-
« cré à l'extrémité ; — trompe oblique ou transverse, assez longue, un
« peu resserrée au milieu, renflée en massue à l'extrémité, armée de
« petits crochets assez forts, très-rapprochés, en rangées transverses
« nombreuses (environ vingt) ; — cou nul.
« — *Mâle* ayant à l'extrémité postérieure une vésicule plus ou
« moins saillante, du milieu de laquelle sort un stylet (pénis) court.
« — *Femelle* contenant des œufs sphériques, transparents, revêtus
« d'une double membrane sous laquelle se voit l'embryon, et des
« ovaires grands ovoïdes remplis d'ovules non mûrs. »

Trouvé au Brésil dans les *Turdus flavipes* et *Turdus albicollis*.

23. ÉCHIN. DES LORIOTS.   *ECHIN. SIGMOIDEUS*. — Westrumb,
de Helm. acanth., p. 15, n° 26.

Echin orioli, Rudolphi, Synopsis, p. 77, n° 62.

« — Corps long de 6mm,75 à 9mm, cylindrique, aminci de part et
« d'autre, davantage en arrière où il se termine en pointe obtuse, et
« recourbé en *S;* — trompe longue, rétrécie au milieu, renflée en
« massue et arrondie à l'extrémité, armée de vingt à vingt-quatre
« rangées transverses, très-serrées de crochets. »

Trouvé une seule fois au musée de Vienne parmi cent onze loriots.

24. ÉCHIN. DES BECS-FINS.   *ECHIN. FASCIATUS.* — Westr.,
de Helm. acanth., p. 27, n° 51.

Echin. motacillæ, Echin. sylviarum, Echin. rubetræ, Rud., Syn., p. 77.

« — Corps cylindrique, aminci en arrière, long de 7mm à 14mm (et jus-
« qu'à 27mm), strié transversalement, ou, comme entouré de bande-
« lettes (*fasciatus*), arrondi, obtus à l'extrémité; — trompe grande,
« cylindrique, un peu plus mince à sa base; armée de douze rangées
« transverses de crochets aigus et recourbés; — cou très-court. »

M. Westrumb décrit ainsi plusieurs échinorhynques qui furent
trouvés, à Vienne, une seule fois dans le mésentère d'une fauvette à
tête noire (*Sylvia atricapilla*). Il rapporte à la même espèce d'autres
échinorhynques longs de 4mm,5 à 11mm,25, trouvés une seule fois dans
l'intestin du troglodyte, d'autres, longs de 5mm,6, ayant aussi la trompe
à douze rangées de crochets, mais implantée obliquement; trouvés
dans l'intestin du rouge-gorge (*Sylvia rubicula*); d'autres encore,
trouvés une fois dans l'intestin du tarier (*Saxicola rubetra*), ayant
souvent la trompe un peu en massue et le corps cylindrique, peu
aminci en arrière; d'autres enfin, trouvés dans les *Sylvia trochilus,
luscinia, philomela, phœnicurus*, et dans le traquet (*Saxicola rubicola*).
Il les croit suffisamment caractérisés par la disposition spirale des
stries ou bandelettes dont leur corps est entouré; je pense, au contraire, que ce caractère n'a qu'une faible valeur, et si je pouvais croire
que le nombre des rangées transverses de crochets a été compté
d'après une seule rangée longitudinale, je serais convaincu que c'est
bien notre espèce suivante pour laquelle je compte, comme toujours,
le nombre des rangées transverses en prenant alternativement tous
les crochets de deux rangées longitudinales contiguës et alternes.

25. ÉCHIN. DU TROGLODYTE.   *ECHIN. DECIPIENS.* — Duj., *nov. sp.*

« — Corps d'un blanc mat, flasque et plissé dans l'intestin, devenant,
« après l'immersion dans l'eau, cylindrique, renflé au milieu, arrondi
« de part et d'autre, plus ou moins courbé et quelquefois bossu en

« avant; — trompe droite ou implantée obliquement, cylindrique,
« longue de 0^mm,90 à 1^mm,2, large de 0^mm,23, armée de cent soixante-
« huit à cent quatre-vingt-douze crochets longs de 0^mm,083, en vingt-
« quatre à vingt-sept rangées transverses, ou quatorze à seize rangées
« longitudinales de douze et treize chacune; — cou étroit, très-court; —
« deux lemnisques ou sacs salivaires filiformes, très-longs (de 3^mm,5); —
« tégument strié transversalement, stries assez régulières, de 0^mm,0032.
     « — *Mâle* long de 7^mm,2 (compris la trompe), large de 1^mm,2; — deux
« testicules globuleux.
     « — *Femelle* longue de 9^mm,2 (compris la trompe), large de 1^mm,4; —
« œufs elliptiques, à double enveloppe; l'externe longue de 0^mm,050,
« large de 0^mm,025; l'interne longue de 0^mm,045, large de 0^mm,018; —
« embryon long de 0^mm,038; — ovaires longs de 0^mm,51. »

Je l'ai trouvé quatre fois sur six, à Rennes, en hiver, dans le gros
intestin du troglodyte, où sa blancheur et son aspect le faisaient prendre
aisément pour la partie blanche des excréments (d'où le nom de *decipiens*). Il ressemble beaucoup à l'*Echin. transversus* du merle, mais il
est plus petit dans toutes ses parties, ses œufs sont aussi beaucoup
plus petits, si toutefois ceux que j'ai mesurés étaient mûrs, ce que je
ne puis affirmer; il y a d'ailleurs deux testicules et des lemnisques
filiformes que je n'ai pas vus dans l'autre.

26. ÉCHIN. MICRACANTHE.   *ECHIN. MICRACANTHUS.* — Rud.

   Echin. micracanthus, Syn., p. 69 et 322, n° 27, et *Echin. alaudœ,* p. 77, n° 63.
   Echin. micracanthus, Westrumb, de Helm. acanth., p. 21, n° 38.

   « — Corps long de 13^mm à 18^mm, cylindrique, un peu plus épais en
« avant; — trompe petite, presque cylindrique, quelquefois plus
« étroite à l'extrémité, plus ou moins obliquement implantée, et ar-
« mée de très-petits crochets très-serrés, formant environ trente ran-
« gées transverses; — cou nul. »

Rudolphi trouva d'abord cette espèce dans le becfigue d'Italie
(*Anthus*?). On l'a trouvé, au musée de Vienne, dans la fauvette à tête
noire (*Sylvia atricapilla*), une seule fois dans le *Saxicola œnanthe*,
deux fois dans la *Sylvia nisoria*, une fois sur huit dans la farlouse
(*Anthus pratensis*), deux fois sur vingt-neuf dans le pipi (*Anthus trivialis*), trois fois dans l'alouette des champs (*Alauda arvensis*), une
fois sur neuf dans l'alouette des bois (*Alauda nemorosa*), deux fois
dans le gros-bec (*Loxia coccothraustes*), et onze fois dans le pinson
(*Fringilla cœlebs*).

? 27. ÉCHIN. ARÉOLÉ.   *ECHIN. AREOLATUS.* — Rud., *Synops.,*
                 p. 69 et 319, n° 23.

   Echin. areolatus, Westrumb, de Helm. acanth., p. 28, n° 52.
   Echin. areolatus, Bremser, Icones helminth., pl. 6, fig. 15.

   « — Corps long de 6^mm,75 à 9^mm, cylindrique, aminci de part et

« d'autre, surtout en arrière où sa surface paraît aréolée, et où l'ex-
« trémité caudale est grêle et obtuse; — trompe cylindrique, un peu
« resserrée à la base et armée de vingt rangées transverses de petits
« crochets très-rapprochés; — cou très-court; — vésicule copulatoire
« à la partie postérieure du mâle. »

Bremser a trouvé, trois fois, à Vienne, dans la *Sylvia atricapilla*, cet
helminthe qui me paraît bien devoir rentrer dans quelqu'une des
espèces précédentes, car ce caractère d'avoir le tégument aréolé en
apparence n'a aucune valeur réelle; je l'ai rencontré chez beaucoup
d'autres.

— Rudolphi (*Syn.*, p. 77, nº 69) et Westrumb (*Hel., ac.*, p. 41), ont
inscrit, comme espèce douteuse, un *Echin. hirundinum* long de 13^{mm}
à 22^{mm},5 à corps cylindrique, aminci de part et d'autre, et sans cou,
trouvé une seule fois parmi cinq cent trente hirondelles de cheminée
(*Hirundo rustica*), et une fois parmi quarante et un martinets (*Cypselus apus*).

— L'*Echin. pari* est une espèce douteuse de Rudolphi (*Syn.*, p. 77,
nº 68) et de M. Westrumb (*l. c.*, p. 41, nº 76), trouvée une seule fois
par Bremser, à Vienne, dans la mésange charbonnière (*Parus major*).

— L'*Echin. emberizæ*, espèce douteuse de Rudolphi (*Syn.*, p. 673,
nº 60) et de M. Westrumb (*l. c.*, p. 4, nº 75), a été trouvé, au Brésil,
dans une espèce de bruant (*Emberiza ticutica*).

28. ÉCHIN. DES CORBEAUX.   *ECHIN. COMPRESSUS.* — Rud.,
Entoz., t. II, p. 255, et *Syn.*, p. 64, et *Echin. cornicis, Syn.*, p. 76.

Echin. compressus, Westrumb, de Helm. acanth., p. 6, nº 7, pl. 3, fig. 28.

« — Corps blanc, long de 6^{mm},75 à 11^{mm},25, large de 1^{mm},5 à 2^{mm},25,
« comprimé, plus étroit en arrière; — trompe grande, presque glo-
« buleuse, terminée par une papille et armée de sept rangées trans-
« verses de crochets très-courts, recourbés; — cou presque nul, in-
« vaginé; — partie postérieure du mâle munie d'une vésicule copu-
« latoire en forme de carafe. »

Rudolphi établit cette espèce sur un seul échinorhynque qu'il avait
trouvé anciennement à Greifswald dans un choucas, (*Corvus monedula*); M. Westrumb, au contraire, trouva dans le choucas des échinorhynques appartenant à l'espèce suivante, et ne reconnut celle-ci
que dans la corneille mantelée (*Corvus cornix*), ce qui l'a conduit
à réunir l'espèce douteuse nommée par Rudolphi *Echin. cornicis*.

Il n'a pas vu d'ailleurs sur le tégument les pores orbiculaires marginés signalés par Rudolphi, et qui doivent être l'équivalent des
aréoles mentionnées ailleurs; mais il a vu la vésicule copulatoire du
mâle claviforme dont la surface interne semble parsemée de points
opaques, triangulaires, inégaux; du sommet plus étroit de cette
vésicule sortent latéralement deux petits appendices lagéniformes et

au milieu un stylet opaque ou pénis qu'on suit à travers la vésicule
jusqu'à l'extrémité du corps d'où il paraît sortir.

Il serait possible toutefois que cet helminthe, trouvé une seule
fois parmi cent quarante-une corneilles, fût différent de celui de
Rudolphi, qui dans l'alcool avait conservé sa forme comprimée,
tandis que celui de Vienne s'était gonflé.

29. ÉCHIN. DE LA PIE.   *ECHIN. TERES.* — Westrumb, *de Helm.*
acanth., p. 18, n° 32.

« — Corps long de 11^{mm},25 à 22^{mm},5, large de 1^{mm},67 à 2^{mm},25, cylin-
« drique, un peu aminci de part et d'autre ; — trompe longue, co-
« nique, plus large à la base, tronquée au sommet, armée de dix à
« douze rangées transverses de crochets assez forts ; — cou nul. »

Trouvé au musée de Vienne, cinq fois dans le choucas (*Corvus*
monedula), et une seule fois parmi cent soixante-douze pies.

30. ÉCHIN. DU ROLLIER.   *ECHIN. GRACILIS.* — Rudolphi,
Synops., p. 68 et 319, n° 22.

Echin. gracilis, Westrumb, de Helm. acanth., p. 20, n° 36.

« — Corps blanc, long de 9 à 13^{mm},5, cylindrique, renflé en avant,
« aminci en arrière ; — trompe cylindrique, arrondie à l'extrémité,
« quelquefois un peu resserrée à la base, et armée de dix rangées
« transverses de petits crochets très-rapprochés ; — cou nul. »

Rudolphi établit cette espèce d'après des exemplaires trouvés par
Treutler dans l'intestin du rollier (*Coracias garrula*), et longs seulement de 2^{mm},80 : il lui attribue des pores orbiculaires, marginés,
épars sur le tégument, et que M. Westrumb n'a pu voir sur les exemplaires du musée de Vienne, où on l'avait trouvé une seule fois.

31. ÉCHIN. DU GRIMPEREAU.   *ECHIN. OBLIQUUS.* — Duj.

« — Mâle long de 3^{mm},4, large de 0^{mm},77, cylindrique, arrondi en
« avant, un peu aminci en arrière et obtus ; — cou nul ; — trompe
« implantée obliquement, cylindrique, longue de 0^{mm},54, large de
« 0^{mm},18, armée de cent quatre-vingts crochets environ, longs de 0^{mm},06
« formant vingt-quatre rangées transverses, ou quinze à seize ran-
« gées longitudinales de douze crochets chacune ; — deux testicules
« globuleux ; — pas de vésicule copulatoire. »

Je l'ai trouvé, à Rennes, au mois de décembre, dans le grimpereau,
(*Certhia familiaris.*)

32. ÉCHIN. DE LA HUPPE.   *ECHIN. RICINOIDES.* — Rudolphi,
Entoz., t. II, i, p. 253; et *Syn.,* p. 64, n° 3.

Echin. ricinoides, Westrumb, de Helm. acanth., p. 7, n° 10.
Echin. coraciœ, Rudolphi, Synopsis, p. 77, n° 61.

« — Corps blanchâtre, long de 6ᵐᵐ,75, large de 1ᵐᵐ,12, presque
« cylindrique, aminci de part et d'autre, davantage en arrière; —
« trompe grande, presque globuleuse, terminée par une papille, et
« armée de six rangées transverses de crochets presque obtus et peu
« recourbés; — cou distinct, court, invaginé. »

Rudolphi l'avait trouvé d'abord dans le mésentère d'une huppe
(*Upupa epops*); Bremser le trouva une seule fois aussi dans l'intestin du même oiseau. M. Westrumb rapporte à la même espèce un
échinorhynque trouvé, au musée de Vienne, dans le mésentère du
rollier (*Coracias garrula*), et qui paraît n'en différer que par le
renflement plus considérable de la partie antérieure.

33. ÉCHIN. DES PICS.   *ECHIN. CYLINDRACEUS.* — Schrank.

Echin. pici, Goeze, Naturg., p. 151, pl. 11, fig. 1-5 et a.
Echin. cylindraceus, Schrank, Verzeichn., p. 28, n° 73.
Echin. cylindraceus, Rud., Entoz., t. II, i, p. 272, et Syn., p. 69, n° 24.
Echin. cylindraceus, Westrume, de Helm. acanth., p. 27, n° 50.

« — Corps long de 13 à 27ᵐᵐ (de 40ᵐᵐ, et large de 1ᵐᵐ,68, Goeze),
« dix à trente fois plus long que large, cylindrique, un peu aminci en
« avant, recourbé aux deux extrémités; — trompe longue, linéaire,
« armée de huit à dix rangées transverses de crochets (dentelés (?) en
« scie vers la pointe, Goeze, Zed.); — cou distinct très-court. »

Gœze, le premier, l'avait trouvé dans l'intestin des *Picus erythroce-*
phalus et *viridis;* il lui assigne une longueur de 40ᵐᵐ, ainsi que ce
caractère tout exceptionnel d'avoir des crochets dentés en scie. Zeder
prétendit ensuite l'avoir trouvé, non-seulement dans ces mêmes
oiseaux, mais aussi dans le merle (*Turdus merula*), et confirma le
caractère fourni par les crochets dentés. On l'a trouvé une seule fois,
au musée de Vienne, dans un pic épeiche (*Picus major*); M. Westrumb, qui l'y a vu, n'a pas vérifié la structure des crochets.

ÉCHINORHYNQUES DES ÉCHASSIERS PRESSIROSTRES.

— Rudolphi a inscrit comme espèce douteuse, sous le nom d'*Echin.*
tardœ (*Entoz.,* t. II, i, p. 308, et *Syn.,* p. 77, n° 70), un helminthe qu'il
avait trouvé anciennement dans l'intestin de l'outarde (*Otis tarda*).
— M. Miescher (*Verhandl. d. Schweiz. Naturf. Gesell.,* 1841) a

trouvé dans le houbara (*Otis houbara*) un échinorhynque très-voisin de l'*Echin. moniliformis,* et qu'il regarde comme une espèce nouvelle.

34. ÉCHIN. DU VANNEAU.   *ECHIN. LANCEA.* — Westrumb, *de Helm. acanth.,* p. 26, nᵒ 49, pl. 1, fig. 19.

Echin. œdicnemi et *Echin. morinelli*, Rudolphi, Syn., p. 78, nᵒˢ 76 et 75.
Echin. vanelli, Rud., Entoz., t. II, ı, p. 308, et Syn., p. 78, nᵒ 74.

« — Corps blanchâtre, long de 13 à 22ᵐᵐ,5, large de 2ᵐᵐ,1 à 3ᵐᵐ,2 ,
« renflé, ovoïde en avant, cylindrique en arrière ; — trompe cylin-
« drique, arrondie à l'extrémité et quelquefois resserrée au milieu,
« de telle sorte que la partie antérieure est presque globuleuse, armée
« de douze rangées transverses de crochets ; — cou distinct, court,
« ridé. »

Gœze, le premier, l'avait trouvé dans l'intestin du vanneau (*Vanellus cristatus*), dans lequel Bremser le trouva aussi, à Vienne, ainsi que dans l'*OEdicnemus crepitans* et une seule fois dans le *Charadrius morinellus.*

35. ÉCHIN. DU PLUVIER.   *ECHIN. MACRACANTHUS.* — Bremser.

Echin. charadrii pluvialis, Rudolphi, Synopsis, p. 78, nᵒ 77.
Echin. macracanthus, Westrumb, p. 7, nᵒ 9, pl. 1, fig. 7 ; et 3, fig. 27.

« — Corps blanc, long de 4ᵐᵐ,5, ovoïde, oblong, large de 1ᵐᵐ,4,
« irrégulièrement plissé, prolongé en avant par un cou distinct, court,
« invaginé, d'où sort une trompe grande, presque globuleuse, armée
« de quatre rangées transverses de crochets très-longs, aigus. »

Bremser l'a trouvé une seule fois dans l'intestin du pluvier doré (*Charadrius pluvialis*) ; sa forme obovale et la longueur de ses crochets le distinguent suffisamment des autres espèces.

36. ÉCHIN. ENFLÉ.   *ECHIN. INFLATUS.* — Creplin, *Nov. observ. de Entoz.,* p. 39.

« — Corps blanc, court, très-épais, long de 3ᵐᵐ,37 à 7ᵐᵐ,87, large dè
« 1ᵐᵐ,12 à 3ᵐᵐ,25, aminci de part et d'autre ; — trompe oblique très-
« longue, mince, épaissie peu à peu de la base à l'extrémité, et armée de
« très-petits crochets très-nombreux ; — cou très-court ; — extrémité
« postérieure du mâle laissant sortir une double vésicule ; — deux
« testicules ; — œufs allongés, minces, presque elliptiques. »

M. Creplin en trouva dans l'intestin de l'huitrier (*Hæmatopus ostralegus*) plusieurs exemplaires, dont les plus grands étaient seulement longs de 3ᵐᵐ,37 et larges de 1ᵐᵐ,12 au milieu. Laurer, à Greifswald, en trouva ensuite de plus grands (de 2ᵐᵐ,25 à 7ᵐᵐ,87) dans l'intestin du pluvier à collier (*Charadrius hiaticula*). M. Creplin a vu dans un de ses exemplaires le réceptacle de la trompe étendu presque jusqu'au milieu du corps, et les lemnisques un peu plus longs; dans les exemplaires de Greifswald seulement, il vit les deux testicules du mâle et les œufs allongés des femelles.

— Le nom d'*Echin. inflatus* avait d'abord été donné à un helminthe du saumon (*Echin. pachisomus*. CREPLIN, n° 67) par Rudolphi, qui le confondit ensuite avec l'*Echin. fusiformis*.

37. ÉCHIN. SPHÉROCÉPHALE.   *ECHIN. SPHÆROCEPHALUS.*
— BREMSER.

Echin. sphærocephalus, RUDOLPHI, Synopsis, p. 670, n° 57.
Echin. sphærocephalus, WESTRUMB, de Helm. acanth., p. 36, n° 65, et pl. 1, fig. 13, 14, 15.

« — Corps long de 5^{mm},62 à 27^{mm}, large de 1^{mm},20 à 2^{mm},7, cylin-
« drique, inégal ou présentant un double renflement, épineux en
« avant pendant le jeune âge, et devenant totalement lisse plus tard;
« — trompe globuleuse, large de 0^{mm},6 à 3^{mm}; toute hérissée, ou en
« partie seulement armée de crochets, ou toute lisse, portée par un
« cou long de 1^{mm},50 à 4^{mm},5, lisse, filiforme ou conique; — cro-
« chets de longueur médiocre, formant environ seize rangées trans-
« verses quand la trompe en est totalement hérissée; — œufs arrondis
« oblongs. »

Il a été trouvé, au Brésil, par Natterer dans les intestins de l'huîtrier (*Hæmatopus ostralegus*) et d'une espèce de goëland (*Larus fuscus*); cet échinorynque est surtout remarquable par les curieuses métamorphoses qu'il subit; en effet, les plus jeunes sont longs de 5^{mm},6 à 6^{mm},7, munis d'une trompe globuleuse, comprimée, armée de seize rangées de crochets, moins convexe en avant, et terminée par une papille; leur cou filiforme ou conique est long de 1^{mm},50, lisse; leur corps est comme divisé en trois parties, dont la première, deux fois plus épaisse que le cou qu'elle suit immédiatement, est cylindrique, renflée peu à peu en arrière, et hérissée de petits crochets très-rapprochés; la deuxième est lisse, se renfle subitement en forme d'ovoïde allongé, et diminuant ensuite beaucoup d'épaisseur se joint à une troisième partie également sans aiguillons, la plus courte de toutes, à peine plus épaisse que le cou.

A mesure que ces helminthes se développent, leur trompe, déjà globuleuse, devient plus grosse et se dépouille de ses aiguillons, dont il ne reste que des rudiments; les fibres ou vaisseaux de la seconde tunique de cet organe sont alors plus visibles, ainsi que la papille terminale, qui se voit entourée d'un cercle de crochets plus grands; le cou, plus long, est presque conique, un peu renflé vers sa base; le corps, devenu plus grand, présente la même forme, mais sa partie antérieure n'a conservé qu'une partie ou que de simples traces de son armure de crochets.

Enfin, arrivé au terme de son développement, cet échinorhynque, long de 16 à 27^{mm}, ressemble presque entièrement à l'*Echin. polymorphus* (voy. pag. 523). La trompe s'est changée en une grosse vésicule engagée entre les tuniques de l'intestin, de telle sorte qu'il en résulte une tumeur à leur face externe; cette trompe est lisse, terminée par une grande papille entourée d'un cercle de papilles plus petites, et laisse voir par transparence les fibres ou vaisseaux de sa tunique interne; le cou est très-long, filiforme; le corps, entièrement lisse, présente deux étranglements, et il est obtus ou arrondi à l'extrémité; la structure interne du mâle est comme celle de l'*Echin. polymorphus;* les œufs de la femelle sont presque globuleux.

ÉCHINORHYNQUES DES ÉCHASSIERS CULTRIROSTRES.

Rudolphi a inscrit parmi ses espèces douteuses un *Echin. gruis* (*Synops.*, p. 78, n° 71). Trouvé une seule fois au musée de Vienne, isolé dans l'intestin d'une grue (*Grus cinerea*). M. Westrumb, qui a pu l'étudier dans cette collection, l'inscrit aussi comme douteux sous ce même nom (*l. c.*, p. 41, n° 79). Il dit qu'il est long de 4^{mm},5, large de 0^{mm},56, cylindrique, aminci de part et d'autre, avec une trompe grande, cylindrique, tronquée à l'extrémité, resserrée à la base, implantée obliquement, et armée de douze rangées environ de petits crochets. D'après l'ensemble de ces caractères, M. Westrumb pense qu'il pourrait s'être trouvé accidentellement dans la grue, et provenir de quelque animal avalé par elle.

38. ÉCHIN. STRIÉ.   *ECHIN. STRIATUS.* — Gœze.

Echin. striatus, Gœze, Naturgesch., p. 152, pl. 11, fig. 6 (mauvaise).
Echin. striatus, Rud., Entoz., t. II, I, p. 263, et Syn., p. 74 et 329, n° 43,
    et *Echin. mutabilis,* Rudolphi, Synopsis, p. 669.
Echin. striatus, Westrumb, de Helm. acanth., p. 30, fig. 57.

« — Corps long de 9^{mm} à 11^{mm},25, large de 2^{mm} à 2^{mm},6 (?), présen-
« tant en avant un renflement globuleux, prolongé par une partie
« conique, l'un et l'autre hérissés de petits aiguillons; — partie pos-
« térieure plus longue, plus mince, cylindrique, avec un ou plusieurs
« renflements inégaux et striés longitudinalement; — cou conique,
« nu ou sans aiguillons, séparé du corps par un léger étranglement,
« mais quelquefois rétracté, de sorte que la trompe paraît sortir im-
« médiatement du renflement globuleux antérieur du corps; — trompe
« courte, cylindrique, renflée à l'extrémité ou en massue, quelque-
« fois renflée à la base, armée de douze à quatorze rangées transver-
« ses de petits crochets; — œufs oblongs, acuminés. »

Le comte de Borke avait trouvé en 1778 cet helminthe remarquable dans l'intestin du héron commun, et il en envoya à Gœze des dessins qu'on peut juger fort inexacts. On trouva ensuite le même échino-rhynque, au musée de Vienne, deux fois sur vingt-quatre dans le héron, une fois dans le cygne domestique (*Cygnus olor*), et une fois dans le *Falco albicilla*, où il se trouvait accidentellement comme provenant de quelque héron dévoré par cet oiseau. Plus tard, on le reçut du Brésil, où il fut trouvé par Olfers dans les intestins de deux espèces de hérons, et par Natterer dans les *Ardea egretta*, *Ardea nycticorax* et *Ardea virescens*, dans la spatule (*Platalea ajaja*), et dans le *Sterna minuta*. Rudolphi, qui n'eut entre les mains que ces helminthes du Brésil, en crut devoir faire une nouvelle espèce (*Echin. mutabilis*); mais M. Westrumb, qui put comparer tous les exemplaires de la collection de Vienne, les a réunis, malgré quelques différences offertes par la trompe, en ajoutant toutefois (*l. c.*, p. 35) que celui du cygne pourrait bien être l'*Echin. polymorphus*, ayant le cou et la partie antérieure du corps rétractés.

39. ÉCHIN. MACROURE. *ECHIN. MACROURUS.* — Bremser et Westrumb, *de Helm. acanth.*, p. 12, nº 19.

Echin. ardeæ purpuræ, Rudolphi, Synopsis, p. 78, nº 72.

« — Corps blanc, long de 6^{mm},75 à 10^{mm}, courbé en arc, paraissant
« formé de deux parties, l'antérieure ovoïde ou fusiforme, large de
« 1^{mm},4, la postérieure plus longue et plus mince, cylindrique, large
« de 0^{mm},65; trompe longue de 0^{mm},9 (longue du quart de la longueur
« totale (?), Westrumb), armée de trente-deux rangées longitudinales
« de dix-sept à dix-huit crochets chacune, ou de trente-cinq rangées
« transverses, et paraissant formée de deux parties, dont l'antérieure
« plus épaisse en arrière et large de 0^{mm},40, avec les crochets longs
« de 0^{mm},046; la partie postérieure, qu'on peut nommer le cou, est
« plus étroite, avec les crochets plus petits, longs de 0^{mm},032, moins
« régulièrement disposés. »

J'ai trouvé le 11 mai, à Rennes, dans l'intestin d'une cigogne (*Ciconia alba*), l'échinorhynque que je décris ici; il ne diffère de la description donnée par Westrumb que par la longueur exagérée, je crois, que cet auteur assigne à la trompe; les exemplaires qu'il a décrits ont été trouvés une seule fois au musée de Vienne par Bremser dans l'intestin du héron pourpré (*Ardea purpurea*). Westrumb soupçonne qu'il pourrait provenir d'un animal dévoré par cet oiseau. Il a beaucoup de ressemblance avec l'*Echin. caudatus*, nº 15, des faucons; peut-être devrait-on supposer qu'il provient également de la proie de ces oiseaux.

40. ÉCHIN. SPIRALE.   *ECHIN. SPIRALIS.* — Rudolphi, *Entoz.,*
t. II, i, p. 273, et *Synops.,* p. 70 et 323, n° 28.

Echin. spiralis, Westrumb, de Helm. acanth., p. 21, n° 39.

« — Corps long de 38ᵐᵐ à 135ᵐᵐ, large de 1ᵐᵐ,5 à peine, cylindri-
« que, égal, contourné en spirale; obtus et terminé par une petite
« papille à l'extrémité postérieure; — trompe linéaire, égale, longue
« de 1ᵐᵐ,1 à 2ᵐᵐ,2, armée de dix-huit à trente rangées transverses de
« très-petits crochets aigus, très-rapprochés et terminés par un bou-
« ton nu; — cou nul. »

Rudolphi en avait d'abord reçu un seul exemplaire long de 135ᵐᵐ,
trouvé par Nitzsch, à Halle, dans le blongios (*Ardea minuta*); plus
tard, lui-même trouva dans le même oiseau, à Rimini, un autre exemplaire long de 38ᵐᵐ, flasque, jaunâtre, avec la trompe moitié plus
petite, et armée de seize à dix-huit rangs de crochets au lieu de
trente.

— Rudolphi (*Entoz.,* t. II, i, p. 307, et *Syn.,* p. 78, n° 73) a inscrit
parmi ses espèces douteuses, sous le nom de *Echin. ardeœ albœ,* un
helminthe que Redi avait jadis trouvé deux fois dans l'organe nommé
la bourse de Fabricius chez l'aigrette (*Ardea alba*). Cependant, ailleurs,
on n'a jamais trouvé d'échinorhynques dans cet organe.

41. ÉCHIN. RÉTICULÉ.   *ECHIN. RETICULATUS.* — Westrumb,
de Helm. acanth., p. 24, n° 43.

« — Corps long de 9ᵐᵐ à 13ᵐᵐ,5, cylindrique, aminci brusquement
« en avant et peu à peu en arrière, strié et plissé en long et en travers
« ou presque réticulé; — trompe grande, linéaire, cylindrique, tron-
« quée à l'extrémitée, implantée obliquement, et armée de seize ran-
« gées transverses de crochets; — cou nul. »

M. Natterer en trouva deux exemplaires dans l'intestin du *Rallus
nigricans* d'Amérique.

ÉCHINORHYNQUES DES PALMIPÈDES.

42. ÉCHIN. A COU GLOBULEUX.   *ECHIN. GLOBICOLLIS.* —
Creplin, *Nov. obs. de Entoz.,* p. 41.

« — Corps jaunâtre, blanc en avant, long de 63ᵐᵐ, grêle, aminci de
« part et d'autre; — trompe armée de crochets très-fins, très-nom-
« breux, formée de deux parties; l'antérieure très-courte, cylindri-
« que, tronquée; la postérieure trois fois plus longue, plus épaisse;
« et implantée à angle droit sur le cou qui, long de 3ᵐᵐ,4, est rétréci

« à sa base et terminé par une partie globuleuse beaucoup plus
« épaisse. »

Un seul exemplaire de cet helminthe, caractérisé par la structure
singulière de son cou, a été trouvé, à Greifswald, par M. Schilling,
dans l'intestin du *Larus maximus*.

43. ÉCHIN. LINÉAIRE.   *ECHIN. LINEARIS.* — Westrumb, *de*
Helm. acanth., p. 10, n° 16, pl. 1, fig. 2.

Echin. sternæ, Rudolphi, p. 78, n° 79.

« — Corps long de 54^{mm}, large de 2^{mm},20 à peine, cylindrique,
« lisse, avec quelques plis transverses, un peu aminci en arrière, brus-
« quement aminci en avant où il se prolonge en un cou très-court ; —
« trompe ovoïde, plus épaisse (large de 1^{mm},10), armée de douze ran-
« gées transverses de crochets. »

Il a été trouvé une seule fois, au musée de Vienne, parmi vingt-
six *Sterna cantiaca* ou *Sterna stuberica*.

44. ÉCHIN. PORC-ÉPIC.   *ECHIN. HYSTRIX.* — Bremser.

Echin. hystrix, Rudolphi, Synopsis, p. 75 et 382, n° 46.
Echin. hystrix, Westrumb, de Helm. acanth., p. 29, n° 55.
Echin. hystrix, Schmalz, XIX Tab. anat., Entoz., pl. 11, fig. 14.
Echin. hystrix, Bremser, Icones helminth., pl. 7, fig. 22-23.

« — Corps long de 4^{mm} à 13^{mm},5, très-renflé en avant, large de
« 2^{mm},28 et plus, presque globuleux et armé d'aiguillons courts, très-
« nombreux et très-rapprochés, diminuant d'épaisseur en arrière et
« obtus à l'extrémité, où il est ordinairement nu ; — trompe longue,
« presque conique, plus mince à l'extrémité, armée d'environ dix-
« huit rangées transverses de crochets plus ou moins longs ; — cou
« nu, de forme conique, aussi long que la trompe et souvent rétracté ;
« — partie postérieure du mâle avec une vésicule copulatoire. »

Il a été trouvé trois fois sur vingt-trois dans l'intestin du cormoran
(*Carbo cormoranus*), au musée de Vienne.

Il a été trouvé en Irlande par M. Drummond (*Magazine of nat. hist.*
1839) dans le rectum du harle (*Mergus merganser*), et par M. Bellingham dans le rectum du cormoran commun (*Carbo cormoranus*), dans
l'intestin du *Carbo cristatus*, dans l'intestin grêle du harle huppé
(*Mergus serrator*), et dans le rectum du *Podiceps rubricollis* ou *subcristatus*.

45. ÉCHIN. POLYMORPHE. *ECHIN. POLYMORPHUS.*— Bremser,

(α) *Sipunculus lendix*, Philips, Voyage towards the N. Pole, p, 194, pl. 13, fig. 1, A, B, C.
  Echin. anatis mollissimœ, Müller, dans Naturf., XXII, p. 55.
  Echin. anatis mollissimœ et Echin. filicollis, Rud., Entoz., t. II, 1, p. 304 et 283 et Syn., p. 71 et 327. ,
(β) *Echin. minutus coccineus et Echin. anatis boschadis*, Goeze, Naturgesch., p. 163-164, pl. 13, fig. 1-2 et 6-7.
  Echin. boschadis et Echin. anatis, Schrank, Verzeichn., p. 26 et 27.
  Echin. vesiculosus (Fulicœ atrœ), Schrank, dans les Mém. de l'Acad. de Suède, 1790, p. 124, nº 26, et *Echin. collaris*, idem, nº 27.
  Echin. anatis, Froelich, dans Naturf., XXIV, p. 105.
  Echin tenuicollis et Echin. boschadis, Froelich, dans Naturf., XXIX, p. 66 et 69, pl. 2, fig. 15-16.
  Echin. minutus, Zeder, Nachtrag., p. 142, et *Echin. constrictus*, id., p. 139.
  Echin. minutus, Echin. constrictus, Echin. collaris, Rud., Entoz., t. II, 1, p. 294, nº 33 ; p. 296, nº 34 ; p. 298, nº 35.
  Echin. versicolor, Rudolphi, Synopsis, p. 74 et 330, nº 44.
  Echin. anatum, Rudolphi, Synopsis, p. 78, nº 78.
(α et β) *Echin. polymorphus*, Jassoy, Dissert. inaug. de Ech. polymorph., 1820.
  Echin. polymorphus, Westrumb, de Helm. acanth., p. 33, nº 64, pl. 3, fig. 8-15.

« — Dans le *premier âge* : Corps long de 1^{mm},12, obovale, tout hé-
« rissé d'aiguillons ou crochets ; — trompe oblongue, armée de huit
« rangées transverses de petits crochets ; — cou nul.

« — 2ᵉ *âge*. Corps long de 2^{mm},20, très-épais au milieu, où il est hé-
« rissé d'aiguillons assez forts, aminci de part et d'autre et ne mon-
« trant seulement que de petits rudiments d'aiguillons sur la partie
« antérieure ; — trompe oblongue, ovale avec huit rangées de cro-
« chets ; — cou nul.

« — 3ᵉ *âge*. Corps long de 2^{mm},30, montrant déjà un cou court, in-
« vaginé.

« — 4ᵉ *âge* (*Echin. minutus*). Corps rouge, long de 4^{mm} environ,
« présentant une partie antérieure presque ovoïde, armée d'ai-
« guillons assez forts, et une partie postérieure séparée par un léger
« étranglement, inégale, un peu amincie et tantôt obtuse, tantôt un
« peu conique à l'extrémité ; — cou distinct, nu, un peu conique, pré-
« cédé par une gaîne très-courte, lisse ; — trompe cylindrique, ar-
« rondie en avant, plus large que e cou, et armée de huit rangées
« transverses de crochets.

« — 5ᵉ *âge* (*Echin. constrictus*). Corps long de 5^{mm} à 6^{mm},75, pré-
« sentant trois parties, séparées par deux étranglements, et dont
« l'intermédiaire plus épaisse, l'antérieure hérissée d'aiguillons, la
« postérieure nue et lisse ; — cou un peu conique, long de 1^{mm},50, pré-
« cédé par une gaîne courte et nue, et terminé par une trompe arron-

« die à l'extrémité et tantôt en massue, tantôt oblongue, armée de
« huit rangées de forts crochets égaux.

« — 6ᵉ *âge*. Corps cylindrique sans étranglements, aminci de part
« et d'autre, surtout en avant où il est encore armé d'aiguillons assez
« forts; — cou très-long, conique, nu, précédé par une gaîne courte,
« ridée transversalement et terminé par la trompe devenue plus
« petite et ovale, mais encore armée de huit rangs de crochets.

« — 7ᵉ *âge*. Corps cylindrique, aminci de part et d'autre, avec des
« plis ou des entailles çà et là, et conservant seulement quelques ran-
« gées d'aiguillons en avant; — cou long, filiforme, égal; — trompe
« commençant à prendre la forme globuleuse en arrière où elle est
« encore un peu hérissée de crochets, et prolongée en pointe arron-
« die en avant, de manière à présenter la forme d'une poire.

« — 8ᵉ *âge*. Corps cylindrique, long de 15ᵐᵐ à 22ᵐᵐ, aminci de part
« et d'autre, davantage en arrière, conservant encore en avant quel-
« ques aiguillons qui disparaîtront bientôt; — cou long de 1ᵐᵐ,8, large
« de 0ᵐᵐ,5, filiforme; — trompe changée en une bulle, nue, inerme,
« large de 2ᵐᵐ,8, surmontée par une petite partie semi-globuleuse
« armée d'aiguillons. »

« — 9ᵉ *âge*. Corps cylindrique, inégal, aminci de part et d'autre,
« lisse et sans aucun vestige des aiguillons dont il était précédemment
« armé; — trompe en forme de bulle lisse, n'ayant conservé qu'un
« seul rang de crochets disposés en couronne sur une petite éminence
« terminale.

« — *Dernier âge*. Corps cylindrique, aminci de part et d'autre,
« lisse, entaillé ou plissé çà et là; — cou très-long, filiforme; —
« trompe en forme de bulle lisse, sans aucun vestige de crochets,
« mais terminée par une sorte de suçoir ou de papille.

« — Partie postérieure du mâle terminée par une vésicule copula-
« toire; — œufs ovales oblongs, revêtus d'une double enveloppe. »

Philips, le premier, parla de ces helminthes trouvés dans l'intestin
de l'eider (*Anas mollissima*); Rathke, en Suède, le trouva ensuite
très-abondamment dans le même oiseau; l'un et l'autre furent frappés
de sa coloration en jaune orangé. Gœze le trouva ensuite dans la
double macreuse (*Anas fusca*), dans le canard domestique (*Anas
Boschas*); Schrank le trouva dans la *Fulica fuliginosa*, Frœlich dans
l'oie (*Anas anser*), Zeder dans la poule d'eau (*Gallinula chloropus*)
et dans le canard; Rudolphi le vit dans la foulque (*Fulica atra*),
dans les *Anas fuligula* et *sponsa*. Au musée de Vienne on l'a trouvé
dans la foulque, dans le canard domestique ou sauvage, et dans les
*Anas crecca, fusca, nyraca, leucophthalmos, marila, penelope, ru-
fina* et *clangula*. — M. Bellingham, dans son catalogue des helminthes
d'Irlande, l'indique comme trouvé dans le canard sauvage, dans le
morillon et dans le garrot (*Anas clangula* ou *Clangula chrysophthal-
mos*) sous les deux noms d'*Echin. filicollis* et *Echin. versicolor*; sous
ce dernier nom il l'indique en outre dans le cygne à bec rouge

(*Cygnus olor*) et dans le cygne à bec noir (*Cygnus ferus*), dans la petite sarcelle et dans le souchet (*Anas clypeata*).

Ainsi qu'on le peut voir par la synonymie, tous les anciens observateurs en ont fait plusieurs espèces. Rudolphi, dans son dernier ouvrage, n'en fit plus que deux; et, tout en indiquant comme espèce douteuse un *Echin. anatum,* il exprime l'opinion qu'elle doit être rapportée à l'une des deux premières. Depuis lors, Bremser, et après lui MM. Jassoy et Westrumb, ont démontré que tous les échinorhynques des canards ne sont que les âges divers d'une seule espèce; et que même l'*Echin. striatus* attribué au cygne est très-probablement l'*Echin. polymorphus* dans son cinquième âge, ayant le cou et sa gaîne, et la partie antérieure du corps rétractés.

46. ÉCHIN. BACILLAIRE.   *ECHIN. BACILLARIS.* — Zeder,
Naturg., p. 159, nᵒ 31.

Echin. bacillaris, Rud., Entoz., t. II, ɪ, p. 301, et Syn., p. 67 et 316, nᵒ 15.
Echin. bacillaris, Westrumb, de Helm. acanth., p. 14, nᵒ 24.

« — Corps blanc, long de 27 à 40ᵐᵐ, large de 1ᵐᵐ,3 à 1ᵐᵐ,5, cylindri-
« que, égal, aminci en pointe droite (Bloch) ou infléchi et obtus (Rud.)
« à l'extrémité postérieure, qui présente quelquefois en outre un cor-
« puscule saillant; — trompe cylindrique, plus épaisse en avant, plus
« mince vers sa base (cou, Bloch), armée de crochets très-nombreux
« (600, Bloch), formant trente à trente-cinq rangées transverses; —
« cou nul; — œufs ovales. »

Bloch seul a trouvé cet helminthe dans l'intestin du petit harle (*Mergus minutus* ou *Mergus albellus,* L.), et il en donna une description que Rudolphi a rectifiée d'après les exemplaires assez nombreux qui provenaient de sa collection.

III. ÉCHINORHYNQUES DES REPTILES.

47. ÉCHIN. MÉGACÉPHALE.   *ECHIN. MEGACEPHALUS.*
— Westrumb, *de Helm. acanth.,* p. 14, nᵒ 23, pl. 1, fig. 6.

« — Corps ovale, long de 3 à 4ᵐᵐ,5; — trompe ayant plus des deux
« cinquièmes de la longueur totale, renflée au milieu, tronquée ou
« arrondie à l'extrémité, armée de trente rangées transverses de
« crochets; — une papille ou petite vésicule à l'extrémité cau-
« dale. »

Il a été trouvé par M. Natterer, au Brésil, dans le mésentère du *Coluber maculatus.*

48. ÉCHIN. OLIGACANTHOIDE.   *ECHIN. OLIGACANTHOIDES.*
— Rudolphi, *Syn.,* p. 64 et 311, n° 5.

Echin. oligacanthoides, Westrumb, de Helm. acanth., p. 5, n° 5.

« — Corps cylindrique, long de 7 à 9^{mm}; — trompe subglobuleuse,
« tronquée au sommet de telle sorte qu'elle paraît carrée; — quatre
« rangées transverses de crochets très-forts; — cou presque nul. »

Trouvé dans le mésentère du *Coluber Olfersii* du Brésil; Olfers a vu
les mâles pourvus d'une vésicule caudale et d'un fil ou spicule terminal.

49. ÉCHIN. OLIGACANTHE.   *ECHIN. OLIGACANTHUS.*
— *Syn.,* p. 64 et 311, n° 6.

Echin. oligacanthus, Westrumb, p. 5, n° 4.

« — Corps un peu aminci en arrière, long de 4^{mm},6; — trompe
« subglobuleuse, armée de trois rangées transverses de crochets; —
« cou très-court. »

Rudolphi l'a trouvé une seule fois dans le mésentère du *Coluber
quadrilineatus,* en Italie.

50. ÉCHIN. DE LA VIPÈRE.   *ECHIN. CINCTUS.* — Rudolphi,
Syn., p. 66 et 314, n° 14.

Echin. cinctus, Westrumb, de Helm. acanth., p. 13, n° 21.
Echin. cinctus, Bremser, Icones helminth., pl. 6, fig. 7-8.

« — Corps oblong, aminci en avant, long de 3 à 5^{mm},5; — trompe
« oblongue, renflée au milieu, ayant quarante rangées transverses de
« crochets très-petits. »

Rudolphi seul jusqu'à présent a trouvé cet échinorhynque, en Italie, dans une couleuvre verte et jaune (*Coluber atrovirens*) et dans
une vipère (*Vipera Redi*). C'est dans de petits kystes du mésentère
que vit cet helminthe, dont la description est encore fort incomplète;
Rudolphi l'indique comme n'ayant pas de cou; cependant il dit plus
loin, p. 315, que le cou est muni d'un anneau (*cingulo aculeis ar-
mato*), armé de crochets plus grands; M. Creplin pense qu'il a dû
confondre le cou avec la base de la trompe.

51. ÉCHIN. DES BATRACIENS.   *ECHIN. HÆRUCA.* — Rud.
[Atlas, pl. 3, fig. E.]

Tænia hæruca, Pallas, Elenchus zooph., p. 417.
Echin. ranæ, Goeze, Naturg., p. 158, pl. 12, fig. 10-11.
Echin. hæruca, Rud., Ent., t. II, 1, p. 265, n° 12, et Syn., p. 67 et 317, n° 18.
Echin. hæruca, Westrumb, de Helm. acanth., p. 18, n° 33, pl. 3, fig. 18-21.
Echin. hæruca, Bremser, Icones helminth., pl. 6, fig. 11-14.
Echin. hæruca, Creplin, dans l'Enc. de Ersch et Gruber, XXXII, p. 284.

« — Corps cylindrique, aminci en arrière, souvent fortement re-

« courbé ; — cou très-court, conique, égalant quelquefois la longueur
« de la trompe ; — trompe conique, courte, armée de six à huit
« rangées transverses de crochets, ou douze rangées longitudinales
« de trois à quatre chacune, en tout trente-six à quarante-huit.
    « — *Mâle* long de 5 à 12^{mm}, terminé par un appendice copulatoire.
    « — *Femelle* longue de 5 à 30^{mm} (jusqu'à 67, Gœze) ; — œufs fusi-
« formes longs de 0^{mm},07, larges de 0^{mm},024 ; — entonnoir de l'oviducte
« libre, très-épais. »

Gœze, ainsi que Pallas, l'avait trouvé, en Allemagne, dans l'intestin
de la grenouille rousse (*Rana temporaria*) ; il dit avoir remarqué que
les grenouilles, au sortir de leur engourdissement d'hiver, en mars
et avril, n'ont que très-peu d'échinorhynques, tandis qu'en juin,
juillet et août elles en ont bien davantage. Cependant Bremser en a
trouvé à peu près également pendant toutes les saisons. Rudolphi,
dans l'Allemagne septentrionale, l'a trouvé communément aussi en
été, et plus rarement en hiver, dans la grenouille rousse ; il l'a trouvé
moins fréquemment dans la grenouille verte, et une seule fois, à
Berlin, dans le crapaud à ventre jaune (*Bufo igneus*), mais jamais
dans aucun autre batracien. Au musée de Vienne, il a été trouvé dans
les *Bufo igneus*, et *cinereus*. M. Deslongchamps, à Caen, l'a trouvé
dans le crapaud commun ; M. Creplin, au nord de l'Allemagne, l'a
trouvé dans les grenouilles et dans le *Bufo variabilis*, et même aussi
deux fois dans l'intestin du *Triton tæniatus* ou *cristatus*.

Je l'ai cherché vainement dans plus de cent grenouilles et crapauds,
à Paris, à Toulouse et à Rennes, et je l'ai trouvé seulement une fois
dans un crapaud commun, et deux fois dans la grenouille rousse. Ces
trois batraciens, pris à la forêt de Rennes, s'étaient nourris d'insectes,
notamment de *Silpha obscura*, et de limaces. Un échinorhynque femelle,
long de 5^{mm},5 et large de 1^{mm}, contenait une infinité d'œufs déjà mûrs
entre l'entonnoir et le tégument externe ; quelques œufs étaient déjà
engagés dans cet entonnoir, qui est charnu, long de 1^{mm},5, large
0^{mm},13, et dont les contractions étaient bien visibles ; à l'extrémité de
l'entonnoir se trouvent deux corps globuleux placés symétriquement
de chaque côté, qui paraissent glanduleux, et qui sont les mêmes
que Frœlich a indiqués dans son *Echin. falcatus* ; comme d'ailleurs
je ne vois pas de cou bien distinct, je suis conduit à penser que les
Echin. hæruca et *falcatus* sont identiques.

? 51 (a) ***ECHIN. FALCATUS.*** — Froelich, *Naturf.*, 24, p. 117, pl. 4 ,
fig. 22-24.

Echin. falcatus, Rud., Entoz., t. II, I, p. 270, n° 17, et Syn., p. 68, n° 21.
Echin. falcatus, Westrumb, de Helm. acanth., p. 19, n° 35.

    « — Corps cylindrique courbé, long de 9 à 13^{mm}, large de 1^{mm},1 ; —
« extrémité caudale obtuse ; — trompe cylindrique armée de six à
« huit rangées transverses de crochets très-petits ; — cou nul. »

Ainsi que je l'ai dit ci-dessus, je suis porté à croire que cet échinorhynque est le même que celui des grenouilles et crapauds ; le caractère de la présence ou de l'absence d'un cou court me paraît sans valeur ; la différence de longueur de la trompe serait plus importante, si l'on pouvait croire que cette trompe, avec le même nombre de crochets qui sont très-petits ici, peut atteindre la longueur d'une ligne (2^{mm},25) que lui assignent Frœlich et Westrumb. Au reste cet échinorhynque n'a été trouvé jusqu'ici que deux fois par Frœlich et par Bremser dans la salamandre noire (*Salamandra atra*).

52. ÉCHIN. DES TRITONS.   *ECHIN. ANTHURIS.* — Duj.,
nov. sp.

[Atlas, pl. 7, fig. D.]

« — Corps blanc, fusiforme, un peu arqué et obtus aux extré-
« mités, huit à neuf fois plus long que large ; — trompe cylindrique,
« égale, longue de 0^{mm},5, large de 0^{mm},2, précédée par un cou co-
« nique, invaginé, rétractile et armé de deux cent seize à deux cent
« vingt-quatre crochets, longs de 0^{mm},7 à 0^{mm},8, formant vingt-
« quatre à vingt-six rangées transverses, ou seize à dix-huit ran-
« gées longitudinales de douze à treize chacune ; — tégument pa-
« raissant aréolé ; — lemnisques à peine plus longs que le réceptacle
« de la trompe.

« — *Mâle* long de 3^{mm},5 à 4^{mm},5, large de 0^{mm},5, terminé par un
« appendice copulatoire en forme de fleur campanulée, à limbe
« membraneux, sinueux ou festonné, et montrant à l'intérieur une
« couronne ou corolle à vingt-quatre rayons lancéolés, linéaires
« (pl. 7, fig. D. 2) ; — deux testicules ovoïdes, et des vésicules sper-
« matiques très-compliquées.

« — *Femelle* longue de 7^{mm},5 à 8^{mm},5, large de 0^{mm},8 à 0^{mm},9 ; —
« entonnoir et oviducte long de 1^{mm},15, large de 0^{mm},14 en avant,
« beaucoup plus étroit au milieu ; — ovaires ovoïdes, longs de 0^{mm},15
« à 0^{mm},16 ; — œufs très-étroits, fusiformes, longs d'abord de 0^{mm},04
« et devenant longs de 0^{mm},9 à 0^{mm},10, quand ils sont mûrs. »

Je l'ai trouvé, à Rennes, quatre fois sur huit dans l'intestin du *Triton punctatus* et deux fois sur six dans le *Triton cristatus*. Je ne l'ai vu ni dans les autres tritons ni dans les salamandres.

IV. ÉCHINORHYNQUES DES POISSONS.

Il existe encore trop de confusion parmi les déterminations spécifiques des échynorhinques trouvés dans les poissons pour que nous puissions, comme pour tous les autres helminthes, les décrire en suivant l'ordre de la classification méthodique des animaux qui les contiennent. D'ailleurs, des vingt espèces appartenant aux poissons, il y en a tout au plus neuf qui soient exclusivement propres à un genre de poissons, les autres sont indiquées comme se trouvant dans les genres les plus éloignés. Il faudrait donc un nouvel examen de ces helminthes pour constater que l'on n'a pas été trompé souvent par une ressemblance extérieure que démentirait probablement la structure des organes internes et de la trompe. C'est pourquoi nous avons décrit d'abord les espèces qui semblent communes à un plus grand nombre de poissons.

53. ÉCHIN. PROTÉE. *ECHIN. PROTEUS.* — Westrumb.

(α) *Echin. attenuatus,* Müller, Zool. dan., t. I, p. 45, pl. 37, fig. 1-3.
    Tænia longicollis (Gadi lottæ), Pallas, N. nord. Beitr., t. I, 1, p. 110, pl. 3, fig. 38.
    Echin. longicollis (Gadi lottæ), Goeze, Naturg., p. 162, pl. 12, fig. 12-14.
    Echin. tereticollis, Rud., Entoz., t. II, 1, p. 284, et Syn., p. 72 et 328, n° 36.
(β) *Echin. lœvis,* Müller, Zool. dan., t. I, p. 45.
    Echin. annularis, Gmelin, Syst. nat., p. 3048, n° 28 ; et *Echin. barbi, Echin. bramæ,* n° 41 et 46.
    Echin. nodulosus, Schrank, dans les Mém. de l'Acad. de Suède, 1790, p. 14, n° 25 ; et *Echin. barbi,* Schrank, dans Naturforsch., XVIII, p. 83, pl. 3, fig. D-H.
    Echin. nodulosus, Echin. barbi, Echin. bramæ, Rud., Entoz., t. II, 1, p. 287, n° 27, et pl. 4, fig. 4, et p. 314, n° 56, et p. 317, n° 59.
    Echin. nodulosus, Rudolphi, Synopsis, p. 72 et 328, n° 37.
(γ) *Echin. ovatus,* Zeder, Nachtrag., p. 137.
    Echin. ovatus, Rud., Entoz., t. II, 1, p. 290, et Syn., p. 73, n° 38.
(δ) *Echin. sphæricus,* Rud., Entoz., t. II, 1, p. 291 et Synopsis, p. 73, n° 39.
(ε) *Echin. (salmonis),* Hermann, dans Naturf., XVII, p. 172, pl. 4, fig. 8-10.
    Echin. sublobatus et *Echin. lavareti,* Rud., Ent., t. II, 1, p. 312 et 313, et *Echin. salmonum,* Syn., p. 80, n° 93.
(ζ) *Echin. gobii,* Rud., Entoz., t. II, 1, p. 309, et Syn., p. 79, n° 84.
(η) *Echin. candidus* (en partie), Müller, Zool. dan., t. I, p. 48.
    Echin. idbari, Rud., Entoz., t. II, 1, p. 316, n° 58, et Syn., p. 81, n° 97.
(α — η) *Echin. proteus,* Westrumb, de Helm. acanth., p. 37, n° 66, pl. 1, fig. 11-12, et pl. 3, fig. 22-26.
    Echin. proteus, Bremser, Icones helminth., pl. 7, fig. 12-13.
    Echin proteus, Creplin, Nov. obs. de Entoz., p. 44, et dans l'Encycl. de Ersch et Gruber, t. XXXII, p. 284.

« — Corps blanchâtre ou orangé, long de 13 à 18^{mm} ; — ovoïde « oblong, obtus en avant, aminci en arrière et obtus à l'extrémité ; « — trompe tantôt cylindrique, tantôt presque en massue armée « de seize à vingt rangées transverses de crochets ; — cou plus épais « que la trompe, filiforme, un peu conique, plus ou moins ridé, « renflé à l'extrémité où il forme souvent une bulle dont l'axe est « occupé par le réceptacle de la trompe devenu très-étroit ; quel-« quefois, en avant de cette bulle du cou, se voit à la base de la « trompe une partie plus mince que la partie postérieure. »

34

Il se trouve dans un grand nombre de poissons de diverses espèces tant de mer que d'eau douce. Au musée de Vienne on l'a trouvé dans les intestins des *Perca lucioperca, cernua* et *schræsteri,* dans le chabot (*Cottus gobio*), dans le barbeau (*Cyprinus barbus*), dans le goujon (*Cyprinus gobio*), dans les *Cyprinus idus, phoxinus* et *rutilus,* dans les *Salmo salvelinus* et *thymallus,* conjointement avec l'*Echin. angustatus,* ou confondu avec lui dans la lotte (*Gadus lotta*), et une fois dans le grand esturgeon (*Accipenser huso*).

Précédemment Müller, Fabricius, Pallas, Gœze, Schrank, Frœlich, Zeder et Rudolphi l'avaient trouvé dans plusieurs de ces poissons; Gœze le trouva en outre dans la brême (*Cyprinus brama*); Müller dans le *Cyprinus idbarus,* dans le merlan (*Gadus merlangus*) et dans la limande (*Pleuronectes limanda*); Fabricius dans l'anguille, dans le *Blennius viviparus* et dans la truite saumonée (*Salmo trutta*); Schrank, dans le *Cyprinus dobula;* Hermann, à Strasbourg, dans l'estomac d'un jeune saumon; Kœlreuter, en Russie, dans le *Salmo lavaretus;* Zeder, en Allemagne, dans la truite saumonée, la lotte, l'anguille, dans presque toutes les espèces de cyprin et dans le brochet (*Esox lucius*); Braun, dans le *Gadus callarias;* et Rudolphi, à Greifswald, dans la perche (*Perca fluviatilis*), dans la *Perca cernua,* dans le *Cottus scorpius,* dans le blennie, dans les *Cyprinus jeses, Erythrophtalmus, tinca, vimba* et *brama,* dans la lotte et dans le *Pleuronectes flesus.* Plus tard, Rudolphi le trouva encore dans l'esturgeon (*Accipenser sturio*), en Italie, dans le *Siluris glanis* à Berlin, et il l'a reçu de Gaede qui l'avait trouvé à Kiel dans le merlan; M. Westrumb l'indique aussi dans la truite commune (*Salmo fario*).

M. Valentin (*Repertorium für anatomie,* 1841, p. 535) a trouvé, dans une tanche (*Cyprinus tinca*), à Berne, l'*Echin. nodulosus* très-nombreux en dehors de l'intestin.

M. Bellingham, dans son catalogue des helminthes d'Irlande (*Ann. of nat. hist.,* 1844, p. 257), indique l'*Echin. tereticollis* dans la truite commune et l'*Echin. nodulosus* dans une variété de ce même poisson et dans le brochet (*Esox lucius*).

Tous les échinorhynques, réunis par M. Westrumb sous le nom d'*Echin. proteus,* ont été considérés d'abord comme formant dix à onze espèces; mais le nombre en fut réduit successivement, et Rudolphi, dans son *Synopsis,* n'admettait plus que quatre espèces déterminées et trois douteuses.

M. Siebold, dans le *Physiologic de Burdach* (trad. franç., t. III, p. 46), admet les *Echin. proteus* et *Echin. tereticollis* comme espèces distinctes. M. Creplin (*Nov. obs. de Entoz.,* p. 44) conserve encore le nom d'*Echin. tereticollis* pour l'échinorhynque du Lavaret. Contrairement à l'opinion de M. Westrumb au sujet de la non rétractilité de la trompe chez les espèces dont cet organe est précédé par une bulle sphérique, M. Creplin dit avoir vu chez celui-ci la trompe rentrer entièrement dans la bulle en se retournant.

54. ÉCHIN. RÉTRÉCI.   *ECHIN. ANGUSTATUS*. — Rudolphi.

Echin. lucii, Müller, dans Naturf., XII, p. 189, pl. 5, fig. 1-5, et Zool. dan.,
   t. I, p. 45, pl. 37, et fig. 4-6.

Echin. angustatus et *Echin. affinis,* Rud., Entoz., t. II, 1, p. 267 et 268,
   pl. 4, fig. 1, et Syn., p. 68 et 318, n° 19.

Echin. angustatus, Westrumb, de Helm. acanth., p. 26, n° 48.

« —Corps blanc long de 13 à 18^{mm}, cylindrique ou fusiforme, aminci
« de part et d'autre, ou bien un peu renflé en avant si la trompe est
« rétractée ; — trompe cylindrique, longue, armée de petits crochets
« très-rapprochés, formant huit à douze (jusqu'à vingt) rangées trans-
« verses ; — cou très-court; — deux testicules; — pas d'appendice
« copulatoire (?). »

Müller, le premier, mentionna cet échinorhynque trouvé par lui
dans la perche (*Perca fluviatilis*) et dans le brochet (*Esox lucius*);
Gœze le trouva dans le brochet, Zeder dans ce même poisson et dans
la lotte. Rudolphi le trouva à Greifswald, dans la perche, dans le
Gasterosteus aculeatus, dans le brochet et dans l'orphie (*Esox beloné*),
dans le *Silurus glanis,* dans la lotte et dans le *Pleuronectes flesus;*
plus tard il le trouva souvent à Berlin dans le brochet, et, à Naples,
dans la sole (*Pleuronectes solea*); au musée de Vienne, on l'a trouvé
dans la perche, dans le sandre (*Perca lucioperca*), dans la *Perca cernua,* dans le brochet, dans le chabot (*Cottus gobio*), une seule fois
dans le *Silurus glanis,* dans les *Pleuronectes flesus* et *passer.*

M. Bellingham, en Irlande, l'a trouvé dans la perche, dans l'épinoche, dans le rotengle (*Cyprinus erythrophthalmus*), et dans le
goujon (*Cyprinus gobio*), dans la truite (*Salmo fario*), dans le brochet et dans l'anguille (*Muræna anguilla*); les exemplaires de la
perche sont, dit-il, jaunes, rougeâtres ou blancs, longs de 9^{mm},5,
presque cylindriques, un peu plus larges en avant, avec une trompe
cylindrique, longue de 1^{mm},4, un cou court presque de même diamètre que la trompe, et une vésicule copulatoire assez grande chez
le mâle; ceux de l'anguille et de la truite sont blancs, longs de
12^{mm},7 sans la trompe, plus épais en avant.

De mon côté, j'ai trouvé à Paris dans le barbeau (*Cyprinus barbus*) des échinorhynques blancs, effilés, longs de 8 à 13^{mm}, plus
étroits en arrière, avec une trompe longue de 1^{mm},25, armée de dix-
huit rangées transverses, ou seize rangées longitudinales de crochets
longs de 0^{mm},09 (cent quarante-quatre crochets en tout); les lemnisques sont très-peu plus longs que le réceptacle de la trompe; les
deux testicules des mâles sont suivis par un amas de vésicules séminales, conglobées, brunâtres, dont la couleur se fait voir à travers
les téguments; les œufs sont fusiformes, longs de 0^{mm},125, larges de
0^{mm},016. Je crois devoir les regarder comme appartenant à l'*Echin.
angustatus* de Rudolphi, et je nomme provisoirement *Echin. clavula,*
les échinorhynques des autres poissons d'eau douce, ayant au moins
trente rangées de crochets.

55. ÉCHIN. CHEVILLETTE.   *ECHIN. CLAVULA.* —Duj., *nov. sp.*

« — Corps blanc, long de 4^{mm},5 à 7^{mm},5, large de 0^{mm},5 à 0^{mm},7, cy-
« lindrique, aminci en arrière ; — cou très-court ; — trompe linéaire,
« longue de 0^{mm},7 à 0^{mm},9, armée de trente à trente-deux rangées
« transverses ou seize à dix-huit rangées longitudinales, de crochets
« qui sont longs de 0^{mm},078.

« — *Mâle*, sans appendice copulatoire, mais avec deux testicules
« et deux vésicules séminales distinctes. »

J'ai trouvé à Rennes, en 1841, dans la brème (*Cyprinus brama*),
cet échinorhynque, long de 4^{mm},5, large de 0^{mm},5, avec une trompe
longue de 0^{mm},14, armée de deux cent cinquante-six crochets en
trente à trente-deux rangées transverses ; je l'ai trouvé ensuite deux
fois dans la carpe, long de 4^{mm},5 à 5^{mm},4, y compris la trompe longue
de 0^{mm},7 à 0^{mm},9, large de 0^{mm},2, armée de deux cent soixante-dix
crochets formant trente rangées transverses, ou seize à dix-huit ran-
gées longitudinales de quinze chacune ; j'en ai trouvé, parmi treize
brochets, un seul exemplaire long de 7^{mm},15, y compris la trompe
ayant deux cent quatre-vingt-huit crochets longs de 0^{mm},078, en
trente à trente-deux rangées transverses ; enfin, j'ai trouvé dans
l'anguille, treize fois sur vingt-six, un grand nombre d'échinorhynques blancs, dont les mâles ont le corps long de 4^{mm}, et la trompe de
0^{mm},7 ; les femelles ont le corps long de 7^{mm},5, et la trompe de 0^{mm},8 ;
les crochets, au nombre de deux cent quarante à deux cent soixante-
dix forment trente rangées transverses. Malgré les différences de grandeur, j'ai cru devoir les considérer tous comme appartenant à une
seule espèce caractérisée par le nombre des crochets de la trompe ;
ils ont un cou court, conique, les œufs sont longs de 0^{mm},12, très-
étroits, fusiformes ; les mâles ont deux testicules, mais je n'ai pu faire
saillir la vésicule copulatoire, si elle existe ; les femelles (de celui de
la carpe) ont souvent une papille irrégulièrement ridée à l'extrémité
postérieure.

J'ai trouvé, en outre, dans la truite (*Salmo fario*) une fois sur six,
dans le *Gobius niger* cinq fois, et dans le *Lepadogaster gouani* deux
fois sur sept, des échinorhynques qui m'ont paru semblables aux précédents, mais que je n'ai pu étudier complétement.

56. ÉCHIN. A GLOBULES.   *ECHIN. GLOBULOSUS.* —Rudolphi,
***Entoz.*, t. II, 1, p. 259, et *Syn.*, p. 65 et 313, n° 10.**

Echin. globulosus, Westrumb, de Helm. acanth. p. 11, n° 17.
Echin. globulosus, Bremser, Icon. helminth., pl. 6, fig. 5-6.
Echin. globulosus, Creplin, Obs., de Entoz., p. 34, et dans l'Encycl. de
Ersch et Gruber, t. XXXII, p. 283.

« — Corps allongé, droit, cylindrique, aminci de part et d'autre ;
« — trompe ovoïde ou presque cylindrique, armée de huit à douze

« rangées de crochets assez longs ;—cou de longueur médiocre, co-
« nique, toujours plus long que la trompe, égal ou plus mince en
« avant, plus épais en arrière.

« — *Mâle* long de 7 à 11^{mm},25, terminé par une vésicule copulatoire,
« et laissant voir, par transparence, les deux testicules et les con-
« duits ou réservoirs spermatiques.

« — *Femelle* longue de 12 à 24^{mm},75, ayant souvent à l'extrémité
« postérieure un corpuscule globuleux, jaune opaque, beaucoup
« moindre que la vésicule du mâle. »

Muller l'avait trouvé d'abord dans l'anguille, en Danemark ; Rudolphi, à Greifswald, le trouva ensuite dans ce même poisson, et lui
donna le nom spécifique de *globulosus*, en raison de la forme et de
l'aspect des réservoirs spermatiques vus par transparence ; il voulut
plus tard rapporter à cette espèce, qu'il n'avait plus sous les yeux,
des échinorhynques trouvés par lui en Italie, dans des *Gobius*, *Sparus*,
Sciæna, *Sphyræna* et *Pleuronectes*, et dont la trompe, ovoïde, porte
six à huit rangs de crochets ; M. Westrumb adopta sans vérification
cette opinion, et réunit, en outre, à cette espèce les *Echin. scorpœnæ* et *Echin. zenis*, espèces douteuses de Rudolphi, mais trouvées
au musée de Vienne. M. Creplin voulut rectifier cette erreur d'après
les exemplaires qu'il trouva lui-même dans l'anguille et dans les *Cyprinus rutilus*, *brama* et *tinca*, et il crut pouvoir distinguer suffisamment les deux espèces, parce que celle de l'anguille et des cyprins aurait onze à douze rangs de crochets à la trompe, tandis que
celle des *Gobius* n'en a que six à huit ; mais, plus récemment, dans
l'*Encyclopédie* de Ersch et Gruber, M. Creplin, tout en signalant les
Cyprinus dobula, *jeses*, *barbus*, *vimba*, et un cyprin indéterminé, et la
truite (*Salmo fario*), et la lotte (*Gadus lotta*), comme contenant le
vrai *Echin. globulosus*, dit que cet helminthe a non plus onze à douze,
mais huit à douze rangs de crochets. Ainsi, la différence entre les
deux espèces devient bien moins considérable. Il nous semble même
alors qu'en raison des variations de forme que présente la trompe, il
devient possible de rapprocher cette espèce de la précédente et de
plusieurs autres. Toutefois, nous séparons provisoirement, à l'exemple
de M. Creplin, l'espèce suivante dont l'habitation est si différente.

57. ÉCHIN. DES GOBIES.   *ECHIN. PROPINQUUS.*

Echin. globulosus (en partie) *Echin. scorpœnæ* et *Echin. zenis*, Rudolphi,
    Synopsis, p. 65 et 313, n° 10, et p. 79, n°s 85 et 86.
Echin. globulosus (en partie), Westrumb, de Helm. acanth., p. 11, n° 17.
Echin. globulosus, Bremser, Icones helminth., pl. 6, fig. 5-6.

« — Corps oblong, long de 4 à 6^{mm},75, large de 1^{mm},12, un peu ven-
« tru en avant, cylindrique en arrière, un peu aminci et obtus à
« l'extrémité ;—trompe ovoïde, courte, ayant six à huit rangées de
« crochets en quinconce ;—cou très-court, à peine plus étroit que la

« trompe ; — partie postérieure du mâle terminée par une vésicule
« copulatoire, ronde ou cyathiforme. »

Cette espèce, plus petite et proportionnellement plus courte que
la précédente avec laquelle on la confondait avant les observations
de M. Creplin, a été trouvée par Rudolphi à Rimini, dans le *Gobius
niger*, à Naples, dans le *Sparus dentex*, dans la *Sphyræno spet*, dans
le *Pleuronectes linguatula*, et, à Spezzia, dans la *Sciæna umbra*; au
musée de Vienne, on l'a trouvé dans les *Gobius aphya* et *jozo*, dans
la *Scorpæna scrofa* et dans le *Zeus faber*.

58. ÉCHIN. SIMPLE.   *ECHIN. SIMPLEX*. — Rudolphi.

Echin. triglæ gurnardi, Rathke, dans les Dansk. Selsk. Skrivt. t. V, ı,
    p. 72, pl. 2, fig. 5.
Echin. simplex, Rud., Entoz., t. II, ı, p. 270, et Syn., p. 60, n° 20; et
    Echin. triglæ, l. c., p. 80, n° 92.
Echin. simplex, Westrumb, de Helm. acanth., p. 19, n° 34.

« — Corps long de 9 à 13^{mm}, large de 0^{mm},56 à ?, brusquement ren-
« flé en avant, un peu aminci en arrière, et obtus à l'extrémité ; —
« trompe courte, cylindrique, arrondie au sommet, et un peu res-
« serrée à la base, avec vingt rangées transverses de crochets. »

Trouvé une fois par Rathke, en Danemark, dans le grondin (*Trigla gurnardus*), et une seule fois aussi par Natterer, en Italie, dans
le *Trigla adriatica*.

59. ÉCHIN. VASCULEUX.   *ECHIN VASCULOSUS*. — Rudolphi,
Syn., p. 75 et 334, n° 49.

Echin. vasculosus, Westrumb, de Helm. acanth., p. 20, n° 49.

« — Corps blanc en avant, rouge ou rosé en arrière, long de 11^{mm},25
« à 13^{mm},50, mince ; — partie antérieure de même longueur que le
« cou, un peu conique, et hérissée d'aiguillons courts, très-serrés ;
« — partie postérieure cylindrique, égale, avec l'extrémité plus
« mince, obtuse ; — cou conique, nu ; — trompe ovoïde, de même
« longueur que le cou, armée de dix rangées transverses de crochets
« forts ; — tégument (à l'état frais) traversé par des vaisseaux (?) lon-
« gitudinaux, minces, égaux, s'anastomosant par des rameaux trans-
« verses, très-nombreux. »

Rudolphi l'a trouvé à Naples une fois dans l'intestin, une fois libre
dans l'abdomen, et une fois fixé au mésentère de la castagnole
(*Brama raii*).

60. ÉCHIN. SCIE.   *ECHIN. PRISTIS*. — Rudolphi, *Entoz.*, t. II, ı,
p. 299, et *Syn.*, p. 75 et 333, n° 47 et p. 672.

Echin. scombri, Rudolphi, Entoz., t. II, ı, p. 312.
Echin. pristis, Westrumb, de Helm. acanth., p. 32, n° 62.

« — Corps rouge ou rosé, filiforme, long de 18 à 76^{mm}, large de

« 1^{mm},12 (Rud., *Entoz.*) ou de 0^{mm},56 (Rud., *Syn.*), cylindrique, un
« peu renflé à quelque distance de la trompe, et armé en avant de
« douze rangées de crochets rouges, obliques, épais, écartés (sur une
« longueur de 6^{mm},75 pour un exemplaire de 76^{mm}); — trompe li-
« néaire droite, blanche, longue de 2^{mm},25, armée de trente à qua-
« rante rangées transverses; — cou nul. »

Rudolphi avait d'abord trouvé de cette belle espèce un seul individu long de 18^{mm}, et rouge, dans une orphie (*Esox belone*), à Greifswald; plus tard, en Italie, il en trouva un exemplaire long de 57^{mm},
dans un maquereau (*Scomber scombrus*), et deux autres longs de 61 et
76^{mm}, dans un deuxième maquereau à Rimini, puis un autre encore
long de 74^{mm}, dans un *Scomber colias*, à Naples.

Depuis lors, il a rapporté à la même espèce un échinorhynque
trouvé par Natterer dans le *Coryphœna hippuris;* cependant cet helminthe paraît en différer notablement : il est long de 15^{mm},75, y compris la trompe, longue de 3^{mm},37, un peu plus épaisse en avant, mais
également armée de quarante rangées de crochets forts; la partie antérieure du corps porte aussi des aiguillons forts, diaphanes, triangulaires, avec une nervure médiane comme des feuilles de mousse.

61. ÉCHIN. VIS. ECHIN. TEREBRA. — Rudolphi, *Syn.*, p. 668.

Echin. terebra, Westrumb, de Helm. acanth., p. 25, n° 45.

« — Corps plus ou moins rouge et taché de noir en arrière, long
« de 18 à 27^{mm}, cylindrique, filiforme, incisé latéralement dans la
« partie postérieure; — trompe très-longue, linéaire, tantôt cylin-
« drique, tantôt resserrée en arrière ou presque claviforme, armée
« de soixante à quatre-vingts rangées transverses de crochets minces,
« assez longs; — cou nul. »

Trouvé par M. de Chamisso fixé à la muqueuse de l'estomac d'une
bonite (*Scomber pelamys*). Rudolphi pense que ce pourrait être l'espèce précédente, altérée par la macération.

62. ÉCHIN. DU MUGE. ECHIN. AGILIS. — Rudolphi, *Synops.*,
p. 67 et 316, n° 16.

Echin. agilis, Bremser, Icones helminth., pl. 5, fig. 9-10.
Echin. agilis, Westrumb, de Helm. acanth., p. 17, n° 31, pl. 1, fig. 1.

« — Corps blanc, long de 4^{mm},5 à 11^{mm}, cylindrique, large de 1^{mm}
« en avant, et aminci progressivement d'avant en arrière jusqu'à
« n'avoir que 0^{mm},35 ou 0^{mm},40 près de l'extrémité postérieure, un
« peu arqué, strié transversalement; — partie antérieure un peu ré-
« trécie et complétement rétractile en même temps que la trompe,
« de manière à représenter un cou épais, conique, plissé; — trompe
« très-courte, en massue, presque globuleuse, large de 0^{mm},14, armée
« de dix-huit crochets sur trois rangées transverses; — crochets du

« rang supérieur longs de 0ᵐᵐ,11, avec une grande apophyse basilaire;
« — crochets du deuxième rang longs de 0ᵐᵐ,074 ; — crochets du rang
« inférieur ou postérieur longs de 0ᵐᵐ,065 ; — réceptacle de la trompe
« long de 0ᵐᵐ,6 large de 0ᵐᵐ,13 ; — lemnisques filiformes, longs de
« 2ᵐᵐ à 2ᵐᵐ,4.

« — *Mâle* long de 4ᵐᵐ,5, ayant le corps prolongé en arrière par un
« appareil copulatoire en forme de manchon plissé transversalement,
« long de 0ᵐᵐ,6, large de 0ᵐᵐ,35 à 0ᵐᵐ,40, quelquefois dilaté en forme
« de coupe, complétement rétractile à l'intérieur; — trois testicules
« ovoïdes, blancs, suivis par un corps globuleux, blanc, opaque,
« d'où partent deux cordons dirigés en arrière à la base du pavillon
« copulatoire.

« — *Femelle* longue de 7 à 11ᵐᵐ; — tube viscéral très-étroit, s'ou-
« vrant sur le côté en avant de l'extrémité postérieure, qui est ter-
« minée en pointe obtuse; — œufs elliptiques-oblongs, trois fois
« aussi longs que larges, longs de 0ᵐᵐ,043, à triple enveloppe. »

Je l'ai trouvé à Toulouse en 1839 assez abondamment dans le *Mugil cephalus;* depuis lors je l'ai trouvé à Rennes quatorze fois dans trente-cinq *Mugil labeo,* dans l'intestin desquels il est quelquefois très-multiplié. Rudolphi, le premier, en trouva dans un *Mugil cephalus,* à Spezzia, neuf exemplaires longs seulement de 3ᵐᵐ,37 à 5ᵐᵐ,62, et il fut frappé de l'agilité de leurs mouvements et des stries bien distinctes du tégument. Au musée de Vienne, on l'a trouvé douze fois sur soixante-douze dans l'intestin du même poisson.

63. ÉCHIN. HEXACANTHE.   *ECHIN. EXACANTHUS.* — Duj.

« — Corps blanc flasque, très-allongé, long de 63ᵐᵐ, inégalement
« large de 0ᵐᵐ,8, de 1ᵐᵐ et de 1ᵐᵐ,37 en différents endroits suivant le
« degré de contraction; — partie antérieure présentant des rangées
« (dix à douze) transverses de points saillants, comme des rudiments
« d'épines, et complétement rétractile à l'intérieur sur une longueur
« de 0ᵐᵐ,6, en même temps que la trompe rentre dans son réceptacle;
« — trompe longue de 0ᵐᵐ,27, armée seulement de six crochets
« simples, longs de 0ᵐᵐ,072, sans apophyses; — réceptacle de la
« trompe long de 1ᵐᵐ. »

J'ai trouvé une seule fois, à Rennes, parmi trente-cinq *Mugil labeo,* un exemplaire de cet échinorhynque tout à fait remarquable par le petit nombre de ses crochets, par sa forme allongée et par l'inégalité de son diamètre; il n'avait pas d'œufs mûrs, mais seulement des ovaires longs de 0ᵐᵐ,3, larges de 0ᵐᵐ,2.

— Rudolphi, en disséquant, à Naples, six *Atherina hepsetus,* trouva dans l'intestin de l'un d'eux un échinorhynque blanc, long de 4ᵐᵐ,5, aminci en arrière en forme de carotte (*dauciformis.* Rud.), sans cou, avec une trompe linéaire, droite, armée de dix à douze rangées de crochets médiocrement grands; il l'a inscrit parmi ses espèces douteuses sous le nom d'*Echin. atherinæ* (*Synops.,* p. 80 et 336, n° 96).

— Une seule fois, au musée de Vienne, on a trouvé dans le *Labrus tinca* un échinorhynque, dont la trompe rétractée n'a pu être étudiée convenablement, c'est l'*Echin. labri,* de Rudolphi (*Synops.,* p. 80).

64. ÉCHIN. EN MASSUE.   *ECHIN. CLAVÆCEPS.* — ZEDER.

(α) *Echin. cobitis barbatulæ,* GOEZE, Naturg., p. 158, pl. 12, fig. 7-8.
   Echin. cobitinus, SCHRANK, Verzeich., p. 24, n° 22.
   Echin. clavæceps, ZEDER, Nachtrag., p. 130.
   Echin. clavæceps, RUDOLPHI, Entoz., t. II, I, p. 258.
(ϐ) *Acanthocephalus,* KOELREUTER, dans les Nov. Comm. Petrop., XV, p. 499,
   pl. 26, fig. 5.
   Echin. cyprini rutili, RUDOLPHI, Entoz., t. II, I, p. 315, n° 57.
(α + β) *Echin. clavæceps,* RUDOLPHI, Synopsis, p. 65, n° 9.
   Echin. clavæceps, WESTRUMB, de Helm. acanth., p. 6, n° 6.

« — Corps long de 2^{mm},75 à 6^{mm},75, cylindrique, égal en arrière,
« aminci en avant de manière à former un cou très-court et à présen-
« ter la figure d'une massue; — trompe presque globuleuse, ayant
« tantôt trois, tantôt cinq ou six (?) rangées transverses de crochets.
« — *Mâle* long de 2^{mm},75, large de 0^{mm},24, cylindrique, presque
« égal; — trompe très-obtuse, large de 0^{mm},13, armée de dix-huit
« crochets en trois rangées transverses; — crochets de la rangée ter-
« minale plus grands, longs de 0^{mm},067, avec une large apophyse;
« crochets de la rangée postérieure longs de 0^{mm},044; — réceptacle
« de la trompe long de 0^{mm},25; — appendice copulatoire ou pavillon
« presque aussi large que le corps, en tube court, obliquement tron-
« qué et laissant voir le spicule ou pénis à l'intérieur. »

J'ai trouvé une seule fois, à Rennes, en disséquant trente-six *Gas-terosteus lævis,* un helminthe mâle dont je donne ici la description et que je crois bien être l'*Echin. clavæceps,* quoiqu'il n'ait pas le corps aminci en avant. Dans les cyprins et les autres poissons d'eau douce je n'ai trouvé que l'*Echin. angustatus.*

L'*Echin. clavæceps* a été trouvé d'abord par Gœze dans la loche (*Cobitis barbatula*), puis par Zeder dans le barbeau (*Cyprinus barbus*); Rudolphi ne l'a point trouvé lui-même, mais, dans son Synopsis, il a réuni dans une seule espèce ces échinorhynques de Gœze et Zeder, et ceux que Kœlreuter avait trouvés dans le *Cyprinus rutilus* et dans plusieurs autres poissons. Au musée de Vienne, on l'a trouvé dans la carpe, dans la dorade de la Chine, dans le barbeau, dans le goujon, dans la tanche, dans la brème, dans les *Cyprinus rutilus, nasus, ery-throphthalmus, alburnus et phoxinus ;* dans les *Cobitis barbatula* et *tænia,* et dans le *Salmo hucho.*

?? 65. ÉCHIN. TUBÉREUX.　　*ECHIN. TUBEROSUS.* — Zeder.

(*Echin. clavæceps ?*)

Echin. rutili, Müller, Prodr. Zool. dan., t. II, p. 27, pl. 61, fig. 1-8.
Echin. tuberosus, Zeder, Naturg., p. 163, n° 46.
Echin. tuberosus, Rud., Entoz., t. II, i, p. 257, et Syn., p. 65 et 312, n° 8.
Echin. tuberosus, Westrumb, de Helm. acanth., p. 9, n° 13.
Echin. tuberosus, Creplin, Observ. de Entoz., p. 26.

« — Corps blanc, demi-transparent, quelquefois un peu gris, long
« de 2^{mm},25 à 6^{mm},75, cylindrique, aminci de part et d'autre, plus ou
« moins recourbé de telle sorte que la partie antérieure est quelque-
« fois tournée vers la queue ; strié transversalement et présentant du
« côté convexe une série longitudinale de cinq à six grands pores (?)
« ou disques orbiculaires, et un seul du côté concave ; — trompe
« courte, en massue, très-obtuse, armée de deux à trois rangées trans-
« verses de crochets peu courbés, longs et assez forts ; — cou nul ; —
« lemnisques très-longs, contournés, descendant jusqu'au milieu du
« corps, dont ils égaleraient la longueur totale, s'ils étaient étendus.
« — *Mâle* pourvu d'une vésicule caudale.
« — *Femelle*, œufs elliptiques ou presque globuleux. »

Je suis convaincu que cette espèce est la même que la précédente,
et que l'exemplaire, trouvé par moi dans le *Gasterosteus lævis*, et
décrit ci-dessus comme le mâle de l'*Echin. clavæceps*, doit réunir les
caractères de l'une et de l'autre espèce, quoique sur le dessin que j'en
ai fait avec soin, je ne voie pas les lemnisques aussi longs, et que les
prétendus disques ou pores soient des vésicules logées entre le sac
viscéral et le tégument.

Müller avait trouvé une seule fois, en Danemark, cet helminthe
très-abondamment à la face externe de l'intestin du *Cyprinus rutilus*,
et l'avait décrit et figuré comme pourvu d'un seul rang de crochets,
en signalant aussi la rangée de pores que Rudolphi et M. Creplin
croient être des disques, percés de petits trous, et que je vois, au contraire, sous le tégument comme des vésicules déprimées.

Braun trouva aussi, en Allemagne, dans le *Cyprinus carassius*, un
échinorhynque très-petit dont il envoya à Rudolphi un dessin représentant cet helminthe avec une trompe presque globuleuse, armée
d'un seul rang de crochets ; aucun autre helminthologiste, d'ailleurs,
n'avait retrouvé cet échinorhynque à un seul rang de crochets, et
même Bremser et Westrumb étaient portés à croire que Müller avait
mal vu une trompe rétractée en partie ; Rudolphi, en 1820 (dans *Horæ
physicæ Berolin.*, p. 13), donna quelques nouveaux détails sur cet
échinorhynque ; mais enfin M. Creplin trouva, à Greifswald, dans la lotte
(*Gadus lotta*), dans le *Cyprinus rutilus* et dans l'anguille, des helminthes qu'il put juger identiques à celui dont Müller avait donné des dessins (*Zool. dan.*, pl. 61, fig. 1-8), et il leur trouva deux à trois rangs
de crochets, et les autres caractères que nous avons indiqués.

66. ÉCHIN. FUSIFORME.   *ECHIN. FUSIFORMIS.* — Zeder.

Echin. truttæ , Goeze , Naturg., p. 157, pl. 12, fig. 1-6.
Echin. fusiformis , Zeder , Naturg., p. 153, nº 11.
Echin. farionis , Froelich , dans Naturf., XXIX, p. 71, pl. 2, fig. 12-13.
Echin. fusiformis , Rud., Entoz., t. II, i, p. 261, et (en partie) Syn., p. 67
     et 317, nº 17.
Echin. fusiformis (en partie), Westrumb , de Helm. acanth., p. 16, nº 28.

« — Corps rougeâtre très-allongé, long de 20 à 54ᵐᵐ, large de 2ᵐᵐ,2 ,
« aminci de part et d'autre, davantage en arrière; — trompe en
« massue, courte, tronquée, et armée de huit à dix rangées transverses
« de crochets; — cou nul. »

Goeze le trouva une seule fois abondamment dans l'intestin de la
truite saumonée (*Salmo trutta*), et l'a représenté avec une papille
ou un tube saillant à l'extrémité de la trompe; mais les autres helminthologistes n'ont pas vu cet appendice.

Froelich a trouvé dans la truite (*Salmo fario*) des échinorhynques
beaucoup plus petits dont il crut devoir former une espèce distincte,
caractérisée par des stries transverses et par sa trompe arrondie, mais
Rudolphi l'a réunie à l'*Echin. fusiformis*.

Le catalogue de Vienne indique cet helminthe comme trouvé dans
la truite (*Salmo fario*), dans le saumon (*Salmo salar*), et dans
l'ombre (*Salmo thymallus*); mais il est bien probable que plusieurs
fois on a inscrit sous ce nom l'espèce suivante.

67. ÉCHIN. PACHYSOME.   *ECHIN. PACHYSOMUS.* — Creplin.

Echin. salmonis , Müller , Zool. dan., t. II, p. 38, pl. 69, fig. 1-3.
Echin. inflatus , Rud., Entoz., p. 270, nº 16 ; et réuni à l'*Echin. fusiformis*,
     Syn., p. 67, nº 317, et Westrumb, de Helm. acanth., p. 16, nº 28.
Echin. pachysomus , Creplin , dans l'Enc. de Ersch et Gruber, t. XXXII,
     p. 284.

« — Corps long de 6ᵐᵐ à 11ᵐᵐ, très-épais, et comme ventru en avant,
« s'amincissant en arrière; — trompe cylindrique, obtuse, armée de
« huit rangées transverses de crochets; — cou presque nul. »

Müller le trouva le premier dans l'intestin du saumon (*Salmo salar*),
en Danemark; Rudolphi le trouva ensuite dans ce même poisson, à
Greifswald; mais plus tard, dans son *Synopsis,* il cessa de le regarder
comme une espèce distincte, et le réunit à l'espèce précédente.

M. Creplin l'ayant aussi trouvé dans le saumon, reconnut, au contraire, que cette espèce est vraiment différente; et comme lui-même
avait appliqué à un échinorhynque des échassiers (*voyez* p. 517, nº 36)
le nom spécifique *inflatus* supprimé par Rudolphi pour celui-ci, il
se trouva conduit à proposer ce nouveau nom (*pachysomus*), qui
exprime le renflement antérieur du corps.

— Rudolphi inscrit parmi ses espèces douteuses (*Entoz.,* II, i,
p. 313, et *Syn.,* p. 80, nº 94) un *Echin. eperlani* trouvé en Suède par

Martin dans les diverses parties de l'abdomen et dans l'intestin de l'éperlan, et nommé *Acanthrus sipunculoides* par Acharius (dans les *Mém. de l'Acad. de Suède*, 1780, p. 44-49, pl. 2, fig. 1-2); il est long de 4^{mm},5 à 6^{mm},75, oblong, plus épais en avant, avec une trompe cylindrique, et sans cou; c'est peut-être l'*Echin. angustatus*, n° 55.

68. ÉCHIN. SUBULÉ. *ECHIN. SUBULATUS.* — Zeder.

Echin. alosæ, Hermann, dans le Naturf., XVII, p. 177, pl. 14, fig. 11-12.
Echin. subulatus, Rud., Entoz., t. II, 1, p. 300, et Syn., p. 75, n° 48.
Echin. subulatus, Westrumb, de Helm. acanth., p. 31, n° 59.

« — Corps rougeâtre en avant, blanc en arrière, très-allongé, long de
« 54^{mm}, large de 1^{mm},12, cylindrique, plus épais dans la partie antérieure,
« qui est rougeâtre, armée d'aiguillons minces, écartés, qui forment
« environ seize rangées transverses ou six rangées longitudinales peu
« régulières (sur chaque face); — partie postérieure blanche, nue, très-
« longue, subulée; — cou cylindrique très-court, rougeâtre, armé
« de deux rangs d'aiguillons plus rapprochés; — trompe blanche,
« ovale-oblongue ou cylindrique, renflée au milieu, un peu obtuse à
« l'extrémité, armée de huit rangées longitudinales ou seize rangées
« transverses de crochets minces, rapprochés. »

Hermann en trouva un seul exemplaire dans l'intestin d'une alose (*Clupea alosa*), du Rhin à Strasbourg. Depuis lors, aucun naturaliste n'a revu cet helminthe; mais on peut juger, d'après sa description, qu'il a de grands rapports avec l'*Echin. pristis* (n° 60, p. 534), si ce n'est pas le même, quoique le nombre des crochets de la trompe soit très-différent; en effet, il peut bien y avoir quelque erreur dans le nombre assigné par Hermann à son *Echin. alosæ;* car, excepté chez les *Echin. agilis*, *clavæceps* et *hexacanthus*, on voit toujours un plus grand nombre de rangées longitudinales de crochets.

69. ÉCHIN. AIGUILLE. *ECHIN. ACUS.* — Rudolphi.

(α) *Echin. candidus* et *Ascaris versipellis*, Müller, Prodr. Zool. dan., n° 2596
et 2600, et Zool. dan., t. I, p. 46, pl. 37, fig. 7-10.
Proboscidea versipellis, Encycl. méth., pl. 32, fig. 17-18 (d'après Müller).
Echin. gadi virentis, Rathke, Dansk. Selsk. Skrivt., t. I, p. 72, pl. 2.
fig. 4.
Echin. acus, Rudolphi, Entoz., t. II, 1, p. 278, n° 23.
(β) *Echin. lineolatus*, Müller, Zool. dan., t. I, p. 43, pl. 37, fig. 11-14.
Tænia lumbricoides, Pallas, N. nord. Beitr., t. I, 1, p. 107, pl. 3, fig. 36.
Echin. lineolatus, Rudolphi, Entoz., t. II, 1, p. 281.
(γ) *Echin. lophii*, Rudolphi, Entoz., t. II, 1, p. 317, n° 61.
($\alpha + \beta + \gamma$) *Echin. acus*, Rudolphi, Synopsis, p. 71 et 324, n° 32.
Echin. acus, Westrumb, de Helm. acanth., p. 24, n° 44.
Echin. acus, Creplin, Nov. observ. de Entoz., p. 42.

« — Corps blanchâtre, jaune, rougeâtre ou diversement coloré,
« suivant le contenu des intestins qu'il habite, très-allongé; cylin-

« drique, un peu aminci en arrière, long de 27 à 81ᵐᵐ, large de 2ᵐᵐ,2 ;
« — trompe beaucoup plus mince que la partie antérieure du corps,
« longue de 1ᵐᵐ,12, cylindrique ou linéaire, obliquement implantée,
« armée de vingt rangées transverses environ, de crochets très-
« minces, un peu plus grands en avant ; — cou nul.
« — *Mâle* long de 27ᵐᵐ, muni d'une vésicule copulatoire. »

Müller, le premier, trouva cet helminthe en Danemark, dans les
intestins des *Gadus barbatus, callarias, merlangus, molva, œglefinus,
luscus,* du *Lophius piscatorius* et du *Cottus scorpius.* Rathke le
trouva aussi dans le *Gadus virens ;* Rudolphi le trouva ensuite dans
plusieurs espèces de gades, à Greifswald ; au musée de Vienne, on n'a
pas trouvé cette espèce, mais la suivante *Echin. pumilio,* qui n'est
peut-être que le jeune âge de celle-ci. M. Deslongchamps l'a trouvé
à Caen ; M. Bellingham, en Irlande, l'a trouvé dans les *Gadus morrhua,
luscus, merlangus, pollachius* et *carbonarius,* et dans le congre
(*Murœna conger*) ; il les a vus d'abord jaunâtres, épais, ridés, puis
devenant blancs, roides et gonflés après un court séjour dans l'eau,
et il signale une petite tache jaunâtre à l'extrémité postérieure.
M. Drummond, dans le *Magazine of nat. hist.* (1838, nº 22), avait
décrit avec détail ce même échinorhynque trouvé par lui dans les
gades.

P 70. ÉCHIN. NAIN.   *ECHIN. PUMILIO.* — Rudolphi, *Syn.,*
p. 66 et 314, nº 11.

Echin. *pumilio,* Westrumb, de Helm. acanth., p. 12, nº 18.

« — Corps blanc, long de 2ᵐᵐ,25 à 4ᵐᵐ,50, cylindrique, inégal,
« aminci de part et d'autre ; — trompe courte, renflée au milieu ou
« ovoïde, armée de quatre à six rangées transverses de crochets très-
« courts et recourbés ; — cou nul ; — vésicule copulatoire globuleuse
« ou cyathiforme à la partie postérieure du mâle. »

Cet helminthe inscrit d'abord sous le nom d'*Echin. acus* dans le
catalogue du musée de Vienne, a été distingué ensuite comme espèce
par Rudolphi et par M. Westrumb qui ajoute pourtant que ce pouvait être le jeune âge de l'espèce précédente. On l'a trouvée à Vienne
une seule fois parmi quarante-quatre Baudroyes (*Lophius piscatorius*),
cinq fois dans le *Gadus barbatus,* trois fois dans le *Gadus mediterraneus* et une seule fois parmi neuf *Gadus merluccius.*

71. ÉCHIN. URNIGÈRE.   *ECHIN. URNIGER.* — Duj., *nov. sp.*

« Corps blanc, cylindrique, obtus aux deux extrémités, long de
« 11ᵐᵐ,25, y compris la trompe et l'appendice copulatoire, large de
« 0,ᵐᵐ60 ; — trompe courte, cylindrique, longue de 0ᵐᵐ,35, large de
« 0ᵐᵐ,18, armée de cinquante-six crochets très-recourbés, formant huit
« rangées transverses ou quatorze rangées longitudinales ; les antérieurs
« plus grands, longs de 0ᵐᵐ,069 ; — réceptacle de la trompe long de

« 0^mm,5; — cou très-court, presque nul ; — lemnisques claviformes, longs
« de 0^mm,5 ; — deux testicules ovoïdes, longs de 0^mm,6 à 0^mm,7 , suivis
« de vésicules séminales très-développées ; — appendice copulatoire
« en forme d'urne, avec quelques stries longitudinales, plus appa-
« rentes vers l'extrémité où se trouve une partie conique contenant
« un corps glanduleux, et prolongée par une pointe courbe. »

Parmi plus de quatre-vingts soles (*Pleuronectes solea*), dont j'ai
visité les intestins à Rennes, j'ai trouvé un seul exemplaire mâle
de cet échinorhynque bien distinct par le nombre de ses crochets et
par la forme singulière de son appendice copulatoire.

72. ÉCHIN. BOSSU. *ECHIN. GIBBOSUS.* — Rud., *Entoz.,*
t. II, I, p. 292, et *Syn.,* p. 73 , n° 40.

Echin. gibbosus, Westrumb, de Helm. acanth., p. 32, n° 60.

« — Corps blanc, long de 4^mm,50 à 6^mm,75, gibbeux, presque globu-
« leux en avant, cylindrique et aminci en arrière, tout hérissé d'ai-
« guillons ; — trompe courte, cylindrique, armée de dix à douze
« rangées transverses de crochets forts et implantée transversalement
« sur le corps ; — cou nul. »

Rudolphi l'a trouvé d'abord à Greifswald dans le mésentère du
Cyclopterus lumpus et plus tard dans le mésentère du *Trachinus
draco,* à Paris.

73. ÉCHIN. DE L'ESTURGEON. *ECHIN. PLAGICEPHALUS.* —
Westrumb, de *Helm. acanth.,* p. 17, n° 29, pl. 1, fig. 10.

Echin. husonis et *Echin. rutheni,* Rudolphi, Synopsis, p. 78, n° 80 et 81.

« — Corps blanchâtre, long de 13^mm,5 à 22^mm,5, cylindrique, lisse,
« aminci de part et d'autre, davantage en arrière, et prolongé en
« avant pour former un cou court, ridé ; — trompe très-longue, en
« massue recourbée et arrondie à l'extrémité, armée de vingt rangées
« environ de crochets recourbés ; — extrémité postérieure du mâle
« arrondie et terminée par une vésicule. »

Il a été trouvé au musée de Vienne deux fois dans le grand esturgeon (*Accipenser huso)* et une fois dans l'*Accipenser ruthenus).*

V. ÉCHINORHYNQUES DES CRUSTACÉS.

74. ECHIN. MILIAIRE, *ECHIN. MILIARIUS.* — Zenker.

M. Zenker, dans son ouvrage intitulé *Commentatio de gammari
pulicis hist. naturali,* 1832, p. 18, a fait connaître comme vivant dans
la crevette des ruisseaux cet échinorhynque remarquable surtout par
sa couleur orangée; et que M. Siebold a retrouvé aussi très-souvent
adhérent à l'intestin de l'écrevisse (*Astacus fluviatilis).*

LIVRE CINQUIÈME.

CESTOÏDES. (*Cestoidea* et *Cystica*. — Rᵤᵣ.)

« Vers à corps mou, ordinairement aplati ou en bandelette
« et formé d'articles nombreux, sans tégument résistant, sans
« intestin, sans bouche et sans anus; — ayant ordinairement
« une tête munie de deux ou quatre ventouses ou fossettes
« musculeuses très-contractiles, et souvent en outre armée de
« crochets disposés, ou en couronne terminale, ou par paires en
« avant de chaque fossette, ou très-nombreux sur quatre (ou
« deux) trompes rétractiles; — organes génitaux des deux
« sexes réunis dans un seul article, ou dans des articles
« distincts; — quelquefois nuls par arrêt de développement,
« et souvent alors le corps des helminthes est terminé par une
« ampoule isolée ou commune à plusieurs; — spermatozoïdes
« filiformes; — œufs ayant une enveloppe simple ou multiple. »

Les cestoïdes sont, de tous les helminthes, les plus communs
et en même temps les moins connus, parce que chez eux l'organisation n'est, en quelque sorte, pas encore formulée. Ils nous
présentent à la fois des êtres multiples et incomplets qu'on
pourrait souvent prendre pour une agrégation d'êtres distincts,
provenant l'un de l'autre par gemmation, et n'acquérant que
successivement des organes génitaux. Tous ont pour caractère
commun l'absence d'un appareil digestif visible, et en même
temps, tous aussi, comme les trématodes, se distinguent des
autres helminthes par la nature sarcodique de leurs téguments
et de leurs tissus. Aussitôt qu'ils sont placés dans l'eau pure,
ils commencent à se décomposer en laissant exsuder sur tout
leur contour des globules de cette substance diaphane que j'ai
proposé de nommer *sarcode*, et ces globules eux-mêmes ne

tardent pas à se creuser de vacuoles où l'eau prend peu à peu la place de cette substance décomposée.

Parmi les cestoïdes se trouvent des types tellement différents qu'on ne peut considérer cette réunion d'helminthes comme constituant une série unique. Les uns sont pourvus de trompes rétractiles hérissées de crochets, presque semblables à celles des Echinorhynques; ils doivent constituer un premier ordre : les *Rhynchobothriens*, parmi lesquels les *Rhynchobothrius* seuls sont complétement développés; les autres manquent d'organes génitaux.

Un deuxième ordre (*Cestoïdes* vrais ou *Tenioïdes*), comprend tous les helminthes qui, sans trompes rétractiles ou avec une seule trompe, sont formés d'un très-grand nombre d'articles plats, ou représentent une longue bandelette, et contiennent, à une certaine époque de leur développement, soit ensemble, soit isolément, des organes génitaux mâles et femelles. Ils se distinguent par la forme de leur tête, offrant deux ou quatre ventouses ou fossettes symétriques.

Un troisième ordre, les *Scolecines*, réunit des helminthes divers et pour la plupart incomplets, mais non vésiculeux. Les uns, toujours dépourvus d'organes génitaux, sont évidemment des vers dont nous ne connaissons pas le développement ultérieur; les autres, pourvus au contraire d'organes génitaux, nous offrent deux types distincts, ce sont les *Caryophyllæus*, helminthes bien complets, mais formés d'un seul article androgyne, et les *Proglottis* que nous sommes conduits à regarder comme des articles de ténias ayant reçu isolément un développement considérable, et produisant d'ailleurs des œufs tout semblables d'où pourraient naître de vrais ténias.

Le quatrième ordre enfin comprend les trois seuls genres *Cysticercus*, *Echinococcus* et *Cœnurus* qui, avec la partie antérieure du corps d'un ténia armé d'une double couronne de crochets, ont une vésicule postérieure plus ou moins volumineuse. Il y a évidemment ici un développement anormal, une sorte de monstruosité, et on pourrait penser, dans certains cas, que ce sont des œufs de ténias véritables qui, portés par la circulation dans l'épaisseur même du tissu des mammifères, n'ont pu suivre les phases ordinaires de leur existence;

d'autant plus que les cystiques ne se voient que dans des kystes, au milieu des organes et des tissus chez les mammifères, et que c'est aussi dans l'intestin des mammifères qu'on trouve plus particulièrement les ténias armés d'une double couronne de crochets.

1er ORDRE. — RHYNCHOBOTHRIENS.

« Cestoïdes pourvus de quatre (ou deux?) trompes rétractiles « hérissées de crochets.

1er GENRE. RHYNCHOBOTHRIE. *RHYNCHOBOTHRIUS.*

« — Vers très-longs, en bandelettes, formés d'articles nom- « breux et terminés en avant par un cou, et par une tête; — « tête revêtue de deux larges lobes bifides, contractiles, de la « commissure desquels sortent de part et d'autre deux trompes « rétractiles, hérissées de crochets inégaux; — œufs elliptiques « à enveloppe simple. »

Les *Rhynchobothrius* ont été compris par Rudolphi au nombre de ses bothriocéphales, dont ils forment une section particulière nommée d'abord par lui *Echinobothria*, puis *Rhynchobothrii;* ils ressemblent tellement aux *Anthocephalus* par leur partie antérieure, qu'on peut croire que ces deux genres d'helminthes représentent deux degrés ou deux modes du développement d'un même type. Les trois espèces connues vivent dans l'intestin des poissons de mer, et particulièrement des chondroptérygiens.

1. RHYNCHOBOTHRIE EN FLEUR. *RHYNCHOBOTHRIUS COROLLATUS.*

Bothriocephalus corollatus, RUDOLPHI, Entoz., t. II, II, p. 53, pl. 9, fig. 12, et Synopsis, p. 142 et 485.
Bothriocephalus planiceps, LEUCK., Zool. Bruchst., 1819, p. 28, pl. 1, fig. 2.
Bothriocephalus corollatus, LEBLOND, Ann. sc. nat. 1839, t. VI, pl. 16.

« — Long de 30 à 160^{mm}, large de 1 à 2^{mm}; — tête large de 1^{mm},6, et « presque aussi longue, à lobes arrondis; — trompes longues de 3^{mm}; « larges de 0^{mm},1, armées de crochets très-inégaux, mais distribués « avec une sorte de régularité, et dont les plus grands sont longs de « 0^{mm},08; — cou large de 0^{mm},8, traversé par quatre canaux longitu- « dinaux dans lesquels les trompes peuvent rentrer en se retournant, « — quatre faisceaux rétracteurs musculaires situés dans une partie

35

« renflée, à la base du cou, et communiquant avec les quatre canaux ;
« — premiers articles très-courts, transverses, rectangulaires ; — der-
« niers articles longs de 6 à 7ᵐᵐ, colorés en gris violet par les œufs
« qui sont longs de 0ᵐᵐ,053. »

Je l'ai trouvé fréquemment à Rennes, dans l'intestin de la raie bouclée (*Raia clavata*); on l'a trouvé ailleurs aussi dans les raies et
dans les *Squalus galeus*, *Squalus spinax* et *squatina*.

2. RHYNCH. PAILLETTE.   *RHYNCH. PALEACEUS.*

Bothriocephalus paleaceus, Rud., Entoz., t. II, ii, p. 65, et Syn., p. 142.
Bothriocephalus tubiceps, Leuckart, Zool. Bruchst., p. 27, pl. 1, fig. 1.

« — Long de 50ᵐᵐ, large de 2ᵐᵐ,2 ; — tête oblongue, ou étirée en
« arrière, presque tétragone, avec deux fossettes de chaque côté ; —
« cou assez court ; — articles oblongs ; — orifices génitaux situés au
« bord de chaque article d'un seul côté ou unilatéraux. »

Trouvé par Fabricius dans le *Squalus acanthias*. Rudolphi ne le distingue du précédent que par ses orifices génitaux, et croit d'ailleurs
qu'il faudra peut-être n'en faire qu'une seule espèce.

3. RHYNCH. BICOLORE.   *RHYNCH. BICOLOR.*

Bothriocephalus bicolor, Bartels, dans Mikrog. Beitr., de Nordmann, t. I,
p. 99, pl. 7, fig 6-10.

« — Long de 40 à 54ᵐᵐ, large de 1 à 2ᵐᵐ ; — tête violette, oblongue,
« très-grande, formant presque le cinquième de la longueur totale,
« cylindrique ou en massue, avec des fossettes étroites, oblongues ;
« — cou cylindrique invaginé ; — corps blanc-jaunâtre. »

Trouvé dans un *Scomber pelamys* (?) par le docteur Peters, pendant
un voyage de circumnavigation.

2ᵉ Genre. ANTHOCÉPHALE.   *ANTHOCEPHALUS.* —
Rud. (*Floriceps*, Cuvier.)

« — Vers à corps allongé, cylindrique, renflé de part et
« d'autre et replié en double à l'extrémité d'un ver parenchy-
« mateux, vivant, beaucoup plus volumineux, lequel se déve-
« loppe dans un kyste cartilagineux, oblong en massue ; — tête
« de l'anthocéphale globuleuse ou quadrangulaire, revêtue de
« deux larges lobes rabattus, et portant quatre trompes rétrac-
« tiles, hérissée de crochets, qui sortent de la commissure des
« lobes ; — partie postérieure contenant quatre faisceaux mus-
« culaires, rétracteurs, qui communiquent avec chacune des

« trompes par un tube ou canal sinueux, souvent presque en
« hélice. »

Les anthocéphales ressemblent tellement à la partie antérieure
du *Rhynchobothrius corollatus*, qu'on est tenté de croire que
ces deux genres d'animaux sont deux âges différents d'un même
helminthe. Toutefois, le mode du développement des anthocéphales est un des faits les plus curieux de l'helminthologie. En
effet, chez beaucoup de poissons de mer, on voit à la surface du
foie et des autres viscères, ou simplement dans les replis du
péritoine, des kystes durs, argentés ou brunâtres, ordinairement
en forme de massue; mais quelquefois si semblables aux kystes
de la *Filaria piscium*, que plusieurs observateurs n'ont pas
hésité à dire que ces helminthes sont des métamorphoses d'une
seule espèce. Si on ouvre avec précaution les kystes d'anthocéphales, on en fait sortir un ver allongé blanc, renflé à une extrémité, mou, contractile, et animé de mouvements lents, mais
bien sensibles; c'est là ce que Leblond nomma l'*Amphistoma
ropaloides*, parce qu'en effet, il parait avoir deux orifices terminaux, comme l'indique Rudolphi dans sa définition du genre
amphistome. Si on comprime ce prétendu amphistome entre
deux lames de verre, on voit par transparent l'anthocéphale
replié dans la partie la plus épaisse, près de l'extrémité; souvent, même si la compression est trop forte ou trop brusque,
l'enveloppe vivante se déchire, et l'anthocéphale devient libre;
mais, avec quelques précautions, on parvient plus sûrement à le
mettre en liberté, en déchirant l'enveloppe avec des aiguilles.
L'anthocéphale alors commence à s'agiter vivement; il contracte
de diverses manières les lobes dont sa tête est revêtue; il les con-
tourne et prend ainsi les formes les plus variées, en même temps
il fait sortir et rentrer alternativement ses trompes épineuses,
et peut continuer ainsi à se mouvoir, pendant huit ou douze
heures, entre des lames de verre.

Tous les anthocéphales se trouvent dans les poissons de mer;
mais on ne peut considérer leurs espèces comme suffisamment
distinctes, puisque ce sont des helminthes dont on ne connaît
pas avec certitude l'état adulte.

1. ANTHOCÉPHALE ALLONGÉ.   *ANTHOCEPHALUS ELONGATUS.*

RUDOLPHI, *Syn.*, p. 177 et 537, pl. 3, fig. 12-17.

Floriceps saccatus, CUVIER, Règne animal, 1re éd., t. IV, pl. 15, fig. 12.
Bothriocephalus patulus, LEUCK., Zool. Bruchst., 1819, p. 50, pl. 2, fig. 29-30.

« — Contenu dans une enveloppe vivante longue de 27 à 40^{mm}, cla-

« viforme, large de 4^{mm},5 à l'extrémité la plus large, et renfermée
« elle-même dans un kyste dur et élastique; tête longue de 2^{mm},5,
« avec deux fossettes ovales, longues de 2^{mm},2, et quatre trompes assez
« fortes, un peu plus longues; — cou cylindrique de 16^{mm}, large de
« 2^{mm},25; — partie postérieure également longue, déprimée. »

Très-commun dans le mésentère et le foie de l'*Orthragoriscus
mola*, et trouvé également par Rudolphi dans le mésentère du *Centronotus glaucus* et de la *Sciæna aquila*.

Rudolphi décrit quatre autres espèces sur lesquelles il est bien difficile d'avoir une opinion précise, car cet auteur lui-même n'a pas
connu suffisamment la structure des anthocéphales; ce sont :

2. *Anthocephalus gracilis* (*Syn.*, p. 178 et 540), que Leuckart croit
être identique avec le précédent; il est long de 7 à 13^{mm}, contenu dans
un kyste elliptique; les deux fossettes de la tête sont ovales; le cou
et la partie postérieure, qui est un peu plus mince, sont filiformes;
il a été trouvé dans le *Scomber rochei* et dans le *Brama raii*, à Naples.

3. *Anthocephalus granulum* (*Syn.*, p. 178 et 541). Très-petit, contenu dans un kyste brunâtre, large de 0^{mm},75 à 1^{mm},2; les deux fossettes de la tête sont divisées ou paraissent doubles; le cou est mince,
et la partie postérieure est ovale. Il a été trouvé très-nombreux dans
le péritoine du *Caranx trachurus*, du *Sparus alcedo*, et du *Scomber
colias*.

4. *Anthocephalus macrourus* (*Syn.*, p. 178 et 542). Trouvé par Olfers
dans des kystes et dans le foie d'un *Sparus* au Brésil, et décrit par
Rudolphi comme ayant le cou mince, allongé (de 13^{mm}), suivi d'un
réceptacle ovale, long de 6^{mm},7, que termine une vessie caudale, cylindrique, longue de 54^{mm} environ. M. Creplin (dans l'*Encycl.* de
Ersch et Gruber, t. XXXII, p. 299) remarque avec raison que Bremser
(*Icones helm.*, pl. 16, fig. 1-2), sous ce nom, a représenté, non point
l'*Anthocephalus macrourus*, tel qu'il est décrit, mais le *Gymnorhynchus reptans*.

5. *Anthocephalus interruptus* (*Syn.*, p. 178 et 543). Trouvé par Olfers au Brésil, dans l'abdomen et sur le foie du *Trichiurus lepturus*.
Il est long de 13^{mm}, avec quatre fossettes écartées en avant, et le corps
inégalement aminci et comme interrompu.

— J'ai trouvé moi-même très-souvent, dans le mésentère et sur les
viscères de différents poissons de mer, plusieurs *Anthocephalus* que je
distingue ainsi :

— A. Dans le maquereau, des kystes membraneux, très-délicats,
peu adhérents aux viscères, et contenant un helminthe blanc, mou,
long de 4^{mm}, large 1 à 1^{mm},2, sans organes visibles, mais rampant assez
vivement par l'effet de ses contractions. A l'une des extrémités de cet
helminthe on voit par transparence, dans l'intérieur, un anthocéphale
replié. Cet anthocéphale, mis en liberté, est long de 6 à 8^{mm}; sa tête,

longue de 1^{mm},7, large de 0^{mm},4, porte quatre trompes larges de
0^{mm},035 à 0^{mm},04, armées de crochets inégaux, dont les plus grands
sont longs de 0^{mm},3 et présentent une entaille près de la pointe fortement recourbée; c'est peut-être l'*Anthocephalus elongatus*.

— B. Dans un grondin (*Trigla gurnardus*), j'ai trouvé la muqueuse
buccale, le foie, le péritoine, etc., remplis d'une immense quantité
de kystes claviformes, cartilagineux, longs de 5^{mm}, larges de 0^{mm},5 à
0^{mm},8, contenant chacun un helminthe blanc, parenchymateux, très-
contractile, et paraissant toruleux ou divisé en nœuds successifs par
l'effet de ses contractions. Cet helminthe renferme à son extrémité la
plus épaisse un *Anthocephalus* long de 2 à 3^{mm}, large de 0^{mm},4, tout
hérissé de petits cils longs de 0^{mm},003 en avant, et de 0^{mm},016 à son
extrémité postérieure, qui peut rentrer en elle-même et présenter
alors une cavité en cul-de-sac; les trompes sont formées d'un tube
large de 0^{mm},03, portant des crochets assez minces, longs de 0^{mm},015.

— Je suis disposé à considérer, comme appartenant à la même espèce,
des anthocéphales que j'ai trouvés très-abondamment dans le maquereau, et qui pourraient être en même temps l'*Anthocephalus gracilis*
de Rudolphi. Leurs kystes claviformes sont quelquefois longs de 14 à
16^{mm}, larges de 1^{mm},5 à l'extrémité la plus épaisse, et de 0^{mm},3 à 0^{mm},5
dans le reste de la longueur; l'helminthe parenchymateux qui con-
tient l'anthocéphale est lui-même long de 10 à 12^{mm}, très-grêle. L'anthocéphale contenu est quelquefois long de 3^{mm},5; ses trompes, et les
cils dont il est couvert en arrière, sont comme dans le précédent.

— C. Dans la raie (*Raia clavata*), j'ai trouvé des kystes membraneux, ovales-oblongs, longs de 3 à 4^{mm}, contenant un helminthe blanc,
parenchymateux, qui renferme un anthocéphale long de 1^{mm},2, large
de 0^{mm},18, avec des trompes larges de 0^{mm},022.

— D. Dans le grondin (*Trigla gurnardus*), j'ai trouvé plusieurs
fois des kystes membraneux, ovoïdes, longs de 3 à 4^{mm}, renfermant
un helminthe parenchymateux, duquel j'ai vu sortir par une large
ouverture naturelle, en avant, un anthocéphale long de 5^{mm},5 à 6^{mm},
ayant la tête large de 1^{mm},1, le cou large de 0^{mm},6, et la partie postérieure large de 1^{mm}; ses trompes sont formées d'un tube large de
0^{mm},102, avec des crochets inégaux, disposés symétriquement, et
dont les plus grands sont longs de 0^{mm},053 à 0^{mm},064. Après la sortie de
l'anthocéphale, cet helminthe parenchymateux et sans organes, dans
lequel il a pris naissance, se contracte de nouveau et continue à vivre.

— Je rapporte à la même espèce des anthocéphales trouvés en 1839,
à Paris, dans la raie (*Raia clavata*), et en 1844, à Rennes, dans les
Gadus pollachius et *merluccius*, entre les tuniques de l'estomac. Ces
derniers, sortis de leur enveloppe vivante, sont longs de 6 à 8^{mm}, et
ont leurs trompes larges de 0^{mm},107, avec des crochets de 0^{mm},072.

— E. Enfin, dans le mésentère et le foie du bars (*Labrax lupus*), j'ai
trouvé à Rennes une immense quantité de petits kystes brun-rouges
qui doivent correspondre à l'*Anthocephalus granulum* de Rudolphi;
ils se composent d'une partie ovoïde, longue de 1^{mm},8, large de 1^{mm},25,

et d'un prolongement large de 0mm,25, long de 3mm environ. L'anthocéphale contenu a ses trompes formées d'un tube large de 0mm,023, portant des crochets de 0mm,015 à 0mm,017.

3e GENRE. TÉTRARHYNQUE. *TETRARHYNCHUS.*—RUD.

« — Vers à corps court, en forme de sac cylindrique ou un
« peu renflé en massue, revêtu en avant par un double lobe
« rabattu ; — quatre trompes rétractiles par invagination et hé-
« rissées de crochets égaux. »

Les vers de ce genre ont été d'abord réunis aux échynorhyn-ques, à cause de leurs trompes assez semblables ; Bosc nomma *Tentacularia* une espèce qu'il avait trouvée, et ce nom de genre a été adopté ensuite par M. de Blainville ; Rudolphi leur assigna une place plus convenable dans son ordre des cestoïdes ; mais encore faut-il les grouper avec les *Anthocephalus* et les *Rhynchobothrius*, dont ils ne sont peut-être que le jeune âge, comme le pense Bremser. Ils se trouvent tous logés dans les chairs ou dans les tissus vivants des poissons.

1. TÉTRARH. MÉGACÉPHALE. *TETRARH. MEGACEPHALUS.*
—RUDOLPHI, *Synops.*, p. 129 et 447, pl. 2, f. 7-8.

Bothriocephalus claviger, LEUCKART, Zool. Bruchst., p. 51, pl. 2, fig. 32.

« — Long de 15 à 50mm, large de 4 à 6mm ; — tête longue de 2mm,3,
« conique, avec des fossettes profondes ; — trompes longues de 1mm,7;
« corps déprimé, aminci en arrière et tronqué à l'extrémité. »

Dans l'abdomen du *Squalus stellaris*. Leuckart lui donne pour synonyme son *Bothriocephalus c'aviger* trouvé dans le foie de la *Coryphœna hippuris*, et dans des kystes, sur les branchies de l'espadon (*Xiphias gladius*); cet auteur pense aussi avec raison que le *Tetrarhynchus attenuatus* de Rudolphi (*Synops.*, p. 130 et 449) n'en est qu'une variété ; il a été trouvé également dans les branchies de l'espadon ; il est long de 40 à 50mm, large de 4mm,5 en avant, et de 2mm,2 à 3mm,37 en arrière ; la tête est longue de 4mm,5 à 6mm,7.

2. TÉTRARH. ÉPAIS. *TETRARH. GROSSUS.*—RUD., *Synops.*,
p. 129 et 448, pl. 2, fig. 9-10.

« —Long de 30 à 36mm, large de 4mm,5 en avant, et de 6mm,6 en ar-
« rière ;—tête ovale, longue de 10mm, avec des fossettes oblongues,
« profondes. »

Trouvé, par Tilesius, dans un poisson des mers du Japon, et depuis, par M. Otto, dans le *Lepidopus peronii* (Risso).

3. TÉTRARH. DISCOPHORE. *TETRARH. DISCOPHORUS.* — Rud., *Synops.,* p. 130 et 450, et 688.

Bothriocephalus labiatus, Leuckart, Zool. Bruchst., p. 51, pl. 2, fig. 31.
Tetrarhynchus discophorus, Bremser, Icones helminth., pl. 11, fig. 14-15.

« — Long de 2^{mm},5 à 9^{mm}, large de 1 à 2^{mm},3 ; — tête arrondie, avec
« des ventouses ou fossettes profondes, orbiculaires ; — partie posté-
« rieure courte, déprimée, obtuse. »

Dans les branchies et les tuniques de l'estomac du *Brama raii,* à
Naples, et sur le foie de la *Coryphœna hippuris,* au Brésil.

4. TÉTRARH. A COU MINCE. *TETRARH. TENUICOLLIS.* — Rud., *Synops.,* p. 130 et 451.

« — Long de 9^{mm}, plus mince en avant, large de 2^{mm},25 en arrière ;
« — tête en cœur, avec les fossettes bilobées ; — cou cylindrique,
« aminci en arrière ; — corps ovale. »

Rudolphi l'a trouvé en Italie dans le *Pleuronectes pegosa* et dans le
Lophius piscatorius.

5. TÉTRARH. A GRANDE FOSSETTE. *TETRARH. MEGABO-THRIUS.* — Rud., *Entoz.,* t. II, ii, p. 284, et *Synops.,* p. 130 et 451, pl. 2, fig. 14.

« — Long de 2^{mm},2 à 3^{mm},75, large de 1^{mm},12 en avant, plus étroit
« en arrière, où il se termine par une papille ; — tête grande avec
« des fossettes très-larges bilobées, traversées par des côtes longitu-
« dinales. »

Rudolphi l'indique comme trouvé par lui-même dans le *Scomber
sarda* et dans la sèche (*Sepia officinalis*) ; c'est sans doute le même
aussi que Martin, en Suède, trouva dans le calmar (*Loligo*).
— Leuckart a émis l'opinion qu'il faut peut-être réunir à l'espèce
précédente le *Tetrarh. macrobothrius* (Rud., *Synops.,* p. 131, 453
et 689, pl. 2, fig. 11-13, ou *Tetrarh. papillosus, Entoz.,* II, i, p. 320),
trouvé dans une tortue (*Chelonia Mydas*), dans les *Coryphœnä hippuris* et *equiseïs,* et dans le *Scomber pelamys.* Il est un peu plus
grand, et ne s'en distingue que par ses ventouses plus longues, et
par la papille terminale bilobée. Bremser a représenté (*Icon. helm.,*
t. XI, fig. 16-19) des exemplaires provenant de la *Coryphœna.*
— Le *Tetrarh. appendiculatus* (Rudolphi, *Entoz.,* t. II, i, p. 318,
pl. 7, fig. 10-12, et *Synops.,* p. 131 et 454) trouvé par Wagler et par
Gœze, dans le saumon, est probablement analogue au précédent. Il
est long de 5 à 6^{mm} ; sa tête, plus courte, a des fossettes étroites,
oblongues, avec des côtes longitudinales, et son corps déprimé se
termine par un appendice plus grand.

— Le *Tetrarhynchus scolecinus* (RUDOLPHI, *Synops.*, p. 131 et 454), trouvé à Naples, dans les chairs des *Squalus stellaris* et *centrina*, et dans la nageoire pectorale d'une *Raia oxyrhyncha*, est long de 2^{mm} quand il est contracté, mais il s'allonge jusqu'à 6 ou 7^{mm}; sa tête est petite, arrondie, avec des fossettes elliptiques et dilatées en forme d'oreilles; ses trompes sont courtes; son corps est allongé, déprimé, avec quelques étranglements irréguliers. Leuckart en donne une figure (*Zool. Bruch.*, pl. 2, fig. 37) sur laquelle les trompes ne sont pas visibles.

— Le *Tetrarh. gracilis* (RUDOLPHI, *Synops.*, p. 132 et 456) a été trouvé, à Naples, dans l'*Ammodytes cicerelus*; il est long de 4^{mm},5 à 11^{mm}, déprimé ou cylindrique, linéaire, resserré; sa tête est petite et ses fossettes sont dilatées en forme d'oreilles; ses trompes sont longues.

— Le *Tetrarh. squali* (RUDOLPHI, *Syn.*, p. 132 et 456) avait été trouvé, par Lamartinière (*Voyage de Lapérouse*, t. IV, p. 84, pl. 20, fig. 9-10), et il a été nommé ensuite *Hepatoxylon squali*, par Bosc (*Nouv. bull. soc. phil.*, 1811, p. 384); il est long de 30^{mm} environ, avec une grande tête munie de quatre trompes courtes.

— Le *Tetrarh lingualis* (CUVIER, *Règn. anim.*, 1re éd., t. IV, p. 43, pl. 15, f. 6-7) a été inscrit, parmi les espèces douteuses de Rudolphi, sous le nom de *Tetrarh. pleuronectes maximi* (*Syn.*, p. 132 et 457. Je l'ai trouvé communément dans l'épaisseur de la muqueuse buccale du turbot et de plusieurs autres pleuronectes; il est enfermé dans un petit kyste membraneux; il est long de 2^{mm} environ; la moitié antérieure de son corps est revêtue par deux larges lobes bifides, ou échancrés, plissés longitudinalement, et qui, par leurs contractions, présentent l'apparence de fossettes ou de ventouses variables.

— J'ai trouvé abondamment aussi, dans la muqueuse buccale du grondin (*Trigla gurnardus*), des tétrarhynques probablement identiques; ils sont longs de 3^{mm}, sans leurs trompes qui s'allongent de 0^{mm},45 à 0^{mm},5; ces trompes sont formées d'un tube large de 0^{mm},043 à 0^{mm},045, armées de crochets *tous égaux*, longs de 0^{mm},014 à 0^{mm},015; à l'extrémité postérieure du corps se voit aussi un appendice formé d'un ou deux articles rudimentaires.

— Rudolphi a mentionné aussi deux autres espèces douteuses, les *Tetrarh. argentinœ* et *Tetrarh morhuœ* (*Synops.*, p. 458); mais on conçoit que la distinction spécifique de ces helminthes rudimentaires est presque impossible.

4e GENRE. GYMNORHYNQUE.   *GYMNORHYNCHUS.*
— RUDOLPHI.

« — Vers à corps déprimé, très-long et étroit, sans articula-
« tions; — tête distincte avec deux larges fossettes bilobées ou
« divisées par une côte médiane, et quatre trompes très-lon-

« gues, nues à la base, et armées de crochets dans toute la por-
« tion rétractile, de sorte qu'elles paraissent courtes et com-
« plétement inermes quand elles sont rétractées jusqu'à la por-
« tion basilaire; — cou mince, long, partant d'un réceptacle
« ovoïde oblong, qui contient les muscles rétracteurs des
« trompes; — organes génitaux nuls ou non développés. »

Le seul helminthe, constituant ce genre, a été découvert dans
les chairs de la castagnole (*Brama raii*) par Cuvier, qui le
nomma *Scolex gigas*. Rudolphi, n'ayant vu que la portion
inerme des trompes rétractiles, en voulut faire un genre caractérisé par des trompes nues, comme l'indique son nom; mais
Bremser démontra que les trompes sont armées dans la majeure
partie de leur longueur.

1. GYMNORHYNQUE RAMPANT. *GYMNORHYNCHUS REPTANS.*
— Rud., *Synops.*, p. 129 et 444.

Scolex gigas, Cuvier, Règne animal, 1re édit., t. IV, p. 48.
Gymnorhynchus reptans, Bremser, Icones helminth., pl. 11, fig. 11-13.
Gymnorhynchus reptans, Creplin, dans l'Encycl. de Ersch. et Gruber,
t. XXXII, p. 294.

« — Long de 1 mètre, large de $2^{mm},5$ à $4^{mm},5$; réceptacle des muscles
« de la trompe ovoïde, long de 8 à 13^{mm}, large de 6 à 9^{mm}; — cou large
« de $2^{mm},25$. »

Dans les chairs du *Brama raii*.

5e Genre. DIBOTHRIORHYNQUE. *DIBOTHRIO-
RHYNCHUS.* — Blainville.

« — Corps assez court, sacciforme, comprimé, non articulé,
« terminé en arrière par un petit tubercule exsertile; — tête
« cunéiforme, pourvue d'une fossette latérale sur ses deux
« larges faces, et d'une trompe globuleuse hérissée de crochets
« à l'extrémité de chacune. »

Ce genre a été établi par M. de Blainville, pour une seule
espèce trouvée dans les intestins du *Lepidopus argyreus*, Cuv.

DIBOTHRIORHYNCUS LEPIDOPTERI. — Blainv., appendice au
Traité de Bremser sur les Vers intestinaux, p. 519, pl. 2, fig. 8.

M. de Blainville en a trouvé trois à quatre individus, longs de 40^{mm}
environ, adhérents par les crochets de leurs trompes à des faisceaux
d'ascarides. Chacune des fossettes latérales est partagée en deux
par une arrête longitudinale peu élevée.

2ᵉ Ordre. — CESTOÏDES VRAIS ou TÉNIOÏDES.

Corps en longue bandelette ou formé d'articles nombreux;
— tête avec une seule trompe ou sans trompe rétractile.

6ᵉ Genre TÉNIA.   *TÆNIA.* —

« — Vers blancs, très-longs et aplatis, formés d'un grand
« nombre d'articles ou segments de plus en plus grands, très-
« contractiles, très-variables, successivement neutres, mâles et
« androgynes ou femelles, ou bien neutres et androgynes seule-
« ment; — terminés en avant par une tête ronde ou tétragone,
« entourée de quatre ventouses musculeuses, orbiculaires, sy-
« métriques, très-contractiles, et munies ordinairement d'une
« trompe (ou rostre non perforé), plus ou moins longue, com-
« plétement rétractile dans un réceptacle musculeux, ovoïde ou
« tubuleux, au centre, ou en avant de la tête; — trompe nue,
« ou plus souvent entourée de crochets, formant une ou plu-
« sieurs rangées; — quelquefois un cou, première partie du
« corps, sans articulations distinctes; — premiers articles,
« ordinairement très-courts et très-multipliés, mais très-
« contractiles et susceptibles de se gonfler ou de s'allonger
« beaucoup; — articles moyens, ordinairement plus larges
« que longs, mais de forme très-variable, pourvus d'organes
« génitaux de plus en plus distincts; — derniers articles, rem-
« plis d'œufs mûrs, et devenus souvent alors plus longs que
« larges; tantôt susceptibles de se détacher, et de se mouvoir
« isolément jusqu'à l'entière expulsion des œufs; tantôt inertes,
« et servant au développement ultérieur des œufs; tantôt enfin
« demeurant en place, mais atrophiés après l'expulsion des
« œufs;   orifices génitaux, situés aux deux côtés opposés de
« chaque article, ou d'un seul côté, et dans ce cas *unilatéraux*
« ou *alternes;* — appareil génital mâle, formé d'un testicule
« blanc ou jaunâtre, simple ou multiple, ou lobé, que suit
« une vésicule séminale, dans laquelle on voit les sperma-
« tozoïdes filiformes en écheveau;   pénis (lemnisque, Rud.)
« plus ou moins long, lisse ou hérissé, filiforme ou tubu-
« leux ou vésiculeux, et plus souvent rétractile et protractile
« par invagination, c'est-à-dire pouvant rentrer en lui-même
« comme un doigt de gant; — ovaire plus ou moins ramifié dans

« l'intérieur de l'article, ou paraissant disséminé dans toute sa
« masse; — oviducte plus ou moins distinct, s'ouvrant à la base
« du pénis; — œufs à deux ou trois enveloppes, dont l'externe,
« plus ou moins molle, est quelquefois prolongée par de longs
« appendices, et quelquefois remplacée par une substance mu-
« cilagineuse, qui réunit les œufs en plusieurs masses globu-
« leuses, isolées dans chaque article; — enveloppe moyenne,
« quelquefois remplacée par une sorte d'albumine décompo-
« sable par l'eau; enveloppe interne plus résistante, quelquefois
« dure et cassante, lisse ou granuleuse, contenant un embryon
« mobile, armé de six crochets, et paraissant représenter la tête
« seule du ténia; — quatre canaux longitudinaux, liés entre
« eux par un canal transverse autour du réceptacle de la
« trompe, puis prolongés dans toute la longueur du ténia, et
« communiquant par des branches transverses. »

Les ténias, ainsi nommés par les premiers helminthologistes
d'après leur ressemblance avec une bandelette (en grec ταινία,)
se trouvent très-communément dans l'intestin des mammifères
et des oiseaux, plus rarement chez les reptiles, plus rarement
aussi dans l'intestin des poissons, où ils sont remplacés par les
bothriocéphales, qu'au premier coup d'œil on pourrait confondre avec eux. Ils forment un grand nombre d'espèces, qui
très certainement appartiennent à des types différents, mais
qu'on ne connaît pas encore suffisamment; en effet, si les ténias
sont très-communs, on ne peut que très-rarement les avoir vivants, en bon état, et convenablement développés pour en étudier la structure; et, d'autre part, ces helminthes, sans tégument résistant, sont si promptement altérés par le contact de
l'eau, qu'ils ont bientôt perdu les crochets de leur trompe, ou
même leur tête tout entière, beaucoup plus mince que le reste
du corps. Dans l'intestin même qu'ils habitent, surtout chez les
passereaux, ils peuvent se décomposer quelquefois avant qu'on
ait pu les observer, par suite de l'action des sucs digestifs,
comme je l'ai vu souvent chez des moineaux, tués un instant
auparavant.

Rudolphi, pour classer quatre-vingt-treize espèces de ténias
dans la première partie de son *Synopsis*, les divise en *inermes*
ou sans crochets à la trompe, et en *armés*, comprenant dans
cette seconde division vingt-cinq espèces seulement; quant à ses
ténias inermes, il en fait deux sections, les uns ayant la tête
simple ou sans trompe, les autres ayant une trompe rétractile.
Il caractérise ensuite ses espèces, et souvent même il les nomme,

d'après la forme des articles, en tenant compte, quand il le peut, de la position des orifices génitaux; mais, à part ce dernier caractère, qui a une valeur réelle, les autres sont variables ou incertains. Ainsi, Mehlis fit remarquer, en 1831, que beaucoup de ténias, censés inermes, ont, au contraire, la trompe armée de crochets, mais que ces crochets se détachent et tombent facilement; moi-même j'ai vu les crochets de plusieurs ténias supposés inermes, et je n'en ai trouvé qu'un très-petit nombre de véritablement inermes. Quant à la trompe, elle se trouve aussi plus ou moins volumineuse, plus ou moins rétractée chez la plupart des espèces que Rudolphi en croyait dépourvues, et je puis dire encore que c'est le très-petit nombre des ténias qui manqueraient vraiment de cet organe. Pour ce qui est enfin de la forme des articles, il n'est rien de si variable; on peut, sans doute, distinguer des espèces ayant tous les articles très-courts, beaucoup plus larges que longs, et d'autres les ayant tous plus longs que larges; mais la plupart, s'ils sont vivants, nous montrent à la fois toutes les formes imaginables d'articles, suivant les contractions de leurs diverses parties; ici les premiers articles d'abord courts, élargis, peuvent s'allonger et s'étirer considérablement un instant après, là les articles moyens sont tantôt en forme de coin ou de trapèze, tantôt en forme d'entonnoir ou de cloche, ou de coupe, ou d'urne, etc.

Nous croyons, au contraire, que les caractères devant servir à distinguer les sections, dont plus tard on fera peut-être des genres, sont : 1° la position des orifices génitaux opposés, ou alternes, ou unilatéraux; 2° la forme de la tête avec ou sans trompe, avec ou sans crochets; et d'après ces caractères, nous établissons six sections où nous rangeons les ténias les mieux connus; une septième section, établie provisoirement, comprend seulement deux espèces remarquables par le grand nombre des crochets, portés sur un bourrelet entourant la base de la trompe; une dernière section comprend le singulier *Tænia malleus*, incomplétement connu jusqu'ici, et dont Frœlich avait fait le genre *Fimbriaria*. Enfin, une deuxième série comprend les espèces douteuses ou trop imparfaitement connues pour qu'il soit possible de les classer dans les précédentes sections.

PREMIÈRE SECTION.

Une couronne simple ou double de six à soixante crochets; — orifices génitaux alternes ou indifféremment d'un côté et de l'autre.

1. TÉNIA DE L'HOMME.   *TÆNIA SOLIUM*. — Linné, *Syst. nat.*, 12e éd., p. 1323.

Tœnia cucurbitina, Pallas, Elench. zoopb. p. 49.
Tœnia cucurbitina, Goeze, Naturg., p. 269, pl. 21.
Tœnia solium, Rud., Entoz., t. II, ii, p. 160, et Syn., p. 162 et 522.
Tœnia solium, Bremser, Traité des Vers intest., pl. 3, fig. 1-14.
Tœnia solium, Dellechiaje, Compendio di Elmint. uman., 1825, pl. 7.

« — Long de 6 à 8 m (et jusqu'à 40 m), large de 6 à 13mm; — tête
« large de 0mm,56 à 0mm,75, avec une couronne de crochets; — articles
« postérieurs quadrangulaires-oblongs ou cunéiformes, contenant un
« ovaire dendritique et un testicule claviforme qui aboutissent ensem-
« ble vers le milieu d'un des bords. »

Il habite l'intestin grêle de l'homme, et particulièrement dans les pays où ne se trouve pas le *Bothriocephalus latus*, que l'on a souvent confondu avec lui sous le nom de *ver solitaire;* ainsi on le voit plus communément, et presque exclusivement en Allemagne, en Angleterre, en Hollande et dans l'Orient.

2. TÉNIA SCUTIGÈRE.   *TÆNIA SCUTIGERA*. — Duj., *n. sp.*

[Atlas, pl. 10, fig. H.]

« — Long de 8 à 16mm, large de 0mm,2 en arrière; —tête très-grosse,
« globuleuse, large de 0mm,21 à 0mm,23, avec de grandes ventouses ova-
« les, longues de 0mm,10 à 0mm,15, et une trompe courte, rétractile,
« armée de *dix crochets* longs de 0mm,033 à 0mm,04; — cou très-mince,
« large de 0mm,063; — premiers articles très-nombreux, très-courts,
« peu distincts, les suivants trois à quatre fois aussi larges que longs;
« derniers articles susceptibles de s'allonger considérablement, cinq à
« six fois plus longs que larges, et contenant chacun treize à seize
« œufs alternant sur deux rangs; — orifices génitaux irrégulièrement
« alternes, situés à l'angle antérieur de chaque article; — pénis lisse,
« filiforme, long de 0mm,125 à 0mm,18, large de 0mm,02; — tube sémi-
« nifère large de 0mm,01, très-long, et replié à l'intérieur; — œufs
« elliptiques à trois enveloppes, l'externe longue de 0mm,062 à 0mm,07,
« large de 0mm,044; la moyenne membraneuse, plissée, longue de
« 0mm,05 à 0mm,054; l'interne recouvrant l'embryon long de 0mm,023 à
« 0mm,028, armé de six crochets longs de 0mm,0076 à 0mm,008. »

Je l'ai trouvé quatre fois à Rennes dans l'intestin du *Sorex tetrago-nurus*. Ce sont des exemplaires longs de 5 à 6mm seulement, qui laissent voir les organes mâles avant que les œufs soient développés. Les ventouses, très-grandes et en bouclier, montrent après la compression trois ou quatre bandes transverses comme celles des *Scolex*.

3. TÉNIA DE LA MARTE. *TÆNIA INTERMEDIA.* — Rudolphi, *Entoz.*, t. II, ii, p. 168, et *Syn.*, p. 163.

Tœnia mustelœ, Gmelin, Syst. nat., p. 3068.
Halysis martis, Zeder, Naturg., p. 372.

« — Long de 160ᵐᵐ, large de 2ᵐᵐ,25 en arrière, mince et plissé ; —
« tête distincte, hémisphérique, avec une trompe courte, très-épaisse,
« entourée d'une double couronne de crochets forts ; — articles anté-
« rieurs très-courts ; les suivants trapézoïdaux ; les postérieurs oblongs,
« presque rectangulaires, deux ou trois fois aussi longs que larges. »

Rudolphi le trouva une seule fois dans l'intestin de la marte (*Mustela martes*), à Berlin ; il veut le distinguer du *Tœnia serrata* du chien par la tête plus allongée et par les articles postérieurs plus longs.

4. TÉNIA DE LA BELETTE. *TÆNIA TENUICOLLIS.* — Rud., *Syn.*, p. 159 et 517.

[Atlas, pl. 12, fig. B.]

Halysis putorii et *Halysis mustelœ*, Zeder, Naturg., p. 371 et 372.
Tœnia putorii et *Tœnia mustelœ*, Rudolphi, Entoz., t. II, ii, p. 196 et 197.

« — Long de 12 à 21ᵐᵐ, large de 0ᵐᵐ,9 à 1ᵐᵐ,3 ; — tête large de
« 0ᵐᵐ,55, avec une trompe très-courte, armée de cinquante-deux
« crochets caducs, longs de 0ᵐᵐ,02, très-recourbés, et formant une
« double rangée ; — ventouses larges de 0ᵐᵐ,17, portées par des expan-
« sions en oreillettes ; — cou large de 0ᵐᵐ,36 ; — articles antérieurs
« peu distincts, courts ; les intermédiaires quadrilatères, plus larges
« du côté où se trouvent les orifices génitaux, les postérieurs très-
« allongés en spatule (des articles murs et isolés, remplis d'œufs, sont
« longs de 3ᵐᵐ, trois fois aussi longs que larges) ; — orifices génitaux
« très-saillants ; — pénis lisses, longs de 0ᵐᵐ,55, larges de 0ᵐᵐ,032 ;
« — œufs presque globuleux, longs de 0ᵐᵐ,023 à 0ᵐᵐ,025, avec une
« coque *granuleuse*, dure et cassante, épaisse de 0ᵐᵐ,0015 ; — em-
« bryon long de 0ᵐᵐ,018, avec six crochets de 0ᵐᵐ,005 à 0ᵐᵐ,0057. »

J'en ai trouvé plusieurs exemplaires à Rennes dans l'intestin d'une belette (*Mustela vulgaris*). C'est bien certainement le même que Gœze d'abord, et Bremser ensuite ont trouvé dans la belette et dans le putois, et que Rudolphi a décrit comme ayant la trompe inerme.

5. TÉNIA EN SCIE. *TÆNIA SERRATA.* — Gœze, *Naturg.*, p. 337, pl. 25 b, fig. a-d.

Tœnia serrata, Rud., Entoz., t. II, ii, p. 169, et Syn., p. 163.

« — Long d'un demi-mètre à 1ᵐ,30, large de 3 à 6ᵐᵐ en arrière ; — tête

« large de 1mm,3, arrondie, avec une trompe très-courte et très-épaisse,
« entourée de quarante-huit crochets longs de 0mm,135, sur deux
« rangs ; — cou large de 1mm,2 ; — premiers articles très-courts, trans-
« verses , articles suivants trapézoïdaux, avec les angles postérieurs
« saillants (en dent de scie), derniers articles oblongs, presque rec-
« tangulaires, deux fois aussi longs que larges ; — orifice génital sail-
« lant au milieu d'un des côtés ; — pénis lisse ; — ovaire ramifié ou
« dendritique dans toute la partie médiane ; — œufs presque globu-
« leux, longs de 0mm,041, à coque dure, granuleuse ; — embryon
« long de 0mm,030, avec six crochets de 0mm,005. »

Très-commun dans l'intestin grêle du chien.

Les jeunes n'ont qu'un seul rang de douze à quatorze crochets longs
seulement de 0mm,08 à 0mm,09.

— Les deux espèces suivantes paraissent identiques avec celle-ci.

5 (a). *TÆNIA MARGINATA.* — Batsch.

Tœnia cateniformis lupi, Goeze, Naturg., p. 307, pl. 22 A, fig. 1-5.
Tœnia marginata, Rud., Entoz., t. II, ii, p. 165, et Syn., p. 163 et 523.

« — Long d'un demi-mètre, large de 3 à 6mm ; — articles postérieurs
« oblongs, à angles obtus. » (Rud.)

Il se trouve dans l'intestin du loup ; le caractère distinctif que lui
assigne Rudolphi se rencontre souvent aussi chez les ténias du chien.

6. TÉNIA A GROSSE TÊTE.   *TÆNIA CRASSICEPS.* — Rudolphi,
Entoz., t. II, ii, p. 172, et *Synops.,* p. 163.

« — Long de 50 à 200mm, large de 2 à 4mm,5 ; — tête renflée, an-
« guleuse, avec une trompe courte, large de 0mm,58, portant trente
« à (?) crochets longs de 0mm,12, sur deux rangs ; — articles posté-
« rieurs, trapézoïdaux, longs de 1mm,5 à 2mm,5 ; — orifices génitaux,
« peu saillants ; — ovaire formant une dendrite isolée et distincte ; —
« œufs elliptiques, longs de 0mm,028, larges de 0mm,023, à coque dure,
« cassante, granulée ; — embryon de 0mm,022, avec six crochets de
« 0mm,0057. »

Je l'ai trouvé dans l'intestin d'un renard, à Rennes ; c'est le même,
je crois, que Zeder et Rudolphi ont trouvé aussi très-nombreux dans
le renard.

7. TÉNIA A COU ÉPAIS.   *TÆNIA CRASSICOLLIS.* — Rudolphi,
Entoz., t. II, ii, p. 173, et *Syn.,* p. 164.

Tœnia serrata felis et *Tœnia globulata*, Goeze, Naturg.
Tœnia crassicollis, Bremser, Icones helminth., pl. 16, fig. 1-6.

« — Long de 150 à 600mm, large de 4 à 6mm en arrière ; — tête hé-
« misphérique, large de 1mm,5, avec une trompe très-courte, con-

« vexe, armée de quarante-huit à cinquante-deux crochets longs de
« 0^{mm},24 à 0^{mm},26, sur deux rangs ; — cou très-épais, large de 1^{mm},8 ;
« — premiers articles très-courts (de 0^{mm},04) ; — articles suivants,
« cinq à six fois aussi larges que longs ; — articles postérieurs aussi
« longs ou un peu plus longs que larges, renflés au milieu, et avec les
« angles saillants ; — œufs. »

Assez commun dans l'intestin du chat. Bremser en a représenté
un exemplaire monstrueux à six ventouses.

— Je pense qu'on doit considérer comme identique l'espèce suivante :

7. (a) *TÆNIA LATICOLLIS*. — Rud., *Syn.*, p. 164 et 524.

Rudolphi en reçut de Bremser deux exemplaires longs de 54 et 80^{mm},
larges de 3^{mm} en arrière, qui avaient été trouvés dans l'intestin d'un
lynx ; il les veut distinguer par leur tête plus distincte du cou et par
la forme des articles plus carrés.

8. TÉNIA A TÊTE CARRÉE. *TÆNIA QUADRATA.* — Rudolphi, *Synops.*, p. 164 et 525.

« — Long (?) ; — tête carrée, avec une trompe courte, armée de
« crochets assez grands ; — cou nul ; — premiers articles très-courts,
« les suivants plus longs, à bord postérieur saillant et à angles obtus ;
« — pénis long, filiforme. » (Rud.)

Trouvé, au musée de Vienne, dans l'intestin des *Muscicapa atrica-*
pilla et *collaris*.

9. TÉNIA POURPRÉ. *TÆNIA PURPURATA.* — Duj., *n. sp.*

« — Long de 27 à 48^{mm}, large de 1^{mm},2 ; — tête large de 0^{mm},48, an-
« guleuse, terminée par une petite trompe rétractile large de 0^{mm},008,
« avec soixante très-petits crochets *irréguliers*, longs de 0^{mm},008,
« sur deux rangs ; — ventouses larges de 0^{mm},20 ; — cou large de
« 0^{mm},25 ; — premiers articles très-courts, transverses ; — articles
« suivants de plus en plus larges jusqu'au milieu, où ils sont larges
« de 1^{mm},1 (six fois aussi larges que longs) ; — articles postérieurs plus
« étroits (de 0^{mm},53), aussi longs ou plus longs que larges, campani-
« formes ou urcéolés, avec une large *tache pourprée* en avant et une
« teinte jaune-verdâtre au milieu ; — pénis hérissés, larges de 0^{mm},0095,
« saillants de 0^{mm},03, mais beaucoup plus longs, et repliés à l'inté-
« rieur ; — oviducte large, en forme de sac au milieu de chaque
« article ; — œufs globuleux, à deux enveloppes ; — l'externe, mem-
« braneuse, large de 0^{mm},042 à 0^{mm},045 ; — enveloppe interne large
« de 0^{mm},037 à 0^{mm},040 ; — embryon de 0^{mm},032 à 0^{mm},035, avec six
« crochets longs de 0^{mm},018 à 0^{mm},019. »

J'en ai trouvé deux exemplaires vivants dans une fauvette (*Sylvia*
cinerea), à Rennes.

10. TÉNIA COURONNÉ. *TÆNIA CORONATA.* — Creplin, *Nov. observ. de Entoz.*, p. 100.

« — Long de 40 à 100^{mm} (?), large de 2^{mm},8 ; — tête un peu plus large
« que les premiers articles, oblongue, déprimée, avec une trompe
« très-courte, épaisse, armée d'un seul rang de longs crochets ; —
« cou nul ; — premiers articles très-courts, les suivants à bord posté-
« rieur, saillant et prolongé ; — derniers articles trois à quatre fois aussi
« larges que longs ; — orifices génitaux irrégulièrement alternes. »

M. Creplin l'a décrit d'après quatre fragments trouvés dans l'intestin
d'un *OEdicnemus crepitans.*

11. TÉNIA MULTIFORME. *TÆNIA MULTIFORMIS.* — Creplin,
Nov. obs. de Entoz., p. 101.

« — Long de 275^{mm}, large de 2^{mm},25 environ ; — tête plus large que
« longue, arrondie, avec une trompe de même longueur, assez
« épaisse, renflée à l'extrémité, et portant une couronne simple de
« crochets ; — cou un peu plus long que la tête, rétréci en arrière ; —
« premiers articles en forme de rides, les suivants très-variés, tantôt
« très-courts, tantôt un peu longs, trapézoïdaux ou presque en enton-
« noir, ou en cloche, les derniers très-allongés et presque linéaires,
« tous ayant le bord postérieur renflé. »

M. Creplin l'a trouvé dans l'intestin de la cigogne blanche.

12. TÉNIA AURICULÉ. *TÆNIA AURITA.* — Rud., *Syn.*, p. 678.

« — Long de 20 à 80^{mm}, large de 1^{mm},12 ; — tête rhomboïdale, avec
« une trompe épaisse, obtuse, entourée de forts crochets ; — ven-
« touses saillantes en manière d'oreillettes ; — cou nul ; — premiers
« articles très-courts, les suivants trapézoïdaux, les derniers oblongs. »

Trouvé dans plusieurs espèces de hérons, au Brésil.

13. TÉNIA DES GOËLANDS. *TÆNIA POROSA.* — Rud., *Entoz.*,
t. II, ii, p. 190, pl. 10, fig. 1, et *Syn.*, p. 168 et 520, pl. 3, fig. 98.

Tænia porosa, Bremser, Icones helminth., pl. 16, fig. 10-14.

« — Long de 50 à 100^{mm}, large de 1 à 1^{mm},2 ; — tête globuleuse,
« large de 0^{mm},5 environ, avec une longue trompe, terminée par une
« couronne de douze crochets longs et grêles ; — articles postérieurs
« presque carrés ; — orifices génitaux irrégulièrement alternes ; —
« pénis court, aigu, dirigé en avant ; — œufs à double enveloppe,
« l'externe fusiforme, l'interne globuleuse, beaucoup plus petite. »

Trouvé par Rudolphi dans l'intestin du *Larus cinerarius*, et par
Bremser, à Vienne, dans les *Larus fuscus*, *ridibundus* et *minutus*.

36

14. TÉNIA LANCÉOLÉ. *TÆNIA LANCEOLATA.* — Goeze, *Naturg.,* p. 377, pl. 29, fig. 3-12.

[Atlas, pl. 9, fig. F.]

Tœnia lanceolata, Rud., Entoz., t. II, ii, p. 84, et Syn., p. 145 et 488.

« — Long de 30 à 90^{mm}, large de 5 à 8^{mm}, quelquefois lancéolé ; —
« tête très-petite, globuleuse, large de 0^{mm},2, séparée du corps
« beaucoup plus large, par un cou plus mince et court, mais presque
« complétement rétractile elle-même, ainsi que le cou ; — trompe
« mince, claviforme, longue de 0^{mm},09, large de 0^{mm},036, terminée
« par une couronne de *dix crochets* grêles, longs de 0^{mm},038, mais
« complétement rétractile ; — ventouses larges de 0^{mm},08 ; — orifices
« génitaux irrégulièrement alternes, portés par un prolongement en
« forme de goulot, près de l'angle antérieur de chaque article ; —
« pénis, larges de 0^{mm},048, longs de 0^{mm},32, hérissés de petites épines
« et rétractiles par invagination ; — œufs ayant une enveloppe externe
« presque mucilagineuse, longue de 0^{mm},08, large de 0^{mm},05, et une
« enveloppe interne presque globuleuse, longue de 0^{mm},032 à 0^{mm},044 ;
« — embryon long de 0^{mm}031, avec six crochets longs de 0^{mm},087. »

Je l'ai trouvé assez souvent, à Rennes, dans l'intestin de l'oie et du
canard de Barbarie (*Anas moschata*). Il est indiqué aussi par Rudolphi dans le *Colymbus subcristatus* et par le catalogue de Vienne,
dans les *Anas ferina* et *nyraca.*

DEUXIÈME SECTION.

Couronne simple ou double de six à soixante crochets ; — orifices
génitaux unilatéraux.

15. TÉNIA AIGU. *TÆNIA ACUTA.* — Rud., *Syn.,* p. 165 et 525.

« — Long de 13^{mm},5 ; — tête presque globuleuse, avec une grande
« trompe terminée par une couronne de crochets ; — cou assez long ; —
« premiers articles très-courts, les suivants de plus en plus grands,
« puis campanulés, tous ayant les angles postérieurs aigus ; — pénis
« filiformes assez longs. »

Trouvé, à Vienne, dans l'intestin du *Vespertilio lasiopterus.*

16. TÉNIA PISTIL. *TÆNIA PISTILLUM.* — Duj., *nov. sp.*

[Atlas, pl. 10, fig. D.]

« — Long de 1^{mm},5 à 2^{mm} et s'allongeant jusqu'à 2^{mm},5 et 3^{mm}, clavi-
« forme ou en pilon, composé de vingt à vingt-six articles ; — pre-

« miers articles larges de 0^{mm},08, presque continus et paraissant for-
« mer un cou ; les suivants moniliformes arrondis ou grenus et de
« plus en plus larges jusqu'à 0^{mm},3 ; — tête globuleuse, large de
« 0^{mm},18 à 0^{mm},22 ; — ventouses peu saillantes ; — trompe aussi longue
« que la tête, ayant vingt à vingt-deux crochets, longs de 0^{mm},01, et
« entièrement rétractile au fond d'une cavité qui se ferme, en se con-
« tractant.

« — Articles antérieurs neutres ; articles moyens mâles, avec des
« testicules groupés au milieu, et une vésicule séminale en forme de
« virgule, s'abouchant dans le sac du pénis, qui a presque la même
« forme, et s'ouvre latéralement ; — pénis replié un grand nombre de
« fois dans son sac et quelquefois saillant ; — les quatre ou cinq der-
« niers articles ordinairement ovifères, et souvent le dernier ou les
« deux derniers rétrécis après l'émission des œufs ; — œufs longs de
« 0^{mm},053 à 0^{mm},066, et larges de 0^{mm},050, contenant une enveloppe
« moyenne, ovale, décomposable et une enveloppe interne, sphéri-
« que, dans laquelle est l'embryon large de 0^{mm},037, pourvu de six
« crochets longs de 0^{mm},015 à 0^{mm},016. »

Je l'ai trouvé souvent, à Rennes, dans l'intestin grêle de la musaraigne (*Sorex araneus*) ; c'est une des plus petites espèces de ténia, et
la forme grenue de ses articles le fait reconnaître au premier coup
d'œil, on croirait voir une larve d'insecte.

J'ai vu une fois avec les ténias adultes une immense quantité de
jeunes, à divers degrés de développement ; mais ils étaient logés entre
les villosités de l'intestin, dans des mucosités tenaces, peu transparentes, et ils s'altérèrent trop promptement par le contact de l'eau
pour que j'aie pu observer les plus nouvellement éclos. J'en ai vu
qui n'avaient encore que 0^{mm},20 à 0^{mm},25, et se composaient seulement
d'une tête globuleuse large de 0^{mm},12, suivie de quelques articles proportionnellement très-étroits. La tête était déjà complète avec ses
quatre ventouses et sa trompe entourée d'une couronne de seize à
vingt crochets, plus petits que ceux de l'adulte, qui sont eux-mêmes
d'un tiers plus courts que ceux de l'embryon dans l'œuf. Toutefois il
est bien certain que l'embryon qu'on voit se mouvoir dans l'œuf, et
qui est au moins trois fois plus étroit que la tête des jeunes, doit devenir la tête seule ; après s'être développé entre les villosités intesti-
nales, il perd ses premiers crochets, acquiert successivement sa trompe
et ses ventouses, puis il commence à produire les articles suivants,
exclusivement destinés à la reproduction.

La trompe de l'adulte se retire, en se contractant beaucoup, dans
une sorte de sac, analogue à celui des échinorhynques, et montrant
aussi des fibres transverses et longitudinales.

**17. TÉNIA SCALAIRE.   *TÆNIA SCALARIS*. — Duj., *nov. sp.*

[**Atlas, pl. 10, fig. E.**]

« — Long de 28^{mm} à 35^{mm}, large de 0^{mm},8 à 1^{mm}, composé de cent

« soixante-dix articles environ ; — tête large de 0mm,26 à 0mm,28, pres-
« que rhomboïdale, terminée en cône tronqué, avec une trompe très-
« courte, rétractile, armée de *douze crochets*, longs de 0mm,033 ; — cou
« large de 0mm,35, formé d'articles très-nombreux ; — articles suivants
« transverses, ayant chacun une bande plus opaque ; — derniers arti-
« cles deux à trois fois aussi larges que longs ; — orifices génitaux si-
« tués au milieu du côté de chaque article ; — testicule claviforme,
« situé transversalement au milieu des articles intermédiaires ; — œufs
« elliptiques, remplissant les derniers articles et pourvus de trois en-
« veloppes ; — l'externe longue de 0mm,068 à 0mm,074, large de 0mm,04 ;
« la moyenne membraneuse et plissée, longue de 0mm,055 à 0mm,06 ;
« l'interne presque globuleuse de 0mm,033 à 0mm,037 ; — embryon de
« 0mm,031 avec six crochets longs de 0mm,02. »

J'en ai trouvé deux fois plusieurs exemplaires dans l'intestin de la
musaraigne (*Sorex araneus*), à Rennes, et j'ai vu les embryons déjà
éclos.

18. TÉNIA TIARE. *TÆNIA TIARA.* — Duj., *nov. sp.*

[Atlas, pl. 10, fig. F.]

« — Long de 3mm à 5mm,5, large de 0mm,3 à 0mm,5, formé d'articles
« très-nombreux ; — tête large de 0mm,16 à 0mm,23, sphéroïdale, en
« forme de turban, quelquefois prolongée en avant par la trompe,
« large de 0mm,08 et également longue, portant une couronne de trente
« à trente-deux crochets minces, longs de 0mm,022 ; — cou tantôt al-
« longé, large seulement de 0mm,09, tantôt court et gonflé, large de
« 0mm,18 ; — premiers articles très-courts ; articles intermédiaires,
« *mâles*, transverses, huit à dix fois aussi larges que longs ; — articles
« ovifères, également transverses, quatre à cinq fois aussi larges que
« longs, puis s'atrophiant après la sortie des œufs et devenant une
« ou deux fois plus étroits ; — orifices génitaux d'un seul côté ; —
« testicule et réceptacle du pénis occupant seulement une moitié de
« la largeur ; — œufs oblongs à trois enveloppes ; l'externe longue de
« 0mm,07 à 0mm,08, large de 0mm,041 ; la moyenne membraneuse, longue
« de 0mm,054 à 0mm,061 ; l'interne longue de 0mm,034 à 0mm,036 ; — em-
« bryon long de 0mm,031, avec six crochets de 0mm,012 à 0mm,014. »

J'en ai trouvé deux fois plusieurs exemplaires dans le *Sorex araneus*, à Rennes ; j'ai vu des embryons, devenus libres, se mouvoir vivement en changeant de forme ; j'ai vu aussi les canaux longitudinaux,
liés entre eux par des canaux transverses autour du réceptacle de la
trompe. — Avec ces ténias se trouvaient des *Proglottis*.

19. TÉNIA MURIN. *TÆNIA MURINA.* — Duj., *nov. sp.*

[Atlas, pl. 12, fig. A.]

« — Long de 25mm, large de 0mm,55 à 0mm,9, formé d'articles très-

« nombreux, quatre à huit fois aussi larges que longs ; — tête large
« de 0^mm,32, avec une trompe courte, épaisse, entourée d'une cou-
« ronne simple de vingt à vingt-quatre crochets longs de 0^mm,015 à
« 0^mm,017 ; — ventouses larges de 0^mm,08 ; — cou large de 0^mm,15 ; —
« premiers articles très-courts ; les suivants (mâles) longs de 0^mm,07,
« larges de 0^mm,55 à 0^mm,6 ; les derniers remplis d'œufs mûrs longs
« de 0^mm,15 à 0^mm,17, larges de 0^mm,8 à 0^mm,9 ; — tous les articles ayant
« leurs angles postérieurs un peu saillants, aigus, en dents de scie ; —
« orifices génitaux unilatéraux ; — testicule claviforme, étendu trans-
« versalement depuis le milieu jusqu'au réceptacle du pénis en forme
« de cornue ; — pénis lisse, très-grêle, peu saillant ; — œufs elliptiques
« à trois enveloppes ; l'externe longue de 0^mm,065 ; la moyenne mem-
« braneuse, plissée, longue de 0^mm,05 ; l'interne plus résistante, un
« peu oblongue et terminée par une pointe obtuse à chaque extré-
« mité ; — embryon long de 0^mm,029 à 0^mm,030, avec les crochets de
« 0^mm,015 à 0^mm,016. »

Je l'ai trouvé, à Rennes, dans un surmulot (*Mus decumanus*), dans
un mulot nain (*Mus pumilus*), et dans un lérot (*Myoxus nitella*).

20. TÉNIA MICROSTOME. *TÆNIA MICROSTOMA*.—Duj., nov. sp.

[Atlas, pl. 12, fig. XI.]

« — Long de 162^mm, large de 0^mm,3 en avant et de 2^mm,1 en arrière,
« formé d'articles très-nombreux, beaucoup plus larges que longs,
« excepté les derniers qui, après avoir expulsé leurs œufs, s'atro-
« phient et deviennent oblongs ; — tête large de 0^mm,45, presque glo-
« buleuse, avec une très-petite trompe rétractile, portant une cou-
« ronne de trente crochets longs de 0^mm,011, très-grêles ; — ventouses
« larges de 0^mm,10 ; — articles transverses ayant les angles postérieurs
« saillants et aigus, en dents de scie ; — orifices génitaux unilatéraux ;
« — œufs elliptiques à trois enveloppes ; l'externe longue de 0^mm,082 à
« 0^mm,09 ; la moyenne, membraneuse, de 0^mm,077 ; l'interne de 0^mm,041 ;
« — embryon long de 0^mm,032, avec des crochets de 0^mm,018. »

Je l'ai trouvé une seule fois dans une souris, à Rennes.

21. TÉNIA DES MERLES. *TÆNIA ANGULATA*. — Rud., *Entoz.*
t. II, II, p. 133, et *Syn.*, p. 155 et 509.

[Atlas, pl. 9, fig. X.]

« — Long de 15^mm à 60^mm, large de 1^mm à 4^mm, formé d'articles nom-
« breux beaucoup plus larges que longs ; — tête presque globuleuse,
« large de 0^mm,7, à 1^mm, avec une trompe *épaisse* et *très-obtuse*, large de
« 0^mm,28 à 0^mm,33, entourée de quarante crochets longs de 0^mm,09 à
« 0^mm,095 ; — ventouses de 0^mm,22 à 0^mm,25 ; — cou presque aussi
« large que la tête ; — articles transverses, quelquefois très-serrés, et

« alors trente à quarante fois aussi larges que longs, ou bien étendus
« et seulement six à dix fois aussi larges que longs; — orifices géni-
« taux unilatéraux, saillants au milieu d'un des côtés de chaque
« article; pénis très-longs (de 0ᵐᵐ,4), larges de 0ᵐᵐ,018, hérissés de
« très-petites épines; — œufs globuleux à double enveloppe; l'ex-
« terne large de 0ᵐᵐ,060 à 0ᵐᵐ,063; l'interne de 0ᵐᵐ,044 à 0ᵐᵐ,005; —
« embryon de 0ᵐᵐ,035 à 0ᵐᵐ,039, avec des crochets de 0ᵐᵐ,018. »

J'ai trouvé fréquemment ce Ténia à Rennes dans le merle (*(Turdus merula)*, dans la grive (*Turdus musicus*) et dans la draine (*Turdus viscivorus*). Je le crois identique avec celui que Rudolphi a décrit sous ce nom comme dépourvu de crochets, mais avec une grosse trompe obtuse et un cou très-court et très-épais. Suivant cet auteur, on l'aurait trouvé en Allemagne dans les *Turdus pilaris, merula, iliacus, viscivorus, musicus, torquatus* et *saxatilis*, mais il est bien probable qu'on a confondu plusieurs espèces.

22. TÉNIA DE LA FARLOUSE. *TÆNIA ATTENUATA.* — Duj., *n. sp.*

[Atlas, pl. 9, fig. 8.]

« — Corps long de 45ᵐᵐ, large de 0ᵐᵐ,10 en avant, de 0ᵐᵐ,40 au
« milieu, de 0ᵐᵐ,70 en arrière; — articles antérieurs presque aussi
« longs que larges, articles moyens deux à trois fois aussi larges que
« longs, articles postérieurs ovifères deux à trois fois aussi longs que
« larges, anguleux postérieurement; — tête large de 0ᵐᵐ,22 à 0ᵐᵐ,26; —
« ventouses de 0ᵐᵐ,095; — trompe longue de 0ᵐᵐ,10, large de 0ᵐᵐ,078,
« terminée par un disque entouré de vingt crochets un peu inégaux,
« longs de 0ᵐᵐ,020 à 0ᵐᵐ,027, sur un seul (?) rang; — cirres uni-
« latéraux lisses, longs de 0ᵐᵐ,11, larges de 0ᵐᵐ,0185, logés dans un
« réceptacle claviforme au fond duquel vient aboutir un tube sémini-
« fère très-long, épais de 0ᵐᵐ,0074, pelotonné au centre de chacun
« des articles moyens; — œufs ovales à double enveloppe; l'extérieure
« membraneuse, longue de 0ᵐᵐ,060 à 0ᵐᵐ,062; l'interne plus résistante,
« large de 0ᵐᵐ,041 à 0ᵐᵐ,045; — embryon large de 0ᵐᵐ,036, avec six
« crochets de 0ᵐᵐ,013 à 0ᵐᵐ,014; — du milieu de la trompe bien en
« avant des ventouses partent quatre canaux longitudinaux. »

Ce Ténia qui, très-probablement, est un de ceux qu'au musée de Vienne on a confondus sous le nom de *Tænia platycephala*, se trouve dans l'intestin de la Farlouse (*Anthus pratensis*) et du pinson; il diffère de celui du Troglodyte par sa longueur beaucoup plus considérable, par ses articles tous plus allongés et dont les angles postérieurs sont plus prononcés; par sa trompe plus courte, plus épaisse et par le nombre de ses crochets qui, bien que de grandeur inégale, paraissent former un seul verticille. Ses œufs plus grands n'ont que deux enveloppes, et c'est l'interne qui est la plus solide.

23. TÉNIA DU TROGLODYTE. *TÆNIA EXIGUA.* — Duj., *n. sp.*

[**Atlas, pl. 9, fig T, et pl. 11, fig. F.**]

« — Corps long de 4^{mm} à 15^{mm} (à 45^{mm} dans le moineau), large de
« 0^{mm},075 en avant et de 0^{mm},80 en arrière; — articles antérieurs
« souvent à peine deux fois aussi larges que longs, articles posté-
« rieurs aussi longs ou plus longs que larges, arrondis ou élargis
« postérieurement, et montrant ordinairement deux canaux latéraux
« plus transparents; — cou susceptible de se renfler beaucoup derrière
« la tête; — tête large de 0^{mm},20, globuleuse; — ventouses rondes de
« 0^{mm},088; — trompe mince, longue de 0^{mm},14, terminée par un glo-
« bule de 0^{mm},051 portant à l'extrémité vingt-huit crochets, longs de
« 0^{mm},025, disposés comme des rayons en un double verticille; —
« pénis unilatéraux (?), longs de 0^{mm},115, larges de 0,026, hérissés
« de papilles; — œufs ovales à trois enveloppes; l'extérieure mem-
« braneuse, presque mucilagineuse ou décomposable, large de 0^{mm},055
« à 0^{mm},060; — l'enveloppe moyenne plus résistante, longue de 0^{mm},044
« à 0^{mm},056; — l'interne membraneuse susceptible de se plisser, longue
« de 0^{mm},033 à 0,036; — embryon long de 0^{mm},030 à 0^{mm},032, avec six
« crochets de 0^{mm},010 à 0^{mm},012. »

Je l'ai trouvé dans l'intestin du troglodyte (*Troglodytes europæus*)
à Rennes, d'abord le 9 octobre 1842 avec ses œufs; le 25 décembre 1843
j'ai eu deux exemplaires, longs de 4^{mm}, formés de quarante-trois articles
dont les derniers globuleux, larges de 0^{mm},27, sans œufs; le 14 février
1844 j'en ai retrouvé trois autres, longs de 10 à 15^{mm} et ayant leurs
derniers articles un peu plus longs que larges, remplis d'œufs qui sous
une légère pression paraissent sortir par les angles postérieurs
de chaque article; enfin le 20 février j'ai encore revu ce ténia sans
tête, mais avec les pénis saillants. Ces organes très-remarquables par
leur forme, ont continué à s'agiter et à se tordre pendant plus de huit
heures. J'ai trouvé des ténias que je crois identiques quoique plus
grands, dans le moineau et dans le pinson. — Je décris plus loin un
autre ténia du troglodyte ayant les orifices génitaux alternes, et les
pénis lisses plus minces.

24. TÉNIA CYATHIFORME. *TÆNIA CYATHIFORMIS.* —
Froelich, dans *Naturf.*, XXV, p. 55, pl. 3, fig. 1-3.

[**Atlas, pl. 9, fig. R.**]

Tænia hirundinis, Goeze, Batsch, Schrank, Gmelin.
Tænia cyathiformis, Rud., Ent., t. II, ii, p. 122, et Syn., p. 152, 502, et 692.

« — Long de 15 à 80^{mm}, large de 1 à 2^{mm},5; — tête large de 0^{mm},44 à
« 0^{mm},47, avec une trompe épaisse, très-courte et obtuse, large de 0^{m},2,
« armée de trente-deux crochets, longs de 0^{mm},05 à 0^{mm},063, disposés

« en rayonnant ; — ventouses larges de 0^{mm},10 ; — cou presque aussi
« large que la tête ; — premiers articles très-courts et très-nombreux ;
« les suivants de plus en plus longs, trapézoïdaux à angles aigus, mais
« devenant campaniformes ou cyathiformes en s'allongeant ; — orifices
« génitaux unilatéraux (?) ; — réceptacle du pénis très-grand, clavi-
« forme et contenant un long cordon pelotonné ; — œufs à trois enve-
« loppes ; l'externe presque contiguë à la moyenne, mais prolongée
« en *deux pointes opposées* promptement amincies, et terminées par
« une *soie longue de* 0^{mm},3 ; — enveloppe moyenne ovoïde, longue de
« 0^{mm},042 à 0^{mm},045 ; — enveloppe interne de 0^{mm},032 ; — embryon de
« 0^{mm},028 à 0^{mm},030, avec des crochets de 0^{mm},011 à 0^{mm},012. »

Je l'ai trouvé à Rennes plusieurs fois dans les hirondelles de fenêtre
et de cheminée et dans le martinet (*Cypselus apus*). On l'a trouvé dans
ces mêmes oiseaux en Allemagne et de plus dans les *Hirundo riparia*
et *Cypselus melba* ; mais on a, sans doute, confondu une autre espèce
dont je parle plus loin.

25. TÉNIA GRAND NEZ.   *TÆNIA NASUTA*. — Rud., *Entoz.*, t. II, n,
p. 98, et *Syn.*, p. 147.

[Atlas, pl. 12, fig. D.]

« — Long de 24 à 70^{mm}, large de 0^{mm},7 à 1^{mm},5 en arrière ; — tête de
« forme très-variable, quelquefois prolongée en manière de nez ,
« quelquefois aussi suivie d'une dilatation très-considérable du cou et
« ayant souvent les ventouses saillantes et relevées comme des oreil-
« lettes ; — trompe longue de 0^{mm},18, large de 0^{mm},15, avec dix crochets
« longs de 0^{mm},023 à 0^{mm},06 ; — ventouses larges de 0^{mm},165 ; — pre-
« miers articles très-nombreux, très-courts, mais très-dilatables ; —
« les suivants de plus en plus longs, d'abord trapézoïdaux, puis
« campanulés, ou urcéolés, ou ovales et enfin oblongs ; — orifices
« génitaux unilatéraux ; — pénis longs de 0^{mm},093, larges de 0^{mm},046,
« hérissés de très-petites épines inclinées ; — œufs à trois enveloppes ;
« l'externe presque globuleuse, longue de 0^{mm},064 à 0^{mm},093 ; la
« moyenne membraneuse, souvent chiffonnée, longue de 0^{mm},063 ;
« l'interne elliptique, longue de 0^{mm},046 à 0^{mm},048, avec les deux
« extrémités en pointe obtuse ; — embryon long de 0^{mm},039, avec des
« crochets longs de 0^{mm},0135 à 0^{mm},014 ; — œufs réunis dix ou vingt
« ensemble par une substance gélatineuse, translucide, mêlée de
« globules huileux et formant quatre ou cinq masses globuleuses dans
« chaque article. »

Je l'ai trouvé fréquemment à Rennes dans les diverses espèces de
mésanges (*Parus major, cœruleus* et *caudatus*), mais avec des différences notables pour les dimensions des crochets de la trompe et des
œufs. On l'a trouvé en Allemagne dans ces mêmes oiseaux et en outre
dans les *Parus ater, biarmicus, cristatus* et *palustris*.

**26. TÉNIA ONDULÉ.   *TÆNIA UNDULATA.* — Rudolphi, *Entoz.,*
t. II, ii, p. 186, et *Syn.,* p. 167.**

[Atlas, pl. 9, fig. N.]

Tœnia serpentiformis non collaris, Goeze. Naturg., p. 391, pl. 31 A, fig. 7-9.
Tœnia undula, Schrank, Verzeichn., p. 40.

« — Lòng de 50 à 200^{mm}, large de 1^{mm},5 à 3^{mm}, formé d'articles très-
« nombreux, tous plus larges que longs ; — tête large de 0^{mm},23 à
« 0^{mm},27, tétragone, et comme tronquée en avant, où sont placées
« les ventouses rondes, larges de 0^{mm},11 ; — trompe très-petite, peu
« saillante, large de 0^{mm},06, avec une couronne simple de dix à douze
« crochets longs de 0^{mm},02, très-courbés ; — premiers articles très-
« courts, larges de 0^{mm},14 à 0^{mm},17, les suivants de plus en plus longs,
« mais encore quatre à six fois aussi larges que longs, trapézoïdaux,
« les derniers renflés en forme de grain d'orge mondé, une fois et
« demie ou deux fois aussi larges que longs ; — orifices génitaux
« unilatéraux ; — pénis lisses, larges de 0^{mm},02 ?, longs de 0^{mm},09 ? ;
« œufs à trois enveloppes, l'externe ovoïde, longue de 0^{mm},064 à
« 0^{mm},075 ; la moyenne membraneuse longue de 0^{mm},06, l'interne longue
« de 0^{mm},041 à 0^{mm},044, ovoïde, plus bombée du côté opposé aux
« crochets ; — embryon long de 0^{mm},032 à 0^{mm},035, avec des crochets
« longs de 0^{mm},015 à 0^{mm},018. »

Je l'ai trouvé souvent à Rennes dans l'intestin du geai (*Corvus glandarius*), et je soupçonne que c'est le même que Rudolphi désigne
ainsi, et qu'on a trouvé en Allemagne dans les corbeaux.

**27. TÉNIA SERPENTEAU.   *TÆNIA SERPENTULUS.* — Schrank,
Verzeichn., p. 41.**

[Atlas, pl. 9, fig. P.]

Tœnia serpentiformis collaris, Goeze, Naturg., p. 391, pl. 31 A, fig. 10-11.
Tœnia serpentulus, Rud., Entoz., t. II, ii, p. 188, et Syn., p. 167.

« — Long de 50 à 200^{mm}, large de 0^{mm},8 à 1^{mm},5 (2^{mm} comprimé),
« formé d'articles très-nombreux et très-courts ; — tête large de
« 0^{mm},22 à 0^{mm},25, anguleuse et tronquée en avant, où sont placées
« les ventouses, larges de 0^{mm},11, à bord saillant ; — trompe petite,
« quelquefois saillante avec la partie centrale de la tête ; — douze à
« quatorze crochets droits et minces longs de 0^{mm}022 ; — cou très-
« long, sans articles distincts, mais avec quatre canaux transparents ;
« — premiers articles très-courts, les suivants quatre à six fois aussi
« larges que longs ; — orifices génitaux unilatéraux ; — *pénis vésicu-
« leux* ou remplacés par une sorte *d'ampoule* urcéolée, béante,
« large de 0^{mm},05, d'où sortent abondamment des spermatozoïdes
« filiformes qu'on voit pelotonnés en écheveau à l'intérieur de la vési-

« cule séminale ; — œufs elliptiques à trois enveloppes ; l'externe
« longue de 0^mm,076 à 0^mm,09 ; la moyenne membraneuse; l'interne
« longue de 0^mm,045 à 0^mm,050 ; — embryon dans l'œuf, long de 0^mm,04,
« avec des crochets de 0^mm,021 à 0^mm,022 ; — embryon nouvellement
« éclos, long de 0^mm,08, portant à l'extrémité postérieure une am-
« poule qui paraît produite par une vacuole au contact de l'eau. »

Je l'ai trouvé fréquemment dans la pie (*Corvus pica*) à Rennes ;
malgré sa ressemblance avec l'espèce précédente, je le crois suffisamment distinct par ses pénis vésiculeux et par la forme des crochets
de la trompe.

28. TÉNIA NAJA. *TÆNIA NAJA.* — Duj., *nov. sp.*

[Atlas, pl. 9, fig. XI.]

« — Long de 10 à 30^mm, large de 0^mm,7 à 1^mm ; — tête large de
« 0^mm,35, arrondie, suivie d'un renflement considérable du cou, et
« terminée par une trompe, tantôt obtuse, tantôt aiguë , suivant
« l'état de contraction , large de 0^mm,12, et également longue ,
« avec huit à neuf crochets droits, longs de 0^mm,056, disposés en
« rayonnant; — ventouses larges de 0^mm,14; — orifices génitaux uni-
« latéraux , derniers articles arrondis ou oblongs ; — pénis hérissés de
« petites épines, paraissant longs de 0^mm,095, larges de 0^mm,014 ; —
« œufs ?. »

Ja l'ai trouvé à Rennes dans quatre sittelles (*Sitta europœa*), et
dans un grimpereau (*Certhia familiaris*).

29. TÉNIA CRATÉRIFORME. *TÆNIA CRATERIFORMIS.* — Goeze,
Naturg., p. 396 , pl. 31 B, fig. 16-18.

[Atlas, pl. 9, fig. K.]

Tænia crateriformis, Rud., Entoz., t. II, II , p. 191, et Syn., p. 168 et 531.

« — Long de 20 à 30^mm (à 80^mm, Rud.), large de 0^mm,5 à 0^mm,65 (de
« 0^mm,7 à 1^mm,5 , Rud.); — tête arrondie, large de 0^mm,24 à 0^mm,34 ,
« avec une trompe cylindrique large de 0^mm,05 à 0^mm,09, terminée par
« un globule armé de douze (à vingt ?) crochets longs de 0^mm,028
« (à 0^mm,032, Rud.); — ventouses larges de 0^mm,11 à 0^mm,17; — cou
« assez long, mais formé d'articles distincts, très-courts, larges de
« 0^mm,06 ; — articles suivants de plus en plus longs, d'abord en en-
« tonnoir, puis campanulés et cratériformes , les derniers articles ar-
« rondis et remplis d'*œufs très-volumineux*, au nombre de vingt-six
« à trente ; — orifices génitaux *unilatéraux*; — pénis lisses, longs de
« 0^mm,028 à 0^mm,03 , larges de 0^mm,0074 ; — œufs elliptiques, à trois en-
« veloppes; l'externe longue de 0^mm,12 à 0^mm,14 ; la moyenne mem-
« braneuse, irrégulièrement contractée; l'interne longue de 0^mm,055
« à 0^mm,063 ; — embryon long de 0^mm,045, avec des crochets longs de
« 0^mm,019 à 0^mm,021. »

Je l'ai trouvé à Rennes dans le pic-épeiche (*Picus major*), et je le crois identique avec celui que Rudolphi indique comme trouvé en Allemagne, dans les *Picus major, viridis, martius, canus* et *medius*, dans le torcol (*Yunx torquilla*) et dans la huppe, car la grandeur des œufs est un caractère auquel on ne peut se méprendre, et je dois penser que cet auteur s'est trompé en attribuant à ce ténia des orifices génitaux opposés.

— De très-jeunes ténias du pic-épeiche avaient la tête plus large (de 0^{mm},41) et le globule terminal de la trompe plus isolé et armé de vingt à vingt-trois crochets longs de 0^{mm},028 à 0^{mm},32 (*Atlas*, pl. 9, fig. J).

30. TÉNIA DES SPATULES. *TÆNIA CAPITO ?*—Rud., *Syn.*, p. 704.

« — (Non adulte.) Long de 6 à 9^{mm}, large de 0^{mm},8 en arrière ; —
« tête arrondie, large de 0^{mm},3, et prolongée en une trompe aussi
« longue et moitié moins large, armée de douze à (?) crochets, longs
« de 0^{mm},10 (voy. *Atlas*, pl. 9, fig. G); — cou nul, articles très-
« courts ; — orifices génitaux unilatéraux ; — tubes séminifères pe-
« lotonnés au milieu de chaque article ; — œufs ?. »

Je l'ai trouvé très-nombreux à Rennes dans une spatule (*Platalea leucorodia*), et je le crois identique avec ceux que M. Natterer a trouvés au Brésil dans la *Platalea ajaja*, et qui étaient longs seulement de 2 à 7^{mm}.

31. TÉNIA PARADOXAL. *TÆNIA PARADOXA*. — Rudolphi, et

Tænia interrupta, Entoz., t. II, II, p. 155 et 156, pl. 10, fig. 2, et *Synops.*, p. 161.

[Atlas, pl. 11, fig. C.]

Tænia interrupta, Creplin, Nov. obs. de Entoz., p. 128.

« — Long de 75^{mm} (?), large de 1^{mm} ; — tête large de 0^{mm},25 à 0^{mm},28,
« avec une trompe assez longue, renflée à l'extrémité, et large de
« 0^{mm},40 à 0^{mm},12, armée de quatorze crochets presque droits, longs
« de 0^{mm},078 à 0^{mm},090 ; — ventouses larges de 0^{mm},102 ; — cou large
« de 0^{mm},134 ; — articles transverses ordinairement plus larges que
« longs, mais susceptibles de s'allonger beaucoup ; — orifices géni-
« taux unilatéraux ; — pénis longs de 0^{mm},05, larges de 0^{mm},014,
« hérissés de petites épines ; — œufs entourés d'une enveloppe
« molle, diaphane, large de 0^{mm},075 ; — enveloppe interne granu-
« leuse, assez épaisse, elliptique ; longue de 0^{mm},032 à 0^{mm},039 ; —
« embryon long de 0^{mm},028, avec crochets de 0^{mm},010. »

Je nomme ainsi des ténias que j'ai trouvés plusieurs fois à Rennes dans la bécasse (*Scolopax rusticola*) et dans la petite bécassine (*Scolopax gallinula*) : je crois bien que ce sont ceux que Rudolphi et M. Creplin ont trouvés très-jeunes dans ces mêmes oiseaux.

— J'ai trouvé, dans un râle de genêt (*Rallus crex*), à Rennes, deux ténias longs de 30 à 35^mm^, larges de 1^mm^,5 en arrière, et que je crois identiques avec le *Tænia paradoxa*, en raison de leurs pénis et de leurs œufs tout semblables, mais la tête était plus large, et la trompe très-renflée à l'extrémité était inerme, ce qui doit provenir d'un commencement de décomposition.

32. TÉNIA DE LA FOULQUE.   *TÆNIA INFLATA.* — Rudolphi, *Syn.*, p. 166 et 526.

« — Long de 30 à 80^mm^, presque capillaire en avant, large de 1^mm^,50
« en arrière ; — tête grande, obovée, ou presque en massue, avec une
« trompe forte, presque globuleuse, armée d'une couronne simple
« de crochets ; — ventouses grandes, orbiculaires, dirigées en avant ;
« — cou long, très-mince ; — premiers articles très-courts et très-
« étroits, puis brusquement élargis ; derniers articles très-courts,
« avec les angles postérieurs aigus ; — orifices génitaux unilatéraux ; —
« pénis très-minces, surpassant quelquefois en longueur le diamètre
« des articles ; — œufs ayant l'enveloppe externe prolongée de part
« et d'autre en un appendice très-long et très-mince. »

Trouvé, à Vienne, dans la foulque (*Fulica atra*).

33. TÉNIA MULTISTRIÉ.   *TÆNIA MULTISTRIATA.* — Rudolphi, *Entoz.*, t. II, ii, p. 183, pl. 10, fig. 6, et *Syn.*, p. 166 et 526.

Tænia multistriata, Bremser, Icones helminth., pl. 16, fig. 7-9.

« — Long de 40 à 54^mm^, large de 0^mm^,56 à 1^mm^,12 en arrière ; — tête
« pyriforme avec une trompe courte, assez épaisse, obtuse, armée
« d'une couronne simple de douze crochets recourbés ; — cou long,
« à bords ondulés ; — premiers articles en forme de rides, les suivants
« de plus en plus grands, quoique très-courts, et ayant les bords la-
« téraux en angles obtus ; — *trois stries* longitudinales, foncées sur
« le cou, et *cinq stries* foncées sur le corps ; — orifices génitaux uni-
« latéraux ; — pénis assez longs, presque claviformes, tronqués à
« l'extrémité, et formant une frange tout le long du bord. »

Rudolphi le trouva dans le castagneux (*Podiceps minor*), à Greifs-wald, mais, plus tard, il émit l'opinion que le *Tænia capillaris* des grèbes (*Podiceps auritus* et *subcristatus*) doit être la même espèce. Bremser l'a trouvé également à Vienne, dans le castagneux.

34. TÉNIA DU CORMORAN.   *TÆNIA SCOLECINA.* — Rudolphi, *Syn.*, p. 169 et 532.

Tænia scolecina, Bremser, Icones helminth., pl. 16, fig. 15-18.

« — Long de 2^mm^,25 à 5^mm^,67, très-étroit (de 0^mm^,25) ; — tête deux fois
« plus large que le corps, de forme variable, presque globuleuse ou

« obcordée ; — trompe quelquefois saillante, en forme de globule,
« et armée de dix à douze crochets longs et minces ; — premiers ar-
« ticles (neutres) peu distincts, en forme de rides ; les suivants (mâ-
« les) très-courts, à bords continus, avec des orifices génitaux uni-
« latéraux et des pénis courts, tronqués, quelquefois tous saillants ;
« — derniers articles (femelles) plus distincts, à bords arrondis. »

Trouvé abondamment, par Bremser, dans l'intestin du cormoran
(*Carbo cormoranus*). Rudolphi, qui en reçut plusieurs exemplaires,
a signalé la différence de sexe des articles moyens et postérieurs.

35. TÉNIA SINUEUX.   *TÆNIA SINUOSA*. — Rudolphi, *Entoz.*,
t. II, ii, p. 184, et *Synops.*, p. 166 et 527.

[Atlas, pl. 9, fig. B.]

Tœnia collari nigro, Bloch, Traité des Vers intest., pl. 4, fig. 11-13.
Tœnia collaris, Batsch, Bandwurm, p. 197, fig. 131.
Tœnia torquata, Gmelin, Syst. nat., p. 3070.

« — Long de 50 à 160^{mm} (à 330^{mm}, Rud.), capillaire en avant, large de
« 2^{mm},25 en arrière ; — tête presque globuleuse, large de 0^{mm},17 à
« 0^{mm},20, avec un prolongement conique, tubuleux, plus ou moins
« saillant, qui contient la trompe ; — trompe rétractile, aussi longue
« que la tête, mince, renflée à l'extrémité, et armée de dix crochets
« très-longs (de 0^{mm},040 à 0^{mm},042), très-saillants, presque droits ; —
« cou très-long ; — premiers articles (neutres) très-dilatables et con-
« tractiles, tantôt trois à quatre fois aussi longs que larges sur un
« point, et, au contraire, trois à quatre fois aussi larges que longs
« à quelque distance en avant ou en arrière ; — articles suivants (mâ-
« les) trapézoïdaux ; — derniers articles (androgynes ou femelles)
« plus ou moins arrondis ; — orifices génitaux unilatéraux ; — appa-
« reil mâle formé d'un testicule blanc ou jaunâtre opaque, situé
« transversalement au milieu de chaque article, avec une tige cornée,
« mince, contenue dans un tube hérissé de poils et dirigé transversa-
« lement vers l'orifice génital ; — à côté de cet orifice se trouve un
« sac intérieur globuleux, tout hérissé de poils ou de petites épines,
« et paraissant comme un point noir sur le côté de chaque article
« (d'où résulte une ligne de points noirs très-régulière); — œufs glo-
« buleux à trois enveloppes ; l'externe longue de 0^{mm},042 à 0^{mm},044 ;
« la moyenne membraneuse et plissée ; l'interne elliptique, recouvrant
« l'embryon long de 0^{mm},034, dont les crochets, très-petits et peu
« distincts, sont longs seulement de 0^{mm},0074 à 0^{mm},008. »

J'ai trouvé assez communément, à Rennes, dans l'oie et le canard,
ce ténia qui se reconnaît facilement à l'amincissement de sa partie antérieure et à sa ligne de points noirs. Il a été trouvé, en Allemagne, dans les mêmes oiseaux et dans l'*Anas acuta*.

? 36. TÉNIA A TROIS LIGNES.　　*TÆNIA TRILINEATA.* — Batsch, Bandw., p. 196, fig. 130.

Tænia lineata, Bloch, dans Besch. d. Berl. Ges. N. Fr., IV, p. 555, pl. 14, fig. 5-7.
Tænia trilineata, Rud., Entoz., t. II, 11, p. 136, et Syn., p. 167 et 528.
Tænia longirostris, Froelich, dans Nat., XXIX, p. 84, pl. 2, fig. 21-22.

« — Long de 30 à 190^{mm}, large de 1^{mm},50 à 4^{mm},5 ; — tête presque « globuleuse, avec une trompe cylindrique aussi longue ou plus lon- « gue que la tête, un peu renflée à l'extrémité et armée de crochets « assez longs et minces ; — cou très-court ou nul ; — articles très- « courts, quatre fois aussi larges que longs, avec les angles posté- « rieurs saillants. » (Rud.)

Trouvé en Allemagne dans le canard (*Anas boschas*), et dans les *Anas acuta, circia* et *clypeata ;* je crois que c'est une simple variété de l'espèce précédente.

37. TÉNIA CORONULE.　　*TÆNIA CORONULA.* — Duj., *nov. sp.*

« — Long de 40 à 140^{mm} (?), large de 1^{mm},5 à 2^{mm} en arrière, insensi- « blement aminci en avant, formé d'un très-grand nombre d'articles « très-courts ; — tête large de 0^{mm},20 à 0^{mm},22, presque rhomboïdale, « avec les ventouses anguleuses, saillantes, irrégulières, larges de « 0^{mm},066 à 0^{mm},09 ; — trompe épaisse, large de 0^{mm},09, longue de « 0^{mm},06, entourée d'une couronne de dix-huit à vingt-quatre petits « crochets longs de 0^{mm},009 à 0^{mm},014, qui sépare une partie termi- « nale hémisphérique d'une partie moyenne, élargie et gonflée tout « autour ; — orifices génitaux unilatéraux ; — pénis longs de 0^{mm},06 à « 0^{mm},12, larges de 0^{mm},03 à 0^{mm},053, mais pouvant se gonfler jusqu'à « 0^{mm},08, formés d'un large tube membraneux, hérissé de très-pe- « tites épines, et pouvant rentrer par invagination ; — un deuxième « orifice situé au-dessous, arrondi et formé également d'une mem- « brane hérissée de petites épines ; — œufs ?. »

Le 12 mars, à Rennes, je trouvai dans un canard deux ténias longs de 120 et 141^{mm}, larges de 0^{mm},12 en avant, et de 1^{mm},8 à 2^{mm} en arrière, ayant dix-huit à vingt crochets larges de 0^{mm},014 à 0^{mm},017 ; le 8 avril suivant, je trouvai dans un autre canard plusieurs ténias non adultes, longs de 14 à 40^{mm}, que je considère comme appartenant à la même espèce, quoique leur trompe porte vingt-deux à vingt-quatre crochets longs de 0^{mm},009 à 0^{mm},010, et que leurs articles soient proportion nellement moins courts ; ce sont eux qui m'ont présenté la singulière structure d'organes mâles, décrite ci-dessus.

38. TÉNIA RHOMBOIDE.　　*TÆNIA RHOMBOIDEA.* — Duj.

« — Long de 10 à 30^{mm} et davantage, large de 0^{mm},5 à 0^{mm},9 ; —

« formé d'articles trapézoïdaux deux à trois fois aussi longs que
« larges ; — tête large de 0^mm,46 à 0^mm,52, rhomboïdale ou prolongée
« en avant par une gaîne tubuleuse contenant une trompe épaisse,
« ovoïde, oblongue, large de 0^mm,22 à 0^mm,25, longue de 0^mm,27, armée
« de dix à douze (?) crochets très-forts, longs de 0^mm,065 à 0^mm,066,
« avec des apophyses courtes (*Atlas,* pl. 9, fig. A); — ventouses larges
« de 0^mm,18 ; — orifices génitaux unilatéraux ; — réceptacle du pénis
« en forme de tube flexueux, partant du milieu de chaque article;
« pénis large de 0^mm,0097, lisse plus ou moins en saillant, et recourbé
« ou enroulé ; — ? œufs elliptiques, à double enveloppe, l'externe
« longue de 0^mm,55 à 0^mm,06, l'interne longue de 0^mm,039 à 0^mm,041 ; —
« embryon de 0^mm,036, avec des crochets de 0^mm,0163 à 0^mm,0172. »

Je trouvai, le 3 mars, dans un canard sauvage, un fragment long
de 30^mm, large de 0^mm,9, et avec ce fragment six jeunes ténias longs de
10 à 18^mm, larges de 0^mm,5 à 0^mm,68 que je crus d'abord d'une autre
espèce; avec eux se trouvait aussi le *Tænia megalops,* de sorte que
je crains de n'avoir eu que les œufs de ce dernier.

TROISIÈME SECTION.

*Trompe armée de six à soixante crochets sur deux ou trois rangées ;
deux orifices génitaux opposés sur chaque article.*

39. TÉNIA CUCUMÉRIN.   *TENIA CUCUMERINA.* — Bloch.

[Atlas, pl. 12, fig. C.]

Tænia canina, Linné, Syst. nat., edit. XII, p. 1324.
Tænia cucumerina, Bloch, Traité des Vers intestinaux, pl. 5, fig. 6-7.
Tænia cateniformis (en partie), Goeze, Naturg., p 324, pl. 33, fig. D, E.
Alyselminthus ellipticus (en partie), Zeder, Nachtrag., p. 290.
Tænia cucumerina, Rud., Entoz., t. II, I, p. 100, et Syn., p. 147.
Tænia cucumerina, Creplin, Observ. de Entoz., p. 77, fig. 10-13.

« — Long de 100 à 350^mm, large de 2 à 3^mm (formé d'articles oblongs
« en forme de graine de concombre); — tête large de 0^mm,05 à 0^mm,06,
« presque rhomboïdale, terminée par une trompe conique renfermant
« un bulbe musculeux, ovoïde, et armée de quarante-huit crochets
« très-petits, sur trois rangs; — crochets longs de 0^mm,011, partant
« obliquement d'une base ovale creuse en dessous (comme un aiguillon
« de rosier); — ventouses larges de 0^mm,18 à 0^mm,21; — cou large
« de 0^mm,25; — articles antérieurs, *mâles,* longs de 3 à 5^mm, larges
« de 1 à 1^mm,5, ayant sur chaque bord, vers le milieu, un orifice
« génital gonflé, d'où sort un pénis court, lisse, large de 0^mm,023; —
« tubes séminifères pelotonnés symétriquement, et aboutissant au
« réceptacle ovoïde du pénis; — ovaires en grappes multiples, rem-
« plissant chaque article de plus en plus; — oviducte aboutissant obli-

« quement d'arrière en avant à l'orifice génital; — articles postérieurs
« longs de 6 à 10^{mm}, larges de 2^{mm},8 à 3^{mm}, épais, rougeâtres et opa-
« ques, remplis d'œufs ; — œufs agglutinés par une substance gélati-
« neuse, diaphane, en masses ovoïdes qui en contiennent six à vingt;
« — chaque œuf presque globuleux, long de 0^{mm},045, n'a sous cet
« enduit gélatineux qu'une seule enveloppe lisse, assez saillante;—
« embryon long de 0^{mm},032, avec six crochets longs de 0^{mm},017. »

Très-commun dans l'intestin grêle du chien. Les crochets de la
trompe sont très-caducs, et ont échappé jusqu'à présent à l'attention
des helminthologistes.

40. TÉNIA ELLIPTIQUE. *TÆNIA ELLIPTICA.* — Batsch, *Bandwurm,* p. 129, fig. 7-8-24, etc.

Tænia cateniformis (en partie), Goeze, Naturg., p. 311, pl. 22 B, fig. 13-22.
Tænia canina felis, Werner, Brev. exp. cont., t. I, p. 17, pl. 9, fig 34-37.
Tænia elliptica et *Tænia cuneiceps,* Rud., Entoz., t. II, ii, p. 143 et 195,
et Syn., p. 158.

« — Long de 100 à 300^{mm} environ, et large de 1^{mm},5 à 3^{mm}; — tête
« obtuse; — trompe en massue ou pyriforme, armée de petits cro-
« chets près de l'extrémité (Goeze); — cou très-court; — premiers
« articles très-courts, les suivants presque carrés, puis arrondis et
« moniliformes, puis elliptiques; les derniers deux à trois fois aussi
« longs que larges; — orifices génitaux opposés, saillants; — œufs
« globuleux, à double enveloppe, l'externe large de 0^{mm},044, dure,
« cassante, l'interne de 0^{mm},036 à 0^{mm},38; — embryon long de 0^{mm},033,
« avec des crochets de 0^{mm},015. »

J'en ai trouvé plusieurs fois dans le chat des fragments, mais je n'ai
pas eu la tête.

41. TÉNIA DE LA SOUBUSE. *TÆNIA CRENULATA.* — Schultze, dans *Annal. d. gesammt. Heilkund.,* de Hecker, 1825; et dans les *Nov. obs. de Entoz.* de Creplin (note), p. 97.

« — Tête presque arrondie, avec une trompe courte, obtuse, *pro-*
« *bablement armée* de crochets; — cou très-long; — premiers arti-
« cles courts, les suivants oblongs, arrondis, ridés transversalement
« et profondément crénelés au bord, les derniers très-longs; —
« orifices génitaux opposés. »

M. Schultze a publié des observations fort surprenantes sur ce ténia
qu'il avait trouvé dans un *Falco pygargus,* mort depuis plusieurs
jours. Ainsi, d'une part, il lui attribue un canal digestif simple et traversant tous les articles; d'autre part, il dit avoir vu les pénis ou
lemnisques d'une série d'articles engagés dans les orifices des oviductes d'une autre série d'articles, soit du même ténia, soit d'un
autre exemplaire.

? 42. TÉNIA DE L'AVOCETTE.   *TÆNIA POLYMORPHA.* —
RUD., *Synops.,* p. 154 et 505.

« — Long de 30 à 110^{mm}, large de 4 à 9^{mm}; — tête anguleuse plus large
« que longue, avec une trompe inerme (?), presque globuleuse, peu
« saillante et souvent rétractée; — cou très-court; — articles courts,
« assez larges, ayant les angles aigus; — orifices génitaux opposés;
« — pénis (ou lemnisques) assez durs, recourbés, quelquefois très-
« longs, filiformes, pendants; — œufs petits (longs de 0^{mm},05 à 0^{mm},09 ?
« RUD.), à double enveloppe, l'interne beaucoup plus petite; con-
« tenant un embryon linéaire. (?) »

Trouvé, au musée de Vienne, dans l'avocette (*Recurvirostra avo-*
cetta). Rudolphi, qui le reçut de Bremser, dit que l'embryon linéaire
se compose de trois parties distinctes, l'une antérieure, globuleuse,
une seconde plus longue et une troisième très-longue. La forme de la
trompe me fait présumer qu'elle doit être armée de crochets.

QUATRIÈME SECTION.

Trompe inerme, orifices génitaux opposés.

43. TÉNIA DU FLAMANT.   *TÆNIA LAMELLIGERA.* — OWEN,
dans *Transact. zool. Soc.,* I, p. 385, pl. 41, fig. 21-23.

« — Long de 170^{mm}, large de 10^{mm},5, épais de 2^{mm},1 ; — tête presque
« globuleuse, avec une trompe cylindrique, obtuse; cou nul; —
« articles très-courts ayant les bords latéraux dilatés et arrondis, et
« les angles un peu saillants; avec deux lignes longitudinales un peu
« enfoncées le long des bords, sur chaque face; — orifices génitaux et
« pénis opposés; — œufs agrégés près de la base du pénis. »

Trouvé par M. Sykes, en Angleterre, dans un flamant (*Phœnicoptera*
rubra); M. Owen dit que le bord dilaté des segments et les pénis
saillants donnent à ce ténia quelque ressemblance avec la *Nereis*
lamelligera de Pallas.

44. TÉNIA DES MOUTONS.   *TÆNIA EXPANSA.* — RUDOLPHI,
Entoz., t. II, II, p. 77, et *Synops.,* p. 144 et 487.

Tænia ovina, GOEZE, Naturgesch, p. 369, pl. 28, fig. 1-12.
Halysis ovina, ZEDER, Naturg., p. 332.
Tænia expansa, GURLT, Path. Anat. d. Haussaengeth., pl. 10, fig. 1-2.

« — Long de 30^{mm} à 30 mètres et davantage, large de 5 à 27^{mm}; —
« tête très-petite, obtuse, arrondie; — ventouses dirigées en avant,
« presque contiguës; — cou très-court ou nul; — premiers articles
« très-courts, larges de 0^{mm},5 à 0^{mm},75, les suivants plus longs, rec-

37

« tangulaires; — le bord postérieur de chaque article est crénelé ou
« ondulé, et recouvre en partie le suivant; — deux orifices génitaux
« opposés sur chaque article; — pénis (lemnisque) en forme de pa-
« pille très-petite. »

Très-commun, en Allemagne, dans l'intestin grêle des moutons
(*Ovis aries*) et surtout des agneaux. On l'a trouvé aussi, à Vienne,
dans l'intestin du chamois (*Antilope rupicapra*) et de l'*Antilope
dorcas;* Nitzsch l'avait trouvé dans le chevreuil (*Cervus capreolus*).

45. TÉNIA DU BOEUF. *TÆNIA DENTICULATA.* — Rudolphi, *Entoz.*, t. II, ii, p. 79, et *Synops.*, p. 145.

« — Long de 400^m environ, large de 4^{mm},5 à 61^{mm} én avant, et
« presque de 27^{mm} en arrière, formé d'articles très-courts; — tête
« petite tétragone, assez large, sans trompe et sans crochets; — ven-
« touses presque globuleuses et presque contiguës dirigées en avant,
« et ayant l'orifice resserré; — cou nul; — articles douze à vingt fois
« aussi larges que longs, ayant le bord postérieur crénelé ou ondulé,
« et prolongé sur l'article suivant; — deux orifices génitaux opposés
« sur chaque article; — pénis ou lemnisque en forme de dent aiguë,
« dure, saillante. »

Trouvé dans les intestins du bœuf, en France, par Chabert, et en
Allemagne, par Havemann et Camper.

CINQUIÈME SECTION.

Ténias à trompe inerme, orifices génitaux unilatéraux ou alternes.

46. TÉNIA OMPHALODE. *TÆNIA OMPHALODES.* — Hermann, dans *Naturf.*, XIX, p. 34, pl. 2, fig. 1.

Halysis omphalodes, Zeder, Naturg., p. 371.
Tænia omphalodes, Rudolphi, Entoz., t. II, ii, p. 92, et Syn., p. 146 et 491.

« — Long de 60 à 160^{mm}, large de 2^{mm} à 2^{mm},5; — formé d'articles
« très-nombreux et très courts; — tête grande (de 0^{mm},7), presque
« quadrangulaire, rétrécie en arrière; — trompe nulle; — ventouses
« saillantes globuleuses, ou tubuleuses dirigées en avant. — premiers
« articles vingt fois aussi larges que longs; — les suivants un peu plus
« longs, transverses, avec les angles postérieurs en dents de scie; les
« derniers beaucoup plus étroits, oblongs; — œufs globuleux longs
« de 0^{mm},036. »

Hermann l'avait trouvé dans le Campagnol (*Arvicola arvalis*). —
Bremser le trouva dans ce même rongeur et dans le rat d'eau (*Arvicola amphibius*)à Vienne. Rudolphi a vu un de ses exemplaires ayant
les derniers articles trois fois plus longs que larges; mais il faut croire
qu'on a confondu plusieurs espèces sous le même nom. J'ai moi-

même trouvé dans le rat d'eau à Rennes plusieurs exemplaires de *Tænia omphalodes* longs de 4 à 8^{mm}, larges de 0^{mm},4 en arrière, et ayant déjà la tête large de 0^{mm},7.

47. TÉNIA LEPTOCÉPHALE. *TÆNIA LEPTOCEPHALA.* —
CREPLIN, *Obs. de Entoz.*, p. 72.

[Atlas, pl. 12, fig. G.]

« — Long de 100 à 500^{mm}, large de 1^{mm},5 à 4^{mm}, formé d'articles très-
« nombreux et très-courts quatre à neuf fois aussi larges que longs ;
« — tête presque globuleuse, large de 0^{mm},26 à 0^{mm},30, pouvant se pro-
« longer en une trompe conique, inerme, quelquefois très-mince ;
« — ventouses profondes à bord très-saillant, larges de 0^{mm},16 ; —
« premiers articles très-courts, les suivants (mâles) six à neuf fois
« aussi longs que larges ; — orifices génitaux unilatéraux ; — pénis
« lisses, filiformes ; — œufs presque globuleux à trois enveloppes ;
« l'externe lisse d'abord, puis finement granuleuse, longue de
« 0^{mm},062 à 0^{mm},074 ; — la moyenne membraneuse ; l'interne un peu
« quadrangulaire, arrondie, longue de 0^{mm},041 à 0^{mm},042 ; — em-
« bryon de 0^{mm},032 à 0^{mm},036 avec des crochets de 0^{mm},015 à
« 0^{mm},017. »

Sous ce nom, donné par M. Creplin à un ténia incomplétement décrit, je réunis plusieurs ténias dont il faudra peut-être faire deux ou trois espèces ; savoir : 1° un ténia long de 520^{mm}, large de 4^{mm} en arrière, avec la tête de 0^{mm},285, trouvé dans un rat (*Mus rattus*) à Rennes, ses pénis ou lemnisques sont larges de 0^{mm},019, saillants de 0^{mm},06, ses testicules sont flexueux et non pelotonnés et ne s'avancent pas au delà du milieu de chaque article ; ses œufs ont l'enveloppe externe elliptique longue de 0^{mm},066 à 0^{mm},074 ; — 2° plusieurs ténias trouvés à Rennes dans des surmulots (*Mus decumanus*) ayant la tête large de 0^{mm},24 à 0^{mm},26, les pénis peu saillants, larges de 0^{mm},016, et les testicules repliés et pelotonnés, dans presque toute la largeur des articles mâles ; les œufs presque globuleux sont longs de 0^{mm},068 ; — 3° des fragments de ténia longs de 100 à 200^{mm} prove-nant d'un autre surmulot, et remarquables par leurs pénis très-longs, filiformes, larges de 0^{mm},028 ; les derniers articles larges de 2^{mm},2 sont longs de 0^{mm},75 et contiennent des œufs ronds larges de 0^{mm},068 ; — 4° des ténias longs de plus de 150^{mm}, sans tête, trouvés dans deux mulots (*Mus sylvaticus*) à Rennes ; ils sont larges de 0^{mm},7 en avant et de 4^{mm},5 à 5^{mm} en arrière, où les derniers articles remplis d'œufs sont dix à quinze fois aussi larges que longs ; les articles inter-médiaires mâles ont le réceptacle du pénis en forme de massue, ils laissent sortir des spermatozoïdes filiformes très-longs, mais je n'ai pas vu de pénis saillant ; les œufs sont globuleux, larges de 0^{mm},062 à 0^{mm},07, mais plus ordinairement de 0^{mm},065 ; leur coque est granu-leuse (voyez Atlas, pl. 12). — Il faut, je crois, rapporter à la même espèce celle que Rudolphi nomme :

47 (a). *TÆNIA DIMINUTA.* — Rudolphi, *Synops.*, p. 689.

« — Long de 160 à 250^mm ; tête petite, obconique ; — cou long et
« mince, articles antérieurs très-courts, les suivants courts, trapézoïdes
« ayant les angles obtus. »

Olfers en trouva au Brésil plusieurs exemplaires dans un rat (*Mus
rattus*), et Rudolphi veut le distinguer du *Tænia omphalodes* par
sa tête beaucoup plus petite et par ses œufs plus grands.

48. TÉNIA MINCE.   *TÆNIA PUSILLA.* — Gœze, *Naturg.*, p 335,
pl. 23, fig. 6.

Tænia glirium, Encycl. méth., pl. 42, fig. 1-2 (copie de Gœze).
Tænia pusilla, Rudolphi, Entoz., t. II, ii, p. 149, et Synopsis, p. 159.

« — Long de 30 à 160^mm, large de 0^mm,75 à 1^mm,65, formé d'articles en
« partie plus longs que larges ; — tête presque globuleuse, large de
« 0^mm,35 à 0^mm,40, sans trompe et sans crochets ; — ventouses globu-
« leuses larges de 0^mm,125 à 0^mm,14 ;—cou rétréci ;—premiers articles
« très-courts, transverses, les suivants de plus en plus longs, à bords
« sinueux (deux et trois fois aussi longs que larges) ; — orifices géni-
« taux irrégulièrement alternes ; — pénis lisses, larges de 0^mm,055,
« souvent très-saillants ;—une ligne noire, irrégulière, arquée, arri-
« vant obliquement en arrière à l'orifice génital ; — ovaires ramifiés
« ou dendritiques ; œufs ? »

Gœze avait nommé ainsi des ténias qu'il avait trouvés dans le rat
et dans la souris, et que Zeder et Rudolphi trouvèrent aussi dans la
souris. Je crois pouvoir rapporter avec certitude à la même espèce
des ténias trouvés à Rennes dans l'intestin de la souris et du mulot
(*Mus sylvaticus*) plusieurs fois, mais dont je n'ai pu mesurer les œufs ;
des fragments de ténia du mulot avaient des articles longs de 4^mm et
larges de 3^mm à 3^mm,5 contenant un ovaire dendritique.

49. TÉNIA PERFOLIÉ.   *TÆNIA PERFOLIATA.* — Gœze, *Naturg.*,
p. 353, pl. 25, fig. 11-13.

[**Atlas, pl. 11, fig. G.**]

Tænia quadrilobata, Abilgaard, Zool. dan., t. III, p. 51, pl. 110, fig. 2-3.
Tænia equina, Pallas, Batsch, Gmelin, etc.
Tænia perfoliata, Rudolphi, Entoz., t. II, ii, p. 89, et Syn., p. 145.
Tænia perfoliata, Bremser, Icones helminth., pl. 15, fig. 2-4.

« — Long de 18 à 25^mm (jusqu'à 80^mm, Rud.), large de 3 à 4^mm (jusqu'à
« 9^mm, Rud.), formé de quarante à cent articles très-larges et épais,
« dont les bords postérieurs recouvrent en partie l'article suivant ; —
« tête assez petite, large de 0^mm,6 à 1^mm,0, globuleuse ou presque té-
« tragone, prolongée en arrière par des lobes latéraux plus ou moins

« distincts ;—ventouses larges de 0^{mm},38, traversées par un sillon di-
« rigé en avant ;—les six ou huit premiers articles sont de plus en
« plus larges, très-courts, et souvent rendus plus minces au milieu
« par la courbure dans laquelle se loge la tête ;—les articles suivants
« jusqu'au vingt et unième ont tous du même côté un pénis long
« de 0^{mm},15, large de 0^{mm},06 très-finement hérissé, sortant d'une
« gaîne saillante, tubuleuse ou en entonnoir, large de 0^{mm},23, cou-
« verte de très-petites papilles et ordinairement recourbée en ar-
« rière ;— les derniers articles, à partir du vingt-deuxième, n'ont
« plus d'organes mâles, ils ont seulement un ovaire ramifié en forme
« de palmette transverse ; — œufs à trois enveloppes, l'externe
« oblongue et triquètre, longue de 0^{mm},094, large de 0^{mm},062 à
« 0^{mm},068, avec huit plis ou sillons longitudinaux sur chacune des
« trois faces ;—l'enveloppe moyenne visible seulement après la com-
« pression, paraît alors large de 0^{mm},061 à 0^{mm},065 ; — enveloppe
« interne globuleuse, large de 0^{mm},025 ;—embryon long de 0^{mm},017 à
« 0^{mm},020, avec des crochets de 0^{mm},006 à 0^{mm},008. »

Je l'ai trouvé assez abondamment dans le duodenum d'un très-
vieux cheval à Rennes, et je l'ai conservé vivant pendant quatre
jours dans la sérosité des viscères. Les exemplaires les plus longs
n'avaient que 20 à 22^{mm} et paraissaient complétement adultes. Rudolphi le dit très-commun dans le cœcum et le colon du cheval, et ne
l'a rencontré que très-rarement dans l'intestin grêle. Les exemplaires
envoyés par le Muséum de Vienne sont beaucoup plus grands.

50. TÉNIA PLISSÉ.　　*TÆNIA PLICATA.* — Rudolphi, *Entoz.,*
t. II, ii, p. 87, et *Synops.,* p. 145 et 490.

Tœnia magna, Abilgaard, dans Zool. dan., t. III, p. 50, pl. 110, fig. 1, a-d.
Tœnia plicata, Bremser, Icon. helminth., pl. 15, fig. 1.

« — Long de 160 à 800^{mm}, large de 6 à 18^{mm}; formé d'articles très-
« nombreux, six à dix fois aussi larges que longs ; — tête plus large
« que chez aucun autre ténia, large de 5 à 6^{mm}, en forme de disque
« tétragone, bien moins longue que large ;—ventouses dirigées en
« avant ;—cou court ridé ou *plissé* transversalement ;—articles un
« peu plus étroits en avant, et recouverts en partie par le bord pos-
« térieur de l'article précédent ; — orifices génitaux unilatéraux. »

Trouvé dans l'intestin grêle du cheval et même dans l'estomac,
plus rarement que le précédent.

51. TÉNIA A GROSSE TÊTE.　　*TÆNIA MEGALOPS.* — Nitzsch.

Tœnia anatis marilœ, Creplin, Observ. de Entoz., 1825, p. 72, et *Tœnia
megalops,* Nov. observ. de Entoz., 1829, p. 126, pl. 2, fig. 15-18.

« — Long de 52^{mm}, large de 0^{mm},5 en avant, de 0^{mm},75 en arrière ; —
« *tête très-volumineuse,* large de 1^{mm},4, un peu quadrangulaire ;—ven-

« touses larges de 0ᵐᵐ,57 à 0ᵐᵐ,64 ; — trompe nulle ou très-peu sail-
« lante et sans crochets ; — premiers articles blancs, très-courts,
« douze fois plus larges que longs ; — articles postérieurs deux fois
« aussi larges que longs, rétrécis à la base, évasés en forme de clo-
« che, à bords membraneux, flexibles, colorés en jaunâtre par des
« petites lignes longitudinales. — Testicules à la base de chaque arti-
« cle ; — pénis unilatéraux, tubuleux, lisses, épais de 0ᵐᵐ,023, longs
« de 0ᵐᵐ,07, portés par un tubercule très-saillant et renflé ; — œufs
« ronds, épars dans la partie moyenne de chaque article ; — enveloppe
« externe plus résistante, large de 0ᵐᵐ,0476 ; — enveloppe interne
« membraneuse, molle, large de 0ᵐᵐ,038 ; — embryon large de
« 0ᵐᵐ,032, avec six crochets de 0ᵐᵐ,015. »

Nitzsch, le premier, avait trouvé cet helminthe dans le canard
(*Anas boschas*) et dans l'*Anas acuta*; M. Creplin en trouva ensuite,
dans le rectum de l'*Anas marila*, un exemplaire long de 54ᵐᵐ et large
de 2ᵐᵐ,25 en arrière, ayant, dit-il, la tête presque large d'une ligne
(2ᵐᵐ,25), avec une trompe très-courte, obtuse; plus tard, il en retrouva encore cinq beaucoup plus petits et il en donna une description incomplète que je rectifie ici d'après deux individus, l'un de 35ᵐᵐ,
l'autre de 52ᵐᵐ, que j'ai trouvés à Rennes, le 13 février 1844, dans
l'intestin d'un canard. J'ajouterai seulement que les articles détachés
m'ont offert des particularités tout à fait remarquables; vus de côté,
ils sont en forme de corolle campaniforme, peu profonde, dont le
limbe festonné est susceptible de se replier en dehors; mais ils se
posent quelquefois sur ce bord même, de manière à se présenter sous
forme d'un disque oblong, ayant plusieurs zones concentriques diversement colorées (*voy.* planche 11, fig. E).

52. TÉNIA A POINTS JAUNES.   *TÆNIA DISPAR.* — Gœze, *Naturg.*, p. 425, pl. 35, fig. 1-6.

Tænia bufonis, Gmelin, Syst. nat., p. 3077.
Tænia dispar, Rud., Entoz., t. II, ii, p. 113, et Syn., p. 150 et 495.

« — Long de 50 à 160ᵐᵐ, large de 0ᵐᵐ,5 (?) ; — tête obtuse, de
« forme très-variable, large de 0ᵐᵐ,2, sans trompe ; — ventouses or-
« biculaires à bords saillants ; — cou très-long ; — articles arrondis,
« en partie moniliformes, et avec dix à douze globules internes, jaune-
« foncés, qui paraissent comme autant de taches. »

Je l'ai trouvé, en 1835, à Toulon, dans l'intestin du gecko, où Rudolphi le trouva aussi en Italie. Précédemment il avait été trouvé
par Gœze dans les intestins des crapauds (*Bufo cinereus* et *viridis*); par Frœlich dans la *Salamandra atra*; et, au musée de
Vienne, dans la rainette (*hyla arborea*), dans les mêmes crapauds
et dans le *Bufo fuscus*. Zeder l'a nommé *Tænia obvoluta* d'après la
supposition que tous les articles seraient enveloppés dans un tube
continu.

53. TÉNIA TUBERCULÉ. ***TÆNIA TUBERCULATA.***— Rud., *Syn.,*
p. 150 et 496.

« —Long de 40 à 80^{mm}, large de 1^{mm},5 ; — tête presque globuleuse
« sans trompe ; — cou très-court ; — articles planes, presque carrés,
« plus larges que longs, à peine distincts, avec les orifices génitaux
« saillants, en forme de papille, et irrégulièrement alternes. »

Trouvé par Bremser dans un lézard d'espèce nouvelle, à Algésiras.

54. TÉNIA OCELLÉ. ***TÆNIA OCELLATA.*** — Rudolphi, *Entoz.,*
t. II, ii, p. 108, et *Synops.,* p. 149.

Tænia percæ, Müller, dans Naturf., XIV, p. 152, et Zool. dan., t. II,
p. 5, pl. 44, fig. 1-4.

« —Long de 50 à 135^{mm}, large de 2^{mm},25 en arrière ; — tête petite,
« hémisphérique, ou de forme variable, sans trompe, mais avec des
« ventouses très-profondes et très-mobiles ; — cou assez long, ridé ; —
« articles presque carrés avec deux lignes latérales, demi-transpa-
« rentes et une ligne transverse. »

Rudolphi l'a trouvé abondamment dans l'intestin et rarement dans
le foie de la perche (*Perca fluviatilis*), à Greifswald ; Pallas l'y avait
trouvé précédemment ainsi que dans la *Perca cernua,* et Muller
dans la *Perca norvegica.*

55. TÉNIA AMBIGU. ***TÆNIA AMBIGUA.*** — Duj.

« —Long de 6^{mm}, large de 0^{mm},5 à 0^{mm},8, formé de quinze à dix-sept
« articles peu distincts et de forme très-variable ; — tête petite, large
« de 0^{mm},17, sans trompe et sans crochets, tantôt rétractée, tantôt
« saillante, quelquefois globuleuse et séparée par un cou très-étroit,
« quelquefois à quatre lobes distincts, correspondant aux ventouses
« larges de 0^{mm},068 à 0^{mm},07 ; — cou très-contractile et dilatable, tra-
« versé par quatre canaux larges de 0^{mm},009 ; — premiers articles
« mâles avec les orifices génitaux irrégulièrement alternes, et les pé-
« nis longs de 0^{mm},16, larges de 0^{mm},032, ridés transversalement ; —
« derniers articles informes, remplis d'œufs globuleux à double en-
« veloppe ; — enveloppe externe mucilagineuse, longue de 0^{mm},053 à
« 0^{mm},058 ; — enveloppe interne longue de 0^{mm},034 ; — embryon de
« 0^{mm},026, avec des crochets de 0^{mm},0095. »

Je l'ai trouvé plusieurs fois à Rennes dans l'intestin du *Gasterosteus lœvis.* Son nom spécifique exprime sa ressemblance avec les
scolex et les caryophyllés.

56. TÉNIA A COU FILIFORME. ***TÆNIA FILICOLLIS.*** — Rud.,
Entoz., t. II, ii, p. 106, et *Synops.,* p. 148.

« —Long de 50 à 80^{mm}, large de 2^{mm} environ ; — tête presque globu-

« leuse, distincte et portée par un cou très-long, filiforme ; — sans
« trompe ; — articles presque carrés, contenant des ovaires (?) opa-
« ques également carrés, qui laissent entre eux, et sur les bords, des
« intervalles demi-transparents. »

Rudolphi et Gœze l'ont trouvé en Allemagne, dans le *Gasterosteus
aculeatus.* Je l'ai trouvé aussi dans ce poisson, à Paris, en 1838 ; j'y
ai vu des œufs à double enveloppe, dont l'externe, mucilagineuse,
est longue de $0^{mm},06$ à $0^{mm},10$; l'enveloppe interne, globuleuse, est
large de $0^{mm},036$, et les crochets de l'embryon sont longs de $0^{mm},012$.

57. TÉNIA TORULEUX. *TÆNIA TORULOSA.*—Batsch, *Bandw.,*
p. 181, fig. 105-108.

Tænia articulis rotundis, Bloch, Traité des Vers int., (trad.) pl. 2, fig. 1-4.
Tænia orbicularis, Schrank, Verzeichn., p. 49.
Tænia simplex, Frœlich, dans Naturf., XXV, p. 58-61, pl. 3, fig. 4-6.
Tænia torulosa, Rud., Entoz., t. II, ii, p. 111, et Syn., p. 149.

« — Long de 16 à 20^{mm}, et large de $1^{mm},12$ (Zeder), ou large de 50 à
« 135^{mm}, et large de $2^{mm},25$ (Frœlich), ou long de 330^{mm}, large de
« $1^{mm},2$ (Rud.), ou enfin long de 660^{mm}, large de $2^{mm},25$ à (?) (Bloch);
« — tête tronquée, de forme très-variable, ainsi que ses ventouses
« dont le bord est saillant ; — trompe nulle ; — cou de longueur mé-
« diocre ; — articles assez épais, presque ronds. »

Trouvé par Bloch à Berlin, et par Rudolphi à Greifswald, dans le
Cyprinus jeses, par Frœlich dans le *Cyprinus orfus,* et par Zeder
dans le *Cyprinus leuciscus.*

58. TÉNIA DU SILURE. *TÆNIA OSCULATA.* — Gœze, *Naturg.,*
p. 416, pl. 33, fig. 9-10.

Tænia osculata et *Tænia siluri,* Batsch, Bandw., p. 209 et 157, fig. 146, 147
et 80, 82.
Tænia osculata et *Tænia glanis,* Schrank, Verzeichn., p. 47.
Tænia siluri et *Tænia alternans,* Encycl. méth., pl. 49, fig. 4-5 et 6-9
(copie de Gœze).
Tænia osculata et *Tænia calycina,* Rudolphi, Entoz., t. II, ii, p. 115 et 116,
et Synopsis, p. 150 et 497.

« — Long de 50^{mm} à 1 mètre et davantage, capillaire en avant, large
« de $3^{mm},37$ en arrière ; — tête petite, distincte, presque globuleuse,
« avec une trompe très-courte, de forme variable, excavée à l'extré-
« mité, et totalement rétractile ; — ventouses hémisphériques très-
« mobiles ; — premiers articles très-courts et les suivants presque car-
« rés ; — orifices génitaux irrégulièrement alternes. »

Trouvé, par Gœze et par Rudolphi, dans l'intestin du *Silurus
glanis.*

59. TÉNIA DES SAUMONS. *TÆNIA LONGICOLLIS.* — Rudolphi, *Entoz.*, t. II, ii, p. 107, et *Synops.*, p. 149 et 395, et *Scolex tetrastomus*, *Ent.*, t. II, ii, p. 5, et *Cysticercus salmonum*, *Ent.*, t. II, ii, p. 240.

Tænia salmonis wartmanni, Froelich, dans Naturf., XXIV, p. 124, pl. 4, fig. 20-21.
Vesicaria truttœ, Froelich, dans Naturf., XXIV, p. 127.
Cysticercus truttœ, Zeder, Naturg., p. 416.

« — Long de 20 à 200^{mm}, large de 1^{mm},2 à 2^{mm},25 ; — tête tronquée ; « cou très-long ; — articles presque carrés ; — ovaires en grappe. »

Dans l'intestin et plus rarement dans le foie des diverses espèces de saumon. Rudolphi cite les *Salmo lavaretus, marænula, eperlanus, wartmanni, trutta, thymallus, alpinus* et *fario*. Il pense, en outre, que le *Tænia renkina* de Schrank est identique avec celui-ci, parce que le *Salmo wartmanni* est nommé *renken* dans l'Allemagne méridionale.

60. TÉNIA DE L'ANGUILLE. *TÆNIA MACROCEPHALA.* — Creplin, *Observ. de Entoz.*, p. 69.

« — Long de 8 à 220^{mm}, large de (?) à 3^{mm},37 ; — tête allongée, plus « épaisse en avant, avec une trompe très-courte, obtuse ; — ven-« touses globuleuses, dirigées en avant ; — cou court ; — premiers ar-« ticles courts, obtus, les suivants presque carrés, avec les orifices « génitaux irrégulièrement alternes, et les pénis courts, très-minces, « pendants. »

M. Creplin l'a trouvé plusieurs fois, à Greifswald, dans l'intestin de l'anguille.

— J'ai trouvé aussi à Rennes, dans une anguille, trois jeunes ténias longs de 6^{mm} et 10^{mm} et 13^{mm},5, larges de 0^{mm},25 à 0^{mm},3 ; ayant la tête large de 0^{mm},33 à 0^{mm},48, sans trompe, et les ventouses larges de 0^{mm},106, dirigées en avant.

SIXIÈME SECTION.

Trompe entourée d'un bourrelet lisse ou hérissé de très-petites épines, et portant une couronne de petits crochets très-nombreux.

61. TÉNIA A FRONTEAU. *TÆNIA FRONTINA.* — Duj.

[**Atlas, pl. 9, fig. L.**]

« — Long de 5 à 6^{mm} (?), large de 1^{mm} ; — tête large de 0^{mm},38 avec « une trompe courte, hémisphérique, large de 0^{mm},126, entourée à sa « base par une couronne large de 0^{mm},175, formée de cent-quarante « crochets longs de 0^{mm},0076 à 0^{mm},008, et par un bourrelet en forme

« de turban, large de 0^{mm},22, épais de 0^{mm},058, tout couvert de très-
« petites épines ou papilles en rangées obliques ; — ventouses larges de
« 0^{mm},14 ; — cou large de 0^{mm},20 ; — orifices génitaux unilatéraux (?) ;
« — pénis longs de 0^{mm},09, larges de 1^{mm},020, hérissés de poils courts
« ou de petites épines. »

Je n'ai trouvé de cette espèce si remarquable que onze jeunes dans
deux pics-verts (*Picus viridis*), à Rennes, le 14 et le 22 février. Il serait possible que ce fût le même que j'ai trouvé adulte et sans tête dans
le *Picus major* le 26 mai.

62. TÉNIA INFUNDIBULIFORME. *TÆNIA INFUNDIBULIFORMIS.*
Gœze, *Naturg.*, p. 386, pl. 31, A, fig. 1-6.

[Atlas, pl. 9, fig. A.]

Tænia infundibulum, Bloch, dans Besch. Berl. N. Fr., t. IV, p. 555, et
　Tænia articulis conoideis, Mém. sur les Vers (trad.), pl. 3, fig. 1-2.
Tænia infundibuliformis et *Tænia cuneata*, Batsch, Bandw., p. 172 et
　190, fig. 31, 91.
Tænia infund. et *Tænia conoidea*, Schrank, Verzeichn., p. 40 et 45.
Tænia infundibuliformis, Rud., Entoz., t. II, ii, p. 123, et Syn., p. 152.

« — Long de 20 à 130^{mm} (à 330, Rud.), large de 1 à 2^{mm} ; — tête en
« sphéroïde, aplatie, large de 0^{mm},50 à 0^{mm},55, portant quatre petites
« ventouses (de 0^{mm},010 à 0^{mm},011), très-peu saillantes, et terminée
« par une trompe convexe ou hémisphérique, large de 0^{mm},28 à
« 0^{mm},32, dont elle est séparée par un bourrelet étroit, de 0^{mm},032,
« armée de deux cent-huit crochets longs de 0^{mm},0088, sur deux rangs ;
« — cou très-court, mais susceptible de se gonfler presque autant
« que la tête ; — premiers articles transverses, trois à cinq fois aussi
« larges que longs ; les suivants de plus en plus grands, à bords si-
« nueux, ou crénelés, ou entaillés, presque aussi longs que larges, les
« derniers arrondis, avec le bord postérieur saillant, ou urcéolés, ou
« ovoïdes-oblongs ; — orifices génitaux irrégulièrement alternes, et
« portés par un tubercule saillant, inégal, quelquefois bifide ; — pénis
« long de 0^{mm},15, large de 0^{mm},012, ayant la surface obliquement striée
« ou hérissée de petites épines imperceptibles ; — œufs elliptiques, à
« deux enveloppes: l'externe longue de 0^{mm},075 à 0^{mm},085 (et 0^{mm},092),
« l'interne longue de 0^{mm},044 à 0^{mm},05 ; — embryon long de 0^{mm},04 à
« 0^{mm},045, avec des crochets longs de 0^{mm},018 à 0^{mm},023. »

Je l'ai trouvé sept fois seulement à Rennes, en visitant les intestins
de deux cents poules ou coqs (*Phasianus gallus*), et deux fois seulement j'ai eu la tête bien conservée ; une fois, je l'ai trouvé avec des
œufs notablement plus petits, dont l'enveloppe interne était longue
de 0^{mm},031, et dont les crochets de l'embryon n'avaient que 0^{mm},013 ;
la tête manquait, mais les pénis étaient semblables.

Rudolphi l'indique comme très-commun en Allemagne dans le coq

et dans l'outarde (*Otis tarda*), et plus rare dans le canard et l'oie ;
mais on a probablement confondu plusieurs espèces.

SEPTIÈME SECTION. (*Fimbriaria*, FROELICH.)

*Corps terminé en avant par une dilatation foliacée transverse ; —
trompe courte armée de crochets.*

63. TÉNIA MARTEAU. *TÆNIA MALLEUS.* — GOEZE, *Naturg.*,
p. 383, pl. 30, fig. 1-3.

Fimbriaria malleus et *Fimb. mitrata*, FROELICH, dans Naturf., XXIX,
    p. 13, pl. 1, fig. 4-6.
Tænia malleus, RUD., Entoz., t. II, II, p. 158, et Syn., p. 162 et 521.
Tænia malleus, BREMSER, Icones helminth., pl. 15, fig. 17-19.
Tænia malleus, CREPLIN, Encyc. de Ersch et Gruber, t. XXXII, p. 298.

« —Long de 40 à 200^{mm}, très-mince, large de 1^{mm} en avant, et de 4
« à 5^{mm} en arrière (de 7^{mm},8 comprimé), terminé en avant par une
« dilatation transverse, formée d'articles très-nombreux, peu dis-
« tincts, large de 3 à 6^{mm} ; — tête très-petite, large de 0,^{mm}119, avec
« une trompe courte, armée de douze crochets longs de 0^{mm},0168,
« assez mince ; — ventouses larges de 0^{mm},05 ; — cou court, resserré,
« large de 0^{mm},08 ; — articles transverses, peu distincts, traversés par
« des stries ou fibres longitudinales, et par une large bande médiane,
« longitudinale, contenant les ovaires ; — œufs à double enveloppe,
« assemblés en files ou séries, comme des cellules végétales ; — enve-
« loppe externe vésiculaire, longue de 0^{mm},088 ; — enveloppe interne
« longue de 0^{mm},042 ; — embryon long de 0^{mm},031, avec des crochets
« en §, longs de 0^{mm},007. »

Je l'ai trouvé plusieurs fois à Rennes, dans le canard domestique
et dans le canard musqué (*Anas moschata*) ; mais c'est une dernière
fois, le 1er juin 1844 que, dans le canard, j'ai pu le trouver assez bien
conservé pour l'étudier complétement. Je n'avais pu jusqu'alors découvrir les œufs ni la tête, qui ont échappé également aux recherches
des autres helminthologistes.

Ce ténia remarquable a été trouvé en Allemagne, dans les *Anas
boschas*, *querquedula*, *penelope*, *marila*, *glacialis*, *fuligula* et *mollissima*, et dans les harles (*Mergus merganser* et *serrator*). Rudolphi dit
l'avoir trouvé dans le pic, *Picus medius*, mais ce doit être une autre
espèce. M. Creplin dit aussi l'avoir trouvé dans le coq.

DEUXIÈME SÉRIE.

Ténias incomplétement connus et qui n'ont pu être classés dans les précédentes sections.

1. TÉNIAS DES MAMMIFÈRES.

— Le ténia de l'homme (*Tœnia solium*) a été décrit ci-dessus; on nommait autrefois ténia large le *Bothriocephalus latus.*

TÉNIAS DES CHAUVES-SOURIS. (Voy. aussi *Tœnia acula*, n° 45.)

64. TÉNIA OBTUS. *TÆNIA OBTUSATA.* — Rudolphi, *Entoz.*, t. II, ii, p. 198, et *Synops.,* p. 159 et 517.

Halysis vespertilionis, Zeder, Naturg., p. 371.

« — Long de 9ᵐᵐ à 18ᵐᵐ, capillaire en avant, large de 0ᵐᵐ,15 en ar-« rière; — tête presque ronde, plus large que longue, avec une « trompe incluse, petite, mince et inerme (?); — cou court; — pre-« miers articles plus longs, les suivants plus larges, tous ayant les « bords convexes et les angles obtus; — orifices génitaux *alternes.* » (Rudolphi.)

Trouvé à Vienne dans l'intestin du *Vespertilio murinus.*

65. TÉNIA DU HÉRISSON. *TÆNIA TRIPUNCTATA.* — Bremser et Rudolphi, *Entoz.,* t. II, ii, p. 99, pl. 10, fig. 3-4, et *Synops.,* p. 147.

Tœnia tripunctata, Creplin, Obs. de Entoz., p. 74, fig. 17.

« — Long de 40ᵐᵐ à 140ᵐᵐ, capillaire en avant, large de 2ᵐᵐ,25 à « 4ᵐᵐ,5 en arrière; — tête obconique, arrondie en avant, avec une « trompe courte, inerme; — cou court; — premiers articles très-« courts, les suivants de plus en plus grands, mais cependant quatre « ou trois fois, puis deux fois plus larges que longs, trapézoïdaux avec « les angles obtus, les derniers devenant peu à peu aussi longs que « larges; — trois taches orbiculaires translucides, souvent rangées « transversalement dans chaque article. »

Trouvé par Braun dans l'intestin du hérisson (*Erinaceus europœus*), et depuis par M. Creplin.

TÉNIAS DES MUSARAIGNES. (Voy. aussi *Tœnia scutigera*, n° 2, *Tœn. pistillum,* n° 16, *Tœn. scalaris*, n° 17 et *Tœn. tiara,* n° 18.)

J'ai trouvé aussi deux fois, dans le *Sorex fodiens*, à Rennes, un ténia différent de tous les précédents, mais la tête manquait; une por-

tion du corps était « longue de 25ᵐᵐ, large de 0ᵐᵐ,5 à 0ᵐᵐ,6, formée
« d'articles trapézoïdaux ou à bord sinueux, une fois et demie aussi
« larges que longs ; ayant chacun l'orifice génital tourné du même
« côté près de l'angle antérieur ; — les testicules forment une masse
« blanche demi-transparente, lobée, au milieu de chaque article ; —
« le pénis est un *tube corné*, oblique, long de 0ᵐᵐ,05, large de 0ᵐᵐ,005
« au milieu, et plus large aux extrémités. »

66. TÉNIA DE LA TAUPE.   *TÆNIA BACILLARIS.* — Gœze.

> *Tœnia bacillaris* et *Tœnia filamentosa*, Gœze, Naturgesch., p. 359 et 360,
> pl. 27, fig. 4-5 et 6.
> *Tœnia bacillaris*, Rudolphi, Entoz., t. II, ii, p. 131, et Syn., p. 154 et 506,
> et *Tœnia filamentosa*, Entoz., t. II, ii, p. 129.

« — Long de 80ᵐᵐ à 200ᵐᵐ, très-mince en avant, plane et large de
« 2ᵐᵐ,25 en arrière ; — tête presque ronde ; — trompe pyriforme,
« inerme (?) ; — cou allongé ; — articles très-courts, trapézoïdaux,
« obtus ; — orifices génitaux alternes, portés par un prolongement
« du bord (?). »

Gœze, ayant trouvé plusieurs exemplaires de ce ténia dans la taupe,
en fit deux espèces, selon que le pénis était ou n'était pas visible en
forme de filament ; Rudolphi, qui l'a trouvé aussi très-abondamment
plusieurs fois, à Greifswald, n'a jamais vu les pénis ou lemnisques ; on
l'a trouvé aussi à Vienne.

67. TÉNIA DU CHRYSOCHLORE.   *TÆNIA SPHÆROCEPHALA.*
— Rudolphi, *Synops.*, p. 695.

« — (Fragments) longs de 8ᵐᵐ à 54ᵐᵐ, larges de 2ᵐᵐ,25 ; — tête et
« trompe presque globuleuses ; — cou assez court ; — premiers arti-
« cles en forme de rides ; les suivants plus distincts, mais encore très-
« courts avec les angles aigus ; — pénis ou lemnisques courts, aigus. »

Trouvé par Rudolphi dans l'intestin du *Chrysochlorus capensis*, conservé dans l'alcool.

68. TÉNIA DU BLAIREAU.   *TÆNIA ANGUSTATA.* — Rudolphi,
Synops., p. 148 et 494.

« — Long de 20ᵐᵐ à 180ᵐᵐ, filiforme en avant, large de 3ᵐᵐ à 3ᵐᵐ,5
« en arrière ; — tête arrondie, large de 0ᵐᵐ,38 ; — trompe nulle (?) ; —
« cou large de 0ᵐᵐ,32, long de 4ᵐᵐ, sans articulations ; — articles an-
« térieurs trois à quatre fois aussi larges que longs, les suivants longs
« de 1ᵐᵐ,5 à 3ᵐᵐ, larges de 1ᵐᵐ à 1ᵐᵐ,5 ; les derniers une fois et demie
« aussi larges que longs, arrondis ; — œufs ayant l'enveloppe interne
« elliptique, longue de 0ᵐᵐ,034 à 0ᵐᵐ,037, et l'embryon long de 0ᵐᵐ,031,
« avec six crochets de 0ᵐᵐ,014 à 0ᵐᵐ,016. »

Je l'ai trouvé, à Rennes, dans l'intestin d'un blaireau, mais il était déjà trop altéré pour être étudié complétement. Je le crois identique avec les jeunes exemplaires trouvés à Vienne par Bremser.

—Un ténia de l'ours blanc (*Tænia ursi maritimi, Synops.*, p. 169), est inscrit parmi les espèces douteuses de Rudolphi. Il avait été rendu par un ours blanc de la ménagerie de Paris; ses orifices génitaux sont irrégulièrement alternes; il est long de 2 mètres environ, presque capillaire en avant, large de 5 à 7^{mm} en arrière.

69. TÉNIA DU COATI.   *TÆNIA CRASSIPORA.* — Rudolphi, *Synops.*, p. 697.

« — Long de 40^{mm} à 120^{mm}, large de 1^{mm},5 environ; — tête large « de 0^{mm},58, quadrangulaire; — trompe obtuse, courte, inerme; — « cou très-court; — articles courts, rétrécis en avant, et ayant les « angles arrondis; — œufs à deux enveloppes; l'externe longue de « 0^{mm},055; l'interne de 0^{mm},04; — crochets de l'embryon 0^{mm},018. »

Trouvé au Brésil dans l'intestin du *Nasua narica*.

TÉNIAS DES BELETTES, MARTRES ET PUTOIS. (Voy. aussi *Tænia intermedia*, n° 3 et *Tænia tenuicollis*, n° 4.)

70. TÉNIA BRÉVICOL.   *TÆNIA BREVICOLLIS.* — Rudolphi, *Synops.*, p. 159 et 516.

« — Long de 160^{mm}, large (?); — tête presque orbiculaire, avec une « petite trompe inerme, un peu pointue; — cou très-court, plus « étroit; — premiers articles étroits, très-courts; les suivants devenant « peu à peu plus grands, presque carrés; les derniers allongés et plus « étroits; — orifices génitaux irrégulièrement alternes, saillants, tu-« buleux; — pénis ou lemnisques longs, linéaires. »

Il est bien probable que cette espèce établie pour un seul exemplaire, trouvé par Gæde, dans l'intestin d'une hermine, doit être réunie au *Tænia intermedia*.

TÉNIAS DES CHIENS ET DES RENARDS. (Voy. aussi *Tænia serrata*, n° 5 et *Tænia cucumerina*, n° 39.)

Nous avons déjà décrit le *Tænia serrata* du chien, qui nous paraît être identique avec le *Tænia marginata* du loup. Il faut probablement y réunir aussi le *Tænia opuntioïdes* (Rudolphi, *Synops.*, p. 147 et 493), dont cet auteur n'a vu que des fragments sans tête, trouvés à Breslau, par le professeur Otto, parmi des *Tænia marginata*, dans l'intestin d'un loup; les orifices génitaux sont également alternes, mais les articles ressemblent, d'ailleurs, à ceux du *Tænia cucumerina*.

71. — Nous avons décrit le *Tænia crassiceps* du renard; mais avec cet

helminthe j'ai trouvé d'autres ténias bien différents, ce sont des jeunes « longs de 12ᵐᵐ à 14ᵐᵐ, larges de 0ᵐᵐ,6 à 0ᵐᵐ,8, ayant la tête de
« cette même largeur, avec une trompe assez longue en massue ; avec
« ces jeunes ténias se trouvaient des débris du ténia adulte et des
« œufs ayant une enveloppe externe, elliptique, longue de 0ᵐᵐ,144 à
« 0ᵐᵐ,163, et une enveloppe interne, globuleuse, large de 0ᵐᵐ,062 à
« 0ᵐᵐ,072 ; — l'embryon, long de 0ᵐᵐ,048 à 0ᵐᵐ,05, a ses crochets longs
« de 0ᵐᵐ,020 à 0ᵐᵐ,021. »

Ce ne peut être le même que l'espèce suivante qui n'a pas de trompe.

72. TÉNIA INSCRIT.   *TÆNIA LITTERATA.* — Batsch.

Tœnia cateniformis vulpis, Goeze, Naturg., p. 310, pl. 22, fig. 10-12.
Alyselminthus litteratus, Zeder, Nachtrag., p. 266.
Tœnia litterata, Rud., Entoz., t. II, ii, p. 103, et Syn., p. 148.

« — Long de 320ᵐᵐ, large de 2ᵐᵐ,2 ; — tête obconique, tronquée
« ou presque tétragone (grosse comme une tête d'épingle moyenne) ;
« — ventouses oblongues ; — cou court ; — articles presque ellipti-
« ques ; — orifices génitaux, alternes ; — ovaires occupant la partie
« postérieure des articles, roussâtres, ovales lancéolés, amincis en
« avant et entourés de petites lignes (ressemblant à des lettres ?). »

Rudolphi le dit commun dans l'intestin du renard, et je serais tenté
de croire que c'est encore la même espèce que j'ai décrite sous le
nom de *Tœnia crassiceps;* d'autant plus que Gœze a prétendu lui avoir
vu une couronne de crochets.
— Rudolphi a inscrit comme espèce douteuse un *Tœnia canis lagopodis (Synops.,* p. 169), trouvé par Abilgaard dans l'intestin de l'isatis
(*Canis lagopus*), et qu'il croit être voisin du *Tœnia litterata.*

TÉNIAS DES CHATS. (Voyez aussi *Tœnia crassicollis,* nº 7 et
Tœnia elliptica, nº 40.)

Rudolphi inscrit parmi ses espèces douteuses 1º le *Tœnia felis pardi*
(*Syn.,* p. 169), trouvé dans l'intestin du léopard ; il est long de
1 mètre, avec les orifices génitaux alternes, et paraît être analogue
au *Tœnia marginata;* — 2º le *Tœnia lineata (Syn.,* p. 169), dont
quelques fragments seulement ont été trouvés par Gœze dans le chat
sauvage, mais que depuis aussi on y a trouvé au musée de Vienne.

?? 73. TÉNIA DES PHOQUES.   *TÆNIA ANTHOCEPHALA.* — Rud.,
Entoz., t. II, ii, p. 91, et *Synops.,* p. 146.

Tœnia phocarum, Fabricius, Faun. groenl., p. 316.
Alyselminthus lanceolato-lobatus, Zeder, Nachtrag.; p. 246.

« — Jaune, long de plus de 1ᵐ, large de 4ᵐᵐ,5 ; — tête très-
« grande, plus large que le corps, presque quadrangulaire, tronquée

« en avant, parsemée de verrues assez visibles, et ayant chacun des
« angles prolongés en un lobe oblong lancéolé, dirigé en avant ; —
« cou court ; — corps très-aplati, formé de plus de quatre cents ar-
« ticles annulaires, imbriqués. »

Fabricius le trouva dans le rectum du phoque barbu ; Rudolphi suppose que sa couleur jaune provient du contact des excréments, et
que ce n'est pas un vrai ténia, mais peut-être un bothriocéphale.

74. TÉNIA DE L'ÉCUREUIL. *TÆNIA DENDRITICA.* — Gœze, *Naturg.*, p. 332, pl. 23, fig. 1-4.

[Atlas, pl. 12, fig. E.]

Tænia floribunda, Batsch, Bandwurm, p. 137, fig. 60.
Alyselminthus dendritica, Zeder, Nachtrag., p. 268.
Tænia dendritica, Rud., Entoz., t. II, ii, p. 104, et Syn., p. 148 et 463.

« — Long de 100 à 190^{mm}, large de 1^{mm},5, formé d'articles suscep-
« tibles de s'allonger plus que ceux d'aucun autre ténia ; — tête assez
« épaisse, semi-globuleuse ; — cou assez long, capillaire, formé d'arti-
« cles très-courts, — articles antérieurs, oblongs, les postérieurs de plus
« en plus longs, jusqu'à devenir six à huit fois aussi longs que larges,
« ou longs de 8 à 9^{mm}, linéaires ; — orifices génitaux *alternes*, situés au
« milieu de la longueur de chaque article ; — pénis lisse, long de
« 0^{mm},25, large de 0^{mm},046 ; — ovaire dendritique ou formant une tache
« palmée et ramifiée dans toute l'étendue de chaque article ; — œufs
« elliptiques à trois enveloppes ; l'externe mucilagineuse, décompo-
« sable, longue de 0^{mm},054 ; la moyenne oblongue, membraneuse, en
« forme de sac réticulé, long de 0^{mm},050 ; l'interne ovoïde, presque
« globuleuse, longue de 0^{mm},020 à 0^{mm},023, avec un petit opercule à
« l'extrémité la plus étroite ; — embryon long de 0^{mm},011, avec six
« crochets rudimentaires, longs de 0^{mm},0035. »

Je l'ai trouvé assez abondamment, à Rennes, dans quatre écureuils
(*Sciurus europæus*) sur sept ; mais je n'ai pu avoir la tête. Gœze,
Zeder, Nitzsch, Braun, Treutler l'ont trouvé en Allemagne.

75. TÉNIA DU LIÈVRE. *TÆNIA PECTINATA.* — Gœze, *Naturg.*, p. 363, pl. 27, fig. 7-13.

Tænia pectinata, Rud., Entoz., t. II, ii, p. 82, et Syn., p. 145 et 488.
Tænia pectinata, Bremser, Icones helminth., pl. 14, fig. 5-6.

« — Long de 30 à 200^{mm} (rarement jusqu'à 500^{mm}), large de 3^{mm},3?
« à 9^{mm} ; ovale-lancéolé et plus mince en avant dans la jeunesse,
« allongé en bandelette quand il est adulte ; — tête petite, assez
« épaisse, plus large et obtuse en avant ; — ventouses elliptiques
« saillantes ; — cou court ; — premiers articles très-courts, les sui-
« vants plus longs, mais cependant plusieurs fois aussi larges que

« longs, tous rétrécis en avant ; — articles postérieurs recouverts cha-
« cun en partie par le bord postérieur crénelé de l'article précédent ;
« — angles postérieurs de chaque article, prolongés en un tubercule,
« d'où sort quelquefois un fil (pénis) assez long et contourné ; — ori-
« fices génitaux d'un seul côté (ZEDER), des deux côtés (GŒZE et
« PALLAS) ; — œufs globuleux à une seule enveloppe. » (GŒZE.)

Daubenton dit l'avoir trouvé dans l'estomac du lapin ; mais en Allemagne c'est dans l'intestin grêle du lièvre et du lapin que Gœze, Pallas, Zeder, Rudolphi et Treutler l'ont trouvé. Blumenbach et Frœlich
l'ont aussi trouvé dans la marmotte (*Arctomys marmotta.*)

76. TÉNIA DU HAMSTER.   *TÆNIA STRAMINEA.* — GŒZE,
Naturg., p. 357, pl. 27, fig. 1-3.

Tœnia straminea, RUD., Entoz., t. II, II, p. 181, et Syn., p. 165.

« — Long de 30 à 200ᵐᵐ, capillaire en avant, large de 1ᵐᵐ,2 à 2ᵐᵐ,25
« en arrière, formé d'articles très-courts et très-nombreux ; — tête
« presque globuleuse, avec une trompe pyriforme assez longue, ar-
« mée d'une couronne de crochets très-petits ; — cou très-long ; —
« articles très-courts, plus étroits en avant, et ayant les angles posté-
« rieurs aigus. »

Gœze le trouva abondamment dans l'intestin du hamster (*Arctomys*
cricetus). C'est peut-être le même que notre *Tœnia murina,* n° 19.

77. TÉNIA DU KANGUROO.   *TÆNIA FESTIVA.* — RUDOLPHI,
Synops., p. 146 et 490.

Tœnia festiva, BREMSER, Icones helminth., pl. 14, fig. 7-10.

« — Long de 200 à 270ᵐᵐ, large de 4ᵐᵐ,5 à 6ᵐᵐ,7, formé d'articles
« très-nombreux et très-courts, demi-transparents, dans chacun des-
« quels les ovaires forment une ligne opaque, jaunâtre, interrompue
« au milieu ; — tête tétragone, épaissie ; — ventouses arrondies rap-
« prochées et dirigées en avant ; — premiers articles étroits, en forme
« de rides, les suivants presque égaux entre eux, six fois aussi
« larges que longs, avec les angles postérieurs aigus. »

Trouvé à Vienne dans la vésicule du fiel et les canaux biliaires
d'un kanguroo (*Macropus giganteus*), de la Nouvelle-Hollande.

38

II. TÉNIAS DES OISEAUX.

78. TÉNIA GLOBIFÈRE. *TÆNIA GLOBIFERA.* — Batsch, *Bandw.*,
p. 199, fig. 134-136, et *Tænia cylindracea*, p. 191, fig. 119-121.

Tænia cylindracea, Bloch, Traité des Vers int., pl. 3, fig. 5-7 (mauvaise).
Tænia brachium globulosum, Goeze, Naturg., p. 401, pl. 32 A, fig. 13-16.
Tænia globifera, Rud., Entoz., t. II, ii, p. 145, et Syn., p. 158 et 514.
Tænia globifera, Creplin, Nov. obs. de Entoz., p. 112.

« — Long de 80 à 130^{mm}, large de 1 à 3^{mm}; — tête petite, déprimée,
« avec les ventouses gonflées en arrière, et une trompe courte, ob-
« tuse, inerme (?); — cou très-court; — premiers articles très-étroits
« et très-courts; les suivants plus larges, inégaux, puis plus longs,
« cunéiformes ou en forme de cloche ou de bouteille, avec le bord
« postérieur plus ou moins gonflé; les derniers elliptiques ou orbi-
« culaires; — orifices génitaux irrégulièrement alternes, très-
« gonflés et saillants; — pénis lisses, larges de 0^{mm},01, longs de
« de 0^{mm},04; — œufs elliptiques à deux enveloppes, l'externe mem-
« braneuse, longue de 0^{mm},06; l'interne plus résistante, elliptique,
« longue de 0^{mm},45 à 0^{mm},052; — embryon long de 0^m,032 à 0^{mm},035,
« séparé par un globule de chacune des extrémités de la coque, et
« muni de six crochets longs de 0^{mm},0105. »

Je l'ai trouvé sans tête dans l'intestin de la buse (*Falco buteo*) et de
la soubuse (*Falco pygargus*) à Rennes; j'ai vu plusieurs des articles
portant un renflement ou une sorte de vésicule rougeâtre à l'un des
angles antérieurs. Il a été trouvé en Allemagne dans les *Falco tinun-
culus, buteo, lanarius, lagopus, rufus, gallicus, ater, cyaneus,
leucosoma, subbuteo, lithofalco, pennatus, peregrinus, æruginosus*
et *albicilla*.

79. TÉNIA PERLÉ. *TÆNIA PERLATA.* — Goeze, *Naturg.*, p. 403,
pl. 32, B, fig. 17-23.

Tænia perlata, Rud., Entoz., t. II, ii, p. 95, et Syn., p. 146.
Tænia perlata, Creplin, Nov. obs. de Entoz., p. 104.

« — Long de 100 à 350^{mm}, large de 2^{mm} à 2^{mm},4, formé d'articles
« très-nombreux et courts, dont les derniers portent chacun au mi-
« lieu un *nodule blanc en forme de perle;* — tête très-courte, dépri-
« mée, obtuse, sans trompe et sans crochets; — cou aussi large que
« la tête, long de 30^{mm} environ; — articles trapézoïdaux beaucoup
« plus larges que longs, avec les angles postérieurs aigus. »

Trouvé par Goeze d'abord dans l'intestin de la buse, puis par
M. Schilling, dans les *Falco fusco-ater, nævius* et *cyaneus*.

? 80. TÉNIA DU MILAN.   *TÆNIA FLAGELLUM*. — Gœze, *Naturg.,*
p. 406, pl. 32, ʙ, fig. 28-31.

Tœnia flagellum, Rudolphi, Entoz., t. II, ɪɪ, p. 157, et Synopsis, p. 161.

« — Long de 54ᵐᵐ, capillaire en avant, large de 1ᵐᵐ,12 en arrière ;
« — tête presque globuleuse ; — trompe (?) ; — cou très-long ; —
« corps très-mince en avant, élargi brusquement en arrière ; — pre-
« miers articles presque cunéiformes, les derniers très-courts. »

Gœze en trouva six exemplaires dans l'intestin d'un milan (*Falco
milvus*), et Rudolphi le considère comme douteux.

? 81. TÉNIA DU HOBEREAU.   *TÆNIA TENUIS*. — Creplin, *Nov.*
observ. de Entoz., p. 96.

« — Long de 135 à 160ᵐᵐ, large de 0ᵐᵐ,56 en arrière ; — tête pe-
« tite, presque globuleuse ou un peu quadrangulaire, sans trompe
« et sans crochets ; — ventouses latérales grandes ; — cou assez court ;
« premiers articles en forme de rides ; les suivants très-courts, droits,
« obtus, puis trapézoïdaux, courts, avec le bord postérieur gonflé et
« les angles très-obtus. »

M. Creplin en a trouvé un seul exemplaire mort dans le hobereau
(*Falco subbuteo*).
— Une quatrième espèce de ténia des faucons a été décrite précé-
demment (*Tœnia crenulata*, nᵒ 42).

82. TÉNIA DES HIBOUS.   *TÆNIA CANDELABRARIA*. — Gœze,
Naturg., p. 405, pl. 32, ʙ, fig. 24-27.

Tœnia candelabraria, Rud., Entoz., t. II, ɪɪ, p. 151, et Syn., p. 160 et 518.

« — Long de 80 à 160ᵐᵐ, formé d'articles très-courts d'abord, puis
« plus longs et campanulés, montrant à l'intérieur un ovaire transverse,
« d'où part un canal élargi en avant, de manière à figurer un chan-
« delier (*Candelabrum*) ; — tête assez grande, amincie en avant, avec
« une trompe obtuse ; — ventouses presque orbiculaires, occupant la
« partie postérieure de la tête ; — cou assez long. »

Dans l'intestin des *Strix aluco, brachyotus, bubo, otus* et *scops.*

83. TÉNIA DES PIES-GRIÈCHES. *TÆNIA PARALLELIPIPEDA*.—
Rudolphi, *Entoz.,* t. II, ɪɪ, p. 377, et *Syn.,* p. 160 et 519.

« — Long de 100 à 160ᵐᵐ, large de 1ᵐᵐ,2 à 1ᵐᵐ,5 en arrière ; —tête
« presque globuleuse, avec une trompe courte, assez épaisse, obtuse ;
« — cou court ; — premiers articles très-courts, les suivants de plus
« en plus longs et campanulés, les derniers parallélipipèdes, souvent
« resserrés au milieu. »

Trouvé d'abord (1809) par M. Creplin dans le *Lanius collurio*, à Greifswald ; et depuis, au musée de Vienne, dans les *Lanius minor* et *pomeranus*.

84. TÉNIA CAMPANULÉ.   *TÆNIA CAMPANULATA.*—Rudolphi, *Syn.*, p. 693.

« — Long de 30 à 54ᵐᵐ ; — tête presque rhomboïdale, avec une « trompe obtuse ; — cou court ; — premiers articles très-courts, les « suivants campanulés. »

Trouvé au Brésil dans l'intestin du *Muscicapa audax* et d'un autre gobe-mouches indéterminé.

— Nous avons précédemment parlé d'un autre ténia des gobe-mouches (*Tænia quadrata* n° 8.

85. TÉNIAS DES MERLES. (Voy. aussi *Tænia angulata*, n° 24).

Rudolphi avait d'abord inscrit dans son *Entozoorum historia* trois espèces de ténia, comme trouvées dans les diverses espèces du genre *Turdus ;* plus tard, dans son *Synopsis ,* il les réunit en une seule sous le nom de *Tænia angulata ;* mais il est bien certain qu'il y a plusieurs espèces différentes de celles-là. En effet, j'ai trouvé à Rennes :

— 1° Dans la draine, le 12 février, un ténia jeune, avec des fragments d'adulte, contenant des œufs elliptiques, à trois enveloppes : l'enveloppe externe longue de 0ᵐᵐ,094 à 0ᵐᵐ,102, la moyenne membraneuse, longue de 0ᵐᵐ,082, et l'interne longue de 0ᵐᵐ,053 à 0ᵐᵐ,058 ; l'embryon, long de 0ᵐᵐ,042, avait des crochets longs de 0ᵐᵐ,023 à 0ᵐᵐ,024 ; la tête était très-gonflée, large de 0ᵐᵐ,23, avec les ventouses larges de 0ᵐᵐ,11, presque contiguës et dirigées en avant ; le cou était large de 0ᵐᵐ,125, et les derniers articles étaient oblongs : ce pourrait être le *Tænia serpentulus* de la pie.

—2° Dans la grive, le 10 décembre, un ténia jeune ayant la tête globuleuse, remarquablement grosse, large de 0ᵐᵐ,66, avec les ventouses larges de 0ᵐᵐ,28, et le cou large de 0ᵐᵐ,22.

— 3° Dans la draine, le 2 décembre, un ténia long de 10ᵐᵐ, large de 0ᵐᵐ,8, ayant les articles postérieurs deux fois aussi larges que longs ; la tête large de 0ᵐᵐ,4 ; la trompe courte, avec une couronne de dix crochets étroits et recourbés, longs de 0ᵐᵐ,025 ; les ventouses larges de 0ᵐᵐ,131 ; le cou large de 0ᵐᵐ,21, et les orifices génitaux unilatéraux : c'est certainement le *Tænia serpentulus* de la pie.

—4° Dans la grive, le 4 décembre, des ténias très-jeunes, longs seulement de 1ᵐᵐ,5, larges de 1ᵐᵐ,36, avec la tête large de 0ᵐᵐ,31, et une trompe épaisse, courte, large de 0ᵐᵐ,13, armée de vingt-quatre crochets très-petits, longs de 0ᵐᵐ,019, sans apophyse postérieure. On pourrait croire que c'est le jeune âge du *Tænia angulata.*

— Rudolphi a inscrit aussi, sous le nom de *Tænia pyramidata* (*Syn.,* p. 696), un ténia trouvé par Natterer, au Brésil, dans une

espèce de *Turdus*. Il n'a eu que des fragments longs de 3 à 4ᵐᵐ, avec la
tête rhomboïdale, prolongée en avant, les premiers articles très-
courts, et les suivants arrondis, mais encore beaucoup plus larges
que longs; les orifices génitaux sont unilatéraux, et laissent sortir des
pénis courts, droits, obtus.

— Rudolphi inscrit aussi comme espèce douteuse un autre *Tænia
turdi* (*Synops.*, p. 705) du Brésil.

TÉNIAS DES BECS-FINS. (Voy. aussi *Tænia purpurata*, nº 9, *Tænia
exigua*, nº 23, et *Tænia attenuata*, nº 22).

86. TÉNIA PLATYCÉPHALE.   *TÆNIA PLATYCÉPHALA.*—Rud.,
Entoz., t. II, ɪɪ, p. 94, et *Syn.*, p. 154 et 508, et *Tænia alaudæ,
Entoz.*, t. II, ɪɪ, p. 210.

Tænia platycephala, Bremser, Icones helminth., pl. 15, fig. 14-16.

« — Long de 10 à 60ᵐᵐ, large de 1ᵐᵐ,12; — tête en forme de
« disque, presque tétragone, avec une trompe obtuse, courte, sans
« crochets (?); — premiers articles très-courts, les suivants plus longs,
« en entonnoir; — orifices génitaux unilatéraux. »

Rudolphi en trouva d'abord un seul exemplaire long de 54ᵐᵐ dans
un rossignol (*Sylvia luscinia*), puis il rapporta à la même espèce un
ténia trouvé dans l'alouette par Braun, qui l'avait nommé *Tænia bu-
cephala*. Le catalogue du musée de Vienne l'indique comme trouvé
dans dix espèces de *Sylvia*, dans cinq espèces d'alouettes (*Alauda*), dans
la bergeronnette (*Motacilla flava*), dans le *Saxicola œnanthe*, dans
les *Anthus trivialis* et *campestris* et dans plusieurs espèces de bruants
(*Emberiza*); mais il est probable que parmi tous ces ténias incomplétement observés, il doit se rencontrer plusieurs des espèces décrites ici, et qui toutes ont la trompe armée de crochets.

87. TÉNIAS DES HIRONDELLES. (Voy. aussi *Tænia cyathiformis*, nº 24.)

J'ai trouvé à Rennes, dans les hirondelles de fenêtre et de cheminée (*Hirundo urbica* et *rustica*), des ténias bien évidemment différents des *Tænia cyathiformis*; en effet, leur tête, large de 0ᵐᵐ,226,
se prolonge en une trompe plus mince, inerme et munie de papilles;
les ventouses sont larges de 0ᵐᵐ,115; les orifices génitaux sont irrégulièrement alternes, et laissent sortir un appendice lisse, et en même
temps un pénis hérissé de granules ou de petites épines; ces ténias
étaient longs de 20 à 30ᵐᵐ, larges de 1ᵐᵐ,25; avec eux se trouvaient des
articles isolés du *Tænia cyathiformis* remplis d'œufs. Mais quoique les
hirondelles eussent été tuées à l'instant même, les ténias étaient déjà
altérés par les sucs digestifs. Peut-être cela tient-il à ce que ces
oiseaux avaient jeûné forcément durant plusieurs jours par suite
d'une tempête qui les força de s'abattre sur les maisons.

88. TÉNIA DES ENGOULEVENTS. *TÆNIA MEGACANTHA.* — Rud., *Syn.,* p. 701.

« — Long de 20^{mm} à (?), large de 1 à 1^{mm},50 ; — tête presque globu-
« leuse, ayant les ventouses dirigées en avant ; — trompe cylindrique ;
« renflée en boule à l'extrémité, et armée d'une couronne de cro-
« chets très-forts ; — cou très-court ; — premiers articles très-courts,
« les suivants presque campanulés. »

Rudolphi a rangé sous cette dénomination spécifique divers fragments de ténias, les uns trouvés par Treutler, à Dresde, dans le *Ca-*
primulgus europœus, les autres par Olfers et Natterer, au Bresil, dans
diverses espèces d'engoulevent.

89. TÉNIAS DES MÉSANGES. (Voy. aussi *Tænia nasuta,* n° 25.)

[Atlas, pl. 9, fig. E.]

Je propose de nommer provisoirement le *Tænia parina* (Duj.), un ténia
non adulte, bien différent des *Tænia nasuta,* que j'ai trouvés également
dans le *Parus caudatus,* à Rennes ; il est long de 4 à 5^{mm}, large de
0^{mm},25, avec une tête très-renflée, large de 0^{mm},51 ; sa trompe très-
petite, longue de 0^{mm},5, large de 0^{mm},045, est armée de dix-huit crochets longs seulement de 0^{mm},0195, très-délicats ; les ventouses sont
larges de 0^{mm},134, les articles sont très-courts.

TÉNIA DES MOINEAUX. (*Fringilla.*)

— 1° J'ai trouvé, en 1837, à Paris, dans un moineau (*Fringilla
domestica*) un grand nombre de ténias qui, d'après les dessins que
j'en fis alors, me paraissent devoir être le *Tænia nasuta,* n° 26,
avec sa trompe armée de dix grands crochets ;
— 2° Le 27 août 1843, à Rennes, dans un moineau, un ténia long
de 33 à 45^{mm}, sans tête, large de 0^{mm},3 en avant, et de 1^{mm},5 en arrière,
et formé de soixante-six articles, tous presque aussi longs ou plus
longs que larges, arrondis ou trapézoïdaux ; les pénis sont longs de
0^{mm},17, larges de 0^{mm},026, hérissés de papilles (*Atlas,* pl. 11, fig. F)
comme chez le *Tænia exigua* du troglodyte, n° 23 ; ses œufs sont
presque semblables aussi, de sorte que je le crois identique ;
— 3° Dans un moineau, un ténia long de 65^{mm}, large de 0^{mm},95,
ayant la tête large de 0^{mm},2, avec une trompe très-allongée, longue
de 0^{mm},17, large de 0^{mm},045, sans crochets ? ou dont les crochets
étaient déjà tombés ; ses ventouses sont larges de 0^{mm},098 ; ses orifices génitaux sont unilatéraux, mais ne laissent pas sortir les pénis ;
les articles antérieurs sont beaucoup plus larges que longs, les postérieurs sont plus arrondis et contiennent des œufs remarquablement

grands; en effet, l'enveloppe externe est elliptique, longue de
0^{mm},145 à 0^{mm},155; l'enveloppe interne, également elliptique, est longue de 0^{mm},06; l'embryon est long de 0^{mm},044 à 0^{mm},051, avec des
crochets longs de 0^{mm},023 à 0^{mm},025. Entre les deux enveloppes de
l'œuf se trouve un albumen qui se décompose par l'action de l'eau
en se creusant de vacuoles. Ce pourrait être le *Tænia serpentulus* des
corbeaux (n° 38);

— 4° Dans un moineau, un ténia sans tête, qui pourrait être identique avec le précédent, quoique avec des dimensions moindres. Il
est long de 30^{mm}, large de 0^{mm},8 en arrière, et contient des œufs assez
semblables, également pourvus d'un albumen décomposable par l'eau;
l'enveloppe externe est longue de 0^{mm},071 à 0^{mm},074, large de 0^{mm},051;
l'enveloppe interne est longue de 0^{mm},057 à 0^{mm},062; l'embryon est
long de 0^{mm},033, avec des crochets longs de 0^{mm},016 à 0^{mm},017;

— 5° Le 23 avril 1844, dans un pinson (*Fringilla cælebs*), trois
fragments, sans tête, longs de 7 à 10^{mm}, larges de 0^{mm},60 à 1^{mm},40, et
ressemblant beaucoup au *Tænia exigua* par leur forme et par les œufs
contenus;

— 6° Le 19 avril aussi, dans un pinson, deux ténias jeunes, longs
de 10 à 20^{mm}, larges de 1^{mm} en arrière; leur tête large de 0^{mm},33, porte
une trompe large de 0^{mm},08 et un peu plus large, armée de vingt crochets longs de 0^{mm},023; les ventouses sont larges de 0^{mm},093 à 0^{mm},12.
Je crois que c'est le même que j'ai nommé *Tænia attenuata,* n° 22,
dans la farlouse.

90. TÉNIA DE L'ÉTOURNEAU. *TÆNIA FARCIMINALIS.*—Batsch,
Bandw., p. 198, fig. 132-133.

Tænia farciminosa, Goeze, Naturg., p. 397, pl. 3, b, fig. 19-21.
Tænia sturni, Gmelin, Syst. nat., p. 3071.
Tænia farciminalis, Rudolphi, Entoz., t. II, ii, p. 153, et Synopsis, p. 160.

« — Long de 30 à 130^{mm}, très-mince (large de 1^{mm},2); — tête tétra-
« gone, avec une trompe renflée en massue; — premiers articles
« très-courts, les suivants presque trapézoïdaux, puis ovales, les
« derniers allongés, à bords sinueux. »

Il a été trouvé dans l'intestin de l'étourneau par Gœze, qui compare ses derniers articles à des boudins ou saucissons (*Farcimen*).
Braun et Bremser l'ont trouvé également.

91. TÉNIA DU TROUPIALE. *TÆNIA LONGICEPS.* — Rudolphi,
Synops., p. 691.

« — Long de 18 à 40^{mm}, large de 3^{mm},35; — tête allongée, avec les
« ventouses anguleuses dirigées en avant; — cou nul; — premiers
« articles très-courts, les suivants s'allongeant peu à peu, et toujours
« rétrécis en avant, et renflés au bord postérieur, les derniers très-
« larges. »

Trouvé, au Brésil, dans l'intestin du troupiale (*Icterus cristatus*). Rudolphi décrit ses œufs (*Syn.*, pl. 3 , fig. 21) comme ayant une enveloppe moyenne, qu'il compare à l'allantoïde, interrompue d'un côté.

TÉNIA DES CORBEAUX. (Voy. aussi *Tœnia undulata*, n° 26, et *Tœnia serpentulus*, n° 27.)

J'ai trouvé dans la pie un ténia qui, avec la même forme de tête que le *Tœnia serpentulus*, présente des crochets épais (*Atlas*, pl. 9, fig. O), courbés comme ceux du *Tœnia undulata;* il a aussi un cou bien distinct.

* 92. TÉNIA A TROMPE STYLIFORME. *TÆNIA STYLOSA.*—Rud., *Entoz.*, t. II , II , p. 154, et *Syn.*, p. 160.

« — Long de 50 à 200^{mm}; mince; — tête large de 0^{mm},67 à (?) ; — « trompe longue de 0^{mm},26, large de 0^{mm},09 à la base, renflée en boule « à l'extrémité, inerme (?); — ventouses larges de 0^{mm},2 ; — cou nul; « — premiers articles très-courts, les derniers presque infundibuli- « formes. »

J'en ai trouvé un jeune, long seulement de 15^{mm}, dans un freux (*Corvus frugilegus*); c'est probablement le même qu'on a trouvé, en Allemagne, dans le geai.

93. TÉNIAS DES PICS. (Voy. *Tœnia crateriformis*, n° 29, et *Tœnia frontina*, n° 61.)

J'ai trouvé, le 26 mars, à Rennes, dans un *Picus major*, un ténia sans tête, long de 40,^{mm}, large de 0^{mm},3 en avant et de 1^{mm},10 en arrière, où ses derniers articles sont longs de 0^{mm},6 à 0^{mm},7. Il est remarquable par la *coloration jaunâtre et rougeâtre* de ses articles ovigères; les orifices génitaux sont unilatéraux, mais les pénis ne sont pas saillants; les œufs sont agglutinés dix ou douze ensemble par une substance mucilagineuse pour former dans chaque article des masses ovoïdes, rougeâtres, larges de 0^{mm},2 à 0^{mm},36; — chaque œuf est revêtu lui-même d'une enveloppe molle, diaphane, large de 0^{mm},063; l'enveloppe interne, globuleuse, est large de 0^{mm},023; l'embryon est long de 0^{mm},018, avec les crochets longs de 0^{mm},005; c'est peut-être le *Tœnia frontina*, n° 61.

— 94. Rudolphi inscrit avec doute (*Syn.*, p. 147) le *Tœnia crenata* de Gœze que, dit-il, on devra peut-être réunir au *Tœnia crateriformis;* il est censé aussi grand que le *Tœnia serpentulus* des corbeaux; mais avec la tête hémisphérique terminée par un nodule sans crochets; le cou est très-long, et les articles transverses ont les angle obtus.

95. TÉNIA CROISÉ. *TÆNIA CRUCIATA.* — Rud., *Syn.,* p. 690.

« — Long de 20 à 34^{mm}, très-délicat ; — tête divisée par deux sillons
« en croix ; — ventouses grandes, anguleuses ; — trompe nulle ; —
« cou nul ; — premiers articles courts, les suivants moniliformes. »

Trouvé, au Brésil, dans le *Picus lineatus,* par Natterer.

96. TÉNIA DU COUCOU. *TÆNIA DIFFORMIS.* — Rud., *Syn.,*
p. 148 et 594.

Tænia brevicollis, Froelich, dans Naturf., XXIX, p. 83.

« — Long de 80 à 160^{mm}, large de 2^{mm},2 ; — tête presque globuleuse ;
« — cou nul ; — premiers articles difformes, les suivants, courts,
« égaux, les derniers rétrécis. »

Trouvé par Rudolphi et par Frœlich dans l'intestin du coucou
(*Cucullus canorus*).

97. TÉNIA DE L'ANI. *TÆNIA MUTABILIS.* — Rudolphi, *Synops.,*
p. 152 et 504.

« — Long de 50^{mm} à 100^{mm} (?) ; — tête presque globuleuse ; — cou as-
« sez court ; — premiers articles très-courts, les suivants plus étroits
« et plus longs, les derniers campanulés ; — orifices génitaux al-
« ternes. »

Trouvé par Olfers, au Brésil, dans l'ani (*Crotophaga ani*).

? 98. TÉNIA DU PERROQUET. *TÆNIA FILIFORMIS.* — Rudolphi,
Entoz., II, II, p. 182, et *Syn.,* p. 166.

Tænia longissima, Goeze, Naturg., p. 406.

« — Long de 4^{mm},5 (? Goeze), large de 0^{mm},56 (?) ; — tête presque
« ronde avec une trompe ; — cou très-long, corps filiforme composé
« d'articles très-courts. »

Rudolphi doute, avec raison, de l'exactitude des mesures, données
ici d'après Gœze. Le catalogue de Vienne indique aussi ce ténia dans
le perroquet gris (*Psittacus erithacus*).

TÉNIAS DES GALLINACÉS. (Voy. aussi *Tænia infundibuliformis,* n° 62.)

99. J'ai trouvé, le 5 juin 1844, dans l'intestin d'une poule, un ténia
sans tête, long de 65^{mm}, large de 0^{mm},3 en avant, et de 0^{mm},9 en arrière,
qui me paraît différent du *Tænia infundibuliformis,* par ses œufs et par
la longueur de ses articles postérieurs qui n'ont pas moins de 4^{mm} à 5^{mm} ;

ses orifices génitaux sont irrégulièrement alternes, mais les pénis ne sont pas exsertiles ; les œufs, à triple enveloppe, sont elliptiques, prolongés aux deux extrémités par deux longs cordons polaires, qui s'épanouissent en un faisceau membraneux, comme ceux des œufs de *Mermis* ; l'enveloppe externe est longue de 0^{mm},057 à 0^{mm},059 ; l'enveloppe interne est longue de 0^{mm},044 à 0^{mm},048 ; l'embryon est long de 0^{mm},037, avec des crochets de 0^{mm},018 à 0^{mm},022.

100. Je proposerai de nommer *Tænia exilis*, un autre ténia de la poule, bien différent aussi des précédents, mais dont je n'ai pas encore eu la tête, il est long de 20^{mm} à (?), large de 0^{mm},15 en avant, et de 0^{mm},95 en arrière, formé d'articles courts, transverses ; — les orifices génitaux sont unilatéraux ; — les pénis sont lisses, assez longs, larges de 0^{mm},015, précédés par une ample vésicule séminale, remplie des spermatozoïdes en écheveau ; — les œufs, presque globuleux, ont trois enveloppes ; l'externe longue de 0^{mm},056 à 0^{mm},065 ; la moyenne de 0^{mm},054 ; l'interne de 0^{mm},032 ; — l'embryon, long de 0^{mm},025, a des crochets longs de 0^{mm},0125.

101. TÉNIA LIGNE.   *TÆNIA LINEA.* — Goeze, *Naturg.*, p. 399, pl. 22 *a*, fig. 8-12.

Tænia linea, Rudolphi, Entoz., t. II, ii, p. 142, et Synopsis, p. 157 et 513.

« — Long de 100^{mm} à 330^{mm}, large de 2^{mm},25 à 3^{mm},37 en arrière ; — « tête presque globuleuse, avec une trompe obtuse, inerme (?) ; — « cou capillaire ; — premiers articles en forme de rides ; les suivants « infundibuliformes, les derniers campanulés, marqués de lignes lon- « gitudinales, parallèles, et avec les angles postérieurs, saillants et « aigus en dents de scie ; — œufs grands, elliptiques. »

Trouvé, en Allemagne, dans la perdrix, et en Italie, par Rudolphi, dans la caille (*Tetrao coturnix*).

102. TÉNIA DE LA TOURTERELLE.   *TÆNIA SPHENOCEPHALA.* —Rudolphi, *Entoz.*, t. II, ii, p. 94, et *Syn.*, p. 154 et 506.

« —Long de 50^{mm} à 160^{mm}, large de 1^{mm},12 à (?) ; — tête cunéiforme (?) « ou plutôt triangulaire, avec une trompe cylindrique, inerme (?) ; — « cou très-long, capillaire ; — articles très-courts, surtout en avant ; « — orifices génitaux unilatéraux. »

Trouvé solitaire, une seule fois, dans la tourterelle (*Columba turtur*) par Gœze et Zeder qui n'ont pu l'étudier convenablement. Rudolphi, en ayant reçu de Bremser plusieurs exemplaires, trouvés à Vienne, a rectifié en partie la description ; il a voulu aussi rapporter à la même espèce d'autres ténias trouvés à Vienne, dans la *Columba livia*, longs de 50^{mm} à 80^{mm}, capillaires en avant, larges de 3^{mm} à 4^{mm},5 en arrière.

103. TÉNIA CRASSULE. *TÆNIA CRASSULA.* — Rud., *Syn.,* p. 701.

« — Long de 300ᵐᵐ à 400ᵐᵐ ; — tête ovale avec une trompe obtuse,
« armée de petits crochets ; — cou assez long , mince , premiers ar-
« ticles très-courts, les suivants , toujours courts, mais à bords dila-
« tés , les derniers presque infundibuliformes ; — œufs très-grands,
« longs de 0ᵐᵐ,28, larges de 0ᵐᵐ,19, fixés sur des cordons ou vais-
« seaux (?), et contenant un embryon, formé de quatre à (?), globules
« (en grappe de raisin, *Synops.,* pl. 3, fig. 19). »

Rudolphi l'a décrit ainsi, d'après des exemplaires recueillis, au Brésil, par Olfers, dans un pigeon apporté de la côte d'Afrique.

104. TÉNIA DE L'OUTARDE. *TÆNIA VILLOSA.* — Bloch, *Traité
des Vers intest.,* pl. 2, fig. 5-9.

Tænia otidis, Werner, Brev. expos., p. 54, pl. 3 , fig. 58-36.
Tænia fimbriata, Batsch, Bandw., p. 163, fig. 86-87.
Tænia tardœ, Gmelin, Syst. nat., p. 3077.
Tænia villosa, Rudolphi, Entoz., t. II, ii, p. 126, et Synopsis, p. 153.
Tænia villosa, Bremser, Icones helminth., pl. 15, fig. 9-13.

« — Long de 300ᵐᵐ à 1300ᵐᵐ, très-mince et capillaire en avant, large
« de 2ᵐᵐ,2, en arrière ; — tête presque ronde ; — trompe inerme (?),
« plus longue que la tête, et moitié aussi large, terminée par un ren-
« flement capité ; — cou très-court ; — premiers articles très-courts,
« les suivants assez longs , les derniers infundibuliformes et tous
« ayant un des angles postérieurs prolongé du même côté en un
« appendice subulé, presque aussi long que le diamètre de l'article
« correspondant. »

Bloch et Rudolphi l'ont trouvé très-abondamment dans les intestins
de l'outarde (*Otis tarda*). Bremser a représenté (fig. 3) les articles
postérieurs oblongs, dépourvus de prolongement latéral, mais avec
des pénis ou cirres très-longs, sortant des orifices génitaux situés d'un
même côté, au milieu.

105. TÉNIA LISSE. *TÆNIA LÆVIGATA.* — Rudolphi, *Synops.,*
p. 151 et 500.

« — Long de (?) ; — tête presque globuleuse, avec une trompe cy-
« lindrique, obtuse ; — cou allongé, assez large ; premiers articles
« plus courts, les autres de plus en plus longs, les derniers deux fois
« aussi longs que larges, tous ayant les angles arrondis ; — œufs re-
« vêtus d'une enveloppe ronde, diaphane, sans prolongement. »

Trouvé, à Vienne, dans les pluviers (*Charadrius hiaticula, pluvialis, cantiacus* et *minor*).

TÉNIAS DES HÉRONS ET DES CIGOGNES. (Voy. *Tœnia multiformis*, n° 11 et *Tœnia aurita*, n° 12.)

106. Le *Tœnia unguicula* de Braun (Rud., *Entoz.*, t. II, ii, p. 207, et *Syn.*, p. 173 et 534), est indiqué comme trouvé, en Allemagne, dans les hérons (*Ardea cinerea, purpurea* et *nycticorax*), et dans la cigogne, mais il est très-incomplétement décrit; on en a vu des fragments longs de 50ᵐᵐ à 80ᵐᵐ, formés d'articles presque infundibuliformes ou campanulés, allongés, avec le bord postérieur très-gonflé, et les orifices génitaux alternes.

107. Le *Tœnia unilateralis* (Rud., *Synops.*, p. 696) a été trouvé, au Brésil, par Natterer, dans les *Ardea virescens* et *egretta ;* il est long de 50ᵐᵐ à 190ᵐᵐ, formé d'articles trapézoïdaux ou cunéiformes, ayant les orifices génitaux tous d'un côté; la tête est très-courte, avec une trompe capitée ou terminée en boule; le cou est nul.

108. TÉNIA DE L'IBIS. ***TÆNIA MICROCEPHALA.*** — Rud., *Syn.*, p. 157 et 513.

« — Long de 30ᵐᵐ à 50ᵐᵐ, large de 1ᵐᵐ,2 à 2ᵐᵐ,25 en arrière ; — tête « petite, en continuation avec le cou, qui est long; — trompe cylin-« drique, quelquefois plus longue que la tête;—articles courts, ayant « les bords latéraux arrondis, et les angles postérieurs assez aigus. »

Trouvé, à Vienne, dans l'ibis (*Tantalus falcinellus*).

109. TÉNIA VARIABLE. ***TÆNIA VARIABILIS.*** — Rudolphi, *Entoz.*, t. II, ii, p. 120, et *Synops.*, p. 151 et 498.

« — Long de 100 à 200ᵐᵐ; — large de 1 à 2ᵐᵐ; — tête arrondie, sus-« ceptible de s'allonger en une trompe assez grêle, armée de six « petits crochets ; — cou assez long; — premiers articles très-courts, « transverses, les suivants plus longs, arrondis ou infundibuliformes, « ou cyathiformes, derniers articles oblongs; — œufs à trois enve-« loppes, l'externe quelquefois ovale ou globuleuse, diaphane et « molle, longue de 0ᵐᵐ,08, quelquefois fusiforme, étirée et terminée « par deux longs appendices très-minces, longs de 0ᵐᵐ,5 ; — enve-« loppe moyenne, membraneuse, ovale ; — enveloppe interne granu-« leuse, elliptique, longue de 0ᵐᵐ,038 à 0ᵐᵐ,044; — embryon long de « 0ᵐᵐ,03 avec des crochets de 0ᵐᵐ,0105. »

Je l'ai trouvé à Toulouse dans la petite bécassine (*Scolopax galli-nula*); c'est bien le même que Rudolphi a nommé ainsi, et qui a été trouvé en Allemagne dans diverses bécasses, dans le sanderling (*Charadrius calidris*), dans les chevaliers (*Totanus*) et dans le vanneau.

110. J'ai trouvé aussi dans une bécassine (*Scolopax gallinago*), à Rennes, un ténia long de 30 à 60ᵐᵐ, large de 1ᵐᵐ environ, ayant la tête terminée par une trompe cylindrique assez longue, et les ventouses très-saillantes ; ses œufs ont l'enveloppe interne (*Atlas*, pl. 11, fig. A) presque globuleuse, longue de 0ᵐᵐ,041 à 0ᵐᵐ,045, très-épaisse, et paraissant hérissée de pointes saillantes ; l'embryon est long de 0ᵐᵐ,026 à 0ᵐᵐ,030, avec des crochets de 0ᵐᵐ,011.

111. Le *Tænia filum* (de Gœze, *Naturg.*, p. 398 et pl. 32, A, f. 1-7, et de Rudolphi, *Entoz.*, II, ii, p. 140, et *Syn.*, p. 157 et 512) est une espèce assez douteuse. Il a été trouvé en Allemagne dans la bécasse et la bécassine, et dans les combattants (*Machetes*) ; il est long de 50 à 200ᵐᵐ, capillaire en avant, et large de 1ᵐᵐ,2 à 2ᵐᵐ,25 en arrière, avec la tête globuleuse, la trompe cylindrique renflée à l'extrémité, le cou très-long et les articles trapézoïdaux à angles aigus. Rudolphi, d'après la forme si variable de la tête et de la trompe, le juge très-différent du *Tænia variabilis*, mais assez voisin du suivant.

112. Le *Tænia sphærophora* (Rudolphi, *Entoz.*, t. II, ii, p. 119, et *Synops.*, p. 150 et 498) a été trouvé dans le courlis (*Numenius arcuatus*). Il est long de 50 à 80ᵐᵐ, capillaire en avant, large de 2ᵐᵐ,2 en arrière ; sa tête est en cœur renversé, avec une trompe très-grande, presque globuleuse à l'extrémité ; le cou est long et capillaire ; les articles antérieurs sont très-courts, les suivants presque carrés, les derniers allongés.

113. Le *Tænia nymphaea* (Rudolphi, *Entoz.*, t. II, ii, p. 147, et *Syn.*, p. 158) trouvé par Schrank en Suède, dans le corlieu (*Numenius phaeopus*) est très-probablement, suivant Rudolphi lui-même, identique avec le *Tænia variabilis*. Il est décrit comme ayant la tête presque globuleuse, la trompe cylindrique, obtuse, le cou nul, les premiers articles oblongs et les derniers très-courts ; les orifices génitaux sont unilatéraux, amincis d'un des côtés de chaque article et laissent sortir un pénis presque claviforme.

114. Le *Tænia amphitricha* (Rudolphi, *Synops.*, p. 152 et 601), a été trouvé à Vienne dans l'alouette de mer (*Tringa alpina*) ; il est long de 30 à 135ᵐᵐ, large de 2ᵐᵐ,3 ; sa tête arrondie est quelquefois tronquée quand la trompe est rétractée ; — la trompe cylindrique est plus longue que la tête et se termine par un nodule ; — le cou est assez court ; les articles plus ou moins longs ont le bord postérieur gonflé et les orifices génitaux alternes.

115. Le *Tænia brachycephala* de M. Creplin (*Nov. obs. de Entoz.*, p. 98) est encore une espèce très-incomplétement connue et qui doit être identique avec quelqu'une des précédentes. Il a été trouvé trois fois dans l'intestin du combattant (*Machetes pugnax*) ; il est long de 80ᵐᵐ environ, presque capillaire en avant, large de 2ᵐᵐ,25 en arrière ; la tête est courte, bien distincte avec une trompe courte, en

massue ; le cou très-court ; les premiers articles très-courts ; les suivants courts et obtus.

116. TÉNIA DE L'ÉCHASSE. *TÆNIA VAGINATA.* — Rudolphi, *Entoz.*, t. II, ii, p. 208, et *Synops.*, p. 153, 504 et 694.

« Long de 80 à 200^{mm}, large de 0^{mm},56 en avant et de 4^{mm},5 à 6^{mm},6 « en arrière ; tête petite, ovale ; — trompe très-petite en forme de « nodule ; — cou nul ; — premiers articles courts et très-nombreux , « ayant les angles postérieurs aigus ; — derniers articles presque « carrés avec les orifices génitaux alternes et les pénis cylindriques « munis d'une gaîne ; — œufs grands à double enveloppe, l'externe « globuleuse, l'interne beaucoup plus petite, oblongue. »

Trouvé à Vienne dans l'échasse (*Himantopus melanopterus*) et au Brésil dans une échasse et dans un *Tringa*.

117. TÉNIA DE LA GIAROLE. *TÆNIA LONGIROSTRIS.* — Rud., *Syn.*, p. 168 et 532.

« Long de 5^{mm} à 80^{mm} ; — tête de forme variable tantôt en cœur, « tantôt en pyramide ; — trompe tantôt simple , cylindrique , « aiguë , tantôt renflée en nodule et armée d'une couronne de cro-« chets ; — cou très-court ; — premiers articles très-courts ; les suivants « de plus en plus grands, transverses, puis campanulés et infundibu-« liformes ; les derniers oblongs presque en parallélipipèdes. »

Trouvé dans la Giarole (*Glareola austriaca*) par Rudolphi à Rimini et par Bremser à Vienne.

TÉNIAS DES GRÈBES ET DES PLONGEONS. (V. *Tænia multistriata,* n° 33.)

118. Le *Tænia capillaris* (Rud., *Syn.*, p. 156 et 511) paraît être suivant Rudolphi lui-même un *Tænia multistriata* dont la couronne de crochets n'est pas visible.

119. Le *Tænia macrorhyncha* (Rud., *Entoz.*, t. II, ii, p. 177, pl. 10, fig. 5 , et *Synops.*, p. 165) trouvé anciennement une seule fois par Rudolphi à Greifswald dans le castagneux (*Podiceps minor*) est une espèce très-incomplétement connue. Cet auteur le décrit comme long de 80^{mm}, large de 4^{mm},5 ayant la tête transverse trois fois plus large que longue, déprimée avec les angles saillants ; la trompe très-grosse, cylindrique, très-obtuse, deux fois plus longue que la tête, et armée d'une couronne de crochets recourbés, courts, très-larges à la base. Le cou est nul ; les articles sont très-courts et très-larges avec les angles saillants.

120. Le *Tænia capitellata* (Rudolphi, *Entoz.*, t. II, ii, p. 139, et *Syn.*, p. 156 et 511) est aussi une espèce trop incomplétement décrite. Abil-

gaard en Danemark trouva dans le *Colymbus immer* deux exemplaires de ce ténia longs de 135ᵐᵐ environ, larges de 0ᵐᵐ,22 en avant et de 2ᵐᵐ,25 en arrière avec la tête globuleuse, la trompe filiforme capitée; le cou entouré d'un anneau; et les articles campanulés à bord postérieur gonflé. Rudolphi ensuite en reçut des exemplaires trouvés par Bremser dans le *Colymbus arcticus* et modifia la description en disant n'avoir point vu le renflement en forme d'anneau indiqué par Abilgaard autour du cou, ni les articles campanulés. Les articles, suivant Rudolphi, sont courts, plus étroits en avant et ils ont les angles postérieurs aigus et saillants en dents de scie; les orifices génitaux sont unilatéraux; les pénis sont droits, ligulés, ou presque elliptiques, ou quelquefois presque claviformes.

TÉNIAS DU PINGOUIN.

121. Rudolphi a inscrit parmi ses espèces douteuses sous le nom de *Tænia armillaris* (*Entoz.*, t. II, ii, p. 205, et *Synops.*, p. 175) un ténia trouvé dans le pingouin (*Alea pica*) par Fabricius qui le nomma *Tænia tordæ*. Il est long de 80ᵐᵐ, large de 1ᵐᵐ,5, très-aminci en avant et formé d'articles en forme de cœur qui lui donnent l'aspect d'un bracelet. En même temps, Fabricius avait trouvé un autre ténia, long de 240ᵐᵐ, large de 6ᵐᵐ qu'il nomma *Tænia alcæ*. Rudolphi l'inscrit aussi parmi ses espèces douteuses et pense que ce pourrait être le *Bothriocephalus nodosus*.

TÉNIAS DES HIRONDELLES DE MER.

122. Le *Tænia inversa* (Rud., *Syn.*, p. 156 et 510) est, de l'aveu même de Rudolphi, trop incomplétement décrit, d'après des exemplaires jeunes longs de 27ᵐᵐ, larges de 1ᵐᵐ,1 trouvés par Bremser à Vienne dans le *Sterna nigra*. La tête est presque ronde, la trompe très-petite est obtuse, le cou et les premiers articles sont très-courts, les suivants sont rétrécis d'abord, puis quelques-uns sont larges et arrondis, les derniers sont allongés.

123. Le *Tænia oligotoma* (Rud., *Syn.*, p. 66 et 520) est une autre espèce incomplétement connue que Nitzsch trouva dans l'intestin d'un *Sterna fissipes*. Rudolphi en reçut quatre exemplaires très-jeunes, longs de 3ᵐᵐ,37 à 4ᵐᵐ,5, plus étroits en avant, larges de 0ᵐᵐ,56 en arrière. La tête est globuleuse ainsi que la trompe qui en outre est très-petite; le cou et les premiers articles sont très-courts, les suivants sont plus grands, les derniers sont arrondis.

TÉNIAS DES CANARDS. (Voy. *Tænia sinuosa*, n° 35, *Tænia trilineata*, n° 36, *Tænia coronula*, n° 37, *Tænia rhomboidea*, n° 38, *Tænia megalops*, n° 51 et *Tænia malleus*, n° 63.)

124. Le 22 janvier à Rennes, j'ai trouvé dans une oie des ténias sans

tête et sans œufs, mais cependant bien distincts de tous les autres par leurs pénis unilatéraux membraneux hérissés de petites épines (*Atlas*, pl. 9, fig. D) et susceptibles de s'étaler en une sorte d'entonnoir au dehors; ces ténias très-amincis, presque filiformes en avant, sont larges de 0^{mm},5 au milieu, et de 1^{mm},7 en arrière, ils sont longs de 60^{mm}.

125. Le 13 février dans le canard musqué (*Anas moschata*) je trouvai aussi des fragments de ténia qui pourraient appartenir à la même espèce. Ils sont formés d'articles très-courts, larges de 0^{mm},75 et montrant à l'intérieur leurs pénis unilatéraux hérissés de petites épines; mais à l'orifice génital (*Atlas*, pl. 9, fig. C) se voit un anneau corné, armé de petites dents; le pénis est quelquefois un peu saillant au dehors et paraît alors lisse, large de 0^{mm},008.

126. Dans ce même canard musqué j'ai trouvé des fragments d'une autre espèce fort remarquable; ils sont longs de 20 à 30^{mm}, larges de 0^{mm},1 en avant et de 0^{mm},5 en arrière, formés d'articles trapézoïdaux au milieu desquels les organes génitaux forment trois ou quatre taches ou lignes blanches opaques paraissant noires par transparence. C'est surtout la vésicule séminale qui se montre ainsi en raison des concrétions blanches qu'elle contient; les orifices génitaux sont unilatéraux et les pénis se composent d'un tube long de 0^{mm},03 conique ou étranglé au milieu (*Atlas*, pl. 9, fig. E 3 et 4) hérissé de petites pointes et prolongé par un tube plus mince membraneux et lisse. Les œufs diffèrent de ceux de tous les autres ténias par leur singulière structure (*Atlas*, pl. 9, fig. E 1 et 9). En effet ils sont très-allongés, presque fusiformes, à trois enveloppes; l'enveloppe externe est membraneuse finement réticulée; longue de 0^{mm},15 à 0^{mm},16, large de 0^{mm},05; l'enveloppe moyenne est striée transversalement, longue de 0^{mm},12 à 0^{mm},13, large de 0^{mm},038; l'enveloppe interne est fusiforme ou en navette, longue de 0^{mm},08 à 0^{mm},097, large de 0^{mm},023 à 0^{mm},025; l'embryon qui prend la forme de son enveloppe est tantôt longitudinal, tantôt transverse, long de 0^{mm},054 à 0^{mm},058 avec des crochets de 0^{mm},0085 à 0^{mm},009.

Avec les fragments des deux espèces de ténia dont nous venons de parler, se trouvaient aussi deux têtes bien distinctes, mais ayant déjà perdu les crochets dont elles avaient dû être armées; l'une est large de 0^{mm},52, avec une trompe longue de 0^{mm},38, large de 0^{mm},23, et des ventouses de 0^{mm},148; l'autre est large de 0^{mm},227, avec une trompe proportionnellement plus longue que celle d'aucun autre; car elle a 0,^{mm}35 pour une largeur de 0^{mm},065; les ventouses ont 0^{mm},086.

127. Le 8 avril, dans un canard domestique, à Rennes, j'ai trouvé encore un autre ténia incomplet, et qu'en raison de ses œufs j'aurais pu croire identique avec celui du canard sauvage, si ses dimensions n'étaient beaucoup plus considérables; c'est un fragment long de 120^{mm}, large de 3^{mm}, qui doit représenter tout au plus la moitié postérieure

du ténia complet. Ses articles, courts, transverses, cinq à six fois aussi longs que larges, sont traversés par une bande médiane occupant le quart ou le cinquième de la largeur totale, dans toute la longueur de ce fragment. C'est dans cette bande médiane que sont contenus les œufs agglutinés en longues séries comme des rangs de perles. Ils ont trois enveloppes; l'externe membraneuse diaphane est globuleuse, large de 0ᵐᵐ,11 à 0ᵐᵐ,16, et montre quelquefois des stries croisées; l'enveloppe moyenne, longue de 0ᵐᵐ,073 à 0ᵐᵐ,106, est ovale-oblongue, également réticulée ou marquée de stries régulières croisées; l'enveloppe interne est elliptique, ou quelquefois fusiforme ou en navette, longue de 0ᵐᵐ,058 à 0ᵐᵐ,084, et large de 0ᵐᵐ,033 à 0ᵐᵐ,035; l'embryon est long de 0ᵐᵐ031 à 0ᵐᵐ,04, avec des crochets de 0ᵐᵐ,015 à 0ᵐᵐ,016.

— On a attribué aux canards le *Tœnia infundibuliformis,* nᵒ 62 de la poule; mais c'est sans doute quelqu'une des espèces précédentes qu'on aura nommée ainsi par erreur.

128. Le *Tœnia setigera* (Rud., *Entoz.,* t. II, ii, p. 128, et *Syn.,* p. 151) a été trouvé par Frœlich dans l'intestin des oies au pâturage, et décrit par cet auteur dans le *Naturforscher* (24, p. 106, pl. 3, fig. 1-4); il est long de 50ᵐᵐ à 1 mètre, large de 4 à 6ᵐᵐ en arrière; sa tête est en cœur renversé, avec une trompe pyriforme; le cou très-court, ainsi que les premiers articles; — les articles suivants sont infundibuliformes, avec un des angles postérieurs prolongé en un appendice (une sorte de soie, *seta*), droit, court et tronqué. Zeder l'a trouvé également.

129. Le *Tœnia fasciata* (Rud., *Entoz.,* t. II, ii, p. 139, et *Syn.,* p. 157) a été trouvé une seule fois dans une oie grasse par Zeder, qui le crut identique avec le *Tœnia crenata,* nᵒ 94 des pics. Il est long de 100 à 160ᵐᵐ, large de 1ᵐᵐ,2 à 2ᵐᵐ,3; sa tête est hémisphérique, avec une trompe cylindrique, aiguë; son cou est très-long, deux fois plus mince que la tête; les articles très-courts, six fois plus larges que longs, sont plus transparents sur les bords, et traversés tous par une bande médiane, longitudinale, obscure. Ce dernier caractère se trouve aussi dans le ténia nᵒ 128 dont nous venons de parler; ce serait donc plutôt avec lui qu'avec le *Tœnia sinuosa,* comme le pense Rudolphi, qu'il faudrait réunir le *Tœnia fasciata.*

130. Le *Tœnia gracilis* (Rud., *Entoz.,* t. II, ii, p. 148, et *Syn.,* p. 158) a été trouvé par Bloch seul dans le canard et dans l'*Anas penelope.* Il est long de 270ᵐᵐ, large de 2ᵐᵐ,2 en arrière; il a la tête presque globuleuse, la trompe mince, le cou très-court, mais la partie antérieure du corps très-mince sur une grande longueur; les premiers articles sont infundibuliformes et les suivants deviennent peu à peu carrés. C'est probablement la même espèce que le *Tœnia sinuosa.*

131. Le *Tœnia lœvis* (Rud., *Entoz.,* t. II, ii, p. 135, et *Syn.,* p. 155) a également été trouvé par Bloch dans les *Anas clangula* et *Anas clypeata;* il est long de 330ᵐᵐ environ, capillaire en avant, et large

à peine de 1ᵐᵐ,2 en arrière, formé d'articles très-courts, à angles aigus; sa tête est cylindrique, avec une trompe pyriforme; son cou est très-long, capillaire. On peut penser que c'est aussi une des précédentes espèces.

131. Le *Tænia æquabilis* (Rud., *Entoz.*, t. II, ii, p. 135, et *Syn.*, p. 155) a été trouvé par Rudolphi dans le *Cygnus ferus,* et par Bremser dans le *Cygnus olor;* il est long de 160 à 350ᵐᵐ, très-mince en avant, large de 3ᵐᵐ,37 en arrière; la tête est presque ronde, avec une trompe obovée; le cou et les premiers articles sont très-courts; les suivants sont trapézoïdaux, beaucoup plus larges que longs, avec les angles aigus et saillants en dents de scie.

132. Le *Tænia microsoma* de M. Creplin (*Nov. obs. de Entoz.*, p. 99) a été trouvé abondamment dans l'intestin de l'eider (*Anas mollissima*); mais on n'a eu que de très-jeunes exemplaires, longs de 7 à 13ᵐᵐ, minces comme des fils, ayant les orifices génitaux unilatéraux et les pénis cylindriques ou presque claviformes; la tête de forme variable a des ventouses grandes, et une trompe allongée, claviforme; le cou et tous les articles sont très-courts.

133. TÉNIA DU HARLE.   *TÆNIA TENUIROSTRIS.* — Rud., *Syn.*, p. 156 et 509.

« — Long de (?), large de 3ᵐᵐ,37 en arrière; — tête presque ronde,
« avec une trompe mince presque claviforme, inerme (?); — cou
« assez long; — premiers articles très-étroits et très-courts, les sui-
« vants plus longs, avec les angles postérieurs aigus et saillants en
« dents de scie. »

Trouvé à Vienne par Bremser dans le harle (*Mergus serrator*) et à Berlin dans le *Mergus albellus* par Rudolphi qui le dit très-semblable au *Tænia trilineata* dont il ne diffère que par sa trompe plus mince et dépourvue de crochets; mais on sait que ces organes pouvaient avoir disparu accidentellement.

III. TÉNIAS DES REPTILES.

Le *Tænia dispar*, nᵒ 52, et le *Tænia tuberculata*, nᵒ 53 ont été trouvés l'un dans le gecko et dans les batraciens terrestres, l'autre dans un lézard d'Espagne :

Rudolphi indique aussi deux espèces douteuses du musée de Vienne, le *Tænia lacertæ* et le *Tænia amphisbanæ* (*Syn.*, p. 175).

134. Le *Tænia racemosa* (Rudolphi, *Syn.*, p. 692) a été trouvé par M. Natterer au Brésil dans l'intestin d'une couleuvre, il est long de 160ᵐᵐ, large de 3 à 4ᵐᵐ, formé d'articles allongés, longs de 2ᵐᵐ,25 à 3ᵐᵐ,37, avec des orifices génitaux saillants alternes; — la tête plus

large en avant est en cône renversé; — le cou est court, très-étroit;
— les ovaires occupent la ligne médiane presque entière de chaque
article et envoient de chaque côté des branches en forme de grappes.

IV. TÉNIAS DES POISSONS.

Les *Tænia ocellata*, n° 54, *ambigua*, n° 55, *filicollis*, n° 56, *torulosa*,
n° 57, *osculata*, n° 58, *longicollis*, n° 59 et *macrocephala*, n° 60 ont été
décrits dans notre quatrième section comme étant évidemment
inermes; il reste à mentionner une espèce pourvue d'une trompe assez
longue et qu'on peut supposer avoir été munie de crochets, à moins
encore que ce ne soit un *Bothriocéphale* ou un helminthe de quelque
autre genre.

135. C'est le *Tænia octolobata* (Rud., *Ent.*, t. II, ii, p. 178, et *Syn.*
p. 165) trouvé dans la *Perca norvegica* par Fabricius qui le nomma
Tænia erythrini (Fab., *Faun. grœnl.*, p. 317). Il a jusqu'à deux mètres
de longueur, il est filiforme en avant, et large de 9ᵐᵐ en arrière,
très-plat, blanc de lait, avec une ligne médiane d'un gris-violet. Sa
tête est tétragone à huit lobes, avec une trompe très-courte, étroite,
et parsemée de points saillants. Les articles du corps sont très-courts
et ont les angles latéraux saillants, en forme de papilles.

7ᵉ Genre. BOTHRIOCÉPHALE.   *BOTHRIOCEPHALUS.*
—Rudolphi.

« — Vers à corps mou, déprimé, fort allongé, composé d'un
« très-grand nombre d'articles; — renflement céphalique, oblong,
« tétragone ou tronqué aux deux extrémités, et pourvu de
« deux fossettes latérales, étroites, allongées, ou de quatre oreil-
« lettes, ou de quatre fossettes armées de crochets; — orifices
« des ovaires situés au milieu de chaque article. »

Les bothriocéphales diffèrent des ténias par l'absence des
quatre ventouses orbiculaires, musculeuses; mais d'ailleurs il
est souvent difficile de les distinguer, quand on n'a pas la tête.
Sous ce nom on comprend plusieurs types qui devront constituer des genres ou des sous-genres, quand ils seront mieux
connus. Nous en avons séparé les *Rhynchobothries*, caractérisés
par leurs trompes rétractiles, hérissées de crochets; et nous di-
visons en trois sections les helminthes que nous nommons provisoirement bothriocéphales, et qui presque tous vivent dans
l'intestin des poissons. Ceux de la première section n'ont que
deux fossettes latérales sans crochets, et parmi eux se trouvent
deux ou trois espèces des mammifères, et notamment l'espèce
si connue sous le nom de *ténia large* ou ver solitaire; et, en

outre, une ou plusieurs espèces des oiseaux ; ceux de la seconde section ont à la tête quatre appendices en forme d'oreillettes ou de pétales de fleur ; parmi eux se trouvent deux espèces des oiseaux, ceux de la troisième section ont quatre ventouses oblongues, armées de crochets en avant.

PREMIÈRE SECTION. (Bothriocéphales vrais.)

Ayant deux ventouses ou fossettes longitudinales opposées.

I. BOTHRIOCÉPHALES DES MAMMIFÈRES.

1. BOTHR. DE L'HOMME.   *BOTHR. LATUS.* — BREMSER.

Tœnia lata et *Tœnia vulgaris*, LINNÉ, Syst. nat., XII, éd., p. 1324 et 1323.
Tœnia lata, PALLAS, BLOCH, GOEZE, SCHRANK, etc.
Tœnia lata, RUDOLPHI, Entoz., t. II, II, p. 70.
Bothriocephalus latus, BREMSER, Traité des Vers de l'homme (trad.), pl. 2.
Botriocephalus latus, RUDOLPHI, Synopsis, p. 136 et 469.
Botriocephalus latus, ESCHRICHT, Nov. act. Acad., c. I. c., 1841, t. XIX,
    2ᵉ sup., p. 1, pl. 1-2.

« — Long de 6 à 20 mètres, filiforme en avant, large de 12 à 16ᵐᵐ
« (jusqu'à 27ᵐᵐ, RUD.) en arrière ; — tête oblongue, avec deux fossettes
« latérales en forme de fentes ; — cou presque nul ; — premiers articles
« en forme de rides ; les suivants courts, transverses, rectangulaires ; les
« derniers oblongs ; — orifices génitaux situés sur la ligne médiane de
« chaque article ; orifice mâle près du bord antérieur ; — pénis court,
« lisse ; — orifice de l'oviducte situé un peu en arrière ; — œufs ellip-
« tiques, longs de 0ᵐᵐ,028 à 0ᵐᵐ,032, larges de 0ᵐᵐ,002. »

Il se trouve dans l'intestin de l'homme, en Suisse, en Pologne et en Russie, et plus rarement en France ; j'en ai vu à Rennes un exemplaire très-long que le Dr. Second, chirurgien major du treizième régiment d'artillerie, avait fait rendre à un soldat, originaire du midi de la France, au moyen de l'écorce de grenadier, mais la tête manquait. J'en ai vu un autre également incomplet rendu l'année suivante par un habitant de St.-Malo, et d'ailleurs le nombre de ces helminthes conservés par des médecins, prouve suffisamment qu'il est moins rare que le *Tœnia solium*. Il est très-difficile de se procurer la tête, cependant Bonnet et Gleichen l'avaient vue et l'avaient décrite, mais on n'avait pas eu assez de confiance dans leurs observations, et l'on continua à considérer cet helminthe comme un ténia jusqu'à ce qu'enfin Bremser eut complétement démontré que c'est réellement un bothriocéphale. Depuis lors, M. Eschricht en a fait l'objet d'un fort beau mémoire.

2. M. Creplin a décrit sous le nom de *Bothriocephalus felis (Obs. de Ent.*, p. 67, fig. 9) deux helminthes fort jeunes, longs de 4ᵐᵐ,5 et 6ᵐᵐ,6,

assez minces, trouvés dans l'intestin grêle d'un chat à Greifswald. Leur tête est allongée, obtuse, avec deux fossettes latérales, béantes en avant et fermées dans la majeure partie de leur longueur par suite du rapprochement des lèvres.

2 (*a*). M. Natterer a trouvé aussi des bothriocéphales dans le *Felis ma-livora* et dans le raton (*Procyon lotor*) au Brésil : M. Fischer en a trouvé dans le *Phoca monachus,* et M. Schilling a trouvé dans le *Phoca fœtida* un fragment décrit par M. Creplin ; il est long de 227^{mm}, large de 4,^{mm}5 formé d'articles presque planes, quadrangulaires, à bords droits un peu plus longs que larges en arrière, et présentant, vers le milieu du bord antérieur, un orifice génital d'où sort un pénis mince recourbé.

BOTHRIOCÉPHALES DES OISEAUX. (Voy. aussi à la 2e section.)

Les Bothriocéphales vrais ou à deux fossettes n'ont été trouvés que dans des oiseaux de mer qui se nourrissent de poissons ; on pourrait donc supposer d'une part que ces helminthes proviennent des poissons mêmes ; et d'autre part, il y a de fortes raisons pour penser que les trois espèces indiquées n'en doivent former qu'une seule, ce sont :

3. Le *Bothriocephalus dendriticus* trouvé par Nitzsch en 1817 dans l'intestin du *Larus tridastylus* et décrit (*Encyclop. de Ersch* et *Gruber*, t. XII,) comme ayant les fossettes en forme de sillons, réunies en avant, et les ovaires dendritiques.

3 (*a*). Le *Bothriocephalus ditremus* de M. Creplin (*Obs. de Ent.,* p. 65, et *Nov. obs. de Ent.*, p. 83) trouvé dans le *Mergus serrator*, dans le *Colymbus rufogularis* et dans le *Larus canus*. Il est long de 100 à 340^{mm}, large de 6 à 9^{mm} au milieu, et de 3 à 4^{mm} en arrière ; sa tête est allongée, avec deux fossettes obovées-lancéolées ; son cou est très-court ; les premiers articles sont très-courts, les suivants sont trapézoïdaux, les derniers sont oblongs, rectangulaires et présentent au milieu deux orifices génitaux dont l'antérieur plus grand laisse sortir un pénis court.

3 (*b*). Le *Bothriocephalus fissiceps* de M. Creplin (*Nov. obs. de Ent.,* p. 80) a été trouvé dans l'intestin du *Sterna hirundo* ; il est long de 80 à 150^{mm}, large de 1^{mm} à 5^{mm},6 ; sa tête est allongée ainsi que ses deux fossettes marginales étroites ; son cou est nul ; les premiers articles sont en forme de rides, les suivants très-courts, obtus, puis un peu plus longs, trapézoïdaux et enfin presque rectangulaires, allongés, avec le bord postérieur gonflé ; — un orifice génital est visible au centre de l'ovaire qui occupe le milieu de chaque article.

BOTHRIOCÉPHALES DES POISSONS. (Voyez aussi 2e et 3e section.)

4. BOTHR. DU BARS.   *BOTHR. LABRACIS.* — Duj.

J'ai trouvé dans l'intestin d'un bars (*Labrax lupus*) à Rennes, le

12 juin 1841, un très-grand nombre de bothriocéphales qui, vraisemblablement, pourront être réunis à quelqu'une des espèces suivantes quand elles seront complétement connues.

Ils sont longs de 100 à 200^{mm}, larges de 5 à 7^{mm} en arrière et de plus en plus étroits en avant, où les premiers articles présentent quelquefois un étranglement en arrière de la tête ; la tête est oblongue, large de 1^{mm} à 1^{mm},2, longue de 3^{mm} à 3^{mm},6, tronquée en avant ; les articles sont très-courts, très-nombreux et portent les orifices génitaux sur la ligne médiane ; les œufs sont elliptiques, longs de 0^{mm},08, larges de 0^{mm},04.

Le 1er juin 1844, dans un bars, j'ai trouvé un autre bothriocéphale jeune, bien différent du premier par sa tête globuleuse comme celle du *Bothr. crassiceps;* un premier fragment long de 4^{mm}, se compose de la tête, large de 0^{mm},9 et des premiers articles larges de 0^{mm},6 ; un autre fragment long de 12^{mm} et large de 1^{mm},4, est formé d'articles très-nombreux cinq fois aussi longs que larges, trapézoïdaux, avec les orifices génitaux bien distincts sur la ligne médiane.

? 5. BOTHR. DE LA SCORPÈNE.   ***BOTHR. ANGUSTATUS.* —**
Rudolphi, *Syn.*, p. 139 et 476.

Bothriocephalus affinis, Leuckart, Zool. Bruchst., t. I, p. 41, pl. 4, fig. 17.

« —Long de 50 à 100^{mm} ; — tête plus étroite que les articles suivants,
« très-allongée, tétragone, presque tronquée, avec deux fossettes,
« peu distinctes, linéaires ; — premiers articles plus longs que larges,
« en entonnoir; les suivants plus courts, plus larges que longs, les
« derniers carrés. »

Dans l'intestin de la *Scorpœna scrofa.*

6. BOTHR. DE L'ESPADON.   ***BOTHR. PLICATUS.* —** Rudolphi,
Syn., p. 136 et 470, pl. 3, fig. 2.

Echinorhynchus xiphiœ, Gmelin, Zeder et Rudolphi, Entoz., t. II, ii,
p. 308 d'après Redi, Anim. viv., p. 162, Vers, t. I, p. 241, pl. 19, fig. 1.
Bothrioceph. truncatus, Leuckart, Zool. Br., I, p. 37, pl. 1, fig. 13.
Bothrioceph. plicatus, Bremser, Icones helm., pl. 13, fig. 1-2.
Bothrioceph. plicatus, Creplin, Nov. obs. de Entoz., p. 87, pl. 2, fig. 12-14,
et dans l'Encyc. de Ersch et Gruber, t. XXXII.

« — Long de 30 à 300^{mm}, large de 4^{mm},5 à 10^{mm} ; — tête très-allongée,
« un peu sagittée, ou avec deux fossettes plus saillantes en arrière;
« — cou nul ; — articles très-courts, inégaux, recouverts en partie
« par le bord postérieur de l'article précédent. »

Dans le rectum de l'espadon (*Xiphias gladius*), où il se loge en partie entre les tuniques même de l'intestin ; quand le canal qu'il s'est ainsi creusé est devenu calleux, il perd toute trace de structure arti-

culée dans la portion ainsi emprisonnée, comme il arrive aux bothriocéphales des gades dont nous parlons plus loin.

7. BOTHR. DU VÉRON.   *BOTHR. GRANULARIS.* — Rudolphi,
Entoz., t. II, ii, p 48, et *Syn.*, p. 138 et 474.

Rhytis granulata, Zeder, Nat., p. 296.
Bothrioceph. cyprini phoxini, Leuckart, Zool. Br., p. 44, pl. 1, fig. 21.

« — Long de 40ᵐᵐ, large de 1ᵐᵐ,12 ; — tête cunéiforme, obtuse,
« avec deux fossettes latérales-ovales profondes ;—cou presque cylin-
« drique ; — articles assez épais, presque globuleux. »

Trouvé au musée de Vienne dans l'intestin du Véron (*Cyprinus
phoxinus*).

8. BOTHR. DU BARBEAU.   *BOTHR. RECTANGULUM.* — Rud.,
Entoz., t. II, ii, p. 49, et *Syn.*, p. 138 et 474.

Tœnia rectangulum, Bloch, Traité des Vers, pl. 1, fig. 7-8.
Tœnia sagittœformis, Schrank, dans Mém. Acad. de Suède, 1790, p. 125.
Rhytis rectangulum, Zeder, Naturg., p. 296.
Bothrioceph. rectangulum, Leuckart, Zool. Br., I, p. 44, pl. 2, fig. 22-25.
Bothrioceph. rectangulum, Bremser, Icones helm., pl. 13, fig. 3-8.

« — Long de 18 à 27ᵐᵐ, large de 2ᵐᵐ,3, mince, demi-transparent ;
« — tête sagittée, avec deux fossettes latérales, profondes ; — pre-
« miers articles très-courts, les suivants de plus en plus grands, puis
« carrés. »

Trouvé dans l'intestin du barbeau (*Cyprinus barbus*), par Bloch,
Schrank, Zeder, et au musée de Vienne.

9. BOTHR. DU SAUMON.   *BOTHR. PROBOSCIDEUS.* — Rud.,
Entoz., t. II, ii, p. 39, et *Syn.*, p. 137 et 472.

Tœnia tetragonoceps, Pallas, N. Nord. Beitr., I, i, p. 87, pl. 3, fig. 31, a.-d.
Tœnia crassa, Bloch, dans Besch. Berl. N. Fr. 4, p. 545, pl. 10, fig. 8-9.
Tœnia proboscide suilla, Goeze, Naturg., p. 417, pl. 34, fig. 1-2.
Tœnia salmonis, Müller, Gmelin, Encycl. méth., Rudolphi.
Rhytis proboscidea, Zeder, Naturg., p. 293.
Bothrioceph. proboscideus, Leuckart, Zool. Br., t. I, p. 38, pl. 1, fig. 14.

« — Long de 30 à 240ᵐᵐ, large de 1ᵐᵐ,12 à 2ᵐᵐ,25 ; — tête oblongue,
« presque tétragone, tronquée, avec deux fossettes latérales, oblon-
« gues ; — cou nul ; — articles très-courts, plus étroits en avant, tra-
« versés par un sillon médian. »

Je l'ai trouvé à Paris dans les appendices pyloriques du saumon
(*Salmo salar*), où on l'a trouvé souvent aussi en Allemagne. Pallas
et Bremser l'ont trouvé également dans le *Salmo hucho*.

10. BOTHR. INFUNDIBULIFORME.   *BOTHR. INFUNDIBULI-
FORMIS.* — Rud., *Entoz.,* t. II, ii , p. 46, et *Syn.,* p. 137 et 473.

> *Tænia salvelini,* Schrank, dans les Mém. de l'Acad. de Suède, 1790, p. 125.
> *Rhytis salvelini,* Zeder, Naturg., p. 292.
> *Bothrioceph. infundibuliformis,* Leuckart, Zool. Bruch., 1, p. 42, pl. 1,
> fig. 18–19.

« — Long de 80 à 330ᵐᵐ, large de 2ᵐᵐ,25 à 3ᵐᵐ,37 ; — tête presque
« tétragone, oblongue, obtuse, avec des fossettes latérales, ovales-
« oblongues ; — cou très-court ; — premiers articles en forme de
« rides, les suivants presque infundibuliformes ou ayant le bord pos-
« térieur épaissi, les derniers plus courts. »

Trouvé dans les appendices pyloriques des *Salmo salvelinus, alpinus* et *thymallus.*

11. BOTHR. DE L'ALOSE.   *BOTHR. FRAGILIS.* — Rudolphi ,
Entoz., t. II, ii , p. 45, et *Syn.,* p. 138.

> *Bothrioceph. fragilis,* Leuckart, Zool. Br., I, p. 43, pl. 1, fig. 20.

« — Long de 30 à 200ᵐᵐ ; — tête très-petite, un peu arrondie, avec
« deux fossettes latérales, orbiculaires, profondes ; — cou court ; —
« articles très-courts. »

Dans les appendices pyloriques de l'alose (*Clupea alosa*), Rudolphi
a vu sur les deux faces un sillon longitudinal médian que Leuckart
n'a point aperçu en observant, il est vrai, des exemplaires plus petits. Au reste, on peut bien penser que les trois espèces précédentes
ne diffèrent pas assez.

? 12. BOTHR. DE L'ORPHIE.   *BOTHR. BELONES.* — Duj.

J'ai trouvé à Cette, le 7 mars 1840, dans l'intestin d'une orphie
(*Esox belone*), deux bothriocéphales à tête en cœur, ayant les articles peu distincts, traversés sur toute la ligne médiane par une bande
contenant les organes génitaux ; ils sont longs, l'un de 40, l'autre de
130ᵐᵐ, larges de 1ᵐᵐ,5 et 2ᵐᵐ ; la tête est large de 2 et 2ᵐᵐ,5.

BOTHRIOCÉPHALES DES GADES.

13. Le *Bothriocephalus crassiceps* (Rud., *Syn.,* p. 139 et 476), ou
B. pilula de Leuckart (*Zool. Br.,* I, p. 45, pl. 2, fig. 26), vit dans
l'intestin du *Gadus merluccius ;* j'y en ai trouvé de jeunes, longs de
13 à 16ᵐᵐ , ayant déjà la tête globuleuse, large de 1ᵐᵐ,2 à 1ᵐᵐ,7, et les
articles très-courts et très-nombreux, larges de 1ᵐᵐ,4. Rudolphi, à
Naples, en trouva des exemplaires longs de 7 à 54ᵐᵐ ; Leuckart en
décrit un exemplaire incomplet long de 40ᵐᵐ.

14. Le *Bothrioceph. rugosus* (Rud., *Ent.*, t. II, II, et *Syn.*, p. 137)
avait été décrit par Gœze (*Naturg.*, p. 411, pl. 33, fig. 1-5) sous le
nom de *Tænia rugosa*. Zeder le nomma *Rhytis conoceps* (*Naturg.*,
p. 292); il se trouve dans les appendices pyloriques des *Gadus lotta*
et *Gadus mustela*; il est long de 300^{mm} à 1 mètre, large de 1^{mm},2 à 4^{mm};
sa tête est presque sagittée avec des fossettes latérales oblongues; le
cou est nul; les articles très-courts, inégaux, sont traversés par un
sillon médian.

— J'ai trouvé plusieurs fois à Rennes dans les appendices pyloriques des *Gadus pollachius* et *Gadus merluccius* des helminthes cestoïdes que je crois identiques avec le *Bothr. rugosus*, mais que je ne
puis caractériser complétement, car la partie antérieure engagée
dans l'appendice pylorique forme une sorte de bouchon, un cylindre
irrégulier, cartilagineux, long de 18^{mm}, large de 4^{mm}, ridé ou toruleux et sans aucune trace d'organisation; le reste du corps long de 100
à 140^{mm}, large de 2^{mm} en avant et de 0^{mm},5 en arrière, est libre dans
l'intestin et formé d'articles très-courts, inégaux ou dilatés çà et là;
les orifices génitaux mâles sont presque unilatéraux ou très-irrégu-
lièrement alternes, et laissent sortir du bord latéral de chaque article
un pénis lisse long de 0^{mm},13, large de 0^{mm},031 un peu recourbé;
les ovaires occupent la ligne médiane sur laquelle se trouve aussi,
au milieu de chaque article, un orifice femelle; les ovaires envoient
en outre çà et là des branches transverses; les œufs, presque globuleux, ont une double enveloppe; l'externe est longue de 0^{mm},08 à
0^{mm},11; l'interne est longue de 0^{mm},051 à 0^{mm},057; l'embryon, long de
0^{mm},048 à 0^{mm},050, a six crochets très-minces longs de 0^{mm},018 à
0^{mm},020. Une fois d'ailleurs, j'ai vu un embryon avec sept crochets au
lieu de six. Il y a donc ici une transformation de la partie antérieure
de l'organe, comme celle qui a lieu pour le bothriocéphale de l'espadon. (Voy. p. 614.)

— J'ai trouvé aussi dans les *Gadus merlangus* et *Gadus barbatus*, à
Langrune, sur la côte du Calvados, en 1835, des bothriocéphales longs
de 200 à 300^{mm}, larges de 1^{mm},20, formés d'articles transverses trois à
quatre fois aussi longs que larges, et tachés en fauve par les œufs qui
sont elliptiques, longs de 0^{mm},85, pourvus d'une coque simple
s'ouvrant par un opercule terminal. Je crois que ce sont les mêmes
bothriocéphales que dans le turbot.

15. BOTHR. DU TURBOT.   ***BOTHR. PUNCTATUS***. — Rudolphi,
Entoz., t. II, II, p. 50, et *Synops.*, p. 138 et 475.

Vermis multimembris rhombi, Leeuwenhoek, Arc. nat., p. 402.
Tænia scorpii, Müller, Zool. dan, t. II, p. 5, pl. 44, fig. 5-11.
Alyselminthus bipunctatus, Zeder, Nachtr., p. 236, pl. 6, fig. 1-4.
Bothrioc. punctatus, Leuckart, Zool. Br., p. 40, pl. 1, fig. 16, pl. 2, fig. 40.
Bothrioceph. punctatus, Eschricht, dans Nov. act. Acad., c. l. c, t. XIX,
   2e sup., p. 69, pl. 3.

« —Long de 200 à 600^{mm}, large de 1^{mm},8 à 3^{mm}; — tête oblongue assez

« épaisse au milieu, tronquée ou terminée par une partie plus large
« transverse ; — fossettes oblongues à bords très-latéraux saillants ; —
« articles trapézoïdaux, deux à cinq fois aussi larges que longs, ayant
« au centre l'ovaire coloré en brun et l'orifice de l'oviducte ; — œufs
« noirs elliptiques, longs de 0^{mm},075 à 0^{mm},08, larges de 0^{mm},04 ayant
« une coque assez dure et s'ouvrant par un opercule terminal ; —
« six (huit?) canaux longitudinaux diaphanes liés par des canaux
« transverses. »

Je l'ai trouvé très-abondamment à Cette, à Langrune et à Rennes
dans l'intestin du turbot (*Pleuronectes maximus*), et il est indiqué
aussi dans les *Pleuronectes rhombus*, *boscii*, *solea* et *pegosa*, dans le
Cottus scorpius, dans le *Trigla adriatica* et dans le *Gadus minutus*.

16. BOTHRIOCÉPHALE DE L'ANGUILLE. *BOTHRIOCEPHALUS CLAVICEPS.* — Rud.

Tœnia claviceps, Goeze, Naturg., p. 414, pl. 33, fig. 6-8.
Tœnia anguillœ, Müller, Naturf., XIV, p. 156.
Rhythelminthus anguillœ, Zeder, Nachtrag., p. 215.
Rhytis claviceps, Zeder, Naturg., p. 293, n° 4.
Bothrioceph. claviceps, Rudolphi, Entoz., t. II, ii, p. 37, et Syn., p. 136.

« Long de 25 à 500^{mm}, large de 1 à 3^{mm},5 ; — tête oblongue très-
« contractile, tronquée ; — cou nul ; — articles très-contractiles, sou-
« vent ridés, les antérieurs moitié plus étroits que la tête, les sui-
« vants quadrangulaires oblongs, ou transverses suivant l'état de
« contraction, les derniers ovales-oblongs ; — œufs elliptiques à en-
« veloppe simple, longs de 0^{mm},056 à 0^{mm},06. »

Dans l'intestin de l'anguille où je l'ai trouvé à Rennes, mais long
seulement de 25 à 150^{mm} ; Rudolphi l'a trouvé de cette même longueur à Berlin ; Gœze cite d'après Borke des individus de plus de
1 mèt. (4 pieds) ; Zeder en a vu qui avaient 540^{mm}.

La tête de forme variable présente en avant un bourrelet transversal ; les fossettes latérales sont arrondies et plus profondes en avant
où elles ont le tiers de la largeur de la tête, elles se rétrécissent vers
le milieu, et deviennent moins profondes en arrière.

Les articles sont de forme très-variable, souvent peu distincts, et
tellement ridés que Zeder a cru pouvoir caractériser ses *Rhythelminthus* par ces rides et par l'absence d'articulations réelles. Cependant, quand ils sont étirés on distingue bien les articles qui
sont alors oblongs, et laissent voir par transparence quatre canaux
sinueux de chaque côté, liés entre eux par des branches transverses ;
l'orifice génital est bien visible au milieu des articles, il est entouré
d'une sorte d'aréole plus transparente, autour de laquelle sont
groupés les œufs brun-rougeâtres renfermés dans un sac. Les articles
dans leurs contractions et dilatations successives sont tantôt trois à
quatre fois plus longs que larges, tantôt, au contraire, trois à quatre

fois plus larges que longs ; il en résulte dans la longueur du bothriocéphale des renflements lancéolés, séparés par des parties plus
étroites très-allongées. On remarque en outre que souvent les articles
sont tellement unis deux à deux, que chaque couple paraît n'en faire
qu'un seul avec une ride transverse et deux appareils génitaux l'un
devant l'autre. Les bothriocéphales, placés entre des lames de verre
avec de l'eau, continuent à vivre pendant plus de vingt-quatre heures ;
ils se tournent en une spirale assez régulière, dont leur tête occupe le
centre.

17. BOTHR. MICROCÉPHALE.   BOTHR. MICROCEPHALUS. —
RUDOLPHI , *Syn.,* p. 138 et 473.

Bothriocephalus sagittatus , LEUCKART , Zool. Br., I, p. 39, pl. 1, fig. 15.

« — Long de 100 à 225ᵐᵐ, large de 4ᵐᵐ,5 ; — tête comprimée, sa-
« gittée, obtuse en avant, avec deux fossettes latérales oblongues ;
« cou nul ; — premiers articles en forme de rides ; les suivants, tantôt
« très-courts, tantôt plus étroits et presque carrés. »

Dans l'intestin et l'abdomen (et dans les branchies ? RUD.) de l'*Orthragoriscus mola.*

DEUXIÈME SECTION. (Bothriocéphales anthoïdes.)

*Tête munie de quatre appendices en forme d'oreillettes ou de pétales,
et inermes.*

18. BOTHR. A TÊTE CARRÉE.   BOTHR. MACROCEPHALUS. —
RUD., *Entoz.,* t. II, II, p. 61, et *Syn.,* p. 140 et 478.

Tænia immerina , ABILGAARD, dans Dansk. Selsk. Skriv., t. I, p. 58 et 61,
Vers, p. 53 et 56, pl. 5, fig. 2.
Rhytis immerina , ZEDER, Naturg., p. 297.
Bothrioceph. macrocephalus, LEUCKART, Zool· Br., I, p. 36, pl. 1, fig. 12.
Bothrioceph. macrocephalus, BREMSER, Icones helm., pl. 13, fig. 12-13.

« — Long de 300ᵐᵐ à 1 mètre, large de 0ᵐᵐ,56 à 3ᵐᵐ, à tête grande,
« presque cubique, tronquée en avant, avec deux grandes fossettes de
« chaque côté ; — cou très-court ; — les premiers articles très-courts ;
« trapézoïdaux ; les derniers campaniformes, courts. »

Trouvé dans l'intestin des *Colymbus rufogularis , immer , arcticus,
et balticus.*

— Le *Bothr. cylindraceus* (RUD., *Syn.,* p. 140 et 478) est probablement la même espèce que le précédent, dont il ne diffère que par sa
tête plus petite, et par son cou plus long. Telle est du moins l'opinion
de Leuckart (*Zool. Bruch.,* p. 65), qui l'a observé au musée de
Vienne où il avait été trouvé dans les *Larus glaucus* et *atricilla.*

19. BOTHR. RÉMORE.   *BOTHR. TUMIDULUS.* — Rudolphi,
Syn., p. 141 et 480.

Bothr. echeneis, Leuck., Zool. Br., I, p. 32, pl. 1, fig. 4-7, et pl. 2, 38.
Both. tumidulus, Bremser, Icones helm., p. 13, fig. 20-21.

« — Long de 10 à 160^{mm}, large de 0^{mm},5 à 1^{mm} environ ; — tête large
« de 1^{mm},5 à 2^{mm}, polymorphe, avec quatre fossettes distinctes en
« forme de lobes, ovales, partagées en aréoles nombreuses et trans-
« verses, qu'une cloison longitudinale divise en deux séries ; — pre-
« miers articles presque rectangulaires, tantôt contractés et courts,
« tantôt allongés ; derniers articles arrondis, plus distincts, avec des
« ovaires formant deux taches brunâtres près des bords. »

Dans l'intestin de la torpille (*Torpedo marmorata*) et de la pastenague (*Raia pastinaca*). Leuckart a représenté les principales modifications de la forme des appendices de la tête, qui sont quelquefois
presque contigus, réunis en une masse globuleuse, quelquefois, au
contraire, divisés chacun en deux lobes pétaloïdes, oblongs et
plissés, etc.

20. BOTHR. AURICULÉ.   *BOTHR. AURICULATUS.* — Rudolphi,
Syn., p. 141 et 479.

Bothr. flos., Leuck., Zool. Br., I, p. 34, pl. 1, fig. 8-11, et pl. 2, 39.
Bothr. auriculatus, Bremser, Icones helm., pl. 13, fig. 14-19.

« — Long de 27 à 200^{mm}, large de 0^{mm},27 en avant, et de 0^{mm},8 en
« arrière ; — tête grande, formée d'un disque ou globule large de
« 1^{mm},1, autour duquel sont implantés quatre appendices mous, va-
« riables, longs de 0^{mm},5 à 0^{mm},6, ayant souvent la forme de cornets
« ou d'oreilles ; — premiers articles très-nombreux et très-courts ;
« les suivants de plus en plus longs, rectangulaires, transverses ; der-
« niers articles carrés, avec les orifices génitaux mâles irrégulière-
« ment alternes ; — pénis minces, quelquefois saillants ; — ovaires
« occupant le tiers de la largeur des articles, et formant une bande
« médiane. »

Je l'ai trouvé très-souvent dans l'intestin de la raie (*Raia clavata*),
à Rennes, mais je n'ai pas pu voir ses œufs mûrs, avec lui, j'ai
trouvé des *Proglottis* qui paraissent en dériver. Il a été trouvé aussi
dans les *Squalus galeus, glaucus* et *squatina,* et dans la torpille.

TROISIÈME SECTION. (Bothriocéphales armés.)

A quatre fossettes ou ventouses oblongues armées chacune à l'extrémité d'un ou deux crochets bifurqués.

21. BOTHR. COURONNÉ.   *BOTHR. CORONATUS*. — Rudolphi, *Syn.*, p. 141 et 481.

Tœnia raiœ batis, Rudolphi, Entoz., t. II, ii, p. 213, pl. 10, fig. 7-10.
Bothr. bifurcatus, Leuckart, Zool. Br., I, p. 30, pl. 1, fig. 3.
Bothr. coronatus, Bremser, Icones helm., pl. 14, fig. 1-2.

« — Long de 50 à 330^{mm} (Rud.) ; — tête large de 0^{mm},3, arrondie,
« presque quadrangulaire, avec quatre ventouses oblongues, longues
« de 0^{mm},30 à 0^{mm},34, portant chacune à l'extrémité une paire de
« crochets bifurqués (*Atlas*, pl. 12, fig. K) ; — cou assez long ; — pre-
« miers articles en forme de rides ; les suivants presque carrés ou à
« bords diversement sinueux ; les derniers irrégulièrement arrondis
« ou oblongs, avec un orifice génital mâle situé latéralement ; — œufs
« elliptiques, longs de 0^{mm},03 à 0^{mm},034, ayant une coque simple. »

Je l'ai trouvé assez souvent dans l'intestin de la raie (*Raia clavata*),
à Rennes. Rudolphi l'indique comme trouvé aussi dans les *Squalus
stellaris* et *squatina*, dans les torpilles (*Torpedo marmorata* et *ocellata*), et dans les raies (*Raia batis* et *pastinaca*).

22. BOTHR. A CROCHETS.   *BOTHR. UNCINATUS*. — Rudolphi, *Syn.*, p. 142 et 483.

[Atlas, pl. 12, fig. J.]

« — Long de 130^{mm}, large de 0^{mm},8 en avant, et de 1^{mm},8 en arrière ;
« — tête large de 0^{mm},6, obtuse ou convexe ; — ventouses oblongues,
« longues de 0^{mm},8, larges de 0^{mm},26, divisées chacune en trois ou
« quatre aréoles transverses, et terminées en avant par une plaque
« brunâtre en fer à cheval, large de 0^{mm},11, sur laquelle sont implan-
« tés deux crochets longs de 0^{mm},078, forts et recourbés ; — cou très-
« long ; — articles transverses, trapézoïdaux, à angles saillants. »

Je l'ai trouvé une seule fois en visitant les intestins de plus de
quatre-vingts raies (*Raia clavata*). Rudolphi n'en avait trouvé qu'une
seule fois dans un *Squalus galeus*, à Rimini, deux exemplaires longs
de 15^{mm},5, avec la tête d'un troisième. Leuckart, qui ne l'avait pas vu,
supposait, à tort, qu'il peut être identique avec l'espèce précédente.

23. BOTHR. VERTICILLÉ.   *BOTHR. VERTICILLATUS*. — Rud., *Synops.*, p. 142 et 484.

Bothr. verticillatus, Leuckart, Zool. Bruch., t. I, p. 56, pl. 2, fig. 41.

« — Long de 80^{mm} à 108^{mm} ; — tête petite, quadrangulaire, avec

« quatre ventouses, armées de crochets bifurqués; — cou nul; — par-
« tie antérieure du corps très-mince, filiforme; — premiers articles
« linéaires, très-longs, terminés au bord postérieur par six laciniures
« aiguës, très-étroites, appliquées sur l'article suivant; — articles
« moyens presque infundibuliformes avec lès laciniures moins étroites
« et moins longues; — derniers articles très-courts, avec quatre la-
« ciniures échancrées, ou obtuses. »

Trouvé, par Rudolphi, dans le *Squalus galeus,* à Rimini.

8ᵉ Genre. SCHISTOCÉPHALE. *SCHISTOCEPHALUS.* — Creplin.

« — Corps très-allongé, déprimé ou plat, articulé; — tête
« presque triangulaire, obtuse, profondément fendue à l'extré-
« mité. »

Le genre *Schistocephalus,* établi par M. Creplin, comprend une
seule espèce qui vit dans l'abdomen des poissons (*Gasterosteus*)
pendant une première période de son développement, et qui
achève ensuite ce développement dans l'intestin des oiseaux
qui ont mangé les poissons; cette seule espèce avait, d'après
cela, été considérée par la plupart des anciens helminthologistes,
comme constituant deux espèces distinctes de ténias. Cependant
Abilgaard, le premier, les avait réunies sous le nom de *Tœnia
gasterostei;* Zeder nomma *Halysis lanceolato-nodosa* l'helminthe
parasite des oiseaux, et *Rhytis solida,* celui des poissons.

Rudolphi en avait fait deux espèces de Bothriocéphales, mais
il finit (*Synopsis,* p. 477) par déclarer, qu'il est disposé à adopter l'opinion d'Abilgaard. Enfin, M. Creplin, en 1829 (*Nov. obs.,*
p. 90) ayant vu, dans le *Larus capistratus,* tous les intermédiaires entre les helminthes des poissons et ceux des oiseaux, a
réuni ces helminthes dans une seule espèce, constituant son
genre *Schistocephalus.*

Ce genre se distingue des bothriocéphales par l'absence de
fossettes latérales à la tête; il se rapproche, au contraire, beaucoup des ligules par sa tête fendue, par son habitation dans
l'abdomen des poissons, durant une première période de sa vie
pendant laquelle il n'a point d'organes génitaux; et ensuite de
quoi il achève son développement, et acquiert des organes génitaux dans l'intestin des oiseaux.

Le *Schistocephalus* ayant en outre toujours le corps articulé,
et les orifices génitaux sur le milieu de chaque article, fait évidemment le passage entre les ligules et les bothriocéphales.

SCHISTOCÉPHALE DIMORPHE. *SCHISTOCEP. DIMORPHUS.* —
CREPLIN (*Nov. obs.*, p. 90, et dans *Allgem. Encyclop.*, t. XXXII,
p. 296.

(*Premier degré de développement dans les gastérostés.*)

Tœnia solida, MÜLLER, Prod. Zool. dan., nᵒ 2637.
Tœnia gasterostei, MÜLLER, dans Naturf., t. XVIII, p. 22, pl. 3, fig. 1 5.
Tœnia gasterostei, ABILGAARD, dans le Dansk. Selsk. Skrivt., t. I, p. 53,
   pl. 5, fig. 1.
Rhytis solida, ZEDER, Naturg., p. 297.
Bothr. solidus, RUDOLPHI, Entoz., t. II, II, p. 57.
Bothr. solidus, RUDOLPHI, Synopsis, p. 139 et 147.
Bothr. solidus, MEHLIS, dans l'Isis, 1831, p. 192.
Bothr. solidus, BREMSER, Icones helm., pl. 13, fig. 10-11.
Bothr. solidus, LEUCKART, Zool. Bruchs., pl. 2, fig. 27.

(*Deuxième degré de développement dans les oiseaux.*)

Tœnia lanceolato nodosa, BLOCH, Traité des Vers, p. 23, pl. 1, fig. 9.
Tœnia nodularis, SCHRANK., Verzeich., p. 39.
Halysis lanceolata nodosa, ZEDER, Naturg., p. 840.
Bothriocephalus nodosus, RUDOLPHI, Entoz., t. II, II, p. 54, Syn., p. 140.

« — Corps long de 27 à 70ᵐᵐ, dans le premier état, un peu déprimé,
« et large de 4ᵐᵐ,5 à 7ᵐᵐ,0, avec un sillon longitudinal médian sur
« chaque face ; — long de 80 à 320ᵐᵐ dans le deuxième état, plus
« aplati, large de 4ᵐᵐ,5 à 9ᵐᵐ, avec des ovaires saillants comme autant
« de nœuds au milieu de chaque article, et des lemnisques très-
« courts. »

Le *Schistocephalus,* au premier état, se trouve très-abondamment
au nord de l'Europe dans l'abdomen des épinoches (*Gasterosteus aculeatus,* et surtout *Gasterosteus pungitius*) qui, au printemps, remontent
en foule de la mer Baltique dans les rivières. M. Creplin dit que tous les
Gasterosteus pungitius, observés par lui, contenaient un seul ou rarement plusieurs schistocéphales, d'où résulte un gonflement notable
de l'abdomen, ce qui ne les empêche pas de nager avec vivacité ; il
ajoute que, dans un *Gasterosteus aculeatus* de moyenne taille, il a
compté neuf schistocéphales assez grands. C'est aussi dans les mêmes
contrées qu'on trouve fréquemment cet helminthe, arrivé au terme
de son développement dans l'intestin des oiseaux de mer et de marais
qui se nourrissent de poissons ; ainsi Rudolphi l'a trouvé à Greifswald
en juillet dans le petit plongeon (*Colymbus septentrionalis*), et en
août dans le grèbe huppé *(Podiceps cristatus)* et dans le *Sterna
hirundo.* Braun l'avait trouvé dans le héron (*Ardea cinerea*). Abilgaard à Copenhague dans le harle huppé (*Mergus serrator*), dans le
grand plongeon (*Col. immer*) et dans le guillemot (*Uria troile*) ; Bloch
à Berlin dans les harles (*Mergus merganser* et *Mergus albellus*). Enfin

MM. Creplin et Schilling à Greifswald l'ont trouvé aussi dans les *Podiceps cristatus* et *Podiceps subcristatus*, dans les *Colymbus rufogularis* et *Colymbus balticus*, dans le *Larus capistratus*, dans les *Sterna macroura* et *Sterna nigra*, dans le pingouin (*Alca pica*), dans le canard de Terre-Neuve (*Anas glacialis*), dans les *Mergus merganser* et *Mergus serrator*, dans la cigogne noire (*Ciconia nigra*), dans l'avocette (*Recurvirostra avocetta*) et même dans l'intestin et dans la bourse de Fabricius du corbeau (*Corvus corax*).

Le schistocéphale, à son premier degré de développement, s'est en outre rencontré dans l'intestin de plusieurs autres animaux qui avaient dévoré les épinoches; ainsi Zoega l'avait trouvé dans le *Cottus scorpius*, et Rudolphi dans le saumon (*Salmo salar*) et même dans le rectum d'un phoque (*Phoca vitulina*); M. Schilling le trouva dans un autre phoque (*Phoca fœtida*); M. Creplin dans un chat et dans une grenouille verte; mais cet helminthe ne paraissait pas devoir s'y développer ultérieurement.

Abilgaard avait d'ailleurs fait l'expérience directe de nourrir deux canards avec des épinoches; quand ces canards furent tués ensuite, il trouva dans l'intestin de l'un d'eux, avec un mucus abondant, soixante-trois schistocéphales arrivés au second terme de leur développement; dans l'intestin de l'autre canard, contenant beaucoup moins de mucus, il n'y avait qu'un seul schistocéphale. Au musée de Vienne on n'a trouvé que deux fois cet helminthe complétement développé dans un petit plongeon qui venait évidemment d'une contrée plus septentrionale; mais on ne l'a trouvé ni dans aucun autre oiseau ni dans les *Gasterosteus*. En France on ne l'a point trouvé non plus; je n'ai vu dans les épinoches soit à Paris, soit à Rennes que des ténias, des échinorhynques et des nématoïdes.

Le schistocéphale, dans son premier état, présente quelque analogie de forme avec le ténia lancéolé de l'oie, il présente quatre-vingt-dix à deux cents articles beaucoup plus larges que longs, et dont les angles postérieurs sont saillants comme des dents de scie; lorsqu'il est contracté, sa plus grande largeur est en avant : lorsqu'il s'allonge, il devient, au contraire, un peu plus étroit en avant. Dans cet état il est plus coriace qu'aucun autre cestoïde, et il peut vivre pendant plusieurs jours dans l'eau où on le voit s'allonger et se contracter dans les diverses parties de sa longueur. Dans son dernier état, il est beaucoup plus allongé et chacun de ses articles, à partir du douzième ou seizième, contient au milieu un ovaire en forme de sac faisant saillie sur une des faces, de sorte qu'il en résulte une ligne noueuse longitudinale. Les œufs mûrs sont noirâtres, et les ovaires forment autant de taches visibles sur la face plane. De chacun des nodules peut sortir aussi un pénis.

9ᵉ GENRE. TRIÉNOPHORE. *TRIÆNOPHORUS.*—Rud.

« Corps très-allongé, aplati en forme de bandelette, non dis-
« tinctement articulé; — bouche à deux lèvres, dont chacune
« est armée extérieurement de deux crochets tricuspides ou en
« trident (τρίαινα, *tridens*); orifices génitaux, situés les uns au
« bord, et irrégulièrement alternes, les autres sur la face ventrale. »

Ce genre a été établi d'abord sous le nom de *Tricuspidaria*
par Rudolphi qui lui-même changea plus tard ce nom en celui
de *Triænophorus,* comme plus exact. Il ne comprend qu'une
seule espèce, vivant dans diverses espèces de poissons de mer
et d'eau douce, et confondu avec les ténias par les auteurs plus
anciens. Les crochets de la tête ont beaucoup d'analogie avec
ceux du *Bothriocephalus coronatus.*

De l'orifice génital, situé au bord et souvent un peu saillant,
part un conduit assez large, un peu courbé, qui se termine au
milieu de chaque article, où l'on a cru voir un orifice, qui
n'est que le résultat de la rupture de l'ovaire.

TRIÉNOPHORE NOUEUX. *TRIÆNOPHORUS NODOSUS.* — Rud.

Tænia nodulosa, PALLAS, N. Nord. Beytr., t. I, I, p. 90, pl. 3, fig. 3?;
Tænia lucii, MÜLLER, Prodr. Zool. dan., p. 219, et Naturf., XIV, p. 141.
Tænia tricuspidata, BLOCH, Traité de la gén. des Vers, p. 41.
Tænia nodulosa, GOEZE, Naturg., p. 418, pl. 34, fig. 3-6.
Rhythelminthus lucii, ZEDER, Nachtrag., p. 217.
Rhytis lucii, ZEDER, Naturg., p. 291, pl. 4, fig. 4.
Tricuspidaria nodulosa, RUDOLPHI, Entoz., t. II, II, p. 32, pl. 9, fig. 6-11.
Triænophorus nodulosus, RUDOLPHI, Synopsis, p. 135 et 467.
Bothriocephalus tricuspis, LEUCKART, Zool. Bruchs., pl. 2, fig. 34-36.
Triænophorus nodulosus, BREMSER, Icones helm., pl. 12, fig. 4-16.
Triænophorus nodulosus, CREPLIN, Nov. observ., p. 79, et dans Allg. Enc.,
    t. 32, p. 295.

« — Corps long de 30 à 60ᵐᵐ, large de 1ᵐᵐ,2 à 4ᵐᵐ,5, plus mince et
« souvent cylindrique en avant, renflé çà et là en manière de nœud
« par suite des contractions pendant la vie; plus large, plus déprimé en
« arrière et à bords crénelés; — tête toujours très-mince et souvent
« presque cylindrique. »

Il se trouve principalement au nord de l'Europe et en Allemagne
dans l'intestin du brochet; Rudolphi l'a trouvé également dans l'intestin de la perche, de l'épinoche (*Gasterosteus aculeatus*) et du
Syngnathus hippocampus ; M. Creplin l'a rencontré dans l'intestin de la
gremille (*Perca cernua*). D'autre part il se développe aussi dans des

kystes du foie ou du péritoine des mêmes poissons. Au musée de Vienne on l'a trouvé également dans le foie de douze chabots (*Cottus gobio*) sur cent soixante-dix; dans le foie et les appendices pyloriques des truites et de l'ombre ; savoir : huit fois dans huit cent soixante-huit *Salmo fario*, dix fois dans quarante-six *Salmo hucho*, deux fois dans quarante-six *Salmo thymallus*, et une seule fois dans onze *Salmo trutta*. A Vienne aussi on l'avait trouvé bien plus souvent dans l'intestin des poissons, savoir : deux cent quatre-vingt-quinze fois dans huit cent soixante-sept brochets ; trente-cinq fois dans trois cent soixante-quinze perches et sept fois dans trois cent soixante-trois sandres (*Perca lucioperca*). M. Creplin l'a vu en outre dans le *Gasterosteus pungitius*. Je ne sais s'il a été trouvé en France, mais je l'ai cherché vainement dans un grand nombre de brochets, de perches et d'épinoches à Paris, à Toulouse et à Rennes. Rudolphi a supposé qu'un helminthe trouvé par Müller dans l'orphie (*Esox belone*) et décrit dans le *Naturforscher* (XXII, p. 40), devait être le triénophore parce qu'il est sans articulations.

10ᵉ Genre. BOTHRIDIE.   *BOTHRIDIUM.* — Blainville.

Solenophorus, Creplin.

« — Corps mou, déprimé, très-allongé en forme de bandelette, « composé d'un très-grand nombre d'articles transverses, plus « ou moins emboîtés l'un dans l'autre ; — renflement céphalique « presque aussi large que long, coupé carrément en avant, « ayant à l'intérieur deux cavités latérales, ou deux tubes ou- « verts en avant et en arrière.

« Orifice de l'ovaire au milieu de chaque article, précédé par « un autre pore génital (mâle?) »

Le genre bothridie a été établi par M. de Blainville en 1823, pour un helminthe des pythons, d'après la structure du renflement céphalique qui, au lieu des fossettes latérales, largement ou-vertes des bothriocéphales, contient deux cavités tubuleuses et comme formées par la soudure partielle des lèvres de chaque fossette ; mais M. de Blainville ne vit pas l'ouverture postérieure de ces cavités. Plus tard M. Retzius, à Stockholm, ayant trouvé ce même helminthe dans le *Python bivittatus*, le décrivit comme un bothriocéphale ; M. Duvernoy le revit ensuite en 1833 ; et Leblond, l'ayant pu étudier avec plus de détail en 1836, recon-nut plusieurs particularités de sa structure, et en fit le genre *Prodicœlia*. M. Creplin, dans l'*Allg. Encyclopœdie*, en 1839, dit, l'avoir vu sous le nom de *Dibothrius Boœ tigridis*, dans la collection de Rudolphi en 1828; puis déclarant mauvais les deux noms déjà employés avant lui, il croit devoir en proposer un troisième, celui de *Solenophorus* plus grammaticalement exact.

BOTHRIDIE DU PYTHON. *BOTHRIDIUM MEGALOCEPHALUM.*

Tricuspidaria nodulosa, Mehlis, dans l'Isis, 1831, p. 190.

Bothridium pythonis, Blainville, Appendice au Traité des Vers intest. de Bremser, p. 250, pl. 11, fig. 15, et Dict. des Sciences nat., t. 57, p. 609.

Bothriocephalus pythonis, Retzius, dans l'Isis, 1831, p. 1347, pl. 9.

Bothridium laticeps, Duvernoy, dans Ann. des Sciences nat., 1833, t. XXX, p. 157, et dans Institut, 1836, p. 298.

Prodicœlia ditrema, Leblond, Ann. Sc. nat., 2e sér., 1836, t. XV, pl. 16, fig. 9-15, et nouv. At. Vers intest. de Bremser, p. 40, pl. 11, fig. 15-20.

Solenophorus megalocephalus, Creplin, dans Allg. Enc., t. XXXII, p. 298.

« — Corps long de 300 à 500^{mm}, large de 2 à 3^{mm},3; — cou très-« court, plus étroit; — premiers articles en forme de rides, les suivants « en quadrilatère transversalement oblong, ensuite complétement « carrés, puis en quadrilatère longitudinalement allongé, avec le bord « postérieur un peu plus épais; — tête longue de 4^{mm},5, large de « 3^{mm},37. »

Dans l'intestin des *Python tigris* et *Python bivittatus* et *Boa scytale*. Leblond, dans la description de cet helminthe, signale la présence d'un double pore génital sur la ligne médiane de chaque article : le pore antérieur étant recouvert par le bord de l'article précédent lorsque l'animal est contracté.

BOTHRIDIE GÉANT.   *BOTHRIDIUM GRANDE.*

Solenophorus grandis, Creplin, l. c.

« — Fragments longs de 54 à 110^{mm}, larges de 6^{mm},75 à 9^{mm}, à l'ex-« trémité tronquée; — cou très-court, un peu plus étroit que la tête « — premiers articles très-courts; les suivants ont le bord posté-« rieur saillant en forme de lame; — tête de 4^{mm},5, d'égale largeur « en arrière, avec les cavités latérales renflées en arrière, puis « rétrécies à l'extrémité; — un orifice génital à bord renflé sur le « milieu de chacun des plus grands articles. »

Trouvé par M. Otto dans une nouvelle espèce de Python.

? 11e Genre. BOTHRIMONE.   *BOTHRIMONUS.* — DUVERNOY.

« — Corps mou, aplati, très-allongé, formé d'un très-grand nom-« bre d'articles ayant en dessus et en dessous une bande longitudinale,

« percée d'orifices rapprochés par paires et plus prononcés à la face
« inférieure ; — renflement céphalique avec un suçoir unique à ouver-
« ture antérieure. »

M. Duvernoy (*Ann. sc. nat.*, 2ᵉ série, août 1842.) a établi ce genre
sur un helminthe recueilli longtemps auparavant, par M. Lesueur,
dans l'intestin d'une espèce d'esturgeon de l'Amérique septentrionale
(*Accipenser oxyrhynchus*).

? 12ᵉ Genre. LIGULE.   *LIGULA.* — Bloch.

Les ligules sont des vers en forme de longue bandelette blanche,
sans articulations distinctes et souvent même sans tête et sans autres
organes distincts, aussi est-il presque impossible de les caractériser
comme espèce et même comme genre. On sait seulement que dans
certains pays les poissons d'eau douce du genre cyprin contiennent,
entre leurs viscères et leurs intestins, des ligules si complétement dépourvues d'organes, que Rudolphi les distingua sous le nom de *Ligula
simplicissima* (Rud., *Synops.*, p. 134) : d'autre part, les divers
oiseaux qui ont dévoré ces poissons, contiennent des ligules, dont la
tête devient un peu plus distincte, et qui présentent, suivant la ligne
médiane, une série simple ou double d'ovaires accompagnés par des
pénis (lemnisques, Rud.) courts et filiformes, saillants. On en a conclu
que les ligules prennent naissance dans les poissons et ne peuvent
acquérir leur développement ultérieur que dans l'intestin des oiseaux.
Cette conjecture a été confirmée d'ailleurs par l'étude comparative
des ligules des poissons, qui montrent quelquefois une tête terminée
par une sorte de bouche à deux lèvres, comme celle du *Schistocephalus,* ou des traces d'ovaires, et par l'observation qu'a faite
M. Creplin des deux sortes de ligules dans des plongeons. Rudolphi
n'avait fait qu'une seule espèce de ces ligules des poissons que précédemment il avait distinguées sous les noms de *Ligula contortrix, cin-
gulum, constringens, acuminata,* etc. (Rud., *Ent.,* t. II, ii, p. 18, etc.),
et que Linné et Gœze avaient nommés *Fasciola intestinalis* et *abdominalis;* mais M. Creplin (dans l'*Encycl.* de Ersch et Gruber, t. XXXII,
p. 295) a distingué, sous le nom de (2) *Ligula digramma,* une ligule
trouvée dans le *Cyprinus carassius* et qui, pourvue d'un double sillon
longitudinal et non d'un seul, comme l'espèce de Rudolphi, devrait se
transformer en ligules à double série d'ovaires, dans l'intestin des
oiseaux.

Les ligules des oiseaux présentent une tête plus pointue avec deux
fossettes latérales allongées en forme de fentes; elles ont aussi, comme
nous l'avons dit, des ovaires distincts, formant une ou deux séries
longitudinales. Rudolphi, d'après cela, en a fait trois espèces, savoir :

— 3. *Ligula uniscrialis* (Rud., *Ent.,* t. II, ii, p. 12, pl. 9, fig. 1, et
Syn., p. 132 et 459. — Bremser, *Icon. helm.,* pl. 11, fig. 20, 21); longue de 300ᵐᵐ à 700ᵐᵐ, large de 8ᵐᵐ à 12ᵐᵐ, avec une seule série d'ovai-

res et d'orifices génitaux sur la ligne médiane; elle a été trouvée dans l'intestin des *Falco fulvus* et *albicilla*.

— 4. *Ligula alternans* (Rud., *Ent.*, t. II, ii, p. 13, pl. 9, fig. 2-3, et *Syn.*, p. 133 et 460), longue de 300^{mm} à 500^{mm}, large de 4^{mm},5 à 6^{mm},7, avec une double série d'ovaires alternes. On l'a trouvée dans les *Larus tridactylus, parasiticus, ridibundus* et *canus*.

— 5. *Ligula interrupta* (Rud., *Ent.* t. II, ii, p. 15, pl. 9, fig. 4, et *Syn.*, p. 133 et 460), longue de 200^{mm} à 300^{mm}, large de 4^{mm} à 6^{mm},7, avec les ovaires blancs, opposés, en deux séries interrompues; on l'a trouvée dans les plongeons (*Colymbus arcticus* et *septentrionalis*), dans le grèbe (*Podiceps auritus*), dans les harles (*Mergus serrator, merganser* et *albellus*); elle est indiquée aussi, avec doute, dans les cormorans.

— 6. *Ligula sparsa* (Rud., *Ent.*, t. II, ii, p. 16, et *Syn.*, p. 133 et 462, pl. 3, fig. 1), longue de 50^{mm} à 700^{mm}, large de 5^{mm} à 6^{mm},7, beaucoup plus mince en arrière, avec une série irrégulière d'ovaires, solitaires ou alternes; elle est indiquée dans la cigogne, dans les *Ardea egretta* et *nycticorax,* dans un chevalier (*Totanus chloropus*), dans les *Sterna hirundo* et *nigra,* dans les plongeons (*Colymbus articus* et *septentrionalis*), dans les grèbes (*Podiceps cristatus* et *subcristatus*) et dans le canard sauvage. .

J'ai trouvé une seule fois abondamment, à Rennes, dans un grèbe cornu (*Podiceps auritus*) des ligules longues de 170^{mm}, larges de 4^{mm},7 au milieu, ayant la tête large de 0^{mm},5; leurs œufs, irrégulièrement groupés, sont elliptiques, longs de 0^{mm},065 à 0^{mm},074, et s'ouvrent par un opercule terminal. Je ne crois pas que la distinction des deux espèces précédentes soit assez réelle pour me hasarder à rapporter à l'une plutôt qu'à l'autre la ligule que j'ai trouvée.

— 7. La *Ligula nodosa* (Rud., *Entoz.,* t. II, ii, p. 17, et *Syn.,* p. 434), trouvée, par Schrank, dans l'abdomen de la truite saumonée (*Salmo trutta*), est longue de 70^{mm}, large de 1^{mm},12, avec une série de points enfoncés, et la queue terminée par un nodule.

3ᵉ Ordre. — SCOLÉCINES.

« Vers formés d'un seul article ou segment et non terminé « par une ampoule ou vessie. »

13ᵉ Genre. CARYOPHYLLÉ. *CARYOPHYLLÆUS.*
— Gmelin.

On a nommé ainsi, et quelquefois *Géroflés,* des vers à corps mou, allongé, mais non articulé, que l'on trouve assez souvent dans l'intestin des cyprins et des loches; ils ont sans doute atteint leur entier développement, puisqu'on leur voit des organes génitaux complets,

mais leur organisation est encore fort peu connue; la partie antérieure, ou ce qu'on nomme la tête, est de forme très-variable et susceptible de se développer quelquefois en lobes plissés comme une
corolle de fleur; c'est là ce qui les a fait nommer ainsi, mais on ne peut
en tirer un caractère précis. Des testicules globuleux, ou capsules
spermatiques, occupent toute la partie moyenne du corps; si l'on
écrase une de ces capsules, on en voit sortir des faisceaux ou éche-
veaux de spermatozoïdes; l'oviducte ne se montre bien distinct que
dans la partie postérieure où il forme de nombreuses circonvolutions;
son orifice est situé latéralement vers le dernier cinquième ou
sixième de la longueur totale; les œufs sont elliptiques, longs de
$0^{mm},066$, et ressemblent à ceux des ligules et des bothriocéphales. On
attribue aussi au *Caryophyllœus* un pénis saillant en avant de la
queue, mais je n'ai pu le voir non plus que l'orifice mâle. Les exsu-
dations de sarcode provenant de cet helminthe m'ont offert des particularités distinctes; toute la surface du corps présente des fibres
longitudinales et transverses, et laisse voir au-dessous un réseau
semblable à un appareil vasculaire.

La seule espèce de ce genre, le *Caryophyllœus mutabilis* (Rud.,
Entoz., t. II, II, p. 9, pl. 8, fig. 16-18, et *Synops.*, p. 127.—Bremser,
Icon. helm., pl. 11, fig. 1-8.—Zeder, *Naturg.*, pl. 3, fig. 5-6), atteint
une longueur de 27^{mm}, et une largeur de $3^{mm},35$, mais je ne l'ai
trouvé que long de 4^{mm}, 6^{mm}, 10^{mm} et jusqu'à 22^{mm}, et large de $0^{mm},6$,
$0^{mm},8$, 1^{mm} et jusqu'à $1^{mm},6$, dans les carpes, les brèmes et les gardons (*Cyprinus carpio, brama* et *idus*) à Rennes. Il a été trouvé en
Allemagne dans ces mêmes poissons et dans presque tous les cyprins,
ainsi que dans les *Cobitis barbatula* et *tœnia*. Il n'en existe pas de
bonnes figures.

14ᵉ Genre PROGLOTTIS.　　*PROGLOTTIS.* — Duj.

J'ai proposé de nommer ainsi dans les *Ann. Sc. nat.* (t. XX) des helminthes ovales-oblongs, déprimés, très-contractiles et très-vifs, que
je crois être des articles isolés de ténia ou de bothriocéphale ayant
continué à vivre et à s'accroître isolément, beaucoup plus qu'ils ne
ne l'auraient fait en restant enchaînés dans leur situation primitive.
Toujours est-il qu'ils ont des organes génitaux et des œufs tout
semblables à ceux des helminthes dont on peut les croire dérivés.

J'en ai vu déjà dans plusieurs animaux, savoir:

1° Dans la musaraigne (*Sorex araneus*) (voyez *Atlas*, pl. 10, fig. C)
où ils dérivent du *Tœnia pistillum*; ils sont longs de 1^{mm} à $1^{mm},5$, et
larges de $0^{mm},4$ à $0^{mm},5$.

2° Dans la draine (*Turdus viscivorus*) où ils dérivent du *Tœnia
angulata*, ils sont longs de 3 à 4^{mm}, larges de $0^{mm},8$ à $0^{mm},9$, avec des
œufs mûrs.

3° Dans la poule (voyez *Atlas*, pl. 10, fig. A) où ils sont longs de

0^mm,5 à 0^mm,7 , larges de 0^mm,34 à 0^mm,5, sans œufs, mais avec un pénis très-long, hérissé de petites épines, et large de 0^mm,014.

4° Dans le brochet (*Atlas*, pl. 10, fig. B) où ils sont longs de 0^mm,5 à 1^mm,4, larges de 0^mm,2 à 0^mm,4 sans œufs.

5° Dans une raie (*Raia clavata*) des *Proglottis* lancéolés-linéaires, longs de 2 à 3^mm, larges de 0^mm,5 à 1^mm, ayant un orifice génital latéral d'où sort le pénis qui laisse échapper une longue traînée de spermatozoïdes filiformes. Avec ces *Proglottis* se trouvait le *Bothriocephalus auriculatus* d'où on peut les croire dérivés.

J'ai trouvé enfin dans la raie, dans le maquereau, dans la plèvre d'un singe où ils vivaient encore douze jours après la mort de cet animal le 13 février, etc., des helminthes oblongs sans organes, longs de 3 à 10^mm sans organes distincts; on pourrait les prendre aussi pour l'enveloppe vivante des anthocéphales ou de certains distomes, comme celui du hérisson.

15ᵉ Genre. SCOLEX.   *SCOLEX.* — Müller.

Le *Scolex,* qu'on a voulu nommer aussi en français *Massette,* n'est pas un helminthe complétement développé, car il n'a pas d'organes génitaux, c'est un petit ver filiforme, mou, très-contractile, blanchâtre, taché de rouge près de la tête qui ressemble un peu à celle du *Bothriocephalus macrocephalus,* ou mieux encore à celle du *Bothriocephalus coronatus* et *uncinatus* supposés dépourvus de crochets. Or les *Scolex* se trouvant plus particulièrement dans les pleuronectes, dont les squales et les raies font une grande destruction, on peut supposer que c'est le premier âge de ces bothriocéphales.

Rudolphi avait d'abord admis (*Entoz.,* t. II, ii, p. 3) deux espèces déterminées et quatre espèces douteuses de *Scolex,* mais plus tard il n'en fit qu'une seule espèce, *Scolex polymorphus* (*Synops.,* p. 128 et 441), en l'indiquant comme trouvé dans un grand nombre de poissons de mer des genres *Uranoscopus, Cottus, Scorpaena, Sparus, Sciaena, Apogon, Gobius, Blennius, Cepola, Zeus, Stromateus, Labrus, Lophius, Belone, Clupea, Gadus, Pleuronectes, Lepadogaster, Ophidium, Syngnathus, Squalus, Raia* et *Torpedo,* et en outre dans le poulpe *Octopus vulgaris,* mais il est bien probable qu'on aura confondu des bothriocéphales jeunes de diverses espèces.

J'ai trouvé fréquemment le vrai *Scolex polymorphus,* caractérisé par ses deux taches en arrière de la tête, dans la sole (*Pleuronectes solea*) et dans le carrelet à Paris et à Rennes. Il est long de 3 à 8^mm, large de 0^mm,2 à 0^mm,4, sa tête très-contractile et rétractile est large de 0^mm,5, avec une ventouse terminale qu'on pourrait prendre pour une bouche, mais qui correspond au réceptacle d'une trompe inerme quelquefois saillante. Autour de la tête se voient quatre ventouses oblongues très-contractiles, longues de 0^mm,35, divisées par des plis ou par des cloisons transverses en trois aréoles, comme celles des bothriocéphales armés ; dans le cou et dans la partie antérieure se voient distinctement quatre canaux diaphanes qui paraissent partir du réceptacle de la trompe. Le corps filiforme du scolex n'est nullement articulé, mais en raison de sa contractilité, il présente des étranglements variables qu'on pourrait prendre pour des articulations.

— J'ai trouvé dans l'intestin d'un brochet, le 21 février, à Rennes, un helminthe qui ne diffère des vrais scolex que par l'absence des taches rouges et par ses ventouses plus courtes ; il est long de 1^{mm},75, très-étroit en arrière, et sa tête est large de 0^{mm},59.

? *GRYPORHYNCHUS.* — Nordmann, *Micr. Beytr.,* I, p. 101, pl. 8.

M. Nordmann a nommé *Gryporhynchus pusillus* un très-petit et très-jeune helminthe qu'il a trouvé dans l'intestin de la tanche (*Cyprinus tinca*), et qui, bien probablement, est le jeune âge de quelque ténia. Il est long de 0^{mm},75 ; sa tête qui occupe plus de la moitié de la longueur totale, porte quatre ventouses que M. Nordmann a représentées sur un même plan, mais qui doivent être situées comme celles des ténias. Une petite trompe terminale est armée de vingt crochets environ.

16ᵉ Genre. DITHYRIDIE. *DITHYRIDIUM.*

Rudolphi en décrivant (*Syn.,* p. 558 et 559) deux helminthes douteux, trouvés dans les lézards, proposa pour eux le nom générique de *Dithyridium* pour exprimer qu'ils sont pourvus de deux ventouses symétriques en avant ; il indiquait en même temps leur affinité avec le *Scolex* et leur analogie avec de très-jeunes ténias. M. Valenciennes a trouvé récemment dans l'abdomen d'un lézard vert un grand nombre d'helminthes qui doivent être les mêmes, et il a montré qu'ils sont réellement pourvus de quatre ventouses comme les ténias ; mais ils sont longs de 4 à 8^{mm}, larges de 1^{mm},5 à 2^{mm}, et conséquemment beaucoup plus volumineux que de jeunes ténias. On pouvait être conduit à penser que si, d'une part, des articles isolés de cestoïdes peuvent continuer à vivre isolément dans l'intestin pour devenir des *Proglottis*, d'autre part, la tête et la partie antérieure peuvent se développer isolément en dehors de l'intestin sans acquérir d'organes génitaux.

4ᵉ Ordre. — CYSTIQUES.

Cestoïdes sans organes génitaux, ayant le corps terminé par une ampoule remplie de liquide.

17ᵉ Genre. CYSTICERQUE. *CYSTICERCUS.* — Zeder.

« Vers contenus isolément dans un kyste, formés d'un corps
« de ténia avec une double couronne de crochets et terminés

« en arrière par une ampoule ou vésicule plus ou moins volu-
« mineuse. »

Les cysticerques, comme nous l'avons dit déjà, semblent être
une modification des ténias de notre première section , lesquels
naissant par des œufs, ou autrement, dans l'épaisseur même des
tissus , ne peuvent y acquérir leur développement normal, et
doivent périr en quelque sorte à l'état d'embryon hypertrophié.
On ne les trouve que dans des kystes au milieu des tissus des
mammifères, ou fixés aux membranes séreuses.

1. CYSTICERQUE DU TISSU CELLULAIRE. *CYSTIC. CELLULOSÆ.*
— Rud., *Ent.*, II, ii, p. 226, et *Syn.*, p. 180 et 546.

Vesicaria lobata, Fabricius, dans Danske Selsk. Skrivt., t. II, p. 287.
Finna humana, Werner, Brev. exp. cont., t. II, ii, pl. 1, fig. 1-8 (mau-
vaise).
Tænia cellulosæ et *tænia finna,* Gmelin, Syst. nat., p. 3059 et 3063.
Vesicaria hygroma (de l'homme) et *vesicaria finna* (du cochon), Schrank,
Bayersche Reise, p. 137.
Tænia albopunctata (de l'homme) et *tænia cellulosæ* (du singe), Treut-
ler, Obs. path. anat., pl. 1-2 et 4.
Hydatis finna, Blumenbach, Abbild. Naturg. Gegenst., t. IV, n° 39.
Cysticercus finna, pyriformis et *albopunctatus,* Zeder, Naturg., p. 407,
414, 421.
Cysticercus cellulosæ, Bremser, Tr. des Vers de l'homme, pl. 4, fig. 18-26.
Cysticercus cellulosæ, Gurlt, Anat. Path. d. Haussaüg., pl. 10, fig. 13-15.

« — Long de 4 à 10ᵐᵐ (jusqu'à 27ᵐᵐ dans l'état d'extension) large de
« 2ᵐᵐ en avant, avec une vésicule ou ampoule large de 13ᵐᵐ en arrière ;
« — tête presque tétragone ; — cou très-court ; — corps cylindrique
« plus long que la vésicule qui est elliptique transverse. »

Il se développe quelquefois en quantité considérable dans tout le
tissu cellulaire du cochon auquel il occasionne la maladie nommée la
Ladrerie ; on l'a trouvé plus rarement dans l'homme, dans les singes
(*Simia silvanus, patas* et *cephus*) ; on le trouve plus rarement encore
dans le chien, dans le rat, et dans le chevreuil.

2. CYSTIC. DES RATS.   *CYSTICERCUS FASCIOLARIS.* — Rud.,
Entoz., t. II, ii, p. 215, pl. 11, fig. 1, et *Syn.,* p. 179.

[**Atlas, pl. 12, fig. 4.**]

Tænia vesicularis fasciolata, Goeze, Naturg., p. 220, pl. 18, b, fig. 10-14, et
pl. 19, fig. 1-14.
Tænia hydatigena, Werner, Brev. exp. cont., t. I, p. 13, pl. 9, fig. 22-33.
Hydatigena tæniæformis, Batsch., Bandw., p. 100, fig. 12, etc.
Vesicaria tæniæformis, Schrank, Verzeich., p. 30.
Cysticercus tæniæformis, Zeder, Naturg., p. 405, pl. 4, fig. 6.
Cysticercus fasciolaris, Bremser. Icones helm., pl. 17, fig. 3-9.

« — Long de 30 à 170ᵐᵐ, large de 2ᵐᵐ à 4ᵐᵐ,5, plus étroit en

« arrière où il se termine par une ampoule ou vésicule large de 5 à
« 6^{mm}, et pelotonné dans un kyste globuleux, large de 6 à 12^{mm}; —
« tête large de 2 à 3^{mm}, avec une double couronne de crochets; —
« premier rang de dix-huit crochets longs de 0,^{mm}45; — deuxième
« rang de dix-huit crochets un peu plus courts. »

Très-commun dans le foie des diverses espèces du genre rat; il a
été trouvé aussi dans un campagnol (*Arvicola*) par Mehlis, et dans les
chauves-souris par Bloch.

— Le *Cysticercus longicollis* (Rud., *Syn.*, p. 181 et 549) trouvé au
musée de Vienne dans le campagnol (*Arvicola arvalis*), paraît être un
jeune exemplaire de l'espèce précédente ou de la suivante; il est long
seulement de 1^{mm},2 avec une vésicule caudale, longue de 1^{mm},5; son cou
est déprimé, proportionnellement plus long.

3. CYSTIC. DU LIÈVRE. CYSTIC. PISIFORMIS. — Zeder, Naturg., p. 410.

Hydatigena pisiformis, Goeze, Naturg., p. 210, pl. 18, A, fig. 1-3, et pl. 18,
B, fig. 4-7, et *Hydatigena utriculenta*, pl. 18, B, fig. 8-9.
Vesicaria pisiformis et *utriculenta*, Schrank, Verzeich., p. 30.
Cysticercus pisiformis, Rudolphi, Entoz., t. II, II, p. 224, et Syn., p. 181.

« — Corps long de 4 à 9^{mm}, cylindrique, aminci en avant, terminé
« en arrière par une vésicule globuleuse de même longueur; — tête
« globuleuse; — cou mince. »

Dans des kystes globuleux du foie et des autres viscères du lièvre et
du lapin, plus rarement dans la souris.

4. CYSTIC. DES RUMINANTS. CYSTIC. TENUICOLLIS. — Rud., Entoz., II, II, p. 220, et Syn., p. 180, pl. 3, fig. 18.

Hydra hydatula, Linné, Syst. nat., 12e éd., p. 1320.
Hydatigena orbicularis, Goeze, Naturg., p. 194, pl. 17, A, fig. 1-5, et 17, B,
fig. 1, 2, 6-11.
Cysticercus clavatus, globosus et *caprinus*, Zeder, Naturg., p. 409, 411
et 420.

« — Corps long de 14 à 30^{mm}, cylindrique, terminé par une ampoule
« très-volumineuse, large de 15 à 50^{mm}; — tête tétragone; — cou
« court, filiforme. »

Dans des kystes du péritoine et de la plèvre des ruminants, et
quelquefois du cochon, de l'écureuil et des singes.

5. CYSTIC. DU CHEVAL. CYSTIC. FISTULARIS. — Rud., Entoz., t. II, II, p. 11, fig. 2, et Syn., p. 479.

« — Corps long de 10 à 13^{mm}, cylindrique, assez mince, suivi d'une

« vessie caudale, cylindrique, longue de 100 à 130^{mm}, large de 6 à 9^{mm};
« tête tétragone. »

Il se trouve rarement dans le péritoine du cheval.

Le *Cysticercus sphærocephalus* (Rud., *Syn.*, p. 181 et 548), trouvé
au musée de Vienne dans le péritoine du *Lemur mongos*, a le corps
très-petit, ridé, suivi d'une vessie caudale, longue de 50^{mm} plus ou
moins rétrécie. C'est une espèce peu distincte, ainsi que les espèces
douteuses indiquées par Rudolphi (*Syn.*, p. 181-182) sous les noms de
Cyst. crispus, *Cyst. visceralis hominis*, *Cyst. canis*, *Cyst. putorii*,
Cyst. talpæ, *Cyst. leporis variabilis*, *Cyst. delphini*.

18e Genre. ÉCHINOCOQUE.   *ECHINOCOCCUS.* — Rud.

Les échinocoques se composent d'une grande vésicule membraneuse, renfermée exactement dans un kyste à parois résis-
tantes, et contenant dans un liquide limpide une quantité de
petits helminthes blancs, ressemblant à des grains de sable fin,
lesquels tantôt sont obovales ou pyriformes, et tantôt font saillir
une tête comme celle d'un ténia, pourvue de quatre ventouses
et d'une couronne de crochets.

On ne leur connaît ni œufs, ni organes internes; ils paraissent
se produire par gemmation à la face interne de la vésicule,
d'où ils se détachent successivement pour flotter librement dans
le liquide. Le kyste lui-même et la vésicule contenue paraissent
le résultat d'une formation spontanée dans les tissus vivants de
divers animaux; c'est particulièrement dans le foie et dans l'é-
paisseur même des autres viscères que se développent les échinocoques chez les moutons, les chèvres, les bœufs, les chameaux,
les cochons, et même aussi chez les singes et chez l'homme.
Rudolphi avait cru devoir en distinguer trois espèces : celui de
l'homme, et celui du singe étant, suivant lui, différents de l'espèce la plus commune, celle des ruminants; mais les différences
indiquées sont de nulle valeur, et nous pensons comme M. Creplin (*Encycloped.* de Ersch et Gruber) qu'on n'en doit admettre
qu'une seule espèce.

Zeder avait réuni les échinocoques et les cœnures en un seul
genre, sous le nom de *Polycephalus*, quoique la différence entre
ces helminthes soit bien prononcée, les cœnures ayant plusieurs
têtes d'helminthes soudées à une même vésicule, et susceptibles
de faire saillie au dehors, tandis que les échinocoques ont, dans
une même vésicule, un grand nombre de petits helminthes
libres, non susceptibles de faire saillie au dehors. Antérieure-

ment, Gœze avait nommé l'échinocoque, *Tænia granulosa*, et Schrank l'avait nommé *Vesicaria granulosa*, d'autres enfin lui avaient donné le nom commun d'*Hydatide* ou *Hydatigène*.

ÉCHINOC. DES VÉTÉRINAIRES.   *ECHINOC. VETERINORUM.*

> *Tænia visceralis socialis granulosa*, Gœze, Naturg., p. 258, pl. 20, B, fig. 9-14.
> *Tænia granulosa*, Gmelin, Syst. nat., p. 3062, n° 23.
> *Hydatigena granulosa*, Batsch, Baudw., p. 87, fig. 17-37.
> *Vesicaria granulosa*, Schrank, Verzeich., p. 31, n° 97.
> *Polycephalus granulosus*, Zeder, Naturg., p. 431.
> *Echinococcus veterinorum*, Rudolphi, Entoz., t. II, 2e part., p. 251, p. 11, fig. 5-7, et Synopsis, p. 183.
> *Echinococcus veterinorum*, Bremser, Icones helm., pl. 18, fig. 3-13.

« — Ce sont des ampoules membraneuses, larges de 15 à 50ᵐᵐ, « contenant une foule de petits helminthes blancs, flottants, longs « de 0ᵐᵐ,6 à 1ᵐᵐ,5, qui ressemblent à des grains de sable, mais qui, « sous le microscope, laissent voir leur couronne de crochets et « leurs ventouses. »

On les trouve assez souvent dans les poumons des ruminants, plus rarement dans le cochon; mais il faut considérer comme identiques ceux de l'homme et des singes, dont Rudolphi voulut faire deux espèces; *Echinoc. hominis* et *Echinoc. simiæ*. J'en ai vu de nombreux exemplaires trouvés par M. Velpeau dans une tumeur de la cuisse d'une femme, et par M. Gervais, dans un singe, au Muséum de Paris.

19ᵉ Genre. CŒNURE.   *CŒNURUS.* — Rud.

Le cœnure est formé d'une grande vésicule membraneuse commune, pleine d'un liquide albumineux transparent, et sur laquelle sont soudés plusieurs petits helminthes, terminés par une tête de ténia, c'est-à-dire avec quatre ventouses et une couronne de crochets; ces helminthes, qui sont entièrement rétractiles à l'intérieur, ne peuvent faire saillir leur tête qu'au dehors de la vésicule.

Le cœnure se distingue aussi des autres cestoïdes cystiques, parce que, seul d'entre eux, il n'est pas contenu dans un kyste extérieur à parois propres; la seule espèce connue se développe spontanément au milieu de la substance cérébrale des moutons, auxquels elle cause la maladie appelé le *Tournis*; quelquefois aussi on l'a vue dans le cerveau du bœuf et de certaines antilopes et même du cheval.

COENURE CÉRÉBRAL. *COENURUS CEREBRALIS.* — Rudolphi,
Entoz., t. II, II, p. 243, pl. 11, fig. 3 A + E, et *Syn.*, p. 182.

Tœnia vesicularis, Goeze, Naturg., p. 248, pl. 20, A, fig. 1-5.
Hydatula cerebralis, Batsch, Bandw., p. 84.
Vesicaria socialis, Schrank, Verzeich., p. 31.
Polycephalus ovinus, Zeder, Naturg., p. 430.
Cœnurus cerebralis, Bremser, Icones helm., pl. 18, fig. 1-2.

« — Ampoule de la grosseur d'un œuf de pigeon ou de poule , sur
« laquelle sont portés de petits helminthes rétractiles, mais suscepti-
« bles de s'allonger jusqu'à 4^{mm},5, et pourvus chacun de quatre ven-
« touses et d'une double couronne de crochets. »

APPENDICE.

I. — Helminthes dont la place est incertaine.

GRÉGARINE.   *GREGARINA.* — L. Dufour.

Les grégarines sont des helminthes dont les mouvements sont si lents
et si difficiles à observer , qu'on pourrait douter d'abord de leur animalité ; mais quand on les a vus glisser lentement sur le porte-objet
du microscope, en changeant de direction et en se contractant de
diverses manières, il n'y a plus de doute possible, quoiqu'on ne
puisse expliquer en aucune façon leur mode de locomotion , non plus
que leur organisation interne.

Ce sont des corpuscules blancs, opaques, oblongs ou ovoïdes,
quelquefois pointus en arrière, et toujours divisés par un étranglement en une partie antérieure , plus petite, arrondie, qu'on peut
nommer la tête; et une autre partie plus grande, montrant à l'intérieur une lacune ou vésicule plus transparente. La tête montre quelquefois des papilles saillantes ou même des crochets au moyen desquels elle est fixée solidement à la face interne de l'intestin des insectes. Leur tégument est lisse, résistant , élastique, et permet à l'eau
de pénétrer rapidement par endosmose pour les gonfler jusqu'à les
rompre. A l'intérieur est une masse blanche , laiteuse, formée d'un
liquide albumineux, assez dense, et de granules très-petits. Dans
quelques espèces, les individus se montrent souvent réunis deux à
deux à la file.

Gaede paraît être le premier qui ait observé des grégarines dans le
ventricule du *Blaps mortisaga,* mais c'est M. Dufour qui les fit connaître sous le nom que nous leur conservons. Il les avait trouvées
dans des mélasomes et dans les forficules, et il en parla d'abord en

1826 dans les *Annales des sciences naturelles* (t. VIII). Il les décrivit en 1828, dans le même recueil (t. XIII, p. 366), sous ce nom de grégarine, exprimant, dit-il, l'habitude qu'ont ces vers intestinaux de vivre en troupeaux et de se tenir quelquefois réunis à la file. En 1836, M. Dufour en parla de nouveau, et fit connaître (*Ann. sc. nat.,* 2ᵉ série, t. VII) plusieurs autres espèces de grégarines. Trompé par un effet de rupture accidentelle, il leur supposait une bouche qu'il a même représentée avec un bord festonné.

M. Dufour n'avait trouvé les grégarines que chez les orthoptères, les coléoptères, et chez un seul hémiptère, et il en faisait six espèces. M. Siebold, en 1838, annonça les avoir trouvées également dans l'intestin des libellulides, des psocides et des tipulaires; mais en même temps il dit n'avoir vu ni bouche, ni anus, ni intestin, ni organes génitaux, et en conséquence, il leur assigne la dernière place dans la série des helminthes. Le même auteur, dans un Mémoire sur les animaux sans vertèbres, en 1839 (*N. Schriften der naturforsch. Gesellschaft in Danzig,* vol. III, p. 56), a décrit plusieurs espèces nouvelles fort intéressantes. Ce sont :

1° La *Gregarina caudata,* oblongue, allongée, avec un double étranglement en avant, d'où résultent une tête et un cou; la tête est arrondie et comme tronquée ou discoïde en avant, avec une bordure festonnée au moyen de laquelle elle adhère fortement à l'intestin d'une larve de diptère (*Sciara nitidicollis*).

2° La *Gregarina oligacantha,* qui se rapproche des échinorhynques. Sa tête est pourvue de huit à neuf crochets dirigés en arrière, et séparée du corps par un cou long et mince, avec deux renflements globuleux. Elle vit dans l'intestin de l'*Agrion forcipula,* où elle est fixée si fortement que sa tête se déchire souvent au lieu de s'en détacher. Ces deux grégarines sont toujours isolées. Le contraire a lieu pour une espèce trouvée par M. Siebold dans le *Psocus 4-punctatus,* et pour la *Gregarina blattarum.* Celle-ci lui a même présenté deux individus de grosseur inégale, ainsi réunis à la file, ou, plus rarement, plusieurs petits individus fixés à l'extrémité postérieure d'un plus gros.

D'un autre côté, M. Hammerschmidt (*Isis,* 1838, p. 355) a signalé un grand nombre de grégarines qu'il partage en quatre genres, savoir : les *Clepsidrina,* dont chacune est formée de la réunion de deux individus; telles sont les *Cleps. polymorpha* de l'intestin du ténébrio, *Cleps. conoidea* de la forficule, *Cleps. ovata* de l'intestin de l'*Amara cuprea, Cleps. tenuis* de la larve de l'*Allecula morio.* Les grégarines des trois autres genres ne se réunissent point ainsi par paires; ce sont les *Rhyzinia,* dont l'une (*Rhyz. oblongata*) vit dans l'intestin de l'opâtre des sables; une autre (*Rhyz. curvata*) dans la larve de la cétoine dorée; les *Pyxinia* et les *Bullulina;* une de ces dernières, *Bullulina tipulæ,* vit dans la larve de la *Tipula pectinicornis.*

THYSANOSOME. *THYSANOSOMA.* — Diesing.

M. Diesing, dans le *Medicinische Jahrbuch der K. K. öster. staats*, a décrit sous le nom de *Thysanosoma actinoides* un helminthe pour lequel il propose d'établir un nouvel ordre, les *Craspedosomata*, intermédiaire aux trématodes et aux cestoïdes, et qu'il compare aux actinies quant à sa forme et à la simplicité de son organisation.

Le thysanosome a été trouvé dans le cœcum et dans l'intestin du *Cervus dichotomus*, au Brésil, par M. Natterer ; il est long d'environ $2^{mm},2$, large de $4^{mm},15$, presque cylindrique, un peu comprimé. Au bord de son extrémité la plus large, qui est fermée par une membrane lâche, il présente cinquante à soixante prolongements presque lancéolés, disposés sur trois rangs, sans aucune trace d'ouverture, et paraissant non contractiles. La surface extérieure est lisse, sans fibres transverses ou longitudinales ; la surface interne est revêtue par une membrane formée de fibres longitudinales ; la cavité interne du corps est occupée par un tube ovifère enroulé, et au milieu se trouve un espace presque triangulaire, plus ou moins rempli d'œufs devenus libres. Cette cavité aboutit à une ouverture située à l'extrémité la plus étroite du corps. On n'y trouve aucune trace de système nerveux, ni d'organes génitaux mâles, ni d'appareil digestif.

M. Erdl a décrit dans les *Archiv für Naturgeschichte* (1843, t. I, p. 163), des animalcules vivant dans le sang des céphalopodes, et particulièrement des poulpes ; ces animalcules, dont il a suivi le développement, sont allongés, vermiformes, et se meuvent au moyen de cils vibratiles dont ils sont revêtus.

M. Gruby a aussi décrit sous le nom de *Trypanosoma* un helminthe qui vit dans le sang des poissons.

M. Lesauvage, de Caen, a décrit anciennement (*Ann. sc. nat.*, t. XVII) sous le nom d'*Acrostoma amnii*, un helminthe provenant de l'amnios d'une vache, et qui paraît être un cysticerque incomplet.

II. — HELMINTHES FICTIFS OU FABULEUX.

CATENULE. *CATENULA.*

Dugès a établi sous ce nom un genre d'helminthes cestoïdes non parasites, auquel il rapporte la *Planaria gesserensis*, trouvée par Müller dans l'eau de mer, sur les côtes du Danemark. Il prend pour type sa *Catenula lemnœ*, observée par lui-même dans les eaux douces stagnantes, aux environs de Montpellier. Mais c'est probablement une planariée, analogue aux prostomes et aux nemertes, et dont les contractions ont donné lieu à des articulations apparentes.

PHÆNICURUS. — Rud.   **VERTUMNUS. —** Otto, dans *Nov. acta acad.,* c. l. c. XI, 2, p. 294, pl. 41, fig. 1.

Sous le nom de *Phænicurus varius* ou *thetidicola* ou de *Vertumnus thetidicola,* plusieurs naturalistes ont décrit des prétendus helminthes très-contractiles, longs de 15^{mm} à 66^{mm} et moitié moins larges, vivement colorés en gris-jaunâtre, en noir, en rouge vif, etc. ; trouvés, à Naples, sur un mollusque gastéropode (*Tethys fimbriata*), mais ce sont tout simplement les appendices ou franges charnues de ces mollusques qui, détachées accidentellement, continuent à se mouvoir, comme on le voit aussi pour les appendices des éolides.

CRINON.

Le nom de crinon, employé par Chabert pour désigner les strongles et filaires du cheval, a été depuis lors employé aussi comme nom générique, par Lamarck, qui l'abandonna ensuite, puis par Bosc, dans son histoire naturelle des vers. Le traducteur du traité de Bloch sur les vers intestins s'était servi de ce nom pour les filaires. Longtemps auparavant divers médecins français ont nommé *Crinons* de prétendus vers blancs qu'on fait sortir de la peau par des frictions chaudes et sèches ; ce sont quelquefois des poils courts, imparfaitement développés et plus souvent des filaments de matière sébacée, dure, que l'on fait sortir par expression des follicules de la peau.

DIACANTHOS POLYCEPHALUS.

Stiebel a décrit, sous ce nom, comme vers intestinal, dans les archives allemandes de physiologie de Meckel (t. III, p. 174) et dans le journal complémentaire du *Dict. des sciences médicales* (t. 1, p. 177), un corps rameux provenant d'un enfant de onze ans. Il le représenta comme ayant plusieurs têtes avec des tentacules armés de griffes, des lèvres pourvues de petits crochets, des trompes, etc. Bremser en donna aussi une figure, reproduite dans l'atlas de la traduction française de son *Traité des Vers intestinaux de l'homme* (1re édition, pl. 9, fig. 9 ; 2e édition, pl. 10, fig. 19), tout en émettant des doutes sur la réalité de cet helminthe. Enfin Rudolphi, ayant vu l'original, en 1818, reconnut que c'est tout simplement une rafle de grappe de raisin, et y constata même la présence de trachées végétales (*Synopsis,* p. 184).

BICORNE RUDE.   *DITRACHYCEROS RUDE. —* Sulzer.

Parmi les faux helminthes il n'en est aucun qui ait reçu plus de noms que celui-ci, et dont l'existence ait été défendue plus longtemps. Sultzer, de Strasbourg, eut l'occasion d'observer un grand nombre de corpuscules blancs, longs de 6^mm, formés d'un corps ovoïde, aplati, revêtu d'une membrane blanchâtre transparente, et surmonté par deux cornes divergentes, rudes ou hérissées, de l'épaisseur d'un crin. Ces objets provenaient des évacuations d'une personne malade depuis longtemps avec des symptômes fort singuliers. Sultzer les décrivit, en 1801, avec le plus grand soin et en donna des figures assez exactes qui devaient déjà suffire pour montrer que ce ne peut être un helminthe.

Zeder, en 1803, adoptant la manière de voir de l'auteur, le rangea parmi les vers vésiculaires, mais il changea son nom et l'appela *Cysticercus bicornis*. Rudolphi, en 1810, dans son *Entozoorum hist.* (t. II, 2ᵉ partie, p. 258); quoiqu'il eût déjà des doutes, le décrivit avec détail sous le nouveau nom de *Diceras rude,* et en même temps il émit l'opinion qu'il serait plus convenable de le nommer *Dirhynchus* et de le placer entre les échinorhynques et les tétrarhynques.

Brera (*Memorie fisico-mediche,* 1811) le nomma *Ditrachycerosoma;* Lamarck (*Hist. des anim. sans vertèbres*) le nomma *bicorne hérissé,* et le plaça en tête de ses vers vésiculaires. Bremser, le premier, en 1819 (*Traité des Vers intestinaux de l'homme,* trad. franç., p. 321), révoqua complétement en doute leur nature animale, regardant, comme plus probable, que ce sont des graines de quelque plante. Rudolphi, de son côté, dans son *Synopsis,* déclare qu'il doit être rayé de la liste des entozoaires.

Cependant un médecin de Caen eut l'occasion d'observer pour la seconde fois ces prétendus helminthes, rendus par un malade, et M. Eschricht de Copenhague annonça, en 1839, qu'il venait d'observer pour la troisième fois les mêmes helminthes, dont il avait constaté l'animalité; il put même en distribuer un grand nombre à divers savants qui, les ayant soumis à un nouvel examen, ne tardèrent pas à reconnaître que ce sont des graines de mûrier. M. Eschricht, d'ailleurs, s'était lui-même empressé de faire connaître, dans les *Archiv für Anatomie,* etc., de Müller, qu'il avait constaté que ce sont les graines de cet arbre.

SAGITTULE.   *SAGITTULA.* — LAMARCK.

Prétendu helminthe découvert en 1777, par Annibal Bastiani qui le décrivit dans les *Atti di Siena* (t. VI, p. 241) comme un animal bipède évacué pendant une cardialgie vermineuse. Blumenbach en donnant l'extrait de cette publication assimila ce prétendu helminthe à un crustacé parasite sur les branchies du Thon (*Brachiella thynni*). Rudolphi, au contraire, en la mentionnant dans son *Entozoorum historia* (t. I, p. 166) déclare qu'en raison de ses osselets et de ses appendices cartilagineux, ce ne peut être qu'un débris de poisson. Cependant, Lamarck dans son histoire des animaux sans vertèbres, en a formé le genre Sagittule (t. III, p. 194) qu'il caractérise avec détail. M. de Blainville enfin dans ses annotations au traité des vers intestinaux de Bremser, page 350, prouva que cette sagittule est le larynx supérieur de quelque oiseau.

PHYSIS INTESTINALIS.

Scopoli, dans ses *Deliciæ Floræ et Faunæ insubricæ*, en 1786, décrivit sous ce nom comme formant un nouveau genre de vers intestinaux un débris de la trachée de quelque oiseau, dont la nature d'abord indiquée par Malacarne, fut plus tard démontrée par Blumenbach.

Dans l'*Entozoorum hist.* de Rudolphi (t. I, p. 170) un autre exemple semblable est encore cité; il s'agit d'un larynx de canard pris pour un helminthe par Vanderlinden.

FURIE INFERNALE.   *FURIA INFERNALIS.*

Solander, dans les *Nova Acta Upsal* (vol. I, p. 44), décrivit sous ce nom, d'après des récits, un prétendu ver qui, dans la Suède septentrionale et particulièrement dans la Laponie, se tient sur les arbres d'où il s'élance à travers les airs sur les hommes et les bestiaux pour pénétrer à travers la peau et causer un maladie cruelle : c'est, dit-il, un ver filiforme, garni d'une rangée de soies ou d'aiguillons recourbés, de chaque côté. Linné accepta ces traditions comme fondées : il eut même entre les mains un échantillon desséché de Furie infernale, mais en si mauvais état qu'il ne put déterminer ses caractères génériques ou spécifiques.

C. G. Hagen à Kœnigsberg, en 1790, et Ad. Modeer, Suédois, en 1795, ont encore traité de la Furie infernale comme d'un être réel; ce dernier supposait même qu'elle est analogue à la Filaire de médine à laquelle il accorde faussement aussi des soies latérales. Mais Blumenbach et plus tard Rudolphi (*Ent.*, t. I, p. 171) ont montré le peu de fondement des opinions de ces naturalistes dont aucun n'avait vu réellement ce prétendu helminthe.

DIPODIUM. — Bosc. et CERCOSOMA. — Brera.

Nous devons mentionner seulement ici quelques autres genres fictifs dont il a été bien moins question que des précédents. Ce sont : 1° le genre *Dipodium* établi par Bosc pour une larve d'ichneumon qui avait été trouvée parasite dans l'abdomen d'une abeille (*Nouv. Bulletin de la société philomatique*, 1812, p. 72, pl. 1, fig. 3).

2° Le *Cercosoma*, genre établi par Brera (*Memorie fisico-mediche*, in-4°, Crémone, 1811, p. 106, pl. 1, fig. 26-27), sur une larve d'*Eristalis pendulus* qui avait été trouvée dans l'urine nouvellement rendue et qu'on supposait être venue de la vessie.

On doit citer aussi les *Ascaris conostoma stephanostoma* de Jördens qui sont des larves de mouches.

Les prétendus vers des dents étaient des germes de quelque graine logés dans les dents creuses ou tout autre débris des aliments, etc.

III. — PRODUITS OU DÉRIVÉS DE L'ORGANISME QUI NE SONT PAS DES ANIMAUX ET QU'ON A PU PRENDRE POUR DES HELMINTHES.

SPERMATOZOÏDES ou ZOOSPERMES.

Les prétendus animalcules spermatiques dont j'ai parlé avec plus de détail dans le *Manuel de l'observateur au microscope,* ont été d'abord classés parmi les infusoires. Récemment encore plusieurs naturalistes ont prétendu les ranger au nombre des helminthes en leur attribuant une organisation et une structure comparables à ce qu'on voit chez les distomes.

Ainsi M. Ehrenberg a parlé des ventouses des spermatozoaires.

M. Valentin a décrit d'une manière encore plus explicite la bouche, les ventouses, l'intestin des spermatozoaires, mais ce qu'il nomme ainsi, ce sont des apparences résultant de la différence d'épaisseur dans les diverses parties du disque, et des effets de réfraction qui résultent de ces différences d'épaisseur.

On doit remarquer que le filament terminal, nommé communément la queue du spermatozoïde, est susceptible seulement de s'infléchir de côté et d'autre, mais non contractile dans sa longueur comme la queue des Cercaires avec lesquelles on a voulu souvent le comparer.

Dernièrement aussi M. Hammerschmidt, dans un mémoire sur les helminthes des insectes, a décrit comme tels des faisceaux non divisés de spermatozoïdes et en a formé les genres *Cincinnura, Plagiura* et *Spirulura* (*Helminthologische Beiträge* dans l'Isis pour 1838, p. 351).

PSOROSPERMIES (*Atlas,* pl. 12, fig. N.)

Les psorospermies, productions singulières découvertes par M. Müller à Berlin sur divers poissons, et décrites dans ses *Archiv für Anatom.* (1841, p. 476), sont des corpuscules ovales déprimés ou discoïdaux avec ou sans queue, sans mouvements sensibles, formés d'une coque assez résistante; ils contiennent à l'intérieur une et plus souvent deux vésicules oblongues rapprochées et contiguës au bord opposé à l'insertion de la queue. Ces corpuscules, dont la longueur à peu près fixe pour chaque espèce de poisson, est de 10 à 13 millièmes de millimètres, sont contenus en quantité innombrable dans des petits kystes à la surface des branchies, ou de la peau de divers poissons, ou quelquefois dans la sclérotique ou les muscles de l'œil du brochet.

Les psorospermies du brochet se trouvent seulement dans des kystes de l'œil, longs de 0^{mm},5 à 1^{mm}; ils sont ovales, longs de 0^{mm},0125, et

larges de 0^{mm},0058 , déprimés , plus minces au bord , avec une queue
ordinairement simple , rarement bifide , trois à quatre fois aussi
longue que le corps. Dans la moitié de l'ovale opposée à la queue se
voient les deux vésicules internes qui sont oblongues et amincies à
l'extrémité , où elles se réunissent en convergeant près du bord. Sur
les autres poissons d'eau douce indigènes, M. Müller n'a trouvé que
des psorospermies sans queue, et non dans l'œil, mais dans des pus-
tules sur la tête, ou plus souvent à la face interne de l'opercule ou
sur les branchies.

Les psorospermies du Sandre (*Lucioperca*) sont presque rondes,
discoïdales , avec les deux vésicules internes convergeant près du
bord. On les voit quelquefois renfermées deux ensemble, ou rarement
trois ensemble, dans des vésicules où elles paraissent avoir pris naissance.

Les psorospermies des *Cyprinus rutilus* et *erythophthalmus*, également longues de 0^{mm},012 , sont ovales ou presque rondes comme
celles du Sandre ; mais quelquefois aussi celles du *Cyprinus rutilus*
sont rétrécies en pointe à l'extrémité où se joignent les deux vésicules internes; celles du *Cyprinus leuciscus* ont cette dernière forme
ovale rétrécie en pointe à une extrémité, mais elles sont longues seulement de 0^{mm},0115 et larges de 0^{mm},0076.

M. Creplin (*Archiv für Naturg.*, 1842, I, p. 61) a vu aussi des psorospermies sur les branchies du *Cyprinus rutilus* et de l'*Acerina vulgaris*, à Greifswald. Les psorospermies de ce dernier poisson sont plus
grosses que toutes celles des autres poissons; elles sont oblongues,
renflées au milieu et pourvues d'une queue ; la longueur du corps est
de 0^{mm},0189 et la plus grande largeur de 0^{mm},0063 ; la queue est à peu
près aussi longue que le corps, ou un peu plus longue. Le corps, d'une
transparence parfaite , laisse voir seulement à l'intérieur deux corpuscules oblongs ou deux vésicules, sans aucun autre organe. Il paraît
susceptible de se fendre longitudinalement en deux moitiés comme
une capsule, en laissant échapper les deux vésicules internes, dont
l'enveloppe propre est plus molle et flexible. La membrane, formant
les kystes dans lesquels se sont développées ces psorospermies
sur la branchie, est si délicate , qu'elle se décompose promptement
dans l'eau.

J'ai trouvé fréquemment, en août et septembre, des psorospermies
sur les branchies du *Cyprinus erythrophthalmus* à Rennes dans la
Vilaine (pl. 12, fig. N.) ; elles sont semblables à celles que M. Müller a
trouvées sur les *Cyprinus rutilus* et *Cyprinus leuciscus* à Berlin ; c'est-
à-dire de forme ovale , oblongue, sans queue , longues de 0^{mm},010 à
0^{mm},011 , arrondies à une extrémité, et pointues à l'autre extrémité
où se trouvent les deux vésicules internes, mais je n'ai pas vu le
double contour indiqué par M. Müller. Ces psorospermies , au lieu
d'être contenues dans de petits kystes, sont disséminées dans une substance glutineuse presque diaphane, décomposable par l'eau, analogue à celle des amibes, et formant des végétations ramifiées longues

de 1^{mm},25 à 1^{mm},50 sur les lamelles des branchies. Je n'ai pas vu de membrane enveloppante, non plus que sur les amibes, et il m'a semblé que cette végétation, avec les psorospermies contenues, constitue une production animale distincte.

Il est vraisemblable que si M. Müller les eût vues ainsi, il n'eût pas songé à leur donner le nom de *Psorospermies*. Peut-être faut-il ranger avec ces productions celles qu'on observe fréquemment dans les testicules des lombrics ; ce sont des vésicules libres globuleuses, larges de 0^{mm},11 à 0^{mm},5, contenant sous une membrane distincte, un grand nombre de corpuscules oblongs, naviculaires, terminés en pointe à chaque extrémité, longs de 0^{mm},014 à 0^{mm},028 et même à 0^{mm},032, et moitié moins larges, montrant à l'intérieur une ou deux petites vésicules oblongues (pl. 12, fig. B).

Je les ai retrouvées dans l'intestin des taupes qui se nourrissent de lombrics, et j'ai bien constaté la contractilité et les mouvements spontanés de l'enveloppe.

ACÉPHALOCYSTES.

Les kystes, dans lesquels se produisent spontanément beaucoup d'helminthes, ne contiennent d'abord qu'une substance amorphe ou un liquide, et on peut les prendre pour des tubercules ou des hydatides ou de simples dérivés de l'organisme. Plus tard on est fixé sur leur nature par la présence des helminthes inclus, mais il en est encore qui, au lieu d'helminthes, ne contiennent jamais que des vésicules ou ampoules de diverses grosseurs, remplies d'un liquide limpide, et tout à fait analogues à la vésicule caudale des cysticerques. Ce sont les acéphalocystes, sur la nature desquels les naturalistes sont loin d'être d'accord. Les uns y veulent voir des animaux distincts, mais les plus simples de tous ; d'autres n'y voient que des produits morbides ; cependant il y a pour chacune de ces vésicules une vie indépendante, dont on peut suivre toutes les phases jusqu'à ce que cette vésicule arrivée au terme de son développement se flétrisse et ne laisse qu'une membrane plus épaisse et plissée.

IV. — DES PARASITES QUI NE SONT PAS DES HELMINTHES.

Si l'on veut nommer parasites les animaux qui vivent fixés, au moins temporairement, sur le corps ou à l'intérieur des autres animaux, on aura des parasites appartenant aux diverses classes, des crustacés, des arachnides, des insectes, des annélides, des systolides et des infusoires.

Parmi les crustacés il est des ordres tout entiers qui ne sont composés que de parasites, ce sont les siphonostomes, et notamment les lernéens, dont les caractères sont tellement modifiés par leur manière de vivre, qu'on les a pris souvent pour de véritables helminthes ; Cuvier lui-même, dans la dernière édition de son *Règne animal,* les place à la suite de ses intestinaux cavitaires, comme formant, dit-il, une famille assez différente. Lamarck en avait fait son groupe des épizoaires, intermédiaire entre les vers et les insectes ; mais aujourd'hui il ne reste plus aucun doute sur leurs affinités zoologiques. Ce sont bien de véritables crustacés, se reproduisant par des œufs et qui, nouvellement éclos, sont analogues aux jeunes cyclopes et subissent, comme eux, des métamorphoses ; les femelles seules se fixent pour subir, par suite du développement de leurs œufs, des changements de forme qui les rendent tout à fait méconnaissables.

D'autres crustacés parasites siphonostomes ont mieux conservé leur forme primitive, tels sont les caligides qu'on ne pourrait confondre avec les helminthes.

Certains crustacés lœmodipodes et isopodes se fixent aussi en parasites sur le corps des poissons ; un genre d'isopodes, le bopyre, vit sous la carapace des palémons ou crevettes, et sa forme y subit une telle modification, que les pêcheurs de la Manche ont cru que les bopyres sont de très-jeunes plies ou soles.

Parmi les arachnides ce sont seulement les acariens qui nous offrent des parasites, soit temporairement, comme les trombidions et les hydrachnes qui ne sont parasites que dans le jeune âge, soit d'une manière permanente, comme les différents *Acarus* de la gale chez divers animaux, et ces singuliers acariens que M. Simon de Berlin a découverts récemment dans les follicules de la peau du visage de l'homme, et que j'ai pu étudier sur moi-même. On a aussi signalé plusieurs fois la présence de divers acariens à l'intérieur du corps des divers animaux ; M. Bory Saint-Vincent, dans les *Annales des sciences naturelles*, a même donné la description et la figure d'un acarien qu'il dit être sorti par les pores de la peau d'une dame. Les bdelles, les trombidions, sont parasites dans leur jeune âge seulement.

Les ixodes, au contraire, sont habituellement sur les plantes à la recherche des insectes, et ne deviennent parasites qu'accidentellement quand ils ont rencontré un mammifère ou un reptile dont ils peuvent sucer le sang.

Parmi les insectes, on a d'abord tout l'ordre des parasites dont les différentes espèces, comme les poux, les ricins, vivent à la surface du corps des mammifères et des oiseaux. Quelques-uns, comme le pou qu'on voit paraître tout à coup en quantité prodigieuse sur l'homme, dans la maladie nommée la phthiriasie, semblent s'être produits spontanément, soit dans la peau même, soit dans des tumeurs sous-cutanées.

L'ordre des siphonaptères, formé par le seul genre des puces, comprend une espèce véritablement parasite, c'est la chique (*pulex penetrans*) qui, dans les régions chaudes de l'Amérique, pénètre sous la peau de l'homme et se loge dans une petite tumeur occasionnée par sa piqûre, et qui devient grosse comme un pois, par suite du développement des œufs dont son abdomen est rempli.

Dans l'ordre des hyménoptères, on a tout l'ordre des ichneumonides ou pupivores, dont les nombreuses espèces vivent à l'état de larve dans d'autres insectes, et plus ordinairement dans les chenilles et dans les chrysalides de lépidoptères.

L'ordre des strepsiptères n'est formé que de quelques parasites vivant à l'état de larve chez diverses espèces de guêpes et d'abeilles.

Enfin l'ordre des diptères renferme des genres nombreux dont les larves vivent exclusivement en parasites dans l'intérieur du corps des autres animaux, ce sont les conops, dont les larves habitent l'abdomen des bourdons et de quelques autres hyménoptères ; les échinomyes dont les larves se développent à l'intérieur des chenilles et des chrysalides de lépidoptères ; plusieurs muscides dont les larves vivent habituellement dans la chair des animaux morts, se sont trouvées quelquefois dans des ulcères ou dans les cavités naturelles de l'homme ou des animaux vivants, sur lesquels les mouches, trompées par l'odeur des parties malades, avaient déposé leurs œufs.

Mais ce sont surtout les œstres que l'on doit considérer comme essentiellement parasites à l'état de larves, chez différents mammifères, où on a pu les confondre avec des helminthes ; les uns vivent sous la peau des ruminants dans les régions froides et tempérées, et se trouvent aussi quelquefois sous la peau de l'homme, dans les régions tropicales de l'Amérique ; d'autres vivent dans l'estomac ou dans l'intestin du cheval, d'autres dans les sinus frontaux du mouton, d'autres dans la muqueuse de l'arrière-bouche du cerf. Toutes ces larves, abandonnées à leur développement naturel, paraissent ne causer aucune incommodité notable à l'animal qui en est porteur ; mais il n'en est plus de même si on veut les extraire violemment et si on les fait mourir dans leur gîte ; soit qu'alors elles agissent sur des organes plus irritables en voulant échapper au danger qui les menace, soit qu'elles nuisent davantage encore par le produit de leur décomposition, elles peuvent, dans ce cas, causer des accidents graves. Quand la larve est arrivée au terme de sa croissance, elle abandonne librement le gîte dans lequel elle avait vécu jusque-là, et se laisse tomber sur le sol dans lequel elle s'enfonce pour subir ses deux dernières métamorphoses.

Les larves d'œstres, comme tous les insectes, diffèrent essentiellement des helminthes par leur appareil respiratoire et par leurs trachées, par leur bouche et par leur forme extérieure, qui montre tout au plus douze articles ou anneaux distincts.

Les annélides parasites font partie de l'ordre des hirudinées, ce sont quelques sangsues, vivant habituellement dans l'eau ou dans l'air humide, mais se fixant au corps des animaux dont elles veulent sucer le sang, et pénétrant ensuite dans les cavités nasales, ou bien dans les paupières, ou même dans d'autres cavités, tapissées par des muqueuses, pour y séjourner plus ou moins longtemps. Le docteur Guyon a signalé dans ces derniers temps la présence de diverses sangsues ainsi logées dans les cavités nasales d'un héron crabier, et qui pourraient bien être analogues au *Monostoma mutabile*. On confondait autrefois aussi avec les sangsues certains distomes et d'autres helminthes trématodes que l'on trouve également logés dans les cavités tapissées par la muqueuse. On confondait plus particulièrement avec les annélides les tristomes qui vivent exclusivement à la surface du corps des poissons ou sur leurs branchies, comme nous l'avons vu précédemment (pag. 357), en parlant du *Tristoma elongatum,* qui a été rangé par beaucoup de naturalistes parmi les hirudinées, sous le nom de *Phylline.*

Un genre d'hirudinées nommé *Branchiobdelle,* se trouve exclusivement sur les branchies des écrevisses.

On ne connaît parmi les systolides qu'une seule espèce parasite, elle constitue le singulier genre *Albertia* que j'ai fait connaître, dans les *Annales des sciences naturelles,* en 1837. L'*Albertia* a la forme d'un très-petit ver et se trouve dans l'intestin des lombrics et des limaces à Paris.

Parmi les infusoires, enfin, on a plusieurs espèces de genres différents, vivant dans l'intestin des batraciens (crapauds, grenouilles et salamandres); d'autres se trouvent, soit dans l'intestin, soit, plus souvent, entre l'intestin et la couche musculaire des lombrics.

Ces infusoires parasites ont été vaguement désignés, par Bloch, sous le nom de *Chaos intestinalis.* M. Purkinje a établi le nouveau genre *Opalina,* pour ceux de la grenouille.

FIN.

TABLE DES MATIÈRES.

Préface.. 1

Introduction... v

Livre premier. NÉMATOIDES...................................... 1

1re section. *Trichosomiens*................................... 3

Genres : 1, Trichosome, p. 4. — 2, Thominx, p. 22. — 3, Eucoleus, p. 23. — 4, Calodium , p. 25. — 5, Liniscus, p. 29. — 6, Trichocéphale, p. 30. — ? Sclérotrique, p. 41.

2e section. *Filariens*.. 42

Genres : 7, Filaire, p. 42. — 8, Dispharage, p. 69. — 9, Spiroptère, p. 82. — 10, Prolepte, 105.

3e section. *Strongyliens*..................................... 106

Genres : 11, Eucampte, p. 106. — 12, Dicelis, p. 107. — 13, Leptodère, p. 108. — 14, Strongle, p. 109. — 15, Pseudalie, p. 134.

4e section. *Ascaridiens*...................................... 136

Genres : 16, Oxyure, p. 136. — 17, Ozolaime, p. 145. — 18, Héligme, p. 147. — 19, Ascaride, p. 148.

    I. Ascarides vraies... 154
    — 1re section... *ibid.*
    — 2e section.. 194
    — 3e section.. 206
    — 4e section.. 213
    II. Ascaridie.. 214
    III. Anisakis.. 220
    IV. Polydelphis.. 221
20, Heterakis, p. 222.

5e section. *Enopliens*.. 230

Genres : 21, Dorylaime, p. 230. — 22, Passalure, p. 231. — 23, Atractis (voy. Additions), p. 233. — 24, Enoplus, p. 233. — 25, Oncholaime, p. 235. — 25 (α), Amblyure, p. 237. — 25 (β), Phanoglène, p. 238. — 25 (γ), Enchilidie, p. 238. — 26, Rhabditis, p. 239. — 26 (θ), Anguillule, p. 243.

6ᵉ SECTION. *Sclérostomiens*..................................... 244

Genres : 27, Cucullanus, p. 245. — 28, Sclérostome, p. 254. — 29, Syngame, p. 260. — 30, Angiostome, p. 262. — 31, Stenode, p. 264. — 32, Stenure, p. 265.

7ᵉ SECTION. *Dacnidiens*.. 267

Genres : 33, Dacnitis, p. 267. — 34, Ophiostome, p. 273. — 35, Dochmie, p. 275. — 36, Rictulaire, p. 280.

1ᵉʳ APPENDICE AUX NÉMATOÏDES............................... 281

Genres : 37, Stelmie, p. 281. — 38, Liorhynque, p. 282. — 39, Prionoderme, p. 285. — 40, Chiracanthe, p. 286. — 40 (α), Gnathostome, p. 287. — 41, Lécanocéphale, p. 288. — 42, Ancyracanthe, *ibid.* — 43, Hétérochile, *ibid.* — Stéphanure, p. 289. — Hystrichis, p. 290. — Hédruris, p. 291. — Crossophore, p. 292. — Odontobie, *ibid.* — Tropisure, p. 293. — Trichine, *ibid.*

IIᵉ APPENDICE. GORDIACÉS................................... 294

Mermis... *ibid.*

Dragonneau (gordius)..................................... 296

LIVRE DEUXIÈME. ACANTHOTHÈQUES...................... 299

Pentastome... *ibid.*

LIVRE TROISIÈME. TRÉMATODES........................... 310

1ʳᵉ SECTION. *Onchobothriens*.............................. 312

Genres : 1, Octobothrium, p. 312. — 2, Diplozoon, p. 315. — 3, Diporpe, p. 316. — 4, Axine, p. 317. — 5, Polystome, p. 318.

2ᵉ SECTION. *Tristomiens*................................... 321

Genre : 6, Tristome, p. 321.

3ᵉ SECTION. *Distomiens*................................... 324

Genres : 7, Aspidogaster, p. 324. — 8, Amphistome, p. 327. — 9, Monostome, p. 342. — 10, Holostome, p. 364. — 11, Distome, p. 381.

Sous-genres : 1, Cladocœlium, p. 389. — 2, Dicrocœlium, p. 391. — 3, Podocotyle, p. 401. — 4, Brachycœlium, p. 402. — 5, Eurysoma, p. 406. — 6, Brachylaimus, p. 407. (1ʳᵉ section, p. 407. 2ᵉ section, *ibid.* 3ᵉ section, p. 411. 4ᵉ section, p. 418. 5ᵉ section, p. 419.)

Sous-genres : 7, Apoblema, p. 420. — 8, Échinostoma, p. 423. — 9, Crossodera, p. 434.

2ᵉ série du genre Distome............................ 437

1, Dist. des mammifères, p. 437. — 2, des oiseaux, p. 441. — 3, des reptiles, p. 451. — 4, des poissons, p. 455. — 5, des crustacés, p. 471. — 6, des mollusques, p. 472.

Iᵉʳ Appendice aux trématodes...................... 473

Genres : 12, Diplostome, p. 473. — 13, Cercaire, p. 475. — 14, Bucéphale, p. 478. — 15, Leucochloridie, p. 479. — 16, Aspidocotyle, *ibid*.

IIᵉ Appendice aux trématodes.................... 480

Genres : 17, Peltogastre, p. 480. — 18, Gyrodactyle, p. *ibid*. — 19, Myzostome, p. 481. — 20, Hectocotyle, *ibid*.

Livre quatrième. ACANTHOCÉPHALES.................. 483

Échinorhynque .... *ibid*.
1, Échin. des mammifères, p. 499. — 2, des oiseaux, p. 505. 3, des reptiles, p. 525. — 4, des poissons, p. 528. — 5, des crustacés, p. 529.

Livre cinquième. CESTOIDES........................ 543

Ordre 1ʳᵉ. *Rhynchobothriens*..................... 545

Genres : 1, Rhynchobothrie, p. 545. — 2, Anthocéphale, p. 546. — 3, Tétrarhynque, p. 550. — 4, Gymnorhynque, p. 552. — 5, Dibothryorhynque, p. 553.

Ordre 2ᵉ. *Cestoïdes vrais ou ténioïdes*.................. 554
Genre : 6, Ténia, p. 554.

1ᵉʳ section, p. 557. — 2ᵉ section, p. 562. — 3ᵉ section, p. 575. 4ᵉ section, p. 577. — 5ᵉ section, p. 578. — 6ᵉ section, p. 585. 7ᵉ section, p. 587.

2ᵉ série du genre Ténia........................... 588

1, Ténias des mammifères, p. 588. — 2, des oiseaux, p. 594. — 3, des reptiles, p. 610. — 4, des poissons, p. 611.

Genres : 7, Bothriocéphale, p. 611. (1ʳᵉ section, p. 612. 2ᵉ section, anthoïdes, p. 619. 3ᵉ section, armés, p. 621.—8, Schistocéphale, p. 622. — 9, Triénophore, p. 625. — 10, Bothridie, p. 626. — 11, Bothrimone, p. 627. — 12, Ligule, p. 628.

Ordre 3ᵉ. *Scolécines*............................ 629

Genres : 13, Caryophyllé, p. 629. — 14, Proglottis, p. 630 — 15, Scolex, p. 631. — Gryporhynchus, p. 632. — 16. Dithyridie, p. *ibid*.

Ordre 4ᵉ. *Cystiques*............................ 632

Genres : 17, Cysticerque, p. 632. — 18, Échinocoque, p. 635. 19, Cœnure, p. 636.

APPENDICE 637

I. Helminthes dont la place est incertaine . . . . *ibid.*

Genres : 1, Grégarine, p. 637. — 2, Thysanosome, p. 639. —
— Trypanosome, *ibid.* — Acrostome, *ibid.*

II. Helminthes fictifs ou douteux 639

Genres : *Catenule*, p. 639. — *Phenicurus* ou *Vertumnus*, p. 640.
— Crinon, *ibid.* — Diacanthos, *ibid.* — Bicorne ou Ditrachy-
ceros, *ibid.* — Sagittule, p. 641. — Physis intestinalis, 642.
— Furie infernale, *ibid.* — Dipodium et cercosoma, *ibid.*

III. Produits ou dérivés de l'organisme qui ne sont pas des animaux. 643

Genres : 1, Spermatozoïdes ou zoospermes, p. 643. — 2, Psorospermies, *ibid.* — 3, Acéphalocystes, p. 645.

IV. Des Parasites qui ne sont pas des helminthes 645

FIN DE LA TABLE DES MATIÈRES.

ERRATA ET ADDENDA.

Page 1, ligne 3, lisez : 1ᵉʳ type ou sous-classe.

2, 36, au lieu de : *Leptoderes*, lisez : *Leptodera*.

3, 5, au lieu de : *Tribactis*, lisez : *Rhabditis*.

» » au lieu de : *Oncholaima*, lisez : *Oncholaimus*.

» 6, au lieu de : *Tricontus*, lisez : *Enoplus*.

» » effacez : *Gnathostoma* qui est reporté dans le 1ᵉʳ Appendice.

» 9, au lieu de : *Sclerostomum, Angiostomum*, lisez : *Sclerostoma, Angiostoma*.

» 13, au lieu de : *Ophiostomum*, lisez : *Ophiostoma*.

» » au lieu de : *Laphyctes*, lisez : *Rictularia*.

» 28, au lieu de : *Trichosomum*, lisez : *Trichosoma*, ainsi que dans tout le genre Trichosome, page 4—22.

33, après la ligne 36 ajoutez :

Trichocephalus dispar, MEYER, Beitr. zur Anat. d. Entoz., Bonn., 1841, p. 4, pl. 1 et 2.

Page 57, après la ligne 4 ajoutez :

Filaria labiata, NATHUSIUS, dans Wiegmann's Archiv., 1837, t. I p. 53.

Page 82, ligne 11, lisez : 9ᵉ genre. SPIROPTÈRE.

155, 36, au lieu de 6ᵐᵐ, lisez : 60ᵐᵐ.

167, 40, effacez : quatorze fois aussi longs.

174, 1, au lieu de : FILAIRES, lisez : ASCARIDES des INSECTES.

177, 4, ajoutez :

31. ASCARIDE FILAIRE. *ASCARIS FILARIA.* — DUJ.

« — Corps cylindrique, très-allongé ; — tête large de 0ᵐᵐ,27, à trois
« valves larges de 0ᵐᵐ,184, portant chacune deux papilles, — œso-
« phage long de 7ᵐᵐ, renflé et large de 0ᵐᵐ,6 en arrière ; — sans ventri-
« cule ; — tégument avec des stries transverses très-fines, de 0ᵐᵐ,0029,
« qui le font paraître irisé.

« — *Mâle* long de 96ᵐᵐ, large de 1ᵐᵐ ; — deux spicules égaux, longs
« de 4ᵐᵐ, larges de 0ᵐᵐ,061 ; — queue conoïde avec une double ran-
« gée de vingt papilles peu saillantes.

« — *Femelle* longue de 170ᵐᵐ, large de 1ᵐᵐ,5 ; — vulve située aux

« trois cinquièmes de la longueur (à 107ᵐᵐ de la tête); —utérus d'abord
« filiforme, replié, long de 4ᵐᵐ,5, puis divisé en deux branches paral-
« lèles, cylindriques, épaisses, longues de 22ᵐᵐ, dirigées en arrière; —
« œufs presque globuleux, à coque finement réticulée ou alvéolée,
» longue de 0ᵐᵐ,066. »

Trouvée abondamment, en 1837, à Pondichéry, par M. Perrottet,
dans un très-gros serpent, indiqué sous le nom de Boa (probablement
Python). Cette ascaride occupait une sorte de poche gélatineuse en
dehors de l'estomac.

Page 232, après la ligne 10, ajoutez :

   Oxyuris ambigua, MAYER, Beitr. zur. Anat. d. Entoz., 1841, Bonn., p. 14,
      pl. 3, fig. 14-16.

Page 233, ligne 4, ajoutez : Genre *Atractis.* Sous ce nom je propose d'établir un genre distinct pour l'*Ascaris dactylura* (RUD., *Syn.,*
p. 40 et 272), qui a la bouche armée de deux ou trois pièces et les
spicules inégaux. S'il m'eût été permis de prolonger mon séjour à
Paris, j'en eusse donné dès à présent une description complète, ainsi
que de quelques autres nématoïdés des tortues qui pourraient bien
aussi former des genres distincts, et que Rudolphi a classés parmi les
ascarides (sous le nom d'*Ascaris gulosa* et *leptura*).

Page 313, ligne 30, lisez :

   Beitr. zur Anat. d. Entoz., 1841, Bonn., p. 19, pl. 3, fig. 1-10.

Page 480, à ajouter aux trématodes douteux :

Genre ANCYROCÉPHALE.   *ANCYROCEPHALUS.* — CREPLIN,
      dans l'*Encycl. de Ersch et Gruber,* t. XXXII, p. 292.

M. Creplin a proposé ce genre pour un helminthe (*Ancyrocephalus
paradoxus*), trouvé sur les branchies de la *Perca lucioperca;* il est
long de 4ᵐᵐ,5, un peu déprimé et moins large; la partie antérieure,
un peu plus étroite et plus courte que la postérieure, se termine par
une tête assez épaisse, sans bouche visible, mais avec quatre forts
crochets, deux en dessus, et deux en dessous, analogues à ceux du
Triænophorus. Il ne présente aucune trace de ventouses.

FIN DES ERRATA ET ADDENDA.